D1664772

Energiemarkt Deutschland

EBOOK INSIDE

Die Zugangsinformationen zum eBook inside finden Sie am Ende des Buchs.

Hans-Wilhelm Schiffer

Energiemarkt Deutschland

Daten und Fakten zu konventionellen und erneuerbaren Energien

Hans-Wilhelm Schiffer
World Energy Council
Köln, Deutschland

ISBN 978-3-658-23023-4 ISBN 978-3-658-23024-1 (eBook)
https://doi.org/10.1007/978-3-658-23024-1

Die Deutsche Nationalbibliothek verzeichnet diese Publikation in der Deutschen Nationalbibliografie; detaillierte bibliografische Daten sind im Internet über http://dnb.d-nb.de abrufbar.

Springer Vieweg

Lektorat: Dr. Daniel Fröhlich

Gedruckt auf säurefreiem und chlorfrei gebleichtem Papier

Springer Vieweg ist ein Imprint der eingetragenen Gesellschaft Springer Fachmedien Wiesbaden GmbH und ist ein Teil von Springer Nature.
Die Anschrift der Gesellschaft ist: Abraham-Lincoln-Str. 46, 65189 Wiesbaden, Germany

Vorwort

Liebe Leserin, lieber Leser,

wer sich heute ernsthaft mit energiewirtschaftlichen Fragen beschäftigt, braucht einen fundierten Überblick über die aktuelle Struktur des Energiemarktes. Er sollte Marktteilnehmer, die Strukturen von Angebot und Nachfrage sowie Preisbildungsmechanismen kennen, einen Einblick in Bedarfsentwicklungen haben und über die politischen und rechtlichen Rahmenbedingungen Bescheid wissen.

In den letzten Jahren ist die Dynamik der Veränderungsprozesse auf dem Energiemarkt deutlich gestiegen. Dies macht es deutlich schwieriger, einen aktuellen Überblick zu behalten, als in den vergangenen Jahrzehnten. Das Buch vermittelt einen tiefen Einblick in die Energieversorgung der Bundesrepublik Deutschland. Im Mittelpunkt stehen alle wichtigen Zahlen und Fakten zu den Märkten für Mineralöl, Braunkohle, Steinkohle, Erdgas und Elektrizität. Den erneuerbaren Energien ist ein umfassendes eigenes Kapitel gewidmet – ebenso dem Klimaschutz.

Die in Deutschland zu Beginn dieses Jahrzehnts eingeleitete Energiewende findet international große Beachtung. Zentrale Eckpfeiler sind der starke Ausbau der erneuerbaren Energien, der Ausstieg aus der Kernenergie sowie die ambitionierten Ziele zur Verbesserung der Energieeffizienz und zur Minderung der Emissionen an Treibhausgasen. Ich habe mich nicht darauf beschränkt, die hierzu vorgenommenen energie- und klimapolitischen

Weichenstellungen darzustellen. Vielmehr werden in dem Buch auch Ansätze aufgezeigt, wie die großen wirtschafts- und gesellschaftspolitischen Herausforderungen, die mit der Umsetzung der Energiewende verbunden sind, gemeistert werden können.

Um Anschaulichkeit und Nutzen zu erhöhen, sind alle Tabellen und Grafiken vierfarbig und stehen Ihnen zum Download zur Verfügung. Sie können sie gerne unter Angabe der Quelle für eigene Zwecke, wie zum Beispiel für Präsentationen oder Berichte, nutzen.

Ich hoffe, das Buch kann Ihnen so bei Ihrer täglichen Arbeit eine wertvolle Unterstützung sein und wünsche Ihnen viel Erfolg damit.

Mit herzlichen Grüßen

Hans-Wilhelm Schiffer

Dr. Hans-Wilhelm Schiffer

Peer reviewers

Viele Experten haben Input zu dem Buch geliefert und vorläufige Entwürfe der verschiedenen Kapitel überprüft. Deren Kommentare und Vorschläge waren von großem Wert. Dies umfasst folgende Personen:

Dr. Malte Abel	innogy SE
Dr. Claus Bergschneider	cbc Consulting & Engineering GmbH
Dr. Sebastian Bolay	DIHK – Deutscher Industrie- und Handelskammertag e. V.
Yvonne Dyllong	DEBRIV – Bundesverband Braunkohle
Dr. Hans-Georg Fasold	Berater für Gaswirtschaft und Gastechnik
Eileen Hieke	European Energy Exchange AG
Jörg Kerlen	RWE Power AG
Dr. Stefan Lochner	Frontier Economics
Dr. Kai van de Loo	Gesamtverband Steinkohle e. V.
Roland Lübke	Gesamtverband Steinkohle e. V.
Uwe Maaßen	DEBRIV – Bundesverband Braunkohle
Dr. Raimund Malischek	Internationale Energie-Agentur
Guido Obschernikat	innogy SE
Ulrich Rossbach	Petroleum Economist, Hamburg
Volker Stehmann	innogy SE
Dr. Wieland Utsch	innogy SE
Michael Verschuur	Gesamtverband Steinkohle e. V.
Rainer Wiek	Energie Informationsdienst (EID)
Dr. Jens Wiggershaus	RWE AG
Prof. Dr. Franz-Josef Wodopia	Verein der Kohlenimporteure e. V.
Alexander Zafiriou	Mineralölwirtschaftsverband e. V.
Alexandra Zirkel	Umweltbundesamt

Die Personen und Organisationen, die entsprechend die Erstellung des Manuskripts unterstützt haben, tragen keine Verantwortung für Meinungen und Beurteilungen, die in dem Buch enthalten sind. Alle etwaigen Fehler und Unzulänglichkeiten verantwortet vielmehr allein der Autor.

Autorenangaben

Dr. Hans-Wilhelm Schiffer
Dr. Hans-Wilhelm Schiffer ist Executive Chair of the World Energy Resources Programme des World Energy Council, London. Er hat mehr als 20 Jahre in verschiedenen Funktionen für den RWE-Konzern gearbeitet, zuletzt als Leiter Allgemeine Wirtschaftspolitik/Wissenschaft der RWE AG. Dieses Amt nahm er bis zum 30. April 2014 wahr. Seitdem ist er als Berater zu Themen der nationalen und internationalen Energiepolitik tätig.

Ferner ist der Autor Lehrbeauftragter für Energiewirtschaftslehre in verschiedenen Master-Studiengängen an der RWTH Aachen. Zu seinem Werdegang:

Geboren 1949, Studium der Wirtschaftswissenschaften an der Universität zu Köln und an der Pennsylvania State University. Nach dem Diplom-Kaufmann-Examen wissenschaftlicher Assistent am Energiewirtschaftlichen Institut an der Universität zu Köln. Promotion in Volkswirtschaftslehre bei Prof. Dr. Hans K. Schneider. Von 1978 bis 1985 Referent in der Abteilung Energiepolitik des Bundesministeriums für Wirtschaft einschließlich einer sechsmonatigen Stage im britischen Department of Energy. Danach Persönlicher Referent des Parlamentarischen Staatssekretärs Martin Grüner. Von Mitte 1990 bis Ende 1991 Leiter des Referates Produktbezogener Umweltschutz im Bundesministerium für Umwelt, Naturschutz und Reaktorsicherheit.

Inhaltsverzeichnis

Abbildungsverzeichnis

Tabellenverzeichnis

Ausgangsdaten 1

Im Jahr 2017 betrug der Energieverbrauch in Deutschland 13.534 Petajoule (PJ). Dies entspricht 461,8 Millionen Tonnen Steinkohleneinheiten (Mio. t SKE). Damit steht Deutschland in der Rangliste der größten Energiemärkte der Welt – nach China, USA, Russland, Indien, Japan und Kanada – an siebter Stelle. Deutschland hat 2017 allerdings mit 3263,35 Milliarden Euro (Mrd. €) die weltweit vierthöchste Wirtschaftsleistung erzielt – nach USA, China und Japan.

1.1 Kennzeichnung der Energienachfrage

Als *Energieverbrauch* werden Prozesse bezeichnet, in denen Energie von einer Form in eine andere umgewandelt wird. Bei dieser Umwandlung, die mit einem Verlust an Arbeitsfähigkeit verbunden ist, erfolgt die Ausnutzung eines Potenzials, z. B. einer Temperaturdifferenz bei Wärmeprozessen. „Verbraucht" werden diese Potenziale und die Energieträger, aus denen sie freigesetzt werden.

Energieträger Hierbei handelt es sich um Stoffe,

- die Energiepotenziale mit hoher Arbeitsfähigkeit enthalten,
- welche technisch genutzt werden können und wirtschaftlich nutzbar sind.

Die Energiepotenziale werden statistisch über den Heizwert erfasst. Der Heizwert kann in verschiedenen Einheiten ausgewiesen werden. Umrechnungsfaktoren ermöglichen die additive Verknüpfung von in unterschiedlichen Einheiten angegebenen Mengen von Energieträgern. Die gemäß den neuesten gesetzlichen Bestimmungen in Deutschland zu verwendenden Einheiten sind Joule (J) und Kilowattstunde (kWh). Daneben wird aus historischen Gründen in Deutschland der Heizwert von Energieträgern vielfach auch in Steinkohleneinheiten (SKE) ausgedrückt (1 kg SKE entspricht 29.308 kJ).

H.-W. Schiffer, *Energiemarkt Deutschland*, https://doi.org/10.1007/978-3-658-23024-1_1

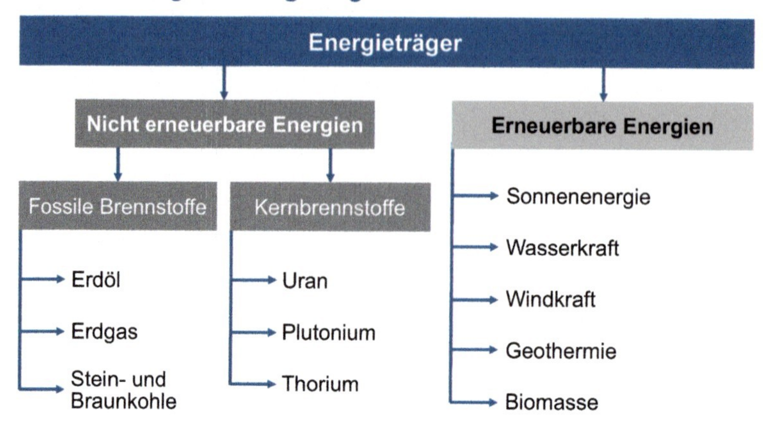

Abb. 1.1 Klassifizierung der Energieträger

Die nähere Kennzeichnung des Verbrauchs von Energieträgern erfolgt unter Verwendung einer Reihe von Begriffen unterschiedlichen Inhalts. Dabei handelt es sich insbesondere um die Begriffe Primärenergie, Sekundärenergie, Endenergie, Nichtenergetischer Verbrauch, Nutzenergie und Energiedienstleistungen.

Primärenergie ist der Energieinhalt von Energieträgern, die in der Natur vorkommen und technisch noch nicht umgewandelt wurden. Es wird zwischen „unerschöpflichen“ beziehungsweise regenerativen, fossilen (Erdöl, Kohle, Erdgas) und nuklearen Energieträgern klassifiziert. Sekundärenergie ist der Energieinhalt von Energieträgern, die aus Primärenergie durch einen oder mehrere Umwandlungsschritte gewonnen wurden (z. B. Elektrizität, Benzin, Heizöl) [1].

„Im Endenergieverbrauch wird nur die Verwendung derjenigen gehandelten Energieträger aufgeführt, die der Erzeugung von Nutzenergie dienen und somit endgültig als Energieträger dem Markt entzogen werden“ [1]. Abgeleitet wird der Endenergieverbrauch aus dem Primärenergieverbrauch, vermindert um den Nichtenergetischen Verbrauch sowie den Verbrauch und die Verluste bei der Umwandlung beziehungsweise Veredlung von Energieträgern (z. B. Kohle in Strom). Als Nichtenergetischer Verbrauch wird der Energieinhalt von Energieträgern bezeichnet, die als Rohstoff in chemischen Prozessen (z. B. Rohbenzin) oder als Reduktionsmittel bei der Roheisenerzeugung (z. B. Koks) genutzt werden beziehungsweise deren Verwendung durch ihre stofflichen Eigenschaften bestimmt wird (z. B. Schmierstoffe oder Bitumen für den Straßenbau).

„Nutzenergie umfasst alle technischen Formen der Energie, welche der Verbraucher letztendlich benötigt, also Wärme, mechanische Energie, Licht, elektrische und magnetische Feldenergie (z. B. für Galvanik und Elektrolyse) und elektromagnetische Strahlung, um Energiedienstleistungen ausführen zu können. Nutzenergien müssen im Allgemeinen zum Zeitpunkt und vom Ort des Bedarfs aus Endenergie mittels Energiewandlern (z. B. Generatoren, Motoren) erzeugt werden. Energiedienstleistungen sind die aus dem Einsatz von Nutzenergie und anderen Produktionsfaktoren befriedigten Bedürfnisse bzw. erzeugten Güter wie:

- beleuchtete Flächen und Räume,
- behagliche bzw. zweckmäßige Raumkonditionierung,
- Bewegung oder Transport,
- Erwärmen von Stoffen und Gütern,
- Stoffumwandlung,
- Herstellen oder Verändern von Gütern,
- Informationsgewinnung, -übertragung und -verarbeitung“ [1].

Energiedienstleistungen Die Nachfrager sind nicht an den Energieträgern, wie Öl, Gas, Kohle, Strom, als solchen interessiert, sondern an den *Energiedienstleistungen*, die unter Einsatz von Energieträgern erstellt werden. Die Nachfrage nach Energieträgern ist also eine abgeleitete Nachfrage, abgeleitet aus dem Bedarf unter anderem an Wärme, Helligkeit, Kühlung, motorischer Kraft.

Tab. 1.1 Primärenergieverbrauch nach Energieträgern in Deutschland 2016 und 2017

Energieträger	2016	2017
	Mio. t SKE*	
Mineralöle	155,3	159,0
Erdgas	103,8	110,2
Steinkohlen	56,7	50,3
Braunkohlen	51,8	51,5
Kernenergie	31,5	28,4
Erneuerbare Energien	57,2	60,7
Außenhandelssaldo Strom	−6,6	−6,7
Sonstige	8,4	8,4
Insgesamt	458,1	461,8
Darunter Anteil erneuerbare Energien in %	12,5	13,1

* Mio. t SKE = Millionen Tonnen Steinkohleneinheiten; 1 Mio. t SKE entsprechen 29,3 Petajoule
Der Bewertung der Stromerzeugung auf der Basis von Kernenergie, Wasser- und Windkraft, Müll u. ä. sowie des Außenhandels mit Strom liegt die Wirkungsgradmethode zugrunde. Die Stromerzeugung aus Kernenergie wird dabei mit einem Wirkungsgrad von 33 % bewertet. Die übrigen genannten Energieträger sowie der Stromaußenhandel werden auf der Basis des Heizwertes der elektrischen Energie von 3600 kJ/kWh, das entspricht einem Wirkungsgrad von 100 %, bewertet. Im Vergleich zu dem früher verwendeten Substitutionsansatz führt dies bei der Kernenergie zu einem höheren, bei den anderen Energieträgern aber zu einem niedrigeren Primärenergieverbrauch
Quelle: Arbeitsgemeinschaft Energiebilanzen und eigene Schätzungen (Aktualisierung der Angaben zum Mineralölverbrauch 2017), Stand: 05/2018

Weil die Energienachfrage eine abgeleitete Nachfrage ist,

- bestehen weitreichende Substitutionsmöglichkeiten zwischen Energieträgern sowie auch zwischen Energie- und Kapitaleinsatz;
- bewertet der Nachfrager nicht isoliert die Energieträger, sondern die Gesamtsysteme (Energienutzungssysteme), die zur Erstellung von Energiedienstleistungen zusammenwirken.

Substitutionsmöglichkeiten zwischen Energieträgern bestehen zum Beispiel in der Stromerzeugung, in der Wärmebereitstellung und – grundsätzlich – auch im Verkehrssektor.

Substitutionsmöglichkeiten zwischen Energie- und Kapitaleinsatz ergeben sich, weil Energie nicht „roh", sondern in einem System zur Bereitstellung von Energiedienstleistungen genutzt wird. Hauptbestandteile dieser Energiebereitstellungssysteme sind unter anderem Kraftwerke, Fahrzeugmotoren, Heizungsanlagen und stationäre Motoren. Diese Energiewandler können unterschiedlich effizient sein. So erfordert die Erzeugung einer bestimmten Strommenge in einem Kraftwerk mit hohem Wirkungsgrad einen geringeren Energieeinsatz als in einer weniger effizienten Anlage. Gleiches gilt bei der Umwandlung von Energie auf der Endverbraucherstufe (z. B. in Heizungsanlagen oder in Fahrzeugen). Die Höhe des Energieverbrauchs wird beispielsweise aber auch durch die Bausubstanz von zu beheizenden oder zu kühlenden Gebäuden beeinflusst. Der Einsatz von Kapital für Dämmungsmaßnahmen eröffnet somit weitreichende Möglichkeiten zur Energieeinsparung.

Energieeffizienz In Deutschland wird Energie vergleichsweise effizient genutzt. Dies zeigt sich, wenn man den Energieverbrauch ins Verhältnis setzt zur Summe der erwirtschafteten Güter und Dienstleistungen. So erreichte der Energieverbrauch in Deutschland 2017 rund 142 kg SKE pro 1000 € Bruttoinlandsprodukt. Im weltweiten Durchschnitt ist der spezifische Energieverbrauch doppelt so hoch.

Von 1990 bis 2017 hat sich die Energieeffizienz, also das Verhältnis zwischen Primärenergieverbrauch und Bruttoinlandsprodukt (gemessen in realen Größen), mit jahresdurchschnittlichen Raten von 1,8 % verbessert. Dabei war die statistische Kennziffer 1990 bis 2000 mit 2,0 % pro Jahr (Wiedervereinigungseffekt) höher als im Zeitraum 2000 bis 2017 mit 1,6 % pro Jahr.

Bei einer Einwohnerzahl von 83 Mio. (gemäß bereinigter Ermittlung des Statistischen Bundesamtes zum Stichtag 31.12.2017) betrug der gesamte Energieverbrauch pro Kopf der Bevölkerung 2017 rund 5,6 t SKE. Dies entspricht dem Doppelten des weltweiten Durchschnitts, andererseits der Hälfte des Vergleichswertes der USA.

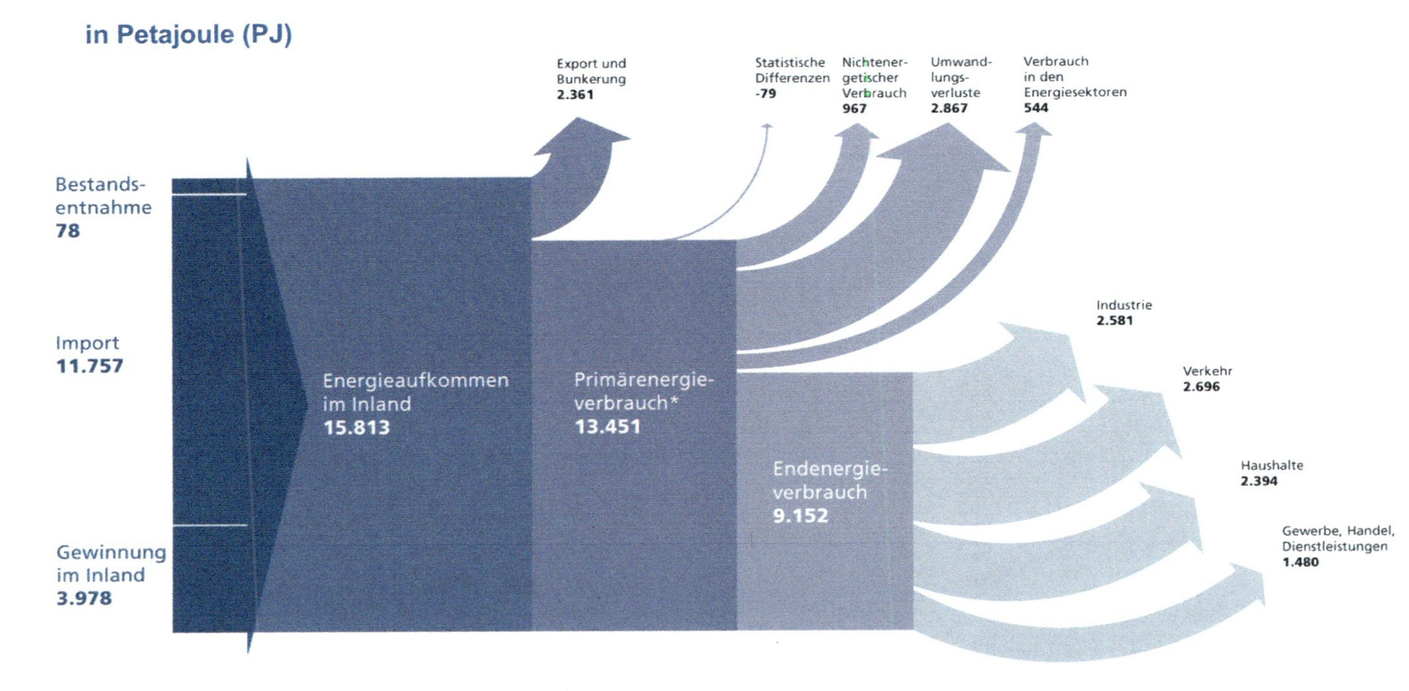

Abb. 1.2 Energieflussbild für Deutschland

Tab. 1.2 Energieintensität in Deutschland

Jahr	Einwohner 31.12.	Brutto-Inlands-produkt (real in Preisen von 2010)	Primärenergie-verbrauch	Strom-verbrauch (brutto)	Primärenergie-verbrauch je Einwohner	Primärenergie-verbrauch je Einheit BIP[2]	Strom-verbrauch je Einwohner	Strom-verbrauch je TEUR BIP[2]
	1000	Mrd. Euro	Mio. t SKE[1]	Mrd. kWh	t SKE/Einw.	kg SKE/TEUR BIP[3]	kWh/Einw.	kWh/TEUR BIP
1990	79.753	1992,8	508,6	550,7	6,38	255	6905	276
1995	81.817	2145,1	486,9	541,6	5,95	227	6620	252
2000	82.260	2358,7	491,4	579,6	6,07	208	7046	246
2005	82.438	2426,5	496,7	614,1	6,03	205	7449	253
2010	81.752	2580,1	485,1	614,7	5,93	188	7519	238
2011	80.328[4]	2674,5	464,0	605,8	5,78	173	7542	227
2012	80.524[4]	2687,6	458,8	605,6	5,70	171	7521	225
2013	80.767[4]	2700,8	471,6	603,9	5,84	175	7477	224
2014	81.198[4]	2752,9	449,7	591,1	5,54	163	7280	215
2015	82.176[4]	2800,9	452,4	595,1	5,51	162	7242	212
2016	82.522[4]	2855,4	458,1	596,9	5,55	160	7233	209
2017	83.000[5]	2919,1	461,8	599,8	5,56	158	7227	205

[1] 1 Mio. t SKE entsprechen 29.308 PJ
[2] BIP in Preisen von 2010
[3] TEUR = 1000 €
[4] gemäß Neuberechnung im Rahmen des Zensus 2011 wird die Bevölkerung um 1,5 Mio. niedriger ausgewiesen als zuvor
[5] Schätzung auf Basis der Pressemitteilung Nr. 019 vom 16.01.2018 des Statistischen Bundesamtes
Quelle: Statistisches Bundesamt; Bundesministerium für Wirtschaft und Energie, Energiedaten; AG Energiebilanzen, 03/2018; eigene Schätzungen

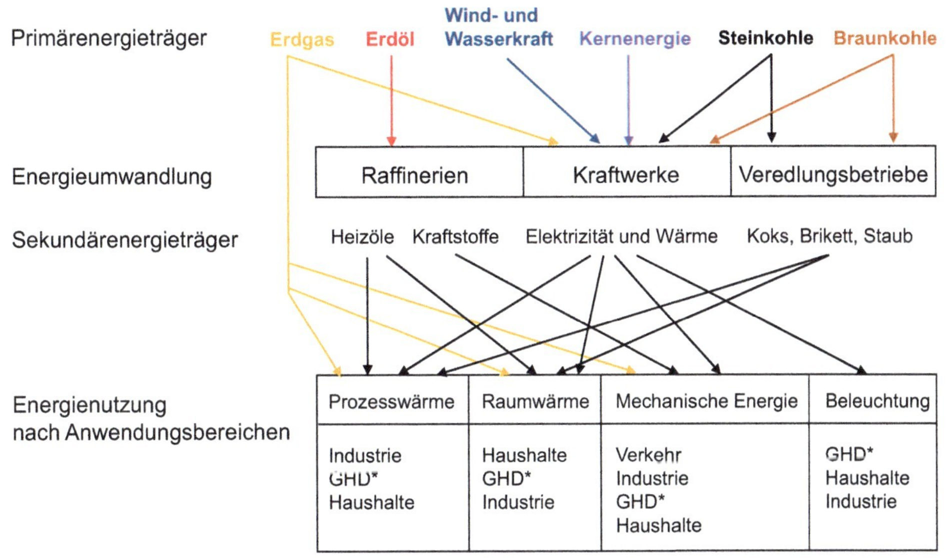

Abb. 1.3 Substitutionsmöglichkeiten zwischen Energieträgern

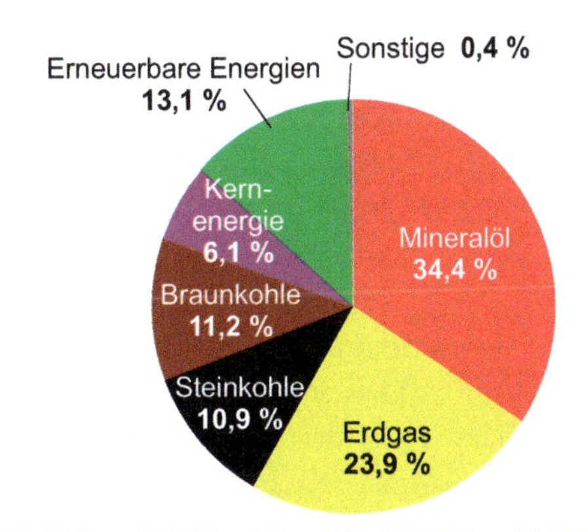

Abb. 1.4 Primärenergieverbrauch in Deutschland nach Energieträgern 2017

1.2 Darstellung des Energieangebots

Besonderes Kennzeichen der deutschen Energieversorgung ist die hohe Importabhängigkeit. 2017 mussten 70 % des Energiebedarfs durch Einfuhren gedeckt werden. Eine mit 98 % überproportional hohe Importquote besteht bei Mineralöl, dem wichtigsten Energieträger. Bei Erdgas und bei Steinkohle beträgt der Anteil der Importe 93 %. Demgegenüber wird die in Deutschland genutzte Braunkohle ausschließlich im Inland gefördert. Wasser- und Windkraft, Photovoltaik und Biomasse sowie die sonstigen Energieträger sind ebenfalls zu 100 % der Inlandsgewinnung zuzuordnen. Bei Kernenergie besteht zwar mit 100 % statistisch die höchste Einfuhrabhängigkeit, gleichwohl kann der Kernenergie angesichts der in Deutschland vorgehaltenen Brennstoffvorräte mit mehrjähriger Reichweite unter dem Gesichtspunkt der Versorgungssicherheit der gleiche Stellenwert beigemessen werden wie heimischen Energien. Bei entsprechender Berücksichtigung der Kernenergie ergibt sich für das Jahr 2017 eine Energie-Importquote von 64 %.

Die – nach den einzelnen Energieträgern – sehr unterschiedliche Abhängigkeit von Importen erklärt sich durch die bestehende Ressourcensituation. Deutschlands eigene Energiebasis beschränkt sich im Wesentlichen auf Kohle; die deutschen Erdgas- und Rohölreserven sind gering.

- Die Vorräte an Steinkohlen in Deutschland sind beträchtlich. Aufgrund der ungünstigen geologischen Bedingungen sind deren Abbaumöglichkeiten jedoch stark eingeschränkt. Die weltweit wirtschaftlich förderbaren Reserven an Steinkohle veranschlagt die Bundesanstalt für Geowissenschaften und Rohstoffe (BGR) auf 608 Mrd. t SKE.
- Die in Deutschland gewinnbaren Vorkommen an Braunkohlen betragen 11 Mrd. t SKE (36,1 Mrd. t). Damit ist Deutschland mit 9 % an den weltweiten Braunkohlenreserven beteiligt, die von der Bundesanstalt für Geowissenschaften und Rohstoffe mit 121 Mrd. t SKE beziffert werden.
- Die Erdölvorräte Deutschlands belaufen sich auf 0,05 Mrd. t SKE (32 Mio. t). Bei Erdgas sind es 0,08 Mrd. t SKE (70 Mrd. m^3). Ihr Anteil an den weltweiten Reserven an konventionellen Kohlenwasserstoffen ist marginal. So werden die weltweiten Reserven an konventionellen Kohlenwasserstoffen auf insgesamt 490 Mrd. t SKE angesetzt. Davon entfallen 244 Mrd. t SKE auf Erdöl und 246 Mrd. t SKE auf Erdgas. Zusätzlich weist die BGR Reserven von 100 Mrd. t SKE nicht-konventionelles Erdöl (Ölsand, Schwerstöl, Schieferöl) und 9 Mrd. t SKE nicht-konventionelles Erdgas aus [2].

Die inländische Primärenergiegewinnung belief sich 2017 auf 137,5 Mio. t SKE. Davon entfielen 61,6 Mio. t SKE auf die erneuerbaren Energien. Gemessen an der Fördermenge und am Heizwert ist die Braunkohle der zweitgrößte heimische Energieträger. Sie trug 2017 mit 52,6 Mio. t SKE bzw. 38,3 % zur gesamten inländischen Energiegewinnung bei. Es folgen Erdgas mit 7,9 Mio. t SKE, Steinkohle mit 3,7 Mio. t SKE, Mineralöl mit 3,3 Mio. t SKE sowie andere Energieträger mit 8,4 Mio. t SKE.

Tab. 1.3 Außenwirtschaftliche Energierechnung der Bundesrepublik Deutschland

Jahr	Mineralöl			Erdgas			Kohle			Uran			Strom			Insgesamt		
	Einfuhr	Ausfuhr	Saldo	Einfuhr	Ausfuhr	Saldo	Einfuhr	Ausfuhr	Saldo	Einfuhr	Ausfuhr	Saldo	Einfuhr	Ausfuhr	Saldo	Einfuhr	Ausfuhr	Saldo
	Milliarden Euro																	
1973	7,8	0,9	−6,9	0,4	0,0	−0,4	0,3	1,4	1,2	0,1	0,1	−0,1				8,5	2,4	−6,2
1981	37,0	3,6	−33,4	7,4	1,8	−5,6	1,0	2,4	−1,4	0,8	0,1	−0,7	0,6	0,4	−0,3	46,8	8,2	−41,4
1991	20,5	2,6	−17,9	5,1	0,2	−4,9	0,9	0,9	−0,1	0,4	0,3	−0,1	0,8	0,5	−0,3	27,6	4,4	−23,2
2000	35,7	6,1	−29,6	9,4	1,7	−7,7	1,4	0,1	−1,3	0,2	0,1	−0,1	0,5	0,5	0,1	47,2	8,5	−38,7
2005	49,8	13,0	−36,8	17,5	3,2	−14,3	3,2	0,1	−3,1	0,5	0,2	−0,3	1,5	0,7	−0,8	72,5	17,2	−55,3
2010	61,0	10,5	−50,5	23,6	3,4*	−20,2	4,7	0,2	−4,5	1,4	0,6	−0,8	2,0	3,1	1,1	92,7	17,8	−74,9
2011	78,5	13,1	−65,4	31,1	6,5*	−24,6	6,2	0,2	−6,0	0,7	0,8	0,1	2,5	2,9	0,4	119,0	23,5	−95,5
2012	74,3	8,7	−65,6	38,0	9,0*	−29,0	5,4	0,3	−5,1	0,9	1,0	0,1	2,3	3,7	1,4	120,9	22,7	−98,2
2013	70,0	7,2	−62,8	37,8	10,6*	−27,2	4,7	0,2	−4,5	0,7	0,6	−0,1	1,8	3,8	2,0	115,0	22,4	−92,6
2014	74,2	13,5	−60,7	34,6	10,9*	−23,7	4,7	0,3	−4,4	0,7	0,6	−0,1	1,7	3,5	1,8	115,9	28,8	−87,1
2015	53,0	12,9	−40,1	29,2	8,6*	−20,6	4,4	0,4	−4,0	0,7	0,7	0,0	1,5	3,6	2,1	88,8	26,2	−62,6
2016	42,7	11,4	−31,3	21,2	5,2*	−16,0	4,0	0,5	−3,5	0,7	0,6	−0,1	1,0	2,8	1,8	69,6	20,5	−49,1
2017	51,4	12,8	−38,6	25,0	6,4*	−18,6	5,8	0,6	−5,2	0,8	0,6	−0,2	1,0	2,8	1,8	84,0	23,2	−60,8

* Bei der Ausfuhr Erdgas handelt es sich um Kohlenwasserstoff in gasförmigem Zustand (Methangas)
Abweichungen in den Differenzen und Summen durch Auf- und Abrundungen
Ohne innerdeutschen Handel
Ab 1991 nach dem Gebietsstand ab dem 03.10.1990
Quelle: Statistik der Kohlenwirtschaft e. V.

Abb. 1.5 Schwerpunkte der Energiegewinnung

Wichtigster ausländischer Energie-Rohstofflieferant Deutschlands ist die Russische Föderation. Die Erdgas-, Rohöl- und Steinkohlenbezüge aus Russland trugen 2017 mit mehr als einem Viertel zur Energieversorgung Deutschlands bei. Die nächstwichtigsten Energie-Rohstofflieferanten sind – mit Norwegen, Niederlande und Großbritannien – westeuropäische Staaten. Aus den Niederlanden bezieht Deutschland Erdgas, aus Großbritannien insbesondere Rohöl und aus Norwegen sowohl Rohöl als auch Erdgas. Unter den Öllieferanten rangierten 2017 Kasachstan, Libyen, Nigeria und Irak auf den nächsten Plätzen. Bedeutendste Herkunftsländer bei der Versorgung des deutschen Marktes mit Importsteinkohlen waren 2017 Russland, USA, Australien und Kolumbien. Rohbraunkohle wird nicht importiert.

Die Devisenrechnung für die Energieimporte betrug 2017 rund 84,0 Mrd. €. Das entspricht 8,1 % gemessen an den gesamten Einfuhren von Waren in die Bundesrepublik Deutschland von 1034,6 Mrd. € im Jahr 2017. Abzüglich der Exporte hat sich die Energie-Importrechnung Deutschlands 2017 auf rund 60,8 Mrd. € belaufen. Den größten Teil machten davon mit 38,6 Mrd. € die Netto-Öleinfuhren aus. Die zweitwichtigste Position hielten die Nettoeinfuhren von Erdgas (einschließlich Transitmengen) mit 18,6 Mrd. €. Auf Steinkohle entfielen 5,2 Mrd. € und auf Uran 0,2 Mrd. €. Bei Elektrizität wurde ein Außenhandelsüberschuss von 1,8 Mrd. € verzeichnet.

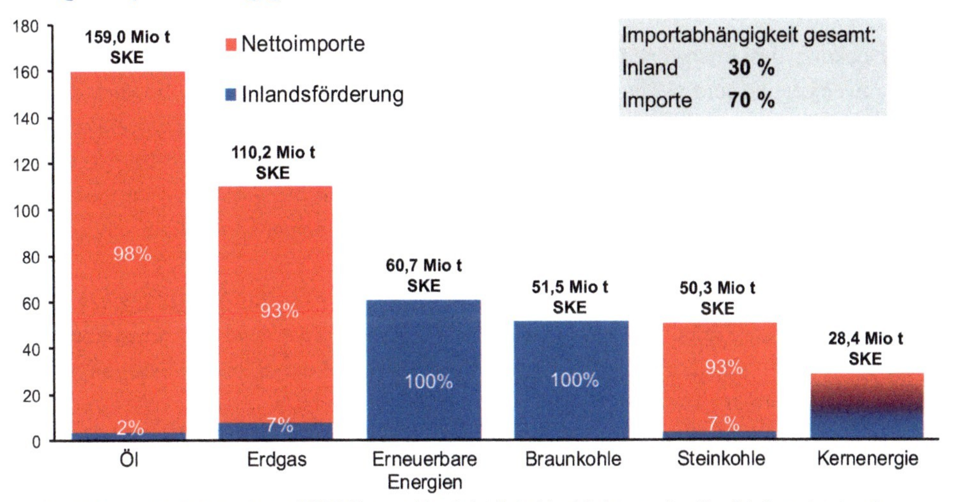

Quelle: Arbeitsgemeinschaft Energiebilanzen 05/2018 (Prozentzahlen als Anteile der Inlandsförderung am jeweiligen Primärenergieverbrauch errechnet); einschließlich Sonstiger Energien, wie o. a. Außenhandelssaldo Strom, von 1,7 Mio. t SKE ergibt sich der gesamte Primärenergieverbrauch von 401,8 Mio. t SKE.

Abb. 1.6 Energieimportabhängigkeit Deutschlands 2017

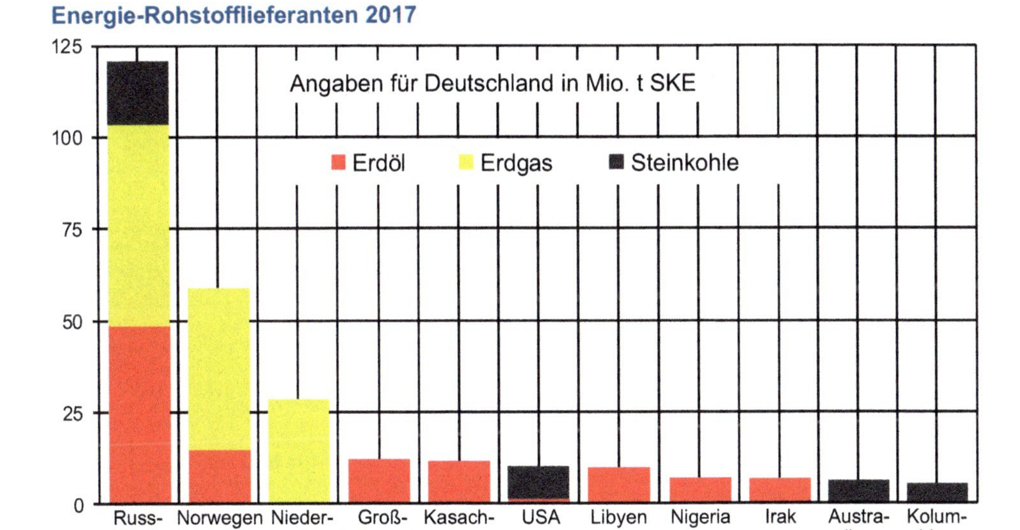

Abb. 1.7 Energie-Rohstofflieferanten Deutschlands 2017

1.3 Organisation der Energieversorgung

Die Deckung des Energiebedarfs gilt nicht als staatliche Daseinsvorsorge. Träger der Energieversorgung sind vielmehr Unternehmen. Der Staat und – zunehmend auch die Europäische Union – sind für die Rahmenbedingungen verantwortlich. Hierzu gehören u. a. die Wahrung bzw. die Schaffung einer Wettbewerbsordnung, wie dies mit der Liberalisierung der Strom- und der Gasmärkte Ende der 1990er Jahre geschehen ist, politische Maßnahmen, die zur Sicherheit der Energieversorgung beitragen sowie die Fixierung von Anforderungen des Umwelt- und Klimaschutzes.

Die vom Staat gestalteten Rahmenbedingungen leiten sich im Wesentlichen aus den energiepolitischen Zielen ab. Energiepolitische Zielsetzungen sind in Deutschland Sicherheit, Wettbewerbsfähigkeit und Umweltverträglichkeit der Energieversorgung sowie Ressourcenschonung.

Zur Durchsetzung dieser Ziele stehen verschiedene Instrumente zur Verfügung. Hierzu gehören zum einen *ordnungsrechtliche Vorschriften,* beispielsweise im Umweltbereich oder etwa Sicherheitsauflagen für Kernkraftwerke. Als Beispiel für ordnungsrechtliche Vorschriften im Umweltbereich ist etwa die Großfeuerungsanlagenverordnung zu nennen, die die Ertüchtigung aller Kraftwerke, also auch der bestehenden Kraftwerke, mit hochwirksamen Rauchgasreinigungsanlagen zur Begrenzung der Emissionen an Schwefeldioxid und Stickoxiden erzwungen hat. Beispiele für ordnungsrechtliche Vorschriften stellen auch die Mindestanforderungen an den Wärmeschutz in Gebäuden dar. Im Verkehrsbereich sind es etwa die Abgasnormen, die bei PKW mit Ottomotor den Einsatz der Katalysatortechnik zwingend erfordern. Mit dem EU-weiten Inkrafttreten eines Treibhausgas-Emissionshandelssystems zum 01.01.2005 wurde ein *marktwirtschaftliches Instrument* (cap and trade) zur Begrenzung der CO_2-Emissionen eingeführt.

Tab. 1.4 Energiesteueraufkommen in Deutschland

Produkt	Verbrauchsteuern in Mio. Euro	
	2016	2017
Kraftstoffe[1)]	36.455	36.594
Erdgas[2)]	2441	3184
Andere Heizstoffe als Erdgas[3)]	1195	1244
Stromsteuer	6569	6944
Luftverkehrssteuer	1074	1121
Insgesamt[4)]	47.734	49.087

[1)] in etwa jeweils zur Hälfte Ottokraftstoffe und Dieselkraftstoff
[2)] zu 99 % Erdgas zu Heizzwecken
[3)] insbesondere Heizöle, aber u. a. auch Kohle
[4)] Das tatsächliche kassenmäßige Istaufkommen war 2016 um 422 Mio. € (Kernbrennstoffsteuer) höher, 2017 wegen Rückzahlung der in den Vorjahren vereinnahmten Kernbrennstoffsteuer dagegen um 7262 Mio. € niedriger als ausgewiesen
Quelle: Bundesminister der Finanzen

Der Bau größerer Anlagen bedarf zudem einer *behördlichen Genehmigung.* Was genehmigungsbedürftig ist, wird durch Gesetze geregelt. Ferner unterliegt der Betrieb von Anlagen der Überwachung durch Behörden. Überprüft wird, ob beispielsweise die bestehenden Umweltvorschriften für den Betrieb von Kohlekraftwerken oder die Sicherheitsanforderungen beim Betrieb von Kernkraftwerken eingehalten werden. Die staatlichen Behörden setzen also den Rahmen für die wirtschaftliche Tätigkeit. Ihre konkreten Aufgaben liegen in der Festlegung von Standards, in der Genehmigung von Anlagen und der Aufsicht über den Betrieb. Vereinfacht kann man sagen, dass in diesem durch gesetzliche Vorschriften gesetzten Rahmen grundsätzlich alles erlaubt ist, was nicht explizit verboten bzw. durch Auflagen eingeschränkt ist.

Neben ordnungsrechtlichen Vorschriften vollziehen sich staatliche Eingriffe in Form von fiskalischen Belastungen. *Fiskalische Belastungen*, also Steuern und Abgaben, spielen eine wichtige Rolle. Von besonders großem Gewicht ist die auf Kraftstoffe, Heizöle und Erdgas erhobene Mineralölsteuer. Mit der 1. Stufe der Ökosteuer vom 01.04.1999 war – neben einer Anhebung der Steuersätze bei Kraftstoffen, Heizöl und Gasen – die Besteuerung von Strom neu eingeführt worden. Zum 1. Januar 2000 war das Gesetz zur Fortführung der Ökosteuer in Kraft getreten. Damit wurden bei Kraftstoffen und bei Strom weitere Erhöhungsschritte bis 2003 gesetzlich verankert. Ferner waren 2011 die Luftverkehrssteuer und die Kernbrennstoffsteuer neu eingeführt worden. Die Kernbrennstoffsteuer war eine nachträglich als verfassungswidrig eingestufte Steuer in Deutschland, die von den Betreibern von Kernkraftwerken in den Jahren 2011 bis 2016 erhoben worden war. Mit Beschluss vom 13. April 2017 hatte das Bundesverfassungsgericht die Rückzahlung der vereinnahmten Gelder angeordnet [3]. Damit hat sich das Aufkommen aus der Energiebesteuerung von 34,1 Mrd. € im Jahr 1998 auf 49,1 Mrd. € im Jahr 2017 erhöht.

Zusätzlich ist die Bereitstellung von Energie mit folgenden Abgaben und Beiträgen belastet:

- Konzessionsabgaben in Höhe von etwa 2,15 Mrd. € pro Jahr. Hierbei handelt es sich um Zahlungen der Strom- und Gasversorger an die Kommunen als Gegenleistung für das Recht, die öffentlichen Straßen und Plätze zur Verlegung von Strom- und Gasleitungen zu benutzen.
- Förderabgaben auf die inländische Gewinnung von Erdöl und Erdgas, die sich 2016 auf 0,23 Mrd. € und 2017 auf 0,25 Mrd. € beliefen.
- Der Beitrag an den Erdölbevorratungsverband, der für seine Mitglieder die gesetzlich vorgeschriebene Erdölbevorratung sicherstellt. Die Beiträge betragen nach Angaben des Erdölbevorratungsverbandes rund 0,3 Mrd. € pro Jahr.

Darüber hinaus ergeben sich für den Stromverbraucher weitere Belastungen durch Abgaben und Umlagen.

- Das Erneuerbare-Energien-Gesetz (EEG) sichert den begünstigten Einspeisern von Strom u. a. auf Basis Wind, Wasser, Sonne, Biomasse und Geothermie Vergütungen

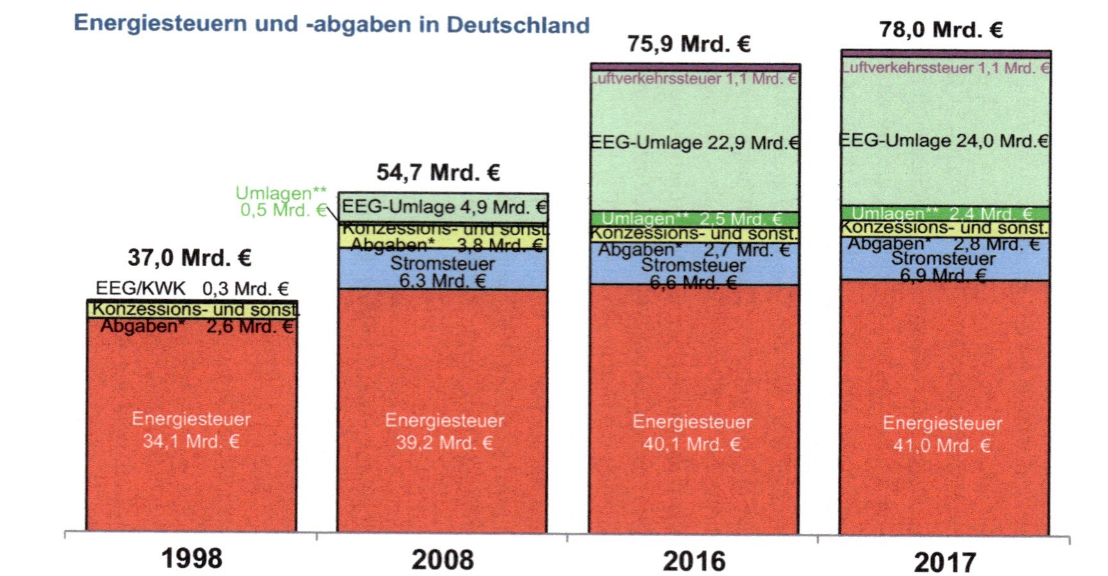

Abb. 1.8 Energiesteuern und -abgaben in Deutschland

Tab. 1.5 Entwicklung der Finanzhilfen des Bundes und der auf den Bund entfallenden Steuervergünstigungen in den Jahren 2015 bis 2018

Beschreibung		2015			2016			2017			2018		
		Finanzhilfen	Steuervergünstigungen	Insgesamt	Finanzhilfen	Steuervergünstigungen	Insgesamt	Finanzhilfen	Steuervergünstigungen	Insgesamt	Finanzhilfen	Steuervergünstigungen	Insgesamt
			Ist			Ist			Soll			RegE	
In Millionen Euro[1)]													
1.	Ernährung, Landwirtschaft und Verbraucherschutz	556	806	1362	640	821	1461	883	858	1741	621	849	1470
2.	Gewerbliche Wirtschaft (ohne Verkehr)												
2.1	Bergbau	1200	–	1200	1395	–	1395	1162	–	1162	1123	–	1123
2.2	Rationelle Energieverwendung und erneuerbare Energien	630	–	630	782	–	782	1889	–	1889	2167	–	2167
2.3	Technologie und Innovationsförderung	416	–	416	417	–	417	445	–	445	440	–	440
2.4	Hilfen für bestimmte Wirtschaftssektoren	10	–	10	13	–	13	34	–	34	36	–	36

Tab. 1.5 (Fortsetzung)

Beschreibung		2015			2016			2017			2018		
		Finanzhilfen	Steuervergünstigungen	Insgesamt	Finanzhilfen	Steuervergünstigungen	Insgesamt	Finanzhilfen	Steuervergünstigungen	Insgesamt	Finanzhilfen	Steuervergünstigungen	Insgesamt
			Ist			Ist			Soll			RegE	
In Millionen Euro[1]													
2.5	Regionale Strukturmaßnahmen	396	129	525	308	63	371	437	34	471	437	9	446
2.6	Sonstige Maßnahmen	363	7825	8188	333	7660	7993	1208	7913	9121	1178	8018	9196
Summe 2		3015	7954	10.969	3248	7723	10.971	5175	7947	13.122	5381	8027	13.408
3.	Verkehr	269	2147	2416	291	2177	2468	724	2256	2980	694	2314	3008
4.	Wohnungswesen	1323	100	1423	1541	89	1630	1821	84	1905	2173	77	2250
5.	Sparförderung und Vermögensbildung	379	445	824	223	502	725	265	510	775	223	521	744
6.	Sonstige Finanzhilfen und Steuervergünstigungen[2]	–	3956	3956	–	4079	4079	–	4225	4225	–	4355	4355
Summe 1. bis 6.[3]		5542	15.408	20.950	5943	15.391	21.334	8868	15.880	24.748	9092	16.143	25.235

[1] Abweichungen in den Summen durch Runden
[2] Überwiegend Steuervergünstigungen, die unmittelbar privaten Haushalten zugutekommen, aber das Wirtschaftsgeschehen in wichtigen Bereichen beeinflussen
[3] Steuervergünstigungen geschätzt
Quelle: Bundesministerium der Finanzen, Sechsundzwanzigster Subventionsbericht, Bericht der Bundesregierung über die Entwicklung der Finanzhilfen des Bundes und der Steuervergünstigungen für die Jahre 2015–2018, Berlin 2017, Seite 17

weit oberhalb der marktüblichen Preise. Die vom Stromverbraucher über diese gesetzliche Regelung finanzierten Subventionen (Netto-Förderzahlungen) zu Gunsten des Einsatzes erneuerbarer Energien sind 2017 auf 24,0 Mrd. € angestiegen.

- Die § 19 Strom-NEV-Umlage machte 2017 rund 1,10 Mrd. € aus.
- Das Gesetz für die Erhaltung, die Modernisierung und den Ausbau der Kraft-Wärme-Kopplung (KWK-Gesetz) schreibt – von der Art der Anlage abhängige – gestaffelte Bonuszahlungen des Netzbetreibers für Strom vor, der aus KWK-Anlagen eingespeist wird. Daraus ergibt sich 2017 ein Subventionsvolumen von 1,28 Mrd. €.
- Die Umlage für abschaltbare Lasten belief sich 2017 auf 0,01 Mrd. €.
- Die offshore-Haftungsumlage war 2017 wegen Nachverrechnung negativ.

Damit belief sich die gesamte staatliche Belastung der Energie-Bereitstellung im Jahr 2017 auf 78 Mrd. €. Das sind 41 Mrd. € mehr als im Jahr 1998. Im privaten Bereich und bei einigen Wirtschaftszweigen, z. B. öffentliche Einrichtungen, kommt die Mehrwertsteuer als weitere Komponente zu den genannten Zahlen noch hinzu.

Die hohe Belastung des Energieverbrauchs durch Steuern, Abgaben etc. findet ihren Niederschlag in einem Staatsanteil am Endverbraucherpreis von 65 % (Superbenzin) bzw. 57 % (Dieselkraftstoff) bei Kraftstoffen, 27 % bei leichtem Heizöl, 54 % bei Elektrizität und 26 % bei Erdgas (Durchschnitt für Privatkunden – Stand 2017).

Mit der Erhebung der Mineralölsteuer war ursprünglich der Zweck verfolgt worden, zumindest zu weiten Teilen den Straßenbau zu finanzieren. Inzwischen hat sich die Mineralölsteuer vor allem als Einnahmequelle für den allgemeinen Staatshaushalt entwickelt. Daneben war mit der Mineralölsteuer auch ein ökologisches Lenkungsziel verfolgt worden. Zu nennen ist insbesondere die nach 1985 erfolgte Steuerspreizung zwischen verbleitem und unverbleitem Benzin. Hierdurch war der Durchbruch zu Gunsten des bleifreien Benzins erreicht worden. Das Aufkommen aus der Ökosteuer dient überwiegend einer Entlastung der Rentenversicherungsbeiträge und damit der Entlastung der Arbeitskosten.

Der Staat erhebt aber nicht nur Steuern auf Mineralöl, Erdgas und Strom, sondern er vergibt auch *öffentliche Zuschüsse*, um energiepolitische Ziele zu verwirklichen. In den Subventionsberichten der Bundesregierung werden die Finanzhilfen und Steuervergünstigungen des Bundes für die Bereiche „Steinkohlenindustrie“ sowie für „Rationelle Energieverwendung und erneuerbare Energien“ ausgewiesen. Die Finanzhilfen für die Steinkohlenindustrie dienten vor allem dazu, den Einsatz der deutschen Steinkohle, die nur zu erheblich höheren Kosten gefördert werden kann, als Weltmarktkohle, zu sichern. Ohne diese Zuschüsse wäre Steinkohlenbergbau in Deutschland nicht möglich gewesen. In einer Antwort der Bundesregierung auf eine Anfrage im Deutschen Bundestag (BT-Drucksache 16/10029 vom 23.07.2008) wird folgender ergänzender Hinweis zu den Zahlen gegeben, die im Subventionsbericht genannt werden:

„Generell ist zu berücksichtigen, dass eine Zuordnung dieser öffentlichen Subventionen nach den in der Frage vorgegebenen Kriterien nicht eindeutig möglich ist. Außerdem ist sowohl die Zuordnung einzelner Tatbestände zu den Subventionen als auch die generelle Abgrenzung des Subventionsbegriffs sowohl in der Wissenschaft als auch auf politischer Seite nicht eindeutig. Hinzu kommt, dass bei einer sachgerechten Subventionsdarstellung auch andere ordnungspolitische Eingriffe des Staates zu berücksichtigen sind, die ebenfalls subventionsgleiche Wirkung haben. Beispielhaft sei das Erneuerbare-Energien-Gesetz genannt."

Zur Lösung ökologischer Probleme im Energiebereich setzt die Politik auch auf sogenannte *marktwirtschaftliche Instrumente*. Darunter werden – neben Steuern – Zertifikate sowie Selbstverpflichtungen bzw. freiwillige Vereinbarungen verstanden.

Während Steuern darauf ausgerichtet sind, den Preismechanismus in seiner Wirkung zu verstärken, laufen Zertifikatmodelle auf eine Mengensteuerung hinaus. Sie gehen nämlich im Grundsatz von der Einführung einer fixen Obergrenze für eine bestimmte Form der Inanspruchnahme der Umwelt, z. B. einer Emissionsmenge, in Kombination mit deren politisch gewollter Absenkung im Zeitablauf in der Region aus, für die der Zertifikathandel eingeführt wird [4].

Anders als beim Instrument Steuern wird die Absenkung der Emission in dem reglementierten Raum sicher erreicht. Allerdings gehen von steigenden Zertifikatpreisen Anreize zur Verlagerung von Aktivitäten in Regionen außerhalb des reglementierten Raums aus. Mit der Einführung des Zertifikathandels kann somit die Wirkung verknüpft sein, dass Produktionsstandorte und damit Arbeitsplätze verlagert werden, ohne dass – global gesehen – eine Senkung der Emissionen eintritt.

Freiwillige Vereinbarungen als dritte Kategorie „marktwirtschaftlicher" (im Sinne von nicht ordnungsrechtlicher) Instrumente basieren auf der Zusage von Unternehmen oder deren Verbänden, ein bestimmtes ökologisches Ziel innerhalb eines definierten Zeitraums zu erreichen. Sie lassen ein Maximum an Flexibilität bei der Wahl der konkreten Maßnahmen zur Umsetzung der gegenüber der Politik eingegangenen Verpflichtung zu. Beispielhaft kann in diesem Zusammenhang die mit der Bundesregierung vereinbarte Klimavorsorgeerklärung vom November 2000 genannt werden, mit der die Industrie verbindlich zusagt hatte, die spezifischen Emissionen aller Kyoto-Gase bis 2012 um 35 % gegenüber 1990 zu reduzieren.

1.4 Rolle der Energieunternehmen in der Gesamtwirtschaft

Die Energiewirtschaft in Deutschland ist pluralistisch strukturiert. Keine Branche gleicht der anderen. Vielmehr weisen die einzelnen Teilmärkte verschiedenartige Unternehmensstrukturen auf. Die Spannweite reicht von einem Anbieter im deutschen Steinkohlenbergbau bis zu mehr als 1000 Unternehmen im Elektrizitätsbereich. Auch die Gasversorgung ist mit über 1000 Unternehmen breit gefächert. Bei Öl ist die Zahl der Unternehmen im Bereich der Gewinnung und Verarbeitung zwar auf insgesamt etwa 20 begrenzt; allerdings betätigen sich im Vertrieb von Ölprodukten – dies gilt insbesondere für Kraftstoffe und leichtes Heizöl – Tausende von Händlern.

Tab. 1.6 Entwicklung der Beschäftigten im Energiesektor 1991 bis 2016

Beschäftigte im Energiesektor in Deutschland*							
Jahr	Steinkohlebergbau und -veredlung	Braunkohlenbergbau und -veredlung	Gewinnung von Erdöl und Erdgas	Mineralöl-verarbeitung	Elektrizitäts-versorgung	Gasversorgung	Fernwärme-versorgung
1991	123.341	115.507	7665	47.501	200.603	44.197	25.528
1995	95.668	41.754	6292	26.831	180.324	44.135	20.406
2000	63.153	19.538	5193	21.559	137.197	37.747	16.180
2005	38.851	14.286	3017	16.474	123.000	33.019	15.138
2006	37.616	14.292	2891	16.259	122.150	32.371	15.238
2007	34.607	13.904	2991	16.775	122.009	33.049	14.968
2008	31.937	13.759	2879	18.966	121.195	33.502	14.372
2009	29.435	13.652	2948	18.667	119.508	33.877	15.309
2010	26.344	13.731	3034	16.835	121.161	33.967	15.284
2011	23.663	14.066	3076	16.314	121.294	34.357	15.009
2012	18.538	13.910	3019	16.298	118.459	35.547	14.660
2013	14.995	13.872	3089	16.545	118.163	33.506	15.428
2014	12.795	13.708	3055	16.860	117.823	33.627	15.131
2015	10.675	13.412	3028	16.967	116.631	33.358	15.138
2016	7794	12.871	2843	16.779	119.107	34.286	15.513

Abweichungen zu den in Kap. 2 ausgewiesenen Beschäftigungszahlen erklären sich durch unterschiedliche Zuordnung

* nach fachlichen Betriebsteilen

Quelle: Bundesministerium für Wirtschaft und Energie, Energiedaten 2018 (Basis sind Erhebungen des Statistischen Bundesamtes)

Die Energiewirtschaft erfüllt eine Schlüsselfunktion für den Standort Deutschland. Zugleich ist sie auch von gesamtwirtschaftlicher Relevanz im Hinblick auf ihre Bedeutung für Beschäftigung, Investitionen und inländische Wertschöpfung.

Mit rund 209.000 Beschäftigten im Bergbau, der Erdöl- und Erdgasgewinnung, der Mineralölverarbeitung sowie der Strom-, Gas- und Fernwärmeversorgung besitzt die klassische Energiewirtschaft ein beachtliches beschäftigungspolitisches Gewicht, auch wenn sich die Zahl der Beschäftigten seit Anfang der 1990er Jahre um 63 % reduziert hat. Dieser Prozess war im Wesentlichen durch Anpassungen im Bergbau – Ost wie West – sowie durch Rationalisierungserfordernisse in der leitungsgebundenen Energieversorgung bedingt. In der Elektrizitätsversorgung hat sich die Beschäftigtenzahl im Vergleich zum Stand vor der Liberalisierung des Strommarkts (also im Zeitraum 1997 bis 2016) um fast 50.000 Mitarbeiter verringert. Auf der anderen Seite sind durch den staatlich geförderten Ausbau erneuerbarer Energien zusätzlich Arbeitsplätze im Anlagenbau und im Bereich Energiedienstleistungen entstanden, die in den genannten Zahlen nicht berücksichtigt sind.

Bei der Investitionstätigkeit nimmt die Energiewirtschaft im Branchenvergleich eine Spitzenstellung ein. So beliefen sich allein die Anlageinvestitionen der Unternehmen der leitungsgebundenen Energieversorgung (Strom, Gas und Fernwärme) 2016 nach Angaben des Statistischen Bundesamtes auf mehr als 10 Mrd. €. Investitionen der industriellen Kraftwirtschaft und der privaten Erzeuger sind in dieser Zahl nicht enthalten.

Der Wertschöpfungsbeitrag der inländischen Energiewirtschaft beläuft sich gegenwärtig auf etwa 2 % des gesamten Bruttoinlandsprodukts. Das entspricht dem Anteil der Chemischen Industrie. Dennoch ist der Wertschöpfungsbeitrag quantitativ begrenzt. Dies liegt vor allem daran, dass Deutschland als rohstoffarmes Land seine Energieversorgung wesentlich auf Energieimporte abstützen muss. Ein großer Teil der Wertschöpfungskette auf dem Weg von der Quelle bis zum Endverbraucher liegt damit außerhalb der Grenzen der Bundesrepublik Deutschland.

Literatur

[1] Verein Deutscher Ingenieure, VDI-Richtlinie 4661, Energiekennwerte: Definitionen – Begriffe – Methodik, Düsseldorf, August 2014

[2] Bundesanstalt für Geowissenschaften und Rohstoffe, BGR Energiestudie 2017; Daten und Entwicklungen der deutschen und globalen Energieversorgung, Hannover, Dezember 2017

[3] Bundesverfassungsgericht, Kernbrennstoffsteuergesetz mit dem Grundgesetz unvereinbar und nichtig, Pressemitteilung Nr. 42/2017 vom 07.06.2017

[4] Bundesverband der Deutschen Industrie e. V., Marktwirtschaftliche Instrumente der Umweltpolitik – Freiwillige Vereinbarungen, Steuern und Zertifikate im Vergleich, Berlin 2001

Struktur der einzelnen Energie-Teilmärkte 2

Die deutsche Energiewirtschaft ist privatwirtschaftlich organisiert. Mit dem Beitritt der neuen Länder zur Bundesrepublik Deutschland war auch die ostdeutsche Energiewirtschaft von sogenannten volkseigenen, tatsächlich aber staatseigenen Betrieben, in privatwirtschaftliche Unternehmensformen übertragen worden. Die Bundesregierung ist nämlich der Auffassung – und diese Auffassung wird durch die zum Zeitpunkt des Beitritts der neuen Bundesländer vorgefundene Verfassung der ostdeutschen Energiewirtschaft eindrucksvoll bestätigt –, dass eine privatwirtschaftliche Organisationsform besser in der Lage ist, die zentralen Ziele der Energiepolitik zu erfüllen als eine staatlich gelenkte oder staatseigene Energiewirtschaft.

Im Einklang mit dieser Philosophie hatte der Bund – nach einer bereits 1965 erfolgten ersten Teilprivatisierung – seine Anteile an der VEBA AG in zwei Privatisierungsrunden 1983 und 1987 verkauft. „Eine ähnliche Entwicklung hat es bei der VIAG AG gegeben. 1923 als Holdinggesellschaft für industrielle Beteiligungen des Deutschen Reiches gegründet, war die VIAG bis 1986 zu 100 % in Staatsbesitz. 1986 veräußerte die Bundesrepublik dann 40 % des VIAG-Grundkapitals; 1988 folgte die vollständige Privatisierung" [1]. Im Jahr 2000 fusionierten Veba und VIAG. Veba brachte u. a. PreussenElektra und Veba Oel ein. Kern-Geschäftsfelder von VIAG waren Energie (Beteiligungen an Bayernwerk, Bewag, Braunschweigische Kohlenbergwerke und Thyssengas), Aluminium (Vereinigte Aluminium-Werke, heute Teil von Norsk Hydro) und Chemie. Die vormals bundeseigene Salzgitter AG, die neben Stahl- u. a. über Bergbauaktivitäten verfügte, wurde mit dem Ende 1989 erfolgten Verkauf an die Preussag AG vollständig privatisiert. Die danach noch verbliebene einzige Beteiligung des Bundes an westdeutschen Energieunternehmen, der 74 %-Anteil an der zweitgrößten Steinkohlenbergbaugesellschaft Saarbergwerke AG, wurde mit Gründung der Deutsche Steinkohle AG abgegeben.

Die dem Bund als Folge des Beitritts der fünf neuen Bundesländer „zugewachsenen" Beteiligungen im Energiebereich waren bereits bis Ende 1994 durch die Treuhandanstalt weitestgehend privatisiert worden. So war die Privatisierung der ostdeutschen Elektrizitätswirtschaft 1990 durch den EVU-Vertrag eingeleitet und mit dem Verkauf des Strom-

H.-W. Schiffer, *Energiemarkt Deutschland*, https://doi.org/10.1007/978-3-658-23024-1_2

verbundunternehmens VEAG Vereinigte Energiewerke AG im September 1994 vollendet worden. Die Privatisierung der ostdeutschen Regionalversorgungsunternehmen konnte im März 1994 abgeschlossen werden. Einen vergleichbaren Prozess hat es im Gasbereich gegeben. So war die Ferngasgesellschaft Verbundnetz Gas AG bereits 1991 privatisiert worden. Im Ölbereich ist die Raffinerie Schwedt von der Treuhandanstalt 1991 an westdeutsche und westeuropäische Unternehmen verkauft worden. Die beiden nächstgrößten Raffinerien sowie das ehemalige Mineralöl-Vertriebsmonopol Minol wurden 1992 an das TE-Konsortium (Thyssen Handelsunion und Elf Aquitaine) veräußert. Im Dezember 1993 hatte die Treuhandanstalt die Privatisierung der mitteldeutschen Braunkohle mit einem amerikanisch/britischen Konsortium vereinbart. Der Vertrag über die Privatisierung der Lausitzer Braunkohle wurde im September 1994 zwischen Treuhandanstalt und einem Erwerber-Konsortium, bestehend aus der RWE Rheinbraun AG und westdeutschen Stromverbundunternehmen, geschlossen. Damit verfügt Ostdeutschland heute ebenso wie die alten Länder über marktwirtschaftliche Strukturen in der Energieversorgung.

Die im Jahr 2000 erteilten Genehmigungen zur Fusion von VEBA und VIAG zu E.ON und zur Verschmelzung von VEW auf RWE waren mit der Auflage verbunden, dass sich diese Unternehmen von ihren Anteilen bei VEAG und an der Lausitzer Braunkohle AG (LAUBAG) trennen. Im Rahmen eines Bieterverfahrens, an dem sich zahlreiche Interessenten beteiligten, wurden Ende 2000 die VEAG- und LAUBAG-Anteile von den Alteigentümern an die Hamburgischen Electricitäts-Werke AG (HEW) verkauft. Damit waren die Weichen für den Aufbau eines wirtschaftsstarken nordostdeutschen Energieunternehmens unter dem Dach der Vattenfall Europe AG, Berlin, gestellt worden [2]. 2016 hat das schwedische Staatsunternehmen Vattenfall die Braunkohlentagebaue und -kraftwerke an den tschechischen Energiekonzern EPH und dessen Finanzpartner PPF Investments verkauft.

Nachdem der Bund somit seine Beteiligungen in den vergangenen Jahrzehnten privatisiert hat, hatten auch Bundesländer an Energieunternehmen gehaltene Kapitalanteile veräußert. Allerdings war in den letzten Jahren insbesondere auf Landes- und auf kommunaler Ebene ein gegenläufiger Trend zu verzeichnen. Beispiele sind: Im Dezember 2010 hat das Land Baden-Württemberg den 45 % Anteil an EnBW vom französischen Energieversorger EdF für 4,7 Mrd. € gekauft. Das niederländische Staatsunternehmen TenneT hat am 1. Januar 2010 von E.ON deren deutsches Höchstspannungsnetz erworben. Der belgische Übertragungsnetzbetreiber Elia System Operator NV/SA (Elia), dessen Kapitalanteile zu 45,4 % von Publi-T (Anteilseigner sind belgische Kommunen bzw. kommunale Einrichtungen) gehalten werden, hatte 60 % der Anteile an 50 Hertz Transmission GmbH 2010 von Vattenfall Europe erworben. 40 % der Anteile an 50 Hertz waren von dem australischen Infrastrukturfonds Global InfraCo S.à.r.l gekauft worden, verwaltet von IFM Investors. Mit dem Kauf von 51 % der Anteile an Steag war im März 2011 ein Konsortium aus sieben kommunalen Unternehmen der Rhein-Ruhr-Region Hauptanteilseigner dieses Unternehmens geworden. Nach Übertragung der verbliebenen 49 % der Anteile an der Steag, die zunächst von Evonik gehalten worden waren, auf die KSBG Kommunale Beteiligungsgesellschaft, halten die sieben kommunalen Unternehmen 100 % der Kapitalanteile an der Steag. Unabhängig von dieser Transaktion sind Kommunen auch heute noch in einer Vielzahl von Fällen Anteilseigner von Energieunternehmen. Dies gilt vornehmlich für die leitungsgebundenen Energien Strom und Gas. Dabei sind die Rahmenbedingungen – im Einklang mit der in Deutschland bestehenden marktwirtschaftlichen Ordnung – grundsätzlich so gestaltet, dass diese Unternehmen sich wie rein private Gesellschaften im Markt behaupten müssen.

2.1 Mineralöl

Seit Ende der 1990er Jahre hat sich die Struktur des weltweiten Ölgeschäfts vollständig verändert. Viele sehr große Firmen hatten sich in den Jahren 1998 bis 2001 zu noch größeren zusammengeschlossen, den sogenannten Mega-Mergers, wie ExxonMobil, BP-Amoco-Arco, TotalFinaElf oder ChevronTexaco. 2002 übernahm die Phillips Petroleum Co, Bartlesville, den Konkurrenten Conoco Inc., Houston. Das Unternehmen firmierte danach unter ConocoPhillips und war damit – nach ExxonMobil und ChevronTexaco – der drittgrößte Ölkonzern der USA. 2013 hat sich der Konzern wieder in zwei Gesellschaften aufgespalten; die neu entstandene börsennotierte Phillips 66 führt nur die Dowstream-Aktivitäten des Konzerns, die alte ConocoPhillips das Upstream-Geschäft. Von den weltweit größten Ölkonzernen setzte allein die britisch-niederländische Royal Dutch/Shell auf Kostensenkung ohne externe Eingliederung [3]. Allerdings erfolgte am 20. Juli 2005 die Verschmelzung der beiden Konzernmütter, der Royal Dutch aus den Niederlanden und der britischen Shell Transport Trading. Das Unternehmen firmiert seitdem als Royal Dutch Shell plc. mit Sitz in den Niederlanden.

Motive für die erfolgten Zusammenschlüsse waren und sind: „Kosteneinsparungen, Erhöhung der Kapitalkraft, Unabhängigkeit, globale Präsenz. Die europäische Ölwelt spaltet sich dadurch in eine Zweiklassengesellschaft mit den sehr großen internationalen Firmen auf der einen und den kleinen, den Lokalmatadoren auf der anderen Seite. Die mittleren, überregionalen Player sind verschwunden. Die Mega-Merger können erhebliche Kosteneinsparpotenziale realisieren, sie können beispielsweise ihr Raffineriesystem europaweit optimieren. Die Lokalmatadoren müssen auf diesen Wettbewerbsvorteil reagieren. Die Realisierung der internen Kosteneinsparpotenziale löst das Problem allein nicht. Ein Merger von zwei Lokalmatadoren schafft keinen Giganten. Lokalmatadoren müssen durch Flexibilität und schnelle, maßgeschneiderte Marktlösungen reagieren“ [4].

Neben privaten Unternehmen haben in den vergangenen Jahrzehnten nationale staatliche Ölgesellschaften – National Oil Companies (NOCs) – auf den internationalen Ölmärkten wachsende Bedeutung erlangt. Ein Beispiel ist Saudi Aramco, der weltweit größte Ölkonzern.

In Europa erweitern Ölkonzerne, vor allem Royal Dutch Shell, aber auch die französische Total, ihre Aktivitäten über das klassische Ölgeschäft hinaus. So investieren diese Unternehmen in LNG, in Strom und in erneuerbare Energien. Shell hat begonnen, in Großbritannien den großen sechs Konkurrenz zu machen und kämpft künftig wie Centri-

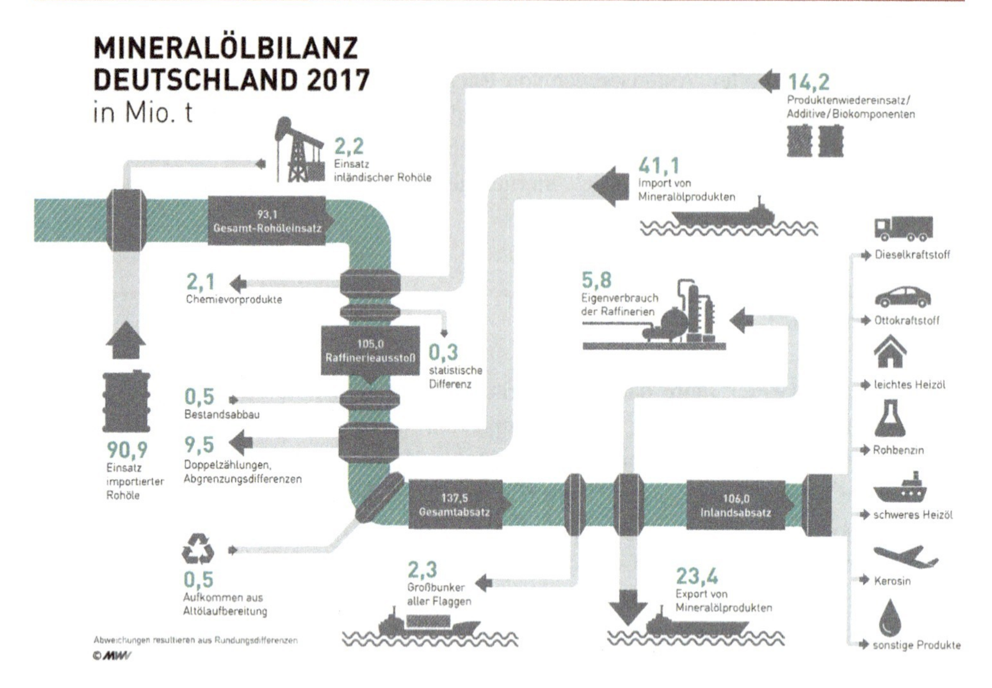

Abb. 2.1 Mineralöl-Bilanz 2017

ca mit British Gas, EDF und E.ON UK sowie RWE Npower, Scottish Power und Scottish & Southern Energy (SSE) auch um Haushaltskunden. Total will in Frankreich die überwiegend staatliche EDF ebenso herausfordern wie ENGIE. Total hatte bereits 2016 den französischen Batterie-Spezialisten Saft gekauft. Mit dem im Dezember 2017 vereinbarten Kauf des britischen Energieanbieters First Utility beginnt Shell den angekündigten Einstieg in den britischen und teils auch den deutschen Endverbraucher-Markt für Gas und Strom [5].

2.1.1 Unternehmensstruktur auf der Aufkommensstufe

Das Aufkommen an Mineralöl in Deutschland von insgesamt 134,5 Mio. t im Jahr 2017 setzte sich aus 2,2 Mio. t inländischer Förderung, aus 90,7 Mio. t Rohölimporten und aus 41,1 Mio. t Einfuhren an Mineralölprodukten zusammen. Das sonstige Aufkommen – darunter sind unter anderem Bestandsveränderungen erfasst – betrug 0,5 Mio. t.

Mineralölindustrie Das Mineralölaufkommen erbringen im Wesentlichen rund 50 Unternehmen. Diese Gesellschaften sind mit unterschiedlichem Gewicht, differierenden Funktionen innerhalb der Versorgungskette und verschiedenen regionalen Schwerpunkten auf dem deutschen Markt tätig. Im Einzelnen können die Unternehmen der Mineralölindustrie in Deutschland folgenden Anbietergruppen zugeordnet werden:

Tab. 2.1 Aufkommen und Verwendung von Mineralöl in Deutschland

Stand: Mai 2018		2016**	2017**
		1000 t	
	Inlandsförderung	2357	2217
+	Rohöleinfuhr	91.244	90.738
+	Einfuhr Mineralölprodukte	38.761	41.064
±	Bestandsveränderungen*	−373	493
=	Aufkommen	131.989	134.512
−	Rohölausfuhr	101	0
−	Ausfuhr Mineralölprodukte	22.833	23.509
−	Bunkerungen	2855	2320
=	Primärenergieverbrauch	106.200	108.683
−	Raffinerie-Eigenverbrauch	5694	5760
−	Verarbeitungsverluste, Verbraucherbestände	274	306
=	Inlandsabsatz ohne Biokraftstoffe	100.232	102.617
+	Biokraftstoffe	3326	3372
=	Inlandsabsatz einschließlich Biokraftstoffe	103.558	105.989
	Davon:		
	Industrie (einschl. nicht-energet. Verbrauch)	21.291	22.050
	Haushalte und Kleinverbraucher (HuK)	17.498	17.100
	Verkehr (einschl. Biokraftstoffe)	62.846	64.940
	Kraftwerke (o. wärmeerz. Raffineriekraftwerke)	1729	1701
	Militär	194	198

* zzgl. Statistische Differenzen, Verluste vor bzw. nach Verarbeitung, Chemieprodukte, Sekundärbrennstoffe

** Für 2016 endgültig; für 2017 teilweise vorläufige Daten

Quelle: Bundesamt für Wirtschaft und Ausfuhrkontrolle (BAFA) sowie Mineralölwirtschaftsverband und Arbeitsgemeinschaft Energiebilanzen

- Fünf Töchter aus dem Kreis der sechs weltweit größten privaten Ölgesellschaften; das sind die Shell Deutschland Oil GmbH, die ESSO Deutschland GmbH, die BP Europa SE, die Total Deutschland GmbH (das Unternehmen Total entstand im Jahre 2000 aus der Fusion mit Fina und Elf Aquitaine) und Phillips 66 (Downstream-Geschäft von ConocoPhillips). Die bis zum Jahr 2001 von deutschen Unternehmen (E.ON bzw. RWE) gehaltenen Öl-Verarbeitungs- und Vertriebs-Aktivitäten wurden in den vergangenen Jahren veräußert (VEBA OEL und Aral an BP und die Downstream-Aktivitäten von RWE DEA an Shell). Darüber hinaus hatte RWE im März 2015 die RWE Dea AG (Segment Upstream Gas & Öl) an die in Luxemburg ansässige Investmentgesellschaft LetterOne veräußert.
- Tochtergesellschaften europäischer Mineralölunternehmen (ENI Deutschland GmbH, Nynas AB, PKN Orlen S.A., Rosneft Holdings Limited und OMV Deutschland GmbH). Rosneft ist ein mehrheitlich staatliches russisches Mineralölunternehmen

Tab. 2.2 Anteilseigner der auf dem deutschen Markt vertretenen Gesellschaften der Mineralölindustrie

Name der Gesellschaft	Kapitaleigner	Anteil %
BP Europa SE, Hamburg	BP plc London, BP Global Investments	100,0
ESSO Deutschland GmbH, Hamburg	ExxonMobil Central Europe Holding GmbH, Hamburg	100,0
Shell Deutschland Oil GmbH, Hamburg	Royal Dutch Shell plc., Den Haag	100,0
TOTAL Deutschland GmbH, Berlin	Total S. A., Paris	100,0
JET Tankstellen Deutschland GmbH, Hamburg	Phillips 66, Houston Die Phillips 66 beinhaltet das abgespaltene und an die Börse gebrachte Downstream-Geschäft von ConocoPhillips	100,0
Gunvor Raffinerie Ingolstadt GmbH	Gunvor Group Ldt., Genf	100,0
Ruhr Oel GmbH, Gelsenkirchen	BP Europa SE	100,0
Aral AG Bochum	BP Europa SE	100,0
Wintershall Holding GmbH, Kassel	BASF SE, Ludwigshafen	100,0
Rosneft Deutschland GmbH, Berlin	JSC ROSNEFTEGAZ (100 % in russischem Staatseigentum)	69,50
	BP Russian Investments Limited	19,75
	National Settlement Depository	10,35
	Sonstige	0,40
ENI Deutschland GmbH, München	Eni International B. V., Amsterdam	89,0
	Eni Holdings B. V., Amsterdam	11,0
OMV Deutschland GmbH, Burghausen	OMV Aktiengesellschaft, Wien	10,0
	OMV Refining & Marketing GmbH, Wien (Die OMV Refining and Marketing GmbH ist eine 100 % Tochter der OMV Aktiengesellschaft.)	90,0
Holborn Europa Raffinerie GmbH, Hamburg	Holborn Investment Company Ltd., Larnaca (Eigentümer der Holborn Investment Company sowie auch von Tamoil ist Oilinvest B. V., The Hague. Oilinvest gehört dem libyschen Staat.)	100,0
Varo Energy Refining GmbH, Hamburg	Reggeborgh (private Investmentgesellschaft)	33,3
	Carlyle International Energy Partners (Beratungsfonds der globalen alternativen Vermögensverwaltungsgesellschaft The Carlyle Group)	33,3
	Vitol (Internationales Energie- und Rohstoffunternehmen)	33,3
ORLEN Deutschland GmbH, Elmshorn	PKN ORLEN S. A., Warschau	100,0
Nynas GmbH & Co. KG, Hamburg	Nynas AB, Stockholm	100,0
Raffinerie Heide GmbH, Hemmingstedt	Klesch & Company Ltd.	100,0

Quelle: Jahrbuch 2018 der europäischen Energie- und Rohstoffwirtschaft, 125. Jg., Essen 2017 sowie Angaben der jeweiligen Unternehmen

mit Stammsitz in Moskau. Wintershall ist der größte, international tätige, deutsche Erdöl- und Erdgasproduzent.

- Unternehmensbeteiligungen internationaler Investorengruppen; dazu können die Holborn Investment Company Ltd, Varo Energy Refining GmbH, die Klesch & Company Ltd. und die Gunvor Group gezählt werden. Diesen Gesellschaften gehören die Holborn Europa Raffinerie in Hamburg, Anteile an der Bayernoil Raffineriegesellschaft (Varo), die Raffinerie Heide (Finanzinvestor Klesch) bzw. die Gunvor Raffinerie Ingolstadt. Holborn ist eine Tochtergesellschaft der Tamoil Group; Tamoil ist der Handelsname der Oilinvest Group. Gunvor ist in den Bereichen Handel, Transport und Lagerung von Erdöl und Erdölerzeugnissen tätig.

Ein deutsches Unternehmen, das von der Rohölförderung über die Raffinerieverarbeitung bis zum Tankstellengeschäft alle Stufen der Wertschöpfungskette kontrolliert, existiert nicht mehr.

Die wirtschaftlichen und politischen Interessen der Mineralölindustrie in Deutschland werden durch den Mineralölwirtschaftsverband (MWV), Berlin, vertreten. Der MWV ist ein Mitgliedsverband des Bundesverbandes der Deutschen Industrie (BDI) und die institutionalisierte Interessenvertretung der Unternehmen der Mineralölindustrie in Deutschland. Arbeitsschwerpunkte des MWV liegen in der Umweltpolitik mit Blick auf Verarbeitung, Transport und Lagerung von Mineralöl und seinen Produkten, im Energierecht, in der Klimapolitik und Steuergesetzgebung sowie in der Entwicklung von Sicherheits- und Unfallverhütungsvorschriften beim Umgang mit Mineralölprodukten.

Importhandel Daneben trägt eine von der Mineralölindustrie unabhängige Anbietergruppe, zur Mineralölversorgung bei. Die Gesellschaften beziehen Mineralölprodukte von inländischen Raffinerien und importieren diese auch selbst. Die Produkteinfuhren des Handels konzentrieren sich vornehmlich auf Gasöle (Diesel und leichtes Heizöl), Ottokraftstoffe, schwere Heizöle und Flugkraftstoffe. Dominierend sind Gasöle, bei denen der Anteil des Handels in den zurückliegenden Jahren zwischen 33 und 50 % lag.

Als Beispiel für ein kontinuierlich importierendes Unternehmen kann Mabanaft genannt werden; diese Gesellschaft ist im Konzernverbund mit der Tanklagergesellschaft Oiltanking aktiv. Außerdem betreibt die Marquard & Bahls-Gruppe, zu der Mabanaft und Oiltanking gehören, unter der Marke OIL! ein eigenes Tankstellennetz. Des Weiteren gehören zu dem Kreis der unabhängigen Anbieter Unternehmen wie DS-Mineralöl oder BMV Mineralölversorgungsgesellschaft, die auch die Tankstellenmarken „Sprint“ und „Go“ führt.

Die Interessen der mittelständischen Handelsunternehmen werden durch verschiedene Fachverbände wahrgenommen. Die Struktur stellt sich wie folgt dar: Der Dachverband MEW Mittelständische Energiewirtschaft Deutschland e. V., Berlin, bündelt die Interessen des unabhängigen Handels. Seine Mitglieder sind der AFM+E – Außenhandelsverband für Mineralöl und Energie e. V., der bft – Bundesverband Freier Tankstellen und Unabhängiger Deutscher Mineralölhändler e. V., der UTV – Unabhängiger Tanklagerverband e. V.

sowie der FPE – Förderkreis Preiswert-Energie e. V. Die im MEW vertretenen Unternehmen sind tätig in den Bereichen Mineralöl als Hauptenergieträger, erneuerbare Energien (Biokraftstoffe) sowie Erdgas und Strom.

Im UNITI Bundesverband mittelständischer Mineralölunternehmen e. V. sind Handelsunternehmen organisiert, die eng mit den Großen der Mineralölbranche (BP/Aral, Shell, Esso, Total, Jet, Orlen, Eni, Tamoil und OMV) verbunden sind – etwa durch Markenhändler-Verträge. Mit etwa 3700 freien Tankstellen sind bei der UNITI zudem rund 70 % der freien Tankstellen organisiert. Insgesamt betreiben die Verbandsmitglieder rund 6000 Tankstellen. Die UNITI-Mitglieder versorgen etwa 20 Mio. Kunden mit Heizöl. Sie bedienen etwa 80 % des Endkundengeschäfts beim leichten Heizöl und bei den im Wärmemarkt genutzten festen Brennstoffen. Zum Kreis der 1300 Mitgliedsfirmen der UNITI gehören auch die meisten unabhängigen mittelständischen Schmierstoffhersteller und Schmierstoffhändler in Deutschland; ihr Marktanteil liegt bei rund 50 %. Überdies betreiben die UNITI-Mitgliedsunternehmen flächendeckend Tanklager in Deutschland.

In jüngster Zeit engagieren sich die Verbände der Mineralölwirtschaft zunehmend auch für synthetische Flüssigkraftstoffe aus Strom auf Basis erneuerbarer Energien (E-Fuels) [6].

2.1.2 Versorgung mit Rohöl

Das Rohöl-Aufkommen der Bundesrepublik Deutschland wurde im Jahre 2017 mit 90,7 Mio. t zu 97,6 % aus Importen erbracht. Die inländische Rohölförderung trug 2017 mit 2,2 Mio. t lediglich 2,4 % zum Gesamtaufkommen bei.

An der inländischen Förderung partizipiert nur ein Teil der auf dem deutschen Markt tätigen Gesellschaften. Hierzu zählen vor allem Wintershall Holding AG, DEA Deutsche Erdoel AG, Energie E & P Deutschland GmbH, Esso und Shell als Anteilseigner der BEB Erdgas und Erdöl GmbH & Co. KG sowie Mobil Erdgas-Erdöl GmbH.

Daneben wurden aus dem Kreis dieser Firmen 2017 rund 7,8 Mio. t Erdöl im Ausland produziert [7].

Die Mehrheit der auf dem deutschen Markt tätigen Mineralölgesellschaften bezieht den überwiegenden Teil des Rohöls zum Teil direkt, zum Teil über ihre Muttergesellschaften von den Anbietern auf dem Weltölmarkt. Während Rohöl noch bis zur zweiten Ölkrise 1979/80 ganz überwiegend im Rahmen langfristiger Verträge gehandelt wurde, haben seitdem Spotgeschäfte stark an Bedeutung gewonnen.

Hinsichtlich der Herkunft der in deutschen Raffinerien eingesetzten Importrohöle ist ebenfalls ein beträchtlicher Strukturwandel festzustellen. Im Jahre 2017 trugen zum Rohölaufkommen der Bundesrepublik Deutschland insgesamt 33 Staaten bei. Bedeutendster Lieferant mit einem Anteil von 37 % war Russland. Die nächstwichtigsten Rohöl-Herkunftsländer für Deutschland waren 2017 Norwegen, Großbritannien, Kasachstan, Libyen, Nigeria, Irak, Aserbaidschan, Algerien und Ägypten. Der Beitrag der zehn größten

Tab. 2.3 Erdölförderung in Deutschland nach konsortialer Beteiligung 2017

Gesellschaft	2017	
	t	%
BEB Erdgas und Erdöl GmbH & Co. KG	233.865	10,55
DEA Deutsche Erdoel AG	636.890	28,72
Deutz Erdgas GmbH	1174	0,05
Engie E&P Deutschland GmbH	293.248	13,23
H. v. Rautenkranz Intern. Tiefbohr/ITAG	7777	0,35
Mobil Erdgas-Erdöl GmbH	62.339	2,81
Rheinpetroleum GmbH	2212	0,10
Vermilion Energy Germany GmbH & Co. KG	49.491	2,23
Wintershall Holding AG	875.137	39,47
Sonstige	55.141	2,49
Insgesamt	2.217.274	100,00

Quelle: Bundesverband Erdgas, Erdöl und Geoenergie e. V. (BVEG), Statistischer Bericht 2017, Hannover 2018

Lieferländer der Bundesrepublik Deutschland belief sich auf 92 % der Gesamtimporte von 90,7 Mio. t. Aus OPEC-Staaten wurden 24 % eingeführt.

Nach Regionen stellte sich die Rohöl-Bezugsstruktur der Bundesrepublik Deutschland 2017 wie folgt dar: Naher Osten 7 %, Afrika 19 %, West- und Mitteleuropa (im Wesentlichen Nordseeöl) 23 %, Osteuropa/Asien 49 % sowie Amerika 2 %.

Die Rohölzufuhr nach Deutschland erfolgt über verschiedene Anlandestationen. Von den 2017 insgesamt für Deutschland ermittelten Anlandungen von 90,8 Mio. t entfielen 18,1 Mio. t auf die Weser-/Jade-/Ems-Häfen Bremen, Wilhelmshaven, Emden sowie 4,8 Mio. t auf den Elbe-Hafen Hamburg-Brunsbüttel. In Triest wurden 2017 rund 31,0 Mio. t angelandet, die über die Transalpine Pipeline (TAL) an die süddeutschen und südwestdeutschen Raffinerien befördert wurden. Die RRP-Leitung von Rotterdam den

Tab. 2.4 Rohölimporte nach Ursprungsländern und -regionen

Ursprungsland/-region	2016	2017
	1000 t	
Irak*	3146	4675
Saudi Arabien*	812	1021
Iran*	0	794
Kuwait*	190	176
Naher Osten	***4148***	***6666***
Libyen*	1779	6915
Nigeria*	3810	4916
Algerien*	3266	1958

Tab. 2.4 (Fortsetzung)

Ursprungsland/-region	2016	2017
	1000 t	
Ägypten	1740	1737
Ghana	202	662
Elfenbeinküste	492	460
Angola*	675	205
Äquatorialguinea*	304	180
Tunesien	284	160
Südafrika	0	87
Republik Kongo	0	39
Kamerun	34	0
Afrika	***12.586***	***17.319***
Norwegen	11.190	10.303
Großbritannien	9210	8555
Dänemark	503	612
Niederlande	327	440
Italien	235	316
Polen	223	219
Schweden	16	30
Frankreich	18	3
Estland	59	0
West- und Mitteleuropa	***21.780***	***20.478***
Russland	36.048	33.512
Kasachstan	8375	8114
Aserbaidschan	5131	2451
Turkmenistan	159	0
Osteuropa/Asien	***49.713***	***44.077***
USA	608	868
Venezuela*	407	654
Mexiko	854	345
Kolumbien	228	138
Brasilien	208	97
Guatemala	0	14
Kanada	32	0
Amerika	***2337***	***2116***
Nicht ermittelte Länder	*680*	*82*
Rohölimporte insgesamt	**91.244**	**90.738**
Davon aus OPEC-Staaten	14.085	21.494

* OPEC-Staaten (Stand: 2017): Algerien, Angola, Äquatorialguinea, Ecuador, Gabun, Irak, Iran, Katar, Kuwait, Libyen, Nigeria, Saudi Arabien, Venezuela und Vereinigte Arabische Emirate (2016 war Äquatorialguinea noch kein OPEC-Mitglied)

Quelle: Bundesamt für Wirtschaft und Ausfuhrkontrolle (BAFA); Mai 2018

Tab. 2.5 Rohölversorgung der Bundesrepublik Deutschland nach Anlandestationen 2017

Anlandestationen	2017
	1000 t
Elbe-Häfen (Hamburg-Brunsbüttel)	4788
Weser-/Jade-/Ems-Häfen (Bremen, Wilhelmshaven, Emden)	18.111
Heinersdorf/Schwedt	20.589
Rhein-/Schelde-Häfen (Rotterdam, Antwerpen)	16.340
Triest	30.952
Insgesamt	**90.780**

Quelle: Mineralölwirtschaftsverband

Rhein hinauf nahm zur Versorgung des deutschen Marktes 16,3 Mio. t auf. Die Lieferungen von russischen Rohölen über die sogenannte Freundschafts-Leitung (Drushba) nach Heinersdorf für die Raffinerien in Schwedt und Spergau betrugen 20,6 Mio. t.

2.1.3 Importe von Mineralölprodukten

Im Jahre 2017 wurden 41,1 Mio. t Mineralölprodukte in die Bundesrepublik Deutschland eingeführt. Damit waren die Produktimporte zu 31 % am Mineralölaufkommen beteiligt.

Die Bedeutung der Importe an Fertigerzeugnissen ist bei den einzelnen Mineralölprodukten und auch in den verschiedenen Regionen der Bundesrepublik Deutschland unterschiedlich stark ausgeprägt. Gemessen an ihrem absoluten Volumen sind die Importe von Gasöl (also vor allem von Dieselkraftstoff und leichtem Heizöl) am bedeutendsten, während in Relation zum Bedarf bei Schmierstoffen, bei Petrolkoks und Flugturbinenkraftstoff der größte Einfuhranteil besteht.

Die regionalen Versorgungsschwerpunkte für importierte Fertigerzeugnisse liegen im Einzugsbereich der Küsten sowie entlang der Rheinschiene, also im Norden, im Westen und im Südwesten der Bundesrepublik Deutschland.

Haupthandelsplatz für die Importmengen ist Rotterdam im Verbund mit Antwerpen und Amsterdam (ARA). Dieser Standort besitzt als Raffineriezentrum und als Umschlaghafen für die Produktenversorgung des deutschen Marktes die größte Bedeutung; er ist über den Rhein sowie die Rhein-Main-Rohrleitung unmittelbar mit wichtigen Ballungsräumen der Bundesrepublik Deutschland verbunden.

Bei der Einfuhr von Mineralölprodukten bedienen sich die Raffineriegesellschaften neben Zukäufen von Dritten auf dem Weltmarkt ihrer eigenen weltweiten logistischen Versorgungssysteme. Im Jahre 2017 dürften von dem gesamten Importvolumen an Mineralölprodukten von 41,1 Mio. t in etwa die Hälfte auf die Raffineriegesellschaften und der verbleibende Teil auf Handelsfirmen entfallen sein.

Soweit in den vergangenen Jahren der Bezug von Komponenten aus dem Ausland vermehrt wurde, erklärt sich dies im Wesentlichen durch die Tatsache, dass die Raffine-

Tab. 2.6 Einfuhren von Mineralölerzeugnissen sowie Anteil der Produktimporte am Inlandsabsatz in der Bundesrepublik Deutschland 2016 und 2017

Produkt		2016			2017		
		Produkt-importe	Inlands-absatz*	Anteil Importe am Absatz	Produkt-importe	Inlands-absatz*	Anteil Importe am Absatz
		1000 t		%	1000 t		%
1.	*Hauptprodukte*						
	Rohbenzin	7276	15.798	46,1	7799	15.605	50,0
	Ottokraftstoff	1029	18.238	5,6	1421	18.296	7,8
	Dieselkraftstoff	15.414	37.901	40,7	15.403	38.703	39,8
	Leichtes Heizöl	3275	15.812	20,7	3380	15.836	21,3
	Schweres Heizöl	735	2898	25,4	746	3080	24,2
2.	*Komponenten*						
	Benzin	484	*	–	737	156	–
	Mitteldestillate	549	*	–	672	1	–
	Schweres Heizöl	1796	*	–	1528	0	–
3.	*Nebenprodukte*						
	Flüssiggas	790	3094	25,5	943	4326	21,8
	Flugturbinen-kraftstoff – schwer	5003	9179	54,4	5924	9968	59,4
	Schmierstoffe	1015	1036	98,0	992	1032	96,1
	Bitumen	127	2273	5,6	51	2146	2,4
	Petrolkoks	596	1072	55,6	712	1088	65,4
	Sonstige Produkte	672	2529	26,6	755	2273	33,2
	Zwischensumme	38.761	109.830	–	41.063	112.510	–
–	Doppelzählungen***	–	6272	–	–	6522	–
	Insgesamt	38.761	103.558	37,4	41.063	105.989	38,7

* einschließlich Militär
** kein Inlandsabsatz an Endverbraucher
*** aus Recycling und Chemierücklauf
Quelle: Bundesamt für Wirtschaft und Ausfuhrkontrolle (auch für 2017 endgültige Zahlen)

riegesellschaften zum Teil der Verarbeitung zeitweise preiswerterer eingeführter Halbfertigprodukte den Vorzug gegenüber dem Einsatz von Rohöl gegeben hatten, um auf diese Weise einerseits die Einstandskosten zu reduzieren und andererseits die fixkostenintensiven Konversionsanlagen angemessen auszulasten. Hierauf gingen die zeitweise besonders stark gestiegenen Einfuhren an Rückstandsölen zurück. Zum Teil handelt es sich dabei um Einsatzmengen, die in Konversionsanlagen zu leichteren Produkten – wie Benzin, Dieselkraftstoff und leichtes Heizöl – weiterverarbeitet werden.

2.1.4 Verarbeitung von Mineralöl

In der Bundesrepublik Deutschland betrug die Kapazität an Rohölverarbeitungsanlagen zum Jahresende 2017 etwa 102,2 Mio. t/Jahr. Im Jahresdurchschnitt 2017 waren die deutschen Raffinerien zu 90,6 % ausgelastet. Die Kapazität der Konversionsanlagen erreichte Ende 2017 mit 46,3 Mio. t/Jahr rund 45,3 % der Rohölverarbeitungskapazität.

Auf Westdeutschland entfielen zum Jahresende 2017 mit 79,0 Mio. t/Jahr gut drei Viertel der Rohölverarbeitungskapazität der Bundesrepublik Deutschland. Dieser Stand ist Ergebnis der nachfolgend dargestellten Entwicklungstendenzen auf dem westdeutschen Mineralölmarkt. Während sich der Inlandsabsatz an Mineralölprodukten in Westdeutschland von 4 Mio. t im Jahre 1950 auf 28 Mio. t im Jahre 1960 versiebenfacht und bis 1973 auf 135 Mio. t weiter deutlich gesteigert hatte – dies entsprach in etwa einer Verfünffachung gegenüber 1960 –, hatte sich das Marktvolumen als Folge der zwei Preissprünge 1973/74 und 1979/80 und verstärkt durch energiepolitische Maßnahmen zur Einsparung und Substitution von Öl im Zeitraum 1973 bis Mitte der 1990er Jahre um fast ein Fünftel verkleinert.

Die bis 1973 beobachtete Expansion des Verbrauchs war von einem umfangreichen Raffineriebauprogramm begleitet. Neben der Erweiterung der Raffineriekapazität auf 145,6 Mio. t/Jahr bis Ende 1973 war insbesondere die Umorientierung hinsichtlich der Standortstruktur bemerkenswert. Die starke Ausweitung des Verbrauchs machte es notwendig, das Rohöl in die Schwerpunkte des Konsums zu transportieren und dort zu verarbeiten, denn die Alternative, die Produkte von den Küstenraffinerien beziehungsweise gar von den Rohölförderländern zu den Verbrauchern zu transportieren, wäre nicht nur kostenungünstiger, sondern auch physisch nicht zu bewerkstelligen gewesen.

Hatte es noch 1960 nur im norddeutschen Küstenraum Raffinerien sowie Hydrierwerke im Rhein-Ruhr-Gebiet gegeben, in denen statt Kohle Öl eingesetzt wurde, so war es in den 1960er Jahren im südwestdeutschen und im süddeutschen Raum zu einem umfangreichen Bauprogramm gekommen. Seitdem konzentriert sich die westdeutsche Raffineriekapazität im Wesentlichen auf vier Standorte. Hierzu zählen die Nordregion mit dem Raffineriezentrum Hamburg, der Westen mit den Raffinerien im Ruhrgebiet bis hinein in den Kölner Raum, der Südwesten mit Standorten in Karlsruhe sowie der Ingolstädter Raum im Süden.

Im Vertrauen auf eine weiter expansive Nachfrage hatte die Mineralölindustrie noch zu Beginn der 1970er Jahre ihre Kapazitäten zur Verarbeitung von Rohöl weiter ausgebaut bzw. in Angriff genommene Projekte abgeschlossen. Entsprechend war der Höchststand an Raffineriekapazität in Westdeutschland mit 159,4 Mio. t/Jahr erst Ende 1978 erreicht worden.

Die gegenläufige Entwicklung von Verarbeitungskapazität und Bedarf hatte in Westdeutschland – wie in fast allen westeuropäischen Ländern – zu Überkapazitäten im Raffineriebereich geführt. Dieser bis Ende 1978 aufgebaute Kapazitätsüberhang konnte bis Ende der 1980er Jahre abgebaut werden. So bewegte sich die westdeutsche Rohölverarbeitungskapazität Ende 1990 mit 80,6 Mio. t/Jahr um 50 % unter dem Höchststand des Jahres

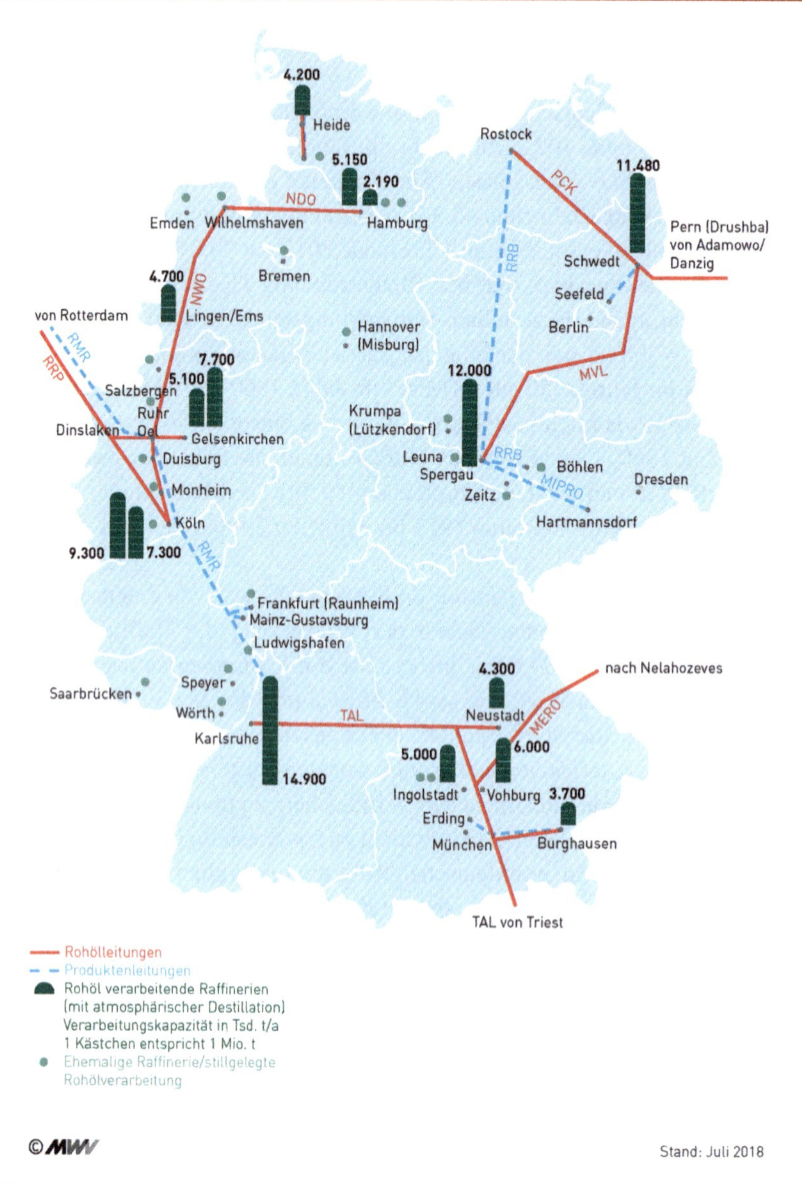

Abb. 2.2 Raffineriestandorte und Pipelineverbindungen in Deutschland

1978. Aufgrund der in den 1980er Jahren vorgenommenen Stilllegungen hatte sich die Auslastung der Raffinerien (gemessen am eingesetzten Rohöl) seit 1982 deutlich verbessert; inzwischen, nach weiteren Kapazitätsverknappungen, wird wieder eine weitgehend optimale Auslastung erreicht.

Daneben war die Mineralölindustrie seit 1973 einem weiteren Strukturproblem ausgesetzt. Die Zusammensetzung des Verbrauchs nach Produkten hatte sich seit 1950, als

Tab. 2.7 Öleinsatz in Raffinerien sowie Kapazität der Rohöl- und der Weiterverarbeitungsanlagen in Deutschland 2017

		Einheit	2017
1.	**Verarbeitungseinsatz in Raffinerien**		
	Rohöleinsatz	Mio. t	92,5
+	Produkteinsatz	Mio. t	12,1
=	Verarbeitungseinsatz gesamt	Mio. t	104,6
2.	**Kapazität der Verarbeitungsanlagen** (jeweils Jahresende)	–	
2.1	Kapazität der Rohölverarbeitung (atmosphärische Destillation)	Mio. t/Jahr	102,16
2.2	Vakuumdestillation[1)]	Mio. t/Jahr	47,85
2.3	Kapazität der Konversionsanlagen	Mio. t/Jahr	46,47
	Davon		
	– Katalytische Kracker	Mio. t/Jahr	16,88
	– Hydrokracker	Mio. t/Jahr	11,94
	– Allgemeine thermische Kracker	Mio. t/Jahr	0,00
	– Visbraker	Mio. t/Jahr	8,23
	– Koker	Mio. t/Jahr	6,46
	– Sonstige	Mio. t/Jahr	2,96
	Anteil der Konversions- an der Rohölverarbeitungskapazität	%	45,49
2.4	Katalytische Reformieranlagen[2)]	Mio. t/Jahr	14,47
2.5	Katalytische Raffinationsanlagen Schmieröl	Mio. t/Jahr	1,18

[1)] Vakuumdestillation ist als Zwischenstufe zwischen Rohöl und Weiterverarbeitung anzusehen
[2)] Reformieranlagen dienen der Herstellung von hochoktanigem Benzin und von Chemierohstoffen
Quelle: Bundesamt für Wirtschaft und Ausfuhrkontrolle sowie Mineralölwirtschaftsverband

Mineralöl fast ausschließlich im Verkehrssektor und hier zu über 90 % im Straßenverkehr eingesetzt wurde, zunächst zu Gunsten von leichtem und schwerem Heizöl verändert. Seine preis- und einsatzbedingten Wettbewerbsvorteile, die Heizöl bis 1973 im Vergleich zu seinen wichtigsten Konkurrenten genossen hatte, hatten eine zunehmende Verwendung von Heizöl zur Deckung des Raumwärmebedarfs der Haushalte und Kleinverbraucher, zur Erzeugung von Prozesswärme in der Industrie sowie – hier allerdings in deutlich begrenzterem Maße als in den übrigen Sektoren – als Einsatzenergie in Kraftwerken eingeleitet.

Diese Entwicklung kehrte sich 1973 wieder um. Vor allem die auf den Raum- und Prozesswärmebereich sowie auf den Kraftwerkssektor gerichteten Einspar- und Substitutionsmaßnahmen führten zu einem erneuten Anstieg der Bedeutung leichter Produkte, vor allem von Benzinen. So war der Anteil von Motorenbenzin am westdeutschen Inlandsabsatz deutlich gestiegen, während der Beitrag des schweren Heizöls im gleichen Zeitraum drastisch zurückgegangen ist. Der Anteil der Gasöle hatte sich leicht erhöht, da die bei leichtem Heizöl verzeichneten Einbußen durch Zuwächse bei Dieselkraftstoff mehr als kompensiert wurden. Einen starken Zuwachs verzeichnete der Absatz an Flugturbinenkraftstoff.

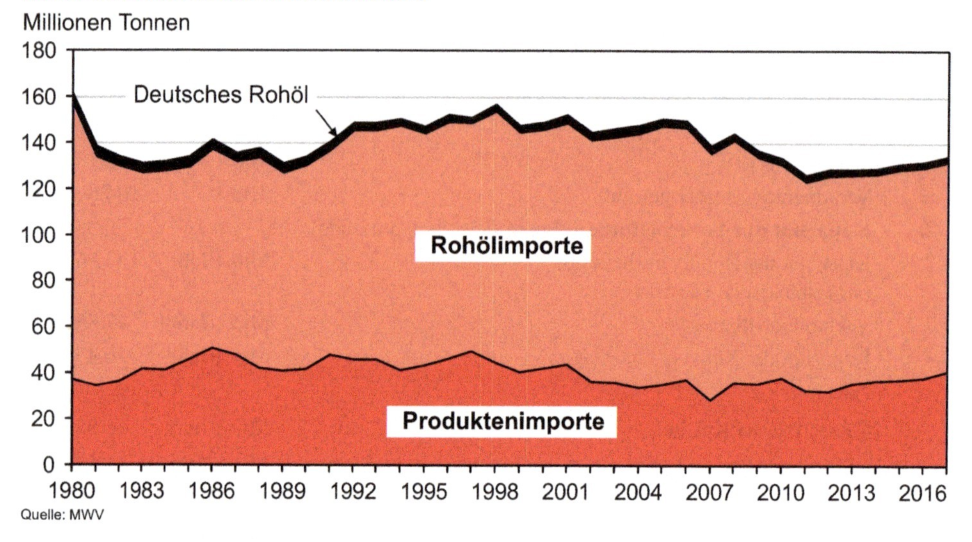

Abb. 2.3 Mineralölaufkommen

Die Mineralölindustrie hatte auf diese Umstrukturierung des Verbrauchs mit einer Intensivierung des Zubaus von Konversionsanlagen, die der Umwandlung von schweren Rückstandsölen in leichtere Fraktionen dienen, reagiert. So wurde die Konversionskapazität in Westdeutschland seit Ende 1973 verdoppelt. Voraussetzung zur Gewährleistung eines wirtschaftlichen Betriebes dieser Konversionsanlagen ist eine ausreichende Differenz zwischen dem Erlös des Einsatzproduktes (wie schweres Heizöl) und der gewonnenen Produktpalette (Benzine und Mitteldestillate).

Während auf dem offenen westdeutschen Markt seit Jahrzehnten Konkurrenzbeziehungen zwischen einer Vielzahl von Unternehmen der Industrie und des Handels herrschen und die im Wesentlichen von Importen abhängige Versorgung der Raffinerien hinsichtlich der Bezugsquellen stark diversifiziert worden war, hatte der ostdeutsche Mineralölmarkt vor der Wiedervereinigung aus einem komplexen und eng vernetzten Gesamtmonopol in Verarbeitung und Vertrieb bestanden. Die Versorgung der Raffinerien war einseitig von den Rohöllieferungen aus der ehemaligen Sowjetunion abhängig. Die in Westeuropa üblichen Anforderungen hinsichtlich Wirtschaftlichkeit und Umweltschutz hatten die Anlagen nicht erfüllt.

Innerhalb nur weniger Jahre wurden diese Defizite beseitigt. Die entscheidenden Schritte in diesem Prozess waren:

- der Aufbau eines leistungsfähigen Mineralölmarktes mit einem entsprechenden Tankstellennetz und den zuvor nicht vorhandenen Versorgungsstrukturen für leichtes Heizöl,
- „die Privatisierung der Raffineriewirtschaft und deren ökonomische und ökologische Modernisierung,

- die Ablösung von der einseitigen Abhängigkeit in der Rohölversorgung durch die Integration in das westeuropäische Rohölversorgungssystem,
- die Aufbrechung des Vertriebsmonopols durch eine wettbewerbliche Struktur wie im westlichen Teil Deutschlands und
- die logistische Vernetzung des westdeutschen und ostdeutschen Mineralölmarktes“ [8].

Die Rohöl-Verarbeitungskapazität in Ostdeutschland betrug zum Jahresende 2017 insgesamt 23,2 Mio. t/Jahr. Dies ist die gleiche Größenordnung wie Ende der 1980er/Anfang der 1990er Jahre. Kennzeichen des seitdem verzeichneten Wandels ist die umfassende Erneuerung des Anlagenbestandes.

Die Verarbeitungskapazitäten, die an den Standorten Leuna, Zeitz, Böhlen und Lützkendorf bestanden, wurden stillgelegt. Damit sind heute die Raffinerien auf zwei Standorte konzentriert. Das ist zum einen Schwedt nordöstlich von Berlin und zum anderen Spergau im Raum Leipzig.

Die Raffinerie Schwedt war 1991 von der Treuhandanstalt an die VEBA Oel AG (37,5 %), die DEA Mineraloel AG (37,5 %) sowie das französisch-italienische Konsortium ENI, Elf und Total (zusammen 25 %) verkauft worden. Die neuen Eigentümer hatten unmittelbar nach der Übernahme die notwendigen Maßnahmen eingeleitet, um die Raffinerie hinsichtlich Wettbewerbsfähigkeit und Umweltanforderungen dem Standard moderner westeuropäischer Raffinerien anzupassen.

Über die Raffinerie in Leuna und das Hydrierwerk Zeitz war – zusammen mit der Mineralölvertriebsgesellschaft Minol AG – im Juli 1992 zwischen der Treuhandanstalt und den als TE-Konsortium bezeichneten Unternehmen Elf Aquitaine und Thyssen Handelsunion ein Vertrag geschlossen worden, der u. a. folgende Eckpunkte enthält:

- Die Minol AG wird vom TE-Konsortium übernommen.
- In Leuna wird bis Mitte 1996 vom Konsortium eine neue Raffinerie mit einer Jahreskapazität bis zu 12 Mio. t gebaut.
- Die bestehenden Raffinerien werden bis Ende 1996 weiterbetrieben.

Von Seiten der deutschen Mineralölwirtschaft war dieses Vertragswerk kritisiert worden, weil die Verluste aus dem Weiterbetrieb der bestehenden Anlagen von der Treuhandanstalt getragen wurden, ein wirtschaftliches Risiko hieraus für das TE-Konsortium insoweit nicht entstehen konnte. Die Hauptkritik richtete sich auf die staatliche Subventionierung des Baus der neuen Raffinerie mit insgesamt ca. 0,7 Mrd. €. Die inzwischen stillgelegten Raffinerien in Leuna und Zeitz wurden nicht privatisiert. Sie sind Bestandteil des Vertrages zwischen dem Konsortium und der Treuhandanstalt insoweit, als dass zwischen Elf und der Treuhandanstalt ein Managementvertrag geschlossen worden war, der Elf mit der Betriebsführung der Raffinerien betraut hatte.

Um die Jahreswende 1993/94 waren Absichtserklärungen seitens der Elf Aquitaine veröffentlicht worden, die u. a. zum Gegenstand hatten, die neue Raffinerie, die den Namen Mitteldeutsche Erdoel-Raffinerie (MIDER) trug, wesentlich kleiner dimensioniert bauen

Tab. 2.8 Raffineriekapazitäten nach Standorten zum 31.12.2017

Lfd. Nr.	Name der Gesellschaft (Betreiber)	Standort	Rohölverarbeitung 1000 t/Jahr
	Norddeutscher Raum		
1	Nynas GmbH und Co. KG	Hamburg	1825
2	Raffinerie Heide GmbH (Klesch & Company Ltd.)	Heide**	4200
3	Erdöl-Raffinerie Emsland (BP Europa SE)	Lingen	4700
4	Holborn Europa Raffinerie GmbH	Hamburg	5150
	Westdeutscher Raum		
5	Rheinland Raffinerie Werk Godorf (Shell Deutschland Oil GmbH)	Wesseling	9300
6	Rheinland Raffinerie Werk Wesseling (Shell Deutschland GmbH)	Godorf	7300
7	Ruhr Oel GmbH (BP Europa SE)	Gelsenkirchen	12.800
	Südwestdeutscher Raum		
8	MiRO Mineraloelraffinerie Oberrhein GmbH*	Karlsruhe	14.900
	Süddeutscher Raum		
9	OMV Deutschland GmbH	Burghausen	3480
10	Gunvor Raffinerie Ingolstadt GmbH	Ingolstadt	5000
11	Bayernoil Raffineriegesellschaft mbH*	Vohburg	10.300
	Ostdeutscher Raum		
12	PCK Raffinerie GmbH Schwedt*	Schwedt	11.200
13	TOTAL Raffinerie Mitteldeutschland GmbH	Spergau	12.000
	Gesamt		**102.155**

* Die Anteilseigner der Gemeinschaftsraffinerien stellen sich wie folgt dar:

- Bayernoil Raffineriegesellschaft mbH (Varo Energy BV: 45,0 %; Rosneft Deutschland GmbH: 25,0 %; ENI Deutschland GmbH: 20,0 %; BP Europa SE: 10,0 %)
- MiRO Mineraloelraffinerie Oberrhein GmbH & Co. KG (Rosneft Deutschland GmbH: 24,0 %; Shell Deutschland Oil GmbH: 32,25 %; Phillips 66 Continental Holding GmbH: 18,75 %; Esso Deutschland GmbH: 25,0 %)
- PCK Raffinerie GmbH Schwedt (Shell Deutschland GmbH: 37,5 %; Rosneft Deutschland GmbH: 37,5 %; AET-Raffineriebeteiligungsgesellschaft mbH: 25,0 % – Anteilseigner der AET sind Rosneft Refining & Marketing GmbH und ENI Deutschland GmbH)

Gesellschafter der HOLBORN EUROPA Raffinerie GmbH ist die Holborn Investment Company Ltd.; Gesellschafter der OMV Deutschland GmbH ist die OMV AG, Wien; Gesellschafter der Gunvor Raffinerie Ingolstadt ist die Gunvor Group, einer der größten unabhängigen Rohstoffhändler der Welt

** Am 21. August 2010 hatte Shell die Veräußerung des Werkes Heide an den britisch-schweizerischen Investor Klesch bekannt gegeben

Quelle: Mineralölwirtschaftsverband e. V., Hamburg

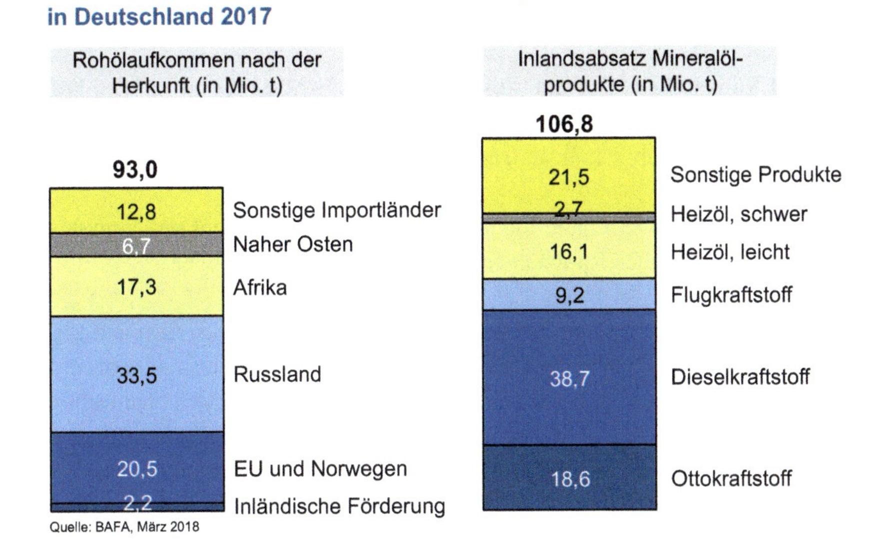

Abb. 2.4 Herkunft des Rohöls und Inlandsabsatz Ölprodukte in Deutschland

zu wollen, als mit der Treuhandanstalt ursprünglich vereinbart worden war. Im Zuge der erfolgten Nachverhandlung zwischen Elf und Treuhandanstalt hatte sich der Baubeginn verzögert. Seit 01.11.1997 ist die neue Raffinerie am Standort Spergau in Betrieb. Die Kapazität wird zum 31.12.2017 mit 12,0 Mio. t/Jahr angegeben.

2.1.5 Vertrieb von Mineralölerzeugnissen

Der Inlandsabsatz von Mineralölprodukten – das ist der Primärenergieverbrauch an Mineralöl abzüglich Raffinerieeigenverbrauch und Verarbeitungsverluste – erreichte in Deutschland im Jahre 2017 rund 106,0 Mio. t. Die wichtigsten Einsatzbereiche der Mineralölprodukte sind der Verkehrsbereich, der Wärmemarkt mit den Teilmärkten Industrie, Haushalte sowie Handel/Gewerbe/Dienstleistungen. Hinzu kommen Sektoren für Spezialprodukte, u. a. zur Umwandlung in Elektrizität und Chemieerzeugnisse. Für einzelne Produkte (Benzin, Dieselkraftstoff, leichtes Heizöl) schließen die in Deutschland tätigen Raffineriegesellschaften regionale Tauschabkommen ab, um die erheblichen Transportkosten zu den großen Mineralölhändlern und Verbrauchern zu reduzieren. Die Versorgung der mittleren und kleineren Verbraucher erfolgt dann überwiegend durch einen zwischengeschalteten Groß- und Einzelhandel für Mineralölprodukte. Für die einzelnen Produkte existieren unterschiedliche Teilmärkte, die durch erhebliche strukturelle und regionale Besonderheiten gekennzeichnet sind.

Angesichts der jeweiligen Besonderheiten wird die Entwicklung auf den Teilmärkten für die wichtigsten Mineralölprodukte nachfolgend differenziert dargestellt.

Absatzkanal Tankstellen Der mit Abstand wichtigste Absatzkanal für Ottokraftstoffe und für Dieselkraftstoff ist der Vertrieb über *Tankstellen*. Über 95 % des Benzinabsatzes in Deutschland werden über Tankstellen abgewickelt. Bei Dieselkraftstoff ist es etwa die Hälfte.

Der intensive Wettbewerb hatte die auf dem westdeutschen Tankstellenmarkt tätigen Unternehmen zu drastischen Rationalisierungsmaßnahmen gezwungen.

- So wurde trotz des gestiegenen Konsums das westdeutsche Tankstellennetz gegenüber dem Anfang 1969 erreichten Höchststand von 46.684 Stationen um etwa drei Viertel ausgedünnt. Das durchschnittliche Absatzvolumen pro Tankstelle hat sich im Zuge dieser Entwicklung in den vergangenen drei Dekaden vervielfacht.
- Daneben war der Prozess der Strukturveränderung auf dem Tankstellenmarkt (wie Ausbau des Folgemarkt-Geschäfts) u. a. durch Umstellung des Netzes auf Selbstbedienung gekennzeichnet. So hat sich der Anteil an SB-Stationen von noch weniger als 1 % im Jahre 1970 auf 100 % erhöht.
- Ferner hatte sich seit 1985 ein struktureller Wandel auf dem Tankstellenmarkt hinsichtlich der Zusammensetzung der Benzinsorten nach „verbleit" und „bleifrei" abgespielt. Im Jahre 1985 hatte der westdeutsche Bleifreiabsatz erst 216.937 t (davon 173.228 t bleifrei-normal und 43.709 t bleifrei-super) und damit weniger als 1 % des Gesamtabsatzes an Ottokraftstoffen betragen. Bereits seit 1997 liegt der Bleifreianteil am Gesamtabsatz von Ottokraftstoffen bei 100 %.
- Schließlich mussten an Tankstellen schrittweise Saugrüssel (Gaspendelung) und flüssigkeitsdichte Fahrbahnen installiert werden.

Der ostdeutsche Tankstellenmarkt hatte nach der Wiedervereinigung einen außerordentlich dynamischen Veränderungsprozess durchlaufen. Praktisch alle Markengesellschaften, andere auf dem westdeutschen Markt vertretene Gesellschaftergruppen, aber auch Newcomer wie die norwegische Statoil waren Engagements in Ostdeutschland eingegangen, indem sie bestehende Tankstellen nach erfolgtem Erwerb umgerüstet beziehungsweise modernste Großtankstellen neu gebaut haben. Während Minol vormals praktisch einziger Anbieter war, ist der Tankstellenmarkt jetzt durch eine breite Vielfalt gekennzeichnet.

Als Ergebnis der dargelegten strukturellen Anpassungen stellte sich die Situation auf dem Tankstellenmarkt zum Jahresbeginn 2018 bundesweit wie folgt dar: Insgesamt wurden 14.478 Tankstellen erfasst. Davon waren 14.118 Straßentankstellen und 360 Autobahntankstellen. Die Verteilung dieser Tankstellen auf die im deutschen Kraftstoffmarkt tätigen Gesellschaften stellt sich zum Teil sehr unterschiedlich dar [9].

Die meisten Tankstellen in Deutschland hält die BP-Tochter Aral, die per 1. Januar 2018 laut Erhebung des Energie Informationsdienstes (EID 1/2018) 2334 Straßentankstellen betreibt sowie zusätzlich bei 35 BAB-Stationen einliefert. Aral hat bis Ende 2017 insgesamt 235 Standorte auf das neue Shop-Konzept – REWE To Go – umgestellt. 2018 sollen weitere rund 200 dazukommen. Bis 2021 sind bis zu 1000 REWE-To-Go-Standorte im gesellschaftseigenen Netz geplant. Auf 1924 Straßentankstellen kommt Shell. Shell hat bis Mitte 2018 rund 40 % seiner Stationen in Deutschland gemäß dem globalen Retail-Motto „Go Well" modernisiert. Dabei verfolgt Shell die Strategie, die Zusammenarbeit mit Partnern in den verschiedenen Produktbereichen – Starbucks im Premium-Kaffee-Segment, Amazon im Versandhandel sowie Fastfood-Ketten, wie Subway – auszubauen. Ferner ist das 2017 mit PayPal als Partner gestartete Bezahlen per Smartphone bundesweit ausgerollt worden. Mit 1142 Straßentankstellen rangiert Total im deutschen Tankstellenmarkt – vor Esso – auf Position drei. Nach einer Zeit des Wachstums, die bis Mitte 2017 angedauert hatte, setzt Total auf die weitere Umrüstung des Netzes auf das T-Air-Stationskonzept. Bei dem auch künftig angestrebten Wachstum konzentriert sich Total auf den Südwesten und den Norden Deutschlands. Besonderes Augenmerk soll dabei auf die Entwicklung Lkw-freundlicher Tankstellen sowie Truckstopps gelegt werden. Esso hat sein Netz auf 970 Straßentankstellen ausgedünnt. 2017 hat ExxonMobil eine strategische Partnerschaft mit der EG Deutschland GmbH, einer Tochter der EG Group Limited (EG) aus Großbritannien angekündigt, um gemeinsam das Esso-Tankstellengeschäft weiterzuentwickeln. Die geschlossene Vereinbarung umfasst den Verkauf der knapp 1000 Esso-Stationen in Deutschland an EG und die Neuausrichtung des Geschäfts auf das sogenannte Branded-Wholesaler-Modell, auf das ExxonMobil bereits in anderen europäischen Ländern sowie in Nordamerika setzt. EG wird weiter durch Esso mit Kraftstoffen beliefert und verpflichtet sich, die Tankstellen mindestens 20 Jahre unter der Marke Esso zu betreiben. AVIA zählt zu den Marken, die ihr Stationsnetz in den letzten Jahren kontinuierlich ausgeweitet haben, auf 868 Straßentankstellen zum 1. Januar 2018. Die Phillips 66-Tankstellentochter JET verfügt zum 1. Januar 2018 über 841 Straßentankstellen und 20 Einlieferungsrechte bei Stationen an Autobahnen; das entspricht einem Zuwachs um rund 50 Stationen im Vergleich zum 1. Januar 2015.

Auf Jet folgen im Tankstellen-Ranking die 681 öffentlich zugänglichen Raiffeisen-Tankstellen an der Straße; einschließlich der 99 BayWa-Automaten-Stationen umfasst das genossenschaftliche Tankstellensegment in Deutschland 780 Stationen. Die polnische Orlen (Marke Star) und die italienische ENI (Agip) haben ihr Tankstellennetz in Deutschland in den letzten Jahren moderat ausgebaut. Die Deutsche Tamoil betreibt ein 405 Straßentankstellen umfassendes Netz in Deutschland unter der Marke HEM. Die österreichische OMV hat sich im Bereich BAB-Stationen durch deutliche Erhöhung der Einlieferungsquote verstärkt.

Westfalen ist mit 247 Stationen (Stand 01.01.2018) Betreiberin des größten konzernunabhängigen Tankstellennetzes in Deutschland. Auf Westfalen folgt Oil!, die Tankstellenmarke der Hamburger Marquardt & Bahls. Danach folgen Hoyer und Q1 sowie Classic und Lotherol. Lotherol ist Shell-Markenpartner und betreibt zudem eine größere Zahl konzernunabhängiger Straßentankstellen. Die Zahl der Supermarkttankstellen wird auf 270 geschätzt, neben den rund 200 Supermarktstationen der JET an Metro-Märkten und je-

Tab. 2.9 Höhe und Struktur des Inlandsabsatzes von Mineralölprodukten in Deutschland 2016 und 2017

Produkt/Sorte	2016		2017	
	in 1000 t			
Ottokraftstoffe	18.238		18.296	
Davon:				
Anteil Bioethanol an ETBE		129		111
Beimischung Bioethanol		1047		1045
Dieselkraftstoff	37.901		38.702	
Davon:				
Beimischung Biodiesel (FAME), HVO		2150		2216
Leichtes Heizöl	15.812		15.836	
Schweres Heizöl	2898		3080	
Bis 1,0 % Schwefelgehalt		319		285
Bis 2,0 % Schwefelgehalt		274		352
Bis 2,8 % Schwefelgehalt		89		300
Über 2,8 % Schwefelgehalt		255		227
Chemische Weiterverarbeitung		1961		1917
Flugturbinenkraftstoff schwer	9179		9968	
Sonstige Produkte	19.530		20.107	
Insgesamt	103.558		105.989	

Quelle: Bundesamt für Wirtschaft und Ausfuhrkontrolle (BAFA); Mai 2018

weils etwa 30 Stationen dieser Art von Shell bei Edeka, Total (meist) bei Kaufland und Orlen/Star bei Famila; diese sind in den Gesamtzahlen enthalten, die für die Tankstellen-Firmen genannt werden.

Im mittelständischen Tankstellensegment war folgende Entwicklung zu verzeichnen: Die beiden großen deutschen Mittelstandsverbände UNITI (Bundesverband mittelständischer Mineralölunternehmen) und bft (Bundesverband Freier Tankstellen) haben in den letzten Jahren Zugewinne bei der Zahl an Tankstellen verzeichnen können. Zum Stand Jahresbeginn 2018 hat der bft 2499 Straßentankstellen seiner Mitglieder gemeldet. Davon werden nach Angaben des Verbandes knapp 1000 unter bft-Marke geführt. Die Tankstellenzahl der UNITI-Mitglieder wird zum 01.01.2018 auf zusammengenommen 6000 Straßentankstellen geschätzt. Die Zahlen der UNITI- und bft-Tankstellen sind gesondert ausgewiesen, da sie tabellarisch bei den Unternehmen erfasst sind.

In der vom EID veröffentlichten Statistik sind teilweise Doppelzählungen enthalten. Diese treten zum Beispiel dann auf, wenn beide an einer Markenpartnerschaft Beteiligte, die A-Gesellschaft und der Mittelständler, die betroffene Station melden. Gleiches gilt, wenn ein Mittelständler mit seiner eigenen Marke sowie gleichzeitig über den Verband gezählt wird. Das Ausmaß der Doppelzählungen hat der EID bei der zum 01.01.2018 durchgeführten Erhebung mit 250 Stationen angesetzt, die von der Gesamtzahl entsprechend abgezogen wurden.

Tab. 2.10 Straßentankstellen in der Bundesrepublik Deutschland

Gesellschaft	01.01.2015	01.01.2018
	Anzahl	
Aral	2377	2334
Shell	1985	1924
Total	1109	1142
Esso	1005	970
AVIA	837	868
JET (Phillips 66)	792	841
Raiffeisen[1)]	642	681
Orlen/Star	558	580
ENI/Agip	444	453
Deutsche Tamoil/HEM	392	405
OMV	301	272
Westfalen	250	247
OIL!	221	226
Hoyer[2)]	183	197
Q1	182	196
Classic (Lühmann)	110	120
Lother (u. a. Nordoel, LTG)	100	111
BayWa	94	99
HPV Hanseatic Petrol	79	86
Calpam	57	56
Sprint Tank	57	55
SCORE	43	46
Bavaria Petrol	30	30
Pinoil	30	28
SVG	11	11
Sonstige Supermarkt-Stationen[3)]	270	270
Sonstige mittelständische Eigenmarken[4)]	2300	2120
Doppelzählungen[5)]	(250)	(250)
Gesamt	**14.209**	**14.118**
Beim bft organisierte Tankstellen[6)]	2337	2499
Bei UNITI organisierte Tankstellen[6)]	5700	6000

[1)] ohne BayWa
[2)] einschließlich Automaten-Tankstellen
[3)] ohne die rund 290 Tankstellen, die bei JET, Total, Orlen und Shell enthalten sind (siehe Text)
[4)] beim bft und bei der UNITI organisierte Eigenmarken sowie weitere, nicht in den beiden Verbänden organisierte, bisher bei den „Übrigen" aufgeführte Tankstellen
[5)] Zahl in Klammern bedeutet Minus
[6)] nicht in der Gesamtzahl enthalten, teils geschätzt
Quelle: Energie Informationsdienst, Tankstellen 1/2018, Hamburg, 12.02.2018

Tab. 2.11 Kraftstoff-Absatzmarktanteile zum 31. Dezember 2017

Marken	%
Aral	21,5
Shell	20,0
JET	10,5
Total	9,0
Esso	7,5
Sonstige	31,5
Summe	*100,00*

Quelle: Energie Informationsdienst, Tankstellen, 1/2018, Hamburg, 12.02.2018

Die Einlieferungen bei den 360 Autobahn-Tankstellen verteilen sich mit Stand 31.12. 2017 gemäß der Meldung von Tank & Rast, wie folgt nach Gesellschaften:

Shell:	55
Total:	45
BP/Aral:	35
Esso:	34
Tank & Rast:	31
ENI:	24
Jet:	20
Orlen:	11
OMV:	6
UNITI:	62
bft:	37

Ottokraftstoffe Der Absatz an diesem Produkt, der nach mehrjährigen Rückgängen in den Jahren 2015 und 2016 konstant geblieben war, hat sich 2017 im Vergleich zu 2016 um 0,3 % auf 18,30 Mio. t erhöht. Dazu dürfte die anhaltende Diskussion um den Dieselantrieb beigetragen haben. Der Bestand an angemeldeten Pkw mit Benzinmotor hatte zum 1. Januar 2018 insgesamt 30,45 Mio. Fahrzeuge umfasst. Dies entsprach 65,5 % des gesamten Bestandes an Pkw von 46,47 Mio.. Auf die einzelnen Sorten verteilt sich die Absatzmenge an Ottokraftstoffen, die 2017 rund 17,3 % des gesamten Inlandsabsatzes an Mineralölprodukten entsprach, wie folgt:

Super Plus unverbleit:	830.289 t
Eurosuper unverbleit:	15.023.928 t
Super E 10:	2.441.807 t

Dieselkraftstoff Mit 38,70 Mio. t entfielen auf dieses Produkt 2017 in Deutschland 36,5 % des gesamten Inlandsabsatzes an Mineralölprodukten. Stärkster Abnehmer von

Dieselkraftstoff sind Busse, Lastkraftwagen und Zugmaschinen. Die Nachfrage des Transportgewerbes nach Dieselkraftstoff hat in den letzten Jahren weiter zugenommen. Daneben ist auch die Dieselnachfrage für Pkw gestiegen. Zum 1. Januar 2018 waren in Deutschland 15,23 Mio. Diesel-Pkw angemeldet; das entspricht 32,8 % des gesamten Pkw-Bestandes. Zum Vergleich: zum 1. Januar 2017 hatte sich der Bestand an Diesel-Pkw auf 15,09 Mio. belaufen. Von den gesamten 3.441.262 Pkw-Neuzulassungen im Jahr 2017 entfielen 1.986.488 auf Fahrzeuge mit Benzinmotor (57,7 %), 1.336.766 auf Fahrzeuge mit Dieselmotor (38,8 %), 29.436 auf Plug-in Hybrids (0,9 %), 25.056 auf Elektro-Fahrzeuge (0,7 %) und 63.516 auf Fahrzeuge mit anderen Antriebsarten (1,9 %), wie Flüssiggas, Erdgas und Hybrids. Im Vergleich zu 2016 sind die Neuzulassungen an Pkw mit Benzinmotor um 13,8 % gestiegen, während die Neuzulassungen von Pkw mit Dieselmotor um 13,2 % gesunken sind. Die Zulassungen an Plug-in Hybrids und an Elektrofahrzeugen haben sich mehr als verdoppelt. Der Anteil der Pkw mit Dieselmotor an den Neuzulassungen ist damit von 45,9 % im Jahr 2016 auf 38,8 % im Jahr 2017 zurückgegangen. Bei Gegenüberstellung der Neuzulassungen im jeweils letzten Monat der Jahre 2016 und 2017 zeigt sich, dass der Dieselanteil von 43,5 % im Dezember 2016 sogar um rund 10 Prozentpunkte auf 33,4 % im Dezember 2017 gesunken ist.

Die zusammen 57,0 Mio. t Otto- und Dieselkraftstoff, die 2017 verbraucht wurden, entsprechen umgerechnet rund 70 Mrd. l. Davon wurden etwa 20 Mrd. l nicht über Straßentankstellen und Stationen an Bundesautobahnen vermarktet, sondern über Betriebstankstellen direkt an Lkw, Busse, Bau- und landwirtschaftliche Fahrzeuge sowie an die Bahn geliefert.

Flugturbinenkraftstoff Der Absatz dieses Produktes belief sich 2017 auf 9,97 Mio. t. Das waren 9,4 % des gesamten Inlandsabsatzes an Mineralölprodukten.

Leichtes Heizöl Mit 15,84 Mio. t entsprach der Absatz 2017 14,9 % des gesamten Inlandsabsatzes an Mineralölprodukten. Damit repräsentiert das leichte Heizöl – nach Dieselkraftstoff und Ottokraftstoff – den gemessen am Volumen drittwichtigsten Teilmarkt im Mineralölbereich. Der auf dem Markt für leichtes Heizöl herrschende direkte Wettbewerb zwischen den Anbietern erstreckt sich auf zwei Versorgungsstufen. Auf der Großhandelsstufe versorgen die inländischen Raffineriegesellschaften sowie die Großhändler und Importeure ein Netz von etwa 2000 überwiegend mittelständisch strukturierten Handelsbetrieben. Die Endverbraucherstufe mit rund 5,6 Mio. Kunden versorgt in erster Linie der örtliche Heizölhandel. Die Zahl der auf dem deutschen Markt für leichtes Heizöl tätigen Händler hatte sich von mehr als 17.000 im Jahre 1973 um etwa 15.000 auf zirka 2000 bis 2017 verringert.

Schweres Heizöl Mit 3,08 Mio. t war dieses Produkt 2017 mit 2,9 % des gesamten Inlandsabsatzes an Mineralölprodukten beteiligt. Im Laufe der letzten Jahrzehnte hat sich die Absatzstruktur nach Verbrauchssektoren erheblich verändert. Das klassische Verheizen/Verbrennen von schwerem Heizöl wurde abgelöst von der „Nicht-energetischen Verwendung", unter anderem in „Crack-Anlagen" zur Herstellung von Methanol, Düngemitteln und anderen „petrochemischen" Vorprodukten. Inzwischen entfallen rund vier Fünftel des Inlandsabsatzes an schwerem Heizöl auf den „Nicht-energetischen Verbrauch." Dabei handelt es sich technisch/chemisch um schwere Rückstandsöle, deren Verbrennung aus Umweltgründen nicht möglich ist.

Eine weitere Strukturveränderung im Absatz von schwerem Heizöl erklärt sich durch Veränderungen in der Seeschifffahrt. In den vergangenen etwa 25 Jahren waren weltweit „Großmotoren" für Seeschiffe (vor allem Containerschiffe) entwickelt worden, die mit vorgewärmtem/vergastem schweren Heizöl betrieben werden können. Dieselkraftstoff wurde durch das preisgünstigere schwere Heizöl ersetzt. Wegen verschärfter internationaler Umweltauflagen für Nord- und Ostsee ist dieser Substitutionsprozess allerdings in jüngster Zeit wieder umgekehrt worden. Es wurde ein extrem schwefelarmer Dieselkraftstoff vorgeschrieben. Die Regelung führte seit 2015 zu einem starken Anstieg des Dieselverbrauchs der Seeschifffahrt (in deutschen Seehäfen bebunkert). Entsprechend rückläufig war der Absatz an schwerem Heizöl an die in deutschen Häfen bebunkerte Schifffahrt.

Im Vergleich zum Markt für Kraftstoffe und für leichtes Heizöl ist bei schwerem Heizöl die Zahl der Marktteilnehmer sehr viel geringer. Das gilt sowohl für die Angebots- als auch für die Nachfrageseite. So ist bei schwerem Heizöl das Direktgeschäft der Raffineriegesellschaften sehr viel stärker ausgeprägt als bei leichtem Heizöl. Neben den Raffineriegesellschaften beteiligt sich der Importhandel als Anbieter auf dem Markt für schweres Heizöl. Ein Teil der Großverbraucher importiert aber auch selbst schweres Heizöl zur Deckung des Eigenbedarfs. Die Anzahl der Nachfrager, die bei Kraftstoffen und bei leichtem Heizöl jeweils mehrere Millionen beträgt, ist bei schwerem Heizöl auf wenige Tausend Industrieunternehmen und Kraftwerke begrenzt.

Weitere Hauptprodukte Die Ablieferungen an Rohbenzin beliefen sich 2017 auf 15,61 Mio. t. Das entsprach 14,7 % des gesamten Inlandsabsatzes an Mineralölprodukten. Bei Flüssiggas war 2017, vor allem als Folge einer Erweiterung des Erhebungskreises seitens des BAFA, ein besonders drastischer Anstieg verzeichnet worden, und zwar auf 4,33 Mio. t. Das waren 39,8 % mehr als 2016.

Der gesamte Inlandsabsatz an Mineralölprodukten von 106,0 Mio. t verteilte sich in der Bundesrepublik Deutschland 2017 nach Verbrauchsbereichen wie folgt: 61 % entfielen auf den Verkehrsbereich, 16 % auf den Haushalts- und Kleinverbrauchssektor, 21 % auf die Industrie sowie 2 % auf Kraftwerke der Stromversorger.

2.2 Braunkohle

2.2.1 Aufkommen und Außenhandel

Das Aufkommen an Braunkohle in Deutschland von im Jahre 2017 rund 52,56 Mio. t SKE setzte sich mit 52,54 Mio. t SKE aus inländischer Förderung und mit 0,02 Mio. t SKE aus Importen zusammen.

Mit einer Gesamtförderung von 171,3 Mio. t entsprechend 52,54 Mio. t SKE ist Deutschland der weltweit größte Braunkohlenproduzent. Fast ein Fünftel der weltweiten Gewinnung an Braunkohle wird in Deutschland erbracht [10].

2.2.2 Lagerstätten

Der Ursprung der Braunkohle geht auf die Pflanzenwelt und die vor Jahrmillionen entstandenen Torfmoore zurück, die im Lauf der Erdgeschichte mehrfach von Meeres- und/oder Flussablagerungen (Sand/Kies) überdeckt wurden. Die Hauptepoche der Entstehung der Braunkohle ist die Mitte des Tertiärs, das Miozän.

Die gesamten *Braunkohlenvorkommen* in Deutschland belaufen sich auf knapp 73 Mrd. t. Davon sind nach heutigem Stand der Tagebautechnik und der Energiepreise – bezogen auf eine international festgelegte Definition zur Bewertung von Lagerstätten – rund 36 Mrd. t als theoretisch gewinnbar eingestuft. In genehmigten und erschlossenen Tagebauen sind 4 Mrd. t verfügbar.

Die Lagerstätten sind im Wesentlichen in drei Regionen konzentriert; dies sind das Rheinland, die Lausitz und das Gebiet zwischen Helmstedt, Leipzig und Halle (Mitteldeutschland).

Im Rheinland wird eine 6 bis 18 Mio. Jahre alte miozäne Braunkohle abgebaut. Die Lagerstätten erstrecken sich im Städtedreieck Köln, Aachen und Mönchengladbach über eine Fläche von 2500 km^2. Der geologische Vorrat an Braunkohle beträgt etwa 51 Mrd. t. Damit repräsentiert das Rheinische Revier das größte geschlossene Braunkohlenvorkommen in Europa. Große Teile davon gelten als technisch und wirtschaftlich gewinnbar. Der Braunkohlenvorrat in genehmigten Tagebauen beläuft sich – unter Berücksichtigung der Leitentscheidung der Landesregierung NRW vom 5. Juli 2016 – auf 2,3 Mrd. t.

Die Bildung der Braunkohle des Lausitzer Reviers begann vor 15 bis 20 Mio. Jahren. Die Lagerstätten beinhalten einen geologischen Braunkohlenvorrat von 11,6 Mrd. t. Davon gelten große Teile als wirtschaftlich gewinnbar. In den genehmigten Tagebauen lagern 1,0 Mrd. t. Weitere 0,15 Mrd. t befinden sich in einem laufenden Braunkohlenplanverfahren. Die derzeitige Braunkohlenförderung lässt sich damit fast 20 Jahre fortsetzen.

Die Entstehung der mitteldeutschen Braunkohle erstreckt sich über eine Zeitspanne, die 23 Mio. Jahre bis zu 45 Mio. Jahre zurückreicht. Die Lagerstätten umfassen 10 Mrd. t geologischer Vorräte. Aus genehmigten und erschlossenen Tagebauen können 0,3 Mrd. t Braunkohle gewonnen werden. Die Reichweite dieser Vorräte beträgt etwa 15 bis 20 Jahre.

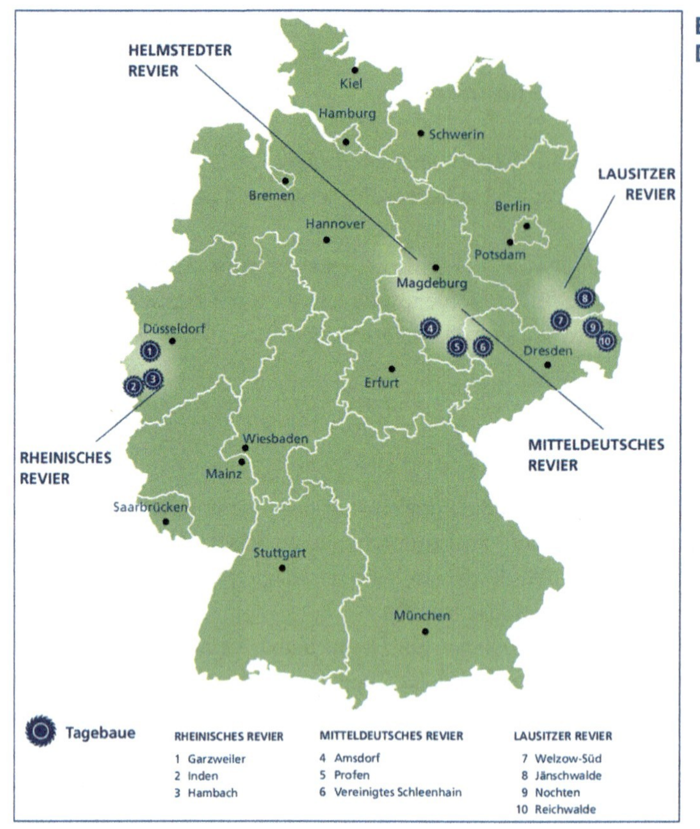

Abb. 2.5 Braunkohlen-Tagebaue in Deutschland

Chemisch setzt sich die Rohbraunkohle – mit nach Revieren und Flözen jeweils abweichenden Parametern – aus etwa 55 % Wasser, 5 % Asche und 40 % Reinkohlegehalt zusammen. Die wasser- und aschefreie Rohkohle (Reinkohle) besteht zu gut zwei Drittel (Gewichtsprozent) aus Kohlenstoff; weitere wesentliche Elemente sind Wasserstoff, Stickstoff und Sauerstoff.

Insbesondere der Wassergehalt bedingt einen – im Vergleich zu anderen Energieträgern – niedrigeren Heizwert. Der durchschnittliche Heizwert der 2017 in Deutschland geförderten Rohbraunkohle betrug 8990 kJ/kg. Im Rheinischen Revier lag der Heizwert bei 9047 kJ/kg. In der Lausitz waren es 8443 kJ/kg. Im Mitteldeutschen Revier betrug der Heizwert 10.488 kJ/kg. Damit entspricht eine Tonne Rohbraunkohle im Durchschnitt dem Heizwert von 0,307 t Steinkohleneinheiten (t SKE).

Für die Bewertung und Nutzung von Braunkohlenlagerstätten kommen, neben dem Heizwert, dem Asche- und Schwefelgehalt wesentliche Bedeutung zu. Der natürliche Schwefelgehalt der rheinischen Rohbraunkohle beträgt im Mittel 0,3 %. In der Lausitz, deren Vorkommen ebenfalls zu den jüngeren miozänen Braunkohlen zählen, liegt der

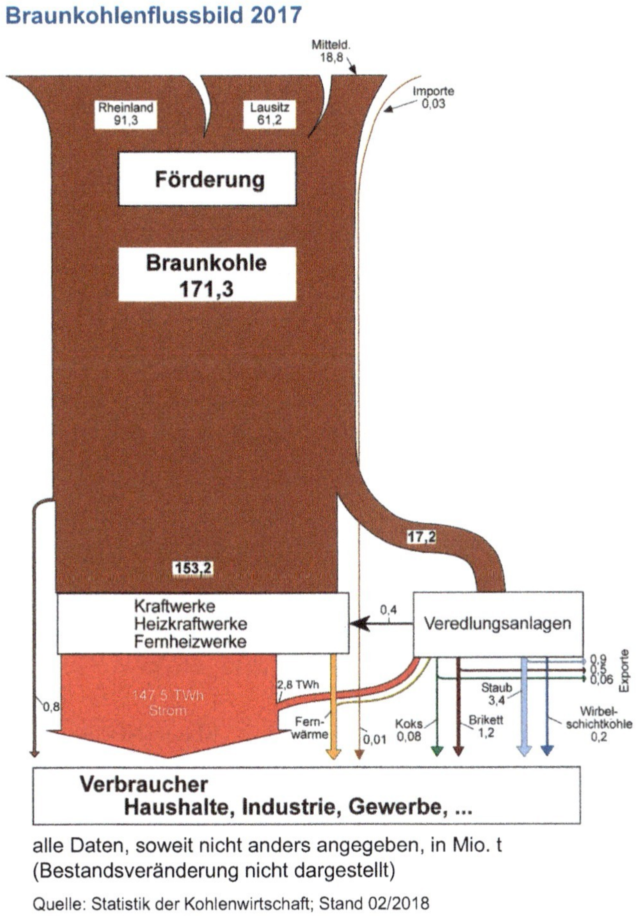

Braunkohlenflussbild 2017

alle Daten, soweit nicht anders angegeben, in Mio. t
(Bestandsveränderung nicht dargestellt)

Quelle: Statistik der Kohlenwirtschaft; Stand 02/2018

Abb. 2.6 Braunkohlenflussbild 2017

Schwefelgehalt bei 0,3 bis 1,5 %. Die älteren – aus dem Oligozän stammenden – Kohlen Mitteldeutschlands weisen einen Schwefelgehalt von 1,3 bis 2,1 % auf.

Die in der Stromerzeugung eingesetzten Braunkohlenkraftwerke verfügen über modernste Feuerungstechniken und umfassende Rauchgasreinigungsanlagen. Damit ist sichergestellt, dass die bei der Verbrennung von Braunkohle entstehenden Emissionen an Schwefeldioxid, Stickoxid und Staub auf ein Minimum reduziert werden und heute deutlich unterhalb der gesetzlichen Vorgaben liegen.

Das lockere Deckgebirge über der Kohle besteht im Wesentlichen aus Sand, Kies und Ton sowie – im Rheinland und in Mitteldeutschland – als oberste Schicht aus Löss mit z. T. mehreren Metern Mächtigkeit. Diese geologischen Verhältnisse lassen einen wirtschaftlichen Abbau der Braunkohle nur im Tagebaubetrieb zu.

Tab. 2.12 Braunkohlen-Bilanz für die Bundesrepublik Deutschland 2016 und 2017

		2016	2017
		In 1000 t SKE	
	Gewinnung Inland	52.698	52.539
+	Einfuhr	31	22
=	Aufkommen	52.729	52.561
±	Bestandsveränderung (Bestandsabbau (+); Bestandsaufbau (−))	+129	+3
−	Ausfuhr	1019	1096
=	**Primärenergieverbrauch**	51.839	51.468
−	Einsatz in Kraftwerken	48.246	47.692
−	Sonstiger Umwandlungseinsatz	4661	5118
+	Umwandlungsausstoß	4735	4863
−	Verbrauch bei Gewinnung und Umwandlung sowie Nichtenergetischer Verbrauch	752	507
=	**Endenergieverbrauch**	2915	3013
	Davon:		
	Industrie	2446	2523
	HuK und Deputate	469	491

Quelle: Statistik der Kohlenwirtschaft e. V.; Stand: Juni 2018

Tab. 2.13 Lagerstättenvorräte der Braunkohlenreviere

	Rheinland	Lausitz	Mitteldeutschland	Bundesrepublik Deutschland
	In Mrd. t			
Geologische Vorräte	51,0	11,6	10,0	72,6
Wirtschaftlich gewinnbare Vorräte	31,0	3,1	2,0	36,1
Genehmigte und erschlossene Tagebaue	2,7*	0,8**	0,3	3,8

* Auf Basis der Leitentscheidung des Landes NRW vom 5. Juli 2016 wird sich der genehmigte Lagerstättenvorrat verringern (um ca. 0,4 Mrd. t)
** nutzbare Vorratsmenge laut 1994er Braunkohlenplänen per 31.12.2017: 0,8 Mrd. t; weitere Vorratsmenge gemäß dem 2015 genehmigten Braunkohlenplan Welzow-Süd TAII = 0,2 Mrd. t; weitere Vorratsmenge nach laufenden Braunkohlenplanverfahren Tagebau Nochten, Teilfeld Mühlrose = 0,15 Mrd. t
Quelle: DEBRIV – Bundesverband Braunkohle; Stand März 2018

Im Einzelnen wird die Wirtschaftlichkeit der Braunkohlengewinnung vornehmlich durch die Tiefenlage der Vorkommen, bergmännisch Teufe genannt, die Mächtigkeit der Flöze, die Zusammensetzung der Deckgebirgsschichten und die Art der Oberflächennutzung, insbesondere die Besiedlung, bestimmt.

Tab. 2.14 Ausgewählte Kohlenqualitätsparameter nach Braunkohlenrevieren (in Betrieb befindliche und geplante Abbaubereiche)

Revier	Heizwert	Aschegehalt	Wassergehalt	Schwefelgehalt
	kJ/kg	%	%	%
Rheinland	7800–10.500	2,5–8,0	50–60	0,15–0,5
Lausitz	7900–10.000	2,5–14,0	49–58	0,2–1,5
Mitteldeutschland	9000–11.300	6,5–12,0	48–54	1,3–2,1

Quelle: DEBRIV – Bundesverband Braunkohle; Stand: März 2018

Im Rheinischen Revier wird Braunkohle zurzeit in einer Teufe zwischen 30 und 400 m gewonnen. Die Abbaufelder im Lausitzer und im Mitteldeutschen Revier haben eine Teufe zwischen 80 und 120 m.

Die Flöze sind von unterschiedlicher Mächtigkeit. Sie beträgt im Rheinischen Revier zwischen 3 und 70 m. In der Lausitz und in Mitteldeutschland liegt die Mächtigkeit der Flöze zwischen 10 und 30 m.

2.2.3 Rechtliche Grundlagen

Das Bergrecht stellt die wesentliche rechtliche Grundlage für alle bergbaulichen Tätigkeiten dar. Es umfasst die für den Bergbau geltenden speziellen Normen (Gesetze, Verordnungen), die wegen der Besonderheiten des Bergbaus von dem allgemeinen Recht abweichende, das heißt auf den Bergbau als dynamische Vorhaben zugeschnittene und nur für ihn geltende Regelungen enthalten. Daneben gelten auch für den Bergbau die allgemeinen Rechtsvorschriften, wie das Wasserrecht und das Immissionsschutzrecht. Regeln allgemeine Rechtsvorschriften und das Bergrecht denselben Sachverhalt, so hat das Bergrecht als Sonderrecht für den Bergbau Vorrang vor den Vorschriften des allgemeinen Rechts. Den Kern des Bergrechts bildet das Bundesberggesetz vom 13. August 1980 (BBergG), das insbesondere in Fragen der Umweltprüfungen sowie Öffentlichkeitsbeteiligung kontinuierlich aktualisiert und über höchstrichterliche Anwendungsvorgaben fortgeschrieben wurde, sodass es heute allen, auch europäischen, Anforderungen entspricht.

Gemäß Bundesberggesetz erstreckt sich das Eigentum an einem Grundstück nicht automatisch auf alle darunter liegenden Bodenschätze. Solche, die nicht dem Grundeigentum zufallen, werden bergfreie Bodenschätze genannt. Hierzu zählt die Braunkohle. Zur Aufsuchung und Gewinnung dieser Bodenschätze bedarf es einer Bergbauberechtigung. Das Bundesberggesetz unterscheidet zwischen drei Bergbauberechtigungen: die Erlaubnis, die Bewilligung und das Bergwerkseigentum. Die Erlaubnis dient nur zur Aufsuchung der Bodenschätze. Bewilligung und Bergwerkseigentum gewähren das ausschließliche Recht, in einem bestimmten Feld bestimmte Bodenschätze aufzusuchen, zu gewinnen und das Eigentum an den Bodenschätzen zu erwerben. Die Erteilung der Bergbauberechtigungen erfolgt durch die zuständige Behörde.

Das Bundesberggesetz regelt ferner die Ausübung der Bergbauberechtigung. Erforderlich hierfür sind Betriebspläne, die vom Bergbauunternehmen aufgestellt und der zuständigen Behörde zur Genehmigung vorgelegt werden müssen. In sogenannten Zuständigkeitsverordnungen, die von den Bundesländern erlassen werden, sind die jeweils zuständigen Behörden bestimmt [11].

Gemäß Bundesberggesetz wird zwischen verschiedenen Arten von Betriebsplänen unterschieden. Dies sind insbesondere:

- Rahmenbetriebspläne,
- Hauptbetriebspläne,
- Sonderbetriebspläne und
- Abschlussbetriebspläne.

Rahmenbetriebspläne müssen mindestens allgemeine Angaben über das beabsichtigte Vorhaben, über dessen technische Durchführung und den voraussichtlichen zeitlichen Ablauf enthalten. Rahmenbetriebspläne sind grundsätzlich nur zu erstellen, wenn die zuständige Behörde dies verlangt. Eine Pflicht zur Aufstellung eines Rahmenbetriebsplans besteht allerdings, wenn es sich um ein Vorhaben handelt, das nach der Verordnung über die Umweltverträglichkeitsprüfung (UVP) bergbaulicher Vorhaben einer UVP bedarf und diese nicht bereits in einem landesplanerischen Verfahren (z. B. Braunkohlenplanverfahren) durchgeführt wurde. Im Zulassungsverfahren für einen Rahmenbetriebsplan muss nach Maßgabe des Bundesverfassungsgerichts eine Gesamtabwägung des Vorhabens mit anderen Belangen des Gemeinwohls, insbesondere mit den Belangen der umzusiedelnden Bevölkerung, erfolgen.

Hauptbetriebspläne sind vom Unternehmen für die Errichtung und Führung eines Bergbaubetriebes vorzulegen. Sie erstrecken sich in der Regel über Zeiträume von zwei bis fünf Jahren.

Sonderbetriebspläne sind auf Verlangen der Behörde für bestimmte Teile des Betriebes oder bestimmte Vorhaben vorzulegen, die außerhalb des Regelbetriebs liegen.

Für die Einstellung des Betriebes ist schließlich ein Abschlussbetriebsplan zu erarbeiten. Dieser regelt unter anderem die Wiedernutzbarmachung der Oberfläche und gewährleistet, dass nach Abschluss des Betriebes von diesem keine Gefahren mehr ausgehen.

Neben der Erfüllung der Vorschriften nach dem Bundesberggesetz ist für den Aufschluss und Betrieb eines Braunkohlentagebauvorhabens nach Maßgabe des jeweiligen Landesrechtes vorlaufend ein besonderes landesplanerisches Genehmigungsverfahren durchzuführen. Die für die Durchführung der Braunkohlenplanverfahren zuständigen Stellen sind:

- Braunkohlenausschuss Bezirksregierung Köln
- Regionaler Planungsverband Oberlausitz-Niederschlesien
- Regionaler Planungsverband Westsachsen
- Braunkohlen- und Sanierungsplanung Berlin-Brandenburg
- Regionale Planungsgemeinschaft Halle

Das sogenannte Braunkohlenplanverfahren mündet in der Aufstellung und Genehmigung eines Braunkohlenplans. Hierbei handelt es sich um eine Sonderform des Regionalplans, die den landesplanerischen Rahmen für das bergrechtliche Betriebsplanverfahren und alle weiteren mit dem Vorhaben verbundenen Fachplanungsverfahren, wie z. B. straßenrechtliche Verfahren, Flächennutzungs- und Bebauungsplanverfahren, setzt. Es ist den bergrechtlichen Verfahren deshalb vorgeschaltet.

Der Braunkohlenplan enthält in seinen textlichen Darstellungen u. a. Angaben über die Grundzüge der Oberflächengestaltung und Wiedernutzbarmachung sowie der gegebenenfalls erforderlichen Umsiedlungen. Die zeichnerischen Darstellungen müssen Angaben über die Abbaugrenzen, Sicherheitslinien, Umsiedlungsflächen und zur Verlegung von Verkehrswegen aller Art enthalten. Die Ziele des Braunkohlenplanes stellen Ziele der Raumordnung und Landesplanung dar und sind als solche von allen Behörden bei deren raumbedeutsamen Planungen zu beachten.

Im Falle des Tagebaus Garzweiler II hatte der Braunkohlenausschuss, ein Sonderausschuss des Bezirksplanungsrates Köln, dieses Verfahren durchgeführt. Bestandteil dieses Verfahrens waren auch die Umweltverträglichkeitsprüfung, die sogenannte Sozialverträglichkeitsprüfung für Umsiedlungen sowie ein umfassendes Gutachterprogramm zur energiewirtschaftlichen Erforderlichkeit des Vorhabens.

In zwei Verfahren vor dem Bundesverfassungsgericht betreffend den Rahmenbetriebsplan Garzweiler und eine Grundabtretung gegen den BUND wurde am 17. Dezember 2013 das Urteil verkündet, das die Verfassungsmäßigkeit des Tagebaus Garzweiler II bestätigt. Die städtebauliche Planung für den Umsiedlungsstandort Erkelenz-Nord wurde unter Beteiligung der Bürger aus den Orten des dritten Umsiedlungsabschnitts Keyenberg, Kuckum, Ober- und Unterwestrich fortgeführt. Die Standortgröße und auch die räumliche Standortbegrenzung sind definiert.

Die Landesregierung hatte vor dem Hintergrund der Energiewende eine neue Leitentscheidung zur Braunkohlenpolitik angekündigt. Politisches Ziel dieser Leitentscheidung ist es laut Erklärung der Landesregierung vom 28. März 2014, „dass für Garzweiler II nach dem 3. Umsiedlungsabschnitt kein weiteres Umsiedlungsplanverfahren mehr durchgeführt werden muss.“ In der ersten Jahreshälfte 2015 waren dazu drei sogenannte „Expertengespräche“ zu den Themen Energie, Wasserwirtschaft/Restsee und kommunale Planungen/Fachplanungen durchgeführt worden. Nach erfolgter Vorstellung des Entwurfs der Leitentscheidung durch die Staatskanzlei NRW am 29. September 2015 startete das öffentliche Beteiligungsverfahren, das am 8. Dezember 2015 endete. Nach der folgenden Auswertung aller Stellungnahmen und der Überarbeitung des Entwurfs ist die Leitentscheidung Mitte 2016 beschlossen worden. Gemäß dieser Entscheidung der Landesregierung wird der Tagebau Garzweiler so verkleinert, dass die Umsiedlung von Holzweiler entfällt. Damit wird die ursprünglich für den Abbau vorgesehene Kohlenmenge von 1,2 Mrd. t um bis zu 400 Mio. t reduziert. Im Ergebnis ist nun auch der Braunkohlenplan Garzweiler II (vom 31. März 1995) entsprechend zu ändern, um die Abbaugrenzen anzupassen. Die Planungen für die Tagebaue Hambach und Inden wurden von der Landesregierung bestätigt. Damit liegt der zukünftig zum Abbau vorgesehene Kohlenvorrat im Rheinischen Revier bei 2,3 Mrd. t.

2.2.4 Gewinnung der Braunkohle

In den deutschen Braunkohlenrevieren kommt modernste Großgerätetechnik zum Einsatz. In einem ersten Schritt tragen Schaufelradbagger die obere Bodenschicht, den fruchtbaren Lösslehm, selektiv ab und gewinnen anschließend die darunter liegenden Tone, Kiese und Sande, die insgesamt als Abraum bezeichnet werden, um die Kohle freizulegen.

Naturgemäß hat sich der Braunkohlenbergbau in den ersten Jahrzehnten auf solche Vorkommen konzentriert, die besonders dicht unter der Erdoberfläche lagerten. In der Folgezeit mussten im Verhältnis zur geförderten Kohle immer größere – als Abraum bezeichnete – Deckgebirgsmassen abgetragen werden. 2017 betrug das Leistungsverhältnis zwischen Abraum und Kohle im Bundesdurchschnitt 5,0:1 (jeweils m^3 Abraum zu t Kohle). Durch die Konzentration auf große Abbaufelder, neue Konzepte des Tagebauzuschnitts und die Weiterentwicklung der Gerätetechnik war es möglich, diese Erschwernisse weitgehend auszugleichen und die Braunkohle wettbewerbsfähig zu halten.

An der Effizienzverbesserung der Geräte waren alle Reviere beteiligt. Im Rheinland wurde die Schaufelradbaggertechnologie, die aus der Förderkombination Bagger – Bandanlagen bzw. Zugbetrieb – Absetzer besteht, fortlaufend weiterentwickelt. Während in den 1950er und 1960er Jahren noch Fördersysteme mit einer Tageskapazität von 60.000 m^3 bzw. 110.000 m^3 in Dienst gestellt worden waren, wurden 1976 Gerätegruppen mit einer Leistung von 200.000 m^3 pro Tag und seit 1978 von 240.000 m^3 pro Tag eingeführt. Bagger dieser Kapazität sind 96 m hoch, 225 m lang und 13.500 t schwer. Die Bandanlagen haben mittlerweile eine Förderkapazität von bis zu 37.500 Tonnen je Stunde und gehö-

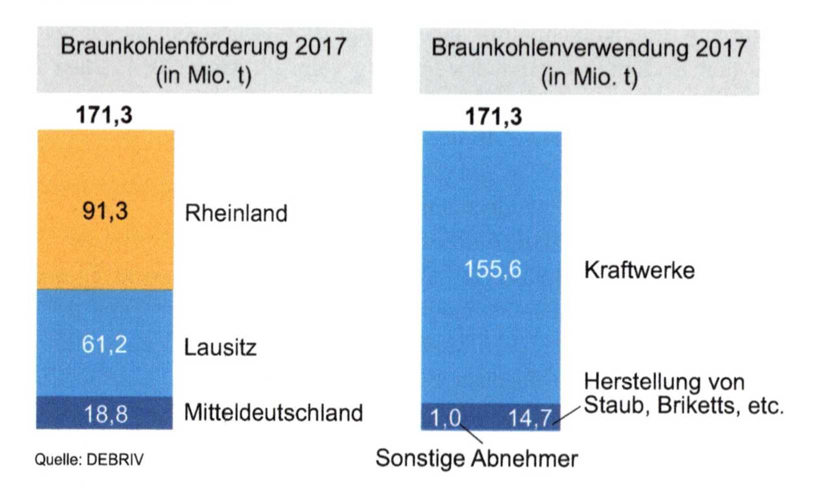

Abb. 2.7 Braunkohlenförderung und deren Verwendung in Deutschland 2017

ren zu den leistungsfähigsten weltweit. Damit wurde die Voraussetzung für effiziente und somit kostengünstige Massenbewegungen geschaffen.

Förderbandanlagen oder Eisenbahnzüge liefern die gewonnene Kohle zu den Kraftwerken und Veredlungsbetrieben des Reviers; dort wird sie zur Stromerzeugung eingesetzt bzw. zu festen Brennstoffen und Filterkoks weiterverarbeitet. Der Abraum wird per Band auf die bereits ausgekohlte Tagebauseite transportiert und dort verkippt. Direkt hiervon wird der kulturfähige Boden bis zur geplanten Geländeoberfläche aufgetragen. Mit dem Beginn der Rekultivierung erfolgt die Gestaltung der neuen Landschaft.

Mit dem Aufschluss des Tagebaus Hambach 1978 erreichte die Gewinnungstechnik ihre heutigen Dimensionen und Leistungsfähigkeit. Damit hatte sie hinsichtlich der Größe zwar ihr vorläufiges Maximum, nicht aber ihr Optimum erreicht: Seither arbeiten Ingenieure und Techniker kontinuierlich an weiteren Verbesserungen des Förderprozesses. Dabei steht ein Ziel im Vordergrund; die Steigerung der Produktivität der gesamten Prozesskette bei anforderungsgerechter Kohlenbereitstellung. Neben fortlaufenden technischen Detailverbesserungen an den Produktionsanlagen gelang dies insbesondere durch die Entwicklung und Einführung von leistungsfähigen IT-Systemen sowohl bei den Großgeräten als auch bei der Betriebssteuerung, wodurch eine intelligente und transparente Tagebauführung von der Abraumgewinnung auf der obersten Sohle bis zur Bereitstellung der Braunkohle im Kraftwerksbunker gewährleistet wird. So sind alle Großgeräte mit GPS-gestützten Geräteführerhilfen ausgestattet. Diese Systeme ermöglichen es, in Verbindung mit modernster Prozess- und Steuerungstechnik, die Großgeräte und Bandanlagen in den Tagebauen sicher, effektiv und umweltschonend zu betreiben.

Darüber hinaus wird im Rheinischen Revier eine Vielzahl von Projekten umgesetzt, die auf die weitere Verbesserung des Tagebaubetriebs als auch der flankierenden Prozesse ausgerichtet sind. Hierbei leisten Automatisierungsprozesse einen wesentlichen Beitrag und werden vorangetrieben. Die Großgeräteinstandsetzungen folgen neuen Instandhaltungsstrategien, die sich durch den zustandsorientierten Austausch und die Standardisierung von Systemkomponenten auszeichnen. In der Entwässerungstechnik führt ein verbessertes Brunnendesign in Verbindung mit einer optimierten Fahrweise zur Reduzierung der Verockerung, Erhöhung der Brunnenergiebigkeit und Reduzierung der Investitions- und Betriebskosten. Darüber hinaus wird der Energieverbrauch bei der Wasserhebung durch die Entwicklung neuer Antriebe reduziert.

Im Lausitzer Revier wird die Förderbrückentechnik eingesetzt und stetig weiterentwickelt. Bei dieser sind bevorzugt Eimerkettenbagger im Einsatz. Die großen Förderbrücken stellen mit einer Tagesleistung von bis zu 450.000 m^3 eine kostengünstige Massenbewegung sicher. Allerdings sind die Einsatzmöglichkeiten für eine Förderbrücke maßgeblich von der Geologie der Lagerstätte bestimmt. Voraussetzung ist eine gleichmäßige Ablagerung in geringer Tiefe. Die sowohl in direkter Kombination mit der Förderbrücke als auch als Gewinnungsgerät in der Kohle weit verbreiteten Eimerkettenbagger wurden in der Lausitz ebenfalls weiterentwickelt.

In Mitteldeutschland und in Helmstedt hatte sich – wie im Rheinland – die Bandanlagentechnik durchgesetzt, die aus der Förderkombination Bagger – Bandanlagen – Ab-

Tab. 2.15 Braunkohlenförderung in Deutschland in den Jahren 1980 bis 2017

Jahr	Revier Rheinland	Revier Helmstedt	Revier Hessen	Revier Bayern	Alte Bundesländer	Revier Lausitz	Revier Mitteldeutschland	Neue Bundesländer	Deutschland insgesamt
	1000 t								
1980	117.652	4172	2648	5390	129.862	161.750	96.347	258.097	387.959
1985	114.503	4314	1867	34	120.718	196.816	115.340	312.156	432.874
1990	102.181	4348	999	61	107.589	168.045	80.879	248.924	356.513
1995	100.184	4074	153	41	104.453	70.668	17.618	88.286	192.739
2000	91.898	4141	156	28	96.223	55.006	16.431	71.438	167.660
2005	97.288	2129	–	32	99.449	59.373	19.085	78.458	177.907
2010	90.742	1984	–	–	92.726	56.673	20.004	76.677	169.403
2015	95.214	1474	–	–	96.688	62.452	18.924	81.376	178.065
2016	90.451	1074	–	–	91.525	62.292	17.736	80.028	171.552
2017	91.249	–	–	–	91.249	61.211	18.826	80.037	171.286

Quelle: Statistik der Kohlenwirtschaft

Tab. 2.16 Leistungszahlen des Braunkohlenbergbaus sowie Heizwerte der geförderten Kohle nach Revieren im Jahr 2017

Revier	Abraumbewegung	Braunkohlengewinnung	Förderverhältnis A/K	Heizwert	SKE Faktor[a]	Braunkohlengewinnung
	1000 m^3	1000 t	m^3/t	kJ/kg	kg SKE je kg	1000 t SKE
Rheinland	403.895	91.249	4,4:1	9047	0,309	28.168
Lausitz	387.836	61.211	6,3:1	8443	0,288	17.634
Mitteldeutschland	57.188	18.826	3,1:1	10.488	0,358	6737
Insgesamt	848.919	171.286	5,0:1	8990	0,307	52.539

[a] 1 kg SKE entspricht 29.308 kJ
Quelle: Statistik der Kohlenwirtschaft

setzer besteht. Zur Gewinnung von Restkohlenbeständen und bei für Großgeräte schwierigen Abbauverhältnissen kommt in allen Revieren zusätzlich mobile Fördertechnik mit Schwerlastwagen zum Einsatz.

Schwerpunkte der Braunkohlenförderung sind das Rheinische Revier im Westen von Nordrhein-Westfalen, das Lausitzer Revier im Südosten des Landes Brandenburg und im Nordosten des Landes Sachsen sowie das Mitteldeutsche Revier im Südosten des Landes Sachsen-Anhalt und im Nordwesten des Landes Sachsen. Im Verlauf der vergangenen Jahre haben sich die Fördermengen in den Regionen sehr unterschiedlich entwickelt:

- Im Rheinland war die Braunkohlengewinnung durch ein hohes Maß an Stabilität gekennzeichnet. Sie bewegte sich zwischen 90 und 100 Mio. t/Jahr. 2017 waren es 91,3 Mio. t. Mittelfristig wird die Aufrechterhaltung einer Förderkapazität auf dem Niveau der letzten Jahre, also zwischen 90 und 100 Mio. t, angestrebt. Mit Auskohlung des Tagebaus Inden um das Jahr 2030 wird sich die Förderkapazität auf etwa 75 Mio. t/Jahr verringern.
- Im Lausitzer Revier war die Braunkohlenförderung von 195,1 Mio. t im Jahr 1989 um 74 % auf 51,0 Mio. t im Jahr 1999 zurückgegangen. Nach dem Abschluss der strukturellen Anpassung des Abbaus an den gesunkenen Bedarf war die Förderung danach wieder leicht angestiegen. 2017 belief sich die Abbaumenge auf 61,2 Mio. t. Mittel- und langfristig wird mit einer Aufrechterhaltung einer Fördermenge auf dem jetzt erreichten Niveau von 60 Mio. t angestrebt.
- In Mitteldeutschland sank die Förderung von 105,7 Mio. t im Jahr 1989 um 87 % auf 13,8 Mio. t im Jahr 1999. Auch in diesem Revier hatte sich die Fördermenge danach wieder erhöht. Sie betrug 2017 rund 18,8 Mio. t. In Zukunft sollen knapp 20 Mio. t Braunkohle pro Jahr abgebaut werden.
- Im Helmstedter Revier ist die Förderung im Herbst 2016 ausgelaufen.

Nach Revieren verteilte sich die Fördermenge 2017 damit wie folgt: Rheinland: 53,3 %, Lausitz: 35,7 % und Mitteldeutschland: 11,0 %.

2.2.5 Ausgleichsmaßnahmen [11]

Die planerisch und genehmigungsrechtlich abgesicherten Tagebaufelder werden im Verlauf von bis zu 35 Jahren schrittweise vom Bergbau in Anspruch genommen und jeweils unmittelbar nach der Kohlengewinnung kontinuierlich rekultiviert. Der Tagebau bedingte Flächenbedarf steht dabei notwendigerweise in Konkurrenz zu den bestehenden Nutzungen. Diese sind überwiegend landwirtschaftlich, in einigen Fällen auch forstwirtschaftlich geprägt. Darüber hinaus liegen in den Abbaufeldern regelmäßig Siedlungen, gewerbliche Nutzungen, Verkehrswege und Gewässer, die im Zuge des Tagebaufortschritts verlegt werden müssen. Von Eingriffen durch den Tagebau ist auch der Grundwasserhaushalt betroffen. Um den sicheren Betrieb der Tagebaue zu gewährleisten, muss der Grundwasserspiegel abgesenkt werden. Braunkohlenbergbau ist also unvermeidlich mit Eingriffen in den Lebensraum von Mensch und Natur verbunden.

Der Ausgleich zwischen energiewirtschaftlichen, sozialen, technischen und umweltbezogenen Interessen erfolgt im landesplanerischen und bergrechtlichen Genehmigungsverfahren (vgl. Abschn. 2.2.3). Dabei wird auch über die konkreten Rahmenbedingungen entschieden, unter denen die spätere Braunkohlengewinnung erfolgt. Dem Bürger, den gewählten politischen Vertretern aus der Region sowie den Fachbehörden, Umweltverbänden, Kammern etc. sind dort Möglichkeiten zur Einflussnahme und zur Mitbestimmung eingeräumt. Allgemein gilt sowohl bei der Planung als auch und beim Betrieb von Braunkohlentagebauen der Grundsatz, die Belastungen zu minimieren und den Nutzen bzw. den bei unvermeidbaren Eingriffen erforderlichen Ausgleich zu optimieren.

Ein wesentliches Kriterium für die Abgrenzung von Abbaufeldern ist neben der Lagerstätte sowie den technischen und wirtschaftlichen Planungsaspekten die größtmögliche Rücksichtnahme auf Umwelt, die Bevölkerung, die Besiedlung und die Verkehrswege. Ziel der Planungen ist es, einerseits den Lebens- und Wirtschaftsraum funktionsfähig zu erhalten und andererseits die Lagerstätte möglichst weitgehend zu gewinnen. Allerdings ist es dabei in dicht besiedelten Regionen nicht möglich, Tagebaue ganz ohne Eingriffe in die vorhandene Siedlungs- und Infrastruktur zu betreiben. Innerhalb der Abbaugrenzen liegende Ortschaften können beim Abbau nicht ausgespart werden. Energiepolitische, technische und betriebswirtschaftliche Gründe erfordern eine Umsiedlung.

Umsiedlung Die Braunkohlenplanung ist ein mehrstufiger Prozess, der bis zu vier bis fünf Jahrzehnte in die Zukunft reicht. Dies bedeutet, dass die Entscheidung über die grundsätzliche Notwendigkeit der Umsiedlung eines Ortes je nach Lage im Abbaufeld u. U. schon weit vor dem Zeitpunkt der tatsächlichen Inanspruchnahme getroffen wird. Die konkrete Ausgestaltung der jeweiligen Umsiedlung wird nach Prüfung der energiewirtschaftlichen Notwendigkeit und der Prüfung der Sozialverträglichkeit unter Berücksichtigung der gesellschaftlichen Rahmenbedingungen und der örtlichen Verhältnisse in der Regel in gesonderten Braunkohlenteilplänen geregelt. Diese werden ca. 10 bis 15 Jahre vor dem Abbau der betroffenen Ortschaft unter Beteiligung der Umsiedler und der betroffenen Kommune erarbeitet. Dabei hat sich das Angebot der gemeinsamen Umsiedlung zur Minimierung der Belastungen über Jahrzehnte in der Praxis bewährt. Die Menschen können gemeinsam an einen neuen Standort innerhalb eines definierten Zeitraums umsiedeln. Dieser neue Ort wird in einem mehrjährigen kooperativen Prozess mit den Bürgern geplant und ermöglicht den Erhalt der innerörtlichen Gemeinschaft und den Fortbestand von sozialen Strukturen (wie Vereinen) und Bindungen (wie Nachbarschaften).

Dabei wird grundsätzlich folgendes Verfahren praktiziert: Unter Berücksichtigung von Vorschlägen der betroffenen Bürger wird der mehrheitlich gewünschte Umsiedlungsstandort landesplanerisch festgelegt, von der zuständigen Kommune in Abstimmung mit den Bergbautreibenden geplant und erschlossen. Im gesamten Verfahren besteht ein umfangreiches Angebot zur Information, Beratung und Beteiligung der Bürger in allen Fragen der Standortfindung, -planung und -erschließung. Dabei wird auch das Ziel verfolgt, die mit der Umsiedlungsplanung verbundenen Chancen zu erkennen, zu diskutieren und umzusetzen, um einen nachhaltigen und zukunftsfähigen neuen Ort zu entwickeln.

Die Entschädigungspraxis der Bergbauunternehmen ist darauf ausgerichtet, die Vermögenssubstanz und damit den Lebensstandard der Umsiedler zu erhalten. Damit wird jedem an der gemeinsamen Umsiedlung beteiligten Eigentümer grundsätzlich der Neubau am neuen Standort ermöglicht. Für die Umsiedlung der Mieter wird in jedem Ort ein spezielles Handlungskonzept erarbeitet. Gesonderte Angebote werden bei Bedarf auch für andere Gruppen, wie z. B. für Vereine oder für ältere Menschen, entwickelt. Bei der

Tab. 2.17 Betriebsflächen und wieder nutzbar gemachte Flächen im Braunkohlenbergbau in Deutschland (Stand: Ende Dezember 2017)

Revier	Einheit	Landinanspruchnahme insgesamt	Betriebsflächen	Wieder nutzbar gemachte Flächen				
				Insgesamt	Davon			
					Landwirtschaft	Forstwirtschaft	Wasserflächen u. zukünft. Wasserflächen in rekult. Geländer	Sonstiges[2]
Rheinland	ha	32.995,2	9725,3	23.269,9	12.582,7	8703,0	819,7	1164,5
	%	100,0	29,5	70,5	38,1	26,4	2,5	3,5
Helmstedt	ha	2228,0	778,5	1449,5	352,2	403,7	38,5	655,1
	%	100	34,9	65,1	15,8	18,1	1,7	29,4
Hessen	ha	3507,9	68,9	3439,0	1818,6	735,4	665,8	219,2
	%	100	2,0	98,0	51,8	21,0	19,0	6,2
Bayern	ha	1803	0,0	1803,0	119,0	958,0	683,0	43,0
	%	100	0,0	100,0	6,6	53,1	37,9	2,4
Lausitz	ha	88.354,3	30.504,0	57.850,3	10.328,5	31.361,6	8977,2	7183,0
	%	100	34,5	65,5	11,7	35,5	10,2	8,1
Mittel-deutschland	ha	48.733,5	12.373,9	36.359,5	9366,1	11.445,2	12.419,6	3128,6
	%	100	25,4	74,6	19,2	23,5	25,5	6,4
Deutschland[3]	**ha**	**177.621,8**	**53.450,6**	**124.171,2**	**34.567,2**	**53.606,9**	**23.603,8**	**12.393,4**
	%	**100**	**30,1**	**69,9**	**19,5**	**30,2**	**13,3**	**7,0**

[1] einschl. Rekultivierungsrückstände und Risikoflächen
[2] Wohnsiedlungen, fremde Betriebe, Müllflächen, Verkehrswege etc.
[3] mit den Vorjahren aufgrund von Flächenänderungen nicht vergleichbar
Quelle: Statistik der Kohlenwirtschaft

Umsiedlung gewerblicher und landwirtschaftlicher Betriebe gilt der Grundsatz, dass die Existenz aller betroffenen Betriebe im bisherigen Umfang erhalten bleiben soll.

Die Umsiedlungspraxis der Vergangenheit hat belegt, dass Umsiedlungen mit dem beschriebenen Konzept sozialverträglich gestaltbar sind. Dabei stellt jede Umsiedlung für alle Beteiligten einen Lernprozess dar, dessen Erkenntnisse jeweils in das Konzept für zukünftige Umsiedlungen integriert werden.

Grundwasserabsenkung Grundvoraussetzung für den Betrieb von Tagebauen sind standfeste Böschungen und tragfähige Arbeitsebenen für die Fördergeräte. Hierzu sind die Entwässerung von wasserführenden Schichten über der Kohle sowie eine ausreichende Druckspiegelreduzierung unter dem tiefsten Kohleflöz, die sogenannte Sümpfung, notwendig. Zu diesem Zweck wird eine Vielzahl von Brunnen gebaut, mit denen das Grundwasser abgesenkt wird. Ein großer Teil des gewonnenen Wassers dient in der Region der Trink- und Brauchwasserversorgung. Darüber hinaus wird es gezielt in den Grund- und Oberflächenwasserkreislauf eingebracht [15].

Aufgrund der hydrogeologischen Gegebenheiten kann man die Grundwasserabsenkung in der Regel nicht auf den engeren Tagebauraum beschränken. Deshalb ergeben sich Auswirkungen auf Wasserwirtschaft und Landschaft der Umgebung.

Die Auswirkungen auf die Wasserversorgung werden durch Ersatzwassermaßnahmen, die zu Lasten des Bergbautreibenden gehen, kompensiert. Dies können Wasserlieferungen, Brunnenvertiefungen oder Übernahme von Fördermehrkosten sein. Bedeutsame Gewässer werden durch Einspeisung von Wasser und schützenswerte Feuchtgebiete durch Versickerung von Wasser erhalten. Daneben wird auch Wasser in Gräben und Bäche eingeleitet. In besonderen Fällen, wie z. B. im Lausitzer Revier, eignen sich auch Dichtwände, um die Auswirkung der Grundwasserabsenkung einzugrenzen.

Eine Fülle von Maßnahmen dient somit dazu, die Sümpfungsauswirkungen durch Vorsorge soweit wie möglich zu begrenzen bzw. durch Ersatz oder Ausgleich zu mindern. Insgesamt bleiben auf diese Weise die wasserwirtschaftlichen Verhältnisse im Bereich des Braunkohlenbergbaus sicher geregelt.

Nach Beendigung der Braunkohlengewinnung werden die entstandenen Restlöcher in der Regel zu Seen ausgestaltet und geflutet. Diese Bergbau-Restseen stabilisieren den Wasserhaushalt in den Revieren und beleben die Bergbaufolgelandschaft.

Rekultivierung In Deutschland ist die Landschaft über Jahrtausende von menschlicher Nutzung geprägt und verändert worden. Die Wiedernutzbarmachung nach dem Tagebau ist daher zumeist darauf ausgerichtet, die Spuren des Bergbaus vollständig zu tilgen und eine Landschaft zu schaffen, die an dem bestehenden Umfeld und dem Status vor der Inanspruchnahme ausgerichtet ist. Dies drückt sich auch in den Zielen der Rekultivierung aus, die aufgrund der voneinander abweichenden Ausgangslandschaft von Revier zu Revier unterschiedlich sind. So unterscheiden sich die rheinische Bördenlandschaft mit ihren hochwertigen Ackerböden und die Lausitzer Wald- und Teichlandschaft hinsichtlich der vorherrschenden Böden, der Besiedlung und ihrer wirtschaftlichen Nutzung in beträchtlichem Maße. Dennoch gibt es für Rekultivierungsplanung in ganz Deutschland drei wesentliche gemeinsame Grundsätze:

Die rekultivierten Flächen sollen nachhaltig nutzbar, ökologisch stabil und ein Ausdruck des vorherrschenden regionalen Landschaftscharakters sein.

Außerdem hat sich in der mehr als 100-jährigen Rekultivierungspraxis gezeigt, dass die unterschiedlichen Nutzungsansprüche an die rekultivierte Landschaft in einem ausgewogenen Verhältnis zueinander stehen müssen. Der Erhalt und die Wiederansiedlung landschaftstypischer Tier- und Pflanzenarten besitzen dabei eine hohe Priorität. Die Rekultivierungen der Vergangenheit zeigen, dass dieses Ziel erreicht werden kann. So sind beispielsweise im Rheinland 250 ha Rekultivierungsfläche als Naturschutzgebiete ausgewiesen.

Dennoch unterliegt auch die Rekultivierung einer stetigen Fortentwicklung. Hierzu bedient sich RWE Power im Rheinischen Revier verschiedener Forschungsprojekte. Diese betreffen insbesondere bodenverbessernde Maßnahmen auf Acker- und Waldflächen in der Bergbaufolgelandschaft. Parallel wird der Anbau von nachwachsenden Rohstoffen zur Entwicklung einer effizienten Biomasseproduktion untersucht. Dabei liegt ein Schwerpunkt bei der Identifizierung geeigneter Pflanzenarten zur Verwendung als Substrat für Biogasanlagen, die gleichzeitig geeignet sind, die Artenvielfalt zu erhöhen.

Die Wiedernutzbarmachung rekultivierter Tagebaue birgt aber auch Chancen zur strukturellen Weiterentwicklung der umgebenden Region. Die in diesem Prozess verborgenen Potenziale werden von den Trägern der kommunalen Planungshoheit zunehmend erkannt und genutzt.

So wurde im Rheinischen Braunkohlenrevier in breit angelegten Planungsprozessen diskutiert, ob und inwieweit die Gestaltung der Bergbaufolgelandschaft an den zukünftigen Anforderungen der Region in den Handlungsfeldern wirtschaftliche Entwicklung, Freizeit und Erholung, Ökologie sowie Siedlungsentwicklung ausgerichtet werden könne.

Mit den Projekten „Indeland“ und „terra nova“ wurden in den vergangenen Jahren zwei Projekte unter kooperativer Beteiligung von Politik und Verwaltung angeschoben, die bereits heute nachhaltige Strukturimpulse für die Zukunft setzen.

Seit Aufnahme der Bergbautätigkeit bis Ende 2017 wurden in Deutschland 177.622 ha, d. h. rund 1776 km^2 durch den Braunkohlenbergbau in Anspruch genommen; davon entfielen 32.995 ha auf das Rheinland, 88.354 ha auf die Lausitz, 48.734 ha auf Mitteldeutschland und der Rest auf die übrigen Reviere. Wiedernutzbar gemacht wurden bis Ende 2017 insgesamt 124.171 ha. Das entspricht 69,9 %. Im Rheinland wurden von der dort in Anspruch genommenen Fläche bereits 70,5 % wieder einer Folgenutzung zugeführt. In der Lausitz und in Mitteldeutschland sind es 65,5 bzw. 74,6 %. In den letzten Jahren war in den beiden ostdeutschen Revieren jeweils deutlich mehr Land rekultiviert als vom Bergbau neu in Anspruch genommen worden.

Mit der Wiedervereinigung ergaben sich für die Braunkohlenindustrie in den neuen Ländern vollkommen veränderte Rahmenbedingungen. In der unmittelbaren Folge wurde die Jahresproduktion von rund 300 Mio. t Braunkohle auf ein Viertel reduziert. Eine Vielzahl von Tagebauen und Veredlungsbetrieben musste stillgelegt werden. Wegen der unplanmäßigen Stilllegungszeitpunkte kam es zu einer Anhäufung von zusätzlichen Arbeiten zur Rekultivierung und Wiedernutzbarmachung industriell genutzter Flächen. Hinzu kamen erhebliche Rekultivierungsrückstände aus der DDR-Zeit.

Die Bundesrepublik Deutschland war Rechtsnachfolger der DDR und über die Treuhandanstalt zunächst Eigentümer der Braunkohlenindustrie. Im Rahmen der Privatisierung war es notwendig, eine Trennlinie zwischen den Aufgaben der langfristigen Braunkohlengewinnung in privatisierten Unternehmen sowie der Bewältigung des Strukturwandels und Beseitigung der Altlasten im Bereich der ehemaligen Braunkohlenkombinate zu definieren.

Mit dem Strukturwandel der ostdeutschen Energiewirtschaft entstand so, neben den privatisierten auf eine langfristige Bergbautätigkeit ausgerichteten Unternehmen LAUBAG (heute EPH-Gruppe) und MIBRAG, auch die Lausitzer und Mitteldeutsche Bergbau-Verwaltungsgesellschaft (LMBV). Als Bundesunternehmen trägt die LMBV die bergrechtlichen Verpflichtungen für die in ihrer Verantwortung stehenden Betriebe. Im Jahr 2014 erfolgte zudem die Verschmelzung des LMBV-Tochterunternehmens „Gesellschaft zur Verwahrung und Verwertung von stillgelegten Bergwerksbetrieben mbH (GVV)" auf die Muttergesellschaft. Zu den Aufgaben des LMBV gehören:

- Herstellung der öffentlichen Sicherheit und Wiedernutzbarmachung stillgelegter Tagebaue und Veredlungsstandorte der Braunkohlenindustrie,
- Herstellung eines sich weitestgehend selbst regulierenden Wasserhaushaltes in den bergbaulich beeinflussten Bereichen,
- Beseitigung von Altlasten,
- Abbruch von Industrieanlagen in Vorbereitung der Neuansiedlung von Industrie und Gewerbe,
- Verwahren von Bergwerken des stillgelegten Kali-, Spat- und Erzbergbaus,
- Verwertung von Flächen.

Hauptziel des Unternehmens ist die zügige und wirtschaftliche Sanierung und Verwahrung der stillgelegten Bergwerke als Voraussetzung zur Nachnutzung der Standorte unter Beachtung der regionalen Planungsvorgaben und der rechtlichen Vorgaben, insbesondere des Bundesberggesetzes. Die LMBV ist als Bergbauunternehmen und Projektträger insbesondere verantwortlich für Sanierungsplanung, Projektmanagement und Sanierungscontrolling. Insgesamt trägt die LMBV die Verantwortung für 39 ehemalige Braunkohlentagebaue mit 224 Restlöchern im Lausitzer und Mitteldeutschen Braunkohlenrevier und betreibt die Verwahrung der Bergwerke an 19 Standorten der ehemaligen Kali- Spat- und Erzindustrie der früheren DDR. Hinzu kommt die Verwertung der sanierten Flächen. Insgesamt sind bis Ende 2017 rund 10,6 Mrd. € in die Wiedernutzbarmachung und Revitalisierung der rund 100.000 ha bergbaulich beanspruchter Flächen investiert worden.

Strukturwandel Im Rheinischen Braunkohlenrevier hat die Nutzung der Braunkohle bisher nicht zu Strukturbrüchen geführt. Um diese im Sinne der Akzeptanzförderung auch

Tab. 2.18 Abraumbewegung und Braunkohlenförderung nach Tagebauen (Kalenderjahr 2017)

Tagebaue		Gesellschaften	Abraumbewegung in 1000 m³	Braunkohlenförderung in 1000 t
Revier Rheinland				
Garzweiler		RWE Power	130.381	32.788
Hambach		RWE Power	203.105	38.670
Inden		RWE Power	70.408	19.791
Summe			***403.895***	***91.249***
Revier Lausitz				
Jänschwalde	BB	LEAG	125.841	7452
Welzow-Süd	BB	LEAG	107.315	22.083
Nochten	SN	LEAG	92.803	18.515
Reichwalde	SN	LEAG	61.877	13.161
Summe			***387.836***	***61.211***
Revier Mitteldeutschland				
Profen	ST	MIBRAG	23.805	7754
Schleenhain	SN	MIBRAG	30.604	10.612
Amsdorf	ST	ROMONTA	2779	459
Summe			***57.188***	***18.826***

BB = Brandenburg, ST = Sachsen-Anhalt, SN = Sachsen
Quelle: Statistik der Kohlenwirtschaft

zukünftig gar nicht erst entstehen zu lassen, wird die wirtschaftliche Entwicklung der betroffenen Kommunen über die Zeit des aktiven Bergbaus hinaus seit vielen Jahren erfolgreich unterstützt. Hierzu gehören Maßnahmen, wie die Erschließung von Wohn- und Gewerbegebieten sowie die Ansiedlung attraktiver Unternehmen. In den vergangenen 20 Jahren wurden im Rheinischen Revier auf diese Weise mehr als 7300 Arbeitsplätze bei mehr als 130 Firmen geschaffen. Ein wesentlicher Schlüssel zum Erfolg liegt dabei im gemeinsamen Handeln von Region und Bergbautreibenden, das es ermöglicht, Herausforderungen frühzeitig zu erkennen und daneben im Sinne der Bevölkerung zu nutzen.

Da die auf einzelne Kommunen bezogene Strukturentwicklung aus verschiedenen Gründen schnell an ihre Grenzen stößt, haben sich interkommunale Zusammenschlüsse bei der Umsetzung von Entwicklungskonzepten bewährt. Aus Rekultivierungsprojekten heraus gestartet, haben sich die „Indeland"- und die „terra nova"-Initiative zu wichtigen Akteuren entwickelt, deren Engagement für die jeweilige Region auch bei Land, Bund und EU Beachtung findet.

Aufsetzend auf diesen Erfahrungen hat die Regierung des Landes NRW das Programm „Innovationsregion Rheinisches Revier" aufgelegt, das die vorhandenen Kooperationen stärken und weiter vernetzen soll. Auf diese Weise sollen gemeinsame Entwicklungsziele erarbeitet werden, in deren Umsetzung sich die Akteure mit dem Gewicht einer ganzen Region bei den übergeordneten Entscheidungsträgern und Fördergebern positionieren

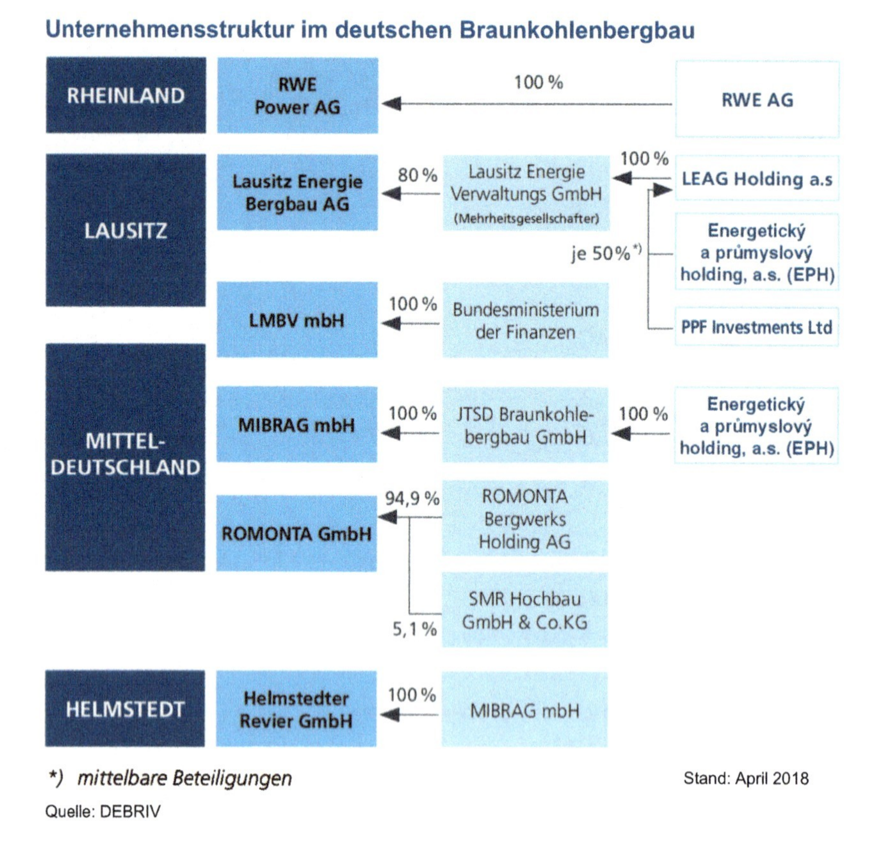

Abb. 2.8 Unternehmensstrukturen im deutschen Braunkohlenbergbau

können. Als enger Partner wurde das im Rheinischen Revier braunkohlenbergbautreibende Unternehmen in die Gremien der Initiative aufgenommen und begleitet diese seitdem.

Auf besonderes Interesse der Städte und Gemeinden stößt auch der Ausbau der regenerativen Energien. Allerdings befinden sich derartige Projekte oftmals in einem Interessenskonflikt zwischen dem politisch Wünschenswerten und der jeweiligen örtlichen Betroffenheit. Als vorteilhaft haben sich im Rheinischen Braunkohlenrevier in dieser Frage die rekultivierten Tagebaue erwiesen. Diese sind besiedlungsfrei, zum Teil mit Hochkippen versehen und daher hervorragend als Standort für Windenergieanlagen geeignet. In Zusammenarbeit mit den Kommunen und der Konzernschwester innogy hat RWE Power im Rheinischen Revier auf diese Weise bereits verschiedene Windenergieprojekte umgesetzt. So ist auf dem Gelände des rekultivierten Tagebaus Garzweiler in Zusammenarbeit der Stadt Bedburg einer der größten Windparks Nordrhein-Westfalens entstanden. In ähnlicher Weise werden im Rheinischen Revier auch Freiland-Photovoltaikanlagen projektiert. Statt hochwertiger Ackerstandorte werden hierfür vorhandene geneigte Flächen, wie zum Beispiel Immissionsschutzwälle, genutzt. Die Projekte selbst werden so angelegt, dass sie

Kommunen und Bürgern eine Finanzbeteiligung ermöglichen. Auf diese Weise profitiert ein breiter Beteiligtenkreis von derartigen Maßnahmen.

Auch für die Landwirtschaft als Hauptbetroffene bei der bergbaulichen Inanspruchnahme werden im Rheinischen Revier verschiedene Konzepte zur Teilhabe am Ausbau der erneuerbaren Energien umgesetzt. Neben der Errichtung von Biogasanlagen, die die örtlichen Landwirte mit Rohstoffen versorgen, werden im Rahmen von Forschungsprojekten Systeme erprobt, mit denen die Abwärme aus Sümpfungewässern zur Ernteverfrühung von hochwertigen Spezialkulturen (z. B. Spargel) genutzt werden kann.

Die Zukunft der Braunkohle und damit die Struktur der Bergbauregionen wird nicht nur durch die Unternehmen beeinflusst. Gerade im Energiesektor spielen energie- und umweltpolitische Rahmenbedingungen eine große Rolle. Dabei ist es wichtig, dass den Besonderheiten der Braunkohle Rechnung getragen wird. Die sind unter anderem durch die Schwierigkeit gekennzeichnet, angesichts der langfristig durchgeplanten Tagebaue planungs- und genehmigungsrechtlich kurzfristig auf Eingriffe zu reagieren.

2.2.6 Unternehmensstrukturen und Betriebe nach Revieren

Rheinisches Revier Die RWE Power AG fördert in drei Tagebauen Braunkohle. Die RWE Power AG steht seit dem 1. Januar 2018 für die Gewinnung der Braunkohle, deren Veredlung, insbesondere der Stromerzeugung aus Braunkohle sowie für die Steuerung der Kernenergie.

Die Braunkohlenförderung der RWE Power AG betrug 2017 rund 91,3 Mio. t. Nach Tagebauen setzt sich die Förderung 2017 wie folgt zusammen: Es entfielen 32,8 Mio. t auf Garzweiler, 38,7 Mio. t auf Hambach und 19,8 Mio. t auf Inden.

Im Rheinland verfügt RWE Power an den Standorten Frimmersdorf, Neurath, Niederaußem und Weisweiler über vier Braunkohlenkraftwerke der allgemeinen Versorgung mit einer installierten Brutto-Leistung von rund 10.859 MW (Stand 01.01.2018). Davon befindet sich das Kraftwerk Frimmersdorf in Sicherheitsbereitschaft. In diesen Anlagen wurden 2017 rund 79,3 Mio. t Braunkohle eingesetzt.

In den drei Veredlungsbetrieben Frechen, Ville/Berrenrath und Fortuna-Nord sind 2017 rund 11,6 Mio. t Rohbraunkohle zu Briketts, Staub, Wirbelschichtkohle, Koks und Strom verarbeitet worden. Die Erzeugung fester Produkte verteilte sich mit 3,15 Mio. t auf Staub, 0,95 Mio. t Brikett, 0,35 Mio. t Wirbelschichtkohle und 0,15 Mio. t Koks. Ferner wurden 1,7 TWh Strom erzeugt.

RWE Power beschäftigt im Braunkohlenbergbau, in den Braunkohlenkraftwerken sowie in den Braunkohlenveredlungsbetrieben im Rheinland insgesamt 9739 Mitarbeiter (Stand: 31.12.2017).

Ihre Wettbewerbsfähigkeit konnte die rheinische Braunkohle in den vergangenen Jahrzehnten durch weitreichende Modernisierung und Rationalisierung erhalten. Folgende Faktoren waren für die erreichten Produktivitätsverbesserungen vor allem entscheidend:

Rheinisches Braunkohlerevier

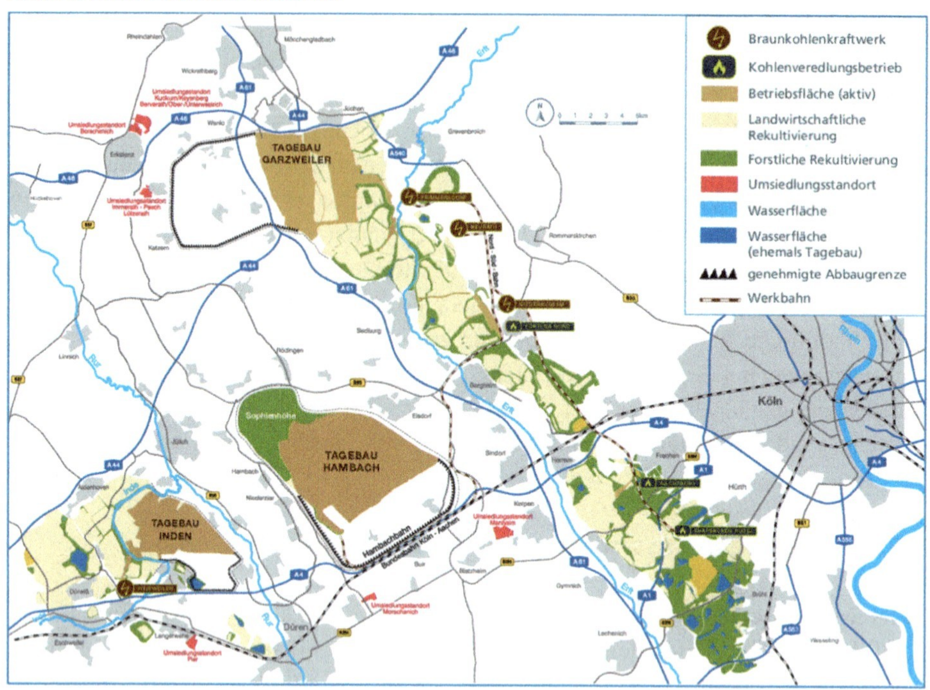

Abb. 2.9 Revierkarte Rheinland

- 1960 waren aus 17 Tagebauen insgesamt 81 Mio. t Braunkohle gewonnen worden. Aus den verbliebenen drei Tagebauen werden heute jährlich bis zu 100 Mio. t Braunkohle gefördert.
- Die Konzentration der Betriebsstätten war begleitet von einem Zusammenschluss der Braunkohleunternehmen im Rheinland.
- Die Effizienz der Förderung wurde durch den Übergang auf leistungsstärkere Großgeräte mit einer Kapazität von 240.000 m^3 pro Tag verbessert. Nur vier Personen gleichzeitig bedienen ein solches Gerät in drei Schichten.
- In der Vergangenheit war Braunkohle vorrangig für Heizzwecke genutzt worden. Heute dienen rund 90 % der Braunkohle der Stromerzeugung. Die Standorte der Kraftwerke befinden sich in der Nähe der Tagebaue. Sie werden über Bandanlagen bzw. im Zugbetrieb versorgt.
- Zum 1. April 2000 waren die Braunkohlenkraftwerke der allgemeinen Versorgung auf die Rheinbraun AG übertragen worden. Diese Integration war ein wichtiger Faktor für die fortgesetzte Optimierung von technischen Prozessen und Administration. Der Zusammenschluss ermöglichte es, Kostensenkungspotentiale entlang der gesamten Prozesskette von der Gewinnung bis zur Stromerzeugung zu realisieren.

Tab. 2.19 Entwicklung des Rheinischen Braunkohlenreviers 1978–2018

1978	Aufschluss des Tagebaus Hambach/erster 240.000er Bagger/Beginn der Aufschüttung der Außenkippe Sophienhöhe
1985	Inbetriebnahme der Hochtemperatur-Winkler-Demonstrationsanlage zur Vergasung von Braunkohle in Hürth-Berrenrath
1987	Inbetriebnahme der ersten Rauchgas-Entschwefelungsanlage
Januar 1989	Die Rheinbraun-Tochter Union Rheinische Braunkohlen Kraftstoff AG (UK), Wesseling, wird von RWE mit der im Vorjahr erworbenen Deutschen Texaco zur DEA Mineraloel AG verschmolzen
April 1990	Gründung der gemeinnützigen „Stiftung zur Förderung der Archäologie im Rheinischen Braunkohlenrevier“ zur Förderung der Bodendenkmalpflege
Oktober 1992	Auf dem Gelände der Fabrik Frechen wird eine Demonstrationsanlage zur Wirbelschichttrocknung von Braunkohle mit interner Abwärmenutzung (WTA), einem von Rheinbraun entwickelten Verfahren, feierlich in Betrieb genommen
Oktober 1994	Rheinbraun und RWE Energie vereinbaren mit der NRW-Landesregierung ein 20-Milliarden-DM-Programm zur klimafreundlichen Modernisierung der rheinischen Braunkohlenkraftwerke
März 1995	Von der Landesplanungsbehörde wird die Genehmigung des Braunkohlenplans Garzweiler II erteilt
Mai 1996	Beschluss des Vorstands der RWE Energie AG zum Bau des ersten Braunkohlenkraftwerks mit optimierter Anlagentechnik (BoA) in Bergheim-Niederaußem
Dezember 1997	Das Bergamt Düren erteilt der Rheinbraun AG die Zulassung für den Rahmenbetriebsplan des Rheinbraun-Tagebaus Garzweiler I/II für den Zeitraum 2001 bis 2045
August 1998	Baubeginn für das erste Braunkohlenkraftwerk mit optimierter Anlagentechnik (BoA) am Standort Niederaußem der RWE Energie
Oktober 1998	Das Landesoberbergamt erteilt der Rheinbraun AG die wasserrechtliche Genehmigung für die Sümpfung des geplanten Anschlusstagebaus Garzweiler II
April 2000	Integration der Braunkohlenkraftwerke der RWE Energie AG in die „neue“ Rheinbraun AG; damit sind erstmals bei RWE Braunkohlengewinnung und -verstromung unter einem Unternehmensdach vereinigt; seit 1. Oktober firmiert das Unternehmen unter RWE Rheinbraun AG, Köln
Januar/Februar 2001	Ein Großgerätetransport mit zwei Schaufelradbaggern im Rheinischen Braunkohlenrevier sorgt wochenlang für Aufmerksamkeit in der Bevölkerung und bei den Medien
Juni 2001	RWE Energie und RWE Rheinbraun geben ihre Mehrheitsbeteiligung an der Laubag Lausitzer Braunkohle AG, Senftenberg, in Folge der Kartellamtsauflagen für die Fusion von RWE und VEW an die HEW ab. Ebenso gibt der RWE-Konzern seine Beteiligung an der ostdeutschen Braunkohleverstromungsgesellschaft VEAG Vereinigte Energiewerke AG an das Hamburger Unternehmen ab

Tab. 2.19 (Fortsetzung)

Juni 2002	Beschluss des RWE-Rheinbraun-Vorstands zum Bau eines weiteren Braunkohlenkraftwerks mit optimierter Anlagentechnik im Rheinischen Braunkohlenrevier, vorzugsweise am Standort Neurath
September 2002	Offizielle Inbetriebnahme des ersten Braunkohlenkraftwerks mit optimierter Anlagentechnik (BoA) als Block K des Kraftwerks Niederaußem in Bergheim-Niederaußem
Oktober 2003	Zusammenfassung der kontinentaleuropäischen Stromerzeugungsaktivitäten im RWE-Konzern durch die Integration der RWE Rheinbraun AG in die RWE Power AG. Sitz der „neuen" RWE Power AG sind Essen und Köln
Juni 2005	Erteilung der Genehmigung zum Bau einer Doppelblockanlage auf Basis Braunkohle (BoA 2/3) mit einer Leistung von je 1050 MW (netto) am Standort Neurath durch die Bezirksregierung Düsseldorf
August 2005	Papst Benedikt der XVI. feiert mit mehr als 1 Mio. Menschen die Vigil sowie die Abschlussmesse des Weltjugendtages auf dem Marienfeld, der landwirtschaftlichen Rekultivierung des ehemaligen Tagebaus Frechen
September 2005	Im Westen des Rheinischen Braunkohlenreviers wird der Fluss „Inde" auf einer Länge von 12 km in ein neues Bett verlegt, das mäandrierend durch die Rekultivierung des Tagebaus Inden verläuft. Die Verlegung wurde erforderlich, weil der Tagebau Inden das alte Flussbett wenig später durchschneidet
Juni 2006	RWE Power beginnt mit dem Förderbetrieb im Abbaufeld Garzweiler II. Es schließt sich nahtlos an den Tagebau Garzweiler I an und enthält auf einer Fläche von 48 km^2 einen Kohlenvorrat von 1,3 Mrd. t
August 2006	Im Zuge der Umsetzung des Kraftwerkserneuerungsprogramms legt Bundeskanzlerin Dr. Angela Merkel den Grundstein für den Bau des Braunkohlenkraftwerks BoA 2/3 am Standort Grevenbroich-Neurath
12.08.2007/ 04.01.2008	Im Sommer des Jahres 2007 feiert der Tagebau Garzweiler 100 Jahre Braunkohlengewinnung im Norden des Rheinischen Braunkohlenreviers. Ein halbes Jahr später feiert die RWE Power AG als Rechtsnachfolgerin der Rheinbraun AG ihr 100-jähriges Bestehen
Juli 2008	Im Kraftwerk Niederaußem beginnen als Baustein der Clean Coal Strategie der RWE Power AG am Kraftwerksblock BoA 1 die Arbeiten zur Errichtung einer Testanlage zur Erprobung der CO_2-Abscheidung aus dem Rauchgas
September 2008	Mit dem ersten Spatenstich beginnen die Baumaßnahmen zur Verlegung der Bundesautobahn 4 im Vorfeld des Tagebaus Hambach, die auf einer Länge von ca. 18 km zukünftig parallel zur Bahnstrecke Köln-Aachen verlaufen wird. Die Maßnahme wird begleitet von der zeitgleichen Verlegung der „Hambachbahn" genannten Betriebseisenbahn von RWE Power im gleichen Abschnitt
November 2008	Eine Algenzuchtanlage zur CO_2-Umwandlung wird im Innovationszentrum Kohle in Niederaußem in Betrieb genommen. Dort binden Meeresalgen CO_2 aus dem Rauchgas der benachbarten BoA 1 in ihre Biomasse ein

Tab. 2.19 (Fortsetzung)

Dezember 2008	Der Braunkohlenausschuss beschließt mit einer Änderung des Braunkohlenplans Inden die Anlage eines Restsees nach Auskohlung. Bislang war die vollständige Verfüllung vorgesehen
Februar 2009	Im Innovationszentrum Kohle am Kraftwerksstandort Niederaußem geht eine Prototypanlage zur Vortrocknung von Braunkohle nach dem WTA-Verfahren offiziell in Betrieb. Die Technologie ist eine entscheidende Komponente für das geplante Trockenbraunkohlenkraftwerk, den noch effizienteren BoA-Nachfolger
Juli 2009	Eine Versuchsanlage zur optimierten Rauchgasreinigung (REA-plus) nimmt in Niederaußem die Arbeit auf
August 2009	Deutschlands erste Pilotanlage zur CO_2-Rauchgasreinigung wird in Niederaußem offiziell in Dienst gestellt
Sommer 2009	Mit dem Transport des letzten Absetzers aus dem ehemaligen Tagebau Bergheim zum Tagebau Hambach endet nicht nur ein Kapitel der regionalen Bergbaugeschichte, sondern auch eine Serie spektakulärer Großgerätetransporte zwischen den Tagebauen (z. B. 1982, 1991, 1999, 2001, 2004)
Februar 2010	Inbetriebnahme eines neuen Kraftwerkssimulators im Ausbildungszentrum Niederaußem für die aktuelle Generation deutscher Braunkohlenkraftwerke
Juni 2010	Inbetriebnahme einer Testanlage zur Herstellung von Polyurethan aus abgeschiedenem CO_2 des Kraftwerks Niederaußem. Träger des Projekts ist eine Arbeitsgemeinschaft aus RWTH Aachen, Unternehmen des Bayer-Konzerns und RWE Power
August 2012	Offizielle Inbetriebnahme von zwei Braunkohlen-Kraftwerksblöcken mit optimierter Anlagentechnik (BoA 2 & 3) am Standort Neurath mit einer Leistung von jeweils 1050 MW und einem Investitionsvolumen von insgesamt 2,6 Mrd. €
Januar 2013	In der neu gegründeten RWE Generation SE werden die konventionellen Kraftwerke von RWE in Westeuropa und damit auch die Aktivitäten der RWE Power AG gebündelt
August 2013	Die beiden Vorschalt-Gasturbinen am Kraftwerk Weisweiler werden dauerhaft vom Netz genommen
März 2014	Die NRW-Landesregierung kündigt eine Verkleinerung des genehmigten Abbaufeldes Garzweiler II an
Mai 2014	Die verlegte Trasse der Hambachbahn wird offiziell in Betrieb genommen
August 2014	RWE kündigt das Ende der Stromerzeugung am 100 Jahre alten Standort Goldenberg an
April 2015	Großdemonstration am 25.4. in Berlin gegen die Einführung des Klimabeitrags
August 2015	Demonstration im Rahmen des Klimacamps am 15.8.; 800 Demonstranten dringen widerrechtlich in Tagebau ein
September 2015	Vorlage des Entwurfs der Leitentscheidung Garzweiler durch die Landesregierung NRW am 23.9.
November 2015	Braunkohlenausschuss beschließt am 23.11. den 3. Umsiedlungsabschnitt Garzweiler

Tab. 2.19 (Fortsetzung)

Januar 2016	Innovationsregion Rheinisches Revier beschließt am 15.1. Programm zur Strukturentwicklung des Braunkohlenreviers
April 2016	Neuorganisation von RWE am 1.4. – RWE International SE geht an den Start; offizieller Start der innogy SE am 01.09.2016
Juli 2016	Landeskabinett NRW beschließt am 5.7. Leitentscheidung Garzweiler und bestätigt energiewirtschaftliche Notwendigkeit der Braunkohle Gesetzgeber beschließt EnWG-Novelle und schreibt damit Sicherheitsbereitschaft für 2,7 GW Braunkohlenkraftwerke fest, davon 1,5 GW von RWE
März 2017	Feststellung durch den Braunkohlenausschuss (BKA), dass sich die energiepolitischen und energiewirtschaftlichen Grundannahmen des Braunkohlenplans Garzweiler II wesentlich geändert haben und eine Planänderung für erforderlich gehalten wird
Oktober 2017	Überführung der beiden 300 MW-Blöcke im Kraftwerk Frimmersdorf in die Sicherheitsbereitschaft
März 2018	Erteilung der Genehmigung durch die zuständige Bezirksregierung Arnsberg, den Tagebau Hambach bis 2020 weiterzuführen. Der Genehmigungsbescheid für den Hauptbetriebsplan 2018–2020 ist die Grundlage für den Weiterbetrieb des Tagebaus im Zeitraum 01.04.2018 bis 31.12.2020
Mai 2018	Erteilung eines Auftrags seitens des BKA zur Erarbeitung eines Vorentwurfs des Braunkohlenplans Garzweiler II

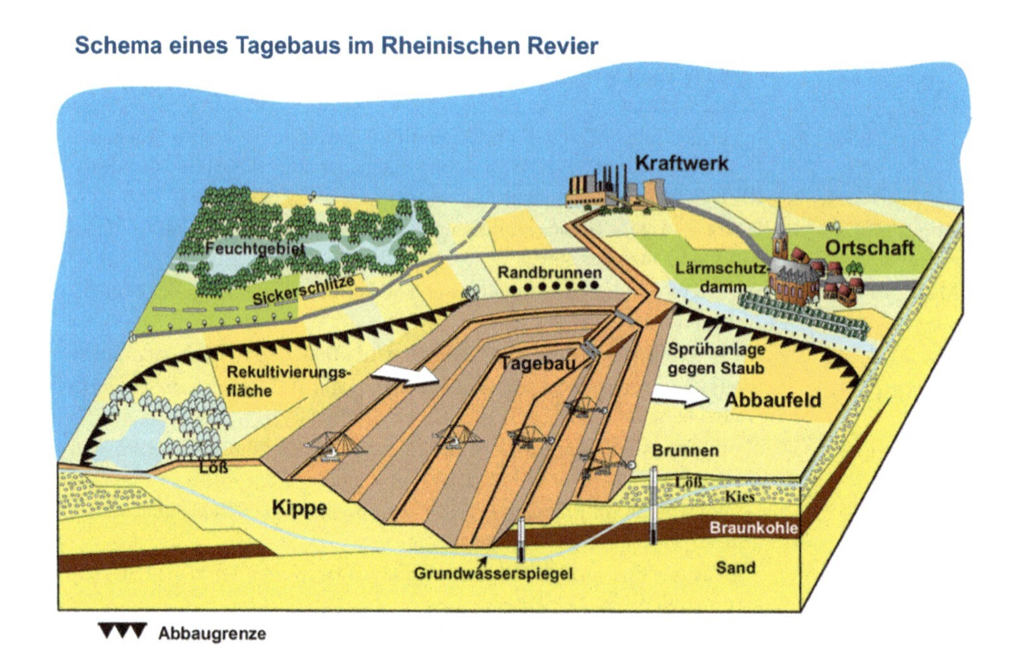

Abb. 2.10 Schema eines Tagebaus im Rheinischen Revier

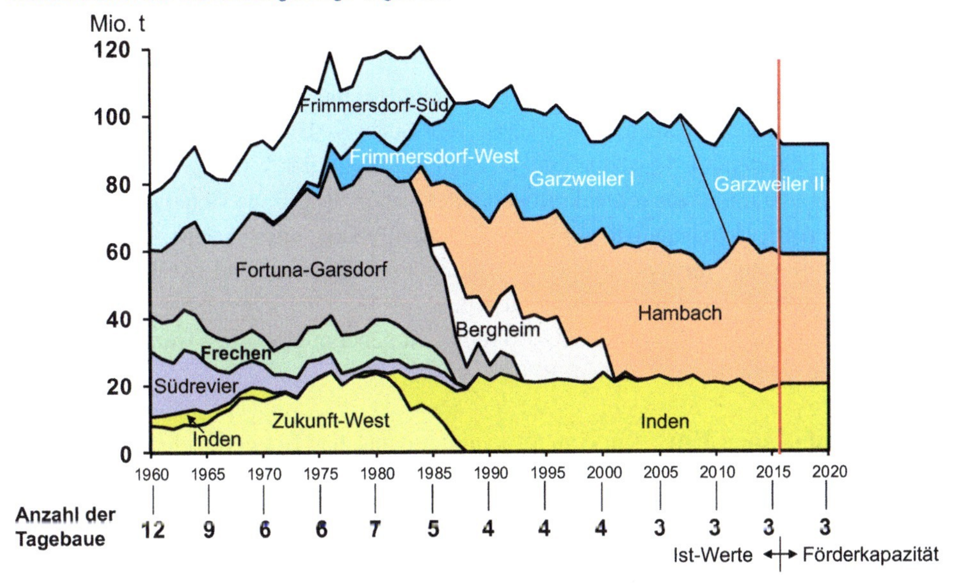

Abb. 2.11 Braunkohlenförderung im Rheinland nach Tagebauen 1960 bis 2020

- Zum 1. Oktober 2003 waren die kontinentaleuropäischen Stromerzeugungsaktivitäten im RWE-Konzern durch die Integration der RWE Rheinbraun AG in die RWE Power AG zusammengefasst worden. Sitz der „neuen" RWE Power AG wurden Essen und Köln.
- Zum 1. Januar 2013 waren alle konventionellen Kraftwerke von RWE in Deutschland, Großbritannien, den Niederlanden und der Türkei sowie die RWE Technology International GmbH in der Gesellschaft RWE Generation SE gebündelt werden.
- Zum Jahresbeginn 2018 wurde der Erzeugungsbereich der RWE neu aufgestellt. Das RWE Erzeugungsgeschäft mit Gas, Steinkohle, Wasserkraft und Biomasse ist seitdem in der RWE Generation SE gebündelt. Für die Braunkohleaktivitäten, einschließlich der Stromerzeugung aus diesem Energieträger sowie für die Steuerung der Kernenergie steht seit 1. Januar 2018 die RWE Power AG.

Dieser im Rheinland über einen Zeitraum von mehreren Jahrzehnten verzeichnete Strukturwandel war in den beiden Revieren der neuen Bundesländer nach der Wiedervereinigung in einem Viertel der Zeit nachzuvollziehen.

Lausitzer Revier Die Anzahl der Tagebaue hat sich von 17 im Jahr 1990 auf vier Tagebaue im Jahr 2017 reduziert. Die Braunkohlengewinnung in der Lausitz hat sich von 195 Mio. t im Jahr 1989 um 69 % bis 2017 vermindert.

Mit der im September 1994 erfolgten Privatisierung des langfristig lebensfähigen Teils der Lausitzer Braunkohlenindustrie war ein umfangreicher Prozess der Neuausrichtung vom planwirtschaftlich geführten Kombinat hin zum marktwirtschaftlich orientierten Unternehmen erfolgt.

Seit dem Jahr 2003 befanden sich Bergbau und Stromerzeugung zunächst im Eigentum des schwedischen Vattenfall-Konzerns. Zur Business Unit (BU) Lignite Mining & Generation gehörten die Tagebaue und Veredlungsanlagen der Vattenfall Europe Mining AG (VE-M) und die Braunkohlenkraftwerke der Vattenfall Europe Generation AG (VE-G). Am 18. April 2016 hatten die schwedische Vattenfall und die tschechische EPH-Gruppe die Entscheidung zur Übernahme der Braunkohlen-Tagebaue und -Kraftwerke in der Lausitz durch die EPH-Gruppe bekannt gegeben. Am Kauf der Vattenfall-Aktivitäten, der am 22. September 2016 durch die EU-Kommission genehmigt worden war, war auch die tschechische Investmentgesellschaft PPF beteiligt.

Von Vattenfall zur LEAG Mit dem Verkauf der deutschen Braunkohlensparte von Vattenfall entstanden im Oktober 2016 aus den Vorgängerunternehmen Vattenfall Europe Mining AG und Vattenfall Europe Generation AG die Lausitz Energie Bergbau AG und die Lausitz Energie Kraftwerke AG unter der gemeinsamen Marke LEAG. Beide Unternehmen gehören je zu 50 % der Energetický a Průmyslový Holding (EPH) und der PPF Investments. Unternehmenssitz ist Cottbus. Mehrheitseigentümerin und Holding-Gesellschaft der beiden LEAG-Unternehmen ist die Lausitz Energie Verwaltungs-GmbH. Sie gehört ihrerseits zu 100 % der LEAG Holding a. s. mit Sitz in Prag. Die Verwaltungs GmbH übernimmt ausgewählte Dienstleistungen wie das Rechnungs- und Steuerwesen für die Bergbau- und Kraftwerkssparte.

Die Lausitz Energie Bergbau AG betreibt im Lausitzer Braunkohlenrevier die Tagebaue Jänschwalde, Welzow-Süd, Nochten und Reichwalde und entwickelt in den kommenden Jahren den ehemaligen Tagebau Cottbus-Nord zum Cottbuser Ostsee, dem größten künstlichen Gewässer in Deutschland. Zudem verantwortet die Lausitzer Energie Bergbau AG die Veredlung des Rohstoffs Braunkohle im Industriepark Schwarze Pumpe. Die Transport- und Speditionsgesellschaft Schwarze Pumpe mbH (TSS GmbH) und das Planungs- und Serviceunternehmen GMB GmbH sind 100-prozentige Tochtergesellschaften der Bergbausparte.

Der Kraftwerksblock R am Standort Lippendorf gehört der Lausitz Energie Kraftwerke AG, Block S ist Eigentum des süddeutschen Energieversorgers EnBW. Das Kraftwerk Lippendorf bezieht seine Braunkohle aus dem Tagebau Vereinigtes Schleenhain der MIBRAG im Mitteldeutschen Revier.

Die Braunkohlenlagerstätten des Lausitzer Reviers erstrecken sich vom Südosten des Landes Brandenburg bis zum Nordosten des Freistaates Sachsen.

Die Lausitzer Tagebaue förderten im Kalenderjahr 2017 insgesamt 61,2 Mio. t Rohbraunkohle. Der Abbau der Braunkohle erfolgt in den brandenburgischen Tagebauen Jänschwalde und Welzow-Süd sowie in den sächsischen Tagebauen Nochten und Reichwalde. Im Einzelnen förderten der Tagebau Jänschwalde 7,5 Mio. t, der Tagebau Welzow-Süd 22,1 Mio. t, der Tagebau Nochten 18,5 Mio. t und der Tagebau Reichwalde 13,2 Mio. t.

Über 90 % der 2017 abgebauten Menge wurden in den Großkraftwerken der LEAG verstromt. Die LEAG hat 2017 im Lausitzer Revier drei Braunkohlenkraftwerke mit einer Bruttoleistung von insgesamt 7175 MW (Stand: 01.01.2018) betrieben. Diese Kapazität verteilt sich auf die Standorte Jänschwalde (3000 MW), Schwarze Pumpe (1600 MW) und Boxberg (2575 MW).

Die Lausitzer Braunkohle kommt – neben der überwiegenden Nutzung in den grubennahen Großkraftwerken – in Heizkraftwerken regionaler Energieversorgungsunternehmen zum Einsatz. In der Brikettfabrik Schwarze Pumpe werden aus der Lausitzer Braunkohle die Brennstoffe Braunkohlenbriketts, Braunkohlenstaub und Wirbelschichtbraunkohle produziert.

Mitteldeutsches Revier In diesem Revier ist die Zahl der Tagebaue von 20 im Jahr 1990 in den 1990er Jahren auf drei vermindert worden. Wichtigstes Unternehmen ist die Mitteldeutsche Braunkohlengesellschaft (MIBRAG), Theißen. Die Mitteldeutsche Braunkohlengesellschaft mbH wurde als erstes Unternehmen der ostdeutschen Braunkohlenindustrie 1994 privatisiert. Gesellschafter ist EP Energy, ein Tochterunternehmen der EP Holding aus der Tschechischen Republik.

Zum Unternehmen gehören im Mitteldeutschen Revier zwei Tagebaue, Profen und Vereinigtes Schleenhain, eine Staubfabrik in Deuben sowie zwei Kraftwerke in Deuben und Wählitz. Die Gewinnung im Tagebau Profen betrug im Jahr 2017 rund 7,8 Mio. t. Aus dem Tagebau Schleenhain wurden 10,6 Mio. t Rohkohle gefördert. Die Geschäftstätigkeit der MIBRAG ist langfristig auf die Versorgung der beiden Kraftwerke Lippendorf in Sachsen und Schkopau in Sachsen-Anhalt gerichtet. Die Produktion von Braunkohlenstaub wird der Marktentwicklung angepasst fortgeführt.

Hauptabnehmer der Rohbraunkohle sind die beiden Kraftwerke Lippendorf und Schkopau sowie Anlagen der Zucker-Industrie, der Stadtwerke Dessau und der Stadtwerke Chemnitz. Braunkohlenstaub wird von der Zementindustrie weiterverarbeitet. MIBRAG versorgt mit ihren zwei eigenen Kraftwerken Wählitz und Deuben außerdem einige Tausend Endverbraucher – dazu zählen Haushalte, Industrie- und Handwerksbetriebe – mit Fernwärme, Heißwasser und Dampf.

Ebenfalls im Mitteldeutschen Revier unterhält die Romonta GmbH am Standort Amsdorf (Sachsen-Anhalt) einen Tagebau. 2017 wurden 0,46 Mio. t Rohkohle gefördert. Aus der gewonnenen Braunkohle wird insbesondere Rohmontanwachs extrahiert.

Helmstedter Revier Der Braunkohlenbergbau in diesem Revier blickt auf eine lange Geschichte zurück. Die Gründung der Braunschweigischen Kohlenbergwerke Aktiengesellschaft im Jahr 1873 fußt auf weiter zurückliegenden Erfahrungen im Braunkohlenbergbau. Etwa achtzig Jahre zuvor, im Jahr 1795, hatte der Herzog von Braunschweig-Lüneburg die ersten Schürfrechte verliehen. Versuche, die Braunkohle zu nutzen, gab es jedoch bereits Anfang des achtzehnten Jahrhunderts, wahrscheinlich auch schon früher.

Lausitzer Braunkohlerevier

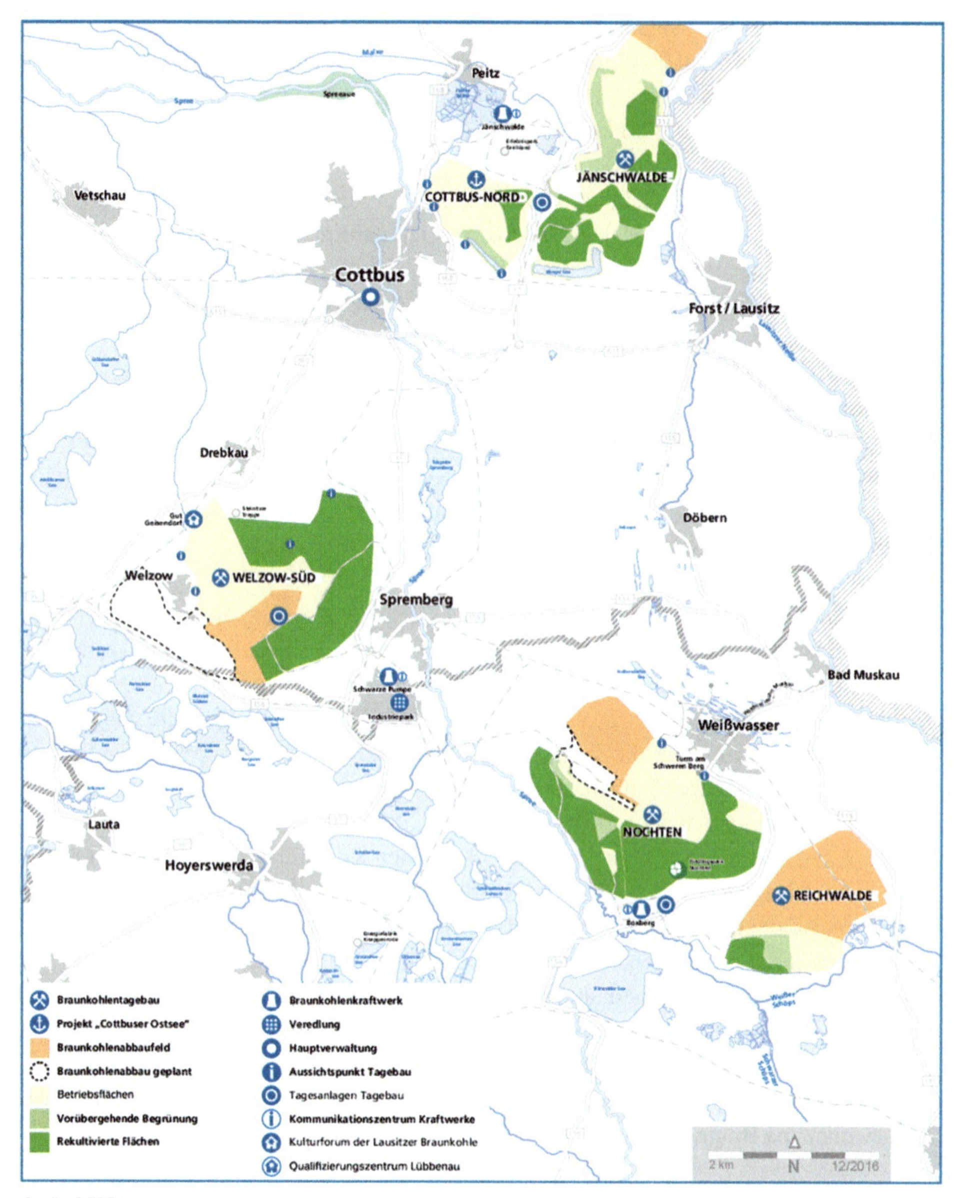

Quelle: DEBRIV

Abb. 2.12 Revierkarte Lausitz

Tab. 2.20 Entwicklung des Lausitzer Braunkohlenreviers 1990–2017

1990	Gründung der Lausitzer Braunkohle AG als Folgebetrieb des Braunkohlenkombinats Senftenberg Gründung der Energiewerke Schwarze Pumpe AG (ESP AG) vormals Gaskombinat Schwarze Pumpe (Stammbetrieb) Der Betrieb Braunkohlenveredlung Lauchhammer des Gaskombinates Schwarze Pumpe wird in die Braunkohlenveredlung GmbH Lauchhammer (BVL GmbH) umgewandelt
1993	Verschmelzung von LAUBAG und ESPAG zur Lausitzer Braunkohle Aktiengesellschaft (LAUBAG) Baubeginn für das 2x800 MW-Braunkohlenkraftwerk Schwarze Pumpe
1994	Abschluss des strukturellen Anpassungsprozesses im Lausitzer Revier mit der Spaltung der LAUBAG in die Lausitzer Braunkohle Aktiengesellschaft und in die Lausitzer Bergbau-Verwaltungsgesellschaft Gründung der LMBV als Tochtergesellschaft der BMGB (Beteiligungs-Management-Gesellschaft Berlin), einer Nachfolgegesellschaft der Treuhandanstalt Grundsteinlegung für den ersten 900 MW-Braunkohlenkraftwerksblock in Boxberg
1995	Verschmelzung der LBV und der MBV auf die LMBV Erstmals wird ein Eimerkettenbagger im Tagebau Welzow-Süd auf Direktantrieb umgestellt
1996	Abschluss der Ertüchtigungs- und Nachrüstungsmaßnahmen für die acht 500-MW Braunkohlenblöcke in den Kraftwerken Jänschwalde und Boxberg Inbetriebnahme des Zentralleitstandes im Tagebau Welzow-Süd Abschluss der ersten gemeinsamen Umsiedlung im Lausitzer Revier in Kausche
1997	Inbetriebnahme des neuen Zentralstellwerks für den Eisenbahnbetrieb in Schwarze Pumpe. Verabschiedung des brandenburgischen Braunkohlengrundlagengesetzes durch den Landtag
1998	Offizielle Inbetriebnahme des neuen 2x800-MW-Braunkohlenkraftwerks in Schwarze Pumpe
1999	Inbetriebnahme der Wirbelschichtbraunkohlenverladung und der Braunkohlenstaubmahlanlage in Schwarze Pumpe
2000	Offizielle Inbetriebnahme des 900-MW-Braunkohlenblocks im Kraftwerk Boxberg
2001	Abschluss der Umsiedlung des Ortes Geisendorf
2002	Aus den Unternehmen Bewag Aktiengesellschaft (Bewag), Hamburgische Electricitätswerke AG (HEW), Lausitzer Braunkohle AG (LAUBAG) und VEAG Vereinigte Energiewerke AG (VEAG) wird der neue Energiekonzern Vattenfall Europe AG gebildet Mit dem Eintrag in das Handelsregister heißt die zuvor aus der VEAG ausgegründete Kraftwerkssparte jetzt Vattenfall Europe Generation AG & Co. KG
2003	Aus der Lausitzer Braunkohle Aktiengesellschaft (LAUBAG) wird die Vattenfall Europe Mining AG und bildet mit der Vattenfall Europe Generation AG & Co. KG sowie den norddeutschen Kernkraftwerksbeteiligungen im Konzern Vattenfall Europe AG die Geschäftseinheit Vattenfall Europe Mining & Generation Einweihung der Kirche in Horno/Symbolischer Abschluss der Umsiedlung von Horno

Tab. 2.20 (Fortsetzung)

2004	Eröffnung des neuen Gebäudes der gemeinsamen Verwaltungen der Vattenfall Europe Mining AG und der Vattenfall Europe Generation AG & Co. KG in Cottbus
2005	Seit 50 Jahren ist Schwarze Pumpe der Begriff für Braunkohlenveredlung und Stromerzeugung in Ostdeutschland. Seit der Wiedervereinigung hat sich der Standort zu einem modernen und multifunktionalen Industriepark entwickelt
2006	Bundeskanzlerin Dr. Angela Merkel und Brandenburgs Ministerpräsident Matthias Platzeck haben am Standort Schwarze Pumpe mit einem symbolischen Spatenstich offiziell den Bau einer Pilotanlage für ein CO_2-emissionsarmes Braunkohlenkraftwerk begonnen Abschluss der Umsiedlung des Ortes Haidemühl Vattenfall erhält die Genehmigung für die Errichtung und den Betrieb eines 675-MW-Neubaublockes in Boxberg
2007	Die Fortführung des Tagebaues Cottbus-Nord ist durch eine endgültige Entscheidung des Oberverwaltungsgerichtes Berlin-Brandenburg gesichert. Die jahrelange, zuletzt gerichtlich geführte Auseinandersetzung um die Lakomaer Teiche und deren Inanspruchnahme durch den Tagebau Cottbus-Nord wurde einvernehmlich in einem außergerichtlichen Vergleich zwischen Vattenfall und Grüner Liga im September beendet Die Landesregierung Brandenburg und Vattenfall informieren über die Zukunft der brandenburgischen Braunkohlewirtschaft. Bis 2050 plant Vattenfall den Aufschluss der drei Zukunftsfelder Jänschwalde-Nord, Bagenz-Ost und Spremberg-Ost Der Aufstellungsbeschluss zur Teilfortschreibung des Braunkohlenplanes Nochten für das Vorranggebiet Nochten wurde gefasst Das Braunkohlenplanverfahren zur Nutzung des Räumlichen Teilabschnittes II, Tagebau Welzow-Süd wurde eröffnet
2008	Die Brandenburgische Landesregierung verabschiedete die „Energiestrategie 2020". Darin enthalten sind die langfristige Braunkohlenversorgung für die Stromerzeugung mit dem Bekenntnis für das laufende Braunkohlenplanverfahren Tagebau Welzow-Süd, Räumlicher Teilabschnitt II, sowie für den schrittweisen Aufschluss der drei Zukunftsfelder Jänschwalde-Nord, Bagenz-Ost und Spremberg-Ost Inbetriebnahme der weltweit ersten Pilotanlage für ein Kohlekraftwerk mit CO_2-Abscheidung in Schwarze Pumpe
2009	Das Brandenburger Volksbegehren „Keine neue Tagebaue" scheitert Vattenfall beantragt die Erkundung geologischer Formationen zur CO_2-Speicherung in Ostbrandenburg und eröffnet im Juli mit dem „CCS Informationszentrum" in Beeskow ein Bürgerberatungsbüro Pilotanlage für ein Kraftwerk mit CO_2-Abscheidung in Schwarze Pumpe: ein Jahr erfolgreicher Testbetrieb für das Oxyfuel-Verfahren
2010	Inbetriebnahme Tagebau Reichwalde – F60 im April und Kohlenförderung im Dezember
2011	Abkopplung des Zubringers der F60 Welzow-Süd für die Überführung der Förderbrücke in das Südfeld Vattenfall und Air Products setzen ein gemeinsames Forschungs- und Entwicklungsvorhaben zur Rauchgaswäsche und CO_2-Reinigung in der Pilotanlage Schwarze Pumpe auf

Tab. 2.20 (Fortsetzung)

2012	Inbetriebnahme Kraftwerk Boxberg Block R (erfolgreiche erste Netzschaltung des 675-MW-Blocks am 16.02.2012). Ende des vierjährigen Versuchsbetriebes der DDWT-Anlage in Schwarze Pumpe und Überführung in das künftige Betriebskonzept mit einem deutlichen Fokus auf die kommerzielle Erzeugung von Trockenbraunkohle
2013	Das E-Mobility-Projekt e-SolCar wird für die touristische Nutzung der Öffentlichkeit zugänglich gemacht Abschluss der Renaturierung der Spreeaue bei Cottbus
2014	Abschluss der Arbeiten zur Umverlegung des Weißen Schöps am Tagebau Reichwalde Die Tests an der CCS-Pilotanlage Schwarze Pumpe werden nach fünf Jahren abgeschlossen. Die Erkenntnisse über das erforschte Oxyfuel-Verfahren fließen in das kanadische CCS-Projekt BoundaryDam von SaskPower ein. Die Braunkohlenpläne für die Tagebaue Welzow-Süd, räumlicher Teilabschnitt II und Nochten, Abbaugebiet 2 werden durch die Landesregierung Brandenburg bzw. Sachsen genehmigt. Abschluss des E-Mobility-Projektes e-SolCar: Fahrzeuge und Ladeinfrastrukturen werden teilweise in das Folgeprojekt Smart Capital Region überführt. Inbetriebnahme der Demonstrationsanlage zur Zünd- und Stützfeuerung mit Trockenbraunkohle im Kraftwerk Jänschwalde – ein Meilenstein zur weiteren Flexibilisierung der Braunkohlenkraftwerke
2015	Erste Weinernte auf dem Rekultivierungsgebiet des Tagebaus Welzow-Süd Planmäßige Beendigung der Kohleförderung im Tagebau Cottbus-Nord und Beginn der Gestaltung des Cottbuser Ostsees zum größten Bergbaufolgesee Deutschlands
2016	Verkauf der Braunkohlentagebaue und -kraftwerke von Vattenfall Europe Mining & Generation an die tschechische EPH-Gruppe. Aus der Vattenfall Europe Mining & Generation gehen die Lausitz Energie Bergbau AG und die Lausitz Energie Kraftwerke AG (LEAG) hervor
2017	Am 30. März Bekanntgabe des neuen Revierkonzepts für die Lausitz. Aufgrund geänderter bundespolitischer und wirtschaftlicher Rahmenbedingungen hat die LEAG das Revierkonzept aus dem Jahr 2007 aktualisiert. Das neue Revierkonzept hat einen Planungshorizont von 25–30 Jahren. Darin ist nicht mehr vorgesehen, das Zukunftsfeld Jänschwalde-Nord in Anspruch zu nehmen. Die Braunkohlenförderung im Abbaugebiet 2 des Tagebaus Nochten wird auf das Sonderfeld Mühlrose eingegrenzt. Eine Entscheidung zum Teilabschnitt II beim Tagebau Welzow-Süd erfolgt spätestens im Jahr 2020. Das beinhaltet auch, dass keine Planungen für einen Kraftwerks-Block am Standort Jänschwalde aufgenommen werden Im Dezember 2017 haben der Bund und die Länder Brandenburg, Sachsen, Sachsen-Anhalt und Thüringen mit der Unterzeichnung des 6. Verwaltungsabkommens die Finanzierung der Braunkohlesanierung bis 2022 gesichert

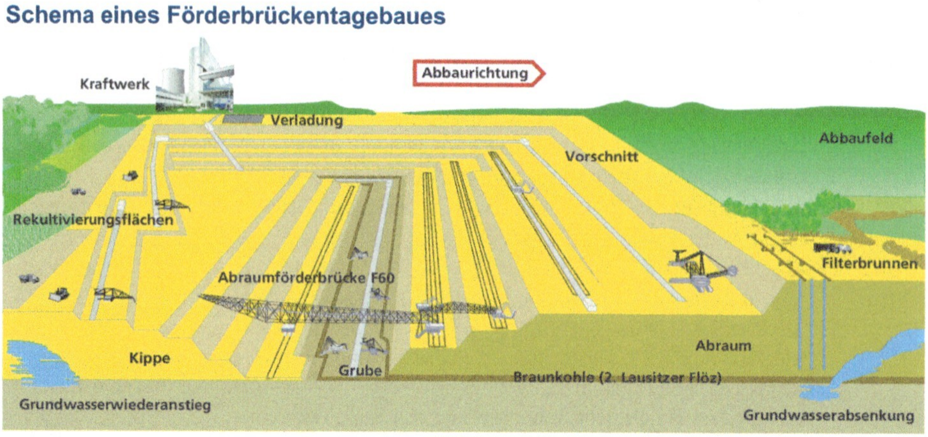

Schema eines Förderbrückentagebaues

Abb. 2.13 Schema eines Förderbrückentagebaus

Doch erst, als die BKB AG ihre Tätigkeit aufnahm, begann eine erfolgreiche Bergbau-Epoche im Helmstedter Raum. Im ersten BKB-Geschäftsjahr betrug die Kohlenförderung bereits 206.000 Tonnen.

Seit dem 01.01.2014 firmierte das Helmstedter Revier als Helmstedter Revier GmbH (HSR). Die MIBRAG erwarb das Revier Ende 2013 von der E.ON Kraftwerke GmbH, Hannover. Kerngeschäft der HSR war bis Ende August 2016 die Verstromung von Braunkohle aus dem Tagebau Schöningen im Kraftwerk Buschhaus. Am 30. August 2016 ist die letzte Tonne Braunkohle im Helmstedter Revier gefördert worden. Damit ist eine mehr als 140-jährige Bergbautradition im Kreis Helmstedt beendet worden. Das Kraftwerk Buschhaus ist in die Sicherheitsbereitschaft übergegangen und wird im Bedarfsfall durch die MIBRAG ausschließlich mit Kohle aus dem Mitteldeutschen Revier versorgt.

Hessen Dort beschränkte sich die Braunkohlengewinnung zuletzt auf die Zeche Hirschberg GmbH bei Großalmerode in der Nähe von Kassel. Die Zeche Hirschberg war in Deutschland die einzige Betriebsstätte, in der Braunkohle teilweise auch unter Tage abgebaut wurde. Am 30. Juni 2003 wurde auf der Zeche Hirschberg die letzte Kohle gefördert. Die gesamte Gewinnung ist damit dauerhaft eingestellt.

Braunkohlensanierung Seit 1994 ist die bundeseigene Lausitzer und Mitteldeutsche Bergbauverwaltungsgesellschaft mbH (LMBV) Projektträgerin der *Braunkohlensanierung in den Neuen Bundesländern*, die 1992 vom Bund und den betroffenen Ländern auf den Weg gebracht wurde. Die LMBV hatte – zusätzlich zu einer Vielzahl weiterer Flächen – die Verantwortung für 39 ehemalige Braunkohlentagebaue mit 224 Restlöchern in den neuen Ländern übernommen. Bisher wurden insgesamt rund 10 Mrd. € in die Wiedernutzbarmachung und -belebung der rund 100.000 ha bergbaulich beanspruchten Flächen investiert. Der Bund und die Braunkohleländer Brandenburg, Sachsen, Sach-

Tab. 2.21 Entwicklung des Mitteldeutschen Reviers 1990 bis 2017

1990	– Gründung der Mitteldeutschen Braunkohle AG aus dem BKK Bitterfeld mit 7 Werksdirektionen
1991	– Gründung der MBS (Mitteldeutsche Braunkohle Strukturförderungsgesellschaft) – Zusammenfassung der MIBRAG AG zu den drei Werksdirektionen – Gründung der Anhaltinischen Braunkohlensanierungsgesellschaft (ABS) am Standort Bitterfeld
1992	– Internationale Ausschreibung der MIBRAG AG durch die Treuhandanstalt
1993	– Sitzung des Braunkohlenausschusses und Festlegung der zukünftigen Planung für die Tagebaue im Süden Leipzigs – Inbetriebnahme Staubfabrik Deuben
1994	– Spaltung der MIBRAG AG in MIBRAG mbH, ROMONTA GmbH und MBV – Privatisierung der Mitteldeutschen Braunkohlengesellschaft mbh (MIBRAG) mit den Tagebauen Vereinigtes Schleenhain und Profen, dem gepachteten Tagebau Zwenkau sowie den drei Industriekraftwerken, der Staubfabrik und den zwei Brikettfabriken – Abschluss der ersten gemeinsamen Umsiedlung in Mitteldeutschland: 40 Schwerzauer Bürger beziehen in der Nachbargemeinde Draschwitz ihr neues Zuhause – Inbetriebnahme des auf zirkulierender Wirbelschicht arbeitenden Industriekraftwerkes Wählitz – Privatisierung der ROMONTA GmbH, neuer Eigentümer ist die Flowtex Gruppe. In den Jahren 1993 bis 1997 werden die Anlagen am Standort Amsdorf mit einem Aufwand von über 100 Mio. € modernisiert und dem Stand der Technik angepasst – Zusammenfassung des Auslauf- und Altbergbaus in der Mitteldeutschen Bergbauverwaltungsgesellschaft mbh (MBV) – Gründung der LMBV als Tochtergesellschaft der BMGB (Beteiligungs-Management-Gesellschaft Berlin), einer Nachfolgegesellschaft der Treuhandanstalt
1995	– MIBRAG und Kraftwerksbetreiber vereinbaren die jährliche Lieferung von mindestens 10 Mio. t Braunkohle für eine Laufzeit von 40 Jahren für das geplante Kraftwerk in Lippendorf – Inbetriebnahme des Kohlenmisch- und Stapelplatzes Profen – Verschmelzung der LBV und der MBV auf die LMBV
1996	– Beginn der Rohkohlenlieferung aus dem Tagebau Profen für das neu gebaute Braunkohlenkraftwerk Schkopau (E.ON Kraftwerke GmbH, Saale Energie GmbH) – Inbetriebnahme der Rauchgasentschwefelungsanlagen in den Kraftwerken Deuben und Mumsdorf
1997	– Vergabe der wesentlichsten Investitionsaufträge für die Umrüstung des Tagebaus Schleenhain an Firmen der Region mit einem Volumen von über 97 Mio. €
1998	– Abschluss der freiwilligen und vorzeitigen Umsiedlung von 850 Einwohnern der Gemeinde Großgrimma in die Stadt Hohenmölsen – Flutung des Cospudener Sees mit MIBRAG-Wasser
1999	– Lieferung der ersten Rohkohle aus dem Tagebau Vereinigtes Schleenhain an das Kraftwerk Lippendorf – Tagebau Zwenkau stellt seinen Betrieb ein

Tab. 2.21 (Fortsetzung)

2000	– Mitverbrennung von Klärschlamm im Kraftwerk Mumsdorf beginnt – Einstellen der Brikettproduktion in der Brikettfabrik Mumsdorf
2001	– Rekord auf dem Gebiet der Arbeitssicherheit mit 2 Mio. unfallfreien Arbeitsstunden – Regelung der betrieblichen Altersversorgung im Rahmen der Gewinnbeteiligung der Mitarbeiter sowie die Einführung eines erfolgsabhängigen Bonussystems zur Erhöhung der Arbeitssicherheit und zur weiteren Unfallverhütung in Betriebsvereinbarungen
2002	– Erstmals Übernahme von Jungfacharbeitern nach erfolgreichem Abschluss der Ausbildung in unbefristete Beschäftigungsverhältnisse
2003	– Störmthaler See wird mit MIBRAG-Wasser geflutet – Letztes Brikett aus Deuben – die über 145-jährige Tradition der Brikettierung in Mitteldeutschland geht zu Ende, die betroffenen Mitarbeiter werden weiter in der MIBRAG beschäftigt – Mit der Förderung von 21,5 Mio. t Rohbraunkohle fährt die MIBRAG die beste Jahresleistung seit Bestehen ein
2004	– Vorgezogener Aufschlussbeginn des Baufeldes Schwerzau im Tagebau Profen, geplante Investition für den Aufschluss in den nächsten Jahren: 130 Mio. € – Nach Verabschiedung des neuen Heuersdorf-Gesetzes im Sächsischen Landtag durch die Regelung der Inanspruchnahme der Ortslage Heuersdorf südlich von Leipzig, unter der 52 Mio. t hochwertige Rohbraunkohle lagern, erlangt die MIBRAG Planungs-, Rechts- und Investitionssicherheit
2005	– Erster Spatenstich für das neue Wohngebiet der Heuersdorfer „Am Wäldchen" in Regis-Breitingen – Inbetriebnahme des ersten Bauabschnitts des neuen Massenverteilers im Tagebau Profen
2006	– Beginn der Braunkohlenförderung im Abbaufeld Schwerzau des Tagebaus Profen – MIBRAG startet die Erkundung der Braunkohlenlagerstätte bei Lützen – Entscheidung aller noch in Heuersdorf lebenden Einwohner für einen Umsiedlungsstandort in der Region
2007	– Abschluss der ersten Etappe zur Untersuchung der Braunkohlenlagerstätte bei Lützen – Transport der Emmaus-Kirche von Heuersdorf nach Borna und anschließende Sanierung des Gotteshauses – Inbetriebnahme des Massenverteilers im Tagebau Profen nach fast vier Jahren Bauzeit
2008	– Wiedereröffnung der sanierten Heuersdorfer Emmaus-Kirche in Borna – Landesamt für Denkmalpflege und Archäologie Sachsen-Anhalt und MIBRAG präsentieren den bei Grabungen im Tagebauvorfeld entdeckten Goldschatz von Profen – Unterzeichnung des Liefervertrages von jährlich etwa 1,3 Mio. t Rohbraunkohle aus dem Tagebau Profen an die Stadtwerke Chemnitz (2010 bis 2019)
2009	– Verkauf der MIBRAG-Anteile an das tschechische Konsortium aus der CEZ-Gruppe und der J&T-Gruppe
2010	– Inbetriebnahme der Grubenwasserreinigungsanlage im Tagebau Vereinigtes Schleenhain

Tab. 2.21 (Fortsetzung)

2011	– Erster Schritt im Genehmigungsprozess für das Kraftwerksprojekt Profen mit einer geplanten Investition von über 1,3 Mrd. €
2012	– Verlegung der B176 im Rahmen der Entwicklung des Tagebaues Vereinigtes Schleenhain beginnt – Unterzeichnung des Grundlagenvertrages zur Umsiedlung der Ortslage Pödelwitz und des Nachbarschaftsvertrages mit der Stadt Groitzsch (Sachsen, Landkreis Leipzig)
2013	– Feierliche Eröffnung des neuen Ausbildungszentrums am Standort Profen – Freigabe des verlegten, neuen Teilstücks der B176 – Planmäßige Stilllegung des Kraftwerkes Mumsdorf
2014	– MIBRAG übernimmt von E.ON SE die Helmstedter Revier GmbH – Start des 1. Abraumschnittes im Abbaufeld Peres des Tagebaus Vereinigtes Schleenhain
2015	– Baustart zur Erweiterung der Hauptwasserhaltung Predel um die Grubenwasserreinigungsanlage: MIBRAG realisiert eines der umfangreichsten Umweltschutzprojekte für den Tagebau Profen. Die Kosten für das Gesamtprojekt werden etwa 27 Mio. € betragen. Im März 2017 soll die Anlage in Betrieb gehen und das klare Wasser in die Weiße Elster pumpen
2016	– Mit der Errichtung eines neuen Massenverteilers im Tagebau Vereinigtes Schleenhain setzt MIBRAG eines ihrer größten Investitionsprojekte in der mitteldeutschen Region um. Der Massenverteiler ist Teil des schrittweisen Übergangs in das neue Abbaufeld Peres. Insgesamt werden für den Aufschluss etwa 150 Mio. € aufgewendet
2017	– Grubenwasserreinigungsanlage in Profen nimmt Leistungsbetrieb auf. MIBRAG realisierte eines der umfangreichsten Umweltschutzprojekte – MIBRAG und GETEC green energy AG weihen den Windpark Hohenmölsen-Profen mit neun Windenergieanlagen mit einer Gesamtleistung von 28,8 MW im Tagebau Profen ein

sen-Anhalt und Thüringen haben nach intensiven und konstruktiven Verhandlungen im Jahr 2016 zur Fortführung der Finanzierung der Braunkohlesanierung für die Jahre 2018 bis 2022 am 2. Juni 2017 das nunmehr sechste Verwaltungsabkommen zur Finanzierung der Braunkohlensanierung seit 1992 unterzeichnet. Dieses Verwaltungsabkommen sieht vor, dass Bund und Länder die Braunkohlesanierung mit insgesamt 1,23 Mrd. € finanzieren. Davon entfallen 851 Mio. € auf den Bund. Von der Gesamtsumme sind 910 Mio. € zur Erfüllung von Rechtsverpflichtungen der LMBV sowie 320 Mio. € für weitere Maßnahmen zur Abwehr von Gefährdungen im Zusammenhang mit dem Wiederanstieg des Grundwassers vorgesehen. Ergänzend haben die Länder Brandenburg und Sachsen im Rahmen des § 4 des Abkommens Maßnahmen zur Erhöhung des Folgenutzungsstandards im gleichen Zeitraum mit insgesamt 175 Mio. € angezeigt.

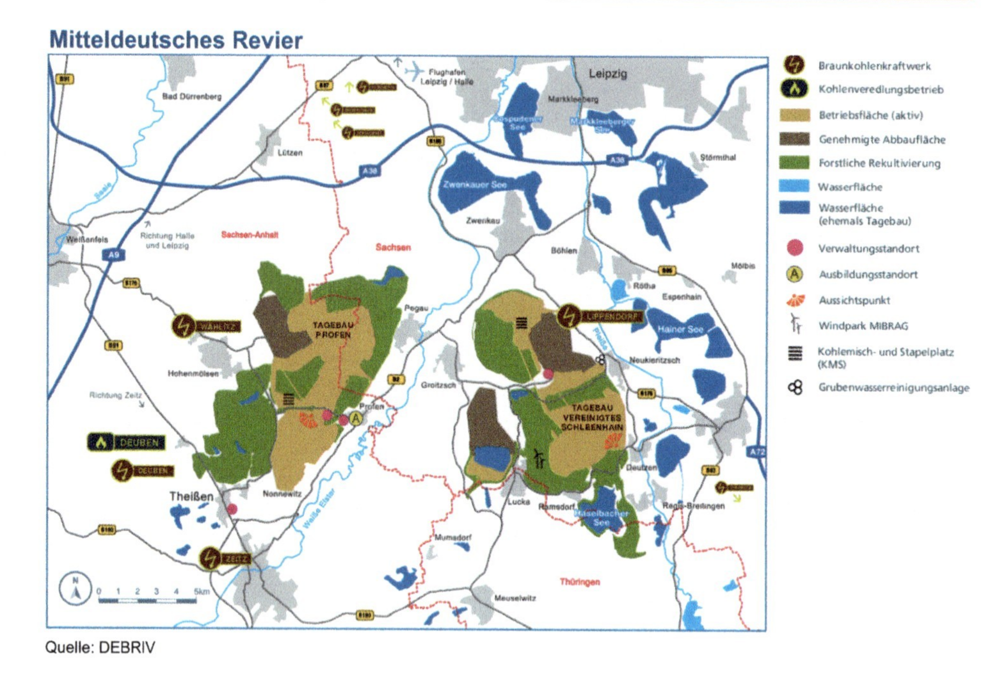

Abb. 2.14 Revierkarte Mitteldeutschland

2.2.7 Verwendung der Braunkohle

Angesichts ihres Wassergehaltes von durchschnittlich etwa 55 % ist der Transport von Rohbraunkohle über größere Entfernungen nicht wirtschaftlich. Entsprechend wird die Rohbraunkohle überwiegend in der Nähe der Tagebaue eingesetzt beziehungsweise zu Braunkohlenprodukten veredelt.

Schwerpunkt der Braunkohlennutzung ist die Stromerzeugung. 2017 setzten die Kraftwerke der allgemeinen Versorgung 153,2 Mio. t Braunkohle aus inländischer Förderung zur Strom- und Fernwärmeerzeugung ein. Dies entsprach 89,4 % der gesamten Gewinnung. Nach Revieren stellt sich der Einsatz der Braunkohle in Kraftwerken 2017 wie in Tab. 2.22 ausgewiesen dar.

Rheinisches Revier Die RWE Power AG verfügt in diesem Revier über vier Braunkohlenkraftwerke zur allgemeinen Stromversorgung mit einer Engpassleistung von insgesamt 10.859 MW brutto (Stand: 01.01.2018). Dabei handelt es sich um die Anlagen in Niederaußem (3651 MW brutto), in Frimmersdorf (654 MW brutto), in Neurath (4465 MW brutto) und in Weisweiler (2089 MW brutto).

Tab. 2.22 Braunkohlenkraftwerke in Deutschland

Bundesland	Kraftwerksname Standort	Unternehmen	Installierte Bruttoleistung Stand 01.01.2018 MW
Nordrhein-Westfalen	Niederaußem	RWE Power	3651
	Frimmersdorf[1)]	RWE Power	654
	Weisweiler[2)]	RWE Power	2089
	Neurath	RWE Power	4465
	Wachtberg	RWE Power	190
	Goldenbergwerk[3)]	RWE Power	40
	Ville/Berrenrath	RWE Power	115
	Fortuna Nord	RWE Power	69
	Köln/Merkenich	RheinEnergie	75
	Jülich	Zuckerfabrik Jülich	21
	Wesseling[4)]	Basell	20
	Bergheim[4)]	Martinswerk	20
	Duisburg[4)]	Sachtleben Chemie	15
	Zülpich	Smurfit Kappa	15
	Düren[4)]	Schöllershammer	11
	Sonstige	Verschiedene	13
	Summe		***11.463***
Brandenburg	Jänschwalde	Lausitz Energie Kraftwerke AG	3000
	Schwarze Pumpe	Lausitz Energie Kraftwerke AG	1600
	Cottbus	Heizkraftwerksgesellschaft Cottbus mbH	80
	Frankfurt/Oder	Stadtwerke Frankfurt (Oder) GmbH	25
	Summe		***4705***
Sachsen	Boxberg	Lausitz Energie Kraftwerke AG	2575
	Lippendorf Block R	Lausitz Energie Kraftwerke AG	920
	Lippendorf Block S	EnBW	920
	Chemnitz	eins energie in Sachsen GmbH & Co. KG	225
	Summe		***4640***

Tab. 2.22 (Fortsetzung)

Bundesland	Kraftwerksname Standort	Unternehmen	Installierte Bruttoleistung Stand 01.01.2018 MW
Sachsen-Anhalt	Schkopau	Uniper Kraftwerke GmbH – Saale Energie GmbH	980
	Deuben	MIBRAG mbH	86
	Dessau	DVV-Stadtwerke	12
	Amsdorf	ROMONTA	45
	Wählitz	MIBRAG GmbH	37
	Könnern	Zuckerfabrik	20
	Zeitz	Südzucker AG Mannheim – Werk Zeitz	20
	Zeitz	CropEnergies Bioethanol GmbH – Zeitz GmbH	20
	Summe		***1220***
Niedersachsen	Buschhaus[1)]	Helmstedter Revier GmbH	390
	Osnabrück	AK Energie GmbH	15
	Diemelstadt/Dissen	Sprick/Fülling	2
	Summe		***407***
Bayern	Nürnberg/Teisnach	MAN/Pfleiderer	2
Hessen	Kassel 2 – FKK	Städtische Werke Energie + Wärme GmbH	38
	Frankfurt	Weylchem	2
	Fechenheim	AlessaChemie	2
	Summe		***42***
Baden-Württemberg	Aalen	Munksjö	2
Deutschland	***Summe***		***22.481***

[1)] in Sicherheitsbereitschaft
[2)] ohne MVA (30 MW)/ohne VGT einschl. Erhöhung (548 MW)
[3)] ohne Gas, Motoren (4 MW)
[4)] Schätzwert, da Einbindung in Dampfschiene
Quelle: Statistik der Kohlenwirtschaft nach Angaben der Unternehmen

Die Stellung der Braunkohle in der Energiewirtschaft Deutschlands 2017

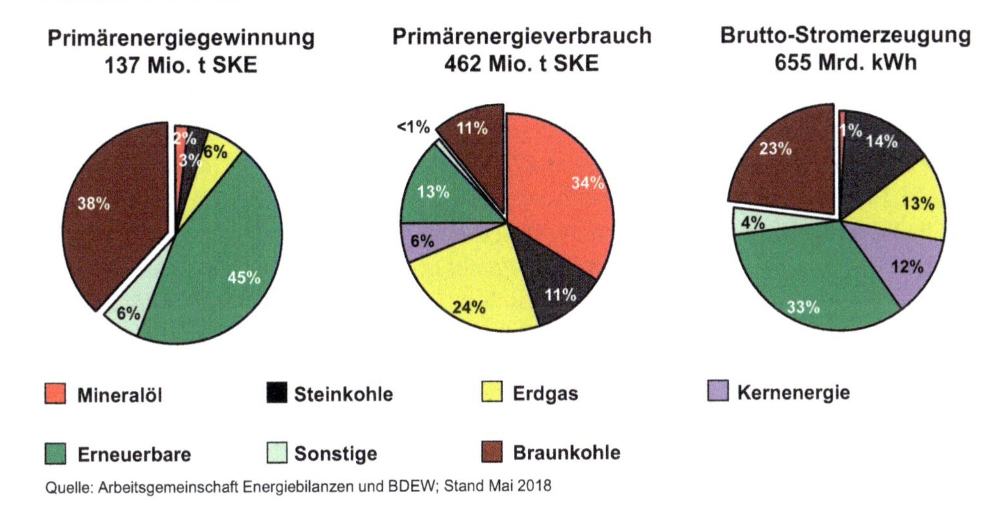

Abb. 2.15 Stellung der Braunkohle in der Energiewirtschaft Deutschlands 2017

Nach Leistungsklassen der installierten Blöcke stellt sich die angegebene Bruttoleistung bei den vier Braunkohle-Großkraftwerken wie folgt dar:

- Niederaußem: vier mit 300 MW (davon zwei Blöcke seit 01.10.2018 in die Sicherheitsbereitschaft überführt), zwei mit 600 MW sowie der Block K mit rund 1000 MW;
- Frimmersdorf: zwei mit 300 MW (seit 01.10.2017 in die Sicherheitsbereitschaft überführt);
- Neurath: drei mit 300 MW (davon wird ein Block ab 01.10.2019 in die Sicherheitsbereitschaft überführt), zwei mit 600 MW sowie zwei Neubaublöcke mit jeweils 1100 MW;
- Weisweiler: zwei mit 300 MW und zwei mit 600 MW.

In den Veredlungsbetrieben des Bergbaus beträgt die installierte Bruttoleistung insgesamt 414 MW. Diese Leistung verteilt sich mit 69 MW auf Fortuna-Nord, 115 MW auf Ville/Berrenrath, 190 MW auf Wachtberg und 40 MW auf Goldenberg.

Außerdem wird Braunkohle in kleineren Anlagen, wie z. B. in Köln-Merkenich (RheinEnergie) sowie in der Zucker-, Chemie- und Papierindustrie zur Strom- und Wärmeerzeugung genutzt. Die elektrische Leistung dieser Anlagen belief sich Ende 2017 auf insgesamt 190 MW.

Bei einer Gesamtkapazität von 11.463 MW im Rheinland wurden 2017 insgesamt ca. 75,4 TWh Strom (brutto) erzeugt. Dies entspricht 11,5 % der gesamten Stromerzeugung in Deutschland.

Lausitzer Revier Die Lausitzer Energie Kraftwerke AG (LEAG) betreibt in diesem Revier drei Braunkohlenkraftwerke mit einer Brutto-Nennleistung von insgesamt 7175 MW (Stand: 1. Januar 2018) betrieben. Dabei handelt es sich um acht Blöcke der 500-MW-Leistungsgruppe an den Standorten Jänschwalde (sechs Blöcke) und Boxberg (zwei Blöcke), drei Blöcke der Leistungsgruppe 800/900 MW am Standort Schwarze Pumpe (2 × 800 MW) und am Standort Boxberg (1 × 900 MW) sowie den 2012 am Standort Boxberg in Betrieb genommenen Block mit 675 MW. Zwei der Blöcke in Jänschwalde sind seit 01.10.2018 in der Sicherheitsbereitschaft (Jänschwalde F) bzw. werden ab 01.10.2019 in die Sicherheitsbereitschaft überführt (Jänschwalde E).

Des Weiteren betreiben die Stadtwerke Frankfurt/Oder ein mit Braunkohlenstaub gefeuertes Heizkraftwerk mit 25 MW elektrischer Leistung. Ferner hatte im Jahr 1999 in Cottbus ein Block mit druckaufgeladener Wirbelschichtfeuerung (PFBC-Anlage) den Betrieb aufgenommen. Das Werk, das mit Lausitzer Wirbelschichtkohle befeuert wird, hat eine elektrische Leistung von 80 MW. Damit beläuft sich die elektrische Bruttoleistung im Lausitzer Revier auf insgesamt 7280 MW. In diesen Anlagen wurden 2017 insgesamt 53,0 TWh Strom (brutto) erzeugt.

Mitteldeutsches Revier Am Standort Lippendorf waren zwei Kraftwerksblöcke mit jeweils 920 MW (brutto) errichtet worden. Anteilseigner von Block S ist seit Anfang 2010 zu 100 % EnBW. Der im Dezember 1999 erstmals ans Netz genommene Block R gehörte bis zur Übernahme durch die EPH-Gruppe im Jahr 2016 zu 100 % der Vattenfall Europe Generation. Das Kraftwerk wird von der LEAG betrieben.

Ende 1995 bzw. Mitte 1996 waren zwei Braunkohlenblöcke mit einer Leistung von zusammen 980 MW (brutto) bzw. 900 MW (netto) am Standort Schkopau ans Netz genommen worden. Anteilseigner dieses Kraftwerks sind die Uniper Kraftwerke GmbH (58,1 %) und die Saale Energie GmbH (SEA (41,9 %)). Die Saale Energie GmbH gehört zum tschechischen Energiekonzern Energetický a Průmyslový Holding (EPH), der 2012 mit Übernahme der SEG vom US-amerikanischen Konzern NRG Energy diese Beteiligung erworben hatte.

Daneben erzeugen mehrere kleinere Anlagen Strom und Wärme auf Basis Braunkohle.

Die MIBRAG betreibt die Industrie-Kraftwerke Wählitz (37 MW installierte Leistung) und Deuben (86 MW), die – neben der Erzeugung von Elektrizität und Wärme für den Eigenbedarf – Strom ins Netz der allgemeinen Versorgung einspeisen. Ferner verfügt die Zuckerindustrie in Könnern (20 MW) und in Zeitz (40 MW) über Kraftwerksleistung auf Braunkohlenbasis. In Amsdorf betreibt die ROMONTA GmbH ein Kraftwerk (45 MW). In Dessau betreiben die DVV-Stadtwerke Kraftwerksleistung auf Braunkohlenbasis mit einer elektrischen Leistung von 12 MW. Die eins energie in Sachsen verfügt über eine Braunkohleleistung am Standort Chemnitz von 225 MW.

In Summe belief sich die Kraftwerksleistung zum 01.01.2018 auf 3285 MW.

Helmstedter Revier und Hessen Darüber existieren Braunkohlenkraftwerke in *Niedersachsen* und in *Hessen*.

- Das Kraftwerk Buschhaus mit einer Bruttoleistung von 390 MW (netto: 350 MW) war am 01.10.2016 in die Sicherheitsbereitschaft überführt worden. Die Stilllegung der Anlage erfolgt am 30.09.2020.
- Das Fernwärmekraftwerk Kassel verfügt über eine elektrische Bruttoleistung von 38 MW und eine auskoppelbare Fernwärmeleistung von 80 MW thermisch. Die Anlage gehört der Städtische Werke Energie + Wärme GmbH.

Die gesamte Kraftwerksleistung auf Braunkohlenbasis belief sich zum 01.01.2018 auf 22.481 MW (brutto).

Am 27. Mai 2016 hatte die EU-Kommission Beihilfen von 1,6 Mrd. € für die schrittweise Stilllegung von acht deutschen Braunkohlen-Kraftwerksblöcken genehmigt.

Gegenstand der sogenannten Sicherheitsbereitschaft sind Braunkohleblöcke von RWE, LEAG und MIBRAG mit einer Gesamtleistung von 2,7 GW. Sie werden ab Oktober 2016 schrittweise aus dem Markt genommen und zunächst vorläufig, später endgültig stillgelegt. Für die Sicherheitsbereitschaft und Stilllegung erhalten die Betreiber einen Ausgleich. Dafür fallen sieben Jahre lang rund 230 Mio. € jährlich an.

Die Sicherheitsbereitschaft hatte das Bundeswirtschaftsministerium (BMWi) im November 2015 parallel (als Artikel 1, § 13g) zum nationalen Gesetzgebungsverfahren zum Strommarktdesign beihilferechtlich bei der Kommission notifiziert. Mit der erfolgten Entscheidung der EU-Kommission war der Weg frei geworden, das nationale Gesetzgebungsverfahren abzuschließen. Das Gesetz ist am 29. Juli 2016 im Bundesgesetzblatt veröffentlicht worden.

Tab. 2.23 Beitrag der Braunkohlenreviere zur Energieversorgung in Deutschland 2017

		Einheit	Rheinland	Lausitz	Mitteldeutschland	Insgesamt
1.	Primärenergiegewinnung (PEG)	Mio. t SKE	28,2	17,6	6,7	52,5
	Anteil an der PEG in Deutschland	%	20,5	12,8	4,9	38,2
2.	Primärenergieverbrauch (PEV)	Mio. t SKE	27,5	17,4	6,6	51,5
	Beitrag zur Deckung des PEV in Deutschland	%	6,0	3,8	1,4	11,2
3.	Brutto-Stromerzeugung aus Braunkohle	TWh	75,4	53,0	19,0	147,5
	Beitrag zur Brutto-Stromerzeugung in Deutschland	%	11,5	8,1	2,9	22,5

Quelle: DEBRIV – Bundesverband Braunkohle; Stand März 2018

Tab. 2.24 Verwendung der Braunkohlenförderung

	1989	1990	2010	2016	2017
	1000 t				
Rheinland					
Förderung	104.210	102.181	90.742	90.451	91.249
Verwendung:					
Strom- und Fernwärmeerzeugung	87.542	84.564	80.920	80.353	80.745
Darunter:					
Kraftwerke der Stromversorger	86.160	83.454	80.106	79.686	79.316
Grubenkraftwerke	1382	1111	814	666	1429
Absatz an Heizwerke	–	–	–		
Einsatz in Veredlungsbetrieben***)	13.382	13.429	9597	9816	10.201
Absatz an sonstige Abnehmer	3286	4187	222	183	194
Abgabe an MIBRAG	–	–	–	99	106
Bestandsveränderung	–	–	+3	–	+3
Lausitz					
Förderung	195.139	168.045	56.673	62.292	61.211
Verwendung:					
Strom- und Fernwärmeerzeugung	123.101	98.488	53.012	58.630	57.453
Darunter:					
Kraftwerke der Stromversorger**)	104.601	80.548	53.012	58.630	57.453
Grubenkraftwerke*)	11.500	11.440	–	–	–
Absatz an Heizwerke*) **)	7000	6500	–	–	–
Einsatz in Veredlungsbetrieben***)	59.228	58.911	3641	3663	3762
Absatz an sonstige Abnehmer	13.684	11.230	61	–	2
Bestandsveränderung	−874	−584	−40	−1	−6
Mitteldeutschland					
Förderung	105.651	80.879	20.004	17.736	18.826
Bezug von RWE	–	–	–	99	106
Verwendung:					
Strom- und Fernwärmeerzeugung	28.581	28.705	18.661	16.362	17.509
Darunter:					
Kraftwerke der Stromversorger**)	17.581	18.468	16.815	15.312	16.425
Grubenkraftwerke*)	3000	2737	1846	1050	1084
Absatz an Heizwerke*) **)	8000	7500	–	–	–
Einsatz in Veredlungsbetrieben***)	53.278	36.131	845	713	774
Absatz an sonstige Abnehmer	23.930	16.483	504	594	593
Abgabe an Helmstedt	–	–	–	358	–
Bestandsveränderung	−138	−440	−6	−192	+56

Tab. 2.24 (Fortsetzung)

	1989	1990	2010	2016	2017
	1000 t				
Helmstedt, Hessen und Bayern					
Aufkommen	5666	4348	1984	1579	–
Darunter:					
Förderung	5666	4348	1984	1074	–
Bezug von MIBRAG	–	–	–	358	–
Verwendung:					
Strom- und Fernwärmeerzeugung	5629	4295	2017	1579	–
Darunter:					
Kraftwerke der Stromversorger	5629	4295	2017	1579	–
Grubenkraftwerke	–	–	–	–	–
Absatz an Heizwerke	–	–	–	–	–
Einsatz in Veredlungsbetrieben***)	57	–	–	–	–
Absatz an sonstige Abnehmer	53	–	–	–	–
Bestandsveränderung	−73	+53	−33	−147	–
Deutschland insgesamt					
Förderung	410.666	356.513	169.403	171.552	171.286
Verwendung:					
Strom- und Fernwärmeversorgung	244.853	216.975	154.609	156.924	155.707
Darunter:					
Kraftwerke an Stromversorger**)	213.971	187.688	151.949	155.207	153.194
Grubenkraftwerke	15.882	15.288	2660	1716	2512
Absatz an Heizwerke**)	15.000	14.000	–	–	–
Einsatz in Veredlungsbetrieben***)	125.945	108.534	14.082	14.193	14.737
Absatz an sonstige Abnehmer	40.953	31.993	787	777	789
Bestandsveränderung	−1085	−990	−76	−340	+54

*) für 1989 geschätzt
**) ab 1995 Heizkraftwerke bei Kraftwerken der Stromversorger erfasst
***) einschließlich Selbstverbrauch
Quelle: Statistik der Kohlenwirtschaft

Ausschlaggebend für die Entscheidung der Kommission war, dass die Maßnahme Deutschland bei der Erreichung seines CO_2-Reduktionsziels deutlich voranbringt. Sobald alle acht Blöcke im Jahr 2020 in der Sicherheitsbereitschaft sind, wird laut BMWi eine CO_2-Reduktion von 12,5 Mio. t pro Jahr erzielt werden.

Zudem kommt die Kommission zu dem Schluss, dass die Vergütung den Anlagenbetreibern gegenüber Wettbewerbern keinen ungerechtfertigten Vorteil verschaffe, da sie im Wesentlichen auf dem Gewinn basiere, den die Betreiber erzielen würden, wenn sie wei-

Tab. 2.25 Übersicht über nach 1995 in Betrieb genommene Braunkohlenkraftwerke in Deutschland

Standort	Rheinisches Revier		Lausitzer Revier						Mitteldeutsches Revier		
	Niederaußem	Neurath	Schwarze Pumpe	Schwarze Pumpe	Boxberg Block Q	Boxberg Block R	Cottbus	Frankfurt/Oder	Schkopau	Lippendorf Block R	Lippendorf Block S
Leistung in MW (Brutto)	1012	2200	800	800	907	675	80[1)]	25[2)]	980	920	920
Eigentümer	RWE Power	RWE Power	LEAG	LEAG	LEAG	LEAG	Stadtwerke	Stadtwerke	Uniper, Saale Energie	LEAG	EnBW
Inbetriebnahmejahr	2002/2003	2012	1997	1998	2000	2012	1999	1997	1996	1999	2000
Technologie	Kraftwerke mit überkritischen Dampfzuständen						Wirbelschichtfeuerung (PFBC-Anlage)	Braunkohlenstaubfeuerung[3)]	Kraftwerke mit überkritischen Dampfzuständen		
Elektrischer Wirkungsgrad	>43	>43	41,2	41,2	42,3	43,9	40	40	40	42,8	42,8

[1)] Leistung aus Kraft-Wärme-Kopplung von 120 MW bzw. über Spitzenlastkessel von 220 MW
[2)] Heizkraftwerk mit 80 MW auskoppelbarer Fernwärmeleistung
[3)] Braunkohlenstaubfeuerung/Hochdruck-Dampferzeuger
Quelle: DEBRIV – Bundesverband Braunkohle

Tab. 2.26 Braunkohlen-Kraftwerke in der Klimareserve

Betreiber	Name Kraftwerksblock	Netto-Nennleistung	Datum der Überführung	Datum der Stilllegung	BNA-Nummer (Kraftwerksliste BNetzA)
Mibrag	Buschhaus	350 MW	01.10.2016	30.09.2020	0439
RWE	Frimmersdorf P	284 MW	01.10.2017	30.09.2021	0313
	Frimmersdorf Q	278 MW	01.10.2017	30.09.2021	0314
	Niederaußem E	295 MW	01.10.2018	30.09.2022	0713
	Niederaußem F	299 MW	01.10.2018	30.09.2022	0706
	Neurath C	292 MW	01.10.2019	30.09.2023	0698
LEAG	Jänschwalde F	465 MW	01.10.2018	30.09.2022	0790
	Jänschwalde E	465 MW	01.10.2019	30.09.2023	0789
	Gesamt	**2728 MW**			

Quelle: Bundesgesetzblatt Teil I, Nr. 37, S. 1795 f. vom 29. Juli 2016

tere vier Jahre auf dem Strommarkt tätig wären – womit die durchschnittliche erwartete Lebensdauer der Anlagen noch nicht ausgeschöpft wäre. Etwaige beihilfebedingte Wettbewerbsverfälschungen würden durch die entstehenden Umweltvorteile ausgeglichen.

2.2.8 Forschung und Entwicklung [11]

Die wesentlichen Handlungsfelder der Forschung und Entwicklung im Kraftwerksbereich sind Optimierung der laufenden Produktion, Weiterentwicklung innovativer Technologien zur kommerziellen Einsatzreife sowie Entwicklung neuer zukunftsweisender Optionen. Die Forschungsaktivitäten sind großenteils darauf ausgerichtet, Kraftwerke effizienter zu machen oder die durch sie verursachten Emissionen zu verringern.

Ein zunehmend wichtiges Thema ist die Integration des aus erneuerbaren Energien produzierten Stroms in die bestehenden Netze. Dadurch erhöhen sich die Anforderungen an Regel- und Steuerungstechnik in Kohlenkraftwerken, aber insbesondere auch an die Beherrschung der Lastwechsel unter Berücksichtigung der Emissionsgrenzwerte und der zulässigen Belastung von Werkstoffen in existierenden fossilen Kraftwerken.

Während bislang die klimafreundliche Erzeugung von Strom in hocheffizienten Kraftwerken die wichtigste Herausforderung war, kommt nun ein wirtschaftlicher Wettbewerb mit den stetig steigenden Kapazitäten bei den erneuerbaren Energien hinzu. Um die fluktuierende Stromproduktion aus den erneuerbaren Energien kompensieren zu können, gewinnen flexible konventionelle Kraftwerke immer mehr an Bedeutung.

Handlungsoptionen im Rahmen der Energiewende

Das Konzept der deutschen Bundesregierung für die Energiewende legt die Randbedingungen für einen langfristigen Umstieg aus einer CO_2-intensiven in eine CO_2-arme Energieversorgung fest. Die im Rahmen der Energiewende formulierten Ziele sind sehr ambitioniert und übersteigen einige der auf europäischer Ebene gesetzten Vorgaben zur Minderung von CO_2-Emissionen erheblich.

Die Klimaschutzziele in Deutschland können nur durch die Ausschöpfung verschiedenster Optionen zur Emissionsminderung erreicht werden. Grundsätzlich sind zwei Wege zur Minderung von CO_2-Emissionen möglich, die auch miteinander kombiniert werden können: Die Substitution CO_2-intensiver Erzeugungskapazitäten durch eine CO_2-arme Erzeugung und die Verbesserung CO_2-behafteter Prozesse.

Im Bereich der Kraftwerkstechnik liegt der Fokus weiterhin in der Effizienzsteigerung durch den Ersatz alter Kraftwerke oder die Ertüchtigung bestehender Kraftwerkskapazitäten. Daneben steht seit dem massiven Ausbau der erneuerbaren Energien jedoch auch die Steigerung der Flexibilität in der Liste der Prioritäten ganz oben. Ein flexibler konventioneller Kraftwerkspark, der auf die fluktuierende Einspeisung von erneuerbarem Strom reagieren kann, macht deren Nutzung erst möglich und gewährleistet gleichzeitig die Sicherheit der Stromversorgung.

Sollte der Ausbau der erneuerbaren Energien und deren Netzintegration hinter den ambitionierten Zielen der Bundesregierung zurückbleiben, müsste die angestrebte CO_2-Minderung vor allem durch den Einsatz von Carbon Capture & Storage (CCS) erreicht werden. Aufgrund der aktuellen rechtlichen Lage ist jedoch die umfassende großtechnische Erprobung der gesamten CCS-Kette in Deutschland nicht durchführbar. Potenzielle Investoren sehen sich beim Einsatz der Technologie in Deutschland so hohen Barrieren gegenüber, dass sich die Mehrheit weitgehend aus der Forschung und Entwicklung von CCS in Deutschland zurückgezogen hat.

Die Nutzung von CO_2 (CCU – Carbon Capture & Utilization) steckt noch in einer frühen Entwicklungsphase und kann darüber hinaus im Vergleich zu CCS nur einen deutlich kleineren Beitrag zur CO_2-Emissionsverringerung leisten.

Die Unternehmen treiben Forschungs- und Entwicklungsaktivitäten voran, um Lösungen für die beschriebenen Herausforderungen zu entwickeln. Die LEAG unterstützt die Forschung und Entwicklung von CCS im Rahmen einer Kooperation mit dem kanadischen Energieversorger SASK Power, die bereits unter Vattenfall als Eigentümer der Lausitzer Braunkohlensparte geschlossen wurde. SASK Power nutzt die Forschungsergebnisse aus der CCS-Pilotanlage in Schwarze Pumpe für eigene Demonstrationsprojekte.

Optimierung des laufenden Betriebes

Sowohl in betriebsnahen Versuchen als auch mittels thermochemischer Berechnungen und Laboruntersuchungen werden bei RWE Power und der Lausitz Energie Kraftwerke AG (LEAG) Verbrennungskonzepte für schwierig zu verfeuernde Kohlen und für alternative Brennstoffe erarbeitet. Hierzu werden Versuche mit potentiell verschmutzungs- und verschlackungskritischen Kohlen an Großkesseln intensiv begleitet und analysiert. Auf Basis der Großkesselversuche, kontinuierlicher Untersuchungen an einer zu diesem Zweck betriebenen Kleinverbrennungsanlage und Grundlagenarbeiten in Zusammenarbeit mit akademischen Partnern werden Handlungsempfehlungen für die Verfeuerung von Kohle entwickelt.

Effizienz- und Flexibilitätssteigerung

Die Wirbelschichttrocknung mit interner Abwärmenutzung (WTA) wurde bei der RWE Power AG zur kommerziellen Reife geführt. In einer Prototypanlage mit einer Auslegungskapazität von 110 t/h Trockenbraunkohle wird Braunkohle nach dem Wirbelschichtverfahren getrocknet und am BoA-Block im Kraftwerk Niederaußem zugefeuert. Diese Trocknungstechnik hat das Potenzial, den Wirkungsgrad eines Braunkohlenkraftwerkes um vier bis fünf Prozentpunkte zu steigern. Nach der Umsetzung von verfahrenstechnischen Optimierungen ist nunmehr der Trocknungsbetrieb mit allen relevanten Kesselkohlenqualitäten bei einer Maximalkapazität von 80 t/h sicher möglich. Somit ist die kommerzielle Einsatzfähigkeit der WTA-Technik sowohl für neu zu errichtende Kraftwerksblöcke als auch als Nachrüstoption für geeignete Bestandsanlagen nachgewiesen. Durch Maßnahmen an der Feuerung wurde zusätzlich der Einsatz der Trockenbraunkohle in der für Rohbraunkohle ausgelegten BoA 1 verbessert. Die WTA Prototypanlage befindet sich seit Anfang 2015 im kommerziellen Betrieb.

In einem Gemeinschaftsprojekt der Brandenburgischen Technischen Universität Cottbus-Senftenberg, der LEAG, der MIBRAG und weiterer Industriepartner wurde im Lausitzer Revier das Verfahren der druckaufgeladenen Dampfwirbelschichttrocknung (DDWT) von Rohbraunkohle weiterentwickelt, mit dem in Abhängigkeit vom Wassergehalt der Rohkohle ebenfalls Wirkungsgradsteigerungen von vier bis fünf Prozentpunkten erreichbar sind. Der Testbetrieb in der Versuchsanlage Schwarze Pumpe wurde 2012 erfolgreich abgeschlossen. Ein Folgeprojekt, welches 2015 beendet wurde, legte den Fokus auf Grundlagenuntersuchungen und die verfahrenstechnische Optimierung zur kommerziellen Erzeugung der Trockenbraunkohle.

Die in der DDWT-Anlage produzierte Trockenbraunkohle kommt seit dem Frühjahr 2015 zur Zünd- und Stützfeuerung in einer Pilotanlage im Kraftwerk Jänschwalde zum Einsatz.

Durch den wachsenden Anteil der erneuerbaren Energien an der Stromerzeugung und die damit verbundenen häufigeren Anfahrten und Lastwechsel sind die Kraftwerke einer zunehmenden Beanspruchung ausgesetzt. Daher wird es immer wichtiger, die Folgen der zunehmenden Flexibilitätsanforderungen an den Kraftwerkspark zu überwachen. Die RWE Generation hat dazu im Rahmen ihrer Big-Data-Aktivitäten das Projekt „rLife" ins Leben gerufen. Ziel von „rLife" ist es, durch Weiterentwicklung eines kommerziell verfügbaren IT-Tools eine zentrale Online-Überwachung für hochbelastete Komponenten bereitzustellen und zu implementieren. Mit einer genauen Vorhersage des Lebensdauerverbrauchs lassen sich nicht nur das Risiko eines Schadens, sondern auch die Prüfkosten durch Streckung der Betriebsintervalle zwischen Prüfungen reduzieren.

Unter dem Programm flexGen bündelt die LEAG alle Einzelprojekte zur Steigerung der Lastflexibilität ihrer Bestandskraftwerke. Im Mittelpunkt der Untersuchungen stehen Maßnahmen, um die Mindestlast der Anlagen unter Beachtung der jeweiligen Standortrestriktionen weiter zu senken und die Anlagendynamik zu erhöhen. So kann im Kraftwerkspark der LEAG je nach Leistungsgröße der Blöcke eine Mindestlast von 20 bis 40 % der installierten Leistung erreicht werden.

Der Betrieb im Mindestlastbereich trägt dazu bei, insbesondere in Zeiten mit erhöhter erneuerbarer Produktion (z. B. Starkwind) diesen Strom ins Netz aufzunehmen, während zugleich eine schnelle Leistungserhöhung der Kraftwerke möglich ist, wenn die erneuerbare Produktion wieder abfällt.

Mit der Realisierung der Anlage zur Zünd- und Stützfeuerung mit Trockenbraunkohle im LEAG-Kraftwerk Jänschwalde, die im Oktober 2014 in Betrieb genommen wurde, ist ein weiterer wichtiger Schritt von der Theorie in die Praxis gelungen. Das Projekt wurde vom BMWi gefördert und durch die Forschungspartner BTU Cottbus-Senftenberg, TU Hamburg-Harburg und die Hochschule Zittau/Görlitz wissenschaftlich begleitet. Durch die Kombination einer innovativen Brennertechnologie mit einem hochveredelten Rohstoff konnte die Mindestlast eines 500-MW-Blockes von ursprünglich 36 % auf bis zu 20 % der installierten Leistung (100 MW) gesenkt werden. Die TBK-Anlage Jänschwalde ist der Prototyp des hochflexiblen Braunkohlenkraftwerks und leistet einen wichtigen Beitrag zur Integration erneuerbarer Energie in das bestehende Versorgungssystem.

Abtrennung und Nutzung von Kohlendioxid

Im Rahmen des Entwicklungsprogramms von RWE Power, BASF und Linde zur Weiterentwicklung der CO_2-Wäsche-Technik wird seit 2009 eine Pilotanlage am Kraftwerksstandort Niederaußem betrieben. Basis für die optimierte CO_2-Wäsche ist ein neues CO_2-Waschmittel von BASF sowie eine optimierte Anlagentechnik von Linde. Aufgrund des niedrigen Energiebedarfs und der hohen Stabilität des Waschmittels zählt dieses Verfahren zu den weltweit führenden CO_2-Abtrennprozessen. Verglichen mit heute üblichen Prozessen lässt sich der Energieaufwand für die CO_2-Abtrennung um etwa 20 % senken. Daneben zeichnen sich die neuen CO_2-Waschmittel durch eine deutlich erhöhte Stabilität gegenüber Sauerstoff aus, sodass sich der Lösemittelverbrauch erheblich verringert. In der laufenden Projektphase stehen die Untersuchung von braunkohlenspezifischen Verfahrensparametern, die Optimierung der Emissionsminderung sowie der Test eines verbesserten Waschmittels von BASF auf dem Programm. Ende 2016 war die Pilotanlage insgesamt bereits 50.000 h in Betrieb mit einer Anlagenverfügbarkeit von 97 %, davon mehr als 42.000 h mit den im Rahmen des Entwicklungsprogramms entwickelten Waschmitteln. Die Pilotanlage verfügt zudem über eine CO_2-Verflüssigungs- und Abfüllanlage zur Unterstützung der Forschungsansätze für die CO_2-Nutzung (CCU – Carbon Capture and Utilization), wie z. B. für Katalysatorentests zur Umsetzung von elektrolytisch gewonnenem H_2 mit CO_2 zu Methanol oder Methan.

Seit Oktober 2015 besteht eine Kooperation mit dem Forschungszentrum Jülich auf dem Gebiet der CO_2-Nutzung. Das in der Pilotwäsche in Niederaußem abgetrennte CO_2 wird in Jülich in mehreren Projekten u. a. zur Erzeugung von Biokerosin aus Algen verwendet.

2.2.9 Wandel bei der Produktpalette

Nach den Kraftwerken der allgemeinen Versorgung repräsentieren die Veredlungsbetriebe den wichtigsten Abnahmebereich der Rohbraunkohle. Im Jahr 2017 wurden 14,7 Mio. t in den Fabriken des Braunkohlenbergbaus zur Herstellung fester Produkte eingesetzt. 2,5 Mio. t wurden zur Stromerzeugung in Grubenkraftwerken genutzt. Auf sonstigen Rohkohlenabsatz entfielen 0,8 Mio. t.

Veredlungsprodukte: Breite Palette mit Zukunftspotenzial
In Veredlungsbetrieben erfolgt die Herstellung von Braunkohlenprodukten, wie Briketts, Staub, Wirbelschichtkohle und Koks. Braunkohlenprodukte werden im Rheinischen, im Lausitzer und im Mitteldeutschen Revier hergestellt. Zunehmende Bedeutung haben Braunkohlenprodukte in der Umwelttechnik.

Die Produktion von Briketts erfolgt in Fabriken im Rheinland, in Mitteldeutschland und in der Lausitz. Die Gesamterzeugung an Brikett, die in Industrie und Haushalten zur Wärmeerzeugung genutzt werden, belief sich 2017 auf 1,7 Mio. t. 2017 wurden 4,4 Mio. t Braunkohlenstaub produziert, der in industriellen Kessel- und Prozessfeuerungen eingesetzt wird. Hierzu trugen die Fabriken in Frechen, Fortuna-Nord, Ville/Berrenrath (alle Rheinland), Schwarze Pumpe (Lausitz) sowie Deuben und Amsdorf (Mitteldeutschland) bei. Ferner wurde an den Standorten Fortuna-Nord und Schwarze Pumpe Wirbelschichtbraunkohle für Anlagen mit zirkulierender Wirbelschichtfeuerung hergestellt; die Produktion betrug 0,4 Mio. t. In Fortuna-Nord wird zusätzlich Braunkohlenkoks erzeugt, der vor allem im Umweltschutz als Filterkohle genutzt wird (2017: 0,2 Mio. t).

Die in Deutschland hergestellten Produkte wurden 2017 zu vier Fünfteln im Inland abgesetzt und zu einem Fünftel exportiert.

Braunkohlenbriketts aus dem Rheinischen Revier werden seit dem 1. Juli 2017 wieder unter der traditionsreichen Marke UNION verkauft. Die Wiedereinführung wurde dazu genutzt, eine Reihe von Produktverbesserungen für Handel und Verbraucher umzusetzen. Darüber hinaus wurden das Layout der Verpackungen, die Verbraucherinformationen sowie der Internetauftritt (www.union-original.com) auf das neue Erscheinungsbild ausgerichtet. Durch die zunehmende internationale Vermarktung war es ebenfalls erforderlich, das Erscheinungsbild der Industriebrennstoffe aus Braunkohle anzupassen. Energie aus rheinischer Braunkohle heißt „lignite energy“ (kurz: „LE“). Hieraus abgeleitet wird Braunkohlenstaub unter dem Namen „lignite energy pulverized“ (kurz: „LEP“) vertrieben, Wirbelschichtbraunkohle heißt „lignite energy grained“ (kurz: „LEG“) und Braunkohlenbriketts werden unter dem Namen „lignite energy compact“ (kurz: „LEC“) verkauft. Der ausschließlich im Rheinischen Revier hergestellte Braunkohlenkoks wird unter dem Markennamen „HOK“ vermarktet. Der Vertrieb aller Veredlungsprodukte erfolgt über die Rheinbraun Brennstoff GmbH (RBB), Köln. RBB ist eine 100prozentige Tochter der RV Rheinbraun Handel und Dienstleistungen GmbH, die wiederum zu 100 % mit der RWE Power AG verbunden ist.

Das „Lausitzer REKORD-Brikett“ sowie Braunkohlenstaub unter dem Markennamen „LignoPlus“ und Wirbelschichtbraunkohle aus dem Lausitzer Revier vermarktet LEAG, Braunkohlenstaub aus dem Mitteldeutschen Revier wird von der MIBRAG vertrieben.

Dem Außenhandel mit Braunkohle kommt nur eine geringe Bedeutung zu. 2017 wurden 0,023 Mio. t SKE Braunkohlenprodukte nach Deutschland eingeführt. Die Ausfuhr belief sich auf 1,095 Mio. t SKE.

Zukunftsoption: Stoffliche Nutzung
Neben der effizienten thermischen Nutzung von Braunkohle rückt die stoffliche Nutzung als Rohstoff für Chemie, Petrochemie und Kunststofferzeugung weiter in den Fokus der Produktentwicklung. Das in Mitteldeutschland initiierte Forschungsvorhaben „Innovative Braunkohlenintegration (ibi)“ ist ein erster Schritt, diese Zukunftspotenziale aufzuzeigen.

RWE Power untersucht im Rahmen von „Coal to gas“- und „Coal to liquid“-Aktivitäten ebenfalls die stoffliche Nutzung der Braunkohlen. Im Vordergrund der Untersuchungen steht hier die Erzeugung von Synthesegas über die integrierte Kohlenvergasung mit anschließender Weiterverarbeitung des Synthesegases zu Treibstoffen und chemischen Rohstoffen.

Gemeinsam mit den Projektpartner ThyssenKrupp Industrial Solutions und TU Darmstadt hat RWE Power ein BMWi-gefördertes Projekt ins Leben gerufen, das die Techniken

Tab. 2.27 Produktionsleistung der Fabriken und Kraftwerke des Braunkohlenbergbaus im Jahr 2017

Fabriken/ Grubenkraftwerke		Gesell-schaften	Brikett	Staub	Wirbelschicht-kohle	Koks	Strom-erzeugung
		In 1000 t					GWh
Revier Rheinland							
Fortuna-Nord	NRW	RWE Power	–	996	354	155	189
Ville/Berrenrath	NRW	RWE Power	–	1305	–	–	1126
Frechen	NRW	RWE Power	945	848	–	–	403
Summe			***945***	***3149***	***354***	***155***	***1718***
Revier Lausitz							
Schwarze Pumpe		LEAG	684	1104	76	–	–
Summe			***684***	***1104***	***76***	–	–
Revier Mitteldeutschland							
Deuben	ST	MIBRAG	53	167	–	–	521
Wählitz	ST	MIBRAG	–	–	–	–	265
Amsdorf	ST	ROMONTA	–	19	–	–	246
Summe			53	186			***1032***

BB = Brandenburg
ST = Sachsen-Anhalt
Quelle: Statistik der Kohlenwirtschaft

Tab. 2.28 Herstellung von festen Braunkohlen-Veredlungsprodukten nach Revieren 1989 bis 2017

	1989	1995	2005	2016	2017
	1000 t				
Rheinland					
Brikett	2158	1618	964	860	945
Staub	2509	2110	2238	3054	3149
Wirbelschichtkohle	67	471	408	318	354
Trockenkohle	172	78	–	–	–
Koks	135	192	173	159	155
Lausitz					
Brikett	24.640	2782	526	637	683
Staub	1111	364	493	1038	1104
Wirbelschichtkohle	–	–	252	150	76
Trockenkohle	–	7	–	–	–
Koks	3504	–	–	–	–
Mitteldeutschland					
Brikett	22.596	611	–	48	53
Staub	724	226	192	155	186
Wirbelschichtkohle	–	–	–	–	–
Trockenkohle	533	485	–	–	–
Koks	2487	–	–	–	–
Insgesamt					
Brikett	49.394	5011	1490	1545	1681
Staub	4344	2700	2924	4247	4440
Wirbelschichtkohle	67	471	660	467	430
Trockenkohle	705	570	–	–	–
Koks	6126	192	173	159	155

Quelle: Statistik der Kohlenwirtschaft

zur stofflichen Nutzung von Braunkohle im Technikumsmaßstab weiterentwickelt. Im Projekt „Fabiene“ wird an der TU Darmstadt die gesamte Kette von der Kohlenvergasung in einem Wirbelschichtvergaser über die Gasaufbereitung bis zur Produktsynthese aufgebaut. Erste Syntheseversuche finden zunächst im Innovationszentrum Kohle in Niederaußem mit künstlichem Synthesegas aus Gasflaschen statt. Nach Abschluss der Untersuchungen im Rheinland kommt der von RWE Power entwickelte Synthese-Teststand in Darmstadt zum Einsatz. Dort wird der Testbetrieb mit kohlenbasiertem Synthesegas fortgesetzt. Das Projekt hat eine Laufzeit bis 2020.

Tab. 2.29 Anzahl der Beschäftigten des Braunkohlenbergbaus 1989 bis 2017 (jeweils am 31. Dezember; 1989 Jahresdurchschnitt)

	1989	2000	2005	2010	2017
Rheinland	15.565	10.430	11.105	11.606	9739
Lausitz	79.016	7081	8881	8049	8639
Mitteldeutschland	59.815	2996	2642	2508	2367
Helmstedt	1693	703	665	541	146
Kleinbetriebe (Hessen/Bayern)	642	77	6	–	–
Deutschland insgesamt	**156.731**	**21.287**	**23.299**	**22.704**	**20.891**

Ab 2002 einschließlich Beschäftigte in Kraftwerken der allgemeinen Versorgung der Braunkohlenunternehmen
*) In der Summe Deutschland 2017 sind enthalten
Beschäftigte i. d. Kraftwerken der allgemeinen
Versorgung der Braunkohlenunternehmen: 4985 (Stand: Ende d. Jahres)
Auszubildende: 1318 (Stand: Ende d. Jahres)
Quelle: Statistik der Kohlenwirtschaft

Tab. 2.30 Beschäftigte des Braunkohlenbergbaus in Deutschland nach Unternehmen; Stand: Ende 2017

	Beschäftigte
Revier Rheinland	
RWE Power AG	9739
Revier Helmstedt	
Helmstedter Revier GmbH	146
Revier Lausitz	
LEAG	8227
Lausitzer und Mitteldeutsche Bergbau-Verwaltungsgesellschaft mbH	412
Summe	***8639***
Revier Mitteldeutschland	
Mitteldeutsche Braunkohlenges. mbH	1860
Lausitzer und Mitteldeutsche Bergbau-Verwaltungsgesellschaft mbH	214
ROMONTA GmbH	293
Summe	***2367***
Deutschland insgesamt*)	**20.891**

*)In dieser Zahl enthalten
Beschäftigte i. d. Kraftwerken der allgem.
Versorgung der Braunkohlenunternehmen: 4985 (Stand: Ende 2017)
In der Summe „Deutschland insgesamt" enthalten:
Auszubildende: 1387 (Stand: Ende 2017)
Quelle: Statistik der Kohlenwirtschaft

2.2.10 Beschäftigte

Im Braunkohlenbergbau und in Braunkohlenkraftwerken der allgemeinen Versorgung von Unternehmen mit Braunkohlengewinnung waren zum 31. Dezember 2017 insgesamt 20.891 Mitarbeiter beschäftigt. Davon entfielen 9739 auf das Rheinland, 8639 auf die Lausitz, 2367 auf Mitteldeutschland und 146 auf Helmstedt.

In Braunkohlenkraftwerken der allgemeinen Versorgung waren 4985 der 20.891 Mitarbeiter beschäftigt. In der Gesamtzahl von 20.891 Mitarbeitern sind 1318 Auszubildende (Stand: 31.12.2017) enthalten.

2.3 Steinkohle

2.3.1 Aufkommen an Steinkohle

Das Aufkommen an Steinkohle in Deutschland betrug 2017 rund 52,2 Mio. t SKE. Davon entfielen 3,7 Mio. t SKE auf die inländische Förderung. Importe an Steinkohlen trugen mit 48,5 Mio. t SKE zum Aufkommen bei.

In der Rangliste der weltweit größten Förderstaaten für Steinkohle ist Deutschland nach den Kapazitätsstilllegungen in den letzten Jahrzehnten weit zurückgefallen. Die wichtigsten Förderländer sind heute China, die USA, Australien, Indien, Indonesien, Russland, Südafrika, Kolumbien, Polen, Kasachstan und Kanada, auf die sich über 95 % der Weltsteinkohlenförderung konzentrieren. Für den Weltsteinkohlenhandel sind vor allem Australien, Indonesien, Russland, USA, Südafrika und Kolumbien wichtig, wobei allein auf Australien und Indonesien mehr als 50 % des Welthandels entfallen.

Gemessen an ihrem Beitrag zur Deckung des Primärenergieverbrauchs liegt die Steinkohle – nach Mineralöl, Erdgas, erneuerbaren Energien und Braunkohle mittlerweile an fünfter Stelle. Der Anteil der Steinkohle am Primärenergieverbrauch der Bundesrepublik Deutschland betrug im Jahre 2017 rund 10,9 %. Davon entfielen 0,8 Prozentpunkte auf deutsche Steinkohle und 10,1 Prozentpunkte auf Importkohle.

2.3.2 Förderung von Steinkohle nach Revieren und Gesellschaften

Seit der zum 1. Oktober 1998 erfolgten Bündelung aller Zechen an der Ruhr und an der Saar unter dem Dach der Deutsche Steinkohle AG (DSK) hatte sich die Förderung zunächst auf zwei Unternehmen, und zwar die DSK sowie die Preussag Anthrazit GmbH, konzentriert. Die Übernahme und Eingliederung der Zeche Ibbenbüren der Preussag Anthrazit GmbH in die DSK war zum 1. Januar 1999 vollzogen worden. Die Zusammenfassung der bergbaulichen Aktivitäten an den Standorten Ruhr, Ibbenbüren und Saar in einer Einheitsgesellschaft war am 29. Juli 1998 von der Europäischen Kommission gebilligt worden, nachdem zuvor bereits das Bundeskartellamt die Genehmigung hierzu erteilt hatte. Die DSK ist eine Tochtergesellschaft der RAG Aktiengesellschaft, Essen, die aus der früheren Ruhrkohle AG hervorgegangen ist, aber durch die Entwicklung des Beteiligungsbereichs, des so genannten „weißen Bereichs" (in Abgrenzung zum steinkohlenahen „schwarzen Bereich") weit über ein reines Bergbauunternehmen hinausgewachsen war. Im Jahr 2007 wurde sodann mit der Politik im Rahmen der neuen kohlepolitischen Verständigung eine Vereinbarung über das Vorhaben erzielt, den „weißen" Bereich der RAG zu verselbständigen und als integrierten neuen Konzern unter dem neuen Namen Evonik Industries an den Kapitalmarkt zu bringen. Damit ist die RAG wieder eine „schwarze" RAG geworden, deren Schwerpunkt der Steinkohlenbergbau bildet.

Die Merchweiler Bergwerksgesellschaft mbH, die in der Vergangenheit im Saarrevier vergleichsweise geringe Mengen Steinkohle gefördert hatte, hatte die Produktion zum 1. Juli 2008 eingestellt.

2017 hatte sich die Förderung auf die in diesem Jahr noch bestehenden Bergwerke Prosper-Haniel und Ibbenbüren wie folgt verteilt:

Ruhr: 72,6 %
Ibbenbüren: 27,4 %

2.3.3 Wettbewerbssituation der deutschen Steinkohle

Die Förderkosten für Steinkohle liegen in Deutschland erheblich höher als in den überseeischen Hauptexportstaaten. Wichtigste Ursachen sind die günstigeren geologischen Verhältnisse in den Abbaugebieten in Übersee. Sie sind vor allem bedingt durch die geringeren Teufen und den hohen Anteil von im Tagebau gewinnbarer Steinkohle. In Deutschland wird Steinkohle demgegenüber ausschließlich unter Tage gefördert. Des Weiteren spielen die – beispielsweise in Südafrika, China oder Kolumbien – niedrigeren Arbeitskosten eine Rolle, und schließlich haben auch die vielfach unterschiedlichen Umwelt- und Sicherheitsstandards einen Einfluss auf die Höhe der Förderkosten.

Im deutschen Steinkohlenbergbau waren in den vergangenen Jahrzehnten erhebliche Produktivitätsfortschritte erzielt worden. So hatte sich die Leistung je Mann und Schicht unter Tage von 1585 kg im Jahre 1957 auf 8809 kg im Jahre 2017 erhöht. Die Förderung war auf die leistungsfähigsten Abbaubetriebspunkte konzentriert worden. Deren Zahl verringerte sich von 476 im Jahr 1970 auf vier im Jahr 2017. Die tägliche Förderung je Abbaubetriebspunkt war von 868 t v. F. im Jahr 1970 auf 3925 t v. F. im Jahr 2004 gestiegen. 2017 betrug diese Kennziffer 3348 t v. F. Die durchschnittliche Tagesförderung je Bergwerk hatte sich 2017auf 7367 t v. F. belaufen.

Dennoch hatte sich die Schere zwischen den Kosten der Förderung von Steinkohle in Deutschland und in Übersee kontinuierlich geöffnet. Dieser Verlauf erklärt sich vornehmlich durch – im Vergleich zum europäischen Bergbau – noch größere Produktivitätssteigerungen in Übersee. Ein starker Rückgang der heimischen Förderung und ein erheblicher Abbau der Belegschaft waren die Folge. So ist die Förderung von 149 Mio. t

Steinkohlenbergwerke in Deutschland 2016

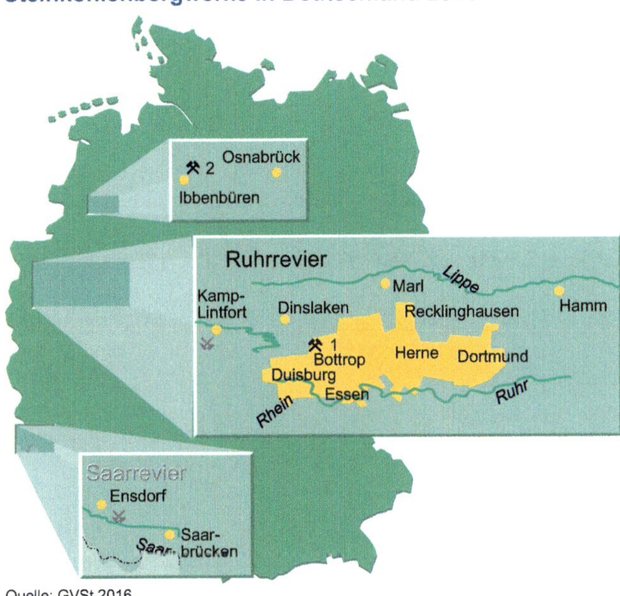

⚒ Bergwerke
1 Prosper-Haniel
2 Ibbenbüren

Stilllegungen in 2012
Saarrevier: 30.06.
BW West: 31.12.

Stilllegung zum 01.01.2016
Auguste Victoria

Abb. 2.16 Steinkohlenbergwerke in Deutschland

Tab. 2.31 Aufkommen und Verwendung von Steinkohle (einschließlich Steinkohlenkoks und Briketts) in Deutschland 2016 und 2017

		2016	2017
		Mio. t SKE	
Inländische Förderung		3,9	3,7
+	Einfuhr[1)]	53,6	48,5
=	Aufkommen	57,5	52,2
±	Bestandsveränderung[2)]	–0,8	–1,9
=	Primärenergieverbrauch	56,7	50,3
	Davon		
	Kraftwerke	37,3	30,9
	Inländische Stahlindustrie	18,1	18,2
	Wärmemärkte	1,3	1,2

[1)] Netto-Importe (Einfuhr – Ausfuhr)
[2)] Bestandsaufbau (–); Bestandsabbau (+); einschließlich statistische Differenzen
Quelle: Statistik der Kohlenwirtschaft e. V.

Tab. 2.32 Anpassungsprozess im deutschen Steinkohlenbergbau 1957 bis 2017

	Einheit	1957	1967	1977	1987	1997	2007	2017
Schachtanlagen (zum 31.12.)	Anzahl	173	81	43	32	17	8	2
Förderung*	Mio. t v. F.	149,4	112,0	84,5	75,8	45,8	21,3	3,7
Belegschaft (zum 31.12.)	Anzahl	607.349	287.270	192.015	156.483	78.101	32.803	5711
Darunter unter Tage	Anzahl	400.655	172.900	112.950	94.607	43.340	17.379	2185
Leistung je Mann und Schicht unter Tage	kg v. F.	1585	3264	3850	4559	5775	7071	8809

* ohne Kleinzechen
v. F. = verwertbare Förderung
Quelle: Statistik der Kohlenwirtschaft e. V.

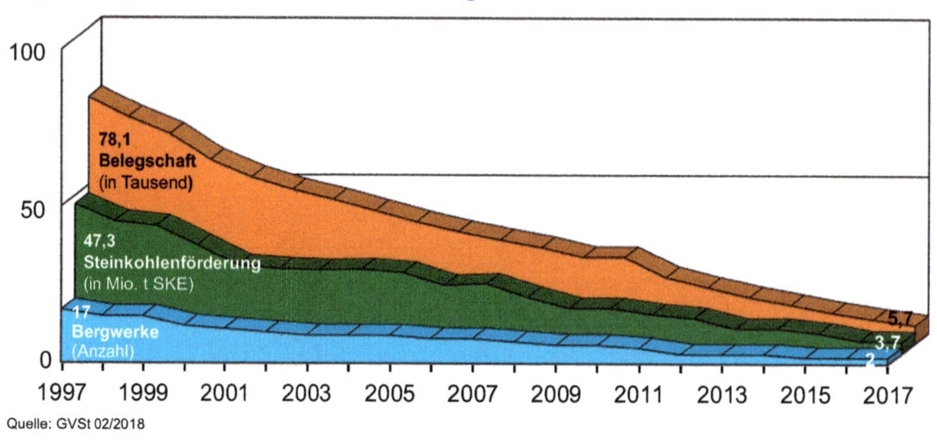

Abb. 2.17 Anpassung im deutschen Steinkohlenbergbau

v. F. im Jahre 1957 auf 3,7 Mio. t v. F. im Jahr 2017 zurückgegangen. Die Belegschaft im Steinkohlenbergbau wurde von noch 607.349 Ende 1957 auf 5711 Mitarbeiter Ende 2017 vermindert. Davon arbeiteten mit 2185 Mitarbeitern 38 % unter Tage.

Die Preishausse auf den Rohstoffmärkten, die bis Mitte 2008 zu verzeichnen war, hatte auch die Weltmarktpreise für Steinkohle und Koks deutlich anziehen lassen und die Wettbewerbssituation der deutschen Steinkohle etwas verbessert. Allerdings verschlechterte diese sich mit dem Preissturz am Weltmarkt Ende 2008/Anfang 2009 wieder nachhaltig, auch wenn die Weltmarktpreise bis 2011 und – nach einem zwischenzeitlichen Tiefstand zum Jahresanfang 2016 – erneut 2017 anzogen.

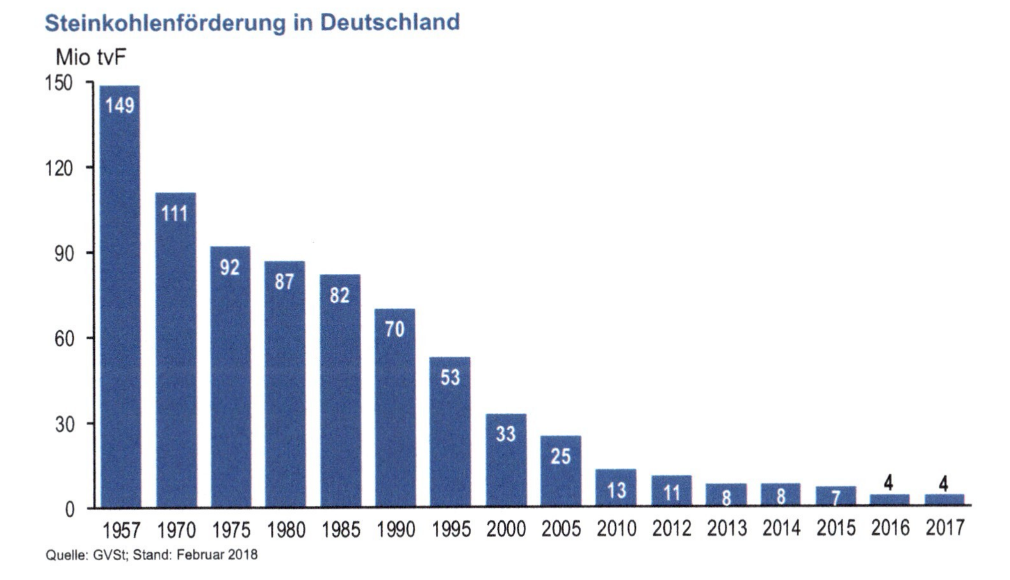

Abb. 2.18 Steinkohlenförderung in Deutschland 1957 bis 2017

2.3.4 Außenhandel mit Steinkohle

Die Einfuhren an Kesselkohle, Kokskohle, Koks und Briketts beliefen sich 2017 auf 51,3 Mio. t. Die führenden Lieferländer waren 2017 Russland, USA, Australien und Kolumbien. Mehr als drei Viertel der Gesamtimporte entfielen auf diese vier Länder.

Von 1958 bis 1995 hatten die Einfuhren von Steinkohle aus Drittländern Beschränkungen unterlegen. Diese sollten dem Schutz der deutschen Steinkohle dienen. Die einschlägige Rechtsvorschrift zur Begrenzung der Einfuhren von Drittlandskohle war das Kohlezollkontingentgesetz. Die Kontingente waren in der Vergangenheit wegen der im Verhältnis zur gesamten Steinkohlennachfrage hohen Abnahmeverpflichtungen an deutscher Steinkohle durch Kraftwirtschaft und Stahlindustrie allerdings nie ausgeschöpft worden. Die Restriktionen dieses Gesetzes, das Ende 1995 ausgelaufen war, wurden in den vorangehenden Jahren bereits gelockert.

- So galten die Regelungen nur für Westdeutschland und nicht für die zum 3. Oktober 1990 der Bundesrepublik Deutschland beigetretenen neuen Bundesländer.
- Mit Wirkung zum 1. Januar 1991 war die Einfuhr insofern erleichtert worden, als für alle Verbrauchsbereiche mit Ausnahme des Wärmemarktes bei Intra-EG-Einfuhren von Steinkohlen mit Ursprung in einem Drittland nur noch eine Einfuhrgenehmigung vorzulegen war. Die Beantragung eines Zollkontingentscheins war seitdem mit der genannten Einschränkung für in einem Mitgliedsland der Gemeinschaft zollrechtlich zum freien Verkehr abgefertigte Steinkohle nicht mehr notwendig.

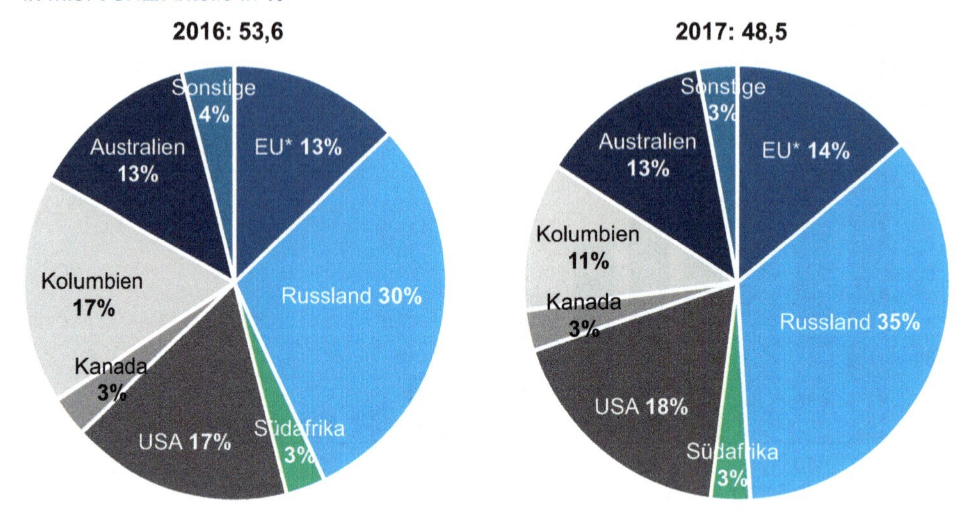

Abb. 2.19 Herkunft deutscher Steinkohlenimporte 2017

Tab. 2.33 Einfuhren an Steinkohlen und Steinkohlenkoks in die Bundesrepublik Deutschland nach Herkunftsländern 2017

Herkunft	Kesselkohle*	Kokskohle	Koks/Briketts	Gesamt
	1000 t			
Russland	17.829	1783	128	19.740
Kolumbien	6461	–	42	6503
USA	5779	3362	–	9141
Australien	142	5493	–	5635
Südafrika	1429	201	–	1630
Kanada	–	1481	43	1524
Norwegen	171	–	–	171
China	12	–	172	184
Andere Drittländer	163	544	10	717
Europäische Union	4078	35	1981	6094
Darunter Polen	1247	1	1425	2673
Darunter Tschechien	160	–	281	441
Gesamt	**36.064**	**12.899**	**2375**	**51.338**

* Kesselkohle einschließlich Anthrazit
Quelle: Statistisches Bundesamt, Außenhandelsstatistik

Tab. 2.34 Einfuhren von Steinkohlen und Steinkohlenkoks in die Bundesrepublik Deutschland 1990 bis 2017

Jahr	Kesselkohle*	Kokskohle	Koks/Briketts	Gesamt
	1000 t			
1990	10.402	454	852	11.707
1995	13.625	1427	2665	17.717
2000	23.237	4608	6015	33.860
2005	29.137	7307	3539	39.983
2010	31.870	9199	4114	45.183
2011	34.175	9975	4228	48.378
2012	35.340	9607	2975	47.922
2013	39.897	10.222	2747	52.866
2014	41.911	11.760	2535	56.206
2015	43.195	12.350	1965	57.510
2016	42.766	12.320	2094	57.180
2017	36.064	12.899	2375	51.338

* einschließlich Anthrazit

Quelle: Statistisches Bundesamt; Außenhandelsstatistik; seit 1997 ergänzt um die Angaben der BAFA; unter Berücksichtigung von Berechnungen durch den Verein der Kohlenimporteure, Jahresbericht 2017, Tabelle 21, Hamburg 2017 (bis 2015) und Angaben des GVSt (2016 und 2017)

- Mit Inkrafttreten des EG-Binnenmarkts zum 1. Januar 1993 waren Einfuhren von Drittlandskohle, die in einem anderen Mitgliedsland der Europäischen Union – z. B. in Rotterdam – zum freien Verkehr abgefertigt wurden, nicht mehr genehmigungsbedürftig. Steinkohle beispielsweise aus Südafrika konnte in einem solchen Fall bei Lieferung über die Niederlande ohne Kontingentschein und ohne Einfuhrgenehmigung in die Bundesrepublik Deutschland verbracht werden.

Mit dem Auslaufen des Kontingentgesetzes zum 1. Januar 1996 war auch für den Bezug von Steinkohlen aus Nicht-EU-Mitgliedstaaten keine Einfuhrgenehmigung mehr erforderlich. Damit sind die Einfuhren von Steinkohlen vollständig liberalisiert.

2.3.5 Veredlung der Steinkohle

Eine Kokserzeugung aus Zechenkokereien gab es nur noch bis Mitte 2011 und findet seither nicht mehr statt. Die einzige verbliebene Zechenkokerei Prosper war Anfang Juli 2011 an ArcelorMittal verkauft worden und wird seitdem den Hüttenkokereien zugerechnet.

Hauptabnehmergruppe für die Steinkohle ist nach wie vor die deutsche Elektrizitätswirtschaft.

2.3.6 Verbrauch an Steinkohle nach Sektoren

Der Verbrauch an Steinkohle in der Bundesrepublik Deutschland von insgesamt 50,3 Mio. t SKE im Jahr 2017 verteilte sich nach Sektoren wie folgt:

Kraftwerke: 61,4 %
Stahlindustrie: 36,2 %
Wärmemarkt: 2,4 %.

Die nach der Elektrizitätswirtschaft wichtigste Säule des Steinkohlenabsatzes ist die Stahlindustrie. Auf den Wärmemarkt entfällt nur noch eine geringe Absatzmenge.

Angesichts hoher Kosten wurde die deutsche Steinkohlenförderung in den letzten Jahrzehnten – und dies gilt weiterhin – unter sozialverträglichen Kriterien, d. h. unter Vermeidung von Massenentlassungen in die Arbeitslosigkeit und regionalen Strukturbrüchen, zurückgenommen. Dies wurde über eine Flankierung des Einsatzes deutscher Steinkohle durch staatliche Zuschüsse erreicht.

Im Rahmen umfassender Regelwerke war in der Vergangenheit nach den beiden Hauptabsatzbereichen differenziert worden. Nur der Einsatz deutscher Steinkohle im Wärmemarkt war nicht bezuschusst worden und ist bis heute subventionsfrei.

2017 betrugen die Lieferungen aus inländischem Aufkommen an die deutsche Elektrizitätswirtschaft 3,93 Mio. t. Die Bezüge der deutschen Stahlindustrie an Kohle und

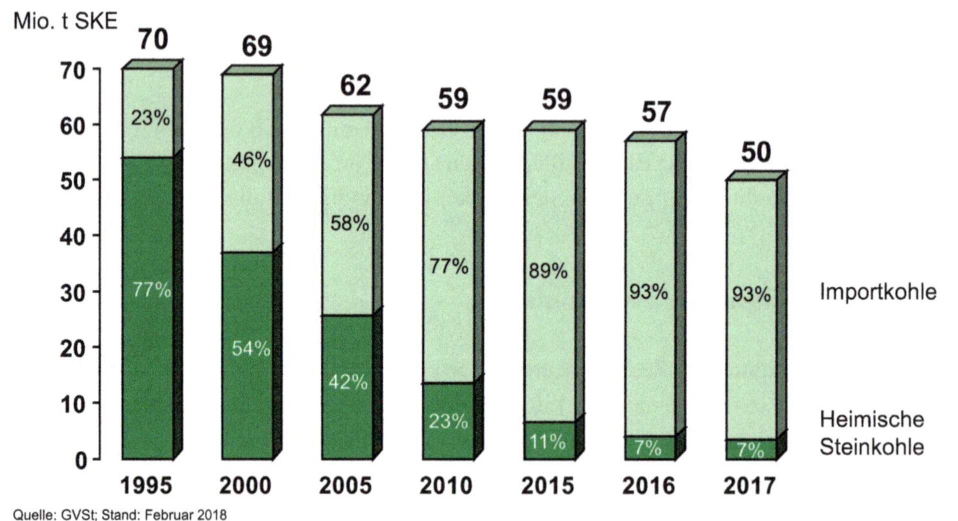

Abb. 2.20 Entwicklung der Marktanteile importierter und heimischer Steinkohle in Deutschland

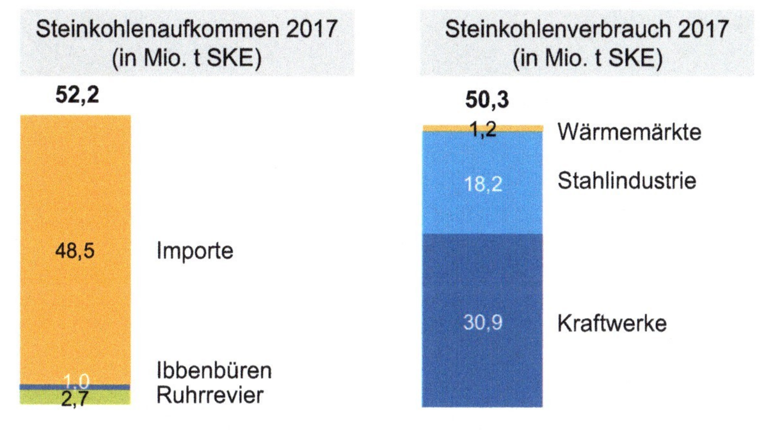

Abb. 2.21 Steinkohlenaufkommen und Steinkohlenverbrauch in Deutschland 2017

Koks beliefen sich auf 0,52 Mio. t. Auf dem in- und ausländischen Wärmemarkt wurden 0,23 Mio. t deutscher Steinkohle abgesetzt.

2.3.7 Politische Flankierung der deutschen Steinkohle bis 1996

In den Hauptabsatzbereichen der Steinkohle, der Elektrizitätswirtschaft und der Stahlindustrie, waren die Lieferbeziehungen zu den Abnehmern in der Vergangenheit durch – staatlich flankierte – umfassende Vertragswerke geregelt.

2.3.7.1 Inländische Steinkohle in der Elektrizitätswirtschaft

Die Lieferbeziehungen zwischen dem deutschen Steinkohlenbergbau und der westdeutschen Elektrizitätswirtschaft waren im Zeitraum 1980 bis 1995 durch den sogenannten Jahrhundertvertrag geregelt. Der „Jahrhundertvertrag“ bestand aus zwei getrennten und auch unterschiedlich konzipierten Verbändevereinbarungen:

- der „Ergänzungsvereinbarung über den Absatz deutscher Steinkohle bis 1995“ zwischen VDEW (Vereinigung Deutscher Elektrizitätswerke) und GVSt (Gesamtverband des deutschen Steinkohlenbergbaus) vom 23. April 1980.
- der „Ergänzungsvereinbarung über den Absatz deutscher Steinkohle an die industrielle Kraftwirtschaft bis 1995“ zwischen VIK (Verband der Industriellen Energie- und Kraftwirtschaft) und GVSt vom 20. April 1980.

Tab. 2.35 Kennzahlen für den deutschen Steinkohlenbergbau 2016 und 2017

	Einheit	2016	2017
Förderung nach Revieren			
Ruhr	1000 t v. F.	2543	2664
Ibbenbüren	1000 t v. F.	1306	1005
Zusammen	1000 t v. F.	3849	3669
Insgesamt*	1000 t	4078	3836
Kokserzeugung			
Hüttenkokereien	1000 t	9387	k. A.
Leistung verwertbarer Förderung je Mann und Schicht unter Tage	kg	6645	8809
Lagerbestände			
Steinkohlen	1000 t	2300	1588
Zahl der Abbaubetriebspunkte	Anzahl	4	4
Fördertägliche Förderung je Abbaubetriebspunkt	t	3510	3348
Fördertägliche Förderung je Bergwerk	t	7637	7367
Mittlere Flözmächtigkeit (Abbau)	cm	226	189
Mittlere Gewinnungsteufe	m	1261	1281
Belegschaft insgesamt (zum 31.12.)			
Ruhr	Anzahl	5831	4517
Saar	Anzahl	174	139
Ibbenbüren	Anzahl	1475	1055
Summe**	**Anzahl**	**7480**	**5711**
Mitarbeiter unter Tage (zum 31.12.)			
Ruhr	Anzahl	2243	1644
Saar	Anzahl	77	64
Ibbenbüren	Anzahl	680	477
Summe (ohne Kleinzechen)	Anzahl	3000	2185

t v. F. = Tonnen verwertbare Förderung. Umrechnung der absatzfähigen Gewichtstonnen, bei denen Qualitätsunterschiede nicht berücksichtigt werden (t = t), unter Berücksichtigung der Ballastgehalte (Wasser und Asche)

* Dies entsprach im Jahr 2017 einer Förderung von 3,7 Mio. t SKE gegenüber 3,9 Mio. t SKE im Jahr 2016

** Beschäftigte insgesamt (ohne Mitarbeiter in Transferkurzarbeit und Qualifizierungsmaßnahmen zum 31.12.2017): 4807

Quelle: Statistik der Kohlenwirtschaft e. V.

Die Ergänzungsvereinbarungen von 1980 stellen die Fortsetzung von im Jahr 1977 getroffenen Vereinbarungen dar. Darin wurden Steinkohlenbezüge der Elektrizitätswirtschaft, aufgeteilt in jeweils drei Jahrfünfte (1981–1985, 1986–1990 und 1991–1995), vereinbart.

Dieses Vertragswerk sah bei Abschluss für den 15-Jahreszeitraum 1981 bis 1995 konjunkturunabhängig die Abnahme von insgesamt 631 Mio. t SKE deutscher Steinkohle durch die deutsche Elektrizitätswirtschaft vor. Davon sollten 504 Mio. t SKE auf die Elektrizitätsversorgungsunternehmen (EVU) entfallen.

127 Mio. t SKE sollten von den industriellen Eigenerzeugern und der Deutschen Bundesbahn abgenommen werden. Diese Verpflichtung beinhaltete – bei einer für das Jahr 1981 vorgesehenen Absatzmenge von 37 Mio. t SKE (davon 29 Mio. t SKE EVU und 8 Mio. t SKE Industrie und Deutsche Bundesbahn) – für die einzelnen Fünfjahresabschnitte des Vertragszeitraums deutlich steigende Abnahmemengen und zwar:

- von 1981 bis 1985: 191 Mio. t SKE (davon 151 Mio. t SKE für die EVU),
- von 1986 bis 1990: 215 Mio. t SKE (davon 173 Mio. t SKE für die EVU),
- von 1991 bis 1995: 225 Mio. t SKE (davon 180 Mio. t SKE für die EVU).

Zusätzlich zu diesen unabhängig von der konjunkturellen Entwicklung fest vereinbarten Abnahmemengen enthielt der 15-Jahresvertrag – in Abhängigkeit von der Entwicklung des Stromverbrauchs in den Jahren 1981 bis 1985 – Anpassungsklauseln, die für die 1991 bis 1995 gültige Abnahmeverpflichtung der EVU Wirkung entfalten sollten. Diese konjunkturabhängige Komponente für den letzten Fünfjahreszeitraum der Vertragslaufzeit war wie folgt ausgestaltet:

- Sofern die jahresdurchschnittliche Stromverbrauchszuwachsrate im ersten Jahrfünft 1981 bis 1985 nicht größer als 3 % ausfällt, sollte die Abnahmeverpflichtung der EVU 1991 bis 1995 konstant bei dem für das Jahr 1990 vorgesehenen Wert von 36 Mio. t SKE jährlich und damit die Gesamtverpflichtung der deutschen Elektrizitätswirtschaft bei 45 Mio. t SKE jährlich bleiben.
- Liegt die jahresdurchschnittliche Stromverbrauchszuwachsrate 1981 bis 1985 zwischen 3 und 5 %, so sollten zusätzlich – falls dies für alle EVU gelten sollte – 7,5 Mio. t SKE (also 1,5 Mio. t SKE jahresdurchschnittlich) an deutscher Steinkohle von den EVU abgenommen werden.
- Erreicht die jahresdurchschnittliche Stromverbrauchszuwachsrate 1981 bis 1985 Werte über 5 %, so sollte die Verpflichtung in den Jahren 1991 bis 1995 um bis zu 15 Mio. t SKE (also 3 Mio. t SKE jahresdurchschnittlich) über die konjunkturunabhängige Menge hinaus steigen.

Maßgebend war in diesem Zusammenhang die Zuwachsrate des einzelnen EVU. Das bedeutet, dass ein einzelnes EVU auch dann anteilsmäßig Mehrmengen abnehmen sollte, wenn die gesamte Stromverbrauchszuwachsrate 3 % zwar nicht erreicht, in seinem Netz dieser Grenzwert jedoch überschritten wird.

Diese Vereinbarung war zum Jahresende 1989 angepasst worden und sah seitdem vor, dass bis zum Ende der Laufzeit dieses Vertrages am 31. Dezember 1995 durchschnittlich 40,9 Mio. t SKE pro Jahr inländische Steinkohle an die Kraftwerke der Stromversorger, der industriellen Eigenerzeuger von Elektrizität und der Deutschen Bahn abgesetzt werden sollen.

Die EU-Kommission hatte am 22. Dezember 1992 eine wettbewerbsrechtliche Genehmigung für den Jahrhundertvertrag bis Ende 1995 mit den politisch vereinbarten Jahresmengen von 40,9 Mio. t SKE erteilt. In den zwischen Bundesregierung und EU-Kommission hierzu geführten Verhandlungen war Einvernehmen über eine Fördermenge deutscher Kraftwerkskohle für das Jahr 1995 von 37,5 Mio. t SKE erzielt worden. Die Differenz zur Jahrhundertvertragsmenge von 40,9 Mio. t SKE konnte nach einer mit der EU-Kommission getroffenen Vereinbarung z. B. von der Halde genommen werden.

In der Kohlerunde am 11. November 1991 hatten sich die Bundesregierung, die Regierungen der Länder Nordrhein-Westfalen und Saarland, die Unternehmen des Steinkohlenbergbaus, die Industriegewerkschaft Bergbau und Energie (IGBE) sowie VDEW und VIK darauf verständigt, den subventionierten Absatz an deutscher Steinkohle in der Verstromung auf 38 Mio. t SKE im Jahr 1996 und auf 35 Mio. t SKE pro Jahr im Zeitraum 1997 bis 2005 zurückzuführen. Die deutsche Elektrizitätswirtschaft hatte ihre Zustimmung zu dieser Verstromungsmenge davon abhängig gemacht, dass sie die deutsche Steinkohle zu Weltmarktpreisen beziehen kann und das Finanzierungssystem keine spezielle Belastung der Stromverbraucher enthält.

Bis Ende 1995 hatte die Elektrizitätswirtschaft einen Teil der Mehrkosten, die sich aus der Abnahme deutscher Steinkohle ergaben, selbst zu tragen. So stellte sich die Bezuschussung des Einsatzes deutscher Steinkohle in Kraftwerken nach der zum 1. Januar 1990 in Kraft getretenen Neufassung des Dritten Verstromungsgesetzes wie folgt dar [12]:

- Für den jährlichen Einsatz von rund 22,6 Mio. t SKE deutscher Steinkohle (Grundmenge) wurde ein sogenannter Ölausgleich gewährt. Dieser Ölausgleich berücksichtigte die Wärmepreisdifferenz zwischen deutscher Steinkohle und schwerem Heizöl sowie die sonstigen Betriebsmehrkosten eines Steinkohlenkraftwerkes gegenüber einem vergleichbaren Ölkraftwerk (vgl. § 3 der Neufassung des Dritten Verstromungsgesetzes). Die Ansprüche für den Ölausgleich beliefen sich 1995 auf 2,3 Mrd. €.
- Für den jährlichen Einsatz von rund 11,3 Mio. t SKE deutscher Steinkohle (Zusatzmenge) erfolgte ein Mehrkostenausgleich gegenüber dem Einsatz von Importkohle. Gemäß § 5 Abs. 1 der Neufassung des Dritten Verstromungsgesetzes wurde der Zuschuss grundsätzlich nach Maßgabe des Unterschiedbetrages je t SKE zwischen dem Preis der Zusatzmenge frei Kraftwerk und dem um 3 € erhöhten durchschnittlichen Preis für Importkohle (Drittlandskohle) frei Grenze bemessen. Dabei war die Zuschusshöhe aber nach oben hin begrenzt. So konnte gemäß § 5 Abs. 2 der Neufassung des Dritten Verstromungsgesetzes die Zuschusshöhe pro t SKE des Jahres 1980 für die Zusatzmenge auch bei Vergrößerung der Preisschere zwischen deutscher Steinkohle und Importkohle

Tab. 2.36 Finanzielle Maßnahmen im Bereich des deutschen Steinkohlenbergbaus 1973 bis 1996

Hilfen 1973 bis 1984	**1973**	**1974**	**1975**	**1976**	**1977**	**1978**	**1979**	**1980**	**1981**	**1982**	**1983**	**1984**
	Millionen EUR											
Insgesamt	747,4	958,2	944,6	1316,3	1724,4	2571,7	3288,7	2985,9	2776,7	2255,0	2480,9	2726,3
Differenziert nach Art der Hilfen 1985 bis 1996	**1985**	**1986**	**1987**	**1988**	**1989**	**1990**	**1991**	**1992**	**1993**	**1994**	**1995**	**1996**
	Millionen EUR											
Verstromungshilfen*	963,9	1509,0	2647,1	2330,7	2724,4	2741,4	2542,3	2806,2	2541,1	3104,1	2959,0	3834,7
Kokskohlenbeihilfe	736,1	1031,5	1691,5	1750,9	2120,0	1905,3	1757,2	1733,3	1632,4	1407,8	1265,6	1298,3
Sonstige Hilfen**	675,0	638,4	660,4	668,4	674,0	671,0	863,2	806,9	780,3	668,7	540,4	516,0
Insgesamt	2375,0	3178,9	4990,0	4750,0	5518,4	5317,7	5162,7	5346,4	4953,8	5180,6	4765,0	5649,0

Durchgängig umgerechnet von DM in EUR mit 1,95583 DM/EUR

* bis 1995 ohne Selbstbehalt der Elektrizitätswirtschaft von zuletzt – geschätzt – rund 1,5 Mrd. €/Jahr

** u. a. Revierausgleich niederflüchtige Kohle, Investitionshilfe, Stilllegungsprämie, Erblasten, Anpassungsgeld und -hilfen, Steinkohlebevorratung, Zuschüsse, Schuldbuchforderung und Tilgungsraten RAG, Zuschüsse und Umstrukturierung EBV, Bergmannsprämie und Zuschüsse zur Kohleforschung

Quelle: Bundes- und Landeshaushaltsrechnungen und -pläne

Tab. 2.37 Übersicht über den Bezug und den Einsatz deutscher Steinkohle in der Kraftwirtschaft der alten Bundesländer 1978 bis 1995

Jahr	Bezug	Einsatz
	Mio. t SKE	
1978	32	32
1979	34	34
1980	35	34
1981	36	36
1982	38	36
1983	40	40
1984	40	40
1985	39	37
1986	39	39
1987	41	41
1988	38	39
1989	39	39
1990	39	40
1991	40	40
1992	41	40
1993	41	42
1994	41	40
1995	39	40

Quelle: Deutscher Bundestag, Drucksache 13/6700 vom 27.12. 1996, Anlage 1

nicht überschritten werden. Im Bundesdurchschnitt betrug der Höchstbetrag 59 € je t SKE. 1995 hatten die Ansprüche aus der Zusatzmenge 0,7 Mrd. € betragen.

- Die über die Grund- und Zusatzmenge hinausgehenden Mengen deutscher Steinkohle von 6,2 Mio. t SKE (Neumenge) wurden grundsätzlich nicht bezuschusst. Vielmehr erhielten die Elektrizitätsversorgungsunternehmen für diese sogenannten Neumengen Anrechtscheine für Importkohle im Verhältnis 1:1 deutsche Steinkohle zu Importkohle.

Zusätzlich zu der Bezuschussung der Grund- und Zusatzmenge bestanden sonstige finanzielle Ansprüche aus der Verstromung deutscher Steinkohle. Das gesamte Zuschussvolumen für den Einsatz deutscher Steinkohle in Kraftwerken hatte 1995 rund 3,0 Mrd. € betragen [13].

Die Finanzierung der Zuschüsse, die den Einsatz deutscher Steinkohle im Elektrizitätsbereich ermöglichten, erfolgte bis Ende 1995 durch ein unselbständiges Sondervermögen des Bundes, den „Ausgleichsfonds zur Sicherung des Steinkohleneinsatzes." Die Mittel des Sondervermögens wurden durch eine Abgabe, den sogenannten Kohlepfennig, aufgebracht. Schuldner dieser Ausgleichsabgabe waren die Elektrizitätsversorgungsunternehmen, die Strom an Endverbraucher liefern, sowie Eigenerzeuger von Elektrizität, deren Erzeugungsanlagen insgesamt eine Nennleistung von mehr als 1 MW aufweisen.

Tab. 2.38 Entwicklung des Ausgleichsfonds nach dem Dritten Verstromungsgesetz in der Bundesrepublik Deutschland (alte Länder) 1990 bis 1995

	1990	1991	1992	1993	1994	1995
	Millionen EUR					
Einnahmen						
Ausgleichsabgabe	2825,9	2733,3	2796,3	2631,2	3019,6	3110,2
Verwaltungs- und Zinseinnahmen	12,1	35,7	14,3	17,6	20,1	26,7
Kreditaufnahme	–	–	113,0	24,0	169,7	–
Übertrag aus dem Vorjahr	10,1	2,7	−7,9	1,9	2,8	5,1
Gesamteinnahmen	**2848,0**	**2771,7**	**2915,6**	**2674,8**	**3212,3**	**3141,9**
Ausgaben						
Ölausgleich	2161,5	1796,9	2095,2	1827,6	2447,5	2293,5
Drittlandskohlenausgleich	427,0	673,1	668,1	675,0	647,3	656,0
Minderpreisverträge	32,9	3,4	•	2,2	–	–
Stromtransportkosten	15,1	16,2	22,1	25,2	1,8	–
Revierausgleich	32,0	12,6	9,3	2,8	2,8	0,1
Verstromungsreserve	23,8	16,1	0,2	–	–	–
Kraftwerksneubauten	29,5	6,7	•	–	–	–
Kraftwerksumrüstungen	19,7	17,4	11,2	8,3	4,7	9,4
Sonstiges	–	–	–	–	–	•
Zuschüsse an Kraftwerke	2741,4	2542,3	2806,1	2541,1	3104,2	2959,0
Zinsen	65,2	70,7	77,5	73,4	67,4	140,7
Tilgung	–	131,4	–	–	–	–
Verwaltung	3,1	3,6	3,9	4,3	4,0	4,4
Erstattete Ausgleichsabgabe	35,6	31,6	26,2	53,2	31,6	35,1
Sonstiges	–	–	–	–	–	0,1
Gesamtausgaben	**2845,3**	**2779,6**	**2913,6**	**2672,0**	**3207,2**	**3139,2**
Überschuss/Fehlbetrag	**+2,7**	**−7,9**	**+2,0**	**+2,8**	**+5,1**	**+2,7**

Durchgängig umgerechnet von DM in EUR mit 1,95583 DM/EUR

Quelle: Bundestags-Drucksache 12/4063 vom 5. Januar 1993, 12/6533 vom 3. Januar 1994, 13/169 vom 4. Januar 1995 und 13/6700 vom 27. Dezember 1996

Erhoben wurde die Ausgleichsabgabe in Form eines Prozentsatzes auf die Stromerlöse der EVU bzw. – bei Eigenerzeugern – auf den Wert der im eigenen Unternehmen erzeugten und verbrauchten Elektrizität. Der Abgabensatz, der nur in den alten Bundesländern erhoben worden war, betrug 1995 dort im Durchschnitt 8,5 %. Der konkrete Abgabensatz für die einzelnen Bundesländer wurde nach einer im Dritten Verstromungsgesetz verankerten Rechenformel ermittelt. Mit der auf diese Weise in die Abgabenerhebung integrierten regionalen Komponente sollte gewährleistet werden, dass Stromverbraucher in Bundesländern mit überdurchschnittlich hohen Preisen je Kilowattstunde mit einem

Tab. 2.39 Finanzierungshilfen zugunsten deutscher Steinkohle für Verstromung, Kokskohle und künftige Stilllegungen von 1997 bis 2005

	1997	1998	1999	2000	2001	2002	2003	2004	2005	Summe 1997–2005
	Mrd. Euro									
Bundesmittel	4,12	3,96[4)]	3,73[4)]	3,58	3,22	2,91	2,56	2,25	1,94	28,27
Bund für Saar[1)]	0	0,10	0,10	0,10	0,10	0,10	0,10	0,10	0,10	0,82
Bund	0	0,15[5)]	0,15[5)]	0,15[5)]	0,08[6)]	0,08[6)]	0,08[6)]	0,08[6)]	0,08[6)]	0,85
Bergbau[2)]	0	0	0	0	0,10	0,10	0,10	0,10	0,10	0,51
NRW	0,44	0,51	0,51	0,51	0,51	0,51	0,51	0,51	0,51	4,53
NRW zusätzlich	0	0	0	0	0,08[6)]	0,08[6)]	0,08[6)]	0,08[6)]	0,08[6)]	0,38
Saarland[3)]	0	0	0	0	0	0	0	0	0	0
Hilfen insgesamt	4,56	4,73	4,50	4,35	4,09	3,78	3,43	3,12	2,81	35,36

Durchgängig umgerechnet von DM in EUR mit 1,95583 DM/EUR

[1)] Verpflichtungsermächtigung, Voraussetzung: Saarland überträgt seinen 26 %-Saarbergwerke AG-Anteil an die Ruhrkohle AG.

[2)] Zu erbringen aus Gewinnen des „weißen Bereichs" der Ruhrkohle AG. Garantie durch Bund und NRW je zur Hälfte.

[3)] Die Finanzplanung des Saarlandes sieht keine Hilfen für Absatz und künftige Stilllegungen vor.

[4)] Hierin enthalten Überhänge bei der Kokskohle aus Plafond 1995 bis 1997.

[5)] Verpflichtungsermächtigung. Voraussetzung: Ruhrkohle AG übernimmt den 74 %-Anteil des Bundes an Saarbergwerke AG.

[6)] Verzinsliche Verpflichtungsermächtigungen, zu zahlen ab 2006.

Quelle: Presse- und Informationsamt der Bundesregierung, Pressemitteilung Nr. 80/97 vom 13. März 1997

Ausgleichsatz belastet werden, der unter dem festgesetzten durchschnittlichen Prozentsatz liegt, und umgekehrt.

Die 1995 aus dem Kohlepfennig erzielten Einnahmen beliefen sich auf rund 3 Mrd. €. Damit wurden der Elektrizitätswirtschaft allerdings nicht, wie dargelegt, die gesamten Mehrkosten, die ihr aus dem Einsatz deutscher Steinkohle entstanden, ausgeglichen; vielmehr verblieb bei der Elektrizitätswirtschaft ein sogenannter Selbstbehalt. Dieser Selbstbehalt, der sich 1995 auf insgesamt rund 1,5 Mrd. € belief (davon 1,3 Mrd. € bei der öffentlichen Elektrizitätsversorgung und 0,2 Mrd. € bei der industriellen Kraftwirtschaft), war letztlich – ebenso wie der Kohlepfennig – über den Strompreis vom Stromverbraucher zu tragen.

Mit dem sogenannten Energie-Artikelgesetz vom 19. Juli 1994 waren die Finanzierungsvorgaben zum Einsatz deutscher Steinkohle in der Elektrizitätswirtschaft ab 1996 geändert worden. Entscheidende Punkte dieses Gesetzes sind gewesen [14]: Die Zuschüsse werden den Bergbauunternehmen (bisher: Elektrizitätswirtschaft) zur Verfügung gestellt; sie sollten damit in die Lage versetzt werden, zum Einsatz in Kraftwerken bestimmte deutsche Steinkohle zu wettbewerbsfähigen Bedingungen anzubieten. Ferner wurden, anders als bis 1995, Finanzplafonds bereitgestellt, die für 1996 auf maximal 3,8 Mrd. € und für die Jahre 1997 bis 2000 auf 3,6 Mrd. €/Jahr begrenzt wurden. Für den Zeitraum 2001 bis 2005 sah das Gesetz eine weitere Rückführung der Finanzplafonds vor, ohne allerdings konkrete Zuschussbeträge zu nennen.

Nach dem Energie-Artikelgesetz vom 19. Juli 1994 sollte 1996 das System des Kohlepfennigs, dessen Ausgestaltung durch ein Viertes Verstromungsgesetz erfolgte, zunächst als Finanzierungsinstrument noch fortgesetzt werden.

Mit seinem am 8. Dezember 1994 veröffentlichten Beschluss vom 11. Oktober 1994 hatte das Bundesverfassungsgericht den „Kohlepfennig" für verfassungswidrig erklärt. Die beanstandeten Vorschriften durften nach dem Ausspruch des Gerichts längstens noch bis zum 31. Dezember 1995 angewendet werden. Des Weiteren hatte die Pressestelle des Bundesverfassungsgerichts in einer am 8. Dezember 1994 veröffentlichten Verlautbarung u. a. erklärt [15]: „Der Kohlepfennig belastet die inländischen Stromverbraucher, die lediglich ein gemeinsames Interesse an einer Stromversorgung kennzeichnet, das heute so allgemein ist wie das Interesse am täglichen Brot. Der Kreis der Stromverbraucher ist nahezu konturenlos und geht in der Allgemeinheit der Steuerzahler auf. Diese Verbraucher trifft keine besondere Verantwortlichkeit für die Finanzierung der Kohleverstromung. Die Sicherstellung der Strom- oder Energieversorgung ist ein Interesse der Allgemeinheit, das nicht durch eine Sonderabgabe finanziert werden darf."

Das im Rahmen des sogenannten Energie-Artikelgesetzes vom 19.07.1994 verabschiedete Gesetz zur Steinkohleverstromung im Jahr 1996 (Viertes Verstromungsgesetz) war durch den Beschluss des Bundesverfassungsgerichts zwar nicht unmittelbar berührt, denn es wurden nur die Regelungen des Dritten Verstromungsgesetzes für verfassungswidrig erklärt. Nach der Entscheidungsbegründung wäre der nach dem Vierten Verstromungsgesetz für 1996 noch vorgesehene Kohlepfennig jedoch ebenfalls nicht als Sonderabgabe zu rechtfertigen gewesen. So hatte das Bundesverfassungsgericht in der genannten Verlautbarung festgestellt: „Fällt eine Finanzaufgabe nicht in die besondere Verantwortung einer bestimmten Gruppe, so muss sie von der Allgemeinheit, d. h. aus Steuererträgen finanziert werden." Auf der Grundlage des Beschlusses des Bundesverfassungsgerichts hätte sich somit jeder Betroffene auf die Verfassungswidrigkeit der nach dem Vierten Verstromungsgesetz für 1996 vorgesehenen Verstromungsabgabe berufen können.

Als Konsequenz wurde gemäß dem „Gesetz zur Umstellung der Steinkohleverstromung ab 1996" vom 12. Dezember 1995 u. a. das Vierte Verstromungsgesetz aufgehoben. Artikel 5 des Gesetzes zur Umstellung der Steinkohleverstromung ab 1996 (Fünftes Verstromungsgesetz) regelt, dass den Bergbauunternehmen für die Jahre 1996 bis 2005 aus Mitteln des Bundeshaushalts jährliche Finanzplafonds zur Verfügung gestellt werden, um ihnen den Absatz deutscher Steinkohle zur Verstromung zu ermöglichen. Den einzelnen Bergbauunternehmen wurde danach eingeräumt, für das jeweilige Kalenderjahr bewilligte, aber nicht in Anspruch genommene Mittel noch im folgenden Kalenderjahr zweckentsprechend zu verwenden, und zwar im Jahr 1997 bis zu 20 % des dem jeweiligen Unternehmen für 1996 bewilligten Finanzplafonds, in den Jahren 1998 und 1999 jeweils bis zu 15 % des jeweils für das Vorjahr bewilligten Finanzplafonds sowie in den Jahren 2000 und 2001 jeweils bis zu 10 % des jeweils für das Vorjahr bewilligten Finanzplafonds. Im Übrigen sah das Gesetz eine Rückzahlung der im Kalenderjahr nicht für den Steinkohlenabsatz an Kraftwerke verwendeten Mittel von den Bergbauunternehmen zum Abrechnungszeitpunkt vor. Zuwendungsbescheide waren für 1996 in Höhe von 3,8 Mrd. € sowie für die Jahre 1997 und 1998 in Höhe von jeweils 3,6 Mrd. € erteilt worden.

Ferner waren nach Artikel 2 des Gesetzes zur Umstellung der Steinkohlenverstromung ab 1996 die im Dritten Verstromungsgesetz enthaltenen Genehmigungspflichten für die Errichtung und den Betrieb von Gaskraftwerken entfallen.

2.3.7.2 Inländische Steinkohle in der Stahlindustrie

Die zweite Säule des Steinkohlenabsatzes in Deutschland ist die Stahlindustrie. Für diesen Absatzbereich hatte zwischen den beteiligten Wirtschaftskreisen im Zeitraum 1969 bis 1988 mit dem Hüttenvertrag eine Regelung bestanden, die eine Deckung des Kokskohlenbedarfs der westdeutschen Stahlindustrie mit deutscher Steinkohle vorsah. Nach diesem Bedarfsdeckungsvertrag war die zwischen deutscher Kokskohle und Importkohle entstehende Preisdifferenz – abgesehen von einem Selbstbehalt des Bergbaus – durch staatliche Zuschüsse ausgeglichen worden.

Für den Zeitraum 1989 bis 2000 war eine Anschlussregelung getroffen worden. Allerdings war die bis zum Jahr 1997 erteilte Genehmigung für den Hüttenvertrag durch die EU-Kommission nicht verlängert worden. Der Hüttenvertrag war damit schwebend unwirksam. Die Stahlindustrie schloss daraufhin bilaterale Bezugsverträge mit der RAG ab.

Für die Bezuschussung des Kokskohlenbedarfs waren im Zeitraum 1989 bis 1997 insgesamt drei Finanzplafonds für jeweils drei Jahre vorgesehen worden. Diese Plafonds beliefen sich auf 5,8 Mrd. € (11,3 Mrd. DM) für 1989 bis 1991, auf 4,65 Mrd. € (9,1 Mrd. DM) für 1992 bis 1994 und auf 4,1 Mrd. € (8,1 Mrd. DM) für 1995 bis 1997. Dabei sahen die Regelungen für den Zeitraum 1992 bis 1997 im Einzelnen wie folgt aus:

Für die notwendige Bezuschussung im Dreijahreszeitraum 1992 bis 1994 stellten die Bundesregierung 3,32 Mrd. € (6,5 Mrd. DM) und die Landesregierung Nordrhein-Westfalen 1,33 Mrd. € (2,6 Mrd. DM) bereit. Der deutsche Steinkohlenbergbau hatte 1991 damit gerechnet, auf dieser Basis in den Jahren 1992 bis 1994 eine Menge von insgesamt rd. 57 Mio. t (19 Mio. t/Jahr) an die Hütten zu liefern. Angesichts der Stahlkrise in den Jahren 1992 und 1993 konnten die Absatzerwartungen des deutschen Steinkohlenbergbaus allerdings nicht realisiert werden.

Über die Bezuschussung der 1995 bis 1997 im Stahlbereich eingesetzten deutschen Steinkohle hatten sich die Bundesregierung sowie die Regierungen von Nordrhein-Westfalen und Saarland Ende März 1995 wie folgt verständigt [16]:

„Der Bund wird für den Zeitraum 1995 bis 1997 einen Finanzierungsanteil von 60 % übernehmen – statt der ursprünglich vorgesehenen Absenkung des Finanzierungsanteils von bisher 2/3 auf 50 %. Die Beihilfe ist dazu bestimmt, die Differenz zwischen den Produktionskosten der Ruhrkohle bzw. der Saarbergwerke und dem tatsächlichen Wettbewerbspreis im Plafondszeitraum zu vermindern.

Für den Bereich der Ruhrkohle sind die Zuwendungen des Bundes im Zeitraum 1995 bis 1997 auf insgesamt 4401 Mio. DM (2250 Mio. €) begrenzt. Das Land Nordrhein-Westfalen wird sich mit 2700 Mio. DM (1380 Mio. €) an der Finanzierung beteiligen.

Für den Bereich der Saarbergwerke sind die Zuwendungen des Bundes auf 609 Mio. DM (311 Mio. €) begrenzt. Mit dem Saarland ist im Hinblick auf die Gesellschafterverantwortung von Bund und Land bei dem Unternehmen Saarbergwerke eine Eigentümerlösung für einen weiteren Betrag von 355 Mio. DM (182 Mio. €) verabredet worden. (Der Bund hielt zu diesem Zeitpunkt ein Aktienpaket von 74 % an den Saarbergwerken, das Saarland von 26 %.) Das Saarland wird sich in den nächsten drei Jahren entsprechend seinem Eigentümeranteil an der Finanzierung dieses Betrages beteiligen.

Bund und Revierländer erwarten, dass die Bergbauunternehmen mit den zur Verfügung gestellten Mitteln auskommen und die anstehenden Aufgaben bewältigen. Für den Fall, dass sich schwerwiegende Probleme auf dem Weltmarkt ergeben, erklären Bund und Länder ihre Bereitschaft zu neuen Gesprächen."

Am 30. Juni 1995 hatte das Bundesministerium für Wirtschaft den Bergbauunternehmen Ruhrkohle AG und Saarbergwerke AG „die Zuwendungsbescheide für die Kokskohlenbeihilfe in den Jahren 1995 bis 1997 mit einem Gesamtvolumen von rd. 7,7 Mrd. DM (3,9 Mrd. €) erteilt. Die Ruhrkohle AG erhält einen Dreijahresplafond über insgesamt 7,1 Mrd. DM (3,6 Mrd. €), an dem sich der Bund mit 4,4 Mrd. DM (2,2 Mrd. €) und das Land Nordrhein-Westfalen mit 2,7 Mrd. DM (1,4 Mrd. €) beteiligt. Den Saarbergwerken stellt der Bund einen Plafond von 609 Mio. DM (311 Mio. €) zur Verfügung" [17]. Einschließlich des Betrages, der den Saarbergwerken im Rahmen der Eigentümerlösung gewährt wird, beliefen sich die gesamten Kokskohlebeihilfen von 1995 bis 1997 auf rd. 4,12 Mrd. € (8,06 Mrd. DM).

Diese Regelungen endeten zusagegemäß 1997. Seit dem 01.01.1998 besteht nur noch ein gemeinsamer Finanzplafond zur Bezuschussung des Absatzes von Kokskohle und von Kesselkohle aus inländischer Förderung. Die Beendigung des Hüttenvertrages 1997 ließ seitdem die Zahl der im Besitz des Steinkohlenbergbaus befindlichen Kokereien um drei auf schließlich nur noch eine Anlage (Kokerei Prosper in Bottrop) schrumpfen. Auch diese ist inzwischen veräußert worden (zum 01.07.2011 an das Stahlunternehmen ArcelorMittal Deutschland).

2.3.7.3 Inländische Steinkohle im Wärmemarkt

Innerhalb des Wärmemarktes bestanden keine spezifischen Zuschussregelungen zu Gunsten der deutschen Steinkohle. Hier musste die deutsche Steinkohle auch bereits in der Vergangenheit mit einer Vielzahl anderer Energieträger konkurrieren. Angesichts des Preisrückgangs, der während der letzten Jahre des Betrachtungszeitraums für die wichtigsten Konkurrenzenergien Importkohle, Heizöl und Erdgas zu verzeichnen war, hatte sich die Wettbewerbsfähigkeit der deutschen Steinkohle kontinuierlich verschlechtert. Drastische

Absatzeinbußen waren die Folge. Lediglich in Nischenbereichen des Wärmemarktes ist eine Verwendung für energetisch hochwertige Anthrazitkohlen geblieben.

2.3.8 Neuregelung der Finanzierung deutscher Steinkohle bis 2005

Am 13. März 1997 hatte sich die Bundesregierung mit dem Bergbau sowie der Industriegewerkschaft Bergbau und Energie zur weiteren Unterstützung der Steinkohle auf einen bis zum Jahr 2005 reichenden Finanzrahmen verständigt. Nach diesem Finanzrahmen, der auch mit den Regierungen der Bergbauländer Nordrhein-Westfalen und Saarland abgesprochen worden war, werden die staatlichen Absatzhilfen (Bund und Länder) von 5,3 Mrd. € (rund 10,6 Mrd. DM) im Jahr 1996 schrittweise auf 2,7 Mrd. € (5,3 Mrd. DM) im Jahr 2005 in etwa halbiert.

Wesentliche Elemente waren dabei [18]:

- Die Finanzierungshilfen des Bundes für Verstromung, Kokskohle und künftige Stilllegungen werden ab 1998 in einem Plafond zusammengefasst.
- Die Gewährung eines Teils der Hilfen des Bundes, die durch Zuschüsse aus dem Haushalt des Landes Nordrhein-Westfalen ergänzt werden, ist an die Bedingung gekoppelt, dass die Ruhrkohle AG die Beteiligung der Bundesrepublik Deutschland an der Saarbergwerke AG übernimmt und das Saarland seine Beteiligung an der Saarbergwerke AG an die Ruhrkohle AG veräußert. Dahinter steht die Absicht, dass – bei Einbeziehung auch der Ibbenbürener Zeche – der gesamte Steinkohlenbergbau in Deutschland künftig nur noch von einem rein privaten Unternehmen, der Deutsche Steinkohle AG, betrieben wird, das eine Anpassung „aus einer Hand" vornehmen kann.

Nach der Entscheidung bestand damit für den Zeitraum 1997 bis 2005 ein Finanzrahmen für die deutsche Steinkohle von 35,36 Mrd. €. Davon hatten die Bundesregierung 29,94 Mrd. €, das Land Nordrhein-Westfalen 4,91 Mrd. € und die Ruhrkohle AG, die ab dem Jahr 2001 aus ihren Gewinnen aus Nicht-Bergbauaktivitäten jährlich 0,1 Mrd. € als eigene Unterstützungsleistung erbringt, 0,5 Mrd. € zu tragen.

Mit dem am 1. Januar 1998 in Kraft getretenen Gesetz zur Neuordnung der Steinkohlesubventionierung waren die kohlepolitischen Beschlüsse vom 13. März 1997 umgesetzt worden. Das Gesetz, nach dem Finanzierungshilfen für den Einsatz deutscher Steinkohle in Kraftwerken sowie zur Stahlerzeugung im Hochofenprozess und zur Deckung von Aufwendungen des Bergbaus in Folge dauerhafter Stilllegung von Zechen geleistet werden, sah u. a. folgende Regelungen vor:

- Artikel 1 ordnete die Steinkohlensubventionen umfassend neu. Neben der Änderung der Bezeichnung des Fünften Verstromungsgesetzes vom 12. Dezember 1995 in „Gesetz über Hilfen für den deutschen Steinkohlenbergbau bis zum Jahr 2005 (Steinkohlebeihilfengesetz)" werden die §§ 1 bis 3 neu gefasst: Danach wird als Zweck des Gesetzes genannt, einen angemessenen Beitrag zum Absatz deutscher Steinkohle für den

Einsatz in Kraftwerken, zur Stahlerzeugung in Hochöfen im Geltungsbereich dieses Gesetzes und zur Deckung von Stilllegungsaufwendungen der Bergbauunternehmen in Folge dauerhafter Kapazitätsrücknahmen zu leisten. Die aus Mitteln des Bundeshaushalts für die Jahre 1998 bis 2005 zur Verfügung gestellten Finanzplafonds werden aufgelistet. Die Aufteilung der jährlichen Finanzplafonds auf die einzelnen Bergbauunternehmen legt das Bundeswirtschaftsministerium nach Anhörung der Bergbauunternehmen fest. Die Gewährung der Zuschüsse soll auf der Grundlage von zeitgerechten Bewilligungsbescheiden durch das Bundesamt für Wirtschaft erfolgen. Ferner wird u. a. geregelt, dass der durchschnittliche Subventionssatz pro t SKE für die abgesetzten Mengen „den Unterschiedsbetrag zwischen den durchschnittlichen Produktionskosten des jeweiligen Bergbauunternehmens und dem Preis für Drittlandskohle nicht übersteigen" darf. Als Folge der Erweiterung des Verwendungszwecks der Finanzplafonds auf den Absatz von Koks und Kokskohle an die Stahlindustrie werden die im 5. Verstromungsgesetz verankerten Auskunfts- und Meldepflichten ergänzt.
- Gemäß Artikel 2 wird das Gesetz zur Sicherung des Einsatzes von Steinkohle in der Verstromung in den Jahren 1996 bis 2005 vom 19. Juli 1994 aufgehoben.
- Ferner wurde – gemäß Artikel 3 – das Gesetz zur Sicherung des Steinkohleneinsatzes in der Elektrizitätswirtschaft vom 5. September 1966 aufgehoben.
- Schließlich erfolgte gemäß Artikel 4 eine Änderung des Dritten Verstromungsgesetzes vom 19. April 1990 u. a. dahingehend, dass die Vorschriften zur Beschränkung der Errichtung von Ölkraftwerken und des Einsatzes von Öl in Kraftwerken aufgehoben werden.
- Artikel 5 regelte das Inkrafttreten des Gesetzes zum 1. Januar 1998.

Die kontinuierliche Kürzung der Finanzhilfen sollte zu einem Rückgang der Förderkapazität auf rund 26 Mio. t bei gleichzeitiger Verringerung der Anzahl der Bergwerke auf neun Anlagen sowie zu einem Abbau der Belegschaft auf rund 36.000 Mitarbeiter bis 2005 führen. Bereits 1997 begannen RAG und DSK mit der Umsetzung der Kohlevereinbarungen durch Zusammenführung der Bergwerke Ewald und Hugo. Weitere Schritte waren die Bildung der Verbundbergwerke Lippe und Ost 1998. Außerdem war die Stilllegung der Bergwerke Westfalen und Göttelborn/Reden für das Jahr 2000 sowie des Bergwerks Ewald/Hugo für 2002 beschlossen worden. Angesichts der stark gesunkenen Weltmarktpreise wurde die ursprünglich für das Jahr 2002 vorgesehene Stilllegung der Zeche Ewald/Hugo auf den 30. April 2000 vorgezogen [19].

Die Anpassung der Förderkapazität verbunden mit einer Reduzierung der Zahl der Bergwerke wurde bereits früher, als ursprünglich angestrebt, erreicht.

2.3.9 Anpassungsprozess 2006 bis 2016

Am 15. Juli 2003 hatten sich die Bundesregierung, das Bundesland Nordrhein-Westfalen, die Industriegewerkschaft Bergbau, Chemie, Energie sowie der RAG-Konzern darauf verständigt, die Steinkohlenförderung ab 2006 weiter abzusenken und bis 2012 einen Fördersockel deutscher Steinkohle von 16 Mio. t anzustreben. Das bedeutete, dass die Kapazität gegenüber der planmäßigen Förderung von 26 Mio. t im Jahr 2005 um rund 40 % abzubauen war.

Am 10. November 2003 hatten sich der Bundeskanzler, der Bundesminister für Wirtschaft und Arbeit sowie der Bundesminister der Finanzen auf öffentliche finanzielle Hilfen von insgesamt 15,87 Mrd. € im Zeitraum 2006 bis 2012 verständigt. Danach hatte die RAG AG in den genannten sieben Jahren einen Eigenbeitrag von 1,13 Mrd. € zu leisten. Die Finanzhilfen für den Steinkohlenabsatz sowie zur Deckung der Aufwendungen für Stilllegungen und Altlasten wurden von insgesamt rund 2,5 Mrd. € im Jahr 2005 schrittweise auf zirka 1,8 Mrd. € im Jahr 2012 abgesenkt.

Im Dezember 2004 hatte der deutsche Steinkohlenbergbau von der Bundesregierung und von der Landesregierung Nordrhein-Westfalen Zuwendungsbescheide für den Zeitraum 2006 bis 2008 erhalten. Bund und Land Nordrhein-Westfalen hatten für die drei Jahre insgesamt bis zu 7319 Mio. € zu zahlen, davon das Land bis zu 1620 Mio. €; die RAG musste in diesem Zeitraum einen Eigenbeitrag von 450 Mio. € leisten. Mit der Erteilung der Zuwendungsbescheide war die kohlepolitische Umsetzung für die ersten drei Jahre des Anpassungsprozesses erfolgt.

Auf Basis der politischen Vereinbarungen hatten die Unternehmensaufsichtsräte am 18. Mai 2004 beschlossen, dass nach dem Förderstandort Warndt/Luisenthal (Saar) zum 1. Januar 2006 und dem Bergwerk Lohberg/Osterfeld (Ruhr) zum 31. März 2006 auch die Bergwerke Walsum zum 1. Januar 2009 und Lippe (beide Ruhr) zum 1. Januar 2010 stillgelegt werden. Gemäß Stilllegungsbeschluss des Aufsichtsrates der DSK vom 15.12.2005, der die Stilllegung des Bergwerks Walsum zum 1. Juli 2008 beinhaltete, wurde die untertägige Förderung dieses Bergwerks im Juni 2008 beendet. Für das Bergwerk Lippe wurde mit Beschluss des RAG-Aufsichtsrats aus Frühjahr 2008 eine vorgezogene Fördereinstellung für Dezember 2008 festgelegt.

Nach erfolgter Stilllegung der Bergwerke Ost zum 30. September 2010 sowie der Bergwerke Saar zum 30.6. und West zum 31.12.2012 befanden sich in Deutschland seit Jahresbeginn 2013 noch drei Schachtanlagen in Betrieb. Dies sind das Bergwerk Ibbenbüren sowie die beiden im Ruhrrevier gelegenen Bergwerke Prosper-Haniel und – bis zur Stilllegung am 1. Januar 2016 – Auguste Victoria.

Die gesamten zugunsten des deutschen Steinkohlenbergbaus gewährten Subventionen beliefen sich seit 1960, dem Beginn der Bezuschussung der deutschen Steinkohle, bis 2014 auf etwa 140 Mrd. €. Davon entfallen rund 130 Mrd. € auf den Zeitraum 1960 bis 2007. Diese Zahl schließt die über den damaligen Kohlepfennig finanzierten Verstromungshilfen ein. Nach den kohlepolitischen Beschlüssen von 2007 (und unter Berücksichtigung erlösabhängiger Kürzungen aufgrund höherer Weltmarktpreise) sind im Zeitraum 2008 bis 2012 rund 8,2 Mrd. € hinzugekommen. Gemäß der politischen Beschlusslage sind außerdem für den Zeitraum 2013 bis 2018 weitere 8,4 Mrd. € (davon 1,8 Mrd. € im Jahr 2013) an staatlichen Beihilfen vorgesehen worden. Zu berücksichtigen ist, dass nicht alle Steinkohlesubventionen Betriebs- bzw. Absatzhilfen darstellen, sondern ein erheblicher Teil – im Zeitraum 2013 bis 2018 werden es sogar rund 60 % sein – Beihilfen zur Deckung von Altlasten und von Stilllegungsaufwendungen waren bzw. sind.

2.3.10 Auslaufbergbau bis 2018

Im Frühjahr 2007 verständigten sich die Bundesregierung, die Länder NRW und Saarland sowie die IG Bergbau, Chemie, Energie und die RAG Aktiengesellschaft auf ein sozialverträgliches Auslaufen des subventionierten deutschen Steinkohlenbergbaus zum Jahr 2018. Die Eckpunkte dieser Verständigung beinhalteten den weiterhin sozial verträglichen Abbau der Belegschaft sowie eine so genannte Revisionsklausel, nach der eine Überprüfung des Auslaufbeschlusses im Jahr 2012 durch den Bundestag unter Beachtung von Aspekten der Wirtschaftlichkeit, der Sicherung der Energieversorgung und weiterer energiepolitischer Ziele erfolgen sollte.

Das Inkrafttreten des Steinkohlefinanzierungsgesetzes am 28. Dezember 2007 sowie die parallel dazu wirksam gewordene „Rahmenvereinbarung über die sozialverträgliche Beendigung des subventionierten Steinkohlenbergbaus in Deutschland zwischen Bund, NRW, Saarland und RAG“ und ein damit verknüpftes Vertragswerk bildeten und bilden die Grundlage für die Umsetzung dieser Verständigung. Regelungsgegenstände sind der geordnete Auslauf der subventionierten Steinkohleförderung bis 2018, der sozialverträgliche Anpassungsprozess sowie die Revisionsklausel, nach der die Bundesregierung dem Bundestag bis zum 30. Juni 2012 einen Bericht zuzuleiten hätte, auf dessen Grundlage die weitere Förderung des Steinkohlenbergbaus durch den Bundestag geprüft werden sollte.

In dem Gesetz sind ferner insbesondere die Finanzplafonds des Bundes zur Finanzierung des Absatzes heimischer Steinkohle in Kraftwerken und an die Stahlindustrie bis zum Jahr 2018 sowie von Aufwendungen infolge dauerhafter Stilllegungen festgelegt. Dabei gilt weiterhin die Orientierung am Preis für Drittlandskohle für den jeweiligen Absatzbereich.

Zur Finanzierung der so genannten Ewigkeitslasten des Steinkohlenbergbaus, zu denen Maßnahmen der Grubenwasserhaltung, Poldermaßnahmen, Abwicklung und/oder Beseitigung von Dauerbergschäden gehören, die nach der Einstellung des subventionierten Steinkohlebergbaus durchgeführt werden müssen, wurde die RAG-Stiftung gegründet. Die Stiftung nutzt, wie durch die kohlepolitische Verständigung in 2007 ebenfalls festgelegt, die Erlöse aus der Verwertung des ehemaligen RAG-Beteiligungsbereiches (jetzt verselbständigt zur EVONIK Industries AG) und deren Erträge zur Finanzierung der vorgenannten Aufgaben. Darüber hinaus soll die RAG-Stiftung den Anpassungsprozess im Steinkohlenbergbau bis 2018 unternehmerisch überwachen sowie Bildung, Wissenschaft und Kultur fördern, soweit das im Zusammenhang mit dem Steinkohlenbergbau steht. Endliche „Altlasten“, wie etwa Sanierungsmaßnahmen oder die Regulierung von Bergschäden, werden (auch) nach 2018 aus den gebildeten Rückstellungen des Unternehmens RAG finanziert.

2.3.11 Beihilferegelung in der Europäischen Union

Subventionen waren nach dem 1952 geschlossenen Vertrag der Europäischen Gemeinschaft für Kohle und Stahl (EGKS) grundsätzlich verboten. Die Gewährung von Beihilfen setzt deshalb den Erlass einer Ausnahmeregelung voraus. Bereits seit Mitte der 1960er Jahre sind entsprechende Ausnahmeregelungen von Art. 4 c EGKS-Vertrag erlassen worden. Mit der Entscheidung Nr. 3632/93 EGKS hatte die Europäische Kommission am 28.12.1993 letztmalig im EGKS-Rahmen den Rahmen für die Gewährung staatlicher Beihilfen zu Gunsten des Steinkohlenbergbaus in den Mitgliedsländern der Gemeinschaft für den Zeitraum 1. Januar 1994 bis zum Auslaufen des EGKS-Vertrages am 23. Juli 2002 vorgegeben.

Die im Amtsblatt L 329 veröffentlichte Ausnahmeregelung vom grundsätzlichen Subventionsverbot knüpfte die Genehmigung von Beihilfen alternativ an folgende Voraussetzungen:

- Erzielung weiterer Fortschritte in Richtung auf die Wirtschaftlichkeit der Förderung,
- Lösung sozialer und regionaler Probleme als Folge von Stilllegungen bzw.
- Erleichterung der Anpassung des Kohlebergbaus an Umweltschutznormen.

Die Beihilfeentscheidung folgte dem Grundsatz der Degression von Produktions- und Förderkosten sowie von Subventionen. Grundsätzlich sind – unter Einhaltung im Einzelnen spezifizierter Anforderungen – fünf Kategorien von Beihilfen zugelassen. So muss als Voraussetzung für die Gewährung von Betriebsbeihilfen ein Modernisierungs-, Rationalisierungs- und Umstrukturierungsplan vorgelegt werden, mit dem eine tendenzielle Senkung der Produktionskosten nachzuweisen ist. Beihilfen für die Rückführung der Fördertätigkeit sind an die Vorlage eines Stilllegungsplans für Zechen gebunden, deren Produktionskosten real nicht gesenkt werden können. Ferner können unter bestimmten Bedingungen Beihilfen für außergewöhnliche Belastungen (wie Altlasten und soziale Belastungen) gezahlt werden. Beihilfen für Forschung und Entwicklung sowie für Umweltschutz sind zulässig, soweit sie mit den hierzu einschlägigen Gemeinschaftsvorschriften in Einklang stehen. Die im Einzelnen festgelegten Kriterien richten sich insbesondere auf die Betriebsbeihilfen. So darf die Beihilfe je Tonne für kein Unternehmen bzw. für keine Produktionsstätte den Differenzbetrag zwischen den Produktionskosten und den voraussichtlichen Erlösen übersteigen. Ferner darf die je Tonne gewährte Betriebsbeihilfe der Kohle aus einem Mitgliedstaat der Europäischen Union keinen Preisvorteil gegenüber vergleichbarer Kohle aus Drittländern verschaffen, und der Wettbewerb zwischen den Kohleverbrauchern darf nicht verzerrt werden. Schließlich muss ein transparenter Ausweis der Beihilfen in der Gewinn- und Verlustrechnung der begünstigten Unternehmen erfolgen.

Die Europäische Kommission hatte am 10. Juni 1998 Beihilfen für den deutschen Steinkohlenbergbau für das Jahr 1997 in Höhe von 5,33 Mrd. ECU gebilligt. (Die europäische Währungseinheit ECU – European Currency Unit – war von 1979 bis 1998 die

Rechnungseinheit der Europäischen Gemeinschaft, später Europäischen Union und Vorläufer des Euro; der ECU wurde am 1. Januar 1999 im Umrechnungsverhältnis 1:1 durch den Euro ersetzt.) Am 2. Dezember 1998 hatte die Europäische Kommission die Kohlebeihilfe für 1998 in Höhe von 4,79 Mrd. ECU genehmigt. Mit Entscheidung der EU-Kommission vom 22. Dezember 1998 erfolgte die Billigung der Kohlehilfen für 1999 in Höhe von 4,70 Mrd. € [20]. Am 21. Dezember 2000 genehmigte die EU-Kommission die von Deutschland für die Jahre 2000 und 2001 angemeldeten Beihilfen für den Steinkohlenbergbau. Danach konnte der deutsche Steinkohlenbergbau staatliche Hilfen in Höhe von 4,69 Mrd. € für das Jahr 2000 und von 4,16 Mrd. € für das Jahr 2001 in Anspruch nehmen. Die Entscheidung der Kommission verlangte von der deutschen Regierung eine erhebliche Senkung der Betriebsbeihilfen im Vergleich zu 1999.

Im Einzelnen hatte die EU-Kommission folgende Beihilfemaßnahmen für die Jahre 2000 bzw. 2001 genehmigt:

- eine Betriebsbeihilfe gemäß Artikel 3 der Entscheidung Nr. 3632/93/EGKS in Höhe von 1967 Mio. € (2000) bzw. 1755 Mio. € (2001);
- eine Beihilfe für die Rücknahme der Fördertätigkeit gemäß Artikel 4 der genannten Entscheidung in Höhe von 1604 Mio. € (2000) bzw. 966 Mio. € (2001);
- eine Beihilfe für die Erhaltung der Untertagebelegschaft (Bergmannsprämie), die gemäß Artikel 3 der genannten Entscheidung notifiziert wurde, in Höhe von 36 Mio. € (2000) bzw. 34 Mio. € (2001);
- eine Beihilfe für außergewöhnliche Belastungen gemäß Artikel 5 der genannten Entscheidung in Höhe von 1086 Mio. € (2000) bzw. 1401 Mio. € (2001).

In den Folgejahren gingen die Beihilfegenehmigungen – wie von der Kommission gefordert – kontinuierlich weiter zurück: Für 2002 waren es noch 3,60 Mrd. €, für 2003 3,32 Mrd. € und für 2004 3,04 Mrd. €. Im Januar 2005 stimmte die Kommission einem Beihilfepaket für das Jahr 2005 in Höhe von 2,73 Mrd. € zu. Für 2006 wurden 2,52 Mrd. € und für 2007 2,50 Mrd. € genehmigt.

Seit Juli 2002, dem Ende der Geltungsdauer des EGKS-Vertrags, hat sich der europarechtliche Rahmen für die Steinkohlebeihilfen allerdings formal wesentlich geändert. Am 7. Juni 2002 hatte der Rat der EU-Energieminister die Verordnung über eine neue Gemeinschaftsregelung für staatliche Beihilfen für den Steinkohlenbergbau auf Basis von Art. 87 Absatz 3 Buchstabe e des EG-Vertrags beschlossen. Diese Verordnung Nr. 1407/2002 bildet bis Ende 2010 die Grundlage für Hilfen an die Bergbauunternehmen in der Europäischen Gemeinschaft. Laut Pressemitteilung des Bundesministers für Wirtschaft vom 7. Juni 2002 sieht die neue Regelung „Hilfen für die Produktion in Bergwerken, die spätestens bis Ende 2007 stillzulegen sind, sowie für die Förderung an den übrigen Standorten vor. Der Gesamtbetrag der Produktionshilfen muss sich degressiv gestalten. Für 2006 ist ein Bericht der EU-Kommission vorgesehen über die Erfahrungen mit der neuen Regelung und über die Restrukturierungsergebnisse. Auf Grundlage dieses Berichts kann die Kommission, wenn erforderlich, dem Rat Vorschläge für eine Anpassung der Verordnung für die Zeit von 2008 bis 2010 vorlegen." (Dieser Monitoring-Bericht wurde von der Kommission erst etwas verspätet im Jahr 2007 vorgelegt. Vorschläge zur Änderung der Verordnung hat er nicht enthalten.)

Die in Artikel 1 erklärten Ziele der geltenden Ratsverordnung sind, dass die im Rahmen der Vorschriften gewährten Beihilfen „Folgendem Rechnung (tragen):

- den mit der Umstrukturierung des Steinkohlenbergbaus verbundenen sozialen und regionalen Aspekten;
- der – als Vorbeugungsmaßnahme – notwendigen Beibehaltung eines Mindestumfangs heimischer Steinkohlenproduktion, damit der Zugang zu den Vorkommen gewährleistet bleibt."

Zu diesen Zwecken gestattet diese Verordnung grundsätzlich Beihilfen zur Rücknahme der Fördertätigkeit (Art. 4), Beihilfen für den Zugang zu den Steinkohlevorkommen (Art. 5), und zwar entweder als einmalige Beihilfen zur Deckung von Anfangsinvestitionsausgaben (Art. 5, Absatz 2) oder als Beihilfen für die laufende Produktion (Art. 5, Absatz 3) sowie Beihilfen bei außergewöhnlichen Belastungen (Art. 7), das heißt zur Deckung von Altlasten des stillgelegten oder stillzulegenden Steinkohlenbergbaus.

Im Juni 2005 genehmigte die EU-Kommission nach Maßgabe dieser Verordnung allerdings den Umstrukturierungsplan des Steinkohlenbergbaus in Deutschland bis einschließlich 2010, dem Ende der Laufzeit der gegenwärtigen europäischen Beihilfeverordnung. In den Jahren 2007 und 2008 wurde der Kommission von der Bundesregierung ein neuer Umstrukturierungsplan für den weiteren Anpassungsprozess beziehungsweise für den Fall, dass es nicht im Jahr 2012 zu einer Revision kommt, für den Auslaufprozess bis 2018 vorgelegt.

Am 17. Juni 2009 genehmigte die EU-Kommission den geänderten Umstrukturierungsplan für die Jahre 2008 bis 2010 sowie Beihilfen in Höhe von insgesamt 2490 Mio. € für das Jahr 2008 und 2292 Mio. € für das Jahr 2009. Am 18. Dezember 2009 genehmigte die Kommission sodann Beihilfen in Höhe von 2110 Mio. € für das Jahr 2010. Für die Zeit ab 2011 wurde eine neue Genehmigungs-Grundlage für die Kohlebeihilfen in der EU erforderlich, da die Geltungsdauer der seit 2002 maßgeblichen Ratsverordnung 1407/2002 am 31. Dezember 2010 endete.

Am 10. Dezember 2010 wurde im Wettbewerbsfähigkeitsrat eine neue EU-Steinkohlebeihilfenregelung beschlossen. Diese Regelung bildet die Grundlage für die von der EU-Kommission zu genehmigenden staatlichen Beihilfen für den Steinkohlenbergbau.

Nach dem zum 1. Januar 2011 in Kraft getretenen EU-Ratsbeschluss über staatliche Beihilfen zur Erleichterung der Stilllegung nicht wettbewerbsfähiger Steinkohlenbergwerke, der die Beendigung sämtlicher Beihilfen für den laufenden Betrieb im Steinkohlenbergbau der EU bis Ende 2018 vorsieht und der daraufhin im Juli 2011 auf nationaler Ebene parlamentarisch vorgenommenen Streichung der sogenannten Revisionsklausel im Steinkohlefinanzierungsgesetz ist der Auslauf des subventionierten Steinkohlenbergbaus in Deutschland indes zum Ende des Jahres 2018 unumkehrbar geworden. Auf der Grund-

Tab. 2.40 Für den deutschen Steinkohlenbergbau bereitzustellende Subventionen im Zeitraum 2014 bis 2019 (Höchstbeträge)

	2014	2015	2016	2017	2018	2019
	Mio. €					
Bund	1284,8	1332,0	1053,6	1020,3	939,5	794,4
Land NRW	363,8	171,4	170,9	161,2	151,5	220,6

Die RAG AG wird für diesen Zeitraum einen Eigenbeitrag in Höhe von 192 Mio. € leisten
Quelle: www.bmwi.de/DE/Themen/Energie/Konventionelle-Energietraeger/kohle.html

lage der dargelegten Regelungen und zwischenzeitlich ergangener Zuwendungsbescheide durch den Bund und das Land Nordrhein-Westfalen waren die bereitzustellenden Subventionen für den Zeitraum 2014 bis 2019 festgelegt worden (in Form von Höchstbeträgen).

Als Auslauftermin für die beiden letzten in Deutschland verbliebenen Steinkohlenbergwerke Prosper-Haniel in Bottrop und Ibbenbüren war der 31.12.2018 festgelegt worden. Dies steht im Einklang mit dem Anpassungs- und Auslaufprozess des deutschen Steinkohlenbergbaus gemäß den kohlepolitischen Vorgaben für die sozialverträglich gestaltete Beendigung der subventionierten Steinkohlenförderung. In der anschließenden Stillsetzungsphase von 2019 bis 2021 erfolgen Stilllegungsarbeiten auf den letzten Bergwerken sowie der abschließende sozialverträgliche Personalabbau. Dabei und auch danach ist die weiter fortbestehende RAG verantwortlich für den Nachbergbau. Dazu gehören Bergbau-Folgearbeiten (sogenannte Ewigkeitsaufgaben, insbesondere Grubenwasserhaltung), Bergschadensbewältigung sowie kulturelle und soziale Aufgaben. Ab 2022 beginnt die – zeitlich nicht eingrenzbare – „Nachbergbauphase" i. e. S., die ein neues Kapitel der deutschen Industriegeschichte aufschlägt.

2.4 Erdgas

Im europäischen Vergleich ist der deutsche Erdgasmarkt unter anderem durch die große Zahl von Anbietern auf allen Stufen der Wertschöpfungskette, die Abwesenheit von Marktschranken und eine starke Wettbewerbsausprägung gekennzeichnet.

2.4.1 Aufbau der Gaswirtschaft

In der Gaswirtschaft kann grundsätzlich zwischen folgenden Wertschöpfungsstufen unterschieden werden:

- Inländische Produktion und Import
- Großhandelsebene
- Transportnetz

- Speicherung
- Verteilnetz
- Vertrieb

Auf diesen Ebenen betätigen sich eine Vielzahl von Unternehmen unterschiedlicher Größe und Geschäftsausrichtung. Förder- und/oder Importgesellschaften gewinnen Erdgas aus Lagerstätten in Deutschland oder beschaffen Erdgas von ausländischen Lieferanten. Sie verkaufen dieses Erdgas an überregionale, regionale und lokale Gasunternehmen beziehungsweise an Endkunden. Im liberalisierten Erdgasmarkt verkaufen bzw. kaufen Unternehmen auf allen Marktstufen auch zunehmend Mengen an den liquiden Handelspunkten.

An der Erdgasförderung in Deutschland, die 2017 mit 5 % zum gesamten Gasaufkommen beitrug, sind rund zehn Unternehmen beteiligt. Auf die fünf größten Marktteilnehmer entfallen über 96 % der Fördermenge.

Der überwiegende Teil des Aufkommens an Erdgas stammt aus Importen. Während bis vor einigen Jahren sogenannte Ferngasgesellschaften, die auch über das Fernleitungsnetz verfügten, den Import von Erdgas – meist im Rahmen längerfristiger Verträge mit ausländischen Lieferanten – wahrgenommen hatten, erfolgt dies inzwischen durch in der Regel voneinander getrennte Unternehmen – den Großhandel bzw. die Fernleitungsnetzbetreiber. In Deutschland existieren 67 Gashandelsunternehmen und 16 Fernleitungsnetzbetreiber (Gesamtlänge des Fernleitungsnetzes: ca. 40.000 km).

Eine weitere Wertschöpfungskategorie stellen die Gasspeicherbetreiber dar.

Auf der Verteilnetzebene existieren in Deutschland etwa 730 Unternehmen unterschiedlicher Größe und Struktur, die Gasleitungen mit einer Gesamtlänge von rund 500.000 km betreiben.

Auch die Vertriebsstufe des deutschen Gasmarktes ist durch eine große Zahl von Anbietern gekennzeichnet. So verfügt Deutschland mit etwa 930 Gaslieferanten über den europaweit heterogensten Gasmarkt. Zugleich zeichnet sich der Gasvertrieb durch hohe Wettbewerbsintensität aus. In knapp 90 % der Netzgebiete können die Letztverbraucher aus einer Vielfalt von 50 und mehr Gaslieferanten auswählen, in über 46 % der Netzgebiete stehen sogar mehr als 100 Gaslieferanten zur Auswahl. In 9 % der Netzgebiete sind zwischen 21 und 50 Lieferanten aktiv. Nur noch in 2 % der Netzgebiete ist die Zahl der Gasanbieter zur Versorgung von Letztverbrauchern auf 1 bis 20 begrenzt (gemäß Daten über das Berichtsjahr 2016) [21].

Insgesamt betätigen sich mehr als tausend (eigenständige) Unternehmen auf dem deutschen Markt, die zum Teil auf mehreren Marktstufen Versorgungsaufgaben wahrnehmen. Die deutsche Gaswirtschaft ist somit durch eine arbeitsteilige und dezentrale Struktur gekennzeichnet.

Durch die Aufsplittung von früher vielfach integrierten Unternehmen in Handels-, Transport- und Speicher- beziehungsweise Verteilnetz- und Vertriebsgesellschaften hat sich die Anzahl der Gasversorgungsunternehmen im Gefolge der Marktliberalisierung erhöht.

Gasfluss

Von Import und Förderung zum Verbrauch

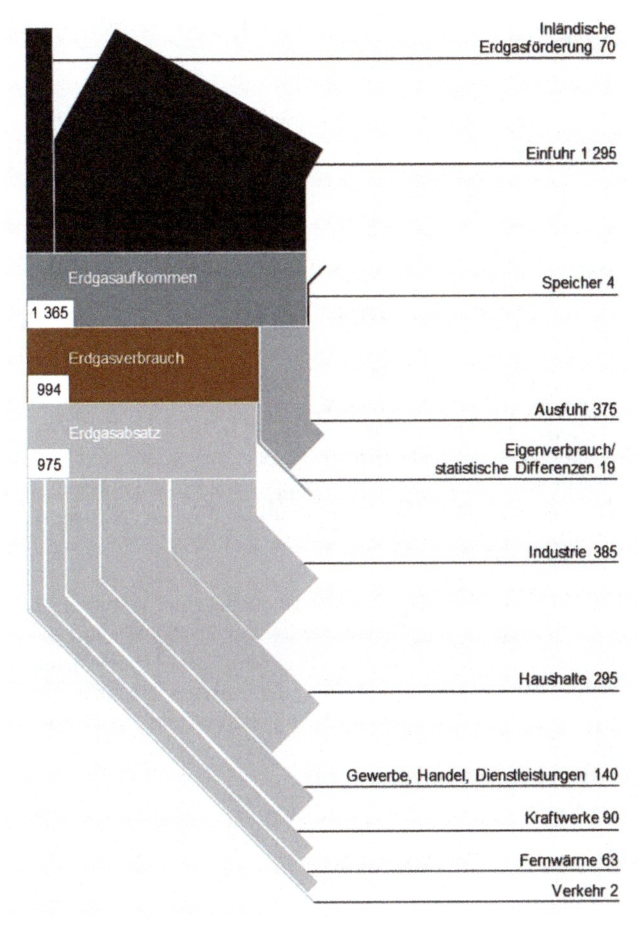

Quelle: BDEW, Stand 02/2018

Erdgasfluss 2017 (vorläufig) in Mrd. Kilowattstunden

2017 wurden zudem 9,3 Mrd. kWh auf Erdgasqualität aufbereitetes Biogas in das deutsche Erdgasnetz eingespeist.

Abb. 2.22 Gasfluss 2017

Tab. 2.41 Brennwerte und Heizwerte verschiedener Gase (Anhaltswerte)

Gasart	Einheit	Brennwert** (Hs) in kWh	Brennwert** (Hs) in kJ	Heizwert*** (Hi) in kWh	Heizwert*** (Hi) in kJ	SKE-Faktor (29.308 kJ/kg = 8,14 kWh/kg)
Kokereigas	m^3	5,5	19.800	4,88	17.570	0,6
Grubengas Klärgas	m^3	5,0	18.003	4,44	15.994	0,546
Hochofengas	m^3	1,16	4187	1,16	4187	0,143
Erdgas L*	m^3	9,769	35.169	8,816	31.736	1,083
Erdgas H*	m^3	11,485	41.346	10,374	37.346	1,274
Erdölgas	m^3	12,74	45.845	11,50	41.350	1,411
Flüssiggas	kg	13,86	49.877	12,75	45.887	1,566
Raffineriegas	kg	14,60	52.561	13,43	48.358	1,650

* Erdgas Low bzw. Erdgas High laut DVGW-Arbeitsblatt G 260
** Der Brennwert Hs (veraltet kalorischer Brennwert oder oberer Heizwert Ho) ist ein Maß für die spezifisch je Bemessungseinheit in einem Stoff enthaltene thermische Energie. Der Brennwert eines Brennstoffes gibt die chemisch gebundene Energie (Reaktionsenthalpie) an, die bei der Verbrennung und anschließender Abkühlung der Verbrennungsgase auf 25 °C sowie deren Kondensation freigesetzt wird
*** Der Heizwert Hi (früher unterer Heizwert Hu) ist die bei einer Verbrennung maximal nutzbare Wärmemenge, bei der es nicht zu einer Kondensation des im Abgas enthaltenen Wasserdampfes kommt, bezogen auf die Menge des eingesetzten Brennstoffs (im Unterschied zum Brennwert, der deshalb größer als der Heizwert ist). Der Heizwert, der umgangssprachlich unpräzise „Energiegehalt“ genannt wird, ist also das Maß für die spezifisch je Bemessungseinheit nutzbare Wärmemenge ohne Kondensationswärme
Quelle: 138. BDEW-Gasstatistik 2016, Berlin 2018

2.4.2 Produktions- und Importstufe

Das Brutto-Aufkommen an Erdgas von 1365,2 Mrd. kWh im Jahr 2017 setzte sich aus 70,5 Mrd. kWh inländischer Förderung und 1294,7 Mrd. kWh Einfuhren zusammen. Diese Werte entsprechen einer Importquote von 95 %.

Die in Deutschland 2017 realisierte Erdgasfördermenge von 70,5 Mrd. kWh wird weltweit von 43 Staaten übertroffen. In Westeuropa ist Deutschland das viertwichtigste Erdgasgewinnungsland nach Norwegen, Großbritannien und Niederlande – auch wenn die deutsche Förderung deutlich niedriger ist als in den drei genannten Ländern und gering im Vergleich zur deutschen Nachfrage. Die Förderung konzentriert sich vor allem auf Niedersachsen. Allerdings ist die Gasförderung in Deutschland stark rückläufig.

An der inländischen Erdgasgewinnung sind rund zehn Unternehmen mit sehr unterschiedlichem Gewicht beteiligt. Allein die größten dieser Fördergesellschaften – das sind Shell und ESSO als Anteilseigner der BEB Erdgas und Erdöl GmbH & Co. KG, Mobil Erdgas-Erdöl GmbH, DEA Deutsche Erdoel AG, Engie E&P Deutschland GmbH sowie

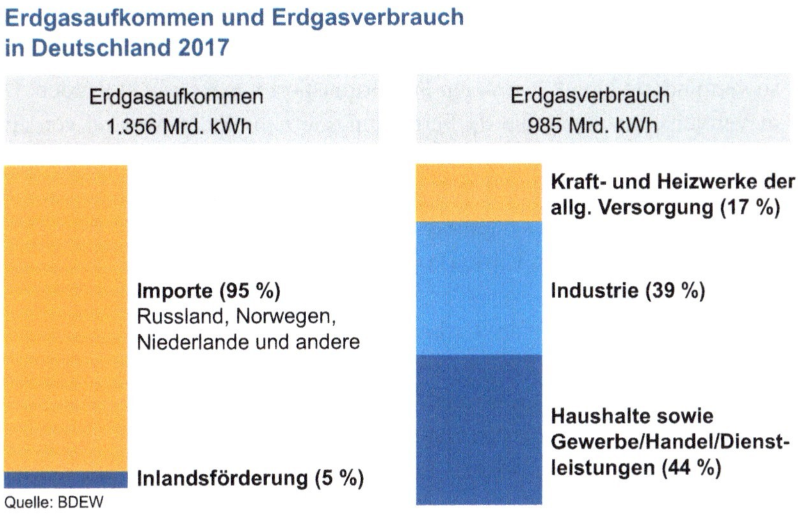

Abb. 2.23 Erdgasaufkommen und Erdgasverbrauch in Deutschland 2017

Wintershall Holding AG – vereinigten 2017 mehr als 96 % der Gesamtförderung an Erdgas auf sich. Im Frühjahr 2018 wurde ein Vertrag zum Zusammenschluss von Wintershall und DEA unterzeichnet. BASF, Anteilseigner der Wintershall, soll entsprechend den Werten der eingebrachten Explorations- und Produktionsgeschäfte zunächst 67 % und Letter One, Anteilseigner der DEA, 33 % der Anteile an der neuen Gesellschaft Wintershall/DEA halten. Für später ist ein Börsengang der fusionierten Unternehmen angedacht.

Der Bezug des Erdgases aus dem Ausland erfolgt überwiegend auf der Basis langfristiger Verträge zwischen den Lieferanten und den auf dem deutschen Markt tätigen Gasversorgungsunternehmen. Hauptlieferländer zur Versorgung des deutschen Marktes sind Russland, Norwegen und die Niederlande. Die bedeutendsten Vertragspartner der ausländischen Lieferanten – wie Gazprom, Equinor (zuvor Statoil) und GasTerra – sind Uniper Global Commodities, die 100prozentige Gazprom-Tochter WINGAS, VNG sowie RWE Supply & Trading. Die meisten Verträge mit Gazprom Export haben eine Laufzeit von mehr als 20 Jahren und reichen teilweise sogar über 2035 hinaus. Demgegenüber ist die Laufzeit der Verträge mit den Lieferanten aus Norwegen und den Niederlanden auf einen Zeithorizont von zehn bis 20 Jahre begrenzt.

In den vergangenen Jahren ist allerdings die Bedeutung der Termin-/Spotmärkte für die Gasbeschaffung stark gewachsen. Wesentliche Konsequenzen sind: Zum einen die Verkürzung der Vertragslaufzeiten und zum anderen der Wechsel hin zu Gasmarktindizierung und weg von Öl- bzw. anderen Konkurrenzenergieträger-Indizierungen.

Für die Überbrückung der teilweise großen Distanzen vom Bohrloch in den Lieferländern bis nach Deutschland werden Pipelines genutzt, in denen das Gas unter hohem Druck befördert wird. Die mittlere Transport-Geschwindigkeit des Gases in den Pipelines beträgt etwa 20 km/h. Von den sibirischen Förderstätten aus nach Deutschland ist das Erdgas über eine Woche unterwegs. Während des Gasflusses über längere Strecken fällt der Druck durch die Reibung der Gasmoleküle im Gasstrom selbst und an den Rohrwänden ab. Der so verminderte Druck muss zum Weitertransport wieder erhöht werden. Dies geschieht in Verdichterstationen, die im Fernleitungsnetz in einem Abstand von etwa 100 bis 400 Kilometern – als Ergebnis technisch/wirtschaftlicher Optimierungs-Rechnungen in der Planungsphase der Systeme – installiert sind. Einen Sonderfall im Offshore-Bereich stellt Nord Stream dar. Bei dieser Leitung beträgt die Entfernung zwischen der Kopfverdichterstation an der russischen Küste (Portovaya) und der nächsten Verdichterstation in Deutschland rund 1500 km.

Erdgas kann auch per Schiff in verflüssigter Form (Liquefied Natural Gas = LNG) bezogen werden. Für die Überbrückung großer Seestrecken steht eine ausgereifte Technik zur Verfügung. In Verflüssigungsanlagen in unmittelbarer Nähe der Verladehäfen wird Erdgas auf rund −160 °C abgekühlt. Dabei verflüssigt es sich und nimmt auf etwa ein Sechshundertstel des Normvolumens ab. Im Zielhafen des Importlandes wird es wieder in seinen gasförmigen Zustand zurückgeführt und in das Erdgasleitungssystem eingespeist.

LNG-Schiffe verbinden flexibel Gasangebot und -nachfrage und versorgen so die Hauptverbrauchsmärkte (Nord- und Südamerika, Europa und vor allem Ostasien) aus den weltweiten Gasvorkommen. Die zunächst erwarteten hohen LNG-Lieferungen in die USA wird es allerdings nicht geben, da der US-amerikanische Markt aufgrund großer Funde unkonventionellen Gases nahezu autark geworden ist. Mit LNG können saisonale Nachfragespitzen befriedigt sowie Märkte verknüpft werden. Mit der seit 2015/2016 erfolgten Aufnahme von US-LNG-Exporten wird ein immer stärker global vernetzter Handelsmarkt erwartet.

Gut ein Drittel des Welterdgashandels entfällt auf LNG, Größtes LNG-Exportland war 2017 Katar – gefolgt von Australien, Malaysia, Nigeria, Indonesien, USA, Algerien, Russland, Trinidad & Tobago, Papua Neuguinea und Oman. Wichtigstes LNG-Importland war 2017 Japan mit deutlichem Abstand vor China, Südkorea, Indien, Taiwan, Spanien, Türkei, Frankreich, Italien und Großbritannien.

In Deutschland gibt es bisher keinen LNG-Empfangsterminal. Eine Anbindung besteht aber über die Terminals in Zeebrügge und in Rotterdam. Zukünftig können auch in Frankreich angelandete LNG-Mengen für die Belieferung des deutschen Marktes ebenfalls eine Rolle spielen. LNG wird also die Erdgasversorgung deutscher Industriekunden und Haushalte ergänzen. Weitere Lieferländer, wie Staaten des Mittleren Ostens oder Nordafrikas, können durch die Wahrnehmung der Einfuhrmöglichkeiten von LNG für den deutschen Erdgasmarkt erschlossen werden. Auch in Zukunft ist die vollständige Deckung des Erdgasbedarfs in Deutschland oder der EU mit LNG aus Kapazitätsgründen nicht denkbar. Auf längere Sicht wird LNG aber eine wichtige Ergänzung zu Pipelinegas darstellen.

Entwicklung der inländischen Erdgasförderung
in Mrd. Kilowattstunden
175
150
125
100
75
50
25
0
166
151
141
124
116
105
96
91
83
77
71
2007
2008
2009
2010
2011
2012
2013
2014
2015
2016
2017*
* vorläufig
Quellen: Statistisches Bundesamt, BVEG, BDEW; Stand: 02/2018

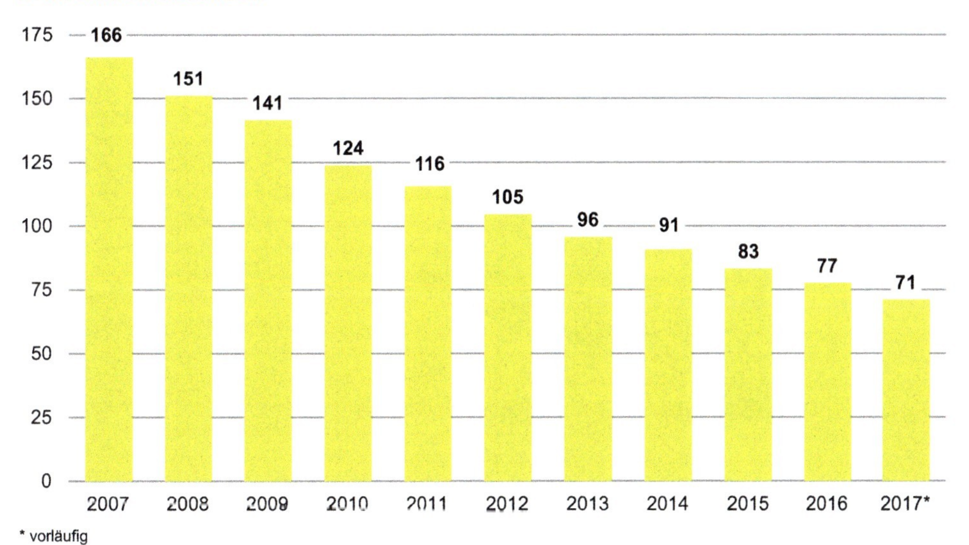

Abb. 2.24 Entwicklung der inländischen Erdgasförderung

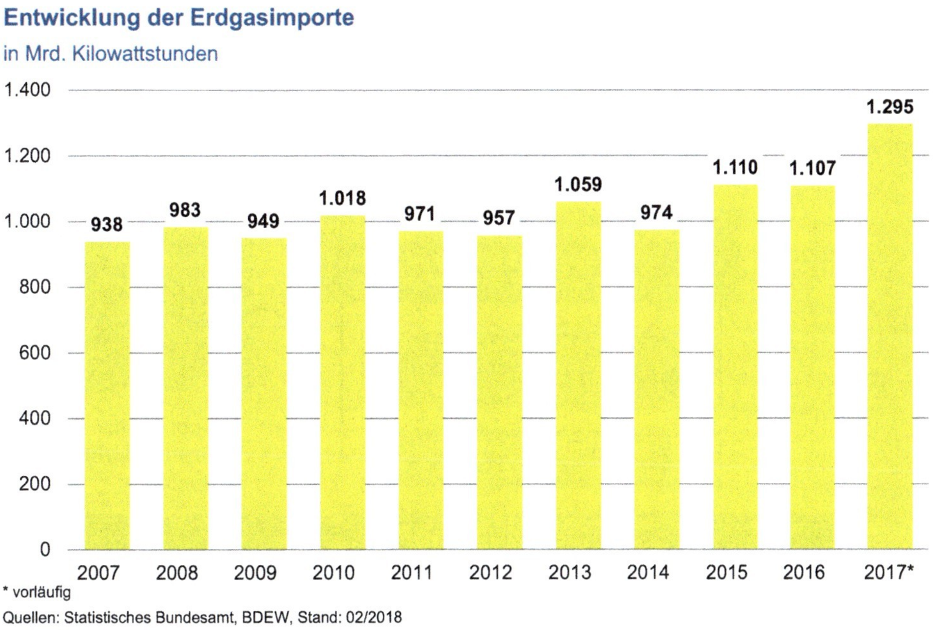

Entwicklung der Erdgasimporte
in Mrd. Kilowattstunden
1.400
1.200
1.000
800
600
400
200
0
938
983
949
1.018
971
957
1.059
974
1.110
1.107
1.295
2007
2008
2009
2010
2011
2012
2013
2014
2015
2016
2017*
* vorläufig
Quellen: Statistisches Bundesamt, BDEW, Stand: 02/2018

Abb. 2.25 Entwicklung der Erdgasimporte

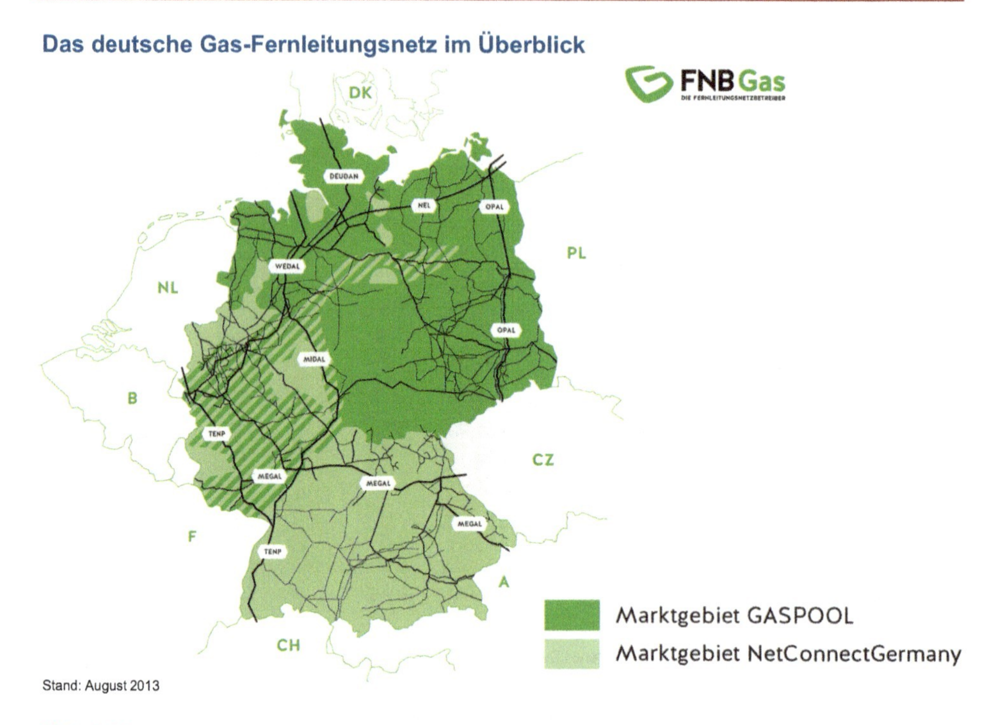

Abb. 2.26 Das deutsche Gas-Fernleitungsnetz im Überblick

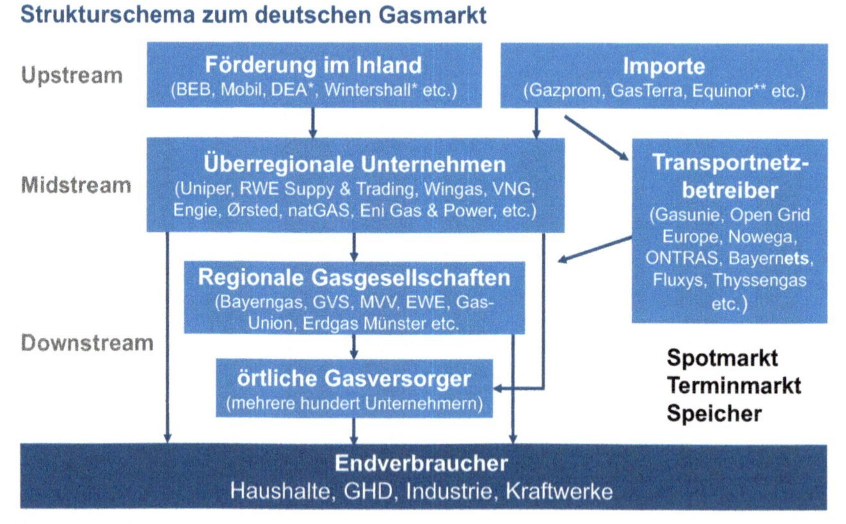

Abb. 2.27 Strukturschema zum deutschen Gasmarkt

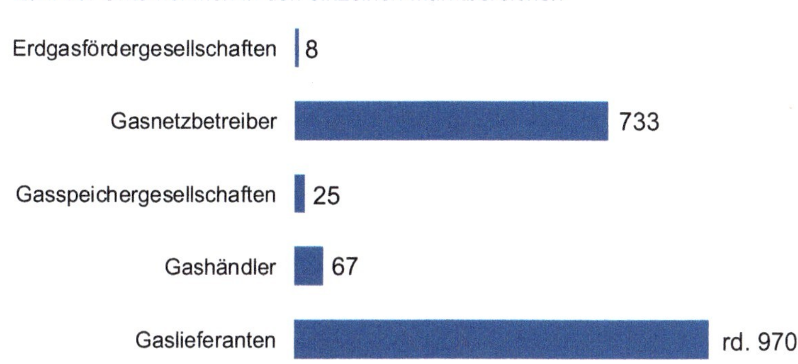

Abb. 2.28 Unternehmen der Gasversorgung nach Wertschöpfungsstufen

Tab. 2.42 Erdgasaufkommen und -verbrauch in Deutschland 1992 bis 2017

Jahr	Inländische Förderung	Importe	Aufkommen	Inlandsabsatz an Verbraucher	Eigenverbrauch, statistische Differenzen	Speichersaldo	Exporte	Erdgasverbrauch
	Mrd. kWh							
1992	173,5	587,7	761,2	708,5	24,5	−15,2	14,5	733,0
1995	186,8	715,0	901,8	835,6	30,2	−9,9	31,0	865,8
1998	194,3	762,9	957,2	906,4	20,5	8,8	46,6	926,9
2001	198,2	829,1	1027,3	940,3	21,2	19,0	84,8	961,5
2004	190,4	974,8	1165,2	961,7	33,9	−23,9	145,7	995,6
2007	166,2	937,9	1104,1	945,7	16,9	28,3	169,7	962,7
2010	123,8	1018,3	1142,1	966,0	−4,9	40,7	221,7	961,0
2013	95,7	1058,9	1154,6	925,5	−3,4	5,3	237,8	922,1
2016	77,4	1107,1	1184,5	926,6	9,7	1,6	249,8	936,3
2017	70,5	1294,7	1365,2	975,1	19,1	4,4	375,4	994,2

Quelle: BDEW – Stand April 2018; für 2017 vorläufige Zahlen

Tab. 2.43 Aufkommen und Verwendung von Erdgas in der Bundesrepublik Deutschland 2016 und 2017

		2016	2017*
		Mrd. kWh	
	Inlandsgewinnung	77,4	70,5
+	Einfuhr an Erdgas insgesamt	1107,1	1294,7
	Davon aus		
	Norwegen	31 %	*
	Niederlande	22 %	*
	Russland, Sonstige	41 %	*
=	Aufkommen	1184,5	1365,2
–	Ausfuhr	249,8	375,4
+	Speichersaldo***	+1,6	+4,4
–	Eigenverbrauch****	9,7	19,1
=	Erdgasabsatz im Inland	926,6	975,1
	Davon:		
	Haushalte und Kleinverbraucher	415,4	437,0
	Industrie (einschließl. Industriekraftwerke)	369,6	385,0
	Kraft- und Heizwerke der allgemeinen Versorgung	141,6	153,1
	Eigenverbrauch/stat. Differenzen	9,7	19,1
	Erdgasverbrauch im Inland*****	936,3	994,2

* vorläufig; die Aufteilung der Importe nach Herkunftsländern wird vom Statistischen Bundesamt nicht mehr veröffentlicht
*** Minus = Einspeisung
**** einschließlich statistische Differenzen
***** Erdgasabsatz zuzüglich Eigenverbrauch und statistische Differenzen
Quelle: Statistisches Bundesamt, BDEW, 4/2018

2.4.3 Großhandelsebene

„Liquide Großhandelsmärkte sind von zentraler Bedeutung für das Marktgeschehen entlang der gesamten Wertschöpfungskette im Erdgassektor, von der Erdgasbeschaffung bis zur Endkundenversorgung.

Je vielfältiger die Möglichkeiten der kurz- und langfristigen Gasbeschaffung auf Großhandelsebene sind, desto weniger sind Unternehmen darauf angewiesen, sich langfristig an einen einzigen Lieferanten zu binden. Die Optionen der Marktteilnehmer, aus einer Vielzahl von Handelspartnern auszuwählen und ein diversifiziertes Portfolio an kurz- und langfristigen Handelskontrakten zu halten, werden erweitert. Liquide Großhandelsmärkte erleichtern somit Markteintritte neuer Anbieter und fördern letztlich auch den Wettbewerb um Letztverbraucher. Das Bundeskartellamt geht von einem bundesweiten Erdgasgroßhandelsmarkt aus und grenzt diesen nicht mehr netzbezogen oder marktgebietsbezogen ab“ [21].

Tab. 2.44 Erdgasförderung in Deutschland nach konsortialer Beteiligung 2017

Gesellschaft	2017	
	m³	%
5P Energy GmbH	20.858.463	0,29
BEB Erdgas und Erdöl GmbH & Co. KG	2.934.891.454	40,46
DEA Deutsche Erdoel AG	1.289.588.848	17,78
Deutz Erdgas GmbH	23.699.853	0,33
Engie E&P Deutschland GmbH	493.419.923	6,80
H. v. Rautenkranz Internat. Tiefbohr – ITAG	2.739.603	0,04
Mobil Erdgas-Erdöl GmbH	1.743.886.695	24,04
Rhein Petroleum GmbH	19.134	0,00
Von Rautenkranz E&P GmbH & Co. KG	12.938.915	0,18
Vermilion Energy Germany GmbH & Co. KG	197.881.600	2,73
Wintershall Holding AG	532.044.916	7,34
Sonstige	408.507	0,01
Insgesamt	7.252.377.910	100,00

* 9,7692 kWh/m³

Quelle: Bundesverband Erdgas, Erdöl- und Geoenergie e. V. (BVEG), Statistischer Bericht 2017, Hannover 2018, S. 9

Bilateraler Großhandel „Der ganz überwiegende Teil des Großhandels mit Erdgas wird bilateral, d. h. außerbörslich ‚over-the-counter' (OTC) abgewickelt. Der bilaterale Handel bietet den Vorteil, dass er flexibel durchgeführt werden kann, d. h. insbesondere ohne zwingenden Rückgriff auf einen begrenzten Kanon von Kontrakten" [21].

Der bilaterale Erdgashandel erfolgt über die virtuellen Handelspunkte (VHP) der deutschen Marktgebiete. „Ein Marktgebiet ist der virtuelle Zusammenschluss der Fernleitungsnetze und nachgelagerter Verteilernetze zu einer einzigen Bilanzierungszone. Marktgebiete sind damit vergleichbar mit Handelszonen. Sie vereinfachen den Handel mit Gas. Innerhalb eines Marktgebietes können Transportkunden flexibel Ein- und Ausspeiseverträge abschließen und die entsprechend gebuchten Kapazitäten nutzen" [23]. Es erfolgt im Rahmen der geschlossenen Verträge kein individueller physischer Transport der kontrahierten Gasmengen; vielmehr findet die Abwicklung überwiegend über die jeweiligen virtuellen Handelspunkte eines Marktgebiets statt. Dieser virtuelle Handelspunkt ist lediglich eine vertragliche Konstruktion. Hier werden virtuell Gasmengen von einem Transportkunden an einen anderen übergeben, zum Beispiel von einem Lieferanten an ein im Vertrieb tätiges Unternehmen. Ein- und Ausspeisemengen pro Tag müssen für jeden Transportkunden übereinstimmen. Dazu werden entsprechende Ein- und Ausspeisemengen zu Bilanzkreisen zusammengeführt. Diese Bilanzkreise werden durch die Betreiber der Marktgebiete GASPOOL Balancing Services GmbH (GASPOOL) und NetConnect Germany GmbH & Co. KG (NCG) geführt. Verantwortlich für den Bilanzausgleich ist der jeweilige Bilanzkreisverantwortliche, in der Regel einer der beteiligten Händler [23].

„Seit 1. Oktober 2011 gibt es in Deutschland nur noch zwei qualitätsübergreifende Marktgebiete: GASPOOL, in Nord- und Ostdeutschland sowie NetConnect Germany (NCG), in West- und Süddeutschland.

Das Marktgebiet GASPOOL wird aufgespannt durch die Transportnetze der GASCADE Gastransport GmbH, Gastransport Nord GmbH, Gasunie Deutschland Transport Services GmbH, Nowega GmbH und ONTRAS Gastransport GmbH. Auch die jordgas Transport GmbH ist an der Marktgebietskooperation beteiligt. GASPOOL umfasst seit Oktober 2011 rund 400 nachgelagerte Netzbetreiber zur Verteilung des Erdgases an die Endkunden.

Im Marktgebiet NCG kooperieren die bayernets GmbH, Fluxys TENP GmbH, GRTgaz Deutschland GmbH, Open Grid Europe GmbH, terranets bw GmbH und Thyssengas GmbH. Das Hochdruckleitungssystem im Marktgebiet NCG verfügt über eine Gesamtlänge von rund 20.000 Kilometern und verbindet mehr als 500 nachgelagerte Gasnetze.

Den Betrieb der Marktgebiete leisten die Beteiligungsunternehmen GASPOOL Balancing Services GmbH und NetConnect Germany GmbH & Co. KG. Die beiden Marktgebietsverantwortlichen stimmen die Aktivitäten der Gasnetzbetreiber im jeweiligen Marktgebiet ab. Sie übernehmen im Auftrag der Fernleitungsnetzbetreiber schwerpunktmäßig den Betrieb des virtuellen Handelspunktes, das Bilanzkreismanagement sowie das Regelenergiemanagement“ [23].

Die an den beiden VHP nominierten Gasmengen beliefen sich gemäß der Datenerhebung zum Gasgroßhandel im Jahr 2016 auf 3650 TWh. Auf den VHP GASPOOL entfielen rund 43 % des Nominierungsvolumens, auf den VHP NCG 57 %. Fast 90 % des Minimierungsvolumens machte H-Gas aus [21].

Im Jahr 2016 lag die Anzahl der aktiven Handelsteilnehmer nach Angaben im Monitoringbericht 2017 im Marktgebiet GASPOOL bei 197 (L-Gas) bzw. 288 (H-Gas) Unternehmen. Für das Gebiet NCG wird die Anzahl im Jahr 2016 aktiver Marktteilnehmer auf 167 (L-Gas) bzw. 319 (H-Gas) beziffert.

2022 werden die in Deutschland verbliebenen beiden Marktgebiete zusammengeführt werden.

Einen wichtigen Indikator für die Liquidität eines Handelsplatzes stellt die sog. Churn Rate dar. Diese Kennziffer steht für das Verhältnis von gehandelter zu physisch transportierter Menge Erdgas. Hohe Churn Rates weisen auf eine hohe Liquidität des Marktes hin. In den beiden Marktgebieten NCG und Gaspool lag die Churn Rate Anfang 2016 bei ca. 4 für H-Gas und bei rund 2 für L-Gas.

„Eine bedeutende Rolle im OTC-Handel spielt die Handelsvermittlung durch Brokerplattformen. Broker dienen als Intermediäre zwischen Käufer und Verkäufer und bündeln Informationen zu Nachfrage und Angebot von kurz- und langfristigen Erdgas-Handelsprodukten. Die Inanspruchnahme eines Brokers kann die Suchkosten reduzieren und die Realisierung größerer Transaktionen erleichtern. Gleichzeitig ermöglicht sie grundsätzlich eine breitere Risikostreuung. Schließlich bieten Broker die Dienstleistung an, das von ihnen vermittelte Handelsgeschäft zum Clearing an der Börse registrieren zu lassen, sodass das Ausfallrisiko (Counterpart-Risiko) der Parteien abgesichert wird. Auf elektronischen Brokerplattformen wird die Zusammenführung von Interessenten auf Angebots- und Nachfrageseite formalisiert und die Chance des Übereinkommens zweier Parteien erhöht" [21].

An der Datenerhebung für den Monitoringbericht 2017 hatten sich insgesamt elf Brokerplattformen beteiligt. Die von diesen Brokerplattformen im Jahr 2016 vermittelten Erdgashandelsgeschäfte mit Lieferort Deutschland umfassen ein Gesamtvolumen von 3120 TWh.

Börslicher Großhandel Der Börsenhandel stellt eine Alternative zum Brokerhandel und dem nicht vermittelten bilateralen Handel dar. In Deutschland vollzieht sich der börsliche Erdgashandel über die PEGAS-Plattform, die von der EEX-Tochter Powernext betrieben wird. Dort können kurzfristige und langfristige Handelsgeschäfte (Spotmarkt und Terminmarkt) sowie Spreadprodukte gehandelt werden. Alle Kontraktarten sind für beide deutsche Marktgebiete, also NCG und GASPOOL, handelbar.

„Am Spotmarkt ist der Erdgashandel für den aktuellen Gasliefertag mit einer Vorlaufzeit von drei Stunden (Within-Day-Kontrakt/Intraday-Produkt), für einen oder zwei Tage im Voraus (Day-Kontrakt) und für das folgende Wochenende (Weekend-Kontrakt) möglich, und zwar kontinuierlich (sog. 24/7-Handel). Die Mindestkontraktgröße liegt bei einem MW, sodass auch kleinere Mengen Erdgas kurzfristig beschafft oder abgesetzt werden können. Auch qualitätsspezifische Kontrakte (H-Gas bzw. L-Gas) sind handelbar. Der Terminmarkt dient primär der Absicherung gegen Preisrisiken bzw. der Portfoliooptimierung und nur sekundär der langfristigen Gasbeschaffung. Die Terminkontrakte sind für Monate, Quartale, Seasons (Sommer/Winter) und Jahre handelbar" [21].

Das gesamte auf die beiden deutschen Marktgebiete GASPOOL und NCG bezogene Handelsvolumen an der PEGAS belief sich im Jahr 2016 auf rund 425 TWh. Das börsliche Handelsvolumen auf dem Spotmarkt betrug 2016 rund 295 TWh. Der Schwerpunkt der Spothandelsgeschäfte lag 2016 für beide Marktgebiete, wie in den Vorjahren, auf den Day-Ahead-Kontrakten (NCG: 128,5 TWh; GASPOOL: 51,1 TWh). Das Handelsvolumen der Terminkontrakte belief sich 2016 auf rund 130 TWh.

Auf dem Spotmarkt betrug die Zahl der aktiven Teilnehmer für NCG-Kontrakte je Handelstag im Jahresmittel 2016 durchschnittlich 79 Teilnehmer und für GASPOOL-Kontrakte etwa 68. Auf dem Terminmarkt dagegen betrug die durchschnittliche Zahl der aktiven Teilnehmer je Handelstag für die beiden Marktgebiete 11,2 (NCG) bzw. 7,1 (GASPOOL). Bei einem Vergleich dieser Zahlen ist zu berücksichtigen, dass ein Terminkontrakt laufzeitbedingt auf eine höhere Menge ausgerichtet ist als ein Kontrakt im Spotbereich.

Zur Sicherstellung der Liquidität bzw. eines kontinuierlichen Handels waren auf dem Gasterminmarkt der PEGAS im Jahr 2016 wie im Vorjahr zwei Market Maker aktiv: E.ON/Uniper und RWE/innogy. Der Umsatzanteil der zwei Unternehmen in ihrer Funktion als Market Maker an allen über PEGAS abgeschlossenen Gasterminkontrakten betrug im Jahr 2016 verkaufsseitig rund 18 % und kaufseitig rund 14 %. Zusätzlich zu Vereinbarungen mit den Market Makern unterhält die PEGAS Verträge mit Handelsteilnehmern, die sich in einem individuell vereinbarten Umfang zur Liquiditätsstärkung verpflichten.

Auf diese Unternehmen entfielen im Jahr 2016 beim Kauf und Verkauf in Summe rund 52 % des Handelsvolumens [21].

Eine große Zahl von Unternehmen aus unterschiedlichen Bereichen ist inzwischen im Gashandel engagiert. Neben den klassischen Energieversorgern und neuen Marktteilnehmern aus dem In- und Ausland hatte sich u. a. GAZPROM Germania GmbH (GPG), Berlin, zu einem weiteren wichtigen Player auf dem Markt entwickelt. GPG war 1990 gegründet worden, um russisches Erdgas in Deutschland und in Westeuropa zu vermarkten. Handel und Speicherung von Erdgas sind die Hauptgeschäftsfelder der GPG.

2.4.4 Transportnetzstufe

Der Import von Gas nach Deutschland erfolgt im Wesentlichen an folgenden Grenzübergangsstellen. Das sind Greifswald (Russland), Emden und Dornum (Norwegen), Waidhaus und Olbernhau/Sayda (Tschechien), Mallnow (Polen), Eynatten (Belgien), Ellund (Dänemark), Oberkappel, Burghausen und Überackern (Österreich) sowie Zevenaar/Elten, Winterswijk/Vreden und Bunde (Niederlande). Am Lieferpunkt Greifswald wird seit 2012/13 russisches Erdgas direkt – ohne Transitland – in Deutschland angelandet. Das durch die Ostsee aus dem Raum St. Petersburg bis nach Greifswald (Lubmin) führende Offshore-Pipeline-System besteht aus zwei mehr als 1200 km langen Leitungssträngen der Dimensionierung DN1200/PN 220. Der Transport geschieht ohne Zwischenverdichtung.

Es ist geplant, in weitgehend gleicher Trasse ein gleich starkes Leitungssystem parallel zu verlegen („Nord Stream 2"). Mit der Realisierung des politisch umstrittenen Projekts würde die Transportkapazität für das gesamte Nord Stream-System um ca. 55 Mrd. m^3/Jahr auf insgesamt etwa 110 Mrd. m^3/Jahr angehoben werden. Der Abtransport der in Greifswald anstehenden zusätzlichen Liefermengen russischen Erdgases soll durch zwei neu zu errichtende, in DN 1400/PN 100 auszulegende Leitungssysteme („EUGAL") nach Deutschneudorf (Grenze Deutschland/Tschechien) geschehen. Über bestehende auszubauende Leitungssysteme in Tschechien, Slowakei, Österreich, Ungarn und andere Länder soll die Region Süd- und Süd-Ost-Europa mit russischem Erdgas versorgt werden. Durch den Bau der geplanten Pipelinesysteme Nord Stream 2 und EUGAL würde die Transitfunktion der Ukraine für russisches Gas nach Westeuropa entfallen. Allerdings strebt die Bundesregierung an, Russland zu veranlassen, Teilmengen der russischen Lieferungen auch künftig über die Ukraine fließen zu lassen. Russland ist offenbar bereit, diesem Anliegen Rechnung zu tragen, soweit der Transit durch die Ukraine wirtschaftlich sein sollte.

Der Ferntransport von Gas in Rohrleitungen erfordert einen hohen Gasdruck von bis zu maximal 100 bar. Ferner ist der kontinuierliche Einsatz von Verdichterstationen notwendig, die durch Reibung der Moleküle entstehende Druckverluste über die Distanz ausgleichen. Betreiber der Gasfernleitungsnetze in Deutschland sind 16 Unternehmen. Zu den größten Gesellschaften auf dieser Wertschöpfungsstufe gehören Open Grid Europe, Essen,

ONTRAS Gastransport, Leipzig, Thyssengas, Dortmund, Gasunie, Hannover, Gascade Gastransport, Kassel, terranets bw, Stuttgart, Fluxys, Düsseldorf und bayernets, München.

An der Nutzung der Netze interessierte Unternehmen benötigen einen Netzzugang. Zur Ermöglichung eines diskriminierungsfreien einfachen Zugangs zu den Netzen im Gassektor sind in den vergangenen Jahren eine Reihe von für den Wettbewerb wichtigen Änderungen erfolgt. Dazu gehörte u. a. das Unbundling.

„Bis zur Änderung des Energiewirtschaftsrechts im Jahr 2006 mussten Transporteure von Gas im Rahmen der Verbändevereinbarung II einen Transportpfad zwischen dem ersten Einspeisepunkt und der Entnahmestelle festlegen und mit den auf dem fiktiven Transportpfad betroffenen Fernleitungs- und Verteilnetzbetreibern einzelne Verträge schließen (Punkt-zu-Punkt-Modell). Dabei wurden Ein- und Ausspeisungen in die Netze als physische Gasflüsse betrachtet, die im Rahmen einzelner Netznutzungskontrakte zu regeln waren. Dieses Modell war in mehrfacher Hinsicht ineffizient. Während das Gas physisch nicht grundsätzlich den Weg des fiktiven Transportpfades nahm, weil sich Ein- und Ausspeisungen unterschiedlicher Kunden aufsummierten, fielen die Gebühren abhängig von der Transportdistanz bzw. von der Anzahl fiktiv genutzter Netze an. Diese Situation führte weiter zu der Problematik, dass sich im Wettbewerb zwischen den etablierten Energieversorgern und neuen Marktteilnehmern eine systematische Ungleichbehandlung einstellte, da die vertikal integrierten Netzbetreiber gegenläufige Gasflüsse saldieren und gleichzeitig einen Systemausgleich innerhalb des eigenen Netzes durchführen konnten“ [24].

Seit dem 1. Oktober 2006 ersetzt das Zweivertragsmodell (Entry-/Exit-Modell) das alte Punkt-zu-Punkt-Modell. „Das System funktioniert in Deutschland auf der Grundlage der Zusammenlegung der Versorgungsgebiete mehrerer Fernleitungsnetzbetreiber zu Marktgebieten. Gaslieferanten schließen mit den jeweiligen Ein- und Ausspeisenetzbetreibern Verträge ab, in denen die jeweiligen Kapazitäten an den Ein- und Ausspeisepunkten festgelegt werden. Automatisch steht damit auch ein virtueller Handelspunkt zur Verfügung. Dort können Gasmengen übergeben bzw. übernommen werden. Sowohl für die Einspeisung als auch für die Entnahme der Gasmenge fällt ein Entgelt an. Dies ist jedoch unabhängig von Transportpfad und Entfernung. Nur die Energiemenge der vertraglich vereinbarten Ein- und Ausspeisekapazitäten ist entscheidend“ [23].

Die Netzentgelte unterliegen der staatlichen Regulierung. Die wird durch die Bundesnetzagentur wahrgenommen. Grundlage für die Höhe der Netzentgelte des Gastransports sind die durch die Bundesnetzagentur im Rahmen der Anreizregulierung festgelegten Erlösobergrenzen für die Fernleitungsnetzbetreiber.

Die Zahl der Marktgebiete, innerhalb derer Transportkunden flexibel Ein- und Ausspeiseverträge abschließen und die entsprechend gebuchten Kapazitäten nutzen können, ist seit 2006 kontinuierlich reduziert worden. Hatten 2006 noch 26 Marktgebiete für H-Gas und 15 Marktgebiete für L-Gas bestanden, war deren Zahl bis zum 01.10.2009 auf jeweils drei Marktgebiete für H- und für L-Gas reduziert worden.

„Gemäß § 21 Abs. 1 GasNZV mussten die Fernleitungsnetzbetreiber (FNB) die Anzahl der Marktgebiete zum 1. April 2011 auf höchstens ein L-Gas-Marktgebiet und höchstens zwei H-Gas-Marktgebiete reduzieren. Dieser Vorgabe sind die FNB fristgerecht nach-

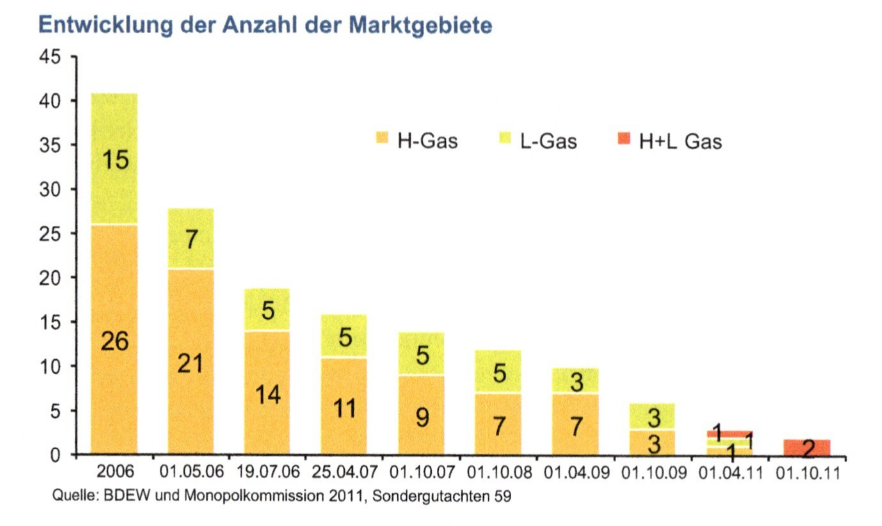

Abb. 2.29 Entwicklung der Anzahl der Marktgebiete

gekommen und haben zum 1. April 2011 die ehemaligen Marktgebiete Thyssengas H-Gas und Thyssengas L-Gas sowie das Marktgebiet OGE L-Gas in das H-Gas-Marktgebiet NCG integriert. Somit existierten im April 2011 drei Marktgebiete in Deutschland, neben dem qualitätsübergreifenden Marktgebiet NCG noch die beiden qualitätsscharfen Marktgebiete L-Gas 1 und GASPOOL.

Zum 1. Oktober 2011 fand eine weitere Marktgebietsfusion statt, wobei die Marktgebiete L-Gas 1 und Gaspool zusammengelegt wurden. Somit teilt sich der Erdgasmarkt in Deutschland in zwei qualitätsübergreifende Marktgebiete bzw. Bilanzierungszonen. Auf diese Weise ist es kommerziell möglich, L-Gas-Kunden mit H-Gas und vice versa zu beliefern. Um die damit verbundenen zusätzlichen netzbetreiberseitigen Kosten sachgerecht zu allokieren, wurde das Konvertierungssystem ‚Konni Gas' eingeführt. Die Reduzierung auf zwei Marktgebiete erfolgte bereits weit vor der in § 21 Abs. 1 GasNZV gesetzten Frist zum 1. August 2013" [21].

Erdgas wird in Deutschland in zwei unterschiedlichen Beschaffenheiten genutzt. Dabei handelt es sich um sogenanntes L-Gas mit niedrigem Brennwert und H-Gas, das über einen höheren Energiegehalt verfügt. „L-Gas stammt ausschließlich aus Aufkommen der deutschen und der niederländischen Produktion. Die übrigen in Deutschland verfügbaren Aufkommen (Gas aus Dänemark, Norwegen/Nordsee, Russland bzw. von LNG-Terminals) liefern hochkalorisches Erdgas (H-Gas). Die beiden unterschiedlichen Gruppen der Erdgasbeschaffenheit müssen aus technischen und eichrechtlichen Gründen in definierten Grenzen in getrennten Systemen transportiert werden. Kunden, die mit Gas einer geänderten Beschaffenheit versorgt werden sollen, kann erst nach einer Anpassung der Verbrauchsgeräte Gas des anderen Brennwertbereichs bereitgestellt werden.

Abb. 2.30 Marktgebietslandschaft im Gasbereich

Die L-Gas-Aufkommen in Deutschland gehen in ihrer Leistung kontinuierlich zurück. Durch den niederländischen Transportnetzbetreiber GTS wurde ebenfalls ein kontinuierlicher Rückgang der Exportleistungen und -mengen ab Oktober 2020 angekündigt. Diese Entwicklung wird durch die Probleme des Gasfeldes Groningen beschleunigt. Wegen der wiederholt auftretenden Erdbeben, deren Ursache in der Gasförderung gesehen wird, muss die Gasproduktion in diesem größten Feld der Niederlande sukzessive zurückgefahren werden. Und dieses Feld liefert das L-Gas für Deutschland. Hinzu kommt der Rückgang der L-Gas-Produktion aus deutschen Lagerstätten.

Um dem Rückgang der L-Gas-Verfügbarkeit zu begegnen, ist die Umstellung der derzeit mit L-Gas versorgten Bereiche auf H-Gas geplant. Hierfür haben die Fernleitungs-

Tab. 2.45 Fernleitungsnetzbetreiber Gas in Deutschland

bayernets GmbH, München
Gasunie Deutschland Transport Services GmbH (GuD), Hannover
Open Grid Europe GmbH, Essen
GRTgaz Deutschland GmbH, Berlin
OPAL Gastransport GmbH & Co. KG, Kassel
Lubmin-Brandov Gastransport GmbH, Essen
jordgasTransport GmbH, Hannover*
terranets bw GmbH, Stuttgart
Nowega GmbH, Münster
GASCADE Gastransport GmbH, Kassel
ONTRAS Gastransport GmbH, Leipzig
Fluxys Deutschland GmbH, Düsseldorf
NEL Gastransport GmbH, Kassel
Fluxys TENP GmbH, Düsseldorf
Gastransport Nord GmbH (GTG NORD), Oldenburg
Thyssengas GmbH, Dortmund

* Die Fernleitungsnetzbetreiber Open Grid Europe (OGE) und Gasunie Deutschland haben gemeinschaftlich gemäß Vertrag vom 16. November 2016 die jordgas Transport GmbH von Statoil Deutschland übernommen
Quelle: Netzentwicklungsplan Gas 2016–2026, Berlin, 16.10.2017

netzbetreiber ein Umstellungskonzept erstellt, welches kontinuierlich in Zusammenarbeit mit den Verteilernetzbetreibern weiterentwickelt wird. Im Rahmen der Planungen zur Zusammenlegung der beiden verbliebenen Marktgebiete, die für 2022 vorgesehen ist, wird dabei die L-Gas-Aufkommenssituation analysiert und dem Bedarf gegenüber gestellt.

Die aktuelle Umstellungsplanung ist im veröffentlichten Umstellungsbericht 2017 zum Netzentwicklungsplan Gas dargestellt. Diese beinhaltet:

- Deutschland- und marktgebietsweite Leistungs- und Mengenbilanzen
- Übersicht der L-Gas-Umstellungsbereiche
- Karten der L-Gas-Umstellungsbereiche
- Anzahl der anzupassenden Verbrauchsgeräte bis 2030“ [23].

Zur weiteren Entwicklung des Netzes sieht das Energiewirtschaftsgesetz (EnWG § 15 a) vor, dass die Betreiber von Erdgas-Fernleitungsnetzen gemeinsam jährlich einen zehnjährigen Netzentwicklungsplan (NEP) vorzulegen haben. Das war erstmals zum 1. April 2012 der Fall. Die Erarbeitung des Netzentwicklungsplans geschieht unter Einbeziehung aller wichtigen Marktteilnehmer in einem öffentlichen Konsultationsverfahren. Alle Marktteilnehmer werden durch die Möglichkeit, ihre Stellungnahmen abzugeben, in den Entstehungsprozess des Netzentwicklungsplans Gas einbezogen. Am 12. Februar 2018 haben die deutschen Fernleitungsnetzbetreiber (FNB) die Diskussion zum Netzentwicklungsplan (NEP) Gas 2018–2028 mit der Veröffentlichung des Konsultationsdokuments gestartet. Der Netzentwicklungsplan Gas enthält Maßnahmen zur Optimierung, Verstärkung und zum bedarfsgeregelten Ausbau des Netzes, die in den nächsten zehn Jahren netztechnisch für einen sicheren und zuverlässigen Netzbetrieb erforderlich sind. Es ist gesetzlich vorgeschrieben, dass der NEP Gas bis 2016 jährlich und nunmehr alle zwei Jahre, in jedem geraden Jahr, erstellt wird. Im Zentrum des NEP Gas stehen Ausbaufragen, die sich durch den Anschluss von Gaskraftwerken, Gasspeichern und Industriekunden stellen. Des Weiteren richtet er sich auf Verbindungen des deutschen Fernleitungsnetzes mit den Fernleitungsnetzen europäischer Nachbarstaaten und den Kapazitätsbedarf in den nachgelagerten Netzen [21].

Ein besonderer Schwerpunkt des NEP Gas 2018–2028, der ein Investitionsvolumen von rund 7,0 Mrd. € bis Ende 2028 vorsieht, liegt in der Umstellung zahlreicher Netzgebiete von niederkalorischen L-Gas auf hochkalorisches H-Gas. Die Fernleitungsnetzbetreiber schlagen vor, das Fernleitungsnetz gegenüber dem heutigen Stand um 1390 km zu erweitern und neue Verdichterstationen in Höhe von 508 MW zu installieren. An neuer Infrastruktur ist im NEP Gas 2018–2028 erstmals das EUGAL-Projekt enthalten, das Gasmengen aus der geplanten Nord Stream 2 von Grenzübergangspunkt Lubmin II insbesondere in die Tschechische Republik transportieren soll. Außerdem finden im NEP Gas 2018–2028 erstmal Kapazitäten in Verbindung mit einem geplanten deutschen LNG-Terminal in Brunsbüttel Berücksichtigung. Und schließlich enthält das Konsultationsdokument zum NEG Gas 2018–2028 ein eigenes Kapitel, das den Wert der Gasinfrastruktur im Zusammenhang mit der Sektorkopplung, der Verbindung von bestehenden Gas-, Strom-, Wärme- und Mobilitätsinfrastrukturen darstellt.

Neben der Vorlage des NEP sind die Fernleitungsnetzbetreiber verpflichtet, einen Umsetzungsbericht zum Netzentwicklungsplan Gas vorzulegen. Dieser erstmalig am 31.03.2017 veröffentlichte Bericht ist seit 2017 in jedem ungeraden Jahr von den Fernleitungsbetreibern zu erstellen.

2.4.5 Speicherung

Gemäß Angaben des BDEW existieren in Deutschland 25 Unternehmen, die Erdgasspeicher betreiben und vermarkten. Die Speicherung erfolgt insbesondere in Kavernen- und in Porenspeichern. Kavernenspeicher sind Hohlräume in unterirdischen Salzstöcken, die durch den Solprozess angelegt werden. Porenspeicher sind natürliche unterirdische Speicher in den Poren ausgeförderter Erdöl- und Erdgaslagerstätten. Das Arbeitsgasvolumen dieser Untertageerdgasspeicheranlagen (UGS) beträgt in Deutschland gut 24 Mrd. Nm^3. Entsprechend der Struktur des deutschen Erdgasmarktes ist der weitaus größte Teil dieser Anlagen für die Speicherung von H-Gas ausgelegt. Hinzu kommen zwei auf österreichischem Gebiet liegende Speicher (Haidach und 7Fields) mit einem Arbeitsgasvolumen von knapp 5 Mrd. Nm^3. Damit liegt das Arbeitsgasvolumen aller Speicher für die Versorgung des deutschen Marktes bei fast 30 Mrd. Nm^3.

Abb. 2.31 Gasspeicher in Deutschland

Gasspeicher in Deutschland
Gesicherte Erdgasversorgung

Quelle: Niedersächsisches Landesamt für Bergbau, Energie und Geologie, BDEW; Stand: 03/2018

Standorte der deutschen Untertage-Erdgasspeicher

Die 50 deutschen Untertage-Gasspeicher an 39 Standorten können gut 24 Mrd. m³ Arbeitsgas aufnehmen. Das entspricht einem Viertel der in Deutschland im Jahr 2017 verbrauchten Erdgasmenge. Die deutsche Gaswirtschaft verfügt damit über das größte Speichervolumen in der Europäischen Union.

2.4.6 Wertschöpfungsstufe Verteilnetz

In Deutschland existieren insgesamt mehr als 700 Netzgesellschaften. Das gesamte Leitungsnetz in Deutschland hat eine Länge von rund 500.000 km. Davon entfallen über 90 % auf das Verteilnetz.

Zu den Aufgaben der Unternehmen, die sich auf dieser Wertschöpfungsstufe betätigen, gehören die Verteilung von Gas an Kunden sowie Betrieb, Wartung und Ausbau des Rohrleitungsnetzes.

Tab. 2.46 Gas-Rohrnetz nach Druckstufen

Angaben zum 31.12.2017	km
Niederdruck (bis 100 mbar)	159.200
Mitteldruck (über 100 mbar bis 1 bar)	206.000
Hochdruck (über ein bar)	123.500
Insgesamt	**488.700**

Quelle: BDEW, Stand: Mai 2018

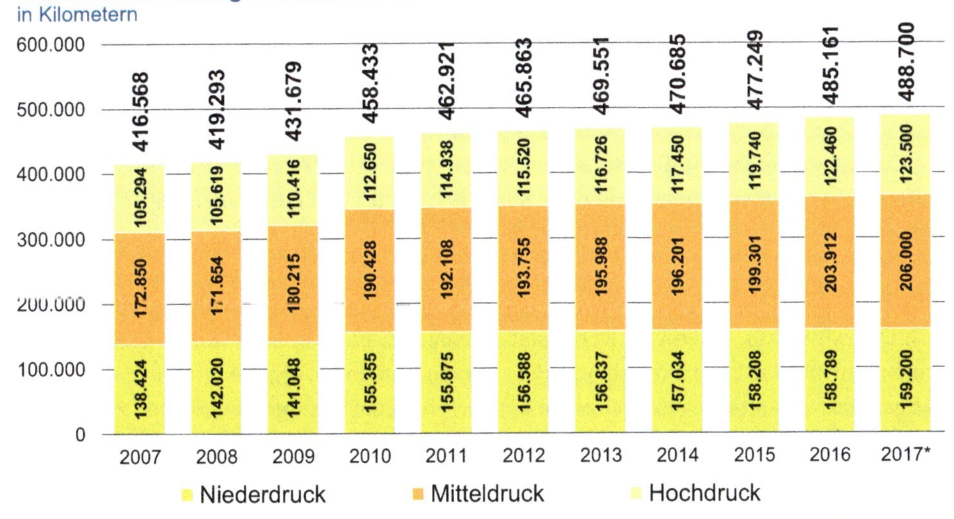

Abb. 2.32 Gasnetzentwicklung in Deutschland

Ein Ausbau der Erdgasverteilnetze erfolgt kaum noch, da Netzbetreiber Neuanschlüsse aus wirtschaftlichen Gründen immer seltener vornehmen. Einerseits ist dies bedingt durch die begrenzte Ansetzbarkeit der Kosten im Rahmen der Anreizregulierung und andererseits durch die rückläufige spezifische Gasabgabe als Folge der verbesserten Gebäudedämmung.

2.4.7 Einsatzzweck von Erdgas und dessen Vertrieb

Erdgas wird in Deutschland vor allem energetisch genutzt. Haupteinsatzbereich ist die Erzeugung von Wärme. Hierzu wird Erdgas in privaten Haushalten, im Sektor Gewerbe/Handel/Dienstleistungen und in der Industrie genutzt. In privaten Haushalten hat Erdgas das leichte Heizöl als wichtigste Energiequelle zur Deckung des Raumwärmebedarfs abgelöst.

Eine weitere energetische Nutzung von Erdgas stellt dessen Umwandlung in Strom dar. Durch physikalische Energieumwandlung kann Erdgas in Gasturbinen zu elektrischem Strom transformiert werden. „Gasturbinenkraftwerke komprimieren dazu Erdgas und Luft in einem Verdichter und verbrennen das entstehende Gasgemisch. Die durch den Verbrennungsprozess freigesetzte thermische Energie wird dabei in der Turbine in mechanische Energie umgewandelt und treibt (neben dem Verdichter) einen Generator zur Stromerzeugung an. Gasturbinenkraftwerke können vergleichsweise einfach und schnell betrieben werden. Durch den Verzicht auf Dampfturbinen brauchen sie weder Kühltürme noch aufwändige Anlagen zur Rauchgasreinigung, da bei der Verbrennung im Unterschied zu anderen fossilen Brennstoffen kaum Asche freigesetzt wird. Gasturbinenkraftwerke lassen sich außerdem vergleichsweise schnell errichten und erfordern gegenüber Dampfkraftwerken mit vergleichbarer Leistung geringere Herstellungsinvestitionen“ [24].

Die kurze Anfahrzeit dieses Kraftwerktyps sowie die vergleichsweise große Flexibilität, auf Laständerungen zu reagieren, sind ein Vorteil von Gasturbinenkraftwerken. Der Nachteil besteht insbesondere in dem relativ niedrigen Wirkungsgrad von 35 bis 42 %, der mit hohen spezifischen Stromerzeugungskosten verbunden ist.

Bessere Wirkungsrade erzielen – vor allem neuere – Dampf-Kondensationskraftwerke (GuD-Kraftwerke). GuD-Kraftwerke stellen eine Erweiterung des Prinzips eines Gasturbinenkraftwerks dar. Im Unterschied zu Letzteren verwenden GuD-Kraftwerke die heißen Abgase der Gasturbine, um über einen nachgeschalteten Dampferzeuger eine zusätzliche Dampfturbine anzutreiben, die ebenfalls Strom erzeugt. Der Bau eines GuD-Kraftwerks ist aus diesem Grund vergleichsweise aufwändiger; durch die Nutzung der Abwärme werden jedoch auch deutlich höhere Wirkungsgrade von teilweise mehr als 60 % erzielt [24].

„Zur weiteren Steigerung des Wirkungsgrades gilt insbesondere der Einsatz der Kraft-Wärme-Kopplung (KWK) als technisch besonders effizientes Verfahren. KWK-Anlagen sind Kraftwerke, die neben Strom auch Wärme produzieren. Die stets verbleibende Abwärme wird durch die KWK-Technik bei der Stromerzeugung ausgekoppelt und als Fernwärme oder Prozesswärme energetisch genutzt. Insbesondere mit der bereits hohe Wirkungsgrade aufweisenden GuD-Kraftwerkstechnik lässt sich die Kraft-Wärme-Kopplung wirksam verbinden. Da KWK-Anlagen die bei der Verbrennung freigesetzte Energie somit vollständiger nutzen können, werden höhere Wirkungsgrade von über 80 % erreicht“ [24].

Geringere, aber wachsende Bedeutung hat der Einsatz von Gas als Kraftstoff für Fahrzeuge. Nach Erhebungen des Kraftfahrt-Bundesamtes waren in Deutschland zum 01.01.2018 rund 90.000 Erdgasfahrzeuge – darunter 75.459 PKW – zugelassen. Der Anteil der Pkw mit Erdgasantrieb am gesamten Pkw-Bestand machte zum 01.01.2018 lediglich 0,2 % aus. Die Zahl der über das Gesamtgebiet der Bundesrepublik Deutschland verteilten Erdgastankstellen belief sich nach Angaben des BDEW Ende 2017 auf 862 Stationen. Der Erdgasabsatz im Bereich Mobilität betrug 2017 rund 1,6 TWh.

„Vor allem in der chemischen Industrie ist neben der energetischen auch die stoffliche Verwendbarkeit von Erdgas von Bedeutung. Etwa 30 % des in der Chemiebranche bezogenen Erdgases werden zu diesem Zweck eingesetzt, etwa zur Gewinnung von Am-

Tab. 2.47 Anzahl Gaskunden nach Verbrauchergruppen

Angaben für das Jahr 2016	Anzahl
Industrie	98.610
Elektrizitätsversorgung	250
Private Haushalte	12.365.698
Gewerbe, Handel, Dienstleistungen	614.334
Fernwärmeversorgung	18.201
Insgesamt	**13.097.093**
Anzahl der Gasversorgungsunternehmen	785

Quelle: 138. BDEW Gasstatistik 2016, Berlin 2018

moniak (zur weiteren Herstellung von Düngemitteln), von Methanol (als Grundstoff zur Essigsäureherstellung und Biodieselproduktion) oder zur Wasserstoffherstellung" [24].

Von privaten Haushalten wird Erdgas insbesondere zur Wohnungsheizung genutzt. 2017 waren etwa 20,6 Mio. Wohnungen entsprechend 49,4 % des Bestandes mit einer Erdgasheizung ausgestattet. Bei den Neubauwohnungen hatte die Erdgasheizung 2017 einen Marktanteil von 39,7 %.

Die Vertriebsstufe des deutschen Gasmarkts zeichnet sich durch eine wettbewerbliche Marktstruktur aus. Deutschland verfügt mit rund 1000 Gaslieferanten über den europaweit heterogensten Gasmarkt. Das Bundeskartellamt geht davon aus, dass auf den beiden größten Gaseinzelhandelsmärkten (leistungsgemessene und nicht-leistungsgemessene Sondervertragskunden) inzwischen kein Anbieter mehr marktbeherrschend ist.

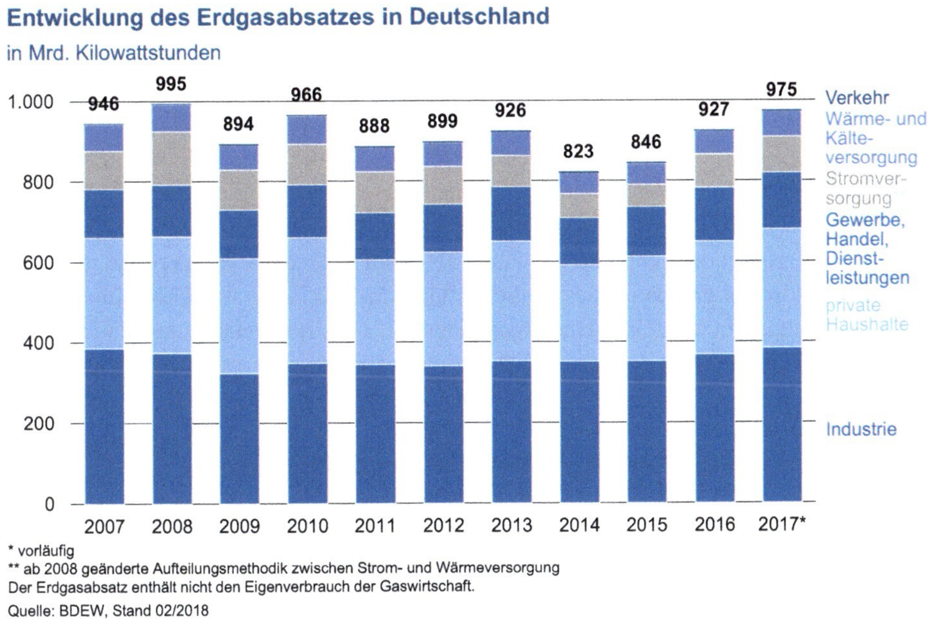

Abb. 2.33 Entwicklung des Erdgasabsatzes in Deutschland 1998 bis 2017

Im bundesweiten Durchschnitt konnte ein Letztverbraucher 2016 in seinem Netzgebiet zwischen 105 Gasanbietern wählen. Im Bereich der Haushaltskunden liegt die Zahl bei 90 Gasanbietern. Gemäß Monitoringbericht 2017 hatten in 30,2 % der Netzgebiete Haushaltskunden sogar die Wahl zwischen mehr als 100 Lieferanten. In 49,0 % der Netzgebiete kommen 51 bis 100 Lieferanten für Haushaltskunden in Betracht. In 18,1 % der Netzgebiete sind es 21 bis 50 Lieferanten. Die Zahl der Netzgebiete, in denen Haushaltskunden auf lediglich 1 bis 20 Lieferanten zurückgreifen können, ist auf 2,7 % begrenzt [21].

Im Monitoringbericht wird ferner erhoben, wie sich die Abgabemengen an verschiedene Letztverbrauchergruppen auf die drei folgenden Vertragskategorien verteilen:

- Grundversorgungsvertrag,
- Sondervertrag mit dem Grundversorger außerhalb der Grundversorgung und
- Vertrag bei einem Lieferanten, der nicht der örtliche Grundversorger ist.

Außerdem werden die Lieferanten-Wechselquoten – differenziert nach Verbrauchergruppen – erfasst. Für den Bereich der Industrie- und Gewerbekunden sind demnach seit dem Jahr 2010 weitgehend konstante Wechselquoten von mehr als 10 % pro Jahr festzustellen. 2016 waren es 11,1 %. Bei Haushaltskunden lag die anzahlbezogene Lieferantenwechselquote seit 2016 bei 12,3 % und die mengenbezogene Lieferantenwechselquote bei etwa 13,5 %. Der Unterschied zwischen mengen- und anzahlbezogener Quote erklärt sich zum Teil damit, dass mehrheitlich verbrauchstarke private Gaskunden die Vorteile, die ein Lieferantenwechsel mit sich bringt, nutzen. Darauf deutet auch die errechnete Verbrauchsmenge eines durchschnittlich wechselnden Gaskunden hin, welche mit rund 24.500 kWh/Jahr über dem bundesweiten Durchschnitt von zirka 20.000 kWh liegt [21].

Mit Stand 31. Dezember 2016 verteilte sich die Vertragsstruktur von Haushaltskunden wie folgt: 22 % der Gasabgabemenge wurden im Rahmen des Grundversorgungsvertrages geliefert, 53 % im Rahmen eines Sondervertrages beim Grundversorger, und 25 % der Gasabgabemenge wurden von einem Lieferanten bezogen, der nicht der örtliche Grundversorger ist [21].

Bei Nicht-Haushaltskunden kommt der Grundversorgerstellung nur noch eine geringe Bedeutung zu. Von der Gesamtabgabemenge an Kunden mit registrierender Leistungsmessung (RLM-Kunden) entfielen im Jahr 2016 rund 71 % auf Lieferverträge mit einer anderen juristischen Person als dem örtlichen Gasversorger. 29 % der RLM-Kunden hatten einen Vertrag mit dem Grundversorger außerhalb der Grundversorgung. Und weniger als 1 % machten die Liefermengen im Rahmen eines Grundversorgungsvertrages aus [21].

2.4.8 Neuregelung der rechtlichen Rahmenbedingungen

Bis zum Jahr 1998 hatten in Deutschland bei der Versorgung mit Gas – ebenso wie bei Strom – Gebietsmonopole bestanden. Vielfach vertikal integrierte Versorgungsunternehmen hatten in ihren Versorgungsgebieten ein rechtlich anerkanntes Monopol inne. Neben

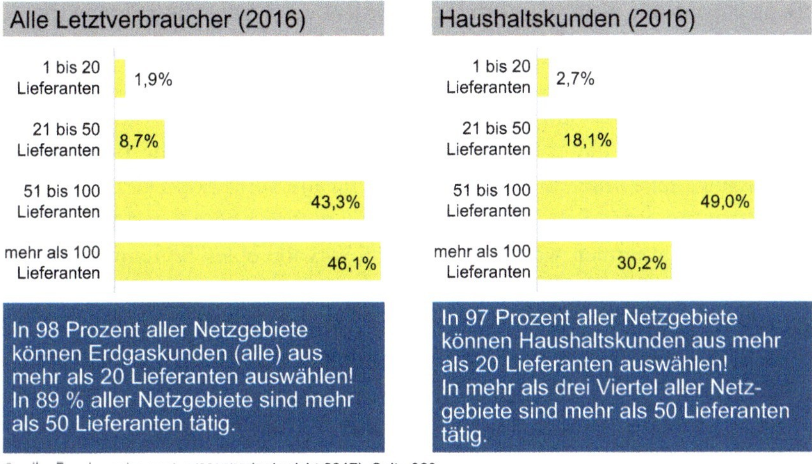

Abb. 2.34 Anbietervielfalt im Gasmarkt

der staatlichen Fach- und Preisaufsicht erfolgte eine kartellbehördliche Missbrauchsaufsicht.

Basis für die Liberalisierung der Gasmärkte war die Richtlinie 98/30 EG des Europäischen Parlaments und des Rates vom 22. Juni 1998 betreffend gemeinsame Vorschriften für den Erdgasbinnenmarkt.

2.4.8.1 Europäisches Energierecht

„Zentrales Ziel des europäischen Energierechts über die letzte Dekade war damit die Schaffung eines voll funktionsfähigen und wettbewerbsorientierten europäischen Binnenmarktes für Energie. Nachdem 1996 die ersten Schritte zur Liberalisierung der Elektrizitätsmärkte unternommen worden waren, folgte 1998 der Erlass der Richtlinie 98/30/EG betreffend gemeinsame Vorschriften für den Erdgasbinnenmarkt. Diese Richtlinie sah eine stufenweise Öffnung der Gasmärkte vor und wurde abschließend mit der EnWG-Novelle 2003 in nationales Recht umgesetzt. Materiell erfolgte die Öffnung der Gasmärkte in Deutschland jedoch bereits zuvor – weitgehend parallel zu den Elektrizitätsmärkten – durch die Aufhebung kartellrechtlicher Ausnahmetatbestände zum 29.04.1998 und die Einführung eines allgemeinen kartellrechtlichen Zugangsanspruchs zu den Leitungsnetzen bzw. den wesentlichen Infrastruktureinrichtungen im Rahmen der 6. GWB-Novelle, die zum 01.01.1999 in Kraft trat. Auch wenn spätestens 2003 die Gasmärkte in Deutschland formal vollständig geöffnet waren, ist der Wettbewerbsprozess – anders als im Elektrizitätsbereich – nur langsam in Gang gekommen. Eine der Ursachen hierfür war sicher die nicht optimale Ausgestaltung des Netzzugangssystems im Rahmen des verhandelten

Netzzugangs durch die Verbändevereinbarung Gas“ [25]. Als weitere wesentliche Gründe dürften die nur beschränkt verfügbaren Mengen an Erdgas und die starke Konzentration der großen Vorkommen auf relativ wenige Regionen der Erde gelten.

In Deutschland war nach Inkrafttreten der Energierechtsnovelle auf eine Flankierung der gesetzlichen Rahmenbedingungen durch freiwillige Vereinbarungen der Marktpartner gesetzt worden.

Eine erste Verbändevereinbarung zum Netzzugang bei Erdgas war am 4. Juli 2000 geschlossen worden. In dieser Verbändevereinbarung Gas waren die Bedingungen über den Netzzugang, der Dritten als Voraussetzung für die verstärkte Durchsetzung von direktem Wettbewerb ermöglicht werden muss, im Grundsatz bereits festgelegt worden. Es war in Aussicht genommen worden, dass nach Vorgabe eines Stufenplans weitere Regelungen zu den wichtigen Bereichen – wie Vereinfachung des Netzzuganges und der Entgeltmodelle sowie Börsenfähigkeit des Erdgashandels – ausgehandelt werden. Die Spitzen des Bundesverbandes der Deutschen Industrie (BDI), des Bundesverbandes der deutschen Gas- und Wasserwirtschaft (BGW), des Verbandes kommunaler Unternehmen (VKU) und des Verbandes der Industriellen Energie- und Kraftwirtschaft (VIK) hatten sich am 15. März 2001 darauf verständigt, die im Juli 2000 gemeinsam verabschiedete Verbändevereinbarung zum Netzzugang bei Erdgas durch einen 1. Nachtrag in wesentlichen Punkten zu ergänzen. Die Ergänzungen beinhalten Regelungen zur Transparenz und Weiterentwicklung des Netzzugangs, zum Bilanzausgleich, zum kommerziellen Speicherzugang und zum Engpassmanagement. Eine weitere Ergänzung war mit dem zweiten Nachtrag zur VV Gas vom 21. September 2001 erfolgt. Darin waren Regelungen zu technischen Rahmenbedingungen beim Netzzugang, zur Einrichtung einer Schiedsstelle und zur Anwendung von Lastprofilen für Kleinverbraucher vereinbart worden.

Mit der am 3. Mai 2002 vom BDI, BGW, VKU und VIK unterzeichneten Verbändevereinbarung Erdgas (VV Gas II) war ein weiterer Schritt zur Gasmarktliberalisierung in Deutschland erreicht worden. Die wichtigste Änderung dieser zum 1. Oktober 2002 in Kraft getretenen Neuregelung bestand in der Zusammenfassung der ehemals drei Netzebenen zu zwei Netzebenen. Die sogenannte Ferngasstufe, bestehend aus den überregionalen und regionalen Ferngasnetzen, wendet gemäß der VV Gas II ein einheitliches Netzzugangs-Entgeltsystem an. Das Verfahren ist dadurch gekennzeichnet, dass alle betroffenen Unternehmen ihre Ferntransportnetze in Streckenabschnitte unterteilen und diese jeweils mit einer Punktzahl versehen. Das Transportentgelt ermittelt sich aus der Summe der Punktzahl der von einem Transport betroffenen Streckenabschnitte und setzt sich wie folgt zusammen: dem Entgelt für die vereinbarte Transportkapazität in Höhe der vereinbarten maximal vom Kunden nutzbaren Leistung im Jahr zwischen Ein- und Ausspeisepunkt und dem Entgelt für Systemdienstleistungen.

Die Transportpreisbildung auf der Ferngasstufe sollte danach auf der Basis eines internationalen und nationalen Benchmarkings stattfinden, das jährlich überprüft wird. Für die Endverteilerstufe wurde ein Leitfaden zur kostenbasierten Kalkulation von Netznutzungsentgelten verabschiedet. Die darauf basierte pauschalisierte Berechnung (Briefmarke) war grundsätzlich zur Anwendung bei der allgemeinen Versorgung von Letztverbrauchern vorgesehen. Bei Kunden mit einem Jahresverbrauch von mehr als 20 Mio. kWh sollte allerdings die konkrete gaswirtschaftliche Leistung im Einzelfall für die Berechnung des Netzzugangsentgelts zugrunde gelegt werden.

Mit der VV Gas II waren auch nicht-leistungsgemessene Gewerbe- und Industriekunden in den Gas-zu-Gas-Wettbewerb einbezogen worden. Dies wurde an die Voraussetzung geknüpft, dass entsprechende Messungen zu verwendbaren Lastprofilen führen.

In der VV Gas II hatten sich die Unterzeichnerverbände ferner einvernehmlich auf die Zielkriterien geeinigt, die mit der im Anschluss unmittelbar zu verhandelnden VV Erdgas III – zur Schaffung eines wirklich wettbewerblich geöffneten Erdgasmarktes – erreicht werden sollten. Zu diesen Kriterien gehört vor allem die Vereinbarung eines transaktionsunabhängigen Netzzugangsmodells.

Die Verbände BDI und VIK forderten ein Entry-Exit-Modell mit wenigen, eigentumsübergreifenden Regelzonen (wie bei Strom). Die Verbände der Gaswirtschaft lehnten diesen Modellansatz ab mit der Begründung, dass ein solches Modell auf Grund physischer Netzengpässe (z. B. unterschiedliche Gasbeschaffenheit) technisch nicht umsetzbar sei. Aufgrund dieser unüberbrückbaren Differenzen waren die Verbändeverhandlungen im April 2003 abgebrochen worden.

„Vor dem Hintergrund der noch nicht als hinreichend empfundenen Liberalisierungsfortschritte in vielen europäischen Ländern und in dem Bestreben, die Schaffung eines wettbewerbsorientierten europäischen Binnenmarktes für Gas zu beschleunigen, wurde eine Reform des Rechtsrahmens für notwendig erachtet und die Richtlinie 2003/55/EG des Europäischen Parlaments und des Rates vom 26.06.2003 über gemeinsame Vorschriften für den Erdgasbinnenmarkt und zur Aufhebung der Richtlinie 98/30/EG (Erdgas-Binnenmarkt-Richtlinie) erlassen. Diese Richtlinie wurde durch die Verordnung (EG) Nr. 1775/2005 des Europäischen Parlaments und des Rates vom 28.09.2005 über die Bedingungen für den Zugang zu den Erdgasfernleitungsnetzen (Fernleitungsverordnung) ergänzt“ [25].

„Die Richtlinie 2003/55/EG (‚Binnenmarktrichtlinie Gas‘) sieht neben der in Deutschland bereits vorweggenommenen vollständigen Marktöffnung bis 2007 die Regulierung des Netzzugangs und der Netzentgelte und damit auch die Errichtung nationaler Regulierungsbehörden sowie die Entflechtung (‚Unbundling‘) von Energieerzeugung und Vertrieb einerseits und dem Netzbetrieb andererseits vor“ [25].

„Art. 18 der Binnenmarktrichtlinie Gas schreibt für den Zugang zu den Gasversorgungsnetzen grundsätzlich das Modell des regulierten Netzzugangs vor, bei dem der Zugang auf der Grundlage veröffentlichter und genehmigter Tarife erfolgt. Diskriminierendes oder missbräuchliches Verhalten von Netzbetreibern soll damit nicht mehr durch repressive Eingriffe im Einzelfall sanktioniert, sondern im Wege der ex-ante-Kontrolle von vornherein vermieden werden.

In Art. 25 ist festgelegt, dass die Mitgliedstaaten Regulierungsbehörden schaffen müssen. Diese Behörden müssen von den Interessen der Erdgaswirtschaft unabhängig sein. Sie sind zuständig für die Genehmigung der Zugangstarife oder der Methoden zur Berechnung der oben genannten Tarife vor deren In-Kraft-Treten sowie für gewisse Beobachtungs- und

Überwachungsaufgaben (Monitoring in Art. 25 Absatz 1) und für die Entscheidung über Beschwerden als Streitbeilegungsstelle nach Art. 25 Absatz 5 der Binnenmarktrichtlinie Gas.

Um der in den netzgebundenen Industrien grundsätzlich bestehenden Gefahr einer Bevorzugung der eigenen bzw. konzernverbundenen Erzeugungs- oder Vertriebsaktivitäten durch den Netzbetreiber entgegenzuwirken, schreiben Art. 9 und 13 der Richtlinie die rechtliche und organisatorische Entflechtung von Fernleitungs- und Verteilernetzbetreibern vor. Ergänzt werden diese Regelungen durch die Entflechtung der Rechnungslegung nach Art. 17 der Binnenmarktrichtlinie" [25].

Die Verordnung (EG) Nr. 1775/2005 betreffend den Zugang zu den Erdgasfernleitungsnetzen, die am 01.07.2006 in Kraft getreten war, normiert erstmals einheitliche Zugangs- und Entgeltregelungen für die EU-Staaten im Gassektor. Sie ist unmittelbar geltendes Recht für alle Mitgliedstaaten der EU.

Einige Zeit später wurde zur weiteren Beschleunigung des EU-Binnenmarktes für Energie das Dritte Energiebinnenmarktpaket verabschiedet. Der Rat der Europäischen Union hatte am 25.06.2009 seine Zustimmung erteilt, die Veröffentlichung erfolgte im Amtsblatt der EU L 211 vom 14.08.2009 und die Umsetzung in nationales Recht wurde mit der EnWG-Novelle 2011 abgeschlossen. Das Paket enthält die Binnenmarktrichtlinie Strom (RL 2009/72), die Binnenmarktrichtlinie Gas (RL 2009/73), die Verordnung über die grenzüberschreitenden Zugangsbedingungen zum Stromnetz (VO (EG) Nr. 714/2009), die Verordnung über die Zugangsbedingungen zu Gasnetzen (VO (EG) Nr. 715/2009) sowie die Verordnung zur Schaffung einer EU-Agentur für die Zusammenarbeit der Energieregulierungsbehörden (ACER) (VO (EG) Nr. 713/2009).

„Im Hinblick auf die Strom- und Gasrichtlinien sind vor allem die hierin enthaltenen drei Modelle zur Entflechtung der Übertragungsnetze zu erwähnen, die zur Liberalisierung des europäischen Energiemarktes beitragen sollen: Eigentumsrechtliche Entflechtung (Ownership Unbundling), Unabhängiger Netzbetreiber (Independent System Operator – ISO), Unabhängiger Übertragungs-/Fernleitungsnetzbetreiber (Independent Transmission Operator – ITO).

Kernpunkt der Verordnungen über die Zugangsbedingungen zum Stromnetz bzw. zu Gasnetzen ist die Errichtung von Netzwerken der Übertragungs- und Fernleitungsnetzbetreiber auf EU-Ebene (European Networks of Transmission System Operators – ENTSO). Hauptaufgabe dieser Netzwerke ist die Erarbeitung von Netzkodizes, welche neben den nationalen Netzkodizes gelten sollen und detaillierte Netzzugangsbedingungen festlegen. Außerdem soll alle zwei Jahre ein Zehnjahresnetzentwicklungsplan erarbeitet werden. Ziel ist die Förderung des grenzüberschreitenden Energiehandels sowie des Wettbewerbs im Binnenmarkt. Dadurch soll wiederum die Versorgungssicherheit verbessert werden.

Weitere wesentliche Neuerung durch das Dritte Binnenmarktpaket war die Schaffung einer Stelle zur Überwachung des Energiebinnenmarktes, die ‚Agentur für die Zusammenarbeit der Energieregulierungsbehörden' (ACER). Die Agentur ist eine der Europäischen Kommission zugeordnete Gemeinschaftseinrichtung mit eigener Rechtspersönlichkeit (mit eigenem Verwaltungsrat, Aufsichtsrat, einem Direktor und einer Beschwerdekammer). Ihre Aufgabe ist es, die von den nationalen Regulierungsbehörden wahrgenommenen Funktionen auf europäischer Ebene zu ergänzen. Durch eine bessere Koordinierung soll der Energiebinnenmarkt weiterentwickelt werden, um grenzüberschreitende Probleme besser lösen zu können" [25].

2.4.8.2 Deutsches Energierecht

Zentrales Regelwerk für die leitungsgebundene Energieversorgung in Deutschland ist das „Gesetz über die Elektrizitäts- und Gasversorgung". Das meist als Energiewirtschaftsgesetz (EnWG) bezeichnete Gesetz in der Fassung der Novelle vom 07.07.2005, zuletzt geändert am 20.07.2017, dient der Umsetzung der Binnenmarktrichtlinie Gas und der Binnenmarktrichtlinie Elektrizität. Ferner schafft das Gesetz, dessen Zweck gemäß § 1 Abs. 1 „eine möglichst sichere, preisgünstige, verbraucherfreundliche, effiziente und umweltverträgliche leitungsgebundene Versorgung der Allgemeinheit mit Elektrizität und Gas zunehmend auf Basis erneuerbarer Energien" ist, den institutionellen, nationalen Rahmen zum Vollzug des europäischen Rechts.

Das aktuelle EnWG ist in elf Teile gegliedert:

1. Teil: Allgemeine Vorschriften, wie Ziel- und Begriffsbestimmungen sowie Genehmigungs- und Zertifizierungserfordernisse
2. Teil: Regelungen zur Entflechtung
3. Teil: Regulierung des Netzbetriebs
4. Teil: Regelungen zur Energielieferung an Letztverbraucher
5. Teil: Regelungen zur Planfeststellung und Wegenutzung und damit insbesondere zur Frage der Konzessionen
6. Teil: Regelungen zur Sicherheit und zur Zuverlässigkeit der Energieversorgung
7. Teil: Organisation und Zuständigkeit der Behörden
8. Teil: Verfahrensrecht
9. Teil: Sonstige Vorschriften (u. a. zu geschlossenen Verteilernetzen, zur Schlichtungsstelle und die Regelung zum Verhältnis zwischen Energie- und Kartellrecht)

Teil 9a: Transparenz (Vorschriften zur Einrichtung von Informationsplattformen und -registern)

10. Teil: Evaluierungs- sowie Schluss- bzw. Übergangsvorschriften.

Für den Gasbereich wichtige Ergänzungen der im EnWG verankerten Vorschriften sind die auf Basis dieses Gesetzes erlassene Netzentgeltverordnung Gas in der Fassung vom 28.07.2015 sowie die Gasnetzzugangsverordnung in der Fassung vom 31.08.2015.

Die *Netzzugangsverordnung* Gas enthält ein flexibles Entry-Exit-Modell. Zuvor musste für jeden Transportvorgang ein bestimmter Transportpfad festgelegt werden. Dafür waren ein konkreter Einspeisepunkt und ein konkreter Ausspeisepunkt zu benennen. Das neue Netzzugangsmodell ist dagegen flexibel. Soweit dies netztechnisch möglich und wirtschaftlich zumutbar ist, soll nun unabhängig vom Einspeisepunkt jeder Gasverbraucher in Deutschland wettbewerblich mit Gas versorgt werden. Die Angabe eines Transportpfades ist in der Regel nicht mehr erforderlich. Das Zugangsmodell wird ergänzt durch vielfältige Kooperationspflichten der Netzbetreiber, die sicherstellen sollen, dass der Netzzugang für die Transportkunden effizient erfolgt. Damit löst sich dieses Modell zunehmend von den physikalisch/technischen Gegebenheiten und entwickelt sich in Richtung eines „kommerziellen Netzzugangsmodells".

Die *Netzentgeltverordnung* Gas enthält – ebenso wie die Netzentgeltverordnung Strom – umfangreiche Regelungen zur Bestimmung und Höhe der für den Netzzugang zu zahlenden Entgelte. Die Vorschriften sollen einerseits den Netzbetreibern die erforderliche Rechtssicherheit geben und andererseits der Regulierungsbehörde ermöglichen, weitere Vorgaben zu machen, wenn dies erforderlich ist. Die Entgeltverordnungen gestalten auch das bereits im Energiewirtschaftsgesetz angelegte Vergleichsverfahren aus. Um zu gewährleisten, dass die Netzentgelte in Deutschland angemessen sind, werden in den Vergleich auch andere europäische Netzbetreiber einbezogen. Ein wesentlicher Bestandteil der Netzentgeltregelungen sind die Veröffentlichungspflichten für die Netzbetreiber, die eine hohe Transparenz gewährleisten sollen.

Nachfolgend werden einige für die Gasversorgung *zentrale Regelungen des EnWG* dargelegt. Dazu gehören die Vorschriften zur Entflechtung, zum Netzzugang und zu den Netzentgelten. Weitere Einzelheiten können der Lektion 2 „Rechtliche Rahmenbedingungen für die Gaswirtschaft" der Euroforum-Schrift „Kompaktwissen Gaswirtschaft" entnommen werden [25]. Das Bundesministerium der Justiz und für Verbraucherschutz stellt in einem gemeinsamen Projekt mit der juris GmbH nahezu das gesamte aktuelle Bundesrecht kostenlos im Internet bereit (www.gesetze-im-internet.de). Die Gesetze und Rechtsverordnungen können in der geltenden Fassung abgerufen werden. Sie werden durch die Dokumentationsstelle im Bundesamt für Justiz fortlaufend konsolidiert.

Die Vorschriften zur Entflechtung sind in den §§ 6 bis 10e EnWG geregelt. Grundsätzlich sind vier Formen der Entflechtung zu unterscheiden. Das sind allgemein die rechtliche Entflechtung, die operationelle Entflechtung (oder organisatorische Entflechtung) sowie die informatorische und die buchhalterische Entflechtung. Besondere, d. h. schärfere Entflechtungsvorgaben gelten gemäß §§ 8–10e EnWG seit der EnWG-Novelle 2011 für Transportnetzbetreiber. Der Gesetzgeber sieht für sie drei Optionen einer „strukturellen" Entflechtung vor: die eigentumsrechtliche Entflechtung (Ownership Unbundling, § 8 EnWG) oder alternativ die Ausgestaltung als Unabhängiger Systembetreiber (§ 9 EnWG) bzw. als Unabhängiger Transportnetzbetreiber (§ 10 EnWG). Im Gegensatz zu Transportnetzbetreibern gilt für Verteilnetzbetreiber und Betreiber von Speicheranlagen nur der allgemeine Entflechtungs-„Vierklang", der nachfolgend näher beschrieben wird:

§ 7 EnWG verpflichtet vertikal integrierte Energieversorgungsunternehmen, den Verteilnetzbetrieb in einer eigenen, von den anderen Tätigkeitsbereichen des Energieversorgers unabhängigen rechtlichen Einheit zu organisieren. Gleiches gilt für Betreiber von Speicheranlagen. Von dieser Verpflichtung ausgenommen sind gemäß § 7 Abs. 2 EnWG solche vertikal integrierten Energieversorgungsunternehmen, an deren Elektrizitäts- oder Gasverteilnetz weniger als 100.000 Kunden unmittelbar oder mittelbar angeschlossen sind. Für Gasspeicher gilt diese Ausnahme nicht. Die gesetzlich geregelte rechtliche Entflechtung stellt im Übrigen keine Verpflichtung zur eigentumsrechtlichen Entflechtung (Ownership Unbundling) dar. Vielmehr kann ein vertikal integriertes Energieversorgungsunternehmen durchaus Alleineigentümer der rechtlich selbständigen Verteilnetzgesellschaft sein.

Die in § 7a EnWG geregelte operationelle Entflechtung enthält zum einen Vorschriften hinsichtlich der für den Verteilnetzbetreiber tätigen Personen und zum anderen bezüglich der Unabhängigkeit des Verteilnetzbetreibers in Bezug auf seine Entscheidungsbefugnisse und seinem Außenauftritt. Auch hier gilt gemäß § 7a Abs. 7 EnWG eine Ausnahmeregelung für Elektrizitäts- und Gasverteilnetzbetreiber mit weniger als 100.000 Kunden.

Die informatorische Entflechtung ist in § 6a EnWG geregelt, der gleichermaßen für Verteilnetze und Gasspeicher gilt. Neben der Gewährleistung der Vertraulichkeit wirtschaftlich sensibler Informationen sind Netzbetreiber verpflichtet, bei Offenlegung von Informationen über die eigenen Tätigkeiten, die wirtschaftliche Vorteile bringen können, dies in nicht-diskriminierender Weise zu tun.

„Die Entflechtung der Rechnungslegung ist in § 6b EnWG geregelt. Durch diese Vorschrift werden die Energieversorgungsunternehmen verpflichtet, in ihrer internen Rechnungslegung für ihre verschiedenen Tätigkeitsbereiche gesonderte Konten zu führen und getrennte Bilanzen und Gewinn- und Verlust-Rechnungen aufzustellen. Das Ziel dieser Regelung besteht vor allem darin, eine höhere Kostentransparenz für die regulierten Bereiche (d. h. insbesondere den Netzbetrieb) zu schaffen, um auf diese Weise eine Grundlage für die kostenorientierte Entgeltkalkulation zu schaffen“ [25].

Die gesetzlichen Vorgaben für den Netzzugang sind in § 20 EnWG enthalten. Während die Absätze 1 und 2 dieser Vorschrift allgemeine Regeln beinhalten, die sowohl für die Strom- als auch für Gasversorgungsnetze gelten, enthält der Abs. 1 b die zentralen materiellen Vorgaben für das Netzzugangsmodell im Gassektor. Darin heißt es zunächst: Zur Ausgestaltung des Zugangs zu den Gasversorgungsnetzen müssen Betreiber von Gasversorgungsnetzen Einspeise- und Ausspeisekapazitäten anbieten, die den Netzzugang ohne Festlegung eines transaktionsabhängigen Transportpfades ermöglichen und unabhängig voneinander nutzbar und handelbar sind. Zur Abwicklung des Zugangs zu den Gasversorgungsnetzen ist ein Vertrag mit dem Netzbetreiber, in dessen Netz eine Einspeisung von Gas erfolgen soll, über Einspeisekapazitäten erforderlich (Einspeisevertrag). Zusätzlich muss ein Vertrag mit dem Netzbetreiber, aus dessen Netz die Entnahme von Gas erfolgen soll, über Ausspeisekapazitäten abgeschlossen werden (Ausspeisevertrag). Wird der Ausspeisevertrag von einem Lieferanten mit einem Betreiber eines Verteilernetzes abgeschlossen, braucht er sich nicht auf bestimmte Entnahmestellen zu beziehen. Alle Betreiber von Gasversorgungsnetzen sind verpflichtet, untereinander in dem Ausmaß verbindlich zusammenzuarbeiten, das erforderlich ist, damit der Transportkunde zur Abwicklung eines Transports auch über mehrere, durch Netzkopplungspunkte miteinander verbundene Netze nur einen Einspeise- und einen Ausspeisevertrag abschließen muss, es sei denn, diese Zusammenarbeit ist technisch nicht möglich oder wirtschaftlich nicht zumutbar (§ 20 Abs. 1 b Sätze 1 bis 5 EnWG).

In den folgenden Sätzen des § 20 Abs. 1 b EnWG werden die Anforderungen an die Zusammenarbeit der Gasnetzbetreiber näher konkretisiert. Die Zusammenarbeit manifestiert sich konkret in Kooperationsvereinbarungen der Netzbetreiber, die sämtliche Grundsätze der Zusammenarbeit sowie alle einschlägigen Vertragsmuster enthalten.

„Zentrales Ziel bei dem Entwurf der Gasnetzzugangsverordnung war zunächst die gesetzliche Normierung des Entry-Exit-Modells. Zum Zeitpunkt des Entwurfs der Verordnung im Jahr 2004 bestand in Deutschland nur ein relativ geringer Erfahrungsschatz mit diesem Netzzugangsmodell. Die Verbändevereinbarung Gas sah insoweit auf der Ebene der Fernleitungsnetze ein klassisches, streckenbezogenes Netznutzungsmodell vor, bei dem der Netznutzer Transportkapazitäten auf einer bestimmten, auch physisch abgrenzbaren Transportstrecke buchen konnte, für die entfernungsabhängige Entgelte berechnet wurden.

Im Zuge mehrerer von der Europäischen Kommission geführten Missbrauchsverfahren gegen verschiedene Fernleitungsnetzbetreiber (zusammenfassend als das so genannte Marathonverfahren bekannt, da alle Verfahren durch eine Beschwerde des amerikanischen Unternehmens Marathon angestoßen wurden) hatten sich einige Unternehmen verpflichtet, für ihr Leitungsnetz ein transportpfadunabhängiges Entry-Exit-Modell einzuführen. Dieses ist dadurch gekennzeichnet, dass die Netznutzer lediglich Ein- und Ausspeisekapazität an einzelnen Punkten des jeweiligen Leitungsnetzes bilden müssen und diese sodann im Grundsatz unabhängig von bestimmten physischen Transportstrecken nutzen können. Für die Netznutzer entsteht hierdurch eine wesentlich höhere Flexibilität als bei dem transportpfadabhängigen Netzzugangsmodell. Auch die Bepreisung richtet sich nicht mehr nach der Transportstrecke, sondern nach fixen Preisen, die für die einzelnen Ein- und Ausspeisepunkte festgelegt werden. Durch die individuelle Bepreisung der Ein- und Ausspeisepunkte hat der Netzbetreiber die Möglichkeit, indirekt Einfluss auf die Auslastung seines Netzes zu nehmen, um eine möglichst optimale Nutzung der vorhandenen Kapazitäten zu gewährleisten“ [25].

Im Jahr 2004 veröffentlichten zunächst BEB und später auch E.ON Ruhrgas, RWE und Wingas Transportbedingungen nach dem Entry-Exit-Modell. Teile dieser Regelungen wurden vom Verordnungsgeber aufgegriffen und – ergänzt um Forderungen anderer Marktteilnehmer, insbesondere von Netznutzerseite – in der Gasnetzzugangsverordnung verankert.

Im Sommer 2006 war eine erste Fassung der „Vereinbarung über die Kapazitäten gemäß § 20 Abs. 1 b EnWG zwischen Betreibern von in Deutschland gelegenen Gasversorgungsnetzen“ (kurz: Kooperationsvereinbarung) verabschiedet worden. Mittlerweile liegt die zehnte Fassung vor, die am 01.10.2018 in Kraft getreten ist.

„Das ab dem 01.10.2007 auf Grundlage dieser Kooperationsvereinbarung angewandte Netzzugangssystem sieht für den Transport bzw. die Netznutzung innerhalb eines Marktgebietes – unabhängig von der Zahl der beteiligten Netzbetreiber – den Abschluss eines Einspeise-, eines Ausspeise- und eines Bilanzkreisvertrags vor“ [25].

Danach sind alle Abnehmer einem Marktgebiet zugeordnet. Die Marktgebiete sind aber nicht streng geografisch voneinander abgegrenzt, sondern überlappen sich an zahlreichen

Stellen. Gebildet werden die Marktgebiete durch die Fernleitungsnetzbetreiber, die typischerweise die Spitze der traditionellen Lieferkette im Gassektor bilden. Die Zahl der Marktgebiete hat sich von ursprünglich 28 auf heute noch 2 reduziert (Net Connect Germany und Gaspool).

Einer der zentralen Bestandteile des 2005 novellierten EnWG war der Übergang vom vorhandelten zum regulierten Netzzugang. Seitdem unterliegen die Gasnetzentgelte grundsätzlich der Pflicht der vorherigen Genehmigung durch die Bundesnetzagentur oder die Landesregulierungsbehörden. Demgegenüber hatte im vorangegangenen System des verhandelten Netzzugangs der Netzbetreiber die Gasnetzentgelte ermittelt und diese Lieferanten und sonstigen Netznutzern in Rechnung gestellt. Ein behördliches Entgeltgenehmigungsverfahren war nicht zu durchlaufen; vielmehr fand lediglich im Einzelfall eine nachträgliche Kontrolle durch die Kartellbehörden statt (sog. Ex-post-Kontrolle).

Zentrale Orientierung für die die nunmehr erforderliche Genehmigung der Entgelte waren zunächst die vom Antragsteller dargelegten Kosten seiner Betriebsführung, wobei die genehmigten Entgelte als Höchstpreise zu verstehen sind, die unterschritten, aber nicht überschritten werden dürfen.

Bereits in § 21 a EnWG angelegt sind – als Fortentwicklung der kostenorientierten Entgeltregulierung – die gesetzlichen Anforderungen an die Anreizregulierung, die durch eine Anreizregulierungsverordnung konkretisiert wurden. Die Anreizregulierung begann am 01.01.2009.

„Zu Beginn der Regulierungsperiode legen die Regulierungsbehörden für die einzelnen Netzbetreiber Erlösobergrenzen fest, die auf den Kosten des jeweiligen Netzbetreibers basieren und jährlich in dem Maße sinken, in dem der Netzbetreiber aufgrund eines unterstellten gleichmäßigen Abbaus seiner von den Regulierungsbehörden festgestellten Ineffizienzen seine Kosten senken soll. Die zu Beginn der Regulierungsperiode für die einzelnen Jahre festgelegten Erlösobergrenzen bleiben, von Ausnahmefällen abgesehen (z. B. Erweiterung des Netzgebietes), über die Regulierungsperiode grundsätzlich unverändert und werden lediglich zu Beginn eines jeden Jahres mit Blick auf die Änderungen des Verbraucherpreisindexes sowie mit Blick auf mögliche Änderungen bei den dauerhaft nicht beeinflussbaren Kostenanteilen angepasst.

Ziel dieses Entgeltsystems ist, den Netzbetreibern einen Anreiz zu zusätzlichen Kostensenkungen zu geben, da sie eine höhere Rendite als nach dem gegenwärtigen kostenregulierten Entgeltsystem nach der GasNEV erzielen können, wenn sie die Netzkosten stärker absenken können als die Erlöse nach dem ihnen vorgeschriebenen Erlössenkungspfad sinken.

Die Erlösobergrenzen werden für jeden Netzbetreiber individuell festgelegt. Das Maß der Erlösabsenkung über die beiden Regulierungsperioden soll von der Effizienz des Netzbetreibers abhängig sein. Angestrebt wird, die Ineffizienzen der Netzbetreiber abzubauen und ihre Effizienz bis zum Ende der zweiten Regulierungsperiode anzugleichen. Effiziente Netzbetreiber sollen somit geringere Erlösabsenkungen hinnehmen müssen als ineffiziente Netzbetreiber.

Die Entgeltkalkulation nach der Anreizregulierungsverordnung kann an dieser Stelle nur vereinfacht und im Überblick dargestellt werden:

- Den Ausgangspunkt für den Erlössenkungspfad bilden die Kosten eines Netzbetreibers zu Beginn der Regulierungsperiode. Die Gesamtkosten werden nach der GasNEV ermittelt.
- Die so ermittelten Kosten müssen für den Effizienzvergleich der Netzbetreiber untereinander vergleichbar gemacht werden. Für die Vergleichbarkeitsrechnung werden die Kapitalkosten des Unternehmens nach der GasNEV daher durch annuitätisch ermittelte Werte ersetzt.
- Für den Effizienzvergleich stützt sich die Regulierungsbehörde auf zwei Methoden: die Stochastic Frontier Analysis (kurz: SFA) und die Dateneinhüllungsanalyse (kurz: DEA). Anhand dieser Methoden wird ein Effizienzwert ermittelt, wobei der für das Unternehmen günstigere zugrunde gelegt wird. Nach der gesetzlichen Festlegung in der Anreizregulierungsverordnung darf der Effizienzwert 60 % nicht unterschreiten. Sollte der für die Unternehmen ermittelte Effizienzwert 60 % unterschreiten, wird also gleichwohl ein Effizienzwert von 60 % unterstellt. Dieser Wert wird auch dann angesetzt, wenn die übermittelten Daten unvollständig sind.
- Die nach dem Effizienzvergleich als ineffizient anzusehenden Kosten (den abzubauenden, auf Ineffizienzen beruhenden Kosten entsprechen in der Terminologie der Anreizregulierungsverordnung die beeinflussbaren Kosten) sind jeweils zum Ende der Regulierungsperiode abzuschmelzen. Die konkrete Effizienzvorgabe kann von dieser generellen Leitlinie für die einzelnen Netzbetreiber noch einer individuellen Anpassung unterliegen, wenn sich herausstellen sollte, dass die daraus resultierende Vorgabe nachweislich nicht erreichbar bzw. übertreffbar ist.

Für kleine Gasverteilungsnetzbetreiber mit weniger als 15.000 Anschlusskunden sieht die Anreizregulierungsverordnung ein vereinfachtes Verfahren vor. Voraussetzung für eine Teilnahme an diesem vereinfachten Verfahren ist ein fristgerechter Teilnahmeantrag des Gasnetzbetreibers (§ 24 ARegV). In diesem vereinfachten Verfahren wird auf eine individuelle Effizienzprüfung verzichtet und ein standardisiertes Verfahren angewendet" [25].

2.5 Elektrizität

Besonderes Kennzeichen der deutschen Elektrizitätswirtschaft ist die Vielfalt der Anbieterstruktur. Während der Strommarkt europäischer Nachbarländer häufig durch monopolistische oder allenfalls duopolistische Marktstrukturen geprägt ist, gibt es in Deutschland zur Zeit mehr als 1000 Stromversorger. Diese Unternehmen unterscheiden sich u. a. hinsichtlich Größe, Integrationsgrad, Struktur, Leistungsangebot, Eigentümern und Rechtsform; ihre Geschäftstätigkeit, die vor der Liberalisierung ganz überwiegend auf regionale

Schwerpunkte konzentriert war, ist in vielen Fällen deutlich ausgedehnt worden – teilweise über die Grenzen der Bundesrepublik Deutschland hinaus. Gleichzeitig haben ausländische Anbieter vermehrt Geschäftsaktivitäten auf dem deutschen Markt entfaltet.

2.5.1 Aufbau der Elektrizitätswirtschaft nach Wertschöpfungsstufen

In der Elektrizitätswirtschaft stellt sich die Struktur der Unternehmen – differenziert nach den Wertschöpfungsstufen Erzeugung, Handel, Netz und Vertrieb – sehr unterschiedlich dar.

In der Stromerzeugung betätigen sich folgende Unternehmensgruppen:

- Stromversorger (allgemeine Versorgung),
- Industrielle Kraftwirtschaft,
- andere Betreiber von Erzeugungsanlagen.

Kennzeichen der Stromversorger ist, dass sie Dritte – also Industrie, private Haushalte, Handel und Gewerbe, öffentliche Einrichtungen, Verkehr und Landwirtschaft – mit Elektrizität beliefern und/oder ein Netz zur Versorgung mit Strom betreiben.

Zur industriellen Kraftwirtschaft werden einige hundert Betriebe gerechnet, die mit eigenen Kraftwerken ihren Strom- und Wärmebedarf ganz oder teilweise decken. Neben der praktizierten Eigenversorgung beziehen diese Unternehmen in der Regel zusätzlich Strom aus dem Netz der allgemeinen Versorgung. Sie speisen auch „Überschussstrom" in das Netz der Stromversorger ein.

In der drittgenannten Kategorie dominierten bis Anfang der 1990er Jahre private Wasserkraftwerke. Mit der Verbesserung der Förderbedingungen für erneuerbare Energien hat sich die Zahl anderer Betreiber von Stromerzeugungsanlagen, unter anderem auf Basis Wind, Photovoltaik und Biomasse, seitdem erheblich vergrößert.

Von der gesamten Erzeugungskapazität in Deutschland (215.846 Megawatt zum 31.12.2017) entfallen 95 % auf Energieversorger und andere Betreiber (im Wesentlichen Betreiber von EEG-Anlagen) und 5 % auf die Industrie.

Eigentümer des *Übertragungsnetzes* sind in Deutschland vier Unternehmen. Das sind:

- Amprion GmbH, Dortmund (RWE sowie Konsortium von Finanzinvestoren)
- TenneT TSO GmbH, Bayreuth (TenneT)
- TransnetBW GmbH, Stuttgart (EnBW)
- 50Hertz Transmission GmbH, Berlin (Elia/IFM).

Diese Transmission System Operator (TSO) betreiben die Übertragungsanlagen, sie sind für die Frequenz-Leistungsregelung des Höchstspannungsnetzes verantwortlich, das eine Länge von rund 37.000 km hat, und sie sind an der überregionalen Reservevorhaltung beteiligt. Sie vermarkten ferner den von den Produzenten erneuerbarer Energien erzeugten EEG-Strom über die Börse und führen den physischen Energieaustausch mit in- und ausländischen Energieversorgern durch.

Auf der *Verteilnetzebene* (Hochspannung: 86.300 km; Mittelspannung: 522.000 km und Niederspannung: 1.192.000 km) sind etwa 900 Unternehmen in Deutschland tätig. Bei diesen Distribution System Operator (DSO) handelt es sich zum einen um Stromnetzbetreiber, die zwar eigentumsrechtlich zu einem der großen Unternehmen gehören, aber aufgrund rechtlicher Vorgaben gesellschaftsrechtlich, organisatorisch und buchhalterisch entflochten sind, zum anderen um regionale und lokale Stromversorger.

Die regionalen Stromversorger veräußern von überregional tätigen Anbietern und anderen Unternehmen erzeugte, aber auch in eigenen Kraftwerken produzierte Elektrizität an lokale Versorger und auch an Kunden auf der Letztverbraucherebene.

Das Tätigkeitsfeld der lokalen Stromversorger war in der Vergangenheit im Allgemeinen auf einzelne Gemeindegebiete beschränkt. Hier haben sie – häufig im Querverbund mit Gas, Fernwärme, Wasser/Abwasser sowie teilweise Verkehrsbetrieben und anderen Infrastruktureinrichtungen – überwiegend Verteiler- und Vertriebsfunktionen wahrgenommen. Den größten Teil des Strombedarfs decken die meisten dieser Unternehmen, die sich überwiegend im Eigentum der jeweiligen Gemeinde befinden, vorzugsweise durch Bezüge von Gesellschaften vorgelagerter Marktstufen. Diese Bezüge werden allerdings zum Teil durch Stromerzeugung in eigenen Kraftwerken ergänzt. Insgesamt gibt es mehr als 800 lokale und kommunale Unternehmen im Bereich der Stromversorgung.

Der Stromverbraucher hat die Wahl zwischen einer Vielzahl von Anbietern und Tarifen. Die Stromkunden machen zunehmend von diesen Wahlmöglichkeiten Gebrauch. So haben allein im Jahr 2016 etwa 4,64 Mio. Haushaltskunden entsprechend 9,6 % aller Haushaltskunden den Lieferanten gewechselt. Davon entfielen 3,58 Mio. auf Haushaltskunden, die ohne Umzug den Lieferanten gewechselt haben, und 1,06 Mio. auf Haushaltskunden, die bei Einzügen direkt einen anderen Lieferanten als den Grundversorger gewählt haben. Im gesamten Zehnjahreszeitraum 2007 bis 2016 hat es mehr als 30 Mio. Lieferantenwechsel von Haushaltskunden Strom gegeben. Zwei Fünftel der Haushaltskunden sind zwar bei ihrem Versorger geblieben, haben aber ein neues – in der Regel günstigeres – Vertragsangebot ihres bisherigen Lieferanten angenommen. Der Anteil der Haushaltskunden in der klassischen Grundversorgung beträgt lediglich noch rund 30 %.

Nach erfolgter Liberalisierung des Strommarkts ist mit dem *Stromhandel* ein neues strategisches Geschäftsfeld entstanden. Die großen deutschen Energiekonzerne und auch die größeren Stadtwerke haben eigene Handelsgesellschaften aufgebaut. Kleinere Energieversorger haben Stromhandelsaktivitäten durch Zusammenschlüsse und Kooperation gebündelt. Daneben sind neue Akteure aufgetreten, die ein Stromhandelsgeschäft betreiben, ohne über eigene Erzeugungsanlagen, Netze oder einen Vertrieb zur Versorgung von Endkunden zu verfügen.

Diese Stromhändler werden außerdem unterstützt durch Dienstleister, wie zum Beispiel Broker, Portfoliomanager oder Finanzdienstleister. Am Stromhandelsmarkt beteiligen sich darüber hinaus zahlreiche ausländische Unternehmen.

Tab. 2.48 Aufkommen und Verwendung von Elektrizität in der Bundesrepublik Deutschland 2016 und 2017

		2016*	2017*
		Mrd. kWh	
	Kraftwerke/Anlagen der Energieversorger**	595,7	598,8
+	Industriekraftwerke	54,9	55,9
=	**Gesamte Brutto-Erzeugung**	**650,6**	**654,7**
–	Eigenverbrauch	36,3	34,2
=	**Netto-Erzeugung**	**614,3**	**620,5**
+	Einfuhr	27,0	28,4
=	**Aufkommen**	**641,3**	**648,9**
–	Ausfuhr	80,7	83,3
=	**Im Inland verfügbares Aufkommen**	**560,6**	**565,6**
–	Pumpstromverbrauch	7,5	8,3
=	**Gesamt-Stromverbrauch**	**553,1**	**557,3**
–	Netzverluste und Nichterfassung	26,0	27,3
=	**Netto-Stromverbrauch*****	**527,1**	**530,0**
	Davon:		
	Industrie	247,2	248,6
	Private Haushalte	128,2	128,8
	Gewerbe/Handel/Dienstleistungen/Landwirtschaft	140,0	140,8
	Verkehr	11,7	11,8

* Stand: März 2018
** einschließlich von Dritten betriebener EEG- und KWK-Anlagen
*** Der Brutto-Stromverbrauch ermittelt sich aus dem Netto-Stromverbrauch zuzüglich Netzverluste, Pumpstromverbrauch und Eigenverbrauch der Erzeugungsanlagen; der Brutto-Stromverbrauch lässt sich ebenfalls als Summe aus Brutto-Stromerzeugung und Stromimporten abzüglich der Stromexporte ableiten
Quelle: BDEW, Berlin, 2018

Für die Energieversorgung gehört das Portfoliomanagement zur Beschaffungsoptimierung (Strom, Brennstoff, CO_2) zu den wesentlichen Aufgaben des Stromhandels. Daneben kann der Einsatz der Kraftwerke vom Handel gesteuert werden. Und schließlich stellt der Energiehandel eine wesentliche Schnittstelle zum Vertrieb dar. So versorgt der Handel den Vertrieb mit Strommengen, die für den Absatz benötigt werden.

Nach Marktfunktionen hat der BDEW folgende Anzahl der Unternehmen erfasst, die in dem jeweils genannten Marktsegment tätig sind (Stand: April 2018):

- Stromerzeuger (> 100 MW): 80
- Übertragungsnetzbetreiber: 4
- Stromverteilnetzbetreiber: 903
- Stromhändler: 55
- Stromlieferanten: 1280

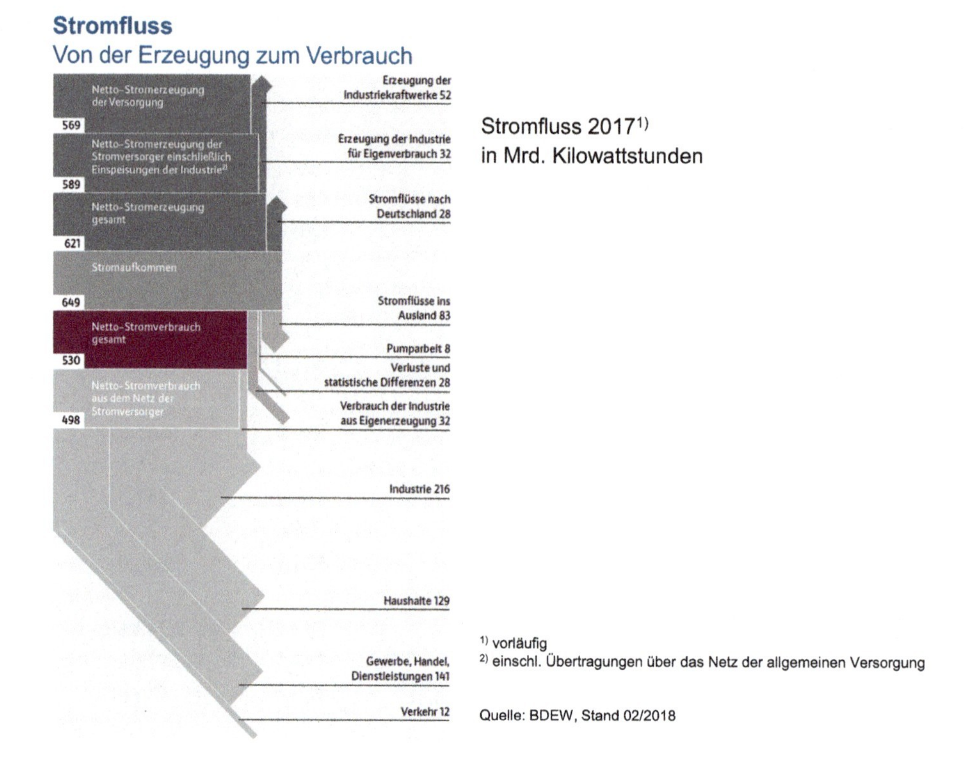

Abb. 2.35 Stromfluss 2017

Eine Summation dieser Zahlen ist nicht möglich, da viele der Unternehmen in mehreren Sparten und auf mehreren Wertschöpfungsstufen tätig sind und somit mehrfach erfasst wurden.

2.5.2 Integration des Versorgungssystems der neuen Bundesländer

Die Elektrizitätswirtschaften West- und Ostdeutschlands waren vor der Vereinigung fast völlig getrennt. Die einzige Verbindung hatte in der Vergangenheit in Form der Versorgung einiger weniger kleiner westdeutscher Gemeinden an der innerdeutschen Grenze aus dem ostdeutschen Stromnetz bestanden. Die entsprechenden Strombezüge aus der damaligen DDR hatten aber nicht einmal 0,1 % des gesamten westdeutschen Stromaufkommens entsprochen. West-Berlin war in der Vergangenheit über ein drittes Netz als „Strominsel" versorgt worden. 1993 war West-Berlin über eine 110 kV-Leitung mit dem Ostteil und damit mit dem Vereinigten Energiesystem der osteuropäischen Länder (IPS) verbunden worden. Im Unterschied zur Integration der alten Bundesländer in den westeuropäischen Stromverbund, der UCPTE (Union pour la Coordination de la Production et du Transport de l'Electricitè), war Ostdeutschland noch bis 1995 in das Vereinigte Energiesystem

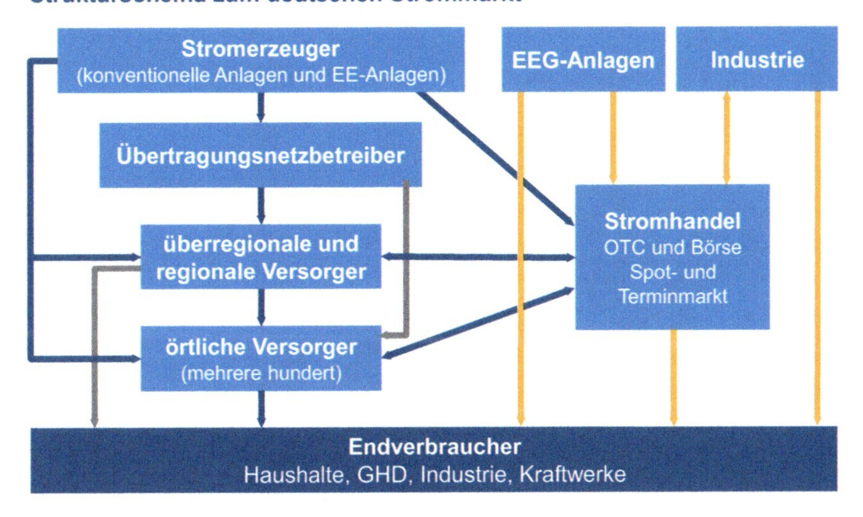

Abb. 2.36 Strukturschema zum deutschen Strommarkt

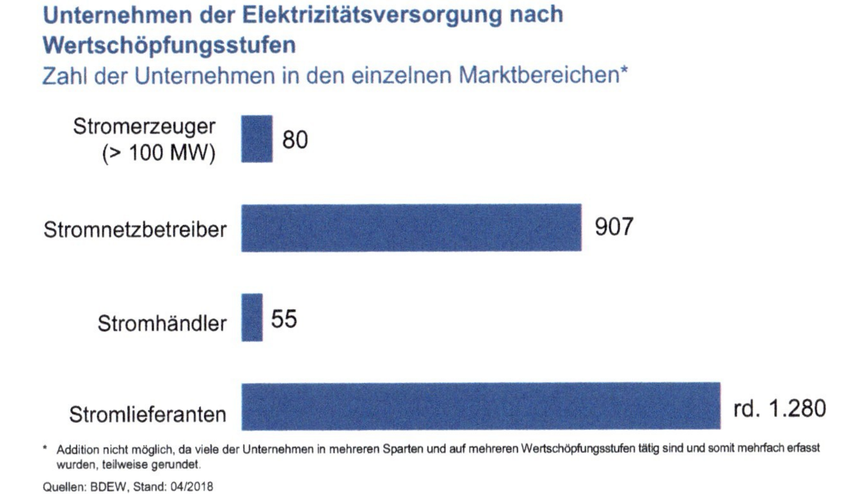

Abb. 2.37 Unternehmen der Elektrizitätsversorgung nach Wertschöpfungsstufen

der osteuropäischen Länder (IPS) mit Sitz in Prag eingebunden. Im Oktober 1990 hatte die Vollversammlung der UCPTE der Einbeziehung Ostdeutschlands in das westeuropäische Verbundnetz zugestimmt. Nach Bau der zum technischen Vollzug dieses Beschlusses erforderlichen Verbundleitungen erfolgte Ende September 1995 die offizielle Zusammenschaltung der west- und ostdeutschen Stromnetze. Seitdem ist das Stromnetz der neuen Bundesländer Teil des europäischen Verbundnetzes der UCTE, die 1999 aus der UCPTE hervorgegangen war.

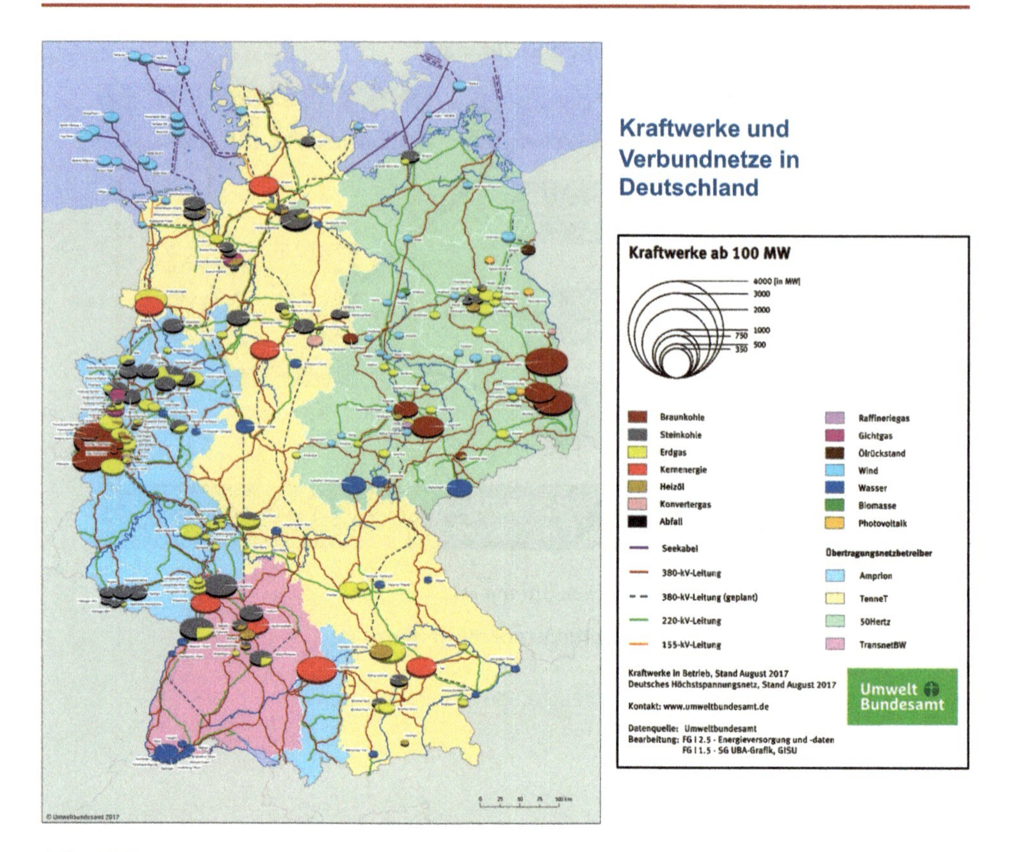

Abb. 2.38 Kraftwerke und Verbundnetze in Deutschland

Ein weiteres entscheidendes Datum für die Integration des Versorgungssystems der neuen Bundesländer in die westdeutsche Elektrizitätswirtschaft stellen die noch von der früheren DDR-Regierung im August 1990 abgeschlossenen sogenannten Stromverträge dar. Das Vertragswerk, mit dem die Überleitung des vorher staatlicher Lenkung unterstehenden Elektrizitätsbereichs auf die Privatwirtschaft eingeleitet worden war, besteht aus zwei Teilen:

- einem Vertrag zur Verbundebene, nämlich Stromerzeugung in Großkraftwerken und Höchstspannungsnetze (380/220 kV),
- 15 einzelnen Verträgen, die an die elektrizitätswirtschaftliche Kooperation mit den früheren 15 regionalen Bezirkskombinaten anknüpfen [26].

Der am 22.08.1990 zwischen westdeutschen Energiekonzernen, der Regierung der damaligen DDR und der Treuhandanstalt (THA) unterzeichnete „Stromvertrag" beinhaltete u. a. die Geschäftsbesorgung, Regelungen zum Anteilserwerb und sah für die Verbundebene die Einbringung der Erzeugungsanlagen der Vereinigte Kraftwerke AG, Peitz und

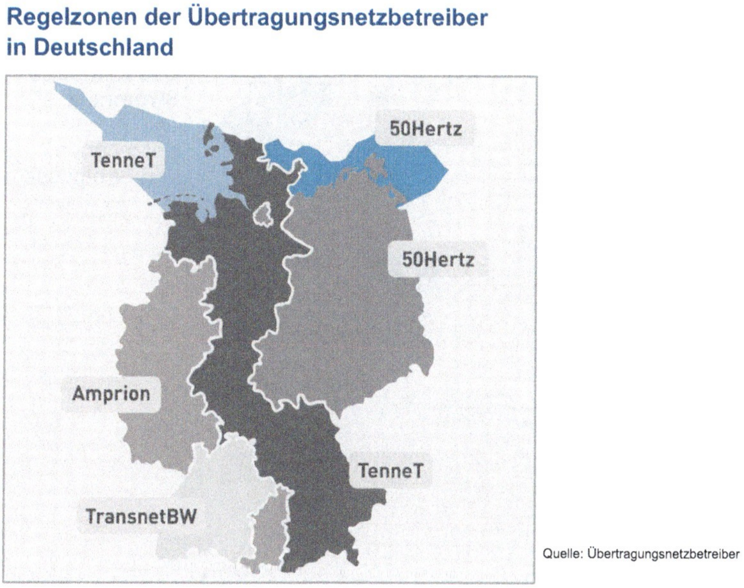

Regelzonen der Übertragungsnetzbetreiber in Deutschland

TenneT
50Hertz
50Hertz
Amprion
TenneT
TransnetBW

Quelle: Übertragungsnetzbetreiber

Abb. 2.39 Regelzonen der Übertragungsnetzbetreiber in Deutschland

der Verbundnetz Elektroenergie AG in die VEAG Vereinigte Energiewerke Aktiengesellschaft vor. Im September 1994 wurde zwischen den westdeutschen Energiekonzernen und der Treuhandanstalt der Vertrag über den Erwerb der VEAG-Aktien geschlossen. Der Erwerb erfolgte mit wirtschaftlicher Rückwirkung zum 01.01.1994 [27].

In Umsetzung des zweiten Teils des Vertragswerkes von August 1990 waren 15 Regionalversorgungsunternehmen geschaffen worden. Diesen Gesellschaften war durch den Vertrag zur Sicherung des Einsatzes der ostdeutschen Braunkohle die Verpflichtung auferlegt worden, mindestens 70 % ihres Stromabsatzes über Fremdbezug von der VEAG abzudecken. Für diese regionalen Versorgungsunternehmen wurde – wie für die Verbundebene – die mehrheitliche Beteiligung (in der Regel 51 %) durch westdeutsche Unternehmen (entweder durch ein EVU allein oder gemeinsam mit anderen) vereinbart. Die Kapitalbeteiligung der Kommunen sollte gemäß dem Vertrag auf bis zu 49 % begrenzt werden. Ebenso wie für die VEAG auf der Verbundebene hatten die westdeutschen EVU in einem ersten Schritt zunächst nur die Geschäftsbesorgung übernommen. Die Übertragung der Anteilsrechte an diesen Gesellschaften musste wegen der von 164 ostdeutschen Gemeinden beim Bundesverfassungsgericht eingereichten Beschwerde gegen die im Stromvertrag vorgesehene Regelung zurückgestellt werden. Die Zielsetzung der Beschwerde hatte für die kommunale Seite darin bestanden, die Möglichkeit zur Gründung von Stadtwerken zu erstreiten.

Das Bundesverfassungsgericht hatte am 27. Oktober 1992 in Stendal einen Vergleich vorgeschlagen, der anschließend in weiteren Verhandlungen zwischen den beteiligten Parteien konkretisiert wurde. Nach der Vergleichsvereinbarung in der Fassung vom

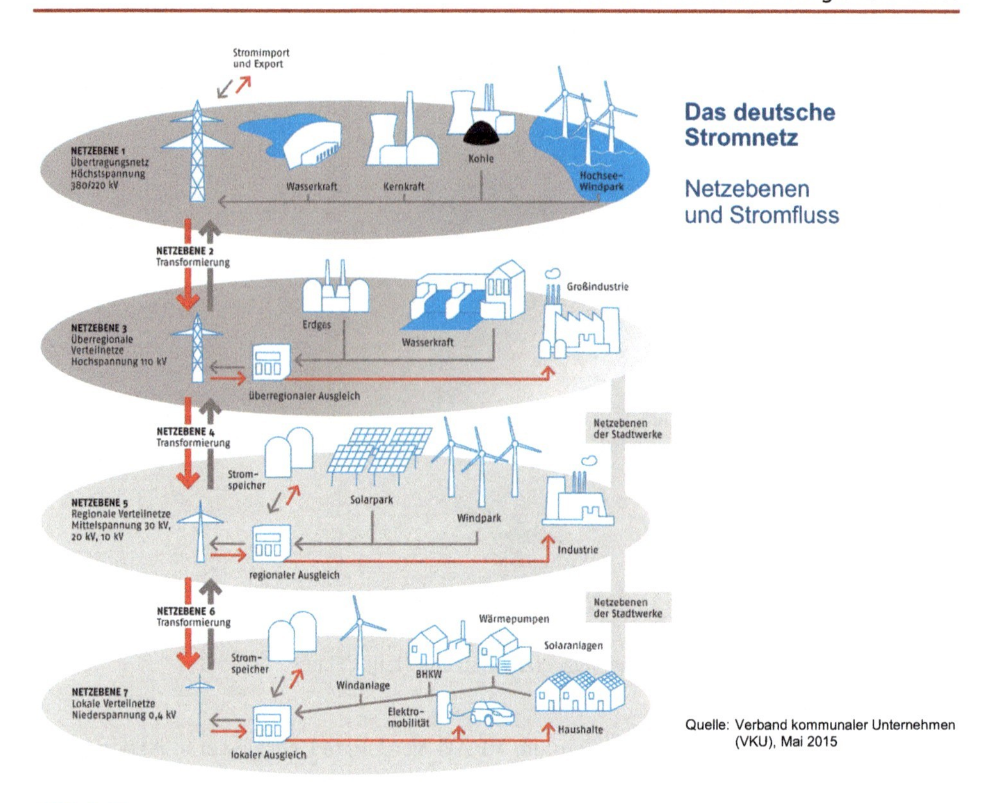

Abb. 2.40 Das deutsche Stromnetz – Netzebenen und Stromfluss

Netzausbaubedarf aufgrund verstärkter Nutzung Erneuerbarer Energien

- Frühere Auslegung elektrischer Netze orientierte sich an der Energieverteilung von Großkraftwerken zum Endverbraucher für einen Stark- und Schwachlastfall
- Dargebotsabhängige EE-Einspeisung als zusätzliche auslegungsrelevante Netznutzungsfälle (Einspeisung ist unabhängig von Last)
- Aufgrund der Dargebotsabhängigkeit ist eine starke Regionalisierung der EE-Einspeisung erkennbar
- Insbesondere in Schwachlastfällen erfolgt bereits heute häufig eine Rückspeisung aus den Verteilungs-netzen
- EE-Einspeisung ist oftmals heute schon bei der Netzplanung für Auslegung dominant

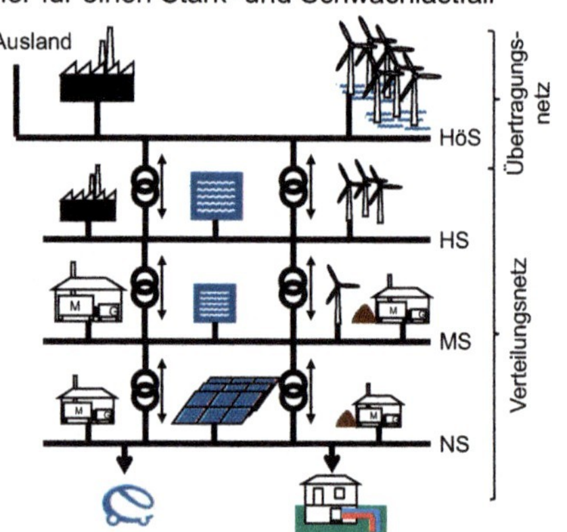

Abb. 2.41 Netzausbaubedarf in Deutschland

22.12.1992 sollten den Kommunen die örtlichen Anlagen und Netze für die Strom- und Fernwärmeversorgung kostenlos übertragen werden. Im Gegenzug verzichten die Städte und Gemeinden, sofern sie von der eingeräumten Errichtung eigener Stadtwerke Gebrauch machen, auf ihre gesetzlich zugesicherten Kapitalanteile – insgesamt bis zu 49 % – an den ostdeutschen Regionalunternehmen. Des Weiteren sah die Vereinbarung folgende Regelung vor:

- 70 % des Stroms erzeugen die VEAG Vereinigte Energiewerke AG, Berlin.
- 30 % der Stromerzeugung erfolgen durch Regionalversorger und Stadtwerke, wobei die Kommunen 30 % des Strombedarfs aus eigener Produktion decken können; dies gilt für die Gesamtheit der Kommunen, im Einzelfall ist auch mehr als 30 % Eigenerzeugung möglich.
- Die Stromerzeugung der kommunalen Unternehmen soll hauptsächlich auf Anlagen mit Kraft-Wärme-Kopplung basieren. Die Kraftwerke dürfen nur wärmegeführt betrieben werden. Diese Einschränkung gilt nicht bei Stromerzeugung aus Müll oder aus erneuerbaren Energien.

Eine Umsetzung des Vergleichsvorschlags war zunächst an der Weigerung einer kleinen Zahl von ostdeutschen Kommunen gescheitert.

Tab. 2.49 Anteilseigner der großen Energieversorger

Anteilseigner		Anteile in %
1.	**RWE Aktiengesellschaft, Essen***	
	RW Holding AG (Bündelung von Anteilen von Kommunen)	5
	KEB Holding AG (Stadt Dortmund)	5
	BlackRock Inc.	5
	Sonstige Institutionelle Aktionäre	71
	Privataktionäre	13
	Belegschaftsaktionäre	1
2.	**E.ON SE, Essen***	
	Privatanleger	22
	Institutionelle Anleger	78
3.	**Uniper SE, Düsseldorf****	
	E.ON Beteiligungen	47
	Elliot Mng. Corp.	7
	Knight Vinke Asset Mng.	5
	BlackRock Inc.	4
	Sonstige Institutionelle Investoren	25
	Privatanleger	9
	Nicht identifiziert	3

Tab. 2.49 (Fortsetzung)

Anteilseigner				Anteile in %
4.	**EnBW Energie Baden-Württemberg AG, Karlsruhe**			
	NECKARPRI-Beteiligungsgesellschaft mbH (NECKARPRI ist 100 %ige Tochterges. des Landes Baden-Württemberg)			46,75
	OEW Energie-Beteiligungs-GmbH (OEW)			46,75
	Badische Energieaktionärs-Vereinigung (BEV)			2,45
	EnBW Energie Baden-Württemberg AG			2,08
	Gemeindeelektrizitätsverband Schwarzwald-Donau (G.S.D.)			0,97
	Neckar-Elektrizitätsverband (NEV)			0,63
	Streubesitz, sonstige Aktionäre			0,39
5.	**Lausitz Energie Bergbau AG und Lausitz Energie Kraftwerke AG, (LEAG), Cottbus**			
	Energetický a Průmyslový Holding (EPH)			50
	PPF Investments			50
6.	**Vattenfall GmbH Berlin**			
	Vattenfall AB (Vattenfall AB, Stockholm ist zu 100 % in schwedischem Staatsbesitz)			100
7.	**EWE Aktiengesellschaft, Oldenburg**			
	Weser-Ems-Energiebeteiligungen GmbH (WEE)			64
	Energieverband Elbe-Weser Beteiligungsholding GmbH (EEW)			20
	EnBW Energie Baden-Württemberg AG			6
	Eigener Anteil			10
8.	**Statkraft Markets GmbH, Düsseldorf**			
	Statkraft SF (Die norwegische Statkraft – 100 % im Eigentum des norwegischen Staates – hält die Kapitalanteile an der Statkraft Markets GmbH über die Statkraft Germany GmbH und die Statkraft SA)			100,0
9.	**ENGIE Deutschland AG, Berlin** (vormals GDF SUEZ Energie Deutschland AG)			
	ENGIE SA, Paris			100,0
	Aktionäre der französischen Muttergesellschaft ENGIE SA*:			
	État (Französischer Staat):	24,10	(28,50)	
	Treasury Stock:	1,98	(0,00)	
	Group CDC:	1,88	(2,07)	
	CNP Assurances:	1,75	(1,58)	
	Belegschaftsaktionäre	2,69	(4,04)	
	Public (einschl. institutionelle Investoren)	67,60	(63,81)	
	*Stimmrechte (ohne treasury stock) in Klammern			

Tab. 2.49 (Fortsetzung)

Anteilseigner			Anteile in %
10.	**MVV Energie AG, Mannheim**		
	Stadt Mannheim (mittelbar)		50,1
	RheinEnergie AG		16,3
	EnBW AG		28,8
	Streubesitz		4,8
11.	**RheinEnergie AG, Köln**		
	GEW Köln AG (Die GEW Köln AG als Zwischenholding der Stadtwerke Köln GmbH ist direkt und indirekt zu 100 % im Besitz der Stadt Köln)		80,0
	innogy SE (Übergang an E.ON vereinbart)		20,0
12.	**Stadtwerke Düsseldorf AG, Düsseldorf**		
	EnBW Energie Baden-Württemberg AG		54,95
	Holding der Landeshauptstadt Düsseldorf GmbH		25,05
	GEW Köln AG		20,00
13.	**Stadtwerke München AG, München**		
	Landeshauptstadt München		100,0
14.	**N-ERGIE Aktiengesellschaft, Nürnberg**		
	Städtische Werke Nürnberg GmbH (StWN)		60,2
	Thüga Aktiengesellschaft		39,8
15.	**Stadtwerke Duisburg AG, Duisburg**		
	Duisburger Versorgungs- und Verkehrsgesellschaft mbH (DVV) (100 % Anteilseigner ist die Stadt Duisburg)		80,0
	innogy SE (Übergang an E.ON vereinbart)		20,0
16.	**enercity AG** (vormals Stadtwerke Hannover)		
	Versorgungs- und Verkehrsgesellschaft Hannover mbh (VVG)		75,09
	Thüga Aktiengesellschaft		24,00
	Region Hannover		0,91
17.	**Thüga Aktiengesellschaft, München**		
	Thüga Holding Gmbh & Co. KGaA		81,1
	CONTIGAS Deutsche Energie Aktiengesellschaft		18,9
	Anteilseigner der Thüga Holding GmbH & Co. KGaA sind:		
	enercity AG:	20,53 %	
	Mainova Aktiengesellschaft:	20,53 %	
	N-ERGIE Aktiengesellschaft:	20,53 %	
	Kom9 GmbH & Co. KG:	38,41 %	
	(Die Kom9, Freiburg, ist ein Verbund von Stadtwerken und regionalen Energieversorgern aus ganz Deutschland)		

Tab. 2.49 (Fortsetzung)

Anteilseigner			Anteile in %
18.	**STEAG GmbH, Essen**		
	KSBG Kommunale Beteiligungsgesellschaft GmbH & Co. KG		100,0
	Das Stadtwerkekonsortium ist ein Zusammenschluss von sechs kommunalen Unternehmen aus dem Ruhrgebiet. Die Anteile lauten wie folgt:		
	Stadtwerke Duisburg AG:	19 %	
	Dortmunder Stadtwerke AG (DSW21):	36 %	
	Stadtwerke Bochum GmbH:	18 %	
	Stadtwerke Essen AG:	15 %	
	Energieversorgung Oberhausen AG (EVO):	6 %	
	Stadtwerke Dinslaken GmbH	6 %	
19.	**Stadtwerke Bielefeld GmbH**		
	Bielefelder Beteiligungs- und Vermögensverwaltungsgesellschaft (BBVG) (Die BBVG ist eine 100 %ige Tochter der Stadt Bielefeld)		100,0
20.	**ENERVIE – Südwestfalen Energie und Wasser AG, Hagen**		
	Stadt Hagen		42,66
	Stadt Lüdenscheid		24,12
	Remondis Wasser und Energie GmbH		19,06
	Stadt Altena		4,40
	Stadt Plettenberg		2,77
	Stadt Halver		1,69
	Stadt Schwerte		1,32
	Bäderbetrieb Kierspe GmbH		0,84
	Gemeinde Schalksmühle		0,79
	Stadt Kierspe		0,78
	Gemeinde Herscheid		0,75
	Stadt Meinerzhagen		0,64
	Stadt Herdecke		0,17
21.	**Mainova Aktiengesellschaft, Frankfurt**		
	Stadtwerke Frankfurt am Main Holding		75,2
	Thüga Aktiengesellschaft		24,5
	Streubesitz		0,3

Tab. 2.49 (Fortsetzung)

Anteilseigner		Anteile in %
22.	**Stadtwerke Essen AG, Essen**	
	Essener Versorgungs- und Verkehrsgesellschaft mbH (EVV)	51
	Innogy SE (Übergang an E.ON vereinbart)	29
	Thüga AG	20

* Im März 2018 haben RWE und E.ON eine Grundsatzvereinbarung unterzeichnet, mit deren Umsetzung eine weitreichende Neuausrichtung beider Unternehmen verbunden ist. Die Vereinbarung umfasst im Wesentlichen folgende Aspekte:
– E.ON kauft den derzeit von RWE an der innogy SE gehaltenen Anteil von 76,8 %. RWE erhält für die Geschäftsjahre 2017 und 2018 noch die innogy-Dividende.
– RWE erhält im Gegenzug eine Beteiligung an der so erweiterten E.ON in Höhe von 16,67 %.
– Die Stromerzeugung aus erneuerbaren Energien sowohl von E.ON als auch von innogy wird in die RWE-Gruppe integriert.
– RWE integriert das bisher von innogy betriebene Gasspeichergeschäft.
– RWE übernimmt die bisher von E.ON gehaltenen Minderheitsanteile an den von RWE betriebenen Kernkraftwerken in Lingen/Emsland und Gundremmingen.
– RWE erwirbt die bisher von E.ON gehaltene Minderheitsbeteiligung am österreichischen Energieversorger Kelag.
– Der wirtschaftliche Erfolg aller übernommenen Vermögensgegenstände steht RWE ab 1. Januar 2018 zu.
– RWE zahlt E.ON 1,5 Mrd. €.
Diese Transaktion macht RWE zu einem starken Stromerzeuger mit einem breit aufgestellten Erzeugungsportfolio; die erneuerbare Stromerzeugung wird erheblich erweitert und ergänzt die konventionelle Stromerzeugung. E.ON fokussiert sich auf Netze und Vertrieb.
** Zum Anteilsbesitz an der Uniper SE:
Die angegebene Aktionsstruktur entspricht dem Stand 29.12.2017
Am 26. September 2017 veröffentlichte E.ON folgende Ad-hoc-Nachricht: E.ON SE schließt Vereinbarung mit Fortum Coporation, nach der E.ON ihre verbleibende Beteiligung an Uniper im Rahmen eines öffentlichen Übernahmeangebots von Fortum Anfang 2018 andienen kann.
Am 26. September 2017 kündigte Fortum die Absicht an, ein freiwilliges öffentliches Übernahmeangebot zu unterbreiten. Das Angebot richtete sich an alle Uniper-Aktionäre und sieht eine Barzahlung im Gesamtwert von 22 € pro Aktie vor. Eine Mindestannahmeschwelle war im Angebot nicht enthalten.
Am 07. November 2017 wurde die Angebotsunterlage zum freiwilligen öffentlichen Übernahmeangebot (Barangebot) der Fortum Deutschland SE an die Aktionäre der Uniper SE zum Erwerb ihrer auf den Namen lautenden Stückaktien veröffentlicht.
Am 08. Januar 2018 hat E.ON entschieden, das Übernahmeangebot von Fortum für die Aktien der Uniper SE vom 7. November 2017 anzunehmen. Damit veräußert E.ON nach Vollzug des Angebots ihre gesamte Beteiligung an Uniper zu einem Gesamtwert von 22 € pro Aktie an Fortum.
Am 19. Januar 2018 meldete Fortum im Rahmen ihrer Veröffentlichungspflichten, dass bis zum Ende der weiteren Annahmefrist am 16. Januar 2018, 24:00 Uhr, das Angebot für insgesamt 171.736.647 Uniper-Aktien angenommen wurde. Dies entspricht einem Anteil von ca. 46,93 % des Grundkapitals und der Stimmrechte der Uniper SE.
Am 07. Februar 2018 meldete Fortum im Rahmen ihrer Veröffentlichungspflichten, dass bis zum Ende der weiteren Annahmefrist am 02. Februar 2018, 24:00 Uhr, das Angebot für insgesamt 702.782 Uniper-Aktien angenommen wurde. Insgesamt wurde das Angebot bis zum Ablauf der weiteren Annahmefrist für insgesamt 172.439.375 Uniper-Aktien angenommen. Dies entspricht einem Anteil von ca. 47,12 % des Grundkapitals und der Stimmrechte der Uniper SE.
Stand: März 2018

Im August 1993 hatten die 164 Städte und Gemeinden, die eine Verfassungsklage gegen den 1990 geschlossenen Stromvertrag eingelegt hatten, diese Klage zurückgenommen. Damit war auch der Weg für die Privatisierung der Regionalunternehmen frei. So hatten Anfang 1994, wie in den sogenannten Stromverträgen vom August 1990 vorgesehen, die westdeutschen Verbundunternehmen Bayernwerk und PreussenElektra (heute E.ON) sowie RWE Energie – in der Regel einzeln, zum Teil aber auch gemeinsam – die jeweilige Aktienmehrheit an 11 der insgesamt 15 Regionalunternehmen erworben. Der Verkauf drei weiterer regionaler Stromversorger an weitere westdeutsche Verbundunternehmen konnte im Frühjahr 1994 realisiert werden. Das 15. Regionalunternehmen, die Energieversorgung Berlin AG (EBAG) stellte einen Sonderfall dar. „Wegen der dort unstrittigen Eigentumsverhältnisse" gingen deren Aktien bereits im September 1991 zu 100 % auf die Westberliner Bewag über. Ende 1993 wurden beide Unternehmen verschmolzen. Dass bei den anderen privatisierten ostdeutschen Regionalversorgern nur jeweils 51 % der Aktien verkauft wurden, hängt mit dem Kommunalvermögensgesetz der ehemaligen DDR und Bestimmungen des Einigungsvertrages zusammen. Danach stehen die verbleibenden 49 % unentgeltlich der Gemeinschaft der Kommunen im jeweiligen Versorgungsgebiet zu [28].

Die drei Thüringischen Regionalversorger waren im April 1994 zur TEAG Thüringer Energie AG mit Sitz in Erfurt verschmolzen worden. Im Oktober 2005 fusionierte die TEAG Thüringer Energie AG mit der Gasversorgung Thüringen GmbH zur E.ON Thüringer Energie AG. An dieser Gesellschaft war die E.ON Energie AG mit 53 % beteiligt. Die verbleibenden 47 % wurden von Kommunen gehalten. Im Sommer 2012 trennte sich E.ON Energie von sämtlichen Anteilen. Seither halten rund 800 Thüringer Kommunen über drei Beteiligungsgesellschaften sowie unabhängig davon zwei Kommunen und ein Stadtwerk zusammen 84,8 % der Aktien. Mit 15,2 % ist die Thüga Aktiengesellschaft beteiligt.

Im Rahmen des Fusionsprozesses unter den insgesamt zwölf ostdeutschen Regionalversorgern war am 30. April 1999 der Zusammenschluss der vier Unternehmen Energieversorgung Müritz-Oderhaff AG (EMO), Hanseatische Energieversorgung AG (HEVAG), Märkische Energieversorgung AG (MEVAG) und Oder-Spree Energieversorgung AG (OSE AG) zur e.dis Energie Nord AG, Fürstenwalde, bekanntgegeben worden. Die Verschmelzung war rückwirkend zum 1. Januar 1999 wirksam geworden. Seit dem 1. August 2005 firmierte die Gesellschaft als E.ON edis AG. Im Zuge einer weitergehenden, auch äußerlich eindeutig erkennbaren, Trennung der Netz- von den Vertriebsaktivitäten wurde der Netzbetreiber zum 01. Juli 2013 in E.DIS AG umbenannt. 67 % der Aktien werden von zwei Tochtergesellschaften des E.ON-Konzerns gehalten. 33 % der Anteile liegen in der Hand von Kommunen aus Brandenburg und Mecklenburg-Vorpommern.

Im Mai 1999 wurde die Fusion dreier ostdeutscher RWE-Konzerngesellschaften zur envia Energie Sachsen Brandenburg AG, Chemnitz, bekanntgegeben. Die Gesellschaft war rückwirkend zum 1. Juli 1998 durch den Zusammenschluss der Energieversorgung Spree-Schwarze Elster AG (ESSAG), der Energieversorgung Südsachsen AG (EVS) und der Westsächsische Energie AG (WESAG) entstanden.

Nach dem Zusammenschluss von RWE und VEW wurden auch deren ostdeutsche Regionalversorgungsunternehmen fusioniert. So entstand im August 2002 aus der Mitteldeutsche Energieversorgung AG (MEAG), Halle, und der envia die envia Mitteldeutsche Energie AG (enviaM) mit Sitz in Chemnitz. Rund 58,6 % der Anteile werden von der RWE AG direkt oder über Beteiligungsgesellschaften gehalten, der Rest verteilt sich auf zwei kommunale Beteiligungsgesellschaften (37,2 %) sowie einzelne Städte, Gemeinden und Stadtwerke (ca. 4,2 %).

Die EVM Aktiengesellschaft, Magdeburg, fusionierte zum 1. Januar 1999 mit der HASTRA Aktiengesellschaft, der Überlandzentrale Helmstedt AG und der Landesversorgung Niedersachsen AG; das aus diesem Zusammenschluss entstandene Unternehmen war die Avacon AG, Helmstedt. Zum 1. Juli 2005 firmierte die Avacon AG um in E.ON Avacon AG. Ebenso wie im Fall der E.ON edis AG nahm der Netzbetreiber zum 01. Juli 2013 wieder den ursprünglichen Namen Avacon AG an. 61,5 % der Aktien werden von Unternehmen des E.ON-Konzerns (40 % E.ON Beteiligungen GmbH, 21,5 % Bayernwerk AG) und 38,5 % von kommunalen Aktionären (Kommunen und Landkreise) gehalten.

Die ESAG Energieversorgung Sachsen Ost Aktiengesellschaft, Dresden, wurde im Dezember 2005 in ENSO Strom AG umbenannt. Im Mai 2008 fusionierte diese Gesellschaft mit der ENSO Erdgas GmbH, der früheren Gasversorgung Ost GmbH, zur ENSO Energie Sachsen Ost AG. An der ENSO war zunächst die EnBW Energie Baden-Württemberg AG mittelbar mehrheitlich beteiligt. Die weiteren Anteile wurden durch sächsische Kommunen und die Vattenfall Europe AG gehalten. Im Jahr 2009 hat die Stadt Dresden über eine Tochtergesellschaft die Beteiligung der EnBW übernommen. Die Anteile am Unternehmen werden seither vollständig von kommunalen Eignern gehalten: 71,9 % liegen mittelbar bei der Stadt Dresden, 25,5 % bei einer Beteiligungsgesellschaft mehrerer Kommunen und die restlichen 2,6 % unmittelbar in der Hand verschiedener kommunaler Einzelaktionäre.

Damit ist die WEMAG AG in Schwerin der einzige Regionalversorger, der – von internen Restrukturierungen abgesehen (vor allem der Abtrennung des Netzbetreibers) – mit dem im Jahre 1999 gebildeten Regionalversorger identisch ist. Die Vattenfall Europe AG trennte sich 2009 von ihrer Mehrheitsbeteiligung. Seither werden die Aktien dieses Unternehmens – unmittelbar oder mittelbar – vollständig von kommunalen Anteilseignern gehalten: rund 74,9 % liegen bei einem Verband der kommunalen Anteilseigner und einer einzelnen Kommune; 25,1 % hält die Thüga Aktiengesellschaft.

Die VEAG als Betreiber der Kraftwerke und Übertragungsnetze in den neuen Bundesländern sowie die LAUBAG als deren Braunkohlenlieferant wurden in den Jahren 2000 bis 2002 grundlegend umgestaltet. Das schwedische Energieversorgungsunternehmen Vattenfall AB erwarb durch die Beteiligung an der HEW zugleich eine mittelbare Beteiligung an VEAG und LAUBAG. Diese wurde durch den Erwerb sämtlicher Aktien der anderen deutschen Verbundunternehmen zu einer qualifizierten Mehrheitsbeteiligung ausgebaut. So konnte Vattenfall die Unternehmen VEAG, LAUBAG, HEW und Bewag umfassend umstrukturieren und daraus Vattenfall Europe AG als ein neues Verbundunternehmen („vierte Kraft") bilden. Die Geschäftsbereiche Übertragungsnetz, Erzeugung und

Vertrieb der VEAG wurden in die neuen Gesellschaften Vattenfall Europe Transmission GmbH, Vattenfall Europe Generation AG & Co. KG und Vattenfall Europe Sales GmbH eingebracht. Der Bergbaubetrieb der LAUBAG wurde in der Vattenfall Europe Mining AG fortgeführt. Im Jahr 2010 veräußerte Vattenfall Europe sämtliche Anteile an dem in „50Hertz Transmission GmbH" umbenannten Übertragungsnetzbetreiber. An diesem sind seit Mai 2010 der belgische Übertragungsnetzbetreiber ELIA mit 60 % und ein australischer Infrastrukturfonds mit 40 % beteiligt. Im September 2012 wurde die Vattenfall Europe AG auf die Muttergesellschaft Vattenfall (Deutschland) GmbH verschmolzen und der Name in Vattenfall GmbH geändert. Sämtliche Anteile an dieser Gesellschaft werden von der Vattenfall AB gehalten. Am 18. April 2016 gaben die schwedische Vattenfall und die tschechische EPH-Gruppe die Entscheidung zur Übernahme der Braunkohlen-Tagebau und der Braunkohlen-Kraftwerke in der Lausitz durch die EPH-Gruppe bekannt. Am Kauf der Vattenfall-Aktivitäten ist auch die tschechische Investmentgesellschaft PPF beteiligt.

2.5.3 Regelung der rechtlichen Rahmenbedingungen

Die technisch-wirtschaftlichen Besonderheiten der Elektrizitäts- und Gaswirtschaft, nämlich

- Leitungsgebundenheit sowie
- die technisch und vor allem wirtschaftlich begrenzten Möglichkeiten zur Speicherung und – als Konsequenz dieser Faktoren –
- hohe Kapitalintensität,

hatten den Gesetzgeber in der Vergangenheit veranlasst, der Versorgungswirtschaft eine rechtliche Sonderstellung einzuräumen. Zwei Gesetze waren hier von besonderer Bedeutung, das Energiewirtschaftsgesetz aus dem Jahr 1935 und das 1957 erlassene Gesetz gegen Wettbewerbsbeschränkungen (GWB), die in den vergangenen Jahrzehnten mehrmals novelliert worden waren [29].

Das Gesetz gegen Wettbewerbsbeschränkungen wurde zuletzt durch die 9. GWB-Novelle geändert, die am 09.06.2017 in Kraft getreten ist (BGBl. 2017, I, S. 1416 ff.). Eine weitere energiespezifische Änderung des GWB war die Einführung der Regeln zur Markttransparenzstelle (MTS) für den Großhandel mit Strom und Gas am 12.12.2012.

Energiewirtschaftsgesetz Das Ziel des für die leitungsgebundene Versorgung mit Elektrizität – und daneben für Gas – erlassenen *Energiewirtschaftsgesetzes (EnWG)* hatte darin bestanden, eine Grundlage für eine möglichst sichere und preisgünstige Versorgung zu schaffen. Dabei sollte die Durchführung dieser Aufgabe der Initiative der Energiewirtschaft überlassen werden und die Verantwortlichkeit in vollem Umfang beim Energieversorgungsunternehmen selbst liegen.

Der Gesetzgeber war davon ausgegangen, dass eine optimale Gestaltung der Versorgungsbedingungen bei den leitungsgebundenen Energien Gas und Elektrizität nur in geschlossenen Versorgungsgebieten zu erreichen sei und nicht, wie in anderen Bereichen der Volkswirtschaft, über direkten Wettbewerb um Kunden. Diesem Gedanken hatte auch das Gesetz gegen Wettbewerbsbeschränkungen von 1957 insoweit Rechnung getragen, als es bestimmte wettbewerbsbeschränkende Vereinbarungen zwischen den Versorgungsunternehmen zuließ.

So waren auf der Fortleitungsstufe die Liefergebiete der Versorgungsunternehmen durch wettbewerbsausschließende Verträge – sogenannte Demarkationsverträge – gegeneinander abgegrenzt. Auf der Endverbraucherstufe war das System der Demarkationsverträge durch Konzessionsverträge ergänzt worden, die zwischen Versorgungsunternehmen und Gebietskörperschaften abgeschlossen wurden und dem jeweiligen Versorgungsunternehmen für eine bestimmte Zeit das alleinige Wegenutzungsrecht und damit die Ausschließlichkeit der Versorgung garantierten. Insbesondere diese Demarkations- und Konzessionsverträge, die den Versorgungsunternehmen auf regional abgegrenzten Teilmärkten Angebotsmonopole gesichert hatten, waren von bestimmten Rechtsanwendungen, unter anderem die des Kartellverbots, ausgenommen.

Für die ausschließliche Sondernutzung von öffentlichen Wegen (Konzession) zahlen die Versorgungsunternehmen – auch heute weiterhin – den Gebietskörperschaften (Städte und Gemeinden) ein vertragliches Entgelt – die Konzessionsabgabe. Ihre preisrechtliche Grundlage hatte der Gesetzgeber mit der „Verordnung über Konzessionsabgaben für Strom und Gas" (Konzessionsabgabenverordnung – KAV) vom 09.01.1992 novelliert. Seitdem können die Versorgungsunternehmen mit allen Konzessionsgebern genehmigungsfrei die Zahlung einer Abgabe bis zu gesetzlich festgelegten Höchstsätzen vereinbaren. Bemessungsgrundlage ist die jeweilige Liefermenge von Strom und Gas. Die spezifischen Höchstsätze bei Lieferungen an Tarifkunden sind nach der Gemeindegröße gestaffelt und in den allgemeinen Tarifen auszuweisen. Bei Belieferung von Sonderabnehmern gilt ein einheitlicher, niedrigerer Höchstsatz.

Kehrseite der den Versorgungsunternehmen auf der Endverbraucherstufe eingeräumten Gebietsmonopole war die Verpflichtung, allgemeine Bedingungen und allgemeine Tarife öffentlich bekanntzugeben und zu diesen Bedingungen und Tarifen jedermann an ihr Versorgungsnetz anzuschließen und zu versorgen (Anschluss- und Versorgungspflicht gemäß § 10 Abs. 1 Energiewirtschaftsgesetz). Diese allgemeine Anschluss- und Versorgungspflicht bestand entsprechend § 10 Abs. 1 Satz 2 Energiewirtschaftsgesetz (alt) unter anderem allerdings nicht, wenn der Anschluss oder die Versorgung dem Versorgungsunternehmen aus wirtschaftlichen Gründen nicht zugemutet werden kann. Trotz dieser Einschränkung bedeutete die in § 10 Energiewirtschaftsgesetz getroffene Regelung auch Investitionszwang in Erzeugungsanlagen und/oder Beschaffungsverträge sowie in Transport- und Verteilungseinrichtungen (wie Leitungen) zur Gewährleistung der Deckung des künftigen Bedarfs.

Zur Sicherung des staatlichen Einflusses waren der Energieaufsicht mit dem Energiewirtschaftsgesetz weitreichende Einflussmöglichkeiten auf Investitionen, Marktzugang,

Preise und Geschäftsbedingungen eingeräumt worden. Die Marktzutrittskontrolle stützte sich auf § 5 Energiewirtschaftsgesetz (alt). Danach bedurfte die Aufnahme der Strom- und Gasversorgung der behördlichen Genehmigung. Im Rahmen der Investitionskontrolle (§ 4 EnWG (alt)) waren die Versorgungsunternehmen verpflichtet, den Bau, die Erzeugung, die Erweiterung oder Stilllegung von Energieanlagen den jeweils zuständigen Aufsichtsbehörden anzuzeigen. Die Aufsichtsbehörde hatte nach § 4 Abs. 2 EnWG (alt) die Möglichkeit, die angemeldeten Projekte aus Gründen des Gemeinwohls zu untersagen. Kapazitätsveränderungen konnten also von den Versorgungsunternehmen nur nach behördlicher Prüfung durchgeführt werden.

Darüber hinaus konnte der Wirtschaftsminister entsprechend § 3 EnWG (alt) von den Versorgungsunternehmen jede Auskunft über ihre technischen und wirtschaftlichen Verhältnisse verlangen, soweit der Zweck des Energiewirtschaftsgesetzes dies erfordert. „Er kann auch bestimmte technische und wirtschaftliche Vorgänge und Tatbestände bei diesen Unternehmen mitteilungspflichtig machen." Eine weitere staatliche Eingriffsmöglichkeit bestand insofern, als Unternehmen, die sich nicht als fähig zur Erfüllung ihrer Versorgungsaufgabe erwiesen haben, die Betriebserlaubnis entzogen werden konnte (§ 8 EnWG (alt)).

Schließlich ermächtigte § 7 Abs. 1 EnWG (alt) den Bundeswirtschaftsminister, durch allgemeine Vorschriften und Einzelanordnungen die allgemeinen Tarifpreise der Energieversorgungsunternehmen (§ 6 Abs. 1 EnWG (alt)) sowie die Einkaufspreise der Energieverteiler wirtschaftlich zu gestalten. Zusätzlich konnte der Bundeswirtschaftsminister – gestützt auf § 7 Abs. 2 EnWG (alt) – durch Rechtsverordnung mit Zustimmung des Bundesrats die allgemeinen Bedingungen der Energieversorgungsunternehmen (§ 6 Abs. 1 EnWG (alt)) ausgewogen gestalten.

Gesetz gegen Wettbewerbsbeschränkungen Zusätzlich zu dem mit dem Energiewirtschaftsgesetz geschaffenen Instrumentarium der energiewirtschaftlichen Fachaufsicht und zum Ausgleich der ihnen zugestandenen Gebietsmonopole unterlagen die Versorgungsunternehmen der Kartellaufsicht nach dem *Gesetz gegen Wettbewerbsbeschränkungen (GWB)*. Gemäß § 103 Abs. 1 GWB in der Fassung vom 27. Juli 1957 waren Konzessions- und Demarkationsverträge vom Kartellverbot freigestellt. Ein zentrales Instrument der Kartellbehörden stellte die sogenannte Missbrauchsaufsicht dar, die insbesondere im Bereich der versorgungswirtschaftlichen Gebietsschutzverträge durch die Vierte Kartellgesetznovelle vom 26. April 1980 verstärkt und ergänzt worden war. So wurde die Laufzeit der Gebietsschutzverträge auf 20 Jahre befristet (§ 103 a GWB). Verlängerungen der Verträge waren bei der Kartellbehörde anzumelden. Bei Vorliegen bestimmter Sachverhalte konnte die Behörde ein Überprüfungsverfahren einleiten und unter bestimmten Voraussetzungen Demarkations- und Verbundverträge für unwirksam erklären. Die Kartellaufsicht war durch Neuformulierung der Missbrauchstatbestände verschärft worden. In einem Beispielkatalog von Missbrauchstatbeständen war neben dem Fall des Preismissbrauchs auch die unbillige Behinderung der Verwertung von in Eigenanlagen erzeugter Energie aufgeführt worden.

In der Praxis waren jedoch auf Grund der unterschiedlichen Laufzeiten der Konzessions- und Demarkationsverträge Wechsel in der Versorgungswirtschaft ausgeblieben. Deshalb ließ die Fünfte Kartellgesetznovelle ab 1990 mit den Konzessions- auch alle Demarkationsverträge enden, die dem Wechsel einer Gemeinde zu anderen Versorgungsunternehmen entgegenstehen. Der inzwischen erfolgten grundsätzlichen Änderung des bestehenden Systems der Gebietsmonopole hatte die zum 1. Januar 1999 in Kraft getretene Sechste Kartellrechtsnovelle Rechnung getragen. Am 1. Juli 2005 war die Siebte GWB-Novelle in Kraft getreten, durch die eine fast vollständige Angleichung an die Regelungen des EU-Kartellrechts (Art. 81, 82 EG alt) erzielt wurde.

In der Folge gab es verschiedene Gesetzesänderungen, um ein maßgeschneidertes Energiekartellrecht einzuführen. Zur Bekämpfung von Preismissbrauch im Bereich der Energieversorgung wurde am 18.12.2007 zunächst § 29 GWB zeitlich begrenzt bis zum 31.12.2012 eingeführt. Im Rahmen der 9. GWB-Novelle verlängerte der Gesetzgeber die Geltung der Norm bis zum 31.12.2022. Am 12.12.2012 war ferner die kartellbehördliche Aufsicht über den Strom- und Gasgroßhandel durch Einführung der Vorschriften über eine Markttransparenzstelle ausgebaut worden.

Neuordnung des Ordnungsrahmens Auf eine weitergehende, stärker wettbewerblich orientierte *Neuordnung des Ordnungsrahmens* zielten die seit Anfang der 1990er Jahre ergriffenen Initiativen zur Schaffung eines EU-Binnenmarkts für Elektrizität und Gas. Zur Verwirklichung des Ziels eines europäischen Binnenmarktes für Elektrizität verabschiedeten das Europäische Parlament und der Europäische Rat am 19.12.1996 die sogenannte Elektrizitätsbinnenmarktrichtlinie (Richtlinie 96/92/EG – veröffentlicht im Amtsblatt Nr. L 027 vom 30.01.1997, S. 20). Die Richtlinie, die am 19. Februar 1997 in Kraft getreten war, musste innerhalb von zwei Jahren, das heißt bis zum 19. Februar 1999, in nationales Recht umgesetzt werden.

Die mit der Binnenmarkt-Richtlinie Strom verfolgten Ziele sind vor dem Hintergrund der zwischen den verschiedenen Mitgliedstaaten zum Teil erheblich differierenden Ausgangslage zu sehen.

- In fünf Mitgliedsstaaten der EU-15, darunter Frankreich und Italien, entfielen 90 % des Stromverbrauchs an Letztverbraucher auf jeweils ein einziges Unternehmen.
- In Deutschland herrscht eine pluralistische Struktur mit einer Vielzahl von Unternehmen, wobei der Wettbewerb zwischen den Anbietern durch die vom Kartellrecht gedeckten Gebietsmonopole eingeschränkt war.
- In England und Wales bestand ein wettbewerbliches Poolsystem.

Da eine Vereinheitlichung der Systeme in absehbaren Fristen als nicht realisierbar erschien, wurden durch die Richtlinie unterschiedliche Systeme der Marktorganisation zugelassen, die in Stufen für den Wettbewerb geöffnet werden sollten.

Binnenmarkt-Richtlinie Strom Im Einzelnen enthält die *Binnenmarkt-Richtlinie Strom* „Vorschriften für

- die Erzeugung, Übertragung und Verteilung von Strom,
- die Trennung dieser Bereiche in Management und Rechnungslegung,
- die Organisation des Netzzugangs und
- den freien Leitungsbau“ [30].

Instrumente des Wettbewerbs sind Netzzugang Dritter und Leitungsbau. Stromkunden sollen also das Recht erhalten, sich über das vorhandene Netz oder mittels Direktleitung von Dritten versorgen zu lassen.

Beim Netzzugang ließ die Richtlinie den Mitgliedstaaten die Wahl zwischen einem verhandelten und einem regulierten Netzzugangssystem. „Beim verhandelten Netzzugangssystem schafft der Staat den Nutzungsanspruch nur dem Grunde nach, ggf. ergänzt um einige grundlegende Rahmenbedingungen, während er die konkrete Ausgestaltung z. B. der Preise und Bedingungen den Verhandlungen der Netznutzer und Netzbetreiber überlässt. Hierbei war insbesondere an Verbandsabsprachen gedacht, die aufwändige Verhandlungen im Einzelfall überflüssig und hieraus resultierende ungleiche Verhandlungsergebnisse vermeiden sollten“ [31].

Zur Vermeidung von abrupten Übergängen von einer langjährigen Versorgung in Monopolen zu einer wettbewerbsgesteuerten leitungsgebundenen Energieversorgung sah die Richtlinie die Möglichkeit einer schrittweisen Marktöffnung vor. Dafür waren am Stromabsatz orientierte Schwellenwerte definiert worden.

Der durch diese Schwellenwerte definierte Grad der Marktöffnung galt als Mindestregel, die von allen Mitgliedstaaten überschritten werden konnte. Die gesetzten Mindestwerte für die Marktöffnung mussten aber unabhängig davon, wie die Mitgliedstaaten den Netzzugang regeln, in allen Mitgliedstaaten gewährleistet werden. Innerhalb dieses vorgegebenen Rahmens konnten die Mitgliedstaaten selbst entscheiden, welche Kunden sie zur Gewährleistung der vorgeschriebenen Marktöffnung zum Wettbewerb zulassen wollten (Subsidiarität).

Neuregelung des Energiewirtschaftsrechts 1998 Mit Inkrafttreten des Gesetzes zur *Neuregelung des Energiewirtschaftsrechts* am 29. April 1998 wurde in Deutschland ein neuer Ordnungsrahmen geschaffen. Mit diesem Gesetz war – gemeinsam mit der Novellierung des Gesetzes gegen Wettbewerbsbeschränkungen (GWB) – die am 19. Februar 1997 in Kraft getretene Richtlinie des Europäischen Parlaments und des Rates betreffend gemeinsame Vorschriften für den Elektrizitätsbinnenmarkt fristgerecht umgesetzt worden. Dabei ging das Gesetz noch über die europäischen Vorgaben hinaus. So wurde nicht von der Möglichkeit einer schrittweisen Marktöffnung Gebrauch gemacht; vielmehr wurde unmittelbar der Wettbewerb um alle Kunden – auch die Tarifkunden – grundsätzlich ermöglicht. Kernpunkte des neu geschaffenen Ordnungsrahmens waren:

- Die kartellrechtliche Freistellung von Demarkationsverträgen wurde aufgehoben. Das heißt Abschaffung der vom Gesetz gegen Wettbewerbsbeschränkungen in der Vergangenheit sanktionierten geschlossenen Versorgungsgebiete. Der Bau paralleler und zusätzlicher Versorgungsleitungen wurde dadurch für Dritte ermöglicht. Der Netzbetreiber ist grundsätzlich verpflichtet, die Durchleitung von Strom unter Nutzung seines Netzes zu gestatten. Mit diesen Regelungen wurden die Voraussetzungen für direkten Wettbewerb um Einzelkunden geschaffen.
- Es wurde ein spezieller Durchleitungstatbestand mit Beweislastumkehr (verhandelter Netzzugang) sowie – als Netzzugangsalternative – die zeitlich befristete Zulassung des Alleinabnehmersystems verankert. Im neuen Ordnungsrahmen ist die Durchleitung der Regelfall. Der Netzbetreiber muss – anders als in der Vergangenheit – gegebenenfalls den Nachweis führen, dass im konkreten Einzelfall die Netznutzung durch einen Dritten aus betriebsbedingten oder aus sonstigen Gründen nicht möglich oder nicht zumutbar ist. Hinsichtlich der Einzelheiten der Durchleitung – insbesondere auch zur Entgeltfestsetzung für die Nutzung des Netzes – entschied sich der deutsche Gesetzgeber für das System des verhandelten Netzzugangs. Die Entgeltfindung für die Netznutzung sowie die konkrete Ausgestaltung und Abwicklung überließ er den beteiligten Wirtschaftskreisen (von der im EnWG verankerten Ermächtigung zum Erlass zur Gestaltung der Verträge hatte der Bundesminister für Wirtschaft somit keinen Gebrauch gemacht). Wurde einem Versorgungsunternehmen der Status eines Alleinabnehmers bewilligt, so hatte es zwar weiterhin alle Kunden in seinem Versorgungsgebiet zu beliefern. Der Alleinabnehmer war jedoch verpflichtet, Elektrizität von Stromanbietern abzunehmen, die ein Kunde seines Gebietes bei diesem Dritten gekauft hat. Dabei musste gewährleistet werden, dass der bei einem konkurrierenden Stromanbieter ausgehandelte Preisvorteil dem Kunden zugutekommt. Für die Nutzung seines Netzes erhielt der Alleinabnehmer ein Entgelt. Das Alleinabnehmermodell war jedoch von den Netzbetreibern nur vereinzelt in Anspruch genommen worden. Zum 31.12.2005 war es ohnehin außer Kraft getreten.
- Die Elektrizitätsversorgungsunternehmen wurden zur Führung getrennter Konten in der Rechnungslegung für die Bereiche Erzeugung, Übertragung, Verteilung und ggf. Handel sowie für Aktivitäten außerhalb des Elektrizitätsbereichs und außerdem zur Führung des Übertragungsnetzes als eigene Betriebsabteilung – getrennt von Erzeugung und Verteilung – verpflichtet (sogenannte Entflechtung bzw. in Englisch unbundling).
- Die allgemeine Anschluss- und Versorgungspflicht bleibt – einschließlich der Preisaufsicht über die allgemeinen Tarife – erhalten.

Verbändevereinbarungen In Deutschland setzte die Energiepolitik zunächst auf eine Flankierung der gesetzlichen Rahmenbedingungen durch freiwillige Vereinbarungen der Marktpartner. Insgesamt wurden drei *Verbändevereinbarungen* geschlossen.

Der erste Schritt hin zu einer diskriminierungsfreien Durchleitung war mit den Regelungen der Verbändevereinbarung vom 22. Mai 1998 (VV I) vollzogen worden. Dieser

Vereinbarung der betroffenen Wirtschaftsverbände über die Kriterien zur Bestimmung von Durchleitungsentgelten war der Vorzug vor einer gesetzlichen Netzzugangsverordnung gegeben worden.

Am 12. Dezember 1999 hatten sich die Verbände der Stromnetzbetreiber und -nutzer auf die Zweite Verbändevereinbarung (VV Strom II) geeinigt. Die zum 1. Januar 2000 in Kraft getretene neue Vereinbarung über die Nutzung der Stromnetze war auf eine Dauer von zwei Jahren angelegt worden. Gegenüber der damit abgelösten Ersten Vereinbarung wurde das Durchleitungsverfahren insofern erheblich vereinfacht, als die bisherige Praxis, jede Lieferung einzeln zu berechnen, entfallen war. Der Nutzer des Stromnetzes hatte jetzt nur noch jährlich ein pauschaliertes Netznutzungsentgelt zu zahlen, dessen Höhe von der individuellen Leistungsinanspruchnahme, der Benutzungsdauer und der Spannungsebene abhängt, auf der sich der Nutzer beim Netzbetreiber einklinkt. Der entfernungsabhängige Zuschlag bei den Übertragungsnetzentgelten, der in der VV I noch verankert war, war abgeschafft worden. Es wurde auch auf die Aufteilung des deutschen Strommarktes in zwei Handelszonen (Nord und Süd), bei deren Überschreitung auf der Hochspannungsebene ein zusätzliches Entgelt erhoben werden konnte, verzichtet.

Am 13. Dezember 2001 verabschiedeten die Verbände von Stromwirtschaft, Industrie und Gewerbe die „Verbändevereinbarung II plus" (VV II plus). Diese weiter entwickelte Regelung zur Stromnetznutzung war am 01. Januar 2002 in Kraft getreten. Sie war auf zwei Jahre befristet. Die neue Vereinbarung schuf ein Instrumentarium zum besseren Vergleich der Preise für die Nutzung der Stromnetze. Zudem wurde Versorgerwechsel für Privatkunden spürbar vereinfacht und der kurzfristige Stromhandel erleichtert.

Ferner wurden ergänzende Netz- und Systemregelwerke zur Verbändevereinbarung geschaffen. Hierzu zählt unter anderem der Grid Code, der Regelungen zu Netzanschlussbedingungen, Organisation und Abwicklung der Netznutzung/Bilanzkreise, Systemdienstleistungen, Netzausbau sowie Betriebsplan und Netzführung enthält.

Neuregelung des Energiewirtschaftsrechts 2003 Am 24. Mai 2003 war das Erste Gesetz zur Änderung des Gesetzes zur *Neuregelung des Energiewirtschaftsrechts (EnWG)* in Kraft getreten. Teil des Gesetzes war die Verrechtlichung der Verbändevereinbarungen (VV) für Strom und Gas, wonach bei Einhaltung der VV die Erfüllung guter fachlicher Praxis vermutet wurde. Allerdings sollte die Vermutungsregelung dann nicht gelten, wenn die Anwendung der VV insgesamt oder die Anwendung einzelner Regelungen nicht geeignet sei, wirksamen Wettbewerb zu gewährleisten. Damit sollte einerseits dem Anliegen der Verbände nach einer stärkeren rechtlichen Verbindlichkeit der VV Rechnung getragen werden, ohne andererseits den kartellbehördlichen Handlungsspielraum im Bereich der Missbrauchsaufsicht zu sehr einzugrenzen.

Am 26. Juni 2003 hatten der Rat der Europäischen Union und das Europäische Parlament das *Binnenmarktpaket für die leitungsgebundene Energieversorgung,* bestehend aus der EU-Stromrichtlinie (2003/54/EG) und der EU-Gasrichtlinie (2003/55/EG) sowie der Stromhandelsverordnung (EG Nr. 1228/2003) – im allgemeinen Beschleunigungsrichtlinien genannt – erlassen. Daraus resultierte ein umfangreicher Novellierungsbedarf für das deutsche Energiewirtschaftsrecht. Da die Strom- und Gasmärkte in Deutschland bereits vollständig liberalisiert waren, lagen die Schwerpunkte insbesondere in den Regelungen zur gesellschaftsrechtlichen Entflechtung zwischen Vertrieb und Netz sowie zur Einrichtung einer nationalen Regulierungsstelle. Die zum 1. Juli 2004 vorgeschriebene Umsetzung der Richtlinien in nationales Recht konnte – ebenso wie in den meisten anderen Mitgliedsstaaten – nicht eingehalten werden. Gründe hierfür sind unter anderem die pluralistische Struktur der deutschen Gas- und Stromnetze mit über 1000 Netzbetreibern sowie der Paradigmenwechsel von Verbändevereinbarungen hin zu einem regulierten System.

Neuregelung des Energiewirtschaftsrechts 2005 Am 16. Juni 2005 hatte der Deutsche Bundestag der Beschlussempfehlung des Vermittlungsausschusses zu dem *Zweiten Gesetz zur Neuregelung des Energiewirtschaftsrechts (NeuRegG)* zugestimmt. Das Gesetz war sodann in der Gestalt des Änderungsvorschlages erneut dem Bundesrat zugeleitet worden, der seine Zustimmung am 17. Juni 2005 erteilt hatte. Damit war das NeuRegG im Sinne von Art. 78 GG „zustande gekommen". Das NeuRegG war am 12. Juli 2005 im Bundesgesetzblatt verkündet worden. Damit war es am 13. Juli 2005 in Kraft getreten.

„Das *EnWG 2005* ist in zehn Teile aufgegliedert.

Teil 1 enthält allgemeine *Vorschriften mit dem Zweck des Energierechts,* Aufgaben der EVU, einer Vielzahl von *Begriffsbestimmungen* sowie schließlich Vorschriften über die Aufnahme der Energieversorgung und des Netzbetriebs.

Teil 2 enthält den Bereich der *Entflechtung des Netzbetriebs (Unbundling),* unterschieden für die Bereiche der rechtlichen, operationellen, informationellen und buchhalterischen Entflechtung.

Teil 3 regelt die generellen *Aufgaben der Netzbetreiber* einschließlich eines Krisenmanagements bei Gefährdungen/Störungen der Versorgungssicherheit, die Verpflichtung zum *Netzanschluss* sowie die Vorgaben für den *Netzzugang*. Weiter enthält er das Konzept des stromwirtschaftlichen sowie des gaswirtschaftlichen Netzzugangs jeweils mit der Befugnis der Bundesregierung, durch Rechtsverordnung mit Zustimmung des Bundesrates nähere Einzelheiten festzulegen. Ferner verfügt die Regulierungsbehörde über Kompetenzen zur Durchsetzung der gesetzlichen Vorgaben gegen die Netzbetreiber. Außerdem sind *zivilrechtliche Unterlassungs- und Schadenersatzansprüche* sowie die Vorteilsabschöpfung durch die Regulierungsbehörde vorgesehen.

Teil 4 des EnWG regelt die *Energielieferungsverpflichtungen gegenüber Letztverbrauchern* und enthält Sonderregelungen für die Ersatzversorgung mit Energie bei Ausfall des bisherigen Lieferanten, Ermächtigungsgrundlagen zur *staatlichen Reglementierung der Preisbildung und der allgemeinen Versorgungsbedingungen*, Vorgaben für die *Ausgestaltung der Energielieferungsverträge sowie Informationspflichten* hinsichtlich des Energieträgermixes und bestimmter Umweltauswirkungen.

Teil 5 des neuen Gesetzes befasst sich mit Fragen der *Planfeststellung, der Wegenutzung* einschließlich des *Enteignungsrechts* für Zwecke der öffentlichen Energieversorgung sowie mit normativen Grundlagen für die *Konzessionsabgaben.*

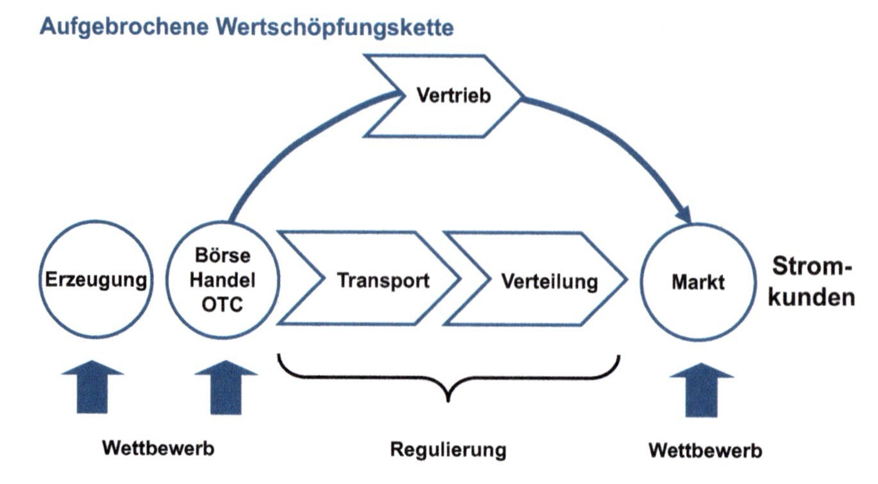

Abb. 2.42 Entflechtung des Netzes von Erzeugung, Handel, Vertrieb

Teil 6 enthält Regelungen zur *Sicherheit und Zuverlässigkeit der Energieversorgung* sowie weitere Regelungen für ein Monitoring der Versorgungssicherheit, für Meldepflichten bei Versorgungsstörungen, für die Ausschreibung neuer Erzeugungskapazitäten im Elektrizitätsbereich und für die Sicherstellung der Versorgung von Haushaltskunden.

Teile 7 und 8 enthalten *verfahrensrechtliche Vorschriften sowie Rechtsschutzregelungen*, die weitgehend dem kartellrechtlichen Verfahrensrecht nachgebildet sind. Dort sind der *Aufgabenkatalog wie die Aufgabenverteilung* zwischen der Bundesnetzagentur und den Landesregulierungsbehörden dargestellt. Auch die Verfahrensvorschriften der Regulierungsbehörden finden sich dort. Eine Besonderheit besteht insoweit, als Entscheidungen der Regulierungsbehörden nicht durch die Verwaltungsgerichte, sondern durch die jeweils zuständigen Oberlandesgerichte überprüft werden. Auch ist zu beachten, dass Entscheidungen der Regulierungsbehörden in der Regel *sofort vollziehbar* sind, Beschwerden also keine aufschiebende Wirkung haben.

Teil 9 ist mit ‚Sonstige Vorschriften' überschrieben und enthält Regelungen zur Anwendbarkeit des Gesetzes auf Unternehmen, die ganz oder teilweise im Eigentum der öffentlichen Hand stehen, Regelungen zu den Objektnetzen und zum Verhältnis des Wettbewerbsrechts (GWB).

Teil 10 schließlich umfasst wichtige *Übergangsvorschriften*, ferner Vorgaben für Erfahrungsberichte.

Das EnWG 2005 enthält eine Vielzahl von Verordnungsermächtigungen.

Zu den ersten Verordnungen, die auf der Grundlage des EnWG 2005 erlassen wurden, gehören die *Stromnetzentgeltverordnung (StromNEV)* und die *Gasnetzentgeltverordnung (GasNEV)*, die nur wenige Tage nach dem EnWG 2005 im Bundesgesetzblatt verkündet wurden.

- Verordnung über die Entgelte für den Zugang zu Elektrizitätsversorgungsnetzen (*Stromnetzentgeltverordnung – StromNEV*) vom 25.07.2005, BGBl I 2005, S. 2225
- Verordnung über die Entgelte für den Zugang zu Gasversorgungsnetzen (*Gasnetzentgeltverordnung – GasNEV*) vom 25.07.2005, BGBl I 2005, S. 2197

Beide Verordnungen wurden ebenfalls bereits im Gesetzgebungsverfahren zum EnWG 2005 erarbeitet und beraten, da insbesondere der Bundesrat darauf gedrungen hatte, die Grundzüge des EnWG nur im Zusammenhang mit den zentralen hierauf beruhenden Ausführungsverordnungen zu behandeln, da ansonsten die gesetzlichen Auswirkungen nicht genau genug abzuschätzen seien.

Diese Verordnungen geben den kalkulatorischen Rahmen vor, in dem die Netzbetreiber die Netznutzungsentgelte zu bestimmen und durch die Regulierungsbehörde zu genehmigen haben.

Zeitgleich mit den Netzentgeltverordnungen wurden die *Stromnetzzugangsverordnung* (*StromNZV*) und die *Gasnetzzugangsverordnung* (*GasNZV*) erlassen. Auch diese wurden auf Drängen des Bundesrates mit dem EnWG 2005 beraten.

- Verordnung über den Zugang zu Elektrizitätsversorgungsnetzen (*Stromnetzzugangsverordnung – StromNZV*) vom 25.07.2005, BGBl I 2005, S. 2243
- Verordnung über den Zugang zu Gasversorgungsnetzen (*Gasnetzzugangsverordnung – GasNZV*) vom 25.07.2005, BGBl I 2005, S. 2210

Beide Verordnungen konkretisieren die im EnWG dem Grunde nach angelegten Netzzugangskonzepte für den Strom- und den Gasbereich. Sie regeln die konkreten Bedingungen, zu denen der Zugang zu den Strom- und Gasnetzen zu gewähren ist.

Die Verordnungen enthalten neben Regelungen über die im Zusammenhang mit dem Netzzugang abzuschießenden Verträge auch detaillierte Beschreibungen des jeweiligen Netzzugangsverfahrens, der Abwicklung der Kleinkundenbelieferung nach Standardlastprofilen, Vorschriften zum Lieferantenwechsel und zur Messung. Ferner sind Vorgaben für das Verfahren bei Kapazitätsengpässen enthalten. Darüber hinaus ist festgelegt, in welchem Rahmen die Regulierungsbehörden durch Festlegungen Vorgaben zum Netzzugang machen können. Diese betreffen insbesondere alle Bereiche, die durch eine Standardisierung vereinheitlicht werden können (z. B. die Vertragsgestaltung) oder wo Arbeitsabläufe beschleunigt und Abwicklungshemmnisse beseitigt werden können“ [31].

Im November 2007 war im Bundesgesetzblatt die Verordnung über die Anreizregulierung der Energieversorgungsnetze (*Anreizregulierungsverordnung – ARegV*) als Artikel 1 der Verordnung zum Erlass und zur Änderung von Rechtsvorschriften auf dem Gebiet der Energieregulierung vom 29.10.2007, BGBl. I 2007, S. 2529 verkündet worden. Nach dieser Verordnung sind die Netzentgelte seit dem 1. Januar 2009 im Weg der Anreizregulierung zu bestimmen. Gemäß der Anreizregulierung werden die Netzbetreiber an ihren effizienten Wettbewerbern gemessen. Die Netzbetreiber können also die Netzentgelte nicht mehr nach ihren individuellen Kosten bemessen. Vielmehr werden ihnen von der Bundesnetzagentur Obergrenzen für ihre Erlöse vorgegeben, die auf der Grundlage eines bundesweiten Effizienzvergleichs ermittelt werden. Soweit durch Effizienzsteigerung die vorgegebenen Obergrenzen unterschritten werden, besteht für die Netzbetreiber die Möglichkeit, zusätzliche Gewinne zu erwirtschaften. Dieser Mechanismus ist darauf ausgerichtet, einen Anreiz zu verstärkter Effizienzsteigerung zu schaffen.

Drittes Binnenmarktpaket Am 14. August 2009 waren die *fünf Rechtsakte des Dritten Energiebinnenmarktpakets* im Amtsblatt der Europäischen Union veröffentlicht worden. Damit waren zum 3. September 2009 drei Verordnungen und zwei Richtlinien in Kraft getreten.

Die fünf Einzelrechtsakte zum Dritten Binnenmarktpaket haben nunmehr folgende Bezeichnungen erhalten:

1. Richtlinie 2009/72/EG vom 13. Juli 2009 über gemeinsame Vorschriften für den Elektrizitätsbinnenmarkt und zur Aufhebung der Richtlinie 2003/54/EG,
2. Richtlinie 2009/73/EG vom 13. Juli 2009 über gemeinsame Vorschriften für den Erdgasbinnenmarkt und zur Aufhebung der Richtlinie 2003/55/EG,
3. Verordnung (EG) Nr. 713/2009 vom 13. Juli 2009 zur Gründung einer Agentur für die Zusammenarbeit der Energieregulierungsbehörden,
4. Verordnung (EG) Nr. 714/2009 vom 13. Juli 2009 über die Netzzugangsbedingungen für den grenzüberschreitenden Stromhandel und zur Aufhebung der Verordnung (EG) Nr. 1228/2003,
5. Verordnung (EG) Nr. 715/2009 vom 13. Juli 2009 über die Bedingungen für den Zugang zu den Erdgasfernleitungsnetzen und zur Aufhebung der Verordnung (EG) Nr. 1775/2005 vom 28. September 2005.

Die wesentlichen Elemente des Paketes sind unter anderem:

1. Der Independent Transmission Operator (ITO) ist eine gleichwertige Alternative zur eigentumsrechtlichen Entflechtung und zum Independent System Operator (ISO) und zwar sowohl im Strom- als auch im Gasbereich.
2. Die Mitgliedsstaaten werden verpflichtet, ein Konzept für „schutzbedürftige“ Kunden auszuarbeiten. Den Mitgliedsstaaten steht es frei, dies auch im Rahmen der Sozialpolitik zu tun. Eine einheitliche Definition des „schutzbedürftigen“ Kunden gibt die Richtlinie nicht vor.
3. Die Mitgliedsstaaten werden verpflichtet, „angemessene Maßnahmen“ gegen Energiearmut zu ergreifen. Auch diese Maßnahmen können im Rahmen staatlicher Sozialleistungen erfolgen. Eine Definition von „Energiearmut“ gibt es nicht.
4. Verbraucher sollen zukünftig stärker auf ihre Rechte hingewiesen werden. Hierzu wird die Kommission eine detaillierte „Consumer Checklist“ ausarbeiten.
5. Anders als zur bisherigen Rechtslage wird zukünftig der Lieferantenwechsel innerhalb drei Wochen zu gewährleisten sein.

6. Mitgliedsstaaten werden verpflichtet, intelligente Zähler/Smart Meter einzuführen. Wie diese Einführung erfolgt, bleibt den Mitgliedsstaaten vorbehalten. Diese können im Rahmen einer Bewertungsstudie beispielsweise prüfen, welche Art von Zähler wirtschaftlich sinnvoll und kosteneffizient ist. Darüber hinaus bleibt es den Mitgliedsstaaten vorbehalten zu entscheiden, ob es bis 2020 zu einer flächendeckenden Einführung von Smart Metern kommen soll.
7. Die Kompetenzen der nationalen Regulierungsbehörden und der geplanten europäischen Energieregulierungsagentur (ACER) sind erweitert worden.

Der deutsche Gesetzgeber hatte mit der 2011 erfolgten *Änderung des Gesetzes zur Neuordnung energiewirtschaftsrechtlicher Vorschriften vom 26. Juli 2011* im Kern den nationalen Rechtsrahmen auf die neuen EU-Vorgaben aus den Regelungen des Dritten Binnenmarktpakets angepasst (BGBl I Nr. 41 vom 03.08.2011).

Schwerpunkte der in Artikel 1 geregelten Änderung des Energiewirtschaftsgesetzes (EnWG) sind.

1. Neuregelung der Entflechtungsvorschriften für VNB
   - Ausdrückliche Aufnahme der Anforderungen der Richtlinien an die personelle und finanzielle Ausstattung des Netzbetreibers in den Gesetzestext
   - Stärkung der Stellung des Gleichbehandlungsbeauftragten
   - Trennung der Kommunikations- und Markenpolitik des Verteilnetzbetreibers von den Vertriebsaktivitäten des vertikal integrierten Energieversorgungsunternehmens
2. Entflechtungsvorschriften für Transportnetzbetreiber (ÜNB und FNB)
   - Möglichkeit der Wahl für die drei Modelle (Eigentumsentflechtung, unabhängiger Systembetreiber, unabhängiger Transportnetzbetreiber)
   - Ausführliche Vorschriften zur Ausgestaltung des ITO Modells
   - Einführung von Zertifizierungsregelungen für Transportnetzbetreiber
3. Rechnungsmäßige Entflechtung, § 6b
   - Erweiterung der Veröffentlichungspflichten
   - Einflussnahmemöglichkeit der BNetzA auf Schwerpunkte der Prüfung
4. Regelungen zum Netzentwicklungsplan, §§ 12a ff. (ÜNB), § 15a (FNB)
   - Einführung einer gemeinsamen Szenariorahmenplanung und eines gemeinsamen Netzentwicklungsplanes der Transportnetzbetreiber Strom bzw. der Transportnetzbetreiber Gas
   - Umfassende Konsultationen der Planungen mit den betroffenen Interessengruppen
   - Detaillierte Vorgaben zur Umweltverträglichkeitsprüfung durch die Regulierungsbehörde
5. Einführung von intelligenten Messsystemen, §§ 21 b–i
   - Grundsätzliche Vorgaben zu Anforderungen an Messeinrichtungen und Messsysteme
   - Datenschutzregelungen

- Umfassende Verordnungsermächtigung zur Regelung von weiteren Einzelheiten
- Die Kosten-Nutzenanalyse für den Massen-„Rollout“ ist auf den Bereich von Klein und Kleinstkunden beschränkt
- Generelle Einbauverpflichtung für intelligente Messsysteme: bei jedem Letztverbraucher größer 6000 Kilowattstunden und bei Anlagenbetreibern nach dem EEG oder KWK-G bei Neuanlagen mit einer installierten Leistung von mehr als 7 Kilowatt. Dies widerspricht der bisherigen Ankündigung, die flächendeckende Einführung von dem Ergebnis der Kosten-Nutzen-Analyse abhängig zu machen. In die genannte Kategorie können beispielsweise bereits Einfamilienhäuser mit vier Personen fallen.

6. Steuerung von unterbrechbaren Verbrauchseinrichtungen in der Niederspannung, § 14 a
   - Möglichkeit zur Einführung reduzierter Netzentgelte
   - Ansätze für eine Smart Grid Regelung
   - Verordnungsermächtigung zur Regelung von weiteren Einzelheiten
7. Neuregelung der Rechnungstransparenz, §§ 40, 41
   - Ausweitung gesetzlicher Mindestinhalte von Rechnungen (über 20 Angaben)
   - Festlegungskompetenz für BNetzA zu standardisierten Begriffen und Definitionen und Entscheidungskompetenz hinsichtlich der Mindestinhalte nach § 40 Abs. 1 bis 5
8. Vollständige Überarbeitung der Stromkennzeichnung (§ 42 EnWG)
   - Erheblicher Zusatzaufwand für den Ausweis einer deutlich höheren Energieträgeranzahl
   - Vorziehen des Stichtages auf den 1. November, Meldung der zugrunde liegenden Strommengen an die BNetzA
   - Zukünftige Verwendung des Entso-E-Mixes statt des UCTE-Mixes, grafische Darstellung des Stromkennzeichens
9. Einführung einer Streitschlichtungsstelle, §§ 111 a–c
   - Privatrechtliche Ausgestaltung möglich
   - Anerkennung der Schlichtungsstelle durch BMWi und BMELV (einvernehmlich)
   - Tätigkeit der Schlichtungsstelle umfasst Beschwerden von Verbrauchern gegenüber Lieferanten, Messstellenbetreibern, Messdienstleistern und Netzbetreibern
   - Teilnahme an der Schlichtung ist zwingend
   - Rechtsweg bleibt offen
10. Konzessionsverträge, § 46
    - Anspruch auf Übertragung des Eigentums oder Einräumung des Besitzes
    - Regelung der Informationspflichten
    - Vorgaben zu Auswahlkriterien
11. Neuregelung der Objektnetze, §§ 110, 3 Nr. 24 a und b
    - Objektnetze sind jetzt: Geschlossene Verteilernetze
    - Abgrenzung zu Kundenanlagen und Kundenanlagen zur betrieblichen Eigenversorgung
12. Übergangsfristen (§ 118 Abs. 11 EnWG)

Daneben finden sich zahlreiche weitere Änderungen, wie z. B. zu Aufbewahrungspflichten von Daten (§ 5a), zum Einspeisemanagement (§ 13), zum Lieferantenwechsel innerhalb von drei Wochen (§ 20 a) sowie zum Monitoring (§ 35).

Das Gesetz war am 4. August 2011 in Kraft getreten.

EnWG-Novelle 2012 Am 29. November 2012 hatte der Deutsche Bundestag die Novelle des Energiewirtschaftsgesetzes (EnWG-Novelle 2012) beschlossen. Die im Bundesgesetzblatt Jahrgang 2012 Teil I Nr. 61 vom 27. Dezember 2012 veröffentlichte Änderung des Energiewirtschaftsgesetzes betrifft vorrangig die Regelungen zur Netzanbindung von Offshore-Windparks und führt zudem auch neue Vorgaben zur Gewährleistung der Versorgungssicherheit im Hinblick auf die erforderlichen Kraftwerkskapazitäten ein. Schwerpunkte der in Artikel 1 des *Dritten Gesetzes zur Neuregelung energiewirtschaftlicher Vorschriften vom 20. Dezember 2012* geregelten Änderung des Energiewirtschaftsgesetzes sind:

1. Systemwechsel bei der Netzanbindung von Offshore-Windparks
   - Vorgaben zur Erstellung eines Bundesfachplans Offshore sowie eines Offshore-Netzentwicklungsplans, Paragraphen 17 a–17 d
   - Anpassung der Anreizregulierungsverordnung: Wälzung der Investitions- und Betriebskosten für die Netzanbindung von Offshore-Windparks als dauerhaft nicht beeinflussbare Kosten ohne Zeitverzug
   - Haftungsregelungen hinsichtlich der Netzanbindung von Offshore-Windparks, Paragraphen 17 e, 17 g, 17 h
   - Einführung einer Offshore-Haftungsumlage, Paragraph 17 f
2. Rechnungsmäßige Entflechtung, Paragraph 6b
3. Netzentgeltbefreiung für Speicher (Strom), Paragraph 118 Abs. 6
4. Systemrelevante Kraftwerke
   - Meldepflichten bei geplanter endgültiger oder vorläufiger Stilllegung ab 10 MW, Paragraph 13 a Abs. 1
   - Ausweitung und weitere Ausgestaltung der bestehenden Vorgaben zum Redispatch, Paragraph 13 Abs. 1 a und 1 b
   - Stilllegungsverbot für systemrelevante Kraftwerke ab 50 Megawatt (MW); Paragraph 13 a Abs. 2
   - Ausgestaltung der Vorgaben für das Stilllegungsverbot systemrelevanter Kraftwerke durch Rechtsverordnung, Paragraph 13 b Abs. 1 Nr. 1
   - Verordnungsermächtigung zur Einführung eines transparenten Prozesses zur Beschaffung von Netzreserve, Paragraph 13 b Abs. 1 Nr. 2
   - Einführung besonderer Pflichten für systemrelevante Gaskraftwerke ab 50 MW, Paragraph 13 c
   - Festlegungsbefugnisse der BNetzA hinsichtlich der Ausweisung systemrelevanter Gaskraftwerke, Paragraph 13 c Abs. 3

- Anweisungsrecht des Übertragungsnetzbetreibers gegenüber dem Fernleitungsnetzbetreiber zur Aufrechterhaltung des Gasbezugs systemrelevanter Gaskraftwerke, Paragraph 16 Abs. 2 a

Diese gesetzlichen Regelungen sind bis 2017 befristet, Art. 2 i. V. m. Art. 8 des Dritten Gesetzes zur Neuregelung energiewirtschaftlicher Vorschriften.

5. Regelung zur Steuerung von vertraglichen Abschaltvereinbarungen in Gasverteilernetzen, Paragraph 14 b
6. Neufassung der Regelung zu ab- und zuschaltbaren Lasten, Paragraph 13 Abs. 4 a und 4 b
7. Ergänzung um Einbaupflicht von „zukunftsfähigen Messeinrichtungen“ und Änderung der Bestandsschutzregelung für Messsysteme, Paragraph 21 c und e

Das Gesetz war am 28. Dezember 2012 in Kraft getreten.

Zur Konkretisierung der neuen Regelungen des EnWG für die Beschaffung von Reservekapazitäten und die Stilllegung von Kraftwerken hatte die Bundesregierung am 12. Juni 2013 eine Verordnung (*Reservekraftwerksverordnung*) beschlossen. *Diese Verordnung zur Regelung des Verfahrens der Beschaffung einer Netzreserve sowie zur Regelung des Umgangs mit geplanten Stilllegungen von Energieerzeugungsanlagen zur Gewährleistung der Sicherheit und Zuverlässigkeit des Elektrizitätsversorgungssystems (ResKV)* war am 27. Juni 2013 in Kraft getreten.

Weitere Änderungen im Rechtsrahmen 2013 und 2014 Die am 9. Juni 2017 in Kraft getretene 9. *Novelle des Gesetzes gegen Wettbewerbsbeschränkungen (GWB)* verlängert unter anderem die Preismissbrauchsaufsicht über marktbeherrschende Strom- und Gasanbieter (§ 29 GWB) bis Ende 2022. Bei den weiteren erfolgten Modifikationen des gesetzlichen Ordnungsrahmens handelt es sich insbesondere um energiewendebedingte Anpassungen.

Am 27. Juli 2013 war das *Gesetz zur Beschleunigung des Netzausbaus* in Deutschland (Bundesbedarfsplangesetz) in Kraft getreten. Dieses Gesetz regelt zur Umsetzung des Netzausbauplans Strom, welche Netzausbauvorhaben auf Übertragungsnetzebene als prioritär gelten, um die Energiewende zu realisieren und damit beschleunigte Planungs- und Genehmigungsverfahren in Anspruch nehmen können.

Am 22. August 2013 sind – neben einer ebenfalls erfolgten Änderung der Gasnetzentgeltverordnung – Änderungen der Stromnetzentgeltverordnung (StromNEV), der Anreizregulierungsverordnung (ARegV) und der Stromnetzzugangsverordnung (StromNZV) in Kraft getreten. Die neuen Regelungen sollen unter anderem zur Verbesserung der Rechtssicherheit bei der Ermittlung einzelner Bestandteile der Netzentgelte dienen. Nach der Stromnetzentgeltverordnung können bestimmte Letztverbraucher ein individuelles Netzentgelt gemäß § 19 Abs. 2 Satz 1 bzw. Satz 2 StromNEV beantragen.

Am 1. August 2014 war die Reform des Gesetzes für den Ausbau erneuerbarer Energien (*Erneuerbare-Energien-Gesetz – EEG 2014*) in Kraft getreten. Die EU-Kommission hatte das Gesetz, das am 27. Juni und am 4. Juli 2014 vom Bundestag und am 11. Juli 2014 vom Bundesrat beschlossen worden war, am 23. Juli 2014 genehmigt. Einzelheiten zum EEG 2014 sind – ebenso wie die vorlaufend seit dem Jahr 2000 und in der Folge mit dem EEG 2017 gesetzlich getroffenen Regelungen – in den Abschn. 3.1.2–3.1.4 dargestellt.

Änderungen im energiewirtschaftlichen Rechtsrahmen 2016 Das Jahr 2016 hat erneut zu wesentlichen *Änderungen im energiewirtschaftlichen Rechtsrahmen* geführt. Neben dem so genannten Strommarktgesetz, das zum 30. Juli 2016 in Kraft getreten ist, sind weitere Gesetzesnovellen zu nennen, die für die Energiebranche von hoher Praxisrelevanz sind und die Beleg für den raschen Wandel der einschlägigen Vorschriften sind:

- Novelle des Erneuerbare-Energien-Gesetzes
- Novelle des Kraft-Wärme-Kopplungs-Gesetzes
- Novelle der Anreizregulierungsverordnung
- Gesetz zur Digitalisierung der Energiewende mit dem Kernstück des Messstellenbetriebsgesetzes.

Des Weiteren ist eine zusätzliche EnWG-Novelle zu nennen, die Ende 2016 verabschiedet wurde und mit einer Neufassung der §§ 46 EnWG ff. die Modalitäten zur Ausschreibung von Konzessionen neu festlegte.

Das *Gesetz zur Weiterentwicklung des Strommarktes* (Strommarktgesetz) ist im Schwerpunkt eine EnWG-Novelle mit zahlreichen Folgeänderungen in weiteren Gesetzen und Verordnungen, u. a. der StromNEV und StromNZV. Mit dem Strommarktgesetz hat der Gesetzgeber sich für eine Fortschreibung des bisherigen Marktdesigns, des sog. Energy-Only-Marktes, entschieden, bei dem der Großhandelspreis sich wettbewerblich über die Strombörsen bildet. Gleichzeitig wurden aber zu Zwecken der Versorgungssicherheit verschiedene Arten von Reserven eingeführt, die in Zeiten schwankender Einspeisung aus Erneuerbare-Energien-Anlagen die Netzstabilität durch konventionelle Stromerzeugungsanlagen sichern sollen. Diese Reserven sind:

- Kapazitätsreserve, § 13e EnWG: Die Betreiber von Übertragungsnetzen halten hierbei Reserveleistung vor, um im Fall einer Gefährdung oder Störung der Sicherheit oder Zuverlässigkeit des Elektrizitätsversorgungssystems Leistungsbilanzdefizite infolge des nicht vollständigen Ausgleichs von Angebot und Nachfrage an den Strommärkten im deutschen Netzregelverbund auszugleichen (Kapazitätsreserve). Die Kapazitätsreserve wird schrittweise ab dem Winterhalbjahr 2018/2019 außerhalb der Strommärkte gebildet. Die Anlagen der Kapazitätsreserve speisen ausschließlich auf Anforderung der Betreiber von Übertragungsnetzen ein. Die Bildung der Kapazitätsreserve erfolgt im Rahmen eines wettbewerblichen Ausschreibungsverfahrens oder eines diesem hinsichtlich Transparenz und Nichtdiskriminierung gleichwertigen wettbewerblichen Beschaffungsverfahren. Die Betreiber der Übertragungsnetze führen das Beschaffungsverfahren ab dem Jahr 2017 in regelmäßigen Abständen durch.

- Netzreserve, § 13d EnWG – Die Betreiber von Übertragungsnetzen halten dabei nach Maßgabe einer Netzreserveverordnung Anlagen zum Zweck der Gewährleistung der Sicherheit und Zuverlässigkeit des Elektrizitätsversorgungssystems insbesondere für die Bewirtschaftung von Netzengpässen und für die Spannungshaltung sowie zur Sicherstellung eines möglichen Versorgungswiederaufbaus vor. Das heißt im Gegensatz zu der eher auf marktbezogenen Faktoren beruhenden Kapazitätsreserve, wird die Netzreserve durch netztechnische Faktoren (insb. Engpässe durch verzögerten Netzausbau) bedingt. Die Netzreserve wird gebildet aus (i) Anlagen, die derzeit nicht betriebsbereit sind und auf Grund ihrer Systemrelevanz auf Anforderung der Betreiber von Übertragungsnetzen wieder betriebsbereit gemacht werden müssen, (ii) systemrelevanten Anlagen, für die die Betreiber eine vorläufige oder endgültige Stilllegung angezeigt haben, und (iii) geeigneten Anlagen im europäischen Ausland.
- Sicherheitsbereitschaft (Braunkohle), § 13g EnWG – Als Beitrag zur Erreichung der nationalen und europäischen Klimaschutzziele sieht das EnWG die vorläufig Stilllegung von verschiedenen Braunkohleblöcken vor, um die Kohlendioxidemissionen im Bereich der Elektrizitätsversorgung zu verringern. Die stillzulegenden Anlagen dürfen für vier Jahre nicht endgültig stillgelegt werden. Nach Ablauf der vier Jahre müssen sie jedoch – aufgrund der genannten Klimaschutzzwecke – endgültig stillgelegt werden. Die stillzulegenden Anlagen stehen bis zu ihrer endgültigen Stilllegung ausschließlich für Anforderungen der Betreiber von Übertragungsnetzen zur Verfügung und bilden daher eine (letzte) Sicherheitsbereitschaft. Während die Kosten für Kapazitäts- und Netzreserve über die Netzentgelte finanziert werden, erhalten die Betreiber der stillzulegenden Anlagen für die Sicherheitsbereitschaft und die Stilllegung einer Anlage eine gesetzlich festgelegte Vergütung, die sich (vereinfacht) nach der Höhe der Erlöse bemisst, die mit der stillzulegenden Anlage in den Strommärkten während der Sicherheitsbereitschaft hätte erzielt werden können (abzüglich der kurzfristig variablen Erzeugungskosten).
- Netzstabilitätsreserve, § 13k EnWG – Betreiber von Übertragungsnetzen können des Weiteren Erzeugungsanlagen als besonderes netztechnisches Betriebsmittel errichten, soweit ohne die Errichtung und den Betrieb dieser Erzeugungsanlagen die Sicherheit und Zuverlässigkeit des Elektrizitätsversorgungssystems gefährdet ist. Die Errichtung der Erzeugungsanlagen soll daher dort erfolgen, wo dies wirtschaftlich oder aus technischen Gründen für den Netzbetrieb erforderlich ist. Vom Umfang her dürfen die Netzstabilitätskraftwerke eine elektrische Nennleistung von insgesamt 2 Gigawatt nicht überschreiten.

Hinzuweisen ist in diesem Zusammenhang auf das zunehmend bedeutsamere Instrument der Beihilfeprüfung durch die Europäische Kommission, durch das nationale Gesetzesvorhaben im Energiebereich einer Prüfung in Brüssel unterzogen werden müssen. Neben dem EEG und dem KWKG betrifft dies auch die dargestellten Reserven nach dem Strommarktgesetz. Am 30. August 2016 wurde eine Grundsatzverständigung zwischen deutscher Bundesregierung und EU-Kommission über die Vereinbarkeit der im Strommarktgesetz vorgesehenen Kapazitäts- und Netzreserve mit EU-Beihilfenrecht veröffentlicht. Das förmliche Prüfverfahren (Notifizierungsverfahren) wurde am 7. Februar 2018 abgeschlossen.

Das Strommarktgesetz enthält neben der Systementscheidung für den Energy-Only-Markt unterstützt durch Reserven einige weitere Neuerungen, die hier nur exemplarisch erwähnt werden können. Insgesamt sollen die Neuerungen den Stromgroßhandel, hier insbesondere die Nachfrageseite, flexibler machen und gleichzeitig ausreichende Überwachung sichern, um bei Versorgungssicherheitslücken rasch gegensteuern zu können:

- Erbringung von Regelleistung durch Letztverbraucher (§ 26a StromNZV) zur Förderung einer neuen Marktrolle, der des Aggregators, im Regelenergiebereich.
- Individuelle Netzentgelte für Stromspeicher (§ 19 Abs. 4 EnWG) zur verbesserten Vergütung von Stromspeichern, denen ein leistungsbezogenes individuelles Netzentgelt auf die Wirkungsgradverluste der Anlage anzubieten ist.
- Verschiedene Monitoringpflichten zur Überwachung der Entwicklung des Stromgroßhandels sowie die Einführung einer Informationsplattform und eines Marktstammdatenregisters (§§ 111d – 111f EnWG)

Im Erneuerbare-Energien-Gesetz 2017 sowie im neuen Kraft-Wärme-Kopplungs-Gesetz wurden auf Basis der europäischen Leitlinien für Umwelt- und Energiebeihilfen die Vergütungssysteme weitgehend auf wettbewerbliche und technologieoffene Ausschreibungen umgestellt. Das *Erneuerbare-Energien-Gesetz 2017* änderte das EEG 2014 mit Wirkung zum 1. Januar 2017. Festgehalten wird an den gesetzlich festgelegten Ausbaupfaden für die unterschiedlichen Arten von erneuerbaren Energien. Bis zum Jahr 2050 ist ein Anteil am Bruttostromverbrauch von 80 % vorgesehen.

Das *Kraft-Wärme-Kopplungs-Gesetz* fördert die Stromerzeugung aus Kraft-Wärme-Kopplungsanlagen. Beabsichtigt ist eine Erhöhung auf 110 TWh bis zum Jahr 2020 sowie auf 120 TWh bis zum Jahr 2025 zwecks Energieeinsparung sowie zum besseren Umwelt- und Klimaschutz. Am 30. Dezember 2015 wurde das neue KWK-Gesetz veröffentlicht und trat am 1. Januar 2016 in Kraft.

Die Novelle der *Anreizregulierungsverordnung* hat für Verteilnetzbetreiber zu wesentlichen Änderungen bei der Refinanzierung von Investitionen geführt. Zur Reduzierung des bisherigen Zeitverzugs bei der Refinanzierung von Investitionen wurde nun das Modell des sog. Kapitalkostenabgleichs eingeführt. Im Gegensatz zum bisherigen Prinzip, bei dem der Verteilnetzbetreiber Investitionen grundsätzlich aus einem festgelegten Budget decken musste, besteht nun die Möglichkeit, Kosten für Investitionen separat und damit schneller bei der Regulierungsbehörde geltend zu machen. Damit soll die Investitionsbereitschaft der für die Realisierung der Energiewende wichtigen Verteilnetzbetreiber sichergestellt werden.

Kern des Gesetzespakets zur *Digitalisierung der Energiewende* ist die Einführung des Messstellenbetriebsgesetzes, das die bislang verstreuten Vorschriften zum Messstellenbetrieb bündelt. Das Gesetz sieht die zeitlich gestaffelte Einführung von Messsystemen bis

2032 vor. Das Gesetz enthält Vorschriften über die Rolle der Messstellenbetreiber, die durch die Netzbetreiber (als grundzuständige Messstellenbetreiber) bzw. sog. dritte Messstellenbetreiber, wahrgenommen werden kann. Zudem werden datenschutzrechtliche und sicherheitstechnische Anforderungen an die Messsysteme konkretisiert.

2.5.4 Auswirkungen der Liberalisierung auf den deutschen Strommarkt

Die umfassend erfolgte Liberalisierung des Marktes hatte eine dynamische Entwicklung ausgelöst. Kennzeichen sind u. a.:

- Unternehmensneuorganisation
- Maßnahmen zur Kostensenkung
- Unternehmensfusionen
- Markteintritte neuer Anbieter aus dem In- und Ausland
- Geänderte Preisbildungsmechanismen
- Etablierung einer Strombörse
- Lieferantenwechsel
- Verstärkung der Kundenorientierung (Kundenbindungsmaßnahmen)
- Angebot neuer Tarife und Produkte.

Unternehmensorganisation Bezüglich der *Unternehmensorganisation* wurde die zuvor vielfach typische integrierte Wertschöpfungskette aufgebrochen. Die Stufen Primärenergiebeschaffung, Stromerzeugung sowie Netz und Vertrieb sind rechtlich und unternehmerisch getrennt worden. Als Geschäftsfeld neu hinzugekommen ist der Stromhandel.

Die verzeichneten Preissenkungen auf dem Elektrizitätsmarkt bedeuteten für die Stromanbieter Erlöseinbußen, denen mit der Ausschöpfung bestehender *Kostensenkungspotentiale* begegnet werden musste. Mit den notwendigen Rationalisierungsmaßnamen war auch ein drastischer Abbau der Belegschaft verbunden. So hat sich die Zahl der in der deutschen Elektrizitätsversorgung Beschäftigten von 168.261 im Jahr 1997 auf 119.107 im Jahr 2016 (gemäß Angaben in Tab. 1.6) verringert.

Die Zahl der in den 1990er Jahren neun Verbundunternehmen hatte sich auf vier Konzerne reduziert. Das waren nach den Fusionen von RWE/VEW, VEBA/VIAG und Badenwerk/Energie-Versorgung-Schwaben (EVS) die Unternehmen RWE, E.ON, EnBW sowie die – aus dem *Zusammenschluss* von HEW, VEAG, Bewag und Laubag entstandene – Vattenfall Europe. Diese Konzerne waren bis 2009 durchgängig auch Eigentümer der Höchstspannungsleitungen in ihrem jeweiligen Netzbereich. In der Folge waren die Übertragungsnetze ganz (z. B. E.ON und Vattenfall) bzw. zu weiten Teilen (RWE) an Dritte verkauft worden.

Ende 2015 hatte RWE beschlossen, die Geschäftsfelder Erneuerbare Energien, Netze und Vertrieb in einer neuen Tochtergesellschaft zusammenzuführen und an die Börse zu bringen. Das Vorhaben wurde 2016 umgesetzt. Am 1. April 2016 nahm die neue Gesellschaft – ab September 2016 unter dem Namen innogy SE geführt – ihre Geschäftstätigkeit auf. Im Rahmen eines Börsengangs Anfang Oktober 2016 waren 73,4 Mio. innogy-Aktien aus dem Bestand der RWE AG und weitere 55,6 Mio. im Zuge einer Kapitalerhöhung der innogy SE breit gestreut bei neuen Investoren platziert worden. Der Anteil der RWE AG an innogy SE hatte sich dadurch auf 76,8 % verringert. Im Alleineigentum der RWE AG verblieben die konventionelle Stromerzeugung und der Energiehandel.

E.ON reagierte auf die Veränderungen der Energiemärkte durch eine Aufteilung seiner Geschäftsfelder auf zwei Firmen, die E.ON SE mit Sitz in Essen und die Uniper SE mit Sitz in Düsseldorf. Die konventionelle Stromerzeugung und der globale Energiehandel waren zum 1. Januar 2016 auf die Uniper SE übertragen worden. E.ON konzentrierte sich seitdem auf erneuerbare Energien, Verteilnetze und Kundenlösungen. Am 12. September 2016 war Uniper an die Börse gebracht worden. Bei E.ON verblieben zunächst 46,65 % der Kapitalanteile an Uniper.

Im März 2018 unterzeichneten RWE und E.ON eine weitrechende Vereinbarung, die mehrere Aspekte umfasst:

- E.ON kauft den derzeit von RWE an innogy gehaltenen Anteil von 76,8 %. RWE erhält für die Geschäftsjahre 2017 und 2018 noch die innogy-Dividende.
- RWE erhält im Gegenzug eine Beteiligung an der so erweiterten E.ON in Höhe von 16,67 %.
- Die Stromerzeugung aus erneuerbaren Energien sowohl von E.ON als auch von innogy wird in die RWE-Gruppe integriert.
- RWE integriert das bisher von innogy betriebene Gasspeichergeschäft.
- RWE übernimmt die bisher von E.ON gehaltenen Minderheitsanteile an den von RWE betriebenen Kernkraftwerken in Lingen/Emsland und Gundremmingen.
- RWE erwirbt die bisher von E.ON gehaltene Minderheitsbeteiligung am österreichischen Energieversorger Kelag.
- Der wirtschaftliche Erfolg aller übernommenen Vermögensgegenstände steht RWE ab 1. Januar 2018 zu.
- RWE zahlt E.ON 1,5 Mrd. €.

Diese Transaktion macht RWE zu einem starken Stromerzeuger mit einem breit aufgestellten Erzeugungsportfolio, zu dem neben der konventionellen Stromerzeugung ein erweitertes Geschäft mit erneuerbaren Energien gehört. E.ON konzentrierte sich auf Netze und Vertrieb.

Eine weitere wesentliche Neuordnung hatte 2016 mit dem Verkauf der von Vattenfall Europe gehaltenen Braunkohleaktivitäten (Bergbau und Kraftwerke) an das tschechische Konsortium EPH/PPF Investments stattgefunden. Seitdem werden die Tagebaue im Lausitzer Braunkohlenrevier von der Lausitz Energie Bergbau AG betrieben. Für den Kraftwerkspark ist die Lausitz Energie Kraftwerke AG zuständig. Sitz beider Unternehmen, die unter der gemeinsamen Marke LEAG auftreten, ist Cottbus.

Tab. 2.50 Jahresvolllaststunden der Stromerzeugungsanlagen in Deutschland 2010 bis 2017

Energieträger	2010	2011	2012	2013	2014	2015	2016	2017[1]
Kernenergie	7330	7640	7800	7630	7600	7590	7410	6880
Braunkohle	6580	6870	6960	7040	6830	6800	6580	6490
Biomasse	5750	5470	5480	5500	5610	5790	5730	5720
Steinkohle	3850	3750	4050	4520	4050	3910	3670	3570
Wind offshore					3420	3800	3250	3690
Lauf- und Speicherwasser	3840	3130	3860	4050	3460	3340	3610	3570
Erdgas	3410	3180	2770	2380	2070	2090	2720	2820
Wind onshore	1430	1760	1710	1600	1580	1800	1530	1820
Öl	1330	1110	1270	1310	1050	1170	1100	1130
Pumpspeicher	1100	1000	1040	990	1000	1020	950	1020
Photovoltaik	870	910	900	890	970	990	940	940

[1] Werte 2017 vorläufig (Stand: 28.03.2018)
[2] bedeutsame unterjährige Leistungsveränderungen sind entsprechend berücksichtigt
Quelle: BDEW

Die kommunalen Stromversorger haben ihre starke Marktstellung behauptet. Die größte Gruppe unter den lokalen Stromversorgern repräsentieren die im VKU Verband kommunaler Unternehmen e. V., Berlin, organisierten Gesellschaften. Von den 1458 VKU-Mitgliedsunternehmen verfügen 741 über eine Sparte mit Stromversorgung (Stand: 31.12.2016). Darunter besitzt eine größere Zahl von Unternehmen eigene Kraftwerke oder ist über Beteiligungen an Gemeinschaftsanlagen beteiligt. Die installierte Engpassleistung (netto) belief sich 2016 auf insgesamt 28.546 MW. Bei 41,4 % dieser Kapazität handelt es sich nach Angaben des VKU um Anlagen mit Kraft-Wärme-Kopplung (KWK). Der Anteil erneuerbarer Energien an der gesamten Erzeugungsleistung lag 2016 bei 17,5 %. Kondensationskraftwerke machten 41,4 % der Netto-Engpassleistung aus. Im Endkundensegment haben die vom VKU vertretenen kommunalwirtschaftlichen Unternehmen einen Marktanteil von 59,9 % in der Stromversorgung.

Zur Sicherung ihrer Wettbewerbsfähigkeit im liberalisierten Strommarkt bündeln die auf der lokalen Ebene tätigen Unternehmen – ebenso wie die Regionalversorger – ihre Marktkräfte.

Die Thüga Aktiengesellschaft (Thüga) ist eine Beteiligungs- und Fachberatungsgesellschaft mit kommunaler Verankerung. Sie ist als Minderheitsgesellschafterin bundesweit an rund 100 Unternehmen der kommunalen Energie- und Wasserwirtschaft beteiligt. Die jeweiligen Mehrheitsgesellschafter der Partnerunternehmen sind Städte und Gemeinden. Aus Überzeugung, dass Zusammenarbeit Mehrwert schafft, bildet Thüga gemeinsam mit ihren Partnern den größten kommunalwirtschaftlichen Verbund in Deutschland – die Thüga-Gruppe. Gemeinsames Ziel ist es, die Zukunft der kommunalen Energie- und Wasserversorgung zu gestalten. Im Verbund sind die Rollen klar verteilt. Thüga ist mit der unternehmerischen Entwicklung beauftragt: Ausbau und Weiterentwicklung des Beteiligungsportfolios, Steigerung der Ertragskraft des Beteiligungsportfolios durch das Angebot von Beratungsleistungen sowie durch die Weiterentwicklung von Kooperationsplattformen mit dem Angebot wettbewerbsfähiger Dienstleistungen. Die rund 100 Partner verantworten die aktive Marktbearbeitung mit ihren lokalen und regionalen Marken: Gemeinsam mit ihren Partnern hat die Thüga-Gruppe 2016 mit rund 17.200 Mitarbeitern etwa 19 Mrd. € Umsatz erwirtschaftet.

Andere namhafte Allianzen sind 8KU, Berlin, Citiworks AG, Darmstadt, oder die SüdWestStrom, Tübingen. 8KU ist eine bundesweite Kooperation von acht großen kommunalen Energieversorgungsunternehmen. Das sind enercity, entega, mainova, MVV Energie, N-ERGIE, RheinEnergie, Leipziger Stadtwerke und Stadtwerke München (SWM).

30 Stadtwerke aus Baden-Württemberg und Bayern gründeten im Jahr 1999 die Stadtwerke-Kooperation Südwestdeutsche Stromhandels GmbH. Inzwischen zählt die SüdWestStrom 59 Gesellschafter bundesweit. Das Unternehmen bietet verschiedene Modelle der Strom- und Erdgasversorgung für Stadtwerke an. Die Angebotspalette reicht von der Beschaffung über Portfoliomanagement bis hin zu Bilanzkreis- und Energiedatenmanagement. Am Strom-Portfolio-Pool von SüdWestStrom sind zirka 120 Energieversorger beteiligt, am Erdgas-Portfolio-Pool nehmen etwa 80 Energieversorger teil. Im Bereich Energiedatenmanagement übernimmt SüdWestStrom Dienstleistungen für etwa 40 Stadtwerke-Verteilnetzbetreiber sowie für etwa 60 Stadtwerke-Vertriebe. Zu den weiteren Zielen von SüdWestStrom gehört die Eigenerzeugung von Stadtwerken im Bereich der erneuerbaren Energien zu stärken. Auch Bürgergenossenschaften sowie privaten und institutionellen Investoren steht eine Beteiligung an den Windpark-Projekten offen. Dies wird im Rahmen des genossenschaftlichen Ansatzes auf der Grundlage von Entwicklungskosten ermöglicht.

Bereits 1999 hatten die Stadtwerke Aachen, die N.V. Nutsbedrijven Maastricht gemeinsam mit der ASEAG Energie GmbH, Herzogenrath, und den Niederrheinwerke Viersen GmbH die Aachener Trianel European Energy Trading GmbH (TEET), die heutige Trianel GmbH, gegründet. Die Gründung der Trianel erfolgte mit dem Ziel, die Interessen von Stadtwerken und kommunalen Energieversorgern zu bündeln und deren Unabhängigkeit und Wettbewerbsfähigkeit im Energiemarkt zu stärken. Zu den Geschäftsfeldern der Trianel gehören – neben der Energiebeschaffung – die Energieerzeugung, der Energiehandel, die Gasspeicherung und die Beratung von Stadtwerken. Gegenwärtig ist die Trianel-Gruppe mit 58 Gesellschaftern aufgestellt.

Der gemeinsame Stromeinkauf ist der Hauptzweck der meisten Allianzen. Die beteiligten Stadtwerke, die kaum über eigene Kraftwerkskapazitäten verfügen, streben auf diese Weise an, sich langfristig kalkulierbare Preise im Strombezug zu sichern.

Die Liberalisierung hat außerdem zu dem *Eintritt von zahlreichen neuen Anbietern* geführt, von denen rund 200 Akteure noch im Markt aktiv sind. Als erster neuer Massenvermarkter startete die Yello Strom GmbH am 9. August 1999 als Stromanbieter in den deutschen Markt. Dieses Tochterunternehmen der EnBW, das weder eigene Stromnetze besitzt noch Energie erzeugt, ist eine reine Vertriebsgesellschaft, die den Strom einkauft und an bundesweit etwa 1 Mio. Kunden vertreibt. Die eprimo GmbH ist seit dem 1. Juli 2005 auf dem deutschen Energiemarkt aktiv. Seit 2007 war eprimo die zentrale Discountvertriebsgesellschaft für Strom und Gas von RWE, seit 2016 unter dem Dach der innogy SE.

Der Wandel auf dem deutschen Strommarkt geht ferner einher mit einer zunehmenden *Internationalisierung*. Beispiele für weitere Engagements ausländischer Unternehmen in Deutschland sind Vattenfall, Statkraft und ENGIE – vormals GDF SUEZ.

Die Vattenfall GmbH, Berlin, die zu 100 % der schwedischen Staatsgesellschaft Vattenfall AB gehört, versorgt in Deutschland rund 3,5 Mio. Kunden mit Strom und Gas und über 1,5 Mio. Wohneinheiten mit Wärme. Vattenfall hat in den Bau von Offshore-Windkraftanlagen in der deutschen Nordsee investiert. In den beiden größten deutschen Städten Berlin und Hamburg sichert Vattenfall die Strom- und Wärmeversorgung, betreibt dort Kraftwerke (u. a. das Steinkohlekraftwerk Moorburg mit einer elektrischen Leistung von 1654 MW und einer Wärmeleistung von 30 MW) und bietet Energiedienstleistungen an.

In der Statkraft Markets GmbH mit Sitz in Düsseldorf ist das kontinentaleuropäische Handelsgeschäft des norwegischen Staatsunternehmens gebündelt. Hierein fallen die Bereiche Trading, Origination und Energy Management. Die Erzeugungsaktivitäten für die Kraftwerke in Albanien, Deutschland, Großbritannien und der Türkei werden in der technischen Regionalzentrale in Hürth-Knapsack verwaltet. Statkraft ist mit einer installierten Leistung von 2691 MW eines der größten Erzeugungsunternehmen in Deutschland. Weiterhin bündelt und steuert das Unternehmen über 8500 MW erneuerbaren Strom in einem virtuellen Kraftwerk. Statkraft gehört zu 100 % dem norwegischen Staat.

ENGIE Deutschland (hervorgegangen u. a. aus GDF SUEZ Energie Deutschland und Cofely Deutschland) ist einer der deutschlandweit führenden Spezialisten für Technik, Energie und Service. Das Angebot umfasst gebäudetechnischen Anlagenbau, Anlagen- und Prozesstechnik, Facility Management, Energiemanagement, Energiebeschaffung, erneuerbare Energien und industrielle Kältetechnik. Das Unternehmen ist Kooperationspartner der Stadtwerke Gera, Saarbrücken und Wuppertal sowie der Berliner GASAG. ENGIE Deutschland ist bundesweit mit 30 Niederlassungen vertreten und richtet sich an Industrie und Kommunen ebenso wie an Gewerbe- und Privatkunden.

Gleichzeitig hatten sich ehemals primär auf den deutschen Markt fokussierte Unternehmen zunehmend international aufgestellt und außerdem ihre Geschäftsaktivitäten neu ausgerichtet. Dies gilt insbesondere für die beiden größten Energieunternehmen, die E.ON SE, Essen, und die RWE AG, Essen.

Notwendigkeiten zur Anpassung ergaben sich nach erfolgter Liberalisierung auch bei den *Stromerzeugungskapazitäten*. Die im regulierten Markt gegebene Möglichkeit, die Kosten einer großzügig dimensionierten Kapazitätsausstattung im Preis an die Kunden weiterzugeben, existiert seit der Liberalisierung nicht mehr. Vielmehr drückten Überkapazitäten zusätzlich den Preis.

Außerdem hatte sich nach Beseitigung der Gebietsmonopole die Überkapazität noch vergrößert. Während zu Monopolzeiten jedes EVU die Reservehaltung weitgehend eigenständig wahrgenommen hatte, ist seitdem praktisch ein gemeinsamer Markt entstanden. Allen Unternehmen ist jetzt eine Deckung von Nachfrage durch Zukauf aus dem Markt möglich.

Ein zweiter Faktor resultiert aus den Fusionen. Mit Erweiterung des Netzgebietes, das von einem einzelnen Anbieter abgedeckt wird, sinkt der Bedarf von Reservekapazität, die jeder einzelne Netzbetreiber für Ausgleichszwecke vorhalten muss. Schließlich wurden die im so genannten Grid Code geregelten Anforderungen hinsichtlich des Vorhaltens von Reserveleistung verringert.

In den letzten Jahren hat insbesondere die stark erhöhte Einspeisung von Wind- und Solarstrom angesichts der bestehenden Vorrangregelung zugunsten dieser Technologien die Großhandelspreise für Strom stark absinken lassen.

Die Änderungen der Preisbildungsmechanismen sind in Abschn. 4.2.5 beschrieben. Auf die Rolle der Strombörse wird in Abschn. 2.5.7 im Einzelnen eingegangen. Der Abschn. 2.5.8 behandelt Vertriebsstrategien im liberalisierten Markt.

2.5.5 Stromerzeugung

Innerhalb der Bundesrepublik Deutschland stand zum Jahresende 2017 eine Stromerzeugungskapazität von 215.846 MW (netto) zur Verfügung. Davon entfallen 112.404 MW auf Anlagen auf Basis erneuerbarer Energien. Insgesamt gibt es in Deutschland inzwischen mehr als 1,5 Mio. Betreiber von Stromerzeugungsanlagen. In der Mehrzahl handelt es sich um Betreiber von Anlagen auf Basis erneuerbarer Energien. Diese nutzen teilweise den Strom für den Eigenverbrauch und speisen die verbleibenden Mengen in das Netz der allgemeinen Versorgung ein.

Für die Unternehmen mit einem breiteren Erzeugungsportfolio stellen sich vor dem Hintergrund der bedarfs- und deckungsseitigen Gegebenheiten Optimierungsaufgaben für die Investitions- und für die Einsatzplanung der Kraftwerke (Lastverteilung). Diese bestehen darin, den in der betrachteten Zeitspanne zu deckenden Bedarf an elektrischer Energie (Gesamtlast in ihrem zeitlichen Verlauf) den unterschiedlichen Kraftwerksarten so zuzuordnen, dass der Bedarf sicher und mit insgesamt geringstmöglichen Stromerzeugungskosten gedeckt wird. Dabei sind für die Kostenoptimierung bei der Investitionsplanung sowohl die festen als auch die beweglichen, bei der Einsatzplanung (Lastverteilung) nur die beweglichen Kosten (Arbeitskosten, im wesentlichen Brennstoffkosten sowie seit 1. Januar 2005 CO_2-Zertifikatskosten) der Erzeugung maßgebend.

Aus dieser Sicht war in der Vergangenheit zur Bestimmung eines investitionsplanerisch optimierten Kraftwerksparks zwischen folgenden Kraftwerksarten unterschieden worden: Grundleistungskraftwerke, Mittelleistungskraftwerke und Spitzenleistungskraftwerke.

Dabei war die *Grundleistung* als der Teil der gesamten Netto-Engpassleistung eines Kraftwerksparks zu verstehen, „der – von der technischen Auslegung (Investitionspla-

Stromerzeugungskapazität und -menge
Stromerzeugung 2017 in Deutschland
Anteile der verschiedenen Energieträger

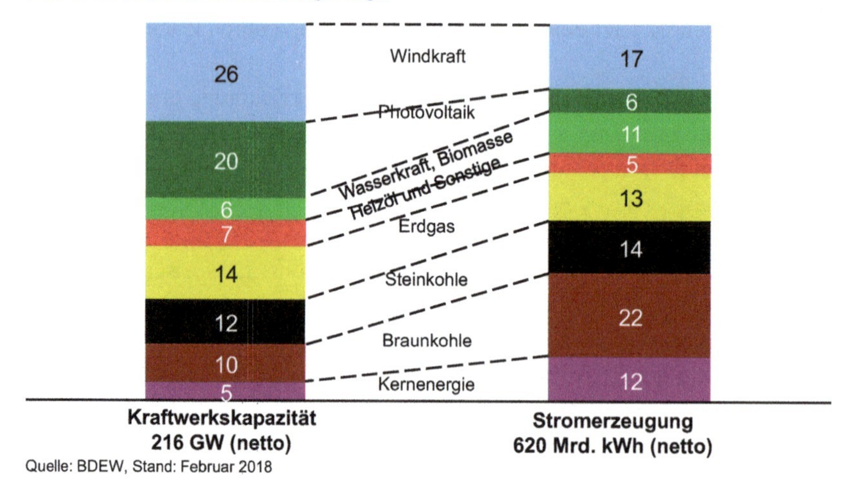

Abb. 2.43 Anteile der Energieträger an Kraftwerkskapazität und Netto-Stromerzeugung 2017

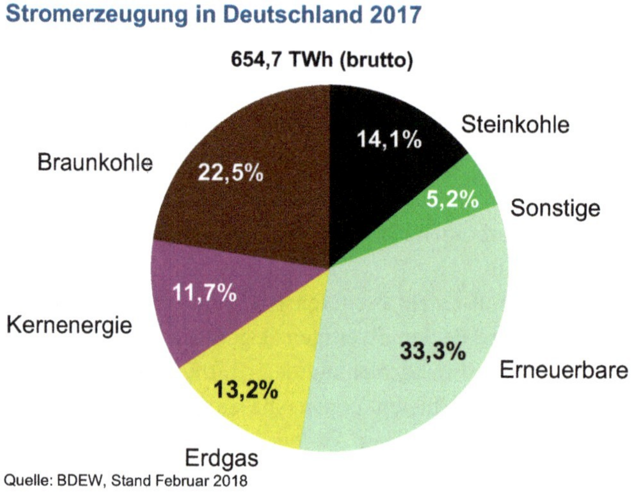

Abb. 2.44 Stromerzeugungsmix 2017

nung) her und/oder im Hinblick auf die aktuellen Relationen der Brennstoffwärmepreise – auf Grund seiner Kostenstruktur (insbesondere niedrige Arbeitskosten) zur Erzielung des Kostenminimums eine möglichst hohe Einsatzpriorität erhält“ [32]. Hieraus folgt eine hohe Ausnutzungsdauer. In diesem Sinne wurden als Grundleistungskraftwerke Anlagen auf der Basis von Laufwasser, Braunkohle und Kernenergie sowie auch auf Basis Biomasse und Geothermie gezählt.

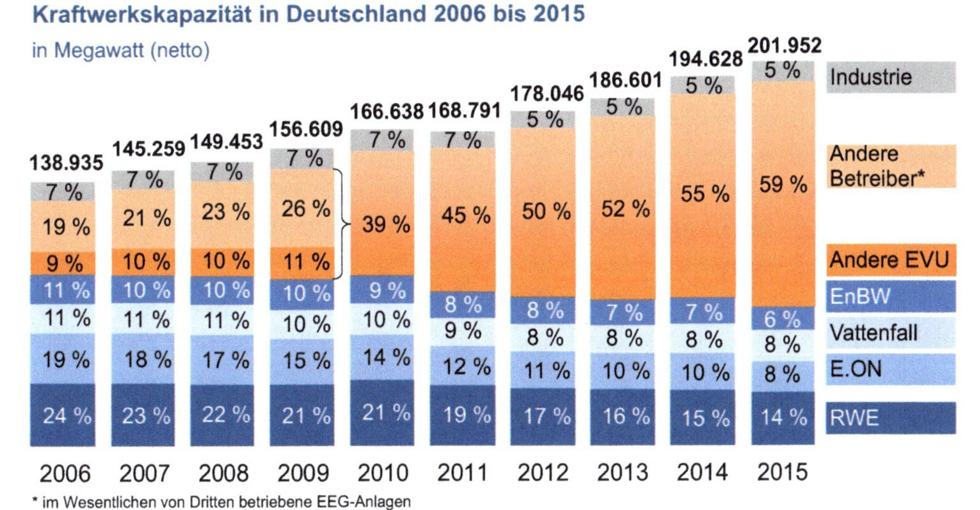

Abb. 2.45 Kraftwerkskapazität nach Unternehmen 2006 bis 2015

In Deutschland sind im Bereich der allgemeinen Versorgung (einschließlich DB AG) Laufwasserkraftwerke mit einer Gesamtleistung von rund 3400 MW (netto) am Netz. Standortmäßig konzentrieren sich diese Kraftwerke insbesondere auf Bayern und Baden-Württemberg. Auf der Basis von Braunkohle waren 2017 in der allgemeinen Versorgung Kraftwerke mit einer Netto-Leistung von rund 20.327 MW in Betrieb (davon zum 31.12.2017 insgesamt 1217 MW bereits in die Sicherheitsbereitschaft überführt). Standortschwerpunkte dieser Kraftwerke sind die Braunkohlenreviere im Rheinland, in der Lausitz und in Mitteldeutschland. Auf der Basis von Kernenergie waren 2017 in der allgemeinen Versorgung acht Kraftwerke mit einer gesamten Netto-Engpassleistung von 10.799 MW installiert. Die durchschnittliche Ausnutzungsdauer erreichte im Jahr 2017 folgende Werte:

Kernenergie	6880 h
Braunkohle	6490 h
Biomasse	5720 h
Wind offshore	3690 h
Steinkohle	3570 h
Lauf- und Speicherwasser	3570 h
Erdgas	2820 h
Wind onshore	1820 h
Mineralöl	1130 h
Pumpspeicher	1020 h
Photovoltaik	940 h

Stromerzeugung in Deutschland 2006 bis 2015
in Mrd. kWh (netto)

	2006	2007	2008	2009	2010	2011	2012	2013	2014	2015
Gesamt	598,8	600,5	601,0	558,6	594,9	576,9	593,1	601,8	591,7	607,7
Industrie	8 %	8 %	8 %	8 %	8 %	8 %	7 %	7 %	7 %	7 %
Andere Betreiber*	8 %	10 %	11 %	12 %	23 %	28 %	31 %	32 %	35 %	39 %
Andere EVU	10 %	9 %	9 %	10 %						
EnBW	11 %	11 %	11 %	12 %	11 %	10 %	10 %	10 %	10 %	9 %
Vattenfall	13 %	12 %	11 %	12 %	12 %	11 %	11 %	12 %	12 %	12 %
E.ON	20 %	21 %	20 %	20 %	18 %	16 %	15 %	14 %	12 %	10 %
RWE	30 %	29 %	30 %	26 %	28 %	27 %	27 %	25 %	24 %	23 %

* im Wesentlichen von Dritten betriebene EEG-Anlagen

Quelle: Angaben der jeweiligen Unternehmen (für EnBW im Jahr 2006 und 2007 eigene Schätzung) und des BDEW

Abb. 2.46 Marktanteile in der Stromerzeugung 2006 bis 2015

Jahresvolllaststunden 1)2) 2017
Gesamte Elektrizitätswirtschaft

Technologie	Stunden
Kernenergie	6.880
Braunkohle	6.490
Biomasse	5.720
Wind offshore	3.690
Lauf- und Speicherwasser	3.570
Steinkohle	3.570
Erdgas	2.820
Wind onshore	1.820
Öl	1.130
Pumpspeicher	1.020
Photovoltaik	940

1) vorläufig
2) bedeutsame unterjährige Leistungsveränderungen sind entsprechend berücksichtigt

Quelle: BDEW, Stand: 28.03.2018

Abb. 2.47 Jahresvolllaststunden verschiedener Technologien zur Stromerzeugung

Die Ausnutzungsdauer kennzeichnet den Einsatz der Kraftwerke. Sie geht von der Netto-Leistung und den 8760 h des Jahres aus.

„Mittelleistung ist derjenige Teil der gesamten Netto-Engpassleistung eines Kraftwerksparks, der für den Betrieb mit häufig wechselnder Leistung und für tägliches An- und Abfahren ausgelegt ist und der – von der technischen Auslegung (Investitionsplanung) her und/oder im Hinblick auf die aktuellen Relationen der Brennstoffwärmepreise – auf Grund seiner Kostenstruktur (mittlere Arbeitskosten) zur Erzielung des Kostenminimums eine nachgeordnete Einsatzpriorität erhält" [32]. Zur Kategorie Mittelleistungskraftwerke sind vor allem Steinkohle-, Gas- und Speicherwasserkraftwerke gerechnet worden. Auch Biomasse- und Biogaskraftwerke können grundsätzlich in der Mittellast eingesetzt werden.

„Spitzenleistung ist derjenige Teil der gesamten Netto-Engpassleistung eines Kraftwerksparks, der auf Grund seiner technischen Auslegung (Investitionsplanung) mehrmaliges Anfahren je Tag, kurze Anfahrzeiten und hohe Leistungsänderungsgeschwindigkeiten zulässt, jedoch wegen seines meist begrenzten Arbeitsvermögens und/oder seiner Kostenstruktur (hohe Arbeitskosten) zur Erzielung des Kostenminimums nur in jenen speziellen Bedarfsfällen eingesetzt wird, in denen seine besonderen betrieblichen Eigenschaften zur Geltung kommen" [32]. Mit dieser Zuordnung ist eine geringe Ausnutzungsdauer verknüpft worden. Zu Spitzenleistungskraftwerken werden Pumpspeicherkraftwerke und Gasturbinen gerechnet. Ferner werden Öl- und Gaskraftwerke – neben dem Ausgleich saisonbedingter Bedarfsspitzen – als Reserveleistung bei Ausfall von Kraftwerkskapazitäten genutzt. Auch Biogaskraftwerke können grundsätzlich im Spitzenlastbereich eingesetzt werden.

Windkraft und Solarenergie lassen sich keinem der genannten Lastbereiche zuordnen, da die Erzeugung von Strom aus diesen Anlagen – neben den Standortbedingungen – von der Witterung sowie von den Jahres- und Tageszeiten abhängig ist. Der starke Ausbau an Erzeugungsleistung auf Basis Wind und Sonne hat – in Verbindung mit der gesetzlich geregelten Vorrangeinspeisung – zu veränderten Anforderungen an den Betrieb der thermischen Kraftwerke geführt. Die klassische Arbeitsteilung in Grund-, Mittel- und Spitzenlast ist durch die Anforderung an die konventionellen Kraftwerke abgelöst worden, die jeweilige – nicht durch Strom aus erneuerbaren Energien gedeckte – Last (Stromnachfrage) zur Aufrechterhaltung der Systemstabilität flexibel zu decken. Die thermischen Kraftwerke müssen flexibel hoch- und runtergefahren werden können, um den Erfordernissen des Lastfolgebetriebs gerecht zu werden. In Deutschland sind die bestehenden Kohle- und Gaskraftwerke mit entsprechender Leittechnik nachgerüstet worden. Neue konventionelle Anlagen sind ohnehin entsprechend konzipiert.

Der Einsatz des Kraftwerksparks entscheidet sich – soweit die Möglichkeiten zur Optimierung nicht eingeschränkt sind – etwa durch die Vorrangstellung von Anlagen auf Basis erneuerbarer Energien, wie dargelegt, nach Maßgabe der variablen Kosten. Dies sind vornehmlich die Brennstoffkosten sowie seit 1. Januar 2005 auch die CO_2-Zertifikatskosten. Die Fixkosten sind kein Kriterium für die Bestimmung der Rangfolge des Einsatzes, da sie nach erfolgter Investition unabhängig davon anfallen, ob das Kraftwerk

Tab. 2.51 Bilanz der Elektrizitätsversorgung in Deutschland 2017

		2017[2]		
		Allgemeine Versorgung	Bergbau u. Verarbeitendes Gewerbe	Summe
		GWh	GWh	GWh
1.	**Brutto-Erzeugung**	**598.825**	**55.910**	**654.735**
	Kraftwerkseigenverbrauch	−30.211	−3982	−34.193
2.	**Netto-Erzeugung**	**568.614**	**51.928**	**620.542**
	Davon:			
	Kernenergie	72.135	–	72.135
	Braunkohle	133.945	2643	136.588
	Steinkohle	81.734	2816	84.550
	Erdgas	57.993	25.580	83.573
	Mineralölprodukte	1227	3980	5207
	Erneuerbare, darunter	208.748	4552	213.300
	Wasser	19.822	170	19.992
	Wind onshore	86.926	–	86.926
	Wind offshore	17.677	–	17.677
	Photovoltaik	39.895	–	39.895
	Biomasse	39.760	4132	43.892
	Müll (50 %)	4525	250	4775
	Geothermie	143	–	143
	Übrige	12.832	12.357	25.189
	Darunter Pumpspeicher	5835	–	5835
3.	Einspeisung[1]	19.928	−19.928	–
4.	Einfuhr	28.355	–	28.355
5.	**Aufkommen/Verwendung (2 + 3 + 4) = (6 + 7 + 8 + 9)**	**616.897**	**32.000**	**648.897**
6.	Ausfuhr	83.305	–	83.305
7.	Pumpstromverbrauch	8258	–	8258
8.	Netzverluste und Nichterfasstes	27.334	–	27.334
9.	**Netto-Stromverbrauch (5 – 6 – 7 – 8)**	**498.000**	**32.000**	**530.000**
	Davon:			
	Bergbau u. Verarbeitendes Gewerbe	216.600	32.000	248.600
	Haushalte	128.800	–	128.800
	Handel und Gewerbe	78.500	–	78.500
	Öffentliche Einrichtungen	52.800	–	52.800
	Landwirtschaft	9500	–	9500
	Verkehr	11.800	–	11.800

Tab. 2.51 (Fortsetzung)

		2017[2]		
		Allgemeine Versorgung	Bergbau u. Verarbeitendes Gewerbe	Summe
		GWh	GWh	GWh
10.	**Brutto-Inlandsstromverbrauch (1 + 4 – 6)**	–	–	**599.785**
11.	**Gesamt-Stromverbrauch (2 + 3 + 4 – 6 – 7)**	**525.334**	**32.000**	**557.334**

[1] Einspeisungen einschließlich Übertragungen über das Netz der allgemeinen Versorgung
[2] Stand: März 2018 (vorläufig, teilweise geschätzt)
Quellen: Stat. BA; BDEW-PGr „Strombilanz"

eingesetzt wird oder nicht. Demgegenüber sind bei der Zubauplanung von Kraftwerkskapazitäten die finanzmathematischen Durchschnittskosten (fixe und variable Kosten) im Vergleich der bestehenden Alternativen entscheidend.

Neben wirtschaftlichen Faktoren bestimmen technische Anforderungen den Einsatz von Kraftwerken. So ist auch aus physikalischen Gründen bei Strom jederzeit ein Gleichgewicht von Angebot und Nachfrage herzustellen. Abweichungen zwischen erwartetem Angebot und prognostizierter Nachfrage können sowohl infolge ungeplanter Störungen als auch aufgrund von Unsicherheiten bezüglich der Witterungsverhältnisse eintreten. So kann es aufgrund einer technischen Störung zum ungeplanten Ausfall eines Kraftwerks kommen. Das Stromangebot aus Windenergie ist mit Unsicherheiten aufgrund der nicht exakt vorhersehbaren Windverhältnisse verbunden. Aber auch auf der Nachfrageseite sind Abweichungen von der vorhergesagten Situation möglich. Dies gilt etwa, wenn ein großer Industriebetrieb aufgrund eines plötzlichen Produktionsstillstandes weniger Strom als angenommen benötigt.

Diese Schwankungen werden mittels der Regelenergie ausgeglichen. Bei der Regelenergie handelt es sich um bestimmte Kraftwerke, die kurzfristig zusätzlichen Strom bereitstellen oder auch ihr Angebot verknappen können. Dabei wird in Abhängigkeit von der Dauer der benötigten Regelabweichung zwischen Primär-, Sekundär- und Minutenreserve unterschieden.

Eine besonders effiziente Nutzung der eingesetzten Energie erfolgt in Anlagen mit Kraft-Wärme-Kopplung (KWK). Unter KWK ist die gleichzeitige Umwandlung von eingesetzter Energie in mechanische oder elektrische Energie und in nutzbare Wärme innerhalb eines thermodynamischen Prozesses zu verstehen. Die parallel zur Stromerzeugung produzierte Wärme wird zur Beheizung und Warmwasserbereitung oder für Produktionsprozesse genutzt.

Die KWK-Stromerzeugung war im Zeitraum 2003 bis 2010 kontinuierlich gestiegen und hat sich danach nur noch leicht erhöht – auf 113 TWh im Jahr 2017. Der seit 2003 verzeichnete Zuwachs war insbesondere auf den verstärkten Einsatz von Biomasse und den Zubau von erdgasbasierten KWK-Anlagen zurückzuführen. Die Stromerzeugung aus Braunkohle in KWK-Anlagen war stabil geblieben. Die auf Steinkohle und Mineralölen basierende Stromerzeugung in KWK-Anlagen ist dagegen zurückgegangen.

Die Kraft-Wärme-Kopplung wird in Deutschland wegen des damit verbundenen hohen Nutzungsgrades des eingesetzten Brennstoffes finanziell gefördert. Mit dieser Förderung war angestrebt worden, den Anteil der Stromerzeugung aus KWK-Anlagen an der gesamten Netto-Stromerzeugung bis 2020 auf 25 % zu erhöhen. Mit der Novellierung des Kraft-Wärme-Kopplungsgesetzes (KWKG) zum 01.01.2016 wurde das zuvor auf die gesamte Netto-Stromerzeugung bezogene Ziel durch ein absolutes Mengenziel ersetzt. Im Interesse der Energieeinsparung sowie des Umwelt- und Klimaschutzes soll nunmehr die Stromerzeugung aus KWK-Anlagen auf 110 TWh bis 2020 sowie auf 120 TWh bis 2025 gesteigert werden.

Im Jahr 2017 stellte sich der Energiemix in der Stromerzeugung (allgemeine Versorgung, Industrie und andere private Erzeuger) wie folgt dar (gemessen an der Brutto-Stromerzeugung, die im Unterschied zur Netto-Stromerzeugung auch den Eigenverbrauch der Kraftwerke einschließt):

- Erneuerbare Energien: 33,3 %
- Kernenergie: 11,7 %
- Braunkohle: 22,5 %
- Steinkohle: 14,1 %
- Erdgas: 13,2 %
- Mineralöl: 0,9 %
- Sonstige: 4,3 %

Kernenergie 1961 ging in Deutschland das erste *Kernkraftwerk* ans Netz. Insgesamt wurden seitdem 37 Kernkraftwerke (KKW) errichtet, von denen 36 den kommerziellen Leistungsbetrieb aufgenommen hatten. Davon wurden 24 KKW bis Ende 1980 in Betrieb genommen. Fünf Anlagen wurden bis zu diesem Zeitpunkt stillgelegt. Von 1981 bis einschließlich 2000 nahmen weitere 12 KKW den kommerziellen Leistungsbetrieb auf. Eine weitere Anlage (Greifswald 5) hatte am 1. November 1989 den Probebetrieb aufgenommen (bis 24. November 1989), aber keinen Strom ins Netz eingespeist. Im Zeitraum 1981 bis 2000 wurden 13 KKW stillgelegt. Diese 13 stillgelegten KKW umfassen sechs Anlagen der ehemaligen DDR (ein Block in Rheinsberg und fünf Blöcke in Greifswald – erbaut von 1966 bis 1989), die 1990 stillgelegt wurden. Ende 2000 waren noch 19 KKW im kommerziellen Leistungsbetrieb. Nach Stilllegung der KKW Stade im November 2003 und Obrigheim im Mai 2005 verringerte sich die Zahl auf 17 KKW. Im Gefolge der Reaktorkatastrophe in Fukushima im März 2011 war in Deutschland entschieden worden, die Nutzung der Kernenergie bis Ende 2022 zu beenden. Gemäß dem 13. Gesetz zur Änderung des Atomgesetzes vom 31.07.2011 wurde ein schrittweiser Ausstieg aus der Kernenergie bis Ende 2022 geregelt. Mit Inkrafttreten dieser Atomgesetznovelle wurde den sieben ältesten deutschen Kernkraftwerken (Biblis A, Neckarwestheim 1, Biblis B, Brunsbüttel,

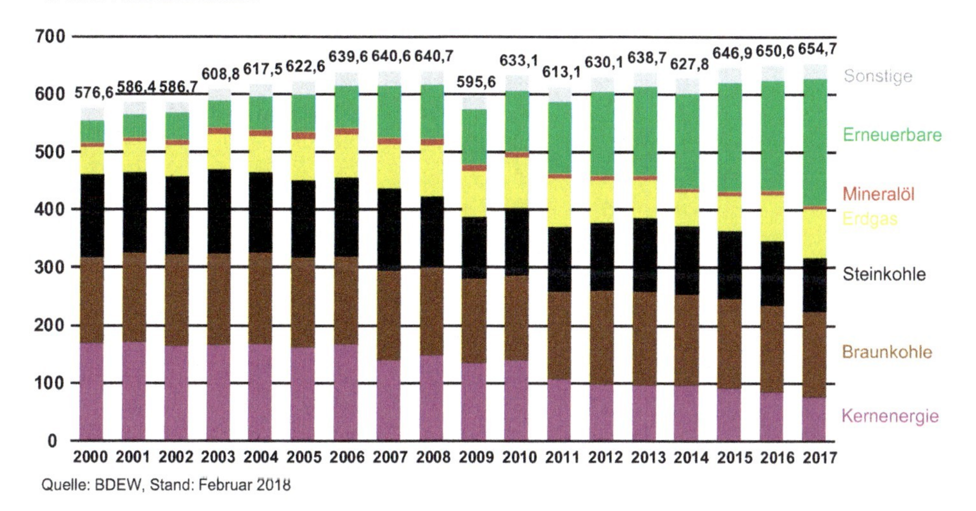

Abb. 2.48 Bruttostromerzeugung in Deutschland von 2000 bis 2017 nach Energieträgern

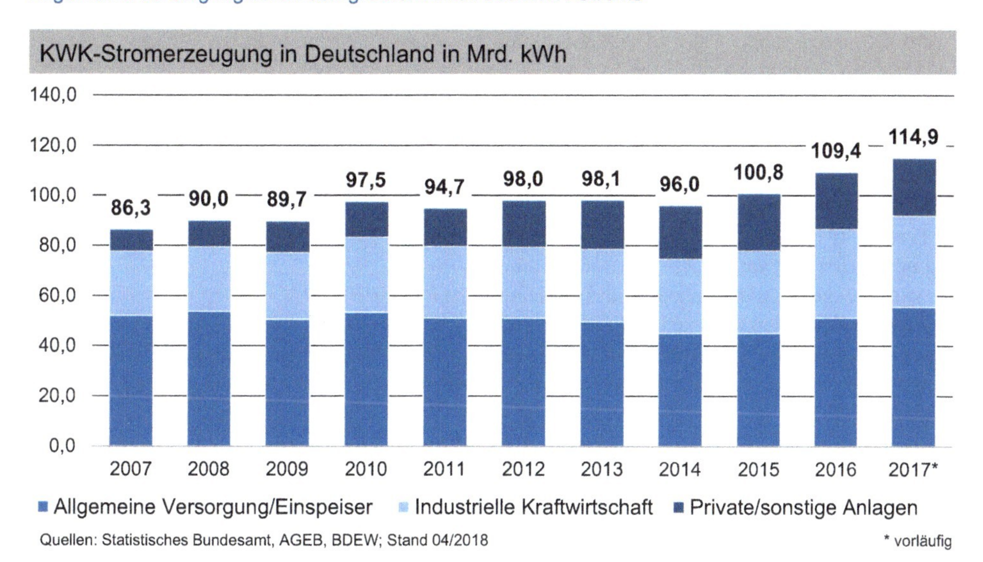

Abb. 2.49 Entwicklung der KWK-Stromerzeugung 2007 bis 2017

Tab. 2.52 Bruttostromerzeugung in Deutschland von 1990 bis 2017 nach Energieträgern

Energieträger	1990	1995	2000	2005	2010	2015	2016	2017
	Mrd. kWh							
Braunkohle	170,9	142,6	148,3	154,1	145,9	154,5	149,5	147,5
Kernenergie	152,5	154,1	169,6	163,0	140,6	91,8	84,6	76,3
Steinkohle	140,8	147,1	143,1	134,1	117,0	117,7	112,2	92,6
Erdgas	35,9	41,1	49,2	72,7	89,3	62,0	81,3	86,5
Mineralölprodukte	10,8	9,1	5,9	12,0	8,7	6,2	5,8	5,9
Erneuerbare	19,7	25,1	37,9	63,1	105,2	188,6	189,8	218,3
Darunter								
– Windkraft onshore	k. A.	1,5	9,5	27,9	38,9	72,2	67,8	88,7
– Windkraft offshore	–	–	–	–	–	8,3	12,3	17,9
– Wasserkraft[2]	19,7	21,6	24,9	19,6	21,0	19,0	20,5	20,2
– Biomasse	k. A.	0,7	1,6	11,1	28,9	44,6	45,0	45,5
– Photovoltaik	k. A.	0,0	0,0	1,3	11,7	38,7	38,1	39,9
– Hausmüll[3]	k. A.	1,3	1,8	3,3	4,7	5,8	5,9	5,9
Übrige Energieträger	19,3	17,7	22,6	24,1	26,8	27,3	27,3	27,7
Bruttoerzeugung insgesamt	**549,9**	**536,8**	**576,6**	**623,2**	**633,5**	**648,1**	**650,6**	**654,7**
Stromflüsse aus dem Ausland	31,9	39,7	45,1	53,4	42,2	33,6	27,0	28,4
Stromflüsse in das Ausland	31,1	34,9	42,1	61,9	59,9	85,4	80,7	83,3
Stromaustauschsaldo Ausland	+0,8	+4,8	+3,1	−8,5	−17,7	−51,8	−53,7	−55,1
Brutto-Inlandsstromverbrauch[4]	***550,7***	***541,6***	***579,6***	***614,7***	***615,8***	***596,3***	***596,9***	***599,8***

Abweichungen in den Summen durch Rundungen; Stand: März 2018

[1] Vorläufige Angaben, z. T. geschätzt

[2] Erzeugung in Lauf- und Speicherwasserkraftwerken sowie Erzeugung aus natürlichem Zufluss in Pumpspeicherkraftwerken

[3] Nur Erzeugung aus biogenem Anteil des Hausmülls (ca. 50 %)

[4] Einschließlich Netzverluste und Eigenverbrauch

Quelle: Statistisches Bundesamt; Bundesministerium für Wirtschaft und Energie, BDEW Bundesverband der Energie- und Wasserwirtschaft e. V.; Statistik der Kohlenwirtschaft e. V.; AG Energiebilanzen e. V.

Tab. 2.53 Kapazitäten zur Stromerzeugung in Deutschland 2000 bis 2017

Netto-Engpassleistung in MW jeweils zum 31.12. – Gesamte Elektrizitätswirtschaft –	2000	2005	2010	2015	2016	2017*
	[MW]	[MW]	[MW]	[MW]	[MW]	[MW]
Netto-Engpassleistung	121.296	134.523	166.638	202.746	210.032	215.846
Davon:						
Kernenergie	22.396	20.343	20.477	10.799	10.799	10.799
Braunkohle	20.050	20.244	20.377	21.033	21.033	21.033
Steinkohle	30.123	27.550	27.890	28.212	27.711	25.341
Erdgas	20.452	21.255	25.721	28.359	29.606	29.645
Öl	7218	6321	5788	4755	4728	4474
Abfall	520	900	1330	1830	1849	1870
Pumpspeicher	4654	5710	5710	5710	5710	5710
Lauf- und Speicherwasser	4738	4920	5427	5589	5598	5605
Wind onshore	6094	18.437	27.043	41.244	45.384	50.251
Wind offshore	–	–	161	3297	4150	5429
Photovoltaik	62	1762	17.488	39.799	41.275	43.300
Biomasse	510	2362	4957	7364	7578	7780
Geothermie	0	0	10	33	39	39
Übrige**	4479	4719	4259	4722	4572	4570
Darunter Industriekraftwerke	10.118	10.103	11.133	10.355	10.592	10.600

* vorläufige Zahlen (Stand: März 2018)
** nicht erneuerbare Energien
Quelle: BDEW

Isar 1, Unterweser und Philippsburg 1) sowie dem Kernkraftwerk Krümmel, die bereits während des vorangegangen Moratoriums abgeschaltet worden waren, die weitere Betriebserlaubnis entzogen. Mit der Beendigung des Leistungsbetriebs dieser acht Anlagen Anfang August 2011 reduzierte sich die Zahl auf neun noch am Netz befindliche KKW.

Für diese verbliebenen neun deutschen Kernkraftwerke wurde ein gestaffelter Ausstiegsfahrplan vorgesehen, der bis Ende 2022 feste Enddaten für die verbleibende „Berechtigung zum Leistungsbetrieb" vorsieht. Die Auslauffristen sind wie folgt vorgeschrieben:

- KKW Grafenrheinfeld bis zum 31. Dezember 2015 (Stilllegung erfolgte bereits am 27. Juni 2015),
- KKW Gundremmingen B bis zum 31. Dezember 2017,
- KKW Philippsburg 2 bis zum 31. Dezember 2019,

Tab. 2.54 Netto-Stromerzeugung in Deutschland 2000 bis 2017

Stromerzeugung in GWh – Gesamte Elektrizitäts-wirtschaft –	2000	2005	2010	2015	2016	2017*
	[GWh]	[GWh]	[GWh]	[GWh]	[GWh]	[GWh]
Netto-Erzeugung	538.489	582.824	594.508	610.405	614.332	620.542
Davon:						
Kernenergie	160.708	154.612	132.971	86.765	80.038	72.135
Braunkohle	136.100	141.630	134.169	143.044	138.397	136.588
Steinkohle	131.200	123.059	107.357	107.003	102.732	84.550
Erdgas	47.000	70.071	86.560	59.803	78.758	83.573
Mineralölprodukte	5400	10.997	7860	5545	5217	5207
Wasser	28.990	25.980	26.940	24.466	25.672	25.827
– davon regenerative Energien	24.550	19.312	20.650	18.667	20.220	19.992
– davon aus Pumpspeicherung	4440	6668	6290	5799	5452	5835
Wind onshore	9498	27.230	37.793	70.922	66.324	86.926
Wind offshore	–	–	–	8162	12.092	17.677
Photovoltaik	40	1282	11.729	38.726	38.098	39.895
Biomasse	1608	10.169	27.180	42.336	42.807	43.892
Abfall (50 %)	1383	2424	3755	4564	4746	4775
Geothermie	0	0	20	92	164	143
Übrige**	16.562	15.370	18.174	18.977	19.287	19.354
Darunter Erneuerbare Energien insgesamt	37.079	60.417	101.127	183.469	184.451	213.300

* vorläufig; Stand: März 2018
** nicht erneuerbare Energien
Quelle: Statistisches Bundesamt; BDEW-PGr „Strombilanz"

- KKW Grohnde, Gundremmingen C und Brokdorf bis zum 31. Dezember 2021,
- KKW Isar 2, Emsland und Neckarwestheim 2 bis zum 31. Dezember 2022.

Am 27. Juni 2015 wurden das KKW Grafenrheinfeld und zum Jahresende 2017 das KKW Gundremmingen B vom Netz genommen. Anfang 2018 waren insgesamt noch sieben Kernkraftwerksblöcke an sieben Standorten mit einer Bruttoleistung von 10.013 MW (netto 9515 MW) am Netz. 2017 wurden in Deutschland 76,3 TWh Strom (netto 72,1 TWh) aus Kernenergie erzeugt.

Der schadlose Betrieb von Kernkraftwerken ist in Deutschland durch weltweit anerkannte höchste Sicherheitsstandards gewährleistet. Im internationalen Vergleich gehören deutsche Anlagen zu den führenden in Bezug auf Anlagensicherheit, Zuverlässigkeit und Verfügbarkeit. Für alle Kernkraftwerke in Deutschland gelten – unabhängig vom Alter der Anlage – die gleichen hohen Sicherheitsanforderungen.

Tab. 2.55 Stromerzeugung in Kraft-Wärme-Kopplung

Erzeuger	2016	2017*
	Mrd. kWh	
Anlagen der allgemeinen Versorgung ≥ 1 MW	51,2	55,5
Stromerzeugungsanlagen von Bergbau und Verarbeitendem Gewerbe ≥ 1 MW	35,3	36,3
Anlagen < 1 MW (ohne Fermenterbeheizung)	22,9	23,1
Gesamt	109,4	114,9
Anteil an der Nettostromerzeugung in Prozent	17,8	18,5
Nachrichtlich: Einsatz für Fermenterbeheizung	7,3	7,3

* 2017 vorläufig, geschätzt; Stand: April 2018
Quellen: AGEB, BDEW

Kernenergiesituation in Deutschland 2018
Nach Abschaltung von 10 Blöcken, sind noch 7 Kernkraftwerke in Betrieb

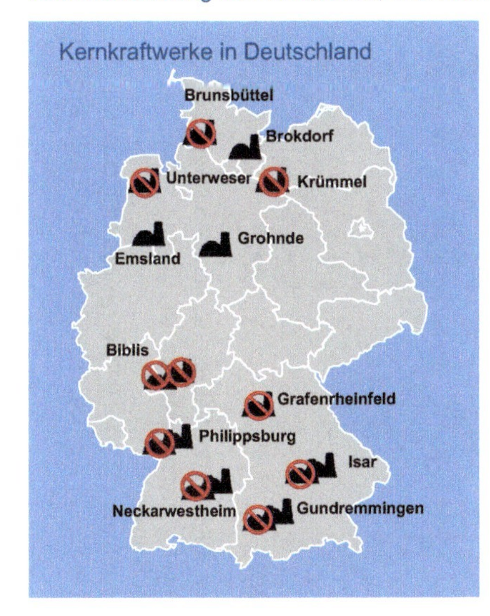

Kernkraftwerk	Betriebs-führerschaft	Leistung brutto (MWe)	Betriebs-beginn (kommerziell)
Biblis A*	RWE	1.225	1975
Neckarwestheim I*	EnBW	840	1976
Biblis B*	RWE	1.300	1977
Brunsbüttel*	Vattenfall	806	1977
Isar 1*	EON	912	1979
Unterweser*	EON	1.410	1979
Philippsburg 1*	EnBW	926	1980
Krümmel*	Vattenfall	1.402	1984
Grafenrheinfeld	EON	1.345	1982
Gundremmingen B	RWE	1.344	1984
Grohnde	EON	1.430	1985
Gundremmingen C	RWE	1.344	1985
Philippsburg 2	EnBW	1.458	1985
Brokdorf	EON	1.480	1986
Emsland	RWE	1.400	1988
Isar 2	EON	1.475	1988
Neckarwestheim II	EnBW	1.400	1989

* Nach Änderung des Atomgesetzes vom 31.07.2011 ist für diese Anlagen am 06.08.2011 die Betriebsgenehmigung nach AtG § 7 Abs. 1a erloschen.

Abb. 2.50 Standorte der Kernkraftwerke in Deutschland

Für Schäden, die Dritten aus dem Betrieb von Kernkraftwerken entstehen können, haften die Energieversorgungsunternehmen – unabhängig von etwaigem Verschulden – sowohl dem Grund wie auch der Höhe nach unbegrenzt mit ihrem gesamten Betriebsvermögen. Die Deckungsvorsorge erstreckt sich – wie auch in anderen Bereichen üblich – nur über einen Teil der (in diesem Fall unbegrenzten) Haftungssumme. Im deutschen Atomgesetz ist eine Deckungsvorsorge von 2,5 Mrd. € je Schadensfall festgelegt. Von der Gesamtsumme der Deckungsvorsorge in Höhe von 2,5 Mrd. € sind 256 Mio. € über ei-

Tab. 2.56 Investitionskosten für Technologien zur Stromerzeugung in Deutschland (bei Inbetriebnahme 2020)

Energieträger	Technologie	Nettokapazität MWe	Wirkungsgrad (elektrisch) %	Lastfaktor %	Overnightkosten[1)]	Investitionskosten bei Zinsrate von 7 % zur Diskontierung[2)]
					USD/kWe[3)]	USD/kWe[3)]
Steinkohle	PCC	700	46	85	1643	1887
Braunkohle	PCC	900	43	85	2054	2358
Gas	CCGT	500	60	85	974	1042
	Gas-Turbine	50	40	85	548	586
Wind	Onshore	2	k. A.	34	1841	1905
	Offshore	5	k. A.	48	5933	6137
Solar	PV (Dach – privat)	0,005	k. A.	11	2000	2069
	PV (Dach – kommerziell)	0,5	k. A.	11	1467	1517
	PV (Freifläche)	5	k. A.	11	1200	1241
Wasser	Laufwasser	2	k. A.	55	9400	12.028
	Laufwasser	20	k. A.	63	6600	8473
Biogas	KWK	0,2	k. A.	63	2567	2686
Biogas	KWK (Konverter)	0,5	k. A.	80	2000	2088
Grubengas	KWK	1,5	k. A.	80	1244	1298
Geothermie	KWK	3,3	k. A.	73	15.988	20.190
Feste Biomasse	Dampf-Turbine KWK	4,0	k. A.	68	7000	7494

[1)] Ohne Berücksichtigung von Kapitalzinsen während der Bauzeit (unterstellt als hypothetische Annahme, dass das Kraftwerk „über Nacht" fertiggestellt und zu den zum Inbetriebnahmezeitpunkt gültigen Preisen zu begleichen wäre).
[2)] Einschließlich Kapitalzinsen während der Bauzeit
[3)] alle Kostenangaben in 2013er USD; Wechselkurs 1 USD = 0,75 € (gemäß OECD-Daten)
Quelle: International Energy Agency/Nuclear Energy Agency, Projected Costs of Generating Electricity, 2015 Edition, Paris 2015

Tab. 2.57 Stromerzeugungskosten für verschiedene Technologien in Deutschland (bei Inbetriebnahme der Anlage im Jahr 2020)

Energieträger	Technologie	Nettokapazität	Kapitalkosten[1]		Variable Kosten			Wärmegutschrift	Stromerzeugungskosten (real)[1]
			Investment	Stilllegung	Brennstoffe[3]	CO_2[4]	Betrieb und Wartung		
		MW	USD/MWh[2]						
Steinkohle	PCC	700	18,00	0,03	26,38	21,98	9,14	–	75,53
Braunkohle	PCC	900	22,50	0,03	14,88	28,20	11,07	–	76,69
Gas	CCGT	500	10,90	0,05	74,00	9,90	7,71	–	102,56
	Gas-Turbine	50	60,80	0,36	111,00	15,15	29,68	–	216,99
Wind	Onshore	2	58,36	0,50	–	–	34,67		93,53
	Offshore	5	133,20	1,15	–	–	49,33		183,68
Solar	PV (Dach – privat)	0,005	190,01	–	–	–	33,21	–	223,23
	PV (Dach – kommerziell)	0,5	137,16	–			23,98	–	161,13
	PV (Freifläche)	5	108,23	–	–	–	18,92	–	127,14
Wasser	Laufwasser	2	171,90	0,08	–	–	41,10	–	213,08
	Laufwasser	20	105,72	0,05	–	–	17,40	–	123,16
Biogas	KWK	0,2	44,42	36,00	–	–	59,74	–51,75	88,40
Biogas	KWK (Konverter)	0,5	27,19	23,09	–	–	32,93	–43,20	40,01
Grubengas	KWK	1,5	16,90	14,84	–	–	28,55	–46,20	14,09
Geothermie	KWK	3,3	288,10	2,03	–	–	77,58	–31,36	336,35
Feste Biomasse	Dampf-Turbine KWK	4,0	113,98	0,95	106,88	–	41,11	–150,75	112,16

[1] Zinsrate zur Diskontierung (real) von 7 %
[2] Ansatz von 0,75 €/USD (Wechselkurs nach OECD)
[3] Preisannahme für Steinkohle 101 USD/t entsprechend 4,0 USD/GJ; für Erdgas: 11,1 USD/MMBtu entsprechend 10,5 USD/GJ (Ansatz für OECD-Mitgliedstaaten im Falle von Steinkohle und für OECD Europa im Falle von Erdgas)
[4] Ansatz von 22,50 €/t als CO_2-Preis (30 USD/t)
Quelle: International Energy Agency/Nuclear Energy Agency, Projected Costs of Generating Electricity, 2015 Edition, Paris 2015

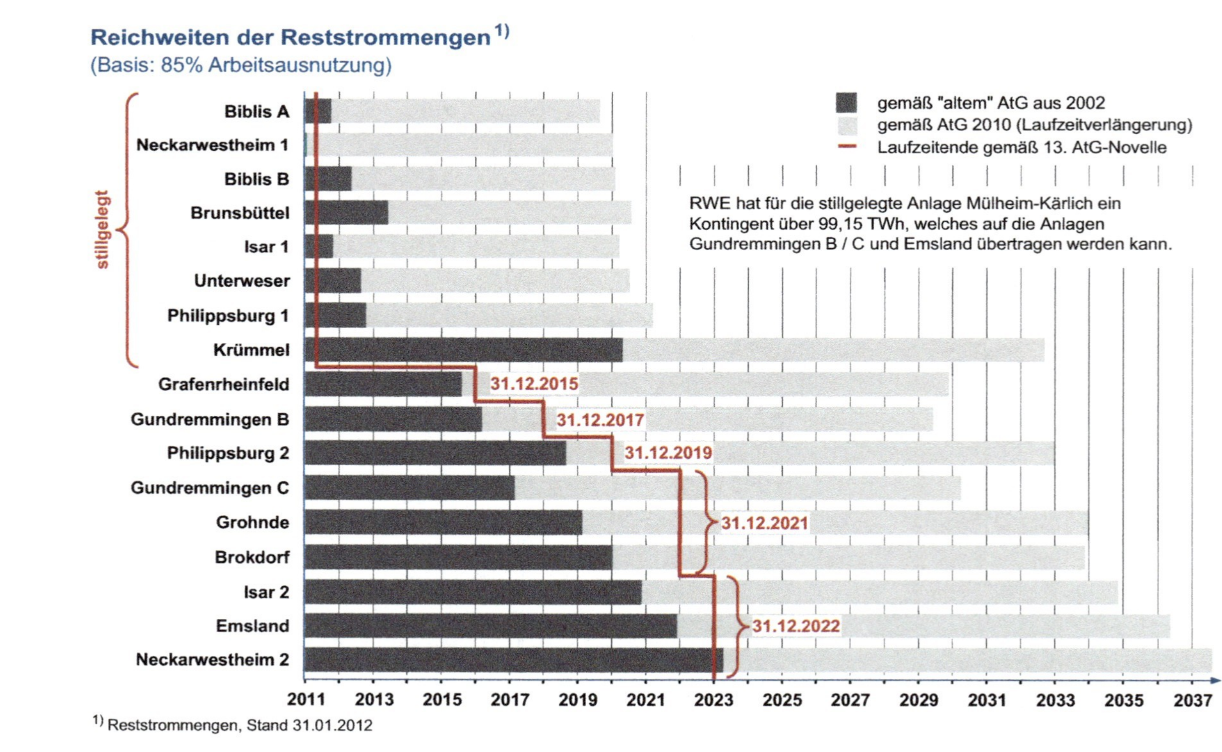

Abb. 2.51 Laufzeit der Kernkraftwerke gemäß Atomgesetz

ne Haftpflichtversicherung bei den allgemeinen Versicherungsgesellschaften gedeckt. Die verbleibenden 2,244 Mrd. € werden durch eine Solidarvereinbarung zwischen den Muttergesellschaften der Kernkraftbetreiber sichergestellt. Für alle Forderungen, die darüber hinausgehen, haftet der Betreiber mit seinem gesamten Vermögen [33].

Nach dem Grundsatz, dass die Kosten der Entsorgung von den Verursachern zu zahlen sind, sind die Betreiber von Kernkraftwerken gemäß Atomgesetz verpflichtet, die Kosten für die Stilllegung und den Rückbau der Kernkraftwerke sowie für die Entsorgung des von ihnen erzeugten radioaktiven Abfalls einschließlich dessen Endlagerung zu tragen.

Das Gesetz zur Neuordnung der Verantwortung in der kerntechnischen Entsorgung ist mit Erteilung der beihilferechtlichen Genehmigung der Europäischen Kommission am 16.06.2017 in Kraft getreten. Zuvor war das Gesetz im Dezember 2016 vom Bundestag und Bundesrat beschlossen worden. Mit Inkrafttreten des Gesetzes wurde zugleich die Stiftung „Fonds zur Finanzierung der kerntechnischen Entsorgung" (Fonds) errichtet.

Das Gesetz regelt die Verantwortung für die kerntechnische Entsorgung und gewährleistet die Finanzierung für Stilllegung, Rückbau und Entsorgung langfristig, ohne die hierfür anfallenden Kosten einseitig auf die Gesellschaft zu übertragen oder die wirtschaftliche Situation der Betreiber zu gefährden.

Damit ist sichergestellt, dass die Betreiber der Kernkraftwerke auch zukünftig für die gesamte Abwicklung und Finanzierung der Bereiche Stilllegung, Rückbau und fachgerechte Verpackung der radioaktiven Abfälle zuständig sind. Für die Durchführung und Finanzierung der Zwischen- und Endlagerung steht hingegen zukünftig der Bund in der Verantwortung. Die finanziellen Mittel für die Zwischen- und Endlagerung in Höhe von 24,1 Mrd. € wurden dem Bund von den Betreibern zur Verfügung gestellt und zum 01.07.2017 in den Fonds übertragen.

Am 26.06.2017 haben die Bundesministerin für Wirtschaft und Energie und die Vorstände der Energieversorgungsunternehmen einen öffentlich-rechtlichen Vertrag unterzeichnet, der die im Gesetz festgelegte Neuaufteilung der Verantwortung bekräftigt. Mit dem Vertrag wird sowohl für den Bund als auch für die Unternehmen langfristige Rechtssicherheit geschaffen. Außerdem werden zahlreiche rechtliche Streitfälle beigelegt, die in Zusammenhang mit der Entsorgung radioaktiver Abfälle und dem Ausstieg aus der Kernenergie standen.

Bereits am 19.06.2017 hatte sich das Kuratorium als Aufsichts- und Gründungsorgan der Stiftung konstituiert und wichtige organisatorische Entscheidungen getroffen [34].

Endlagerung Eng verknüpft mit der öffentlichen Auseinandersetzung um die Nutzung der Kernenergie ist die Diskussion um das Thema Endlagerung. Nach dem Atomgesetz (AtG) ist in Deutschland für die *Endlagerung* radioaktiver Abfälle der Bund verantwortlich. Innerhalb der Bundesregierung liegt die Zuständigkeit für die Planung, die anlagenbezogene Forschung und Entwicklung, die Erkundung und Errichtung, den Betrieb sowie die Stilllegung von Endlagern für radioaktive Abfälle im Geschäftsbereich des *Bundesministeriums für Umwelt, Naturschutz, Bau und Reaktorsicherheit* (BMUB).

Seit dem 1. August 2016 ist eine neue Verteilung der behördlichen Zuständigkeiten in Kraft, die auf Grundlage von Empfehlungen der Kommission Lagerung hoch radioaktiver Abfallstoffe beschlossen wurde. Genehmigungs- und Aufsichtsbehörde für Endlager ist das Bundesamt für kerntechnische Entsorgungssicherheit, das auf Grundlage des Standortauswahlgesetzes (StandAG) am 1. September 2014 gegründet wurde. Vorhabenträger für Erkundung und Errichtung, Betrieb und Stilllegung von Endlagern ist die neu gegründete *Bundesgesellschaft für Endlagerung GmbH,* die sich im Eigentum des Bundes befindet und aus Teilen des *Bundesamtes für Strahlenschutz (BfS),* der *Deutschen Gesellschaft für Bau und Betrieb von Endlagern für Abfallstoffe mbH (DBE)* und der *Asse-GmbH* gebildet wird. Das Bundesministerium für Wirtschaft und Energie ist zuständig für die Kernenergiewirtschaft und die grundlagenorientierte Forschung. Dem BMWi nachgeordnet ist die Bundesanstalt für Geowissenschaften und Rohstoffe, die wesentliche geowissenschaftliche Fragestellungen bearbeitet [33].

Im Fall der abgebrannten Brennelemente aus dem Betrieb von Leistungsreaktoren schreibt in Deutschland das Atomgesetz die direkte Endlagerung ausgedienter Brennelemente als einzig gesetzlich zugelassenen Entsorgungsweg vor und sieht als ersten Schritt der Entsorgung eine Zwischenlagerung am Standort vor. Hierfür wurden an Kernkraftwerken und Forschungseinrichtungen Zwischenlager eingerichtet. Dort werden die Abfälle aufbewahrt, bis ein Endlager für hoch-radioaktive wärmeentwickelnde Abfälle (HAW) bereit steht. Darüber hinaus wurden in Deutschland weitere zentrale Zwischenlager geschaffen. Eines in Gorleben neben dem bisherigen Erkundungsstandort für ein Endlager für HAW (420 Stellplätze, 113 Großbehälter gelagert – Stand: Mai 2018), das andere in Ahaus im Münsterland (329 Behälter gelagert – Stand: Mai 2018). Am Standort Gorleben können neben den Brennelementen auch verglaste hoch-radioaktive Abfälle aus der Wiederaufarbeitung – so genannte Glaskokillen – gelagert werden, vier Standort-Zwischenlager werden dafür vorbereitet. Derzeit haben die Zwischenlager und die Behälter eine Betriebsgenehmigung für 40 Jahre ab Inbetriebnahme, die mit Inkrafttreten des Standortauswahlgesetzes (StandAG) und damit einhergehender Änderungen im Atomgesetz nur nach Befassung des Deutschen Bundestages verlängert werden können.

Bis 1994 war im AtG die Wiederaufarbeitung abgebrannter Brennstoffe und die energetische Verwertung der dabei gewonnenen Wertstoffe Uran und Plutonium als alleinige Entsorgungsoption für abgebrannte Brennelemente vorgeschrieben. Nach dem Scheitern des Projekts einer Wiederaufarbeitungsanlage in Deutschland hatten die Betreiber der Kernkraftwerke mit den Wiederaufarbeitungsanlagen im französischen La Hague und im britischen Sellafield Verträge zur Wiederaufarbeitung abgeschlossen. Die abgebrannten Brennelemente wurden zur Wiederaufarbeitung nach Frankreich und Großbritannien geliefert, die dabei anfallenden Abfallstoffe und Wertstoffe wurden und werden nach Deutschland zurückgeliefert. An Abfallstoffen fallen zum einen Kokillen mit verglasten wärmeentwickelnden, hoch radioaktiven Abfällen (Lösungen von Spaltprodukten und Aktiniden), Kokillen mit verglasten mittelaktiven Abfällen (Spülwässer) sowie Kokillen mit kompaktierten, aktivierten Metallabfällen der Brennelemente und aus der Verarbeitung an. Die abgeschiedenen Wertstoffe Uran und Plutonium werden zu Mischoxid-Brennelementen (MOX) verarbeitet und an deutsche Kernkraftwerke geliefert, die über eine Genehmigung zum Einsatz von MOX-Brennelementen verfügen (siehe hierzu: Endlagerung hochradioaktiver Abfälle, DAtF, November 2015).

Mit einer Änderung des AtG wurde 1994 auch die direkte Endlagerung, also die Verbringung der Brennelemente oder der Brennstäbe in geeigneten Lagerbehältern in ein Endlager gestattet, mit der 11. Novelle des AtG in 2001 wurde schließlich die Wiederaufarbeitung ab dem 1. Juli 2005 verboten. Zwischenzeitlich wurden alle Transporte mit HAW-Kokillen aus Frankreich abgeschlossen. Es steht für die kommenden Jahre noch der Transport von 21 Behältern mit HAW-Kokillen aus Großbritannien, von fünf Behältern mit verglasten mittelaktiven Abfällen aus Frankreich sowie der kompaktierten Metallabfälle an. Die noch vorhandenen Restbestände an Plutonium aus der Wiederaufarbeitung von Brennelementen aus Deutschland werden im Lauf der kommenden Jahre in Form von MOX-Brennelementen bis zur gesetzlichen Beendigung der Stromerzeugung mit Kernkraft verbraucht.

Das deutsche Entsorgungskonzept beruht auf der sicheren Endlagerung von radioaktiven Abfällen in tiefen geologischen Formationen. Bei nuklearen Abfällen wird zwischen hoch-radioaktiven Abfällen, die wärmeentwickelnd sind, sowie schwach- und mittel-radioaktiven Abfällen mit vernachlässigbarer Wärmeentwicklung unterschieden. Aus sicherheitstechnischen Gründen ist die getrennte Endlagerung der Abfallarten vorteilhaft, denn die zwei Abfallarten haben unterschiedliche Eigenschaften. Damit lassen sich die Sicherheitsanforderungen an die Endlager optimal an die jeweiligen Abfallerfordernisse anpassen. In Schacht Konrad werden zukünftig schwach- und mittel-radioaktive Abfälle entsorgt, die eine vernachlässigbare Wärmentwicklung aufweisen.

Schacht Konrad Für die *nicht-wärmeentwickelnden, schwach- und mittel-radioaktiven Abfälle* ist die Endlagerung bereits geregelt. Die schwach- und mittel-radioaktiven Abfälle aus Medizin, Forschung, Industrie und Stromerzeugung bilden rund 90 % des erwarteten bekannten radioaktiven Abfallvolumens in Deutschland. In ihrer Zusammensetzung bestehen die Abfälle beispielsweise aus kontaminierten Spritzen, Putzlappen, Laborgerätschaften, kontaminierten oder aktivierten Komponenten oder Bauteilen. Sie werden künftig im ehemaligen Eisenerzbergwerk *Schacht Konrad* eingelagert, das wegen seiner besonderen geologischen Eigenschaften außergewöhnlich trocken und ideal für die Endlagerung radioaktiver Stoffe ist. Das Eisenerzlager liegt im Bereich der Schachtanlagen 800 bis 1300 m tief und erreicht auch in der weiteren Umgebung an keiner Stelle die Erdoberfläche. Darüber hinaus weist die Grube eine hohe Standfestigkeit auf. Die radioaktiven Abfälle können so sicher endgelagert und langfristig wirkungsvoll von der Biosphäre isoliert werden.

Das Planfeststellungsverfahren wurde nach über zwanzigjähriger Verfahrensdauer am 5. Juni 2002 abgeschlossen. Die Beschwerden dagegen wurden vom Bundesverwaltungsgericht im März 2007 zurückgewiesen. Damit war der Rechtsweg erschöpft, ein rechtskräftiger und unanfechtbarer Planfeststellungsbeschluss für die Errichtung eines Endlagers mit einer genehmigten Kapazität zur Aufnahme von maximal 303.000 m^3 Abfälle lag nunmehr vor. Nach der Zulassung des Hauptbetriebsplanes vom *Landesamt für Bergbau, Energie und Geologie* haben die Arbeiten zur Umrüstung der Anlage begonnen. Das Endlager Konrad, das nach ursprünglichen Planungen 2014 in Betrieb gehen sollte, wird laut Aussage der Bundesgesellschaft für Endlagerung (BGE) aus März 2018 im Jahr 2027 fertiggestellt sein [35].

Entsorgung hoch-radioaktiver Abfallstoffe Die Entsorgung der hoch-radioaktiven Abfallstoffe, die ca. 10 % des Volumens, aber über 99 % der Radioaktivität der Abfallstoffe ausmachen, zeigt sich deutlich komplizierter. Die Standortfrage ist seit der Verabschiedung des StandAG im Juli 2013 wieder völlig offen.

Die sichere *Entsorgung hoch-radioaktiver wärmeentwickelnder Abfälle* begleitete die Entwicklung der Kerntechnik in Deutschland schon seit ihren Anfängen in den fünfziger Jahren. Nach mehrjähriger Befassung empfahl im Jahr 1963 „*die damalige Bundesanstalt für Bodenforschung* (die heutige *Bundesanstalt für Geowissenschaften und Rohstoffe, BGR*), die Endlagerung aller radioaktiven Abfälle in Steinsalzformationen vorzusehen" [36]. Nach Übernahme des Salzbergwerks Asse II zu Zwecken der Endlagerforschung durch den Bund im Jahr 1967, legte 1974 das Bundesforschungsministerium (BMFT) ein Konzept eines „Nuklearen Entsorgungszentrums" (NEZ) vor, mit dessen Standortbestimmung die Geschichte des Standortes Gorleben beginnt. Im Artikel „Die Entsorgung ist nicht gesichert. Wie es dazu kam" von Bernd Breloer und Wolfgang Breyer wird die Entwicklung wie folgt beschrieben:

„An einem gemeinsamen Standort sollten Kernbrennstoffe wiederaufbereitet, radioaktive Abfälle konditioniert sowie verpackt und in einen Salzstock zur Endlagerung verbracht werden. Da geeignete Salzstöcke ausschließlich in Niedersachsen vorhanden waren, konzentrierte sich die Standortsuche für ein solches NEZ auf dieses Land [...].

Das Konzept eines integrierten Entsorgungszentrums an einem Standort in Niedersachsen war [...] zunächst nicht berührt. Um die Verwirklichung seines Entsorgungskonzepts voranzutreiben, beauftragte das *BMFT* 1974 die KEWA [Kernbrennstoff-Wiederaufarbeitungs-Gesellschaft mbH] mit der Suche eines geeigneten Standorts für das *Nukleare Entsorgungszentrum.* [...]

In ihrer Studie bewertete die *KEWA* Standorte im gesamten Bundesgebiet und engte in einem mehrstufigen Prozess die Auswahl auf acht Standorte – fünf in Norddeutschland, drei in Süddeutschland – ein. Diese ließ sie von Fachleuten der *BGR* hinsichtlich ihrer Eignung für ein Endlager bewerten. Die vier bestbewerteten lagen alle in Norddeutschland. *Gorleben* war noch nicht darunter, weil es in einem ausgewiesenen Ferien- und Naherholungsgebiet lag und solche Gebiete zunächst ausgeschlossen waren. Alle vier Standorte fielen schließlich aus verschiedenen Gründen (z. B. Grundwasserversorgung, fachliche Vorbehalte, Bürgerproteste) aus dem Auswahlverfahren. So war die von der Bundesregierung veranlasste Standortsuche gescheitert.

Im August 1976 übernahm die niedersächsische Landesregierung die Führung bei der Standortsuche durch Einsetzung eines ‚*Interministeriellen Arbeitskreises*' *(IMAK).* Der Vorschlag *Gorleben* resultierte aus einem mehrstufigen Auswahlprozess, beginnend mit

140 in Betracht gezogenen Salzstöcken. Zunächst wurden 23 Salzstöcke identifiziert, über denen ein Standortgelände von mindestens 3 mal 4 km vorhanden war. Im zweiten Schritt wurden 10 Standorte ausgesondert, bei denen Ausschlusskriterien wie zu große Tiefe oder zu geringe Ausdehnung des Salzstocks zutrafen. Die verbliebenen 13 Standorte wurden fachlich bewertet nach raumordnerischen Gesichtspunkten, wie sie für Standorte von Kernkraftwerken angewandt werden, ergänzt um endlagerrelevante Kriterien. Dadurch engte sich die Auswahl auf 4 Standorte ein. In der Kabinettsvorlage wurde eine Entscheidung für die Standorte *Lichtenhorst* oder *Gorleben* empfohlen. Die Landesregierung entschied sich am 22. Februar 1977, trotz der Bedenken der Bundesregierung wegen der Nähe des Standorts zur innerdeutschen Grenze, für *Gorleben*. Die Wahl des Standorts *Gorleben* war also das Ergebnis eines fundierten fachlichen Auswahlprozesses. Die angelegten Kriterien werden auch heutigen Anforderungen gerecht.

Angesichts einer sich verstärkenden Kernenergiedebatte in Deutschland veranstaltete die niedersächsische Landesregierung unter ihrem Ministerpräsidenten *Albrecht (CDU)* im Jahre 1979 ein sogenanntes *Gorleben*-Hearing mit dem bemerkenswerten Ergebnis, dass aus ökonomischen und sicherheitstechnischen Gründen alles für die Realisierung eines Entsorgungszentrums in *Gorleben* spräche. Die Landesregierung hielt aber ein solches Konzept für politisch nicht durchsetzbar und plädierte deswegen für ein integriertes Entsorgungskonzept. Was wie eine semantische Spielerei aussah, war in Wirklichkeit ein politisches Wendemanöver mit dem Ziel, in Gorleben nur das Endlager zu verwirklichen und eine Wiederaufarbeitungsanlage – trotz der großen Vorteile eines gemeinsamen Standortes – woanders, also nicht in Niedersachsen, zu bauen. Dies war nicht das Ergebnis des Hearings. Das war zugunsten des Entsorgungszentrums ausgegangen“ [36, 37].

Ab 1979 wurde der Salzstock Gorleben im niedersächsischen Landkreis Lüchow-Dannenberg auf seine Eignung als Endlager für alle Arten radioaktiver Abfälle untersucht. Die übertägigen Standorterkundungen wurden 1985 im Wesentlichen abgeschlossen. Seit 1984 konzentriert sich die Erkundung auf den mächtigen Salzstock untertage. Er erstreckt sich über eine Länge von etwa 14 Kilometern. An der breitesten Stelle ist er bis zu 4 km stark und reicht aus einer Tiefe von etwa 3500 m bis etwa 260 m unter die Erdoberfläche. Gute Voraussetzungen für eine sichere Endlagerung. Bis Ende 2000 wurden geowissenschaftliche Untersuchungen verfolgt. Sie sollten Aufschluss über die räumliche Verteilung der Salzgesteine, die physikalischen Kenngrößen und den Stoffbestand des Gebirges sowie über Lösungseinschlüsse und Gase geben. Außerdem wurden spezielle mineralogische und geochemische Analysen durchgeführt. Das geotechnische Untersuchungsprogramm begleitete die Erkundungen, um umfassende Daten für die Planung, Beweissicherung und Überwachung in der Betriebsphase sowie für Modellrechnungen zur Nachbetriebsphase bereitzustellen.

Von 2000 bis 2010 ruhte die Erkundung des Salzstockes aufgrund des von der rot-grünen Bundesregierung im Jahr 2000 im Zuge des beschlossenen Kernenergieausstiegs verhängten Moratoriums, das im Oktober 2010 auslief. Ende 2005 hatte das Bundesamt für Strahlenschutz (BfS) als Zusammenfassung der abgearbeiteten konzeptionellen und sicherheitstechnischen Fragestellungen zum Wirtsgestein Salz einen Synthesebericht über die „Konzeptionellen und sicherheitstechnischen Fragen der Endlagerung radioaktiver Abfälle – Wirtsgesteine im Vergleich" vorgelegt. Zweifel an der Eignung des Salzstocks Gorleben für ein Endlager für alle Arten radioaktiver Abfälle sind weder aus dem Synthesebericht noch aus den ihm zugrunde liegenden Berichten über konzeptionelle und sicherheitstechnische Fragestellungen abzuleiten. Damit wurde der Arbeitsauftrag zu einer aktualisierten Bewertung von Konzept und Standort aus der „Vereinbarung zwischen der Bundesregierung und den Energieversorgungsunternehmen vom 14. Juni 2000" abgearbeitet. Die darin getroffene und von der Bundesregierung, vertreten durch Bundeskanzler Gerhard Schröder und Bundesumweltminister Jürgen Trittin, geteilte Feststellung bezüglich der Einschätzung zur Eignung des Standortes Gorleben wurde bestätigt. So hieß es in der Vereinbarung: „Die bisherigen Erkenntnisse über ein dichtes Gebirge und damit die Barrierefunktion des Salzes wurden positiv bestätigt. Somit stehen die bisher gewonnenen geologischen Befunde einer Eignungshöffigkeit des Salzstockes Gorleben [...] nicht entgegen."

Die schwarz-gelbe Bundesregierung setzte die Erkundung in 2010 nach Ablauf des Moratoriums dementsprechend fort. Zeitgleich zum Genehmigungsverfahren für den Rahmenbetriebsplan für die Wiederaufnahme der Erkundung wurden die neuen, dem Stand von Wissenschaft und Technik entsprechenden Sicherheitsanforderungen für die Endlagerung wärmeentwickelnder, radioaktiver Abfälle zwischen Bundesregierung und den Landesregierungen abgestimmt. Sie sind zum 1. Oktober 2010 in Kraft getreten, zeitgleich mit Wiederaufnahme der untertägigen Erkundung des Endlagerstandortes Gorleben, und haben u. a. Anforderungen an Behälter unter dem Gesichtspunkt der Rückholbarkeit von Abfällen aus dem Endlager definiert [38].

Für das weitere Verfahren nach Wiederaufnahme der Erkundung sah das Bundesumweltministerium vor, dass nach einer vorläufigen Sicherheitsanalyse für den Standort Gorleben (VSG) bis Ende 2012 ein Endlagerkonzept vorgelegt wird. Dieses Konzept sollte im Jahr 2013 einem internationalen Peer-Review-Verfahren unterworfen werden, das im ersten Halbjahr 2013 hätte abgeschlossen sein sollen.

Nach Verabschiedung der 13. AtG-Novelle zum beschleunigten Ausstieg aus der Kernenergie im Jahr 2011 kam der Wunsch auf, auch die Endlagerung der hoch-radioaktiven Abfallstoffe in einem breiten politischen Konsens zu regeln. Im Zuge der politischen Beratungen zwischen Bund und Ländern über einen Neubeginn der Standortsuche für ein Endlager für hoch-radioaktive wärmeentwickelnde Abfälle, wurde im November 2012 die Erkundung wiederum ausgesetzt, zunächst befristet bis zur Bundestagswahl 2013, und die Fertigstellung der VSG unterbrochen. Mit Inkrafttreten des Gesetzes zur Suche und Auswahl eines Standortes für ein Endlager für Wärme entwickelnde radioaktive Abfälle (Standortauswahlgesetz – StandAG) am 27. Juli 2013 ist die Erkundung des Standortes Gorleben bis auf weiteres beendet [33].

Zwischen Bund und dem Land Niedersachsen wurde zur *Umsetzung der Bestimmungen des StandAG* am 29. Juli 2014 eine Vereinbarung über den Offenhaltungsbetrieb am Standort getroffen, die vorsieht, dass nur noch die Schächte und Teile des Infrastrukturbereiches erhalten werden sollen. Alle Langzeitmessungen und Beobachtungen sollen eingestellt werden. Dieser Zustand ist solange aufrecht zu erhalten, bis entweder der Standort Gorleben aus dem neuen Auswahlverfahren ausscheidet und die Anlage vollständig zurückgebaut wird, oder der Standort Gorleben im Rahmen des Auswahlverfahrens weiter erkundet bzw. als Endlager genehmigt werden soll. In die Untersuchung wurden bisher 1,7 Mrd. € investiert, die zu über 90 % von den Energieversorgungsunternehmen getragen wurden. Bei allen bisherigen Erkundungen wurde keine Erkenntnis gewonnen, die gegen eine mögliche Eignung von Gorleben spricht.

Gegenstand des StandAG ist eine neue bundesweite Suche nach einem geeigneten Endlager für hoch-radioaktive, wärmeentwickelnde Abfälle (HAW) in einem mehrstufigen Verfahren. Zunächst sollen zentrale Aspekte der Endlagerung betrachtet und bei der Suche verschiedene geologische Formationen und Wirtsgesteine einbezogen werden. Davor wurde die Kommission Lagerung hoch-radioaktive Abfallstoffe eingesetzt, die das neue Standortauswahlverfahren vorbereitet [33]. Aufgabe der Kommission war es, Mindestanforderungen, Ausschlusskriterien und Abwägungskriterien, Kriterien für die Fehlerkorrektur (Rücksprünge, Rückholung, Bergung, Wiederauffindbarkeit), Anforderungen an Organisation und Verfahren, an die Beteiligung der Öffentlichkeit und an Transparenz zu erarbeiten und das StandAG zu evaluieren sowie ggf. Änderungen vorzuschlagen, die zusammen mit den anderen Punkten als Gesetz zu beschließen sind. Am 10. April 2014 wurde die Kommission offiziell vom Deutschen Bundestag eingesetzt und nahm am 22. Mai 2014 ihre Arbeit auf.

Nach mehr als zweijähriger Beratung hat die Kommission am 5. Juli 2016 ihren Abschlussbericht vorgestellt. Der Bericht bildet die Grundlage für eine Novelle des StandAG. Auf der Grundlage zuvor gefasster Beschlüsse der Kommission wurden die bereits beschriebenen Änderungen an der Behördenstruktur bei der Endlagerung gesetzlich umgesetzt. Empfohlen wird ein mehrstufiges Auswahlverfahren mit umfassender Beteiligung der Öffentlichkeit und mehreren gesetzlichen Entscheidungen bis zur endgültigen Standortauswahl. Daran anschließen würden sich ein Genehmigungsverfahren sowie die Errichtung des Endlagers [33].

Im Zusammenhang mit dem StandAG wurde auch beschlossen, dass Transporte mit Abfällen aus der Wiederaufarbeitung in das Zwischenlager Gorleben ausgesetzt und auf andere Standorte verteilt werden. Im Dezember 2015 einigten sich der Bund und Bayern über die Festlegung der dafür vorgesehenen Standort-Zwischenlager entsprechend dem Konzept des BMUB. Die noch aus der Wiederaufarbeitung in Frankreich und dem Vereinigten Königreich zurückzuführenden Abfälle werden auf die Zwischenlager in Biblis, Brokdorf, Isar und Philippsburg verteilt (Biblis, Brokdorf, Isar: hoch-radioaktive Abfälle; Philippsburg: mittel-radioaktive Abfälle).

Bezüglich des Zeitbedarfs eines neuen Standortauswahlverfahrens bestehen Einschätzungen, die von einer deutlich längeren Verfahrensdauer, als im Gesetz mit 2031 unterstellt, ausgehen. Es ist auch zu berücksichtigen, dass nach einer Standortentscheidung noch ein Genehmigungsverfahren und die Errichtung des Endlagers notwendig sind. Insgesamt könnte die Bereitstellung eines Endlagers für hoch-radioaktive Abfälle deutlich länger dauern als bis 2050 wie im Nationalen Entsorgungsprogramm des Bundes angegeben.

Tab. 2.58 Kernkraftwerke in Deutschland: Leistung und Betriebs-Ergebnisse 2017

Kernkraftwerk	Reaktortyp	Leistung brutto	Abschaltung Leistung brutto in 2011 bzw. 2015	Leistung netto	Abschaltung Leistung netto in 2011 bzw. 2015	Beendigung Leistungsbetrieb gem. 13. Nov. AtG	Erzeugung brutto 2017	Erzeugung netto 2017
		MW	MW	MW	MW	–	MWh	MWh
Biblis A	DWR		1225		1167	06.08.2011		
Biblis B	DWR		1300		1240	06.08.2011		
Brokdorf KBR	DWR	1480		1410		31.12.2021	5.778.146	5.480.413
Brunsbüttel KKB	SWR		806		771	06.08.2011		
Emsland KKE	DWR	1406		1335		31.12.2022	11.323.704	10.751.526
Grafenrheinfeld KKG	DWR		1345		1275	27.06.2015		
Grohnde KWG	DWR	1430		1360		31.12.2021	9.684.880	9.113.021
Gundremmingen KRB-B	SWR	1344		1284		31.12.2017	9.689.710	9.173.055
Gundremmingen KRB-C	SWR	1344		1288		31.12.2021	9.929.820	9.462.044
Isar KKI 1	SWR		912		878	06.08.2011		
Isar KKI 2	DWR	1485		1410		31.12.2022	11.523.513	10.901.556
Krümmel KKK	SWR		1402		1346	06.08.2011		
Neckarwestheim GKN-I	DWR		840		785	06.08.2011		
Neckarwestheim GKN-II	DWR	1400		1310		31.12.2022	10.540.800	9.880.271
Philippsburg KKP 1	SWR		926		890	07.08.2011		
Philippsburg KKP 2	DWR	1468		1402		31.12.2019	7.853.827	7.380.932
Unterweser KKU	DWR		1410		1345	07.08.2011		
Summe		**11.357**	**10.166**	**10.799**	**9697**		**76.324.400**	**72.142.818**

Quelle: atw, vgb

Tab. 2.59 Kernkraftwerksleistung nach Eigentümern

Anlage/Standort	Inbetriebnahme (Beginn Dauerbetrieb)	Reaktortyp***	Gesellschafter/Eigentümer
Biblis A (KWB A)	1975	DWR	RWE Power 100 %
Biblis B (KWB B)	1977	DWR	RWE Power 100 %
Neckar – 1 (GKN-1)	1976	DWR	EnBW Kernkraft 98,45 %; Andere 1,55 %
Neckar – 2 (GKN-2)	1989	DWR	EnBW Kernkraft 98,45 %; Andere 1,55 %
Brunsbüttel (KKB)	1977	SWR	Vattenfall Europe Nuclear Energy 66,7 %; PreussenElektra 33,3 %
Isar – 1 (KKI-1)	1979	SWR	PreussenElektra 100 %
Isar – 2 (KKI-2)	1988	DWR	PreussenElektra 75 %, Stadtwerke München 25 %
Unterweser (KKU)	1979	DWR	PreussenElektra 100 %
Phillipsburg 1 (KKP-1)	1980	SWR	EnBW Kernkraft 100 %
Phillipsburg 2 (KKP-2)	1985	DWR	EnBW Kernkraft 98,45 %; Andere 1,55 %
Grafenrheinfeld (KKG)	1982	DWR	PreussenElektra 100 %
Krümmel (KKK)	1984	SWR	Vattenfall Europe Nuclear Energy 50 %, PreussenElektra 50 %
Gundremmingen B (KRB B)	1984	SWR	RWE Power 75 %; PreußenElektra 25 % (gemäß Vereinbarung vom 12.03.2018 künftig 100 % RWE Power)
Gundremmingen C (KRB C)	1985	SWR	RWE Power 75 %; PreussenElektra 25 % (gemäß Vereinbarung vom 12.03.2018 künftig 100 % RWE Power)
Grohnde (KWG)	1985	DWR	PreussenElektra 83,3 %; Stadtwerke Bielefeld 16,7 %
Brokdorf (KBR)	1986	DWR	PreussenElektra 80 %; Vattenfall Europe Nuclear Energy 20 %
Emsland (KKE)	1988	DWR	RWE Power 87,5 %; PreussenElektra 12,5 % (gemäß Vereinbarung vom 12.03.2018 künftig 100 % RWE Power)

*** DWR: Druckwasserreaktor; SWR: Siedewasserreaktor
Quelle: Deutsches Atomforum, VGB; Stand: 2018

2.5.6 Übertragungs- und Verteilnetz

Das deutsche Stromnetz ist inzwischen 1.837.300 km lang. Das ergeben Berechnungen des Bundesverbandes der Energie- und Wasserwirtschaft (BDEW) für das Jahr 2017.

Tab. 2.60 Vor- und Nachteile relevanter Stromerzeugungsoptionen

Kernkraft	Kohle	Gas	Wasser	Wind und Sonne
Pro:	**Pro:**	**Pro:**	**Pro:**	**Pro:**
– Klimaschonende Stromerzeugung ohne CO_2-Emissionen	– Steinkohle auf dem Weltmarkt von vielen Anbietern preiswert zu beziehen	– Umweltverträglichster fossiler Brennstoff mit den geringsten CO_2-Emissionen	– Klimaschonende Stromerzeugung ohne CO_2-Emissionen	– Klimaschonende Stromerzeugung ohne CO_2-Emissionen
– Zuverlässige Versorgung ohne kritische Importabhängigkeit	– Braunkohle als sicherer heimischer Energierohstoff subventionsfrei verfügbar	– Stromerzeugung in hocheffizienten Kraftwerken	– Hoher Anlagenwirkungsgrad	– keine Abhängigkeit von Importenergien
– Hohes Sicherheitsniveau der deutschen Kernkraftwerke	– Kraftwerkstechnologie mit großen Potenzialen zur weiteren Effizienzsteigerung	– Kurze Errichtungszeiten und günstige Investitionskosten für Neuanlagen	– Wirtschaftlicher Betrieb	– Potenziale zur weiteren Effizienzsteigerung und Kostensenkung
			– Extrem schnell verfügbare Netzdienstleistungen	
			– Unterstützung des Hochwasserschutzes	

Tab. 2.60 (Fortsetzung)

Kernkraft	Kohle	Gas	Wasser	Wind und Sonne
Contra:	**Contra:**	**Contra:**	**Contra:**	**Contra:**
– Gesellschaftliche Akzeptanzproblematik	– Steigende Nachfrage nach Steinkohle (vor allem aus China und Indien) und begrenzte Transportkapazitäten beinhalten Preisrisiken	– Stark volatile Erdgaspreise führen zu großen Schwankungen bei den Stromerzeugungskosten	– Gravierende Hemmnisse durch neue Umweltschutzziele	– Fluktuierende Stromerzeugung, abhängig von Windverhältnissen bzw. Sonneneinstrahlung; daher nur zusammen mit konventionellen Kraftwerken und/oder Speichern nutzbar
– Aufwändiges atomrechtliches Genehmigungsverfahren	– CO_2-Emissionen höher als bei Erdgas	– Abhängigkeit von Erdgasimporten als mögliches Versorgungsrisiko	– Ausbau vorhandener Potenziale aus umweltpolitischen Gründen problematisch	– Zusätzliche Investitionen für den Ausbau des Stromnetzes erforderlich
– Hoher Aufwand für Sicherheit erforderlich	– Rauchgasreinigung mit entsprechendem Anlagenaufwand erforderlich	– Zunehmende Konzentration der Vorkommen in politisch instabilen Regionen	– Hohe Investitionskosten bei Neubau infolge umfangreicher erzeugungsfremder Ausgleichsmaßnahmen	– Wirtschaftliche Erzeugung nur eingeschränkt gegeben
– Entsorgung und Endlagerung nuklearer Brennelemente noch nicht politisch entschieden	– Akzeptanz von Teilen der Gesellschaft in Frage gestellt			

Quelle: siehe auch VGB, Zahlen und Fakten zur Stromerzeugung 2007, Essen 2008

Tab. 2.61 Physikalischer Stromaustausch mit dem Ausland 2017

	In das Ausland		Aus dem Ausland		Saldo
	Mio. kWh	Änderung zum Vorjahr %	Mio. kWh	Änderung zum Vorjahr %	Mio. kWh
Niederlande	15.117	−10,3	1362	+2,0	−13.754
Österreich	19.194	+15,3	3841	−8,4	−15.353
Schweiz	19.284	+13,3	1559	−36,2	−17.725
Polen	7340	−16,1	21	+53,1	−7320
Luxemburg	6104	−4,1	1338	−10,0	−4765
Tschechien	9043	+41,5	5551	+10,1	−3492
Schweden	272	−67,7	2147	+44,6	+1875
Dänemark	4102	−21,5	5607	+101,9	+1505
Frankreich	2940	+7,6	6996	−15,9	+4056
Summe	***83.395***	***+3,3***	***28.422***	***+5,2***	−54.974

Quelle: BDEW (Stand: März 2018)

Der größte Teil des Stromnetzes fällt mit einer Länge von rund 1.514.000 Kilometern auf die Erdverkabelung. Damit macht die unterirdische Verlegung von Kabeln einen Anteil 82,4 % am deutschen Stromnetz aus. Rund 323.300 km werden durch Freileitungen abgedeckt. Der längste Teil der Stromnetze entfällt mit 1.192.000 Kilometern (km) auf die Niederspannungsebene. In den regionalen Verteilnetzen kommt die Mittelspannungsebene auf eine Länge von 522.000 km und die Hochspannungsebene auf 86.300 km. Die überregionalen Höchstspannungsnetze sind in Deutschland 37.000 km lang.

Das deutsche Stromnetz unterteilt sich in vier Spannungsebenen. Die Niederspannungsebene (bis einschließlich ein Kilovolt) versorgt vor allem Haushalte, kleine Gewerbebetriebe und die Landwirtschaft lokal mit Strom. Die regionalen Verteilnetze sind in der Mittelspannungsebene angesiedelt (über 1 bis einschließlich 72,5 Kilovolt). Die Kunden der Hochspannungsebene (über 72,5 bis einschließlich 125 Kilovolt) sind insbesondere lokale Stromversorger, Industrie sowie größere Gewerbebetriebe. Die überregionalen Stromautobahnen sind die Höchstspannungsnetze (über 125 Kilovolt) – Kunden in diesem Großhandelsbereich sind regionale Stromversorger und sehr große Industriebetriebe. Darüber hinaus verbinden die Höchstspannungsleitungen Deutschland auch mit dem Ausland.

Das deutsche Höchstspannungsnetz ist in das europäische Verbundnetz integriert. Durch diese Anbindung über die bestehenden Koppelleitungen wird die Versorgungssicherheit erhöht. Ferner werden dadurch die Voraussetzungen für eine grenzüberschreitende Optimierung des Kraftwerkseinsatzes geschaffen. Bereits 1951 hatten sich die Betreiber des europäischen Stromnetzes in der Union für die Koordinierung der Erzeugung und des Transports elektrischer Energie (UCTPE) zusammengeschlossen.

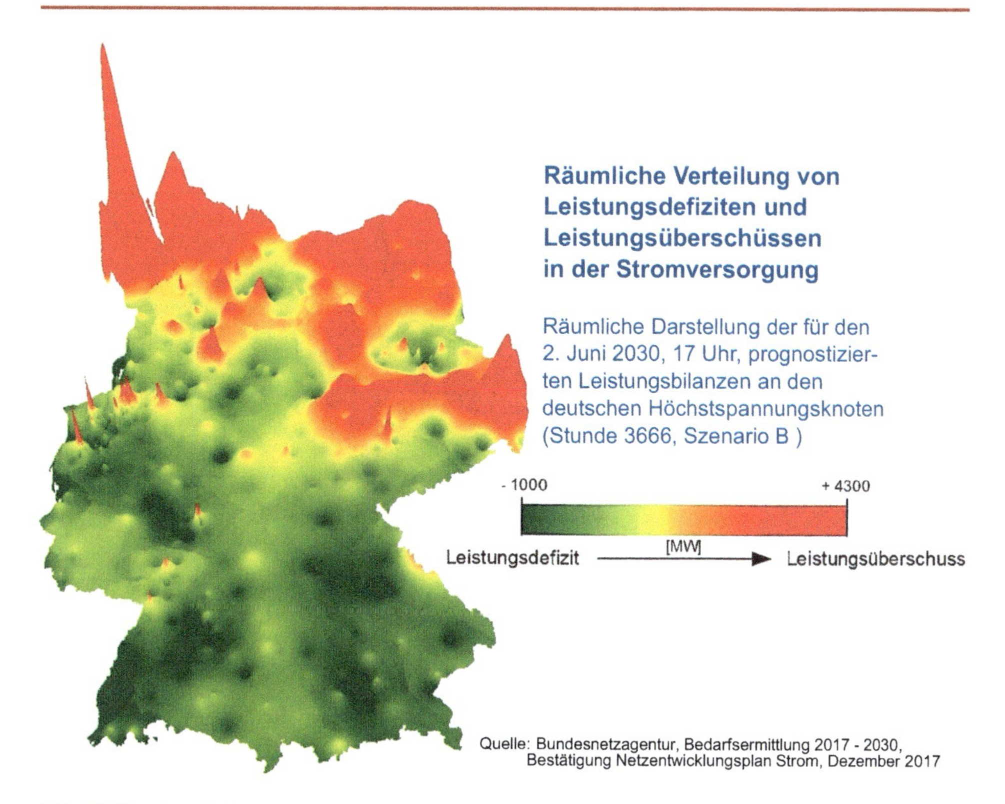

Abb. 2.52 Räumliche Verteilung von Leistungsdefiziten und Leistungsüberschüssen in der Stromversorgung

Im Jahre 1999 wurde aufgrund der Liberalisierung des Strommarktes die UCPTE in die UCTE umgewandelt (die „Produktion" entfiel). Es wurde darüber hinaus der Verband der Europäischen Übertragungsnetzbetreiber ETSO gegründet. Die European Transmission System Operators (ETSO) entstand 1999 als europäischer Verband im Zuge der Schaffung eines gemeinsamen Strommarktes aus den regionalen Verbänden TSOI (Irland), UKTSOA (Vereinigtes Königreich), NORDEL (Skandinavien) und UCTE (Verband für die Koordinierung des Transports elektrischer Energie). In der ETSO sind auch Mitglieder wie Lettland, die sich technisch in der russischen Regelzone IPS/UPS befinden. 2001 wurde der ETSO ein internationaler Verband mit 32 Mitgliedern aus 15 EU-Ländern plus Norwegen und Schweiz, später traten weitere Voll- und assoziierte Mitglieder, insbesondere aus Mittel- und Osteuropa, bei.

Seit dem 1. Juli 2009 hat ENTSO-E (European Network of Transmission System Operators for Electricity) die Aufgaben der ETSO übernommen. Auslöser war die „Verordnung (EG) Nr. 714/2009 vom 13. Juli 2009 über die Netzzugangsbedingungen für den grenzüberschreitenden Stromhandel und zur Aufhebung der Verordnung (EG)

Stromaustausch Deutschlands mit den Nachbarländern 2017

Deutschland ist Drehscheibe für den Strommarkt in Europa

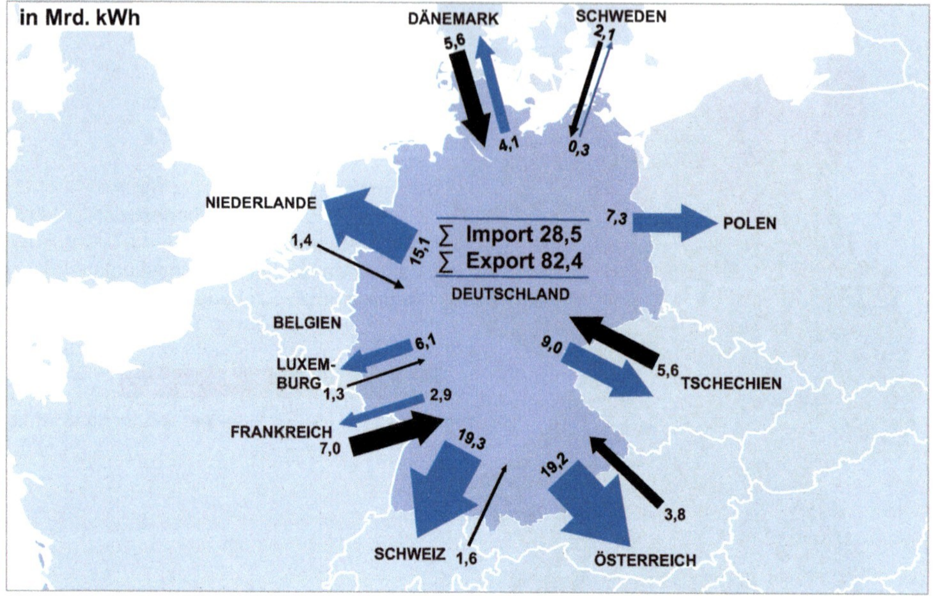

Abb. 2.53 Physikalischer Stromaustausch Deutschlands mit seinen Nachbarstaaten 2017

Nr. 1228/2003", in welcher die Gründung vorgeschrieben wurde – dort bezeichnet als „ENTSO (Strom)".

CENTREL war in der elektrischen Energietechnik ein Zusammenschluss der Übertragungsbetreiber aus Tschechien, Polen, Ungarn und der Slowakei, der am 11. Oktober 1992 gegründet worden war. Im Jahr 1995 erfolgte technisch der so genannte Synchronschluss in das europäische Verbundsystem (UCTE). Rechtlich ist CENTREL 1999 im Verband Europäischer Übertragungsnetzbetreiber aufgegangen.

ENTSO-E umfasst 42 Übertragungsnetzbetreiber (ÜNB) aus 35 Ländern. Die Hauptaufgaben sind die Festlegung gemeinsamer Sicherheitsstandards und die Veröffentlichung eines Jahresfahrplans zur Netzentwicklung. Des Weiteren entwickelt ENTSO-E kommerzielle und technische Netzkodizes, um die Sicherheit und Zuverlässigkeit des Netzes zu gewährleisten und die Energieeffizienz sicherzustellen. Die früheren Verbände ATSOI, BALTSO, ETSO, NORDEL, UCTE und UKTSOA hatten Mitte 2009 ihre Aktivitäten an ENTSO-E übergeben.

Der grenzüberschreitende Stromaustausch wird – ebenso wie der Regelzonenhandel – auf Basis von Fahrplänen abgewickelt, die die Übertragungsnetzbetreiber (ÜNB) und Stromhändler untereinander austauschen. Im Rahmen des „Networks" der europäi-

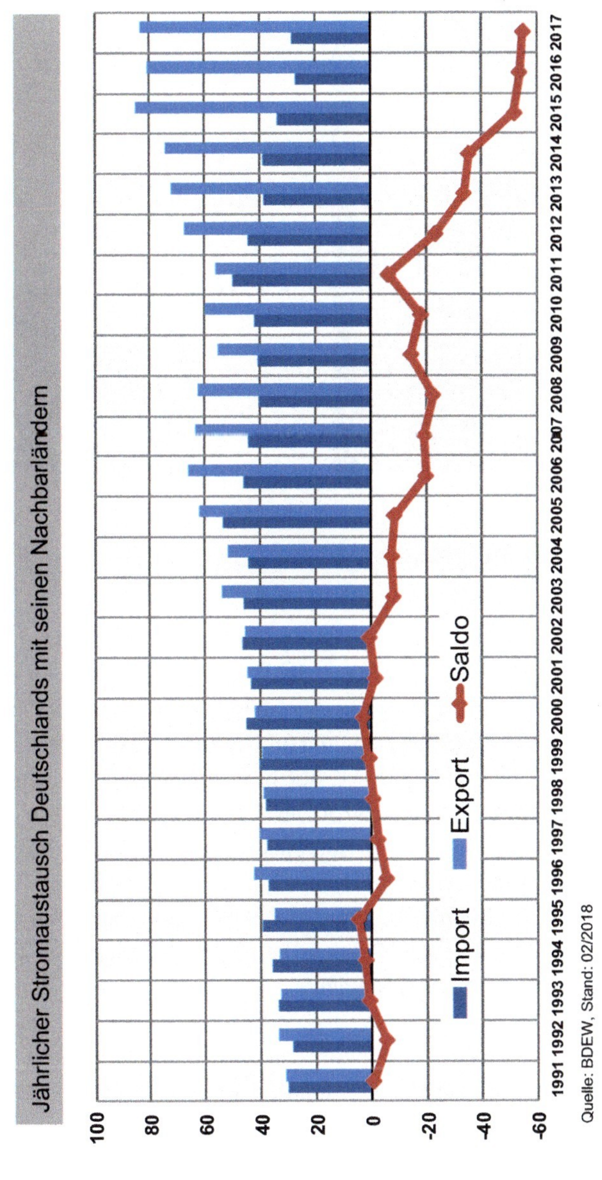

Abb. 2.54 Entwicklung des Stromaußenhandels Deutschlands seit 1992

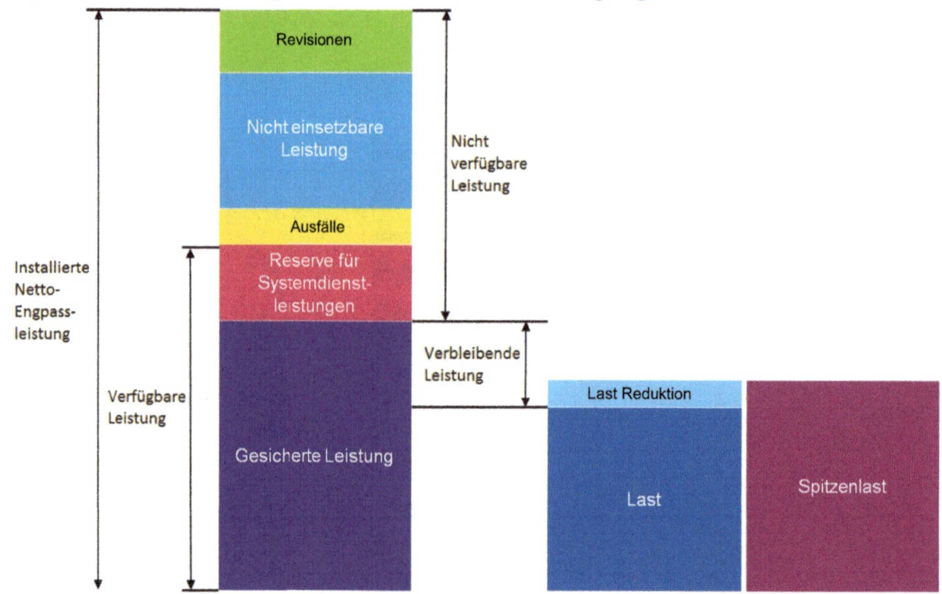

Abb. 2.55 Systematik der Leistungsbilanz

schen ÜNB (ENTSO-E) wurde ein europaweit einheitliches Fahrplanformat eingeführt. In Deutschland existieren auf der Ebene der Übertragungsnetze vier Regelzonen.

Im März 2010 hatte der schwedische Energiekonzern Vattenfall das rund 9700 km lange Höchstspannungsnetz im Osten und im Norden Deutschlands an den belgischen Betreiber Elia und den australischen Investor Industry Funds Management (IFM) verkauft. Seit 2018 werden 80 % der Anteile an 50Hertz von Elia und 20 % von der Kreditanstalt für Wiederaufbau (KfW) gehalten. Der Energiekonzern E.ON hatte bereits im Februar 2010 sein Höchstspannungsnetz an die niederländische TenneT veräußert. Im Herbst 2011 hatte RWE den Verkauf des Mehrheitsanteils von 74,9 % der Anteile am Übertragungsnetzbetreiber Amprion abgeschlossen. Seitdem betreiben folgende vier Transmission System Operator (TSO) die Übertragungsanlagen:

- Amprion GmbH, Dortmund (Anteilseigner an Amprion sind mit 74,9 % die M31 Beteiligungsgesellschaft mbH & Co. Energie KG, deren Gesellschafter sich aus einem Konsortium von überwiegend deutschen institutionellen Finanzinvestoren aus der Versicherungswirtschaft und Versorgungswerken, u. a. MEAG Munich ERGO, Swiss Life und Talanx sowie ärztliche Versorgungswerke, zusammensetzen, und mit 25,1 % die RWE AG),

Tab. 2.62 Handelskapazitäten zwischen Deutschland und den benachbarten Marktgebieten

2030 in MW	AT	BE	CH	CZ	DK-O	DK-W	FR	GB	LU	NL	NO	PL	SE
Von Deutschland nach ...	7500	2000	4300	2000	1000	3000	4800	1400	3300	5000	1400	2000	1315
Von ... nach Deutschland	7500	2000	5700	2600	1000	3000	4800	1400	3300	5000	1400	3000	1315
2035 in MW													
Von Deutschland nach ...	7500	2000	5986	2000	1600	3000	4800	1400	3300	6000	1400	2000	2015
Von ... nach Deutschland	7500	2000	6400	2600	1600	3000	4800	1400	3300	6000	1400	3000	2015

BE – Belgien, CZ – Tschechische Rep., FR – Frankreich, NL – Niederlande, PL – Polen, AT – Österreich, CH – Schweiz, DK – Dänemark (Ost/West), LU – Luxemburg, NO – Norwegen, SE – Schweden, GB – Großbritannien
* gemeinsames Profil PL: Die Austauschkapazitäten von und nach Polen gelten jeweils für das gesamte Profil von Polen zu Deutschland, der Tschechischen Republik und der Slowakei, d. h. in der Modellierung wird die Kapazität auf diese drei Länder verteilt, sodass unter Umständen nicht die gesamte Kapazität für Deutschland zur Verfügung steht.
Quelle: Übertragungsnetzbetreiber, Szenariorahmen für den Netzentwicklungsplan Strom 2030 (Version 2019), Entwurf mit Stand Januar 2018

- transpower stromübertragungs gmbh, Bayreuth (TenneT), die seit dem 5. Oktober 2010 unter dem Namen TenneT TSO GmbH, Bayreuth, firmiert (Die TenneT TSO GmbH ist ein deutsches Tochterunternehmen des niederländischen Stromnetzbetreibers Tennet).
- TransnetBW GmbH, Stuttgart (EnBW) und
- 50Hertz Transmission GmbH (Elia/KfW).

Die Anforderungen an die Stromnetze haben sich seit der Liberalisierung des Strommarktes stetig erhöht. Mit der Zunahme des Stromhandels, dem Ausbau erneuerbarer Energien und der damit zunehmenden räumlichen Trennung von Stromerzeugungs- und Verbrauchsschwerpunkten sind die Stromübertragungsmengen gestiegen. Ferner sind vermehrte Schwankungen in der Stromerzeugung einschließlich der damit verbundenen Netzbelastungen zu verzeichnen. Entsprechend sind erhebliche Investitionen in den Ausbau und die Modernisierung der Stromnetze erforderlich. Darüber hinaus müssen neue Technologien im Bereich der Übertragung von Strom erforscht sowie Netze, Erzeugung und Last durch „Smart Grids“ effizient miteinander verknüpft werden.

Ein Netzausbau ist grundsätzlich auf allen Netzebenen notwendig. Bislang lag die Priorität der Netzausbaumaßnahmen allerdings auf der Übertragungsnetzebene. Die Monopolkommission hat in dem 2013 vorgelegten Sondergutachten 65 „Energie 2013: Wettbewerb in Zeiten der Energiewende“ den Sachstand hierzu wie folgt skizziert [39].

Gesamtablauf zur Umsetzung von Leitungsvorhaben im Strom-Übertragungsnetz

Bedarfsermittlung		Planung			Umsetzung	
Szenarien	Netz-entwicklungsplan	Bundes-bedarfsplan	Trassen-korridore	Konkrete Trassen	Bau / Umsetzung	Betrieb
Wahrscheinliche Entwicklung	Welche Maßnahmen?	Welche Maßnahmen?	In welchen Korridoren?	Welcher Verlauf?		
		Bundes-bedarfsplan	Bundesfach-planung / Raumordnung	Planfeststellungs-verfahren		
alle 2 Jahre	alle 2 Jahre	mind. 4-jährig	auf Antrag	auf Antrag		
Bedarfsermittlung		Planung			Umsetzung	

Quelle: Übertragungsnetzbetreiber

Abb. 2.56 Gesamtablauf zur Umsetzung von Leitungsvorhaben im Stromübertragungsnetz

„Um räumliche Netzungleichgewichte beseitigen zu können, hat der Gesetzgeber in den zurückliegenden Jahren bereits mehrfach konkret auf eine Beschleunigung des Netzausbaus hingewirkt. Ein erster Schritt war im Jahr 2009 der Erlass des Energieleitungsausbaugesetzes (EnLAG). Das EnLAG soll die Planungs- und Genehmigungsverfahren für insgesamt 23 als vordringlich erachtete Leitungsbauvorhaben im Höchstspannungsbereich beschleunigen. Das Gesetz sieht hierbei auch vor, dass die Netzbetreiber auf vier Pilottrassen den Einsatz von Erdkabeln auf der Höchstspannungsebene im Übertragungsnetz testen (§ 2 Abs. 1 EnLAG).

Unter anderem aufgrund von Verzögerungen beim Netzausbau hat die Bundesregierung im Jahr 2011 neue Instrumente zur Netzplanung und Genehmigung beschlossen. Kernelemente waren das novellierte EnWG und das Netzausbaubeschleunigungsgesetz (NABEG), wodurch der Bundesnetzagentur umfangreiche Aufgaben im Rahmen des Ausbaus der deutschen Höchstspannungsnetze übertragen wurden. So genehmigt die Bundesnetzagentur den Szenariorahmen unter Berücksichtigung der Konsultationsergebnisse, prüft und bestätigt den Netzentwicklungsplan, bewertet die Umweltauswirkungen der Vorhaben und erstellt einen Umweltbericht, übermittelt der Bundesregierung den Netzentwicklungsplan als Entwurf eines Bundesbedarfsplans und wird im Rahmen der Bundesfachplanung raumplanerisch tätig“ [39].

„Der Ausbaubedarf im Höchstspannungsübertragungsnetz wird im Wege eines mehrstufigen Prozesses ermittelt, der sich jährlich (seit 2016 zweijährlich) wiederholt. Der Netzentwicklungsplan hat die Aufgabe zu ermitteln, welcher Netzausbau in den kommenden zehn Jahren erforderlich sein wird. Das wiederum richtet sich nach der zu erwartenden Netzbelastung. Netzbereiche mit zukünftig gleichbleibender oder geringerer Netzbelastung müssen nicht erweitert werden, da hier die vorhandene Transportkapazität ausreicht.

Netzbereiche mit einem hohen Transportbedarf, welcher die gegenwärtigen Kapazitäten überschreitet, müssen dagegen bedarfsgerecht optimiert, verstärkt oder ausgebaut werden. Maßgeblich für die Netzbelastung und damit für den Netzausbaubedarf sind die zukünftig zu erwartenden Einspeisungen in das Übertragungsnetz und die Entnahmen aus demselben" [40].

Konkret erfolgt die Planung des Übertragungsnetz-Ausbaus, wie von der Monopolkommission dargestellt, in fünf Schritten:

Szenarien

„Die Erarbeitung des Netzentwicklungsplans beginnt mit der Erstellung eines sogenannten Szenariorahmens. Der Szenariorahmen bildet die Grundlage für die Bedarfsermittlung, die konkrete Planung der Trassenkorridore und der Trassen und deren Umsetzung. Gemäß § 12 a Abs. 1 EnWG sind Szenarien Entwicklungspfade, welche die Bandbreite wahrscheinlicher Entwicklungen vor dem Hintergrund der energiepolitischen Ziele der Bundesregierung abdecken sollen. Konkret ermitteln die vier Übertragungsnetzbetreiber in dem jährlichen Szenariorahmen die wahrscheinlichen Entwicklungen bei den Erzeugungskapazitäten und dem Stromverbrauch. Dabei enthält der Szenariorahmen mindestens drei unterschiedliche Szenarien für die folgenden zehn Jahre; zu einem der Szenarien gehört außerdem noch ein zweiter Teil, der die Entwicklungen der nächsten 20 Jahre prognostiziert. Dabei wird bereits in diesem frühen Stadium des Gesamtprozesses die Öffentlichkeit intensiv in die Diskussion eingebunden.

Netzentwicklungsplan (NEP) und Umweltprüfung

In diesem Stadium werden die Netzanfangs- und -endpunkte definiert. Seit 2012 erstellen die Übertragungsnetzbetreiber jährlich (seit 2016 zweijährlich) auf Grundlage des genehmigten Szenariorahmens einen Netzentwicklungsplan (NEP), der alle Optimierungs-, Verstärkungs- und Ausbaumaßnahmen des Netzes auflistet; seit 2013 zusätzlich einen Offshore-Netzentwicklungsplan (O-NEP). Dabei müssen die Übertragungsnetzbetreiber Vorgaben, wie insbesondere die Verpflichtung zur Abnahme und zum Transport von 100 % des aus erneuerbaren Energien erzeugten Stroms, berücksichtigen. Der NEP zeigt den Stromübertragungsbedarf zwischen Anfangs- und Endpunkten auf. Dabei liegen Anfangspunkte in der Regel in Regionen mit Erzeugungsüberschuss, Endpunkte in solchen mit hohem Verbrauch bzw. Kernkraftwerksstandorten, die bis zum Jahr 2022 stillgelegt sein werden. Zur Bestimmung der notwendigen Maßnahmen folgen die Netzbetreiber dem sog. NOVA-Prinzip, wonach einer Netzoptimierung stets vor einer Netzverstärkung oder einem Netzausbau der Vorzug zu geben ist. Überdies schreibt das Energiewirtschaftsgesetz eine Strategische Umweltprüfung (SUP) vor. Hierin untersucht die Bundesnetzagentur für alle notwendigen Leitungsbauvorhaben, welche Folgen sich voraussichtlich für Menschen, Tiere, Pflanzen, Landschaft und Umwelt durch den Bau von Freileitungen und Erdkabeln in Drehstrom- oder Gleichstromtechnik ergeben können.

Bundesbedarfsplan
Mindestens alle drei Jahre übermittelt die Bundesnetzagentur einen bestätigten Netzentwicklungsplan samt Umweltbericht an die Bundesregierung. Er ist die Basis für den Entwurf eines Bundesbedarfsplans. Wesentlicher Teil des Bundesbedarfsplans ist eine Liste künftiger Höchstspannungsleitungen. Für die Summe dieser Vorhaben ist mit dem Erlass des Bundesbedarfsplangesetzes die energiewirtschaftliche Notwendigkeit und der vordringliche Bedarf verbindlich festgestellt. Dies soll die nachfolgenden Verwaltungsverfahren beschleunigen, in denen der Bedarf der jeweiligen Leitung nun nicht mehr angefochten werden kann.

Trassenkorridore
Mit dem Erlass des Bundesbedarfsplangesetzes stehen die Anfangs- und Endpunkte der künftigen Höchstspannungsleitungen fest. Nun müssen Trassenkorridore, d. h. bis zu 1000 m breite Streifen, festgelegt werden, in denen später die Leitungen verlaufen sollen.

Zunächst schlägt der zuständige Übertragungsnetzbetreiber einen Korridorverlauf vor. Für alle Vorhaben im Bundesbedarfsplan, die nur ein einzelnes Bundesland betreffen, führt die zuständige Landesbehörde ein Raumordnungsverfahren durch, um über den Antrag zu entscheiden. Die Verantwortung für Höchstspannungsleitungen, die durch mehrere Bundesländer oder ins Ausland führen sollen, liegt dagegen gemäß Netzausbaubeschleunigungsgesetz (NABEG) bei der Bundesnetzagentur. Eine sogenannte Bundesfachplanung ersetzt für die länderübergreifenden und für die grenzüberschreitenden Vorhaben das Raumordnungsverfahren. Die Bundesfachplanung soll mit einem bundesweit einheitlichen Vorgehen die Planung der dringend benötigten Leitungen beschleunigen.

Eine strategische Umweltprüfung ist auch bei diesem Schritt vorgesehen; diesbezügliche Stellungnahmen werden von der Bundesnetzagentur geprüft und möglicherweise berücksichtigt.

Konkrete Trassen
Abschließend legt ein Planfeststellungsbeschluss (wie eine Baugenehmigung) alle wichtigen Details der zukünftigen Höchstspannungsleitung, wie den Trassenverlauf sowie die Übertragungstechnik, fest“ [39].

„Mit den Änderungen des Energiewirtschaftsgesetzes (EnWG) zum 1. Januar 2016 wurden die Regularien zur Erstellung der Netzentwicklungspläne grundlegend geändert. Der NEP wird seitdem im Zweijahresrhythmus erstellt. Zudem werden die Betrachtungszeiträume des Szenariorahmens flexibilisiert. Vorgesehen sind mindestens drei Szenarien mit einem Betrachtungszeitraum von mindestens zehn und höchstens 15 Jahren sowie ein Szenario mit einem Betrachtungszeitraum von mindestens 15 und höchstens 20 Jahren. Die Änderungen minimieren zeitliche Prozessüberschneidungen und ermöglichen den ÜNB mehr Flexibilität und eine bessere Abstimmung beispielsweise mit den Planungshorizonten gesetzlicher Zielvorgaben“ [41].

Szenariorahmen (Version 2019) für den Netzentwicklungsplan Am 15. Juni 2018 hat die Bundesnetzagentur den Szenariorahmen für die Netzentwicklungsplanung gem. § 12a Abs. 3 EnWG genehmigt. Die Übertragungsnetzbetreiber haben damit die Grundlage, um den weiteren Netzausbaubedarf bis zum Jahr 2030 zu ermitteln. Der Betrachtungszeitraum des genehmigten Szenariorahmens bleibt mit den Jahren 2030 bzw. 2035 gegenüber dem im Dezember 2017 von der Bundesnetzagentur genehmigten Netzentwicklungsplan 2030 (Version 2017) unverändert.

Im neuen Szenariorahmen für das Zieljahr 2030 in der Version 2019 haben sich die Szenarien gegenüber dem vorangegangenen Szenariorahmen allerdings maßgeblich verändert. Der Grund hierfür sind die Zielsetzungen des Koalitionsvertrages der Bundesregierung vom 14. März 2018. Der neue Szenariorahmen beschreibt mit Hilfe von fünf Entwicklungspfaden die wahrscheinliche Entwicklung der Stromerzeugungskapazitäten und des Stromverbrauchs in den Zieljahren 2030 und 2035. Erstmalig wird zudem ein Zwischenszenario für das Zieljahr 2025 betrachtet. Dabei unterscheiden sich die Szenarien hinsichtlich der Dimensionen der Sektorenkopplung und der Ausgestaltung der Stromerzeugungsstrukturen (Dezentralität und Zentralität).

Im Vergleich zum Szenariorahmen (Version 2017) sind die angenommenen installierten Kapazitäten der erneuerbaren Energie stark gestiegen, da sich die Szenarien an der Koalitionsvereinbarung der Bundesregierung vom 14. März 2018 ausrichten, die eine Steigerung des Anteils der erneuerbaren Stromerzeugung am Bruttostromverbrauch von 65 % bis 2030 vorsieht. Der konventionelle Kraftwerkspark weist dagegen einen im Vergleich zum letzten Prozess starken Rückgang auf. Die Bundesnetzagentur geht auf Grund der klimapolitischen Ziele der Bundesregierung von einer weiter zunehmenden Stromerzeugung aus erneuerbaren Energien aus. Dementsprechend wurden unter anderem die pauschalen Annahmen zu den technisch-wirtschaftlichen Lebensdauern der Kohlekraftwerke reduziert. Dies ist lediglich eine Bandbreite denkbarer Entwicklungen, die von den Übertragungsnetzbetreibern für die Netzplanung zu berücksichtigen sind. Aus Sicht der Bundesnetzagentur lässt sich das Stromnetz bei einer Halbierung der Kohlekapazitäten bis 2030 sicher betreiben, wenn der Stromnetzausbau voran kommt und neue Gaskraftwerke gebaut werden.

„Das Zwischenszenario für das Zieljahr 2025 soll zur Prüfung der von den Übertragungsnetzbetreibern eingereichten kurzfristig durchführbaren Maßnahmen (‚Ad-Hoc'-Maßnahmen) zur Minimierung des Netzausbaubedarfs genutzt werden. Des Weiteren sind die Übertragungsnetzbetreiber nun verpflichtet, bei Erstellung des Netzentwicklungsplans neue und innovative technische Ansätze für Netzbetriebsmittel sowie deren Betrieb darzustellen. Deren Eignung zur Erhöhung der Transportkapazität und die bestmögliche Nutzung des Bestandsnetzes sind zudem von den Übertragungsnetzbetreibern zu bewerten.

Der aktuelle Szenariorahmen hält zwar an der Weiterentwicklung einer modellgestützten Projektion und der Regionalisierung des Stromverbrauchs aus dem letzten Szenariorahmen-Prozess fest, die Komplexität wurde jedoch deutlich reduziert. Dabei stehen besonders die Einflüsse neuer Stromanwendungen, wie z. B. Elektrofahrzeuge und Wärmepumpen, auf den zukünftigen Stromverbrauch im Fokus. Zudem wird erneut ein besonderes Augenmerk auf verschiedene Flexibilitätsoptionen und Speichermöglichkeiten gelegt und diese in die Betrachtungen miteinbezogen. Hierzu zählen im Wesentlichen die Flexibilisierung des Verbrauchsverhaltens und die Kopplung des Stromsektors mit anderen Bereichen wie etwa dem Verkehrs- oder dem Wärmesektor. Durch Umwandlung von Strom in Wärme oder chemische Grundstoffprodukte (Power to X) können in diesen Sektoren CO_2-Minderungen bewirkt werden“ [41].

Der am 15. Juni 2018 genehmigte Szenariorahmen ist die Basis für die Erstellung des Netzentwicklungsplans. Der konsultierte Entwurf für den Netzentwicklungsplan 2019–2030 ist bis zum 15. April 2019 bei der Bundesnetzagentur einzureichen.

Mit dem am 31. Dezember 2015 in Kraft getretenen Gesetz zur Änderung von Bestimmungen des Rechts des Energieleitungsbaus hatte der Gesetzgeber den Erdkabelvorrang für Leitungen zur Höchstspannungs-Gleichstromübertragung (HGÜ-Vorhaben) eingeführt. Demnach sollen künftig die im Bundesbedarfsplan mit „E“ gekennzeichneten Vorhaben vorrangig als Erdkabel statt als Freileitung realisiert werden. In der Vergangenheit hatten Freileitungen den Vorrang, und Erdkabel waren die Ausnahme. „Ausnahmsweise können Freileitungen aus Naturschutzgründen, bei der Nutzung von Bestandstrassen und zum Beispiel auf Verlangen betroffener Kommunen in Betracht kommen, soweit nicht der generelle Ausschluss für Freileitungen in Siedlungsnähe greift.

Für Höchstspannungs-Wechselstromleitungen bleibt es aus technischen Gründen beim Freileitungsvorrang. Mit zusätzlichen Pilotprojekten für Erdkabel sollen jedoch auch in diesem Bereich Erfahrungen mit der Erdverkabelung gesammelt und deren technische Entwicklung vorangetrieben werden.

Neben den Regelungen zur Erdverkabelung enthält das Gesetz den auf Basis des bestätigten Netzentwicklungsplans fortgeschriebenen Bundesbedarfsplan, der die Anfangs- und Endpunkte der energiewirtschaftlich notwendigen Höchstspannungsleitungen verbindlich festlegt“ [42].

Mindestens alle vier Jahre hat die BNetzA der Bundesregierung den jeweils aktuellen NEP und den O-NEP als Basis für einen Bundesbedarfsplan zu übermitteln (§ 12e EnWG n. F.). Darin werden durch den Gesetzgeber im Zuge eines Gesetzgebungsverfahrens die energiewirtschaftliche Notwendigkeit und der vordringliche Bedarf verbindlich festgestellt. Im Dezember 2015 erfolgte die erste Novellierung des Bundesbedarfsplans auf Basis des NEP 2014. Die nächste Übermittlung des NEP und des O-NEP durch die BNetzA an die Bundesregierung als Grundlage für die Novellierung des Bundesbedarfsplans ist somit spätestens 2019 erforderlich.

„Auf gemeinschaftsweiter Ebene wird der Netzausbau zwischen den Regulierungsbehörden, der Europäischen Kommission und dem Verband Europäischer Übertragungsnetzbetreiber (ENTSO-E) koordiniert. ENTSO-E legt zweijährig den gemeinschaftsweiten Netzentwicklungsplan (Ten Year Network Development Plan, TYNDP) vor, der von ACER und den Regulierern in Zusammenarbeit analysiert und bewertet wird. Weiterhin dient der TYNDP als Basis für die Auswahl der nach dem dritten Energieinfrastrukturplan der Europäischen Kommission zu fördernden Projekte“ [39].

Tab. 2.63 Szenarien der energiewirtschaftlichen Entwicklung als Grundlage für den Netzentwicklungsplan 2019–2030

Energieträger	Referenz 2017	Szenario A 2030	Szenario B 2030	Szenario C 2030	Szenario B 2025	Szenario B 2035
Installierte Leistung [GW]						
Kernenergie	9,5	0,0	0,0	0,0	0,0	0,0
Braunkohle	21,2	9,4	9,3	9,0	9,4	9,0
Steinkohle	25,0	13,5	9,8	8,1	13,5	8,1
Erdgas	29,6	32,8	35,2	33,4	32,5	36,9
Öl	4,4	1,3	1,2	0,9	1,3	0,9
Pumpspeicher	9,5	11,6	11,6	11,6	11,6	11,8
Sonst. konv. Erzeugung	4,3	4,1	4,1	4,1	4,1	4,1
Kapazitätsreserve	0,0	2,0	2,0	2,0	2,0	2,0
Summe konv. Erzeugung	***103,5***	***74,7***	***73,2***	***69,1***	***74,4***	***72,8***
Wind Onshore	50,5	74,3	81,5	85,5	70,5	90,8
Wind Offshore	5,4	20,0	17,0	17,0	10,8	23,2
Photovoltaik	42,4	72,9	91,3	104,5	73,3	97,4
Biomasse	7,6	6,0	6,0	6,0	7,3	4,6
Wasserkraft	5,6	5,6	5,6	5,6	5,6	5,6
Sonst. reg. Erzeugung	1,3	1,3	1,3	1,3	1,3	1,3
Summe reg. Erzeugung	***112,8***	***180,1***	***202,7***	***219,9***	***168,8***	***222,9***
Summe Erzeugung	***216,3***	***254,8***	***275,9***	***289,0***	***243,2***	***295,7***
Nettostromverbrauch [TWh]						
Nettostromverbrauch*	530,1	512,3	543,9	576,5	528,4	549,4
Treiber Sektorenkopplung [Anzahl in Mio.]						
Haushaltswärmepumpen	0,7	1,1	2,6	4,1	1,7	2,9
Elektroautos	0,1	1,0	6,0	10,0	2,0	8,0
Flexibilitätsoptionen und Speicher [GW]						
Power-to-Gas	–	1,0	2,0	3,0	0,5	3,0
PV-Batteriespeicher	0,3	6,5	8,0	10,1	3,2	12,3
Großbatteriespeicher	0,1	1,5	2,0	2,4	1,2	3,4
DSM (Industrie und GHD)	1,5	2,0	4,0	6,0	3,0	5,0
Marktmodellierung						
CO_2-Vorgabe zur Marktmodellierung** [Mio. t. CO_2]	–	Max. 184	Max. 184	Max. 184	Max. 240	Max. 127

* Inklusive der Summe der Netzverluste in TWh im Verteilnetz

** Maximale CO_2-Emissionen des deutschen Kraftwerksparks

Quelle: Bundesnetzagentur, Genehmigung des Szenariorahmens 2019–2030, 15. Juni 2018

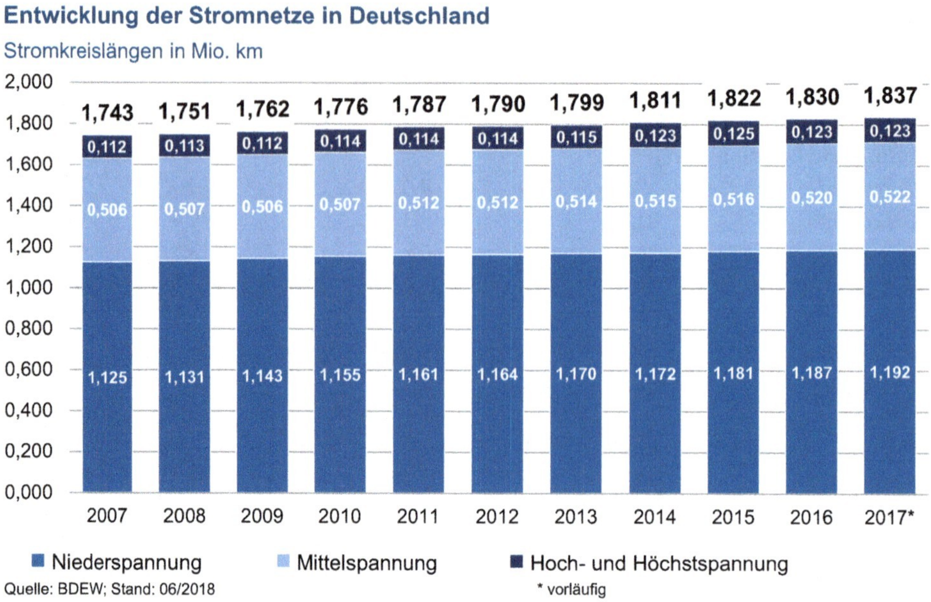

Entwicklung der Stromnetze in Deutschland

Stromkreislängen in Mio. km

2,000
1,800
1,600
1,400
1,200
1,000
0,800
0,600
0,400
0,200
0,000

1,743 1,751 1,762 1,776 1,787 1,790 1,799 1,811 1,822 1,830 1,837

0,112 0,113 0,112 0,114 0,114 0,114 0,115 0,123 0,125 0,123 0,123

0,506 0,507 0,506 0,507 0,512 0,512 0,514 0,515 0,516 0,520 0,522

1,125 1,131 1,143 1,155 1,161 1,164 1,170 1,172 1,181 1,187 1,192

2007 2008 2009 2010 2011 2012 2013 2014 2015 2016 2017*

Niederspannung Mittelspannung Hoch- und Höchstspannung

Quelle: BDEW; Stand: 06/2018

* vorläufig

Abb. 2.57 Entwicklung der Stromnetze in Deutschland

Tab. 2.64 Länge des deutschen Stromnetzes 2007 bis 2017

Jahr	Nieder-spannung	Mittel-spannung	Hoch-spannung	Höchst-spannung	Gesamt	Verkabe-lungsgrad
	In km					In %
2007	1.125.343	506.306	75.985	35.565	1.743.199	77,8
2008	1.131.181	506.771	76.946	35.709	1.750.607	78,2
2009	1.143.494	506.292	76.954	35.311	1.762.051	78,7
2010	1.154.602	507.300	79.141	34.746	1.775.788	79,2
2011	1.160.922	512.321	79.395	34.854	1.787.493	80,0
2012	1.164.368	511.552	79.410	35.061	1.790.392	80,4
2013	1.169.953	513.526	80.065	35.188	1.798.733	80,8
2014[1)]	1.172.261	515.228	88.109	35.012	1.810.609	81,1
2015	1.181.119	515.801	88.530	36.232	1.821.682	81,5
2016	1.186.808	520.494	86.201	36.615	1.830.118	82,0
2017[2)]	1.192.000	522.000	86.300	37.000	1.837.300	82,4

[1)] Ab 2014 einschl. Verteilnetz der DB Energie GmbH

[2)] Vorläufig, geschätzt

Quelle: BDEW, Stand 06/2018

Neben der Übertragungsnetzebene rückt vermehrt auch die Verteilnetzebene in das Blickfeld gerückt. Während konventionelle Kraftwerke überwiegend an die Übertragungsnetze angeschlossen sind, speisen Kraftwerke auf Basis erneuerbarer Energieträger zumeist in die Verteilnetze ein; inzwischen sind in Deutschland (bezogen auf sämtliche Kraftwerke und Kraftwerkstypen) mehr Erzeugungskapazitäten an die Verteilnetze angeschlossen als an die Übertragungsnetze. Auch der vermehrte Einsatz von Speichern oder die Elektromobilität betreffen in erster Linie die Verteilnetze. Zudem müssen aufgrund der zunehmenden Lastferne der Stromerzeugung Verteilnetze in Regionen mit geringem Stromverbrauch nun in zwei Richtungen funktionieren: Dienten sie bis vor einigen Jahren der Verteilung der Energie an die Letztverbraucher, so kommt ihnen zunehmend die Aufgabe zu, den in der Fläche von vielen kleinen Erzeugern produzierten Strom intelligent zu steuern und in die Übertragungsnetze zurück zu speisen, damit er dort weitertransportiert werden kann. Ein dezentraler Ausgleich von Stromangebot und Stromnachfrage kann dabei den notwendigen Ausbau der Übertragungsnetze dämpfen.

Die durchschnittlichen Netzentgelte belaufen sich in Deutschland gemäß den Angaben im Monitoringbericht 2017 von Bundesnetzagentur und Bundeskartellamt mit Stand 1. April 2017 auf folgende Werte:

Haushaltskunden: 7,30 ct/kWh
Gewerbekunden: 6,19 ct/kWh
Industriekunden: 2,26 ct/kWh

Dabei handelt es sich um mengengewichtete Mittelwerte einschließlich Entgelt für Abrechnung, Messung und Messstellenbetrieb (ohne Umsatzsteuer). Die § 19 StromNEV-Umlage ist in diesen Zahlen nicht berücksichtigt, führt aber bei Haushalts- und Gewerbekunden zu einem weiteren Anstieg.

2.5.7 Stromhandel

Als Folge der Liberalisierung der Elektrizitätswirtschaft hat die Bedeutung des Stromhandels deutlich zugenommen. Der durch die Durchleitung eröffnete allgemeine Zugang zu den Netzen in Verbindung mit diskriminierungsfreien Durchleitungsentgelten hat die Voraussetzung für den Stromhandel zwischen sehr unterschiedlichen Marktakteuren geschaffen [43].

Formen des Stromhandels Grundsätzlich ist zwischen verschiedenen *Formen von Stromhandel* zu unterscheiden: zur Optimierung des physischen Energiebedarfs (Beschaffungshandel), zur risikolosen Ausnutzung von Preisdifferenzen (Arbitragehandel) und zur Gewinnerzielung aus Preisdifferenzen durch Eingehen offener Positionen (spekulativer Handel).

Eine der wesentlichen Funktionen des Stromhandels zur Beschaffungsoptimierung ist das Portfoliomanagement. Ein Portfolio besteht aus verschiedenen Produkten, die zu unterschiedlichen Zeitpunkten gehandelt werden. Dabei orientiert sich die Beschaffung an den Anforderungen im Vertrieb und umgekehrt. Im Rahmen eines Portfolios können die Risiken optimal gemanagt werden, da das Gesamtrisiko des Portfolios geringer ist als die Summe der einzelnen Risiken.

„Die integrierte Aufkommensoptimierung findet ebenfalls im Energiehandel statt, der als Schnittstelle des Unternehmens zum Beschaffungsmarkt wichtige Informationen über die Marktpreise erhält. Vor diesem Hintergrund kann der Einsatz der physischen Kapazitäten, Kraftwerke und Speicher optimiert werden. Dazu zählt auch die Abwicklung der Transportgeschäfte im Hochspannungsnetz. Dies schließt die Optimierung der Durchleitung ein, die Kosten reduzieren und Synergieeffekte nutzbar machen soll. Die gesamte Optimierung der Energiebeschaffung und das Management der Bezugsverträge sind originäre Handelsaufgaben“ [44].

Daneben besitzt der Energiehandel eine wesentliche Schnittstelle zum Vertrieb. So versorgt der Handel den Vertrieb mit Strommengen, die für den Absatz benötigt werden. „Er übermittelt dem Vertrieb Informationen über Beschaffungspreise, der dann darauf aufbauend die Angebote kalkulieren kann. Einige Produkte können nur in Zusammenarbeit zwischen Handel und Vertrieb kreiert und gemanagt werden. Beispielsweise unterstützt der Handel bei Verträgen mit Preisbindung an einen Index mit dem notwendigen Risikomanagement. Der Vertrieb wiederum aggregiert die komplette Nachfrage und gibt die Gesamtheit seiner Verträge (Absatzportfolio) an den Handel, der dann auf dieser Basis die Beschaffung optimieren kann“ [44].

Die dargelegten Aktivitäten haben nicht zum Ziel, spekulative Handelsgewinne zu realisieren. Sie dienen vielmehr zur Sicherung der Margen im Vertriebsgeschäft und zur Absicherung von Preisrisiken.

Stromhandel zur *Erzielung von Handelsgewinnen* setzt physische und finanzielle Handelsgeschäfte mit Partnern voraus. Unter finanziellen Geschäften werden dabei diejenigen verstanden, bei denen es nicht zu einer Lieferung von Strom kommt, sondern nur Geldflüsse realisiert werden. Dabei werden bewusst offene risikobehaftete Positionen eingegangen. Dies bedeutet, dass Ein- und Verkauf von Produkten zeitlich auseinanderfallen und die Preise während dieser Zeit Änderungen unterliegen, die möglichst zur Gewinnerzielung genutzt werden sollen. Die Marktteilnehmer erhoffen sich, auf Grund verfügbarer Informationen, Preisbewegungen abschätzen zu können und somit spekulative Gewinne zu realisieren. Darüber hinaus ergeben sich insbesondere in neuen, noch nicht voll entwickelten Märkten, auf Grund von Ineffizienzen Möglichkeiten, Arbitragegewinne, d. h. risikofreie Gewinnpotentiale zu realisieren [44]. Gute Handelshäuser sind bemüht, die eingegangenen risikobehafteten Positionen durch geeignete Methoden zu steuern und in Grenzen zu halten [45].

Akteure im Stromhandel Als *Akteure im Stromhandel* betätigen sich Unternehmen der Energiebranche, die damit ein neues strategisches Geschäftsfeld geschaffen haben. Da-

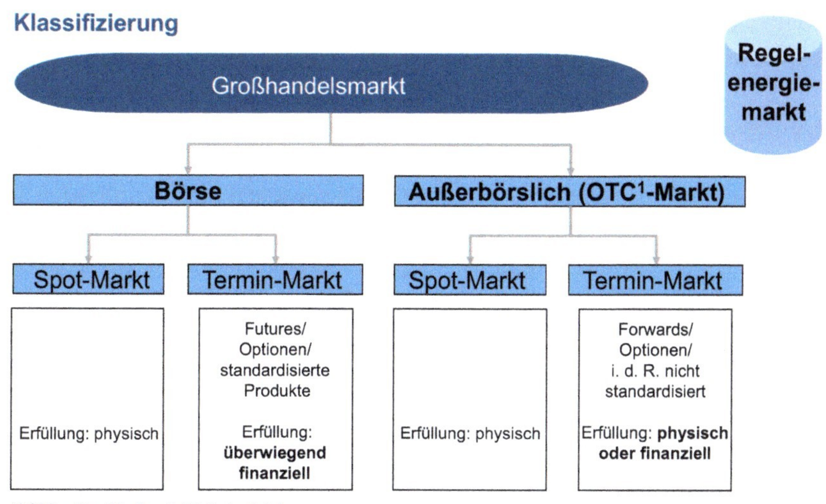

Abb. 2.58 Großhandelsmarkt für Strom

Relevanz des Börsenhandels

- Schaffung von Transparenz mit anerkannten Referenzpreisen und Veröffentlichung der Marktdaten (Preise und Volumina)
- Zugang zu einer Vielzahl von Handelsteilnehmern und Bündelung von Liquidität an einem Handelsplatz
- Sehr hoher Automatisierungsgrad durch elektronische und standardisierte Handels- und Abwicklungsprozesse
- Wegfall des Kontrahentenausfallrisikos durch Clearing und Abwicklung über das Clearinghaus der Börse
- Anonymität des Börsenhandels und Regulierung des Marktplatzes garantieren Diskriminierungsfreiheit und Gleichbehandlung aller Börsenteilnehmer

Großhandelsmarkt
Broker
ÜNBs
eex
Banken
Handelsteilnehmer
Regulatoren
Finanzielle und vertragliche Flüsse
Verbrauchende Einheit
Erzeugende Einheit
Übertragung & Verteilung
Energieflüsse
Energieflüsse

Quelle: EEX

Abb. 2.59 Relevanz des Börsenhandels

zu zählen große Stromproduzenten, Stadtwerke und Regionalversorger sowie Übertragungsnetzbetreiber. Daneben sind neue Akteure aufgetreten, die ein Stromhandelsgeschäft begründen, ohne über eigene Erzeugungsanlagen oder Netze zu verfügen (z. B. „reine" Stromhändler, Finanzinstitute, Hedge Fonds). Diese Stromhändler werden außerdem unterstützt durch Dienstleister, wie z. B. Broker, Portfoliomanager oder Finanzdienstleister (gehen in der Regel keine eigenen Positionen ein). Außerdem betätigen sich industrielle

Stromverbraucher im Handel mit Strom. Die verschiedenen in- und ausländischen Unternehmen, die inzwischen im Stromhandel aktiv sind, können wie folgt klassifiziert werden.

- Die großen deutschen Energiekonzerne haben Handelsgesellschaften aufgebaut. Beispielsweise können in diesem Zusammenhang RWE Supply & Trading GmbH, Uniper Global Commodities SE, EnBW Trading GmbH sowie die Vattenfall Energy Trading GmbH genannt werden. Ebenso gehören EdF Trading Limited sowie Energieversorger u. a. aus der Schweiz (Alpiq Trading AG, Axpo Trading, Avenis Trading), aus Österreich (Verbund Trading), aus Frankreich/Belgien (ENGIE Global Markets) und Niederlande, die sich bereits in der Vergangenheit im traditionellen Stromaustausch auf der Höchstspannungsebene betätigt haben, zu den Akteuren im deutschen Stromhandelsmarkt.
- Auf kommunaler Ebene sind die Stadtwerke Düsseldorf AG, MVV Trading GmbH, die enercity AG und die RheinEnergie Trading GmbH zu nennen. Die Betätigung im Stromhandel ist durch Zusammenschlüsse und Kooperationen von Stadtwerken verstärkt worden (u. a. Südwestdeutsche Stromhandels GmbH, Tübingen, Trianel GmbH, Aachen und Thüga, München).
- Aus dem Ausland sind – neben großen Stromversorgern – u. a. folgende Unternehmen als Stromhändler im deutschen Markt aktiv: Shell Trading und Integrated Supply and Trading (IST), BP.
- Zu den klassischen Brokern, die Standardprodukte vermitteln, gehören u. a. Tullet Prebon (Energy Commodities), GFI Securities Limited, Spectron Energy Services Ltd. und ICAP Energy AS.
- Zum Kreis der Portfoliomanager, die Nachfrage bündeln und teilweise zusätzliche Dienstleistungen (z. B. Risikomanagement) anbieten, werden z. B. Trianel (Aachen), FSE Portfolio Management (Hürth) sowie Energy & More Energiebroker GmbH & Co. KG (Königstein) gerechnet.
- Auch Banken haben sich des Geschäftsfeldes Stromhandel angenommen. Beispiele sind ABN AMRO Clearing Bank N. V., Banco Santander S. A., Bayerische Landesbank, BNP Paribas Commodity Futures, Citigroup Global Markets, Goldman Sachs International, Macquarie Bank International, Merrill Lynch International, Morgan Stanley & Co. International plc sowie Societé Generale International Limited.

In Abhängigkeit von der Fristigkeit wird im Großhandel zwischen kurzfristigem (Spotmarkt) und längerfristigem Handel (Terminmarkt) unterschieden. Zum anderen können Kontrakte auf physische oder auf finanzielle Erfüllung gerichtet sein. Im letzteren Fall geht es entweder um die mittel- und langfristige Absicherung von Risiken („Hedging") oder die Erzielung von Finanzgewinnen („Spekulation"). Der Börsenpreis einer Ware bzw. eines Wertpapiers ist dabei oft als Referenzpreis auch für außerbörsliche Geschäfte von Bedeutung. Diese werden bislang nicht vollständig erfasst, machen aber ein Vielfaches der an den Börsen gehandelten bzw. abgerechneten Strom- bzw. Gasmengen aus.

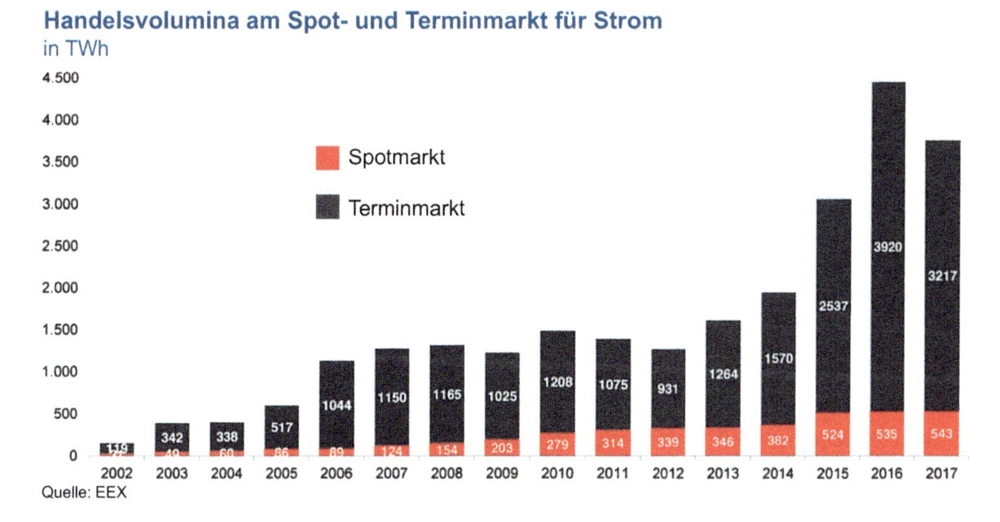

Abb. 2.60 Handelsvolumina am Spot- und Terminmarkt für Strom

Die Handelsgeschäfte können entweder OTC oder über die Börse abgeschlossen werden.

OTC-Markt Im *OTC-Markt* verständigen sich die Handelspartner, also Käufer und Verkäufer, bilateral auf den Vertragspreis sowie alle sonstigen wesentlichen Vertragsinhalte. Der Vertragspreis gilt auch dann, wenn sich andere Parteien für das gleiche Produkt zum gleichen Zeitpunkt auf einen höheren oder niedrigeren Preis einigen. Allerdings nivellieren sich die Preisunterschiede mit zunehmender Preistransparenz, die durch die bestehenden elektronischen Broker-Plattformen hergestellt werden.

Allgemein wird zwischen Produkten für Grundlast (ganztägige Lieferung) und Spitzenlast (zu Zeiten besonders hoher Nachfrage von 8:00 Uhr bis 20:00 Uhr) unterschieden. Weiterhin werden „Off-Peak"-Stromlieferungen gehandelt. Das Lastprofil Off-Peak umfasst den Zeitraum von Montag bis Freitag 0:00 bis 8:00 Uhr und 20:00 bis 24:00 Uhr sowie Samstag und Sonntag von 0:00 bis 24:00 Uhr.

Etwa 80 % des OTC-Volumens entfallen auf standardisierte Produkte, der Rest auf strukturierte Produkte. Basisgröße für größere Händler sind 25 Megawatt Strom, die für einen vertraglich festgelegten Zeitraum erworben bzw. verkauft werden. Kleinere Händler handeln auch geringere Größen – so zum Beispiel 5 MW Jahresband (base). Bei allen Geschäften – durchgehende Abnahme für die kontrahierte Zeit unterstellt – ist die Qualität der Lieferung gesichert; das heißt, die Lieferung darf nur im Fall von höherer Gewalt unterbrochen werden. Bei Unterbrechungen aus anderen Gründen ist ggf. Schadenersatz zu leisten.

In die Berechnungen gehen nur die reinen Energiepreise ein; Netzentgelte werden nicht berücksichtigt. Falls für die Index-Berechnung keine Geschäfte vorliegen sollten, wird stattdessen auf Ankauf-/Verkaufsangebote zurückgegriffen.

Im Rahmen des Monitorings von Bundesnetzagentur und Bundeskartellamt waren 2017 Daten von elf Brokern zu den von ihnen vermittelten (außerbörslichen) Handelsaktivitäten erhoben worden. Das von diesen elf Brokern 2016 vermittelte Handelsvolumen mit Lieferort Deutschland betrug insgesamt 5759 TWh [21].

Bei Differenzierung nach dem Erfüllungszeitraum ergibt sich folgendes Bild: Mehr als 60 % des bilateralen Handelsvolumens bezieht sich auf das Folgejahr. Etwa ein Sechstel entfällt auf spätere Zeiträume. Der Handel für das laufende Jahr (einschließlich der Kurzfristgeschäfte) macht ein Fünftel des gehandelten Stromvolumens aus [21].

Börsenhandel Im Unterschied zur Praxis in OTC-Geschäften werden im börslichen Großhandel Transaktionen zu einem einheitlichen Markträumungspreis abgewickelt (außer bei Netzbeschränkungen zwischen den Marktgebieten). Alle Anbieter, deren Gebote angenommen werden, erhalten den gleichen Preis für den Strom, unabhängig davon, zu welchem Preis sie angeboten haben. Genauso zahlen alle Nachfrager den Markträumungspreis, solange die Kaufgebote nicht unter dem Markträumungspreis liegen.

In Deutschland wurde der Börsenhandel mit Strom im Jahr 2000 an zwei Marktplätzen aufgenommen. Am 15.06.2000 startete die Leipziger Power Exchange (LPX). Am 08.08.2000 folgte die European Energy Exchange (EEX) in Frankfurt am Main. Im Juli 2002 fusionierten die beiden Strombörsen zur European Energy Exchange AG (EEX) mit Sitz in Leipzig. Seitdem hat sich die EEX von einer reinen Strombörse zu einem führenden Handelsplatz für Energie und energienahe Produkte mit internationalen Partnerschaften entwickelt.

An der EEX wurde zunächst sowohl der Spothandel für Strom (mit physischer Erfüllung der vereinbarten Lieferung für den nächsten Tag – day ahead) als auch der Terminhandel in Form von Strom-Futures aufgenommen. Seit 2009 wird der Spotmarkt für Strom durch die EPEX SPOT SE betrieben. Zwischen EPEX Spot SE, Paris, und EEX bestehen gesellschaftsrechtliche Verbindungen; die EEX Group ist indirekte Mehrheitsaktionärin an der EPEX Spot SE. Daneben ist für die Preisbildung, die für den deutschen Markt relevant ist, auch die Börse in Wien (Abwicklungsstelle für Energieprodukte AG – EXAA) von Bedeutung.

Da für Deutschland, Österreich und Luxemburg bisher eine gemeinsame Gebotszone bestand, wurden die einzelnen Stromkontraktarten („Produkte“) an allen drei Börsen mit für diese Länder jeweils einheitlichen Börsenpreisen gehandelt („eine Preiszone“). Eine Teilung der deutsch-österreichischen Preiszone soll im Oktober 2018 erfolgen. Die EEX bietet Stromprodukte im Terminhandel an, die EPEX SPOT und die EXAA Stromprodukte im Spotmarktbereich [21].

„Terminhandel und Spothandel erfüllen unterschiedliche, überwiegend komplementäre Funktionen. Während am Spotmarkt die physische Erfüllung des Stromliefervertrages (Lieferung in den Bilanzkreis) im Vordergrund steht, werden Terminkontrakte überwiegend finanziell erfüllt. Finanzielle Erfüllung bedeutet, dass zwischen den Vertragspartnern zum vereinbarten Erfüllungstermin letztlich keine Stromlieferung, sondern ein Barausgleich in Höhe der Differenz des vorab vereinbarten Terminpreises und des Spotmarktpreises erfolgt. Ein Bindeglied sind die an der EPEX SPOT möglichen Gebote auf aus dem Terminhandel an der EEX stammende Phelix-Futures-Positionen zur physischen Erfüllung" [21].

Spotmärkte An börslichen Spotmärkten wird Strom am Vortag (Day-Ahead) bzw. für den folgenden oder den laufenden Tag (Intraday) gehandelt. Die Spotmärkte EPEX SPOT und EXAA bieten beide vortäglichen Handel und darüber hinaus auch den kontinuierlichen Intraday-Handel an. „Die physische Erfüllung der Kontrakte (Stromlieferung) ist an beiden börslichen Spotmärkten in die österreichische Regelzone (APG), nach Luxemburg (Creos) und in die vier deutschen Regelzonen (50Hertz, Amprion, TenneT, TransnetBW) möglich" [21].

„Die Day-Ahead-Auktion an der EPEX SPOT findet täglich um 12 Uhr statt; die Veröffentlichung des finalen Ergebnisses erfolgt um 12:40 Uhr. In der Day-Ahead-Auktion der EPEX SPOT kann neben Einzelstunden und standardisierten Blöcken auch eine selbstgewählte Kombination von Einzelstunden (benutzerdefinierte Blöcke) gehandelt werden. Ferner können Gebote für eine vollständige oder teilweise physische Erfüllung von an der EEX gehandelten Terminkontrakten eingereicht werden" [21]. Des Weiteren gibt es an der EPEX SPOT eine von ihrer Auktion für Stundenkontrakte zeitlich getrennte Auktion für Viertelstundenkontrakte für die deutschen Regelzonen (sogenannte „Intraday-Auktion"). Diese Auktion findet täglich um 15:00 Uhr statt; die Ergebnisse liegen um 15:10 Uhr vor.

Im Jahr 2017 betrug das Volumen des Day-Ahead-Handels an der EPEX SPOT 463,6 TWh und das Volumen des Intraday-Handels 71 TWh. Ende 2017 waren 285 Teilnehmer zum Handel an EPEX SPOT zugelassen, 23 davon sind der Börse 2017 beigetreten.

Der für das Marktgebiet Deutschland/Österreich gebräuchlichste Preisindex für den Spotmarkt ist der von der EPEX SPOT veröffentlichte Phelix („Physical Electricity Index"). Der Phelix-Day-Base ist das arithmetische Mittel der 24 Einzelstunden-Preise eines Tages, während der Phelix-Day-Peak das arithmetische Mittel der zwölf Stunden von 8:00 bis 20:00 Uhr bildet [21]. Als Antwort auf die bevorstehende Teilung der deutsch-österreichischen Preiszone führte die EEX im April 2017 den Phelix-DE als Produkt für den deutsch-österreichischen Strom-Terminmarkt ein. Seit der Einführung hat sich die Liquidität schnell in den neuen Phelix-DE-Kontrakt verschoben, der somit erfolgreich von der Börse als neuer Benchmark-Kontrakt für den europäischen Strom-Stromhandel etabliert wurde.

Die wichtigste Rolle des Börsen-Spotmarktes besteht darin, über den Handel in kurzfristigen, standardisierten Stromprodukten den Handelsteilnehmern eine Beschaffungs- oder Absatzmöglichkeit zu bieten. Standardisiert ist dabei nicht nur die eigentliche Produktdefinition wie Lieferzeitpunkt, Lieferprofil, Lieferant usw., sondern auch der Abwicklungs- und Lieferprozess.

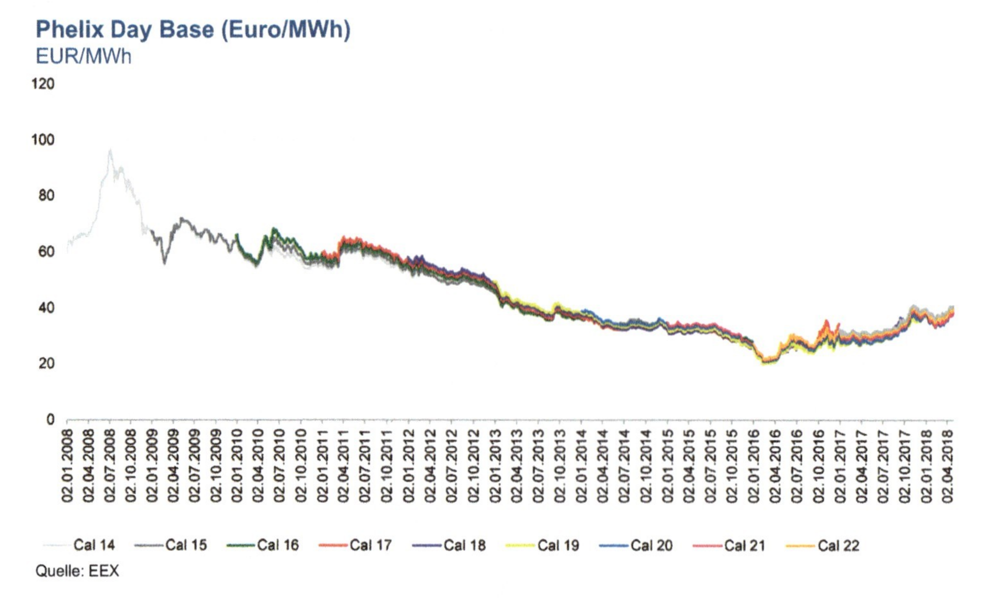

Abb. 2.61 Preisentwicklung am Terminmarkt für Strom: Phelix Jahresfuture Grundlast

Tab. 2.65 Anteilseigner der EEX AG

Aktionär	Land	Stimmrechte	Anteil am Grundkapital
Deutsche Börse AG	D	62,82 %	75,05 %
Freistaat Sachsen	D	4,51 %	3,01 %
Stadt Leipzig	D	0,01 %	0,01 %
LVV Leipziger Versorgungs- und Verkehrsgesellschaft	D	7,38 %	4,92 %
Enel Trade S. p. A.	I	2,22 %	1,48 %
Uniper Global Commodities SE	D	5,86 %	3,91 %
EDF Électricité de France	F	0,67 %	0,45 %
Edison S. p. A	I	0,76 %	0,50 %
EnBW Energie Baden-Württemberg AG	D	3,46 %	2,31 %
50Hertz Transmission GmbH	D	7,73 %	5,15 %
DB Energie GmbH	D	0,65 %	0,60 %
EWE Aktiengesellschaft	D	1,00 %	0,67 %
Iberdrola Generación España S. A. U.	E	0,50 %	0,33 %
Naturkraft Energievertriebsgesellschaft m. b. H.	A	0,51 %	0,34 %
MVV Energie AG	D	1,00 %	0,67 %
SWU Energie GmbH	D	0,25 %	0,17 %
VERBUND Trading GmbH	A	0,67 %	0,45 %

Quelle: www.eex.com

Terminmarkt Der Terminmarkt umfasst den Handel mit Forwards, Futures, Swaps und Optionen. Futures sind börsengehandelte, standardisierte Terminkontrakte, mit denen eine bestimmte Warenmenge von einer festgelegten Qualität zu einem festen Preis zu einem Zeitpunkt für eine Erfüllung in der Zukunft (> 2 Tage) gehandelt wird. Im OTC-Handel werden entsprechende Verträge zur Abgrenzung als Forwards bezeichnet. Bei Optionen geht nur der eine Teil eine unbedingte Verpflichtung zum Kauf (Put) bzw. Verkauf (Call) einer Ware zu einem festen Preis und festgelegten Terminen ein (sogenannter Stillhalter). Der andere Teil kann oder muss das Geschäft nicht durchführen, so dass sein Risiko auf die bezahlte Prämie begrenzt ist [46].

Während die Forward-Kontrakte im OTC-Handel mit einer physischen Lieferverpflichtung verbunden sind, erfolgt der Ausgleich am Terminmarkt der Börse zunächst nur finanziell [47]. Die Börse ermöglicht auch die physische Erfüllung der Futures. In diesem Fall wird der Future über den Spotmarkt erfüllt (exchange for physicals). Insoweit dienen Future-Kontrakte dazu, das Preisänderungsrisiko zu mindern oder sogar aufzuheben. „Der Verkauf von Futures-Kontrakten kann dabei zur Absicherung gegen fallende Strompreise (Short-Hedge), der Kauf von Futures-Kontrakten zur Absicherung gegen steigende Strompreise (Long-Hedge) genutzt werden" [18].

Neben der Möglichkeit, Preisrisiken abzusichern, bietet der Terminhandel Arbitragechancen, und er kann als Spekulationsinstrument eingesetzt werden. Allerdings verringern sich die Arbitragemöglichkeiten mit zunehmender Transparenz und Marktreife. Gleichzeitig erhöht der spekulative Handel die Liquidität.

Die EEX bietet am Terminmarkt Monats-, Quartals- und Jahres-Futures jeweils für Baseload (Grundlast) und Peakload (Spitzenlast) an. Seit Ende März 2010 bietet die EEX auch den Handel von Wochen-Futures an. Das Produkt Base umfasst dabei Montag bis Sonntag alle 24 h, wogegen ein Peak auf Montag bis Freitag von 8:00 bis 20:00 Uhr begrenzt ist. Beide Produkte sind standardisiert und anonym handelbar, d. h. anderen Marktteilnehmern werden die eigene Risikoposition oder Risikoeinschätzung nicht offenbart.

Im September 2010 erweiterte die EEX die bestehenden Phelix-Base-Futures (Grundlastlieferung Strom) und Phelix-Peak-Futures (Spitzenlastlieferung Strom) um Off-Peak-Futures. In der Folge wurden am Markt für Phelix-Futures weitere Fälligkeiten zum Handel eingeführt. So können Marktteilnehmer seit November 2012 Strom-Futures auch auf Tages- und Wochenend-Basis handeln.

Nachdem die börslichen Handelsmengen in den Phelix Futures in den vorangegangenen Jahren deutlich gestiegen waren, verzeichnete die EEX im Jahr 2017 Einbußen. Am deutschen Strom-Terminmarkt (Phelix-DE und Phelix-DE/AT) wurden 1882,7 TWh gehandelt (2016: 2665,1 TWh). Der Rückgang ist auf eine erhebliche Unsicherheit im Markt infolge der angekündigten Aufteilung der deutsch-österreichischen Preiszone zurückzuführen. An den Strom-Terminmärkten der EEX Group belief sich das Gesamtvolumen 2017 auf 3217,3 TWh (2016: 3920,3 TWh). Darin enthalten sind erstmals auch Volumina der Strommärkte der US-amerikanischen Nodal Exchange, die seit Mai 2017 Teil der EEX Group ist.

Anteile verschiedener Börsenteilnehmer am Handelsvolumen Neben den großen Stromerzeugungsunternehmen zählen zu den umsatzstärksten Teilnehmern Finanzdienstleistungs- und Kreditinstitute sowie Stadtwerke und Regionalversorger. Am Spotmarkt sind auch die Übertragungsnetzbetreiber stark vertreten.

„Nach der Ausgleichsmechanismusverordnung (AusglMechV) sind die Übertragungsnetzbetreiber (ÜNB) verpflichtet, die gemäß der festen EEG-Einspeisevergütung an die ÜNB weitergereichten EEG-Mengen auf dem Spotmarkt an einer Strombörse zu veräußern. Aus diesem Grund entfällt verkaufsseitig ein hoher, aber wegen der steigenden Bedeutung der Direktvermarktung durch die Anlagenbetreiber, stetig abnehmender Anteil des Spotmarktvolumens auf die ÜNB“ [21]. Auf den Terminmärkten tätigen die ÜNB nur wenige Transaktionen.

Eine wichtige Rolle im Strom-Börsenhandel spielen die so genannten Market Maker. „Als Market Maker werden Börsenteilnehmer bezeichnet, die sich dazu verpflichtet haben, gleichzeitig verbindliche Kauf- und Verkaufspreise (Quotierungen) zu veröffentlichen. Die Funktion der Market Maker soll die Liquidität des Marktplatzes erhöhen. Die spezifischen Bedingungen werden zwischen Market Maker und Börse in sogenannten Market-Maker-Agreements geregelt, die u. a. Regelungen zu Quotierungszeiten, Quotierungsdauer, Mindestkontraktzahl und Maximalspread enthalten. Die betroffenen Unternehmen sind nicht gehindert, darüber hinaus (d. h. nicht ihrer Funktion als Market Maker zuzurechnende) Geschäfte als Börsenteilnehmer zu tätigen“ [21].

Erweiterung des Produktportfolios der EEX Zusätzlich zur Einführung der handelbaren Fälligkeiten hat die EEX ihr Produktportfolio schrittweise geografisch erweitert. Neben dem Marktgebiet Deutschland/Österreich haben sich der französische, der italienische und der spanische Markt zu weiteren Kernmärkten entwickelt. Ende des Jahres 2017 erstreckte sich das Angebot der EEX am Strom-Terminmarkt auf siebzehn Marktgebiete.

Vor dem Hintergrund der stetig steigenden Strommengen aus erneuerbaren Energien entwickelt die EEX sogenannte Energiewendeprodukte: Als erstes Produkt dieser Art startete 2015 der Cap-Future, mit dem sich Handelsteilnehmer gegen Preisspitzen am deutschen Strom-Intraday-Markt absichern können; weiterhin bietet die EEX einen Floor Future sowie einen Wind-Power-Future an.

Seit Mitte des letzten Jahrzehnts hatte sich das Produktspektrum der Börse deutlich verbreitert. So hat sich die EEX von einer reinen „Strombörse“ hin zu einer Gruppe von europäischen Energiebörsen (EEX Group) entwickelt – mit dem Ziel, sich langfristig als globale Commodity-Börse zu etablieren [49].

- Seit 2005 bietet die EEX den Handel mit CO_2-Emissionsrechten an. Am Spot- und Terminmarkt der EEX können EU-Emissionsberechtigungen (EUA), EU-Luftverkehrsberechtigungen (EUAA) sowie Certified Emissions Reductions (CER) gehandelt werden. Zusätzlich zum kontinuierlichen Handel am Sekundärmarkt führt die EEX derzeit im Auftrag von 25 EU-Mitgliedstaaten sowie Deutschland und Polen Primärauktionen am Spotmarkt für Emissionsrechte (EUA und EUAA) durch.

- Im Juli 2007 startete die EEX den Handel mit Erdgas sowohl am Spot- als auch am Terminmarkt. Der Spot- und Terminmarkt für Erdgas wird nunmehr von der Powernext, einer EEX-Tochter mit Sitz in Paris, unter der Marke PEGAS betrieben. Über PEGAS erhalten Kunden Zugang zu allen Produkten auf einer Handelsplattform und können Erdgaskontrakte für die belgischen, niederländischen, französischen, deutschen, italienischen und britischen Marktgebiete handeln.
- Der erste Schritt zur Erweiterung der Produktpalette über Energieprodukte hinaus war der 2014 erfolgte Erwerb einer Mehrheitsbeteiligung an der Cleartrade Exchange (CLTX) mit Sitz in Singapur. Durch diese mittlerweile vollständige Unternehmensbeteiligung deckt die EEX-Gruppe auch die Märkte für Fracht, Eisenerz, Schiffsdiesel und Dünger ab. Produkte der CLTX bietet die EEX bereits zum Clearing über die sogenannte „Trade Registrierung" an, darunter Futures-Kontrakte, welche die Absicherung von volatilen Preisen für Frachtraten unterschiedlicher Schiffstypen und Seehandelsrouten (Forward Freight Agreements) ermöglichen.
- Seit Mitte Mai 2015 können an der EEX auch Agrarderivate gehandelt werden. Diese Produkte wurden zuvor durch die Terminbörse Eurex angeboten und bieten den Teilnehmern aus der Agrar- und Ernährungswirtschaft die Möglichkeit, Preisrisiken zu vermindern und Kosten abzusichern. Das Produktportfolio umfasst finanziell erfüllte Futures für Butter, Magermilchpulver sowie Futures auf Veredelungskartoffeln und Molkenpulver.

Abb. 2.62 Entwicklung der EEX Group

Mit Stand Ende 2017 waren an der EEX-Group insgesamt 588 Handelsteilnehmer aus 36 Ländern zugelassen. Das Teilnehmerspektrum ist weit gestreut – so nehmen neben Energieversorgern auch Stadtwerke, Industrieunternehmen, Stromhändler sowie Banken und Finanzdienstleister am Handel teil. Mehr als die Hälfte der Teilnehmer stammt aus dem Ausland. Diese Unternehmen sind durch höchst unterschiedliche Interessenlagen gekennzeichnet, was eine Preismanipulation durch einzelne Anbieter oder Anbietergruppen ausschließt.

2.5.8 Stromvertrieb

Seit der Marktliberalisierung im April 1998 entwickelten die EVU neue Vertriebsstrategien. So hatten sich bis Ende 1999 fast alle großen Stromversorger eigene Strommarken zugelegt. Mit dem Markteintritt der EnBW-Tochter Yello wurde Strom zudem farbig. Denn unter Anspielung auf die blau gehaltene Werbung von RWEavanza konterte der neue Anbieter mit dem Spruch: „Also ich glaube, Strom ist gelb – Yello Strom." E.ON Energie verknüpfte ihre Stromwerbung mit der Farbe Rot.

Der Werbeauftritt der großen Gesellschaften erreichte bis dahin nicht gekannte Ausmaße. Neben großflächig geschalteten Anzeigenserien und der Schaltung von Werbespots in Funk und Fernsehen wurden Sponsorenverträge mit Sportvereinen geschlossen (z. B. E.ON mit Borussia Dortmund und RWE mit Bayer Leverkusen). Teilweise wurden bekannte Persönlichkeiten in die Werbeauftritte einbezogen.

Hinter den Werbeauftritten stand eine Doppelstrategie: Es sollten neue Kunden gewonnen werden. Gleichzeitig wurde das Ziel verfolgt, alte Kunden zu halten. Der Erfolg bei der *Etablierung von Marken* blieb im Strombereich jedoch zunächst begrenzt. Am aussichtsreichsten erwiesen sich solche Strategien, bei denen im Auftritt verdeutlicht werden konnte, dass sich das Produkt vom Markenumfeld unterscheidet. Kriterien in diesem Zusammenhang sind beispielsweise bestimmte Produktcharakteristiken („Lichtblick" für Ökostrom, „Yello" für Billigstrom) oder auch die Herstellung einer regionalen Identifikation (z. B. „Schwabenstrom" oder (2016 als Regionalmarke angeboten) „Eifelstrom").

Während Stromanbieter zu Beginn des Liberalisierungsprozesses vielfach nicht kostendeckende Preise in Kauf nahmen, um neue Kunden zu gewinnen oder traditionell belieferte Abnehmer nicht zu verlieren, wurde zwischenzeitlich überwiegend eine wertorientierte Preispolitik verfolgt, die der zukünftigen Marktentwicklung Rechnung tragen sollte. Entscheidende Orientierungsgröße ist im Privatkundensegment der Preis von Wettbewerbern gegenüber dem Preis, den der lokale Grundversorger in seinen Sonderverträgen anbietet. Mit zunehmendem Wechselverhalten der Kunden ist die lokale Grundversorgung als Preisbenchmark zunehmend unwichtiger geworden. Auch bedingt durch die hohe Transparenz, die Vergleichsportale geschaffen haben, hat sich der Anteil der Kunden, die einen Sondervertrag geschlossen haben, nämlich kontinuierlich erhöht. Dies kann beim lokalen Grundversorger oder auch bei einem anderen Lieferanten sein. Vergleichsportale schaffen hier eine hohe Transparenz.

Um unter Wettbewerbsbedingungen marktgerechte Preise anbieten zu können, sind zum einen die *Kostenstruktur* im Vertrieb zu optimieren und alle Prozesse auf ihre Effizienz hin zu überprüfen. Auf der anderen Seite ist eine genaue *Analyse des Marktes* notwendig, um eine optimale Produktentwicklung und Konzepte zur Preisstellung für die eigenen Produkte zu entwickeln.

Hierzu gehört als eines der Kernelemente für eine Vertriebsstrategie das Angebot eines *differenzierten Leistungsspektrums für die unterschiedlichen Kundensegmente.* Zentrale Herausforderungen sind dabei Faktoren wie Service, Digitalisierung und abnehmender Normverbrauch bei gleichzeitig hohem Wettbewerbs- und Preisdruck.

Zum Zeitpunkt des Starts des Wettbewerbs waren bei Haushaltskunden Faktoren wie Preissensibilität, Wechselbereitschaft, Wirksamkeit von Produktmarken und Add-ons (wie Kundenkarte) überschätzt worden. Demgegenüber waren die Bindung an den bestehenden Versorger und damit die Bedeutung der Absendermarke unterschätzt worden. Soweit Privatkunden ihre Lieferbeziehungen geändert hatten, war dem Einstieg in einen neuen – in der Regel günstigeren – Tarif des bisherigen Lieferanten überwiegend der Vorzug vor dem Wechsel des Lieferanten gegeben worden. Das hat sich geändert. Inzwischen hat das Wechselverhalten stark zugenommen. Dabei ist die Bereitschaft, auch den Lieferanten zu wechseln, deutlich gestiegen.

In der Folge ist es jedoch für die Anbieter immer wichtiger geworden, durch differenzierte Angebote den verschiedenen Kundenbedürfnissen gerecht zu werden. Da Strom für die meisten Haushalte ein „Low-Involvement-Produkt" ist, gibt es dazu meist nur wenig belastbare Aussagen. Aus dem Kundenverhalten ableitbar sind aber zumindest bestimmte Kundengruppen, wie die Sicherheitsorientierten (eher Festpreis- oder Grundversorger-affin), die Preis orientierten (Bonus, kurzfristiger oder aber auch struktureller Preisvorteil), die bequemen Kunden (z. B. möglichst wenig Befassung mit dem Thema, eher Grundversorger-Kunde) oder die Umwelt-affinen. Zu den Kernelementen einer Vertriebsstrategie gehört somit ein bedürfnisorientiertes Produktportfolio, welches die Hauptgruppen bedient bei gleichzeitig möglichst kundenindividuell orientierter Marktbearbeitung – mit dem Ziel der Bindung von Bestandskunden und werthaltiger Akquise von Neukunden.

Kundenbindung wird ein immer zentraleres Thema. Zum einen ist es deutlich günstiger, Kunden zu halten, als neu zu akquirieren und zum anderen wird es immer schwieriger, neue Kunden zu gewinnen, weil diese zunehmend beim alten Lieferanten in Bindungsprogrammen stecken. So haben mittlerweile viele Lieferanten sogenannte Retentions-Angebote vorrätig, die preislich durchaus sehr attraktiv sein können. Diese Angebote sind weder für die Kundschaft noch für die Wettbewerber allgemein sichtbar.

Das Kündigerverhalten ist je nach „Eingangskanal des Kunden" unterschiedlich ausgeprägt. Kunden, die primär über den Preis gewonnen wurden, dazu zählen insbesondere Preisvergleichsportale, sind deutlich schwieriger zu binden als Kunden, die über andere Kanäle, z. B. durch aktive Ansprache gewonnen wurden. Aber auch der Kunde wird zunehmend angelernt, dass er von einer geäußerten Wechselabsicht oder dem permanenten Wechsel durchaus profitieren kann. Das wahrgenommene Preis-Leistungsverhältnis sowie die Kundenbindung lassen sich neben hohen Serviceleistungen auch durch eine Auswei-

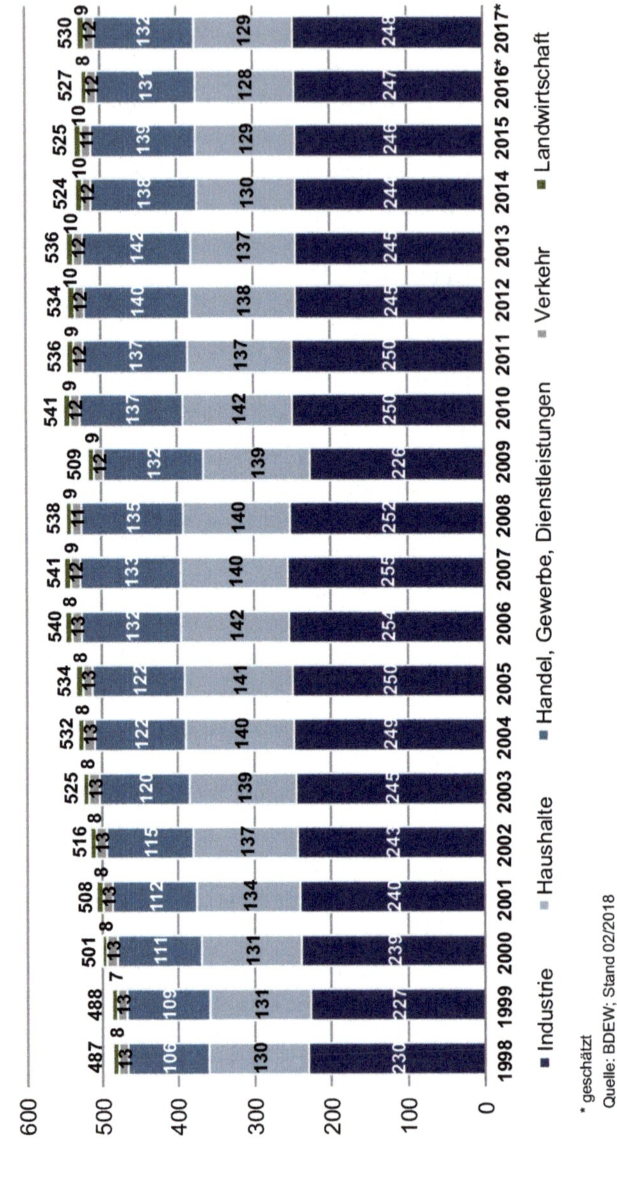

Abb. 2.63 Stromverbrauch in Deutschland nach Verbrauchergruppen

tung des Leistungsportfolios über die klassischen Commodity-Themen hinaus verbessern (Energie+ mit Themen wie PV, SmartHome, Contracting, Telefonie, eMobilität, etc.) Eine zielgruppenorientierte Bündelung verschiedener Angebote mit entsprechenden Preisvorteilen kann für den Kunden durchaus eine Wechselbereitschaft verringern.

- Während bei mittleren und großen Geschäftskunden zu Beginn der Liberalisierung die Verteidigung der Marktanteile „um jeden Preis" im Vordergrund stand, umfasst das Leistungsspektrum jetzt modulare Produkt- und Dienstleistungspakete sowie das Angebot auf die jeweiligen spezifischen Verhältnisse zugeschnittener Branchenlösungen. Durch das gezielte Eingehen auf die Kundenwünsche wird angestrebt, den Verlust von Kunden an etablierte Wettbewerber oder kleine und neue Anbieter, die sich vorwiegend spezielle energieintensive Kundengruppen oder Branchen „herauspicken", zu vermeiden. So kann durch attraktive Angebote für das gesamte Filialnetz eines Kunden die Absatzposition erheblich gestärkt werden. Ferner werden „Bündlern" oder Verbänden sogenannte Rahmenverträge angeboten, die deren Mitglieder dann exklusiv abschließen können. Neben den Angeboten an Bündler oder Verbände mehren sich zudem Anfragen von Großunternehmen, die ihren eigenen Mitarbeitern Vorteilsangebote für den privaten Stromverbrauch machen. Dies hat je nach Ausprägung des Modells auch Vorteile für den Arbeitgeber.
- Für industrielle Großverbraucher von Strom sind spezifische Kundenmodelle entwickelt worden. Dazu gehören integrierte Versorgungs- und Energiesystemlösungen, Utility Services und Contracting-Angebote sowie Infrastrukturmanagement-Lösungen. Auf Seiten der Abnehmer wird in jüngerer Zeit der Wunsch nach längerfristigen und erzeugungskostenbasierten Verträgen wieder zunehmend artikuliert.
- Die Belieferung von Stadtwerken, regionalen Versorgern sowie kommunalen Kunden erfolgt in der Regel im Rahmen umfassender Dienstleistungsangebote. Die strukturierte Beschaffung statt der früher praktizierten Margenmodelle sowie Partnerschaftskonzepte mit modular aufgebauten Leistungspaketen sind zu wichtigen Merkmalen im Verhältnis zwischen dieser Kundengruppe und ihren jeweiligen Vorlieferanten geworden. Die kleinen EVU praktizieren zunehmend horizontale und vertikale Zusammenarbeit bei Beschaffung, Marketing und Belieferung überregionaler Bündelkunden (Filialisten).

Grundsätzlich kann eine Ausweitung der Angebote über den reinen Stromverkauf zu einer Erhöhung des Wertbeitrags führen. Durch zusätzliche Produkte und Dienstleistungen wird das Lieferspektrum abgerundet und der Kundennutzen vergrößert. Beispiele für neue Geschäftsfelder sind:

- Photovoltaik (PV); virtuelle Speicher und EEG-Vermarktung;
- PV-Anlagen in Verbindung mit einem stationären Speicher;
- Digitalisierungen (Smart Meter);
- Wärme-Contracting;

- Elektromobilität und Ladeinfrastruktur sowie privates Laden;
- DSL und Telefonie.

„Um ein Energieprodukt erfolgreich am Markt zu platzieren, kann es interessant sein, dieses mit anderen Produkten zu bündeln. Das Gesetz gegen den unlauteren Wettbewerb wurde in jüngerer Zeit immer weiter liberalisiert. Nach dem Fall der Zugabenverordnung und des Rabattgesetzes und der jüngsten UWG-Novelle sind beispielsweise Bündelangebote inzwischen sehr weitgehend zulässig. So ist gerichtlich entschieden, dass beispielsweise beim Abschluss eines Strombezugsvertrages die kostenlose Zugabe eines Gerätes aus dem Bereich der Unterhaltungselektronik erlaubt ist (wenngleich das Energieversorgungsunternehmen, das dieses Urteil erstritten hat, am Markt dennoch nicht erfolgreich war)" [50].

Anreize zum Vertragswechsel werden insbesondere durch Preisvorteile gegenüber dem aktuellen Vertrag geboten. Die dargestellten Preisvorteile schwanken dabei von Kanal zu Kanal aufgrund der unterschiedlichen Wettbewerbsintensität sehr stark. So werden beispielsweise Boni von mehr als 25 % des Jahresverbrauchspreises in den Preisvergleichsportalen bei gleichzeitig strukturell hohen Preisstellungen angeboten. Im Jahr 2 der Belieferung ist der so erreichte Preisvorteil in der Regel nicht mehr vorhanden. In anderen Kanälen sind die Preisabstände und Bonushöhen geringer, dafür ist der Preis strukturell günstiger und der Kunde hat auch im zweiten Belieferungsjahr noch Vorteile gegenüber seinem ursprünglichen Vertrag. Ähnlich verhält es sich bei Abschlussverstärkern wie Thermografie-Gutscheinen, Stromsparberatung oder der Zugabe von Geräten aus der Unterhaltungsindustrie.

Das ehemals niederländische Unternehmen Nuon hatte in Deutschland eine regional stark fokussierte Angriffsstrategie im Haushaltskundenbereich verfolgt, die sich auf ausgewählte Großstädte bezog. Als Produkte wurden – neben „wackerGas" – „lekkerStrom" und „geniaaleStrom" angeboten. Nach der im Jahr 2010 erfolgten Übernahme der Nuon Deutschland GmbH, Berlin, durch die ENERVIE – Südwestfalen Energie und Wasser AG, Hagen wurden die Produkte weiter vertrieben. 2011 hatte die SWK Stadtwerke Krefeld 49 % an der Lekker Energie erworben. 2013 haben die SWK Stadtwerke Krefeld auch die restlichen 51 % von Enervie übernommen. Durch die lekker-Übernahme kann die SWK ihr Vertriebsgeschäft auf das ganze Bundesgebiet ausweiten. Mit den online-Produkten meinDIREKT Strom und meinDIREKT Gas sind die Stadtwerke Krefeld bereits in den überregionalen Strom- und Gasvertrieb eingestiegen.

FlexStrom, 2003 gegründet, und TelDaFax hatten den Kunden überwiegend Vorkasse-Modelle angeboten. Vorkasse-Modelle sind in aller Regel aus Kundensicht ungünstig, weil der Normalkunde seinen Verbrauch nicht zuverlässig vorhersagen kann. Liegt der Verbrauch unter der Paketgrenze, hat der Kunde zu viel bezahlt, liegt er darüber, muss teuer nachgekauft werden. Bei einer Insolvenz, die im Falle von FlexStrom und TelDaFax inzwischen eingetreten ist, hat der Kunde zudem die in Vorkasse geleisteten Zahlungen verloren.

Tab. 2.66 Netto-Elektrizitätsverbrauch nach Verbrauchergruppen 1991 bis 2017

Jahr	Industrie			Verkehr[1]	Öffentliche Einrichtungen			Landwirtschaft	Haushalte	Handel und Gewerbe	Allgemeine Versorgung zusammen	Eigenanlagen zusammen	Insgesamt
	Allgemeine Versorgung	Eigenanlagen	Gesamt		Allgemeine Versorgung	Eigenanlagen	Gesamt						
GWh													
1991	194.126	37.949	232.075	12.637	39.917	•	39.917	9312	122.154	56.790	434.936	37.949	472.885
1995	194.778	31.316	226.094	13.358	40.065	•	40.065	8023	127.176	57.863	441.263	31.316	472.579
2000	216.703	22.439	239.142	13.126	42.873	•	42.873	7508	130.500	68.263	478.973	22.439	501,412
2005	235.809	13.891	249.700	13.168	46.886	746	47.632	8300	141.300	74.100	519.563	14.637	534.200
2010	225.202	24.498	249.700	12.081	50.610	1009	51.619	9000	141.700	76.500	515.093	25.507	540.600
2015	217.702	28.098	245.800	11.150	51.140	1289	52.429	9500	128.700	77.000	494.192	29.387	524.579
2016	216.058	31.142	247.200	11.739	51.262	1338	52.600	9500	128.200	77.900	494.699	32.480	527.139
2017*	216.600	32.000	248.600	11.800	51.400	1400	52.800	9500	128.800	78.500	496.600	33.400	530.000

[1] Fahrstrom DB, ÖPNV und Elektromobilität
* vorläufig, Stand: Februar 2018
Quellen: bis 2000 BMWi; BDEW

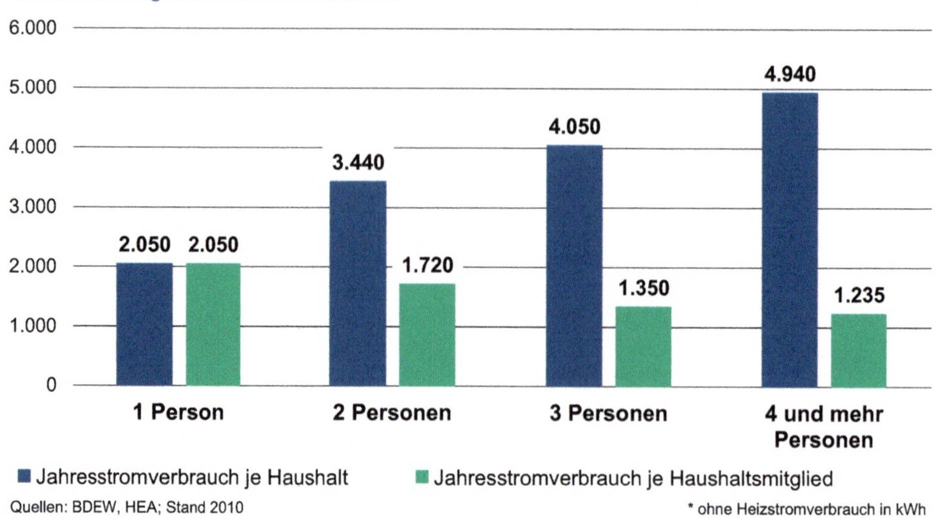

Abb. 2.64 Stromverbrauch je Haushalt nach Haushaltsgrößen

Das 1998 gegründete Unternehmen LichtBlick bietet bundesweit Ökostrom an, der zu 100 % aus regenerativen Energiequellen erzeugt wird. Ein anderes Beispiel ist „natürlich grün" der HHLP Energy GmbH. Das 2014 gegründete Unternehmen bietet seit 2015 Ökostrom an. Auch die ENSTROGA AG bietet mit der Marke „Elogico" ausschließlich Ökostromtarife an.

RWE hatte bereits im November 2008 bundesweit das Stromprodukt „RWE ProKlima 2011" eingeführt. Das Angebot garantierte einen nahezu CO_2-freien Strom aus erneuerbaren Energien und Kernkraft verbunden mit einer bis zu drei Jahre langen Preisgarantie. Die Kunden hatten zudem ein einseitiges Kündigungsrecht und konnten den Tarif jeweils nach einem Kalenderjahr kündigen. Ausgenommen von der Preisgarantie waren lediglich Erhöhungen der Mehrwert- und der Stromsteuer sowie etwaige neue Steuern. ProKlima war durch ein reines Preisgarantieprodukt abgelöst worden, das unter dem Namen 36max (bis zu 36 Monate Preisgarantie, aber Weitergabe von Steuern, Abgaben, Umlagen) geführt wurde. Zwischenzeitlich hatten sich mehr als 500.000 Kunden für das Produkt entschieden. Aktuell wird von innogy „Strom Stabil" angeboten – mit einer Preisgarantie von 24 Monaten. Lediglich die Umsatzsteuer ist von der Preisgarantie ausgenommen.

Auch andere Lieferanten unterbreiten Angebote mit Preisgarantie (PG). Dabei ist Preisgarantie nicht gleich Preisgarantie. Bei der Energiepreisgarantie wird nur der Energiepreis garantiert. Änderungen bei Netzentgelten sowie bei Steuern/Abgaben/Umlagen werden dagegen weitergegeben. Bei der eingeschränkten PG werden in der Regel der Energiepreis und die Entgelte für die Netznutzung garantiert. Änderungen bei Steuern/Abgaben/Umlagen werden dem Kunden weiterberechnet. Bei der Preisgarantie sind nur Umsatzsteueränderungen von der PG ausgenommen.

2016 hatte RWE u. a. den Vertrieb von Strom bei innogy SE gebündelt. Zum Marktstart hatte innogy als erstes Energieunternehmen eine Stromflatrate bundesweit auf den Markt gebracht. Das Produktangebot hat für sehr viel Aufmerksamkeit insbesondere innerhalb der Branche und bei Wettbewerbern gesorgt. So sind im Nachgang einige Nachahmerprodukte mit ähnlichen Produktaussagen auf den Markt gekommen.

Ferner haben sich die Stromversorger mit Discount-Marken dem Wettbewerb gestellt. Beispiele sind eprimo (innogy), E-wie-Einfach (E.ON) und Yello (EnBW).

1-2-3energie (Pfalzwerke) wirbt mit dauerhaft günstigen Preisen mit Preisgarantie und mit Ökostrom.

Greenpeace energy eG bietet ebenfalls Tarife für Ökostrom. Das 1999 gegründete Unternehmen ist eine eingetragene Genossenschaft, die ihren 24.000 Mitgliedern gehört. Das Unternehmen wirbt mit dem Angebot von Ökostrom. Es hat nach eigenen Angaben 130.000 Strom- und Gaskunden, darunter 9400 Geschäfts- und Industriekunden.

Seit März 2018 bieten die Stadtwerke Bochum ein Kombi-Angebot für ihre Stromkunden an. Wer sich für die Installation einer Solaranlage entscheidet, bekommt einen Stromvertrag ohne Mengenbegrenzung mit einer 24-monatigen Preisgarantie hinzu (Strom-Flatrate). Das Kommunalunternehmen kümmert sich um Betriebsführung und Instandhaltung der PV-Anlage und liefert seinen Kunden die Restmenge des zusätzlich zur PV-Anlage benötigten Stroms zum monatlichen Festpreis. Staatliche Abgaben und Steuer sind von der Garantie ausgenommen.

Im April 2018 hat E.ON den Start des B2B-Vertriebsportals angekündigt. Mit dem „E.ON BusinessPower Online“-Angebot gibt E.ON Geschäftskunden die Möglichkeit, Strom bei einer nachgefragten Menge oberhalb von 100.000 kWh pro Jahr online zu beschaffen. Auf der E.ON-Website lassen sich die Arbeitspreise für ein-, zwei- oder dreijährige Vertragslaufzeit abrufen. Mit dem Angebot bietet E.ON weitere Möglichkeiten, über digitale Kanäle potenzielle Kunden in Mittelstand und Industrie anzusprechen.

Neben Markteintritten neuer Anbieter sind auch Konsolidierungstendenzen zu beobachten, am stärksten im Premium-Ökostrommarkt. So übernahmen NATURSTROM die Grünstromwerk GmbH und Lichtblick das Energiegeschäft von Tchibo Energie. Mit der 2016 erfolgten Übernahme von Gazprom Marketing & Trading Retail Germania durch die VNG-Tochter goldgas GmbH zog sich der russische Anbieter aus dem deutschen Endkundengeschäft zurück.

Andererseits haben die mit der Digitalisierung verbundenen Chancen inzwischen auch das Interesse von Telekom- und Internet-Konzernen am Energievertrieb geweckt. Dahinter steht der Gedanke, den Bestandskunden künftig auch Strom und Gas anzubieten und Kombiprodukte aus Mobilfunk, Internet und Energie, ggf. auch kombiniert mit Smart Home-Produkten, im Markt zu platzieren. Zu den neuen Anbietern gehört seit Mitte September 2016 Web.de, einer der größten E-Mail-Dienste in Deutschland. Teilweise kombiniert die Marke ihre Stromtarife auch mit Online-Diensten. Web.de ist eine Tochter des Konzerns United Internet (1&1), zu dem auch GMX gehört.

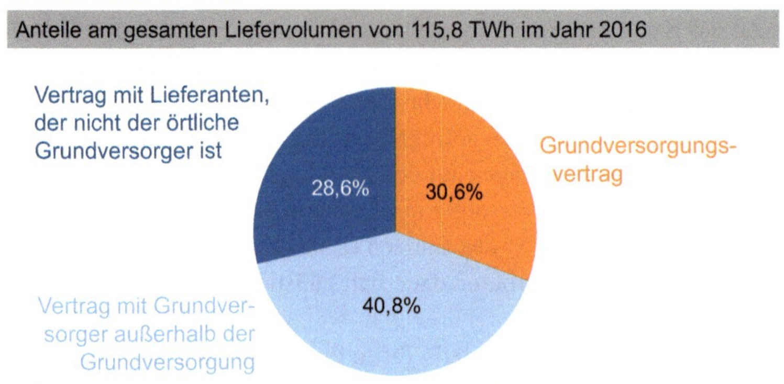

Abb. 2.65 Vertragsstruktur von Haushaltskunden im Strommarkt

Tab. 2.67 Durchschnittliches Einzelhandelspreisniveau für Haushaltskunden je Tarifkategorie 2017

Haushaltskunden (mengengewichtet) 01.04.2017 für das Abnahmeband zwischen 2500 und 5000 kWh Angaben in ct/kWh	Grundversorgungsvertrag	Vertrag beim Grundversorger außerhalb der Grundversorgung	Vertrag bei einem Lieferanten, der nicht der örtliche Grundversorger ist
Energiebeschaffung, Vertrieb und Marge	7,32	6,34	5,68
Nettonetzentgelt inkl. Abrechnung	6,97	6,88	7,15
Entgelt für Messung inkl. Messstellenbetrieb	0,33	0,31	0,32
Konzessionsabgabe	1,65	1,62	1,58
Umlage nach EEG	6,88	6,88	6,88
Umlage nach KWKG	0,44	0,44	0,44
Umlage nach § 19 StromNEV	0,39	0,39	0,39
Umlage nach § 18 AbLaV	0,01	0,01	0,01
Umlage Offshore-Haftung*	–0,03	–0,03	–0,03
Stromsteuer	2,05	2,05	2,05
Umsatzsteuer	4,95	4,73	4,65
Gesamt	***30,94***	***29,61***	***29,12***

* Da in den Vorjahren auf das Konto der offshore-Umlage zu viel eingezahlt wurde, erhalten Haushaltskunden, im Jahr 2017 eine Gutschrift von 0,03 ct/kWh
Quelle: Bundesnetzagentur/Bundeskartellamt, Monitoringbericht 2017, Bonn, November 2017

Weitere Anbieter drängen in den Markt. So startete die britische First Utility gemeinsam mit Royal Dutch Shell zum 01.10.2015 den Vertrieb von Strom und Gas an Privat- und Gewerbekunden unter der Marke „Shell PrivatEnergie." Dabei setzen die Partner insbesondere auf das rund 2000 Tankstellen umfassende Vertriebsnetz von Shell in Deutschland.

Vergleichsportale, wie Verivox, Check24 oder Toptarif bieten für Kunden kostenlos die Möglichkeit, unter Angabe der Postleitzahl und des Jahresverbrauchs sich die unterschiedlichen Tarifangebote der verschiedenen Anbieter anzeigen zu lassen. Vergleichsportale sind mittlerweile eine der Hauptinformationsquellen für den Haushaltskunden, gefolgt von der Webseite des Anbieters. Vergleichsportale profitieren über Provisionen von hohen Wechselraten – daher auch ihr Interesse an optisch hohen Preisvorteilen. Zwischenzeitlich sind auch Angebote aufgekommen, die dem Kunden die komplette Recherche und Auswahl der Anbieter abnehmen. Aufgrund der hierzu erforderlichen Vollmachten und der

Tab. 2.68 Wirtschaftliche Entwicklung der Stromversorger 2000 bis 2017

Jahr	Beschäftigte	Löhne und Gehälter	Löhne und Gehälter je kWh Abgabe an Kunden	Anzahl Kunden	Umsatz aus Stromabsatz an Letztverbraucher[1)]
		Mio. EUR	Cent/kWh	In Mio.	Mrd. EUR
2000	141.417	5211	1,09	43,5	36,0
2001	140.878	5290	1,08	44,0	37,5
2002	145.013	5506	1,10	44,2	40,5
2003	135.978	5541	1,09	44,3	43,5
2004	137.516	5435	1,05	44,3	47,0
2005	132.530	5424	1,04	44,3	51,5
2006	132.976	5527	1,06	44,8	56,5
2007	132.506	5591	1,07	44,8	58,0
2008	132.250	5795	1,12	45,0	62,0
2009	130.417	5863	1,19	45,0	63,5
2010	132.030	6080	1,24	45,0	67,0
2011	130.008	6276	1,22	45,0	71,5
2012	129.126	6260	1,23	45,2	76,0
2013	129.090	6467	1,27	45,4	83,5
2014	129.063	6567	1,33	45,6	80,5
2015	127.758	6666	1,35	45,7	78,0
2016	129.200	6923	1,40	45,7	78,0
2017*	130.900	7060	1,42	45,8	80,0

[1)] ohne Mehrwertsteuer und ohne Stromsteuererstattungen nach Stromsteuergesetz, einschließlich Netznutzungsentgelten, Stromsteuer, Umlagen und Abgaben

* vorläufig

Quellen: BDEW; Statistisches Bundesamt, Stand: März 2018

Tatsache, dass diese Angebote nicht kostenlos waren, haben sich derartige Modelle aber nicht durchsetzen können und decken eher Nischen ab.

Die Möglichkeiten für Endkunden, aus einer Reihe von Anbietern wählen zu können, haben sich in den vergangenen Jahren deutlich verbessert. Gemäß Monitoringbericht 2017 von Bundesnetzagentur und Bundeskartellamt konnten Letztverbraucher im Jahr 2017 im Durchschnitt in ihrem Netzgebiet zwischen 130 Anbietern wählen. Für das Kundensegment der Haushaltskunden betrug der Durchschnitt 112 Anbieter.

Die Zahl der Lieferantenwechsel hat sich in den vergangenen Jahren kontinuierlich erhöht. So ist im Falle der Haushaltskunden die Zahl der Lieferantenwechsel außerhalb von Umzügen von 678.423 im Jahr 2006 auf 3.583.076 im Jahr 2016 gestiegen. Die für 2016 von der Bundesnetzagentur erhobene Zahl entspricht einem Anteil von 7,4 % der Haushaltskunden. Die Daten aus dem Monitoring ergeben ferner, dass im Jahr 2016 eine relative Mehrheit von 40,9 % der Haushaltskunden einen Vertrag beim lokalen Grundversorger außerhalb der Grundversorgung abgeschlossen hat. Inzwischen (Stand 2016) werden 28,6 % aller Haushaltskunden von einem anderen Unternehmen als dem Grundversorger beliefert. Der Anteil der Haushaltskunden, die über die Grundversorgung mit Strom beliefert werden, belief sich 2016 auf 30,6 %.

Der Umsatz der Stromversorger aus dem Stromabsatz an Letztverbraucher belief sich 2017 – ohne Mehrwertsteuer gerechnet und ohne Stromsteuererstattungen nach Stromsteuergesetz, einschließlich Netznutzungsentgelten, Stromsteuer, Umlagen und Abgaben gerechnet – auf 80 Mrd. €.

Literatur

[1] H. J. Schürmann, Energiewirtschaft/Staat als Eigentümer und Kontrolleur – Gemeinwohl nur Alibi für einen Privatisierungsstopp, in: Handelsblatt Nr. 59 vom 20.11.2001

[2] Deutscher Bundestag, Drucksache 14/6979 vom 26.09.2001, Jahresbericht 2001 der Bundesregierung zum Stand der deutschen Einheit

[3] Ölpreisverfall beschleunigt Fusionswelle, in: Handelsblatt Nr. 224 vom 20.11.2001

[4] W. Bonse-Geuking, Die Herausforderungen für die Mineralölindustrie an der Schwelle des neuen Jahrzehnts, in: Erdöl Erdgas Kohle, 116. Jg. (2000), Heft 9

[5] Energie Informationsdienst (EID), EID Daily News vom 26.02.2018

[6] J. Hobohm, Status und Perspektiven flüssiger Energieträger in der Energiewende, Studie der Prognos AG, des Fraunhofer-Instituts für Umwelt-, Sicherheits- und Energietechnik UMSICHT und des Deutschen Biomasseforschungszentrums DBFZ, Mai 2018

[7] Bundesverband Erdgas, Erdöl und Geoenergie e. V. (BVEG), Jahresbericht 2017, Hannover 2018

[8] P. Schlüter, Integration der ostdeutschen Mineralölwirtschaft in den gesamtdeutschen Ölmarkt, in: Energiewirtschaftliche Tagesfragen, 43. Jg. (1993), Heft 1/2

[9] Energie Informationsdienst (EID), Tankstellen 1/2018, Hamburg, 12.02.2018

[10] Internationale Energy Agency, Coal Information 2018, Paris 2018

[11] DEBRIV – Bundesverband Braunkohle, Braunkohle in Deutschland, Berlin 2017

[12] Bekanntmachung der Neufassung des Dritten Verstromungsgesetzes vom 19.04.1990 im Bundesgesetzblatt, Jg. 1990, Teil I, Nr. 24 – Ausgabe vom 29.05.1990, S. 917 ff.

[13] Deutscher Bundestag, Drucksache 13/6700 vom 27.12.1996, Rechnungslegung über das Sondervermögen des Bundes „Ausgleichsfonds zur Sicherung des Steinkohleneinsatzes" für das Wirtschaftsjahr 1995
[14] Gesetz zur Sicherung des Einsatzes von Steinkohle in der Verstromung und zur Änderung des Atomgesetzes und des Stromeinspeisungsgesetzes vom 19.07.1994, Bundesgesetzblatt, Jg. 1994; Teil I, Nr. 46 – Tag der Ausgabe: Bonn, den 28.07.1994, S. 1618 ff.
[15] Pressestelle des Bundesverfassungsgerichts, Verlautbarung Nr. 48/94, Karlsruhe, den 08.12.1994
[16] Bundesministerium für Wirtschaft, BMWi – Tagesnachrichten Nr. 10297 vom 30.03.1995
[17] Bundesministerium für Wirtschaft, BMWi – Tagesnachrichten Nr. 10335 vom 04.07.1995
[18] Presse- und Informationsamt der Bundesregierung, Pressemitteilung Nr. 80/97 vom 13.03.1997
[19] Deutsche Steinkohle AG, Steinkohle extra, Essen, Oktober 1999
[20] Europäische Kommission, Presseerklärung IP/98/521, Brüssel, 10.06.1998; Europäische Kommission, Presseerklärung IP/98/1057, Brüssel, 02.12.1998; BMWi-Tagesnachrichten Nr. 10849, Bonn, 23.12.1998
[21] Bundesnetzagentur/Bundeskartellamt, Monitoringbericht 2017, Bonn 2017 (siehe auch Monitoringbericht 2015)
[22] H.-G. Fasold, Langfristige Gasbeschaffung für Europa, Pipelineprojekte und LNG-Ketten, in: gwf – Gas/Erdgas, September 2010
[23] www.fnb-gas.de
[24] Monopolkommission, Sondergutachten 59, Energie 2011: Wettbewerbsentwicklung mit Licht und Schatten, Sondergutachten der Monopolkommission gemäß § 62 Abs. 1 EnWG, Bonn, September 2011; siehe auch Monopolkommission, Sondergutachten 71, Energie 2015: Ein wettbewerbliches Marktdesign für die Energiewende, Sondergutachten der Monopolkommission gemäß § 62 Abs. 1 EnWG, Oktober 2015; Monopolkommission, Sondergutachten 77: Energie 2017: Gezielt vorgehen, Stückwerk vermeiden, Sondergutachten der Monopolkommission gemäß § 62 EnWG, 6. Oktober 2017
[25] H. Stappert, G. Jansen und F. R. Groß, Kompaktwissen Energiewirtschaft, Euroforum, Düsseldorf 2008
[26] R. Kemper, Aufgaben der Stromversorgung in Ostdeutschland und Ansätze zur Lösung, in: Elektrizitätswirtschaft, Jg. 90 (1991), Heft 1/2
[27] Treuhandanstalt, Privatisierung von VEAG und LAUBAG abgeschlossen, Pressemitteilung, Berlin, 06.09.1994
[28] B. Uhlmannsiek, Ostdeutsche Elektrizitätswirtschaft: Startschuss für Strom-Privatisierung/Regionalversorger an westdeutsche Verbundunternehmen verkauft, in: StromThemen 3/94
[29] W. Harms und A. Metzenthin, Energie und Recht, in: Handbuch Energie, Hrsg. von D. Schmitt und H. Heck, Pfullingen 1990
[30] Bundesministerium für Wirtschaft, Binnenmarkt-Richtlinie Strom, Bonn, 21. Juni 1996
[31] H. Fröhlich, Grundlagen des Energierechts, Kompaktwissen Energiewirtschaft, Euroforum-Verlag, Düsseldorf 2009
[32] BDEW (vormals VDEW), Hrsg., Begriffe der Versorgungswirtschaft, Teil B Elektrizität und Fernwärme, Heft 1, Elektrizitätswirtschaftliche Grundbegriffe, 7. Ausgabe 1999
[33] www.kernenergie.de; siehe hier auch: Deutsches Atomforum e. V., Endlagerung hochradioaktiver Abfälle, Berlin, April 2018 sowie KKW-Rückbau: Der Umgang mit Reststoffen, Berlin, Mai 2018
[34] www.bmwi.de
[35] M. Bauchmüller, Fünf Jahre für die Ewigkeit, Süddeutsche Zeitung vom 09.03.2018

[36] B. J. Breloer und W. Breyer, Die Entsorgung ist nicht gesichert. Wie es dazu kam, in: atw – Internationale Zeitschrift für Kernenergie, Jg. 58 (2013), Heft 8/9
[37] Vergleich zum Standortauswahlverfahren 1976/77 auch: Gorleben als Entsorgungs- und Endlagerstandort – Der niedersächsische Auswahl- und Entscheidungsprozess; Expertise zur Standortvorauswahl für das „Entsorgungszentrum" 1976/77, erstellt im Auftrag des Niedersächsischen Ministeriums für Umwelt und Klimaschutz
[38] Bundesministerium für Umwelt, Naturschutz und Reaktorsicherheit (BMU), Sicherheitsanforderungen an die Endlagerung wärmeentwickelnder radioaktiver Abfälle, BMU, 30.09.2010
[39] Monopolkommission, Sondergutachten 65 „Energie 2013: Wettbewerb in Zeiten der Energiewende", Sondergutachten gemäß § 62 Abs. 1 EnWG (2013)
[40] Bundesnetzagentur, Bedarfsentwicklung 2017–2030, Bestätigung Netzentwicklungsplan Strom, Bonn, Dezember 2017
[41] Bundesnetzagentur, Genehmigung des Szenariorahmens 2019–2030 für den Netzentwicklungsplan Strom, Bonn, 15. Juni 2018
[42] Bundesnetzagentur/Bundeskartellamt, Jahresbericht 2015, Bonn 2016
[43] J. Borchert, R. Schemm und S. Korth, Grundlagen des Stromhandels, Stuttgart 2006
[44] R. A. Dudenhausen, A. Döhrer und U. Gravert-Jenny, Strom- und Gashandel in Stadtwerken, in: Energiewirtschaftliche Tagesfragen, 49. Jg. (1999), Heft 5
[45] K. Latkovic und T. Seiferth, Stromhandel – Charakteristika, Betätigungsfelder und Anforderungen, in: Elektrizitätswirtschaft, Jg. 98 (1999), Heft 7
[46] C. Held und I. Zenke, Rechtsfragen des Börsenhandels von Strom; in: P. Becker, C. Held, M. Riedel, C. Theobald, Hrsg., Energiewirtschaft im Aufbruch: Analysen – Szenarien – Strategien, Köln, 2001
[47] K. Scheele, Terminmarkt – Ein Markt der Zukunft, in: ew, Jg. 100 (2001), Heft 23
[48] T. Pilgram, Stromhandel an der Börse – Teil eines modernen Beschaffungsmanagements, in: VIK-Mitteilungen 5-2001
[49] EEX, Geschäftsbericht 2017, Leipzig 2018
[50] C. Just und A. Lober, Wettbewerb erzwingt Neupositionierung im Vertrieb, in: Energiewirtschaftliche Tagesfragen, 55. Jg. (2005), Heft 5

Erneuerbare Energien

3

Erneuerbare Energien leisteten 2017 einen Beitrag von 60,7 Mio. t SKE zur Deckung des Primärenergieverbrauchs. Dies entsprach einem Anteil von 13,1 %.

Weitere wichtige Kennzahlen zur Bedeutung erneuerbarer Energien – gültig für Deutschland im Jahr 2017 – sind [1]:

- 15 % Anteil am gesamten Endenergieverbrauch (Bruttoendenergieverbrauch);
- 36,2 % Anteil am Brutto-Stromverbrauch;
- 12,9 % Anteil am Endenergieverbrauch für Wärme und Kälte;
- 5,2 % Anteil am Endenergieverbrauch Verkehr.

Die Anteile der einzelnen Einsatzbereiche stellten sich – gemessen am Primärenergieverbrauch erneuerbare Energien – im Jahr 2017 wie folgt dar:

Stromerzeugung:	57 %
Wärmeerzeugung in Kraftwerken:	6 %
Verbrauch bei Umwandlung (einschließlich Verluste)	1 %
Endenergieverbrauch:	36 %

Der in den vergangenen Jahren verzeichnete Anstieg des Beitrags erneuerbarer Energien zur Energieversorgung erklärt sich insbesondere durch die staatlichen Fördermaßnahmen. „Die Bundesregierung fördert erneuerbare Energien durch Forschung und Entwicklung sowie verschiedene Maßnahmen zur Marktentwicklung. Zentrale Bedeutung kommt im Strommarkt dem Erneuerbare-Energien-Gesetz zu, während Biokraftstoffe durch die Beimischungspflicht im Rahmen des Biokraftstoffquotengesetzes und die Mineralölsteuerbegünstigung in bestimmten Anwendungsbereichen profitieren. Das Marktanreizprogramm zur Förderung von Maßnahmen zur Nutzung erneuerbarer Energien dient primär dem Ausbau der Wärmeerzeugung aus Biomasse, Solarenergie und Geothermie. Kleinere Anlagen privater Investoren werden mit Zuschüssen unterstützt, größere Anlagen mit zinsverbilligten Darlehen und Tilgungszuschüssen“ [2].

H.-W. Schiffer, *Energiemarkt Deutschland*, https://doi.org/10.1007/978-3-658-23024-1_3

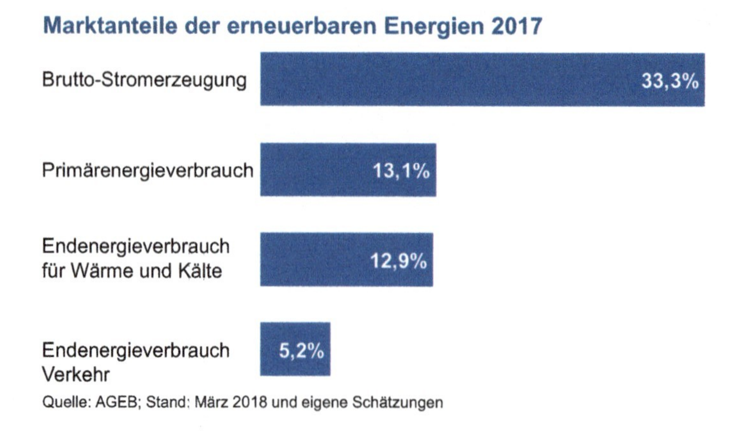

Abb. 3.1 Marktanteile der erneuerbaren Energien 2017

Die technischen Potenziale der erneuerbaren Energien entsprechen einem Vielfachen der tatsächlichen Inanspruchnahme. Begrenzt wird die Ausschöpfung vor allem durch die Kosten für deren Nutzbarmachung, die den Marktwert der erzeugten Energie teilweise erheblich übersteigen [3]. Energiewandler zur Nutzung erneuerbarer Energien erfordern einen – gemessen an der Energieausbeute – hohen Materialaufwand mit entsprechenden Folgen für die Investitionskosten.

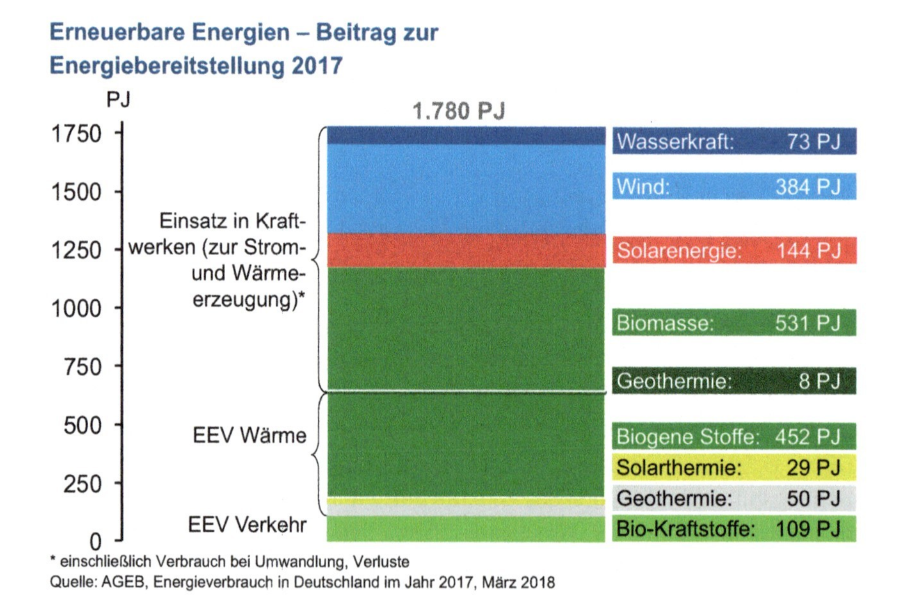

Abb. 3.2 Erneuerbare Energien – Beitrag zur Energiebereitstellung 2017

Tab. 3.1 Entwicklung der erneuerbaren Energien nach Sektoren und Technologien 2016/2017 in Deutschland

Energiequelle	Strom Bruttoerzeugung		EEV Wärme und Kälte		EEV Verkehr		Gesamt	
	2016	2017	2016	2017	2016	2017	2016	2017
	Mio. kWh							
Wasserkraft	20.546	19.800	–	–	–	–	20.546	19.800
Windenergie	79.924	106.614	–	–	–	–	79.924	106.614
Biomasse*	50.926	51.393	143.291	140.636	29.937	30.348	224.154	222.377
Photovoltaik	38.098	39.895	–	–	–	–	38.098	39.895
Solarthermie	–	–	7801	7971	–	–	7801	7971
Geothermie**	175	155	12.565	13.613	–	–	12.740	13.768
Strom	–	–	–	–	3709	4266	3709	4266
Gesamt	189.669	217.857	163.657	162.220	33.646	34.614	386.972	414.691

* feste, flüssige, gasförmige Biomasse, biogener Anteil des Abfalls, Deponie- und Klärgas
** tiefe Geothermie und oberflächennahe Geothermie, Umweltwärme (durch Wärmepumpen nutzbar gemachte erneuerbare Energie)
Quelle: Bundesministerium für Wirtschaft und Energie, Arbeitsgruppe Erneuerbare Energien – Statistik, Zeitreihen zur Entwicklung der erneuerbaren Energien in Deutschland, Stand Februar 2018

Zudem ist das Angebot erneuerbarer Energie mit Ausnahme der Biomasse räumlichen und zeitlichen Schwankungen ausgesetzt. So wird die Stromerzeugung aus Wasserkraft durch die von Jahr zu Jahr unterschiedlichen Niederschlagsmengen bestimmt. Die Sonneneinstrahlung ist in Deutschland schwächer als in anderen Regionen der Welt, und der Wind weht sehr unregelmäßig. Photovoltaik und Wind bieten somit keine bzw. eine nur geringe gesicherte Leistung. Bei zunehmender Nutzung müssten Speicher und Zusatzsysteme errichtet werden, um die Energieversorgung jeder Zeit zu gewährleisten. Soweit es sich nicht um gesicherte Leistung handelt, werden durch Einsatz erneuerbarer Energie nur die Brennstoffkosten von fossil befeuerten Anlagen gespart.

Auch bei nachwachsender Biomasse wie Stroh, Restholz, Getreidepflanzen, Schilf- und Grasgewächsen sowie bei schnell wachsenden Baumarten gilt angesichts der großen Spannweite der Kosten, dass die Nutzung der großen vorhandenen Potenziale in weiten Bereichen nur unter Inanspruchnahme erheblicher Förderung möglich ist.

3.1 Stromerzeugung

Zur Stromerzeugung dienen in Deutschland insbesondere Windenergie, Solarenergie, Biomasse, Wasserkraft und daneben – in allerdings deutlich geringerem Umfang – die Geothermie. Mit Stand 31.12.2016 haben in Deutschland nach Erhebungen des BDEW insgesamt 1.611.306 Anlagen Strom aus erneuerbaren Energien erzeugt. Den zahlenmäßig größten Anteil davon hatte die Solarenergie mit 1.564.083 Anlagen, gefolgt von 24.750

Tab. 3.2 Eckdaten zur Energiebereitstellung in Deutschland 1990 bis 2017

	Einheit	1990	2000	2005	2010	2011	2012	2013	2014	2015	2016	2017
Bruttostrom-verbrauch	TWh	549,9	578,1	618,6	618,4	609,6	609,2	606,6	594,0	600,0	599,9	602,6
Endenergie-verbrauch Wärme und Kälte	TWh	1529,0	1322,5	1281,3	1330,4	1215,5	1222,1	1277,8	1152,0	1197,4	1236,4	1261,7
Endenergie-verbrauch Verkehr	TWh	615,8	691,6	632,4	619,3	625,3	616,0	629,1	634,3	635,8	649,7	660,0
Endenergie-verbrauch gesamt*	PJ	•	•	9445	9492	9036	9169	9393	9004	9201	9372	•
Primärenergie-verbrauch	PJ	14.905	14.401	14.558	14.217	13.599	13.447	13.822	13.180	13.262	13.428	13.550

* gemäß EU-RL 2009/28/EG

Quelle: Bundesministerium für Wirtschaft und Energie, AGEE-Stat, Zeitreihen zur Entwicklung der erneuerbaren Energien in Deutschland, Februar 2018

Tab. 3.3 Anteile erneuerbarer Energien an der Energiebereitstellung in Deutschland 1990 bis 2017

	1990	2000	2005	2010	2011	2012	2013	2014	2015	2016	2017
	%										
Stromerzeugung (bezogen auf gesamten Bruttostromverbrauch)	3,4	6,3	10,2	17,0	20,3	23,5	25,1	27,4	31,5	31,6	36,2
Wärmebereitstellung (bezogen auf den gesamten EEV Wärme und Kälte)	2,1	4,4	8,0	11,4	12,2	12,6	12,4	12,9	13,0	13,2	12,9
EEV Verkehr (bezogen auf den gesamten EEV Verkehr)	0,1	0,5	3,7	5,8	5,7	6,0	5,5	5,6	5,3	5,2	5,2
Anteil EE am gesamten EEV[1)]	**2,0**	**3,7**	**6,7**	**10,5**	**11,4**	**12,1**	**12,4**	**13,8**	**14,6**	**14,8**	•
Anteil EE am gesamten PEV[2)]	**1,3**	**2,9**	**5,3**	**9,9**	**10,8**	**10,3**	**10,8**	**11,5**	**12,4**	**12,5**	**13,1**

[1)] Berechnet ohne Berücksichtigung spezieller Rechenvorgaben der EU-Richtlinie 2009/28/EG
[2)] Arbeitsgemeinschaft Energiebilanzen (AGEB); Primärenergieverbrauch berechnet nach Wirkungsgradmethode
Quelle. Bundesministerium für Wirtschaft und Energie, AGEE-Stat, Zeitreihen zur Entwicklung der erneuerbaren Energien in Deutschland, Stand: Februar 2018

Ranking in der Nutzung von erneuerbaren Energien 2017

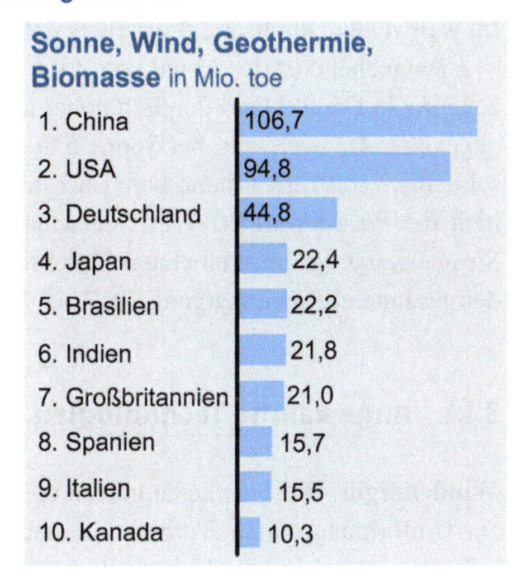

Quelle: BP Statistical Review of World Energy June 2018

Abb. 3.3 Weltweites Ranking in der Nutzung von erneuerbaren Energien 2017

Windenergieanlagen an Land, 789 Windenergieanlagen auf See und 14.077 Biomasseanlagen. Die Anlagenzahl bei Wasserkraft wird mit 6987 angegeben. 620 Anlagen machten Deponie-, Klär- und Grubengas sowie Geothermie aus. Im Bundesvergleich waren die meisten Photovoltaik-, Wasser- und Biomasseanlagen in Bayern installiert. Die meisten Windenergieanlagen standen in Niedersachsen.

Der Anteil der erneuerbaren Energien an der Brutto-Stromerzeugung hat sich in Deutschland von 6,6 % im Jahr 2000 auf 33,3 % im Jahr 2017 erhöht. Die größten Zuwächse wurden bei Wind-, Solar- und Biomasse-Anlagen verzeichnet. Demgegenüber stagnierte die Wasserkraft.

Im weltweiten Vergleich sind insbesondere folgende Fakten bemerkenswert:

Während in Deutschland der Anteil erneuerbarer Energien an der Stromerzeugung im Zeitraum 2000 bis 2017 um 27 Prozentpunkte zulegte, blieb der Zuwachs weltweit im gleichen Zeitraum auf sechs Prozentpunkte begrenzt.

Wasserkraft hält an der gesamten Stromerzeugung aus erneuerbaren Energien 2017 in Deutschland nur einen Anteil von 9 %. Im weltweiten Durchschnitt steuert die Wasserkraft mit 65 % zur gesamten Stromerzeugung aus erneuerbaren Energien bei.

Windkraft war in Deutschland 2017 mit einem Anteil von 49 % an der gesamten Stromerzeugung aus erneuerbaren Energien die wichtigste regenerative Energiequelle. Im weltweiten Durchschnitt war die Windenergie 2017 mit 18 % an der gesamten Stromerzeugung aus erneuerbaren Energien beteiligt.

Auf Photovoltaik entfielen in Deutschland 2017 gut 18 % der Stromerzeugung aus erneuerbaren Energien. Im weltweiten Durchschnitt trug die Solarenergie mit 7 % zur Stromerzeugung aus erneuerbaren Energien bei.

Biomasse und sonstige erneuerbare Energien (wie u. a. Geothermie) machten in Deutschland 2017 knapp 24 % der Stromerzeugung aus erneuerbaren Energien aus. Im weltweiten Durchschnitt waren es – bezogen auf denselben Zeitraum – knapp 10 %.

Entsprechend ist der Anteil von Wind, Sonne und Biomasse an der gesamten Stromerzeugung in Deutschland deutlich höher als im weltweiten Durchschnitt – bei Wind 16 % gegenüber 4 % weltweit, bei Sonne 6 % gegenüber 2 % weltweit und bei Biomasse (einschließlich sonstiger erneuerbare Energien) 8 % gegenüber 2 % weltweit. Demgegenüber hielt die Wasserkraft 2017 in Deutschland nur einen Anteil von 3 % an der gesamten Stromerzeugung. Im weltweiten Durchschnitt belief sich der Anteil der Wasserkraft an der gesamten Stromerzeugung 2017 auf 16 %.

3.1.1 Angewandte Technologien

Windenergie Diese Anlagen nutzen die kinetische Energie der strömenden Luftmassen zur Umformung mittels Turbinen in mechanische Rotationsenergie. In einem Generator erfolgt anschließend die Umwandlung in elektrische Energie. Entscheidend für einen hohen Stromertrag sind vor allem hohe mittlere Windgeschwindigkeiten und die Größe der

Weltweites Ranking Stromerzeugungskapazitäten erneuerbare Energien Ende 2017

Erneuerbare Energien insges.	(MW)
1. China	618.803
2. USA	229.913
3. Brasilien	128.293
4. Deutschland	113.058
5. Indien	106.282
6. Kanada	98.697
7. Japan	82.696
8. Italien	51.951
9. Russland	51.779
10. Spanien	47.989

darunter Wasserkraft	(MW)
1. China	312.700
2. Brasilien	100.319
3. USA	83.841
4. Kanada	81.304
5. Russland	50.122
6. Indien	46.596
7. Norwegen	31.947
8. Japan	28.263
9. Türkei	27.273
10. Frankreich	23.792

Quelle: IRENA, Renewable Capacity Statistics 2018

Abb. 3.4 Weltweites Ranking bei Stromerzeugungskapazitäten auf Basis erneuerbarer Energien und darunter bei Wasserkraft 2017

Weltweites Ranking Wind- und Solar-Kapazität Ende 2017

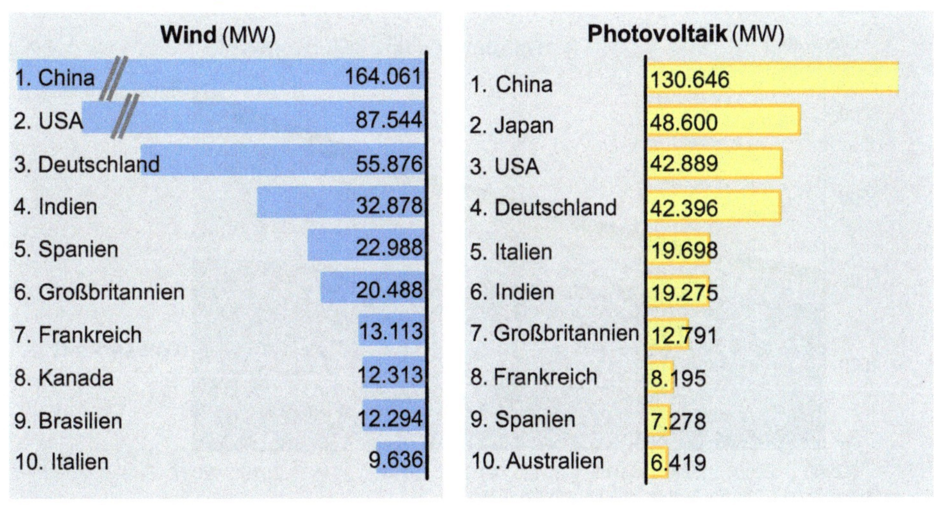

Quelle: IRENA, Renewable Capacity Statistics 2018

Abb. 3.5 Weltweites Ranking bei der Wind- und PV-Kapazität Ende 2017

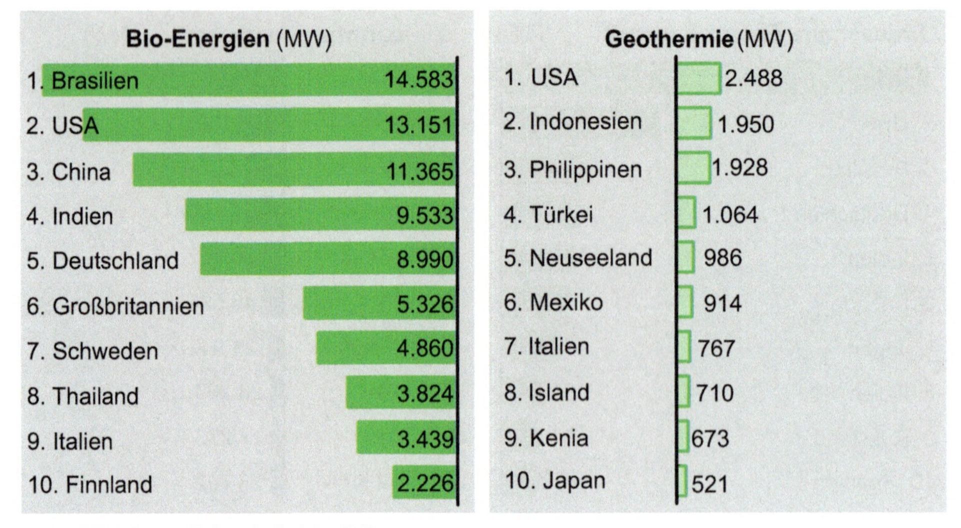

Abb. 3.6 Weltweites Ranking bei Bioenergie und Geothermie

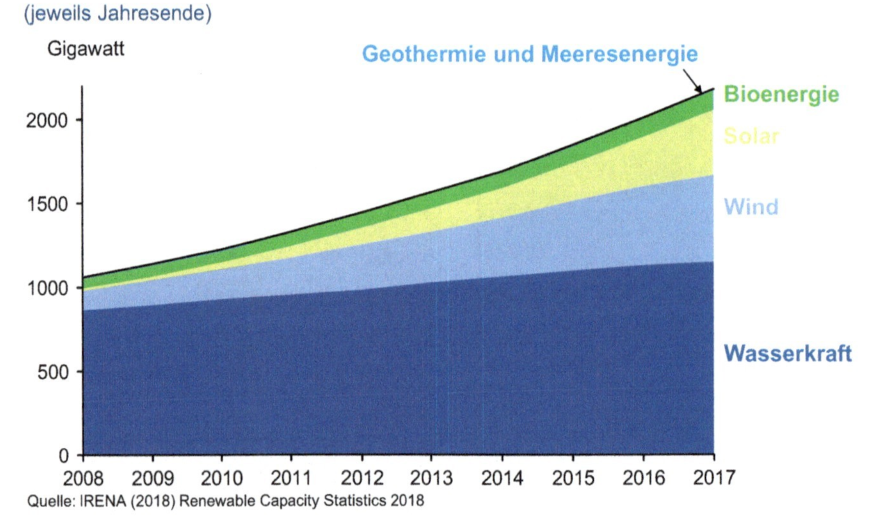

Abb. 3.7 Entwicklung der weltweiten Kapazität von Stromerzeugungsanlagen auf Basis erneuerbarer Energien nach Technologiearten

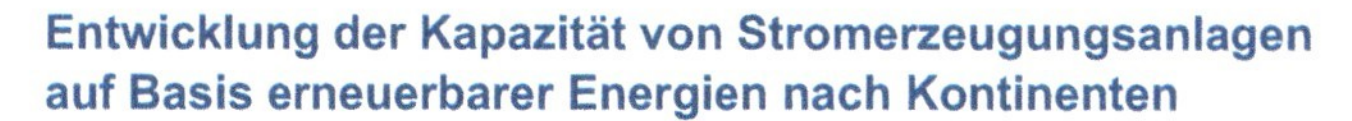

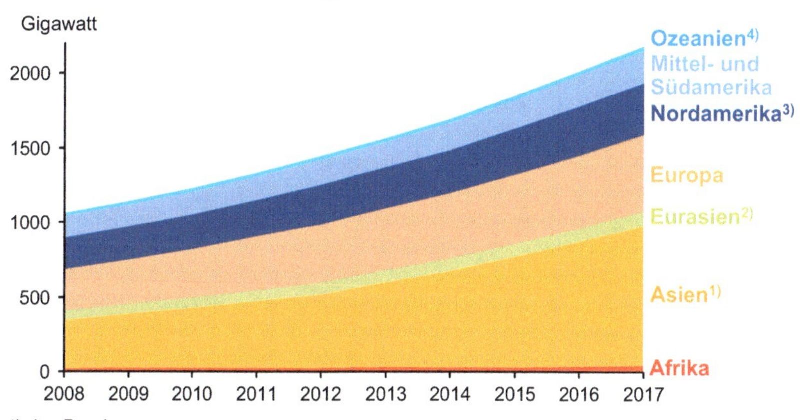

Entwicklung der Kapazität von Stromerzeugungsanlagen auf Basis erneuerbarer Energien nach Kontinenten
Gigawatt
2000
1500
1000
500
0
2008 2009 2010 2011 2012 2013 2014 2015 2016 2017
Ozeanien4)
Mittel- und Südamerika
Nordamerika3)
Europa
Eurasien2)
Asien1)
Afrika
1) ohne Eurasien
2) Armenien, Aserbaidschan, Georgien, Russland und Türkei
3) einschließlich Mexiko, Grönland, Bermuda sowie St. Pierre und Miquelon
4) Australien, Neuseeland und Südsee
Quelle: IRENA (2018), Renewable Capacity Statistics 2018

Abb. 3.8 Entwicklung der Kapazität von Stromerzeugungsanlagen auf Basis erneuerbarer Energien nach Kontinenten

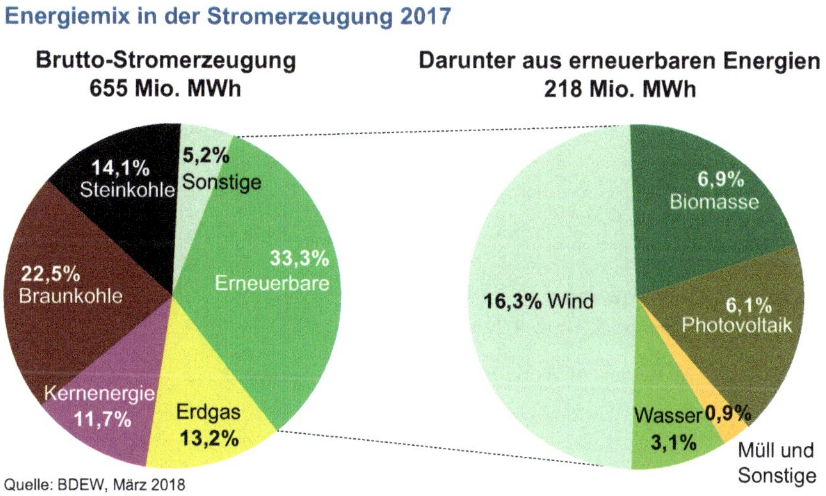

Energiemix in der Stromerzeugung 2017
Brutto-Stromerzeugung 655 Mio. MWh
Darunter aus erneuerbaren Energien 218 Mio. MWh
14,1% Steinkohle
5,2% Sonstige
33,3% Erneuerbare
22,5% Braunkohle
Kernenergie 11,7%
Erdgas 13,2%
6,9% Biomasse
16,3% Wind
6,1% Photovoltaik
Wasser 3,1%
0,9% Müll und Sonstige
Quelle: BDEW, März 2018

Abb. 3.9 Technologiemix in der Stromerzeugung auf Basis erneuerbarer Energien 2017

Tab. 3.4 Stromerzeugung aus erneuerbaren Energien – Deutschland im Vergleich zur weltweiten Entwicklung

Energiequelle	Deutschland TWh			
	2000	**2010**	**2016**	**2017**
Wasser	24,9	21,0	20,5	19,7
Wind	9,5	38,5	79,9	106,6
Sonne	0,1	11,7	38,1	39,9
Geothermie, Biomasse, etc.	4,7	34,0	51,1	51,5
Erneuerbare Energien gesamt	39,2	105,2	189,6	217,7
Stromerzeugung gesamt	576,6	633,1	649,1	654,2
Anteil erneuerbare Energien an gesamter Stromerzeugung in %	6,8	16,6	29,2	33,3
Energiequelle	**Welt TWh**			
	2000	**2010**	**2016**	**2017**
Wasser	2655,0	3435,9	4036,1	4059,9
Wind	31,4	341,6	959,5	1122,7
Sonne	1,2	33,8	328,2	442,6
Geothermie, Biomasse, etc.	185,3	378,0	557,0	586,2
Erneuerbare Energien gesamt	2872,9	4189,3	5880,8	6211,4
Stromerzeugung gesamt	15.555,0	21.577,7	24.930,2	25.551,3
Anteil erneuerbare Energien an gesamter Stromerzeugung in %	18,5	19,4	23,6	24,3
Energiequelle	**Anteil Deutschland %**			
	2000	**2010**	**2016**	**2017**
Wasser	0,9	0,6	0,5	0,5
Wind	30,3	11,3	8,3	9,5
Sonne	8,3	34,6	11,6	9,0
Geothermie, Biomasse, etc.	2,5	9,0	9,2	8,8
Erneuerbare Energien gesamt	1,4	2,5	3,2	3,5
Stromerzeugung gesamt	3,7	2,9	2,6	2,6

Quelle: BP Statistical Review of World Energy June 2018, Workbook

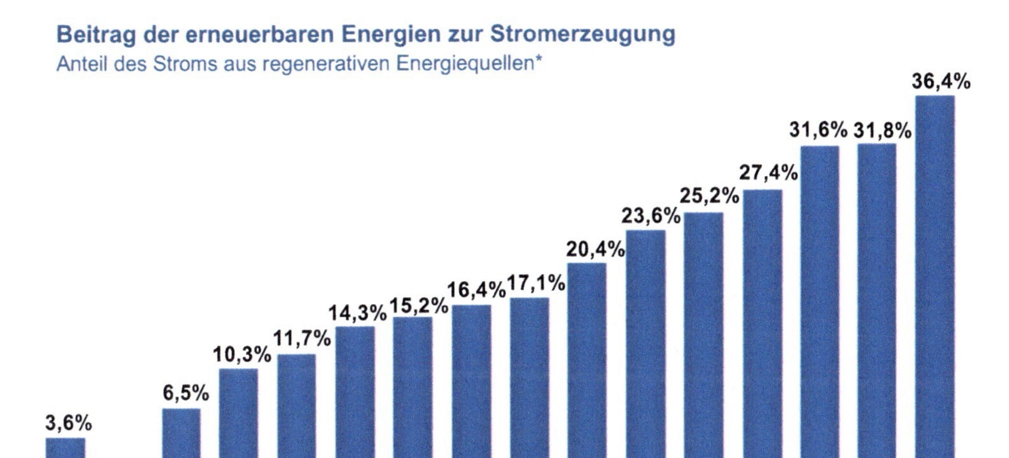

Abb. 3.10 Entwicklung des Beitrags erneuerbarer Energien zur Stromerzeugung 1990 bis 2017

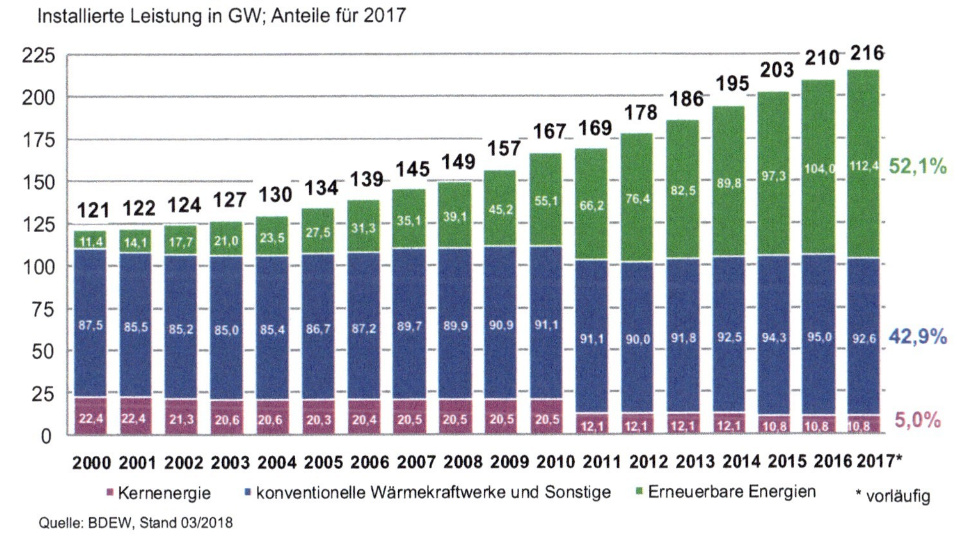

Abb. 3.11 Installierte Stromerzeugungsleistung 2000 bis 2017

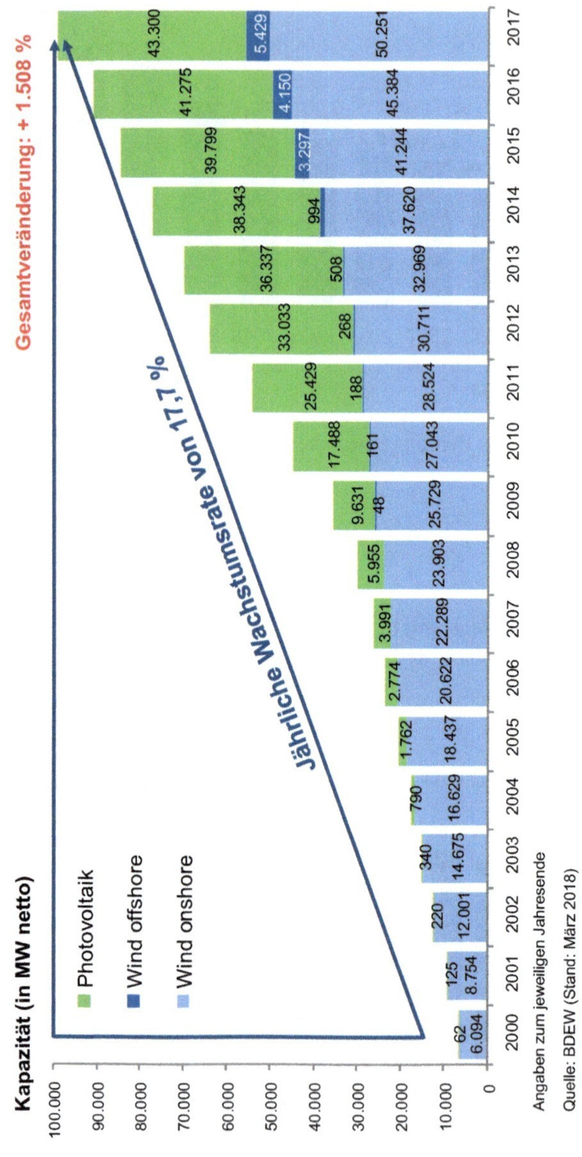

Abb. 3.12 Wachstum von Windenergie und Photovoltaik 2000 bis 2017

Rotorfläche. Mit zunehmender Höhe über dem Erdboden sind stärkere und gleichmäßigere Winde verknüpft.

In den Anfängen der Windkraftnutzung zur Stromerzeugung erfolgte die Einspeisung der elektrischen Energie aus meist kleinen Windkraftanlagen im Multikilowattbereich direkt in das Niederspannungsnetz. Gemessen an der gesamten Stromerzeugung waren die Einspeiseleistungen der Windenergieanlagen (WEA) gering. Die Schwankungen der Einspeisung hatten deshalb keine signifikanten Auswirkungen. Inzwischen liegt in Deutschland die an Land neu installierte Leistung von WEA im Durchschnitt bei rund 3,0 Megawatt. Die heutigen WEA höherer Leistung werden über einen Mittelspannungs-Transformator und eine Mittelspannungs-Schaltanlage an das 10-, 20- oder 36 kV-Mittelspannungsnetz angeschlossen. Große Windkraftanlagen mit Grenzleistungen bis 6 Megawatt und insbesondere Windparks mit 100 Megawatt und mehr speisen zunehmend auch auf höheren Spannungsebenen ein. Sie müssen die Netz- und Systemregeln für Übertragungsnetzbetreiber erfüllen [4]. Die größte kommerziell verfügbare Turbine erreicht 8,0 Megawatt – mit einem Rotor-Durchmesser von 164 Metern.

Insgesamt sind in Deutschland inzwischen (Stand: Ende 2017) rund 28.675 WEA an Land (onshore) mit einer Leistung von 50.777 MW installiert. Die durchschnittliche 2017 an Land errichtete WEA hatte einen Rotordurchmesser von 113 m und eine Nabenhöhe von 128 m.

Besondere technische Anforderungen stellen WEA vor der Meeresküste. Der Vorteil solcher Anlagen auf See besteht insbesondere in der höheren Energieausbeute. Der Wind weht nämlich auf See deutlich stärker und zudem stetiger. Allerdings sind technischer Aufwand und Kosten deutlich höher als bei WEA an Land. Dazu gehören die Verankerung der Anlagen per Fundament bei teilweise großen Meerestiefen und die Anbindung der Windparks an die Stromnetze an Land. Weiterhin muss die Anlage hohen Windgeschwindigkeiten, Wellengang und salzhaltiger Luft standhalten [5].

Die Investitionskosten für Windanlagen an Land werden in der Leistungsklasse 2–4 MW auf 1500 bis 2000 €/kW beziffert. Sie belaufen sich für Offshore-Anlagen in der Leistungsklasse 3–6 MW auf 3100 bis 4700 €/kW. Bei der Windenergie werden Ausnutzungsdauern zwischen 1800 h (Binnenland), 2500 h (Küste) und 4000 bis zu 4500 h pro Jahr (offshore) erreicht. Offshore-Windstrom fließt erstmals seit 2009 von der Nordsee in das deutsche Stromnetz. Bis zum Jahresende 2017 hat sich die Zahl der insgesamt in Deutschland ins Netz einspeisenden Offshore-Windenergieanlagen (OWEA) auf 1169 erhöht. Davon entfielen mit 997 Anlagen 4695 Megawatt auf die Nordsee und mit 172 Anlagen 692 Megawatt auf die Ostsee. Die durchschnittliche Leistung der 2017 errichteten OWEA betrug rund 4,6 MW [6].

Eine zusätzliche Herausforderung bei Offshore-Anlagen stellt die Übertragung der auf hoher See gewonnenen elektrischen Energie zu den Verbrauchszentren an Land dar. Hierzu sind eine Intra-Parkverkabelung der einzelnen Windkraftanlagen auf Mittelspannungsebene sowie die Installation von Hoch- und Höchstspannungskabeln zur Übertragung der durch die Innenparkverkabelung gebündelten Energie zum Land erforderlich. Bei landnahen Offshore-Anlagen erfolgt die Energieübertragung über Drehstromsysteme

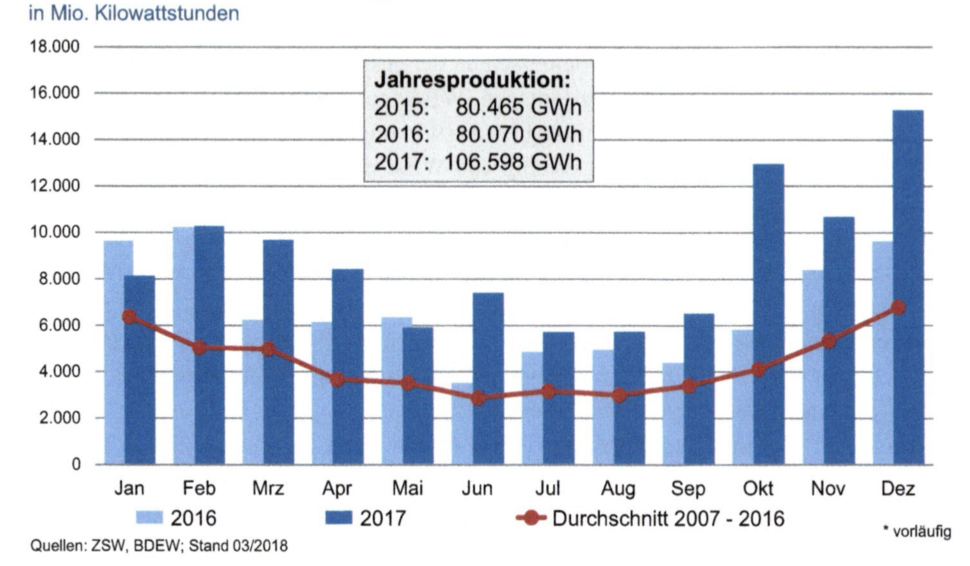

Abb. 3.13 Stromerzeugung aus Windkraftanlagen nach Monaten

mit Mittel- und Hochspannungsdrehstromkabeln. Bei küstenfernen Anlagen kommen nur HGÜ-Kabelverbindungen in Frage [4].

Bei der Hersteller-Industrie für WEA waren in den letzten Jahren insbesondere zwei Trends zu beobachten:

- Starke Konsolidierung auf größere Gesellschaften und
- Verschiebung des globalen Windenergie-Marktes ostwärts nach China und Indien.

Im Jahr 2003 trug nur ein chinesischer Hersteller (Goldwind) zum globalen Windenergiemarkt bei. 2017 gehörten neun asiatische Gesellschaften – darunter acht aus China – zu den TOP 15 Turbinen-Herstellern verglichen mit fünf aus Europa. Der einzige größere Hersteller aus den USA ist GE Renewable.

Die TOP 5 Windturbinen-Lieferanten für den deutschen Markt waren 2017 Enercon (30 %), Vestas (19 %), Siemens Gamesa (18 %), Senvion (14 %) und Nordex Acciona (11 %) – gemessen an der neu installierten Leistung von 6764 MW.

Solarenergie Für die *Nutzung der Solarenergie* zur Stromerzeugung kommen grundsätzlich zwei Verfahren in Betracht [4]:

Tab. 3.5 Marktanteile der 15 größten Windturbinen-Hersteller im Jahr 2017

Unternehmen	Land	2017 installierte Leistung	Marktanteil 2017	Kumulierte installierte Leistung bis Ende 2017
		MW	%	MW
Vestas	Dänemark	8712[1)]	16,7	91.586
Siemens Gamesa	Spanien/ Deutschland	8654[2)]	16,6	84.183
Goldwind	China	5499	10,5	43.586
GE Renewable	USA	3971	7,6	64.420
Enercon	Deutschland	3455	6,6	47.589
Envision	China	3153	6,0	12.060
Nordex Acciona	Deutschland	2699	5,2	24.453
Ming Yang	China	2462	4,7	14.594
Senvion	Deutschland	1955	3,7	17.401
Suzlon	Indien	1357	2,6	16.522
United Power	China	1332	2,6	17.909
CSIC Haizhuang	China	1207	2,3	8375
Sewind	China	1115	2,1	10.122
XEMC	China	948	1,8	9230
Dongfang	China	836	1,6	12.784
Sonstige	–	4795	9,2	79.608
Insgesamt	–	52.150	100	554.422

[1)] Vestas 2017 neu installierte Leistung schließt 50 % der neuen Installationen von MHI Vestas ein, ein Joint Venture zwischen Vestas Wind Systems A/S (50 %) und Mitsubishi Heavy Industries (MHI) (50 %)
[2)] Siemens Gamesas 2017 neu installierte Leistung enthält die von Adwen installierte Kapazität, das Gamesa und Areva Offshore Wind Joint Venture, das 2016 von Gamesa übernommen worden war
Quelle: FTI Intelligence, April 2018

- Bei direkter Nutzung der Solarenergie wird die elektromagnetische Solarstrahlung meist mittels großflächiger Fotodioden, so genannter Solarzellen, direkt in Gleichstrom umgewandelt. Diese direkte Umwandlung bezeichnet man als Photovoltaik.
- Alternativ kann die Solarstrahlung zunächst direkt in die Energieform Wärme umgewandelt werden. Diese wird dann anschließend für die Verdampfung von Wasser in einem konventionellen Dampfkraftwerksprozess eingesetzt. Diesen Prozess bezeichnet man als Solarthermie.

Unter den weltweit im Jahr 2017 zehn bedeutendsten Solarmodul-Herstellern befinden sich neun chinesische Unternehmen.

Photovoltaikanlagen wandeln mit Hilfe von Solarzellen Sonnenenergie direkt in elektrische Energie um. In Deutschland kommen hauptsächlich mono- und polykristalline Solarzellen zum Einsatz. Alternativ können aber auch Dünnschichtenzellen auf Basis von

Tab. 3.6 Ranking der TOP 10 Solarmodul-Hersteller 2017

Rang	Unternehmen	Land	Technologie
1	Jinko Solar	China	SMSL
2	Trina Solar	China	SMSL
3	Canadian Solar*	Kanada	SMSL
4	JA Solar	China	SMSL
5	Hanwha Q-Cells	China	SMSL
6	GCL-SI	China	SMSL
7	LONGi Solar	China	SMSL
8	Risen Energy	China	•
9	Shungfeng (incl. Suntech)	China	•
10	Yingli Green	China	•

* Produktion in China
Die TOP 10 – Solarmodul-Hersteller verkauften 2017 57 GW, wobei die sieben Silicon Module Super League Anbieter auf den ersten Plätzen rangieren
Quelle: Solar Media Limited 2018; https://www.pv-tech.org/editors-blog/top-10-module-suppliers-in-2017

Silizium oder anderen Halbleitermaterialien, wie zum Beispiel Cadmium-Tellurid, eingesetzt werden. Solarzellen bestehen aus einem Halbleitermaterial, das unter dem Einfluss von Sonnenlicht Elektronen in Bewegung setzt und damit Strom erzeugt. Der erzeugte Gleichstrom kann über einen Wechselrichter in Wechselstrom umgewandelt und ins Netz eingespeist werden [2].

Zwischen folgenden Photovoltaikanlagen mit Modulen auf Basis von kristallinen Silizium-Solarzellen kann unterschieden werden:

- Dachinstallierte Kleinanlagen (5–15 kWp)
- Dachinstallierte Großanlagen (100–1000 kWp) und
- Freiflächenanlagen (meist größer 2 MW).

Die Investitionskosten für PV-Anlagen zur Stromerzeugung sind – für fertiginstallierte Aufdachanlagen mit einer Leistung zwischen 10 und 100 kWp – mit etwa 1200 €/kW zu veranschlagen. Davon entfallen etwa 45 % auf die PV-Panels und 55 % auf die Balance of System (BoS)-Komponenten einschließlich Wechselrichter. Sie sind seit dem Jahr 2006, als sich die Investitionskosten noch auf fast 5000 €/kW beliefen, um rund 75 % gesunken [7]. Bei der Nutzung von Photovoltaik-Anlagen werden bei den in Deutschland bestehenden Verhältnissen 800 bis 1000 Volllaststunden pro Jahr erreicht.

„In solarthermischen Systemen fokussieren Spiegel die ankommende Strahlung entweder unmittelbar auf einem auf erhöhtem Niveau zentral angeordneten Wärmetauscher (Turmkonzept) oder auf verteilte Wärmetauscher mit nachgeschaltetem konzentriertem Dampferzeuger (Farmkonzept). Um die Fokussierung zu ermöglichen, muss die Strahlung gerichtet sein. Solarthermische Systeme eignen sich daher nur für Gegenden mit geringer

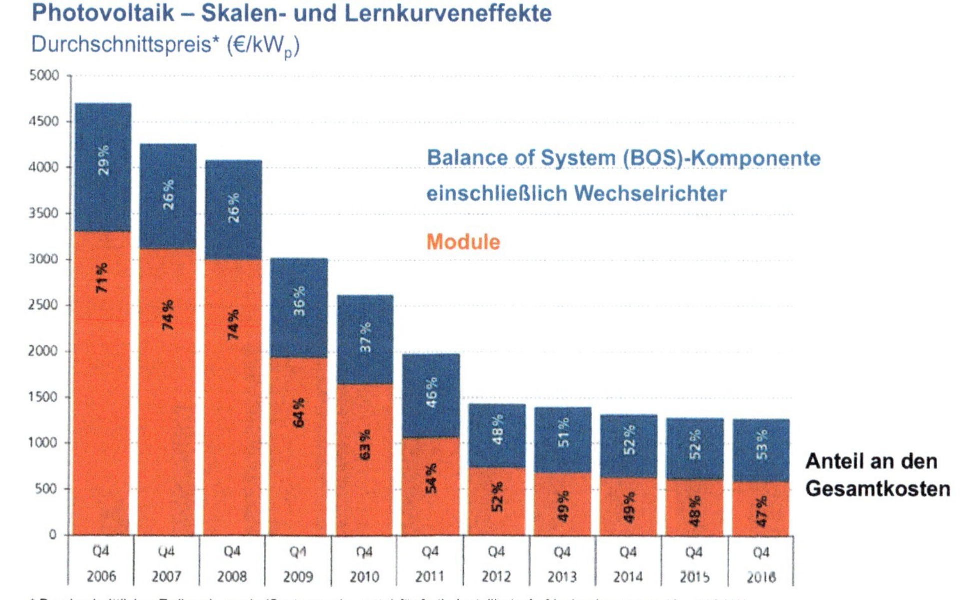

Abb. 3.14 Lernkurveneffekte bei der Photovoltaik

Luftfeuchte in der Atmosphäre. Da die Anlagen im Wesentlichen die mit geringer Dichte einfallende Sonnenenergie auf eine kleine Fläche konzentrieren, spricht man auch von Solarkondensatoren (CSP-Technologie, engl: Concentrated Solar Power)“ [4].

Deutsche Unternehmen sind am Andasol-Komplex in der spanischen Provinz Granada beteiligt. Die dort installierten drei Anlagen haben eine Kapazität von insgesamt 150 Megawatt. Für die Umwandlung der einfallenden Sonneneinstrahlung wird bei allen Andasol-Kraftwerken die Parabolrinnen-Technik eingesetzt. Dabei wird Sonnenlicht mit Spiegeln auf ein Absorberrohr fokussiert. Das darin enthaltene synthetische Wärmeträger-Öl wird durch die gebündelte Sonnenstrahlung auf 400 °C erhitzt. Mit diesem Öl wird Dampf erzeugt, der die Kraftwerksturbinen antreibt. Damit das Kraftwerk auch bei fehlender Sonneneinstrahlung Energie zu liefern in der Lage ist, kann das Wärmeträger-Öl alternativ durch einen Salzspeicher geleitet werden.

„Solarthermische Anlagen besitzen gegenüber Photovoltaik-Anlagen einen entscheidenden Vorteil. Überschüssige, zunächst in Form von Wärme anfallende Energie lässt sich in Wärmespeichern speichern und bei Bedarf zeitlich versetzt und deterministisch in Strom umwandeln“ [4].

Wasserkraft Physikalisches Grundprinzip bei der Nutzung der *Wasserkraft* ist die Umwandlung der Bewegungsenergie (Strömung) sowie der potenziellen Energie (d. h. der

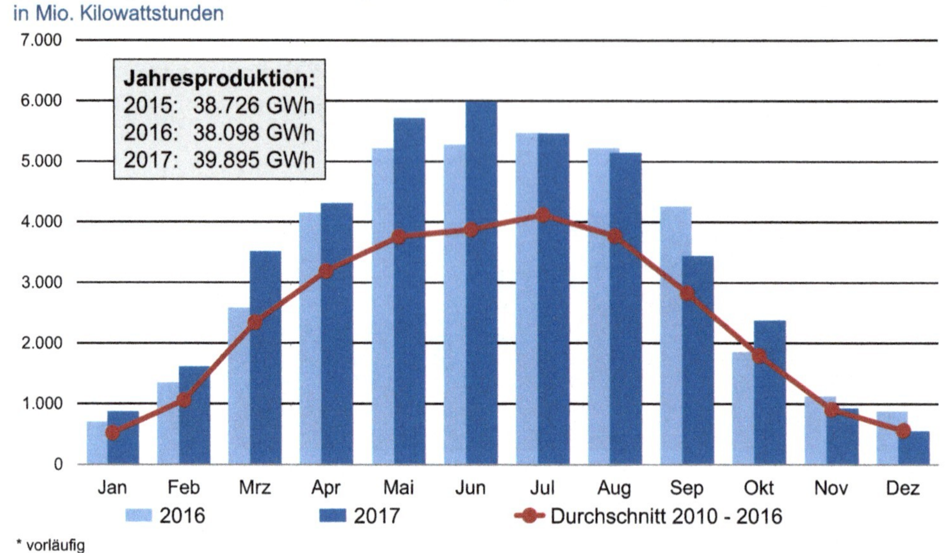

Abb. 3.15 Stromerzeugung aus Photovoltaikanlagen nach Monaten

Höhendifferenz an Aufstauungen) in nutzbare Energie. Zur Umwandlung des Potenzials der Wasserkraft in nutzbare Energie werden Turbinen eingesetzt.

Prinzipiell kann zwischen Laufwasser-, Speicher- Pumpspeicher- und Gezeitenkraftwerken unterschieden werden.

Das Laufwasserkraftwerk nutzt die natürliche Strömung von Flüssen und Bächen. Zur Erhöhung der potenziell nutzbaren Energie erfolgt in den meisten Fällen auch eine Aufstauung des Wassers durch ein Wehr. Die Investitionskosten für große Anlagen werden in einer Bandbreite von 1600 bis 2300 €/kW angegeben. Typische Ausnutzungsdauern sind bei Laufwasserkraftwerken 4000 bis 6000 h pro Jahr.

Das Speicherkraftwerk nutzt Wasser aus höher gelegenen Wasserzuflüssen, das in Bergseen bzw. Speicherbecken, häufig erweitert durch eine Staumauer bzw. Talsperre, aufgestaut wird, zur Stromerzeugung. Beim Talsperren-Kraftwerk befinden sich die Turbinen am Fuß der Staumauer. Beim Bergspeicherkraftwerk wird ein in der Höhe liegender See über Druckrohrleitungen mit der im Tal liegenden Kraftwerksanlage verbunden. Während in Laufwasserkraftwerken Fallhöhen von einigen Metern abgearbeitet werden, können die Fallhöhen von Speicherkraftwerken weit darüber hinausgehen. So nutzt das seit 1991 in Betrieb befindliche Speicherkraftwerk TAIPU (Brasilien/Paraguay) beispielsweise eine Fallhöhe von 113 m. Dort sind 18 Turbinen mit einer Leistung von jeweils 700 Megawatt installiert. Gemessen an der Gesamtleistung wird dieses Speicherkraftwerk

Abb. 3.16 Stromerzeugung aus Wasserkraftanlagen nach Monaten

von dem 3-Schluchten-Kraftwerk in China mit 26 Turbinen von jeweils 700 MW noch übertroffen [4]. Aufgrund der topografischen Bedingungen in Deutschland ist der Anteil der Speicherkraftwerke an der Gesamtleistung von Wasserkraftwerken relativ gering [5].

Eine Sonderform der Speicherkraftwerke sind die so genannten Pumpspeicherkraftwerke. In diesen Anlagen wird das Wasser von einem Unterbecken in ein höher gelegenes Speicherbecken gepumpt. Von dort kann die potenzielle Energie im Bedarfsfall wieder abgerufen werden. Pumpspeicherkraftwerke bieten somit die Möglichkeit, während Schwachlastzeiten bei niedrigen Strompreisen Wasser vom Unterbecken in das höher gelegene Oberbecken zu pumpen und dort den aufgewandten Pumpstrom in Form potenzieller Energie des Wassers zu speichern. Zu Spitzenlastzeiten und hohen Strompreisen lässt man das Wasser durch die Turbinen zurückströmen. Dadurch wird die potenzielle Energie wieder in Strom zurückgewandelt; es erfolgt eine „Veredlung" des Stroms [4]. Pumpspeicherkraftwerke werden nicht durch natürliche Wasservorkommen, sondern durch aus dem Tal gepumptes Wasser aufgefüllt [5]. Strom aus Pumpspeicherkraftwerken wird deshalb im Unterschied zu Strom aus Speicherkraftwerken mit natürlichen Zuflüssen nicht den erneuerbaren Energien zugerechnet.

„Gezeitenkraftwerke nutzen die von den Gezeiten der Weltmeere im Sechs-Stunden-Rhythmus bereitgestellte Strömungsenergie. Man unterscheidet im Wesentlichen zwischen Gezeitenkraftwerken mit Nutzung der potenziellen Energie aufgestauten Meerwassers und solchen, die ähnlich wie Windkraftwerke die kinetische Energie der Meerwasserströmung nutzen. Bei ersteren wird unter der Voraussetzung eines sehr hohen Tidenhubs eine geeignete Meeresbucht durch einen Damm mit Wehr- und Kraftwerkshaus abgetrennt. Das so gebildete Speicherbecken wird bei steigender Flut gefüllt und wandelt so kinetische Energie in potenzielle Energie um. Bei Rückgang der Flut wird diese wieder abgearbeitet (Rance-Mündung bei St. Malo). Nur selten rechtfertigen die geografischen Gegebenheiten den Bau eines die potenzielle Energie nutzenden Gezeitenkraftwerks. Alternativ gibt es aktuelle Pilotprojekte zur direkten Nutzung der kinetischen Energie strömenden Wassers“ [4]. Gezeitenkraftwerke haben gegenüber Wind- und PV-Anlagen den Vorteil, dass die gewonnene elektrische Energie deterministisch anfällt. Diesem Vorteil stehen allerdings hohe Investitions- und Wartungskosten gegenüber.

Biomasse Die Anlagen zur Stromerzeugung verwenden unterschiedliche Einsatzstoffe, die durch feste, flüssige oder gasförmige Konsistenz gekennzeichnet sein können. So kann Bioenergie zum Beispiel

- aus eigens landwirtschaftlich angebauten Pflanzen (z. B. Mais, Weizen, Zuckerrüben, Raps, Sonnenblumen, Ölpalmen),
- aus schnellwachsenden Gehölzen, die auf landwirtschaftlichen Flächen angebaut werden (sogenannte Kurzumtriebsplantagen),
- aus Holz aus der Forstwirtschaft oder
- aus biogenen Abfall- und Reststoffen aus Land- und Forstwirtschaft, Haushalten, Industrie

gewonnen werden.

„Man unterscheidet zwischen Biomassekraftwerken mit rieselfähigen Brennstoffen und solchen mit flüssigen oder gasförmigen Brennstoffen. Während im ersteren Holzhackschnitzel oder aus Sägemehl, Spänen oder Stroh gepresste Holzpellets verfeuert werden, verwenden letztere zuvor in Biomasse-Konvertern gewonnene, flüssige und gasförmige Kraftstoffe für Verbrennungskraftmaschinen. Ihr Drehmoment wird zum Antrieb von Drehstromgeneratoren genutzt, ihre Abwärme für Heizzwecke. Biogasanlagen können durch Zusammenschluss mehrerer landwirtschaftlicher Betriebe mit Tierhaltung größere Mengen Biogas erzeugen. Dieses wird direkt in Blockheizkraftwerken mit auf Gas umgerüsteten Dieselmotoren zur Stromerzeugung eingesetzt oder nach Methananreicherung und Reinigung in ein Ferngasnetz eingespeist“ [4].

Die Investitionskosten für Biomasse-Anlagen weisen eine große Spannweite auf – abhängig unter anderem von der Größe der Anlage, aber auch von der installierten Technik. Für KWK-Anlagen im Bereich $5\,MW_{el}$ bis $20\,MW_{el}$ werden die Investitionskosten – bei gleichzeitiger Wärmeauskopplung ($35\,MW_{th}$ bis $150\,MW_{th}$) – in einer Größenordnung zwischen 3000 und $3500\,€/kW_{el}$ veranschlagt. Die spezifischen Anlagekosten von Biogasanlagen liegen zwischen 2000 und 4000 €/kW [5].

Im Unterschied zu Strom aus Wind und Sonne kann Biomasse bzw. Bioenergie deterministisch in Strom umgewandelt werden; der Zeitpunkt der Stromerzeugung ist also planbar. Damit hat der Strom einen höheren Wert als Strom aus Anlagen mit stochastisch auftretender starker Leistungsänderung.

Geothermie Die Anlagen nutzen die im Inneren der Erde vorhandene Wärme. „Wenn man von der Erdoberfläche in die Tiefe vordringt, findet man auf den ersten 100 m Tiefe eine nahezu konstante Temperatur von etwa 10 °C vor. Danach steigt die Temperatur mit jeden weiteren 100 Metern, je tiefer man kommt, im Mittel um 3 °C an. Dies nennt man Erdwärme (Geothermie) und man kann sie mit verschiedenen technischen Verfahren zur Energiegewinnung nutzen" [5]. Grundsätzlich wird zwischen Tiefengeothermie und oberflächennaher Geothermie unterschieden. Als oberflächennahe Geothermie gilt die Nutzung der Erdwärme aus bis zu 400 m Tiefe. Zur Nutzung der tiefen Geothermie werden Bohrlöcher von bis zu 5 km Tiefe gebohrt. Die oberflächennahe Erdwärme wird für Heizwerke genutzt (mittels Wärmepumpen). Die Erdwärme, die aus der Tiefengeothermie kommt, soweit das Temperaturniveau hoch genug ist, auch für die Stromerzeugung in Betracht. Dem Vorteil, dass der Strom aus der Tiefengeothermie unabhängig von Witterungseinflüssen bereitgestellt werden kann, stehen als Nachteile die in Deutschland geringen Potenziale an kostengünstig erschließbarer Geothermie für die Stromerzeugung gegenüber.

Erneuerbare-Energien-Gesetz (EEG) Das EEG hat die Grundlage für den Ausbau der erneuerbaren Energien geschaffen und sie von einer Nischenexistenz zu einer der tragenden Säulen der deutschen Stromversorgung werden lassen. Die Stromerzeugung aus erneuerbaren Energien war in den vergangenen drei Dekaden auf Basis der folgenden Gesetze gefördert worden, die schrittweise Neuregelungen unterzogen wurden:

- Stromeinspeisegesetz vom 07.12.1990
- Erneuerbare-Energien-Gesetz 2000 (EEG 2000)
- Erneuerbare-Energien-Gesetz 2004 (EEG 2004)
- Erneuerbare-Energien-Gesetz 2009 (EEG 2009)
- Erneuerbare-Energien-Gesetz 2012 (EEG 2012)
- Novellierung des EEG 2012 durch die PV-Novelle
- Erneuerbare-Energien-Gesetz 2014 (EEG 2014)
- Gesetz zur Einführung von Ausschreibungen für Strom aus erneuerbaren Energien und zu weiteren Änderungen des Rechts der erneuerbaren Energien (EEG 2017).

Dank der in diesen Gesetzen verankerten Regelungen hat sich der Anteil erneuerbarer Energien an der Deckung des gesamten Stromverbrauchs bis zum Jahr 2017 im Vergleich zum Jahr 2000 auf rund ein Drittel verfünffacht.

Im Zuge des starken Ausbaus der erneuerbaren Energien sind die Stromgestehungskosten für neue Anlagen teilweise deutlich gesunken. Zu den Ursachen zählen Lernkurveneffekte – etwa bei der Photovoltaik – oder der Übergang auf größer dimensionierte Einheiten – beispielsweise bei Windenergie. Für 2017 werden die Stromgestehungskosten neuer Anlagen für die verschiedenen Technologien wie folgt beziffert [8]:

Wind offshore: 7–14 Cent/kWh,
Wind onshore: 4–8 Cent/kWh,
Photovoltaik: 4–11 Cent/kWh,
Laufwasser: 5–15 Cent/kWh,
Biogas: 10–15 Cent/kWh,
Geothermie: > 20 Cent/kWh.

Insbesondere bei Biomasse variieren die Stromgestehungskosten – je nach Größe, Auslegung der Anlage und eingesetztem Brennstoff. Sie können unter 10 Cent/kWh liegen, aber durchaus auch 20 Cent/kWh erreichen.

3.1.2 Vom 1. Januar 1991 bis zum 31. Juli 2014 gültiger Förderrahmen

Mit dem Erneuerbare-Energien-Gesetz wurde am 1. April 2000 das bereits seit dem Jahr 1991 gültige Stromeinspeisungsgesetz abgelöst. Eine weitere Verbesserung der Bedingungen, zu denen Netzbetreiber aus erneuerbaren Energien eingespeisten Strom zu vergüten haben, erfolgte mit dem am 1. August 2004 in Kraft getretenen Gesetz für den Vorrang erneuerbarer Energien.

Im EEG, das Teil des Gesetzes zur Neuregelung des Rechts der erneuerbaren Energien im Strombereich vom 21. Juli 2004 ist, war als Ziel verankert, den Anteil der erneuerbaren Energien an der Stromversorgung auf mindestens 12,5 % bis zum Jahr 2010 (Verdoppelung gegenüber 2000) und auf mindestens 20 % im Jahr 2020 zu steigern. Des Weiteren war – zusätzlich zum Klima- und Umweltschutz – auch der Naturschutz mit in den Gesetzeszweck aufgenommen worden.

Das EEG regelt den Anschluss von Anlagen zur Erzeugung von Strom aus erneuerbaren Energien und aus Grubengas in Deutschland an die Netze für die allgemeine Versorgung mit Elektrizität. Es wird die vorrangige Pflicht zur Abnahme, Übertragung und Vergütung des Stroms durch die Netzbetreiber rechtlich verankert. Der Strom aus erneuerbaren Energien wird zum größten Teil – unabhängig von Schwankungen der Marktpreise – mit festen Sätzen vergütet. Die im Gesetz festgelegte Einspeisevergütung wird den Stromerzeugern in der Regel für 20 Jahre in gleicher Höhe garantiert. Dabei orientiert sich die Höhe der Vergütungssätze an den Herstellungskosten der unterschiedlichen Erzeugungsarten.

Ferner enthält das Gesetz eine Regelung über den bundesweiten Ausgleich des abgenommenen und vergüteten Stroms zwischen den Netzbetreibern und schlussendlich den Stromlieferanten. Außerdem war der Kreis der energieintensiven Unternehmen des Produ-

Tab. 3.7 Installierte Leistung zur Stromerzeugung aus erneuerbaren Energien in Deutschland 1990 bis 2017

Jahr[1]	Wasser-kraft[2]	Wind onshore	Wind offshore[3]	Biomasse[4]	Photo-voltaik	Geo-thermie	Gesamt
	MW						
1990	3982	55	0	129	2	0	4168
1995	4348	1121	0	227	18	0	5714
2000	4831	6097	0	703	114	0	11.745
2005	5210	18.248	0	2352	2056	0,2	27.866
2010	5407	26.823	80	5463	18.006	8	55.787
2015	5589	41.297	3283	7467	39.224	34	96.984
2016	5601	45.454	4132	7669	40.716	39	103.611
2017	5608	50.469	5407	7987	42.394	39	111.904

[1] Stand jeweils zum Jahresende
[2] Darstellung der installierten elektrischen Leistung von Wasserkraftanlagen inklusive Pumpspeicherkraftwerken mit natürlichem Zufluss
[3] Anlagen mit Netzanschluss
[4] feste, flüssige, gasförmige Biomasse, Deponie- und Klärgas, biogener Anteil des Abfalls
Quelle: Bundesministerium für Wirtschaft und Energie, Zeitreihen zur Entwicklung der erneuerbaren Energien in Deutschland, Stand: Februar 2018

zierenden Gewerbes, für die eine Begrenzung der Belastungen aus dem EEG vorgesehen ist, im Vergleich zu den vorher geltenden Bestimmungen erweitert worden.

Zum 1. Januar 2009 war das „Gesetz zur Neuregelung des Rechts der Erneuerbaren Energien im Strombereich und zur Änderung damit zusammenhängender Vorschriften vom 25.10.2008" in Kraft getreten. Die wichtigsten Neuregelungen dieser EEG-Novelle bezogen sich auf die Vergütungs- und Degressionssätze sowie die optionale Direktvermarktung von Strom aus EEG-Anlagen.

Für das Inbetriebnahmejahr 2009 wurden die Vergütungssätze zum Teil kräftig heraufgesetzt. Ferner war die Degression für Investitionen in den Folgejahren – mit Ausnahme der Photovoltaik – deutlich entschärft worden.

So wurden die Vergütungssätze bei Wasserkraft für Neuanlagen bis 5 MW, für modernisierte/revitalisierte Anlagen und für die Erneuerung von Anlagen ab 5 MW im Vergleich zum EEG 2004 mit Wirksamkeit zum 01.01.2009 angehoben. Auch für Strom aus Deponie-, Klär- und Grubengas, aus kleinen Biomasse-Anlagen sowie aus Geothermie und aus Windkraft wurden die Vergütungssätze aufgestockt. Demgegenüber erfolgten für Strom aus solarer Strahlungsenergie leichte Absenkungen der Vergütungssätze.

Die Direktvermarktung von Strom aus EEG-Anlagen durch die Anlagenbetreiber war ab Jahresbeginn 2009 für die Zeitperiode von einem Kalendermonat bei vorheriger monatlicher Ankündigungsfrist vollständig sowie hinsichtlich eines prozentualen Teils des Stroms aus einer EEG-Anlage möglich.

Tab. 3.8 Beitrag der erneuerbaren Energien zur Stromerzeugung in Deutschland 1990 bis 2017

Jahr	Wasser-kraft[1]	Wind onshore	Wind offshore	Bio-masse[2]	Photo-voltaik	Geo-thermie	Gesamt
	GWh (brutto)						
1990	17.426	72	0	1435	1	0	18.934
1995	21.780	1530	0	2010	7	0	25.327
2000	21.732	9703	0	4731	60	0	36.226
2005	19.638	27.774	0	14.354	1282	0,2	63.048
2010	20.953	38.371	176	33.925	11.729	28	105.182
2015	18.977	72.340	8284	50.341	38.726	133	188.801
2016	20.546	67.650	12.274	50.926	38.098	175	189.669
2017	19.800	88.667	17.947	51.393	39.895	155	217.857

[1] bei Pumpspeicherkraftwerken nur Stromerzeugung aus natürlichem Zufluss
[2] feste, flüssige, gasförmige Biomasse, Deponie- und Klärgas; bis 1998 nur Einspeisung in das Netz der allgemeinen Versorger; Anteil des biogenen Abfalls in Abfallverbrennungsanlagen zu 50 % angesetzt, ab 2008 nur Siedlungsabfälle, ab 2013 inkl. Stromerzeugung aus Klärschlamm
Quelle: Bundesministerium für Wirtschaft und Energie, Zeitreihen zur Entwicklung der erneuerbaren Energien in Deutschland, Stand: Februar 2018

Mit dieser Novelle des EEG war das Ziel verknüpft, „den Anteil erneuerbarer Energien an der Stromversorgung bis zum Jahr 2020 auf mindestens 30 % und danach kontinuierlich weiter zu erhöhen."

Am 6. Mai 2010 hatte der Deutsche Bundestag Absenkungen der Vergütungen für Solarstrom im Erneuerbare-Energien-Gesetz (EEG) beschlossen. Diese Absenkungen betrafen allerdings nicht Anlagen, die vor Inkrafttreten dieser EEG-Novelle bereits angeschlossen waren. Sie galten vielmehr für installierte Neuanlagen, um vor dem Hintergrund der gesunkenen Kosten für Solaranlagen Fehlanreize durch Überförderung zu vermeiden.

Nach Anrufung des Vermittlungsausschusses durch den Bundesrat hatte der Deutsche Bundestag am 8. Juli 2010 dessen Beschlussempfehlung angenommen. Danach wurde die Kürzung der Photovoltaikförderung in voller Höhe erst seit dem 1. Oktober 2010 wirksam.

Am 30. Juni 2011 hatte der Deutsche Bundestag eine umfassende Novelle des EEG beschlossen. Darunter fielen eine Neuregelung der Boni-Systeme für die Bioenergie sowie Veränderungen bei den Einspeisetarifen. Die zum 1. Januar 2012 in Kraft getretenen Neuregelungen bei den Einspeisetarifen stellten sich für die wichtigsten erneuerbaren Energiequellen wie folgt dar:

- Bei Wind onshore wurde die Vergütungsstruktur gemäß EEG 2009 im Grundsatz fortgeführt. Allerdings war die Degression für neu in Betrieb genommene Anlagen, die gemäß EEG 2009 jedes Jahr um 1 % abgesenkt wurde, auf 1,5 % erhöht worden.
- Für Wind offshore wurde die Vergütung durch Integration der Sprinterprämie (2 ct/kWh) in die Anfangsvergütung erhöht. Damit stieg diese von 13 auf 15 ct/kWh. Durch Verschiebung des Degressionsbeginns von 2015 auf 2018 und die Einführung

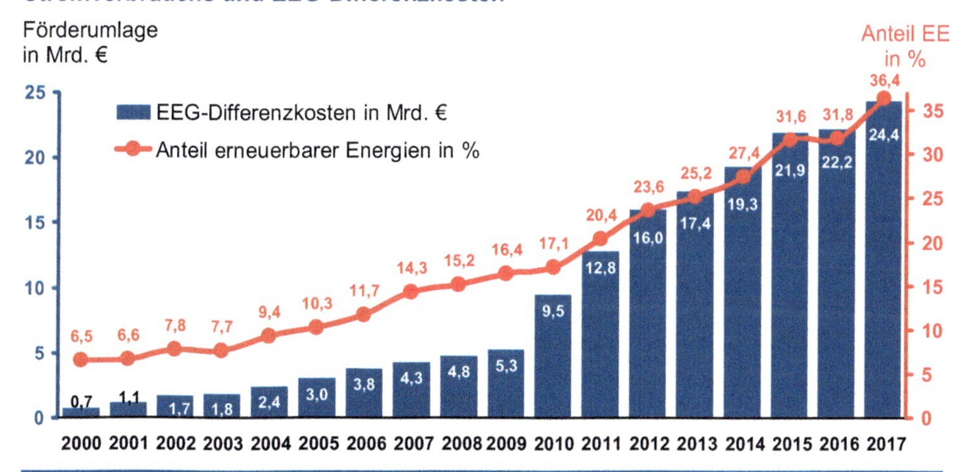

Abb. 3.17 Anteil erneuerbarer Energien an der Deckung des Stromverbrauchs und Förderbeiträge der deutschen Stromverbraucher 2000 bis 2017

eines sogenannten Stauchungsmodells nahm die Anfangsvergütung auf 19 ct/kWh zu, wurde aber nur für acht statt für 12 Jahre gewährt.

- Bei Photovoltaik wurde die Degressionsregelung gemäß EEG 2009 im Prinzip beibehalten.
- Für Biomasse wurde ein vereinfachtes Vergütungssystem mit vier leistungsbezogenen Anlagenkategorien (Grundvergütung zwischen 6 und 14,3 ct/kWh) im Gesetz verankert.

Ende Juni 2012 waren mit der sogenannten Photovoltaik-Novelle umfangreiche Änderungen bei der Vergütung von Photovoltaik-Strom beschlossen worden. Das Ergebnis war als „Gesetz zur Änderung des Rechtsrahmens für Strom aus solarer Strahlungsenergie und weiteren Änderungen im Recht der erneuerbaren Energien" am 23. August 2012 mit folgenden Eckpunkten im Bundesgesetzblatt veröffentlicht worden:

- Neugestaltung der Vergütungsklassen und Größenbegrenzung auf 10.000 kW.
- Festlegung der Vergütungssätze rückwirkend ab 1. April 2012 zwischen 19,5 und 13,5 ct/kWh.
- Begrenzung des Gesamtausbauziels für die geförderte Photovoltaik in Deutschland auf 52 GW. Ferner wurde ein jährlicher Ausbaukorridor von 2,5 bis 3,5 GW festgelegt.
- Bauabhängige Steuerung der Degression der Fördersätze für Neuanlagen („atmender Deckel"). So war vorgesehen worden, bei Überschreiten des Ausbaukorridors die De-

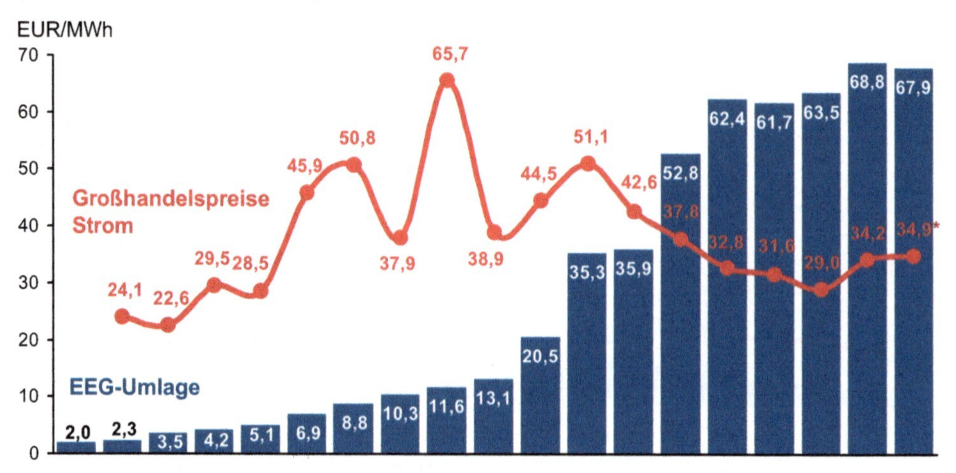

Abb. 3.18 Entwicklung der Großhandelspreise für Strom und der EEG-Umlage 2000 bis 2018

gression in Stufen von 1,0 bis 2,8 % anzuheben und sie bei Unterschreitung entsprechend abzustufen bzw. auszusetzen.

- Unter den Begriffen „Marktintegrationsmodell und Eigenverbrauchsbonus“ war für Anlagen zwischen 10 und 1000 kW nur noch eine Vergütung von 90 % der gesamten erzeugten Strommenge gemäß EEG vorgesehen worden.

Nach drei Jahren mit Rekord-Ausbauzahlen (2010 bis 2012) von jeweils rund 7500 MW pro Jahr bewegte sich der Ausbau 2013 mit ca. 3300 MW erstmals wieder entlang des vorgesehenen Pfads von 2500 bis 3500 MW.

Im Jahr 2013 hatte sich die gesamte Vergütung für EEG-Strom-Einspeisungen auf 21.913 Mio. € belaufen.

Die EEG-Einspeisungen sind niedriger als der Gesamtbeitrag erneuerbarer Energien zur Stromversorgung. Ursachen sind: Die Einspeisung aus Wasserkraft wird gemäß EEG grundsätzlich nur bei Anlagen bis 5 MW gefördert. Für Strom aus Wasserkraft, der in Anlagen mit einer installierten Leistung von mehr als 5 MW erzeugt wird, besteht ein Anspruch auf finanzielle Förderung nur für den Strom, der der Erhöhung des Leistungsvermögens der Anlage aufgrund einer wasserrechtlich zugelassenen Ertüchtigungsmaßnahme zuzurechnen ist. Der als regenerativ definierte Strom aus Müll ist nicht vom EEG erfasst. Andererseits wird die Stromerzeugung aus Grubengas durch das EEG gefördert, wobei Grubengas keine erneuerbare Energie ist. Die Strommenge aus erneuerbaren Energien ohne EEG-Vergütungsanspruch hatte 2013 bei 26.660 GWh gelegen.

Tab. 3.9 Strommengen nach dem Erneuerbare-Energien-Gesetz

	Einheit	2000[1)]	2005	2010	2015	2016
Wasserkraft, Gase[2)]		4114	4953	5665	5348	5948
Gase[2)]		–	3136	1963	1437	1434
Biomasse		586	7367	25.155	40.629	41.016
Geothermie	[GWh]	–	0	28	133	175
Windkraft an Land		5662	27.229	37.619	70.922	66.324
Windkraft auf See (offshore)		–	–	174	8162	12.092
Solare Strahlungsenergie		29	1282	11.729	36.100	34.490
EEG-Strommenge gesamt[3)]	[GWh]	10.391	43.967	82.332	162.731	161.479
Davon festvergütete Strommenge	[GWh]	10.391	43.967	80.699	49.565	43.880
Davon direktvermarktete Strommenge[4)]	[GWh]	–	–	1587	112.277	117.599
Davon Eigenversorgung	[GWh]	–	–	46	889	k. A.
Gesamte EE-Strommenge	[GWh]	36.226	63.048	105.182	188.801	189.669
Davon ohne EEG-Vergütungsanspruch	[GWh]	25.835	19.081	22.850	26.070	28.190

[1)] Rumpfjahr: 1. April bis 31. Dezember 2000
[2)] Deponie-, Klär- und Grubengas erstmals 2004 gesondert aufgeführt
[3)] Einschließlich der selbstverbrauchten Strommengen mit EEG-Vergütungsanspruch; Nachkorrekturen (2002 bis 2010) sind, da die zusätzlichen Einspeisungen für Vorjahre nach Wirtschaftsprüfer-Bescheinigungen nicht Energieträgern zugeordnet werden können, hier nicht enthalten. EEG-Strommenge gesamt 2016 gemäß Nachkorrektur
[4)] EEG-Strommengen, welche über die Marktprämie (ab 2012), über das Grünstromprivileg oder über sonstige Direktvermarktung direkt vermarktet wurden
Quelle: Bundesministerium für Wirtschaft und Energie, Zeitreihen zur Entwicklung der erneuerbaren Energien in Deutschland, Stand: Februar 2018; Bundesministerium für Wirtschaft und Energie, EEG in Zahlen: Vergütungen, Differenzkosten und EEG-Umlage 2000 bis 2018, Stand: 16. Oktober 2017

Mit 125.693 GWh entfielen 2013 rund 82,5 % des aus erneuerbaren Energien erzeugten Stroms von insgesamt 152.353 GWh unter die Förderung des EEG. Die Belastungen der Stromverbraucher aus dem EEG (EEG-Differenzkosten) wurden für 2013 auf rund 17,4 Mrd. € veranschlagt. Für 2015 wurden die EEG-Differenzkosten in Höhe von 21,9 Mrd. € ermittelt (2014: 19,3 Mrd. €.)

„Die Übertragungsnetzbetreiber vermarkten den EEG-Strom an der Strombörse für kurzfristigen Stromhandel, dem sog. Spotmarkt (EPEX Spot). Die Differenz aus der Summe der an die Anlagenbetreiber gezahlten Vergütungen und den in der Summe am Spotmarkt erlösten (geringeren) Preise wird in der EEG-Umlage abgebildet, welche von den Stromverbrauchern getragen wird. Konkret bestimmen die Übertragungsnetzbetreiber die EEG-Umlage (1) aus der Differenz zwischen den prognostizierten Einnahmen und Ausga-

Tab. 3.10 Entwicklung der durchschnittlichen EEG-Vergütung pro Sparte von 2000 bis 2016

Jahr	Wasserkraft	Deponie-, Klär-, Grubengas	Biomasse	Geothermie	Wind onshore	Wind offshore	Solare Strahlungsenergie	Durchschnittliche Vergütung
	ct/kWh							
2000	7,3	•	9,3	•	9,1	•	50,7	8,5
2005	7,4	7,0	10,8	15,0	9,0	•	53,0	10,2
2010	8,3	7,2	16,9	20,6	8,9	15,0	43,4	16,3
2011	9,6	7,4	19,2	20,7	9,2	15,0	39,6	18,3
2012	9,3	7,3	18,3	21,7	10,2	16,6	35,2	18,3
2013	9,4	7,3	18,8	23,9	9,9	17,1	32,0	17,9
2014	9,5	7,1	18,9	24,8	9,8	17,4	30,7	17,6
2015	9,4	7,1	18,9	23,0	9,7	18,4	30,1	16,9
2016	9,5	7,1	19,0	24,9	9,4	18,7	30,3	17,0

Quelle: Bundesministerium für Wirtschaft und Energie, EEG in Zahlen: Vergütungen, Differenzkosten und EEG-Umlage 2000 bis 2018, Stand: 16. Oktober 2017

ben für das folgende Kalenderjahr sowie (2) aus der Differenz zwischen den tatsächlichen Einnahmen und den tatsächlichen Ausgaben zum Zeitpunkt der Berechnung der EEG-Umlage“ [9]. 2009 betrug die EEG-Umlage noch 1,31 Cent/kWh, 2013 bereits 5,277 Cent/kWh und im Jahr 2017 sogar 6,88 Cent/kWh. Für 2018 wurde die EEG-Umlage leicht abgesenkt, und zwar auf 6,79 Cent/kWh.

3.1.3 Erneuerbare-Energien-Gesetz 2014

Am 1. August 2014 war eine Reform des Gesetzes für den Ausbau erneuerbarer Energien in Kraft getreten (EEG 2014). Als Ziel dieser Novelle war insbesondere genannt worden, den weiteren Kostenanstieg spürbar zu bremsen, den Ausbau der erneuerbaren Energien planvoll zu steuern und die erneuerbaren Energien besser an den Markt heranzuführen.

Zur Senkung der Kosten des weiteren Ausbaus erneuerbarer Energien in der Stromerzeugung konzentriert sich das EEG 2014 auf vergleichsweise günstige Technologien wie Windenergie und Photovoltaik. Bestehende Überförderungen wurden abgebaut, Boni gestrichen und die Fördersätze schrittweise abgesenkt. Während die durchschnittliche Vergütung für neue Anlagen vor Inkrafttreten der Regelungen des EEG 2014 zirka 17 ct/kWh betrug, erfolgte ab 2015 für Betreiber neuer Anlagen nach Angaben des BMWi eine Absenkung auf im Schnitt nur noch etwa 12 ct/kWh.

Der Vertrauensschutz bleibt allerdings gewährleistet. So wird die Stromproduktion aus bestehenden Anlagen weiterhin nach dem Fördersatz vergütet, der bei Inbetriebnahme gültig war. Auch für die Beteiligung der Eigenstromversorger an der EEG-Umlage gilt der Bestandsschutz zumindest solange die Anlage nicht modernisiert wird.

Tab. 3.11 Entwicklung der EEG-Vergütungssumme von 2000 bis 2016

Jahr	Wasserkraft	Deponie-, Klär-, Grubengas	Biomasse	Geothermie	Wind onshore	Wind offshore	Solare Strahlungsenergie	Summe[2]
	Millionen €							
2000	396[1]	–	75	–	687	–	19	1177
2005	364	219	795	0,0	2441	–	679	4498
2010	421	83	4240	6	3316	26	5090	13.182
2011	231	36	4476	4	4165	85	7766	16.763
2012	428	52	6265	6	4936	120	9202	21.008
2013	513	58	6788	19	4895	155	9485	21.913
2014	490	115	7234	24	5423	253	10.412	23.950
2015	497	101	7688	31	6837	1502	10.848	27.504
2016	561	102	7806	44	6238	2267	10.456	27.471

[1] einschließlich Deponie-, Klär- und Grubengas
[2] Summe aus Vergütungs- und Prämienzahlungen sowie Einnahmen aus Vermarktung der Strommengen nach § 20 EEG (Marktprämie)
Quelle: Bundesministerium für Wirtschaft und Energie, EEG in Zahlen: Vergütungen, Differenzkosten und EEG-Umlage 2000 bis 2018, Stand: 16. Oktober 2017

Zur besseren Steuerung des Ausbaus erneuerbarer Energie wurden im EEG 2014 für jede Erneuerbare-Energie-Technologie konkrete Mengenziele (sog. Ausbaupfade) für den jährlichen Zubau festgelegt.

- Solarenergie: jährlicher Zubau von 2500 Megawatt (brutto),
- Windenergie an Land: jährlicher Zubau von 2500 Megawatt (netto); netto heißt: der Austausch älterer Anlagen (Repowering) wird nicht einberechnet,
- Windenergie auf See: Installation von 6500 Megawatt bis 2020 und 15.000 Megawatt bis 2030,
- Biomasse: jährlicher Zubau um bis zu 100 Megawatt (brutto).

Die konkrete Mengensteuerung erfolgt gemäß EEG 2014 bei Photovoltaik, Windenergie an Land und Biomasse über einen sog. „atmenden Deckel". Das heißt: werden mehr neue Anlagen zur Erneuerbare-Energien-Erzeugung gebaut als nach dem Ausbauplan vorgesehen, sinken automatisch die Fördersätze für weitere Anlagen. Bei Windenergie auf See gibt es einen festen Mengendeckel.

Ein Kernanliegen des EEG 2014 ist die verbesserte Integration der erneuerbaren Energien in den nationalen und europäischen Strommarkt. Zu diesem Zweck werden Betreiber von größeren Neuanlagen verpflichtet, den von ihnen erzeugten Strom direkt zu vermarkten. Diese Pflicht ist stufenweise eingeführt worden, damit alle Marktakteure sich darauf einstellen können:

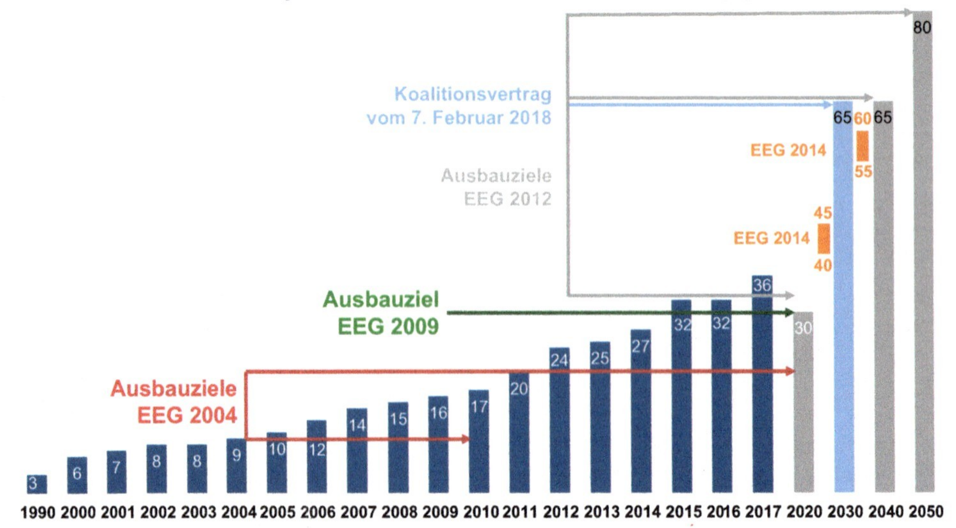

Abb. 3.19 Ausbauziele für erneuerbare Energien an der Strombereitstellung gemäß EEG

- seit 1. August 2014: alle Neuanlagen ab einer Leistung von 500 Kilowatt,
- ab 1. Januar 2016: alle Neuanlagen ab einer Leistung von 100 Kilowatt.

Zudem wurde geregelt, dass die Förderhöhe ab 2017 wettbewerblich über Ausschreibungen bestimmt werden soll. Letzteres erfolgte nicht zuletzt auch auf Druck der EU.

3.1.4 Erneuerbare-Energien-Gesetz 2017

Am 8. Juli 2016 hatten Bundestag und Bundesrat den vom Bundesministerium für Wirtschaft und Energie vorgelegten „Entwurf eines Gesetzes zur Einführung von Ausschreibungen für Strom aus erneuerbaren Energien und zu weiteren Änderungen des Rechts der erneuerbaren Energien“ (Erneuerbare-Energien-Gesetz – EEG 2017) beschlossen. Der Verabschiedung des Gesetzes war ein umfassender Konsultationsprozess vorangegangen, in dem der Systemwechsel bei der Förderung erneuerbarer Energien mit Bundesländern, Verbänden und Unternehmen breit diskutiert worden ist.

Vor dem Systemwechsel basierte die Förderung erneuerbarer Energie auf einer Preissteuerung, bei der die Förderhöhe administrativ festgelegt wurde. Für kleine Anlagen wird dies auch mit dem am 1. Januar 2017 in Kraft getretenen Erneuerbare-Energien-Gesetz – EEG 2017 beibehalten. So können Betreiber neuer Anlagen, deren installierte Leistung bis zu 100 Kilowatt (kW) beträgt, weiterhin eine administrativ festgelegte Einspeisevergütung erhalten. Anlagen, deren installierte Leistung größer als 100 kW ist, müssen den erzeugten Strom direkt vermarkten. Sie vertreiben den Strom selbst oder beauftragen einen Direktvermarkter, der den Strom am Strommarkt anbietet. „Die Differenz zwischen durchschnittlichem Marktpreis und dem anzulegenden Wert wird in diesen Fällen als sogenannte Marktprämie ausgezahlt, wobei der anzulegende Wert bis zum Inkrafttreten der EEG-Novelle im Jahr 2017 grundsätzlich der administrativ festgelegten Vergütung entsprach“ [9].

In dem System der staatlichen Preissteuerung war es in der Vergangenheit immer wieder zur Überförderung bestimmter Erzeugungsformen, wie der Photovoltaik, gekommen. „Durch das EEG 2017 wurde die Förderung nun für neue, große Erzeugungsanlagen von der beschriebenen Preissteuerung auf eine Mengensteuerung in Form eines Ausschreibungssystems umgestellt. Betroffen sind, abgesehen von Ausnahmen, alle Anlagen ab einer installierten Leistung von 750 kW. So sollen künftig mehr als 80 % des Zubaus über das Ausschreibungsverfahren erfasst werden“ [9].

Das jährliche Ausschreibungsvolumen neu zu installierender Leistung von Windenergieanlagen an Land, Windenergieanlagen auf See, größeren Solar- und Biomasseanlagen wird gemäß EEG 2017 zu gesetzlich geregelten Zeitpunkten durch die Bundesnetzagentur ausgeschrieben. Betreiber von Anlagen zur Erzeugung von Strom aus erneuerbaren Energien bieten im Rahmen dieser Ausschreibungen um die Höhe der Förderung, die sie für den wirtschaftlichen Betrieb der Anlage benötigen. Den Zuschlag erhalten die Anlagen, die die geringsten Förderbeiträge geboten haben, solange bis das Volumen der jeweiligen Ausschreibungsrunde erschöpft ist [9].

Bereits 2015 waren erste Pilotausschreibungen für Photovoltaik-Freiflächenanlagen durchgeführt worden. Dieses Modell, das auf diese Weise getestet wurde, soll gemäß EEG 2017 auch bei den anderen Erneuerbare-Energien-Technologien zur Regel werden.

Das Bundesministerium für Wirtschaft und Energie hatte als zentrale Ziele des mit dem EEG 2017 eingeführten Ausschreibungsmodells folgende Punkte genannt:

1. Bessere Planbarkeit: Der im EEG 2014 festgelegte Ausbaukorridor für erneuerbare Energien soll eingehalten werden. Durch die Ausschreibungen soll der zukünftige Ausbau effektiv gesteuert werden.
2. Mehr Wettbewerb: Die Ausschreibungen sollen den Wettbewerb zwischen Anlagenbetreibern fördern – auf diese Weise werden die Kosten des Erneuerbaren-Ausbaus gering gehalten. Das Grundprinzip hierbei: Erneuerbarer Strom soll nur in der Höhe vergütet werden, die für einen wirtschaftlichen Betrieb der Anlagen erforderlich ist.
3. Hohe Vielfalt: Von großen Firmen bis zu kleinen Genossenschaften – die Akteursvielfalt unter den Anlagenbetreibern soll erhalten bleiben und allen Akteuren faire Chancen einräumen. Diesem Ziel dient die Bagatellgrenze von grundsätzlich 750 kW. Darüber hinaus wurde ein einfaches und transparentes Ausschreibungsdesign gewählt, das auf die Herausforderungen kleinerer Akteure zugeschnitten ist. Bei der Windenergie an Land erhalten lokale Bürgerenergiegesellschaften außerdem gezielte Erleichterungen innerhalb der Ausschreibung.

Das neue Vergütungsmodell konzentriert sich auf Technologien, die den größten Beitrag zur Erreichung der Ausbauziele des EEG 2017 leisten sollen – nämlich Windenergie an Land, Windenergie auf See und solare Strahlungsenergie sowie mit deutlichen Abstrichen Biomasse. Jede Technologie wird individuell behandelt: Denn ein Ausschreibungssystem für die großen Windparks auf See muss anders aussehen als für Photovoltaikanlagen auf Freiflächen. Differenziert nach Technologien sieht das Gesetz folgende Regelungen vor:

Windenergie an Land Bei Wind an Land sollen in den nächsten drei Jahren, d. h. 2017, 2018 und 2019, 2800 MW brutto pro Jahr ausgeschrieben werden. Danach steigt die Ausschreibungsmenge auf 2900 MW brutto pro Jahr. Der bisherige Ausbaupfad wurde 2014 und 2015 wegen des übermäßig starken Windausbaus deutlich überschritten. Mit der Festlegung der Ausschreibungsmenge, einer monatlich gestuften Sonderdegression von jeweils 1,05 % zwischen März und August 2017 und einer Anpassung des atmenden Deckels für den Fall, dass der Zubau über den Korridor ansteigt, bevor die Mengensteuerung durch die Ausschreibungen greift, wird nachgesteuert. Damit wird Vorzieheffekten und den damit verbundenen Marktverzerrungen entgegen gewirkt.

Windenergie auf See (Offshore) Bei Wind auf See sieht das EEG 2017 ein Ausbauziel von 6,5 GW für das Jahr 2020 und von 15 GW für das Jahr 2030 vor. Das Ziel für 2020 wird voraussichtlich um bis zu 1,2 GW überschritten. Um auf einen kontinuierlichen Ausbaupfad zu kommen, werden mit jährlichen 730 MW die Ausschreibungsmengen gleichmäßig auf die Jahre 2021 bis 2030 verteilt. Zudem betont der Bundesminister für Wirtschaft und Energie, dass sich Bund und Länder darüber einig sind, dass bei Wind auf See sowohl die Netzanbindung auf See als auch an Land sichergestellt werden muss, aber zugleich für die betroffene Industrie kein „Fadenriss“ entstehen darf.

Photovoltaik Für die Photovoltaik (PV) sind folgende Regelungen im EEG 2017 verankert [7]:

- Die Eigenversorgung aus PV-Anlagen wird oberhalb einer Bagatellgrenze (ca. 10 kW Nennleistung) mit einer EEG-Umlage belegt.
- Neue Anlagen erhalten nur noch bis zu einer Nennleistung von 100 kW eine feste Einspeisevergütung.
- Für neue Anlagen mit einer Nennleistung von 100 bis 750 kW besteht die Pflicht zur Direktvermarktung.
- Neue Anlagen ab einer Nennleistung von 750 kW sind zur Teilnahme an Ausschreibungen verpflichtet und dürfen nicht zur Eigenversorgung beitragen; das Ausschreibungsvolumen ist auf jährlich 600 MW begrenzt; das entspricht knapp einem Viertel der jährlichen Zielvorgabe.
- Zahlreiche weitere Auflagen, u. a. bezüglich möglicher Errichtungsflächen, Fernsteuerbarkeit, Leistungsdrosselung.

Biomasse Das Ausschreibungsvolumen für Biomasseanlagen (Neuanlagen und Bestandsanlagen) beträgt zwischen 2017 und 2019 jährlich 150 MW und für die Jahre 2020 bis 2022 jährlich 200 MW. Die Ausschreibungsmengen ab 2023 werden bei der nächsten Novelle des EEG festgelegt.

Wasserkraft Bei Wasserkraft wird keine Ausschreibung durchgeführt. Die Zubaupotenziale beschränken sich fast ausschließlich auf Modernisierung und Erweiterung bestehender Wasserkraftanlagen. Die Anzahl der größeren Anlagen mit nennenswertem Modernisierungsbedarf und Erweiterungspotenzial ist verhältnismäßig gering. Es wäre also bei einer Ausschreibung nicht mit einem relevanten Wettbewerb zu rechnen. Aus diesem Grund erhalten diese Anlagen weiterhin eine gesetzlich festgelegte Vergütung, genau wie schon nach dem EEG 2014.

Geothermie Angesichts der geringen Zahl geplanter Einzelprojekte ebenfalls ist nicht von hinreichendem Wettbewerb auszugehen. Auch hier wird es als sinnvoll erachtet, die gesetzlich festgelegte Vergütung nach dem EEG 2014 fortzuführen.

Ergebnisse der Ausschreibungen Bei Photovoltaik wird gemäß EEG 2017 für kleine Dachanlagen, die bis April 2018 in Betrieb gegangen sind, abhängig von der Anlagengröße eine Einspeisevergütung bis zu 12,20 Cent/kWh für 20 Jahre garantiert. Für Anlagen mittlerer Größe von 750 kW bis 10 MW wird die Einspeisevergütung über Ausschreibungen festgesetzt. Das hohe Wettbewerbsniveau in den bisher durchgeführten PV-Ausschreibungsrunden hat zu stetig sinkenden Zuschlagswerten geführt, von 9,17 Cent/kWh in der ersten Runde auf 6,58 Cent/kWh in der Runde von Februar 2017. Der mittlere Zuschlagswert verringerte sich in der Folge weiter, und zwar auf 5,66 Cent/kWh im Juni 2017, auf 4,91 Cent/kWh im Oktober 2017 bis auf 4,33 Cent/kWh im Februar 2018.

Bei den Ausschreibungen für Wind onshore haben sich 2017 vergleichbare Trends abgezeichnet. Im Rahmen der drei 2017 durchgeführten Ausschreibungen haben sich die durchschnittlichen Zuschlagswerte von 5,71 Cent/kWh im Mai 2017 über 4,28 Cent/kWh im August 2017 auf 3,28 Cent/kWh im November 2017 vermindert. Bei den weiteren Ausschreibungsrunden 2018 war ein deutlicher Anstieg auf 4,73 Cent/kWh und 5,73 Cent/kWh zu verzeichnen.

Bei der im April 2017 von der Bundesnetzagentur durchgeführten Ausschreibung von 1550 MW Offshore-Wind-Kapazitäten waren vier Gebote mit 1490 MW berücksichtigt worden. Der durchschnittliche Zuschlagswert lag bei 0,44 Cent/kWh. Der niedrigste Gebotswert betrug 0,00 Cent/kWh. Der höchste Gebotswert, der noch einen Zuschlag erhalten hatte, belief sich auf 6,00 Cent/kWh. Bei der zweiten Ausschreibung 2018 lag der mittlere Zuschlagswert bei 4,66 Cent/kWh. Die Spanne reichte von 0 Cent/kWh bis 9,83 Cent/kWh.

Die Netzanbindung für die bezuschlagten Projekte ist zwischen 2023 und 2025 vorgesehen. Die Projekte erhalten mit dem Zuschlag nicht nur den Anspruch auf die EEG-

Förderung, sondern auch einen – vom Stromverbraucher über die Netzentgelte finanzierten – Netzanschluss und die Möglichkeit, ihren Windpark für die Dauer von 25 Jahren zu betreiben. Die Bundesnetzagentur hat in diesem Zusammenhang darauf hingewiesen, dass auch darin eine erhebliche Förderung steckt.

Gleichwohl haben die niedrigen Zuschlagswerte die Frage aufgeworfen, unter welchen Annahmen den Unternehmen eine Realisierung der Projekte möglich sein könnte. Genannt wurden:

- Erwartete, weitere Kostendegression bei Offshore-Windanlagen
- Bau größerer Turbinen (13–15 MW)
- Einrichtung von Netzanschlüssen, die den Anschluss dieser neuen Turbinengeneratoren erlauben
- Steigende Großhandels-Strompreise auch als Folge erwarteter zunehmender CO_2-Preise.
- Moderate Anforderungen an die Verzinsung des eingesetzten Kapitals, weil die wichtigsten Anteilseigner der bezuschlagten Projekte öffentliche Institutionen sind; dies gilt für EnBW (daran ist das Land Baden-Württemberg beteiligt) und für Dong, jetzt Oersted (zu 50 % im Eigentum des dänischen Staats).

Bei beiden Unternehmen ist somit denkbar, dass die Mehrheitseigner mit den niedrigen Geboten auch politische Ziele zum Ausbau erneuerbarer Energien verfolgen.

Das EEG 2017 sieht gemeinsame Ausschreibungen mit Pilotcharakter vor, in denen Technologien in einen Wettbewerb treten. Die Ergebnisse der ersten technologieübergreifenden Ausschreibung von Photovoltaik und Onshore-Wind waren am 12. April 2018 von der Bundesnetzagentur bekannt gegeben worden. Es waren 54 Gebote im Rahmen dieser Ausschreibung eingegangen, davon 18 für Windenergieanlagen an Land und 36 für Solaranlagen. Zuschläge haben ausschließlich Gebote für Solaranlagen erhalten. Es wurden 32 Zuschläge für Gebote in einem Umfang von 210 MW erteilt. Der durchschnittliche, mengengewichtete Zuschlagswert dieser Ausschreibungsrunde betrug 4,67 Cent/kWh; in der vorangegangenen reinen Solar-Ausschreibung hatte dieser Wert bei 4,33 Cent/kWh gelegen. Der niedrigste Zuschlagswert der gemeinsamen Ausschreibung lag bei 3,96 Cent/kWh; der höchste Zuschlagswert betrug 5,76 Cent/kWh. Von den Geboten, die einen Zuschlag erhalten haben, bezogen sich fünf im Umfang von 31 MW auf Acker- und Grünlandflächen in benachteiligten Gebieten in Bayern und drei mit einem Umfang von 17 MW in Baden-Württemberg. Die nächsten Ausschreibungen sind von der Bundesnetzagentur am 1. August 2018 für Windenergieanlagen an Land angesetzt worden. Als nächster Gebotstermin für Solaranlagen war der 1. Juni 2018 genannt worden.

Mit der Koalitionsvereinbarung von CDU/CSU und SPD vom 14. März 2018 waren weitere Zielvorgaben für die erneuerbaren Energien beschlossen worden. So soll der Anteil der erneuerbaren Energien bereits 2030 bis auf 65 %, gemessen am Bruttostromverbrauch in Deutschland, steigen. Außerdem werden zusätzliche Ausschreibungen für den

Ausbau von Onshore- und von Offshore-Windanlagen sowie von Photovoltaik-Anlagen in den Jahren 2018 und 2019 vorgesehen.

3.1.5 Besondere Ausgleichsregelung für stromkostenintensive Unternehmen

Im Erneuerbare-Energien-Gesetz ist eine Regelung verankert, die dazu dient, die durch die EEG-Umlage entstehende Belastung stromkostenintensiver Unternehmen sowie von Unternehmen, die Schienenbahnen betreiben, zu begrenzen. Das Ziel dieser „Besonderen Ausgleichsregelung" besteht darin, die internationale Wettbewerbsfähigkeit der begünstigten Unternehmen – bei Schienenbahnen die intermodale Wettbewerbsfähigkeit gegenüber anderen Verkehrsmitteln – zu erhalten.

„Diese Begrenzung der Belastung für stromkostenintensive Unternehmen und Schienenbahnen führt zu einer entsprechend höheren EEG-Umlage für private Haushalte, öffentliche Einrichtungen, Landwirtschaft, Handel und Gewerbe sowie diejenigen industriellen Stromabnehmer, die nicht von der ‚Besonderen Ausgleichsregelung' profitieren. Ohne Begrenzung der Belastung wäre aber davon auszugehen, dass die Wettbewerbsfähigkeit stromkostenintensiver Unternehmen im internationalen Wettbewerb sinken und gegebenenfalls eine Produktionsverlagerung ins Ausland stattfinden würde. Solche Produktionsverlagerungen ins Ausland wären nicht nur ein erhebliches Risiko für die Attraktivität des Industriestandorts Deutschland. Sie würden auch zu einer Erhöhung der EEG-Umlage führen, da die Umlage dann auf einen kleineren Letztverbraucherkreis verteilt werden müsste" [10].

Verfahrensablauf Die Begrenzung der EEG-Umlage für eine Strommenge im Rahmen der „Besonderen Ausgleichsregelung" muss beim Bundesamt für Wirtschaft und Ausfuhrkontrolle (BAFA) beantragt werden. Die Antragstellung auf Begrenzung der EEG-Umlage erfolgt auf Basis der Unternehmensdaten im jeweiligen Nachweiszeitraum. Ein Unternehmen, das beispielsweise 2019 von der „Besonderen Ausgleichsregelung" profitieren möchte, musste bis spätestens Ende Juni 2018 einen entsprechenden Antrag beim BAFA stellen (materielle Ausschlussfrist). Dieser Antrag beruht auf den Daten des Nachweiszeitraums (bei stromkostenintensiven Unternehmen in der Regel die letzten drei abgeschlossenen Geschäftsjahre vor dem Zeitpunkt der Antragstellung). Bei Schienenbahnen ist dies stets das letzte abgeschlossene Geschäftsjahr. Das BAFA prüft den Antrag und erlässt einen Bescheid, in dem entweder die Begrenzung der Umlage ausgesprochen oder der Antrag abgelehnt wird. Die Begrenzung der EEG-Umlage gilt dann für den gesamten Strom – abgesehen von der ersten Gigawattstunde (GWh), auf die grundsätzlich die volle EEG-Umlage zu entrichten ist (Selbstbehalt) –, den das Unternehmen in dem Jahr, auf das sich der Antrag gerichtet hat, an den durch die „Besondere Ausgleichsregelung" begünstigten Abnahmestellen selbst verbraucht.

Voraussetzungen der Inanspruchnahme bei stromkostenintensiven Unternehmen Voraussetzung für die Inanspruchnahme der „Besonderen Ausgleichsregelung" ist zunächst, dass das antragstellende Unternehmen einer der Branchen zugeordnet werden kann, die in Anhang 4 des EEG aufgelistet sind. Darin sind große Teile des produzierenden Gewerbes aufgeführt. Die Branchen sind gemäß den Rahmenregelungen der Umwelt- und Energiebeihilfeleitlinien der EU in zwei Listen eingeteilt, für die unterschiedliche Anforderungen an die unternehmensspezifische Stromkostenintensität – definiert als das Verhältnis der Stromkosten zur Bruttowertschöpfung – gelten. „So ist seitens des Unternehmens nachzuweisen, dass die Stromkosten des Unternehmens (bzw. eines selbständigen Unternehmensteils) einen Anteil von mindestens 14 % (Liste 1 der Anlage 4 zum EEG) bzw. 20 % (Liste 2 der Anlage 4 zum EEG) an der Bruttowertschöpfung ausmachten und sein Stromverbrauch an den beantragten Abnahmestellen im letzten abgeschlossenen Geschäftsjahr mindestens 1 Gigawattstunde (GWh) betrug. Durch diese Schwellenwerte ist die ‚Besondere Ausgleichsregelung' deutlich restriktiver als die Vorgaben der EU (UEBLL): Dort wird für die Liste 1 auf Schwellenwerte verzichtet, sodass die betroffenen Branchen unabhängig von der Stromkostenintensität des einzelnen Unternehmens vollständig privilegiert werden können. Diese Liste beinhaltet die Branchen, die den überwiegenden Teil der privilegierten Strommenge enthalten.

Ist ein Unternehmen nicht als Ganzes stromkostenintensiv, so können gegebenenfalls einzelne Teilbereiche die ‚Besondere Ausgleichsregelung' als ‚selbständige Unternehmensteile' in Anspruch nehmen, zum Beispiel bei einem Chemieunternehmen die stromkostenintensive Kunststoffproduktion. Dies gilt aber nur, wenn die Kunststoffproduktion innerhalb des Unternehmens in einem selbständigen Teilbereich erfolgt, das Unternehmen der Liste 1 des Anhangs 4 zuzuordnen ist und die übrigen Tatbestandsvoraussetzungen für diesen Teil des Unternehmens erfüllt werden.

Schließlich muss das antragstellende Unternehmen nachweisen, dass es über ein zertifiziertes Energie- oder Umweltmanagementsystem verfügt. Bei einem Stromverbrauch von unter 5 GWh im letzten abgeschlossenen Geschäftsjahr kann stattdessen auch ein alternatives System zur Verbesserung der Energieeffizienz nachgewiesen werden. Hiermit werden Anreize gesetzt, die vorhandenen Energieverbrauchsminderungspotenziale auch tatsächlich zu nutzen. Damit trägt die ‚Besondere Ausgleichsregelung' zu einem effizienten und sparsamen Umgang mit Energie bei.

Die Wirkung der Begrenzung der ‚Besonderen Ausgleichsregelung' im EEG gestaltet sich (ohne Berücksichtigung der Übergangs- und Härtefallbestimmungen) für stromkostenintensive Unternehmen wie folgt:

1. Wenn ein antragstellendes Unternehmen diese Voraussetzungen erfüllt, so wird die EEG-Umlage für die selbstverbrauchte Strommenge an der begrenzten Abnahmestelle oberhalb der ersten Gigawattstunde auf 15 % der regulären Umlage begrenzt.
2. Zusätzlich wird der maximal zu zahlende Betrag der EEG-Umlage gedeckelt. Dieser Höchstbetrag (auch ‚Cap' bzw. ‚Super-Cap' genannt) hängt von der Stromkostenintensität und der Höhe der Bruttowertschöpfung des Unternehmens ab.

3. Für begrenzte Abnahmestellen mit einem hohen Stromverbrauch, die vom Höchstbetrag profitieren, stellt der Mindestbetrag sicher, dass die Unternehmen mindestens 0,1 ct/kWh (bzw. 0,05 ct/kWh für einige Branchen) für privilegierte Strommengen bezahlen.

Im Gegensatz zu den stromkostenintensiven Unternehmen müssen Schienenbahnen für einen Antrag auf Begrenzung der EEG-Umlage lediglich nachweisen, dass der von ihnen für den Fahrbetrieb verbrauchte Strom unter Ausschluss etwaiger rückgespeister Energie mehr als 2 GWh betrug. Ist diese Voraussetzung erfüllt, so wird die EEG-Umlage auf Antrag für die gesamte Strommenge auf 20 % der regulären Umlage begrenzt" [10].

Ermittlung der Stromkostenintensität 2016 war mit der Durchschnittsstrompreis-Verordnung (DSPV) ein neues Verfahren zur Ermittlung der Stromkostenintensität in Kraft getreten. Danach werden die maßgeblichen Stromkosten über die Multiplikation des Stromverbrauchs des Unternehmens mit einem durchschnittlichen Strompreis von Unternehmen mit ähnlichen Stromverbräuchen ermittelt. Damit ist eine im Vergleich zur Praxis in der vorangegangen Zeit – stärkere Standardisierung für die Berechnung der Stromkosten verbunden.

Privilegierte Strommenge Im Antragsverfahren 2016 für das Begrenzungsjahr 2017 hatte das BAFA eine Strommenge von insgesamt 105,68 TWh als privilegiert anerkannt. Hiervon entfallen 93,05 TWh entsprechend 88 % auf stromkostenintensive Unternehmen des produzierenden Gewerbes und 12,63 TWh entsprechend 12 % auf Schienenbahnen.

Im Begrenzungsjahr 2017 wurden 2092 Unternehmen und Unternehmensteile begünstigt, 1955 aus dem Kreis des produzierenden Gewerbes und 137 aus dem Bereich Schienenbahnen. Nach Wirtschaftszweigen verteilte sich die privilegierte Strommenge im Begrenzungsjahr 2017 wie folgt:

Metallerzeugung und -bearbeitung:	26,99 TWh
Herstellung von chemischen Erzeugnissen:	25,60 TWh
Landverkehr und Transport in Rohrfernleitungen:	12,63 TWh
Herstellung von Papier, Pappe und Waren daraus:	11,45 TWh
Herstellung von Glas und Glaswaren, Keramik etc.:	7,60 TWh
Herstellung von Gummi- und Kunststoffwaren:	4,07 TWh
Herstellung von Nahrungs- und Futtermitteln:	3,70 TWh
Kokerei und Mineralölverarbeitung:	3,28 TWh
Herstellung von Holz-, Flecht-, Korb- und Korkwaren etc.:	3,14 TWh
Herstellung von Metallerzeugnissen:	1,47 TWh
Sonstige Wirtschaftszweige:	5,75 TWh

Die als TOP 10 ausgewiesenen Wirtschaftszweige repräsentieren somit rund 95 % der im Begrenzungsjahr 2017 privilegierten Strommenge. Aus dem Kreis der Industrieunternehmen, deren Zahl auf insgesamt etwa 46.000 geschätzt wird, profitieren gut 4 % von der

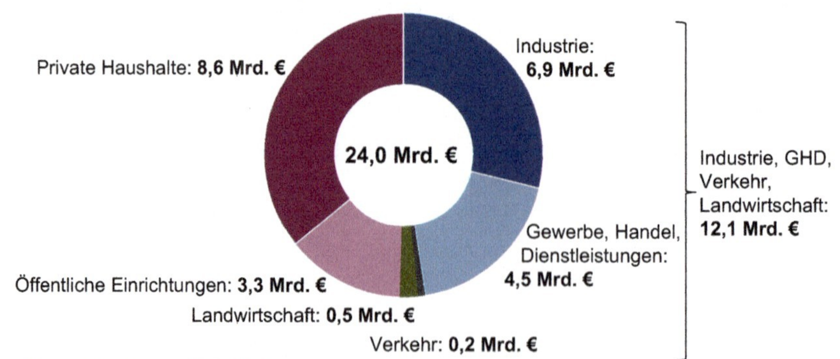

Abb. 3.20 Beitrag der einzelnen Verbrauchergruppen zum Aufkommen der EEG-Umlage 2018

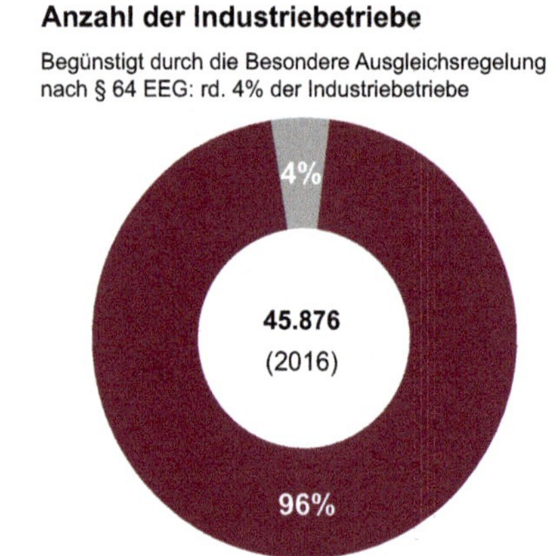

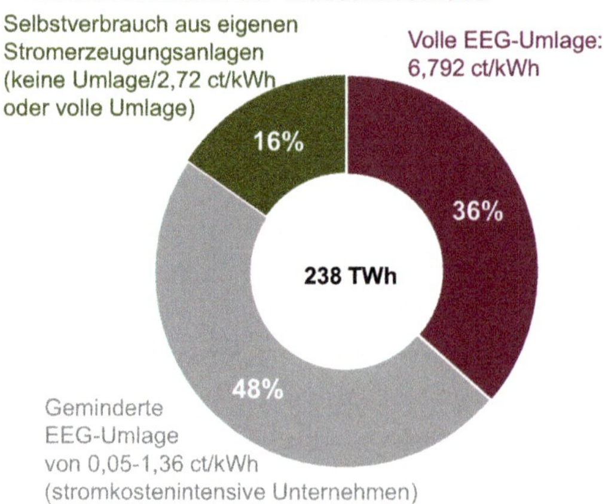

* Betriebe der Abschnitte B (Bergbau, Gewinnung von Steinen und Erden) und C (verarbeitendes Gewerbe) der WZ2008
Quellen: BDEW (eigene Berechnung auf Basis der Angaben zur Prognose der EEG-Umlage 2018 vom 15.10.2017), BAFA, Stat. Bundesamt, IE Leipzig

Abb. 3.21 Entlastung der Industrie im EEG 2018

„Besonderen Ausgleichsregelung“. Die Liste der privilegierten Unternehmen ist auf der Webseite des BAFA abrufbar.

3.1.6 Auswirkungen des EEG auf die Strompreise

Aufgrund des Einspeisevorrangs und garantierter Vergütungssätze nach dem EEG mussten Investoren in EE-Anlagen in der Vergangenheit nicht darauf achten, welchen tatsächlichen Preis ihre erzeugten Strommengen an der Börse erzielen. Vielmehr erhalten sie im ursprünglichen Vermarktungsmodell für ihren Strom stets eine Einspeisevergütung, die durch die EEG-Umlage mit der Stromrechnung an die Verbraucher weitergereicht wird. Der Übertragungsnetzbetreiber ist hingegen nicht nur verpflichtet, den EEG-Strom abzunehmen, sondern auch, ihn an der Börse zu vermarkten. Die erzielten Erlöse aus dem Verkauf des EEG-Stroms mindern dann in der Folge die EEG-Umlage und damit die an die Verbraucher weitergegebenen Kosten. Rutscht der Preis allerdings ins Negative, so entstehen sogar zusätzliche Kosten, da der Strom durch die Einspeisevergütung und zusätzlich durch dessen Abnahme vergütet werden muss.

Ökonomisch betrachtet entstehen negative Börsenpreise dadurch, dass eine preisunelastische Nachfrage nach Strom auf ein (börsen-)preisunelastisches Stromangebot trifft. Ursache für die in der Vergangenheit fehlende Preiselastizität der Stromanbieter ist, dass durch den Einspeisevorrang im EEG die Betreiber von EE-Anlagen keine Anreize haben, ihre Anlagen abzuregeln, wenn die Nachfrage nach Strom bereits gedeckt ist. Dies gilt neben der Einspeisevergütung auch für die Direktvermarktung im Marktprämienmodell, da der Anlagenbetreiber ebenfalls eine angebotsabhängige Strommenge in das Stromnetz einzuspeisen bereit ist, wenn der negative Preis durch die gezahlte Marktprämie überkompensiert wird. So zeigt sich, dass sich 2012 mit der Einführung des Marktprämienmodells die Zahl der Stunden, in denen sich ein negatives Preisniveau eingestellt hat, gegenüber den beiden Vorjahren nichtsdestotrotz deutlich erhöht hatte.

„Verstärkt wird diese Problematik dadurch, dass Strom bislang kaum gespeichert werden kann und vor allem bei nicht regelleistungsfähigen Erzeugungsanlagen (wie bei der Solarenergie und der Windenergie) die Stromproduktion nicht verzögert werden kann. Gleichzeitig versuchen die Produzenten konventioneller Energieträger auftretende Schwankungen zwischen Stromangebot und -nachfrage durch eine Anpassung der Produktion in den Grund- und Mittellastkraftwerken aufzufangen. Da diese Kraftwerke jedoch gewisse Anlaufzeiten benötigen, ist es teilweise nicht möglich, sie im Falle negativer Börsenpreise für eine geringe Stundenzahl komplett vom Stromnetz zu nehmen.

In den vergangenen Jahren konnten bereits mehrmals Situationen mit negativem Preisniveau beobachtet werden. In solchen Fällen entstehen durch den EEG-Strom in doppelter Hinsicht Kosten, da sowohl die Erzeugung mittels fixer Einspeisetarife als auch die Abnahme bei negativen Preisen durch die EEG-Umlage finanziert werden müssen. Konkret kommt es bislang insbesondere an windstarken Tagen zu negativen Börsenpreisen. Da bei einer Windenergieanlage keine Brennstoffkosten anfallen, erzeugen diese Anlagen

Windstrom zu Grenzkosten von (nahezu) 0 €/MWh und können so (nahezu) kostenlos Strommengen nach dem Prinzip ‚produce and forget' erzeugen. Behält man den Einspeisevorrang bei, dann wird sich das Problem negativer Börsenpreise bei einem weiter steigenden Anteil von EEG-Strom immer mehr zuspitzen" [11].

Neben diesen spezifischen Effekten wirkt sich das EEG ganz grundsätzlich auf die Großhandelspreise für Strom aus. So übt das wachsende Angebot an Strom aus erneuerbaren Energien eine Preis dämpfende Wirkung auf die Strompreise an der Börse aus. „Es verringert die Nachfrage nach konventionellem Strom, verdrängt entsprechend der Merit-Order (Einsatzreihenfolge von Kraftwerken nach deren kurzfristigen Grenzkosten) Kraftwerke mit höheren variablen Kosten und sorgt damit dafür, dass Kraftwerke mit vergleichsweise niedrigeren variablen Kosten preissetzend werden. Folglich sinkt der Strompreis auf der Großhandelsebene" [11].

Entsprechend sinken die Einnahmen der Erzeuger von Strom in konventionellen Anlagen. Inwieweit andere Marktakteure wie Stromlieferanten und Stromverbraucher vom Merit-Order-Effekt profitieren, hängt u. a. von der Wettbewerbssituation bzw. der Höhe der EEG-Umlage und der Betroffenheit von zusätzlichen Belastungen durch eine wegen des Merit-Order-Effekts erhöhte EEG-Umlage ab. Ein sinkender Großhandelspreis führt nämlich ceteris paribus zu einer erhöhten EEG-Umlage, die von den Verbrauchern zu tragen ist, die nicht unter die „Besondere Ausgleichsregelung" des EEG fallen.

Am 16. Oktober 2017 hatten die vier deutschen Übertragungsnetzbetreiber (ÜNB) die Prognose der 2018 zu erwartenden Einspeisung aus regenerativen Stromerzeugungsanlagen nach dem EEG sowie die daraus resultierende EEG-Umlage für das Jahr 2018 veröffentlicht. Danach wird die EEG-Umlage 2018 auf 6,790 ct/kWh im Vergleich zu 2017 mit 6,880 ct/kWh festgelegt.

Neben der EEG-Umlage wirken sich weitere Abgaben und Umlagen auf die von den Verbrauchern zu zahlenden Strompreise aus. Dazu gehören die Offshore-Haftungsumlage und die § 19-StromNEV-Umlage, mit der Netzentgeltreduzierungen nach § 19 Stromnetzentgeltverordnung (StromNEV) ausgeglichen werden, und die Umlage für abschaltbare Lasten.

3.1.7 Verteilungseffekte des EEG

Die Monopolkommission hatte bereits in dem 2013 vorgelegten Sondergutachten auf ein weiteres Problemfeld hingewiesen, mit dem u. a. auch Verteilungsimplikationen verbunden sind.

Aufgrund der gesunkenen Gestehungskosten für die Solarstromerzeugung und stetig steigender Energieverbraucherpreise für aus dem Netz bezogenen Strom ist inzwischen eine „Netzparität" erreicht worden. Damit ist gemeint, dass selbst erzeugter Solarstrom keine höheren Erzeugungskosten hat als der über das Netz bezogene „Fremdstrom." Während im Preis für Netzstrom Netznutzungsentgelte, Konzessionsabgabe, EEG-, KWK- und andere Umlagen enthalten sind, fallen diese Kosten beim Eigenverbrauch von selbst erzeugtem Strom nicht an. Dies führt dazu, dass zwar Stromnetzinfrastruktur (im Falle der Photovoltaik zur Bedarfsdeckung in sonnenarmen Stunden) vorgehalten werden muss, diese aber überproportional stark über die Strommengen finanziert werden muss, die aus dem Netz bezogen werden. Dies erklärt sich dadurch, dass die Nutzer des Stromnetzes weitgehend proportional zur bezogenen Strommenge über die Netzentgelte an den Kosten des Netzes beteiligt werden.

Der Anreiz, Solarstrom für den Eigenverbrauch zu erzeugen, wird zusätzlich dadurch noch vergrößert, dass die Vergütungssätze für die Einspeisung von Solarstrom aus neu errichteten Anlagen sinken, während gleichzeitig die Strompreise für Haushaltskunden auf den Endkundenmärkten steigen. So beträgt die Einspeisevergütung für neue Photovoltaik-Anlagen (gemäß EEG 2017) bei der Inbetriebnahme einer Dachanlage bis 10 kWp bis zu 12,2 ct/kWh. Diese Vergütung wird für 20 Jahre garantiert (bei erfolgter Inbetriebnahme bis April 2018). Ein Haushaltskunde, der Strom aus dem Netz bezieht, zahlt dagegen mehr als doppelt so viel pro kWh.

Im Ergebnis findet systembedingt somit eine Umverteilung zwischen den Investoren in Anlagen auf Basis erneuerbarer Energien und Stromverbrauchern statt, die den Strom aus dem Netz beziehen und damit die EEG-Umlage zu finanzieren haben.

Verteilungswirkungen entstehen auch zwischen den verschiedenen Bundesländern, da die Anlagen zur Erzeugung von Solarstrom bevorzugt im Süden der Bundesrepublik Deutschland errichtet werden. Bei Wind sind es die norddeutschen Länder, auf die sich die Investitionen in entsprechende Anlagen besonders konzentrieren.

3.1.8 Integration in die Elektrizitätsversorgung

Mit der fortschreitenden Umstellung der Stromerzeugung auf erneuerbare Energien entstehen zunehmend Disparitäten zwischen den Schwerpunkten der Last (Verbrauchszentren) und der Erzeugung. In der Vergangenheit war die Lastnähe ein wesentliches Kriterium für die Standortentscheidung von Kraftwerken. Dieser Anforderung konnte Rechnung getragen werden, weil der überwiegende Teil der konventionellen Energieträger standortungebunden verfügbar gemacht werden kann. Dies gilt für Kernenergie und – mit wirtschaftlichen Einschränkungen – auch für Steinkohle. Bei Erdgas ist eine Anbindung an das allerdings weit verzweigte Gasleitungssystem vorausgesetzt.

Steinkohlekraftwerke sind bevorzugt an Standorten gebaut worden, die geografisch günstig zu inländischen Bergwerken (Ruhrrevier, Saarrevier, Ibbenbüren) gelegen waren beziehungsweise eine gute Anbindung für die Schifffahrt gewährleistet haben. Dies gilt für die norddeutschen Küsten ebenso wie für Standorte entlang der Rheinschiene. Lediglich bei Braunkohle ist eine ausgeprägte Standortgebundenheit gegeben, da sich ein Transport von Rohbraunkohle über große Entfernungen aufgrund des hohen Wassergehalts dieses Energieträgers nicht rechnet. Allerdings hatte sich in der Vergangenheit stromintensive Industrie im Umfeld der Braunkohlentagebaue angesiedelt, so dass auf diese Weise ei-

Tab. 3.12 EEG-Differenzkosten und Umlagebetrag 2016

Posten	In Mio. €	EEG-Differenzkosten[2]	Kostenanteile EEG-Umlage	In %
		In ct/kWh		
Photovoltaik	9290	26,9	2,62	40,61
Wind onshore	4312	6,5	1,22	18,85
Wind offshore	1947	16,1	0,55	8,51
Biomasse	6286	15,3	1,77	27,48
Geothermie	37	21,2	0,01	0,16
Deponie-, Klär- und Grubengas	51	3,5	0,01	0,22
Wasser	351	5,9	0,10	1,53
Sonstige Kosten und Einnahmen[1]	−96	•	−0,03	−0,42
Ex-post ermittelte EEG-Differenzkosten	22.178	•	6,25	•
Ex-ante prognostizierte EEG-Differenzkosten	23.067	•	6,41	3,89
Verrechnung Kontostand (30. September 2015)	−2521	•	−0,70	−11,02
Liquiditätsreserve	2331	•	0,65	10,19
Umlagebetrag	***22.877***	•	***6,35***	***100,00***

[1] u. a. Profilservicekosten, Kosten für Börsenzulassung und Handelsanbindung, Zinskosten, EEG-Bonus, Nachrüstungskosten 50,2 Hz Problematik sowie Einnahmen für privilegierten Letztverbrauch

[2] Die durchschnittlichen EEG-Differenzkosten über alle Technologien beliefen sich 2016 auf 13,7 ct/kWh; Grundlage der Berechnung sind die EEG-Differenzkosten und die Summe der EEG-Strommengen

Quelle: Bundesministerium für Wirtschaft und Energie, EEG in Zahlen: Vergütungen, Differenzkosten und EEG-Umlage 2000 bis 2018, Stand: 16. Oktober 2017

ne räumliche Nähe zwischen den Schwerpunkten von Stromerzeugung und -verbrauch erreicht worden war.

Insgesamt war damit das Gesamtsystem gemäß dem Grundsatz optimiert worden, dass es in der Regel günstiger ist, den Brennstoff statt den Strom über lange Entfernungen zu transportieren. Entsprechend bestanden in Deutschland sehr weitgehend ausgeglichene Leistungsbilanzen.

Dies hat sich durch den Ausbau von Anlagen auf Basis erneuerbarer Energien geändert. So wird ein Großteil der Erzeugung lastfern aufgebaut. Das gilt insbesondere für die standortgebundenen Offshore-Windparks. Parallel zu dieser Entwicklung fällt mit Stilllegung von Kernkraftwerken die wesentliche Säule der Stromerzeugung in Süddeutschland weg.

Tab. 3.13 Entwicklung der EEG-Differenzkosten von 2000 bis 2016

Jahr	Wasserkraft	Deponie-, Klär-, Grubengas	Biomasse	Geothermie	Wind onshore	Wind offshore	Solare Strahlungsenergie	Sonstige Kosten und Einnahmen**	Summe Differenzkosten
	[Mio. €]	[Mio. €]	[Mio. €]	[Mio. €]	[Mio. €]	[Mio. €]	[Mio. €]	[Mio. €]	[Mio. €]
2000	213	•	42	0	397	0	14	•	667
2001	295	•	105	0	703	0	37	•	1139
2002	329	•	177	0	1080	0	78	•	1664
2003	253	•	224	0	1144	0	145	•	1765
2004	195	103	347	0	1520	0	266	•	2430
2005	193	111	540	0	1518	0	636	•	2997
2006	168	84	896	0	1529	0	1090	•	3765
2007	121	46	1307	0	1428	0	1436	•	4338
2008	81	25	1565	2	1186	0	1960	•	4818
2009	25	−4	1991	2	608	3	2676	•	5301
2010	192	55	3000	4	1647	19	4465	146	9528
2011	263	95	3522	3	2145	57	6638	55	12.777
2012	223	53	4576	4	2945	92	7939	210	16.041
2013	304	58	5183	16	3179	122	8252	265	17.379
2014	301	54	5674	20	3669	208	9141	189	19.256
2015	294	46	6094	25	4645	1262	9556	−30	21.891
2016	351	51	6286	37	4312	1947	9290	−96	22.178

* Deponie-, Klär- und Grubengas erstmals 2004 gesondert aufgeführt

** u. a. Profilservicekosten, Kosten für Börsenzulassung und Handelsanbindung, Zinskosten, EEG-Bonus, Nachrüstungskosten 50,2 Hz Problematik sowie Einnahmen für privilegierten Letztverbrauch

Quelle: Bundesministerium für Wirtschaft und Energie, EEG in Zahlen: Vergütungen, Differenzkosten und EEG-Umlage 2000 bis 2018, Stand: 16. Oktober 2017

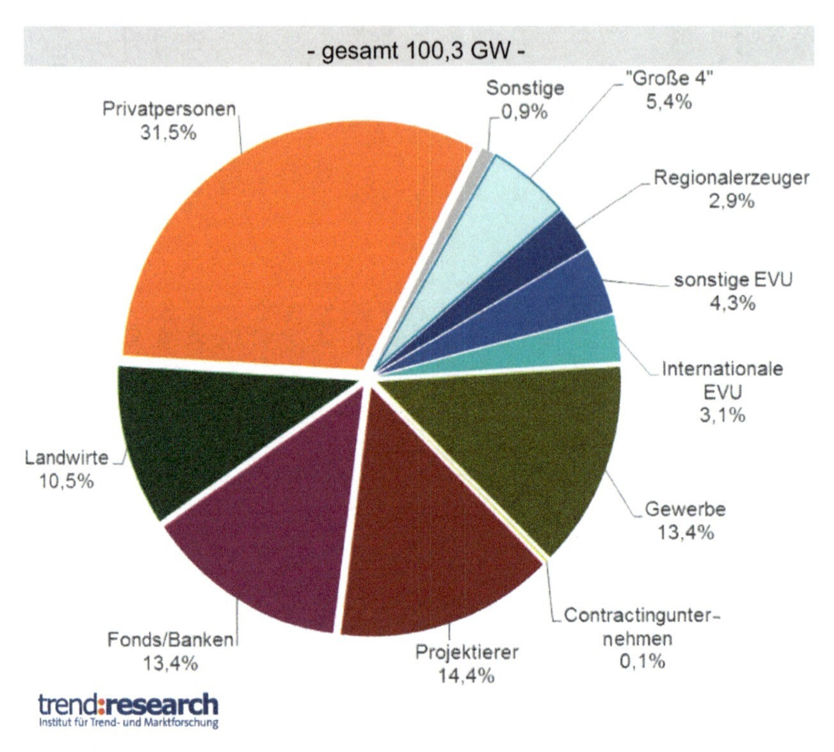

Abb. 3.22 Anteile einzelner Gruppen von Marktakteuren an Erneuerbare-Energien-Anlagen in Deutschland 2016

Eine Kompensation über einen starken Ausbau der Stromtransportnetze in Nord-/Südrichtung ist deshalb unverzichtbar.

Ein weiteres Problem entsteht durch die Volatilität der Stromerzeugung aus erneuerbaren Energien – insbesondere Onshore- und Offshore-Wind aber auch Photovoltaik.

Für die Situationen mit hohem Windstromangebot, die mit wachsendem Ausbau der Windanlagen künftig noch weiter verschärft auftreten werden, ist ein umfangreicher Ausbau des Transportnetzes notwendig. Dies, um die erzeugte Windstrommenge zu den Verbrauchszentren im Inland beziehungsweise ins Ausland zu transportieren, ohne dass es zu einer Netzüberlastung und damit zu einem Zusammenbruch der Versorgung kommt.

Auch der massive Ausbau der Photovoltaik schafft eine vergleichbare Problematik. Die Höhe der Stromdarbietung ist abhängig von der Sonneneinstrahlung, die kurzfristigen (aufgrund von Wolkenbildung), tageszeitlichen (Tag/Nacht) und saisonalen (Sommer/Winter) Schwankungen unterliegt. Zur Aufnahme des Stroms in das Netz ist dessen Ausbau auf der Nieder- und Mittelspannungsebene erforderlich.

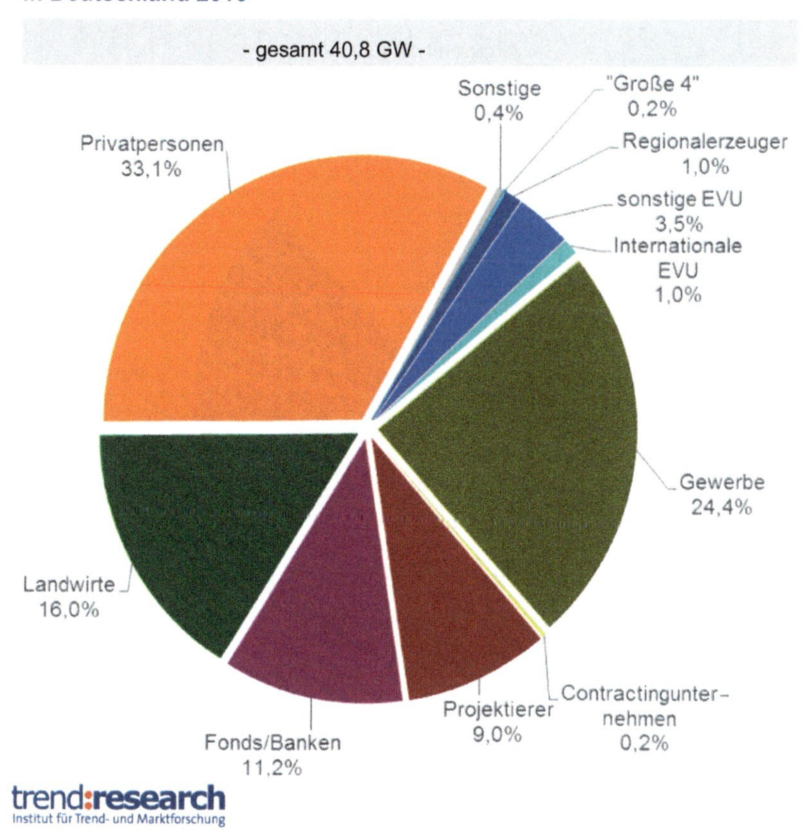

Abb. 3.23 Anteile der Eigentümergruppen an Photovoltaik-Anlagen in Deutschland 2016

Zur Aufrechterhaltung der Sicherheit der Versorgung („gesicherte Leistung") ist deshalb – neben dem Ausbau der Leitungssysteme – das Vorhalten einer ausreichenden Kapazität an konventionellen Kraftwerken notwendig. Neue fossil gefeuerte Kraftwerke werden auf die Anforderung, in hohem Maße zur Regelung beitragen zu können, technisch optimiert. Bestehende Kraftwerke sind im Rahmen der technischen Machbarkeit entsprechend nachgerüstet worden.

Nur wenn es in Zukunft gelingt, die mangelnde Stetigkeit der regenerativen Stromerzeugung durch innovative Techniken, insbesondere Speichertechnologien, zu überwinden, können diese die heute stabil produzierenden Erzeugungstechniken wirklich ersetzen. Derzeit stehen zur wirtschaftlichen Stromspeicherung im Wesentlichen nur Pumpspeicherkraftwerke zur Verfügung. „Ihr Funktionsprinzip ist recht einfach: Im Pumpspeicherkraftwerk werden große Mengen Wasser dann, wenn kostengünstiger Strom vorhanden ist, von einem niedrigen in ein höher gelegenes Becken gepumpt und dort gespeichert.

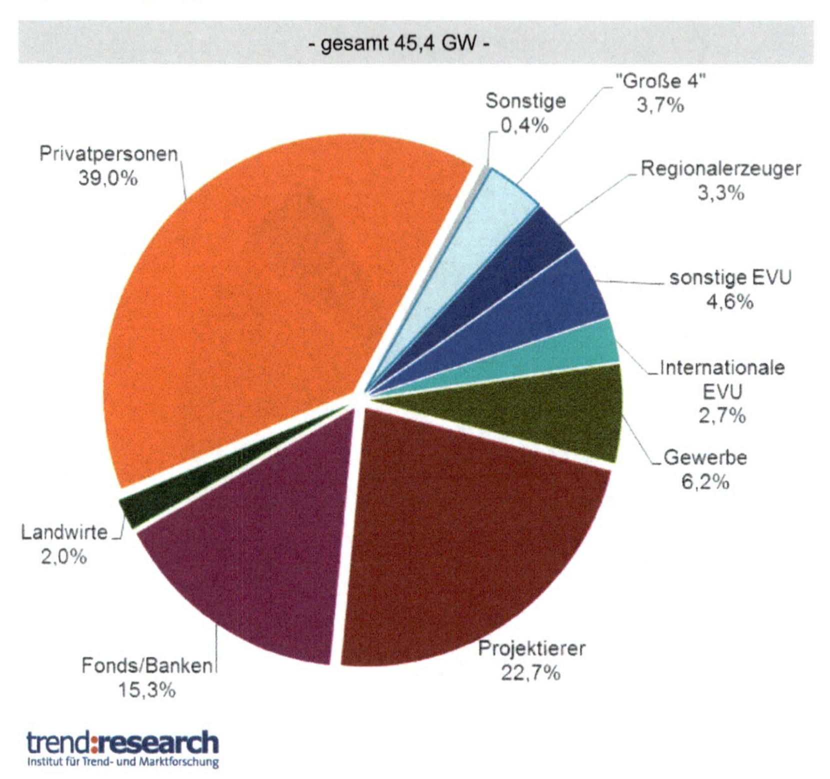

Abb. 3.24 Anteile der Eigentümergruppen an Windenergie-Onshore-Anlagen in Deutschland 2016

Als Speicher dienen sowohl natürlich vorkommende Seen als auch Reservoire, die durch Staudämme oder Staumauern geschaffen wurden. Wenn in Spitzenzeiten des Verbrauchs zusätzliche Energie bereitgestellt werden muss, werden mit Hilfe des herabströmenden Wassers Turbinen angetrieben. Die Turbinen wiederum treiben Generatoren an, die auf diese Weise Strom erzeugen. Wie viel Energie erzeugt werden kann, ist zum einen abhängig von der Größe der Speicherreservoire, zum andern vom Höhenunterschied zwischen dem so genannten Oberwasser und dem Unterwasser. Insgesamt erreichen Pumpspeicherkraftwerke einen Wirkungsgrad von 65 bis 85 %. Das heißt, von 10 Kilowattstunden (kWh) Strom, die per Hochpumpen des Wassers in den Speicher eingespeist werden, stehen 6,5 bis 8,5 kWh bei Bedarf wieder zur Verfügung“ [12].

Eines der leistungsfähigsten Pumpspeicherkraftwerke Europas befindet sich in Goldisthal in Thüringen. Es wurde 2003 in Betrieb genommen. Mit Hilfe seines 12 Mio. m^3 Wasser fassenden Stausees ist es in der Lage, die installierte Leistung von 1060 MW für

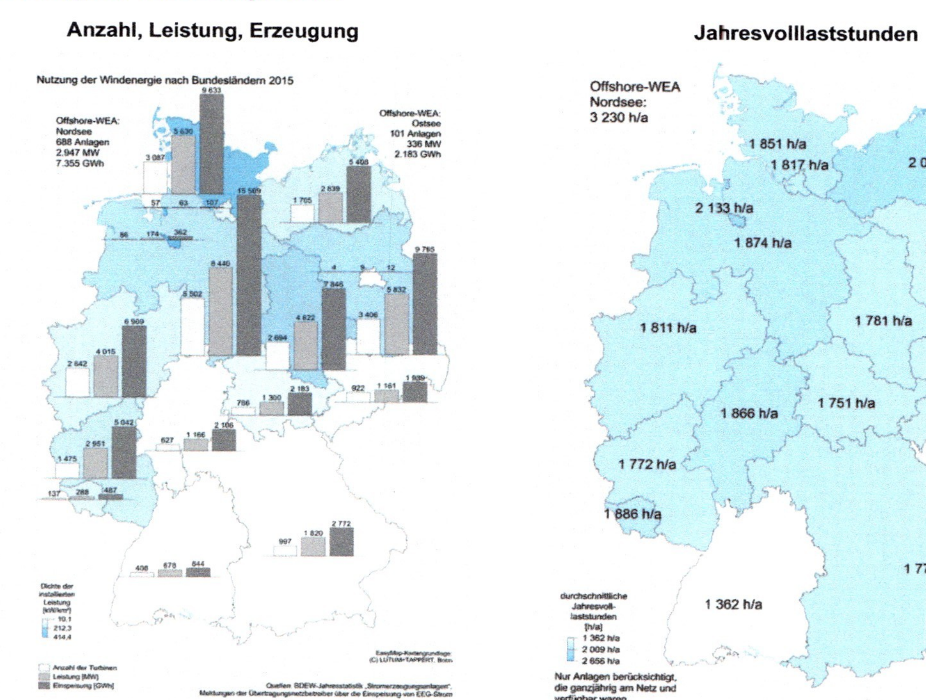

Abb. 3.25 Nutzung der Windenergie nach Bundesländern

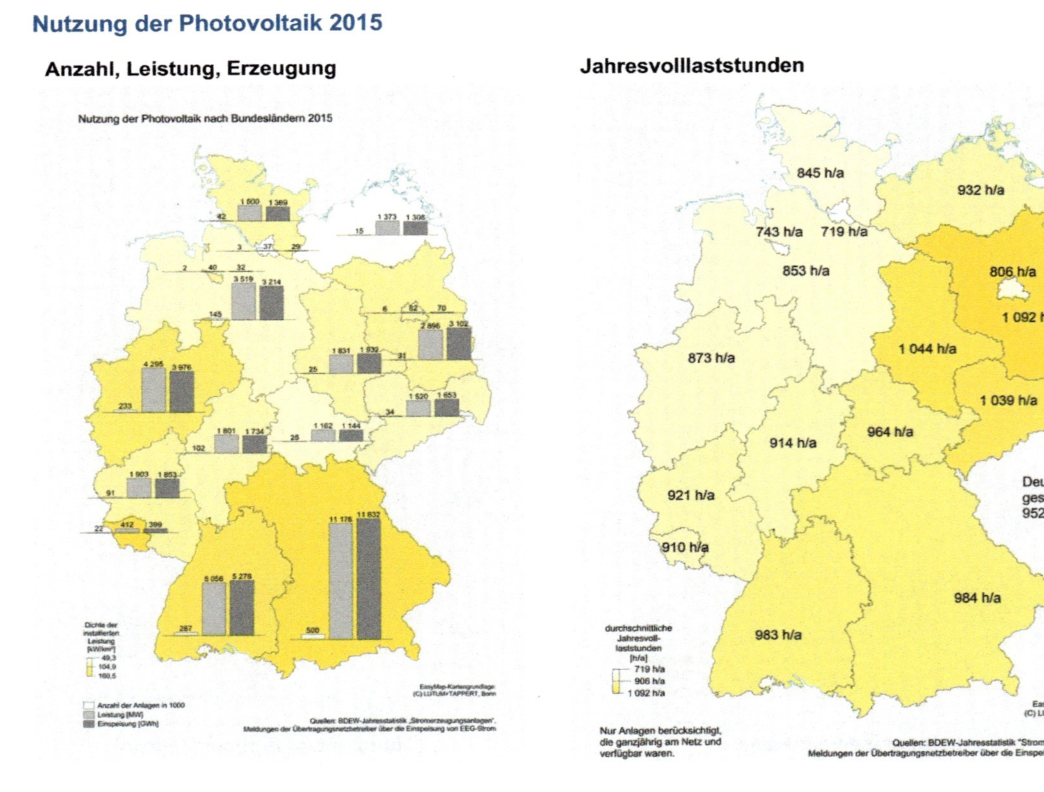

Abb. 3.26 Nutzung der Photovoltaik nach Bundesländern

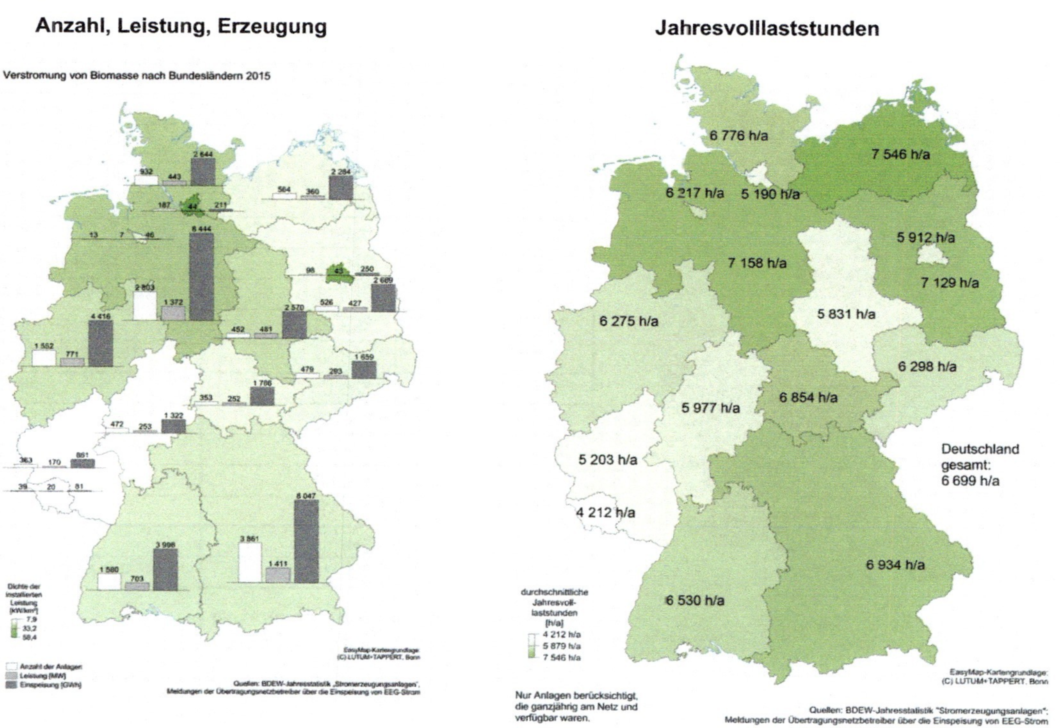

Abb. 3.27 Nutzung der Biomasse zur Verstromung nach Bundesländern

Regionale Verteilung der EEG-Stromerzeugung und EEG-Auszahlungen 2015

Bundesland	Anteil an EEG-Stromerzeugung	Anteil an EEG-Auszahlungen
Baden-Württemberg	7,9%	11,0%
Bayern	17,6%	24,0%
Berlin	0,2%	0,2%
Brandenburg	10,7%	7,6%
Bremen	0,3%	0,2%
Hamburg	0,2%	0,2%
Hessen	3,9%	4,0%
Mecklenburg-Vorp.	5,3%	4,5%
Niedersachsen	15,6%	15,7%
Nordrhein-Westfalen	11,0%	10,8%
Rheinland-Pfalz	5,9%	4,6%
Saarland	0,9%	0,7%
Sachsen	3,7%	3,7%
Sachsen-Anhalt	8,1%	5,7%
Schleswig-Holstein	8,8%	7,0%
Thüringen	3,2%	2,9%
Offshore Wind-Gebiete	3,8%	5,7%

Quelle: Jahresmeldungen der Verteilnetzbetreiber für 2015, veröffentlicht durch die ÜNB; BDEW (eigene Berechnung); Stand: 31.12.2016

Abb. 3.28 Verteilung der EEG-Stromerzeugung und der EEG-Auszahlungen nach Bundesländern

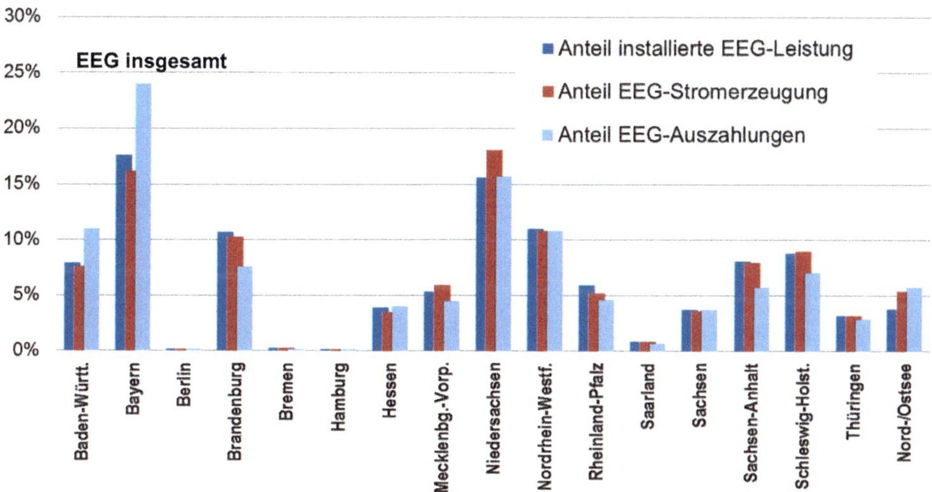

Abb. 3.29 EEG-Anlagen – Anteile der Bundesländer

acht Stunden zur Verfügung zu stellen. Dies entspricht somit einer Speicherkapazität von 8640 MWh.

Die meisten der derzeit in Deutschland in Betrieb befindlichen 25 Pumpspeicherkraftwerke verfügen über eine Leistung von weniger als 300 MW. In Summe ist in Deutschland eine Pumpspeicher-Kraftwerkskapazität von gut 6000 MW installiert. Wegen bestehender Standortrestriktionen sind die Ausbaumöglichkeiten für diese ausgereifte Technologie begrenzt. Möglichkeiten zur Kapazitätserweiterung bieten sich bei Modernisierungsmaßnahmen an bestehenden Anlagen; dies ist durch den Bau zusätzlicher Turbinen und Röhren zu erreichen.

„Eine weitere – allerdings bisher kaum genutzte – Möglichkeit zur mechanischen (Langzeit-) Speicherung von Strom bieten Druckluftspeicherkraftwerke. Sie sind genauso flexibel wie Pumpspeicherkraftwerke und können einen kurzfristigen Reservebedarf an Energie befriedigen. Bisher existieren von diesem Kraftwerkstyp weltweit allerdings lediglich zwei Exemplare: das 1978 in Betrieb genommene Druckluftspeicherkraftwerk im niedersächsischen Huntorf sowie das 1991 in Betrieb genommene Kraftwerk in McIntosh im amerikanischen Alabama. Kennzeichnend für die auch CAES-Kraftwerke (Compressed Air Energy Storage) genannten Kraftwerke sind große unterirdische Druckluftspeicher in Salzkavernen. In Zeiten von Stromüberfluss werden diese mit Hilfe von Kompressoren mit Luft beladen. Damit speichern sie elektrische Energie in Form potenzieller Energie der unter Druck stehenden Gase. Huntorf etwa verfügt über zwei Kavernen mit einem Gesamtspeichervolumen von 310.000 m^3.

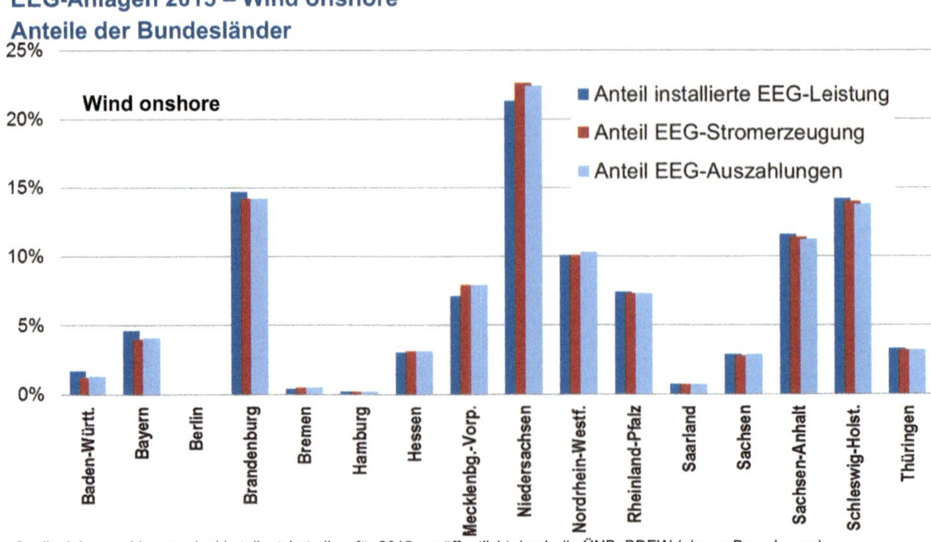

Abb. 3.30 Wind onshore – Anteile der Bundesländer

Wird zu einem anderen Zeitpunkt mehr Strom benötigt als vorhandene Kraftwerke zur Verfügung stellen können, treibt die expandierende Luft Turbinen an, die Strom erzeugen. Das bestehende Kraftwerk in Huntorf ist in der Lage, für zwei Stunden eine Leistung von 290 MW zu liefern, wobei die erneute Befüllung des Speichers mit Druckluft etwa acht Stunden in Anspruch nimmt.

Der Wirkungsgrad der bestehenden Druckluftspeicherkraftwerke ist mit 40 % (Huntorf) und 54 % (McIntosh) jedoch deshalb relativ gering, weil die komprimierte Luft vor ihrer Einlagerung gekühlt und bei ihrer Expansion unter Aufwendung zusätzlicher Energie erwärmt werden muss. Denn während Luft sich beim Komprimieren erhitzt, kühlt sie bei der Expansion stark aus. Ohne Erwärmung beispielsweise würde der Prozess zur Vereisung und damit Beschädigung der Turbinen führen. Der zwischen den Kraftwerken divergierende Wirkungsgrad erklärt sich daraus, dass das Kraftwerk in McIntosh auch die Abwärme der Gasturbine für die Vorwärmung der Luft nutzt und dadurch den zusätzlichen Energieverbrauch erheblich reduzieren kann. Im Zentrum von Forschung und Entwicklung steht aus diesem Grund die Weiterentwicklung der Kraftwerke zu so genannten adiabaten CAES-Kraftwerken (AA-CAES-Kraftwerke). Diese zwischenspeichern die bei der Verdichtung der Luft entstehende Wärme und nutzen sie während des Expansionsprozesses wieder. Ziel ist es, dass die Kraftwerke letztlich völlig ohne fossile Zufeuerung auskommen und so einen Wirkungsgrad von 62 bis 70 % erreichen“ [12].

Deutsche Energieversorger wie RWE und EnBW verfolgen konkrete Planungen für ein adiabates CAES-Kraftwerk. Denkbare Standorte für Druckluftkraftwerke sind Salzstöcke

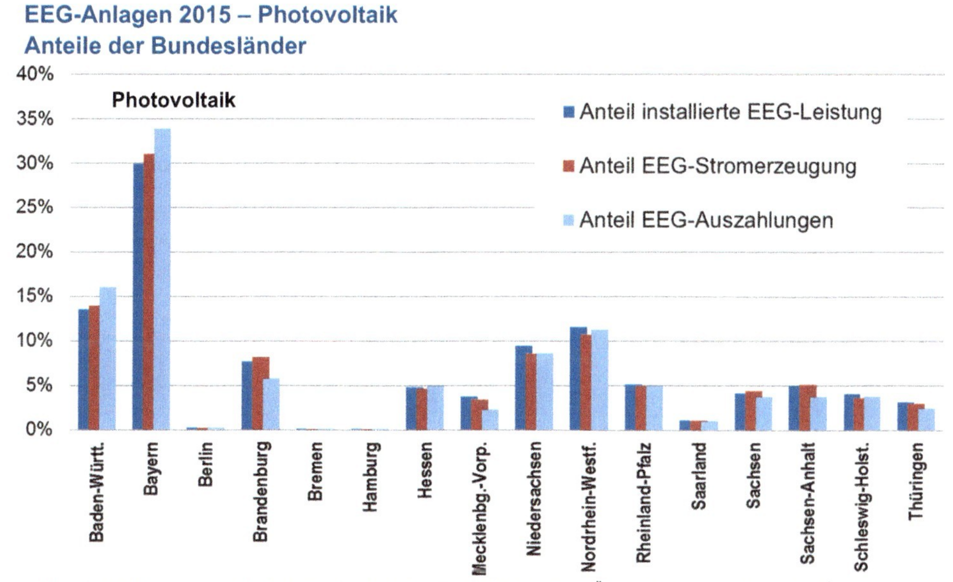

Abb. 3.31 Photovoltaik – Anteile der Bundesländer

in Norddeutschland. Mit deren Nutzung als Erdgasspeicher bestehen bereits Erfahrungen. Ein großtechnischer Einsatz dieser Technologie wird nicht vor 2020 erwartet.

In Power-to-Gas-Anlagen wird Wasser mit Hilfe von Energie (Strom) in Wasserstoff und ggf. weiter in Methan umgewandelt. Der Vorteil hierbei ist, dass der Wasserstoff (in bestimmten Grenzen) und das Methan (ohne Einschränkung) in das bereits vorhandene Erdgasnetz eingespeist und dort gespeichert werden können. Die eingespeisten Gase können dann rückverstromt oder für andere Anwendungen (z. B. Heizen, Gasfahrzeuge) genutzt werden. Die Technologie ist derzeit noch teuer, und die Wirkungsgrade sind gering.

Andere Speicher- und Batteriesysteme, wie unter anderem Lithium-Ionen-Akkumulatoren, befinden sich für eine mögliche Nutzung zum Ausgleich der fluktuierenden Einspeisung erneuerbarer Energien noch in einem eher frühen Entwicklungsstadium. Sie sind auch in wirtschaftlicher Hinsicht noch nicht so weit, die Anforderungen des Ausgleichs volatiler Einspeisung leisten zu können. Allerdings scheinen sie sich am Primärregelenergiemarkt mehr und mehr durchzusetzen [13].

Neben Speichern kommt als weiterer Puffer eine Steuerung des Stromverbrauchs in Betracht. Durch Lastmanagement wird Strom gezielt dann verbraucht, wenn – z. B. in Starkwindzeiten – ein hohes Angebot an Strom verfügbar ist. Variable Tarife können es ermöglichen, dass sich eine solche „Lastverschiebung" für den Endverbraucher finanziell lohnt. Durch die Steuerung der Verbrauchsseite kann die Höchstlast und damit der Bedarf an gesicherter Leistung reduziert werden. Neue Technologien, wie Smart Meter, können

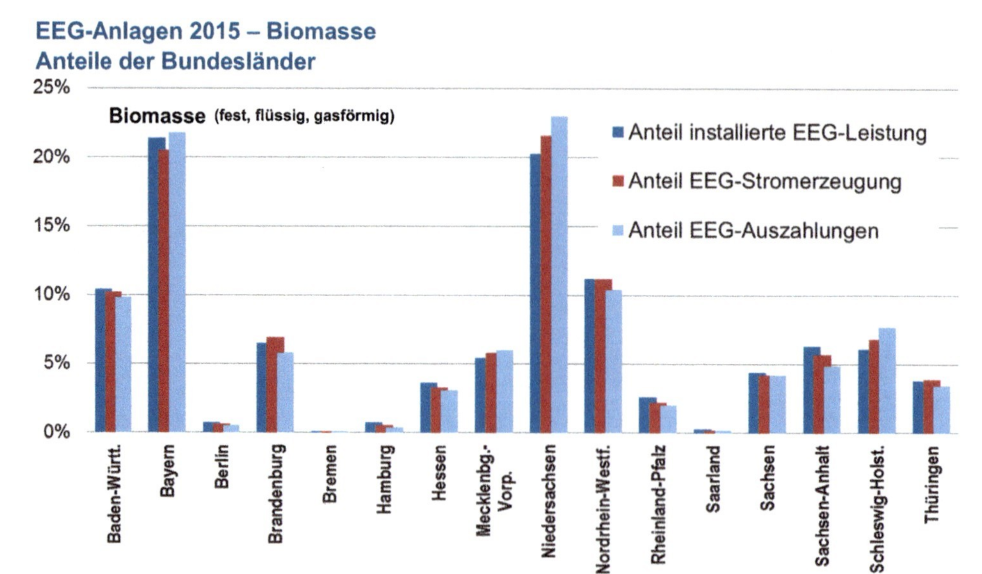

Abb. 3.32 Biomasse – Anteile der Bundesländer

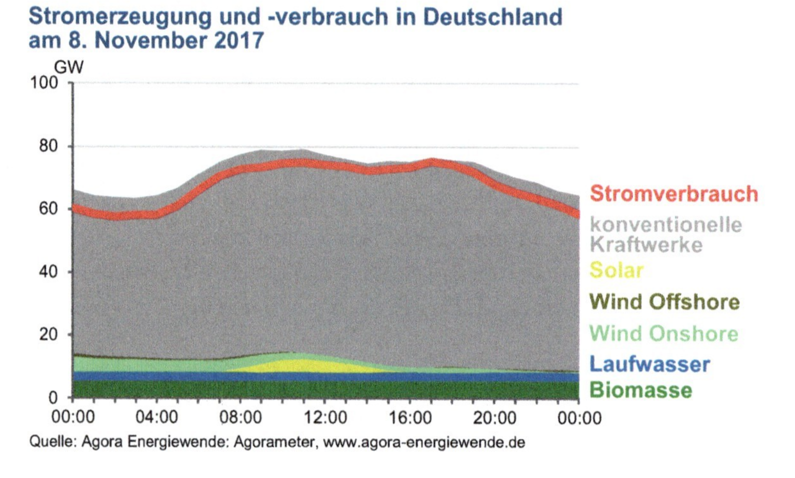

Abb. 3.33 Stromerzeugung und -verbrauch in Deutschland am 8. November 2017

die Voraussetzungen verbessern helfen, Erzeugung und Verbrauch im Gleichgewicht zu halten. Ein solcher Ausgleich, mit dem die Sollfrequenz von 50 Hz gewährleistet wird, ist zur Aufrechterhaltung der Systemsicherheit unabdingbar.

Ferner bietet der Ausbau der Elektromobilität – neben der lokalen vollständigen Emissionsfreiheit vollelektrisch angetriebener Fahrzeuge – den Vorteil, einen Beitrag zum Ausgleich zwischen dem fluktuierenden Angebot an Strom aus Wind und Sonne und der

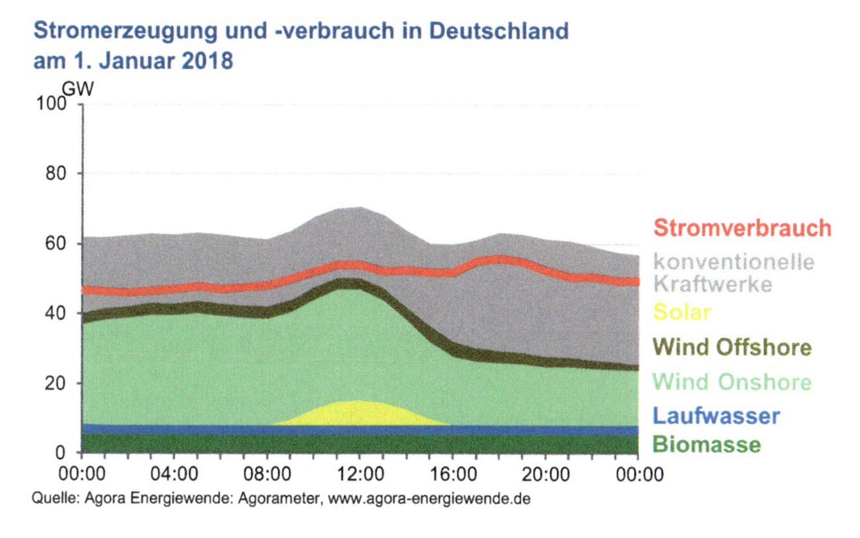

Abb. 3.34 Stromerzeugung und -verbrauch in Deutschland am 1. Januar 2018

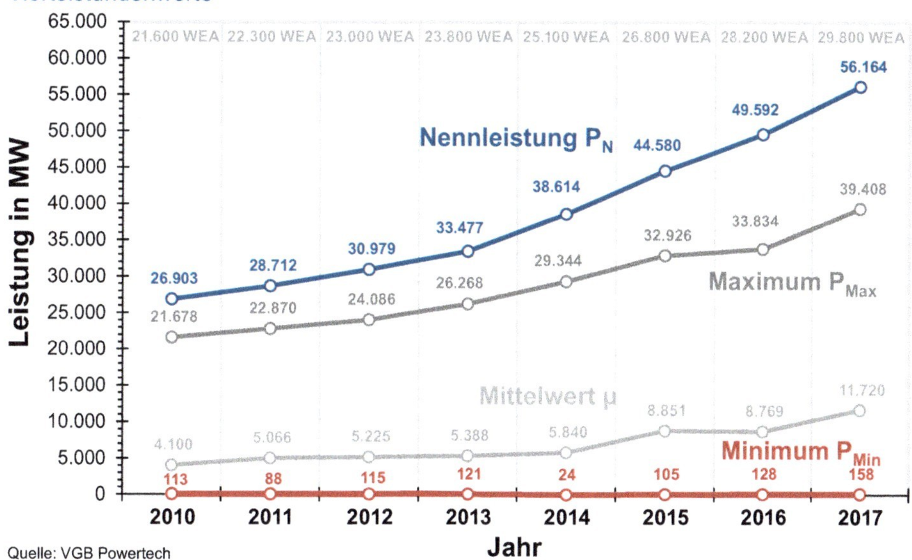

Abb. 3.35 Kennzahlen zur Windenergienutzung in Deutschland 2000 bis 2016

Nachfrage nach Strom zu leisten. Batterieelektrisch angetriebene Fahrzeuge benötigen Stromspeicher mit einer großen Kapazität. Eine intelligente Steuerung des Ladevorgangs ermöglicht es, sie in lastschwachen Zeiten mit Strom aus erneuerbaren Erzeugungsanlagen zu laden, wenn dieser ohnehin zur Verfügung steht. Elektrofahrzeuge bieten energiewirtschaftlich daher die Chance, einen nennenswerten Beitrag zur Integration der erneuer-

Flexibilisierung der Kraftwerksleistung – am Beispiel eines bestehenden Braunkohlenkraftwerks in der Lausitz

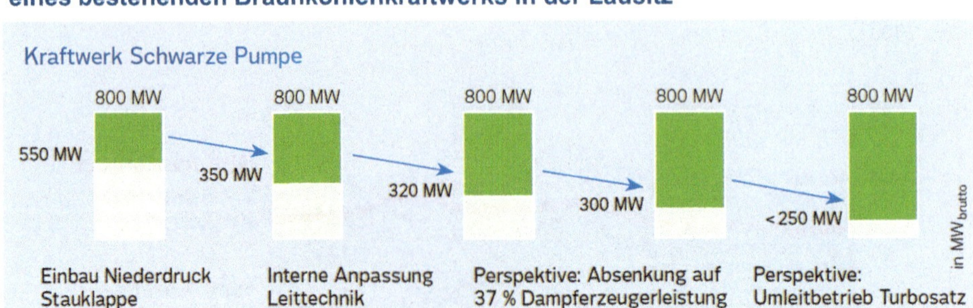

Abb. 3.36 Regelbarkeit konventioneller Kraftwerke

baren Energien in das Energiesystem zu leisten. Voraussetzung dafür ist allerdings das Erreichen einer kritischen Masse von Fahrzeugen und eine gut ausgebaute Ladeinfrastruktur, die es ermöglicht, möglichst viele Fahrzeuge während der Standzeit gesteuert zu laden.

Bereits 2007 erklärte die Bundesregierung im Integrierten Energie- und Klimaprogramm die Förderung der Elektromobilität zu einem entscheidenden Baustein für den Klimaschutz. Im „Nationalen Entwicklungsprogramm Elektromobilität“ aus August 2009 hatte die Bundesregierung das Ziel formuliert, dass im Jahr 2020 „eine Million Elektrofahrzeuge auf Deutschlands Straßen fahren.“ Um dies zu erreichen, initiierte die Bundesregierung im Mai 2010 die Gründung der „Nationalen Plattform Elektromobilität.“ In diese wurden Vertreter aus Politik, Unternehmen, Wissenschaft, Wirtschafts- und Verbraucherverbänden sowie Gewerkschaften berufen. In zunächst sieben, nunmehr sechs Arbeitsgruppen (Fahrzeugtechnologie, Batterietechnologie, Ladeinfrastruktur und Netzintegration, Normung, Standardisierung und Zertifizierung, Informations- und Kommunikationstechnologien sowie Rahmenbedingungen), werden alle wesentlichen Bereiche der Elektromobilität behandelt.

Das „Regierungsprogramm Elektromobilität“ aus dem Jahr 2011 formulierte schließlich die bis heute maßgebliche Strategie und die zugehörigen Instrumente. Ziel ist, Deutschland zum Leitmarkt und Leitanbieter für Elektromobilität zu entwickeln. Bis 2020 sollen eine Million Elektrofahrzeuge auf Deutschlands Straßen fahren. Bis 2030 sollen es schon sechs Millionen sein. Die vier für Elektromobilität zuständigen Ressorts der Bundesregierung BMWi, BMVI, BMUB und BMBF haben daraufhin die Unterstützung der Elektromobilität intensiviert und fördern unter anderem eine Vielzahl von Modellprojekten und Forschungsvorhaben. Zudem gibt es Steuervergünstigungen für Elektrofahrzeuge.

Mit dem am 12. Juni 2015 in Kraft getretenen Elektromobilitätsgesetz (EmoG) wird das Ziel verfolgt, elektrisch betriebenen Fahrzeugen im Straßenverkehr besondere Privilegien einräumen zu können, etwa die Zuweisung besonderer Parkplätze an Ladestationen

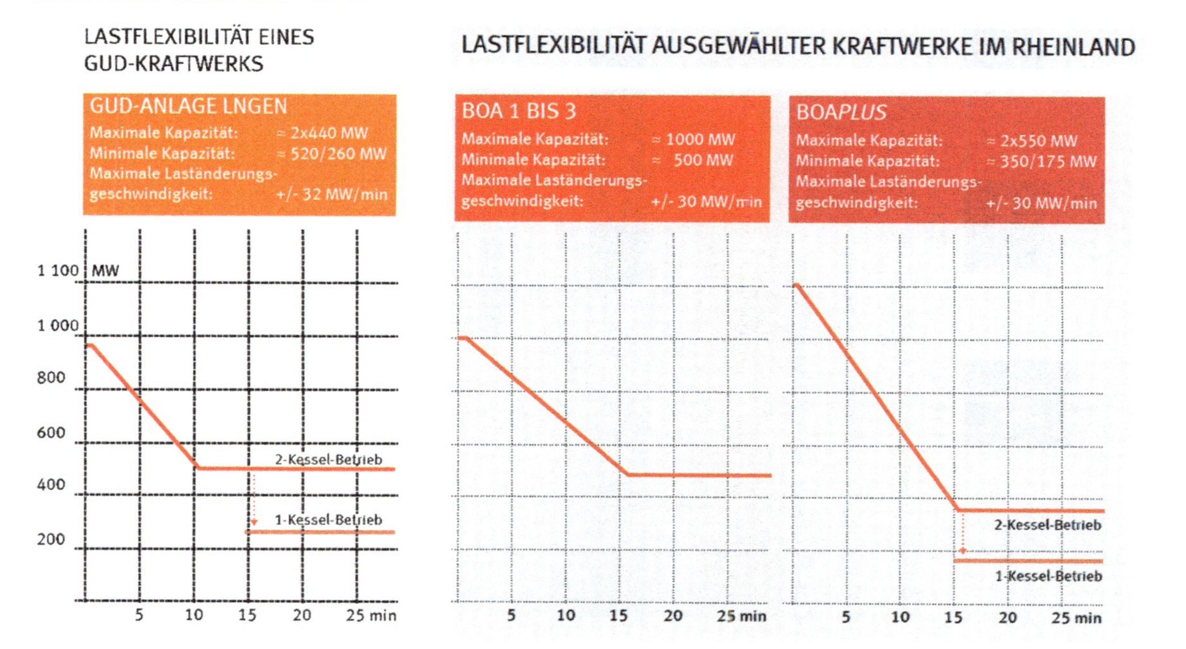

Abb. 3.37 Vergleich der Lastflexibilität von neuen Erdgas- und Braunkohlenkraftwerken

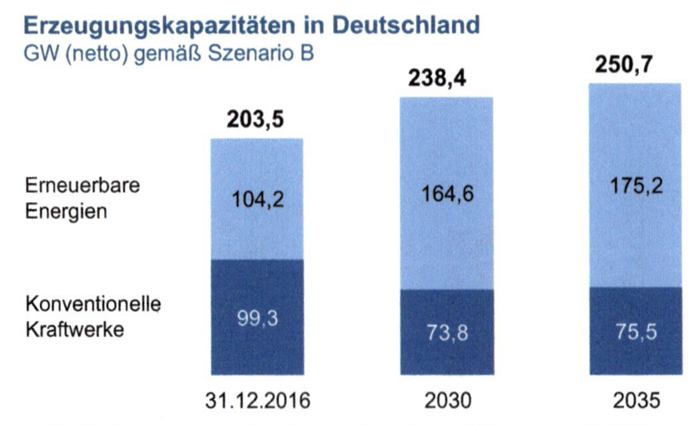

Abb. 3.38 Entwicklung der Stromerzeugungs-Leistung bis 2035

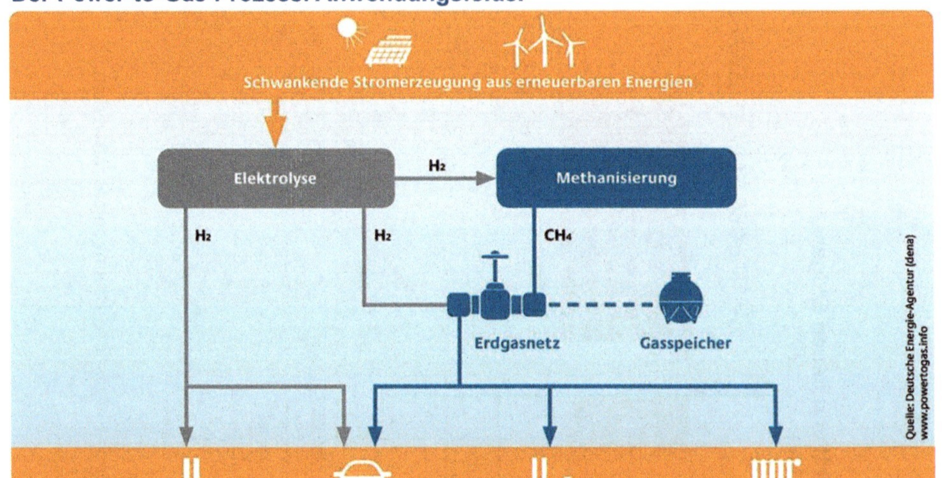

Abb. 3.39 Der Power-to-Gas-Prozess: Anwendungsfelder

im öffentlichen Raum, die Verringerung oder der Erlass von Parkgebühren sowie die Ausnahme von bestimmten Zufahrtsbeschränkungen. Zur besseren Überprüfbarkeit werden die Fahrzeuge speziell gekennzeichnet (sogenanntes „E-Kennzeichen"). Die Kennzeichnung der Fahrzeuge erfolgt anhand von Umweltkriterien, sodass Nutzer von besonders umweltfreundlichen Autos auch in besonderem Maße profitieren. Konkretisiert wird das Elektromobilitätsgesetz durch die am 26. September 2015 in Kraft getretene 50. Verordnung zur Änderung straßenverkehrsrechtlicher Vorschriften. Die Entscheidung über Bevorrechtigungen erfolgt durch die zuständigen Behörden vor Ort.

Am 2. Juli 2016 ist das Programm zur Förderung des Absatzes von elektrisch betriebenen Fahrzeugen in Kraft getreten. Danach kann eine finanzielle Förderung (Umweltbonus) für alle elektrisch betriebenen Fahrzeuge beantragt werden, die ab dem 18. Mai 2016 erworben wurden.

Förderfähig ist der Erwerb (Kauf oder Leasing) eines neuen, erstmals zugelassenen, elektrisch betriebenen Fahrzeuges gemäß § 2 des Elektromobilitätsgesetzes, im Einzelnen ein

- reines Batterieelektrofahrzeug,
- von außen aufladbares Hybridelektrofahrzeug (Plug-In Hybrid) oder
- Brennstoffzellenfahrzeug.

Das Fahrzeugmodell muss sich auf der Liste der förderfähigen Elektrofahrzeuge befinden.

Der Bundesanteil am Umweltbonus beträgt für ein reines Batterieelektrofahrzeug bzw. ein Brennstoffzellenfahrzeug (keine lokale CO_2-Emission) 2000 € und für ein von außen aufladbares Hybridelektrofahrzeug (weniger als 50 g (Gramm) CO_2-Emission pro km) 1500 €.

Die Förderung wird nur dann gewährt, wenn der Automobilhersteller dem Käufer mindestens den gleichen Anteil zum Netto-Listenpreis des Basismodells (BAFA Listenpreis) als Nachlass gewährt. Der Netto-Listenpreis des Basismodells darf 60.000 € netto nicht überschreiten.

Für die Ausbreitung der Elektromobilität sind auch flächendeckende Ladelösungen erforderlich. Auch wenn die meisten Nutzer ihr Fahrzeug an privaten Ladeeinrichtungen laden werden, ist das Ziel der Bundesregierung, die Zahl der Elektroautos bis 2020 auf eine Million Fahrzeuge zu steigern, nicht ohne den weiteren Ausbau einer öffentlich zugänglichen Ladeinfrastruktur machbar. Der Ausbau eines breiten Netzes von öffentlich zugänglichen Ladesäulen ist nicht nur für Nutzer ohne regelmäßigen Stellplatz mit Lademöglichkeit, sondern generell für die ad-hoc-Aufladung der Fahrzeuge außerhalb eigener Ladevorrichtungen relevant.

So wird das Ziel verfolgt, dass jeder Elektrofahrzeugnutzer an jedem öffentlich zugänglichen Ladepunkt unkompliziert sein Fahrzeug aufladen und den Fahrstrom bezahlen kann. Zum Jahresende 2015 standen in Deutschland für rund 50.000 zugelassene Elektrofahrzeuge gut 5800 öffentlich zugängliche Ladepunkte – davon 150 Schnell-Ladepunkte – zur Verfügung. Das Bundesverkehrsministerium hat mit der Autobahn Tank & Rast GmbH vereinbart, alle ihrer rund 400 eigenen Raststätten an Bundesautobahnen mit Schnellladesäulen und Parkplätzen für Elektrofahrzeuge auszustatten. Die „Nationale Plattform Elektromobilität" (NPE) hat für das Jahr 2020 einen Bedarf von 70.000 öffentlichen Ladepunkten und 7100 öffentlichen DC-Schnell-Ladesäulen ermittelt, die unter anderem entlang von Autobahnen lange Fahrten sichern. Neben den beschriebenen Maßnahmen zur Steigerung der Attraktivität von Elektrofahrzeugen (insbesondere die Einführung von Kaufprämien) hat die Bundesregierung im Mai 2016 daher auch die

Tab. 3.14 Netto-Bilanz der vermiedenen Treibhausgas-Emissionen durch die Nutzung erneuerbarer Energien 2017

Energieträger	Strom	Wärme und Kälte	Verkehr	Insgesamt
	Mio. t CO_2-Äquivalente			
Biomasse	27,1	30,2	7,0	64,3
Wasser	15,0	–	–	15,0
Wind	71,2	–	–	71,2
Photovoltaik	24,5	–	–	24,5
Solarthermie	–	2,0	–	2,0
Tiefengeothermie und Wärmepumpen	0,1	1,6	–	1,7
Summe	***137,8***	***33,8***	***7,0***	***178,6***

Quelle: Umweltbundesamt, Emissionsbilanz erneuerbarer Energieträger unter Verwendung von Daten der AGEE-Stat.; Stand 02/2018

Förderung des Ladeinfrastrukturaufbaus mit 300 Mio. € – davon 200 Mio. € für Schnell-Ladepunkte und 100 Mio. € für Normal-Ladepunkte – beschlossen.

„Um das Laden von Elektrofahrzeugen europaweit zu vereinfachen, hat man sich außerdem auf europäischer und auf nationaler Ebene auf einen einheitlichen Stecker als Standard geeinigt: Den Typ2-Stecker für das AC-Laden inklusive seiner CCS-Erweiterung (CCS steht für Combined Charging System) für die Gleichstrom-Schnellladung. Mit diesem Stecker ist das problemlose Laden auch im europäischen Ausland möglich" [14].

3.1.9 Vermeidung von Treibhausgas-Emissionen durch erneuerbare Energien

Nach Berechnungen der Arbeitsgruppe Erneuerbare-Energien-Statistik wurden im Jahr 2017 in Deutschland durch den Einsatz erneuerbarer Energien 178,6 Mio. t CO_2-Äquivalente vermieden. Davon sind dem Stromsektor 137,8 Mio. t CO_2-Äquivalente zuzuordnen. Im Sektor Wärme und Kälte wurden etwa 33,8 Mio. t CO_2-Äquivalente und im Verkehrssektor 7,0 Mio. t CO_2-Äquivalente durch Nutzung von Biokraftstoffen vermieden. Damit hat sich die Höhe der durch erneuerbare Energien vermiedenen Treibhausgas-Emissionen seit 2005 mehr als verdoppelt (2005: 83,0 Mio. t CO_2-Äquivalente) [5].

3.2 Wärmemarkt

Gemäß Festlegung im „Gesetz zur Förderung Erneuerbarer Energien im Wärmebereich (Erneuerbare-Energien-Wärmegesetz – EEWärmeG) vom 7. August 2008" soll der Beitrag erneuerbarer Energien am Endenergieverbrauch für Wärme und Kälte von 6,6 % im Jahr 2007 auf 14 % im Jahr 2020 gesteigert werden.

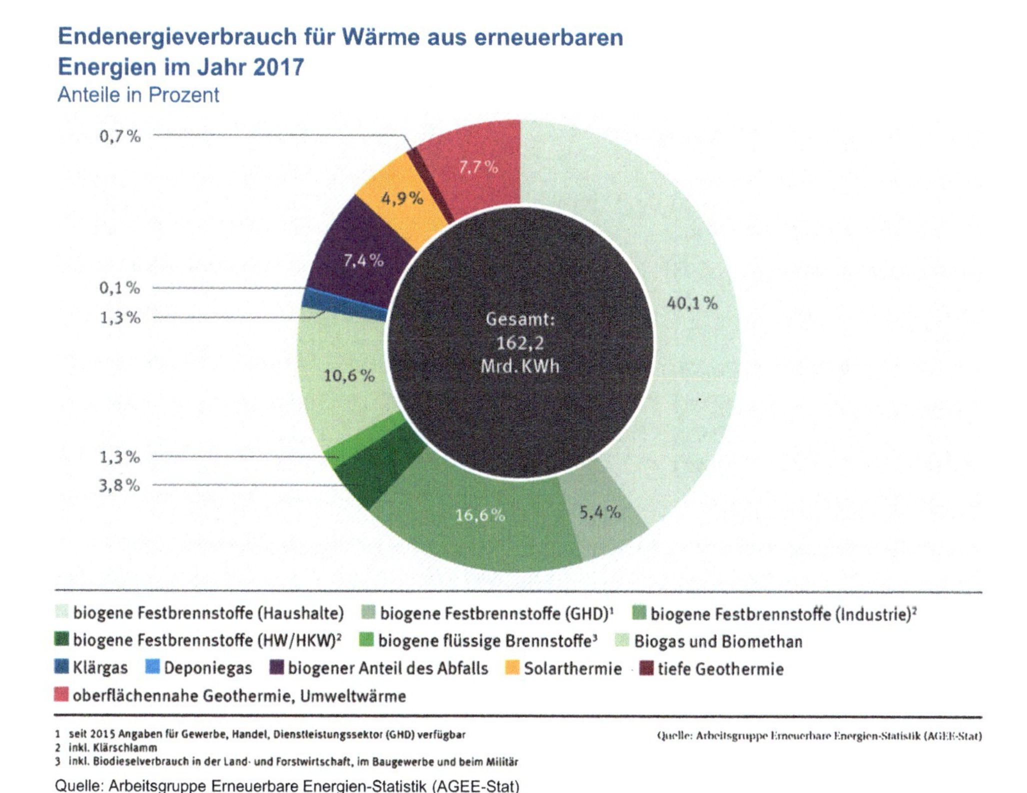

Quelle: Arbeitsgruppe Erneuerbare Energien-Statistik (AGEE-Stat)

Abb. 3.40 Endenergieverbrauch für Wärme aus erneuerbaren Energien im Jahr 2017

Zu diesem Zweck verpflichtet das EEWärmeG, das am 01.01.2009 in Kraft getreten war, gemäß § 3, den Wärmebedarf für neu errichtete Gebäude anteilig mit erneuerbaren Energien zu decken. Die Pflicht besteht ab einer Nutzfläche von mehr als 50 Quadratmetern. Adressaten dieser Pflicht sind alle Eigentümer neu errichteter Gebäude, gleichgültig, ob es sich um öffentliche oder private Bauherren handelt. Welche Form von erneuerbaren Energien genutzt werden soll, kann der Eigentümer entscheiden. Dabei sind einige Mindestanforderungen zu beachten. So muss ein bestimmter Mindestanteil des gesamten Wärme- und/oder Kältebedarfs mit erneuerbaren Energien erzeugt werden. Der Anteil ist abhängig davon, welche erneuerbaren Energien eingesetzt werden. Bei der Nutzung thermischer solarer Strahlungsenergie müssen derzeit mindestens 15 % des Wärme- und Kälteenergiebedarfs des Gebäudes durch eine solarthermische Anlage gedeckt werden, bei der Nutzung von fester oder flüssiger Biomasse sind es 50 %, beim Einsatz von Geothermie sind es ebenfalls 50 %. Hintergrund der unterschiedlichen Quoten sind unterschiedliche Investitions- und Brennstoffkosten.

Wie im Informationsportal Erneuerbare Energien auf der Website des Bundesministeriums für Wirtschaft und Energie ferner dargestellt ist, kann derjenige, der keine erneuerba-

Tab. 3.15 Beitrag der erneuerbaren Energien zum EEV für Wärme und Kälte in Deutschland in den Jahren 1990 bis 2017

Jahr	Feste Biomasse	Sonstige Biomasse[1]	Solarthermie	Tiefe Geothermie	Oberflächennahe Geothermie	Insgesamt
	[GWh]	[GWh]	[GWh]	[GWh]	[GWh]	[GWh]
1990	28.265	2308	130	100	1712	32.515
1995	28.387	2308	440	100	1877	33.112
2000	50.056	4911	1290	113	2057	58.427
2005	86.097	10.882	3031	501	2283	102.794
2010	119.278	20.680	5633	673	5938	152.202
2015	103.306	32.953	7806	969	10.510	155.544
2016	110.338	32.953	7801	1146	11.419	163.657
2017	106.959	33.677	7971	1171	12.442	162.220

[1] inklusive flüssige Biomasse, Bio-, Klär- und Deponiegas und dem biogenen Anteil des Abfalls, in Abfallverbrennungsanlagen zu 50 % angesetzt. Angaben für 1990 gleichgesetzt mit 1995
[2] durch Wärmepumpen nutzbar gemachte erneuerbare Wärme (Luft/Wasser-, Wasser/Wasser- und Sole/Wasser-Wärmepumpen sowie Brauchwasser- und Gaswärmepumpen)
Quelle: Bundesministerium für Wirtschaft und Energie, Arbeitsgruppe Erneuerbare Energien Statistik, Zeitreihen zur Entwicklung der erneuerbaren Energien in Deutschland, Februar 2018

ren Energien nutzen möchte, aus verschiedenen, sogenannten Ersatzmaßnahmen wählen. So gilt die Nutzungspflicht als erfüllt, wenn der Wärme- und Kälteenergiebedarf zu mindestens 50 % aus Abwärme oder aus Kraft-Wärme-Kopplungsanlagen (KWK-Anlagen) gedeckt wird. Ebenso können Ersatzmaßnahmen durch konventionell erzeugte Fernwärme oder Fernkälte sowie durch eine verbesserte Energieeinsparung beim Gebäude erzielt werden (§ 7 Abs. 2 und 3 EEWärmeG).

Bei der Ausgestaltung des Gesetzes wurde darauf geachtet, dass es jedem Gebäudeeigentümer möglich ist, individuelle, maßgeschneiderte und kostengünstige Lösungen zu finden. Daher sind verschiedene Kombinationen erneuerbarer und anderer Energieträger zulässig. Näheres hierzu ist in § 8 EEWärmeG geregelt.

Für die öffentliche Hand besteht eine Pflicht zum anteiligen Einsatz erneuerbarer Energien auch für den Fall, dass bestehende Gebäude grundlegend renoviert werden (§ 3 Abs. 2 EEWärmeG). Diese Verpflichtung unterstreicht die Vorbildfunktion des öffentlichen Sektors und geht auf die Erneuerbare-Energien-Richtlinie aus dem Jahr 2009 (2009/28/EG) zurück, die 2011 durch das Europarechtsanpassungsgesetz Erneuerbare Energien (EAG EE) vom 12.04.2011 in deutsches Recht umgesetzt wurde.

Das EEWärmeG erlaubt den Bundesländern gemäß § 3 Abs. 4 u. a., auch für den privaten Gebäudebestand Nutzungspflichten für erneuerbare Energien festzulegen. Kommunen und Gemeindeverbände haben durch das EEWärmeG zudem eine erleichterte Möglichkeit, zum Zweck des Klima- und Ressourcenschutzes einen Anschluss- und Benutzungszwang der öffentlichen Nah- oder Fernwärmeversorgung einzurichten (§ 16 EEWärmeG).

Um auf die 2015 zunehmende Zahl von Flüchtlingen und Asylbegehrenden angemessen reagieren und den Bedarf an Unterkünften decken zu können, wurde das EEWärmeG (aktuelle Fassung: 20.10.2015) um § 9a – Gebäude für die Unterbringung von Asylbegehrenden und Flüchtlingen – ergänzt.

Im Herbst 2015 hatte die Bundesregierung den „Zweiten Erfahrungsbericht zum Erneuerbare-Energien-Wärmegesetz" vorgelegt. Dieser Bericht stellt insbesondere den Stand der Markteinführung der Anlagen zur Erzeugung von Wärme und Kälte aus erneuerbaren Energien dar im Hinblick auf die Erreichung des Zwecks und Ziels des § 1 EEWärmeG. Weitere Themen sind die technische Entwicklung, die Kostenentwicklung und die Wirtschaftlichkeit dieser Anlagen sowie der Vollzug des EEWärmeG.

Begleitend zum Gesetz fördert die Bundesregierung aus dem sogenannten Marktanreizprogramm (MAP) Maßnahmen zur Nutzung erneuerbarer Energien im Wärmemarkt. Ziel des MAP ist es, durch Investitionsanreize die Marktdurchdringung der erneuerbaren Wärme- und Kältetechnologien zu unterstützen. Dabei fördert das MAP primär die Errichtung von Anlagen zur Nutzung erneuerbarer Energien in bereits bestehenden Gebäuden. Förderfähig sind insbesondere Solarthermieanlagen, Biomasseanlagen und Wärmepumpen sowie Tiefengeothermieanlagen, Wärmenetze und Wärmespeicher.

Mit dem verbesserten und überarbeitenden MAP, welches im April 2015 in Kraft trat, wurden die bestehenden Fördertatbestände erweitert, die Förderung attraktiver gestaltet und neue, innovative Technologien in die Förderung aufgenommen.

Der Gesamtbeitrag erneuerbarer Energien zur Wärme- und Kältebereitstellung belief sich im Jahr 2017 auf 162.220 GWh. Damit hat sich der Beitrag erneuerbarer Energien in diesem Sektor im Vergleich zum Jahr 1990 verfünffacht. Feste Biomasse machte 2017 mit 106.959 GWh den größten Anteil aus – gefolgt von sonstiger Biomasse mit 33.677 GWh, Geothermie (tiefe und oberflächennahe Geothermie) mit 13.613 GWh und Solarthermie mit 7971 GWh. An der Deckung des gesamten Endenergieverbrauchs an Wärme und Kälte in Deutschland waren erneuerbare Energien 2017 mit 13 % beteiligt.

3.3 Verkehrssektor

Auf europäischer Ebene ist durch die Erneuerbare-Energien-Richtlinie festgelegt, dass jeder EU-Mitgliedstaat im Verkehrssektor im Jahr 2020 mindestens 10 % des Endenergieverbrauchs aus erneuerbaren Energien deckt. Darüber hinaus sind nach der EU-Kraftstoffqualitätsrichtlinie bis zum Jahr 2020 die Treibhausgas-Emissionen aus der Verbrennung von Kraftstoffen um mindestens 6 % zu verringern. Für das Erreichen dieser beiden Ziele misst die Bundesregierung einer vermehrten Nutzung von Biokraftstoffen eine wichtige Rolle zu.

Im Bundes-Immissionsschutzgesetz hat die Bundesregierung deshalb Quoten zur Verminderung der Emissionen an Treibhausgasen festgelegt: Unternehmen der Mineralölwirtschaft sind verpflichtet, die Treibhausgasemissionen der von ihnen in Verkehr gebrachten Gesamtmenge fossiler Ottokraftstoffe, fossilen Dieselkraftstoffs und Biokraft-

Endenergieverbrauch aus erneuerbaren Energien im Verkehrssektor im Jahr 2017

Anteile in Prozent

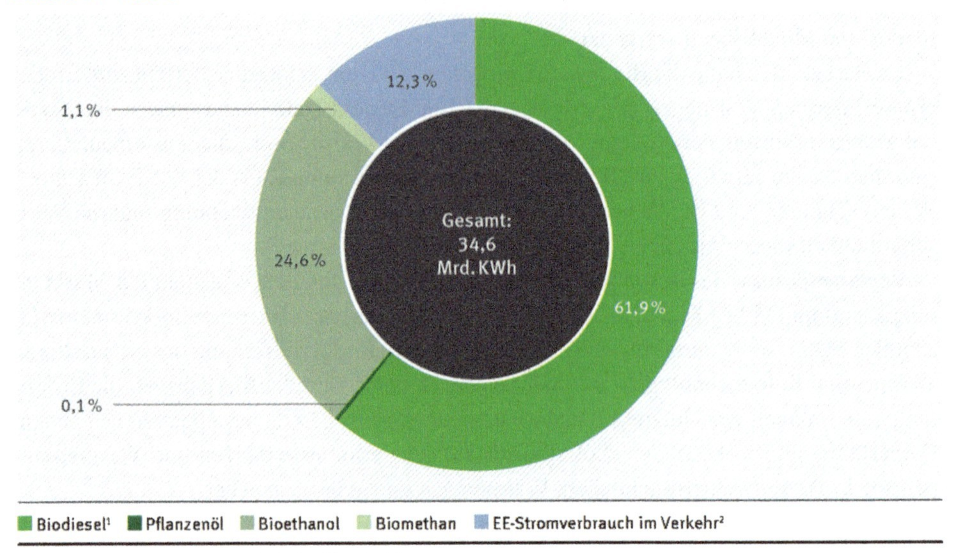

1 Verbrauch von Biodiesel im Verkehrssektor, ohne Land- und Forstwirtschaft, Baugewerbe und Militär
2 berechnet mit dem Anteil erneuerbarer Energien am Bruttostromverbrauch

Quelle: Arbeitsgruppe Erneuerbare Energien-Statistik (AGEE-Stat)

Abb. 3.41 Endenergieverbrauch aus erneuerbaren Energien im Verkehrssektor im Jahr 2017

stoffs in den Jahren 2015 und 2016 um 3,5 %, in den Jahren 2017 bis 2019 um 4 % und ab dem Jahr 2020 um 6 % gegenüber einem zu errechnenden Referenzwert zu senken.

Um die Umweltverträglichkeit von Biokraftstoffen zu gewährleisten, hat die Bundesregierung eine Biokraftstoff-Nachhaltigkeitsverordnung erlassen. Danach gelten Biokraftstoffe nur als nachhaltig hergestellt, wenn sie – unter Einbeziehung der gesamten Herstellungs- und Lieferkette – im Vergleich zu fossilen Kraftstoffen mindestens 35 % an Treibhausgasen einsparen. Der Prozentsatz steigt auf 50 % für Anlagen, die bis zum 5. Oktober 2015 in Betrieb genommen wurden. Des Weiteren dürfen zum Anbau der Pflanzen für die Biokraftstoffherstellung keine Flächen mit hohem Kohlenstoffgehalt oder mit hoher biologischer Vielfalt genutzt werden. Ebenfalls dürfen nur solche Rohstoffe verwandt werden, die aus einem nachhaltigen Anbau stammen, wofür unter dem Gesichtspunkt des Natur- und Umweltschutzes detaillierte Vorgaben gemacht werden. So werden Rohstoffe aus Primärwäldern, wie Regenwaldgebieten, ausgeschlossen.

Die Änderung der Richtlinie über die Qualität von Kraftstoffen und die Richtlinie zur Förderung der Nutzung von Energie aus erneuerbaren Quellen verfolgt das Ziel, bei der Förderung von Biokraftstoffen indirekte Landnutzungsänderungen (ILUC) zu vermeiden. Dies soll dadurch erreicht werden, dass „konventionelle" Biokraftstoffe (aus Stärke, Zucker und pflanzlichen Ölen) nur bis zu einem Anteil von 7 % auf das EU-Ziel in Höhe

Tab. 3.16 Beitrag der erneuerbaren Energien zum EEV Verkehr in Deutschland in den Jahren 1990 bis 2017

	Biodiesel[1]	Pflanzenöl	Bioethanol	Biomethan[2]	Stromverbrauch Verkehr[3]	Gesamt
	[GWh]	[GWh]	[GWh]	[GWh]	[GWh]	[GWh]
1990	0	0	0	0	465	465
1995	362	52	0	0	761	1175
2000	2583	167	0	0	1002	3752
2005	18.046	2047	1780	0	1343	23.216
2010	24.474	637	8711	75	2060	35.957
2015	20.840	21	8648	345	3553	33.407
2016	20.853	42	8663	379	3709	33.646
2017	21.418	42	8508	380	4266	34.614

[1] Verbrauch von Biodiesel im Verkehrssektor
[2] über die Energiesteuer entlastete oder über die Biokraftstoffquote vermarktete Biomethanmengen, physische Mengen berechnet nach EU-Richtlinie 2009/28 EG
[3] berechnet nach dem Anteil erneuerbarer Energien am Bruttostromverbrauch des jeweiligen Jahres
Quelle: Bundesministerium für Wirtschaft und Energie/Arbeitsgruppe Erneuerbare Energien Statistik, Zeitreihen zur Entwicklung der erneuerbaren Energien in Deutschland, Februar 2018

von 10 % erneuerbare Energien im Verkehr angerechnet werden können. Die übrigen 3 % sollen vor allem durch Biokraftstoffe aus Rest- und Abfallstoffen sowie durch fortgeschrittene Biokraftstoffe (z. B. aus Zellulose) abgedeckt werden, außerdem auch durch in Schienenverkehr und in Elektrofahrzeugen eingesetzten Strom. Die Mitgliedstaaten haben bis 2017 Zeit, die Änderungsrichtlinie umzusetzen.

Am 27. Februar 2017 hat die Bundesregierung eine Förderinitiative „Energiewende im Verkehr" gestartet. Über eine Sektorkopplung durch die Nutzung strombasierter Kraftstoffe wird angestrebt, Energiewirtschaft, Verkehrssektor und die maritime Wirtschaft technologisch und innovationspolitisch enger zu verzahnen. Dazu hat das Bundesministerium für Wirtschaft und Energie für die Jahre 2018 bis 2020 rund 130 Mio. € bereitgestellt, um damit Anreize für die Nutzung von Synergien durch Forschung und Entwicklung in ambitionierten Innovationsprojekten mit systemorientiertem Charakter zu setzen. Die Nutzung der strombasierten Kraftstoffe kann in Pkw, Lkw, Schiffen, Baumaschinen oder in stationären Industriemotoren erfolgen. Dies schließt die Förderung von Forschung und Entwicklung für maritime Systeme mit synthetischen Kraftstoffen und für Smart Microgrids in Hafengebieten ein [5].

Die Bereitstellung von Biokraftstoffen betrug 2017 in Deutschland 34.614 GWh. Davon entfielen 21.418 GWh auf Biodiesel, 42 GWh auf Pflanzenöl, 8508 GWh auf Bioethanol und 380 GWh auf Biomethan. Außerdem wurden 4266 GWh Stromverbrauch im Verkehrssektor den erneuerbaren Energien zugerechnet. Diese Zahl ist gemäß dem Anteil erneuerbarer Energien am Bruttostromverbrauch im Jahr 2017 ermittelt worden. Damit ergibt sich für 2017 insgesamt ein Beitrag erneuerbarer Energien im Verkehrssektor von 34.614 GWh. Dies entspricht 5 % des gesamten Endenergieverbrauchs im Verkehr.

Literatur

[1] Bundesministerium für Wirtschaft und Energie AG, AGEE-Stat., Zeitreihen zur Entwicklung der erneuerbaren Energien in Deutschland, Stand: Februar 2018
[2] Bundesministerium für Wirtschaft und Energie, http://www.bmwi.de/DE/Themen/Energie/Erneuerbare-Energien/eeg-2016-wettbewerbliche-Vergütung.html
[3] K. Heinloth, Die Energiefrage: Bedarf und Potentiale, Nutzung, Risiken und Kosten, Wiesbaden 1997
[4] A. J. Schwab, Elektroenergiesysteme, 5. Auflage, Berlin/Heidelberg 2017
[5] Bundesministerium für Wirtschaft und Energie, Informationsportal Erneuerbare Energien; http://www.erneuerbare-energien.de
[6] Deutsche Windguard GmbH, Status des Windenergieausbaus in Deutschland, Januar 2018
[7] Fraunhofer ISE, Aktuelle Fakten zur Photovoltaik in Deutschland, Fassung vom 21.02.2018; abrufbar unter www.pv-fakten.de
[8] C. Kost, T. Schlegl, Studie Fraunhofer ISE: Stromgestehungskosten erneuerbare Energien, März 2018
[9] Monopolkommission, Sondergutachten 77, Energie 2017: Gezielt vorgehen, Stückwerk vermeiden (2017)
[10] Bundesministerium für Wirtschaft und Ausfuhrkontrolle, Hintergrundinformationen zur Besonderen Ausgleichsregelung – Antragsverfahren 2016 für Begrenzung der EEG-Umlage 2017, Berlin/Eschborn, April 2017
[11] Monopolkommission, Sondergutachten 65, Energie 2013: Wettbewerb in Zeiten der Energiewende (2013)
[12] Agentur für erneuerbare Energien e. V., Hintergrundinformation Strom speichern, Berlin, November 2009
[13] A. T. Kearney Energy Transition Institute, Fact Book Electricity Storage, Paris/Amsterdam, 2017
[14] Weltenergierat – Deutschland, Energie für Deutschland 2016, Berlin 2016

4 Preisbildung in der Energiewirtschaft

4.1 Grundsätze der Preisbildung

Der Preismechanismus stellt in einem marktwirtschaftlich organisierten System das entscheidende Element bei der Steuerung von Angebot und Nachfrage dar. Diese Steuerungsfunktion kann der Preismechanismus dann am besten wahrnehmen, wenn sich die Preise frei im Wettbewerb bilden. Besser als jede hoheitliche Aufsicht ist nämlich der Wettbewerb in der Lage, die bei einzelnen Marktteilnehmern bestehende Marktmacht wirksam zu kontrollieren. Ein freier Preis ist der beste Garant für eine höchstmögliche Effizienz der Marktversorgung. Eingriffe in den Wettbewerb widersprechen marktwirtschaftlichen Grundprinzipien. Soweit sie dennoch erfolgen, sind sie in jedem Einzelfall begründungspflichtig; sie lassen sich nur rechtfertigen, wenn übergeordnete Ziele anders nicht zu erreichen sind.

Wettbewerb im Energiebereich kann sowohl in Form eines direkten Wettbewerbs zwischen den Anbietern auf einem einzelnen Energieteilmarkt als auch in Form des Substitutionswettbewerbs stattfinden.

Der Mineralölmarkt in Deutschland ist bereits seit Jahrzehnten umfassend liberalisiert und steht allen Anbietern offen. Auf dem Tankstellenmarkt herrscht intensiver direkter Wettbewerb. Ein wirksamer Substitutionswettbewerb findet hier nicht statt. Die Anbieter auf dem Heizölmarkt sehen sich dagegen sowohl direkter Konkurrenz als auch dem Substitutionswettbewerb mit anderen Energieträgern ausgesetzt.

Bei Steinkohle herrscht grundsätzlich zwischen der RAG AG und einer Reihe von Anbietern von Importsteinkohle direkte Konkurrenz. Allerdings besteht insoweit eine Einschränkung, als die deutsche Steinkohle durch öffentliche Zuschüsse in die Lage versetzt wird, trotz der bestehenden Kostennachteile zu den für Importsteinkohle ermittelten Durchschnittspreisen anzubieten. Von daher ist sie systembedingt wettbewerbsfähig.

Zwischen den Unternehmen der Braunkohlenindustrie bestehen keine direkten Konkurrenzbeziehungen. Die Braunkohle ist aber – ebenso wie die Steinkohle – intensiver Substitutionskonkurrenz ausgesetzt.

H.-W. Schiffer, *Energiemarkt Deutschland*, https://doi.org/10.1007/978-3-658-23024-1_4

Wettbewerb auf dem deutschen Energiemarkt

Energieträger	Vergangenheit (vor 1998)						Aktuelle Situation					
	Wärme		Mechanische Energie		IKT Beleuchtung		Wärme		Mechanische Energie		IKT Beleuchtung	
	Art des Wettbewerbs											
	Direkt	Substitution	Direkt	Substitution	Direkt	Substitution	Direkt	Substitution	Direkt	Substitution	Direkt	Substitution
Mineralöl	Wettbewerb	Wettbewerb	Wettbewerb	kein Wettbewerb			Wettbewerb	Wettbewerb	Wettbewerb	Wettbewerb		
Steinkohle	Wettbewerb	Wettbewerb					Wettbewerb	Wettbewerb				
Braunkohle	kein Wettbewerb	Wettbewerb					kein Wettbewerb	Wettbewerb				
Erdgas	kein Wettbewerb	Wettbewerb	kein Wettbewerb	kein Wettbewerb			Wettbewerb	Wettbewerb	Wettbewerb	Wettbewerb		
Elektrizität	kein Wettbewerb	Wettbewerb	kein Wettbewerb	kein Wettbewerb	kein Wettbewerb	kein Wettbewerb	Wettbewerb	Wettbewerb	Wettbewerb	kein Wettbewerb	Wettbewerb	kein Wettbewerb
Erneuerbare Energien	Wettbewerb	Wettbewerb					Wettbewerb	Wettbewerb				

Wettbewerb kein Wettbewerb

Abb. 4.1 Übersicht über die Wettbewerbsbedingungen auf dem Energiemarkt

Im Strom- und Gassektor hatte bis April 1998 kein wirksamer direkter Wettbewerb zwischen den Versorgungsunternehmen existiert. Auf Grund der rechtlich sanktionierten Gebietsmonopole konnte der Verbraucher seinen Anbieter nicht frei wählen. Industriekunden hatten lediglich die Möglichkeit, eine Eigenerzeugung als Alternative oder in Ergänzung zu einer Belieferung aus dem Netz der Stromversorger aufzubauen, was vielfach auch geschehen ist. Bei Gas bestand auch bereits in der Vergangenheit Substitutionskonkurrenz. Gleiches gilt für ein kleines Marktsegment bei Strom, nämlich den Bereich des Einsatzes dieses Energieträgers zur Wärmeversorgung. Mit der im April 1998 erfolgten Neuregelung der rechtlichen Rahmenbedingungen für Strom und Gas wurden die Voraussetzungen für umfassenden direkten Wettbewerb auch bei diesen leitungsgebundenen Energieträgern geschaffen. Lediglich im Netzbereich bestehen natürliche Monopole fort. Allerdings wird über die verankerte Netzregulierung ein diskriminierungsfreier Zugang Dritter zu den Leitungssystemen bei Strom und Gas gewährleistet.

Die Politik der Bundesregierung ist dadurch gekennzeichnet, dass sie – abgesehen von der Erhebung produktspezifischer Steuern und der Gestaltung der Netzzugangs- und Netzentgeltbestimmungen – grundsätzlich nicht in die Preisbildung eingreift. Die Energiepreise sind somit im Wesentlichen marktbestimmt. Ausnahmen von dem Prinzip bildeten lediglich Teilbereiche des Elektrizitätsmarktes. Mit dem Wegfall der Bundestarifordnung Elektrizität gibt es seit dem 1. Juli 2007 auch im Bereich der Tarifabnehmer keine Strompreisaufsicht der Bundesländer mehr. Allerdings beeinflusst der Staat durch gesetzliche Rahmenbedingungen, wie vor allem das Erneuerbare-Energien-Gesetz, mittelbar Höhe und Entwicklung sowohl der Großhandelspreise als auch der Endverbraucherpreise für Strom.

4.2 Prinzipien der Preisbildung auf den einzelnen Energiemärkten

Vor diesem generellen Hintergrund stellen sich die Preisbildungsmechanismen in der Bundesrepublik Deutschland wie nachfolgend beschrieben dar.

4.2.1 Mineralöl

Die Preisbildung bei Öl erfolgt in Deutschland unter Wettbewerbsbedingungen. Auf den Märkten für Kraftstoffe, leichtes und schweres Heizöl sowie Flugkraftstoff und Rohbenzin findet zum einen eine höchst wirksame direkte Konkurrenz zwischen den Anbietern statt. Der Wettbewerb beschränkt sich nicht auf Verteilungskämpfe zwischen den etablierten Anbietern. Vielmehr wird die Konkurrenz zusätzlich durch das Auftreten neuer Anbieter, denen der Marktzugang ohne Einschränkung offen steht, belebt. Außerdem sind die auf dem Mineralölmarkt tätigen Unternehmen in wichtigen Teilbereichen, wie zum Beispiel beim Heizöl, einem intensiven Substitutionswettbewerb ausgesetzt.

Zur Erhaltung der Funktionsfähigkeit des freien Preissystems, das inzwischen auf eine jahrzehntelange Tradition zurückblicken kann, trägt der Staat durch die Bewahrung der Wettbewerbsordnung Sorge. Dies erfolgt über die Wettbewerbsgesetzgebung, die mit der Fusionskontrolle über ein wirksames Instrument zur Erhaltung der Wettbewerbsordnung

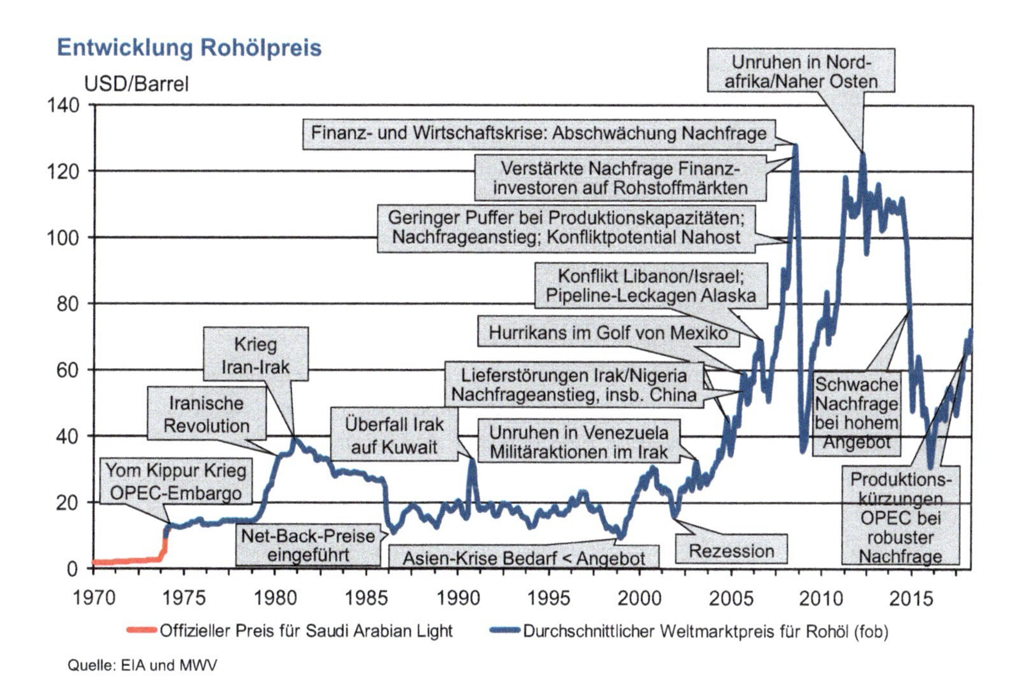

Abb. 4.2 Wichtige Ereignisse und nominale Weltmarktpreise für Öl seit 1970

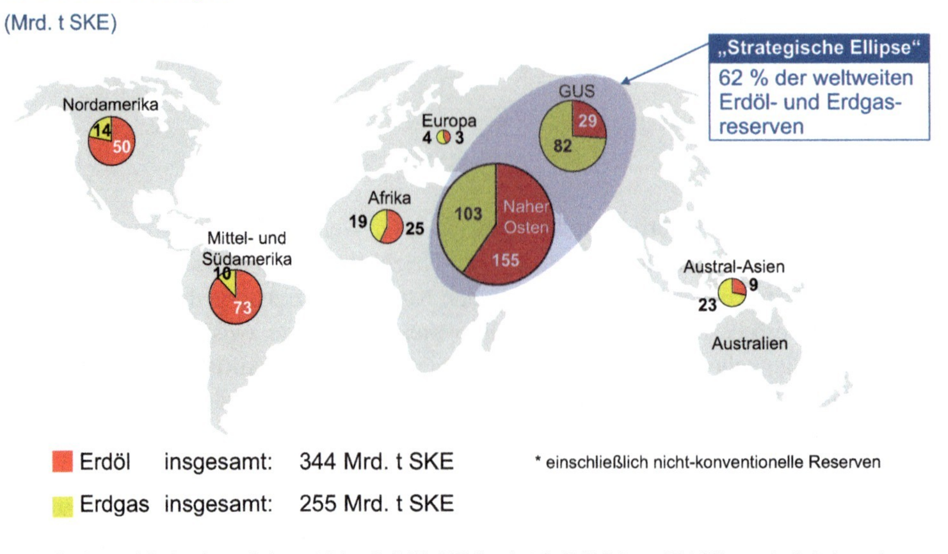

Abb. 4.3 Weltweite Verteilung der Reserven an konventionellem Erdöl und Erdgas

verfügt. Soweit im Einzelfall auf einem Markt eine beherrschende Stellung gegeben sein sollte, können die Instrumente Missbrauchskontrolle sowie Diskriminierungs- und Behinderungsverbot eingesetzt werden.

Für die Preisbildung auf den für die einzelnen Mineralölprodukte existierenden Teilmärkten, die zum Teil durch erhebliche sowohl strukturelle als auch regionale Besonderheiten gekennzeichnet sind, ist von entscheidender Bedeutung, dass der Verbraucher die jeweils angebotenen Produkte als weitestgehend homogen ansieht und dass er – dies gilt besonders für den Tankstellenmarkt mit der deutlich sichtbaren Preisauszeichnung – über ein hohes Maß an Preistransparenz und Preissensibilität verfügt.

Als wichtigste Bestimmungsfaktoren für die Mineralölproduktpreise sind – neben den für die einzelnen Teilmärkte gültigen jeweils spezifischen Faktoren – die Rohölpreise, die Entwicklung der Währungsrelation zwischen Euro und USD, der Einfluss des Staates über die Erhebung von Steuern, die Rolle des Rotterdamer Marktes und das Verbraucherverhalten zu nennen.

Weltweit unterliegen die zwei Wertschöpfungsstufen in der Mineralölwirtschaft, nämlich der Upstream-Bereich, der die Suche und Förderung von Erdöl umfasst, und der Downstream-Bereich mit dem Transport und der Verarbeitung von Rohöl sowie dem Vertrieb von Mineralölprodukten, unterschiedlichen Bedingungen.

Die Erdölreserven liegen zum Teil weit entfernt von den großen Zentren des Mineralölverbrauchs. Deswegen war der Ölmarkt von Anfang an ein Weltmarkt. Der hohe

Kapitalbedarf für die Suche und Entwicklung der Ölfelder, für den Transport und die Verarbeitung des Rohöls sowie für die Vermarktung der Mineralölprodukte förderte die Konzentration im Mineralölgeschäft auf weltweit tätige Gesellschaften bei gleichzeitiger Integration der Upstream- und Downstream-Aktivitäten.

Infolge der kontinuierlichen Weiterentwicklung zählt der Rohölmarkt von heute zu den funktionsfähigsten Rohstoffmärkten weltweit. Er gilt als Lehrbuchbeispiel eines globalen Marktes mit weltweiten Handelsströmen, einer breit diversifizierten globalen Transportinfrastruktur, verschiedenen Handelsplattformen und einer sehr hohen Zahl von Marktteilnehmern. Daher dient der Rohölmarkt für viele andere Handelsgüter als Leitmarkt. Die hohe Zahl von Anbietern und Nachfragern führte zu einer enorm hohen Liquidität und vergleichsweise geringen Transaktionskosten. Somit bietet er den Marktakteuren eine effiziente Plattform für Handelsaktivitäten.

Aufgrund des hohen Wettbewerbsdrucks nutzen heute praktisch alle vertikal integrierten Unternehmen die Mechanismen der Weltmärkte, um das Geschäft so effizient wie möglich zu führen. Dazu gehört auch die operative Trennung von Upstream- und Downstream-Aktivitäten. Eigenes Rohöl wird auf dem Weltmarkt zu Marktpreisen angeboten und verkauft. Der Rohöl- und Produktenbezug für die eigenen Raffinerien wird davon unabhängig über die entsprechenden Weltmärkte optimiert. Ökonomen sprechen auch von einem Wandel von den ehemals operativ vertikal integrierten Unternehmen hin zu finanziell vertikal integrierten Unternehmen. Letztgenannte steuern lediglich die internen Finanzströme ihrer Konzerngesellschaften. Davon losgelöst wird der Fluss der eigenen physischen Güter (Rohöl, Produkte) unter Nutzung der Effizienzvorteile der jeweiligen Märkte optimiert.

Die Entwicklungen der vergangenen Jahre in der Mineralölwirtschaft stützen diesen Befund. Mit dem US-Unternehmen ConocoPhillips, Betreiber des Jet-Tankstellennetzes in Deutschland, hatte ein vertikal integriertes Unternehmen im Mai 2012 die Ausgliederung seiner Downstream-Aktivitäten (jetzt Philips66) vollendet und nunmehr unternehmerisch vollkommen vom Upstream-Geschäft getrennt.

Bis in die 1950er Jahre war das Öl im Mittleren Osten und in Südamerika vornehmlich von multinationalen, privatwirtschaftlichen Unternehmen gefördert worden, die diese Vorkommen zumeist auch erschlossen hatten. Als bedeutendste Unternehmen galten die sogenannten Sieben Schwestern. Zu diesem Kreis waren Exxon, Shell, BP, Mobil, Texaco, Gulf und Socal (Chevron) gezählt worden. Auf diese Konzerne war die eigentumsmäßige Verfügungsgewalt über das Rohöl konzentriert. Die großen internationalen Mineralölgesellschaften verarbeiteten das Rohöl innerhalb ihrer integrierten Systeme, und sie dominierten auch bei der Vermarktung der gewonnenen Ölprodukte. In den 1950er Jahren wurden von den großen Mineralölgesellschaften Preisrichtwerte für langfristige Liefervereinbarungen festgelegt und veröffentlicht („Posted Prices"). In den 1960er Jahren und Anfang der 1970er Jahre war der „Posted Price" die Basis für die Festlegung des „Government Take" (Royalties und Steuern), also der Abgaben an den Staat, auf dessen Territorium das Öl gefördert wurde. Im Jahr 1970 hatten die privatwirtschaftlichen Ölunternehmen durch langfristige Lizenzvereinbarungen Zugang zu rund 85 % der weltweiten Ölreserven.

Tab. 4.1 Rohölpreisentwicklung 1973 bis 2017

Jahr[1]	Großbritannien Brent[3]	West Texas Intermediate	OPEC Basket[4]	UAE Dubai[5]
	USD/b[2]			
1973	n. a.	n. a.	2,70	2,83
1974	n. a.	n. a.	11,00	10,41
1975	n. a.	n. a.	10,43	10,70
1978	14,02	14,55	12,79	13,03
1980	36,83	37,96	32,25	35,80
1985	27,50	27,99	27,01	27,53
1990	23,76	24,52	22,26	20,45
1995	17,02	18,42	16,86	16,10
1998	12,76	14,39	12,28	12,21
2000	28,66	30,26	27,60	26,20
2005	54,57	56,44	50,64	49,35
2006	65,16	66,00	61,08	61,50
2007	72,44	72,26	69,08	68,19
2008	96,94	99,67	94,45	94,34
2009	61,74	61,95	61,06	61,39
2010	79,61	79,48	77,45	78,06
2011	111,26	94,88	107,46	106,18
2012	111,63	94,05	109,45	109,08
2013	108,56	97,98	105,87	105,47
2014	99,02	93,26	96,19	97,07
2015	52,32	48,66	49,49	51,20
2016	43,64	43,29	40,76	41,19
2017	54,25	50,88	52,51	53,13

[1] bis 1985 überwiegend Listenpreise; ab 1986 Spot-Notierungen
[2] ein Barrel = 159 l = 0,136 Tonnen
[3] bis 1984 Notierungen für „Forties"
[4] Durchschnittswerte ausgewählter OPEC-Rohöle
[5] bis 1985 Notierungen für „Arabian Light"
Quelle: OPEC; EIA. Veröffentlicht unter www.mwv.de sowie MWV, Mineralölzahlen 2018, Hamburg 2018 sowie BP Statistical Review of World Energy June 2018 (für UAE Dubai)

Diese Situation änderte sich, als die Regierungen der Öl exportierenden Staaten verstärkt dazu übergingen, die Konzessionen der Mineralölgesellschaften zu verstaatlichen oder Fördervereinbarungen mit ihnen abzuschließen. Den Zugriff auf das Öl kontrollieren heute nach Angaben des American Petroleum Institute ganz überwiegend die Staaten bzw. die National Oil Companies (NOC) in den Ländern, auf deren Gebiet die Ölvorkommen liegen. Nur noch 6 % der weltweiten Ölreserven stehen Investor Owned Companies (IOC) mittels Lizenzvereinbarungen grundsätzlich für eine Förderung zur Verfügung. Weitere bis zu 10 % der unter Kontrolle der NOC stehenden Ölvorkommen sind prinzipiell im Rahmen von Joint-Ventures zwischen IOC und NOC verhandelbar.

Preisbestimmung für Rohöl Der Einfluss der IOC auf den globalen Rohölmarkt und auf die dort herrschenden Preise ist somit weitaus geringer als häufig angenommen. Eine erheblich stärkere Bedeutung für die *Preisbestimmung für Rohöl* haben die Regierungen der Förderländer. Im September 1960 hatte sich eine Gruppe für die Versorgung des Weltmarkts besonders wichtiger Förderländer in Bagdad (Irak) zur Organization of Petroleum Exporting Countries (OPEC) zusammengeschlossen. Damit verfolgten die OPEC-Mitglieder das Ziel, ihre Ölpolitik abzustimmen und zu koordinieren. Die Ölminister der OPEC-Länder treffen sich regelmäßig, um die Preisentwicklung zu diskutieren und – dies gilt seit 1982 – Förderquoten festzulegen. Gründungsmitglieder der OPEC sind Iran, Irak, Kuwait, Saudi Arabien und Venezuela. Seit 1960 traten Katar (1961), Indonesien (1962), Libyen (1962), die Vereinigten Arabischen Emirate (1967), Algerien (1969), Nigeria (1971), Ecuador (1973) – Mitgliedschaft ausgesetzt von 1992 bis 2007 –, Gabun (1975) – Mitgliedschaft bis Januar 1995, im Juli 2016 erneut der Organisation beigetreten, sowie Angola (2007), Äquatorial Guinea (2017) und Kongo (2018) der Organisation bei. Im Januar 2009 war Indonesien aus der OPEC ausgetreten, reaktivierte die Mitgliedschaft im Januar 2016, trat aber im November 2016 erneut aus der OPEC aus. Seit 2018 hat die OPEC fünfzehn Mitglieder. Am 1. September 1965 hatte die OPEC ihren Sitz von Genf nach Wien verlegt.

In den 1970er Jahren nutzte die Vereinigung Marktanspannungen dazu, die Preise für ihr Rohöl vollkommen unabhängig von der Höhe der Förderkosten drastisch anzuheben. Dies war während der zwei Ölkrisen 1973/74 und 1979/80 der Fall. Demgegenüber versuchten die in der OPEC zusammengeschlossenen Staaten in Schwächeperioden, ihre Mitglieder im Sinne einer Stabilisierung der Preise auf Einhaltung im einzelnen vereinbarter Förderquoten „einzuschwören“, was vielfach nicht gelang. Mit der Verstaatlichung der Förderkonzessionen war die Einführung staatlicher Verkaufspreise für Rohöl einhergegangen (Government Selling Prices), die später in Official Selling Prices umbenannt wurden. Auf diesen frei Verladehafen des Herkunftslandes festgelegten „offiziellen Verkaufspreisen“ basierten die meisten langfristigen Verträge. Spotgeschäfte, also kurzfristig getroffene Einzeltransaktionen, hatten Anfang der 1980er Jahre erst einen Marktanteil von etwa 5 %.

In der ersten Hälfte der 1980er Jahre war eine rasante Talfahrt der Rohölpreise zu verzeichnen. Den OPEC-Ländern gelang es nicht, ihre Preise für Term-Verträge gegen den Markt zu verteidigen. Für Rohölkäufer wurde es attraktiver, sich am Spotmarkt einzudecken, auf dem sich zunehmend auch Handelsunternehmen und Broker tummelten.

1985 hatte Saudi Arabien das offizielle Preissystem auf sogenannte Netback-Verträge umgestellt. Danach war der Preis für die verschiedenen Rohölqualitäten aus dem Marktwert der Produktausbeute nach Raffinierung abgeleitet worden. Bei diesem Rohölverkauf zu „Netback“-Bedingungen wurde den Raffinerien eine feste Marge garantiert und das Preisrisiko von den Ölförderern getragen. Dieses Verfahren führte zu vermehrtem Produktenausstoß. Die dadurch zusätzlich verschärfte Konkurrenzsituation erhöhte den Druck auf die Rohölpreise. Bis Mitte 1986 sackte das Preisniveau für Rohöl auf einstellige Dollarbeträge ab. Der Anfang 1987 erfolgten Aufgabe der Netback-Strategie folgte das System der Anbindung der Rohölpreise an die weltweiten Spotmärkte.

Der 1986 verzeichnete Preisverfall war für die OPEC-Staaten der Anlass, Förderquoten einzuführen. Sie verknappten das Ölangebot und teilten die Mengen auf die Mitglieder des Kartells auf, um eine Preisstabilisierung zu erreichen. Angesichts einer geringen Quoten-Disziplin der OPEC-Mitglieder gelang dies nur bedingt. Erhebliche Ölpreisschwankungen wurden weiterhin verzeichnet.

Die Volatilität der Spotpreise erklärt sich auch dadurch, dass diese nicht nur tatsächliche Angebotsüberschüsse oder physische Verknappungen widerspiegeln, vielmehr bereits entsprechende Erwartungen ausreichen, um signifikante Ausschläge der Preise auszulösen. Für diese Spotmärkte existieren Preisnotierungen, die von Institutionen wie Platt's Oilgram, Reuters und Petroleum Argus täglich veröffentlicht werden.

Die für die Preisbildung bedeutendsten Ölsorten, die so genannten „benchmark" crudes, sind Brent (Nordsee), West Texas Intermediate (WTI) und Dubai-Fateh (Naher Osten). Wegen ihrer unterschiedlichen Qualität unterscheiden sich die Preise dieser Ölsorten voneinander. WTI ist ein sehr leichtes „süßes" Rohöl (mit niedrigem Schwefelgehalt). Dem gegenüber handelt es sich bei Dubai-Fateh um eine schwere „saure" Rohölsorte (mit hohem Schwefelgehalt). Brent ist im Vergleich zum Marktdurchschnitt leichter und „süßer", erreicht aber nicht die Qualitätswerte von WTI und war deshalb in der Vergangenheit (bis 2009) mit einem leichten Preisabschlag gegenüber dieser Sorte gehandelt worden.

Brent eignet sich als Referenz besonders auch deshalb, weil es sich hierbei um eine relativ homogene Qualität handelt, die – international vermarktet – in einer großen Zahl von Raffinerien verarbeitet wird. Demgegenüber ist die Verarbeitung von West Texas Intermediate im Wesentlichen auf die USA beschränkt. Die WTI-Notierungen werden von der New Yorker Börse NYMEX veröffentlicht. Dubai hatte als Ersatz für Arabian Light ab Mitte der 1980er Jahre Bedeutung als Referenzqualität für den Nahen Osten gewonnen.

Die OPEC ermittelt regelmäßig die Preisdaten für einen „Korb" (basket) von in der Vergangenheit zunächst sieben Rohölsorten. Der im Juni 2005 eingeführte neue OPEC Reference Basket setzt sich aktuell (Stand: September 2018) aus folgenden fünfzehn Rohölsorten zusammen: Algeriens Saharan Blend, Kongos Djeno, Angolas Girassol, Ecuadors Oriente, Äquatorial Guineas Zafiro, Gabuns Rabi Light, Nigerias Bonny Light, Saudi Arabiens Arab Light, Irans Heavy, Iraks Basra Light, Kuwaits Export, Libyens Es Sider, Katars Marine, VAEs Murban und Venezuelas Merey. Die täglichen Notierungen dieses OPEC Reference Basket (ORB) werden von der Organisation genutzt, um die laufende Ölmarktentwicklung zu verfolgen.

Der OPEC-Korb-Preis war zeitweise mit einem Preisband-Mechanismus verknüpft worden. So hatte die OPEC bei dem Ministertreffen im März 2000 einen informellen Preisband-Mechanismus beschlossen, der am 17. Januar 2001 ratifiziert worden war.

Danach sollte eine automatische Produktionsanpassung ausgelöst werden, wenn der OPEC-Korb-Preis die Schwelle von 28 USD pro Barrel überschreitet oder auf weniger als 22 USD pro Barrel absinkt. Es wurde ein Produktionsanstieg um 500.000 Barrel pro Tag für den Fall vereinbart, dass der OPEC-Korb-Preis sich an 20 aufeinander folgenden Handelstagen oberhalb des Preisbandes bewegt. Bei Preisen unterhalb des Preisbandes

Tab. 4.2 Preise für das Rohöl Brent – Monatsdurchschnitte – 1986 bis 2017

Monat	1986	1990	1998	2000	2008	2010	2012	2014	2016	2017
	Spotpreise in USD/b – fob Verladehafen (Sullom Voe) – Mittelwerte									
Januar	22,13	20,99	15,12	25,55	92,00	76,19	110,69	108,12	30,70	54,58
Februar	17,21	19,88	13,95	27,89	95,04	73,63	119,33	108,90	32,18	54,87
März	13,64	18,42	13,06	27,26	103,66	78,89	125,45	107,48	38,21	51,59
April	12,29	16,66	13,43	22,65	108,97	84,89	119,75	107,76	41,58	52,31
Mai	14,09	16,72	14,44	27,64	122,73	75,16	110,34	109,54	46,74	50,33
Juni	11,89	15,63	12,05	29,80	132,44	78,85	95,16	111,80	48,25	46,37
Juli	9,55	17,57	12,04	28,49	133,18	75,64	102,62	106,77	44,95	48,48
August	13,57	27,36	11,96	30,11	113,03	77,15	113,36	101,61	45,84	51,70
September	14,20	35,32	13,39	32,73	98,13	77,79	112,86	97,09	46,57	56,15
Oktober	13,91	36,01	12,64	30,91	71,87	82,74	111,71	87,43	49,52	57,51
November	14,61	32,91	10,96	32,58	52,51	85,33	109,06	79,44	44,73	62,71
Dezember	15,79	27,91	9,88	25,12	40,35	91,36	109,49	62,34	53,29	64,37
Durchschnitt	14,40	23,76	12,76	28,66	96,94	79,61	111,63	99,02	43,64	54,25

Quelle: bis 2000 Platts; ab 2001: Mineralölwirtschaftsverband (Jahresdurchschnittswerte durchgängig gemäß MWV (www.mwv.de))

an zehn aufeinander folgenden Handelstagen wurden Produktionskürzungen um 500.000 Barrel pro Tag vorgesehen.

In den 19 Monaten von März 2000 bis Anfang Oktober 2001 kam der Preisband-Mechanismus praktisch kaum zur Anwendung. So war nach Untersuchungen der Energy Information Administration des US-Departments of Energy an den insgesamt 397 Handelstagen in dem genannten Zeitraum das Preisband 121 Mal überschritten und 16 Mal unterschritten worden. In den bei OPEC-Sitzungen getroffenen Entscheidungen wurden die Förderquoten je drei Mal erhöht und reduziert. Lediglich einmal war die Quotenänderung Ergebnis einer Aktivierung des Preisband-Mechanismus.

Die wirtschaftliche Abschwächung im Gefolge des Terroranschlags in New York und Washington am 11. September 2001 führte im 4. Quartal 2001 zu Durchschnittspreisen deutlich unterhalb der Preisschwelle von 22 USD pro Barrel. 2002 und 2003 war ein relativ stabiles Preisniveau verzeichnet worden mit Notierungen, die sich für die Rohölsorte Brent zwischen 20 und 30 USD pro Barrel bewegten. Von Anfang 2004 bis Mitte 2008 war der Preisverlauf durch einen kontinuierlichen Aufwärtstrend gekennzeichnet. Bereits im Januar 2005 war der Preisband-Mechanismus angesichts dieser Marktentwicklung wieder abgeschafft worden.

In der ersten Juli-Woche 2008 erreichten die Weltmarktpreise für Rohöl historische Rekordstände. Dies gilt für alle Leitindikatoren, die üblicherweise veröffentlicht werden. Im Durchschnitt der 27. Kalenderwoche 2008 wurden der OPEC-Korb-Preis mit 138,31 USD/Barrel, die Nordseeöl-Sorte Brent mit 141,58 USD/Barrel und West Texas Intermediate (WTI) mit 142,99 USD/Barrel notiert. Ursachen für die Aufwärtsbewegung der

Preise, die bis Juli 2008 zu verzeichnen war, liegen sowohl auf der Nachfrage- als auch auf der Angebotsseite. So war der Bedarf der Schwellenländer, insbesondere von China, stärker als erwartet gewachsen. Nachfrage steigernd wirkte daneben auch die konjunkturelle Belebung in den USA, dem weltweit größten Ölverbraucher. Die Angebotsseite war durch geopolitische Unsicherheiten geprägt. Die Situation im Irak, die Sorge vor Anschlägen auf Ölanlagen, politische Unruhen in Venezuela und Nigeria sowie zeitweise auch Wirbelstürme in den USA hatten – vor dem Hintergrund eines ohnehin geringen Angebotspuffers der Ölförderstaaten – zu starken Preisausschlägen geführt. Hinzu kam eine verstärkte Nachfrage von Finanzinvestoren auf den Rohstoffmärkten.

Bis Mitte September 2008 hatten sich die Preise auf 90 USD/Barrel abgeschwächt. Gleichwohl waren sie zu diesem Zeitpunkt immer noch dreimal so hoch wie fünf Jahre zuvor. Als wesentlicher Auslöser des Preisrückgangs ist die Finanzkrise zu nennen, die eine Eintrübung der Konjunkturaussichten bewirkt und damit die Erwartung einer gedämpften weltweiten Ölnachfrage ausgelöst hatte.

Am 22. September 2008 wurde erneut ein Preisanstieg verzeichnet, und zwar um zeitweise mehr als 25 USD/Barrel. Das bedeutete den höchsten Tagessprung aller Zeiten. Im US-Handel kostete das Barrel Rohöl zeitweilig über 130 USD. Als wesentliche Faktoren wurden der schwache Wechselkurs des USD und die Umschichtung des Kapitalanlage-Portfolios bei Investoren aus Aktien- in Rohstoffmärkte, wie Rohöl, genannt. Angesichts der konjunkturellen Abschwächung als Folge der Finanzmarktkrise verringerten sich die Rohölpreise bis Ende Dezember 2008 auf ein Viertel der Anfang Juli 2008 realisierten Spitzennotierungen.

Im Laufe des Jahres 2009 – und fortgesetzt im Verlauf des Jahres 2010 – verdoppelten sich die Rohölpreise im Vergleich zu dem im Dezember 2008 erreichten Niveau. So wurde die Sorte Brent im Dezember 2010 mit rund 91 USD/Barrel notiert. Dieser Aufwärtstrend setzte sich 2011 fort. 2012 stabilisierten sich die Preise auf dem erhöhten Niveau von etwa 110 USD/Barrel. Im März 2012 wurde für die Sorte Brent mit 125 USD/Barrel der höchste Preisstand seit Juli 2008 erreicht. Positive Wirtschaftserwartungen für die USA, China und weitere Länder, aber auch befürchtete Lieferengpässe für Rohöl aufgrund von Krisen in Syrien, Sudan und Jemen sowie das Inkrafttreten der Sanktionen gegen den Iran verursachten diesen Anstieg. Als Reaktion erhöhten die USA ihre Rohölförderung und auch einzelne OPEC-Staaten, mit Ausnahme des Iran, folgten. Bereits im Juni 2012 wurde Brent rund ein Viertel niedriger notiert als im März 2012. Im Jahresmittel waren die Rohölpreise 2011 und 2012 auf dem gleichen Niveau.

Zwischen Anfang 2013 und Mitte 2014 pendelten die Brent-Notierungen zwischen 103 und 116 USD/Barrel. Trotz der Unruhen im Nahen und Mittleren Osten wurden keine Preisausschläge verzeichnet. Die 2013 nur verhalten gestiegene Nachfrage konnte im Zuge der Anhebung der Förderung außerhalb der OPEC – insbesondere in den USA – gedeckt werden. Während die Förderhöhe in den OPEC-Staaten von 2008 bis 2013 relativ konstant gehalten worden war, hatte sich die Ölförderung der USA im gleichen Zeitraum um fast 50 % erhöht. Dadurch konnten die USA 2013 mehr als die Hälfte ihres Ölver-

Tab. 4.3 Netto-Erlöse der OPEC-Staaten aus Ölexporten 2016

Staat	Mrd. USD	USD pro Kopf
	2016	2016
Algerien	19	476
Angola	26	1011
Ecuador	4	265
Gabun	3	1692
Iran	36	453
Irak	54	1423
Kuwait	37	9344
Libyen	2	362
Nigeria	26	137
Katar	24	10.458
Saudi Arabien	133	4132
Vereinigte Arabische Emirate	47	5043
Venezuela	22	690
OPEC gesamt	**433**	**912**

Quelle: U.S. Energy Information Administration, OPEC Revenues Fact Sheet, Washington, May 2017, www.eia.gov (Die Angaben für Iran enthalten keine Rabatte, die Iran möglicherweise seinen Abnehmern zwischen Ende 2011 und Januar 2016 angeboten hat. Äquatorial Guinea ist erst seit dem 25. Mai 2017 und Kongo seit dem 22. Juni 2018 OPEC-Mitglied)

brauchs aus eigener Förderung decken. 2008 hatte der Anteil der Inlandsförderung erst ein Drittel ausgemacht.

Von Juni 2014 bis Anfang 2016 waren die Weltmarktpreise für Rohöl stark gesunken. Mit 30,70 USD/Barrel unterschritt die Brent-Notierung für Januar 2016 den Vergleichswert von Juni 2014 um 72,5 %. Zwei Gründe sind hierfür hauptsächlich verantwortlich: Angebotswachstum und Nachfrageschwäche. Das Angebot war vor allem wegen der Ausweitung der US-Schieferöl-Produktion gestiegen. 2015 hatten die USA mit 12,7 Mio. Barrel pro Tag ihre Ölförderung um mehr als ein Viertel gegenüber 2013 und um 87 % im Vergleich zum Jahr 2008 gesteigert. Zusätzlich hat sich die Ölförderung des Irak erholt. Gleichzeitig hatte die weltweite Wachstumsschwäche zu einer Verringerung der Ölnachfrage geführt.

Das hohe Angebot traf also auf eine schwache Nachfrage – ein Markt-Ungleichgewicht, das durch steigende Ölvorräte und Druck auf den Preis reagierte. Saudi Arabien, als wichtigstes OPEC-Mitglied, hatte in dieser Situation seine eigene Ölförderung jedoch, entgegen der vorherrschenden Erwartung der meisten Marktbeobachter, nicht zurückgefahren. Das bedeutete eine radikale Abkehr der zuvor praktizierten Förderpolitik des Landes, die über Jahre hinweg auf ein Preisziel um 100 USD/Barrel ausgerichtet war. Der Verteidigung des eigenen Marktanteils wurde Vorrang vor einer Preisstützung über Kürzungen der eigenen Produktionsmengen eingeräumt. Die Erfahrungen der 1980er Jahre, als das Land schon einmal über Produktionskürzungen die Last der Preisstabilisierung praktisch alleine getragen hatte, sollten nicht wiederholt werden. Nach den Vorstellungen Saudi Arabiens sollten von Produktionskürzungen zur Preisstabilisierung die Produzenten mit den höchsten Kosten betroffen sein, zumindest aber sollten diese dabei eine Vorreiterrolle einnehmen. Dies zielte vorrangig auf die US-Schieferöl- und zum Teil auch auf die Offshore-Produktionen, deren Kosten mit 50 bis 70 USD/Barrel deutlich über den Förderkosten des Mittleren Ostens liegen und deren Boom den Angebotsüberhang erst verursacht hatte. Auch wenn der dadurch ausgelöste Preisverfall für eine ganze Reihe von OPEC-Mitgliedern größte fiskalische Probleme mit sich brachte – sie sind, gebeutelt von Krieg, Unruhen, Staatsdefiziten, auf hohe Einnahmen aus Ölexporten angewiesen – war diese Haltung auf den OPEC-Treffen von den anderen Mitgliedern nicht ausgehebelt worden [1].

Der Fall des Ölpreises hat eine ganze Reihe von Auswirkungen auch weit außerhalb der Sektoren Öl/Gas. So brechen für die Öl produzierenden Länder staatliche Einnahmen weg, die kaum anderweitig ersetzt werden können. Für viele Ölproduzenten liegt der fiskalische Break-even-Preis von Rohöl (der das Haushaltsbudget ausgleichen würde) oberhalb von 80–100 USD/Barrel – die Baisse der Jahre 2016 und 2017 ließ Milliarden-Löcher in den Haushalten entstehen. Diese Löcher sind umso größer, als der aktuelle Einnahmenbedarf in vielen Ländern aufgrund von Krieg oder Bürgerkrieg abermals deutlich gestiegen ist. Nötige Ausgabenkürzungen erhöhen in dieser schon schwierigen Situation weiter die existierenden sozialen Spannungen. Es kommt hinzu, dass außer Kuwait, Saudi-Arabien und Katar keine anderen OPEC-Mitglieder relevante staatliche Rücklagen vor der Ölpreisbaisse angelegt haben.

Mit dem Preis sinkt auch die Rentabilität kostenintensiver Ölförderung, was besonders zwei Arten der Förderung betrifft. Erstens, die großen Mega-Offshore-Projekte der internationalen Ölunternehmen (IOCs), deren Kosten bei und oberhalb von 70 bis 80 USD/Barrel liegen.

Doch auch wenn der Ölpreis darunter liegt, fahren diese Anlagen ihre Produktion nicht unbedingt herunter, da die hohen Anfangsinvestitionen schon getätigt sind und die operativen Kosten kaum ins Gewicht fallen, unabhängig vom Ölpreis. Ebenso werden in der Regel auch die bereits in Entwicklung befindlichen Großprojekte zu Ende geführt, ein Absenken der Investitionsbudgets wird vorrangig erst die neuen, noch zu entwickelnden Großprojekte der Zukunft treffen (die erst Anfang der 2020er Jahre produzieren würden). Zweitens, werden die vielen, relativ kleinen Shale-Oil-Produktionen in den USA direkt von dem niedrigeren Ölpreis getroffen, da auch ihre Kosten teilweise nicht mehr gedeckt sind. Laufende Produktionen werden auch hier nicht gedrosselt und begonnene Investitionen zu Ende geführt, jedoch lässt die Kurzlebigkeit typischer Shale-Oil-Projekte (die Produktion fällt schon in den ersten Monaten signifikant ab, auf ca. 50 % des Ausgangsvolumens nach nur einem Jahr) eine Trendumkehr der US-amerikanischen Schieferöl-Produktion erwarten, mit erstmals fallenden Produktionszahlen im zweiten Halbjahr 2015 [1].

Für die Öl importierenden Staaten hatte der niedrigere Ölpreis als Wachstumsspritze gewirkt. Die Öl-Verbraucherländer konnten ihre Öl-Importrechnung drastisch reduzieren, industrielle Produktion ist kostengünstiger geworden. Private Ausgaben für Heizstoffe und für Mobilität haben sich verringert. Dies hatte das verbleibende verfügbare Einkommen der Haushalte vergrößert, wodurch Konsum angeregt und Wachstum beschleunigt wurden.

Für Deutschland – wie auch für die anderen Staaten des Euro-Raums – gelten jedoch zwei Besonderheiten. Der Wechselkurs des Euro hatte sich gegenüber dem USD abgeschwächt – mit dem Effekt, dass der Preis für Öl in Euro weniger stark gesunken war als die in USD notierten Preise. Zum anderen hat Deutschland als exportintensives Land stets auch davon profitiert, dass die Öl produzierenden Staaten mit ihren hohen Öleinnahmen deutsche Produkte nachgefragt und importiert haben. Netto war Deutschlands Handelsbilanz mit den OPEC-Staaten – ebenso wie mit Russland – im letzten Jahrzehnt trotz hoher Ölpreise stets positiv. Dies lässt die positive Gesamtwirkung eines niedrigeren Ölpreises für Deutschland geringer ausfallen als für weniger exportorientierte Länder in Europa.

Seit 2016 haben sich die Weltmarktpreise für Öl aber wieder stabilisiert. Hatte der Preis für Rohöl noch Anfang 2016 kurzzeitig sogar unter 30 USD/Barrel gelegen, näherten sich die Notierungen im Mai 2018 der 80 USD/Barrel-Marke. Entscheidend sind sowohl nachfrage- wie angebotsseitige Komponenten. Die Wirtschaft wächst in fast allen Teilen der Welt. Damit ist ein Anstieg auch der Nachfrage nach Öl verbunden. Auf der Angebotsseite wirkt sich aus, dass das OPEC-Kartell, unterstützt von Russland und anderen Förderländern, die Förderung zurückgefahren hat. Aus dem OPEC-Mitglied Venezuela kommt wegen der dort herrschenden politischen und wirtschaftlichen Krise deutlich weniger Öl. Ferner stellt die Aufkündigung des Atomabkommens mit Iran durch Präsident Trump – verbunden mit der Ankündigung neuer Sanktionen – Ölexporte aus Iran in Frage. Iran ist immerhin der fünftgrößte Ölexporteur weltweit. Am 17. Mai 2018 wurde der OPEC Basket Price mit 76,75 USD/Barrel notiert.

Die Ölförderstaaten konnten in den Jahren 2008 bis 2014 angesichts der dargelegten Entwicklung die historisch höchsten Ölexporterlöse realisieren. Die seit Herbst 2014 stark verringerten Preise auf den Weltölmärkten hatten zu deutlichen Einbußen bei den Ölexporterlösen geführt. Die Rangliste der OPEC-Staaten mit den höchsten Netto-Ölexporterlösen wird in den von der U.S. Energy Information Administration (EIA) veröffentlichten Fact Sheets von Saudi Arabien angeführt. Pro Kopf der Bevölkerung erzielen aus dem Kreis der zu dieser Zeit vierzehn OPEC-Staaten Katar, Kuwait, Vereinigte Arabische Emirate und Saudi Arabien die höchsten Einnahmen.

In Summe hatten die OPEC-Staaten 2014 Netto-Erlöse aus Ölexporten in Höhe von 753 Mrd. USD realisiert. 2016 waren es noch 433 Mrd. USD, 2017 aber bereits wieder 567 Mrd. USD, und 2018 ist ein weiterer Anstieg auf voraussichtlich mehr als 700 Mrd. USD zu erwarten, sofern sich die Preise auf dem im Mai 2018 verzeichneten Niveau stabilisieren.

Die täglich notierten Spotpreise, etwa für Brent dated (d. h. Ladetermin ist bekannt), haben nicht nur für konkret abgewickelte physische Lieferungen Bedeutung. Sie beeinflussen auch die Preise auf dem Forward-Markt (15 Tage Brent – d. h. nur Lademonat bekannt, Ladetermin wird 15 Tage vorher mitgeteilt) und den über Börsen abgewickelten Futures Markt.

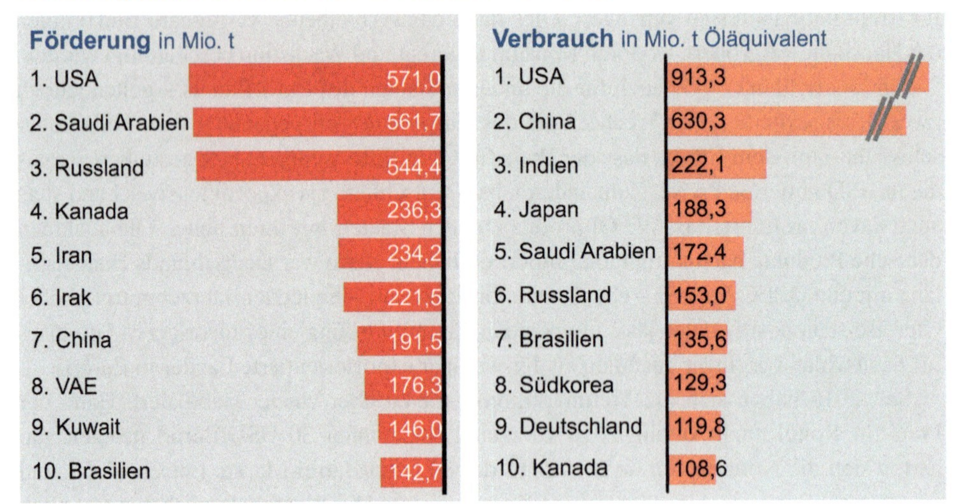

Abb. 4.4 Die zehn größten Förderer und Verbraucher von Öl 2017

Börsen Wichtigste *Börsen* für den Handel mit Rohöl sind die International Petroleum Exchange (IPE), London, und die New York Mercantile Exchange (Nymex). Da die Nymex wegen des Zeitunterschieds länger geöffnet ist, schlagen dort verzeichnete Preisbewegungen bei Rohöl am nächsten Tag auf Europa durch.

An den genannten Börsen kann Rohöl zu einem künftigen Termin, beispielsweise in einem Monat oder in drei Monaten oder auch in sechs Monaten ge- oder verkauft werden, und zwar zu einem Preis, der sich in Abhängigkeit von Angebot und Nachfrage für diesen Zeitpunkt am Markt einstellt. Vielfach handelt es sich hierbei um Preissicherungsgeschäfte oder auch um spekulative Käufe oder Verkäufe, die nicht mit physischen Warenströmen unterlegt sind.

Die notierten Rohöl-Terminmarktpreise stellen tagesabhängige Einschätzungen dar, die innerhalb kürzester Zeit durch anders geartete Kurven ersetzt werden können und mit höchster Wahrscheinlichkeit erst recht nicht die Preise treffen, die sich künftig tatsächlich einstellen werden. Doch genau darin findet der Futures Markt seine Berechtigung, da er eine Absicherung gegen Preisrisiken ermöglicht.

Längerfristige Preistrends Aussagen zu den längerfristigen *Perspektiven der Weltmarktpreise für Öl* sind mit großen Unsicherheiten behaftet. Deshalb sind quantifizierte Angaben zu künftigen Preisen, die den Anspruch hoher Treffgenauigkeit erheben, nicht möglich. Allerdings lassen sich die jeweils wesentlichen Bestimmungsfaktoren der Preise identifizieren, aus deren konkreten Ausprägungen sich die Preistendenzen ableiten. Diese Treiber (Drivers) werden nachfolgend skizziert.

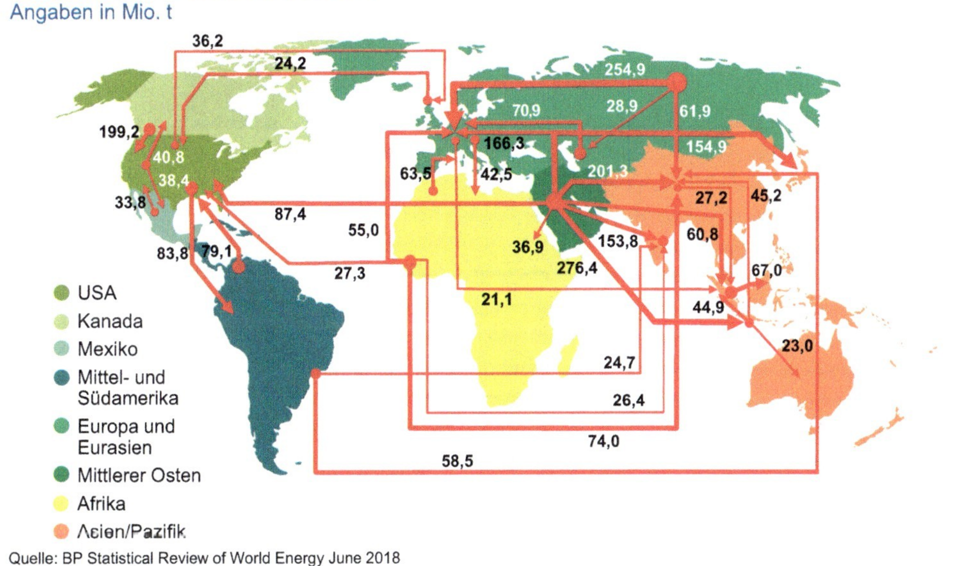

Abb. 4.5 Haupthandelsströme für Öl 2017

Entscheidende Treiber der mittel- und längerfristigen Preistrends auf dem Ölmarkt sind

- die Nachfrage – stark geprägt durch die wirtschaftliche Entwicklung,
- die Reserven (Höhe und regionale Verteilung),
- die Gewinnungskosten,
- die Angebotssteuerung der OPEC,
- die Entwicklung der Förderung außerhalb der OPEC – insbesondere von nicht-konventionellem Rohöl,
- die politischen Spannungen in den für die Versorgung des Weltmarktes wichtigsten Regionen sowie
- die Investitionen in den Aufschluss neuer Förderkapazitäten.

Beispielhaft für die Wirkung der *Nachfrage* können die 1980er Jahre sowie die Entwicklung seit dem Jahr 2004 angeführt werden. So hatten sich die hohen Ölpreise, die bis Mitte der 1980er Jahre herrschten, stark dämpfend auf die Ölnachfrage ausgewirkt. Das – zum damaligen Zeitpunkt – unerwartet starke Einsparverhalten und die durchgeführten investiven Maßnahmen auf der Verbraucherseite hatten zur Entspannung der Marktsituation erheblich beigetragen. Seit dem Jahr 2004 waren die Ölpreise – auch bedingt durch einen starken Anstieg der Nachfrage – nach oben getrieben worden. Zu den entscheidenden Ursachen für diese Entwicklung zählt das starke Wirtschaftswachstum in Staaten wie China und Indien. Langfristig könnte die Entwicklung der Nachfrage nach Öl aber

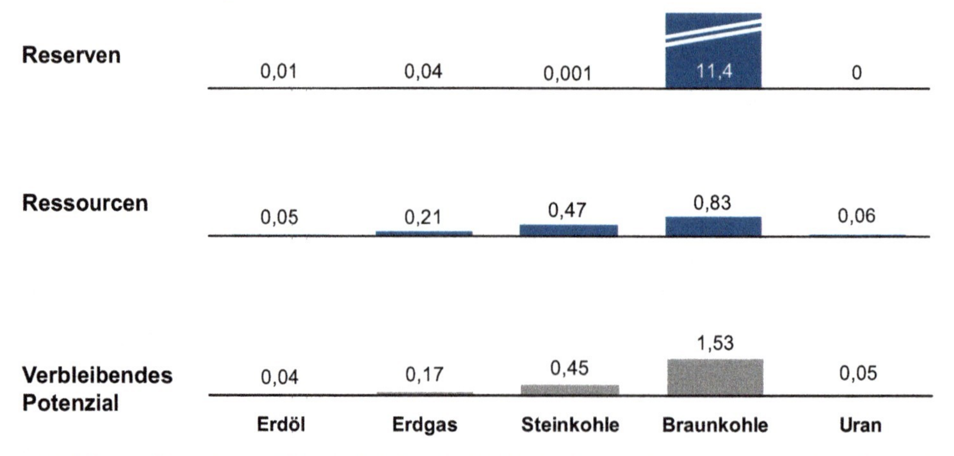

Quelle: Bundesanstalt für Geowissenschaften und Rohstoffe (BGR), BGR Energiestudie 2017, Daten und Entwicklungen der deutschen und globalen Energieversorgung, Hannover, Dezember 2017, Seite 116 ff.

Abb. 4.6 Anteil Deutschlands an den globalen Vorräten nichterneuerbarer Energierohstoffe

gedämpft werden, wenn es gelingt, Öl durch andere Treibstoffe zu ersetzen. Potenziale hierfür bietet u. a. die Elektromobilität.

Die *Reserven* an Öl und deren statische Reichweite (Reserven/aktuelle Jahresförderung) sind keine fixen Größen. Vielmehr führt ein Absinken der statischen Reichweite der Reserven zu verstärkter Exploration, als deren Folge Ressourcen – auch auf Grund des technischen Fortschritts – in Reserven überführt werden. Einen Beleg hierfür bietet die in den letzten 30 Jahren – trotz Inanspruchnahme der Vorkommen – in etwa konstante statische Reichweite der Ölreserven.

Unter Einbeziehung der nicht-konventionellen Vorkommen hat sich die statische Reichweite der Ölreserven in jüngster Zeit sogar auf über 50 Jahre erhöht.

Ein weiterer Indikator der zukünftigen Verfügbarkeit ist der bereits geförderte Anteil des Gesamtpotenzials. Wenn dieser Anteil 50 % überschreitet und damit der „Depletion Mid Point" erreicht ist, wird es schwierig, die Förderung weiter zu steigern oder auch nur auf gleichem Plateau zu erhalten. Nach Angaben der deutschen *Bundesanstalt für Geowissenschaften und Rohstoffe (BGR)* wurden seit Beginn der industriellen Erdölförderung bis Ende 2016 weltweit rund 188 Mrd. t Erdöl gefördert und damit etwa 44 % der initialen Erdölreserven (kumulierte Förderung plus Reserven) von 429 Mrd. t verbraucht. Die damit verbleibenden Reserven (konventionell und nicht-konventionell) belaufen sich auf 241 Mrd. t. Dividiert durch die jährliche Förderung von 4,4 Mrd. t errechnet sich eine statische Reichweite von 55 Jahren.

Hinzu kommen Erdölressourcen, deren Menge von der Bundesanstalt für Geowissenschaften und Rohstoffe auf 448 Mrd. t veranschlagt wird. Technologische Fortschritte haben den Depletion Mid-Point immer wieder hinausgeschoben. Neben der Technologieentwicklung auf der Förderseite, durch die bislang nicht erreichbare Lagerstätten erschlossen werden können, spielt der Fortschritt in der Entölung erschlossener Lagerstätten eine Rolle. Durch technischen Fortschritt hat sich der Entölungsgrad in den letzten Jahrzehnten auf etwa 60 % verdoppelt. Heutige Spitzenwerte liegen bei 70 %. Umgerechnet entspricht ein um einen Prozentpunkt höherer Entölungsgrad einer Verlängerung der Reichweite um ein Jahr. Ferner kann durch Inanspruchnahme nicht-konventioneller Lagerstätten (Schweröl, Ölsand, Ölschiefer) die Phase maximaler Förderung (peak production) ebenso wie die Kurve einer danach abfallenden Förderung verschoben werden.

Zwar müssen zunehmend kleinere Lagerstätten unter ungünstigeren geologischen und geografischen Bedingungen erschlossen werden. Dieser Kosten treibende Effekt konnte in der Vergangenheit aber durch Produktivitätsgewinne, die meist auf technischen Innovationen beruhen, ausgeglichen oder sogar überkompensiert werden. In jüngster Zeit sind jedoch die Kosten für den Aufschluss neuer Lagerstätten gestiegen. Außerdem haben sich die steuerlichen Rahmenbedingungen stark verschlechtert. Die Grenzkosten der Förderung stellen eine wichtige Determinante für die Preisbildung dar. Zwar können die Preise auf dem Weltölmarkt kurzfristig durchaus unter diese Schwelle rutschen. Im mittel- bis längerfristigen Trend können die erhöhten Projektkosten jedoch als Preisuntergrenze angesehen werden, die angesichts der Marktmacht der Anbieter – je nach Marktsituation – deutlich überschritten werden kann.

Die *Marktmacht* der begrenzten Zahl von Anbietern dürfte künftig noch wachsen. Im Jahr 2016 waren die OPEC-Staaten mit 42,7 % an der Weltölförderung beteiligt. Eine relevantere Kenngröße für die Marktmacht dieses Kartells ist jedoch deren Anteil am Weltölhandel, der bereits heute über 50 % beträgt. Dieser Marktanteil wird sich künftig noch vergrößern. Entscheidender Grund ist, dass die zur Deckung der wachsenden Nachfrage notwendige Erweiterung der Förderkapazitäten – neben Russland – vor allem in OPEC-Staaten (insbesondere Saudi Arabien) erfolgen wird. Die OPEC verfügt nämlich nach Angaben im BP Statistical Review of World Energy June 2017 mit 1220,5 Mrd. Barrel über 71,5 % der weltweiten Reserven an Öl von 1706,7 Mrd. Barrel.

Der im laufenden Jahrzehnt verzeichnete Boom beim *Aufschluss von nicht-konventionellem Rohöl* (Beispiel USA) hat die Weltmarkt-Ölpreise – trotz der Aufstände und der kriegerischen Auseinandersetzungen in den arabischen Staaten – gedämpft. Dadurch hat sich das Marktmacht-Potenzial der OPEC-Staaten verringert.

Als wesentlicher Treiber der Ölpreise – wenn auch in der Regel nur temporär – haben sich in der Vergangenheit *politische Spannungen*, kriegerische Auseinandersetzungen und Streiks erwiesen. Angesichts der starken Konzentration der Ölreserven auf politisch instabile Regionen ist auch künftig davon auszugehen, dass diese Faktoren den Ölpreis beeinflussen werden. Dies wird auf jeden Fall die Volatilität der Ölpreise noch vergrößern, auch wenn nicht von einer länger anhaltenden Versorgungsstörung auszugehen ist.

Die *Investitionen* in den Aufschluss neuer Förderkapazitäten spielen eine Schlüsselrolle für die Preise. Dies hatte sich Ende der 1970er/Anfang der 1980er Jahre gezeigt, als die zu dieser Zeit hohen Preise starke Anreize zur Intensivierung des Aufschlusses neuer

Ölfelder außerhalb des OPEC-Blocks, etwa in der Nordsee, ausübten. Die damals verzeichnete Angebotsausweitung trug wesentlich zur Dämpfung der Ölpreise bei. So sahen sich die OPEC-Staaten gezwungen, ihre Preisforderungen bis 1986 nominal um fast zwei Drittel gegenüber 1980 zurückzunehmen.

Im Juli 1986 war das Nordseeöl Brent auf dem Spotmarkt nur noch mit durchschnittlich 9,55 USD/Barrel notiert worden. Der geldwertbereinigte – reale – Rückgang war noch stärker ausgefallen als die in den jeweiligen Preisen ausgedrückte Reduktion. Die seit dem Jahr 2004 bis hinein in das Jahr 2008 verzeichneten hohen Preise erklären sich zu einem wesentlichen Teil durch unzulängliche Investitionstätigkeit in den Aufschluss neuer Förderkapazitäten. Sie sind nicht durch das Auftreten eines physischen Mangels bei der Versorgung mit Öl verursacht. Entscheidend waren vielmehr die knappen Reserven an Förderkapazitäten der OPEC, die sich 2012/13 stark verringert hatten.

Rotterdamer Markt Parallel zum Rohölmarkt existiert ein internationaler Handel mit Mineralölprodukten. Die Zentren für den internationalen Produktenhandel sind Amsterdam/Rotterdam/Antwerpen (ARA) für Nordwesteuropa, die Mittelmeer-Region, der Persisch/Arabische Golf, Singapur, Japan sowie die Ostküste und die Golfküste der USA. Eine Schlüsselfunktion für die Preisbildung für Mineralölprodukte in Deutschland besitzt der *Rotterdamer Markt*. Mit den auf dem ARA-Spotmarkt gebildeten Preisen, die täglich – differenziert nach den wichtigsten Produkten – von Informationsdiensten, wie Argus oder Platts Oilgram, veröffentlicht werden, sind nämlich nicht nur die Preise sämtlicher grenzüberschreitender Produktmengen ganz oder teilweise verknüpft, sie beeinflussen vielmehr den gesamten Markt.

In einer Situation von Überkapazitäten im Raffineriebereich und eines Käufermarktes bei Rohöl und Mineralölprodukten liegt das Rotterdamer Preisniveau unter den durchschnittlichen Gesamtkosten der Raffinerieerzeugung. Demnach kann bei fehlender Gesamtkostendeckung für einen Raffineur ein Anreiz zur Ausweitung seiner Produktion bestehen, soweit er über seine variablen Kosten, wie Rohöleinstandspreise, hinaus noch einen Beitrag zur Deckung seiner fixen Kosten vergütet bekommt. Die in der Vergangenheit zeitweise niedrigen Rotterdamer Preise hatten die von den großen Mineralölkonzernen unabhängigen Händler in die Lage versetzt, ihre Ware zu für den deutschen Verbraucher günstigen Preisen auf dem Markt anzubieten. Angesichts der Bedeutung dieser Anbietergruppe, die neben den Raffineriegesellschaften und dem vertraglich an diese Unternehmen gebundenen Handel den deutschen Markt versorgt, konnte die Mineralölindustrie ihre Preise nicht wesentlich über deren Abgabepreise setzen, wollte sie nicht den Verlust von Marktanteilen in Kauf nehmen.

Das erste Jahrzehnt des 21. Jahrhunderts war durch weltweit knappe Raffineriekapazitäten gekennzeichnet. Dies hatte – zusätzlich zu den genannten Faktoren – die Preise für Mineralölprodukte in die Höhe getrieben. Im zweiten Jahrzehnt des 21. Jahrhunderts bestehen allerdings eher Überkapazitäten im Raffineriebereich, primär in Europa, hervorgerufen durch den Bau großer Exportraffinerien in Nah- und in Fernost.

Zwar ist der Verlauf der Produktpreise grundsätzlich eng an die Entwicklung der Rohölpreise gekoppelt. Saisonale Einflüsse können jedoch unterschiedliche Impulse auf die Produktpreise ausüben. So ist die Nachfrage nach Benzin im Sommer größer als im Winter. Bei Gasöl ist es umgekehrt. Der Ausgleich wird über die Raffinerieverarbeitung und die Lagerung hergestellt. Damit dies tatsächlich geschieht, muss hierzu ein Anreiz über den Preis ausgelöst werden.

Die Mineralölproduktpreise sind zusätzlich, soweit Substitutionsmöglichkeiten bestehen, mit den Preisen anderer Energieträger verknüpft. So bleibt etwa der Preis für schweres Heizöl nicht unbeeinflusst von den Notierungen für Kesselkohle. Deshalb hatten sich die Preise für schweres Heizöl beispielsweise im Jahr 2000 nicht so stark erhöht wie für Rohöl. Aus den USA war in der Wintersaison 2000/2001 ein Wechsel von Erdgas auf Heizöl berichtet worden, ausgelöst durch die zu dieser Zeit massiv gestiegenen Erdgaspreise.

Entscheidend für die Höhe der Preise und die Relationen zwischen den Produktpreisen sind somit Angebot und Nachfrage. Grenzen spielen keine Rolle, sieht man von der national unterschiedlichen *Besteuerung* ab, die eine erhebliche Rolle bei der Preisstellung für die Verbraucher spielt.

Wie aufgezeigt wurde, sind die Kosten bei weitem nicht der einzige Bestimmungsfaktor der Preise auf dem Mineralölmarkt. Vielmehr ist die differierende Preisstellung für die einzelnen Produkte (Preise ohne Steuern) Ausdruck der unterschiedlichen Bewertung der Erzeugnisse durch den Markt. Für eine Preisfindung allein nach Maßgabe der Versorgungskosten würde nicht einmal eine tragfähige Basis existieren, weil eine sachgerechte Zuordnung etwa der Rohölkosten auf die einzelnen Erzeugnisse aufgrund des Kuppelproduktionsprozesses bei der Mineralölverarbeitung nicht möglich ist. Hinzu kommt, dass die einzelnen Produkte eine unterschiedliche Verarbeitungstiefe und somit einen differierenden Veredelungsgrad aufweisen. Bezeichnend ist, dass selbst Länder mit administrierten Preissystemen bei der Preisfestsetzung für die einzelnen Erzeugnisse auch auf Marktelemente zurückgegriffen haben. Für die Mineralölindustrie ist entscheidend, dass die Erlöse über alle Produkte ihre gesamten Kosten decken.

Dass dies in der Bundesrepublik Deutschland in der Vergangenheit im Bereich Mineralölverarbeitung und -vertrieb vielfach nicht gelungen ist, wird durch die Zahlen belegt, die im Rahmen des zwischen Bundeswirtschaftsministerium und Mineralölindustrie 1973 vereinbarten und in der Folge praktizierten Informationssystems über die Kosten- und Ertragslage der Mineralölverarbeitung gemeldet wurden.

Ein Vergleich allein der Rohölkostenentwicklung mit den Preisen für die wichtigsten Mineralölerzeugnisse ohne Steuern ergibt im Zeitraum 1973 bis 2017 folgendes Bild: Ein über die Rohölkostenentwicklung hinausgehender Spielraum zur Anhebung der Produktpreise konnte nur in begrenztem Umfang genutzt werden. Dabei stellt der Vergleich der Preise für Mineralölerzeugnisse mit dem Rohölpreis nur auf einen, wenn auch den wichtigsten Kostenfaktor für die Mineralölindustrie ab. Hinzu kommen unter anderem Verarbeitungs- und Vertriebskosten. Insbesondere die Verarbeitungskosten sind z. B. durch verstärkten Einsatz kostenintensiver Verfahren (Konversion) über die allge-

Tab. 4.4 Vergleich der Rohölpreise mit den Preisen für die wichtigsten Mineralölprodukte 1973 bis 2017

Jahr	fob-Preis für Rohöl[1]	Ø Rohölpreis frei deutsche Grenze[2]		Ø Tankstellenpreis für Motorenbenzin[5]		Ø Tankstellenpreis für Dieselkraftstoff[6]		Ø Verbraucherpreis für leichtes Heizöl[7]	
				Mit Steuern[8]	Ohne Steuern	Mit Steuern[8]	Ohne Steuern	Mit Steuern[8]	Ohne Steuern
	USD/b	EUR/t[3]	EUR ct/l[4]	EURct/l	EURct/l	EURct/l	EURct/l	EURct/l	EURct/l
1973	2,70	42	3,5	36,1	11,4	35,8	12,2	11,6	10,0
1979	29,19	142	11,8	50,3	22,2	49,6	22,7	28,0	24,5
1985	27,50	318	26,5	71,0	35,4	68,1	36,8	40,5	35,1
1991	20,10	129	10,7	69,3	23,5	54,8	22,5	26,4	19,6
1997	19,10	128	10,7	84,3	23,2	63,7	23,7	26,6	19,0
2003	28,83	190	15,8	108,5	28,1	88,8	29,5	36,2	25,1
2007	72,52	390	32,5	133,6	46,8	117,0	51,3	58,2	42,8
2013	108,56	611	50,9	159,2	68,3	142,8	73,0	82,9	63,5
2015	52,32	356	29,7	139,4	51,7	117,1	51,4	58,8	43,3
2017	54,25	357	29,8	136,5	49,3	115,6	50,1	56,6	41,4

Anmerkungen und Quellen:

[1] Durchschnittspreis ausgewählter OPEC-Rohöle frei Verladehäfen der Förderstaaten nach Angaben des Mineralölwirtschaftsverbandes; seit 1985: Spotpreis Brent

[2] durchgängig mit 1,95583 DM/Euro von DM in Euro umgerechnete Werte

[3] Mengengewichteter Preis nach Maßgabe der jeweiligen Zusammensetzung des in die Bundesrepublik Deutschland eingeführten Rohölpakets. Quelle: Bundesamt für Wirtschaft und Ausfuhrkontrolle

[4] Bei der Umrechnung von Euro/t in ct/l wurde ein einheitlicher Umrechnungsfaktor von 1200 Litern pro Tonne Rohöl zugrunde gelegt

[5] Arithmetischer Mittelwert aus den für Superbenzin und Normalbenzin an Markenstationen und Freien Tankstellen erhobenen Preisen; ab 2010 Superbenzin. Quelle: Statistisches Bundesamt, Fachserie 17, Reihe 7

[6] Artihmetischer Mittelwert aus den an Markenstationen und freien Tankstellen erhobenen Preisen. Quelle: Statistisches Bundesamt, Fachserie 17, Reihe 7

[7] Bei Abnahme von 4000 bis 5000 l frei Haus des Abnehmers; seit 1997: bei Abnahme von 3000 l; Quelle: Statistisches Bundesamt, Fachserie 17, Reihe 2

[8] Die Mineralölsteuersätze sind in einer gesonderten Tabelle im Einzelnen ausgewiesen. Die Mehrwertsteuer, seit dem 01.07.1968 11 %, war am 01.01.1978 auf 12 %, am 01.07.1979 auf 13 %, am 01.07.1983 auf 14 %, am 01.01.1993 auf 15 %, am 01.04.1998 auf 16 % und am 01.01.2007 auf 19 % angehoben worden

meine Teuerung hinaus überproportional gestiegen. Ferner haben Lohnerhöhungen und verschärfte Umweltschutzanforderungen eine Zunahme der Kosten bewirkt.

Aber auch durch Addition aller Kostenelemente lassen sich nicht die Preise für Mineralölerzeugnisse in der Bundesrepublik Deutschland ableiten. Von besonderer Bedeutung für die in Deutschland herrschende freie Preisbildung sind neben den Kosten unter anderem die spezifische Wettbewerbssituation zwischen den verschiedenen Anbietern, die Intensität der Substitutionskonkurrenz mit anderen Energieträgern, die Angebots-/Nachfragesituation sowie die Preisentwicklung auf den internationalen Märkten oder Veränderungen der Bedarfsstruktur. Diese nicht durch staatliche Preisvorschriften eingeengte Preisbildung, die das Erwirtschaften von Gewinnen zulässt, aber auf der anderen Seite die Mineralölwirtschaft auch zur Hinnahme von Verlusten zwingt, gewährleistet eine optimale Anpassungsfähigkeit an sich ändernde Marktlagen. Für den Verbraucher zeigt sich die Vorteilhaftigkeit eines freien Preissystems insbesondere in vergleichsweise günstigen Preisen. Dies belegen regelmäßig in der EU durchgeführte Preisvergleiche, nach denen sich die deutschen Preise (ohne Steuern) überwiegend im unteren Bereich bewegen.

Eine staatliche Preiskontrolle ist in Deutschland nach dem Energiesicherungsgesetz ausschließlich für den Fall schwerer mengenmäßiger Versorgungsstörungen vorgesehen. In Zeiten einer lediglich angespannten Marktsituation, wie sie etwa 1979/80 als Folge der Iran-Revolution, des Irak-/Iran-Konflikts und der kriegerischen Auseinandersetzungen nach dem Einmarsch von Irak in Kuwait im Jahr 1990 sowie dem Sturz des irakischen Regimes im Jahr 2003 entstanden war, vertraut die Bundesregierung dagegen ebenso wie bei einer ausgeglichenen Marktsituation oder einem Angebotsüberhang auf freie Ölpreise.

In der angespannten Situation 1979/80 hatte sich die Aktivität der Bundesregierung auf Appelle an die Mineralölindustrie beschränkt, den damals bestehenden Preiserhöhungsspielraum nicht voll auszuschöpfen, der sich durch die extremen Ausschläge der Rotterdamer Produktenpreisnotierungen eröffnet hatte. Diesem Appell war die Industrie nachgekommen. Dies hatte damals zu einem zeitweise gespaltenen Preis geführt, von dem insbesondere die Heizölverbraucher betroffen waren. So waren die Heizölhändler, deren Versorgung überwiegend auf Produktimporten basierte, gezwungen, höhere Preise zu fordern als Händler, die überwiegend mit preiswerterer Ware aus inländischen Raffinerien versorgt wurden. Als Konsequenz aus dieser Situation hatte sich die Nachfrage zunehmend auf die preiswerteren Anbieter konzentriert. Aufgrund begrenzter Verfügbarkeit an relativ preiswertem Heizöl sahen sich die überwiegend inlandsversorgten Händler gezwungen, die Abgabe von Heizöl auf ihre traditionellen Kunden zu beschränken. Dies hatte zum Teil zu Unverständnis bei Verbrauchern geführt, die überwiegend auf importversorgte teurere Händler verwiesen worden waren. Da dieses System jedoch eine volle mengenmäßige Versorgung aller Verbraucher zu jeder Zeit gewährleistete, erschienen die durch die Preisspaltung bedingten Nachteile eines Teils der Verbraucher hinnehmbar.

Die unmittelbare Weitergabe der von der OPEC durchgesetzten Preise hatte dem Verbraucher ohne Zeitverzug die richtigen Signale gesetzt und ihn zu Einsparungen gezwungen. Dies hatte zur Entlastung der zu dieser Zeit angespannten internationalen Marktlage beigetragen.

Zur Verbesserung der Preistransparenz hat die Bundesregierung eine Markttransparenzstelle geschaffen. Seit dem 31. August 2013 sind Unternehmen, die öffentliche Tankstellen betreiben oder über die Preissetzungshoheit an diesen verfügen, verpflichtet, Preisänderungen bei den gängigen Kraftstoffsorten Super E5, Super E10 und Diesel „in Echtzeit" an die Markttransparenzstelle für Kraftstoffe zu melden. Die beim Bundeskartellamt

Tab. 4.5 Einfuhrpreise für Rohöl und Mineralölprodukte 1955–2017

Jahr[1]	Rohöl	Ottokraftstoffe		Dieselkraftstoff	Leichtes Heizöl	Schweres Heizöl
		Normalbenzin[2]	Superbenzin			
	Euro/Tonne	Euro/Tonne	Euro/Tonne	Euro/Tonne	Euro/Tonne	Euro/Tonne
1955	47	88	88	74	67	38
1960	42	72	72	61	63	39
1965	32	44	44	40	39	27
1970	31	40	50	44	44	29
1975	114	153	161	127	127	93
1980	233	326	336	281	287	172
1985	318	392	416	358	357	252
1990	143	217	229	179	169	91
1995	95	125	137	[3]	116	73
1998	87	134	142	[3]	120	93
2000	227	305	321	[3]	296	202
2005	314	454	441	[3]	421	227
2006	379	513	520	[3]	471	308
2007	390	523	545	[3]	484	308
2008	484	755	654	[3]	638	417
2009	324	461	464	[3]	390	324
2010	446	[2]	588	[3]	520	411
2011	593	[2]	748	[3]	704	530
2012	643	[2]	852	[3]	786	671
2013	611	[2]	778	[3]	727	597
2014	555	[2]	732	[3]	661	524
2015	356	[2]	567	[3]	473	368
2016	286	[2]	457	[3]	374	279
2017	357	[2]	529	[3]	456	353

[1] bis einschl. 1990 nur alte Bundesländer
[2] ab 1988 unverbleites Normalbenzin; ab 2010 keine Notierung mehr
[3] ab 1993 werden Dieselkraftstoff und leichtes Heizöl zusammen ausgewiesen, hier unter Heizöl, l.
Quelle: Statistisches Bundesamt (MWV-Jahresbericht 2018)

eingerichtete Markttransparenzstelle gibt die eingehenden Preisdaten an Anbieter von Verbraucher-Informationsdiensten zum Zwecke der Verbraucherinformation weiter.

Autofahrer sollen so über Internet, Smartphone oder auf ihren Navigationsgeräten die aktuellen Kraftstoffpreise und die günstigste Tankstelle in der Umgebung oder entlang einer Route erfahren können. Dies erlaubt einen besseren Preisüberblick und eine bessere Auswahlentscheidung und stärkt, so das Bundeskartellamt, den Wettbewerb.

Zudem sollen die Eingriffsmöglichkeiten des Bundeskartellamts insbesondere bei unzulässigen Verdrängungsstrategien und anderen Formen des Missbrauchs von Marktmacht durch die erhobenen Preisdaten verbessert werden.

4.2.2 Braunkohle

Die in Deutschland ausschließlich im Tagebau gewonnene Braunkohle wird zu rund 90 % in lagerstättennahen Kraftwerken verstromt. Einen Marktpreis für diese verstromte Rohbraunkohle gibt es entsprechend nicht. Marktpreise existieren nur für die aus den restlichen 10 % der Förderung erzeugten sogenannten Veredlungsprodukte, wie insbesondere Staub und Brikett.

Allerdings war in der Vergangenheit ein repräsentativer *Produktionswert von Rohbraunkohle* publiziert worden. Einschlägige Quelle ist das Statistische Bundesamt, Fachserie 4, Reihe 3.1 Produktion im Produzierenden Gewerbe. Daraus geht hervor, dass die Bergbauindustrie die Kosten zur Gewinnung von Braunkohlen von 1995 bis zum ersten Halbjahr 2000 um durchschnittlich rund ein Viertel gesenkt hatte.

Der verschärfte Wettbewerbsdruck im liberalisierten Strommarkt machte weitergehende Kostensenkungen notwendig. RWE Power hatte die Kosten der Stromerzeugung aus rheinischer Braunkohle bis 2004 um 30 % im Vergleich zu 1999/2000 reduziert. Durch diese – in vergleichbarer Form auch in den anderen Revieren umgesetzten – Maßnahmen konnte gewährleistet werden, dass die Braunkohle, die auf Grund ihrer niedrigen Grenzkosten eine hohe Einsatzpriorität hat, auch in dieser Zeit trotz des neu eingeführten CO_2-Emissionshandels und der Belastung durch die Zertifikatpreise weiterhin ausreichend Deckungsbeiträge zur Deckung der hohen Fixkosten erwirtschaftete. Mit den zwischen 2013 und 2017 deutlich gesunkenen Strompreisen auf dem Großhandelsmarkt verschlechterte sich die Wettbewerbssituation der Braunkohle. Mit wachsendem Kostendruck wurden als Konsequenz neue Effizienzsteigerungs- und Kostensenkungsprogramme aufgelegt.

Während in der Vergangenheit der Braunkohlenstrom zu kostenbasierten, konzerninternen Verrechnungspreisen an die Stromerzeuger abgegeben worden war, misst sich die Stromerzeugung aus Braunkohlen seit der Ende der 1990er Jahre erfolgten Liberalisierung der Strommärkte unmittelbar an den Marktgegebenheiten.

So wird die erwartete Braunkohlenstromproduktion – etwa im Fall von RWE Power – zu Großhandelspreisen überwiegend auf Termin an RWE Supply & Trading verkauft. Insgesamt vermarktet RWE Power rund 90 % der geplanten Jahresstromerzeugung auf Termin bereits vor Beginn des jeweiligen Lieferjahres und sichert die benötigten Emissionsrechte preislich ab. Entscheidend für den Verkaufserlös sind somit die zum Zeitpunkt des Verkaufs im vereinbarten Lieferzeitraum gültigen Forward-Notierungen für Grundlaststrom. Verbleibende Mengen werden über Spotverkäufe abgewickelt. Mindermengen werden bis zum jeweiligen Vortag vom Spotmarkt zugekauft bzw. es erfolgt eine Pönalisierung von Fahrplanunterschreitungen. Im Ergebnis führt dies dazu, dass sich die Strompreisentwicklung bei RWE Power immer erst zeitverzögert im Unternehmensergebnis niederschlägt. So wird das Ergebnis im Jahr 2018 durch die besonders niedrigen Forward-Notierungen des Jahres 2016 belastet.

Die in den *Veredlungsbetrieben* des Braunkohlenbergbaus hergestellten Produkte, wie u. a. Briketts, Staub oder Wachse sind einem intensiven Substitutionswettbewerb ausgesetzt. Konkurrenten auf den für die Braunkohlenprodukte wichtigsten Märkten sind neben

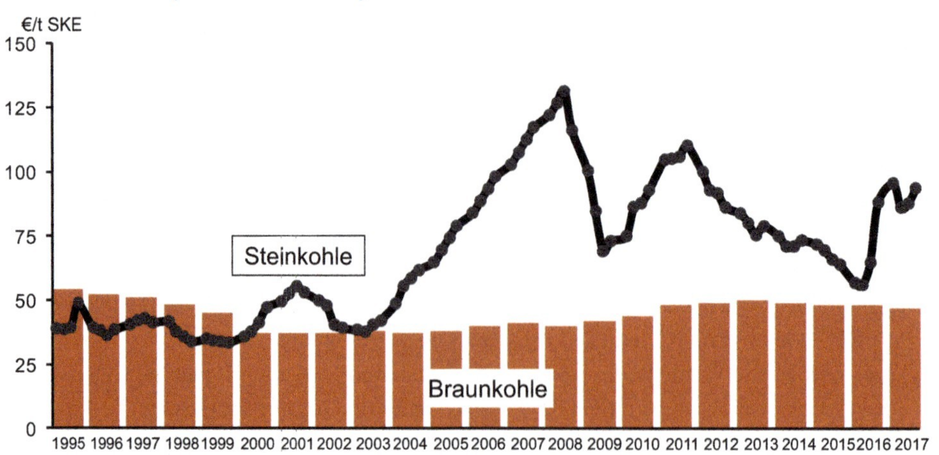

Abb. 4.7 Entwicklung der Gewinnungskosten für Braunkohle in Deutschland im Vergleich zu den Einfuhrpreisen für Steinkohle

Abb. 4.8 Lieferbeziehungen zwischen einem Unternehmen mit Braunkohlenverstromung und der Großhandelsstufe

Importkohle vor allem Erdgas und Heizöl. Die Preisbildung wird somit durch die Marktbedingungen bestimmt.

4.2.3 Steinkohle

Der Steinkohlebedarf in Deutschland ist 2017 zu etwa 7 % durch inländische Fördermengen gedeckt worden. Rund 93 % entfielen auf Importe. Seit der Umstellung des Finanzierungssystems, die in der zweiten Hälfte der 1990er Jahre erfolgte, wird deutsche Steinkohle zu Weltmarktkonditionen angeboten. Die Preise in Deutschland orientieren sich also – unabhängig von der Herkunft der Steinkohle – ausschließlich an den Entwicklungen auf den internationalen Märkten.

Der gesamte Welthandel mit Steinkohle betrug 2017 rund 1244 Mio. t. Dies entsprach 18 % gemessen an der weltweiten Steinkohlen-Fördermenge von 7,0 Mrd. t. Der überwiegende Teil der weltweiten Förderung wird demnach im Gewinnungsland selbst verbraucht – insbesondere zur Stromerzeugung und daneben in einigen Schlüsselindustrien wie Eisen und Stahl, Zement sowie Chemie. Dies gilt insbesondere für die drei größten Steinkohlenproduzenten China, USA und Indien.

Der Steinkohlen-Seeverkehr belief sich 2017 auf etwa 1145 Mio. t. Mit 99 Mio. t trug der Steinkohlen-Binnenhandel zum gesamten Welthandel bei. Das seewärtige Handelsvolumen gliedert sich in einen Kokskohlenmarkt und einen Kraftwerkskohlenmarkt. Der Kraftwerkskohlenmarkt wiederum besteht aus den pazifischen und atlantischen Teilmärkten, die von unterschiedlichen Anbieterstrukturen geprägt sind. Der Kokskohlenmarkt hingegen ist aufgrund der geringen Zahl der Anbieterländer einerseits und der weltweit verteilten Nachfrage andererseits ein einheitlicher Weltmarkt.

2017 entfielen vom gesamten Steinkohlen-Seeverkehr 872 Mio. t auf Kessel- und 273 Mio. t auf Kokskohlen. Wichtigste Exportländer für Steinkohle waren 2017 Australien, Indonesien, Russland, Kolumbien, Südafrika und USA, deren Exporte sich zusammen auf 96,5 % der seewärtig gehandelten Steinkohlenmenge beliefen [2]. Die sechs größten Steinkohlen-Importländer waren 2017 Indien, China, Japan, Südkorea, Taiwan und Deutschland. Der Anteil dieser sechs Staaten am Steinkohlen-Seeverkehr machte 65 % aus. Die EU-28 war 2017 mit 17 % an den Steinkohlen-Einfuhren im seewärtigen Handel beteiligt.

Ein wesentlicher Bestimmungsfaktor für die Exportströme aus den Lieferstaaten ist die geografische Lage der Empfängerländer. So wird der Steinkohlenmarkt in Asien vor allem durch Australien, Indonesien, Russland, China, Vietnam und Südafrika geprägt. Weitere Lieferanten für Japan und die industriellen Schwellenländer im asiatisch-pazifischen Raum – insbesondere Südkorea, Taiwan und Hongkong – sind Kanada und USA. Marktführer für die EU sind Russland, Kolumbien und USA; es folgen Südafrika und Australien.

Konkurrenzsituation auf dem Weltmarkt Der Weltmarkt für Steinkohlen ist durch Konkurrenz zwischen einer Vielzahl von Anbietern – traditionelle und neue Anbieter – gekennzeichnet. Dabei handelt es sich sowohl um Bergbau- als auch um Handelsunternehmen. Allerdings hat in den letzten Jahren eine Bereinigung der Marktstrukturen eingesetzt. Beispielhaft sind die Zusammenschlüsse großer Kohleunternehmen (z. B. BHP Billiton und GlencoreXstrata) sowie der Rückzug von Ölgesellschaften (Shell/Exxon) aus Kohleaktivitäten zu nennen. Die bedeutendsten weltweit agierenden Kohlenexporteure sind BHP Billiton, Glencore und AngloAmerican.

Auch in den Jahren niedriger Öl- und Erdgaspreise konnte die Steinkohle auf den internationalen Märkten zu wettbewerbsfähigen Bedingungen angeboten werden. Die unter dem Wettbewerbsdruck verzeichneten Preissenkungen wurden teilweise ermöglicht durch organisatorische und technische Verbesserungen in der gesamten Kohlelieferkette. Diese Verbesserungen hatten zu einem starken Produktivitätswachstum in den großen Steinkohleexportländern und zu einem Angebot geführt, das die Nachfrage überstieg. Hierdurch wurde ein weiterer Preisdruck ausgelöst.

Die Angebotsbedingungen der Weltmarktproduzenten richten sich insbesondere nach der geologischen Ausbildung der Lagerstätten sowie der Entwicklung der Produktivität im Kohlenbergbau [3]. Grundsätzlich ist davon auszugehen, dass die günstigen Lagerstätten zuerst in Anspruch genommen werden. Bei deren Erschöpfung muss auf Ressourcen

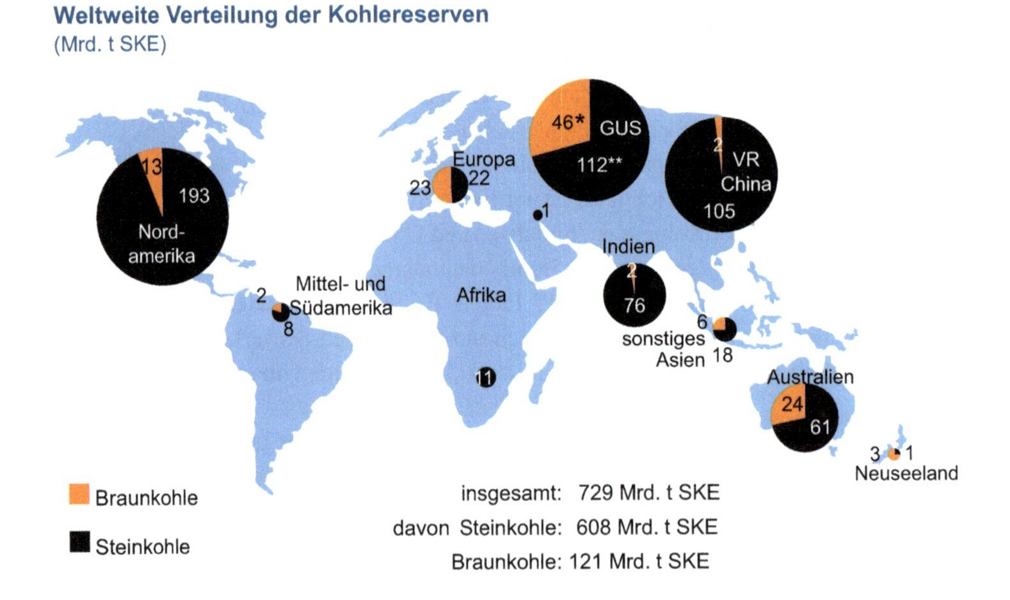

Abb. 4.9 Weltweite Verteilung der Kohlenreserven

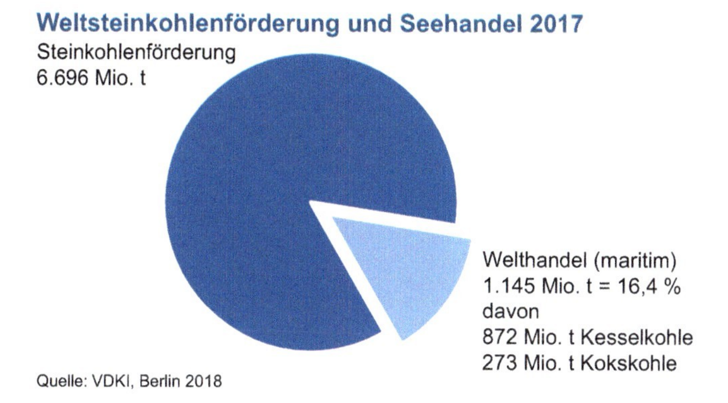

Abb. 4.10 Weltsteinkohlenförderung und Seehandel 2017

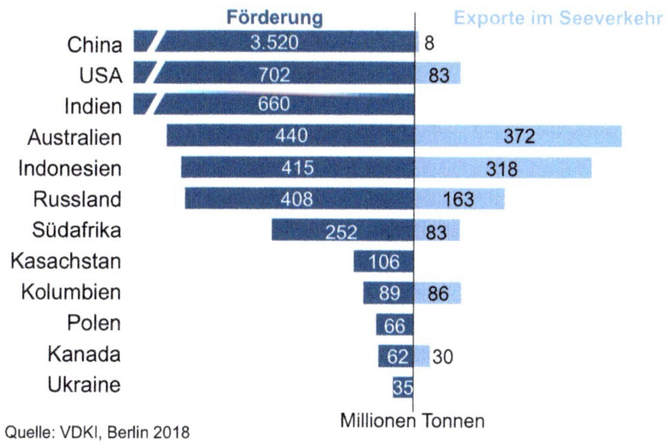

Abb. 4.11 Förderung und Exporte von Steinkohle nach Produzentenländern 2017

zurückgegriffen werden, die geologisch schwieriger sind bzw. aufgrund ihrer ungünstigen geografischen Lage sich schlechter erschließen lassen. Dabei können die Nachteile, die mit dem Übergang auf schlechtere Lagerstätten verbunden sind, durch Produktivitätsgewinne überkompensiert werden. Dies war in den zurückliegenden Jahren der Fall, kann aber nicht in gleichem Maße für die Zukunft erwartet werden.

So konnte die Förderleistung in für den Welthandel wichtigen Überseeländern bis zu 16.000 t/Mannjahr gesteigert werden; in Europa werden auf Grund ungünstiger Abbauverhältnisse bestenfalls 5 % dieser Spitzenwerte erreicht. Während in Europa Steinkohle ganz überwiegend unter Tage gefördert wird, beträgt der Anteil der im Tagebau gewonnenen Steinkohlen nach Angaben des World Coal Institute im weltweiten Durchschnitt 40 %. In den USA liegt dieser Anteil bei etwa zwei Drittel und in Australien bei vier Fünftel. In Indonesien und Kolumbien wird Steinkohle ausschließlich oder überwiegend im kos-

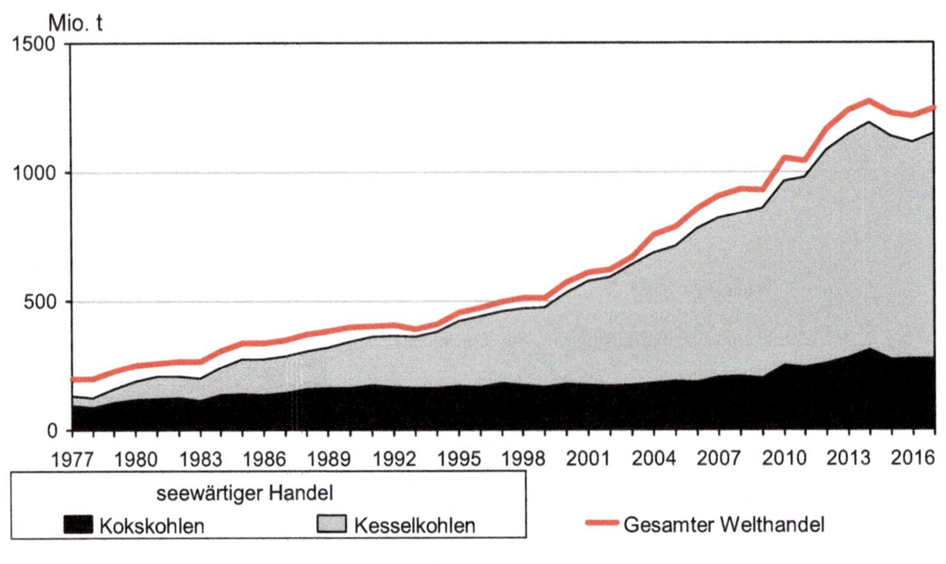

Abb. 4.12 Entwicklung des Welthandels mit Steinkohlen 1976 bis 2017

tengünstigen Tagebau gefördert. Die verzeichneten Produktivitätsverbesserungen führten während der 1980er und 1990er Jahre und erneut von 2012 bis 2016 zu einem meist deutlichen Überangebot auf dem Weltmarkt, das wesentlicher Auslöser real sinkender Preise war.

Weltmarktpreise für Steinkohlen Im Käufermarkt sind die Grenzkosten der Förderung die entscheidende Determinante für den Preistrend der Steinkohle ab Grube. Um den durch die langfristigen Grenzkosten bestimmten Trend schwanken die Preise in Zyklen. Dabei sind für die Preisausschläge der Verlauf der Nachfrage, der wiederum den Auslastungsgrad der jeweils bestehenden Exportkapazitäten bestimmt, und – in begrenztem Umfang – auch die Preisbewegungen bei dem Marktführer Rohöl maßgeblich.

Im Verkäufermarkt hingegen sind andererseits die Vollkosten und Margen des teuersten zur Deckung der Nachfrage benötigten Anbieters für den Weltmarktpreis bestimmend. Zwischen diesen Faktoren bestehen enge Interdependenzen. So hatte etwa die zweite Ölkrise 1979/80 zu einer verstärkten Nachfrage nach Steinkohlen und damit zu einer vollen Ausschöpfung der Angebotskapazitäten geführt. Die Folge war ein Anstieg der Steinkohlenpreise, der wiederum eine Mobilisierung vorhandener und den Ausbau zusätzlicher Exportkapazitäten induzierte.

Zunehmend spielt aber auch der Wechselkurs der jeweiligen Währung im Land des exportierenden Anbieters gegenüber dem US-Dollar, als der weltweit für den Kohleverkauf akzeptierten Währung, eine in jüngster Zeit zunehmend gewichtigere Rolle. Die Bergbauunternehmen begleichen den Großteil ihrer Kosten in der jeweiligen Landeswährung, während sie auf der Einnahmenseite US-Dollar erhalten. Dies kann – je nach Wechselkurs – ein Vor- oder ein Nachteil sein.

Beispiel für eine gegenläufige Entwicklung ist die Phase von 1983 bis 1987. Die im Gefolge der Ölpreiskrise zur Anpassung des Angebots an die erhöhte Nachfrage getätigten Investitionen wurden marktwirksam, als die Nachfragekurve sich konjunkturbedingt wieder abschwächte. Zusätzlich hatte aber Mitte der 1980er Jahre ein Ölpreisverfall eingesetzt. Der entstandene Angebotsüberhang führte bis 1987 zu einem Rückgang der Preise auf das Niveau des Jahres 1979.

Dieser Zyklus wiederholte sich nach 1987, führte zu einem Zwischenhoch der Preise im Jahr 1990 und endete Mitte 1993 erneut in einem Preistal. Die Preisausschläge entfalteten jedoch nicht die gleiche Dynamik wie zwischen 1979 und 1987, da von dem weitgehend stabilen Weltmarktpreis für Rohöl keine zusätzlichen Impulse ausgingen. Auf Dollarbasis erreichten die gewichteten Durchschnittspreise frei nordwesteuropäische Seehäfen im 3. Quartal 1993 nach Ermittlungen der Europäischen Kommission mit 42,80 USD/t SKE für Kesselkohle und mit 55,30 USD/t für Kokskohle in etwa wieder das Niveau des Jahres 1987.

Mitte 1993 hatte sich eine Trendwende auf dem Steinkohlenweltmarkt vollzogen. Dies zeigt sich insbesondere am Verlauf der Spotpreise, die die jeweilige Marktlage besonders gut widerspiegeln. So hatten sich die Spotpreise für Kesselkohle von Mitte 1993 bis zum Frühjahr 1995 auf Dollarbasis um mehr als 40 % erhöht. Danach schwächten sich die Spotpreise erneut ab und wurden Anfang 1999 mit knapp 35 USD/t SKE um 18 USD/t SKE niedriger notiert als im Frühjahr 1995.

Seit dem 2. Quartal 1999 war ein Wiederanstieg der Preise auf dem Weltkohlenmarkt zu verzeichnen, der bis zum Ende des 2. Quartals 2001 andauerte. Diese Aufwärtsbewegung der Kohlepreise vollzog sich vor dem Hintergrund erheblich gefestigter Rohölpreise. Von noch größerer Bedeutung für den Kesselkohlenmarkt waren jedoch die gestiegenen Erdgaspreise. Die Folge war, dass Erdgas – soweit Substitutionsmöglichkeiten gegeben waren – vermehrt durch Kohle ersetzt wurde. Die zusätzlich konjunkturbedingt gewachsene Nachfrage führte zu einem Anstieg der Kohlepreise, der allerdings deutlich moderater ausfiel als die für Öl und Erdgas verzeichneten Preisaufschläge.

Im 2. Quartal 2001 gaben die Weltmarktpreise für Öl deutlich nach. Ursache war die gedämpfte Konjunkturentwicklung, die Nachfrageeinbußen bewirkte. Auch die Preise für Steinkohle reduzierten sich bis Anfang 2003 deutlich. Bei Steinkohle wurde der rückläufige Preistrend verstärkt durch nachgebende Seefrachtraten.

Ab Frühjahr 2003 war ein starker Anstieg der Steinkohlenpreise verzeichnet worden. So kletterten die Preise für Kesselkohlen frei Verladehäfen der Lieferländer (fob-Preise) auf Dollarbasis bis Mitte 2004 auf das 2,5-fache. Ursächlich hierfür war die Entwicklung von Angebot und Nachfrage. Auslöser des Nachfrageanstiegs war zum einen der seit

Abb. 4.13 Seewärtiger Welthandel mit Steinkohlen 2000 bis 2017

2003 verzeichnete Zuwachs des Stromverbrauchs und der Rückgang des Beitrags anderer Energien zur Stromerzeugung, zum anderen der vermehrte Bedarf an Kokskohlen für die Stahlerzeugung.

Angesichts der stürmischen Bedarfsentwicklung, die sowohl auf den pazifischen als auch auf den atlantischen Märkten zu beobachten war, verengte sich das Angebot zusehends – einhergehend mit einer Verstärkung der Verkäufermarktsituation. Da Südafrika als traditionell wichtigster Lieferant für den europäischen Markt den erhöhten Bedarf nicht decken konnte, richtete sich die Nachfrage verstärkt auch auf Lieferländer im asiatisch/pazifischen Raum. Zu der Marktanspannung trug nicht unwesentlich auch die schwer kalkulierbare Marktstrategie Chinas bei. Marktentlastend wirkten im Pazifik erhöhte Lieferungen vor allem Australiens und Indonesiens. Im atlantischen Markt steigerten insbesondere Kolumbien und Russland ihre Exporte – und nach Jahren des Rückzugs auch die USA, beflügelt von den zu dieser Zeit hohen international erzielbaren Erlösen.

Einer erneuten Abschwächung bis Ende 2005 folgte seit Anfang 2006 ein drastischer Anstieg. Im Juli 2008 erreichte der Spotpreis für Kesselkohlen frei nordwest-europäische Seehäfen mit 210 USD/t ein All-Time High. Das entspricht einer Vervierfachung im Vergleich zum Stand Anfang 2006. Eine hohe Nachfrage führte zu anziehenden Preisen frei Verladehäfen der Förderländer. Die Seefrachten, die sich in dem genannten Zeitraum vervierfacht hatten, stellten einen weiteren wesentlichen Preis treibenden Faktor dar. Hinzu kamen massiv erhöhte Preise der Konkurrenzenergien Öl und Erdgas, die den nötigen Spielraum für die Durchsetzung der Preisanhebungen für Steinkohle boten.

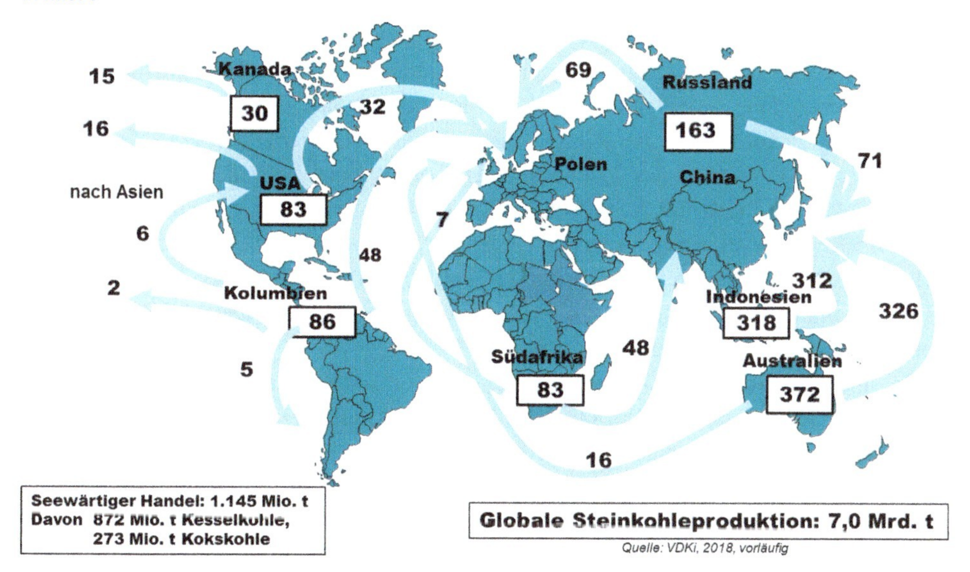

Abb. 4.14 Haupthandelsströme im Seeverkehr mit Steinkohlen 2017

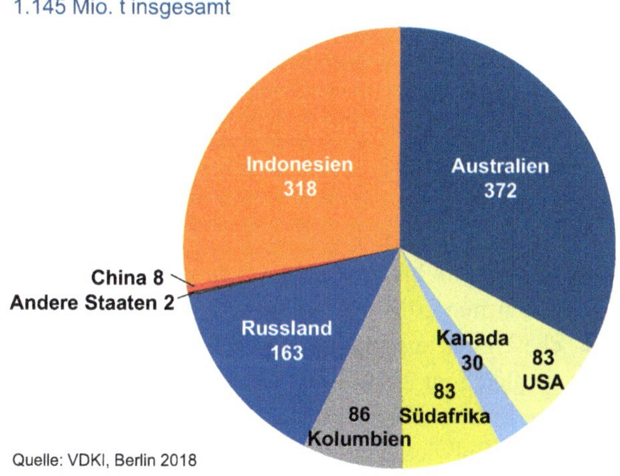

Abb. 4.15 Überseehandel Steinkohlen nach Exportländern 2017

In den Folgejahren waren die Preise – unterbrochen von einem Zwischenhoch im Jahr 2011 bis 2016 – wieder deutlich zurückgegangen. Entscheidender Grund war eine Überversorgung, die sowohl durch nachfrageseitige als auch durch angebotsseitige Faktoren zu erklären ist. So hatte die abgeschwächte wirtschaftliche Entwicklung die Nachfrage gebremst.

Der insgesamt rückläufigen weltweiten Nachfrage standen auf der Angebotsseite ein deutlicher Ausbau der Exportpotenziale in Australien und Indonesien sowie auch starke Überinvestitionen in der inländischen Produktion in China gegenüber. Ferner hatten die Steinkohlenexporte der USA zugenommen. Grund ist der Ersatz von Kohle durch Gas in der Stromerzeugung als Folge des Shale Gas Booms. Ein ausgeweitetes Angebot traf somit auf eine Nachfrage, die deutlich schwächer ausfiel als erwartet. Diese Faktoren lösten einen enormen Preisdruck aus. Ein weiterer Treiber war der Wechselkurs des US-Dollars.

So sanken die Preise für Kesselkohlen seit 2011 kontinuierlich und lagen im Dezember 2015 frei nordwesteuropäische Seehäfen (cif ARA) bei 47,40 USD/t. Im Jahresdurchschnitt waren die Spotpreise 2015 um 25 % niedriger als 2014. Gegenüber dem Jahresdurchschnitt 2011 errechnet sich ein Preisrückgang um 53 % und im Vergleich zum Jahresdurchschnitt 2008 sogar um 62 %.

In ähnlicher Größenordnung verringerten sich die Preise für australische Kokskohle (prime low-volatile hard coking coal) bis zum Jahresende 2015 auf 76,75 USD/t (fob). Der Vergleichswert für Januar 2011 lautet 330 USD/t.

Seit Februar 2016 war eine Erholung sowohl der Preise für Kokskohlen als auch für Kesselkohlen verzeichnet worden. Dazu haben zum einen Grubenschließungen in China und eine Reduktion der Exportkapazitäten in Australien beigetragen. Zum anderen haben die Kohlenimporte von ost- und südostasiatischen Staaten zugenommen. Die fünf großen asiatischen Kohleimport-Länder (China, Indien, Japan, Südkorea und Taiwan) verzeichneten stabile oder steigende Kohleimporte in den Jahren 2016 und 2017. Die Kohleimporte Chinas erhöhten sich 2017 um 6,1 % im Vergleich zum Vorjahr auf 271 Mio. t, dem höchsten Stand innerhalb der letzten drei Jahre, trotz bestehender Importrestriktionen. Die Kohleimporte Indiens verringerten sich 2017 im Vergleich zu 2016, dies aufgrund einer gesteigerten heimischen Förderung. Japan importierte 2017 rund 192 Mio. t (+1,4 %); die Kesselkohlenimporte erreichten mit 115 Mio. t einen historischen Höchststand, vor allem wegen der anhaltenden Außerbetriebsetzung bestehender Kernkraftwerke. Südkorea verzeichnete 2017 mit 147 Mio. t (+9,4 % gegenüber 2016) die höchsten jemals erreichten Importmengen – dies als Folge der Inbetriebnahme von fünf neuen Kohlekraftwerken. Die Kohlenimporte Taiwans waren 2017 mit 68,6 Mio. t um 5,5 % höher als 2016. Zum Vergleich: Die Europäische Union importierte 2017 170,8 Mio. t; das entspricht einem Zuwachs von 2,4 % im Vergleich zu 2016. Einer Zunahme in Spanien, Frankreich und Portugal standen Rückgänge in Deutschland und Großbritannien gegenüber.

Als Folge der aufgezeigten Entwicklung erholten sich die Kesselkohlen-Preise in der zweiten Jahreshälfte 2016. Dieser Anstieg setzte sich 2017 – unterbrochen von einer kurzen rückläufigen Phase im Frühjahr 2017 – von Mai bis November 2017 fort. Im November 2017 notierten die Kesselkohlenpreise frei nordwesteuropäische Seehäfen (MCIS Steam Coal Marker Price) bei 110 USD/t SKE entsprechend etwa 94 €/t SKE. Wesentliche Ursachen dieser Entwicklung waren das starke Wirtschaftswachstum und steigende Frachtraten als Folge höherer Ölpreise.

Die Preise für Kokskohle hatten 2017 im Vergleich zu 2016 noch stärker als die Preise für Kraftwerkskohle zugelegt. Ende Februar/Anfang März 2017 war die Kohlenlieferkette

Tab. 4.6 Internationale Preisnotierungen für Kesselkohlen

Jahr*	Südafrika fob	Spotpreis cif NWE**	Spotpreis cif NWE**	Spotpreis cif NWE**
	USD/t	USD/t	€/t SKE	USD/t SKE
2007	62,59	86,60	73,17	101,04
2008	120,15	146,21	114,92	170,57
2009	64,41	70,37	58,99	82,11
2010	91,61	91,98	81,09	107,32
2011	116,27	121,53	101,89	141,79
2012	93,05	92,55	83,99	107,98
2013	80,35	81,68	71,75	95,30
2014	72,26	75,24	66,11	87,78
2015	57,18	56,77	59,70	66,23
2016	66,67	59,77	63,28	69,73
2017	87,45	84,45	87,19	98,53
2018	101,43	87,83	84,66	102,47

* Jahresdurchschnittswerte (für 2018: Durchschnitt 1. Halbjahr 2018)
** NWE = Nordwesteuropa (ARA-Häfen)
Quelle: McCloskey

in Queensland (Australien) vom Zyklon Debbie betroffen. Eisenbahnlinien in Queensland waren beschädigt worden und die Transportwege zu wichtigen Bergwerken beeinträchtigt. Die Folge waren Produktions- und Exporteinbußen mit entsprechenden Auswirkungen auf die globale Preisentwicklung für Kokskohle. Auf der Nachfrageseite wirkte sich die 2017 um weltweit 15 % im Vergleich zu 2016 gestiegene Stahlproduktion aus. Die Preise für Kokskohle erhöhten sich im April 2017 auf mehr als 200 USD/t. Eine Preisspitze in vergleichbarer Größenordnung stellte sich – nach einem Rückgang im Sommer 2017 – Ende 2017 ein.

Auf internationaler Ebene bestehen vor allem folgende *Unterschiede im Vergleich zu Öl*:

- Die Reserven an Steinkohle sind – anders als bei Öl – erheblich breiter geografisch gestreut.
- Während der internationale Handel mit Rohöl und Ölprodukten mehr als zwei Drittel – gemessen an den weltweiten Fördermengen – ausmacht, sind es bei Steinkohle nur 16 % (bezogen auf die seewärtig gehandelten Mengen).

Bei Steinkohle bestehen direkte Konkurrenzbeziehungen zwischen einer Vielzahl von Anbietern – dies gilt international ebenso wie national. Daneben ist die Steinkohle einem intensiven Substitutionswettbewerb ausgesetzt.

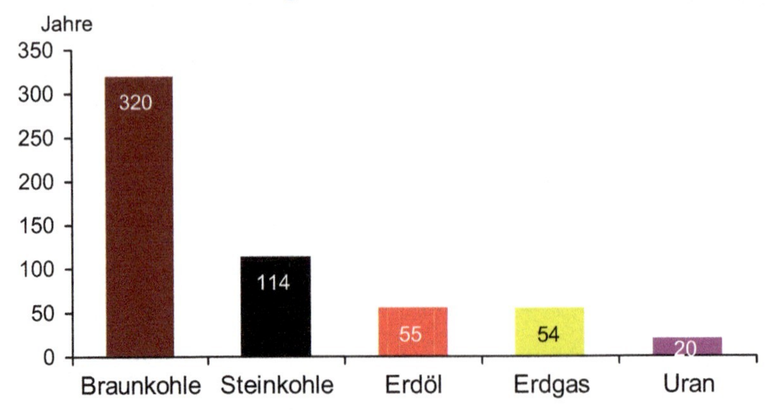

Verhältnis zwischen Reserven (einschl. nicht konventionelle Reserven) und Förderung des Jahres 2016

Quelle: Bundesanstalt für Geowissenschaften und Rohstoffe (BGR), BGR Energiestudie 2017, Daten und Entwicklungen der deutschen und globalen Energieversorgung, Hannover, Dezember 2017, Seite 119, 129, 137, 145 und 151

Abb. 4.16 Statische Reichweite der weltweiten Reserven nicht-erneuerbarer Energierohstoffe

- Hauptexporteure von Steinkohle waren 2017, wie zuvor bereits erwähnt, Australien, Indonesien, Russland, Kolumbien, Südafrika und USA. Daneben kommt Anbietern, wie Kanada, größere Bedeutung für die Versorgung des Weltmarktes zu.
- Während bei Öl die Welthandelsströme primär vom Nahen Osten und von Nordafrika ausgehen, ist für Steinkohle eine Versorgung des atlantischen Raums aus Russland sowie Nord- und Südamerika und des pazifischen Raums insbesondere aus Australien und Indonesien kennzeichnend. Südafrika beliefert sowohl den pazifischen als auch den atlantischen Markt, wobei der pazifische Markt in den letzten Jahren stark an Bedeutung gewonnen hat. Auch Russland orientiert sich zunehmend nach Asien. Das Gleiche gilt angesichts der sich verringernden europäischen Nachfrage für Kolumbien. Die Exportzahlen seit dem Jahr 2016 sind erste Anzeigen für eine entsprechende Entwicklung.

Vertragsformen im Handel Im Steinkohlenwelthandel war zur Mitte des ersten Jahrzehnts des 21. Jahrhunderts eine Tendenz zur direkten Abwicklung der Geschäfte zwischen Produzenten und Verbrauchern verzeichnet worden. Die großen Produzenten haben eigene Vertriebsgesellschaften installiert und vertreiben Kesselkohle und Kokskohle – teils aus unterschiedlichen Ländern – aus einer Hand. Diesem Beispiel folgen auch die großen privatisierten russischen Produzenten. Damit büßen von den großen Unternehmen unabhängige *Händler* ihre ehemals wichtige Position als vertraglich eingebundener Mittler zwischen Produzenten und Verbraucher ein. Angesichts dieser Entwicklung hat sich ihr Aufgabenfeld gewandelt und konzentriert sich mehr auf nicht transparente Nischen-

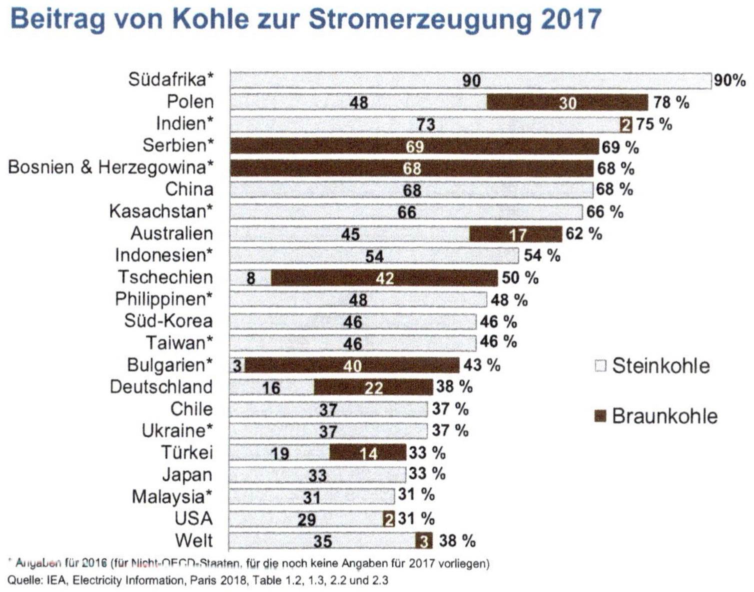

Abb. 4.17 Beitrag von Kohle zur Stromerzeugung in ausgewählten Staaten 2017

märkte sowie den Bereich Handling/Distribution. Zudem treten Händler zunehmend als Agenten großer Produzenten auf; sie geben Hilfestellung bei der Kontraktabwicklung und Kundenbetreuung.

Die *Vertragsformen* im internationalen Steinkohlenhandel waren in den vergangenen Jahren ebenfalls einem Wandel unterworfen. So hat sich die Bedeutung der Spotabschlüsse zulasten des Anteils langfristiger Verträge deutlich erhöht. Mit dem Abschluss von Spotverträgen sucht der Verbraucher eine besonders nahe Anlehnung an die aktuelle Marktsituation. Bei der Vereinbarung von kurzfristigen Lieferungen lässt sich der Abnehmer von folgenden Erwägungen leiten:

- enge Anbindung an den Absatzmarkt; dies ist für Kesselkohle insbesondere der Strommarkt; für Kokskohle ist es der Stahlmarkt;
- zeitnahe Ausnutzung der Preisentwicklung;
- Hereinnahme „kleiner" Mengen zu günstigen Konditionen;
- Abdecken von Verbrauchsspitzen, die über den jeweiligen Planungshorizont hinausgehen.

Darüber hinaus ist es jedoch weitgehend zur Regel geworden, sich auch auf mittelfristige Sicht auf dem Spotmarkt einzudecken. Die früher häufig – als Alternative zu Spotkäufen – genutzte Variante von Tenderabschlüssen, das heißt Käufen, welchen eine die Lieferbedingungen definierende Ausschreibung vorausgeht und bei denen das beste Angebot den Zuschlag erhält, spielt heute nur noch im pazifischen Raum eine Rolle. Die

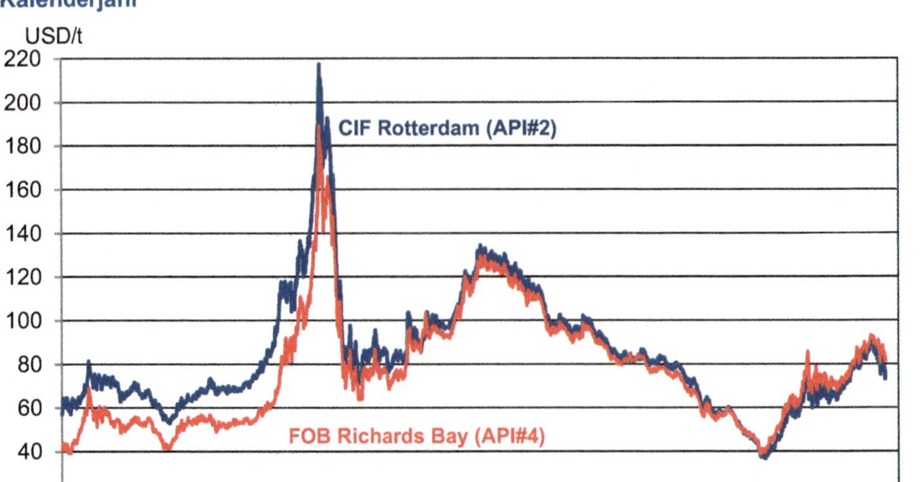

Abb. 4.18 Entwicklung der Preise für Kraftwerkskohle – Angaben für das jeweils nächste Kalenderjahr

dabei vereinbarten Lieferungen beinhalten in der Regel ein größeres Volumen als Einzelabschlüsse, und der Zeitrahmen reicht oft über mehrere Quartale. Im atlantischen Markt haben sich Spotgeschäfte auf Basis des Standard Coal Trading Agreements (SCoTA) als dominierende Vertragsform entwickelt.

Zum Charakter der Spotgeschäfte gehört, dass die Preise relativ volatil sind. Bei angespannter Marktlage schießen die Spotnotierungen über die längerfristigen Vertragspreise hinaus. Umgekehrt sind bei entspannten Marktlagen Preisabschläge gegenüber dem längerfristigen Preispfad typisch. Zum Kennzeichen der Spotpreise gehört ferner, dass sie sich auf die Vertragspreise künftiger Lieferungen auswirken und insofern eine Pilotfunktion haben [4].

Dies ist auch eine Erklärung für den unterschiedlichen Verlauf von Spotpreisen cif Nordwesteuropa und den Durchschnittspreisen frei deutsche Grenze. So verliefen die vom Bundesamt für Wirtschaft und Ausfuhrkontrolle (BAFA) für die einzelnen Quartale 2007 bis einschließlich des 2. Quartals 2018 publizierten Durchschnittspreise frei deutsche Grenze für Lieferungen von Kesselkohle weniger volatil als die von McCloskey Coal Industry Services (MCIS) ermittelten Preisindizes für Nordwesteuropa. Die Durchschnittspreise frei deutsche Grenze repräsentieren – anders als MCIS – das gewichtete Mittel aus allen Lieferungen von Kesselkohlen für Kraftwerke. Daneben werden die unterschiedlichen Verläufe zwischen den in USD notierten MCIS-Preisen und den in Euro

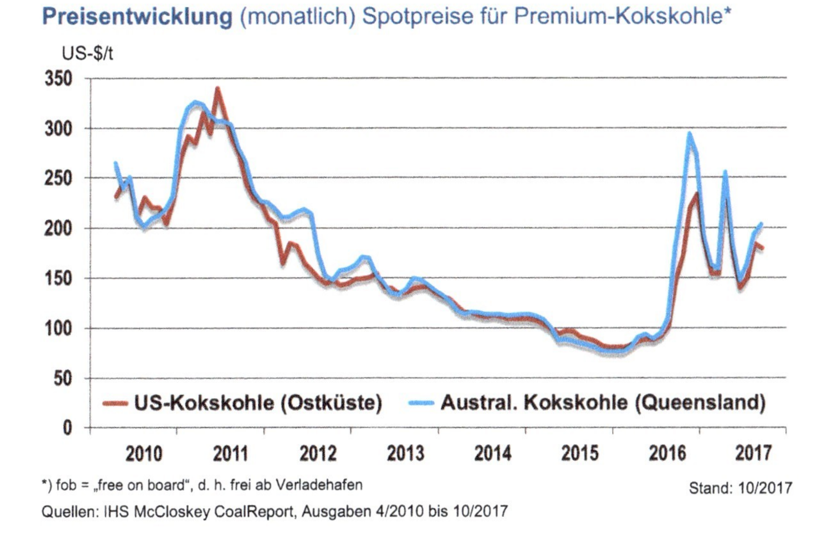

Abb. 4.19 Entwicklung von fob Preisen für Kokskohle

ausgewiesenen BAFA-Werten sehr stark vom Verlauf des Wechselkurses zwischen USD und Euro bestimmt.

Langfristverträge wurden einst über Laufzeiten von bis zu zehn Jahren geschlossen. Dabei wurden meist direkt zwischen Produzenten und Endverbrauchern die jährlichen Bezugsmengen einschließlich der Käufer- und Verkäuferoptionen sowie die Festpreise für das jeweils laufende Bezugsjahr festgelegt. Die jährlich zu vereinbarende Preisfindung hatte unter Umständen auch zwischenzeitliche Kostensteigerungen zu berücksichtigen – eine Praxis, die meist bereits in den 1980er Jahren aufgegeben worden war. Heute sind Langfristverträge allenfalls noch auf Inlandsmärkten anzutreffen, z. B. zur Belieferung zechennaher Kraft- und Stahlwerke und dort, wo langfristige gegenseitige Abhängigkeiten zwischen Produzenten und Verbrauchern bestehen.

Am Weltmarkt hingegen hat sich inzwischen die Gestaltung von Langfristverträgen unter dem wachsenden Druck des Spotmarktes, vor allem für Kesselkohlen, erheblich gewandelt. Ihre Laufzeiten reichen heute kaum noch über die Frist von zwei Jahren hinaus.

Eine Variante zur langfristigen Preisfindung bieten seit einigen Jahren auch die von Handelsplattformen und Rohstoffbörsen angebotenen „future"-Preise, die für den Handel in den jeweils bevorstehenden Jahren relevant sind.

Angesichts der komplexer gewordenen Bedingungen für den Steinkohlenhandel werden sowohl bei der Beschaffung der Kohle, bei der Sicherung der Seefrachten wie auch bei der Wechselkurssicherung zunehmend jene Techniken des „*Risikomanagements*" eingesetzt, wie sie auf anderen Rohstoffmärkten bereits seit längerem üblich sind.

„Hedging"-Transaktionen zur Abwendung finanzieller Schäden aus Liefer- und Charterverträgen ergänzen den traditionellen Kohlenhandel einschließlich der Seefrachten. Sie ermöglichen häufig erst Abschlüsse und/oder sichern diese ab. Dabei denken die Akteure weniger in den Kategorien des physischen Handels als in denen des Papiergeschäfts. Da die Volatilität sowohl im Steinkohlenhandel wie auch im Befrachtungsgeschäft erheblich zugenommen hat, sind nunmehr zusammen mit anderen Rahmenbedingungen auch die Voraussetzungen dafür geschaffen worden, durch spekulative Elemente, wie Swaps, Termin- und Optionsgeschäfte, nicht nur zusätzliche Abschlüsse zu initiieren, sondern auch einen wachsenden Anteil einst konventionell zu Stande gekommener Abschlüsse auf diese Weise abzusichern.

Größtes Hindernis für einen innovativen Kohlenhandel war in der Vergangenheit das heterogene Qualitätsspektrum des Handelsgutes Kohle. Abweichend von andern Rohstoffen, auf deren Märkten Instrumente des Risikomanagements, standardisierte Vertragsformen und auch Terminabschlüsse bereits seit langem üblich sind, standen bei der Kohle die große Anzahl messbarer Qualitätsparameter und deren unterschiedliche Bewertung durch die Verbraucher – dies gilt besonders bei Kokskohlen – derartigen Geschäften im Wege.

Die Kesselkohle hingegen hat es geschafft, auch an Rohstoffbörsen und an internationalen Handelsplattformen eine weltweit akzeptierte und gehandelte „Commodity" zu werden. Gefunden wurde eine „standardisierte Kohle", definiert durch Qualitätsparameter (wie Heizwert und Aschegehalt). Dies ermöglichte die Bildung von Indizes – differenziert nach Herkunft bzw. Bestimmungsort.

Zu diesen Kohlenindizes zählen im Steinkohlenwelthandel gegenwärtig u. a. folgende Indizes (Argus/McCloskey's Coal Price Index Service):

API#2

NAR CIF RBCT

Dieser Index definiert den Preis für südafrikanische Steinkohle, ausgeführt über den Exporthafen Richards Bay Coal Terminal (RBCT) inklusive der Capesize-Fracht (und Versicherung) in die Hafenregion Amsterdam/Rotterdam/Antwerpen (ARA) mit einem unteren Heizwert von 6000 kcal/kg.

API#4

NAR FOB RBCT

Dieser Index definiert den Preis für südafrikanische Steinkohle frei Richards Bay Coal Terminal mit einem unteren Heizwert von 6000 kcal/kg.

API#6

NAR FOB Newcastle

Dieser Index repräsentiert den Preis für den Export von Steinkohle mit einer Standardqualität von 6000 kcal/kg fob Newcastle (Australien).

Auch für Kokskohle wurden inzwischen Indizes eingeführt.

Daneben gibt es noch spezielle Preisnotierungen für US-Kohle an der NYMEX sowie für das Powder River Basin.

Im Gegensatz zum konventionellen „physischen" Kohlenhandel und Abschlüssen und Optionen zu Festpreisen erlauben die Kohlenindizes nunmehr auch den Handel an Börsen und Handelsplattformen mit Kohlenderivaten, d. h. Papiertransaktionen mit zeitlich fluktuierenden Over-the-Counter (OTC)-Preisen.

Die zumindest wöchentlich und monatlich veröffentlichten OTC-Preise des atlantischen Marktes haben auf dem Steinkohlenweltmarkt eine zuvor nicht vorhandene Transparenz geschaffen; sie bestimmen inzwischen im atlantischen und zunehmend auch im pazifischen Markt weitgehend den Spothandel mit Kesselkohlen und dessen Preisentwicklung. Auch für Lieferungen, die erst mittelfristig erfolgen sollen, wird der dann zu zahlende Preis zunehmend an Hand des zwischenzeitlichen Verlaufs eines bestimmten Index ermittelt. Dabei werden bei Vertragsabschluss die den Preis bestimmenden Kriterien fest definiert. Darüber hinaus erschließt sich für die Marktteilnehmer die Möglichkeit, ihre Kohlenbezüge durch „hedging" auch preislich abzusichern.

Abgewickelt werden derartige Transaktionen durch Brokerunternehmen (z. B. TFS) oder Handelsplattformen, wie die Ende 2000 von Kohleproduzenten und -verbrauchern ins Leben gerufene elektronische Handelsplattform globalCOAL. Als ideales Medium für dessen jüngste Variante bietet sich mit seinen schnellen Zugriffsmöglichkeiten auf aktuelle Marktdaten und Reaktionsmöglichkeiten der Internethandel an. Er hat den Commodity-Handel mit Kohle erheblich beschleunigt und ihm zu rascher Akzeptanz verholfen.

Transportkosten Eine wichtige Rolle für die Gewährleistung eines wettbewerbsfähigen Angebots auf dem Weltmarkt spielen die Transportkosten. Dies gilt für die *Transportkosten* von der Grube bis zum Seehafen des Exportlandes ebenso wie für die Seefrachten und die Binnenfrachten im Empfängerland. So sind – beispielsweise im Powder River Basin in den USA – die Gewinnungskosten aufgrund günstiger Abbaugegebenheiten (Tagebau) auf wenige USD pro Tonne beschränkt. Dennoch kann die Kohle – bedingt durch die ungünstige Anbindung an Exporthäfen – häufig nicht zu wettbewerbsfähigen Bedingungen auf dem atlantischen Markt mit Verschiffung an der Ostküste angeboten werden.

Im Seeverkehr wird Steinkohle in der Regel auf Frachtern befördert, die eine Transportkapazität unterschiedlicher Größenordnung besitzen. Die Höhe der Seefrachten hängt vor allem von der Entfernung und der jeweiligen Lage auf dem Transportmarkt ab. Dabei werden folgende Schiffsgrößen unterschieden (Angaben in deadweight all told – dwat: diese Einheit erfasst die Gesamttragfähigkeit eines Schiffes in Tonnen):

25.000 bis 40.000 dwat = Handysize

40.000 bis 59.000 dwat = Supramax

60.000 bis 65.000 dwat = Ultramax

70.000 bis 83.000 dwat = Panamax

90.000 bis 110.000 dwat = Postpanamax

170.000 bis 210.000 dwat = Capesize

Bis 400.000 dwat = Very Large Ore Carrier (VLOC) und Valemax

Handysize-Schiffe kommen für kurze Entfernungen, Küstenschifffahrt und Empfangshäfen mit geringem Tiefgang in Frage. Der Großteil des Kohletransports wird jedoch ozeanweit mit Panamax- bzw. Capesize-Frachtern abgewickelt, wobei erstere den Panama-Kanal passieren können, letztere jedoch das Kap der guten Hoffnung bzw. Kap Hoorn umrunden müssen. Daraus resultieren unterschiedliche Frachtraten. Die größeren Capesize-Schiffe über 200.000 dwat werden als Newcastlemax bezeichnet. Mit solchen Massengutfrachtern kann der größte Kohleexporthafen der Welt, Newcastle in Australien, angelaufen werden. Der erste Transportfrachter der Serie bis 400.000 dwat war die Vale Brasil, die 2011 in Fahrt gesetzt worden war – deshalb auch die Bezeichnung Valemax.

Die Bedeutung der Seefrachten wird beispielhaft anhand der Preisentwicklung frei nordwesteuropäische Seehäfen deutlich, die von Mitte 2006 bis Mitte 2008 verzeichnet worden war. So war der für diese Periode skizzierte Preisanstieg für Steinkohlen durch eine „Explosion" der Seefrachten verstärkt worden. Die Notierungen für den Kohletransport, z. B. auf der Strecke Südafrika – Rotterdam, hatten sich von im Durchschnitt 13 USD/t im Juni 2006 auf mehr als 50 USD/t im Mai/Juni 2008 erhöht. Auf der Strecke Australien-Rotterdam war eine Vervierfachung der Frachtraten verzeichnet worden, und zwar von 20 USD/t im Juni 2006 auf 84 USD/t im Mai/Juni 2008.

Entscheidende Ursache für die Entwicklung der Frachtraten zu historischen Höchstständen war – neben der fortgesetzten Expansion des Seehandels mit Steinkohlen – die zunehmende Nachfrage auch nach anderen Massenschüttgütern – vor allem Eisenerz seitens Chinas, Soja und Weizen – sowie Warteschlangen in Be- und Entladehäfen, die das verfügbare Angebot an Schiffsraum zusätzlich verknappten. Durch die zuvor niedrigen Frachten war der Anreiz zu Neubauten in den vorangegangenen Jahren abgeschwächt worden.

Ab der zweiten Jahreshälfte 2008 hatten sich die Seefrachten erneut drastisch reduziert. Dies erklärt sich insbesondere durch das weltweite Nachgeben der Nachfrage in der Stahlindustrie. Dadurch waren Erz- und auch Kokskohlentransporte weggebrochen. Die in der Folge insgesamt schwache Weltmarkt-Nachfrage nach Massengut-Transporten hat zu einem starken Verfall der Seefrachten geführt – zusätzlich bedingt durch Überinvestitionen in Schiffskapazitäten. So beliefen sich die Capesize-Seefrachten zu den Importhäfen in Nordwesteuropa (ARA) im Juni 2016 zwischen knapp 4 USD/t (ab Südafrika) und 7 USD/t (ab Australien). Diese Entwicklung wurde 2017 durch eine erneute Aufwärtsbewegung der Seefrachten abgelöst – vor allem aufgrund der gestiegenen Ölpreise. Die Raten für Capesize-Schiffe in USD/t von den Hauptexporthäfen nach Rotterdam waren 2017 fast doppelt so hoch wie 2016.

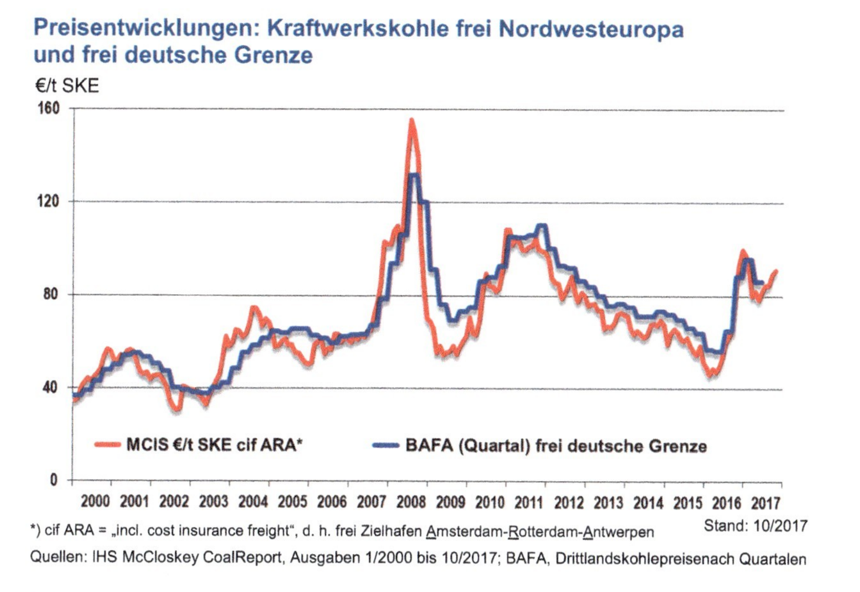

Abb. 4.20 Preise für Kraftwerkskohle frei Seehäfen NWE und frei deutsche Grenze 2000 bis 2017

Preisentwicklung auf dem deutschen Markt Zur Beurteilung können die vom BAFA ermittelten sogenannten K-Bogen-Preise für Kesselkohle frei deutsche Grenze herangezogen werden. Die Veröffentlichung dieser bei den Kraftwerksbetreibern erhobenen Preise (Fragebogen KO/K1), die auch die Grundlage für die Bestimmung der Preise für deutsche Steinkohle bilden, erfolgt vierteljährlich und jährlich vom BAFA in Euro/t SKE.

Des Weiteren existieren die vom Statistischen Bundesamt auf Basis der Einfuhrdokumente zum Zweck der Erstellung einer vollständigen Außenhandelsbilanz monatlich erhobenen Preise für alle Kohlenbezüge aus dem Ausland.

Die *Binnenfrachten* pro Tonne innerhalb der Bundesrepublik Deutschland richten sich im Wesentlichen nach dem gewählten Transportmittel – Binnenschiff oder Schiene – sowie nach dem beförderten Volumen und nach der Transportentfernung. Im Zuge der Liberalisierung der innerdeutschen Frachtraten als Folge der Vollendung des EU-Binnenmarkts kam es zu deutlichen Preissenkungen sowohl für Transporte mit dem Binnenschiff als auch mit der Eisenbahn. Bis zu einem Großverbraucher etwa im Rhein/Main-Gebiet ist die innerdeutsche Fracht jetzt auf 4 bis 5 €/t zu veranschlagen (Emmerich bis Hanau).

Künftige Preisentwicklung für Weltmarktsteinkohle Die langfristigen Trends werden vor allem durch folgende Faktoren bestimmt:

- die Angebots- und Nachfrageentwicklung,
- Die Wechselkursentwicklung,
- die Kosten ihrer Gewinnung,
- die Frachtraten,

- die Marktmacht der Anbieter,
- die Preise der Konkurrenzenergien sowie
- umweltpolitisch motivierte Eingriffe in den Markt.

Die weltweite *Nachfrage* nach Kohle wird künftig nicht an das starke Wachstum der Vergangenheit anknüpfen. So hatte die Kohlenachfrage im Zeitraum 2000 bis 2014, vor allem bedingt durch den starken Verbrauchsanstieg in China, zugenommen. Gemäß New Policies Scenario des World Energy Outlook 2017 der Internationalen Energie-Agentur wächst der weltweite Kohleverbrauch im Zeitraum 2016 bis 2040 nur noch mit jahresdurchschnittlichen Raten von 0,2 %. Die stärksten Wachstumsperspektiven werden für den asiatischen Markt, insbesondere Indien und die ASEAN-Staaten, gesehen. Demgegenüber ist vor allem für die USA und für Europa ein fortgesetzter Rückgang der Kohlenachfrage zu erwarten. Angesichts der Lagerstättensituation bei Steinkohle wäre selbst ein Anstieg der Förderung nicht mit signifikanten Kostenerhöhungen verbunden. Preiserhöhungen könnten sich allenfalls dann einstellen, wenn Kohlegruben in größerem Umfang stillgelegt oder eingemottet werden. Angesichts der flachen Bereitstellungskostenkurve ist allerdings langfristig nicht damit zu rechnen, dass die ohnehin nur schwach zunehmende Nachfrage die Preise für Weltmarktsteinkohle dauerhaft in die Höhe treibt. Der künftige Marktpreis wird auch stark davon abhängen, wie sich die inländische Kohleproduktion in Indien oder China entwickelt.

Reserven an Kohle sind weltweit reichlich vorhanden. So werden die globalen Reserven an Steinkohlen von der Bundesanstalt für Geowissenschaften und Rohstoffe, Hannover, auf 608 Mrd. t SKE beziffert. Die Reserven an Braunkohlen belaufen sich auf 121 Mrd. t SKE. Daraus ergibt sich eine statische Reichweite der Reserven von mehr als 100 Jahren. Die darüber hinaus ausgewiesenen Ressourcen reichen bis zum Fünfundzwanzigfachen der Reserven. Im Unterschied zu Öl und Erdgas sind die Lagerstätten bei Kohle weltweit erheblich gleichmäßiger verteilt. Die größten Reserven lagern in Nordamerika. Daneben existieren große Vorkommen in China, Indien, Russland, Südafrika, Australien und Europa. Die Reserven stellen also – ebenso wie deren Verteilung – keinen signifikanten Treiber für die Kohlepreise dar. Die Kosten der Förderung hängen stark von der Teufe, der Lagerstätte, der Flözmächtigkeit und auch davon ab, ob eine Gewinnung im Tagebau oder nur im Tiefbau möglich ist. Die Kostenspanne ist beträchtlich. Sie reicht von wenigen USD/t (z. B. im Powder River Basin in den USA) bis mehr als 200 USD/t bei Abbau von Steinkohle in einzelnen europäischen Revieren. Die Bereitstellung von Kohlen für den Überseehandel mit Kesselkohlen erfolgt aus Lagerstätten, in denen auch künftig eine Förderung zu relativ günstigen Kostenbedingungen erfolgen kann. Angesichts der somit flachen Kostenkurve stellen die Förderkosten auch langfristig keinen Faktor dar, der starke Preissteigerungen erzwingen würde.

Die *Seefrachten* für Steinkohle hatten sich im Jahr 2008 gegenüber den historischen Durchschnittswerten vervierfacht. In den Folgejahren waren sie allerdings stark zurückgegangen – auch bedingt durch den erfolgten Ausbau an Schiffskapazität. Längerfristig

Tab. 4.7 Seefrachtraten Capesize nach ARA 2008 bis 2018

Jahr*	Südafrika	USA Ostküste	Australien	Kolumbien
	USD/t			
2008	29,87	29,77	40,51	31,25
2009	13,01	14,69	18,64	15,62
2010	12,26	13,71	18,08	14,64
2011	10,78	11,53	16,53	12,03
2012	8,01	9,80	13,81	9,50
2013	9,19	11,43	15,98	11,33
2014	9,01	10,32	14,93	9,97
2015	5,00	6,43	8,49	6,12
2016	4,42	5,78	7,50	5,45
2017	7,35	8,69	10,58	8,34
2018	8,21	9,13	10,52	9,21

* Jahresdurchschnittswerte (für 2018: Durchschnitt 1. Halbjahr 2018)
Capesize-Einheiten nach Empfangshäfen Amsterdam/Rotterdam/Antwerpen (ARA)
Quelle: MCR

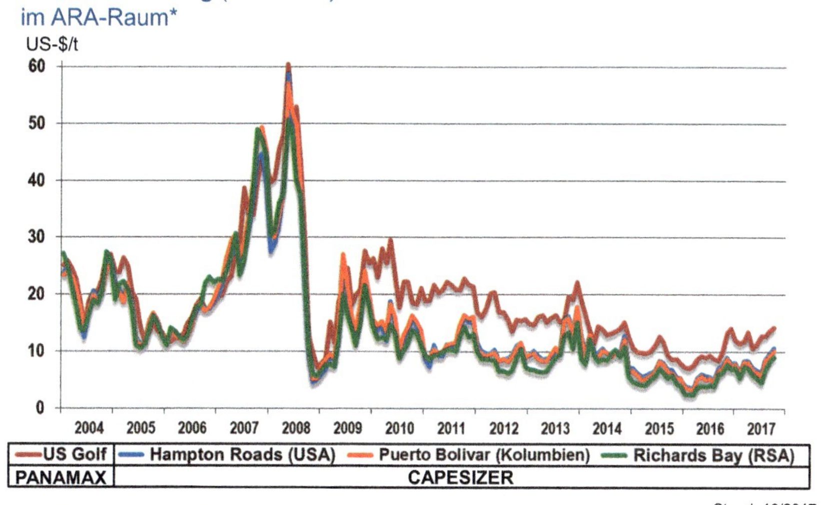

Abb. 4.21 Entwicklung der Seefrachten für den Transport von Steinkohle

ist nicht davon auszugehen, dass die Seefrachten die Steinkohlenpreise wesentlich in die Höhe treiben.

Der *Weltkohlemarkt* ist ein *freier Rohstoffmarkt,* der, verglichen mit Erdöl und Erdgas, kaum politisch oder durch Kartellbildung beeinflusst ist. Die Grenzkosten der Bereitstel-

Tab. 4.8 Entwicklung der Einfuhrmengen und der Drittlandskohlen-Preise für Steinkohlen zum Einsatz in Kraftwerken 1980 bis 2017

Jahr	Einfuhrmengen		Einfuhrpreise*
	t	t SKE	Euro/t SKE
1980	4.692.137	4.310.133	55,90
1985	6.885.191	6.280.152	81,18
1990	6.646.836	6.004.439	48,76
1995	8.781.507	7.920.935	38,86
2000	21.543.665	18.977.116	42,09
2001	26.647.186	23.619.168	53,18
2002	26.083.178	22.968.546	44,57
2003	27.919.463	24.615.128	39,87
2004	25.856.906	22.483.959	55,36
2005	20.397.040	17.608.056	65,02
2006	23.594.314	20.336.981	61,76
2007	27.287.128	23.518.296	68,24
2008	29.285.156	25.221.068	112,48
2009	26.662.533	22.995.343	78,81
2010	27.638.863	23.795.158	85,33
2011	30.971.271	26.513.704	106,97
2012	31.953.789	27.453.635	93,02
2013	36.540.655	31.637.166	79,12
2014	35.578.571	30.591.663	72,94
2015	33.868.499	28.919.230	67,90
2016	34.971.720	29.787.178	67,07
2017	30.092.524	25.739.010	91,82

* Durchschnittspreise; bis 1995 Gebietsstand Bundesrepublik Deutschland vor dem 3. Oktober 1990
Quelle: Bundesamt für Wirtschaft und Ausfuhrkontrolle

lung auf den einzelnen regionalen Märkten (pazifischer, atlantischer und interamerikanischer Markt) stellen damit eine wesentliche Determinante des langfristigen Preistrends dar. Im vergangenen Jahrzehnt war dieser Trend rückläufig. Die Produktivität konnte in vielen Förderländern beträchtlich gesteigert werden, und die meisten der neu erschlossenen Lagerstätten wiesen günstige geologische Bedingungen und daher niedrige Förderkosten auf. Es ist zu erwarten, dass dies in den kommenden Jahrzehnten vergleichbar sein wird. Neuen Anbietern steht der Zugang zu Lagerstätten – bei allerdings eingeschränktem Zugriff auf Hafenkapazitäten – grundsätzlich offen. Insoweit ist anzunehmen, dass – entsprechende Preisanreize vorausgesetzt – ein Neuaufschluss von Gruben, der kostengünstig darstellbar ist, auch durch neue Anbieter erfolgen kann. Auch wenn somit kurzfristig Kapazitätsknappheiten möglich sind, wird langfristig von einem Wirken der Marktkräfte ausgegangen. Dies beinhaltet die Annahme, dass der insoweit bestehende Wettbewerbsdruck die Marktmacht etablierter Anbieter auch künftig begrenzt.

Tab. 4.9 Preise für Importsteinkohle frei deutsche Grenze zum Einsatz in Kraftwerken 2000 bis 2018

Periode	2000	2003	2005	2006	2007	2008	2009	2010	2011	2012	2013	2014	2015	2016	2017	2018
	Euro/t SKE*															
1. Quartal	36,90	38,42	64,81	63,03	63,10	93,73	91,24	75,06	105,30	100,21	84,03	75,16	71,99	56,87	95,75	89,88
2. Quartal	39,22	37,83	64,01	61,61	63,51	106,01	76,35	86,34	105,22	93,09	80,03	71,18	69,64	56,12	86,40	88,25
3. Quartal	43,13	40,43	65,59	59,75	67,14	131,80	69,36	87,97	106,22	92,01	75,64	71,21	66,10	65,03	88,07	
4. Quartal	47,76	42,27	65,80	62,54	78,54	120,13	73,31	92,89	110,44	86,62	76,66	73,41	64,06	88,28	94,07	
Jahres-durchschnitt	42,09	39,87	65,02	61,76	68,24	112,48	78,81	85,33	106,97	93,02	79,12	72,94	67,90	67,07	91,82	

* durchgängig mit 1,95583 DM/Euro von DM in Euro umgerechnete Preise, soweit nicht in Euro ausgewiesen
Quelle: Ermittlungen des Bundesamtes für Wirtschaft und Ausfuhrkontrolle (BAFA) gemäß § 3 Abs. 2 des Fünften Verstromungsgesetzes (K-Bogen) bzw. gemäß § 6 Abs. 2 des Steinkohlefinanzierungsgesetzes

Tab. 4.10 Entwicklung der Einfuhrpreise für Kokskohlen frei deutsche Grenze 2000 bis 2018

Periode	2000	2003	2005	2006	2007	2008	2009	2010	2011	2012	2013	2014	2015	2016	2017	2018
	Euro/t*															
1. Quartal	40,40	55,01	75,61	115,58	96,20	105,40	206,25	118,61	174,23	219,13	136,95	115,69	104,37	81,92	185,91	156,84
2. Quartal	45,43	58,38	84,31	110,14	96,12	108,45	204,76	126,50	167,22	194,01	132,70	106,06	107,74	76,02	198,30	168,68
3. Quartal	47,66	56,35	105,60	101,94	93,80	134,36	177,15	161,44	202,36	182,18	122,35	100,63	98,39	85,87	165,42	
4. Quartal	55,33	55,85	110,69	99,33	99,70	196,49	123,20	177,58	209,56	158,35	116,23	98,97	89,00	109,02	148,14	
Jahres-durchschnitt	46,74	56,47	93,23	105,89	96,22	126,60	173,75	146,95	185,30	188,42	127,19	105,34	100,28	87,68	174,85	

* durchgängig mit 1,95583 DM/Euro von DM in Euro umgerechnete Preise, soweit nicht in Euro ausgewiesen; Jahresdurchschnittspreis ist mengengewichtet

Quelle: Bundesamt für Wirtschaft und Ausfuhrkontrolle (BAFA), Basis Einfuhrkontrollmeldungen (EKM) für die Jahre 1995 bis 2002; ab 2003 Statistisches Bundesamt (die ab 2003 ausgewiesenen Quartalszahlen wurden als arithmetische Durchschnittswerte ermittelt)

In der Vergangenheit hat sich gezeigt, dass die sich aus Preiserhöhungen der *Konkurrenzenergien* Öl und Erdgas ergebenden Spielräume in begrenztem Umfang auch in Preisaufschlägen bei Kohle ausgewirkt haben. Dieser Zusammenhang zwischen Öl/Erdgas und Steinkohle besteht allein auch schon deshalb, weil hohe Öl- und Erdgaspreise ein Nachfragewachstum bei Kohle auslösen. Dieser Substitutionseffekt wirkt zumindest kurz- oder auch mittelfristig tendenziell Preis treibend. Daneben beeinflusst der Ölpreis auch unmittelbar die Grenzkosten der Kohleproduktion. Angesichts der im längerfristigen Trend allenfalls moderat steigenden Kohlepreise, entsprechend dem Trend der Grenzkosten, könnte Kohle gegenüber dem wichtigsten Wettbewerber im Stromerzeugungsmarkt, dem Erdgas, in Zukunft den bestehenden Kostenvorteil behaupten.

Andererseits besteht aus Sicht der Kohle das Risiko, dass sich der Preisvorteil zum Gas angesichts des bei Erdgas bestehenden reichlichen Angebots – ausgelöst u. a. durch das US Shale Gas und zunehmende LNG-Exporte (u. a. aus Katar und Australien) – verringert. Dies wirkt Preis dämpfend.

Eine Einschränkung der Konkurrenzfähigkeit der Kohle ist ferner durch *umweltpolitisch motivierte Eingriffe* in den Markt vorstellbar. Die Begründung für eine entsprechende Diskriminierung der Kohle konnte aus den im Vergleich zu Erdgas höheren spezifischen CO_2-Emissionen abgeleitet werden. Die daraus resultierenden Risiken werden aber durch zwei Faktoren begrenzt:

- Kurz- bis mittelfristig dürften klimapolitisch motivierte Maßnahmen, die den Energieträger Kohle im Verhältnis zu den Wettbewerbsenergien signifikant verteuern, etwa über den in der EU-28 eingeführten CO_2-Emissionshandel, auf Europa begrenzt bleiben. Der europäische Markt wird jedoch als Preissetzer für Weltmarktsteinkohle zunehmend weniger relevant. Bereits heute ist der Pazifische Markt der mit Abstand größte Regionalmarkt. Angesichts der Tatsache, dass der Pazifische Markt das größte Wachstumspotential hat, wird sich dessen Bedeutung für die Preisbildung bei Steinkohle langfristig noch vergrößern.
- In Asien können regulatorische Maßnahmen zur Begrenzung der Emissionen an Feinstaub, SO_2 und NO_X an Bedeutung gewinnen. Dies hat bereits zu einer Dämpfung der Nachfrageentwicklung – insbesondere in China – geführt.
- Langfristig könnte – bei entsprechender politischer Flankierung – die Abscheidung und Speicherung von CO_2 an Bedeutung gewinnen. Unter diesen Bedingungen könnte sich die Kohle auch bei Durchsetzung eines weltweiten Regimes zur Begrenzung der CO_2-Emissionen im Markt behaupten.

Preisfindung für deutsche Steinkohle Sie erfolgt auf allen Märkten zu Importkohlepreis-Bedingungen. So kann der Bergbau – nach der erfolgten Umstellung der Zuschussregelung – deutsche Steinkohle wettbewerbsfähig anbieten. Das gilt für Kraftwerkskohle und für Kokskohle. Mit den zugunsten des Steinkohlenbergbaus gewährten Finanzhilfen wird die Differenz zwischen den durchschnittlichen Produktionskosten des jeweiligen Bergbauunternehmens und dem Preis für Drittlandskohle ausgeglichen.

Der Preis für Drittlandskohle wird gemäß § 3 Abs. 2 des Fünften Verstromungsgesetzes – geändert im Gesetz zur Neuordnung der Steinkohlesubventionen vom 17.12.1997 in „Gesetz über Hilfen für den deutschen Steinkohlenbergbau bis zum Jahr 2005 (Steinkohlenbeihilfengesetz)" – vom Bundesamt für Wirtschaft und Ausfuhrkontrolle ermittelt. Instrumente der Ermittlung für die Kraftwerkskohlen sind die Meldebögen K0 und K1, mit denen monatlich die Preise für Importkohle aus Drittländern, also Nicht-Mitgliedstaaten der EU, frei deutsche Grenze bei den Kraftwerken als Abnehmern der Kohle erhoben werden. Die Drittlandseinfuhren für die Stahlerzeugung werden über die Meldebögen S0 und S1 erfasst.

In der Vergangenheit war hinsichtlich der Preisbildungsmechanismen zwischen den drei großen Absatzbereichen zu unterscheiden, den inländischen Kraftwerken, der inländischen Stahlindustrie und dem Wärmemarkt.

Bis Ende 1995 hatte ein im Jahre 1975 durch Prof. Schwantag erstelltes Gutachten die Grundlage für die Ermittlung des sogenannten angemessenen Kraftwerkskohlenpreises gebildet [5]. Dabei bestimmte zuletzt die vom Bundesminister für Wirtschaft zu § 3 Abs. 7 des Dritten Verstromungsgesetzes erlassene Richtlinie vom 20. April 1989, geändert am 1. Juni 1994 und am 1. September 1995, welcher Preis unter Berücksichtigung der Kostenentwicklung angemessen ist. Gemäß Nr. 1.2 dieser Richtlinie war bei der Beurteilung der Angemessenheit der Preisentwicklung für Steinkohle der jeweils gültige Listenpreis für typische Kraftwerkssteinkohle der einzelnen Unternehmen des deutschen Steinkohlenbergbaus abzüglich aller wahrnehmbaren Rabatte, Prämien und etwaiger sonstiger Nachlässe zugrunde zu legen.

Dieser in Nr. 1.2 der Richtlinie bezeichnete Preis für Steinkohle galt gemäß Nr. 2 der Richtlinie – vorbehaltlich der Nr. 5 (Nachweis zureichender Rationalisierungsmaßnahmen) und Nr. 6 (Überprüfung des Verfahrens, wenn sich der Preis für Kraftwerkskohle während mehrerer Jahre anders entwickelt als die Preise für andere mengenmäßig bedeutende Kohlensorten, insbesondere Kokskohle des betreffenden Unternehmens) der Richtlinie – insoweit als angemessen, als er

a) den fortgeschriebenen Ausgangspreis des Steinkohlenbergbauunternehmens und
b) den fortgeschriebenen Richtpreis des Steinkohlenbergbauunternehmens nicht überstieg.

Der angemessene Preis bemaß sich am Minimum dieser Preis-Parameter. So heißt es im letzten Satz von Nr. 2 der Richtlinie: „Angemessen ist der jeweils niedrigste Preis."

Der Ausgangspreis des Steinkohlenbergbauunternehmens wurde gemäß Nr. 3.1 der Richtlinie nach den kalkulatorischen Gesamtselbstkosten der Grubenbetriebe der Bergbauunternehmen je Tonne verwertbarer Förderung (Gesamtselbstkosten) im Durchschnitt der Jahre 1990 bis 1992 bemessen. Bei der Festsetzung des Ausgangspreises blieben Gesamtselbstkosten des Steinkohlenbergbauunternehmens insoweit unberücksichtigt, als sie die bundesdurchschnittlichen Gesamtselbstkosten des deutschen Steinkohlenbergbaus um mehr als 17 % überstiegen. Für die Ermittlung der Gesamtselbstkosten bei Steinkohlenbergbauunternehmen galten die Richtlinien für das betriebliche Rechnungswesen im Steinkohlenbergbau (RBS), soweit ihnen nicht vom Bundesamt für Wirtschaft im Einvernehmen mit dem Bundesminister für Wirtschaft getroffene, abweichende Entscheidungen entgegenstanden. Diese von den RBS abweichenden Entscheidungen führten zu einer Verminderung der im Rahmen der Kraftwerkskohle anerkennungsfähigen Selbstkosten des Bergbaus. Änderungen der RBS konnten erst nach Genehmigung durch das Bundesamt für die Ermittlung der Gesamtselbstkosten herangezogen werden.

Die Fortschreibung des Ausgangspreises des Steinkohlenbergbauunternehmens erfolgte gemäß Nr. 3.2 der Richtlinie auf der Basis von Durchschnittswerten des gesamten deutschen Steinkohlenbergbaus gemäß der wiedergegebenen Formel. Grundlage dieser Formel bildete das bereits erwähnte im Jahre 1975 durch Professor Schwantag verfasste Gutachten – daher auch der Name Schwantag-Formel.

Richtpreis war gemäß Nr. 4.1 der Richtlinie der zum 1. Januar 1994 geltende angemessene Preis des Steinkohlenbergbauunternehmens. Nach Nr. 4.2 der Richtlinie wurde der Richtpreis jährlich zum 1. Juli in dem Umfang fortgeschrieben, der sich aus der Änderung des mit den Kostenanteilen gewogenen Mittelwertes der Faktoren A (Arbeitskostenfaktor) und S (Sachkostenfaktor) der „Schwantag Formel" im vorangegangenen Kalenderjahr in Bezug auf das Vorjahr ergab. Dabei durfte der nach Nr. 4.2 ermittelte Richtpreis gemäß Nr. 4.3 der Richtlinie nicht höher sein, als es der Änderung der allgemeinen wirtschaftlichen Verhältnisse einschließlich der Änderung der Kapital- und Lohnkosten je Produkteinheit in der Industrie entsprach. Maßstab hierfür war die Fortschreibung des Richtpreises gemäß Nr. 4.1 mit dem Preisindex des Bruttosozialprodukts, berechnet auf der Basis 1992 = 100. Die Überprüfung erfolgte zum 1. Juli jeden Jahres, beginnend im Jahre 1990. Letztlich bedeutete diese Regelung die Sicherstellung der realen Kostenkonstanz des Steinkohlenbergbaus im Rahmen des Kraftwerkskohlenpreises.

Gemäß Nr. 7.1 der Richtlinie oblag die Überprüfung der Angemessenheit der Preise dem Bundesamt für Wirtschaft. Die Steinkohlenbergbauunternehmen hatten nach Nr. 7.2 und 7.3 der Richtlinie dem Bundesamt die erforderlichen Unterlagen zur Überprüfung der Angemessenheit der Preise zur Verfügung zu stellen. Das Bundesamt unterrichtete gemäß Nr. 7.4 den Bundesminister für Wirtschaft über das Ergebnis der Überprüfung und die Verbände der Elektrizitätsversorger, den Verband der Industriellen Energie- und Kraftwirtschaft sowie den Gesamtverband des deutschen Steinkohlenbergbaus über die jeweils angemessenen Preise.

In der Praxis erfolgte nach – zunächst vorläufiger – Bestimmung des angemessenen Kraftwerkskohlenpreises (Antizipation) nach amtlicher Kostenprüfung eine Korrektur auf Basis der Ist-Werte. Sowohl der vorläufige als auch der endgültige angemessene Kraftwerkskohlenpreis wurden durch das Bundesamt für Wirtschaft festgelegt.

Mit dem im Jahre 1968 geschlossenen Hüttenvertrag hatte sich die Stahlindustrie verpflichtet, ihren gesamten Kokskohlebedarf in der Zeit vom 1. Januar 1969 bis zum 31. Dezember 1988 mit deutscher Kohle zu decken. Grundsätzlich sah dieser Vertrag eine Belieferung zu Listenpreisen vor. Soweit sich die Weltmarktpreise allerdings unter den inländischen durch die Kosten bestimmten Preisen bewegten, glich die „Kokskohlenbeihilfe", die aus Mitteln des Bundeshaushalts und Nordrhein-Westfalens bereitgestellt wurden, die Differenz zwischen einem fiktiven Importkohlepreis (sogenannter Wettbewerbspreis) und den deutschen Kohlekosten weitgehend aus. Die Kokskohlenbeihilfe sicherte somit bei Kostendeckung für den deutschen Steinkohlenbergbau die Versorgung der dem internationalen Wettbewerb ausgesetzten Stahlindustrie mit deutscher Kokskohle zu im internationalen Vergleich wettbewerbsfähigen Preisen.

Im Herbst 1985 war eine Vereinbarung über eine Verlängerung des Hüttenvertrages zwischen den beteiligten Wirtschaftszweigen und der Regierung getroffen worden. Diese Vereinbarung sah bis zum Jahr 2000 eine Deckung des für Verhüttungszwecke bestehenden Bedarfs der westdeutschen Stahlindustrie an festen Brennstoffen durch den deutschen Steinkohlenbergbau vor. Neu an diesem durch die Europäische Kommission bis zum Jahre 1997 genehmigten System war, dass die zuvor praktizierte jährliche Erstattung der Differenz zwischen Wettbewerbspreis und kostendeckendem Preis durch einen für jeweils drei Jahre vorgegebenen Plafondbetrag ersetzt worden war. Seit dem 01.01.1998 erfolgt die Subventionierung gemäß Steinkohlenbeihilfengesetz aus den in einem Finanzplafond zusammengefassten Verstromungs- und Kokskohlebeihilfen (siehe Abschn. 2.3.7). Ende 1998 wurde der Hüttenvertrag von den Vertragsparteien in beiderseitigem Einvernehmen beendet und durch bilaterale Verträge abgelöst.

Im *Wärmemarkt* war die Preisbildung für Steinkohle auch bereits in der Vergangenheit im Wesentlichen marktbestimmt. Seit 1998 sind die Unternehmen verpflichtet, beim Absatz deutscher Steinkohle auf dem Wärmemarkt Erlöse zu erzielen, die nicht unter ihren Produktionskosten liegen dürfen.

4.2.4 Erdgas

Auf Grund der im Vergleich zu Kohle und Erdöl höheren spezifischen Transportkosten (Kosten pro Energieeinheit) existiert heute (noch) kein zusammenhängender Weltmarkt für Erdgas. Vielmehr sind vier große Marktregionen zu unterscheiden, die allerdings zunehmend miteinander verbunden werden. Neben der heimischen Förderung tragen Importe aus unterschiedlichen Quellen zur Versorgung dieser vier Marktregionen bei.

- Nordamerika (USA, Kanada, Mexiko) ist Selbstversorger. So stand 2017 einem Erdgasverbrauch von 942,8 Mrd. m^3 eine Förderung von 951,5 Mrd. m^3 gegenüber. Angesichts des Shale Gas Booms ist damit zu rechnen, dass die USA künftig verstärkt Erdgas exportieren können, statt – wie vor einigen Jahren noch geplant – auf LNG-Importe zur Deckung des Bedarfs zurückgreifen zu müssen.
- Europa importiert große Gasmengen aus Russland und Nordafrika, gewinnt selbst vor allem in der Nordsee Erdgas. Allerdings zeigt die Eigenproduktion in Europa eine rückläufige Tendenz. Eine Kompensation soll künftig unter anderem durch Importe aus dem kaspischen Raum und von LNG erfolgen. Wahrscheinlich wird aber auch Russland die Erdgaslieferungen nach Europa weiter steigern.

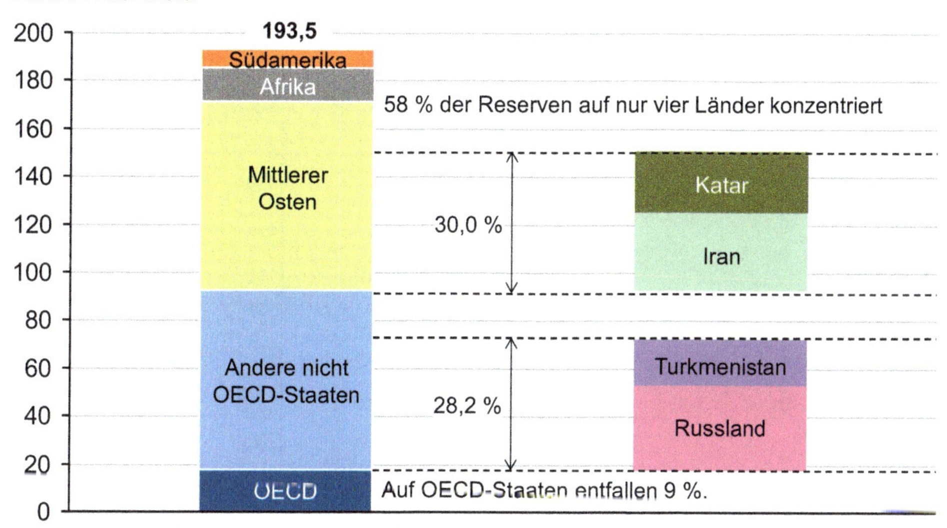

Abb. 4.22 Konzentration der globalen Gasreserven

- Südamerika kann über die Versorgung des eigenen Marktes hinaus Gasmengen nach Nordamerika, Europa und in die asiatisch/pazifische Region exportieren. Intern ist der Markt eher durch LNG-Transporte verknüpft, da – im Unterschied zu Europa und Nordamerika – der südamerikanische Markt nicht durch ein engmaschiges Pipeline-Netz verbunden ist.
- Ostasien importiert einen Großteil des Erdgases aus dem Nahen Osten (Katar, Vereinigte Arabische Emirate und Oman), greift aber auch auf Gasreserven in der Region (Malaysia, Australien, Indonesien) zurück. Die Versorgung Japans und Südkoreas basiert ausschließlich auf dem Import von LNG. Die zehn wichtigsten Lieferanten dieser beiden Länder waren 2017 Australien, Katar, Malaysia, Indonesien, Russland, Oman, Brunei, Vereinigte Arabische Emirate, Papua Neu-Guinea und USA. China war 2017 weltweit zweitgrößter Importeur von LNG – hinter Japan und vor Südkorea [6].

Konsequenz: Zwischen den genannten vier Märkten können sich stärkere Preisunterschiede entwickeln, als dies zum Beispiel bei Rohöl möglich ist, auch wenn diese Preisdifferenzen immer weiter durch LNG-Spotgeschäfte aufgeweicht werden könnten. Japan hatte auch bereits in der Vergangenheit ein höheres Gaspreisniveau als Europa und Nordamerika. So bewegen sich die LNG-Importpreise nach Japan deutlich über den durchschnittlichen Pipeline-Einfuhrpreisen, die für die Mitgliedstaaten der EU veröffentlicht werden. Wesentliche Ursachen sind die vergleichsweise hohen LNG-Transportkosten sowie die auf japanischer Seite bestehende größere Bereitschaft, für die Versorgungs-

Die zehn größten Förderer und Verbraucher von Erdgas 2017

Förderung in Mrd. Kubikmeter	
1. USA	734,5
2. Russland	635,6
3. Iran	223,9
4. Katar	175,7
5. Kanada	176,3
6. China	149,2
7. Norwegen	123,2
8. Australien	113,5
9. Saudi Arabien	111,4
10. Algerien	91,2

Verbrauch in Mrd. Kubikmeter	
1. USA	739,5
2. Russland	424,8
3. China	243,6
4. Iran	214,4
5. Japan	117,1
6. Kanada	115,7
7. Saudi-Arabien	111,4
8. Deutschland	90,2
9. Mexiko	87,6
10. Groß-britannien	78,8

Quelle: BP Statistical Review of World Energy June 2018

Abb. 4.23 Die zehn größten Förderer und Verbraucher von Erdgas 2017

sicherheit einen Aufpreis zu bezahlen. In den letzten Jahren kommt hinzu, dass Japan verstärkt LNG nachgefragt hat – als Ersatz für Kernenergie nach dem Reaktorunfall in Fukushima. In den USA sind die Gaspreise – verstärkt durch den Shale Gas Boom – niedriger als in Europa.

2017 wurden rund 31 % des weltweit geförderten Erdgases international gehandelt. Davon entfielen 65 % auf Pipeline- und 35 % auf LNG-Transporte.

Entscheidende Treiber der künftigen internationalen Preise für Erdgas sind:

- die Nachfrageentwicklung,
- die Reservensituation,
- die Infrastruktur-Investitionen,
- die Marktmacht der Anbieter,
- die Kosten der Bereitstellung und
- die Entwicklung der Ölpreise.

Die Einschätzungen von IEA und EIA gehen für den Zeitraum bis 2040 von einem anhaltenden Wachstum der weltweiten *Nachfrage* nach Erdgas aus [7, 8].

Die weltweiten *Reserven* an konventionellem Erdgas werden in der Energiestudie 2017 der Bundesanstalt für Geowissenschaften und Rohstoffe, Hannover, auf 189,5 Billionen m^3 veranschlagt. Bei einer Jahresförderung von gegenwärtig 3620 Mrd. m^3 (2016) errechnet sich eine statische Reichweite der Reserven von 52 Jahren (einschließlich der 7 Billionen m^3 nicht-konventionelle Reserven von 54 Jahren). Zu diesen Reserven sind

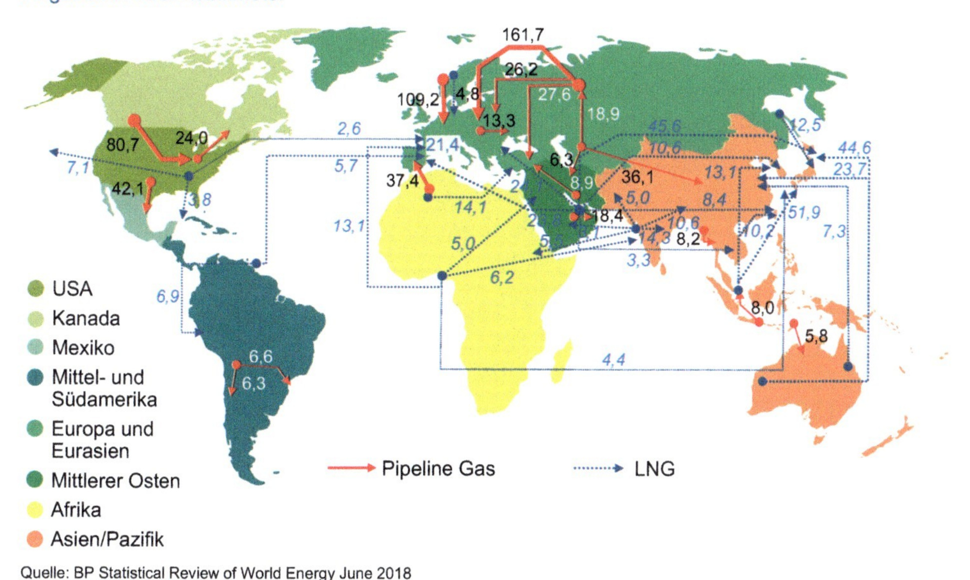

Abb. 4.24 Haupthandelsströme bei Erdgas 2017

noch die Ressourcen hinzu zu addieren, die auf 323 Billionen m³ (konventionelle Ressourcen) geschätzt werden. Hinzu kommen Ressourcen an nicht-konventionellem Erdgas von 320 Billionen m³ (ohne Erdgas in Aquiferen und ohne Erdgas aus Gashydrat gerechnet). Damit ergibt sich ein verbleibendes Gesamtpotenzial von 840 Billionen m³. Reserven und Ressourcen sind allerdings regional äußerst ungleich verteilt. So entfallen allein auf Russland und Turkmenistan 28 % der globalen Reserven an Erdgas. Die vier Staaten mit den größten Gasvorräten – das sind Russland, Iran, Katar und Turkmenistan – vereinigen 58 % der weltweiten Gasreserven auf sich. Aus den Lagerstätten nahe den großen Verbrauchszentren der Industriestaaten (vor allem Nordsee) sind demgegenüber künftig tendenziell abnehmende Fördermengen zu erwarten.

Investitionen in die Gasinfrastruktur Angesichts der Konzentration der Reserven auf Russland, den Nahen Osten und Nordafrika müssen die Gasmengen aus immer weiter entfernt gelegenen Förderregionen zum Verbraucher transportiert werden. Zudem liegen viele der neu zu erschließenden Gaslagerstätten in sehr unwirtlichen oder technisch schwierig zu erschließenden Gebieten, wie z. B. Barentssee, auf der Halbinsel Yamal oder Offshore in großen Wassertiefen. Da außerdem neue Märkte bzw. Marktregionen z. B. in Schwellenländern für Erdgas erschlossen werden, sind weltweit erhebliche *Investitionen in die Gasinfrastruktur* zu tätigen. Der Transport von den Förder- in die Verbrauchsregionen erfolgt zumeist in Rohrleitungen, wobei das Gas zur Aufrechterhaltung des Drucks in den

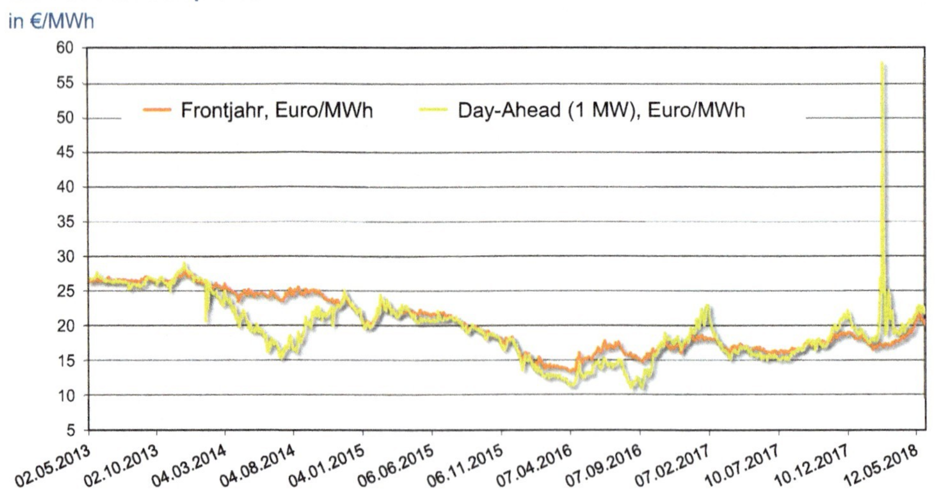

Abb. 4.25 EEX-Gashandelspreise

Pipelines in regelmäßigen Abständen verdichtet werden muss. Daneben wird Erdgas bei großen Transportentfernungen zunehmend auch als verflüssigtes Gas in Tankschiffen (Liquefied Natural Gas, LNG) befördert. LNG kann – ähnlich wie Erdöl, allerdings deutlich eingeschränkter – je nach aktueller Marktlage grundsätzlich von einer Nachfrageregion in eine andere „verschoben" werden.

Der Entscheidung, ob der Erdgasferntransport vom Produktionsort in die Verbraucherregionen über Pipelinesysteme oder über LNG-Ketten erfolgt, liegen technisch-wirtschaftliche Optimierungsrechnungen zugrunde. Für ein Pipelinesystem zum Ferntransport von Erdgas sind insbesondere die Investitionskosten in die Rohrleitungen und Verdichterstationen, die Betriebskosten (Wartung und Unterhalt) sowie die Kosten für das Antriebsgas relevant.

Laut GPF Gasplan Fasold belaufen sich die Investitionskosten (Kostenstand 2015) für ein 6000 km langes DN1400/PN100-System auf 19,1 Mrd. €. Davon entfallen 16,2 Mrd. € auf die Pipeline und 2,9 Mrd. € auf die notwendigen 22 Verdichterstationen. Der Antriebsgasbedarf liegt bei 6,6 % der eingespeisten Menge. Das entspricht bei einer Transportkapazität von 30 Mrd. m^3 pro Jahr einer Antriebsgasmenge von rund 2 Mrd. m^3 pro Jahr. Aus dieser Rechnung werden jährlich Kosten von 1,99 Mrd. € (davon 1,23 Mrd. € für die Pipeline, 0,32 Mrd. € für Verdichterstationen und 0,44 Mrd. € für das Antriebsgas) abgeleitet. Daraus ergeben sich spezifische Transportkosten von etwa 0,7 Cent/kWh.

Die LNG-Kette besteht aus folgenden Einrichtungen:

- Verflüssigungsanlage mit Beladeterminal
- LNG-Tankschiffe
- Entlade-Terminal mit Wiederverdampfungsanlage

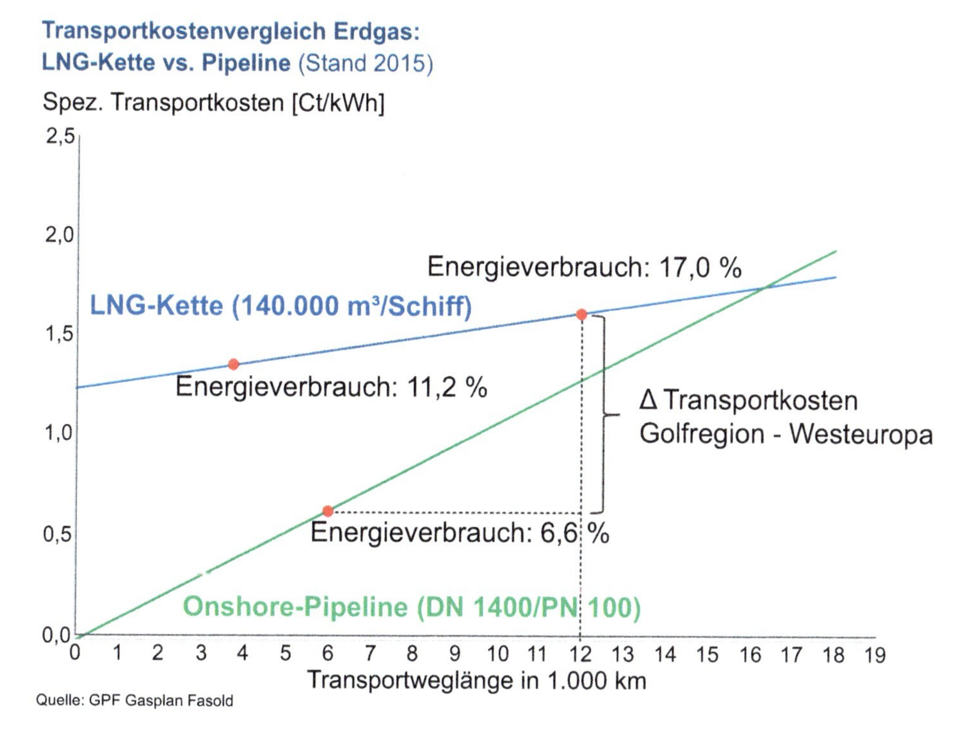

Abb. 4.26 Transportkostenvergleich Erdgas: LNG-Kette versus Pipeline

GPF Gasplan Fasold nennt als typische Transportkapazität einer LNG-Kette 10 Mrd. m^3 pro Jahr. Für die Überbrückung eines Transportweges von 12.000 km (Golfregion nach Nordwest-Europa) sind gemäß den von GPF 2016 vorgelegten Berechnungen Investitionskosten von etwa 14,4 Mrd. € (Kostenstand 2015; „Greenfield") zu veranschlagen. Davon entfallen 9,8 Mrd. € auf Verflüssigung/Beladeterminal, 2,9 Mrd. € auf den Seetransport (13 Tanker je 140.000 m^3) und 1,7 Mrd. € auf den Anlandeterminal zur Wiedervergasung. Daraus werden jährliche Kosten (einschließlich Kosten für den Energieverbrauch) von rund 1,965 Mrd. € abgeleitet. Bei einer transportierten Jahresmenge von 120 Mrd. kWh ergeben sich bei der zugrunde gelegten Transportstrecke von 12.000 km spezifische Transportkosten von 1,638 Cent/kWh. Bei einem Grenzübergangspreis für Erdgas von rund 2 Cent/kWh (2016) sind die Transportkosten via LNG-Kette (Prämisse: „Greenfield") somit so hoch, dass eine Vermarktung wirtschaftlich schwierig darstellbar ist.

Der „Break-Even" von Onshore-Pipeline und LNG-Kette liegt gemäß GPF-Berechnungen „theoretisch" bei rund 16.000 km Transportstrecke. Real ist jedoch bei einem Vergleich der Entfernungen zwischen den potenziellen Quellen in der sogenannten strategischen Ellipse (Sibirien, Kaspische Region, Golfregion) und den Erdgasmärkten in Westeuropa (alternativ: Ostasien) nur eine Wegstrecke von ca. 6000 km für eine Pipeline bzw. von ca. 12.000 km für den Schiffstransport zu überbrücken. Soweit beide Transportvarianten (Pipeline; LNG-Kette) von der Quelle bis zum Markt technisch und geografisch möglich sind, schneidet die Pipeline-Lösung angesichts der inzwischen verfügbaren Technologie als die wirtschaftlichere Variante ab. Auch ökologische Aspekte sprechen für die Pipeline, da wegen des deutlich geringeren Transport-Energieverbrauchs der Pipeline die CO_2-Emissionen bei weniger als 50 % im Vergleich zur LNG-Kette liegen. Als Alternative zum Pipeline-Transport ist der Erdgastransport über LNG-Ketten insbesondere unter folgenden Bedingungen zu sehen.

- Bei sehr großen Transportentfernungen
- Zur Vermeidung von „instabilen" Transitländern
- Zur Überwindung von Meeren mit großen Wassertiefen (> 3000 m).

Als Vorteile des LNG-Transports werden ferner die hohe Flexibilität hinsichtlich der Zielmärkte, die einfache Kapazitätserweiterung (Modul-Bauweise) und – aus Sicht der Verbraucherländer – die Möglichkeit zur Diversifizierung des Gasbezugs genannt. Für die Produzenten ist die Vermarktung von LNG insoweit vorteilhaft, als es – anders als dies bei Pipelines der Fall ist – immer dorthin geleitet werden kann, wo der Preis am höchsten ist.

Bedingt durch die Konzentration der Gaslagerstätten, die für eine künftige Versorgung in Betracht kommen, ist die Zahl der Anbieter begrenzt. Die damit verknüpfte *Marktmacht* der Anbieter kann die Möglichkeit eröffnen, über die Steuerung der Versorgungsmengen die Preisgestaltung zu beeinflussen. Die zunehmende Bedeutung von LNG bietet allerdings die Chance, die Marktmacht der traditionellen Anbieter von Pipeline-Gas zu begrenzen. Außerdem ist zu berücksichtigen, dass Erdgas durch andere Energieträger substituiert werden kann; dies ist bei großen Verbrauchern sogar kurzfristig möglich (dual-firing capacity) und begrenzt dadurch den Preissetzungsspielraum von Anbietern.

Die Trennung der regionalen Teilmärkte wird in Zukunft abnehmen. So wird bis 2020 mit einer deutlichen Ausweitung der Verflüssigungskapazitäten gerechnet – insbesondere in Australien und den USA. Der Transport von Erdgas aus den USA nach Westeuropa gehört zu den Fällen, in denen die Pipelinetechnik (noch) keine technische Lösung bereithält. Die Wassertiefen (ca. 5000 m) in Verbindung mit der Transportweglänge von etwa 5000 km sind derzeit nicht per Pipeline überwindbar. Hier kommt nur die LNG-Kette in Betracht. Vor diesem Hintergrund ist abzusehen, dass sich der internationale Handel mit LNG über die vier Marktregionen hinweg deutlich ausweiten wird.

In den vier Marktregionen differiert nicht nur die Höhe der Preise. Vielmehr unterscheiden sich auch die Art und Weise, wie die Preise gebildet werden.

- Gas-zu-Gas-Wettbewerb: In Nordamerika und Nordwesteuropa, den Regionen mit den im Upstream-Bereich am weitesten liberalisierten Gasmärkten, sind die Gaspreise Ergebnis des aktuellen Verhältnisses von Gasangebot und -nachfrage. Im langfristigen Trend gewinnen die Grenzkosten der Bereitstellung von Erdgas (Förderung und Transport) stärkeren Einfluss auf die Preisbildung, die Preisentwicklung der Substitutionsenergie Heizöl markiert aber für bestimmte Kundengruppen weiterhin eine Orientierungsgröße, die über einen längerfristigen Betrachtungszeitraum den Erdgaspreis nach oben limitiert.

- Anlegbarkeit: Im kontinentaleuropäischen und asiatischen Markt basierte die Gaspreisbildung in der Vergangenheit überwiegend auf dem Wettbewerb des Erdgases mit Substitutionsenergien. Wichtigste Substitutionsenergien für Erdgas sind im Wärmemarkt Erdöl bzw. Erdölprodukte. Im Kraftwerksbereich steht das Erdgas auch mit anderen Energieträgern, wie z. B. der Kohle, im Wettbewerb. Nach dem Anlegbarkeitsprinzip bezahlen die Gasverbraucher einen Preis, der das Erdgas gegenüber Konkurrenzenergien wettbewerbsfähig halten soll. In der Praxis bedeutete das Prinzip der Anlegbarkeit in Kontinentaleuropa eine weitgehende Bindung der Gaspreise an die Entwicklung der Ölpreise. Mit dem Start der Liberalisierung der Gasmärkte wurde das Ende der Durchsetzbarkeit der Anlegbarkeit durch den Lieferanten eingeleitet. Sukzessive hat sich die Bedeutung der Ölpreise als offizielle Leitgröße für die Bestimmung des Gaspreises für Endverbraucher verringert und ist inzwischen nur noch indirekt in einem – im Vergleich zur Vergangenheit – geringerem Umfang gegeben. Gleichzeitig ist der Anteil spotgehandelter Mengen gestiegen.

Die Preise auf diesen Märkten bilden sich nach Angebot und Nachfrage. Diese Marktpreise werden an verschiedenen Handels-Drehscheiben (Hubs oder virtuelle Punkte) ermittelt. In Nordeuropa sind dies insbesondere der National Balancing Point NBP (Großbritannien), TTF (Niederlande) sowie zunehmend auch NCG und Gaspool (Deutschland).

Mit dem Einsetzen der Weltwirtschaftskrise waren die Preise auf den Spot- und Terminmärkten erheblich stärker zurückgegangen als die Preise auf Basis der ölindizierten langfristigen Lieferverträge. Entscheidender Grund war die Überversorgung des Marktes für Erdgas. Drei Großereignisse hatten zu diesem Überangebot geführt. Das sind der durch die weltweite Wirtschaftskrise ausgelöste starke Rückgang der Nachfrage, ein wirtschaftliches Verfahren für die Gasförderung aus Schiefergestein (Shalegas) und der Ausbau der Infrastruktur für verflüssigtes Erdgas.

Ergebnis war, dass sich die Spotpreise an den europäischen Handelsplätzen von etwa 25 €/MWh im Jahresdurchschnitt 2008 um 55 % auf ein Niveau von 14 €/MWh im Jahresmittel 2009 ermäßigt hatten. Dies ging weit über die Entwicklung bei den meist ölindizierten Preisen für langfristige Lieferverträge hinaus. In der Folge hatten sich die Gaspreise auf den Spotmärkten zeitweise wieder erholt. Im Jahresdurchschnitt 2017 wurden die Erdgas-Spotpreise (durchschnittlicher Tagesreferenzpreis am EEX-Spotmarkt) mit rund 17,35 €/MWh notiert. Die durchschnittlichen Einfuhrpreise frei deutsche Grenze lagen 2017 im Jahresmittel bei 17,0 €/MWh.

Trotz des in den letzten Jahren verzeichneten überwiegenden Übergangs auf Gasmarkt-Indizierungen sind ölindizierte Preise für die langfristig vereinbarten Vertragsmengen zum Teil immer noch von Relevanz (dies gilt hauptsächlich bei der Lieferung von russischem Erdgas) – allerdings ist infolge vertraglicher Anpassungen mit allen Lieferanten nicht mehr davon auszugehen, dass die langfristigen Vertragspreise erneut so weit von den

Spotpreisen abweichen können wie im Jahr 2009. Es ist zudem zu erwarten, dass in liquiden Märkten die Ölindizierung bei Importverträgen eine zunehmend untergeordnete Rolle spielen wird, da diese dort nicht mehr die Entwicklung des am Absatzmarkt zu erzielenden Preises widerspiegelt. Ölindizierte Verträge folgen mit einer gewissen Zeitverzögerung den Preisen für Mineralöl. Durch die Anknüpfung an gleitende – über einen Zeitraum von mehreren Monaten – ermittelte historische Durchschnittswerte wird eine „Glättung" der Preise für Erdgas-Importmengen bewirkt. Zudem begrenzen Take or Pay-Klauseln die Abnahmepflicht im Rahmen bestehender Verträge. Die inzwischen gehandelten Hub-Produkte beinhalten stets eine 100 %ige Abnahmeverpflichtung, während die klassischen Langfristverträge lediglich eine Mindestabnahmemenge von üblicherweise 80 % vorgesehen hatten. Während bei Long Term Contracts die Preise formelgebunden sind und nur bei Revisionen, die meist nur alle drei Jahre möglich sind, zusätzlich geändert werden können, reagieren die Preise auf den Spot- und Terminmärkten sehr viel schneller und direkter auf eine veränderte Angebots-/Nachfragesituation.

Nach wie vor erfolgt allerdings der Bezug von Erdgas aus dem Ausland überwiegend auf der Basis langfristiger Verträge zwischen den Lieferanten und den auf dem deutschen Markt tätigen Gasversorgungsunternehmen. Die Laufzeit der historischen Verträge beträgt bisher vielfach mehr als 20 Jahre. Im Rahmen bestehender Verträge sind im Falle einer übereinstimmenden Meinung beider Vertragsparteien, also des Lieferanten und des Abnehmers, sehr weitgehende Änderungen möglich. Davon zu unterscheiden ist, worauf eine fordernde Partei bei einer Revision oder einem anschließenden Schiedsverfahren Anspruch haben kann. Das ist bedeutend weniger und unterliegt den Details der Revisionsklausel. Grundsätzlich werden einzelne Elemente der Verträge im Rahmen von regelmäßig wiederkehrenden Preisrevisionen (in der Regel alle drei bis fünf Jahre) neu verhandelt. Dazu können der Preis und Underlyings gehören. Beispielsweise kann in die Berechnung des Gaspreises zu einem bestimmten Anteil die Entwicklung des Öl- oder Kohlepreises einfließen, auch wenn dies heute weniger der Fall ist, als in der Vergangenheit. Die Notierungen dieser Energieträger liegen damit der Gaspreisberechnung zugrunde und werden als Underlyings oder auch Basiswerte bezeichnet. Nun können im Rahmen der Preisrevisionen sowohl die Underlyings an sich geändert werden (z. B. ein Wechsel von Öl- auf Gasmarktnotierungen) oder auch der Anteil, mit dem die Preisentwicklung des jeweils zugrunde liegenden Energieträgers in die Gaspreisformel eingeht. Damit konnten und können die langfristigen Verträge den sich ändernden Marktgegebenheiten angepasst werden.

Auf dem europäischen Kontinent ist Deutschland der größte Gasmarkt. In Deutschland erfolgte historisch die Preisbildung in den verschiedenen Verbrauchssektoren vor allem nach der *Philosophie des anlegbaren Preises*. Dies galt sowohl absatz- als auch beschaffungsseitig.

Kriterien für die Bestimmung des anlegbaren Preises waren zum einen die Preise der Konkurrenz-Brennstoffe; das ist insbesondere leichtes Heizöl. Daneben wurden folgende Faktoren berücksichtigt:

Formel zur Gaspreisbildung

$$p = p_O + a \cdot (p_{HEL_1} - p_{HEL_2}) + b \cdot (p_{HS_1} - p_{HS_2})$$

p_O: Grundpreis (gemäß Anlegbarkeit ermittelt)

a und b: Produkte aus jeweils drei Termen, u. a. Anteile von leichtem bzw. schwerem Heizöl

p_{HEL_1} und p_{HS_1}: gemäß Zahlenkombination ermittelte Preise

p_{HEL_2} und p_{HS_2}: feste Basispreise (bei Vertragsabschluss zugrunde gelegte Heizölpreise)

Abb. 4.27 Formel zur Gaspreisbildung

- Vor- oder Nachteile bei der Verwendung des Erdgases im Vergleich zu Konkurrenzbrennstoffen;
- Differenzen zwischen den Investitions- und Betriebskosten bei den Anlagen, in denen Erdgas bzw. deren Konkurrenzbrennstoffe eingesetzt werden,
- Unterschiede im Wirkungsgrad der Anlagen.

Der so nach Verbrauchergruppen differenziert bestimmte Grundpreis für das chemisch weitgehend homogene Produkt Erdgas folgt einem Preispfad, der sich vor allem an der Entwicklung des Heizölpreises orientiert.

Die *Heizölbindung* war vor dem Hintergrund folgender Fakten zu sehen: Mit ihrer dominierenden Rolle bestimmte die Mengen- und Preisentwicklung des Öls auch maßgeblich die entsprechenden Marktgrößen beim Erdgas. Die Verbraucherpreise für Erdgas und ebenso die Erdgas-Importpreise folgten denen des Heizöls – bei sinkenden Preisen genauso wie in einer Phase steigender Ölpreise.

Dieses System der Gaspreisbildung, das keinen Bezug zu den Kosten der Lieferung des Erdgases hat, war eine Konsequenz der Tatsache, dass es keine transparent beobachtbaren Gaspreise gab und wurde nicht zuletzt durch die starke Marktkonzentration ermöglicht. Für Nordwesteuropa gibt es im Wesentlichen drei Lieferländer. Das sind Russland, Norwegen und die Niederlande. Ein Überangebot am Markt besteht – insbesondere

Abb. 4.28 Zahlenkombination bei der Gaspreisbildung

Zahlenkombination zur Ermittlung von p_{HEL_2} und p_{HS_2}

Typisch für Gasbeschaffung:	9 - 0 - 1
Typisch für Gasvertrieb:	6 - 1 - 3
Erster Wert:	Maßgebliche Zahl von Monaten zur Ermittlung des relevanten Durchschnittspreises für Heizöl
Zweiter Wert:	Time-lag in Monaten
Dritter Wert:	Preisanpassungs-Rhythmus in Monaten

mittel- und langfristig – nicht. Auch britisches Gas, das unter langfristigen Verträgen auf den kontinentaleuropäischen Markt geflossen ist, wurde zu vergleichbaren Preiskonditionen angeboten wie Gas aus anderen Quellen, auch wenn bei Abschluss der Verträge der Interkonnektor noch nicht bestanden hatte, mit dessen Eröffnung sich dann auch der Spothandel entwickelte.

Für die konkrete *Preisfestsetzung* in ölindizierten Verträgen konnte z. B. folgende *Formel* zur Anwendung kommen:

$$p = p_0 + a \cdot (p_{HEL1} - p_{HEL2}) + b \cdot (p_{HS1} - p_{HS2}).$$

Dabei gilt:

P_0 = Grundpreis Erdgas (gemäß Anlegbarkeit ermittelt oder in Verhandlungen vereinbart). p_0 wird auch als Basispreis bezeichnet.

a und b = Gewichtungsfaktoren. Die Gewichtungsfaktoren geben an, wie stark der Erdgaspreis auf die Veränderung der Preise der Substitutionsenergien reagiert. Die Faktoren werden als Produkt aus jeweils drei Termen gebildet.

1. Term: z. B. $a = 0{,}6$ und $b = 0{,}4$ heißt: Leichtes Heizöl geht mit 60 % und schweres Heizöl mit 40 % in die Preisformel ein.
2. Term: z. B. 2 oder 1 oder kleiner 1; dieser Faktor bestimmt das Ausmaß der Reaktion des Gaspreises auf die Ölpreisänderung. Der Faktor 1 würde z. B. bedeuten, dass eine gleichgerichtete Anpassung erfolgt, kleiner 1 hätte dagegen eine Preisabfederung zur Folge (Normalfall) und größer 1 eine Verstärkung des von der Ölpreisentwicklung ausgehenden Effekts.
3. Term: Technischer Umrechnungsfaktor; die Preise für leichtes und für schweres Heizöl sind in anderen Energie- bzw. Preiseinheiten definiert (z. B. USD/t) als die Preise für Erdgas (wie etwa ct/kWh). Der technische Umrechnungsfaktor innerhalb der Terme a bzw. b dient dazu, die Preise für die Substitutionsenergie und für Erdgas „gleichnamig" zu machen.

Während es sich bei p_{HEL2} und p_{HS2} um jeweils feste Basispreise für die beiden Produkte handelt (bei Vertragsabschluss zugrunde gelegte Heizölpreise), werden p_{HEL1} und p_{HS1} nach Maßgabe einer Bindung bestimmt, die sich aus drei Elementen zusammensetzt:

- Das erste Element benennt die Zahl der Monate, aus denen der relevante Durchschnittspreis für Heizöl abgeleitet wird.
- Die zweite Zahl beziffert den Time-lag der Anpassung in Monaten.
- Die dritte Zahl steht für den Anpassungsrhythmus – ebenfalls gemessen in Monaten.

In der Gasbeschaffung kann die Bestimmung von p_{HEL1} und p_{HS1} gemäß folgender Zahlenkombination erfolgen:

9 – 0 – 1

Das heißt: 1. Maßgeblich ist der Heizölpreis, der sich gemäß einer vom Statistischen Bundesamt veröffentlichten Reihe für eine im Einzelnen definierte Produktspezifikation im Neun-Monats-Durchschnitt ergibt. 2. Die Anpassung erfolgt ohne Time-lag. 3. Es ist eine monatliche Preisanpassung vorgesehen.

Im Vertrieb kann für die Bestimmung von p_{HEL1} und p_{HS1} gemäß folgender Bindung erfolgen:

6 – 1 – 3

Allerdings ist der Anteil der ölindizierten Vertriebsverträge in jüngerer Zeit drastisch gesunken.

Maßgebliche Heizölpreise sind Notierungen, die sich im Mittel für im Einzelnen spezifizierte Marktorte entlang der Rheinschiene ergeben. Dabei wird auf die Veröffentlichungen des Statistischen Bundesamtes, Fachserie 17, Reihe 2, zurückgegriffen.

Die *Importmengen und -werte* werden vom Bundesamt für Wirtschaft und Ausfuhrkontrolle (BAFA) auf Basis der Meldungen der Importeure erfasst und in aggregierter Form monatlich veröffentlicht. Die in die Ermittlung des Grenzübergangspreises einfließenden Importmengen basieren hauptsächlich auf langfristigen Importverträgen. Zunehmend wird allerdings in den Beschaffungsverträgen eine Anknüpfung an die Spot- oder Terminmärkte angewendet. Diese werden aber nicht hinreichend erfasst.

Bei den Import-Bezugsverträgen kann zwischen Kontrakten mit weitgehend fixierter Bezugsstruktur (Bandlieferungen) und Kontrakten mit differenziert (vor-) strukturierten Bezügen unterschieden werden. Darin sind als Take or Pay-Niveau in der Regel mindestens 80 % verankert. Preisrevisionen sind meist im Drei-Jahres-Rhythmus vorgesehen. Die Impulse für den Gaseinkauf hinsichtlich Preisbindung werden von der Vertriebsseite ausgelöst. Vereinfacht konnte man sagen: Das Preisrisiko trägt der Exporteur, das Mengenrisiko der Importeur.

Erdgas-Spot- und Terminmarkt-Notierungen werden an verschiedenen Handels-Drehscheiben (Hubs oder virtuelle Punkte) ermittelt. In Nordwesteuropa sind dies insbesondere der National Balancing Point NBP (Großbritannien), TTF (Niederlande) sowie zunehmend auch NetConnectGermany NCG und Gaspool (Deutschland). Die Veröffentlichung der Notierungen erfolgt täglich durch kommerzielle Anbieter wie Platts, Argus und European Spot Gas Market (ESGM) sowie durch die EEX Group. In einigen Fällen kommen auch die Preisveröffentlichungen des Bundesamtes für Wirtschaft und Ausfuhrkontrolle (BAFA) zur Anwendung.

Zur *Abgrenzung zwischen Formelpreisen und Spotpreisen* ist folgendes zu sagen: Die Formelpreise werden unabhängig von kurzfristigem Angebot und Nachfrage ermittelt.

Auf liberalisierten Märkten entscheiden aber Angebot und Nachfrage über die Preisstellung. Deshalb konnten sich als Folge der Liberalisierung Spotmärkte bilden, deren Liquidität vor allem mit der Anzahl der Marktteilnehmer wächst. Die Höhe der auf diesen Märkten maßgeblichen Spotpreise hängt von Angebot und Nachfrage flexibler Mengen der Produzenten, Händler und Kunden (z. B. Kraftwerke) ab.

Wesentliche Richtschnur für die Entgeltbildung auf der *Wertschöpfungsstufe Transport von Erdgas* sind Verordnungen, die auf Basis des Energiewirtschaftsgesetzes von 1998 erlassen wurden (Gasnetzentgeltverordnung vom 25. Juli 2005 zuletzt durch Art. 17 G vom 28. Juli 2015 geändert). Dabei sind insbesondere der nicht diskriminierende Zugang zu den Gasnetzen und die Ausgestaltung der Netzzugangsbedingungen entscheidend. Die Bestimmungen der GasNEV werden ergänzt durch die Anreizregulierungsverordnung (ARegV), die die seit 1. Januar 2009 anwendbare Anreizregulierung umsetzt.

„Mussten dritte Netznutzer in der ersten Phase der Marktliberalisierung für Gastransporte im Fernleitungsnetz Transportkapazität auf einzelnen Gasleitungen buchen (Punkt-zu-Punkt-Durchleitung), ist der Netzzugang heute als Einspeise-/Ausspeisesystem (entry/exit) konzipiert. Bei diesem System werden die Fernleitungsnetze in Marktgebiete untergliedert. Netznutzer buchen jeweils für den Zugang zu den Marktgebieten bzw. Netzgebieten Ein- und Ausspeisekapazitäten und zahlen ein entsprechendes Entgelt für dieses Zugangsrecht – in den meisten Fällen als Leistungspreise (ggf. kombiniert mit einem Arbeitspreis für den Ausgleich von Netzverlusten bzw. Antriebsenergie für Verdichtermaschinen). Wie der Gastransport innerhalb einer Zone erfolgt, bliebt den Netzbetreibern überlassen. Netznutzer erhalten also durch Buchung von Netzkapazität und die Zahlung der Einspeise- und Ausspeiseentgelte einen Zugang zu einem Marktgebiet und damit zu einem Markt, nicht zu einzelnen Pipelines. Bei Übergang von einem Marktgebiet zu einem anderen sind allerdings entsprechend Ein- und Ausspeisekapazitäten an den Zonengrenzen zu buchen und zu zahlen. Das Marktgebiet endet somit an der entsprechenden Zonengrenze“ [9].

Zum 01.10.2008 war die Zahl der Marktgebiete, die gemäß einer zuvor gültigen Kooperationsvereinbarung noch sechzehn Marktgebiete umfasste, halbiert worden. Am 19. Mai 2010 hatte das Bundeskabinett die Neufassung der Netzzugangsverordnung verabschiedet. Diese Verordnung verpflichtet die Fernleitungsnetzbetreiber, geeignete Maßnahmen zu ergreifen, um die Zahl der Marktgebiete bis 2013 auf zwei zu reduzieren. Dies wurde bereits vorzeitig, und zwar zum 1. Oktober 2011, umgesetzt.

Auf den *Endverbrauchermärkten* beliefern Gasversorger (z. B. Vertriebsunternehmen großer Energieversorger, Regionalversorger, Stadtwerke, neue Energieanbieter) Haushalte, Kleinverbraucher und Industriekunden. Es kommt eine Vielzahl von Preissystemen zur Anwendung. In der Vergangenheit wurde gemäß der Art der Lieferverträge allgemein zwischen Tarifkunden und Sondervertragskunden unterschieden. Während Tarifpreise einer staatlichen Regulierung unterlagen, konnten Sondervertragspreise auch bereits in der Vergangenheit frei ausgehandelt werden.

Erdgaspreis für Haushalte (EFH) in ct/kWh

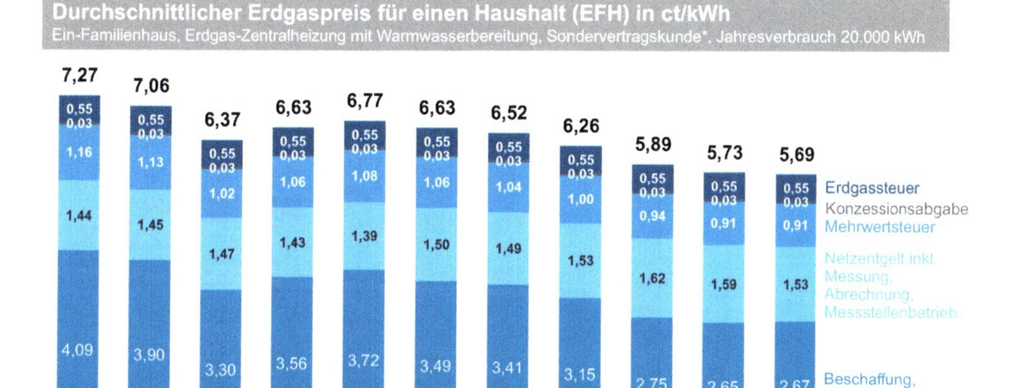

Abb. 4.29 Erdgaspreise für Haushalte (EFH)

Mit der Novellierung des Energiewirtschaftsgesetzes im Jahr 2005 war die tarifliche Aufsicht über die Gaspreise zum 01.07.2007 aufgehoben worden. Gleichwohl sind die Preisstrukturen noch an das alte System von Tarif- und Sondervertragspreisen angelehnt.

Tarifkunden haben die Wahl zwischen den vom jeweiligen Grundversorger angebotenen Standardtarif und vom Grundversorger angebotenen Sondertarifen. Ferner haben sie die Möglichkeit, den Anbieter zu wechseln und dabei auf die Vielzahl von regional nicht gebundenen Wettbewerbern zurückzugreifen.

Sondervertragskunden werden nach normierten oder individuellen Sonderverträgen beliefert.

- Ebenso wie Wahltarifkunden verwenden Kunden mit normierten Sonderverträgen Gas zum Heizen und/oder zur Vollversorgung, beispielsweise in Mehrfamilienhäusern. Daher werden – neben anderen Preissystemen – auch hier in der Regel vor allem Grundpreissysteme angeboten, die an Verbrauchsmengen gebunden sind.
- „Der Übergang von normierten zu individuellen Sonderverträgen ist nicht eindeutig abzugrenzen und variiert zwischen den Gasvertriebsunternehmen. Wichtigstes Unterscheidungsmerkmal ist der zunehmende Prozessgasanteil der Industriekunden, aufgrund dessen diese Verbraucher Einfluss auf ihre Leistung nehmen können und daher Leistungspreissysteme Anwendung finden" [9]. Daneben werden Industriekunden auch unterbrechbare Gaslieferverträge angeboten. Technisch wird hierbei die Verfügbarkeit einer vor Ort gespeicherten Zweitenergie (z. B. Heizöl) vorausgesetzt.

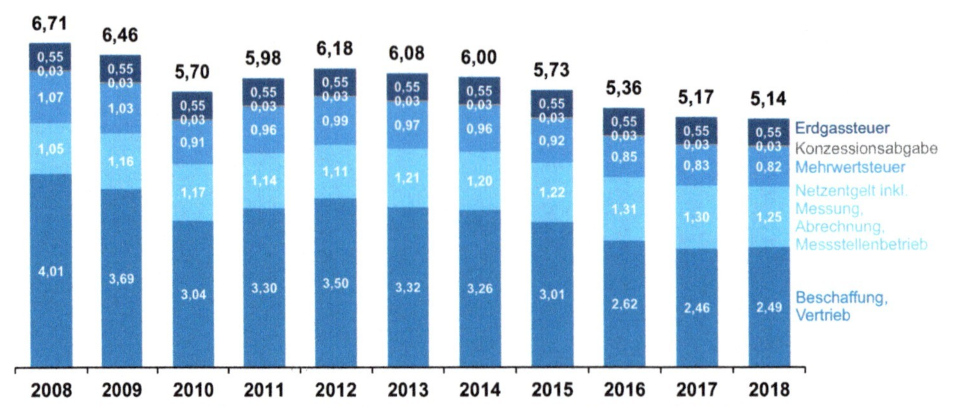

Abb. 4.30 Erdgaspreise für Haushalte (MHF)

Im Sektor Privathaushalte dominiert die Nutzung von Erdgas als Heizenergie. Bei seiner Entscheidung für ein Heizsystem sind aus Sicht der Verbraucher nicht nur die Kosten für den Brennstoff relevant, vielmehr spielen auch Faktoren wie Komfort, der im Haus – im Vergleich zur Ölheizung – eingesparte Platz und Bequemlichkeit (keine Notwendigkeit zum „Beschaffungsmanagement") eine Rolle.

Seit der Öffnung des deutschen Gasmarktes machen auch die Haushalts- und Kleinverbraucher zunehmend von der Möglichkeit Gebrauch, statt des Tarifs „Grundversorgung"

Tab. 4.11 Durchschnittliche Erdgasrechnung für einen Haushalt in einem Einfamilienhaus (EFH)

EFH, 20.000 kWh	2008	2010	2012	2014	2016	2017
	In Euro/Monat bei einem Jahresverbrauch von 20.000 kWh*					
Erdgasrechnung	121,17	106,17	112,84	108,66	98,17	95,51
Davon:						
Erdgassteuer (Energiesteuer)	9,17	9,17	9,17	9,17	9,17	9,17
Konzessionsabgabe	0,50	0,50	0,50	0,50	0,50	0,50
Mehrwertsteuer	19,33	17,00	18,00	17,33	15,67	15,17
Netzentgelt inkl. Messung, Abrechnung* und Messstellenbetrieb	24,00	24,50	23,17	24,83	27,00	26,50
Gasbeschaffung und Vertrieb	68,17	55,00	62,00	56,83	45,83	44,17

* Erdgas-Zentralheizung mit Warmwasserbereitung, Sondervertragskunde
Quelle: BDEW

Erdgaspreis für Haushalte (EFH): Monatsrechnung Ein-Familienhaus

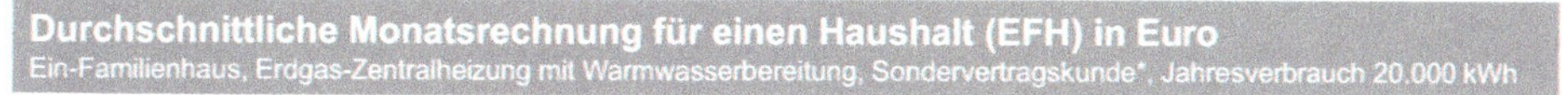

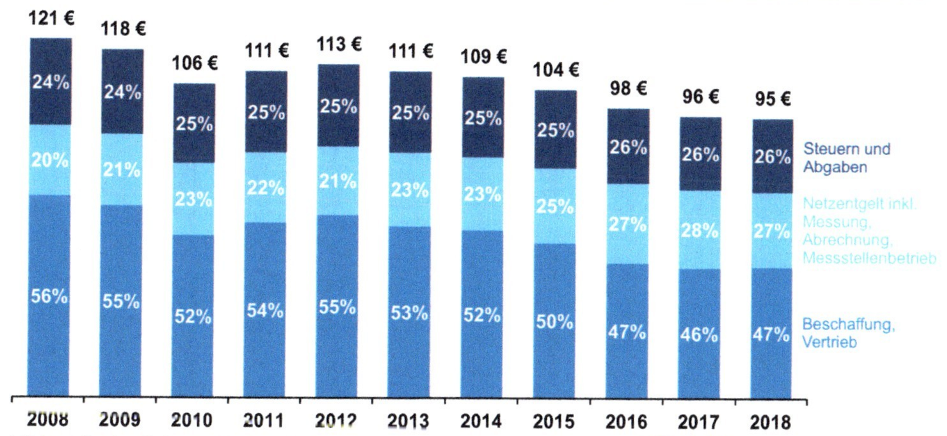

Abb. 4.31 Monatsrechnung für Erdgas (EFH)

Tab. 4.12 Durchschnittliche Erdgasrechnung für einen Haushalt in einem Mehrfamilienhaus (MFH)

MFH, 80.000 kWh/13.333 kWh	2008	2010	2012	2014	2016	2017
	In Euro/Monat bei einem Jahresverbrauch von 13.333 kWh*					
Erdgasrechnung	74,56	63,33	68,66	66,66	59,55	57,43
Davon:						
Erdgassteuer (Energiesteuer)	6,11	6,11	6,11	6,11	6,11	6,11
Konzessionsabgabe	0,33	0,33	0,33	0,33	0,33	0,33
Mehrwertsteuer	11,89	10,11	11,00	10,67	9,44	9,22
Netzentgelt inkl. Messung, Abrechnung* und Messstellenbetrieb	11,67	13,00	12,33	13,33	14,56	14,44
Gasbeschaffung und Vertrieb	44,56	33,78	38,89	36,22	29,11	27,33

* 6 Wohneinheiten, Gesamtjahresverbrauch 80.000 kWh, Erdgas-Zentralheizung mit Warmwasserbereitung, Sondervertragskunde
Quelle: BDEW

wettbewerblich geprägte Vertragsangebote wahrzunehmen. Dabei kommt es vermehrt zu Lieferantenwechseln. Die Internetauftritte der Anbieter sowie die Preisportale Verivox und check24 bieten den Verbrauchern vielfältige Möglichkeiten zu Preisvergleichen.

Bei Industriekunden hat dieser Prozess des Lieferantenwechsels als ein Ausdruck zunehmenden Wettbewerbs bereits früher eingesetzt als bei Haushalten und Kleinverbrau-

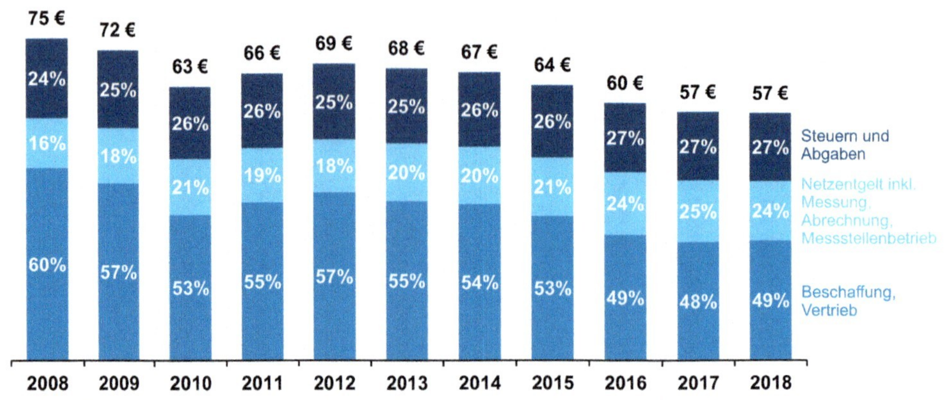

Abb. 4.32 Monatsrechnung für Erdgas (MFH)

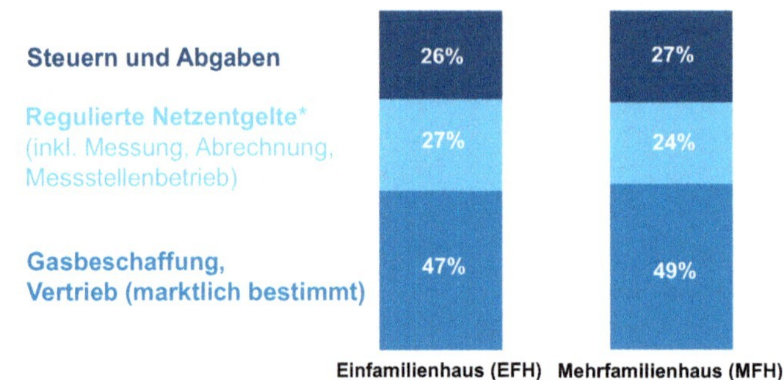

Abb. 4.33 Bestandteile der Erdgaspreise für Haushalte

chern. Im Rahmen der bestehenden Vertragsfreiheit sind u. a. auch Festpreise, ggf. mit Indexierung an Hub-Notierungen, üblich geworden. Die eingetretenen Veränderungen haben sich zum Erhalt der Wettbewerbsfähigkeit auf den internationalen Gütermärkten (Aluminium, Metall, Chemie) als notwendig erwiesen. Ferner haben sich wettbewerbliche

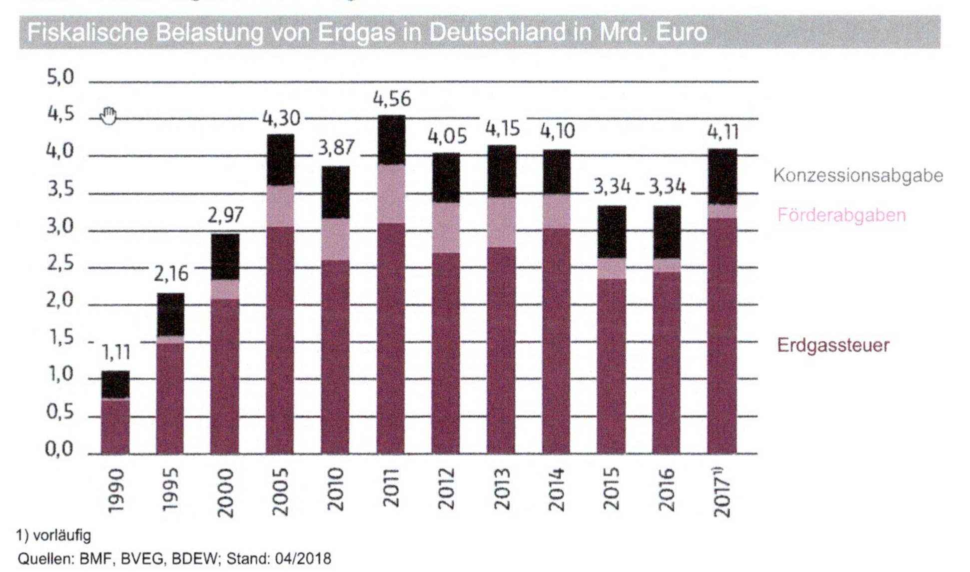

Abb. 4.34 Steuern und Abgaben auf Erdgas

Ausschreibungen für die Beschaffung von Gasmengen inzwischen zum Standard entwickelt.

Im Kundensegment Kraftwerke ist die Differenz zwischen dem Erlös für den auf Basis Erdgas erzeugten Strom und den variablen Einsatzkosten entscheidend. Dazu gehört neben dem Einstandspreis für Erdgas zur Stromerzeugung der Preis für CO_2-Zertifikate. Ein hoher Spread stellt einen Anreiz dar, Gas zu verstromen. Eine umgekehrte Entwicklung führt entsprechend zu Marktanteilsverlusten in der Verstromung.

Bei einer Bewertung der Auswirkungen des Gas-zu-Gas-Wettbewerbs auf dem deutschen Markt bleibt zu berücksichtigen, dass die Beschaffungsmärkte von der Liberalisierung nicht direkt erfasst sind. Allerdings ist es inzwischen zu einer weitreichenden Umstellung der Preisgestaltung in Beschaffungsverträgen hin zu einer anteiligen Gasindizierung sowie einer Abkehr von Öl basierten Langfristverträgen bei Neuabschlüssen gekommen.

Für die Vergangenheit kann festgestellt werden, dass die in langfristigen Lieferverträgen vereinbarten – ölgebundenen – Gaspreise keine durchgängigen Vor- oder Nachteile im Vergleich zu den auf Spotmärkten gebildeten Preisen hatten. Vielmehr ist die jeweilige Marktsituation entscheidend. In Knappheitssituationen überstiegen die Spotpreise regelmäßig die ölgebundenen Notierungen. Bei einem Überangebot an Erdgas stellt sich die Situation umgekehrt dar. Durch die Abkopplung der Preise in ölgebundenen Verträgen von der jeweiligen Marktsituation bei Erdgas war ein hohes Preisrisiko für die Importeure entstanden, das allerdings in Preisrevisionen bereits weitgehend eliminiert wurde.

Insgesamt bewirkt die Ölanbindung zwar, dass die Gaspreise für längerfristig vereinbarte Lieferungen weniger volatil verlaufen als dies für Spotmärkte typisch ist. Aufgrund der damit verbundenen geringeren Flexibilität bei der Anpassung an veränderte Marktverhältnisse kann jedoch die Wettbewerbsfähigkeit des Erdgases in Frage gestellt werden, wie dies im Kraftwerksbereich seit 2012 zu beobachten war.

Auf den Handelsstufen im Inland, die der Beschaffungsebene nachgelagert sind, werden die Gasversorger als Folge der Liberalisierung einem erhöhten Margendruck ausgesetzt. Dies wirkt tendenziell Preis dämpfend. Allerdings haben sich die staatlich verursachten Belastungen, ähnlich wie im Strombereich, zu einem wesentlichen Preistreiber entwickelt. Dadurch werden die Effekte der Liberalisierung des inländischen Marktes aufgezehrt bzw. sogar überkompensiert.

4.2.5 Elektrizität

Bis zur Neuregelung des Energierechts im April 1998 existierte auf dem Elektrizitätsmarkt – ebenso wie bei Gas – keine direkte Konkurrenz zwischen verschiedenen Anbietern. Für die Kunden bestand nur die Wahl zwischen der Eigenerzeugung des Stroms oder dem Bezug von seinem „zuständigen" Versorgungsunternehmen. Die Eigenerzeugung von Strom als wettbewerbsfähige Alternative zum Strombezug war wegen der Kostendegression praktisch nur Großunternehmen möglich, die hiervon auch Gebrauch gemacht haben. Ferner war Strom im Wärmemarkt – ebenso wie Gas – der Substitutionskonkurrenz mit anderen Energieträgern ausgesetzt. Allerdings ist für Strom die Bedeutung des Wärmemarktes erheblich geringer als für Gas.

Mit der Liberalisierung des Strommarktes im Jahr 1998 erfolgte eine Abkehr vom Prinzip der Preisbildung nach Maßgabe von Durchschnittskosten. Dies gilt insbesondere für die Wertschöpfungsstufen Erzeugung, Handel und Vertrieb.

Der *Transport- und Verteilnetzbereich* stellt – anders als die übrigen genannten Wertschöpfungsstufen – auch nach erfolgter Liberalisierung des Strommarktes ein natürliches Monopol dar. Deshalb unterliegt der Netzbereich der Regulierung, die durch die Bundesnetzagentur wahrgenommen wird. Während entscheidende Orientierungsgröße für die Bemessung der zu genehmigenden Netzentgelte bis Ende 2008 die Kosten des jeweiligen Netzunternehmens waren, wurde zum 1. Januar 2009 das Prinzip der Anreizregulierung eingeführt.

Im *Strom-Großhandel* (Erzeugerpreisebene) sind für die Höhe der Preise Angebot und Nachfrage maßgebend. Analog zu anderen Wettbewerbsmärkten entspricht die Angebotsfunktion gemäß einem vereinfachten Modell der sogenannten Merit Order, bei der alle verfügbaren Kraftwerke in aufsteigender Reihenfolge ihrer variablen Kosten Strom anbieten. Dadurch ist ein effizienter Einsatz des Kraftwerksparks garantiert, da in jeder Lastsituation die Gesamterzeugungskosten minimiert werden. Der markträumende Preis entspricht dann immer genau den variablen Kosten des letzten zur Deckung der jeweiligen Nachfrage gerade noch benötigten Kraftwerks (Grenzkraftwerk). Der Preis wird also durch die va-

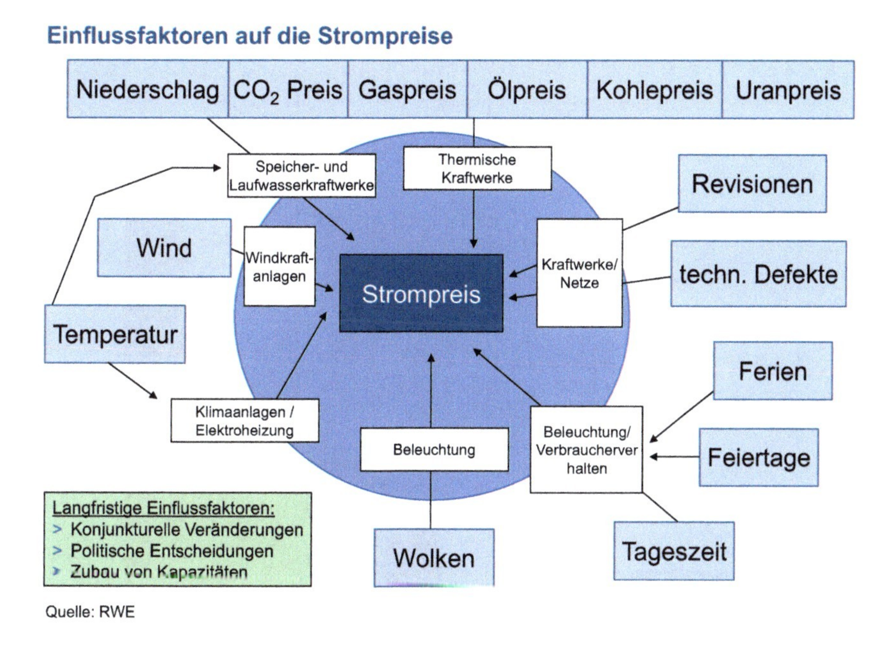

Abb. 4.35 Einflussfaktoren auf die Strompreise

riablen Kosten des Kraftwerks bestimmt, das im Schnittpunkt der Nachfragekurve mit der durch die Merit Order gebildeten Angebotskurve liegt. „Diesen Marktpreis erhalten alle Kraftwerksbetreiber, die unterhalb dieses Preises Strommengen angeboten haben, unabhängig von den tatsächlichen variablen Kosten des jeweiligen Kraftwerks. Diese Margen werden zur Deckung der Fixkosten (vor allem Kapitalkosten) benötigt. Zu den wesentlichen (kalkulatorischen) variablen Kosten gehört neben den Brennstoffbeschaffungskosten seit 2005 auch der Preis für CO_2-Zertifikate, da die Zertifikate durch die Produktion von Strom entwertet werden und nicht mehr am CO_2-Markt veräußert werden können. Eine Ausnahmestellung im Modell der Merit Order nehmen die erneuerbaren Energien ein, die gemäß dem Erneuerbare-Energien-Gesetz (EEG) bei Verfügbarkeit immer eingesetzt werden müssen und eine staatlich garantierte Einspeisungsvergütung erhalten" [10].

Die entscheidende Größe zur Beantwortung der Frage, ob die Merit Order für Deutschland oder die Merit Order für Zentralwesteuropa für die Preissetzung auf dem Großhandelsmarkt die maßgebliche Rolle spielt, ist die verfügbare Kuppelkapazität zwischen den Marktgebieten. In Stunden, in denen die verfügbare Kuppelkapazität nicht voll ausgenutzt wird, konvergieren die Preise zwischen zwei Marktgebieten. Sofern keine ausreichenden Kuppelkapazitäten bestehen, fallen die Strompreise auseinander. Je nachdem, wie sich bei mehreren Marktgebieten verfügbare Kuppelstellen, Angebot und Nachfrage entwickeln, kann ein Marktgebiet auch einmal mit dem einen und ein anderes Mal mit einem anderen Marktgebiet konvergieren. Würden gar keine Engpässe zwischen den Marktgebieten in Zentralwesteuropa bestehen, so wäre die zentralwesteuropäische Merit Order maßgeblich.

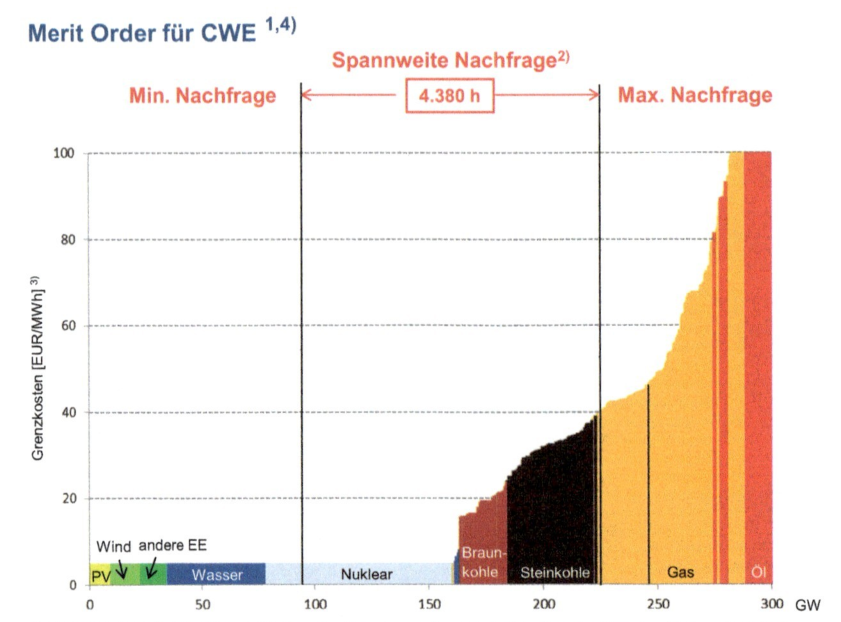

1) CWE: DE, FR, NL, BE, AT und CH; Stromim-/Exporte nicht berücksichtigt; Stromim-/Exporte nicht berücksichtigt; Grenzkosten der Braunkohle schematisch dargestellt
2) Im Bereich des Kastens liegt die Nachfrage in 50% aller Stunden des Jahres, in jeweils 25% liegt sie links oder rechts davon
3) Für PV, Wind, andere EE (z.B. Biomasse, Müll), Wasser und Nuklear aus Darstellungsgründen Grenzkosten von 5 EUR/MWh
4) Wind und PV mit durchschnittlich verfügbarer Kapazität dargestellt; Installierte Kapazität liegt bei rd. 115 GW

Abb. 4.36 Prinzipdarstellung der Einsatzreihenfolge der Kraftwerke in Zentralwesteuropa

Ganz ohne Kuppelkapazitäten zwischen Deutschland und den Nachbar-Marktgebieten wäre dies die Merit Order für Deutschland. Tatsächlich war in den vergangenen Jahren angesichts der bestehenden Kuppelkapazitäten in der Mehrzahl aller Stunden eine hohe Preiskonvergenz der deutschen und niederländischen sowie der deutsch-österreichischen und französischen Day-Ahead-Märkte festzustellen. Die hohe Preiskonvergenz ist ein Indiz dafür, dass die bestehenden Potenziale zum Rückgriff auf die kostengünstigsten Erzeugungsanlagen in Zentralwesteuropa genutzt werden. Dies bedeutet niedrigere Großhandelspreise für Strom im Vergleich zu einer Situation, in der entsprechende Möglichkeiten nicht gegeben sind.

Die dargestellte Preisbildung gemäß Merit Order ist dadurch begründet, dass bei der *Einsatzplanung bestehender Kraftwerke* die Kapitalkosten (und andere Fixkosten) keine Rolle spielen. Diese Kosten fallen nämlich unabhängig davon an, ob das Kraftwerk eingesetzt wird oder nicht. Deshalb besteht für den Anlagenbetreiber ein Anreiz, sein Kraftwerk arbeiten zu lassen, solange die Erlöse aus dem Verkauf des produzierten Stroms höher sind als die laufenden Kosten.

In Zeiten schwacher Last und reichlich verfügbarer Kapazitäten (Offpeak) kommen nur Kraftwerke mit vergleichsweise niedrigen so genannten Systemgrenzkosten (System Marginal Costs – SMC) zum Einsatz. Wenn der Strombedarf besonders groß ist, etwa

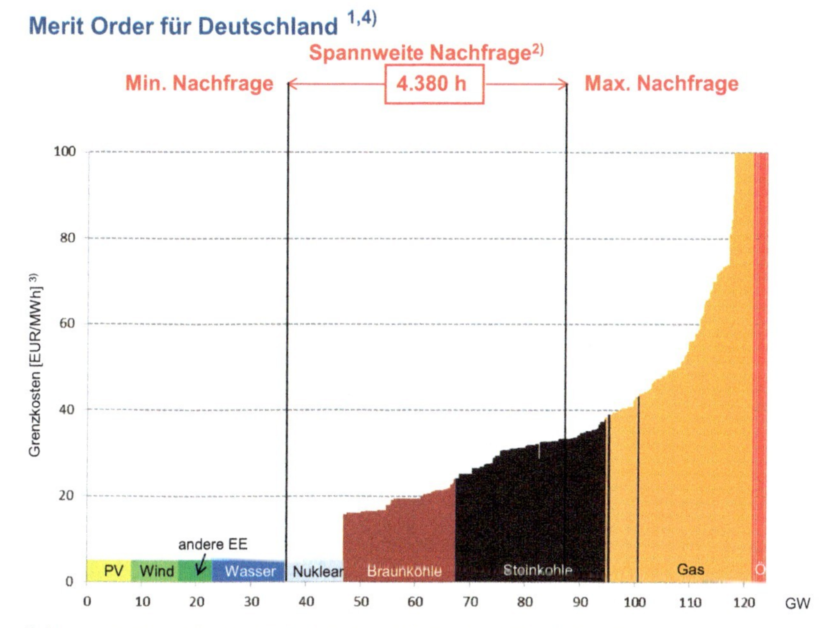

1) Stromim-/Exporte nicht berücksichtigt; Grenzkosten der Braunkohle schematisch dargestellt
2) Im Bereich des Kastens liegt die Nachfrage in 50 % aller Stunden des Jahres, in jeweils 25 % liegt sie links oder rechts davon
3) Für PV, Wind, andere EE (z. B. Biomasse, Müll), Wasser und Nuklear aus Darstellungsgründen Grenzkosten von 5 EUR/MWh
4) Wind und PV mit durchschnittlich verfügbarer Kapazität dargestellt; Installierte Kapazität liegt bei rd. 81 GW

Abb. 4.37 Merit Order für Deutschland – Datenstand: 2015

zu den Hauptarbeitszeiten an Werktagen oder an kalten Winter- und heißen Sommertagen, müssen auch die Anlagen mit höheren variablen Kosten zum Einsatz kommen, auf die bei schwacher Nachfrage, etwa am Wochenende, verzichtet werden kann. Außerdem enthalten die SMC in Zeiten starker Last und knapper Kapazität (Peak) „eine zusätzliche Kostenkomponente, die Kapazitätsknappheit signalisiert und Kraftwerkszubau anreizt" [11].

Preisbildung auf der Basis von Grenzkosten bedeutet somit, dass der Grenzanbieter nur seine variablen Kosten, nicht jedoch seine fixen Kosten, vergütet bekommt. Wenn sich die Preise erhöhen, heißt das nicht einmal zwingend, dass mit den Anlagen, die auf der Industriekostenkurve vor den Anlagen des Grenzanbieters rangieren, also zu günstigeren variablen Kosten produzieren, Gewinne erwirtschaftet werden. Vielmehr kann es durchaus sein, dass auch gestiegene Preise keine Vollkostendeckung aller eingesetzten Kraftwerke sichern. Für den Betreiber besteht dennoch ein Anreiz zum Einsatz auch solcher Anlagen, solange er zumindest einen Beitrag zur Deckung seiner fixen Kosten am Markt erzielen kann.

Der starke Ausbau der erneuerbaren Energien hat allerdings die Großhandelspreise für Strom so stark gedämpft, dass ein Großteil der Kraftwerke – dies gilt für Gaskraftwerke und für ältere Steinkohlenkraftwerke – sogar cash-negativ geworden ist. Zusätzlich hat die

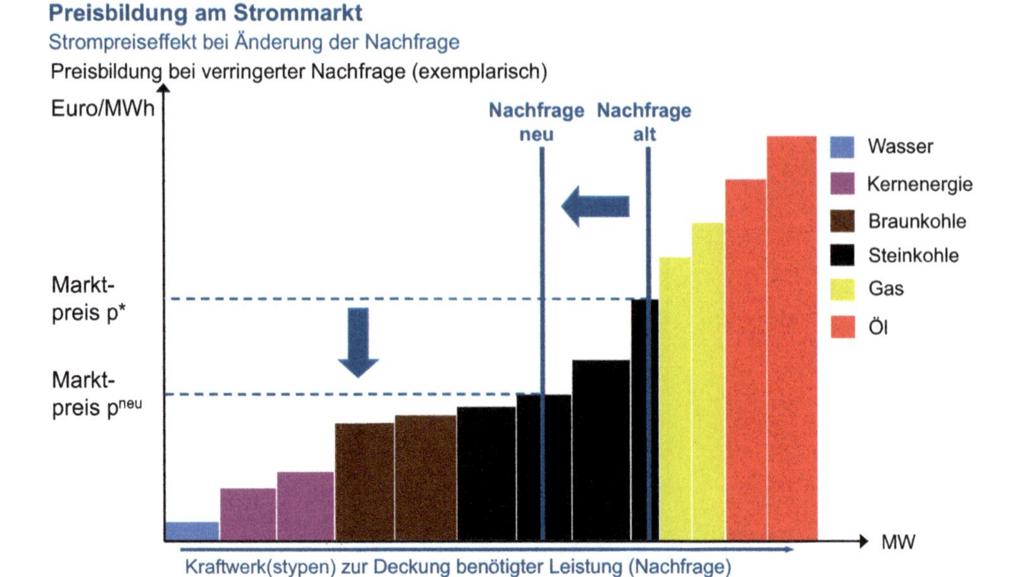

Abb. 4.38 Strompreiseffekt bei Änderung der Nachfrage

Vorrangeinspeisung von immer mehr Strom aus erneuerbaren Energien, die unabhängig von der Marktsituation garantiert wird, zu folgenden Effekten geführt:

- Verringerung der Auslastung der bestehenden konventionellen Anlagen
- Kappung von Preisspitzen – etwa zur Mittagszeit – bei starken Einspeisungen von Strom aus Photovoltaik-Anlagen.

Damit ist auch die Erlössituation der Braunkohlen- und der Kernkraftwerke negativ betroffen. Bei den noch verbliebenen Kernkraftwerken hatte sich zusätzlich die 2011 eingeführte Kernbrennstoffsteuer negativ auf die Marge ausgewirkt, die mit diesen Anlagen erzielt werden konnte.

Der zum 1. Januar 2005 in der Europäischen Union eingeführte *CO_2-Emissionshandel* hat dazu geführt, dass sich die variablen Kosten der fossil befeuerten Kraftwerke verändert haben. Der Betreiber steht nun vor folgender Entscheidung: Wenn er das Kraftwerk weiterhin laufen lässt, muss er – zusätzlich zu den bisherigen variablen Kosten – Emissionsrechte abgeben und entwerten. Er wird das Kraftwerk nur noch dann betreiben, wenn seine Einnahmen höher sind als die variablen Kosten unter Einbeziehung des Werts der Emissionsrechte. Der Betreiber wird also ein entsprechend höheres Gebot an der Strombörse abgeben als ohne Emissionshandel [11].

Dieser Effekt tritt grundsätzlich unabhängig davon ein, ob der Betreiber die Emissionsrechte kostenlos bekommen hat oder ob er sie erwerben musste. Die Emissionsrechte stellen für den Betreiber Opportunitätskosten dar, die bei der Einsatzoptimierung zu be-

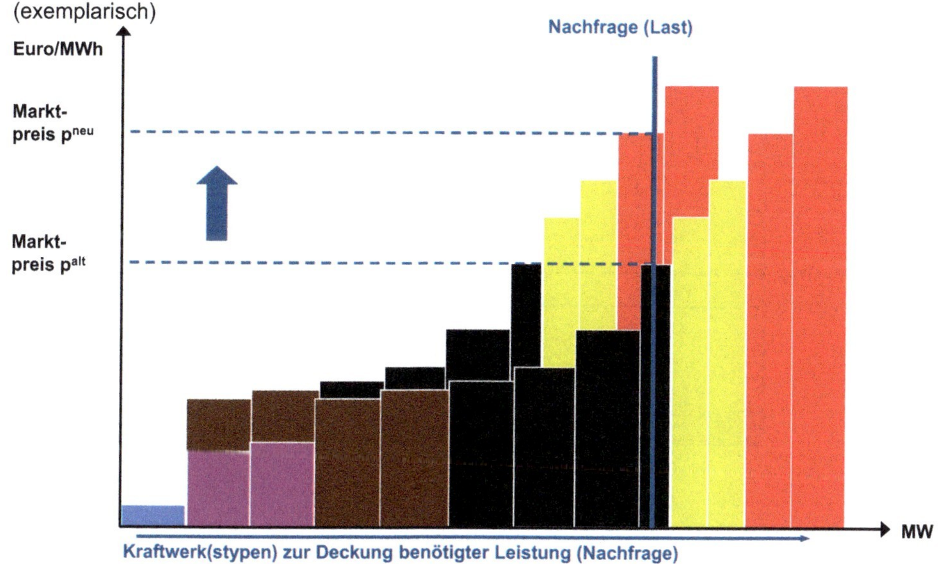

Abb. 4.39 Strompreiseffekt bei Ausfall von Kraftwerken

rücksichtigen sind, es sei denn, dass der Betreiber die Emissionsrechte zurückgeben muss, wenn seine tatsächliche Stromerzeugung niedriger ausfällt, als bei Beantragung der Emissionsrechte angemeldet (ex-post-Anpassung). Diese in der ersten Handelsperiode (2005 bis 2007) bei Inanspruchnahme der so genannten Optionsregel zur Anwendung gebrachte Methode war jedoch mit der Neuordnung des Zuteilungsregimes in der zweiten Handelsperiode (2008 bis 2012) abgeschafft worden.

Die Einführung des CO_2-Emissionshandels hat somit folgende Wirkungen:

- Die variablen Kosten der fossil gefeuerten Kraftwerke sind um die CO_2-Zertifikatpreise höher als vor Einführung dieses Systems. Dies trifft Kohlenkraftwerke stärker als Gaskraftwerke.
- Bei niedrigen CO_2-Preisen bleibt die Einsatzreihenfolge der Kraftwerke, also z. B. in der Grundlast Braunkohle vor Steinkohle und Steinkohle vor Erdgas, bestehen.
- Bei hohen CO_2-Preisen kann sich die Einsatzreihenfolge der Kraftwerke ändern. Erdgaskraftwerke können in der Merit Order vor Kohlekraftwerke rücken.
- Wenn das Grenzkraftwerk ein fossilgefeuertes Kraftwerk ist, für das die CO_2-Zertifikatpreise als Kosten zu berücksichtigen sind, dann steigt das Strompreisniveau um die CO_2-Kosten dieses Kraftwerks.

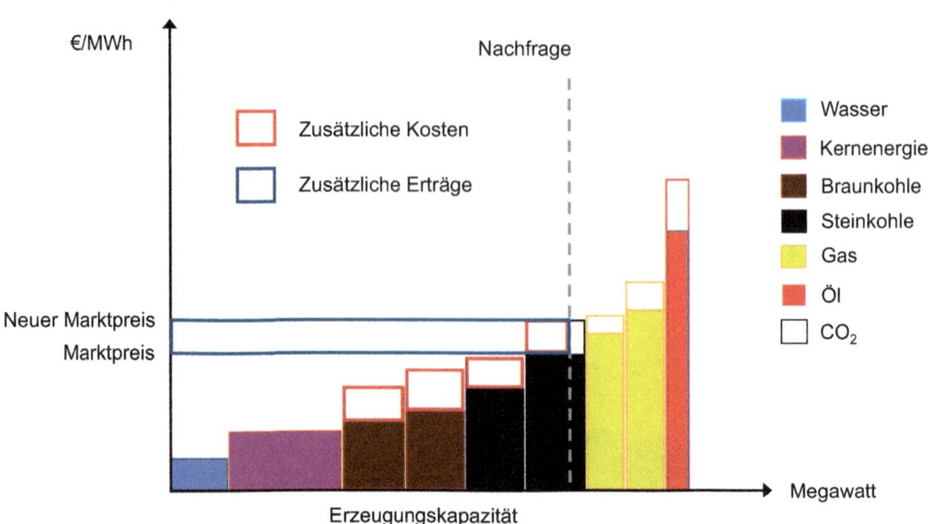

Abb. 4.40 Auswirkungen des CO_2-Emissionshandels auf die Großhandelspreise für Strom

Der Anstieg des Strompreises als Folge der Einführung des CO_2-Emissionshandels wird somit wesentlich bestimmt durch die Höhe des Zertifikatpreises. Die zweite Determinante ist, welches Kraftwerk das Preis setzende Grenzkraftwerk ist. Das dürfte meist entweder ein Erdgas- oder ein Steinkohlekraftwerk sein. Beträgt beispielsweise der CO_2-Zertifikatpreis 25 € pro t und ist das Preis setzende Kraftwerk eine Anlage auf Erdgasbasis mit einer spezifischen CO_2-Emission von 425 g pro erzeugte Kilowattstunde Strom (als Annahme), so erhöht sich der Strompreis – verglichen mit der Situation ohne CO_2-Emissionshandel – um 1,1 Cent pro kWh. Ist das Preis setzende Kraftwerk dagegen eine Anlage auf Steinkohlenbasis mit einer spezifischen CO_2-Emission von beispielweise 875 g pro erzeugte Kilowattstunde Strom, so liegt der Großhandelspreis für Strom – bei dem angenommenen gleichen CO_2-Preis von 25 € pro t – um 2,2 Cent pro kWh über dem Niveau, das sich ohne Einführung des CO_2-Emissionshandels eingestellt hätte.

Dabei spielt die Frage, ob die Zertifikate kostenfrei oder kostenpflichtig (z. B. durch Auktionierung) zugeteilt werden, kurzfristig keine Rolle für den Strompreiseffekt. Allerdings hat die Zuteilungsmethode einen erheblichen Einfluss darauf, ab welcher Strompreishöhe in neue Kraftwerke investiert wird und für welche Kraftwerksart der Investor sich entscheidet (z. B. Kohle oder Erdgas).

So wirkt eine kostenfreie Zertifikat-Zuteilung – anders als eine Auktionierung – wie ein Investitionskostenzuschuss. Bemisst sich die Höhe der kostenfreien Zuteilung zudem nach der Höhe der jeweiligen CO_2-Emission, erfolgt sie also nach Maßgabe Brennstoff spezifischer Benchmarks, so erhalten Steinkohlenkraftwerke eine größere Zuteilung als

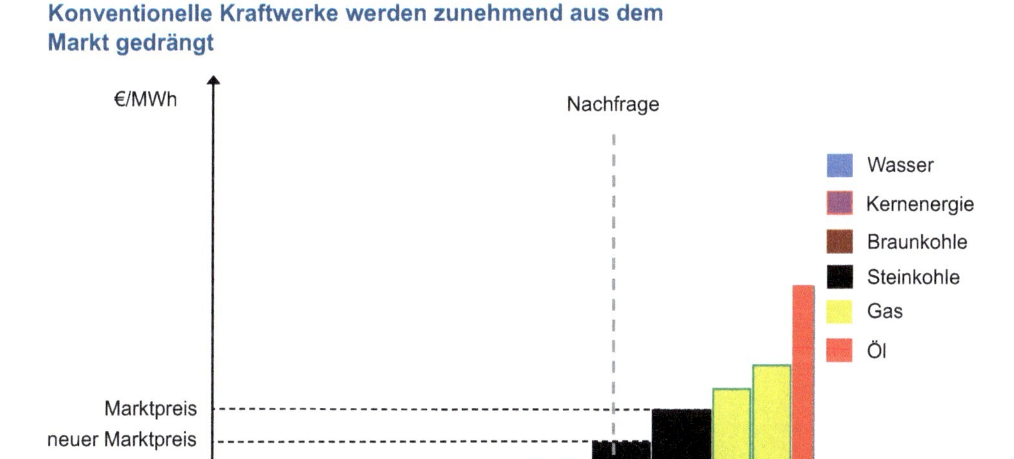

Abb. 4.41 Wirkung des Ausbaus erneuerbarer Energien auf die Großhandelspreise für Strom

Erdgaskraftwerke – zumindest innerhalb der Zuteilungsperiode. Der Anreiz, in Gaskraftwerke zu investieren, der von einer Auktionierung ausgeht, wird somit gedämpft.

Ein weiterer Effekt besteht darin, dass sich bei kostenfreier Zuteilung mittel- bis längerfristig tendenziell niedrigere Strompreis einstellen als bei Auktionierung. Im liberalisierten Strommarkt werden Investitionen in Neuanlagen nämlich nur dann erfolgen, wenn die prognostizierten Strompreise oberhalb der Vollkosten der Neuanlagen liegen. Also werden die Investitionen so lange verschoben, bis diese Voraussetzung als erfüllt angesehen wird. Bei kostenfreier Zuteilung der Zertifikate ist diese Situation bei einem niedrigeren Strompreis gegeben als im Falle der Vollauktionierung. Heute zu treffende Entscheidungen über den Neubau von Kraftwerken unterstellen für deren gesamte Lebensdauer eine kostenpflichtige Zuteilung der CO_2-Zertifikate. Die einschlägige EU-Richtlinie regelt nämlich, dass seit dem 01.01.2013 die Zertifikate sowohl für bestehende als auch für neue Anlagen zur Stromerzeugung zu 100 % kostenpflichtig erworben werden müssen.

Als Resultat der Preisbildung auf Basis von Grenzkosten kann folgendes festgehalten werden [13]: Der Markt kann Preise generieren, und er tut dies auch, die keine Vollkostendeckung gewährleisten; dies war zum Beispiel im Bereich der Stromerzeugung nach der 1998 erfolgten Öffnung des durch Überkapazitäten gekennzeichneten Marktes der Fall. So wurde beispielsweise Grundlaststrom im Durchschnitt des Jahres 2000 auf der Großhandelsebene mit 1,8 Cent/kWh notiert. Gleichermaßen können aber auch Phasen eintreten, in denen Gewinne erzielt werden. Dies war in der zweiten Hälfte des vergan-

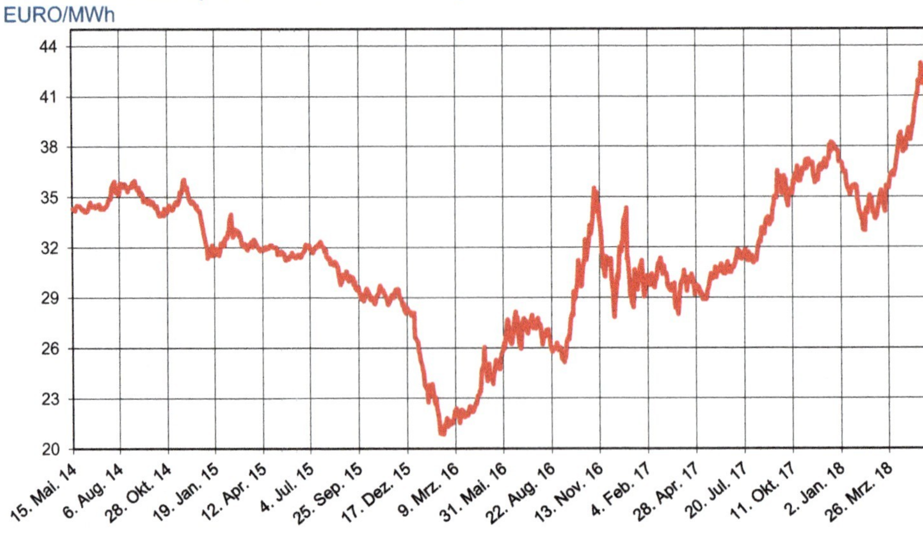

Abb. 4.42 Entwicklung der Großhandelspreise für Grundlaststrom auf dem Terminmarkt

genen Jahrzehnts der Fall. Letzteres ist auch zwingend nötig, weil sonst kein Zubau an Erzeugungsleistung erfolgt. Kapitalmittel sind knapp und fließen dorthin, wo die größten Renditen erwirtschaftet werden können, und nicht dahin, wo Verluste zu befürchten sind.

Decken die Preise nicht die *Vollkosten von Neubauten* (einschließlich Kapitalkosten), bieten sie keine ausreichenden Anreize für Investitionen. Als Folge entstehen Knappheiten. Bieten die Preise dagegen Anreize zum Bau, werden zusätzliche Anlagen errichtet. Insbesondere auch über den Wirkungsgrad der neuen Anlage werden die Auswirkungen von Primärenergiepreisschwankungen und damit die Strompreise gedämpft. Genau diese Wirkungen sind Kennzeichen eines funktionierenden Marktes.

In den zwanzig Jahren seit dem Start der Liberalisierung haben sich die Stromgroßhandelsmärkte auf europäischer Ebene weiter entwickelt. Dies hat zu einer Intensivierung des Wettbewerbs auf den Wholesale-Märkten geführt. Zahlreiche Marktteilnehmer sind europaweit tätig und nutzen auch grenzüberschreitende Möglichkeiten des Stromhandels. Die Dominanz auf nationalen Märkten bereits tätiger Unternehmen wurde erheblich zurückgedrängt, und es hat sich auf europäischer Ebene ein wettbewerblicher Markt gebildet.

In dem im Jahr 2007 veröffentlichten Abschlussbericht der Europäischen Kommission über die Funktionsweise des europäischen Energiesektors (Sector Inquiry) waren insbesondere noch die mangelnde Integration europäischer Großhandelsmärkte, die Marktmacht nationaler Erzeuger sowie geringe Investitionen in die Erzeugungskapazitäten kritisiert worden. Inzwischen stellt sich die Situation in Deutschland allerdings deutlich anders dar.

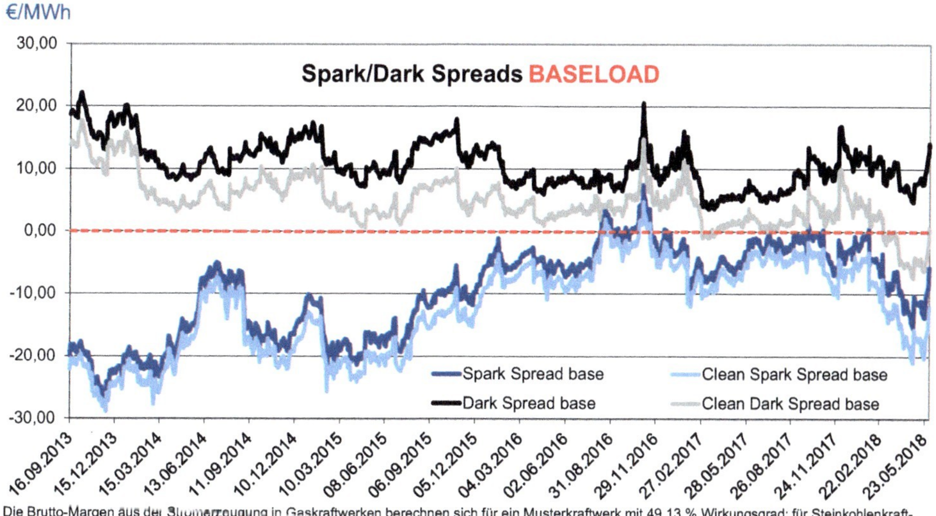

Die Brutto-Margen aus der Stromerzeugung in Gaskraftwerken berechnen sich für ein Musterkraftwerk mit 49,13 % Wirkungsgrad; für Steinkohlenkraftwerke ist ein Wirkungsgrad von 38 % zugrundegelegt. Die Spreads bilden sich aus der Differenz zwischen Strompreis und dem Brennstoffpreis auf Großhandelsebene für den jeweils nächsten Monat (Dark bzw. Spark Spread) bzw. Strompreis und Brennstoffpreis einschl. CO_2-Preis (Clean Spark bzw. Clean Dark Spread).

Quelle: EEX

Abb. 4.43 Entwicklung der Margen von Gas- und Steinkohlekraftwerken Baseload

Die Anfang 2010 von der European School of Management and Technology (ESMT), Berlin, veröffentlichte Studie „Großhandelsmärkte für Strom – Marktintegration und Wettbewerb aus deutscher Perspektive“ hat folgende Ergebnisse aufgezeigt [14]: Die deutschen Großhandelspreise für Strom waren tendenziell niedriger als in den westlichen Nachbarstaaten. Sie haben sich meist unterhalb eines Niveaus bewegt, das einen hinreichenden Anreiz für Investitionen in neue Erzeugungskapazität bieten würde.

Der Grad der Integration der Strom-Großhandelsmärkte in Europa hat seit dem Zeitpunkt des Sector Inquiry deutlich zugenommen. Die verbesserte Zusammenarbeit zwischen den europäischen Börsen hat wesentlich zu einer engeren Verknüpfung der Strommärkte beigetragen.

Die Strommärkte der Niederlande, Frankreichs und Österreichs sind weitestgehend mit dem deutschen Markt wettbewerblich verbunden. Dies kommt in einer starken Annäherung hinsichtlich Verlauf und Höhe der Börsennotierungen zwischen den genannten Staaten zum Ausdruck. Eine starke Preiskorrelation ist auch im Verhältnis zur Schweiz sowie zu den Nachbarstaaten im Norden und Osten festzustellen.

Seit Herbst 2010 sind die Day Ahead Spotmärkte für Strom von Deutschland und Frankreich sowie der Benelux-Staaten institutionell gekoppelt (Central Western European Market Coupling – CWE MC). Die Transportnetzbetreiber und die Börsen arbeiten dann so zusammen, dass ein gekoppeltes Marktgebiet mit einer besseren Nutzung der Grenzkapazitäten entsteht. Dies hatte zu zunehmend einheitlichen Preisen für Strom sowie zur

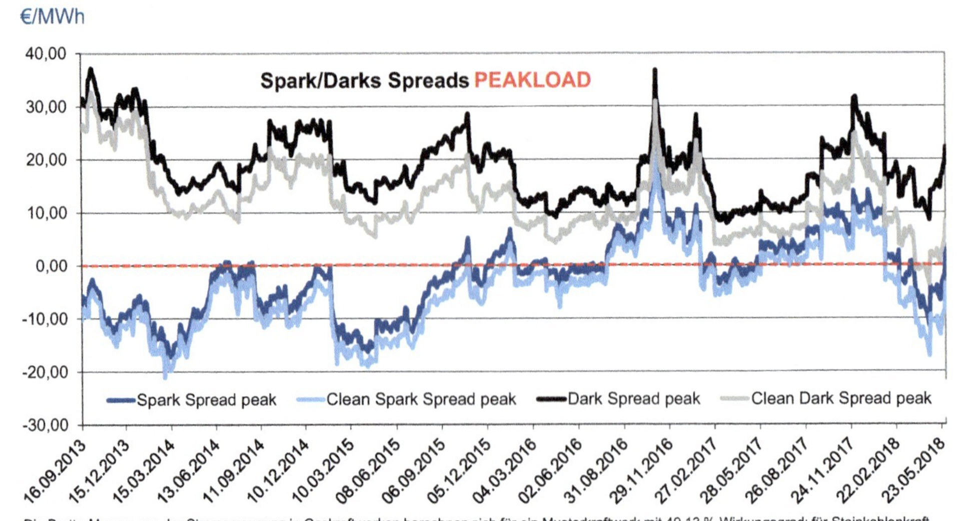

Die Brutto-Margen aus der Stromerzeugung in Gaskraftwerken berechnen sich für ein Musterkraftwerk mit 49,13 % Wirkungsgrad; für Steinkohlenkraftwerke ist ein Wirkungsgrad von 38 % zugrundegelegt. Die Spreads bilden sich aus der Differenz zwischen Strompreis und dem Brennstoffpreis auf Großhandelsebene für den jeweils nächsten Monat (Dark bzw. Spark Spread) bzw. Strompreis und Brennstoffpreis einschl. CO_2-Preis (Clean Spark bzw. Clean Dark Spread).
Quelle: EEX

Abb. 4.44 Entwicklung der Margen von Gas- und Steinkohlekraftwerken Peakload

Preiskonvergenz geführt – lediglich begrenzt durch physische Engpässe bei den grenzüberschreitenden Übertragungsnetzen. Das Market Coupling dient dazu, die derzeitige Engpassbewirtschaftung noch effizienter zu gestalten. Dies ist ein wichtiger Schritt zur Integration der Märkte.

Market Coupling ist ein marktbasierter Mechanismus, mit dem die Abwicklung von Stromangebot und -nachfrage an Börsen und die Allokation von grenzüberschreitender Netzkapazität miteinander verknüpft werden. Die ökonomische Effizienz der gekoppelten Märkte wird optimiert. Alle wirtschaftlichen Geschäfte, die aus der Zusammenführung von Angebot und Nachfrage an den gekoppelten Hubs der Börsen resultieren, werden ausgeführt. Damit soll eine noch effizientere Nutzung der grenzüberschreitenden Netzkapazitäten erreicht werden.

Marktpreise und Fahrpläne der verbundenen Märkte werden gleichzeitig bestimmt – unter Berücksichtigung der von den Transmission System Operator (TSO) definierten verfügbaren Kapazität. Die Übertragungskapazität wird dabei implizit auktioniert, und die Engpasserlöse für die Übertragungskapazität werden bestimmt durch die Preisdifferenzen zwischen den Märkten. Begrenzungen der Stromflüsse zwischen den gekoppelten Märkten sind aufgrund von Kapazitätsengpässen, die von den TSO ermittelt werden, möglich. Soweit jedoch keine Übertragungsengpässe bestehen, gibt es keine Preisdifferenz zwischen den Märkten, und die impliziten Kosten für die Übertragungskapazität sind Null.

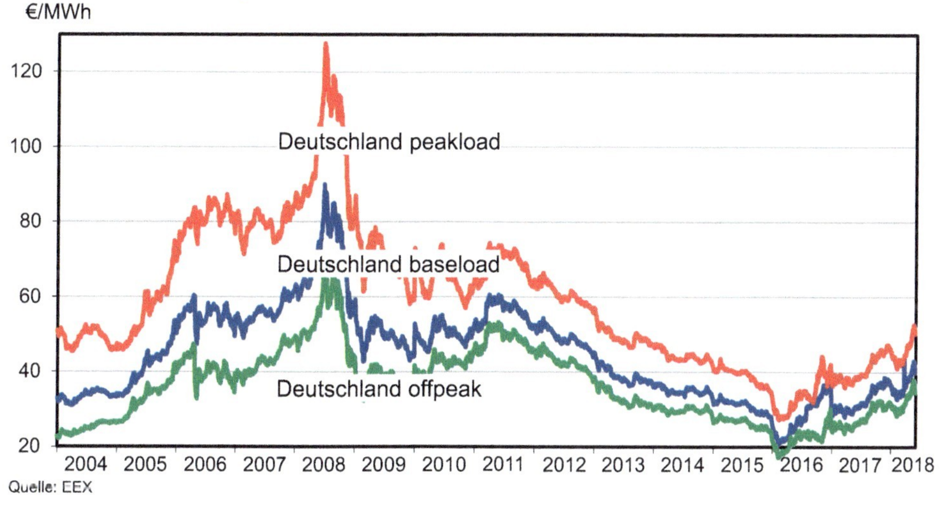

Abb. 4.45 Strom-Großhandelspreis nach Lastbereichen

Die Marktkopplung hat seit 2013 spürbare Fortschritte gemacht. Nach dem Start der Marktkopplung in Zentralwesteuropa (Central Western Europe – CWE, bestehend aus Deutschland, Frankreich und Benelux) im November 2010 intensivierten sechs europäische Strombörsen ihre gemeinsame Arbeit an der sogenannten PCR-Lösung. PCR steht dabei für „Price Coupling of Regions", zu Deutsch: Preiskopplung der Regionen. Ziel der Initiative ist die Entwicklung einer einzigen Preiskopplungslösung, die zur Berechnung von Strompreisen und Zuteilung von grenzüberschreitenden Kapazitäten in ganz Europa genutzt werden soll.

PCR wurde also zur technischen und organisatorischen Grundlage, zum Motor aller regionalen Marktkopplungs-Initiativen in Europe. Die erste und gleichzeitig größte, die PCR einsetzt, ist die Preiskopplung in Nordwesteuropa (auch NWE genannt). Diese Region, deren Kopplung am 4. Februar 2014 startete, umfasst die Märkte von Belgien, Dänemark, Estland, Finnland, Frankreich, Deutschland/Österreich (als einheitliche Preiszone), Großbritannien, Lettland, Litauen, Luxemburg, den Niederlanden, Norwegen, Polen und Schweden. Zusammen mit der ersten Erweiterung um Spanien und Portugal am 13. Mai 2014, der sogenannten Kopplung in Südwesteuropa (SWE), decken die PCR-Märkte heute rund 75 % des europäischen Stromverbrauchs ab. Das Zieldatum der Europäischen Kommission und der Agentur für die Zusammenarbeit der Europäischen Energieregulatoren (Acer) für die Integration der europäischen Strommärkte im Jahr 2014 ist damit zu wesentlichen Teilen eingehalten worden.

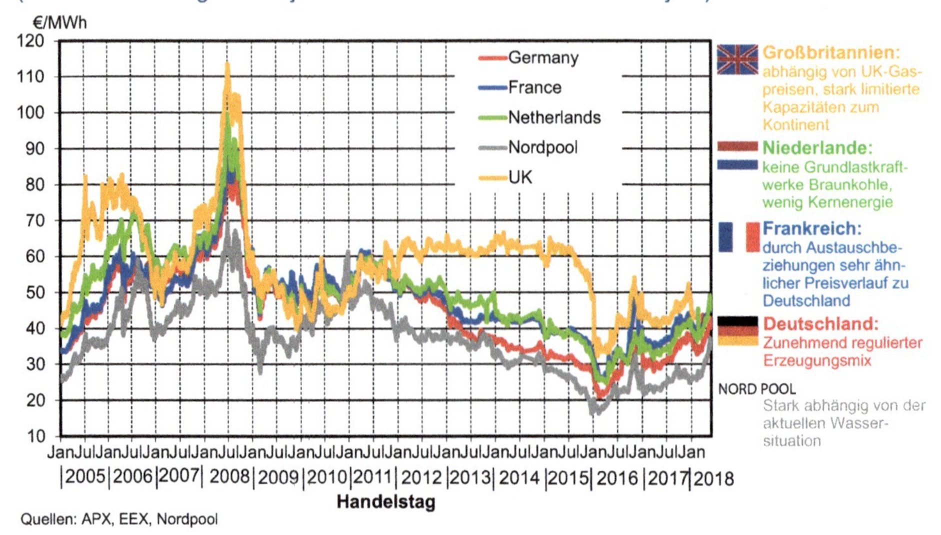

Abb. 4.46 Europäischer Vergleich der Strom-Großhandelspreise

Weitere regionale Marktkopplungsprojekte konnten seitdem umgesetzt werden. Das gilt für das „Italian Borders Market Coupling", das am 24. Februar 2015 gestartet werden konnte. Damit sind Italien-Österreich, Italien-Frankreich und Italien-Slowenien in das bereits existierende Multi-Regional-Coupling (MRC) einbezogen. Die Mehrheit der EU-Strommärkte, von Finnland über Portugal bis Slowenien, ist im Rahmen des MRC seitdem miteinander verbunden. Im Rahmen des „Central Eastern Europe 4M Market Coupling" waren bereits zuvor die Märkte von Tschechien, Ungarn, Rumänien und der Slowakei verknüpft worden.

Diesen positiven Tendenzen steht die zunehmende Sorge gegenüber, dass der bestehende Energy-Only-Markt allein nicht mehr die Sicherheit der Versorgung zu garantieren in der Lage sein könnte. In Deutschland besteht gegenwärtig eine gesicherte Kraftwerksleistung von etwa 100 GW. Die Höchstlast beträgt 80–85 GW. Allerdings ist ein Großteil der konventionellen Kraftwerke in Deutschland zurzeit cash-negativ; diese Anlagen verdienen über den Energy-Only-Markt also nicht einmal ihre variablen Kosten.

Bei Stilllegung dieser Kraftwerke stünde nicht mehr ausreichend gesicherte Leistung zur Deckung der Höchstlast zur Verfügung. Der verstärkte Ausbau der erneuerbaren Energien löst dieses Problem nicht, da erneuerbare Energien – abgesehen von Laufwasser- und Biomasse-Kraftwerken – keinen (Photovoltaik) oder nur einen sehr geringen Beitrag (Wind) zur gesicherten Leistung leisten.

Vor diesem Hintergrund wird diskutiert, die massiv verringerten Einnahmeströme der Betreiber von gesicherter Kraftwerkskapazität aus dem Energy-Only-Markt durch eine

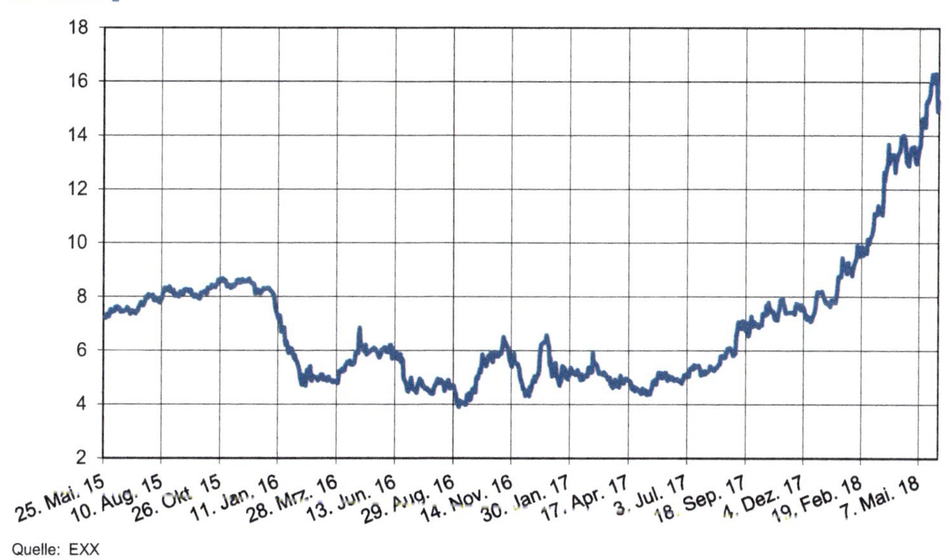

Abb. 4.47 CO_2-Preisentwicklung 2015 bis 2018

Versicherungsprämie für gesicherte Leistung zu ergänzen. Hinzu kommt, dass auch in anderen Staaten Kapazitätsmechanismen bestehen bzw. deren Einführung konkret beschlossen worden ist; letzteres gilt für Frankreich und für Großbritannien.

Die *Verbraucherpreise für Strom* sind – ebenso wie die Großhandelspreise – grundsätzlich durch Angebot und Nachfrage bestimmt. Sie ergeben sich im Prinzip aus den Einzelkomponenten Großhandelspreise, Netzentgelte (allerdings staatlich geregelt), staatlich verursachten Belastungen und Vertriebsmargen. Seit dem 01.07.2007 unterliegt der Strompreis für Tarifabnehmer – abweichend von der zuvor gültigen Praxis – nicht mehr der Preisaufsicht durch die Bundesländer. Mit Aufhebung der Bundestarifordnung Elektrizität war den Stromunternehmen somit – bezogen auf alle Verbrauchergruppen – grundsätzlich Freiheit in der Preisgestaltung eingeräumt worden.

Die Strompreise waren in Deutschland nach der 1998 erfolgten Liberalisierung zunächst drastisch gesunken, nach dem Jahr 2000 allerdings erneut angestiegen. Im Gesamtzeitraum 1998 bis 2018 haben sich die Haushaltsstrompreise von 17,11 Cent/kWh um 72 % auf 29,44 Cent/kWh (Durchschnitt bei einem Jahresverbrauch von 3500 kWh) erhöht.

Die Zusammensetzung der Haushaltsstrompreise stellt sich bei einem angenommenen Jahresverbrauch von ca. 3500 Kilowattstunden (kWh) wie folgt dar (Stand 2018):

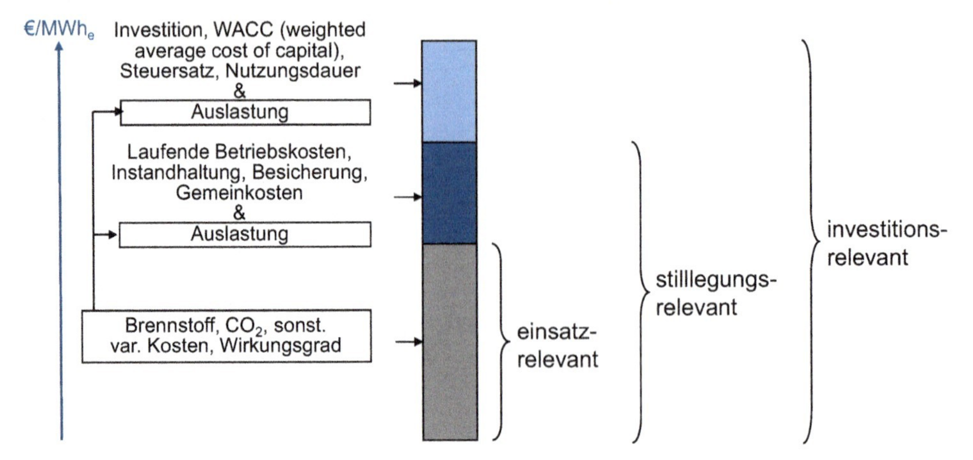

Abb. 4.48 Entscheidungsrelevanz der Kosten für Einsatz, Stilllegung und Investitionen im Kraftwerksbereich

- Beschaffung und Vertrieb: 6,20 ct/kWh entsprechend 21,1 %;
- Netzentgelte 7,27 ct/kWh (einschließlich Entgelte für Abrechnung, Messung und Messstellenbetrieb) entsprechend 24,7 %;
- staatlich verursachte Belastungen: 15,97 ct/kWh entsprechend rund 54,2 %.

Ohne die staatlich verursachten Belastungen gerechnet waren die Haushaltsstrompreise 2018 nur 3 % höher als 1998. Die Zunahme war somit eng begrenzt, obwohl sich seitdem die Beschaffungskosten für die Einsatzenergien zur Stromerzeugung erhöht haben und zum 1. Januar 2005 zudem der CO_2-Emissionshandel eingeführt worden ist.

Preis treibend haben sich die staatlich verursachten Belastungen ausgewirkt. Die sind seit 1998 für private Haushalte um 292 % gestiegen. Gründe waren die 1999 eingeführte und in den Folgejahren schrittweise auf 2,05 Cent pro kWh erhöhte Stromsteuer. Weitere 6,792 Cent pro kWh machen 2018 die Aufschläge aus dem Erneuerbare-Energien-Gesetz für den privaten Stromverbraucher aus. Einschließlich Kraft-Wärme-Kopplungsgesetz, Konzessionsabgaben, § 19 StromNEV-Umlage, Umlage für abschaltbare Lasten, Offshore-Haftungsumlage und Mehrwertsteuer ist der Staatsanteil an der Jahresstromrechnung eines privaten Haushalts mit einem Durchschnittsverbrauch von 3500 kWh im Jahr 2018 um etwa 420 € höher als 1998. Bei rund 40 Mio. Haushalten entspricht dies einer Mehrbelastung der privaten Haushalte von 17 Mrd. € im Jahr 2018 im Vergleich zu 1998. Im Ergebnis machen die staatlich verursachten Belastungen am Strompreis der privaten Haushalte inzwischen 54 % aus. Rechnet man die Auswirkungen des CO_2-Emissionshandels hinzu, liegt der Anteil noch höher.

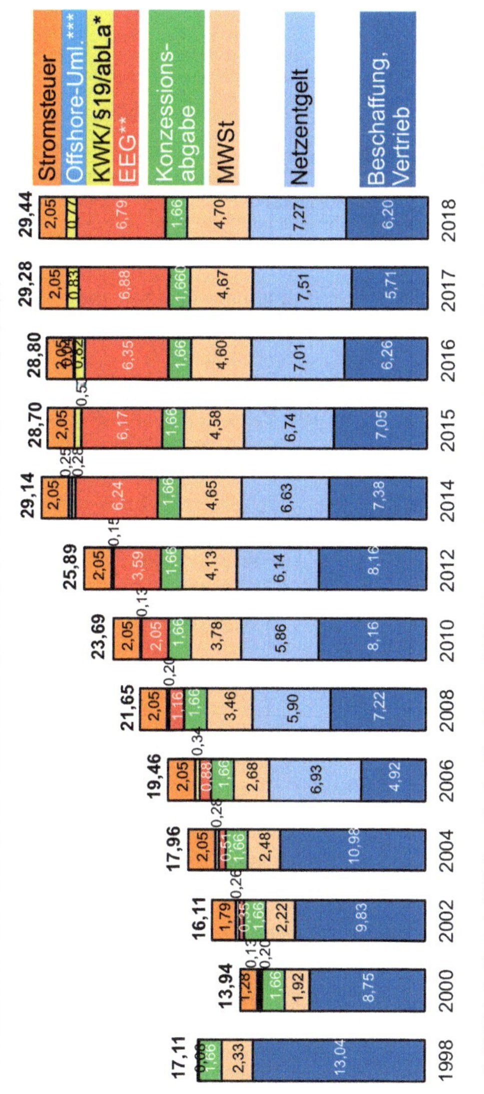

Abb. 4.49 Entwicklung des Strompreises für Haushalte 1998 bis 2018

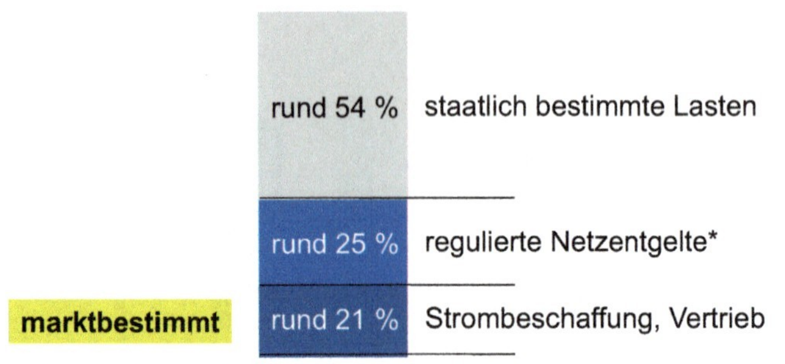

Abb. 4.50 Wesentliche Bestandteile der Strompreise für Haushalte

Für die Summe aller Stromverbraucher sind die Staatslasten (ohne MwSt) von 2,3 Mrd. € im Jahr 1998 auf 35,1 Mrd. € im Jahr 2018 gestiegen. Dabei haben die einzelnen Komponenten wie folgt zugenommen (jeweils Vergleich 2018 zu 1998):

- Konzessionsabgabe: von 2,00 auf 2,15 Mrd. €;
- Förderung erneuerbarer Energien (Differenzkosten zwischen Einspeisevergütungen und Wert des Stroms): von 0,28 auf 23,78 Mrd. €;
- Förderung Kraft-Wärme-Kopplung: von 0 auf 0,97 Mrd. €;
- Stromsteuer: von 0 auf 6,93 Mrd. €;
- § 19 StromNEV-Umlage: von 0 auf 1,07 Mrd. €;
- Umlage für abschaltbare Lasten: von 0 auf 0,05 Mrd. €;
- Offshore-Haftungsumlage: von 0 auf 0,19 Mrd. €.

Die Offshore-Haftungsumlage war 2017 – ebenso wie 2015 – wegen Nachverrechnung negativ. Die Mehrwertsteuer ist in diesen Zahlen ebenso wenig ausgewiesen wie die staatlich verursachten Belastungen als Folge der Einführung des CO_2-Emissionshandels.

Abgesehen vom Einfluss, den die staatlich verursachten Belastungen auf die Verbraucherpreise für Strom ausüben, werden Preisanpassungen der Stromversorger auch durch die jeweilige Beschaffungsstrategie beeinflusst. Viele Stromversorger beschaffen den Strom für Haushaltskunden in regelmäßigen Schritten (ratierlich) in einem Zeitraum von bis zu drei Jahren vor der tatsächlichen Lieferung an den Kunden. Bei der ratierlichen Beschaffung deckt sich der Stromlieferant schrittweise vor der Lieferung an die eigenen Kunden am Terminmarkt mit den nötigen Strommengen ein. Diese Beschaffungsstrategie, die bis 2007 von den Preisregulierungsbehörden vorgeschrieben war, kann dazu führen, dass die Verbraucherpreise zu einem Zeitpunkt angehoben werden, zu dem die Großhandelspreise an der Börse sinken. Umgekehrt dämpft diese ratierliche Beschaffungsstrategie

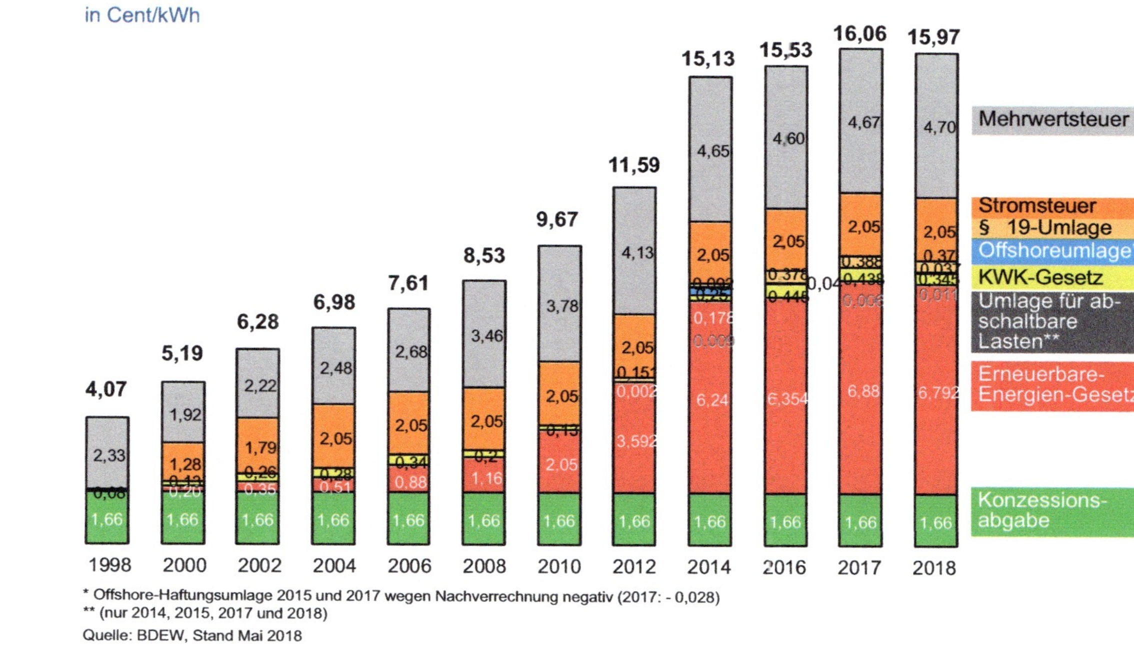

Abb. 4.51 Staatlich verursachte Belastungen der Strompreise für Haushalte 1998 bis 2018

Tab. 4.13 Entwicklung der durchschnittlichen Stromrechnung eines Durchschnittshaushalts

	1998	2000	2002	2004	2006	2008	2010	2012	2014	2016	2017
	Euro/Monat (bei mittlerem Stromverbrauch von 3500 kWh/Jahr)										
Stromrechnung	49,90	40,65	46,99	52,39	56,75	63,14	69,09	75,51	85,00	84,00	85,40
Davon:											
Stromsteuer (Ökosteuer)	–	3,73	5,22	5,98	5,98	5,98	5,98	5,98	5,98	5,98	5,98
Umlage für abschaltbare Lasten****	–	–	–	–	–	–	–	–	0,03	–	0,02
Offshore-Haftungsumlage	–	–	–	–	–	–	–	–	0,73	0,12	–0,08***
§ 19 StromNEV-Umlage	–	–	–	–	–	–	–	0,44	0,27	1,10	1,13
Kraft-Wärme-Kopplungs-Aufschlag	–	0,38	0,76	0,82	0,99	0,58	0,38	0,01	0,52	1,30	1,28
Erneuerbare-Energien-Gesetz (EEG)*	0,23	0,58	1,02	1,49	2,57	3,38	5,98	10,48	18,20	18,53	20,07
Konzessionsabgabe**	4,84	4,84	4,84	4,84	4,84	4,84	4,84	4,84	4,84	4,84	4,84
Mehrwertsteuer	6,80	5,60	6,48	7,23	7,82	10,09	11,03	12,05	13,56	13,42	13,62
Netzentgelt inkl. Messung, Abrechng. u. Messstellenbetrieb					20,21	17,21	17,09	17,91	19,34	20,45	21,90
Strombeschaffung und Vertrieb					14,35	21,06	23,80	23,80	21,53	18,26	16,64
Netzentgelt, Strombeschaffung und Vertrieb	38,03	25,52	28,67	32,03							

Basis: Mittlerer Stromverbrauch von 3500 Kilowattstunden im Jahr
* löste im April 2000 das Stromeinspeisegesetz ab
** regional unterschiedlich: ab 2002 je nach Gemeindegröße 1,32 bis 2,39 Cent/kWh
*** Offshore-Haftungsumlage 2015 und 2017 wegen Nachverrechnung negativ
**** Umlage für abschaltbare Lasten 2016 ausgesetzt
Quelle: BDEW

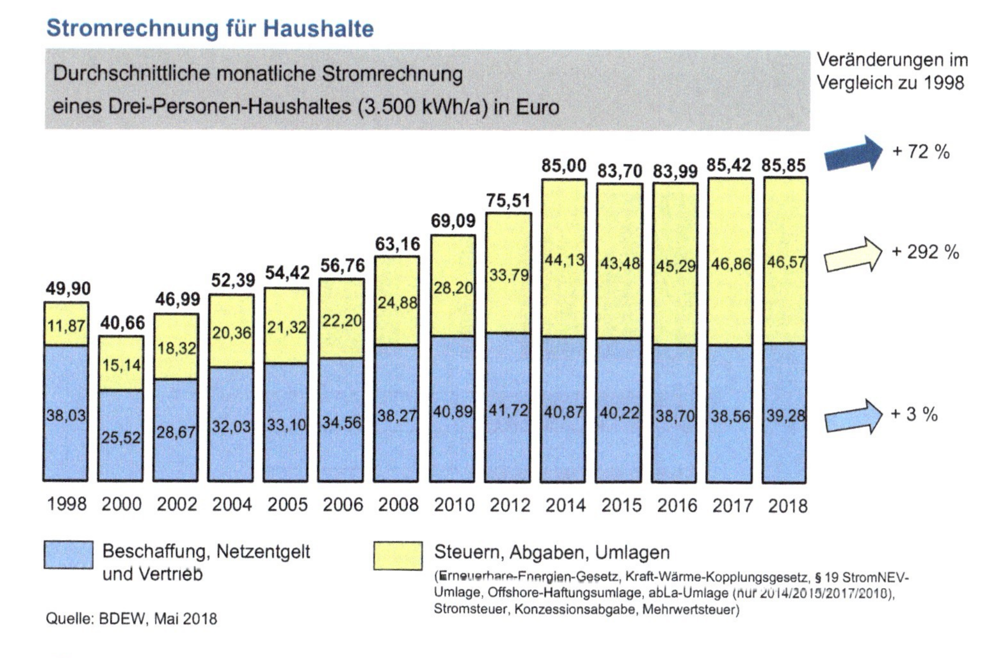

Abb. 4.52 Stromrechnung für Haushalte 1998 bis 2018

die Strompreise für Haushaltskunden, wenn die Preise am Strom-Großhandelsmarkt ansteigen. Neue Anbieter, die eher kurzfristig beschaffen als Grundversorger, haben daher in Zeiten aktuell gesunkener Strom-Großhandelspreise den Vorteil, dass sie Kunden günstigere Preisangebote machen können. Diese Strategie kann sich allerdings nach einem Wiederanstieg der Strom-Großhandelspreise in einen Nachteil umkehren.

Auch im Gewerbe- und Industriebereich sind die wesentlichen Preis treibenden Effekte durch staatlich verursachte Maßnahmen ausgelöst worden. Um möglichst zu vermeiden, dass die internationale Wettbewerbsfähigkeit der gewerblichen Wirtschaft durch die staatlich verursachten Belastungen gefährdet wird, wurde eine Reihe von Entlastungsregelungen beim Strompreis eingeführt.

4.3 Entwicklung der Energiepreise

Die Entwicklung der Energiepreise ist mit den Preisbewegungen des Marktführers Mineralöl auf den internationalen Märkten verknüpft. Entsprechend kommt dem Verlauf der Rohölpreise auf dem Weltmarkt eine maßgebliche „Leitfunktion“ für die Energiepreisbildung auf dem nationalen Markt zu.

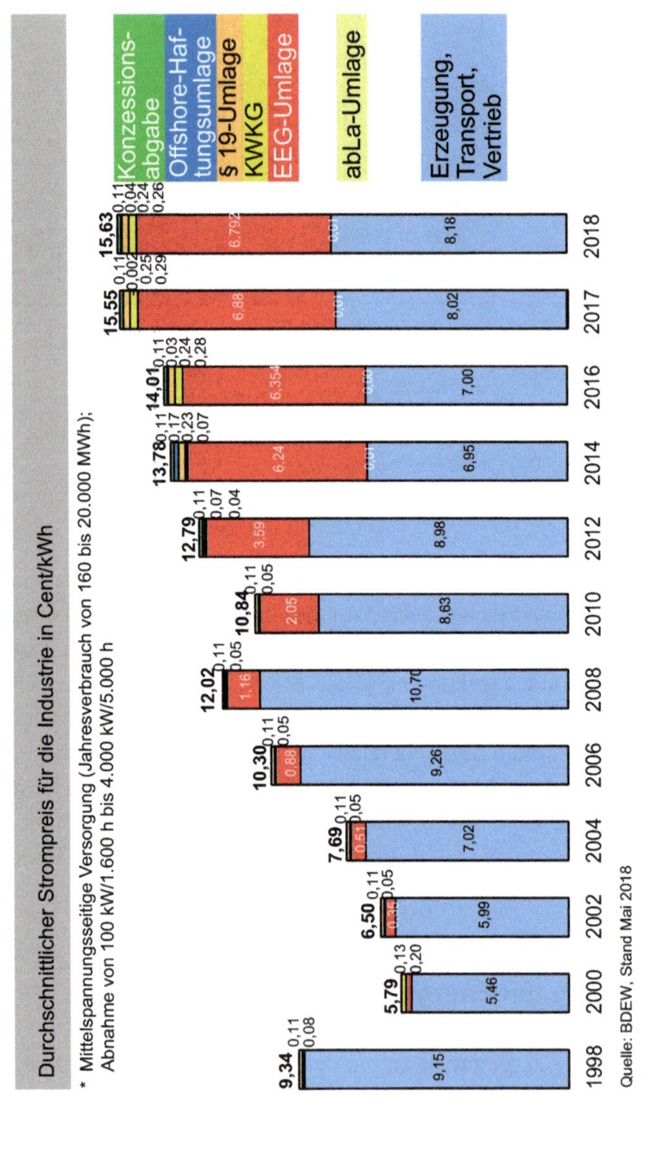

Abb. 4.53 Entwicklung des Strompreises für die Industrie (ohne Stromsteuer) 1998 bis 2018

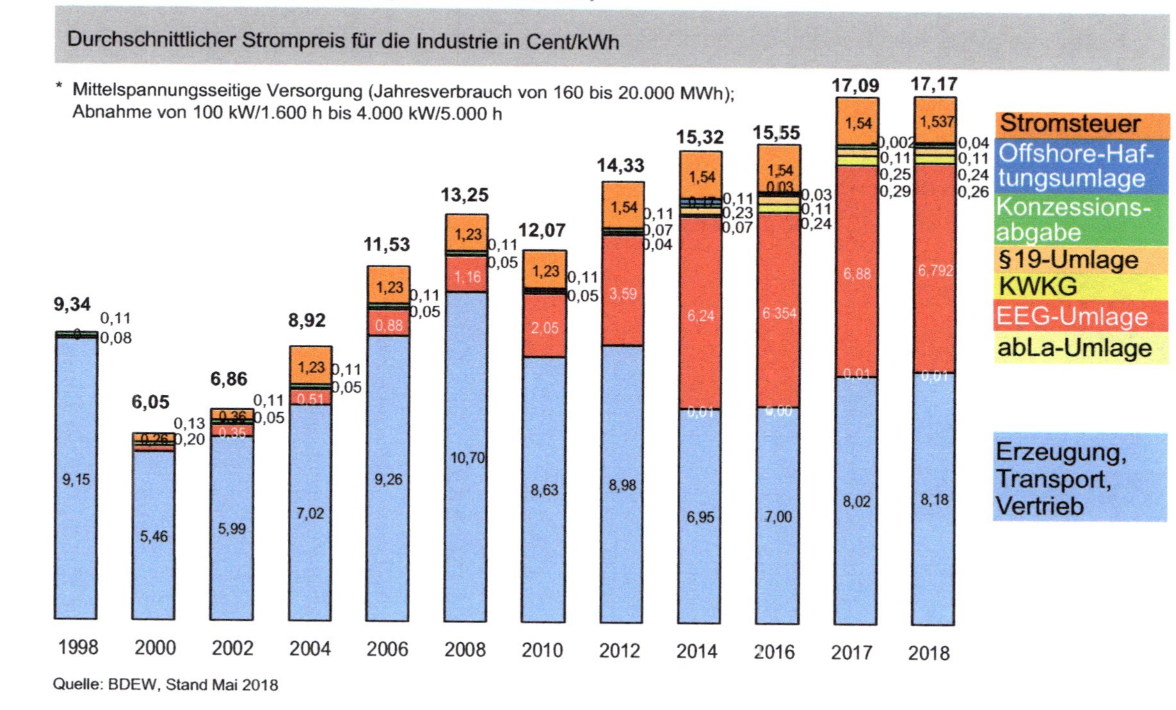

Abb. 4.54 Entwicklung des Strompreises für die Industrie (mit Stromsteuer) 1998 bis 2018

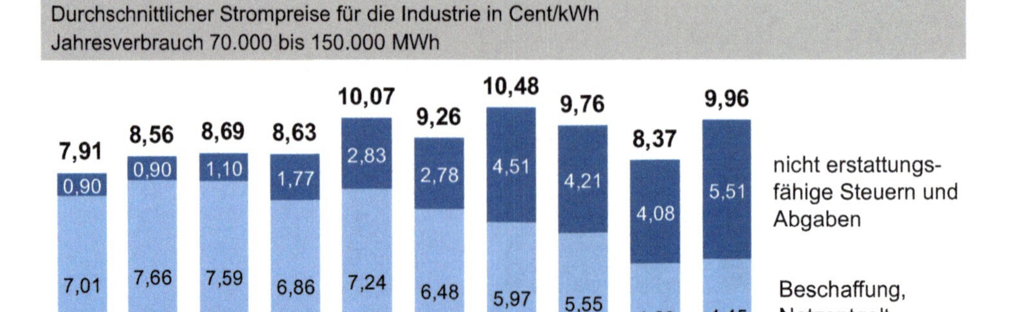

Abb. 4.55 Strompreis für die Industrie bei Abnahme von 70 bis 150 GWh/Jahr

4.3.1 Verlauf der Rohölpreise

Die durchschnittlichen Rohölpreise frei Verladehäfen der Förderländer hatten sich in zwei Preissprüngen 1973/74 und 1979/80 von 3 USD/b im Jahre 1973 auf 36 USD/b bis 1981 zunächst verzehnfacht. Bis 1986 hatten sich die Preise dann um 20 USD/b wieder auf unter 15 USD/b ermäßigt. Nach einem Wiederanstieg 1990 verminderten sie sich in den 1990er Jahren erneut, und erreichten – nach einem Zwischenhoch von 21 USD/b im Jahresdurchschnitt 1996 – Ende 1998 einen Tiefstand unterhalb der Marke von 10 USD/b. Seit Ende 1999 herrschten, abgesehen von einem konjunkturbedingten Einbruch in den Monaten um die Jahreswende 2001/2002, wieder festere Preise – bis Ende 2002 durchschnittlich oberhalb der Marke von 25 USD/b. 2003 stabilisierten sich die Preise weiter, gefolgt von einer Preisrallye, die 2004 einsetzte und bis Anfang Juli 2008 im historischen Höchststand von mehr als 140 USD/b mündete. Als Folge der Wirtschaftskrise waren die Rohölpreise von Mitte bis Ende 2008 um rund 70 % auf etwa 40 USD/b abgestürzt. Seit diesem Tiefpunkt war bis März 2012 eine Verdreifachung der Rohölpreise verzeichnet worden. In der Folge war zwar eine leichte Ermäßigung der Preise zu beobachten, die Notierungen verharrten aber bis August 2014 auf einem Niveau oberhalb von 100 USD/Barrel. Danach setzte erneut ein massiver Preiseinbruch ein, der im Januar 2016 zu einem Tiefstand von 30,70 USD/Barrel führte (Monatsdurchschnitt für die Sorte Brent). Seit der zweiten Jahreshälfte 2016 war wieder eine Preiserholung zu verzeichnen. Im Mai 2018 notierten die Preise zwischen 75 und 80 USD/Barrel.

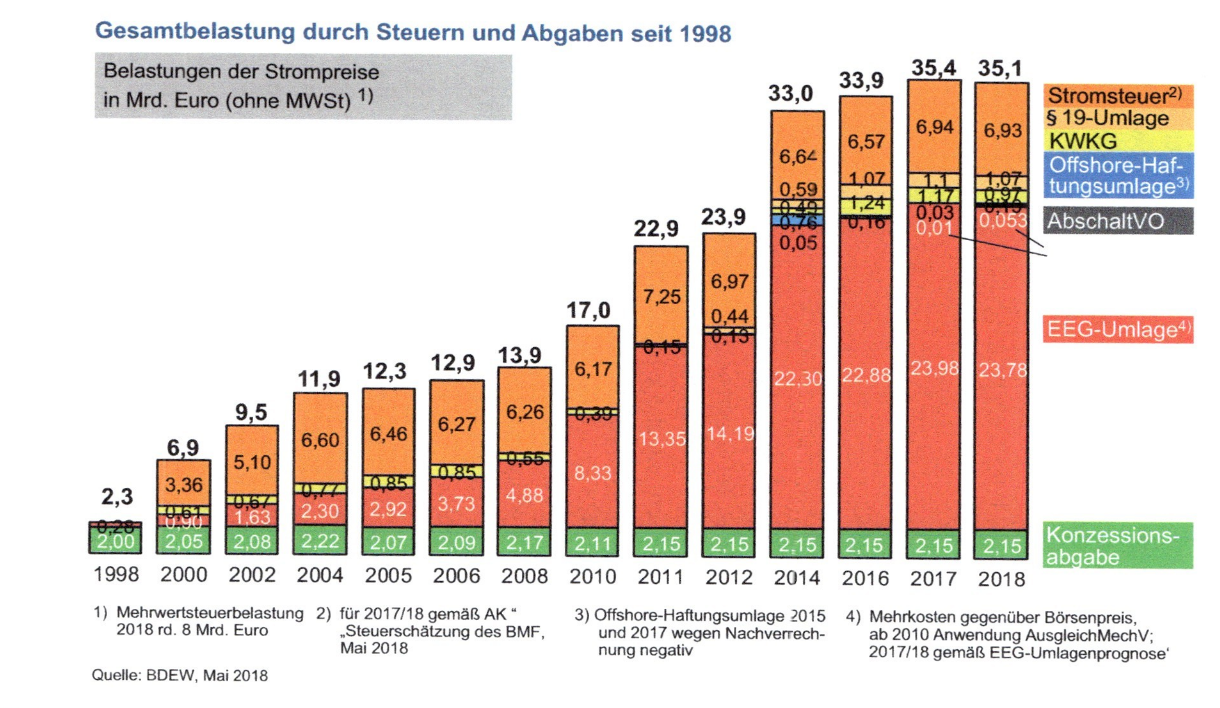

Abb. 4.56 Entwicklung der staatlichen Belastungen des Strompreises 1998 bis 2018

Die Rohölpreise frei deutsche Grenze werden zusätzlich zu den Ölpreisbewegungen auf den Weltmärkten durch den Verlauf des Wechselkurses des Dollars im Verhältnis zum Euro bestimmt. Die im Rahmen der Preishausse von 2004 bis Mitte 2008 verzeichnete Aufwertung des Euro gegenüber dem USD führte zu einer Dämpfung der in Euro erfassten Importpreise für Rohöl frei deutsche Grenze. Gleichwohl waren die Grenzübergangspreise im Jahresdurchschnitt 2008 mit 484 €/t fast zweieinhalb Mal so hoch wie im Durchschnitt des Fünfjahreszeitraums 2000 bis 2004. In der Folge war eine Abwertung des Wechselkurses des Euro im Vergleich zum USD an den Devisenmärkten erfolgt. Konsequenz war, dass die Abwärtsbewegung der in USD notierten Ölpreise, die vor allem seit Mitte 2014 eingetreten war, nicht in vollem Umfang auf die in Euro notierten Grenzübergangspreise für Rohöl durchgeschlagen ist. Einem weiteren Rückgang der Grenzübergangspreise für Rohöl in den Jahren 2015 und 2016 folgte 2017 ein Wiederanstieg auf 358 €/t gegenüber 286 €/t im Jahr 2016.

4.3.2 Preisentwicklung bei ausgewählten Energieträgern

Die Verbraucherpreise für *Mineralölprodukte* haben sich unterschiedlich entwickelt. So hatten sich die Tankstellenpreise für Superbenzin von 38,9 ct/l im Jahr 1973 auf 164,6 ct/l im Jahr 2012 vervierfacht. Seitdem hatten sich die Tankstellenpreise für Superbenzin bis 2016 um mehr als ein Fünftel vermindert. Sie lagen im Jahresdurchschnitt 2017 nach einer erneut verzeichneten Festigung bei 136,6 ct/l. Die Tankstellenpreise für Dieselkraftstoff hatten von 35,8 ct/l im Jahr 1973 auf 148,9 ct/l im Jahr 2012 zugenommen. Für leichtes Heizöl hatten sich die Preise im gleichen Zeitraum auf 88,1 ct/l im Jahr 2012 verachtfacht. Im Zuge des Rückgangs der Rohölpreise war seitdem – ebenso wie bei Superbenzin – auch für Dieselkraftstoff und leichtes Heizöl bis 2016 eine Abwärtsbewegung der Verbraucherpreise festzustellen. 2017 setzte eine Umkehr dieses Trendverlaufs ein.

Die Preise für *Importsteinkohle* hatten sich im Zeitraum 1973 bis 2008 im Falle der Kraftwerkskohle vervierfacht. Auch für Kokskohle war eine vergleichbare Entwicklung zu verzeichnen. Hatte sich die Wettbewerbssituation der deutschen Steinkohle zumindest gegenüber Öl und Erdgas bis 1985 zunächst deutlich verbessert, so war danach eine erneute drastische Verschlechterung der Position der deutschen Steinkohle gegenüber seinen Hauptwettbewerbern Öl, Erdgas und Importkohle festzustellen, die sich von 1990 bis 2000 weiter zu Ungunsten der deutschen Steinkohle verändert hatte. Zwar hatte sich die Preisschere danach zunächst auf Grund des Anstiegs der Notierungen für importierte Steinkohle zu Gunsten der deutschen Steinkohle verkleinert. Angesichts des Rückgangs der Notierungen für importierte Kraftwerkskohle nach 2008 und insbesondere nach 2011 hatte sich der Abstand zu den Kosten für deutsche Steinkohle erneut vergrößert. Die 2017 verzeichnete Erholung der Preise auf dem Markt für Kraftwerkskohle stellt keine wesentliche Änderung der Situation dar.

Die Importpreise für Erdgas verliefen in der Vergangenheit aufgrund der bestehenden Preisbindung mit einem Verzögerungseffekt in etwa parallel zum Heizölpreis. Von 1973

Tab. 4.14 Verbraucherpreise für Mineralölprodukte 1950 bis 2017

Jahr	Ottokraftstoff[1]		Dieselkraftstoff	Leichtes Heizöl[2]	Schweres Heizöl[3]
	Normalbenzin	Superbenzin			
	Cent/l	Cent/l	Cent/l	Cent/l	Cent/l
1950	28,6	n. v.	17,2	n. v.	n. v.
1955	32,7	n. v.	23,3	n. v.	n. v.
1960	30,7	n. v.	25,6	11,9	n. v.
1965	29,1	n. v.	21,5	11,3	42,2
1970	28,6	n. v.	29,1	8,2	46,7
1973	35,3	38,9	35,8	11,6	n. v.
1975	42,5	46,0	44,1	14,7	103,3
1980	57,9	60,2	58,4	31,7	181,6
1985	69,2	72,6	68,1	40,5	272,5
1990	58,2	65,9	52,2	25,0	120,7
1995	76,8	86,7	57,8	21,9	96,9
2000	99,3	101,8	80,4	40,8	174,7
2001	100,2	102,4	82,2	38,4	151,3
2002	102,8	104,8	83,8	35,1	160,8
2003	107,4	109,5	88,8	36,2	173,0
2004	111,9	114,0	94,2	40,3	163,8
2005	120,0	122,3	106,7	53,2	231,5
2006	126,7	128,9	111,8	58,9	283,8
2007	132,7	134,4	117,0	58,2	276,3
2008	139,7	139,9	133,5	76,5	384,0
2009	127,5	127,8	108,5	53,0	291,1
2010	[1]	141,5	122,4	65,0	378,1
2011	[1]	155,4	141,9	81,0	496,3
2012	[1]	164,6	148,9	88,1	551,3
2013	[1]	159,2	142,8	82,9	488,4
2014	[1]	152,8	135,0	76,4	431,3
2015	[1]	139,4	117,1	58,8	251,6
2016	[1]	129,6	107,2	48,9	211,47
2017	[1]	136,6	115,6	56,6	•

[1] Normalbenzin ab 1988 unverbleit; ab 2010 keine Notierung mehr; Super ab 1997 Eurosuper, unverbleit

[2] bei Abnahme von 5000 Litern, ab 1992 bei Abnahme von 3000 Litern

[3] bei Abnahme von 2000 Tonnen und mehr im Monat, ab 1993 bei Abnahme in Kessel- oder Tankkraftwagen ab Raffinerie, ohne Mehrwertsteuer

Quelle: Statistisches Bundesamt, Firmenangaben (MWV-Jahresbericht 2018)

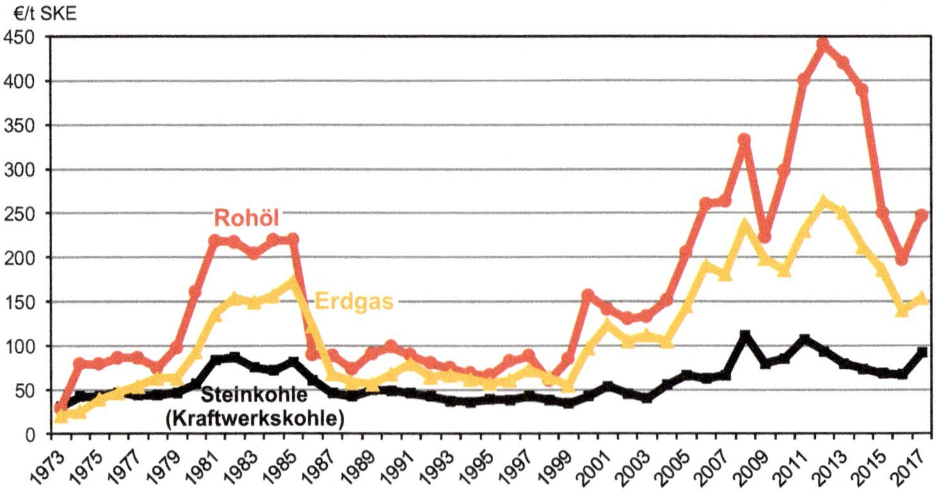

Abb. 4.57 Preisentwicklung für Importenergien frei deutsche Grenze 1973 bis 2017

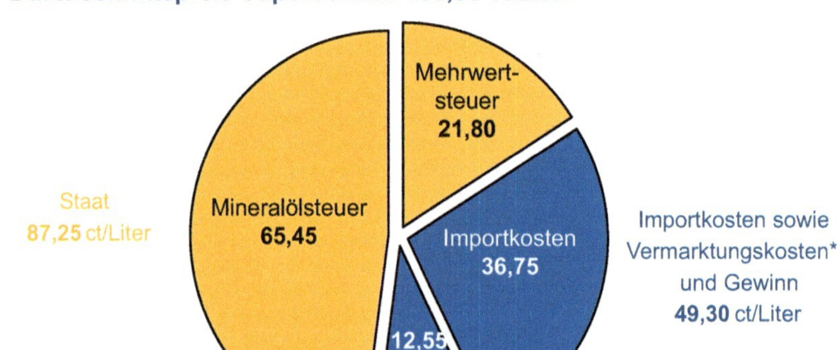

* Vermarktungskosten (Inlands-Transport, Lagerhaltung, gesetzliche Bevorratung, Verwaltung, Vertrieb sowie Kosten für Beimischung von Biokomponenten) und Gewinn; Stand: Februar 2018

Quelle: Mineralölwirtschaftsverband

Abb. 4.58 Zusammensetzung des Benzinpreises nach den wichtigsten Einzelkomponenten 2017

Zusammensetzung des Preises für Gas bei Belieferung von Haushaltskunden 2017 (6,15 Cent/kWh)

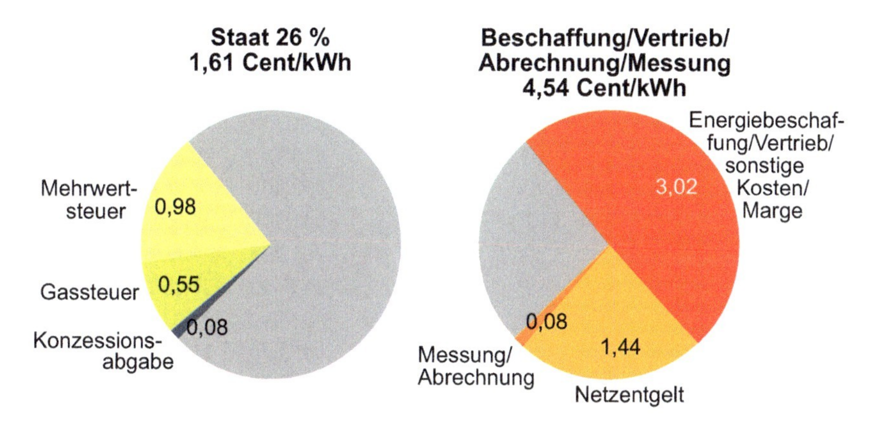

Mengengewichteter Preis über alle Vertragskategorien im Abnahmeband zwischen 5.556 und 55.596 kWh pro Jahr zum 1. April 2017
Quelle: Monitoringbericht 2017 der Bundesnetzagentur und des Bundeskartellamts, Bonn, November 2017, S. 390

Abb. 4.59 Zusammensetzung des Erdgaspreises für private Haushalte nach den wichtigsten Einzelkomponenten 2017

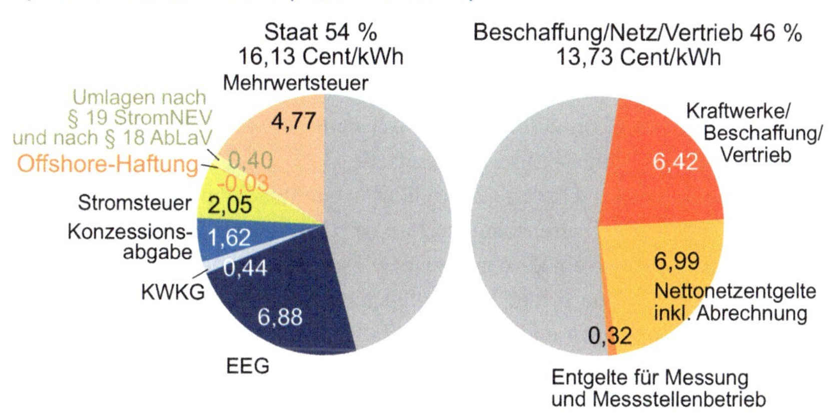

Mengengewichteter Mittelwert über alle Vertragskategorien bei einem Jahresverbrauch zwischen 2.500 und 5.000 kWh zum 1. April 2017
Quelle: Monitoringbericht 2017 der Bundesnetzagentur und des Bundeskartellamts, Bonn, November 2017, S. 231

Abb. 4.60 Zusammensetzung des Strompreises für private Haushalte 2017

Tab. 4.15 Gasabgabe und Erlöse der Gaswirtschaft an ausgewählte Endabnehmergruppen

Jahr	EVU[2]	Produzierendes Gewerbe ohne EVU[2]	Haushaltskunden	Übrige Endabnehmer	Gesamte Abgabe		
	Cent/kWh	Cent/kWh	Cent/kWh	Cent/kWh	GWh	Mio. €[1]	Cent/kWh
1991	•	•	2,87	2,25	778.874	15.260	1,96
1995	•	•	2,62	2,05	861.737	15.399	1,79
2000	1,41	1,73	3,00	2,46	924.157	20.322	2,20
2001	1,73	2,22	3,90	3,23	953.401	27.251	2,86
2002	1,65	2,01	3,62	3,06	941.229	24.801	2,63
2003	1,85	2,22	3,79	3,18	968.795	27.350	2,82
2004	1,95	2,15	3,89	3,15	963.493	27.152	2,82
2005	2,29	2,50	4,39	3,60	981.390	31.318	3,19
2006	2,43	3,02	5,18	4,32	975.040	37.089	3,80
2007	2,32	2,89	5,20	4,31	939.827	34.499	3,67
2008	2,79	3,59	5,69	4,79	989.858	41.828	4,23
2009	2,65	3,33	5,65	4,89	884.619	36.990	4,18
2010	2,46	3,11	4,92	4,14	955.114	35.701	3,74
2011	2,67	3,29	5,19	4,33	887.357	34.435	3,88
2012	2,92	3,53	5,40	4,56	905.695	37.700	4,16
2013	3,01	3,52	5,52	4,58	930.687	39.581	4,25
2014	2,85	3,16	5,62	4,43	809.601	32.948	4,07
2015	2,74	3,00	5,49	4,25	844.779	33.424	3,96
2016	2,22	2,49	5,19	3,87	898.225	31.707	3,53

[1] Erlöse ohne Mehrwertsteuer
[2] Elektrizitätsversorgungsunternehmen
Quelle: Statistisches Bundesamt

bis 2013 war eine Verzwölffachung der Preise frei deutsche Grenze zu verzeichnen. In der Folge hatten sich die Erdgaspreise frei deutsche Grenze bis 2016 halbiert. Danach erfolgte – nahezu parallel zur Ölpreisentwicklung – ein Wiederanstieg der Preise. Die Verbraucherpreise für Erdgas (Durchschnittserlöse der Gasversorgungsunternehmen ohne Mehrwertsteuer), die im Unterschied zu den ausgewiesenen Kohlepreisen auch die Kosten unter anderem für das Transport- und Verteilungsnetz abdecken, hatten sich im Durchschnitt aller Verbrauchergruppen im Zeitraum 1973 bis 2013 versechsfacht. Seitdem war ein leichter Rückgang der Verbraucherpreise zu verzeichnen.

Bei den *Strompreisen* war seit 1973 folgende Entwicklung im Durchschnitt über alle Verbrauchergruppen zu verzeichnen:

- Bis Mitte der achtziger Jahre verdoppelten sich die Durchschnittspreise über alle Verbrauchergruppen.
- Danach blieben die Preise bis zum Jahr 1997 weitgehend stabil.

Tab. 4.16 Durchschnittlicher Spotpreis für Grundlast-Strom 2000 bis 2018

Jahr	1. Quartal	2. Quartal	3. Quartal	4. Quartal	Jahr*
	€/MWh				
2000	•	•	16,98	20,78	•
2001	22,35	21,60	20,68	31,58	24,05
2002	23,29	20,89	24,66	21,35	22,55
2003	29,97	24,62	32,15	31,16	29,48
2004	28,52	26,48	29,38	29,69	28,52
2005	38,49	41,52	43,87	59,82	45,93
2006	65,10	38,95	54,62	44,67	50,84
2007	29,74	33,21	31,01	57,75	37,93
2008	56,20	65,54	73,17	68,01	65,73
2009	47,35	32,38	37,03	38,76	38,88
2010	41,02	41,52	43,81	51,49	44,46
2011	51,85	53,61	49,17	49,91	51,14
2012	45,10	40,39	43,52	41,37	42,60
2013	42,27	32,60	38,76	37,54	37,79
2014	33,50	31,24	31,50	34,82	32,76
2015	32,10	28,35	32,84	33,19	31,62
2016	25,17	24,79	28,26	37,60	28,95
2017	41,32	29,78	32,72	33,09	34,23
2018	35,50	35,98	•	•	•

* arithmetischer Mittelwert aus den vier Quartalswerten
Quelle: EPEX Spot

- Mit der Liberalisierung des Strommarkts im Jahr 1998 sanken die Strompreise bis 2000 deutlich.
- Von 2000 bis 2013 stiegen die Verbraucherpreise für Strom erneut an. Wichtigste Ursachen waren erhöhte Brennstoffeinsatzkosten und insbesondere die stark heraufgesetzten staatlichen Abgaben und Umlagen. Auf Grund der zum 01.04.1999 eingeführten Stromsteuer und zusätzlich bedingt durch wachsende Aufschläge insbesondere für die Förderung der erneuerbaren Energien wurde die „Liberalisierungsdividende“ abgeschöpft, und darüber hinaus wurden den Stromverbrauchern zusätzliche finanzielle Lasten aufgebürdet.
- Seit 2013 sind die Verbraucherpreise für Strom weitgehend stabil. Die seitdem weiter erhöhten staatlich verursachten Belastungen wurden durch sinkende Notierungen an den Großhandelsmärkten für Strom kompensiert.

Aus den *Verbrauchsteuern*, die in den Verbraucherpreisen für Mineralölprodukte, Gase und Strom enthalten sind, erzielte die öffentliche Hand im Jahr 2017 Einnahmen in der Größenordnung von 49,1 Mrd. € (ohne Mehrwertsteuer und ohne sonstige bestehende Abgaben auf Energie wie z. B. Konzessionsabgaben). Dazu trugen die Steuern auf Kraft-

Tab. 4.17 Stromabsatz und Erlöse der Elektrizitätsversorgungsunternehmen an Letztverbraucher

Jahr	Insgesamt[1]			Davon		Nachrichtlich
				Sonder-vertrags-kunden insgesamt	Tarifkunden insgesamt	Private Haushalte[2]
	Mio. €	GWh	Cent/kWh	Cent/kWh	Cent/kWh	Cent/KWh
1972	9790	198.346	4,94	3,79	6,56	5,85
1975	14.074	225.959	6,23	4,80	8,15	7,21
1980	19.851	281.991	7,04	5,66	8,92	79,07
1985	29.375	318.385	9,23	7,49	11,61	10,44
1990	33.099	352.430	9,39	7,65	12,07	10,97
1991[3]	39.401	418.617	9,41	7,74	11,84	10,87
1995	41.455	425.470	9,74	7,65	12,72	12,12
2000	34.167	459.652	7,43	5,11	11,22	11,29
2001	38.276	503.955	7,60	5,32	12,18	11,90
2002	38.760	481.904	8,04	5,66	12,64	12,40
2003	42.452	483.342	8,78	6,28	13,61	13,40
2004	44.417	481.012	9,23	6,72	14,01	13,72
2005	48.975	502.191	9,75	7,21	14,88	14,74
2006	52.202	498.963	10,46	8,02	15,36	15,23
2007	56.285	514.215	10,95	8,60	16,11	16,16
2008	60.238	520.706	11,57	9,10	16,56	16,95
2009	60.660	465.340	13,04	10,54	17,77	18,00
2010	63.054	478.517	13,18	10,66	18,46	18,50
2011	66.460	467.442	14,22	11,57	19,98	20,24
2012	68.027	461.653	14,74	11,89	20,73	20,91
2013	74.585	465.016	16,04	12,84	22,27	23,18
2014	73.996	447.228	16,55	13,27	22,91	23,86
2015	73.057	450.775	16,21	12,69	22,83	23,99
2016	71.953	447.986	16,06	12,47	23,17	24,11

[1] Erlöse ohne Mehrwertsteuer
ab 2000: außerdem ohne Stromsteuererstattungen nach § 10 Stromsteuergesetz, einschl. der Netznutzungsentgelte, der Stromsteuer, der Konzessionsabgaben sowie den Ausgleichsabgaben nach dem Erneuerbare-Energien-Gesetz und dem Kraft-Wärme-Kopplungs-Gesetz
[2] bis 1999: der gesamte Heizstromabsatz nach Sonderverträgen ist in den Lieferungen an Tarifkunden enthalten
[3] ab 1991 einschließlich den neuen Bundesländern
Umrechnungskurs: 1,95583 DM = 1 €
Quelle: Statistisches Bundesamt

Tab. 4.18 Entwicklung ausgewählter Energiepreise 1970 bis 2017

Jahr	Mittelkurs	Importrohöl[1]	Heizöl S[3] Industrie/ Kraftwerke	Heizöl L[3] Industrie	Importerdgas[1]	Erdgas[4]		Drittlandskohle		Braunkohlenprodukte[6]
						Industrie	Kraftwerke	Kraftwerkskohle[2]	Kokskohle[5]	
	$/1 €	€/t SKE								
1970	0,5364	21	•	42	23	•	•	•	•	•
1975	0,7941	78	•	95	39	72	48	42	36	•
1980	1,0771	160	•	211	93	113	92	56	78	•
1985	0,6647	218	•	268	172	216	172	81	64	•
1990	1,2102	98	•	155	67	120	101	49	94	•
1995	1,3641	65	•	121	61	118	99	39	49	•
2000	0,9236	156	125	257	93	158	129	42	50	•
2005	1,2448	211	166	342	142	226	206	65	51	88
2010	1,3257	297	270	422	185	281	222	85	151	120
2011	1,3920	400	355	537	230	297	241	107	160	128
2012	1,2848	441	394	589	263	318	264	93	•	137
2013	1,3281	420	349	548	250	318	265	79	•	141
2014	1,3285	388	309	499	211	279	237	73	•	144
2015	1,1095	249	180	373	185	253	229	68	•	•
2016	1,1069	194	151	310	136	202	171	67	•	•
2017	1,1297	244	215	364	152	205*	178*	92	•	•

1) Preis frei Grenze Bundesrepublik (StaBuA)
2) Preis frei Grenze Bundesrepublik (BAFA)
3) Preis ab Raffinerie einschließlich Heizölsteuer und Bevorratungsabgabe
4) Durchschnittserlöse aus der Abgabe an Letztabnehmer einschl. Erdgassteuer (ab 01. August 2006 beim Einsatz zur Stromerzeugung steuerfrei)
5) Indikativpreis Kokskohle cif EU-Häfen, umgerechnet mit jeweiligem Dollarkurs
6) mengengewogener Durchschnitt aller Braunkohlenprodukte aus alten und neuen Bundesländern
* vorläufig, teilweise geschätzt
a) beim Einsatz zur Erzeugung von Wärme (15,34 €/t Heizölsteuer; ab 01.01.2000 17,89 €/t; ab 01.01.2003 25,00 €/t)
b) beim Einsatz in Stromerzeugungsanlagen (28,12 €/t Heizölsteuer, ab 01.01.2000 17,89 €/t; ab 01.01.2003 bis 31.07.2006 25,00 €/t)
Quelle: Statistik der Kohlenwirtschaft e. V.

Tab. 4.19 Energiesteuersätze 1950–2017

Änderungsdatum	Ottokraftstoff[1] unverbleit	verbleit	Dieselkraftstoff	Heizöl, extra leicht	Flüssiggas als Kraftstoff (Autogas)	Erdgas als Kraftstoff	Flüssiggas Wärme	Erdgas Wärme	Heizöl, schwer Wärme	Heizöl, schwer Strom	Strom
	€/100 l	€/100kg	€/100kg	€/100kg	€/100kg	€/MWh	€/100kg	€/100kWh	€/t	€/t	€/MWh
1950[2]		3,07	1,99								
21.01.1951		6,65	3,58								
01.05.1953		13,80	3,22		7,29						
01.05.1955		15,21	9,23		8,69						
01.04.1960		16,62	11,63	0,51	10,10				12,78	12,78	
	€/100 l	€/100 l	€/100kg	€/100kg	€/100kg	€/MWh	€/100kg	€/100kWh	€/t	€/t	€/MWh
01.01.1964		16,36	18,02	0,51	17,90				12,78	12,78	
01.01.1966		16,36	18,02	0,51	20,45				12,78	12,78	
01.01.1967		17,90	19,86	0,51	23,01				12,78	12,78	
01.01.1972		17,90	19,86	0,51	23,01				10,23	10,23	
01.03.1972		19,94	22,32	0,51	26,72				10,23	10,23	
01.07.1973		22,50	25,39	0,51	31,32				7,67	7,67	
01.08.1978		22,50	25,39	0,51	31,32		1,02		7,67	7,67	
01.04.1981		26,08	27,23	0,51	31,32		1,02		7,67	7,67	
01.04.1985	25,05	27,10	27,23	0,51	31,32		1,02		7,67	7,67	
01.01.1986	23,52	27,10	27,23	0,51	31,32		1,02		7,67	7,67	
01.04.1987	24,03	27,10	27,23	0,51	31,32		1,02		7,67	7,67	
01.04.1988	24,54	27,10	27,23	0,51	31,32		1,02		7,67	7,67	
01.01.1989	29,14	33,23	27,23	3,50	31,32		1,84	0,133	15,34	28,12	
01.01.1991	30,68	34,26	27,23	3,50	31,32		1,84	0,133	15,34	28,12	
01.07.1991	41,93	47,04	33,39	4,81	31,32		2,56	0,184	15,34	28,12	
	Ottokraftstoff		Dieselkraftstoff	Heizöl, extra leicht	Flüssiggas als Kraftstoff[3] (Autogas)	Erdgas als Kraftstoff[4]	Flüssiggas Wärme	Erdgas Wärme	Heizöl, schwer Wärme	Heizöl, schwer Strom	Strom
	unverbleit	verbleit									
	€/1000 l	€/1000 l	€/1000 l	€/1000 l	€/100kg	€/MWh	€/100kg	€/MWh	€/t	€/t	€/MWh
01.01.1993	419,26	470,39	281,21	40,90	31,32		2,56	1,841	15,34	28,12	
01.01.1994	501,07	552,20	317,00	40,90	31,32		2,56	1,841	15,34	28,12	
31.10.1995	501,07	552,20	317,00	40,90	12,32	9,56	3,83	1,841	15,34	28,12	
01.04.1999	531,74	582,87	347,68	61,35	13,07	10,12	3,83	3,476	15,34	28,12	10,23
01.01.2000	562,42	613,55	378,36	61,35	13,83	10,69	3,83	3,476	17,89	17,89	12,70
01.01.2001	593,10	644,23	409,03	61,35	14,59	11,25	3,83	3,476	17,89	17,89	15,30
	<=50 ppm[5]		<=50 ppm[5]								
	€/1000 l	€/1000 l	€/1000 l	€/1000 l	€/100kg	€/MWh	€/100kg	€/MWh	€/t	€/t	€/MWh
01.11.2001	593,10	659,57	409,03	61,35	14,59	11,25	3,83	3,476	17,89	17,89	15,30
01.01.2002	623,80	690,30	439,70	61,35	15,34	11,80	3,83	3,476	17,89	17,89	17,90
	<=10ppm[6]		<=10 ppm[6]	<=50 ppm[7]							
	€/1000 l	€/1000 l	€/1000 l	€/1000 l	€/100kg	€/MWh	€/100kg	€/MWh	€/t	€/t	€/MWh
01.01.2003	654,50	721,00	470,40	61,35	16,10	12,40	6,06	5,50	25,00	25,00	20,50
01.01.2004	654,50	721,00	470,40	61,35	18,03	13,90	6,06	5,50	25,00	25,00	20,50

[1] bis 31.12.1963 wurden die Steuersätze für Motorenbenzin und Diesel u.a. nach Herstellungsverfahren differenziert. Die hier aufgeführten Waren beziehen sich auf die Herstellung "ohne besondere Merkmale"
[2] nur für im Inland hergestellte Ware
[3] die ermäßigten Steuersätze ab 31.10.1995 sind befristet bis 31.12.2018
[4] die ermäßigten Steuersätze ab 31.10.1995 sind befristet bis 31.12.2018
[5] für Kraftstoffe mit einem Schwefelgehalt von mehr als 50 ppm gilt ein um 15,30 €/1000 l erhöhter Steuersatz
[6] für Kraftstoffe mit einem Schwefelgehalt von mehr als 10 ppm gilt ein um 15,30 €/1000 l erhöhter Steuersatz
[7] für extra leichtes Heizöl mit einem Schwefelgehalt von mehr als 50 ppm gilt ab 01.09.2009 ein um 15,00 €/1000 l erhöhter Steuersatz

Quelle: Mineralölwirtschaftsverband e. V., Jahresbericht 2018, Berlin 2018, S. 83

stoffe mit 36,6 Mrd. € entsprechend rund 74,5 % bei. Erdgas trug mit 3,2 Mrd. € zum Gesamtaufkommen bei. Andere Heizstoffe als Erdgas – insbesondere Heizöl – erbrachten ein Aufkommen von 1,2 Mrd. €. Für die Stromsteuer ist ein Aufkommen von 6,9 Mrd. € ermittelt worden. Aus der Luftverkehrssteuer erzielte der Bund 1,1 Mrd. € Steuereinnahmen.

4.3.3 Entwicklung der Energieausgaben privater Haushalte

Die gesamte Energierechnung für die Wärme- und Stromversorgung sowie für Kraftstoffe belief sich bei einem Ansatz repräsentativer Annahmen für einen Privathaushalt auf 3901 € im Jahr 2017. Das entspricht einem Anstieg um 1646 € entsprechend 73 % im Vergleich zum Jahr 1998. Geht man von einer Zunahme der privaten Konsumausgaben des ausgewählten Haushaltstyps von 37.500 € im Jahr 1998 auf 48.500 € im Jahr 2017 aus, so vergrößert sich der Anteil der Energieausgaben an den gesamten Konsumausgaben von 6,0 % im Jahr 1998 auf 8,0 % im Jahr 2017. Diese Zahlen sind als Beispielrechnung zu verstehen. Je nach Haushaltsgröße, Ausstattung und Dimension der Wohnung sowie Mobilitätsverhalten ergeben sich signifikante Abweichungen von den konkret dargelegten Ergebnissen.

Die im Jahr 2017 in der zu Grunde gelegten Beispielrechnung auf 3901 € veranschlagten Energiekosten verteilen sich mit 1431 € (1998: 814 €) auf die Wärmeversorgung (Erdgas), mit 1045 € (1998: 599 €) auf Strom und mit 1425 € (1998: 842 €) auf den Kraftstoffbedarf. Von dem Belastungsanstieg, den der „Musterhaushalt" seit 1998 zu tragen hat, entfallen somit 38 % auf die Wärmeversorgung, 35 % auf Kraftstoffe und 27 % auf die Stromrechnung. Zur Verdeutlichung der Preiseffekte sind für 1998 und für 2017 jeweils die gleichen Verbrauchswerte zu Grunde gelegt.

Von der gesamten im Neunzehnjahresvergleich verzeichneten Zunahme von 1646 € sind 898 € durch staatliche Maßnahmen verursacht. Das entspricht 55 %. Ursachen sind die Einführung der Ökosteuer und des Kraft-Wärme-Kopplungs-Gesetzes sowie die Erhöhung der Mehrwertsteuer, die vergrößerten Belastungen aus dem Erneuerbare-Energien-Gesetz sowie im Bereich der Stromversorgung zusätzlich eingeführte Umlagen. Der Effekt des CO_2-Emissionshandels ist bei dem in dieser Größenordnung bezifferten Staatsanteil an den Aufschlägen auf die Energierechnung noch nicht einmal enthalten.

45 % der Erhöhung – beziehungsweise bei Ausklammerung des Effekts des CO_2-Emissionshandels ein entsprechend niedrigerer Anteil – sind marktbedingten Entwicklungen zuzuschreiben. Dazu gehört in erster Linie der Anstieg der Preise für Importenergien. So haben sich die Einfuhrpreise – auf Euro-Basis – im Zeitraum 1998 bis 2017 für Rohöl vervierfacht, für Erdgas mehr als verdoppelt und für Steinkohle verdreifacht.

Tab. 4.20 Entwicklung der Energiekosten eines repräsentativen privaten Haushalts in Deutschland 1998 bis 2017

	Einheit	1998	2008	2017
Wärmeversorgung				
Erdgasverbrauch eines vollversorgten Haushalts gemäß Beispielrechnung der Bundesnetzagentur	kWh	23.269	23.269	23.269
Durchschnittspreis (Arbeits- und Grundpreis)	ct/kWh	3,5	6,5	6,15
Gesamtrechnung	***€***	***814***	***1512***	***1431***
Davon Steueranteil				
• Mehrwertsteuer	€	111	241	228
• Erdgassteuer	€	43	128	128
• Konzessionsabgaben	€	23	23	23
Summe Staatsanteil	***€***	***177***	***392***	***379***
Stromversorgung				
Verbrauch	kWh	3500	3500	3500
Durchschnittspreis	ct/kWh	17,11	21,65	29,86
Gesamtrechnung	**€**	**599**	**758**	**1045**
Davon Staatsanteil				
• Mehrwertsteuer	€	82	121	167
• Konzessionsabgaben	€	58	58	57
• Erneuerbare-Energien-Gesetz	€	3	41	241
• Kraft-Wärmekopplungs-Gesetz	€	–	7	15
• § 19 StromNEV-Umlage*	€	–	–	14
• Offshore-Haftungsumlage	€	–	–	–1
• Stromsteuer	€	–	–	72
Summe Staatsanteil	***€***	***143***	***299***	***565***
Kraftstoffe				
Jahresfahrleistung	1000 km	13	13	13
Verbrauch (Superbenzin)	l/100 km	8	8	8
Jahresverbrauch	Liter	1040	1040	1040
Preis für Superbenzin	ct/Liter	81	140	137
Gesamtrechnung	***€***	***842***	***1456***	***1425***
Davon Staatsanteil				
• Mehrwertsteuer	€	114	232	228
• Mineralölsteuer	€	521	681	681
Summe Staatsanteil	***€***	***635***	***913***	***909***

* einschließlich Umlage für abschaltbare Lasten

4.4 Aussagefähigkeit von Preisprognosen

Preisprognosen üben einen besonderen Reiz aus. Trotz aller Fehleinschätzungen hat sich daran nichts geändert.

Sieht man sich zum Beispiel die seit 1984 von PROGNOS vorgelegten Preisausblicke an, so macht sich Ernüchterung breit. So hat PROGNOS im Jahr 1984 den Weltmarktpreis für Öl für das Jahr 2000 auf über 100 USD/Barrel prognostiziert. Tatsächlich belief sich der Preis im Jahr 2000 auf 28 USD/Barrel. 2005 wurde in einem Gemeinschaftsgutachten von PROGNOS und dem Energiewirtschaftlichen Institut an der Universität zu Köln (EWI) für das Bundeswirtschaftsministerium ein leicht steigender Preispfad angenommen – ausgehend von 25 USD/Barrel im Jahr 2003 auf 63 USD/Barrel im Jahr 2030. Tatsächlich stellte sich bereits Mitte 2008 ein mehr als doppelt so hoher Preis ein, wie erst für das Jahr 2030 prognostiziert. In der Energiereferenzprognose von EWI/GWS/PROGNOS im Auftrag des Bundesministeriums für Wirtschaft war im Jahr 2014 ein steigender Ölpreispfad vorausgeschätzt worden, bei dem – ausgehend von 108 USD/Barrel im Jahr 2011 – für 2020 ein Preis von 148 USD/Barrel, für 2030 von 202 USD/Barrel, für 2040 von 260 USD/Barrel und für 2050 von 335 USD/Barrel angesetzt worden war (jeweils in nominalen Größen). Tatsächlich hatten sich die Ölpreise auf den internationalen Märkten bis Anfang 2018 um etwa 30 % im Vergleich zum Ausgangswert

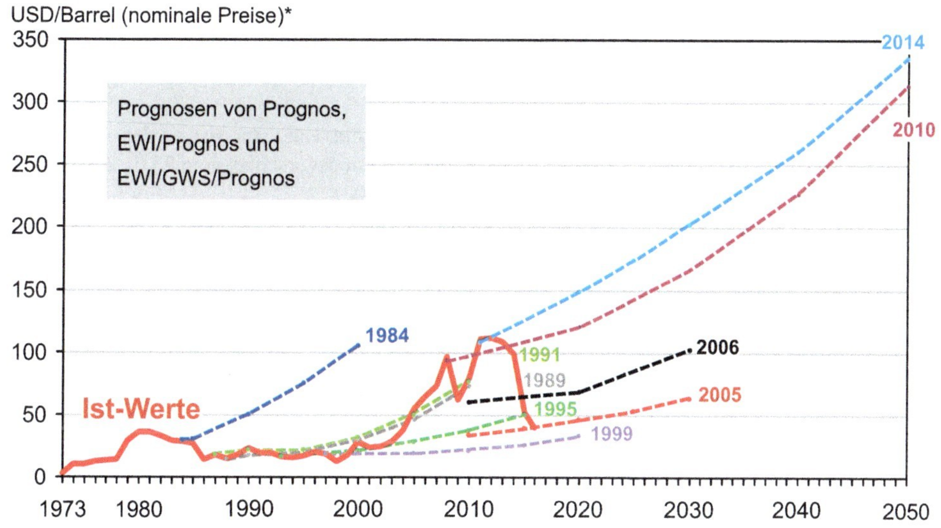

Abb. 4.61 Synopse von Ölpreisprognosen von PROGNOS bzw. EWI/PROGNOS

der Prognose verringert. Der für 2020 geschätzte Rohölpreis ist doppelt so hoch wie die Ende April 2018 realisierte Notierung von rund 70 USD/Barrel.

Ex-post erweisen sich die Ölpreisprognosen kaum als belastbare Einschätzungen für die Zukunft. Sie scheinen vielmehr stark bestimmt zu sein durch die Preissituation zum Zeitpunkt der Erstellung der Prognose. Es zeigt sich, dass in Marktsituationen, die durch niedrige Preise gekennzeichnet waren, die zukünftige Preisdynamik unterschätzt wurde. Umgekehrt kam es bei hohen Preisen im Basisjahr zu Einschätzungen, die im Nachhinein als überhöht einzustufen waren.

Literatur

[1] Weltenergierat Deutschland – Energie für Deutschland 2015, Berlin 2015
[2] Verein der Kohlenimporteure e. V., Jahresbericht 2018, Berlin 2018
[3] H. Gruß, Entwicklung und Perspektiven für Angebot und Nachfrage auf dem Steinkohlenweltmarkt (2002), in ZfE, 27. Jg. (2003), Heft 1
[4] W. Ritschel, H.-W. Schiffer, Weltmarkt für Steinkohle, Essen 2007
[5] K. Schwantag, Die Preisgleitklausel für Steinkohlelieferungen aufgrund des 3. Verstromungsgesetzes, 1975
[6] GIIGNL (International Group of LNG Importers), The LNG Industry, Annual Report 2018, June 2018
[7] International Energy Agency, World Energy Outlook 2017, Paris 2017
[8] U. S. Energy Information Administration, International Energy Outlook, Washington DC, 2017
[9] J. Perner und C. Riechmann, Gaspreisgestaltung und -preissysteme, in: Kompaktwissen Gaswirtschaft, Euroforum-Verlag, Düsseldorf 2009
[10] M. Janssen und M. Wobben, Preisbildung auf den Märkten für Elektrizität und Erdgas – Ein Blick auf 2007 und die kommenden Jahre, in: Energiewirtschaftliche Tagesfragen, 58. Jg. (2008), Heft 11
[11] Energiewirtschaftliches Institut an der Universität zu Köln, Kurzexpertise zu den Auswirkungen der Emissionshandelsrichtlinie gemäß EU-Kommissionsvorschlag vom 23.01.2008 auf die deutsche Elektrizitätswirtschaft, Köln, 3. September 2008
[12] H. M. Groscurth, Der Strompreiseffekt des Emissionshandels, in: DowJones VDW News, 2005
[13] A. Ockenfels, Strombörse und Marktmacht, in: Energiewirtschaftliche Tagesfragen, 57. Jg. (2007), Heft 5
[14] R. Nitsche, A. Ockenfels, L.-H. Röller, L. Wiethaus: Großhandelsmärkte für Strom – Marktintegration und Wettbewerb aus deutscher Perspektive, in: Energiewirtschaftliche Tagesfragen 60. Jg. (2010), Heft 3 (Der Beitrag fasst die Ergebnisse der Studie „The Electricity Wholesale Sector: Market Integration and Competition" zusammen.)

5 Entwicklung der Energienachfrage

Der deutsche Energiemarkt war in den vergangenen Jahrzehnten einem starken Wandel unterworfen. Marksteine dieser Entwicklung waren die beiden Ölpreiskrisen der Jahre 1973/74 und 1979/80, der am 03.10.1990 erfolgte Beitritt der neuen Bundesländer zur Bundesrepublik Deutschland, die 1998 umgesetzte Liberalisierung der Strom- und Gasmärkte sowie die 2010/11 eingeleitete Energiewende.

Im Jahr 2017 betrug der Primärenergieverbrauch in Deutschland 461,8 Mio. t SKE. Das waren – trotz der beträchtlichen Zunahme des Bruttoinlandsprodukts – 4,8 % weniger als im Jahr 2000. Nach einem in den 1960er Jahren bis 1973 weitgehend parallelen Verlauf haben sich die Entwicklung der Wirtschaftsleistung und des Energieverbrauchs seitdem somit entkoppelt. Dahinter stehen erhebliche Einsparungen und Effizienzverbesserungen, vor allem in der Industrie.

Auch die Dynamik der Stromverbrauchsentwicklung hat sich in den vergangenen Jahrzehnten verändert. Während der Strombedarf zwischen 1950 und 1980 überproportional stark zugenommen hatte, waren die durchschnittlichen Wachstumsraten des Stromverbrauchs im Zeitraum 1980 bis 2010 niedriger als das jahresdurchschnittliche Wachstum des Bruttoinlandsprodukts. Im Zeitraum 2010 bis 2017 verringerte sich der Bruttostromverbrauch mit jahresdurchschnittlichen Raten von 0,4 %; dem gegenüber hatte das Bruttoinlandsprodukt in dieser Periode mit jahresdurchschnittlichen Raten von 1,8 % zugenommen.

Stärker als der Verbrauch von Energie sind die energiebedingten Emissionen in den vergangenen Jahrzehnten zurückgegangen. Dies gilt insbesondere für die klassischen Luftschadstoffe Schwefeldioxid (SO_2), Stickoxid (NO_2) und Staub. Aber auch bei der Reduktion der Emissionen an Kohlendioxid (CO_2) konnten seit 1990 deutliche Erfolge erzielt werden.

H.-W. Schiffer, *Energiemarkt Deutschland*, https://doi.org/10.1007/978-3-658-23024-1_5

Tab. 5.1 Wachstumsraten von Wirtschaftsleistung sowie von Energie- und Stromverbrauch in Deutschland

Zeitraum	Bruttoinlandsprodukt*	Primärenergieverbrauch	Bruttostromverbrauch
	Durchschnittliche jährliche Veränderung		
1950–1960	+8,2 %	+4,6 %	+10,0 %
1960–1970	+4,4 %	+4,8 %	+7,4 %
1970–1980	+2,7 %	+1,5 %	+4,1 %
1980–1990	+2,3 %	0,0 %	+1,8 %
1990–2000	+1,9 %	−0,3 %	+0,5 %
2000–2010	+0,9 %	−0,1 %	+0,6 %
2010–2017	+1,8 %	−0,7 %	−0,4 %

* in realen Größen, bis 1990 nur Westdeutschland
Quelle: Statistisches Bundesamt, Arbeitsgemeinschaft Energiebilanzen, Prognos, BDEW

5.1 Erfassung der Energieträgerströme in der Energiebilanz

Die statistische Erfassung der Energieträgerströme vom Energieaufkommen bis hin zum Endenergieverbrauch in der sogenannten Energiebilanz erfolgt durch die Arbeitsgemeinschaft Energiebilanzen, die von Verbänden der Energiewirtschaft, dem Bundesministerium für Wirtschaft und Energie sowie Forschungsinstituten getragen wird. Die von dieser Institution aufgestellte Energiebilanz zeigt

- für den Zeitraum eines Jahres
- Aufkommen und Verwendung von Energieträgern [1].

Ausgewiesen wird also der „Energiefluss" von der Gewinnung der Energieträger aus der Natur (Primärenergie) – sowohl innerhalb der Grenzen unseres Landes als auch die Importe von Energieträgern – über die Energieumwandlung (in Kraftwerken, Raffinerien usw.) bis zur letzten Verwendung bei den Verbrauchern (Endenergieverbrauch). Dabei werden als Sekundärenergieträger umgewandelte, „veredelte" Energieträger, wie Strom (Kraftwerke), Mineralölprodukte (Raffinerien), Koks (Kokereien), Briketts (Brikettfabriken), bezeichnet.

Der Aufbau der Energiebilanz stellt sich wie folgt dar:

- In der Kopfzeile, also horizontal, sind die verschiedenen Primär- und Sekundärenergieträger aufgelistet.
- In der vertikalen Gliederung (Zeilen) ist der Energieträgerfluss vom Aufkommen (Gewinnung Inland bzw. Import/Export) über die Energieumwandlung bis zur Lieferung an die Endverbraucher dargestellt. Jede einzelne Spalte gibt für den jeweiligen Energieträger den Nachweis über dessen Aufkommen und Verwendung.

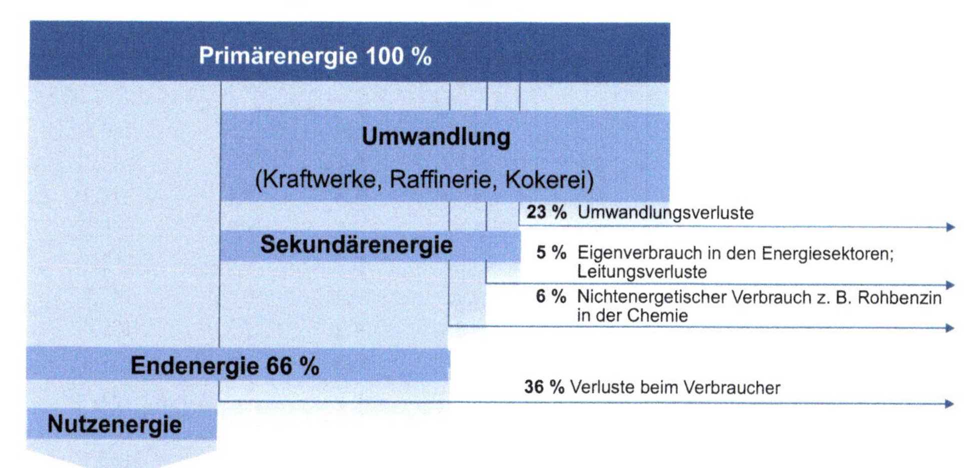

30 %
Kraft, Wärme, Licht

Quelle: Institut für ökonomische Bildung Oldenburg, Hrsg., Ökonomie mit Energie, Braunschweig 2007

Abb. 5.1 Energieflussdiagramm

Die Energiebilanz hat drei Hauptteile, nämlich die Primärenergiebilanz, die Umwandlungsbilanz und den Endenergieverbrauch.

Primärenergiebilanz Die *Primärenergiebilanz* ist eine Bilanz der Energiedarbietung der ersten Stufe. In ihr werden Primärenergieträger oder auch Sekundärenergieträger erfasst, und zwar differenziert nach inländischer Gewinnung (nur Primärenergieträger), Außenhandel mit Energieträgern, unterteilt nach Einfuhr und Ausfuhr (neben Primär- auch Sekundärenergieträger), Hochseebunkerungen (nur Sekundärenergieträger) sowie Bestandsveränderungen (neben Primär- auch Sekundärenergieträger).

Der Primärenergieverbrauch ergibt sich somit von der Entstehungsseite her als Summe aus der Gewinnung im Inland, den Bestandsveränderungen sowie dem Außenhandelssaldo einschließlich Hochseebunkerungen.

In der *Umwandlungsbilanz* werden insbesondere Einsatz und Ausstoß der verschiedenen Umwandlungsprozesse erfasst. Bei der Umwandlung fallen auch Sekundärenergieträger an, bei deren Verwendung es nicht auf ihren Energiegehalt ankommt, sondern auf ihre stofflichen Eigenschaften (z. B. Bitumen für den Straßenbau, Schmierstoffe). Diese Energieträger werden in einer gesonderten Zeile als *Nichtenergetischer Verbrauch* ausgewiesen.

Tab. 5.2 Primärenergiegewinnung in Deutschland 1970 bis 2017

Jahr	Steinkohlen	Braunkohlen	Mineralöle	Naturgase[1]	Erneuerbare Energien	Sonstige[2]	Insgesamt
	Mio. t SKE						
1970	112,4	109,1	11,2	15,1	5,9	2,5	256,2
1975	93,3	108,1	8,4	24,1	5,3	3,0	242,2
1980	88,2	116,3	6,8	24,5	5,8	7,1	248,8
1985	83,3	128,5	6,1	23,6	5,2	8,8	255,5
1990	71,3	107,2	5,3	19,2	6,7	2,6	212,4
1995	54,4	58,4	4,3	20,7	9,4	0,5	147,7
2000	34,5	52,1	4,5	21,8	14,2	2,3	129,4
2005	25,8	55,0	5,2	20,0	26,3	7,5	139,8
2010	13,2	52,4	3,6	15,4	48,5	8,7	141,8
2015	6,4	54,9	3,5	8,9	57,7	8,2	139,6
2016	3,9	52,7	3,4	8,6	58,1	8,4	135,1
2017	3,7	52,6	3,3	7,9	61,6	8,4	137,5

Deutschland auf Basis des Gebietsstandes vom 03.10.1990 (also auch vor 1990 einschließlich neue Bundesländer), ab 1990 Berechnung der Energieträger nach dem Wirkungsgradansatz

[1] Erdgas, Erdölgas, Grubengas und Klärgas; ab 1990 nur Erdgas; andere Naturgase ab 1990 unter Sonstige erfasst.

[2] Grubengas, Nichterneuerbare Abfälle und Abwärme u. a.

Quelle: Arbeitsgemeinschaft Energiebilanzen 03/2018

Endenergiebilanz In der *Endenergiebilanz* wird nur die Verwendung derjenigen Energieträger (z. B. Strom, Heizöl, Benzin) aufgeführt, die unmittelbar der Erzeugung von Nutzenergie dienen. Der Endenergieverbrauch wird nach Verbrauchergruppen, wie Industrie, Verkehr, Private Haushalte sowie Gewerbe/Handel/Dienstleistungen, aufgeschlüsselt. Zusätzlich erfolgt beim Sektor Industrie eine weitergehende Differenzierung nach Wirtschaftszweigen und beim Verkehr nach Verkehrsträgern, wie Straßen- und Luftverkehr sowie Bahn und Schiffsverkehr.

Vom Endenergieverbrauch (im Sinne der Energiebilanz) ist die energietechnisch letzte Stufe der Energieverwendung, die so genannte Nutzenergiestufe, zu unterscheiden. Unter *Nutzenergie* wird die Energie verstanden, die nach der letzten Umwandlung dem Endverbraucher für den jeweiligen Nutzungszweck (z. B. Licht, Kraft, Wärme) zur Verfügung steht. Die vorliegende Energiebilanz enthält keinen Nachweis über den Nutzenergieverbrauch, da hierfür gegenwärtig weder ausreichende statistische Erhebungen noch hinreichend gesicherte Quantifizierungsmöglichkeiten vorhanden sind.

Anwendungsbereiche Allerdings hat eine Projektgruppe beim BDEW eine Aufschlüsselung des Endenergieverbrauchs auf die verschiedenen *Anwendungsbereiche* vorgenommen. Dabei wird zwischen folgenden Anwendungsbereichen differenziert: Raumwärme,

Warmwasser, sonstige Prozesswärme (im Wesentlichen Wärme für Fertigungsprozesse in Industrie und Gewerbe), Mechanische Energie (Kraft), Information und Kommunikation sowie Beleuchtung.

In der Energiebilanz werden die Energieträger zunächst in ihren spezifischen Einheiten ausgewiesen und vertikal in Zwischen- und Endzeilen addiert. Die dabei verwendeten Maßeinheiten sind die Tonne (t), der Kubikmeter (m^3) und die Kilowattstunde (kWh).

Um die in unterschiedlichen Einheiten ausgewiesenen Energieträger vergleichbar und additionsfähig zu machen, werden sie mit Hilfe von *Umrechnungsfaktoren* auf einen einheitlichen Nenner gebracht. Seit einigen Jahren wird hierfür die Maßeinheit Joule zugrunde gelegt, die die zuvor verwendete Steinkohleneinheit (SKE) ablöst. Die Umrechnung der einzelnen Energieträger von spezifischen Mengeneinheiten in Joule erfolgt auf der Grundlage ihrer Heizwerte, die in Kilojoule (kJ) ausgedrückt werden. Das Wärmeäquivalent von 1 kg SKE entspricht 29.308 kJ. Neben den Joule-Bilanzen werden für eine Übergangszeit SKE-Bilanzen erstellt.

Da sich die Dimension der SKE-Angaben leichter erschließt, überwiegen immer noch Darstellungen, die in Steinkohleneinheiten umgerechnet sind. Auswertungstabellen zur Energiebilanz sind auch im Internet unter www.ag-energiebilanzen.de verfügbar. Die Verbrauchszahlen werden darin sowohl in Mio. t SKE als auch in Petajoule ausgewiesen.

5.2 Energieverbrauch nach Energieträgern

Die strukturelle Zusammensetzung des Energieverbrauchs nach Energieträgern war seit 1973 einem starken Wandel unterworfen. Im Zeitraum 1973 bis 2017 können zwei Phasen unterschieden werden. Bis etwa zum Jahr 2000 waren Erdgas und Kernenergie die Wachstumsenergien. Mineralöl und insbesondere Kohle mussten starke Einbußen hinnehmen, bei Braunkohle bedingt durch den Einbruch in den neuen Bundesländern. Seit dem Jahr 2000 hat sich der Beitrag der erneuerbaren Energien bis 2017 mehr als vervierfacht. Der Verbrauch an Erdgas und an Braunkohle blieb weitgehend stabil. Bei Mineralöl hat

Tab. 5.3 Entwicklung der Struktur des Energieverbrauchs nach Energieträgern 1973 bis 2017

Energieträger	1973	2000	2017
	Anteile in %		
Mineralöl	47,4	38,2	34,4
Erdgas	8,7	20,7	23,9
Steinkohle	19,5	14,0	10,9
Braunkohle	22,3	10,8	11,2
Kernenergie	1,0	12,9	6,1
Erneuerbare Energien	< 1	2,9	13,1
Sonstige Energien	1,1	0,5	0,4

Quelle: Arbeitsgemeinschaft Energiebilanzen 03/2018

sich der Rückgang fortgesetzt. Steinkohle musste seit 2015 Einbußen hinnehmen. Der Primärenergieverbrauch an Kernenergie hat sich halbiert, wobei sich der Abwärtstrend nach der Reaktorkatastrophe in Fukushima als Folge der dadurch in Deutschland ausgelösten Entscheidung zum schrittweisen Ausstieg aus der Nutzung dieser Energieform verschärft hat. Damit haben sich die Marktanteile der einzelnen Energieträger (sonstige Energien nicht berücksichtigt) zwischen 1973 und 2017 deutlich verschoben.

5.3 Energieverbrauch nach Sektoren

Auch in der Zusammensetzung des Energieverbrauchs nach Sektoren war im Zeitraum 1973 bis 2017 ein struktureller Wandel zu verzeichnen. So nahm der Endenergieverbrauch des Verkehrssektors während der vergangenen viereinhalb Jahrzehnte um mehr als 70 % zu. Die privaten Haushalte verbrauchten 2017 etwa ebenso viel Energie wie 1973. Demgegenüber ging der Endenergieverbrauch des Sektors Gewerbe/Handel/Dienstleistungen um ein Siebtel zurück. Die stärkste Verbrauchsminderung ist für die Industrie festzustellen. So sanken der nichtenergetische Verbrauch – also der Energieeinsatz als Rohstoff – und der industrielle Endenergieverbrauch um insgesamt 26 %.

Diese Entwicklung führte 2017 zu folgender Energieverbrauchsstruktur in Deutschland. 24,8 % des Primärenergieverbrauchs entfielen auf Verbrauch und Verluste im Energiesektor. 7,2 % wurden nichtenergetisch verwendet. Der Endenergieverbrauch machte 68,0 % des im Jahr 2017 realisierten Primärenergieverbrauchs aus. Nach Sektoren verteilte sich der Endenergieverbrauch 2017 wie folgt:

Industrie	28,1 %
Verkehr	29,6 %
Private Haushalte	26,2 %
Gewerbe/Handel/Dienstleistungen	16,1 %.

5.3.1 Verbrauch und Verluste im Energiesektor

Wie aus dem von der „Arbeitsgemeinschaft Energiebilanzen“ veröffentlichten Bilanzschema im Einzelnen hervorgeht, wird der Verlauf von Verbrauch und Verlusten im Energiesektor insbesondere durch zwei Faktoren bestimmt:

- die Mineralölverarbeitung und
- die Stromerzeugung in Kraftwerken.

Als dritte Säule der Umwandlungsbilanz ist der Verbrauch in Kokereien, Brikettfabriken, Fernheizwerken und sonstigen Anlagen zu nennen.

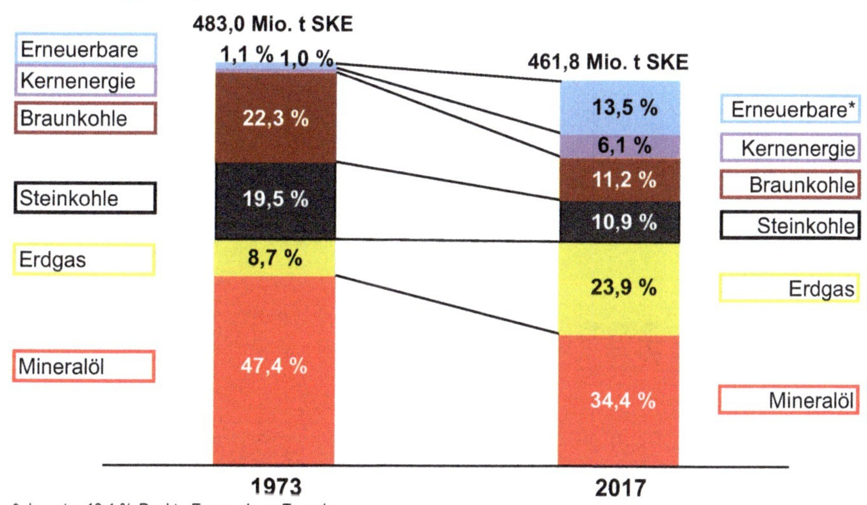

Abb. 5.2 Primärenergieverbrauch in Deutschland nach Energieträgern 1973 bis 2017

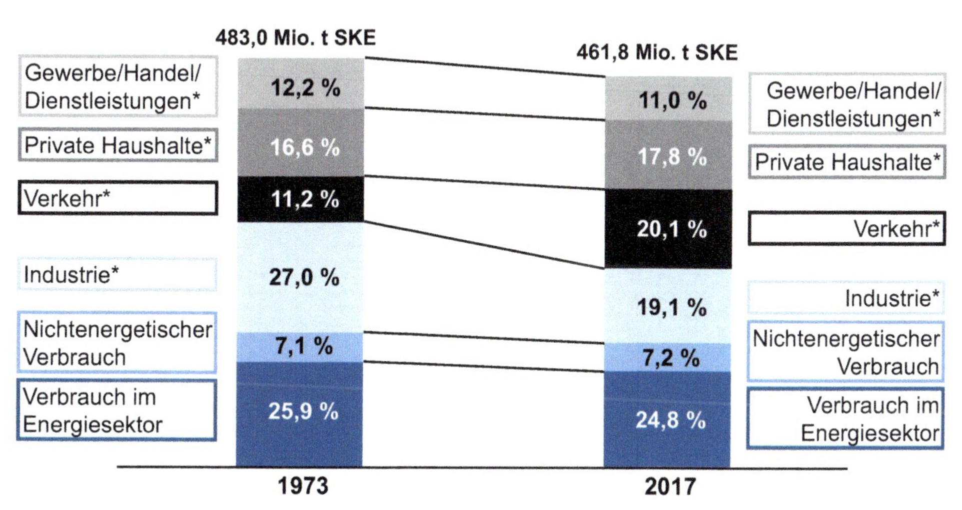

Abb. 5.3 Primärenergieverbrauch in Deutschland nach Sektoren 1973 bis 2017

Tab. 5.4 Primärenergieverbrauch in Deutschland nach Energieträgern 1970 bis 2017

<table>
<tr><th>Energieträger</th><th>1970</th><th>1975</th><th>1980</th><th>1985</th><th>1990</th><th>1995</th><th>2000</th><th>2005</th><th>2010</th><th>2015</th><th>2017</th></tr>
<tr><td></td><td colspan="11">Mio. t SKE</td></tr>
<tr><td>Steinkohlen</td><td>107,1</td><td>74,7</td><td>85,2</td><td>85,7</td><td>78,7</td><td>70,3</td><td>69,0</td><td>61,7</td><td>58,5</td><td>59,0</td><td>50,3</td></tr>
<tr><td>Braunkohlen</td><td>108,9</td><td>108,4</td><td>115,7</td><td>125,8</td><td>109,2</td><td>59,2</td><td>52,9</td><td>54,4</td><td>51,6</td><td>53,4</td><td>51,5</td></tr>
<tr><td>Mineralöle</td><td>192,9</td><td>202,3</td><td>206,7</td><td>174,5</td><td>178,0</td><td>194,1</td><td>187,6</td><td>176,3</td><td>159,8</td><td>153,3</td><td>159,0</td></tr>
<tr><td>Erdgas</td><td>18,8</td><td>56,0</td><td>73,9</td><td>70,4</td><td>78,2</td><td>95,5</td><td>101,9</td><td>110,9</td><td>108,2</td><td>94,5</td><td>110,2</td></tr>
<tr><td>Kernenergie</td><td>2,3</td><td>8,2</td><td>20,7</td><td>51,6</td><td>56,9</td><td>57,4</td><td>63,2</td><td>60,7</td><td>52,3</td><td>34,2</td><td>28,4</td></tr>
<tr><td>Erneuerbare</td><td rowspan="2">10,9</td><td rowspan="2">10,5</td><td rowspan="2">5,9</td><td rowspan="2">6,7</td><td>6,7</td><td>9,4</td><td>14,2</td><td>26,3</td><td>48,2</td><td>56,1</td><td>60,7</td></tr>
<tr><td>Sonstige</td><td>0,9</td><td>1,1</td><td>2,7</td><td>6,5</td><td>6,5</td><td>1,9</td><td>1,7</td></tr>
<tr><td>Gesamt</td><td>440,9</td><td>460,1</td><td>508,1</td><td>514,7</td><td>508,6</td><td>486,9</td><td>491,4</td><td>496,7</td><td>485,1</td><td>452,4</td><td>461,8</td></tr>
<tr><td></td><td colspan="11">Anteile in %</td></tr>
<tr><td>Steinkohlen</td><td>24,3</td><td>16,2</td><td>16,8</td><td>16,7</td><td>15,5</td><td>14,4</td><td>14,0</td><td>12,4</td><td>12,1</td><td>13,0</td><td>10,9</td></tr>
<tr><td>Braunkohlen</td><td>24,7</td><td>23,6</td><td>22,8</td><td>24,4</td><td>21,5</td><td>12,2</td><td>10,8</td><td>11,0</td><td>10,6</td><td>11,8</td><td>11,2</td></tr>
<tr><td>Mineralöle</td><td>43,7</td><td>44,0</td><td>40,7</td><td>33,9</td><td>35,0</td><td>39,9</td><td>38,2</td><td>35,5</td><td>32,9</td><td>33,9</td><td>34,4</td></tr>
<tr><td>Erdgas</td><td>4,3</td><td>12,2</td><td>14,5</td><td>13,7</td><td>15,4</td><td>19,6</td><td>20,7</td><td>22,3</td><td>22,3</td><td>20,9</td><td>23,9</td></tr>
<tr><td>Kernenergie</td><td>0,5</td><td>1,8</td><td>4,1</td><td>10,0</td><td>11,2</td><td>11,8</td><td>12,9</td><td>12,2</td><td>10,8</td><td>7,6</td><td>6,1</td></tr>
<tr><td>Erneuerbare</td><td rowspan="2">2,5</td><td rowspan="2">2,3</td><td rowspan="2">1,1</td><td rowspan="2">1,3</td><td>1,3</td><td>1,9</td><td>2,9</td><td>5,3</td><td>9,9</td><td>12,4</td><td>13,1</td></tr>
<tr><td>Sonstige</td><td>0,2</td><td>0,2</td><td>0,5</td><td>1,3</td><td>1,3</td><td>0,4</td><td>0,4</td></tr>
<tr><td>Gesamt</td><td>100,0</td><td>100,0</td><td>100,0</td><td>100,0</td><td>100,0</td><td>100,0</td><td>100,0</td><td>100,0</td><td>100,0</td><td>100,0</td><td>100,0</td></tr>
</table>

Berechnung auf Basis des Wirkungsgradansatzes

Sämtliche Zahlen auf der Basis des Gebietsstandes vom 03.10.1990 (also durchgängig einschließlich neuer Bundesländer)

Quelle: Arbeitsgemeinschaft Energiebilanzen 03/2018

Tab. 5.5 Primärenergieverbrauch differenziert nach alten und neuen Bundesländern 1980 bis 1995

Energieträger	1980	1985	1990	1995
	Mio. t SKE			
	Früheres Bundesgebiet			
Mineralöle	185,7	159,3	160,6	167,8
Erdgas	63,6	58,8	68,6	79,9
Steinkohlen	77,1	79,4	74,0	68,1
Braunkohlen	39,2	36,1	32,1	31,6
Kernenergie	16,3	46,9	54,8	57,4
Wasser-/Windkraft[1]	2,1	1,9	2,0	2,8
Außenhandelssaldo Strom	0,7	0,3	−0,1	0,7
Sonstige Energieträger[2]	2,7	4,4	4,9	6,4
Insgesamt	**387,4**	**387,1**	**396,9**	**414,7**
	Neue Länder und Berlin Ost			
Mineralöle	21,0	15,2	18,1	26,3
Erdgas	10,3	11,6	9,6	15,6
Steinkohlen	8,1	6,3	4,7	2,2
Braunkohlen	76,5	89,7	77,1	27,6
Kernenergie	4,4	4,7	2,1	0,0
Wasser-/Windkraft[1]	0,0	0,0	0,0	0,0
Außenhandelssaldo Strom	0,2	0,0	0,2	−0,1
Sonstige Energieträger[2]	0,2	0,1	0,2	0,6
Insgesamt	**120,7**	**127,6**	**112,0**	**72,2**
	Deutschland Insgesamt			
Mineralöle	206,7	174,5	178,7	194,1
Erdgas	73,9	70,4	78,2	95,5
Steinkohlen	85,2	85,7	78,7	70,3
Braunkohlen	115,7	125,8	109,2	59,2
Kernenergie	20,7	51,6	56,9	57,4
Wasser-/Windkraft[1]	2,1	1,9	2,0	2,8
Außenhandelssaldo Strom	0,9	0,3	0,1	0,6
Sonstige Energieträger[2]	2,9	4,5	5,1	7,0
Insgesamt	**508,1**	**514,7**	**508,9**	**486,9**

[1] Windenergie nur 1995 erfasst;

[2] Brennholz, Brenntorf, Kokereigas, sonstige Naturgase sowie Klärschlamm, Müll, sonstige Gase und Abhitze zur Strom- und Fernwärmeerzeugung

Quelle: Arbeitsgemeinschaft Energiebilanzen 7/97 und 06/99; Berechnungen auf Basis des Wirkungsgradansatzes

Tab. 5.6 Struktur des Energieverbrauchs in Deutschland nach Sektoren 1990 bis 2016

Sektor	1990	1995	2000	2005	2010	2015	2016
	Mio. t SKE						
Primärenergieverbrauch[1)]	508,6	486,9	491,4	496,7	485,1	452,4	459,0
Verbrauch und Verluste im Energiesektor und statistische Differenzen	152,7	135,9	139,8	147,3	132,1	116,2	113,7
Nichtenergetischer Verbrauch	32,7	32,9	36,4	38,0	35,3	32,5	33,0
Endenergieverbrauch	323,2	318,1	315,1	311,4	317,7	303,6	312,3
Davon							
Übriger Bergbau und verarbeitendes Gewerbe	101,6	84,4	82,6	85,8	88,4	86,9	88,1
Verkehr	81,2	89,2	93,9	88,2	87,3	89,4	92,0
Haushalte und Kleinverbraucher	140,5	144,5	138,6	137,4	141,9	127,2	132,2
Haushalte	81,2	90,6	88,2	88,4	91,3	78,5	81,7
Gewerbe, Handel, Dienstleistungen	59,3	53,9	50,4	49,0	50,6	48,7	50,5
	Anteil am Primärenergieverbrauch in %						
Verbrauch und Verluste im Energiesektor und statistische Differenzen	30,0	27,9	28,5	29,7	27,2	25,7	24,8
Nichtenergetischer Verbrauch	6,4	6,8	7,4	7,7	7,3	7,2	7,2
Endenergieverbrauch	63,6	65,3	64,1	62,7	65,5	67,1	68,0
	Anteil am Endenergieverbrauch in %						
Übriger Bergbau und verarbeitendes Gewerbe	31,4	26,5	26,2	27,5	27,8	28,6	28,2
Verkehr	25,1	28,0	29,8	28,3	27,5	29,5	29,5
Haushalte und Kleinverbraucher	43,5	45,4	44,0	44,1	44,7	41,9	42,3
Haushalte	25,2	28,5	28,0	28,4	28,7	25,9	26,2
Gewerbe, Handel, Dienstleistungen	18,3	16,9	16,0	15,7	15,9	16,0	16,2

[1)] Primärenergieverbrauch berechnet auf der Basis des Wirkungsgradansatzes. Abweichungen in den Summen durch Rundungen

Quelle: Arbeitsgemeinschaft Energiebilanzen, Auswertungstabellen zur Energiebilanz Deutschland 1990 bis 2016, 07/2017

Der Öleinsatz in Raffinerien hat sich von 1973 bis 2017 vermindert. Dadurch haben sich der Eigenverbrauch und die Verarbeitungsverluste – noch verstärkt durch Effizienzgewinne – reduziert.

Energieverbrauch und Verluste im Kraftwerksbereich werden sehr stark durch die Entwicklung der Nachfrage nach Strom sowie die Kraftwerkstechnik und den Mix der Einsatzenergien bestimmt. Anders als beim Primärenergieverbrauch ist die Entwicklung von Stromverbrauch und -erzeugung somit weitgehend der wirtschaftlichen Entwicklung ge-

Tab. 5.7 Endenergieverbrauch in Deutschland nach Sektoren und Energieträgern 2016

Sektor	Mineralöle	Erdgas	Steinkohlen	Braunkohlen	Kernenergie	Elektrizität	Fernwärme	Erneuerbare Energien	Sonstige[3]	Insgesamt
	Mio. t SKE									
Verbrauch und Verluste im Energiesektor und Nicht-energetischer Verbrauch[1]	40,9	27,7	43,3	48,9	31,5	−63,3	−13,9	35,4	−3,8	146,7
Endenergie-verbrauch	114,9	75,5	13,2	2,9	–	63,3	13,9	22,5	6,1	312,3
Davon:										
– Industrie	2,1	27,3	12,6	2,4	–	27,8	5,9	3,9	6,1	88,1
– Verkehr	86,7	0,3	–	–	–	1,4	–	3,7	0,0	92,0
– Private Haus-halte	15,8	32,6	0,5	0,5	–	15,8	5,7	10,8	0,0	81,7
– Kleinver-braucher[2]	10,3	15,3	0,1	0,0	–	18,3	2,3	4,1	0,0	50,5
Primärenergie-verbrauch	155,8	103,2	56,5	51,8	31,5	–	–	57,9	2,3	459,0

[1] Einschließlich Fackel- und Leitungsverluste, Bewertungsdifferenzen sowie statistische Differenzen
[2] Gewerbe, Handel, Dienstleistungen sowie öffentliche Einrichtungen einschließlich militärische Dienststellen
[3] Sonstige Naturgase; hergestellte Gase, Brennholz, Brenntorf, Klärschlamm, Müll sowie Außenhandelssaldo Strom
Quelle: Arbeitsgemeinschaft Energiebilanzen, Auswertungstabellen zur Energiebilanz Deutschland 1990 bis 2016, 07/2017

Tab. 5.8 Einsatz von Energieträgern zur Stromerzeugung in Deutschland 1990 bis 2017

Energieträger	1990	2000	2005	2010	2015	2017
	Mio. t SKE[1)]					
Steinkohlen	43,3	43,3	39,6	34,5	33,5	26,4
Braunkohlen	61,3	48,4	49,7	46,5	48,5	46,3
Erdgas	11,3	13,3	17,0	19,6	13,4	18,7
Mineralöle	4,1	2,8	3,5	2,5	1,7	1,6
Kernenergie	56,8	63,1	60,7	52,3	34,2	28,4
Erneuerbare Energien	4,2	6,3	12,0	24,8	30,8	34,8
Strom (Pumparbeit)	0,6	0,7	1,2	1,1	1,0	1,0
Sonstige Energieträger	3,1	4,1	5,2	6,7	6,1	6,2
Insgesamt	**184,7**	**182,0**	**188,9**	**188,0**	**169,2**	**163,4**

Quelle: Arbeitsgemeinschaft Energiebilanzen 07/2017 und (für 2017) eigene Schätzung

folgt. Dies erklärt sich dadurch, dass ein erhöhter Stromeinsatz vielfach Voraussetzung für eine effizientere Verwendung von Energie ist.

Der Einsatz von Energieträgern zur Stromerzeugung in Deutschland von insgesamt 163,4 Mio. t SKE im Jahr 2017 setzte sich wie folgt zusammen:

Kernenergie: 28,4 Mio. t SKE
Braunkohlen: 46,3 Mio. t SKE
Steinkohlen: 26,4 Mio. t SKE
Erdgas: 18,7 Mio. t SKE
Mineralöle: 1,6 Mio. t SKE
Erneuerbare Energien: 34,8 Mio. t SKE
Sonstige: 7,2 Mio. t SKE

5.3.2 Nichtenergetischer Verbrauch

Als Rohstoff spielt Energie insbesondere in der Petrochemie zur Erzeugung von organischen Primärchemikalien, im Straßenbau in Form von Bitumen sowie in Industrie und Verkehr als Schmierstoff eine Rolle. Ölprodukte halten den bei weitem größten Anteil am nichtenergetischen Verbrauch. Daneben haben Erdgas, Steinkohlen und Braunkohlen noch eine gewisse Bedeutung. Hinsichtlich dieser Struktur sind in den letzten vier Jahrzehnten nur geringe Veränderungen eingetreten.

5.3.3 Endenergieverbrauch

In Westdeutschland war der Energieverbrauch seit der 1. Ölpreiskrise einschneidenden Anpassungsprozessen unterworfen.

Industrie So hatte sich der Endenergieverbrauch dieses Sektors seit 1973 stark vermindert. Dieser drastische Rückgang konnte erzielt werden, obwohl die Nettoproduktion im gleichen Zeitraum erheblich zugenommen hat. Eine Betrachtung der Entwicklung des spezifischen Energieverbrauchs zeigt, dass sich die realisierten Minderungen sowohl bei hohen als auch bei niedrigen Energiepreisen vollzogen haben. Sie waren bereits lange vor der ersten Ölpreiskrise zu beobachten; so war der spezifische Energieverbrauch der Industrie von 1950 bis 1973 um 46 % gesunken. Und sie haben sich danach – auch in Zeiten wieder fallender Energiepreise – fortgesetzt. Entscheidend waren die Investitionen der Industrie in kontinuierlich – auch unter dem Gesichtspunkt der Energieeffizienz – verbesserte Anlagen. Im Jahr 2008 war der Energieaufwand der Industrie je 1000 € Bruttowertschöpfung (preisbereinigt) um 56 % niedriger als 1973. 2016 hatte die Kennziffer Endenergieverbrauch der Industrie/1000 € Bruttoproduktionswert (real) 2,4 GJ betragen. Im Gesamtzeitraum 1950 bis 2016 hat die deutsche Industrie den Energieaufwand je 1000 € Bruttowertschöpfung auf ein Viertel reduziert.

Der immer effizientere Umgang mit Energie durch Einführung neuer Produktionsverfahren und verbesserte Anlagen ist nicht die einzige Ursache des skizzierten Prozesses. Vielmehr ist diese Entwicklung auch auf die Veränderung der Produktpalette innerhalb der einzelnen Branchen und auf den Strukturwandel zwischen den verschiedenen Industriezweigen zurückzuführen. Energieintensive Produktionen und Branchen mussten Einbußen hinnehmen, während das verzeichnete Wachstum insbesondere durch weniger energieintensive Bereiche getragen worden ist. Ursache dieser letztgenannten Entwicklung ist zum einen die veränderte Nachfragestruktur; sie geht aber auch auf die Verlagerung von Produktionsstandorten ins Ausland bzw. die Berücksichtigung ausländischer Standorte bei Neuinvestitionen zurück.

Der Rückgang des Energieverbrauchs war begleitet von einem strukturellen Wandel im Energiemix zu Lasten von Öl und Kohle und zugunsten von Erdgas und Elektrizität. Die Zunahme des Stromverbrauchs, die sich auf fast alle wichtigen Industriezweige erstreckt, ist Ausdruck der für die Industrie typischen permanenten Modernisierung. Strom wird in vielen industriellen Prozessen eingesetzt, die der Rationalisierung, Energieeinsparung, Qualitätssteigerung und auch der Verbesserung des Umweltschutzes dienen.

Entscheidend für den Rückgang des ostdeutschen Energieverbrauchs waren die mit Einführung der Marktwirtschaft notwendigen Anpassungsprozesse. Insbesondere energieintensive Produktionen des Grundstoff- und Produktionsgütergewerbes mussten drastisch zurückgefahren werden. Zu nennen sind insbesondere die Chemie, die Eisenschaffende Industrie, Gießereien und Branchen wie die Gummiverarbeitung und die Holzbearbeitung. Auch im Investitionsgütergewerbe fiel die Produktion erheblich zurück. Dies gilt unter anderem für den Maschinenbau sowie für Elektrotechnik und Feinmechanik.

Tab. 5.9 Endenergieverbrauch nach Verkehrsbereichen in Deutschland 1975 bis 2016

	1975	1980	1985	1990	1995*	2000	2005	2010	2015	2016
	Petajoule									
Straßenverkehr										
Individualverkehr	859	1053	1100	1352	1541	1514	1437	1433	1479	1512
Öffentlicher Verkehr	30	34	34	35	41	41	38	34	35	36
Summe Personenverkehr	***888***	***1087***	***1134***	***1387***	***1582***	***1554***	***1474***	***1467***	***1514***	***1548***
Güterverkehr	266	360	363	431	684	804	675	642	677	685
Summe Straßenverkehr	***1154***	***1447***	***1497***	***1818***	***2266***	***2358***	***2150***	***2109***	***2191***	***2233***
Schienenverkehr	78	74	60	59	89	83	78	76	54	56
Luftverkehr	85	109	124	187	235	298	345	362	362	389
Binnenschifffahrt	38	36	30	27	24	12	14	12	13	11
Summe Verkehr	***1355***	***1666***	***1712***	***2091***	***2614***	***2751***	***2586***	***2559***	***2621***	***2690***

* ab 1995 einschließlich neue Bundesländer

Quelle: Deutsches Institut für Wirtschaftsforschung (DIW), Verkehr in Zahlen 2017/2018, Berlin 2017 (Die in Petajoule ausgewiesenen Zahlen können mit 29.308 Kilojoule/kg SKE umgerechnet werden)

Tab. 5.10 Entwicklung der Kraftfahrzeugbestände in Deutschland

Jahr	Gebietsabgrenzung	Krafträder	Personenkraft-wagen	Kraft-Omni-busse	Lastkraft-wagen	Zugmaschinen	Übrige Kraft-fahrzeuge	Kraftfahrzeuge insgesamt
1973	Alte Bundesländer[1]	401.050	17.023.085	55.602	1.138.554	1.530.964	111.114	20.260.369
	Neue Bundesländer[2]	1.360.859	1.539.060	19.068	216.250	204.136	53.484	3.392.857
	Insgesamt	**1.761.909**	**18.562.145**	**74.670**	**1.354.804**	**1.735.100**	**164.598**	**23.653.226**
1989	Alte Bundesländer[1]	1.378.528	29.755.447	70.181	1.345.348	1.749.158	405.600	34.704.262
	Neue Bundesländer[2]	1.327.111	3.898.895	62.701[4]	240.105[5]	262.519	166.981	5.958.312
	Insgesamt	**2.705.639**	**33.654.342**	**132.882**	**1.585.453**	**2.011.677**	**572.581**	**40.662.574**
1995	Deutschland[1]	2.267.428	40.404.294	86.258	2.215.236	1.899.627	613.435	47.486.278
2005	Deutschland[3]	3.827.899	45.375.526	85.508	2.572.142	1.961.934	696.644	54.519.653
2010	Deutschland[3] [6]	3.762.561	41.737.627	76.433	2.385.099	1.959.861	262.838	50.184.419
2015	Deutschland[3] [6]	4.145.392	44.403.124	77.501	2.701.343	2.111.149	277.132	53.715.641
2018	Deutschland[3] [6]	4.372.978	46.474.594	79.438	3.031.139	2.204.482	296.377	56.459.008

[1] Stand 01.07.
[2] Stand 30.09.
[3] Stand 01.01.
[4] einschließlich Kleinbusse (anders als 1973)
[5] ohne Kleinbusse (anders als 1973)
[6] Am 01.03.2007 trat eine neue Fahrzeugzulassungsverordnung in Kraft, die keine vorübergehenden Stilllegungen mehr kennt. Diese Fahrzeuge wurden bis zu diesem Zeitpunkt zum Fahrzeugbestand gezählt. Daher ist der Bestand im Vergleich zu den Vorjahren geringer
Quelle: Kraftfahrt-Bundesamt

Tab. 5.11 Kraftstoffverbrauch, Kraftstoffpreise und Fahrleistungen im Straßenverkehr

	Einheit	1970	1975	1980	1985	1990	1995*	2000	2005	2010	2015	2016
Pkw und Kombi insgesamt												
Durchschnittsverbrauch	l/100 km	9,6	9,9	10,1	9,9	9,4	8,8	8,3	7,8	7,5	7,3	7,2
Durchschnittliche Motorleistung	kW	38	46	53	57	60	63	68	74	79	86	87
Durchschnittliche Fahrleistung	1000 km	**	**	**	**	**	13,2	13,1	12,7	14,2	14,1	14,2
Mit Otto-Motor												
Durchschnittsverbrauch	l/100 km	9,6	10,0	10,2	10,2	9,7	9,1	8,6	8,3	7,9	7,7	7,7
Gesamtverbrauch	Mio. l	19.428	24.527	29.523	29.095	34.461	39.816	38.129	32.520	27.724	25.304	25.309
Durchschnittliche Fahrleistung	1000 km	15,0	14,2	13,2	12,2	13,3	12,5	12,0	10,8	11,4	10,9	10,9
Gesamtfahrleistung	Mio. km	202.262	245.683	290.300	286.099	354.371	435.423	442.855	391.443	349.416	327.977	330.164
Mit Diesel-Motor												
Durchschnittsverbrauch	l/100 km	8,6	8,9	9,1	8,2	7,8	7,5	7,1	6,8	6,8	6,8	6,8
Gesamtverbrauch	Mio. l	914	1310	2173	3806	6015	7447	8260	12.740	16.149	20.020	20.817
Durchschnittliche Fahrleistung	1000 km	24,5	22,9	21,1	19,8	18,7	18,0	19,6	19,5	21,1	20,3	20,3
Gesamtfahrleistung	Mio. km	10.650	14.774	24.014	46.352	77.117	99.708	116.612	186.721	237.700	294.336	306.731
Kraftstoffverbrauch im Straßenverkehr												
Personen- und Güterverkehr	1000 t	21.642	26.490	33.411	34.586	41.934	52.730	54.670	54.087	53.089	55.183	56.297
Davon:												
Vergaserkraftstoff	Mio. l	**	**	**	**	**	41.105	39.433	33.659	28.633	26.240	26.259
Dieselkraftstoff	Mio. l	**	**	**	**	**	26.240	30.062	34.542	37.862	45.519	43.835

* ab 1995 einschließlich neue Bundesländer

** keine Angabe verfügbar

Quelle: Deutsches Institut für Wirtschaftsforschung, Verkehr in Zahlen 2017/2018, Berlin 2017

Tab. 5.12 Bestand an Personenkraftwagen in den Jahren 2007 bis 2018 nach ausgewählten Kraftstoffarten

Jahr (jeweils 1. Januar)	Benzin	Diesel	Flüssiggas (einschließlich bivalent)	Erdgas (einschließlich bivalent)	Elektro	Hybrid	Zum Vergleich: Insgesamt
2007	35.594.333	10.819.760	98.370	42.759	1790	11.275	46.569.657
2008[1)]	30.905.204	10.045.903	162.041	50.614	1436	17.307	41.183.594
2009	30.639.015	10.290.288	306.402	60.744	1452	22.330	41.321.171
2010	30.449.617	10.817.769	369.430	68.515	1588	28.862	41.737.627
2011	30.487.578	11.266.644	418.659	71.519	2307	37.256	42.301.563
2012	30.452.019	11.891.375	456.252	74.853	4541	47.642	42.927.647
2013	30.206.472	12.578.950	494.777	76.284	7114	64.995	43.431.124
2014	29.956.296	13.215.190	500.867	79.065	12.156	85.575	43.851.230
2015	29.837.614	13.861.404	494.148	81.423	18.948	107.754	44.403.124
2016	29.825.223	14.532.426	475.711	80.300	25.502	130.365	45.071.209
2017	29.978.635	15.089.392	448.025	77.187	34.022	165.405	45.803.560
2018	30.451.268	15.225.296	421.283	75.459	53.861	236.710[2)]	46.474.594

1) Ab 1. Januar 2008 nur noch angemeldete Fahrzeuge ohne vorübergehende Stilllegungen/Außerbetriebsetzungen

2) darunter 44.419 Plug-in

Quelle: Kraftfahrt-Bundesamt

Auch die seit Anfang der 1990er Jahre verfügbaren gesamtdeutschen Zahlen zeigen eine Fortsetzung des rückläufigen Trends der Energieintensität im Industriesektor.

Verkehr In diesem Sektor kommt dem Straßenverkehr mit einem Anteil von 83,0 % am Energieverbrauch eine dominierende Bedeutung zu. Der in den letzten Jahrzehnten stark gestiegene Energieverbrauch im Straßenverkehr verteilte sich 2016 wie folgt:

Individualverkehr: 67,7 %
Öffentlicher Personenverkehr: 1,6 %
Güterverkehr: 30,7 %.

Daneben spielt der Luftverkehr eine wachsende Rolle. So erreichte der Luftverkehr 2016 einen Anteil von 14,5 % am gesamten Energieverbrauch des Verkehrssektors. Demgegenüber verliert der Energieverbrauch im Schienenverkehr und in der Binnenschifffahrt an Gewicht; beide Sektoren zusammen halten inzwischen nur noch 2,5 % am Energieverbrauch des Verkehrssektors.

Neben der dominierenden Bedeutung des Straßenverkehrs ist besonders bemerkenswert, dass 94,2 % des Endenergieverbrauchs im Verkehrssektor durch Mineralölprodukte und 1,5 % durch Elektrizität gedeckt wurden. Der Erdgasanteil lag 2016 bei 0,3 %. 4,0 % entfallen auf erneuerbare Energien.

Seit 1970 hat sich der Kraftstoffkonsum für Pkw – trotz der Entwicklung verbrauchsärmerer Modelle und des verstärkten Rückgriffs auf verbrauchsärmere Diesel-Pkw – mehr als verdoppelt. Als entscheidende Bestimmungsfaktoren dieser Entwicklung sind zu nennen [2]:

- Verdreifachung des Pkw-Bestandes;
- Wandel in der Struktur der Hubraumklassen bei Neuzulassungen von Pkw hin zu leistungsstärkeren Fahrzeugen [3].

Bei Pkw mit Ottomotor war folgende Entwicklung zu verzeichnen: Trotz des seit 1970 gestiegenen Pkw-Bestandes – der Zuwachs war zunehmend durch die Anschaffung von Zweitwagen bestimmt worden – hat sich die jahresdurchschnittliche Fahrleistung pro Pkw im Zeitraum von 1970 bis 2016 nur um 27 % verringert. Sie betrug für Pkw mit Ottomotor 2016 rund 10.900 km.

Der Benzinverbrauch der Pkw-Flotte mit Ottomotor hat sich je Fahrzeug in dem genannten Zeitraum um 20 % vermindert. Der durchschnittliche Benzinverbrauch lag 2016 bei 7,7 l/100 km. 1970 waren es 9,6 l/100 km. Diese Entwicklung geht auf mehrere Einflussgrößen zurück. Verbrauchserhöhend wirkte sich die Veränderung der Bestandsstruktur zugunsten größerer Fahrzeuge aus. Demgegenüber nahmen die Durchschnittswerte des Kraftstoffkonsums innerhalb der einzelnen Hubraumklassen ab; dies geht auf motortechnische und aerodynamische Verbesserungen zurück. Die ebenfalls erreichten Gewichtsreduktionen infolge anderer Werkstoffe und veränderter Bauweisen, die grundsätzlich verbrauchssenkend wirken, wurden z. T. durch Zusatzausstattungen, die ihrerseits

Gewichtserhöhungen verursachten, konterkariert. Verbrauchserhöhend wirkte der Energiebedarf der elektrisch betriebenen Zusatzausstattungen.

Etwas stärker als bei Pkw mit Ottomotor hat sich der spezifische Kraftstoffverbrauch von Diesel-Pkw reduziert. 2016 verbrauchten Diesel-Pkw im Durchschnitt 6,8 l/100 km. Das waren 21 % weniger als 1970. Diese Entwicklung geht – neben der Markteinführung effizienterer Motoren – auf die veränderte Zusammensetzung der Diesel-Flotte zurück. So war in den vergangenen Jahren das Angebot von Diesel-Pkw auch in der Mittelklasse und bei Kleinwagen stark ausgeweitet worden. Die strukturellen Veränderungen im Markt für Diesel-Pkw haben sich auch bei der durchschnittlichen Fahrleistung ausgewirkt. Sie lag 2016 für Diesel-Pkw bei 20.300 km. 1970 hatten Diesel-Pkw noch eine durchschnittliche Jahresfahrleistung von etwa 24.500 km.

Entscheidend für den Anstieg des Energieverbrauchs im Straßen-Güterverkehr war die Zunahme der Verkehrsleistung. Dabei war beim Fernverkehr ein erheblich stärkerer Anstieg der Verkehrsleistung zu beobachten als im Nahverkehr. Der Energieverbrauch im Schienenverkehr war 2016 um 28 % niedriger als 1975. In der Binnenschifffahrt war ein Rückgang um mehr als zwei Drittel zu verzeichnen. Demgegenüber lag der Energieverbrauch im Luftverkehr in Deutschland 2016 bei dem 5-fachen des Vergleichswertes im Jahr 1975.

Private Haushalte Der Energieverbrauch des *Haushaltssektors* dient vor allem der Deckung des Wärmebedarfs. Die erreichte Begrenzung des Anstiegs des Endenergieverbrauchs wurde u. a. erreicht durch bauliche Veränderungen wie etwa verbesserte Wärmedämmung, durch Übergang auf moderne Brenner und Kessel mit höherem Wirkungsgrad, durch bessere Wartung der Heizanlagen, durch Einbau von temperaturgesteuerten Regelungsanlagen und infolge des Austauschs veralteter Haushaltsgeräte durch Aggregate mit geringerem Energieverbrauch. Dank dieser von einem einsparbewussten Verhalten begleiteten investiven Maßnahmen zum Wärmeschutz der Gebäude und zur Wirkungsgradverbesserung sowie zur temperaturabhängigen Regelung der Heizungsanlagen ist der Endenergieverbrauch im Haushaltssektor pro m^2 Wohnfläche von 859 MJ im Jahr 1990 um 29 % auf 609 MJ im Jahr 2016 gesunken.

Die in den 1970er Jahren vorgelegten Prognosen hatten diese Entwicklung nicht in Rechnung gestellt. Entsprechend war die Höhe des Energieverbrauchs stark überschätzt worden. In diesen Prognosen konnten, soweit sie vorher vorgelegt worden waren, die drastischen Energiepreissprünge der Jahre 1973/74 und 1979/80 nicht vorhergesehen werden, die – unterstützt durch energiepolitische Maßnahmen der Bundesregierung – Einspar- und Substitutionseffekte in einem unerwartet starken Ausmaß entfaltet hatten. Diese Prozesse haben in den folgenden Jahrzehnten – selbst in Perioden zeitweise gesunkener Energiepreise – angesichts gestiegener Effizienzanforderungen im Gebäudebestand und bei Neubauten und begünstigt durch fortgesetzte Fördermaßnahmen – angehalten.

Der Energiemix der Privathaushalte wurde in den letzten zwei Jahrzehnten insbesondere durch die Entwicklung der Beheizungsstruktur geprägt. 1973 waren 51 % der westdeutschen Wohnungen mit Öl beheizt worden. Öl hatte in den Jahren bis 1973 Kohle als

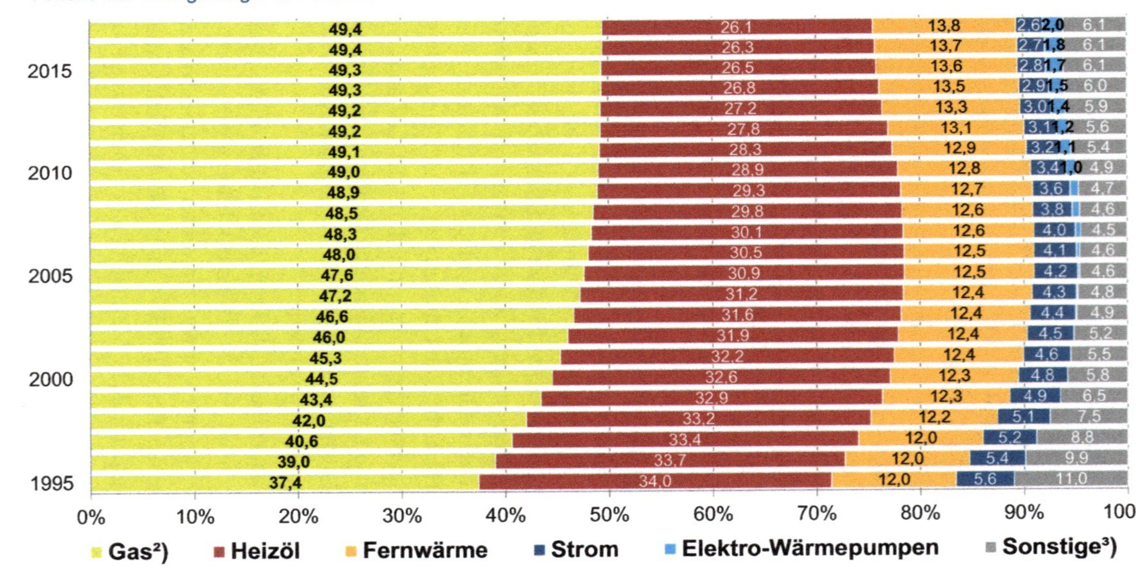

Abb. 5.4 Entwicklung der Beheizungsstruktur des Wohnungsbestandes in Deutschland 1995 bis 2017

Entwicklung der Beheizungsstruktur im Wohnungsneubau[1] in Deutschland
Anteile der Energieträger in Prozent

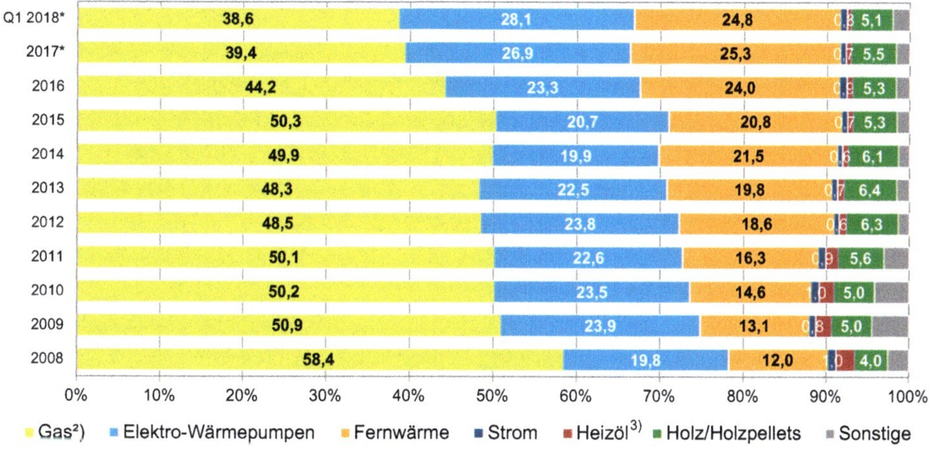

* vorläufig
1) zum Bau genehmigte neue Wohneinheiten; bis 2012 in neu zu errichtenden Gebäuden, ab 2013 zudem in Bestandsgebäuden; primäre Heizenergie
2) einschließlich Bioerdgas
Quelle: Statistische Landesämter, BDEW
Stand 05/2018

Abb. 5.5 Entwicklung der Beheizungsstruktur bei Neubauten in Deutschland 2000 bis 2017

Tab. 5.13 Beheizungsstruktur des Wohnungsbestandes

	2016	2017**
Anzahl Wohnungen*	41,5 Mio.	41,7 Mio.
Davon beheizt mit		
Gas***	49,4 %	49,4 %
Fernwärme	13,7 %	13,8 %
Strom	2,7 %	2,6 %
Elektro-Wärmepumpe	1,8 %	2,0 %
Heizöl	26,3 %	26,1 %
Holz, Holzpellets, sonstige Biomasse, Koks/Kohle, sonstige Heizenergie	6,1 %	6,1 %

* Anzahl der Wohnungen in Gebäuden mit Wohnraum; Heizung vorhanden
** vorläufig
*** einschließlich Bioerdgas und Flüssiggas
Quelle: BDEW

Heizenergie substituiert. Nach der 1. Ölpreiskrise schwächte sich der Trend zur Ölheizung deutlich ab. 1976 bis 1978 erreichte der Anteil der Ölheizung mit 53 % seinen Höchststand. Danach setzte eine rückläufige Bewegung ein. 1998 wurden noch etwa 37 % aller westdeutschen Wohnungen mit Öl beheizt. Erheblich größere Marktverluste musste die

Tab. 5.14 Beheizungssysteme in neuen Wohnungen

	2016	2017**
Anzahl Wohnungen*	323.071	297.212
Davon beheizt mit		
Erdgas***	44,2 %	39,4 %
Elektro-Wärmepumpe	23,3 %	26,9 %
Fernwärme	24,0 %	25,3 %
Strom	0,9 %	0,7 %
Heizöl	0,7 %	0,6 %
Holz, Holzpellets	5,3 %	5,5 %
Sonstige	1,6 %	1,6 %

* zum Bau genehmigte neue Wohneinheiten
** vorläufig
*** einschließlich Bioerdgas
Quellen: Statistisches Bundesamt, Statistische Landesämter, BDEW

Kohle hinnehmen. Ihr Anteil an der Wohnungsbeheizung erreichte 1998 rund 6 % – nach noch 25 % im Jahr 1973. Der große Gewinner war das Erdgas. So hatte sich der Gasanteil an der Beheizung des Wohnungsbestandes von 14 % im Jahr 1973 um 28 Prozentpunkte auf 42 % im Jahr 1998 erhöht. Strom und Fernwärme konnten seit 1973 leichte Zuwächse verbuchen. So vergrößerte sich der Anteil der Fernwärme an der Wohnungsbeheizung von 5 % im Jahr 1973 auf 8 % im Jahr 1998. Bei Elektrizität war in diesem Zeitraum ein Zuwachs von 5 % auf 7 % zu verzeichnen.

Die in Ostdeutschland bei der Wohnungsbeheizung im Jahr 1989 bestehende Ausgangssituation kann wie folgt charakterisiert werden: Die insgesamt vorhandenen knapp 7 Mio. Wohnungen wurden jeweils zu etwa 50 % über Zentralheizungen und Einzelöfen beheizt. Der Anteil der mit Braunkohlen beheizten Wohnungen betrug mehr als zwei Drittel; in drei Viertel dieser Wohnungen waren Einzelöfen im Einsatz, bei einem Viertel waren Zentralheizungen installiert. Rund ein Viertel des Wohnungsbestandes wurde mit Fernwärme versorgt. Öl spielte für die Beheizung keine Rolle. Mit Gas und Strom vollbeheizte Wohnungen waren von untergeordneter Bedeutung.

Nach 1989 hat ein starker Strukturwandel auf dem ostdeutschen Haushaltswärmemarkt eingesetzt. Der Anteil der mit Öl beheizten Wohnungen war bis 1998 auf 16 % angestiegen. Mit Gas wurden 1998 bereits 44 % der Wohnungen beheizt. Demgegenüber hatte sich der Anteil der Kohle von 73 % im Jahr 1989 auf 10 % im Jahr 1998 vermindert.

Mit dieser Umstellung, die mit einer weitreichenden Erneuerung des Bestandes an Heizungsanlagen verbunden war, konnten erhebliche Effizienzgewinne realisiert werden. Zusätzlich hatten der nach 1989 erfolgte Abbau der zuvor bestehenden Verbraucherpreissubventionen und die Aufhebung der früher staatlich verordneten Festpreise für Energie erhebliche Impulse für eine sparsamere Energieverwendung gesetzt. Der Verschwendung von Energie, die sich als Folge der künstlich niedrig gehaltenen Energiepreise eingestellt hatte, wurde mit Erfolg entgegengewirkt.

Der Wandel der Beheizungsstruktur hat – neben der bereits genannten Verbrauchsminderung – zu erheblichen Marktanteilsverschiebungen zwischen den Energieträgern geführt. Heizöl und insbesondere Erdgas konnten Marktanteilsgewinne zulasten der Braunkohle verbuchen. Der Anteil der Fernwärme an der Deckung des Haushaltsenergiebedarfs blieb in etwa unverändert.

Ergebnis des für West- und Ostdeutschland dargestellten Verlaufs ist, dass Gas inzwischen – vor Öl – die wichtigste Heizenergie geworden ist. So waren 2017 mehr als 20 Mio. Wohnungen in Deutschland gasbeheizt. Dies entsprach einem Anteil von 49,4 % am gesamten Wohnungsbestand von rund 42 Mio. Wohnungen. Mit Heizöl wurden rund 11 Mio. Wohnungen entsprechend 26,1 % beheizt. Der Beitrag von Strom belief sich 2017 auf 2,6 %. Die Anteile von Fernwärme betrugen 13,8 %. Auf die Elektro-Wärmepumpe entfielen 2,0 %. Sonstige Energie, wie u. a. Holz, Holzpellets, sonstige Biomasse und Koks/Kohle, wurde in 6,1 % der Wohnungen zur Beheizung genutzt.

Gewerbe/Handel/Dienstleistungen Der Endenergieverbrauch dieses Sektors hat sich im Zeitraum 1990 bis 2016 um 14,6 % vermindert. In der gleichen Periode hat sich die Bruttowertschöpfung des GHD-Sektors um 41,2 % (real) vergrößert. Entsprechend ist der Endenergieverbrauch pro Einheit Bruttowertschöpfung sogar um rund 38,5 % gesunken. Der Energiemix hat sich – vergleichbar mit der Entwicklung bei privaten Haushalten – stark verändert. Die bei Mineralöl und Kohle verzeichneten Rückgänge wurden auch hier durch Zuwächse vor allem an Erdgas und daneben an Strom sowie an erneuerbaren Energien kompensiert.

5.4 Endenergieverbrauch nach Anwendungsbereichen

Die von der Arbeitsgemeinschaft Energiebilanzen für Deutschland aufgestellten Energiebilanzen erfassen alle Energieträger vom Aufkommen und Gesamtverbrauch (Primärenergiebilanz) über deren Umwandlung (Umwandlungsbilanz) bis zur letzten Verwendung bei den Verbrauchern (Endenergieverbrauch). Damit bieten die Energiebilanzen in Form einer Matrix eine detaillierte Übersicht über die energiewirtschaftlichen Verflechtungen.

Damit wird die Energienutzungskette jedoch nicht vollständig abgebildet. Die letzte Stufe, die Umwandlung der Endenergieträger in Nutzenergie der jeweiligen Anwendungsbereiche (Beleuchtung, mechanische Energie, Wärme, Kälte), wird nicht dargestellt. Diese ist die Voraussetzung dafür, dass der Endverbraucher die von ihm letztlich gewünschte Energiedienstleistung (z. B. gute Beleuchtung, angenehm temperierter Wohnraum) realisieren kann. Dazu ist die Kenntnis der verschiedenen Anwendungsbereiche erforderlich.

Vor diesem Hintergrund erteilte das Bundesministerium für Wirtschaft der Arbeitsgemeinschaft Energiebilanzen e. V. den Auftrag zur Erarbeitung der Anwendungsbilanzen für die Endenergiesektoren in Deutschland. Die Arbeitsgemeinschaft Energiebilanzen (AGEB) vergab ihrerseits Unteraufträge an das Fraunhofer-Institut für System- und Innovationsforschung (ISI) in Karlsruhe, an den Lehrstuhl für Energiewirtschaft und Anwendungstechnik der TU München (TUM) und das Rheinisch-Westfälische Institut für Wirtschaftsforschung (RWI) in Essen. Diesen drei Instituten wurde die Verantwortlichkeit für die Anwendungsbilanzen Industrie (ISI), Gewerbe/Handel/Dienstleistungen (TUM) und Haushalte (RWI) zugeordnet, während die Erstellung der Anwendungsbilanz für den Bereich Verkehr durch die AGEB selbst erfolgt [4].

Die als Ergebnis dieser Untersuchungen vorgelegte Darstellung nimmt eine Aufgliederung des Endenergieverbrauchs nach folgenden Merkmalen vor:

1. Anwendungsbereiche:
   - Wärme
     - Raumwärme
     - Warmwasser
     - sonstige Prozesswärme
   - Kälteanwendungen
   - Mechanische Energie (Kraft)
   - Information und Kommunikation (IKT)
   - Beleuchtung.

Elektrisch betriebene Waschmaschinen und Geschirrspülmaschinen sind mit ihren der Wassererwärmung zuzurechnenden Stromverbräuchen bei der Warmwasserversorgung erfasst.

Bei der „Sonstigen Prozesswärme" (Prozesswärme ohne Warmwasser) handelt es sich im Wesentlichen um Wärme für Fertigungsprozesse in Industrie und Gewerbe. Hierin enthalten ist der Endenergieverbrauch für die Elektrolyse, z. B. für die Herstellung von NE-Metallen (Aluminium, Zink, usw.) oder Chlor. Zur „Sonstigen Prozesswärme" zählen aber auch Wärmeprozesse im privaten Haushalt, besonders der Anwendungsbereich Lebensmittelzubereitung (z. B. Kochen).

Zur Information und Kommunikation zählen neben den Geräten der Unterhaltungselektronik die betrieblich oder privat genutzten EDV-Geräte einschließlich der Peripherie sowie die Telekommunikationsgeräte. Eingeschlossen ist auch der Verbrauch für elektrische Steuerungs- und Regelungseinrichtungen, z. B. in Maschinen und Kraftfahrzeugen.

2. Verbrauchergruppen:
   - Industrie (Produzierendes Gewerbe ohne Branchen des Energieumwandlungsbereichs und ohne Baugewerbe)
   - Gewerbe, Handel und Dienstleistungen (einschl. militärische Dienststellen)
   - Private Haushalte
   - Verkehr.

Die Abgrenzung des Energieverbrauchs zwischen den Verbrauchergruppen ist nicht immer exakt möglich. In den Energiebilanzen werden Energielieferungen (Heizöl und Fernwärme) bei gemischt (gewerblich und privat) genutzten Gebäuden regelmäßig den

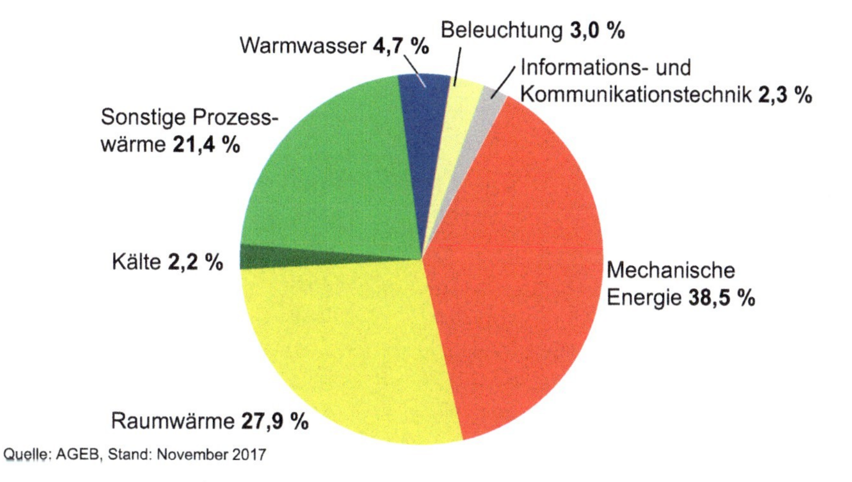

Abb. 5.6 Endenergieverbrauch im Jahr 2016 nach Anwendungsbereichen

Haushalten zugerechnet. Dadurch wird der Verbrauch für Raumwärme und Warmwasser vermutlich zu hoch, der Verbrauch des Sektors Gewerbe, Handel und Dienstleistungen zu niedrig ausgewiesen.

3. Energiearten:
   - Mineralöle
     - Heizöle EL (leichtes Heizöl)
     - Heizöle S (schweres Heizöl)
     - Sonstige (in erster Linie Kraftstoffe)
   - Gase
     - Erdgas
     - Gas aus Öl
     - Gas aus Kohle
   - Strom
   - Fernwärme (aus Kraft-Wärme-Kopplung und Heizwerken)
   - Kohlen (Steinkohle und Braunkohle)
   - Erneuerbare Energien
   - Sonstige

Auf Basis der für 2016 ermittelten Zahlen ergibt sich folgendes Bild (Tab. 5.15) hinsichtlich der Struktur des deutschen Endenergieverbrauchs nach Verbrauchssektoren und Anwendungsbereichen.

Tab. 5.15 Struktur des Endenergieverbrauchs nach Sektoren und Anwendungsbereichen 2016

Anwendungsbereich	Industrie	Verkehr	Private Haushalte	GHD*	Summe
	PJ				
Raumwärme	159,4	12,7	1664,3	720,8	2557,2
Warmwasser	16,4	0,0	345,3	68,0	429,7
Sonstige Prozess-wärme	1713,1	0,0	142,3	102,8	1958,2
Kälteanwendungen	35,3	2,7	107,4	59,9	205,3
Mechanische Energie	591,5	2657,9	20,5	250,2	3520,2
IKT	33,2	10,0	77,4	86,3	206,8
Beleuchtung	32,4	12,7	36,8	192,3	274,2
Summe	***2581,3***	***2696,0***	***2394,0***	***1480,3***	***9151,6***
	Anwendungsstruktur in %				
Raumwärme	6,2	0,5	69,5	48,7	27,9
Warmwasser	0,6	0,0	14,4	4,6	4,7
Sonstige Prozess-wärme	66,4	0,0	6,0	7,0	21,4
Kälteanwendungen	1,4	0,1	4,5	4,0	2,2
Mechanische Energie	22,9	98,6	0,9	16,9	38,5
IKT	1,3	0,4	3,2	5,8	2,3
Beleuchtung	1,2	0,5	1,5	13,0	3,0
Summe	***100,0***	***100,0***	***100,0***	***100,0***	***100,0***

* Gewerbe, Handel und Dienstleistungen (einschließlich militärische Dienststellen)
Quelle: AGEB, Anwendungsbilanzen für die Endenergiesektoren in Deutschland in den Jahren 2013 bis 2016, November 2017

Auf mechanische Energie entfallen 38,5 %, auf Raumwärme 27,9 %, auf sonstige Prozesswärme 21,4 %, auf Warmwasser 4,7 %, auf Kälteanwendungen 2,2 %, auf IKT 2,3 % und auf Beleuchtung 3,0 % des gesamten Endenergieverbrauchs. Diese Durchschnittszahlen sind Ergebnis einer zwischen den einzelnen Verbrauchssektoren stark differierenden Struktur.

- So hält in der Industrie die Sonstige Prozesswärme mit zwei Drittel einen überproportional hohen Anteil.
- Im Verkehrssektor dominiert mit 99 % die Anwendung als Mechanische Energie.
- Bei den Privaten Haushalten ist es die Raumwärme, auf die mit 69 % der größte Anteil entfällt.
- Im Sektor, Gewerbe, Handel, Dienstleistungen (GHD) kommt zwar mit 49 % ebenfalls der Raumwärme das größte Gewicht zu. Hier spielen aber auch die anderen Anwendungsbereiche, wie vor allem die Mechanische Energie mit 16,9 % und die Beleuchtung mit 13,0 %, eine vergleichsweise wichtige Rolle.

Bei Strom hat die Anwendung als Mechanische Energie die größte Bedeutung. Der Beleuchtung dienen – im Durchschnitt über alle Verbrauchssektoren – nur 14,2des Stromverbrauchs. Bei den Privaten Haushalten sind es sogar lediglich 8,0 % des Stromverbrauchs, die dem Anwendungsbereich Beleuchtung zuzurechnen sind. Der Anwendungsbereich IKT hat im Haushaltssektor mit 16,7 % ein doppelt so starkes Gewicht wie die Beleuchtung. Bemerkenswert ist dagegen die große Bedeutung der Beleuchtung für den Stromeinsatz im GHD-Sektor mit einem Anteil von 35,8 % am gesamten sektoralen Stromverbrauch.

Für die anderen Energieträger ergibt sich ein zum Teil davon stark abweichendes Bild. So dient leichtes Heizöl vor allem der Deckung des Raumwärmebedarfs, Kraftstoffe dominieren im Anwendungsbereich Mechanische Energie. Gase werden überwiegend zur Deckung der Raumwärme- und des Sonstigen Prozesswärmebedarfs genutzt. Bei Fernwärme stehen die Raumwärme und die Warmwasserbereitung als Anwendungsbereich im Vordergrund. Der Einsatzschwerpunkt der Kohle im Endenergiebereich liegt bei der Sonstigen Prozesswärme.

Literatur

[1] Arbeitsgemeinschaft Energiebilanzen (AGEB), Energiebilanzen für die Bundesrepublik Deutschland, Berlin 2018

[2] Weltenergierat – Deutschland, Energie für Deutschland 2018, Berlin 2018

[3] Deutsches Institut für Wirtschaftsforschung (DIW), Verkehr in Zahlen, Ausgabe 2017/2018, Berlin 2017

[4] Arbeitsgemeinschaft Energiebilanzen (AGEB), Anwendungsbilanzen für die Endenergiesektoren in Deutschland in den Jahren 2013 bis 2016, Berlin, November 2017

6 Klimaschutz/Emissionshandel

Mit dem Begriff „Treibhauseffekt“ wird die Eigenschaft bestimmter Gase beschrieben, in einem komplizierten Zusammenspiel die Sonneneinstrahlung weitgehend ungehindert zur Erdoberfläche hindurchzulassen, dagegen aber die Wärmeabstrahlung der Erde teilweise zu absorbieren. Dabei erwärmen sich diese Gase und werfen einen Großteil der von der Sonne emittierten Strahlungsenergie wieder auf die Erdoberfläche zurück. Der natürliche Treibhauseffekt wird durch Wasserdampf (H_2O), Kohlendioxid (CO_2), Ozon (O_3), Distickstoffoxid (N_2O), auch Lachgas genannt, sowie Methan (CH_4) hervorgerufen und bewirkt, dass die Oberflächentemperatur der Erde im Mittel ca. 15 °C beträgt. Ohne diesen Effekt läge die Temperatur um etwa 33 °C unter diesem Wert, bei etwa −18 °C.

6.1 Der anthropogene Treibhauseffekt

Durch menschliche Aktivitäten erhöht sich die Konzentration von Treibhausgasen in der Atmosphäre. Den höchsten Anteil am weltweiten anthropogenen Treibhauseffekt hat das Kohlendioxid, gefolgt von Methan, verschiedenen Fluorkohlenwasserstoffen und schließlich Distickstoffoxid.

Hauptemittenten sind die Energiewirtschaft und der Verkehrssektor mit etwa 50 % Anteil am gesamten anthropogenen Treibhauseffekt, gefolgt vom Chemiesektor mit etwa 20 %, verursacht durch die direkten Emissionen von FCKW, Halonen und anderen klimarelevanten Spurengasen in geringerem Umfang. Die Vernichtung der Tropenwälder trägt mit ca. 15 % zum anthropogenen Treibhauseffekt bei, zwei Drittel davon entfallen auf die Emission von Kohlendioxid. Die Landwirtschaft und andere Bereiche sind durch Emissionen verschiedener Spurengase zusammen mit knapp 15 % beteiligt.

Als Folge des anthropogenen Treibhauseffektes werden ein Anstieg des Meeresspiegels und Verschiebungen der Klimazonen prognostiziert. Es wird befürchtet, dass die Schnelligkeit des Temperaturanstiegs die Fähigkeit vieler Ökosysteme, sich anzupassen, übersteigt. Die verschiedenen Vegetationszonen wären entsprechenden Auswirkungen aus-

H.-W. Schiffer, *Energiemarkt Deutschland*, https://doi.org/10.1007/978-3-658-23024-1_6

gesetzt und die veränderten Bedingungen könnten Einfluss auf die Landwirtschaft haben. Dürreperioden und Überschwemmungen sowie Änderungen der Sonnenscheindauer und von Frostperioden könnten die Ernährungssituation in vielen Ländern verschlechtern. Auswirkungen auf die Grundwasservorkommen werden ebenfalls befürchtet.

Die Basis für solche Warnungen bilden aufwändige dreidimensionale Klimamodelle. Die strahlungsphysikalische Basis dieser Modelle ist so gut wie unumstritten, d. h. durch die Zunahme klimarelevanter Spurengase in der Atmosphäre verändern sich die Strahlungsflüsse im System Erde/Atmosphäre/Weltall, und dies führt ohne Berücksichtigung von Rückkopplungseffekten tendenziell zu einer Erwärmung von Untergrund und Atmosphäre.

Die Frage ist, inwieweit Rückkopplungseffekte (Atmosphäre-Ozean-Kopplung, Wolken, vertikaler Wärmetransport u. a.) die strahlungsbedingte Erwärmung dämpfen oder verstärken. Dies ist wissenschaftlich nach wie vor genauso umstritten wie die Prognose der CO_2- und anderer Treibhausgaskonzentrationen in der Atmosphäre über die nächsten 100 Jahre. Obwohl größte wissenschaftliche und finanzielle Anstrengungen unternommen werden, sind die Modellaussagen daher zurzeit noch mit erheblichen Unsicherheiten behaftet.

Trotz dieser wissenschaftlichen Unsicherheiten geht die internationale Staatengemeinschaft aber davon aus, dass der Treibhauseffekt eine reale Bedrohung darstellt, auf die es aus Vorsorgegründen angemessen zu reagieren gilt [1]. Grundsätzlich wird angestrebt, die Treibhausgaskonzentration in der Atmosphäre auf 450 parts per million (ppm) und damit den Temperaturanstieg auf maximal +2 Grad, möglichst sogar auf 1,5 Grad, im Vergleich zum vorindustriellen Niveau zu begrenzen. Bereits für 2014 wurde vom United Nations Framework Convention on Climate Change (UNFCCC) das inzwischen erreichte Niveau auf rund 400 ppm beziffert. 2017 sind gemäß Angaben der Weltorganisation für Meteorologie (WMO) 403,3 ppm gemessen worden.

6.2 Die internationale Reaktion: von Montréal nach Rio

Seit Ende der 1970er Jahre beschäftigt sich die internationale Staatengemeinschaft mit den möglichen Auswirkungen von Aktivitäten der Menschen auf das Klima. Die Erste Weltklimakonferenz 1979 mündete in einer Erklärung, in der die Regierungen der Welt aufgefordert wurden, „sich auf potenzielle, vom Menschen verursachte Änderungen im Klima, die sich nachteilig auf das Wohl der Menschheit auswirken könnten, einzustellen und sie zu verhindern." Der auf dieser wissenschaftlichen Konferenz außerdem befürwortete Plan, ein Weltklimaprogramm in der Verantwortung u. a. des Umweltprogramms der Vereinten Nationen (UNEP) und der Weltorganisation für Meteorologie (WMO) zu erstellen, führte in der Folgezeit zu einer Reihe zwischenstaatlicher Konferenzen über den Klimawandel. Diese beiden Organisationen begründeten 1988 den Intergovernmental Panel on Climate Change (IPCC) und beauftragten diese zwischenstaatliche Sachverständigengruppe über Klimaänderungen, „eine Bestandsaufnahme des vorhandenen Wissens über das Klimasystem und den Klimawandel vorzunehmen, die Auswirkungen des Klimawandels auf Umwelt, Wirtschaft und Gesellschaft zu prüfen und mögliche gegensteuernde Strategien auszuarbeiten.“ Der Erste Sachstandsbericht des IPCC wurde 1990 vorgelegt. Es folgten weitere Berichte in den Jahren 1995, 2001, 2005 und 2007. In dem 2007 vorgelegten Vierten Sachstandsbericht hatte der IPCC den Stand der weltweiten Klimaforschung zusammengefasst.

Der Fünfte Assessment Report (AR 5) besteht aus drei Working Group Reports und einem Synthesis Report. Themen und Veröffentlichungsdatum dieser vier Berichte sind [2]:

- WG I: The Physical Science Basis – 30. September 2013, Summary for Policymakers, veröffentlicht am 27. September 2013
- WG II: Impacts, Adaption und Vulnerability – 31. März 2014
- WG III: Mitigation of Climate Change – 11. April 2014
- AR 5 Synthesis Report (SYR) – 31. Oktober 2014

In der Summary for Policymakers des Working Group Reports I veröffentlichte Kernthesen sind:

- Die Wahrscheinlichkeit ist gestiegen, dass der Klimawandel anthropogen verursacht ist.
- Die Wahrscheinlichkeit, dass der Klimawandel zu einem Anstieg von Extremwetterereignissen führt, wird geringer als in der Vergangenheit eingeschätzt.
- Die Einschätzung zur Klimasensitivität von CO_2 wird im Vergleich zum IPCC-Report aus dem Jahr 2007 deutlich zurückgenommen. Bei einer Verdopplung der CO_2-Konzentration in der Atmosphäre beträgt die – isoliert betrachtet – daraus folgende Temperaturerhöhung „nur“ noch 1 bis 2,5 °C (2007: 2 bis 4,5 °C mit einem Mittelwert von 3 °C).

Die Tatsache, dass seit dem Jahr 2000 ein weiterer Anstieg der Temperaturen nicht beobachtet werden konnte, wird durch die Aussage des IPCC relativiert, dass relativ kurze Pausen beim Temperaturanstieg den langfristig erwarteten Trends nicht widersprechen müssen.

Die Generalversammlung der Vereinten Nationen hatte im Dezember 1990 die Aufnahme von Vertragsverhandlungen über eine Rahmenkonvention der Vereinten Nationen über Klimaänderungen (United Nations Framework Convention on Climate Change – UNFCCC) beschlossen. Die 1992 in Rio de Janeiro von 154 Staaten und der Europäischen Gemeinschaft unterzeichnete Klimarahmenkonvention (KRK) beinhaltet als Ziel „die Stabilisierung der Treibhausgaskonzentrationen in der Atmosphäre auf einem Niveau (...), auf dem eine gefährliche anthropogene Störung des Klimasystems verhindert wird.“ Zu den Leitbildern der Konvention gehören u. a. das Vorsorgeprinzip sowie das Prinzip der gemeinsamen, aber unterschiedlichen Verantwortlichkeiten der Staaten. Danach haben

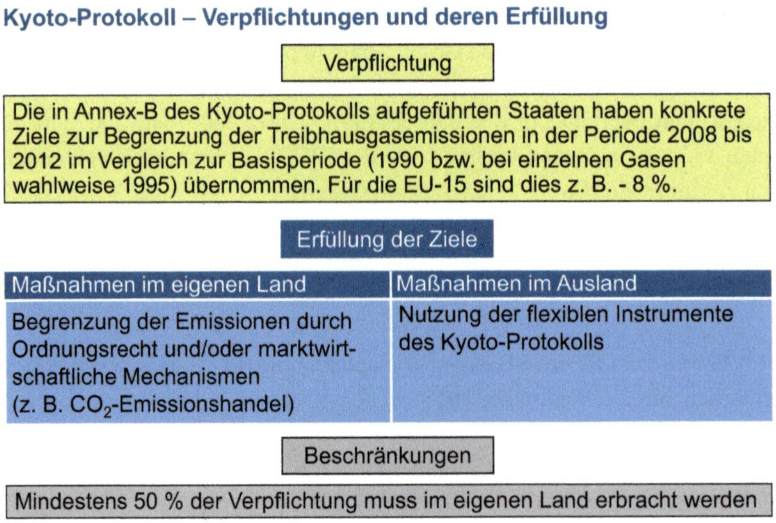

Kyoto-Protokoll – Verpflichtungen und deren Erfüllung

Verpflichtung

Die in Annex-B des Kyoto-Protokolls aufgeführten Staaten haben konkrete Ziele zur Begrenzung der Treibhausgasemissionen in der Periode 2008 bis 2012 im Vergleich zur Basisperiode (1990 bzw. bei einzelnen Gasen wahlweise 1995) übernommen. Für die EU-15 sind dies z. B. - 8 %.

Erfüllung der Ziele

Maßnahmen im eigenen Land	Maßnahmen im Ausland
Begrenzung der Emissionen durch Ordnungsrecht und/oder marktwirtschaftliche Mechanismen (z. B. CO_2-Emissionshandel)	Nutzung der flexiblen Instrumente des Kyoto-Protokolls

Beschränkungen

Mindestens 50 % der Verpflichtung muss im eigenen Land erbracht werden

Abb. 6.1 Das Kyoto-Protokoll von 1997 – Verpflichtungen und deren Erfüllung

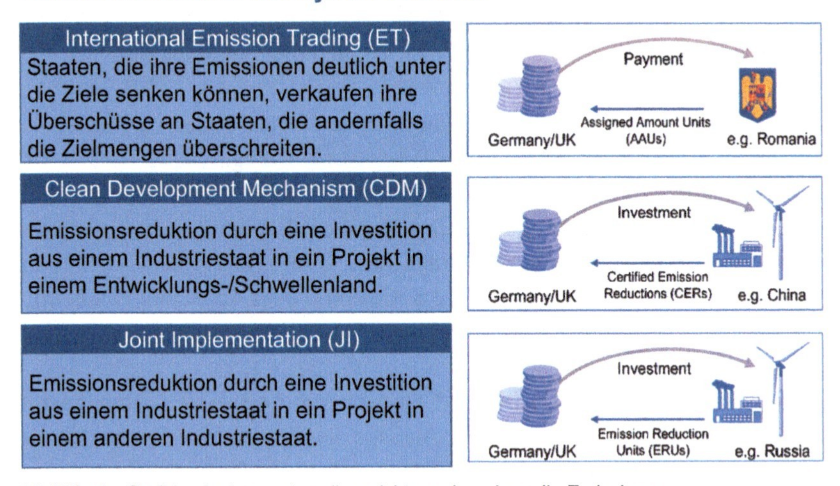

Abb. 6.2 Flexible Instrumente des Kyoto-Protokolls

sich die gemeinsam als Vertragsparteien nach Annex I der Konvention bezeichneten Industrieländer (die Mitglieder der OECD sowie die mittel- und osteuropäischen Staaten) verpflichtet, konkrete Maßnahmen zur Senkung ihrer Treibhausgasemissionen bis zum Jahr 2000 auf das Niveau von 1990 zu ergreifen. Die Länder nach Annex II (im Wesentlichen die OECD-Staaten) sind außerdem aufgerufen, über die bestehenden Entwicklungs-

Global Warming Potential (GWP) der wichtigsten Treibhausgase

(Umrechnung in CO_2-Äquivalente (CO_2e)*		
CO_2	- Kohlendioxid	(1)
CH_4	- Methan	(28)
N_2O	- Distickstoffoxid (Lachgas)	(265)
HFC	- Teilhalogenierte Fluorkohlenwasserstoffe	(138 - 12.400)
FKW	- perfluorierte Kohlenwasserstoffe	(6.630 - 11.100)
SF_6	- Schwefelhexafluorid	(23.500)

* basierend auf den Wirkungen der Treibhausgase über einen Zeithorizont von 100 Jahren
Quelle: IPCC, Fifth Assessment Report, WG1 AR5, Chapter 8, p. 73 - 79

Abb. 6.3 Global Warming Potential der Treibhausgase

hilfemittel hinausgehende Gelder zur Verfügung zu stellen und den Technologietransfer in die Entwicklungsländer zu erleichtern.

Als oberstes Gremium der 1994 in Kraft getretenen Klimarahmenkonvention wurde die Konferenz der Vertragsparteien (Conference of Parties – CoP) eingesetzt, der alle Staaten angehören, die die Konvention ratifiziert haben. Der CoP obliegt die Förderung der Umsetzung der Klimakonvention und die Überprüfung der von den Vertragsparteien übernommenen Verpflichtungen. Die CoP und ihre Nebenorgane werden von dem Sekretariat der KRK (UNFCCC-Sekretariat) mit Sitz in Bonn unterstützt [3].

6.3 Die Rio-Folgekonferenzen

Die erste Konferenz der Vertragsparteien (CoP 1) fand vom 28. März bis 7. April 1995 in Berlin statt. Nach übereinstimmender Feststellung der Vertragsparteien wurde die Übernahme neuer Verpflichtungen für die Zeit nach 2000 für erforderlich gehalten. Mit dem verabschiedeten „Berliner Mandat“ wurde vorgesehen, ein entsprechendes Rechtsdokument für die CoP 3-Sitzung vorzubereiten. Die Bundesrepublik Deutschland hatte bei dieser Konferenz die Zusage gemacht, die CO_2-Emissionen im Zeitraum 1990 bis 2005 um 25 % zu reduzieren.

Die zweite Vertragsstaatenkonferenz vom 8. bis 19. Juli 1996 in Genf führte eine Bestandsaufnahme der im Rahmen des Berliner Mandats gemachten Fortschritte durch, setzte den in Berlin aufgenommenen Prozess der Überprüfung der nationalen Mitteilungen der Industrieländer fort und entschied über den Inhalt der für die Entwicklungsländer ab April 1997 angestrebten ersten nationalen Mitteilungen.

Bei der 3. CoP, die vom 1. bis 11. Dezember 1997 in Kyoto stattfand, wurde das Kyoto-Protokoll verabschiedet. Damit hatten sich 38 Staaten aus dem Kreis der Annex I-

Länder verpflichtet, die Emissionen eines „Korbs“ aus sechs Treibhausgasen bzw. Treibhausgasgruppen im Rahmen eines definierten Zeitraums mit im Einzelnen festgelegten Prozentsätzen zu regulieren. Anhang B (Annex B) des Kyoto-Protokolls enthält eine Auflistung dieser Staaten, die konkrete Verpflichtungen zur Begrenzung der Treibhausgas-Emissionen übernommen hatten. Dazu zählen die OECD-Staaten, die Länder Mittel- und Osteuropas sowie Russland. Die Annex B-Länder sind nicht vollständig deckungsgleich mit den Annex I-Staaten. Zu den Annex I-Staaten zählen auch die Türkei und Weißrussland (Belarus); diese beiden Staaten waren nicht Parteien der Konvention, als das Kyoto-Protokoll angenommen worden war. Andererseits sind in Annex B des Kyoto-Protokolls mit Kroatien, Monaco, Liechtenstein und Slowenien Staaten erfasst, die nicht zum Kreis der Annex I-Länder gehören. Die USA, die in Annex B des Protokolls ausgewiesen sind, hatten im Nachhinein erklärt, dass sie das Kyoto-Protokoll nicht ratifizieren werden. Im Kyoto-Protokoll geregelt sind die Treibhausgase CO_2, CH_4, N_2O, zwei Gruppen von Kohlenwasserstoffen (HFC und PFC) sowie Schwefelhexafluorid (SF_6). Zeithorizont ist die „Budgetperiode“ 2008 bis 2012; Basisjahr ist 1990 bzw. (nach Wahl) 1995 bezüglich der drei letztgenannten Gase.

Grundsätzlich ist im Kyoto-Protokoll die Möglichkeit der Anwendung sogenannter flexibler Instrumente verankert. Damit sollten eine möglichst kostengünstige Erfüllung der übernommenen Verpflichtungen erleichtert sowie eine nachhaltige Entwicklung auch außerhalb der Industriestaaten gefördert werden. Zum einen handelt es sich um das in Artikel 17 verankerte System zum Emissionshandel (Emissions Trading) und das mit Artikel 6 geregelte Prinzip der gemeinsamen Umsetzung (Joint Implementation). Während diese zwei Instrumente zur Anwendung unter den Industrieländern in die Konvention Eingang gefunden haben, wurde als drittes Element der Mechanismus für umweltverträgliche Entwicklung (Clean Development Mechanism) geschaffen, nach dem Industrieländer sich die mit der Finanzierung von Projekten zur Treibhausgasreduktion in den Entwicklungsländern erzielten Emissionsverminderungen gutschreiben lassen können (Artikel 12).

Gemäß Artikel 4 des Kyoto-Protokolls, das Deutschland zusammen mit der Europäischen Union am 29. April 1998 gezeichnet hatte, können Staatengemeinschaften die übernommenen Verpflichtungen gemeinsam erfüllen. Am 17. Juni 1998 hatten die Umweltminister der Europäischen Union ein modifiziertes „Burden Sharing“ beschlossen. Danach hatte sich Deutschland eine Reduktion der Emission der sechs Treibhausgase von 21 % bis 2008/2012 auferlegt. Dies entspricht einer Übernahme von 75 % der Gesamtverpflichtung der EU-15.

Das Inkrafttreten des Kyoto-Protokolls war an die Bedingung geknüpft, dass es durch die Parlamente von mindestens 55 Staaten, die mindestens 55 % des Kohlendioxids repräsentieren müssen, das die Annex I-Staaten im Jahr 1990 emittiert haben, bestätigt wird. Zwar hatten die USA und zunächst auch Australien erklärt, dass sie sich an die Verpflichtungen des Kyoto-Protokolls nicht gebunden fühlen und entsprechend keine Ratifizierung vorgenommen. Allerdings konnte mit der Ratifizierung durch Russland das erforderliche Quorum II (55 % der CO_2-Emissionen der Annex-I-Staaten im Jahre 1990) übertroffen werden. Am 16. Februar 2005 war das Kyoto-Protokoll in Kraft getreten.

Mit dem Kyoto-Protokoll war die internationale Klimapolitik auf eine völlig neue Grundlage gestellt worden. Erstmals sind Ziele zur Begrenzung der Treibhausgas-Emissionen als völkerrechtlich verbindlich eingestuft worden.

In den Folgejahren wurde auf den Klimakonferenzen in Buenos Aires (1998), Bonn (1999), Den Haag (2000), Marrakesch (2001), New Delhi (2002), Mailand (2003), Buenos Aires (2004), Montréal (2005), Nairobi (2006), Bali (2007), Posen (2008), Kopenhagen (2009), Cancún (2010), Durban (2011), Doha (2012), Warschau (2013) und Lima (2014) über die Ausgestaltung, Umsetzung und die Weiterentwicklung des Protokolls verhandelt.

Die UN-Klimakonferenz in Kopenhagen (CoP 15) hatte das Ziel, ein rechtsverbindliches Anschlussabkommen an das 2012 auslaufende Kyoto-Protokoll zu erarbeiten. Kurz vor Abschluss der Konferenz, die am 18. Dezember 2009 endete, handelten die Regierungsvertreter von USA, China, Indien, Brasilien und Südafrika folgendes unverbindliche Dokument, den so genannten „Copenhagen Accord", aus.

Wesentliche Inhalte des „Copenhagen Accord" sind:

- Übereinkunft, den globalen Temperaturanstieg auf 2 °C gegenüber dem vorindustriellen Wert zu begrenzen und – nicht näher bezeichnete – Anstrengungen zu unternehmen, dieses Ziel zu erreichen.
- Die Industrieländer verpflichten sich, bis zum 31. Januar 2010 Emissionsminderungen in ihren jeweiligen Volkswirtschaften mitzuteilen, wobei diese Verpflichtungen auf das Jahr 2020 bezogen werden sollen. Diejenigen Staaten, die das Kyoto-Protokoll ratifiziert haben, sollen hierbei ihre Minderungsverpflichtungen unter dem Kyoto-Protokoll weiter ausbauen (viele Vertragsparteien haben entsprechende Mitteilungen erstattet).
- Die Industrieländer verpflichten sich, gemeinsam in der Zeit von 2010 bis 2012 bis zu 30 Mrd. USD den Entwicklungsländern für Anpassung an Klimaänderungen und Klimaschutzmaßnahmen zur Verfügung zu stellen. Die Industriestaaten verpflichten sich darüber hinaus, ab dem Jahr 2020 insgesamt 100 Mrd. USD pro Jahr für die Entwicklungsländer zur Verfügung zu stellen, ebenfalls mit dem Ziel, sich an Klimaänderungen anzupassen bzw. diesen durch geeignete Minderungs- bzw. Emissionsbegrenzungsmaßnahmen entgegenzuwirken. Ein großer Teil der zur Verfügung gestellten Mittel soll durch einen neu geschaffenen „Copenhagen Green Climate Fund" verteilt werden.
- Ferner sollen die Emissionen durch Begrenzung der Entwaldung (Brandrodung) reduziert und die Rolle von Wäldern als Kohlenstoffsenken durch Aufforstungsmaßnahmen verstärkt werden.
- Klimaschutzmaßnahmen sollen marktwirtschaftlich und kosteneffektiv durchgeführt werden.

Dieses Papier wurde im UN-Abschluss-Plenum zur Kenntnis genommen; es erlangte somit keine Rechtsgültigkeit.

Auf der CoP 16 in Cancún sollte der in Kopenhagen gescheiterte Versuch fortgesetzt werden, ein rechtlich verbindliches Nachfolgeabkommen für das Kyoto-Protokoll zu be-

Tab. 6.1 Verpflichtungen zur Reduktion von sechs Treibhausgasen nach dem Kyoto-Protokoll 1990/95 bis 2008/12 (Annex B)

Vertragspartei	Reduktion in %	Vertragspartei	Reduktion in %
Australien	+8 %	Monaco	−8 %
Belgien	−8 %	Neuseeland	0 %
Bulgarien	−8 %	Niederlande	−8 %
Dänemark	−8 %	Norwegen	+1 %
Deutschland	−8 %	Österreich	−8 %
Estland	−8 %	Polen	−6 %
EU-15	−8 %	Portugal	−8 %
Finnland	−8 %	Rumänien	−8 %
Frankreich	−8 %	Russland	0 %
Griechenland	−8 %	Schweden	−8 %
Irland	−8 %	Schweiz	−8 %
Island	+10 %	Slowakei	−8 %
Italien	−8 %	Slowenien	−8 %
Japan	−6 %	Spanien	−8 %
Kanada	−6 %	Tschechien	−8 %
Kroatien	−5 %	Ukraine	0 %
Lettland	−8 %	Ungarn	−6 %
Liechtenstein	−8 %	USA	−7 %
Litauen	−8 %	Vereinigtes Königreich	−8 %
Luxemburg	−8 %		

Anmerkung: Die Verpflichtungen der EU-15-Staaten sind in dieser Tabelle einheitlich mit −8 % ausgewiesen. Gemäß dem Burden Sharing, das innerhalb der EU-15 vereinbart worden ist, ergeben sich hiervon abweichende Zielvorgaben
Quelle: UNFCCC

schließen. Dies gelang nicht. Vielmehr endete der Gipfel mit dem Minimalziel, das Kyoto-Protokoll bis 2012 fortzusetzen.

In Durban (CoP 17) hatte sich die Staatengemeinschaft grundsätzlich darauf verständigt, in der CoP 18 das Kyoto-Protokoll mit einer zweiten Verpflichtungsperiode zu verlängern und bis zum Jahr 2015 ein verbindliches Klimaschutzabkommen auszuhandeln, das 2020 in Kraft treten soll.

In der 18. Konferenz der Vertragsstaaten der Klimarahmenkonvention der Vereinten Nationen in Doha (26. November bis 7. Dezember 2012) einigte man sich darauf, das Kyoto-Protokoll bis 2020 zu verlängern (Kyoto II). An der zweiten Verpflichtungsperiode werden, so die Erklärung von Katar, Australien, die EU-Länder sowie weitere europäische Staaten teilnehmen, die für etwa 11–13 % der weltweiten Emissionen an Treibhausgasen verantwortlich sind. Ferner wurde ein Fahrplan für ein international verbindliches Klimaschutzabkommen ab 2020 verabschiedet.

Die 19. Klimakonferenz (CoP 19) fand vom 11. bis 23. November 2013 in Warschau statt. Sie war zugleich die neunte Sitzung unter dem Kyoto-Protokoll (9th session of the Conference of the Parties serving as the Meeting of the Parties to the Kyoto Protocol, kurz CMP). Als Ergebnis konnte zumindest die Rettung des Adaption Funds durch die Europäer bekannt gegeben werden. Neben Deutschland sagten Belgien, Frankreich, Finnland, Norwegen, Österreich, Schweden und die Schweiz Gelder in Höhe von insgesamt 100 Mio. USD zu.

Der UN-Klimagipfel in Lima (1. bis 12. Dezember 2014) hatte mit seinem Beschluss die Grundlage für die Verhandlungen über den neuen weltweiten Klimavertrag in Paris 2015 gelegt. Das Schlussdokument enthält erste Grundzüge eines neuen Klimaschutzabkommens, das erstmals alle Staaten umfasst. Danach war die Vorlage jeweils eigener Klimaschutzbeiträge aller Staaten vorgesehen.

Auf der 21. Klimakonferenz (CoP 21) in Paris (30. November bis 12. Dezember 2015) wurde von der Staatengemeinschaft das Pariser Abkommen beschlossen. Gemäß dem Abkommen, das ab 2020 greifen soll, ist die Erderwärmung im Vergleich zur vorindustriellen Zeit auf unter 2 °C, möglichst sogar auf 1,5 Grad, zu begrenzen. Diese Obergrenzen sind damit erstmals in einem völkerrechtlichen Vertrag verankert. Das Abkommen verbindet die Obergrenze mit einer konkreten Handlungsanweisung: In der zweiten Jahrhunderthälfte sollen nicht mehr Treibhausgase emittiert werden, als an anderer Stelle, z. B. durch Aufforstung, kompensiert werden können.

Alle Staaten haben sich gemäß dem Übereinkommen verpflichtet, einen nationalen Klimaschutzbeitrag („nationally determined contribution", NDC) zu erarbeiten. Und sie müssen Maßnahmen zu dessen Umsetzung ergreifen. Bereits im Laufe des Jahres 2015 hatten fast alle Staaten ihre geplanten Klimaschutzbeiträge zum Abkommen („intended nationally determined contribution", INDC) vorgelegt. Die EU und ihre Mitgliedstaaten haben sich zur Einhaltung des verbindlichen Ziels verpflichtet, die Emissionen an Treibhausgasen innerhalb der Gemeinschaft bis 2030 um mindestens 40 % im Vergleich zu 1990 zu senken.

Die Verpflichtung gilt für Industriestaaten ebenso wie für Schwellen- und Entwicklungsländer. In Paris war bereits deutlich, dass die bisherigen – im Vorfeld der Konferenz eingereichten – Klimaschutzbeiträge noch nicht ausreichen, um die Obergrenze von zwei Grad Celsius einzuhalten. Daher wurde beschlossen, eine neue Frist für das Jahr 2020 zu setzen. Die Staaten können ihre Beiträge, die den Zeitraum bis 2025 oder 2030 abdecken, dann aktualisieren oder auch neue Maßnahmen vorlegen. In Zukunft müssen die Länder ihre Klimaschutzziele alle fünf Jahre fortschreiben. Dabei gilt das „Progressionsprinzip": Nachfolgende Beiträge müssen ambitionierter sein als die vorangegangenen. Zwei Jahre vor der Neuvorlage der nationalen Maßnahmen wird global geprüft, ob in Summe die Ziele des Abkommens erreicht werden. Dieser „global stocktake" macht transparent, ob alle Regierungen gemeinsam in den Bereichen Minderung, Anpassung und Unterstützung auf Kurs sind. Im Jahr 2018 wird bereits ein erster solcher „Überprüfungsdialog" stattfinden. Im Fokus wird dabei der Fortschritt bei der Einsparung von Treibhausgasen stehen. Im Jahr 2023 werden dann zusätzlich auch erstmals die Erfolge bei der Anpassung an den Klimawandel und der Unterstützung anderer Staaten geprüft. Die Erkenntnisse dieser Überprüfungen sollen bei der Erstellung der jeweils nächsten Beiträge der Staaten berücksichtigt werden.

Angesichts der Komplexität, ein globales Anspruchsniveau zu bestimmen und gleichzeitig die Beiträge der einzelnen Staaten dazu zu bemessen, haben sich die Staaten in Paris dazu bereit erklärt, Informationen über ihre nationalen Verhältnisse zu liefern. Diese werden von einem internationalen Gremium überprüft werden. Die Berichterstattung und die Überprüfung erfolgen auf Basis von gemeinsamen Richtlinien für Industrie- und Entwicklungsländer, welche bis 2018 ausgearbeitet werden sollen. Das neue Transparenzsystem soll das bestehende zweigeteilte System ablösen, in dem die Entwicklungsländer nur sehr eingeschränkt dazu verpflichtet waren, Informationen zu übermitteln. In Zukunft werden diese Sonderregelungen nur noch für Länder gelten, die Hilfe beim Aufbau entsprechender Systeme erhalten – und auch das nur vorübergehend. Ziel ist es, Maßnahmen zur Minderung und Finanzierung vergleichbar zu machen und so Vertrauen zu schaffen sowie gleichzeitig Druck bei Nichteinhaltungen ausüben zu können.

Ferner nimmt das Abkommen Industrieländer weiterhin in die Pflicht, Entwicklungsländer bei der Umsetzung ihrer Klimaschutzbemühungen zu unterstützen. So ist in den in Paris getroffenen Entscheidungen eine Zusage der Industrieländer aus dem Jahr 2009 fortgeschrieben worden. Sie hatten sich dazu bereit erklärt, bis zum Jahr 2020, jährlich 100 Mrd. US-Dollar für die Klimafinanzierung zu mobilisieren. Diese Verpflichtung wird nun bis ins Jahr 2025 verlängert. Für die Zeit nach 2025 soll ein neues, höheres Ziel zur Mobilisierung von finanziellen Mitteln festgelegt werden. Hierüber besteht für die Industriestaaten eine Berichtspflicht und auch andere Staaten werden dazu ermutigt, über die als Klimafinanzierung zur Verfügung gestellten oder mobilisierten Mittel zu berichten.

Die Regierungen haben in Paris auch die Regelungen rund um Technologieentwicklung und -transfer gestärkt. Das gilt für den Klimaschutz ebenso, wie für die Anpassung an den Klimawandel. In Zukunft sollen die Bedürfnisse der Entwicklungsländer präziser untersucht werden. Die Zusammenarbeit soll schon in frühen Phasen des Technologie-Zyklus beginnen und transparent verlaufen. Entwicklungsländer mit schwach ausgeprägten Verwaltungsstrukturen werden besonders unterstützt, um die gestiegenen Anforderungen zum Beispiel im Bereich der Berichterstattung bewältigen und effektive Anpassungs- und Minderungsmaßnahmen erfolgreich planen und durchführen zu können.

Am 22. April 2016 fand eine Zeremonie der Vereinten Nationen in New York zur Unterzeichnung des Klimaschutzabkommens von Paris statt. Mit der Unterzeichnung, die am 22. April 2016 auch von Deutschland vollzogen wurde, haben die Staaten ihre Zustimmung zu den Inhalten des Vertrags signalisiert. Völkerrechtlich verbindlich ist der Vertrag mit dem nächsten Schritt, der sogenannten Ratifizierung geworden. Diese erfordert in vielen Staaten, so auch in Deutschland, die Zustimmung des Parlaments. Das Abkommen trat am 4. November 2016 in Kraft, 30 Tage, nachdem 55 Staaten, die zudem mindestens 55 % der weltweiten Treibhausgas-Emissionen verursachen, die Ratifizierung abgeschlossen hatten. Am 3. November 2016, einen Tag vor dessen Inkrafttreten, hatten insgesamt 92 Staaten das Abkommen ratifiziert. Am 1. Juni 2017 hatte der US-Präsident Donald

Trump bekannt gegeben, die Vereinigten Staaten würden sich aus dem Vertrag zurückziehen. Eine Umsetzung dieses Vorhabens wäre aber erst im Jahr 2021 möglich.

In Marrakesch war vom 7. bis 18. November 2016 die CoP 22 ausgerichtet worden. Gegenstand dieser Konferenz, zugleich die 1. Konferenz unter dem Übereinkommen von Paris, waren Verhandlungen über die technische Ausgestaltung des Übereinkommens von Paris. Außerdem war mit dieser Konferenz die weltweite NDC-Partnerschaft unter deutscher und marokkanischer Führung gestartet worden.

Bei der am 18. November 2017 zu Ende gegangenen 23. Konferenz der Vertragsstaaten zur Klimarahmenkonvention der Vereinten Nationen (CoP 23) erzielten die 197 Vertragsparteien Fortschritte bei der Umsetzung des Pariser Klimaschutzabkommens. Ein wesentliches Ergebnis der Konferenz, die unter der Präsidentschaft von Fidschi in Bonn stattgefunden hatte, war der sogenannte Talanoa-Dialog. Talanoa ist ein fidschianischer Begriff für den Austausch aller Beteiligten. Da die aktuellen Verpflichtungen der Vertragsparteien unter dem Pariser Klimaabkommen noch nicht ausreichen, um die Erderwärmung auf deutlich unter 2 °C zu begrenzen, war bereits in Paris vereinbart worden, dass sich die Staatengemeinschaft ehrgeizigere Ziele vornehmen muss. Der Probelauf für diesen Ambitionsmechanismus ist der Talanoa-Dialog. Als Ergebnis der unter Führung von Fidschi und Polen durchgeführten Bestandsaufnahme wird angestrebt, die Vertragsstaaten zu ehrgeizigerem Handeln zu motivieren, um die globale Klimaschutzlücke zu schließen. Darüber hinaus gab es in Bonn Fortschritte beim sogenannten Regelbuch, in dem u. a. dargelegt ist, wie die Staaten ihre Treibhausgas-Emissionen messen und darüber berichten. Konferenzort der CoP 24 vom 3. bis 14. Dezember 2018 ist Kattowitz.

6.4 Zur aktuellen Entwicklung der globalen Treibhausgas-Emissionen

Zahlen zum Verlauf der Treibhausgas-Emissionen bis 2016 lagen zum Zeitpunkt des Redaktionsschlusses (1. Juli 2018) nur für die Annex I-Staaten vor. Die seit dem Basisjahr des Kyoto-Protokolls in diesen Ländern verzeichnete Entwicklung ist tabellarisch ausgewiesen [4].

Demgegenüber sind Angaben über die Höhe der CO_2-Emissionen bereits bis 2017 für die gesamte Welt veröffentlicht [5]. Die wichtigsten globalen Trends, die sich seit dem Basisjahr zeigen, sind nachfolgend dargelegt.

Die globalen energiebedingten CO_2-Emissionen haben sich von 21,3 Mrd. t im Jahr 1990 um 57 % auf 33,4 Mrd. t im Jahr 2017 erhöht. Demgegenüber sind die Emissionen in der EU-28 im gleichen Zeitraum um 18 % auf 3,5 Mrd. t gesunken. Die EU-28 hält damit 2017 einen Anteil von 10,6 % an den globalen CO_2-Emissionen. 1990 hatte sich der Anteil dieser 28 Staaten noch auf 20,4 % belaufen.

In den USA waren die CO_2-Emissionen von 5,0 Mrd. t im Jahr 1990 um 18,4 % auf 5,9 Mrd. t im Jahr 2005 gestiegen. Im Zuge des Schiefergas-Booms, der insbesondere Substitutionsprozesse von Kohle durch Gas in der Stromerzeugung ausgelöst hatte, waren die

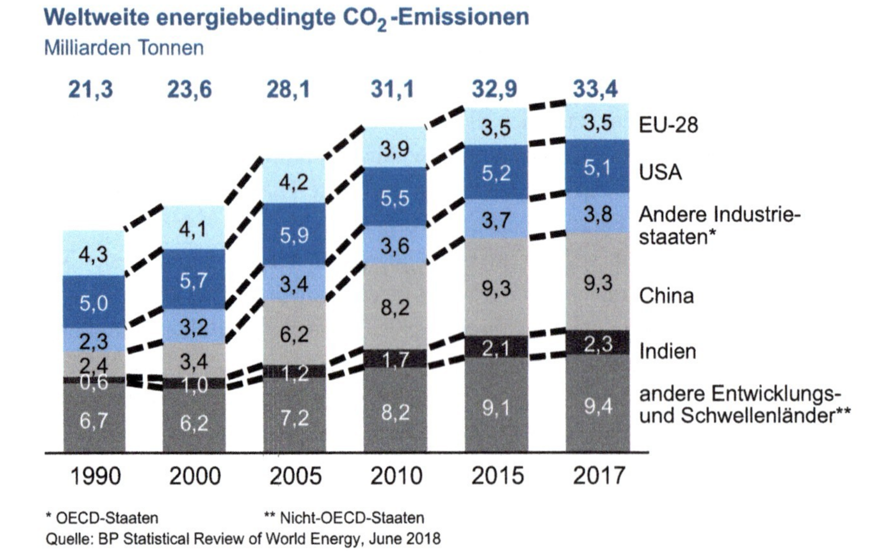

Abb. 6.4 Entwicklung der globalen CO_2-Emissionen 1990 bis 2017

Tab. 6.2 Treibhausgas-Emissionen vom Basisjahr 1990 (1995) bis 2016 in den Ländern mit quantifizierten Emissionsbegrenzungs- oder Reduktionsverpflichtungen nach dem Kyoto-Protokoll (Annex-I-Länder)

Land/Ländergruppe	Basisjahr 1990 (1995)[1]	2005	2015	2016[2]	Basisjahr 1990 (1995)[1)] bis 2016
	Mio. t CO_2-Äquivalente				Veränderungen in %
EU-15	4296,0	4222,5	3425,5	3421,1	−20,4
EU Neue Mitgliedstaaten	1542,0	998,4	893,7	905,4	−41,3
EU-28	**5838,0**	**5220,9**	**4319,2**	**4326,5**	**−25,9**
Island	3,5	3,8	4,5	4,6	+29,8
Norwegen	51,7	55,1	53,9	54,3	+4,9
Schweiz	53,6	55,1	48,2	46,9	−12,6
Japan	1273,6	1398,8	1324,7	1308,5	+2,7
Australien	419,8	521,3	533,3	528,7	+25,9
Neuseeland	64,6	82,5	80,2	80,5	+24,6
USA[3]	6363,1	7313,3	6586,7	6486,9	+1,9
Kanada	512,4	702,1	688,7	685,4	+33,7

Tab. 6.2 (Fortsetzung)

Land/Ländergruppe	Basisjahr 1990 (1995)[1]	2005	2015	2016[2]	Basisjahr 1990 (1995)[1)] bis 2016
	Mio. t CO_2-Äquivalente				Veränderungen in %
Summe Annex-II-Länder[4]	**13.038,3**	**14.354,5**	**12.745,7**	**12.616,7**	**−3,2**
Russland	3767,6	2499,8	2651,0	2627,1	−30,3
Weißrussland	136,9	88,3	89,6	92,6	−32,3
Ukraine	962,2	449,9	322,9	338,2	−64,8
Summe Annex-B-Länder	**19.439,0**	**18.378,6**	**16.700,2**	**16.535,1**	**−14,9**
Nachrichtlich: Summe Transformationsländer[5]	6400,7	4024,1	3946,5	3952,6	−38,2
Nachrichtlich: Türkei[6]	214,0	337,2	475,1	496,9	+132,2
Summe Annex-I-Länder (einschließlich USA)	19.653,0	18.715,8	17.175,2	17.032,0	−13,3

[1] Basisjahr für CO_2, CH_4 N_2O ist 1990. Für HFC, PFC und SF kann als Basisjahr 1995 gewählt werden. Transformationsländer können auch frühere Jahre zugrunde legen (z. B. Bulgarien und Polen: 1988; Ungarn: 1985–1987; Rumänien: 1989). Sofern Angaben über von 1990 abweichende Basisjahre vorliegen, werden die entsprechenden Werte aus den Nationalen Inventaren übernommen; ansonsten werden grundsätzlich die Werte für 1990 verwendet

[2] Vorläufige Schätzung auf der Basis der für 2015 und 2016 geschätzten CO_2-Emissionen und Annahmen über die Nicht CO_2-Emissionen (Fortschreibung der Entwicklung von 2010 bis 2015)

[3] Die USA zählen zu den im Annex I genannten Ländern der Klimarahmenkonvention der Vereinten Nationen. Sie haben zwar auch das Kyoto-Protokoll signiert, aber nicht ratifiziert

[4] Annex-II-Länder: EU-15, Australien, Island, Japan, Kanada, Neuseeland, Norwegen, Schweiz, USA; ohne Türkei, die auch nicht zu den Annex-B-Ländern gehört

[5] Zu den Transformationsländern zählen: Russland, Ukraine und Weißrussland sowie die EU-Mitgliedstaaten Polen, Tschechische Republik, Ungarn, Slowakische Republik, Bulgarien, Estland, Lettland, Litauen, Rumänien, Slowenien und Kroatien

[6] Die Türkei ist im Annex I aufgeführt, hat aber keine Emissionsminderungsverpflichtungen übernommen

Quelle: H.-J. Ziesing, ET (2017), Heft 9 auf Basis UNFCCC (Nationale Emissionsinventare, Submission 2017); Internationale Energie-Agentur (IEA); Europäische Umweltagentur (EEA); BP 2017

CO_2-Emissionen der USA bis 2017 auf 5,1 Mrd. t gesunken. Sie lagen damit aber trotzdem noch um 2,7 % über dem Stand des Jahres 1990. Die CO_2-Emissionen in China haben sich seit 1990 auf 9,3 Mrd. t vervierfacht; sie waren damit deutlich höher als in den USA. Pro Kopf der Bevölkerung waren die CO_2-Emissionen in den USA 2017 allerdings mit 15,5 Tonnen mehr als doppelt so hoch wie in China mit 6,7 Tonnen. Mit den genannten

Tab. 6.3 CO_2-Emissionen nach ausgewählten Ländern und Weltregionen 1990 bis 2017

Land/Region	1990	2000	2005	2015	2017
	Mio. t				
USA	4953,0	5726,9	5863,7	5214,4	5087,7
Kanada	447,3	526,1	541,9	529,9	560,0
Mexiko	267,9	353,2	416,2	457,4	473,4
Nordamerika	**5668,3**	**6606,1**	**6821,9**	**6201,7**	**6121,1**
Brasilien	197,2	302,5	331,3	497,2	466,8
Argentinien	101,4	124,8	138,5	187,0	183,7
Sonst. Mittel- und Südamerika	360,3	478,0	534,3	674,7	659,3
Mittel- und Südamerika	**658,9**	**905,3**	**1004,1**	**1358,9**	**1309,8**
EU-28	4339,9	4078,2	4248,6	3488,0	3541,7
Russland	2234,7	1453,3	1466,5	1495,5	1525,3
Sonst. Europa und Eurasien*	1694,1	1056,5	1142,2	1239,1	1298,5
Europa und Eurasien	**8268,7**	**6588,0**	**6857,3**	**6222,6**	**6365,5**
Südafrika	309,1	343,2	393,0	420,4	415,6
Sonst. Afrika	338,0	420,5	520,9	747,3	789,3
Afrika	**647,1**	**763,7**	**913,9**	**1167,7**	**1204,9**
Iran	192,3	318,8	424,4	595,5	633,7
Saudi Arabien	202,3	278,1	357,1	587,1	594,7
Sonst. Mittlerer Osten	287,6	467,0	593,5	848,0	883,9
Mittlerer Osten	**682,2**	**1063,9**	**1375,0**	**2030,6**	**2112,3**
Australien	281,6	346,7	371,2	407,1	406,0
Japan	1091,3	1218,2	1276,7	1196,9	1176,6
Südkorea	239,1	462,4	521,2	655,5	679,7
China	2367,3	3403,2	6153,7	9253,8	9331,6
Indien	603,2	962,4	1204,6	2146,6	2344,2
Sonst. Asien/Pazifik	787,6	1303,2	1633,7	2210,8	2392,3
Asien/Pazifik	**5370,1**	**7696,1**	**11.161,1**	**15.870,4**	**16.330,4**
Welt	**21.295,3**	**23.623,0**	**28.133,2**	**32.851,9**	**33.444,0**

* Armenien, Aserbaidschan, Weißrussland, Kasachstan, Kirgistan, Moldawien, Tadschikistan, Turkmenistan, Ukraine, Usbekistan, Türkei
Quelle: BP Statistical Review of World Energy June 2018 (Workbook)

6,7 Tonnen hat China das weltweite Durchschnittsniveau der Emissionen pro Kopf der Bevölkerung, das 4,4 Tonnen beträgt, inzwischen um rund 50 % überschritten.

Die CO_2-Emissionen Deutschlands von knapp 797 Mio. t im Jahr 2017 entsprechen 22,5 % der Gesamtmenge der EU-28 von 3542 Mio. t. An den weltweiten CO_2-Emissionen war Deutschland 2017 mit 2,4 % beteiligt.

Tab. 6.4 Treibhausgas-Emissionen in der EU-28 vom 1990 bis 2016

	Basisjahr 1990 (1995)[2]	2005	2015	2016[3]	Basisjahr 1990 (1995)[1] bis 2016
	Mio. t CO_2-Äquivalente[1]				Veränderungen in %
Belgien	146,3	145,1	117,4	118,8	−18,8
Dänemark	70,5	67,1	49,3	50,8	−27,9
Deutschland	1250,9	991,9	901,9	913,1	−27,0
Finnland	71,1	69,5	55,5	57,0	−19,9
Frankreich	550,1	557,9	463,7	469,0	−14,7
Griechenland	103,1	136,3	95,7	96,3	−6,6
Großbritannien	796,8	692,9	506,8	480,7	−39,7
Irland	56,1	70,0	59,9	62,1	+10,7
Italien	519,9	579,4	433,0	434,5	−16,4
Luxemburg	12,7	13,0	10,3	10,4	−18,1
Niederlande	220,8	214,1	195,0	198,5	−10,1
Österreich	78,8	92,6	78,9	79,9	+1,4
Portugal	59,4	86,1	68,7	67,2	+13,2
Schweden	71,6	66,9	53,7	55,4	−22,6
Spanien	287,8	439,6	335,7	327,3	+13,7
Summe EU-15	***4296,0***	***4222,5***	***3425,5***	***3421,1***	***−20,4***
Estland	40,4	19,2	18,0	18,4	−54,5
Lettland	26,1	11,3	11,3	11,5	−55,9
Litauen	48,0	23,1	20,1	20,2	−58,0
Malta	2,4	3,0	2,2	2,3	−5,4
Polen	570,4	398,9	385,8	395,7	−30,6
Slowak. Republik	74,5	51,4	41,3	41,7	−43,9
Slowenien	20,4	20,5	16,8	17,1	−16,0
Tschech. Republik	195,8	146,5	127,1	128,1	−34,6

Tab. 6.4 (Fortsetzung)

	Basisjahr 1990 (1995)[2]	2005	2015	2016[3]	Basisjahr 1990 (1995)[1] bis 2016
	Mio. t CO_2-Äquivalente[1]				Veränderungen in %
Ungarn	109,5	75,8	61,1	62,6	−42,9
Zypern	5,6	9,3	8,4	8,5	+50,4
Bulgarien	116,4	63,7	61,5	58,7	−49,6
Rumänien	301,4	146,5	116,4	116,8	−61,2
Kroatien	31,2	29,3	23,5	23,8	−23,7
Summe Neue Mitgliedstaaten	***1542,0***	***998,4***	***893,7***	***905,4***	***−41,3***
Summe EU-28	***5838,0***	***5220,9***	***4319,2***	***4326,5***	***−25,9***

[1] Treibhausgasemissionen „excluding CO_2 emissions/removals from land-use change and forestry". Angaben für die Jahre bis 2015 entsprechend den jeweiligen Nationalen Emissionsinventaren mit Stand von 2014. Zu den Schätzungen für 2015 und 2016 vgl. Fußnote 3. Zu den Inventaren vgl.: http://unfccc.int/national_reports/annex_i_ghg_inventories/national_inventories_submissions/items/10116.php

[2] Basisjahr für CO_2, CH_4 N_2O ist 1990. Für HFC, PFC und SF kann als Basisjahr 1995 gewählt werden. Transformationsländer können auch frühere Jahre zugrunde legen (z. B. Bulgarien und Polen: 1988; Ungarn: 1985–1987; Rumänien: 1989). Sofern Angaben über von 1990 abweichende Basisjahre vorliegen, werden die entsprechenden Werte aus den Nationalen Inventaren übernommen; ansonsten werden grundsätzlich die Werte für 1990 verwendet

[3] Vorläufige Schätzung auf der Basis für 2015 und 2016 geschätzten CO_2-Emissionen und Annahmen über die Nicht-CO_2-Emissionen (Fortschreibung der Entwicklung von 2010 bis 2015)

Quelle: H.-J. Ziesing, ET (2017), Heft 9 auf Basis UNFCCC (Nationale Emissionsinventare, Submission 2017); Internationale Energie-Agentur (IEA); Europäische Umweltagentur (EEA); BP 2017

6.5 Der rechtliche Handlungsrahmen auf europäischer Ebene

In Annex B des Kyoto-Protokolls ist für die 15 Staaten, die 1990 Mitglied der Europäischen Union waren, eine Reduktionsverpflichtung von – 8 % für den Zeitraum bis 2008/2012 im Vergleich zum Basisjahr verankert. Es war festgelegt worden, dass diese 15 Staaten ihre Ziele untereinander umverteilen können, wobei sichergestellt sein musste, dass im Ergebnis die – 8 % für die EU-15 gewährleistet bleiben.

Auf dieser Basis hatten die Staaten der Europäischen Union (EU-15) 1998 ein Burden-Sharing-Arrangement geschlossen, das die mittlere Treibhausgas-Reduktionsverpflichtung von 8 % bezogen auf das Basisjahr 1990 – differenziert nach voraussichtlichem Leistungsvermögen – auf die Mitgliedsstaaten verteilt, um dadurch Besonderheiten und unterschiedliche Entwicklungsstufen zu berücksichtigen; die Treibhausgas-Minderungsziele wurden gespreizt von −28 % für Luxemburg bis zu +27 % für Portugal (für Deutschland: −21 %). Die nach Abschluss des Kyoto-Protokolls zunächst verzeichnete

Entwicklung der Treibhausgas-Emissionen, die sich bis zur Wirtschaftskrise 2008 fortsetzte, ließ befürchten, dass die EU-15 die Verpflichtungen gemäß Kyoto-Protokoll unter Anwendung der bereits existierenden Instrumente nicht würde erfüllen können.

6.5.1 EU-weite Regelungen für den Zeitraum 2005 bis 2012

Die EU-Kommission sah in der Einführung des Emissionshandels auf Anlagenebene ein geeignetes Mittel, um nachzusteuern. Der von der EU-Kommission vorgelegte Richtlinienvorschlag war sowohl im Europäischen Parlament als auch im Ministerrat kontrovers diskutiert worden. Im Juni 2003 hatten sich Parlament, Ministerrat und Kommission im Rahmen des sogenannten Trilogverfahrens über zuvor noch strittige Einzelfragen verständigt. Mit Veröffentlichung im Amtsblatt der Europäischen Union L 275/32 DE am 25. Oktober 2003 war die „Richtlinie 2003/87/EG des Europäischen Parlaments und des Rates vom 13. Oktober 2003 über ein System für den Handel mit Treibhausgasemissionszertifikaten in der Gemeinschaft und zur Änderung der Richtlinie 96/61/EG des Rates" in Kraft getreten.

Die Richtlinie gilt seit dem Beitritt weiterer Staaten zur Europäischen Union für die gesamte EU-28 sowie für Liechtenstein, Island und Norwegen. Allerdings kommt sie nicht für alle Sektoren und für alle Treibhausgase zur Anwendung. Vielmehr war die Teilnahme zunächst auf Anlagen der Energiewirtschaft und der energieintensiven Industrie begrenzt worden. Der Anwendungsbereich des EU-Emissions-Trading Systems (EU-ETS) hat sich in Bezug auf die Industrie seit 2005 verändert und erweitert. Seit 2012 ist auch der Luftverkehr in den europäischen Emissionshandel einbezogen. Außerdem erfasst die genannte EU-Richtlinie aus dem Jahr 2003 nur das Treibhausgas CO_2. Der Beginn des Handels war in der Richtlinie mit dem 1. Januar 2005 festgelegt worden.

Alle in den Emissionsrechtehandel einbezogenen Anlagen benötigen seitdem eine CO_2-Emissionserlaubnis additiv zur immissionsschutzrechtlichen Genehmigung durch eine von den Mitgliedsstaaten benannte zuständige Behörde. Seit 01.01.2005 durften die von der Richtlinie erfassten Anlagen nur noch betrieben werden, wenn sie über ein solches Permit verfügen.

Die Mitgliedsländer hatten den emissionshandelspflichtigen Anlagen Zertifikate zugeteilt, und zwar jeweils für die beiden Handelsperioden 2005 bis 2007 und 2008 bis 2012. Letztere Periode ist identisch mit der 1. Verpflichtungsperiode des Kyoto-Protokolls. Mit der Zuteilung einer begrenzten Zahl von Zertifikaten hatten die Mitgliedsländer die Obergrenze (Caps) der CO_2-Emissionen für Energiewirtschaft und energieintensive Industrie definiert. Am Ende eines jeden Kalenderjahres musste der Anlagenbetreiber Zertifikate in der Höhe seiner tatsächlichen CO_2-Emissionen im abgelaufenen Jahr zurückgeben. Die Zertifikate (Einheit: 1 t CO_2) sind europaweit handelbar, so dass ein Anlagenbetreiber sich bei erhöhtem Bedarf, z. B. wegen Anstieg der Produktion, zusätzlich CO_2-Zertifikate auf dem Markt beschaffen konnte. Bei fehlendem Nachweis einer ausreichenden Zahl von CO_2-Emissionszertifikaten war vom Anlagenbetreiber eine Pönale zu zahlen (jeweils mit

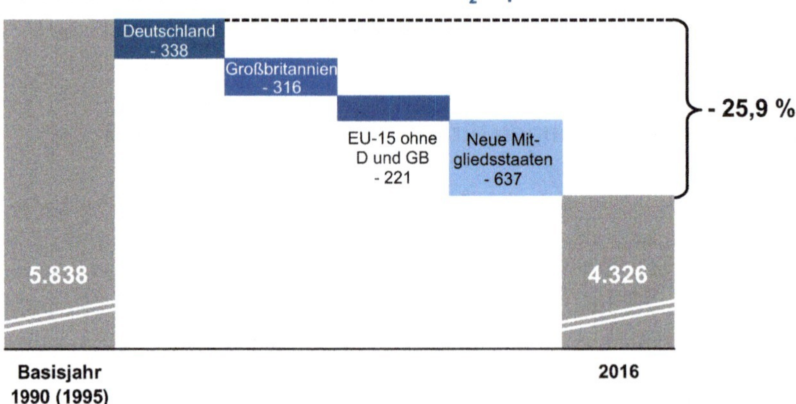

Abb. 6.5 Entwicklung der Treibhausgas-Emissionen in der EU-28 von 1990 bis 2016

der zusätzlichen Verpflichtung, ein Zertifikat im Folgejahr nachzureichen), die auf 40 €/t CO_2 in der ersten Periode und auf 100 €/t CO_2 in der zweiten Periode festgelegt wurde.

Die Übertragbarkeit (Banking) überschüssiger Zertifikate von Jahr zu Jahr war erlaubt, aber nicht von der 1. in die 2. Periode. Für spätere Perioden ist auch ein umfassendes Banking von Periode zu Periode eingeräumt worden. Ein sog. Borrowing, d. h. ein Vorziehen von Emissionsrechten, war von Jahr zu Jahr innerhalb einer Periode möglich, ein Perioden übergreifendes Borrowing war aber ausgeschlossen.

Die Zertifikate mussten von den Mitgliedsländern in der Periode 2005 bis 2007 zu mindestens 95 % kostenlos ausgegeben werden. In der Periode 2008 bis 2012 waren mindestens 90 % kostenlos auszugeben.

Die den Anlagen zuzuteilende Menge an Zertifikaten wurde in den Nationalen Allokationsplänen (NAP) der Mitgliedsstaaten festgelegt. Die Pläne mussten bei der EU-Kommission notifiziert werden. Die EU-Kommission hatte die NAPs daraufhin zu prüfen, ob sie im Einklang mit den Ausführungsbestimmungen der Richtlinie stehen, die Ziele des Mitgliedslandes für das EU-Burden-Sharing einhalten und ob die Zuteilungen den EU-Wettbewerbsregeln entsprechen. Die Zuteilung an die Anlagen der Unternehmen durfte keine unzulässige Beihilfe darstellen. Durch die Verknüpfung mit dem Kyoto-Ziel und dem EU-Burden-Sharing war klar, dass der NAP nicht nur die Zuteilung für die am Handel beteiligten Unternehmen regeln musste, sondern dass auch Aussagen über die zu erwartenden Emissionen in den nicht im Emissionshandelssystem enthaltenen Sektoren (Haushalt und Gewerbe, Verkehr und sonstige Industrie) bis 2012 zu treffen waren, einschließlich der Angabe der Instrumente, die in diesen Sektoren zur Minderung der Treibhausgasemissionen angewendet werden sollten.

EU-Richtlinie Emissions Trading

In Kraft getreten im Oktober 2003

Handelsraum:	EU
Beteiligung:	obligatorisch für Anlagen in allen Mitgliedstaaten
Geltungsbereich:	Feuerungsanlagen > 20 MW_{th}, Mineralölraffinerien, Kokereien, Anlagen zur Herstellung und Verarbeitung von Metallen, Zement, Kalk, Glas, Keramik, Zellstoff, Papier und Pappe
Basis der Regelung:	Begrenzung der CO_2-Emissionen (caps) aller emissionshandelspflichtigen Anlagen
Handelsgegenstand:	CO_2-Emissionsberechtigungen (Einheit: 1 t CO_2)
Zuteilung:	durch Mitgliedstaaten mit Aufsichtskontrolle durch EU-Kommission > 2005 bis 2007 ≥ 95 % kostenlos > 2008 bis 2012 ≥ 90 % kostenlos
Pönale bei Überschreitung der Emissionen:	> 2005 bis 2007 = 40 €/t CO_2 > 2008 bis 2012 = 100 €/t CO_2

Energiewirtschaft und Industrie sind seit 2005 vom Emissions Trading betroffen.

Abb. 6.6 EU-Richtlinie Emissions-Trading

Ziel und Konzept des Europäischen CO_2-Emissionshandels

- Der EU-Emissionshandel (EU Emission Trading System – ETS) ist ein marktwirtschaftliches Instrument der EU-Klimapolitik mit dem Ziel, die Treibhausgasemissionen zu senken
- Start zum 1. Januar 2005: Pilotphase I (2005-2007), Phase II (2008-2012) und Phase III (2013-2020)
- Teilnehmer: EU 28 + Liechtenstein, Island, Norwegen
- Betroffene Sektoren: Energiewirtschaft (Anlagen ab 20 MW), große Teile der energieintensiven Industrie, Luftverkehr
- Prinzip des Cap & Trade: Höhe der zulässigen Emissionen wird beschränkt und freier Handel der Emissionsrechte ermöglicht. Dadurch entsteht der Anreiz, den Ausstoß schädlicher Klimagase dort zu senken, wo es wirtschaftlich am sinnvollsten ist

Abb. 6.7 Ziel und Konzept des Europäischen Emissionshandels

Gemäß der EU-Regularien soll der wesentliche Beitrag zur Emissionsminderung im eigenen Land erbracht werden. Die durch Klimaschutzprojekte in anderen Ländern erreichte Minderung von Emissionen kann jedoch bis zu einem bestimmten Umfang gutgeschrieben werden. Im Gegenzug hierfür erhält der Projektinvestor Emissionszertifikate entsprechend der gegenüber einer landestypischen Technologie eingesparten Treibhausgas-Emissionsmenge. Emissionsminderungen werden so dort reduziert, wo die Kosten am geringsten sind. Die wirtschaftliche Belastung für die Erfüllung der Treibhausgas-Minderungsziele fällt also niedriger aus.

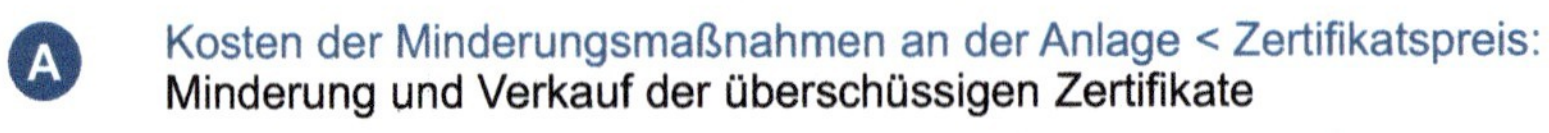

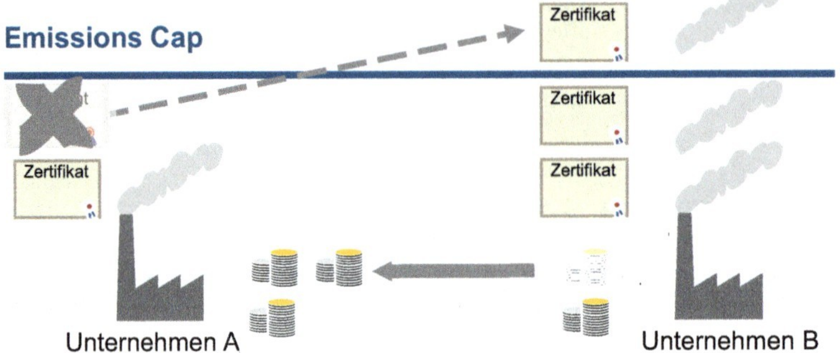

Abb. 6.8 Funktionsprinzip des Emissionshandels

Dabei wird zwischen folgenden Zertifikatstypen unterschieden:

- CER (Certified Emissions Reductions): „zertifizierte Emissionsreduktionen" für erfolgreich durchgeführte CDM-Projekte;
- ERU (Emission Reduction Units): „Emissionsreduktionseinheiten" für erfolgreich durchgeführte JI-Projekte.

Unternehmen, die am europäischen Emissionshandel teilnehmen, können diese Gutschriften bis 2020 für den Ausgleich eines Teils ihrer Emissionen nutzen.

Wie aus dem Factsheet „Internationale Klimaschutzprojekte" von UBA und DEHSt im Einzelnen hervorgeht, unterliegt die Nutzbarkeit von CER und ERU allerdings folgenden Einschränkungen: Möchte der Betreiber einer emissionshandelspflichtigen Anlage CER und ERU in der dritten Handelsperiode des EU-Emissionshandels (2013–2020) für seine Abgabeverpflichtung verwenden, muss er sie zuvor in europäische Emissionsberechtigungen umtauschen. Dieser Umtausch ist mengenmäßig begrenzt: In Deutschland konnten Anlagenbetreiber in der Handelsperiode 2008–2012 Gutschriften aus JI und CDM in Höhe von 22 % ihrer individuellen Zuteilungsmenge verwenden. Haben sie dieses Maximum bis 2012 nicht ausgeschöpft, können sie das in der dritten Handelsperiode nachholen. Für Neuanlagen und neu in den Emissionshandel aufgenommene Anlagen können Betreiber bis 2020 Gutschriften in Höhe von 4,5 % ihrer Emissionsmenge einsetzen. Betreiber mit einer Zuteilung für 2008–2012, die eine wesentliche Kapazitätserweiterung oder neu eine emissionshandelspflichtige Tätigkeit durchführen, können für die Nutzungsmenge wählen zwischen 22 % der Zuteilung aus den Jahren 2008–2012 oder 4,5 % ihrer Emissionen.

Fakten zur ersten, zweiten und dritten Handelsperiode in Deutschland

	1. Handelsperiode	2. Handelsperiode	3. Handelsperiode
Dauer	2005 – 2007	2008 – 2012	2013 – 2020
Emissions-handelsbudget	499 Mio. Tonnen CO_2 pro Jahr (Deutsches Budget)	444 Mio. Tonnen CO_2 pro Jahr (Deutsches Budget)	EU-weites Gesamtbudget (Cap): 1,95 Mrd. Tonnen CO_2 pro Jahr (Durchschnitt der Handelsperiode); jährliche Reduktionsrate: 1,74%
Teilnehmer	~ 1.850 Energie- und Industrieanlagen	~ 1.650 Energie- und Industrieanlagen	~ 1.900 Energie- und Industrieanlagen
Zuteilung	Zuteilung kostenloser Zertifikate auf Basis historischer Emissionen (Grandfathering)	Energie: kostenlose Zertifikate auf Basis historischer Produktion (Benchmarks); zusätzlich Kürzung von 40 Mio. Zertifikaten pro Jahr für Versteigerung Industrie: Grandfathering mit fixem Kürzungsfaktor von 1,25 %	Grundzuteilungsregel: Auktionierung; Für die Erzeugung von Strom erhalten Betreiber seit 2013 keine kostenlose Zuteilung mehr. Industrie und Wärmeproduktion erhalten dagegen noch eine kostenlose Zuteilung anhand von Benchmarks; Anteil der kostenlosen Zuteilung sinkt von 80 % der Benchmark-Zuteilung 2013 auf 30 % 2020, allerdings kein Absinken bei Carbon Leakage-Gefährdung.

Quelle: Umweltbundesamt/DEHSt, Europäischer Emissionshandel 2013 - 2020, Factsheet

Abb. 6.9 Fakten zur ersten, zweiten und dritten Handelsperiode des europäischen Emissionshandels in Deutschland

Luftfahrzeugbetreiber können insgesamt 1,5 % ihrer für die dritte Handelsperiode abzugebenden Emissionsmenge in Form von Gutschriften ausgleichen.

Darüber hinaus gibt es projektspezifische Einschränkungen: Projekte zur Minderung von Trifluormethan (HFC-23) und Distickstoffoxid (N2O) aus der Adipinsäureherstellung können zum Ausgleich der Emissionen seit 2013 nicht mehr genutzt werden. CER und ERU aus Nuklearprojekten – die auch international unzulässig sind – sowie Projekten der Land- und Forstwirtschaft (LULUCF) waren von Anfang an für die Verwendung im EU-Emissionshandel ausgeschlossen.

Schließlich gibt es zeitliche Grenzen zur Verwendung von Gutschriften im europäischen Emissionshandel:

- Projekte mit Registrierung und Emissionsminderungen vor 2013: CER und ERU durften bis zum 31.03.2015 in EUA umgetauscht und somit in der dritten Handelsperiode eingesetzt werden.
- CDM-Projekte mit Registrierung bis Ende 2012: CER aus Minderungen ab 2013 können in der Handelsperiode 2013–2020 eingesetzt werden, müssen aber bis zum 31.12.2020 in EUA umgetauscht werden.
- JI-Projekte mit Registrierung bis Ende 2012: ERU für Minderungen ab 2013 können nicht generiert und damit auch nicht verwendet werden, solange für die zweite

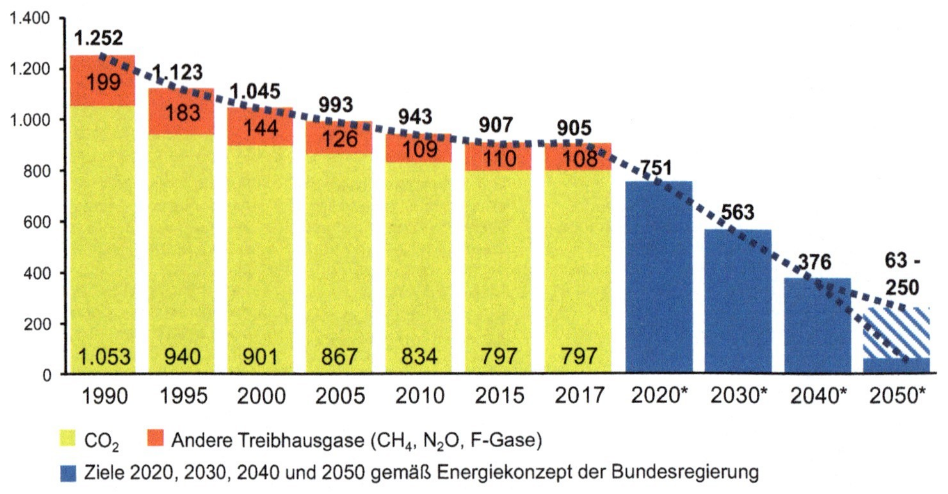

Abb. 6.10 Emissionen an Treibhausgasen in Deutschland 1990 bis 2017

Verpflichtungsperiode des Kyoto-Protokolls (2013–2020) keine Minderungsziele ratifiziert und die drauf beruhenden AAUs zugewiesen sind.

- CDM-Projekte mit Registrierung ab 2013: CER dürfen nur noch im europäischen Emissionshandel verwendet werden, wenn sie aus den so genannten Least Developed Countries, also den ärmsten Entwicklungsländern, stammen.

6.5.2 Umsetzung des Emissionshandelssystems in Deutschland für die erste Handelsperiode 2005 bis 2007

Der Rechtsrahmen für die Umsetzung der Richtlinie 2003/87/EG des Europäischen Parlaments und des Rates vom 13.10.2003 über ein System für den Handel mit Treibhausgasemissionszertifikaten in der Gemeinschaft konnte in Deutschland 2004 in Kraft gesetzt werden. Dabei handelt es sich um folgende Regelwerke:

- Gesetz über den Handel mit Berechtigungen zur Emission von Treibhausgasen (Treibhausgas-Emissionshandelsgesetz – TEHG vom 08.07.2004),

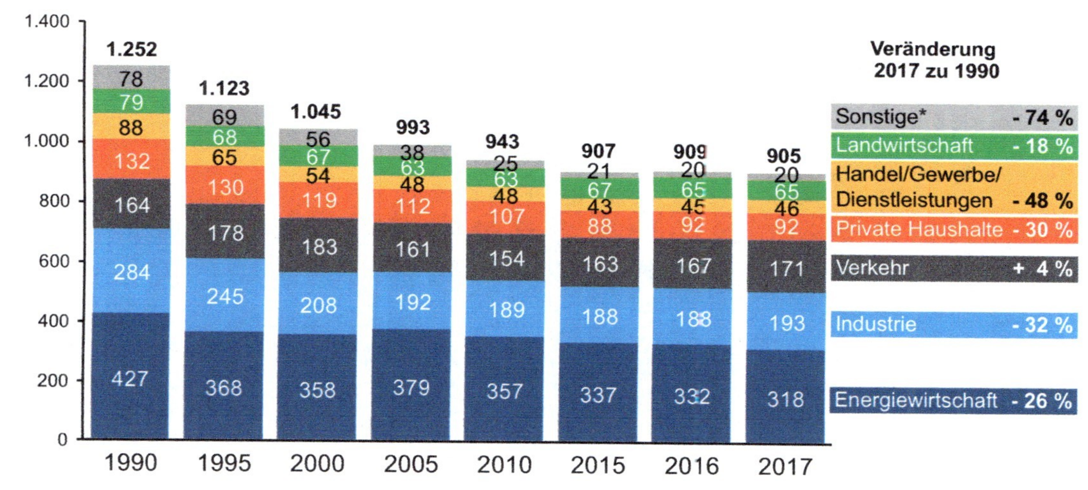

Abb. 6.11 Emissionen an Treibhausgasen in Deutschland 1990 bis 2017 nach Sektoren

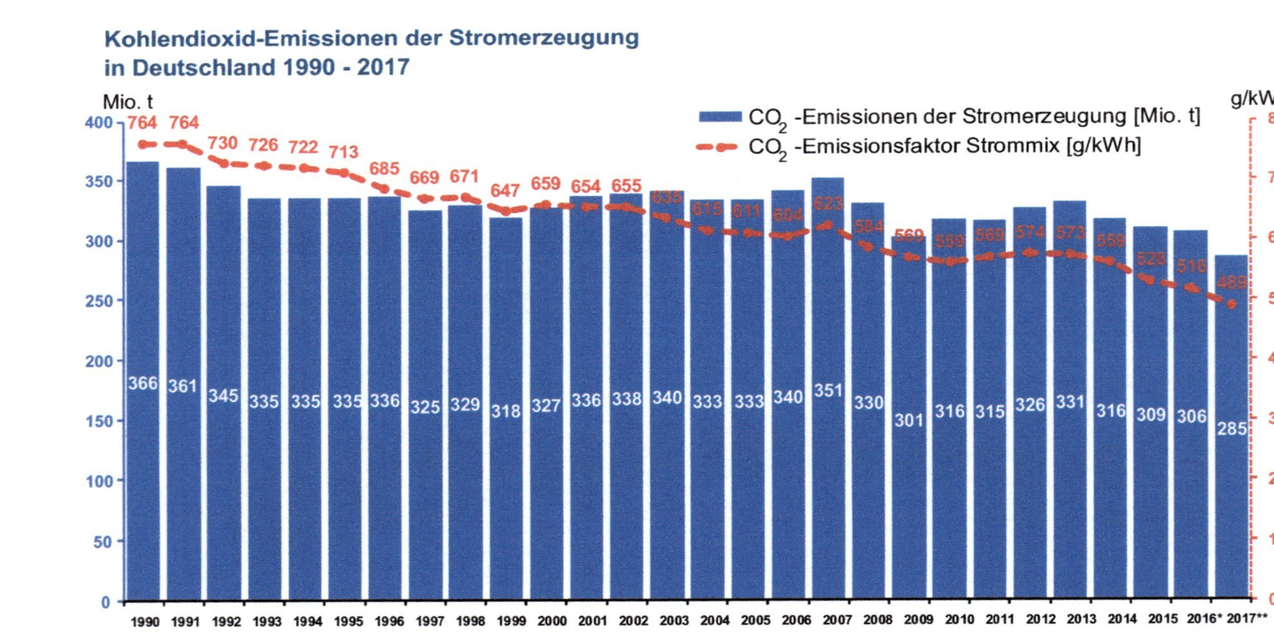

Abb. 6.12 Kohlendioxid-Emissionen der Stromerzeugung in Deutschland 1990 bis 2017

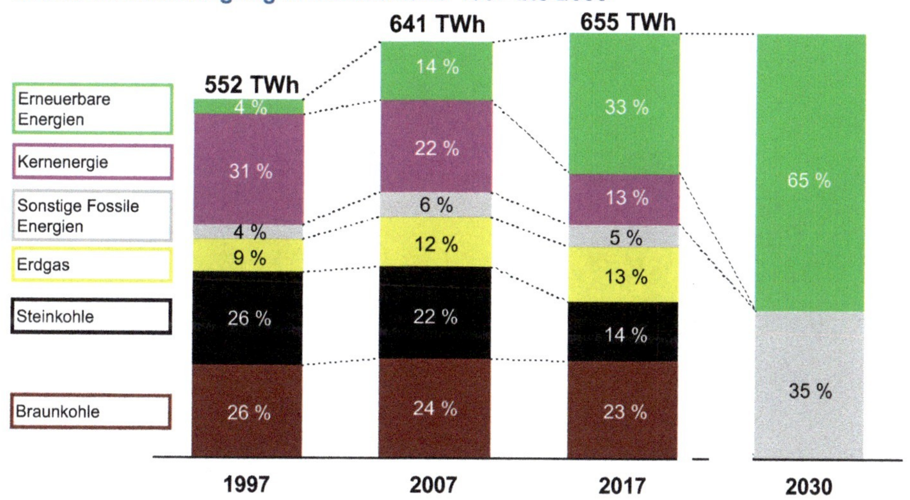

Abb. 6.13 Brutto-Stromerzeugung in Deutschland 1997 bis 2030

- Gesetz über den nationalen Zuteilungsplan für Treibhausgas-Emissions-berechtigungen in der Zuteilungsperiode 2005 bis 2007 (Zuteilungsgesetz 2007 – ZuG 2007) vom 26.08.2004,
- Zuteilungsverordnung 2005 – 2007 (ZuV 2007),
- Emissionshandels-Kostenverordnung (EHKostV).

Das am 15.07.2004 in Kraft getretene TEHG ist das Rahmengesetz. Es enthält die Grundlinien des Emissionshandelssystems. Im Einzelnen sind darin geregelt:

- Genehmigung und Überwachung der Treibhausgasemissionen,
- Zuteilung von Emissionsberechtigungen einschließlich Zuteilungsverfahren,
- Anerkennung von Emissionsberechtigungen und -gutschriften,
- Einrichtung eines Emissionshandelsregisters,
- Fragen des Handels von Zertifikaten.

Die Zuteilung von Emissionsberechtigungen an Betreiber, deren Anlagen in den Anwendungsbereich des TEHG fallen, war für jede Zuteilungsperiode in einem gesonderten Gesetz geregelt worden. Für die Zuteilungsperiode 2005 bis 2007 ist dies das am 31.08.2004 in Kraft getretene ZuG 2007. In diesem Gesetz sind das gesamte Mengengerüst an zuzuteilenden Berechtigungen (Makroplan) sowie die Regeln für die Zuteilung und Ausgabe von Kohlendioxid-Emissionszertifikaten für bestehende Anlagen, für Neuanlagen und für das Einstellen des Anlagenbetriebes verankert (Mikroplan).

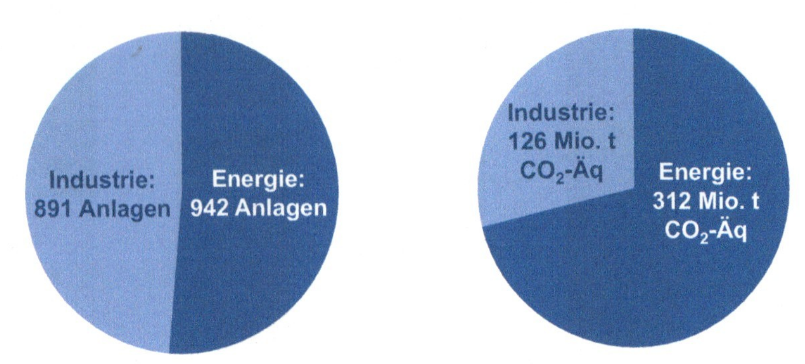

Abb. 6.14 Zahl der in das ETS in Deutschland einbezogenen Anlagen und deren CO_2-Emission 2017

Die Konkretisierung der Berechnungsmethoden der im ZuG 2007 enthaltenen Zuteilungsregeln war in der am 01.09.2004 in Kraft getretenen Zuteilungsverordnung 2005 – 2007 (ZuV 2007) erfolgt. Ferner hatte die ZuV die im Zuteilungsantrag erforderlichen Angaben sowie die Anforderungen an die beizubringenden Nachweise festgelegt.

Die ebenfalls am 01.09.2004 in Kraft getretene Emissionshandels-Kostenverordnung (EHKostV) enthält Bestimmungen über die Gebühren, die vom Anlagenbetreiber an die im Jahr 2004 beim Umweltbundesamt eingerichtete Deutsche Emissionshandelsstelle (DEHSt) zu entrichten sind. Die DEHSt wurde damit die zuständige Behörde für die Erteilung der Bescheide über die Anträge auf Zuteilung von Emissionszertifikaten. Diese Bescheide für die erste Zuteilungsperiode waren den Anlagenbetreibern im Dezember 2004 zugegangen.

Aus dem Nationalen Allokationsplan für die erste Handelsperiode (NAP 1) musste hervorgehen, wie viele Emissionszertifikate der Mitgliedsstaat im Dreijahreszeitraum 2005 bis 2007 insgesamt zuzuteilen beabsichtigt, nach welchen Kriterien die Zuteilung vorgenommen wird und welche Zertifikatmenge sich daraus für die einzelnen von der Richtlinie erfassten Anlagen ergibt. Entsprechend bestand der NAP aus einem Makroplan und einem Mikroplan. Im Makroplan erfolgte die Aufteilung des nationalen Emissionsbudgets nach Sektoren. Ferner war die Gesamtzahl der zuzuteilenden Zertifikate festgelegt worden. Im Mikroplan waren die Methoden, Regeln und Kriterien der Allokation dargelegt worden. Ferner ergab sich aus dem Mikroplan, welche Zertifikatmenge auf die einzelnen Anlagen entfällt.

Der *Makroplan* konkretisierte die Vorgaben des Kyoto-Protokolls und der EU-Lastenverteilung (Burden Sharing). Danach mussten die Emissionen der sechs Treibhausgase

CO_2, CH_4, N_2O, HFCs, PFCs und SF_6 in der Periode 2008 bis 2012 in Deutschland um 21 % gegenüber 1990 reduziert werden. Das Treibhausgasbudget im Zeitraum 2005 bis 2007 musste mit dieser Verpflichtung in Einklang stehen.

Grundsätzliche Ansätze der im *Mikroplan* verankerten Zuteilungsregeln waren Grandfathering (Zuteilung anhand der historischen Emissionen einer Anlage im Basiszeitraum) und Benchmarking (Zuteilung anhand der spezifischen Emissionen einer Produktkategorie, wie z. B. Strom). Die Bundesregierung hatte im Einklang mit den EU-Vorgaben festgelegt, dass die Allokation der Zertifikate in der ersten Handelsperiode zu 100 % kostenlos erfolgt.

Der Mikroplan basierte in Deutschland grundsätzlich auf den Ist-Emissionen der am Emissionshandel teilnehmenden Anlagen im Basiszeitraum 2000 bis 2002. Durch Abstimmung mit dem Makroplan war sicherzustellen, dass im Mikroplan genauso viele Zertifikate zugeteilt werden, wie der Makroplan den am Emissionshandel teilnehmenden Anlagen zugeordnet hatte.

Nach Abschluss des Zuteilungsverfahrens bis zum 23.12.2004 hatte die Deutsche Emissionshandelsstelle (DEHSt) Emissionszertifikate an 1849 Anlagen zugeteilt. Dabei handelte es sich um 1236 Anlagen der Energiewirtschaft und 613 Anlagen der Industrie.

Der Mikroplan für den Zeitraum 2005 bis 2007 enthielt die relevanten allgemeinen Zuteilungsmodalitäten für Bestands-, Ersatz- und Newcomer-Anlagen sowie Regelungen für Stilllegung, Verringerung des Aktivitätsniveaus und Reservefonds. Daneben waren da-

Tab. 6.5 Treibhausgas-Emissionen in Deutschland 1990 bis 2017

	1990	2000	2005	2010	2016	2017
Treibhausgas-Emissionen	**Mio. t CO_2-Äquivalente**					
Kohlendioxid (CO_2)	1053,0	901,0	867,2	833,7	801,8	797,3
Methan (CH_4)	120,2	87,7	68,4	58,1	54,4	54,1
Lachgas (N_2O)	65,0	43,1	43,3	36,6	37,9	38,1
HFC's	5,9	8,2	10,0	10,8	11,1	
PFC's	3,1	1,0	0,8	0,3	0,3	15,2
Schwefelhexafluorid (SF_6)	4,4	4,1	3,3	3,2	3,9	
Stickstofftrifluorid (NF_3)**	0,0	0,0	0,0	0,1	0,0	
Gesamtemissionen	**1251,7**	**1045,0**	**993,1**	**942,8**	**909,4**	**904,7**
Kohlendioxid-Emissionen	**Mio. t**					
Energie	989,8	840,1	812,1	784,7	754,1	748,7
Aus Verfeuerung von Brennstoffen	985,7	836,8	808,8	781,9	751,7	746,3
Mineralöle	319,0	317,4	288,2	259,6	252,1	258,1
Erdgas u. Grubengas	116,9	158,4	165,1	176,0	168,2	176,2
Steinkohlen u. Gicht-, Kokereigas	202,1	178,7	164,8	159,4	142,0	124,0
Braunkohlen	339,4	170,4	176,3	166,6	167,4	166,4
Sonstige	8,2	11,9	14,5	20,2	22,0	21,5
Diffuse (flüchtige) Emissionen	4,1	3,3	3,2	2,8	2,4	2,4

Tab. 6.5 (Fortsetzung)

	1990	2000	2005	2010	2016	2017
Industrie	60,0	58,1	52,8	46,7	44,9	45,9
Mineralische Produkte	23,5	23,4	20,3	19,2	19,6	20,0
Chemische Industrie	8,1	8,4	8,8	8,3	5,6	5,6
Herstellung von Metall	25,1	23,5	21,1	16,4	17,1	17,7
Nichenerg. Prod. aus Brennstoffen	3,3	2,8	2,6	2,7	2,5	2,5
Landwirtschaft* **	**3,2**	**2,8**	**2,3**	**2,3**	**2,8**	**2,8**
Gesamtsumme**	**1053,0**	**901,0**	**867,2**	**833,7**	**801,8**	**797,3**
Kohlendioxid-Emissionen	**Mio. t**					
Emissionshandelssektor*****	*	*	**474,0**	**454,8**	**452,9**	**437,6**
Darunter:						
Energiewirtschaft	*	*	379,0	357,2	329,6	311,7
Industrie	*	*	95,0	97,6	123,3	125,9
Nicht-Emissionshandelssektor	*	*	**393,2**	**378,9**	**348,8**	**359,7**
Darunter:						
Verkehr	161,9	180,7	160,0	152,8	165,0	168,8
PrivateHaushalte	128,6	117,8	111,0	105,5	90,3	90,3
Gewerbe/Handel/Dienstleistungen	64,1	45,5	40,0	40,0	37,4	100,7
Sonstiges******	*	*	82,2	80,6	56,1	
Gesamtsumme	**1053,0**	**901,0**	**867,2**	**833,7**	**801,8**	**797,3**

* Europäischer Emissionshandel ab 2005

** Neu zu berichtendes Gas in der 2. Verpflichtungsperiode (Basisjahr: 5000 t; 2000: 9000 t; 2005: 34.000 t; 2010: 61.000 t; 2014: 20.000 t)

*** Die CO_2-Emissionen aus der Landwirtschaft beinhalten Emissionen aus der Kalkung von Böden und der Harnstoffverwendung

**** Gesamtemission ohne Landnutzung, Landnutzungsänderung und Forstwirtschaft

***** Ab 2007 einschließlich Anlagen in der chemischen Industrie und „Weiterverarbeitung von Stahl"

****** Auch Industrieanlagen und Energieumwandlung außerhalb des Emissionshandels (z. B. Anlagen FWL unter 20 MW)

Quellen: Umweltbundesamt, Nationales Treibhausgasinventar 1990–2016, EU-Submission, Stand Januar 2018; DEHSt, VET-Bericht 2017 – Treibhausgasemissionen der emissionshandelspflichtigen stationären Anlagen und im Luftverkehr in Deutschland im Jahr 2017, Mai 2018. Umweltbundesamt, Pressemitteilung Nr. 4 vom 23. Januar 2018 und Nr. 9 vom 10. April 2018

rin verschiedene Sondertatbestände behandelt. Diese bezogen sich u. a. auf Early Actions, prozessbedingte Emissionen sowie Anlagen der Kraft-Wärme-Kopplung.

6.5.3 Regelungen für die zweite Handelsperiode 2008 bis 2012 in Deutschland

Am 22.06.2007 hatte der Deutsche Bundestag das „Gesetz zur Änderung der Rechtsgrundlagen zum Emissionshandel im Hinblick auf die Zuteilungsperiode 2008 bis 2012" beschlossen. Dieses Gesetzeswerk hatte die Grundlage für die Zuteilung der Emissionsberechtigungen in der zweiten Handelsperiode 2008 – 2012 geschaffen.

Mit dem Zuteilungsgesetz 2012 (ZuG 2012) waren die Regeln zur Verteilung der Gesamtzuteilungsmenge – das sogenannte Cap – festgelegt worden. Das Emissionshandelsbudget wurde in der zweiten Handelsperiode auf rund 453 Mio. Emissionsberechtigungen pro Jahr verringert. Zum Vergleich: In der ersten Handelsperiode verfügten die teilnehmenden Anlagen gemäß Zuteilungsgesetz 2007 über Emissionsberechtigungen für den Ausstoß von 498 Mio. t CO_2 pro Jahr. Das Emissionsbudget für Energiewirtschaft und Industrie in Deutschland wurde mit dem ZuG 2012 ab 2008 um mehr als 35 Mio. t entsprechend 7,5 %, verglichen mit dem Emissionsniveau im Zeitraum 2000 bis 2006, verringert.

Die Zuteilung der Zertifikate für Neu- und Bestandsanlagen der Energiewirtschaft wurde auf ein Benchmark-System umgestellt. Für Neu- und Bestandsanlagen fanden danach einheitlich festgelegte Emissionswerte pro Produkteinheit auf Basis der besten verfügbaren Technik (BAT-Benchmarks) Anwendung. Der Strom-Benchmark betrug 750 g Kohlendioxidäquivalent pro Kilowattstunde (kWh). Dieser Benchmark-Wert war berechnet als gewichteter Durchschnitt der Emissionswerte für die Stromerzeugung in modernen Kraftwerken und entspricht dem Emissionswert moderner Steinkohlenkraftwerke. Für Kraftwerke, die gasförmige Brennstoffe einsetzen können, betrug der Strom-Benchmark 365 g Kohlendioxidäquivalent pro kWh. Auf einen eigenständigen Benchmark für Braunkohlenkraftwerke in Höhe von 950 g Kohlendioxidäquivalent pro kWh war verzichtet worden.

Die Gültigkeit der beschriebenen Regelungen für die Zuteilungsperiode 2008 bis 2012 wurde auf den Zeitraum bis 2012 beschränkt.

Die Obergrenze für die Nutzung von Emissionsgutschriften aus den beiden projektbezogenen Mechanismen des Kyoto-Protokolls (JI und CDM) zur Erfüllung der jährlichen Abgabepflicht wurde auf 22 % der anlagenbezogenen Zuteilungsmenge festgelegt. Dies entspricht einer jährlichen Menge anrechenbarer Emissionsgutschriften von 90 Mio. t.

Die insbesondere für die Ausstattung von Neuanlagen vorgehaltene Reserve wurde mit 23 Mio. t pro Jahr angesetzt.

Das am 22.06.2007 vom Deutschen Bundestag beschlossene Zuteilungsgesetz 2012 (ZuG 2012) war am 10.08.2007 im Bundesgesetzblatt veröffentlicht worden (Inkrafttreten: 11.08.2007). Das Gesetz war die Grundlage für die Regelung des CO_2-Emissionshandels in Deutschland für die zweite Handelsperiode 2008 bis 2012.

6.5.4 EU-Klimaschutzstrategie und Ausgestaltung des EU-Emissionshandelssystems für die dritte Handelsperiode 2013 bis 2020

Der Europäische Rat hatte im Rahmen eines Gipfeltreffens am 8./9. März 2007 wichtige Beschlüsse für eine integrierte Klimaschutz- und Energiepolitik gefasst. Dazu gehört, „dass die EU bis zum Abschluss einer globalen und umfassenden Vereinbarung für die Zeit nach 2012 und unbeschadet ihrer internationalen Verhandlungsposition die feste und unabhängige Verpflichtung eingeht, die Treibhausgasemissionen bis 2020 um mindestens 20 % gegenüber 1990 zu reduzieren." Darüber hinaus hatte der Europäische Rat das Ziel der EU gebilligt, „die Treibhausgasemissionen bis 2020 gegenüber 1990 um 30 % zu reduzieren und auf diese Weise zu einer globalen und umfassenden Vereinbarung für die Zeit nach 2012 beizutragen, sofern sich andere Industrieländer zu vergleichbaren Emissionsreduzierungen und die wirtschaftlich weiter fortgeschrittenen Entwicklungsländer zu einem ihren Verantwortlichkeiten und jeweiligen Fähigkeiten angemessenen Beitrag verpflichten."

Ferner hatte der Europäische Rat sich auf folgende weitere Ziele für 2020 verständigt:

- Erhöhung des Anteils erneuerbarer Energien am Endenergieverbrauch der EU-27 auf 20 %;
- Steigerung der Energieeffizienz durch Reduktion des Energieverbrauchs um 20 % gegenüber der in der EU-27 für 2020 bei business-as-usual zu erwartenden Entwicklung.

Diese drei 20 %-Ziele bilden die Grundlage für die Klimaschutzstrategie der EU bis 2020.

Am 17.12.2008 hatte das Europäische Parlament das Energie- und Klimapaket verabschiedet. Dieses Paket umfasst sechs Bestandteile. Dazu gehören:

- Richtlinie über erneuerbare Energien;
- Richtlinie zur Verbesserung und Ausweitung des Treibhausgas-Emissionshandelssystems;
- Entscheidung über die Anstrengungen der Mitgliedsstaaten, die Emissionen in nicht vom Emissionshandel erfassten Sektoren zu reduzieren;
- Richtlinie zur Abtrennung und geologischen Speicherung von CO_2;
- Richtlinie zur Qualität von Kraftstoffen;
- Verständigung auf verpflichtende CO_2-Emissionsstandards für neue Pkw.

Die Richtlinie 2009/29/EG des Europäischen Parlaments und des Rates vom 23. April 2009 zur Änderung der Richtlinie 2003/87/EG zwecks Verbesserung und Ausweitung des Gemeinschaftssystems für den Handel mit Treibhausgasemissionszertifikaten war am 5. Juni 2009 im Amtsblatt der Europäischen Union (L 140/63-87) veröffentlicht worden. Sie war am zwanzigsten Tag nach ihrer Veröffentlichung im Amtsblatt der Europäischen Union in Kraft getreten.

Abb. 6.15 3 × 20 %-Ziele der EU bis 2020

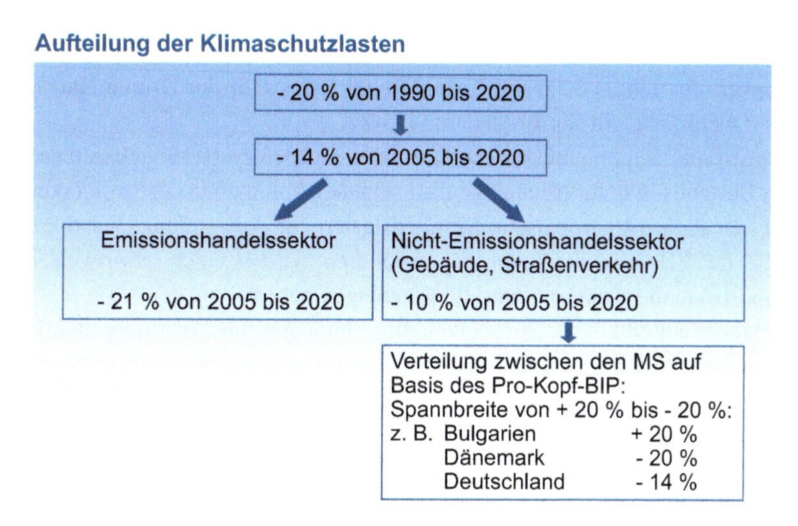

Abb. 6.16 Aufteilung der Klimaschutzlasten in der EU bis 2020

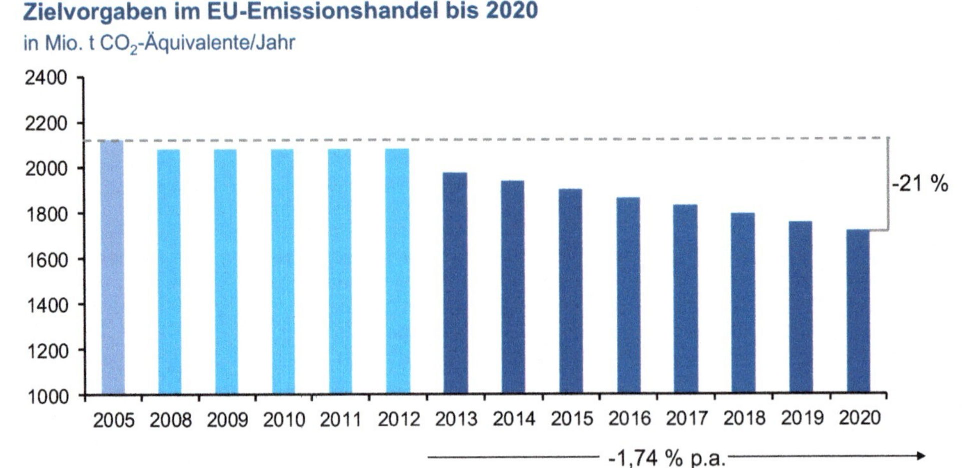

Abb. 6.17 Zielvorgaben im EU-Emissionshandel bis 2020

Die wesentlichen Inhalte dieser Richtlinie sind:

- Ab 2013 gilt eine EU-weite Obergrenze (EU Cap) für die vom Emissionshandel erfassten Anlagen. Grundprinzip der Zuteilung der Zertifikate ist die Versteigerung.
- Die Obergrenze der Treibhausgas-Emissionen von Anlagen, die vom Emissionshandelssystem erfasst sind, wird stufenweise abgesenkt. Der Reduktionspfad sieht eine lineare Verringerung der Menge an Zertifikaten ab Mitte des Zeitraums 2008 bis 2012 um 1,74 % pro Jahr vor. Damit unterschreiten die Emissionen im Jahr 2020 den Vergleichswert des Jahres 2005 um 21 %. Die für jedes Jahr der Dritten Handelsperiode fixierte Obergrenze gilt für die gesamte EU-27.
- Für die Stromerzeugung müssen die Zertifikate ab 2013 zu 100 % gekauft werden. Dies gilt für Bestands- wie für Neuanlagen. Ausnahmen kommen in der Stromerzeugung nur für elf vor allem osteuropäische Mitgliedstaaten zur Anwendung. Für diese Staaten, die 12 % der EU-Stromerzeugung repräsentieren, wird es einen schrittweisen Einstieg (Phasing-In) in die Auktionierung für Altanlagen geben.
- Für Sektoren außerhalb der Stromerzeugung (Industrie- und Wärmeproduktion) gelten grundsätzlich folgende Regelungen: Der Anteil der kostenfrei zugeteilten Zertifikate wird von 80 % im Jahr 2013 auf 30 % im Jahr 2020 abgeschmolzen. Ab dem Jahr 2027 wird die kostenfreie Zuteilung auf Null gesetzt. Bei Sektoren oder Teilsektoren, in denen ein erhebliches Risiko der Verlagerung von THG-Emissionen (Carbon Leakage) besteht, erfolgt bis zum Jahr 2020 eine kostenfreie Zuteilung auf Basis von EU-weiten Benchmarks (Produkt-Emissionswerte).
- Ab 1. Januar 2012 wird der Luftverkehr in die Kategorien von Tätigkeiten einbezogen, die in den Geltungsbereich der Richtlinie fallen. Diese Regelung erstreckt sich auf

alle Flüge, die auf Flugplätzen enden oder von Flugplätzen abgehen, die sich in einem Hoheitsgebiet eines Mitgliedstaats befinden, auf das der Vertrag Anwendung findet. Diese Regelung wurde jedoch in dieser Form nie vollzogen.

- Die Erlöse aus dem Verkauf der Zertifikate stehen grundsätzlich den Mitgliedsstaaten nach Maßgabe ihres jeweiligen Anteils an den Emissionen von 2005 im Rahmen des Gemeinschaftssystems beziehungsweise des Durchschnitts 2005 bis 2007 zu, je nachdem welcher Wert höher ist. Allerdings werden 12 % der Gesamtmenge der zu versteigernden Zertifikate zwischen den Mitgliedstaaten umverteilt (Klima-Soli).
- Alle Mitgliedsstaaten können 2013 bis 2016 Zuschüsse bis zu 15 % der Investitionskosten aus den Einnahmen der Versteigerung für neue Kraftwerke mit hohem Effizienzgrad gewähren. Diese Regelung ist nicht Bestandteil des eigentlichen Rechtstextes der Richtlinie, sondern Gegenstand einer Protokollerklärung der Kommission.
- Für die Förderung von Demonstrationsprojekten mit CO_2-Abscheidung und -speicherung sowie für innovative erneuerbare Energien werden bis zu 300 Mio. Zertifikate bis zum 31.12.2015 zur Verfügung gestellt.
- Mitgliedsländern, die in der Zweiten Handelsperiode 2008 bis 2012 nur in geringem Umfang die projektbezogenen Mechanismen JI/CDM genutzt haben, soll ab 2013 ein Aufholen ermöglicht werden.

Die Mitgliedsstaaten hatten die erforderlichen Rechts- und Verwaltungsvorschriften zu erlassen, um dieser Richtlinie bis 31. Dezember 2012 nachzukommen. Mit den Regelungen dieser Richtlinie sollte – in Kombination mit den anderen erwähnten Maßnahmen des Energie- und Klimapakets – sichergestellt werden, dass die EU ihre 20/20/20-Ziele bis 2020 erreicht.

Die Dritte Handelsperiode (3. HP), in die Zertifikate aus der 2. HP übertragbar waren, hatte am 01.01.2013 begonnen und reicht bis 2020. Mit der Verlängerung gegenüber den ersten beiden Handelsperioden sollte mehr Planungssicherheit für die teilnehmenden Unternehmen erreicht werden.

Eine der wesentlichsten Änderungen ist die Zentralisierung der Zuteilung. Dies bedeutet, dass es keine nationalen Allokationspläne mehr gibt, sondern ein von der Kommission festgelegtes Cap und einheitliche Zuteilungsregeln für alle Mitgliedsstaaten.

Mit der 3. HP wurde das EU-ETS weitreichend harmonisiert: Neben der gemeinsamen Obergrenze für Treibhausgas-Emissionen gelten erstmals in allen EU-Mitgliedsstaaten dieselben Regeln für die Zuteilung von kostenlosen Emissionsberechtigungen. Die Europäische Kommission (EU-KOM) hat außerdem verbindliche Anforderungen für die Überwachung von Treibhausgasemissionen festlegt und ein gemeinsames Emissionshandelsregister eingeführt. Alle grundlegenden Entscheidungen werden somit zentral auf EU-Ebene getroffen. Dies soll Wettbewerbsverzerrungen zwischen den Mitgliedsstaaten vermeiden und das europäische System noch besser auf einen globalen Emissionshandel vorbereiten. Schon jetzt nehmen am weltweit größten Emissionshandelssystem ca. 11.000 Energie- und Industrieanlagen in den 28 EU-Staaten sowie Norwegen, Island und Liechtenstein teil.

An die Stelle von nationalen Obergrenzen tritt eine EU-weite Emissionsobergrenze (Cap). Das Cap basiert auf der durchschnittlichen Gesamtmenge der in der 2. HP (2008–2012) zugeteilten Zertifikate. Zusätzlich werden bei der Berechnung des Caps die Emissionen neu in der 3. HP hinzugekommener Tätigkeiten und Gase berücksichtigt. 2013 belief sich das Cap auf 2039 Mio. t CO_2. Für die ab 2013 geltende EU-weite Emissionsobergrenze wurden die Caps seit 2010 jährlich um 1,74 % reduziert (linearer Kürzungsfaktor). Damit erfolgt bis 2020 eine Absenkung auf 1720 Mio. t. Dies entspricht dem Ziel, das Emissionsniveau der emissionshandelspflichtigen Anlagen bis 2020 um 21 % gegenüber dem Niveau von 2005 zu reduzieren.

Insgesamt 13 Tätigkeiten sind in der 3. HP neu emissionshandelspflichtig – darunter die Herstellung von Primäraluminium, die Herstellung von Ammoniak und die Abscheidung von Treibhausgasen (Carbon Capture and Storage).

Mit Distickstoffmonoxid (N_2O) und den perfluorierten Kohlenwasserstoffen (FKWs) fallen in der 3. HP neben CO_2 weitere Gase unter den Emissionshandel. Beide Gase sind deutlich klimaschädlicher als CO_2: Lachgas (N_2O) um das rund 300-fache, FKWs um das mehr als 6000-fache.

Während in der 2. HP die Zuteilung von kostenlosen Emissionsberechtigungen die Regel war, so ist mit Beginn der 3. HP die Versteigerung, d. h. der Kauf von Emissionsberechtigungen, die Grundzuteilungsregel. Eine Ausnahme gibt es für die stark im internationalen Wettbewerb stehenden Industriebranchen mit einer hohen Kostenbelastung durch den EU-Emissionshandel, da für diese Sektoren ein erhebliches Risiko der Verlagerung von CO_2-Emissionen in Länder mit weniger strengen Klimaschutzbestimmungen besteht (sog. „Carbon Leakage"). Die Sektoren mit erhöhtem Carbon Leakage-Risiko, die in einer von der Europäischen Kommission alle fünf Jahre überprüften und überarbeiteten Liste aufgeführt werden, erhalten während der gesamten 3. HP auf der Basis von Benchmarks eine kostenlose Zuteilung. Die Zuteilung ohne Berücksichtigung eines Carbon-Leakage-Risikos ist fast ausschließlich den Energieanlagen zuzuordnen. Dort liegt der Anteil der Zuteilung auf Basis eines Carbon-Leakage-Risikos im Jahr 2013 bei nur rund 46 %, während er in den Industriebranchen bis zu 100 % der Zuteilung beträgt.

Für die Zuteilung kostenloser Zertifikate hatte die Europäische Kommission 52 Produkt-Emissionswerte (Benchmarks) aus 21 Sektoren festgelegt – von Aluminium bis Zementklinker. Sie definieren, wie viel Treibhausgas die effizientesten Anlagen in Europa pro Tonne Produkt emittieren. Stößt eine Anlage mehr aus als ihr EU-Emissionswert vorsieht, wird der Anlagenbetreiber mit der kostenlosen Zuteilung nicht auskommen und muss Zertifikate zukaufen. Zumindest in der 3. Handelsperiode des EU-ETS gibt es aber noch den Sektor übergreifenden Korrekturfaktor, sodass auch die effizientesten Anlagen eine kostenlose Zuteilung unterhalb des Benchmark-Werts erhalten.

Seit 2010 müssen Luftfahrzeugbetreiber – Fluggesellschaften und Betreiber von Businessjets – ihre Emissionen jährlich an die zuständigen Behörden (in Deutschland die DEHSt) berichten. Im Jahr 2012 bestand zum ersten Mal die Pflicht zur Abgabe von Emissionsberechtigungen [6]. Die meisten Luftfahrzeugbetreiber haben dafür auf Antrag eine bestimmte Menge kostenloser Berechtigungen erhalten, die sich an ihrer Transportleistung des Jahres 2010 orientierte.

Der Anwendungsbereich ist grundsätzlich wie folgt definiert: Zunächst sind alle Flüge erfasst, welche auf dem Hoheitsgebiet des Europäischen Wirtschaftsraumes (EWR) starten oder landen. Ausnahmen existieren für bestimmte Luftfahrzeuge (weniger als 5700 kg maximal zulässiges Abfluggewicht), bestimmte Arten von Flügen (z. B. Rettungs- und Forschungsflüge) sowie für Betreiber mit geringen jährlichen Gesamtemissionen (weniger als 10.000 Tonnen CO_2 für gewerbliche Luftfahrzeugbetreiber).

Für die Jahre 2012 und 2013–2016 wurde die Berichts- und Abgabepflicht im Wesentlichen auf Inner-EWR-Flüge, d. h. Flüge, welche auf dem Hoheitsgebiet des EWR starten und landen, beschränkt. Unterschiede in den beiden genannten Zeiträumen bestanden jedoch bei Gebieten in äußerster Randlage (z. B. die Kanarischen Inseln). Nicht gewerbliche Betreiber mit jährlichen Gesamtemissionen von weniger als 1000 Tonnen CO_2 wurden zudem ab 2013 von der Berichts- und Abgabepflicht ausgenommen.

Dabei trägt die EU den auf internationaler Ebene erzielten Fortschritten in den Bemühungen der Internationalen Zivilluftfahrtorganisation (ICAO) zur globalen Minderung von Treibhausgas-Emissionen Rechnung. So war bei der 38. ICAO-Generalversammlung im Herbst 2013 grundsätzlich beschlossen worden, ein globales marktbasiertes Klimaschutzinstrument (GMBM) für den internationalen Luftverkehr ab dem Jahr 2020 zu entwickeln, das auf der 39. ICAO-Generalversammlung im Herbst 2016 beschlossen wurde und ab 2021 eingeführt werden soll. Die EU unterstützt diesen Prozess, indem sie Flüge, welche außerhalb des Hoheitsgebietes des EWR starten oder landen, vorübergehend vom europäischen Emissionshandel ausnimmt.

Vor dem Hintergrund des starken Preisrückgangs für CO_2-Zertifikate, bedingt durch den Überschuss an Zertifikaten, hatten sich das Europäische Parlament und der Rat darauf geeinigt, temporär insgesamt 900 Mio. von den in der Dritten Handelsperiode zu versteigernden Zertifikaten aus dem Markt herauszunehmen und sie später wieder dem Markt zuzuführen (Backloading). Die geänderte EU-Verordnung enthält nachfolgende Anpassungen, die bereits bei den aktuellen Versteigerungen berücksichtigt wurden:

- 2014: Herausnahme von 400 Mio. Zertifikaten
- 2015: Herausnahme von 300 Mio. Zertifikaten
- 2016: Herausnahme von 200 Mio. Zertifikaten
- 2019: Zurückführung von 300 Mio. Zertifikaten
- 2020: Zurückführung von 600 Mio. Zertifikaten.

Die entsprechende Verordnung (EU) Nr. 176/2014 wurde am 26.02.2014 im EU-Amtsblatt veröffentlicht und trat einen Tag später in Kraft.

6.5.5 Umsetzung des Emissionshandelssystems in Deutschland für den Zeitraum 2013 bis 2020

In Deutschland erfolgt die Umsetzung der EU-ETS-RL in nationales Recht über das Treibhausgas-Emissionshandelsgesetz (TEHG). Das TEHG 2020 vom 21. Juli 2011, das zuletzt am 18. Juli 2017 geändert worden war, ist die rechtliche Grundlage für die Umsetzung des europäischen Emissionshandels in Deutschland bis zum Jahr 2020. Die Zuteilung der Emissionsberechtigungen war in der Zuteilungsverordnung 2020 (ZuV 2020) geregelt, die am 30. September 2011 in Kraft getreten war. Mit der am 25. November 2011 in Kraft getretenen Versteigerungs-Verordnung wurde der rechtliche Rahmen für sämtliche Versteigerungen geschaffen.

Das Treibhausgas-Emissionshandelsgesetz (TEHG) – in der für die Dritte Handelsperiode gültigen Fassung – differenziert bei allen emissionshandelspflichtigen Anlagen in Deutschland nach Tätigkeiten. Tätigkeiten 2 bis 6 sind dem Energiesektor zugeordnet, die Tätigkeiten 1 sowie 7 bis 29 dem Industriesektor. Im Jahr 2017 waren in Deutschland 1833 stationäre Anlagen vom europäischen Emissionshandelssystem erfasst. Diese Anlagen emittierten knapp 438 Mio. t CO_2-Äquivalente. 312 Mio. t aus 942 Anlagen entfielen auf die energiewirtschaftlichen Tätigkeiten 2 bis 6. Die 891 Anlagen der industriellen Tätigkeiten 1 und 7 bis 29 emittierten 126 Mio. t CO_2 Äq [6].

Die kostenlose Zuteilung an stationäre Anlagen belief sich 2017 auf 149 Mio. Emissionsberechtigungen. Diese Regelung betrifft vornehmlich Industrieanlagen. Energieanlagen erhalten demgegenüber in der Dritten Handelsperiode nur noch für die Produktion von Wärme eine kostenlose Zuteilung.

Für die Stromerzeugung greift seit 2013 die Vollauktionierung. Deshalb bestand bei den Energieanlagen für das Jahr 2017 ein Zukaufbedarf in Höhe von etwa 287 Mio. Emissionsberechtigungen, da für sie der Ausstattungsgrad mit kostenlosen Emissionsberechtigungen nur 7,8 % der Emissionen betrug.

6.5.6 EU-Klimaschutzstrategie 2021 bis 2030

Auf seiner Tagung vom Oktober 2014 hatte sich der Europäische Rat verpflichtet, die Treibhausgas-Emissionen der Union bis 2030, gemessen am Stand von 1990, insgesamt um mindestens 40 % zu reduzieren. Alle Wirtschaftssektoren sollen zur Verwirklichung dieses Reduktionsziels beitragen, das am kosteneffizientesten realisiert wird, indem über das Emissionshandelssystem der Europäischen Union (EU-EHS) bis 2030 eine Emissionsminderung von 43 % gegenüber 2005 erreicht wird. Dies war in der Reduktionsverpflichtung der Union und ihrer Mitgliedsstaaten bekräftigt worden, die dem Sekretariat des Rahmenübereinkommens der Vereinten Nationen über Klimaänderungen (UNFCCC) am 6. März 2015 übermittelt worden war [7].

Ferner ist in einem Effort-Sharing-Agreement festgelegt worden, dass die Treibhausgas-Emissionen außerhalb des Erfassungskreises des EU-EHS bis 2030 EU-weit um 30 %

Tab. 6.6 Zuteilungssituation bei Emissionsberechtigungen nach Tätigkeiten in Deutschland 2017

Sektor	Nr.	Tätigkeit	Zahl der Anlagen	Zuteilungsmenge 2017	Zertifizierte Emissionsmenge (VET 2017)	Verhältnis von Zuteilungsmenge 2017 und VET 2017
				1000 EUA	1000 t CO_2-Äq.	%
Energie	2	Energieumwandlung ≥ 50 MW FWL	483	20.460	304.908	6,7
	3	Energieumwandlung 20–50 MW FWL	392	3178	5392	58,9
	4	Energieumwandlung 20–50 MW FWL, andere Brennstoffe	11	113	143	79,0
	5	Antriebsmaschinen (Motoren)	3	27	33	80,8
	6	Antriebsmaschinen (Turbinen)	53	528	1257	42,0
Energie			942	24.306	311.735	7,8
Industrie	1	Verbrennung	70	1807	2200	82,2
	7	Raffinerien	23	18.968	25.160	75,4
	8	Kokereien	4	1672	3952	42,3
	9	Verarbeitung von Metallerzen	1	66	69	95,3
	10	Herstellung von Roheisen und Stahl	30	41.402	28.305	146,3
	11	Verarbeitung von Eisenmetallen	89	4516	5412	83,4
	12	Herstellung von Primäraluminium	7	872	1010	86,4
	13	Verarbeitung von Nichteisenmetallen	32	1428	1622	88,0
	14	Herstellung von Zementklinker	36	17.515	20.466	85,6
	15	Herstellung von Kalk	60	7459	9345	79,8

Tab. 6.6 (Fortsetzung)

Sektor	Nr.	Tätigkeit	Zahl der Anlagen	Zuteilungsmenge 2017	Zertifizierte Emissionsmenge (VET 2017)	Verhältnis von Zuteilungsmenge 2017 und VET 2017
				1000 EUA	1000 t CO_2-Äq.	%
	16	Herstellung von Glas	75	3034	3740	81,1
	17	Herstellung von Keramik	143	1802	2041	88,3
	18	Herstellung von Mineralfasern	7	279	386	72,4
	19	Herstellung von Gips	9	293	269	109,0
	20	Herstellung von Zellstoff	5	88	144	61,3
	21	Herstellung von Papier	142	6176	5323	116,0
	22	Herstellung von Industrieruß	4	442	608	72,6
	23	Herstellung Salpetersäure	8	716	681	105,1
	24	Herstellung von Adipinsäure	3	1011	132	767,3
	25	Herstellung von Glyoxal und Glyoxylsäure	1	8	10	79,2
	26	Herstellung von Ammoniak	5	3596	4455	80,7
	27	Herstellung organischer Grundchemikalien	116	9004	8259	109,0
	28	Herstellung von Wasserstoff und Synthesegas	15	1586	1718	92,3
	29	Herstellung von Soda	6	1045	604	173,0
Industrie			891	124.787	125.913	99,1
Gesamtergebnis			1833	149.093	437.647	34,1

* Ohne Berücksichtigung möglicher Verrechnungen bei der Weiterleitung von Kuppelgasen und bei Wärmeimporten, VET = Varified Emissions Table; EUA = EU-Allowances (Emissionsberechtigungen)

Quelle: Umweltbundesamt/DEHSt, Treibhausgasemissionen 2017, VET-Bericht 2017, Berlin 2018

Tab. 6.7 Verpflichtungen der Mitgliedstaaten zur Reduktion der nicht vom EU-EHS erfassten Treibhausgas-Emissionen

Mitgliedstaat	THG-Emissionen bis 2030 im Vergleich zu 2005
Bulgarien	–0 %
Rumänien	–2 %
Lettland	–6 %
Polen/Ungarn/Kroatien	–7 %
Litauen	–9 %
Slowakei	–12 %
Estland	–13 %
Tschechien	–14 %
Slowenien	–15 %
Griechenland	–16 %
Portugal	–17 %
Malta	–19 %
Zypern	–24 %
Spanien	–26 %
Irland	–30 %
Italien	–33 %
Belgien	–35 %
Niederlande/Österreich	–36 %
Frankreich/Großbritannien	–37 %
Deutschland	–38 %
Dänemark/Finnland	–39 %
Schweden/Luxemburg	–40 %

Quelle: Europäische Union, Brüssel 26. April 2018

gegenüber dem Stand des Jahres 2005 abzusenken sind. Während es für die rund 11.000 Anlagen, die vom EU-EHS erfasst sind und etwa 45 % der Treibhausgas-Emissionen der Union repräsentieren, eine EU-weit gültige Emissions-Obergrenze gibt, ist gemäß der Verordnung des Europäischen Parlaments und des Rates von 30. Mai 2018 geregelt, welche nationalen Verpflichtungen für die Treibhausgas-Emissionen außerhalb des EU-EHS gelten. Die darin für 2030 im Vergleich zu 2005 verankerten Verpflichtungen haben eine Spannweite von –0 % für Bulgarien bis zu –40 % für Schweden und Luxemburg. Deutschland muss die nicht vom EU-EHS erfassten Treibhausgas-Emissionen – bezogen auf den genannten Zeitraum – um 38 % absenken. Diese Mindestvorgabe soll auf dem Wege eines linearen Reduktionspfades im Zeitraum 2021 bis 2030 unter Zugrundelegung der durchschnittlichen Treibhausgas-Emissionen der Jahre 2016 bis 2018 erreicht werden [8].

In der genannten Richtlinie (EU) 2018/410 vom 14. März 2018 sind u. a. folgende Regelungen enthalten:

- Im Rahmen des reformierten EU-EHS wird für dieses europäische Instrument der jährliche Reduktionsfaktor für die von diesem Instrument erfassten Treibhausgas-Emissionen im Zeitraum 2021 bis 2030 auf 2,2 % verschärft.
- Die kostenlose Zuteilung von Zertifikaten wird über 2020 hinaus grundsätzlich beibehalten, um das Risiko einer klimapolitisch bedingten Verlagerung von CO_2-Emissionen zu vermeiden, solange in anderen führenden Wirtschaftsnationen keine vergleichbaren Anstrengungen zur Reduktion der Treibhausgas-Emissionen unternommen werden.
- Das Versteigern von Zertifikaten bleibt die Regel, die kostenlose Zuteilung die Ausnahme. Grundsätzlich soll der Anteil der zu versteigernden Zertifikate weiterhin 57 % betragen. Die Folgenabschätzung der EU-Kommission hatte spezifiziert, dass der Anteil der zu versteigernden Zertifikate im Zeitraum von 2013 bis 2020 bei 57 % liegt.
- In Anerkennung der Wechselwirkung zwischen Klimaschutzmaßnahmen auf Unionsebene und auf nationaler Ebene wird für die Mitgliedstaaten die Möglichkeit erweitert, Zertifikate aus ihrem Versteigerungsvolumen im Falle der Schließung von Stromerzeugungskapazitäten (z. B. Kohlekraftwerke) in ihrem Hoheitsgebiet zu löschen.
- Die ab 2013 geltenden Benchmark-Werte für die kostenlose Zuteilung sollen überprüft und aktualisiert werden, um Zufallsgewinne zu vermeiden und um dem technologischen Fortschritt in den betreffenden Sektoren, für die gemäß der EU-EHS-Richtlinie kostenlose Zuteilungen gewährt werden, Rechnung zu tragen.
- Als Anreiz für die Abscheidung und Speicherung von CO_2 (CCS), für die Entwicklung neuer Technologien für erneuerbare Energien und für bahnbrechende Innovationen auf dem Gebiet von Technologien und Prozessen mit geringem CO_2-Ausstoß, darunter die umweltverträgliche CO_2-Abscheidung und -Nutzung (CCU) ist geregelt, dass Zertifikate nicht für CO_2-Emissionen abgegeben werden müssen, die vermieden oder dauerhaft gespeichert werden. Zudem sollten zusätzlich zu den 400 Mio. Zertifikaten, die ursprünglich für den Zeitraum ab 2021 zur Verfügung gestellt wurden, die Einkünfte aus den für den Zeitraum von 2013 bis 2020 verfügbaren 300 Mio. Zertifikaten, die noch nicht für Innovationsmaßnahmen zugewiesen wurden, durch 50 Mio. nicht zugeteilter Zertifikate aus der Marktstabilitätsreserve ergänzt und rechtzeitig zur Innovationsförderung eingesetzt werden.
- Aus 2 % der Gesamtmenge der Zertifikate, die nach den Versteigerungsregeln und -modalitäten über die gemeinsame Auktionsplattform der Kommission zu versteigern sind, sollte ein Modernisierungsfonds angelegt werden.
- Mit dem Beschluss (EU) 2015/1814 wird 2018 eine Marktstabilitätsreserve für das EU-EHS eingerichtet, damit das Auktionsangebot flexibler und das System krisenfester wird. Die Marktstabilitätsreserve soll ab 2019 einsatzbereit sein. Ferner ist beabsichtigt, den genannten Beschluss (EU) 2015/1814 dahin gehend abzuändern, dass der Prozentsatz für die Bestimmung der Zahl der jährlich in die Reserve einzustellenden Zertifikate bis zum 31. Dezember 2023 erhöht wird. Backloading-Mengen sollen nicht in den Markt zurückfließen, sondern in die Marktstabilitätsreserve überführt werden.
- Die Maßnahmen zur Unterstützung bestimmter energieintensiver Industrien, in denen es zur Verlagerung von CO_2-Emissionen kommen könnte, sollten im Lichte der Kli-

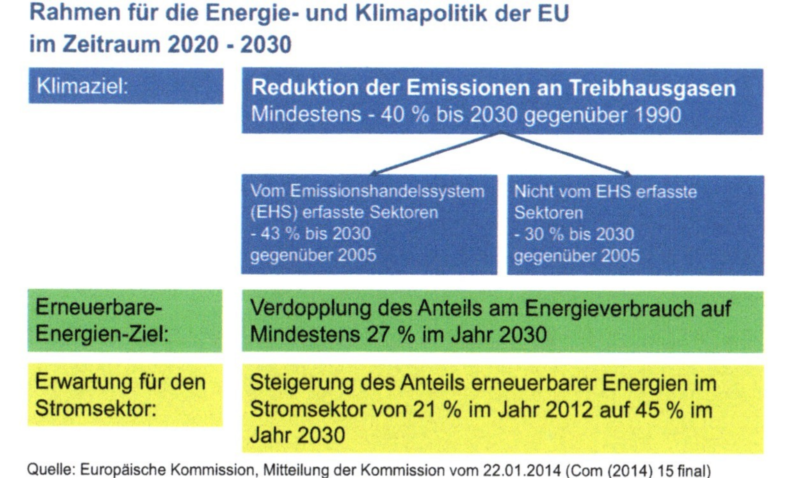

Abb. 6.18 Rahmen für die Energie- und Klimapolitik der EU im Zeitraum 2021 bis 2030

maschutzmaßnahmen in anderen führenden Wirtschaftsnationen fortlaufend überprüft werden. In diesem Zusammenhang kann erwogen werden, ob es angemessen ist, bestehende Maßnahmen zur Vermeidung der Verlagerung von CO_2-Emissionen durch ein CO_2-Grenzabgabesystem oder alternative Maßnahmen zu ersetzen, anzupassen oder zu ergänzen, sofern solche Maßnahmen vollständig mit den Bestimmungen der Welthandelsorganisation vereinbar sind.

Gemäß Artikel 5 ist diese Richtlinie (EU) 2018/410 am zwanzigsten Tag nach ihrer Veröffentlichung im Amtsblatt der Europäischen Union (19. März 2018), also am 8. April 2018, in Kraft getreten.

Literatur

[1] H. Rentz und H.-W. Schiffer, Entwicklung und Umsetzung des Weltklimaprogramms, in: Energiewirtschaftliche Tagesfragen, 50. Jg. (2000), Heft 8
[2] Intergovernmental Panel on Climate Change (IPCC), Fifth Assessment Report (AR 5) Genf 2014
[3] S. Oberthür, H. E. Ott, The Kyoto Protocol, International Climate Policy for the 21st Century, Berlin/Heidelberg/New York 1999
[4] H.-J. Ziesing, Weltweite CO_2-Emissionen 2017, in: Energiewirtschaftliche Tagesfragen, 67. Jg. (2017), Heft 9
[5] BP Statistical Review of World Energy, June 2018, London 2018
[6] Umweltbundesamt/Deutsche Emissionshandelsstelle, Treibhausgasemissionen 2017, Emissionshandelspflichtige stationäre Anlagen und Luftverkehr in Deutschland (VET-Bericht 2017), Berlin 2018

[7] Richtlinie (EU) 2018/410 des Europäischen Parlaments und des Rates vom 14. März 2018 zur Änderung der Richtlinie 2003/87/EG zwecks Unterstützung kostenintensiver Emissionsreduktionen und zur Förderung von Investitionen mit geringem CO_2-Ausstoß und des Beschlusses (EU) 2015/1814; Amtsblatt der Europäischen Union L76, 61. Jg., 19. März 2018
[8] European Union, Regulation of the European Parliament and of the Council on binding annual greenhouse gas emission reductions by Member States from 2021 to 2030 contributing to climate action to meet commitments under the Paris Agreement and amending Regulation (EU) No 525/2013; Strasbourg, 30 May 2018

7 Perspektiven der Energieversorgung

Bei der quantitativen Darlegung künftiger Entwicklungspfade ist zwischen Prognosen und Szenarien zu unterscheiden.

Wissenschaftlich fundierte Prognosen erheben den Anspruch, unter den getroffenen Annahmen die voraussichtliche künftige Entwicklung abzubilden. Prognosen über die energiewirtschaftliche Entwicklung basieren auf Annahmen zu Parametern wie Bevölkerung (Einwohnerzahl und Struktur), Wirtschaft (Bruttoinlandsprodukt), Energiepreisen sowie Energie- und Klimapolitik. Solche Annahmen gestützte Vorausschätzungen werden auch als bedingte Prognosen bezeichnet (im Unterschied zu Prophezeiungen).

Bei Szenarien kann zwischen vier Kategorien unterschieden werden:

- Exploratorisches Szenario
- Ereignisszenario
- Zielszenario
- Instrumentenszenario.

Exploratorische Szenarien werden als Instrument genutzt, alternative Entwicklungspfade von der Gegenwart in die Zukunft zu identifizieren und zu beschreiben. Dabei sollten die getroffenen Annahmen konsistent und damit widerspruchsfrei sein. Und sie sollten die wichtigsten Determinanten, die für die Prägung zukünftiger Entwicklungen von Bedeutung sein können, berücksichtigen. In sogenannten Status-quo-Szenarien werden aktuelle Trends fortgeschrieben, ohne erwartbaren oder auch mit Unsicherheiten behafteten Faktoren Rechnung zu tragen. Die geltenden energie- und klimapolitischen Rahmenbedingungen werden als auch künftig geltende Vorgaben zugrunde gelegt.

Solche Status-quo-Szenarien werden häufig als Referenz gewählt, um deutlich zu machen, welche Konsequenzen sich im Falle von anders gearteten Strategien oder etwa im Falle zusätzlicher energie- und/oder klimapolitischer Maßnahmen einstellen. Die Implikationen gegenüber der Status-quo-Betrachtung veränderter Grundannahmen werden transparent gemacht. Die Identifikation der Auswirkungen entsprechend gestalteter alter-

H.-W. Schiffer, *Energiemarkt Deutschland*, https://doi.org/10.1007/978-3-658-23024-1_7

nativer Entwicklungspfade ist sowohl als Grundlage für mittel- und längerfristig angelegte Unternehmensstrategien als auch für politische Weichenstellungen von großer Bedeutung.

In einem Ereignisszenario wird untersucht, welche Auswirkungen z. B. ein starker Anstieg des Weltmarktpreises für Öl oder der Ausfall der Erdgaslieferungen aus Russland hat. Ein Instrumentenszenario soll aufzeigen, welche Wirkungen z. B. von einer Steuer auf Energie, einem Fördersystem für erneuerbare Energien oder der Verschärfung einer Verordnung zur Energieeffizienz ausgehen. Ein Zielszenario bildet ab, was passieren muss, damit für einen Zeitpunkt in der Zukunft getroffene Vorgaben erreicht werden; beispielhaft können die quantitativ gefassten Ziele des Energiekonzepts der Bundesregierung genannt werden (u. a. Minderung der Emissionen an Treibhausgasen um mindestens 80 % bis 2050 im Vergleich zu 1990).

Die Szenariotechnik ist also ein Instrument,

- um alternative Entwicklungspfade zu identifizieren und zu beschreiben,
- Entscheidungspunkte und Handlungsmöglichkeiten zu ermitteln sowie
- Folgen möglicher Handlungen aufzuzeigen.

Die Bundesregierung hat in den vergangenen Jahrzehnten sowohl Energieprognosen als auch Energieszenarien bei unabhängigen Gutachtern in Auftrag gegeben. Dazu gehörten die Energieszenarien für ein Energiekonzept der Bundesregierung aus dem Jahr 2010 und die Energieszenarien 2011, in denen die energiewirtschaftlichen und die gesamtwirtschaftlichen Implikationen des 2011 in Deutschland beschlossenen schrittweisen Ausstiegs aus der Kernenergie untersucht wurden. Die jüngste im Auftrag der Bundesregierung erstellte Energieprognose ist die Studie „Entwicklung der Energiemärkte – Energiereferenzprognose", die im Juni 2014 von einem Gutachterkonsortium vorgelegt worden war. Damit ist die Reihe von vergleichbaren Vorgängerarbeiten aus den Jahren 1991, 1995, 1999, 2005 und 2008 fortgesetzt worden.

Aktuell, im Jahr 2018, gibt es keine von der Bundesregierung bei wissenschaftlichen Instituten beauftragten Energieprognosen oder Energie-Szenario-Rechnungen. Allerdings hat der Bundesverband der deutschen Industrie (BDI) mit der Studie „Klimapfade für Deutschland" im Januar 2018 Szenarien zur Entwicklung der Treibhausgas-Emissionen bis 2050 veröffentlicht. Und ExxonMobil hat im März 2018 eine Energieprognose für Deutschland bis 2040 vorgelegt. Die zentralen Ergebnisse dieser beiden Arbeiten werden nachfolgend exemplarisch vorgestellt.

7.1 Klimapfade für Deutschland

Der BDI hat zu Jahresbeginn 2018 eine 286 Seiten umfassende Studie vorgelegt, die von der Boston Consulting Group sowie der Prognos AG erstellt worden ist und in deren Entstehung eine große Zahl von Experten aus der ganzen Breite der Industrie unmittelbar eingebunden waren [1]. Mit dieser Studie „Klimapfade für Deutschland" wird das Ziel

Abb. 7.1 Beschreibung von fünf Klimapfaden in drei Szenarien

verfolgt, eine fundierte Grundlage für die angekündigte Diskussion des Klimaschutzplans und der klimapolitischen Strategien der Bundesregierung zu bieten. Bei der Untersuchung geht es im Kern um die Frage, „welche Treibhausgas-Minderungen in Deutschland unter welchen politischen, technologischen und wirtschaftlichen Voraussetzungen bis 2030 bzw. 2050 erreicht werden können" [2].

Zur Klärung dieser Frage werden drei Szenarien betrachtet, ein Referenz-Szenario sowie zwei Zielszenarien. Der Referenzpfad (R) unterstellt, dass die bisher geltenden gesetzlichen Regelungen und die beschlossenen Maßnahmen fortgelten und effektiv umgesetzt werden. Demgegenüber sind den Zielszenarien „Nationale Alleingänge" (N) und „Globaler Klimaschutz" (G) jeweils zwei Ziele zur Reduktion der Treibhausgas-Emissionen zugeordnet, und zwar 80 % bzw. 95 % bis 2050 jeweils im Vergleich zum Stand des Jahres 1990. Der Referenzpfad bildet somit – zusammen mit N80, G80 sowie N95 und G95 – die für Deutschland untersuchten Klimapfade.

Folgende Vorgehensweise wurde gewählt:

1. „Es werden nur technische Maßnahmen eingesetzt, die bereits heute eine ausreichende technische Reife aufweisen und deren Lernkurven und Kostenentwicklungen damit nach heutigem Kenntnisstand abschätzbar sind.
2. Die Maßnahmen werden mit volkswirtschaftlichen CO_2-Vermeidungskosten bewertet und Sektor übergreifend priorisiert. Kein Sektor bekommt ex ante vorgeschrieben, wie viel er zu leisten hat.

3. Es werden explizit praktische Restriktionen sowie gesellschaftliche und politische Akzeptanzbeschränkungen berücksichtigt – z. B. geringe gesellschaftliche Akzeptanz für Fleischverzicht, andere Suffizienzmaßnahmen oder Carbon-Capture-and-Storage (CCS).
4. Der Weg wird auf Zielerreichung in 2050 ausgerichtet; Zwischenziele für 2030, wie im Klimaschutzplan 2050 vorgeschrieben, werden explizit nicht definiert.
5. Bestehende politische Rahmenbedingungen, die eine potenzielle Limitation für die Umsetzung technologischer Maßnahmen darstellen, werden nicht berücksichtigt.

Die resultierende Merit-Order der technischen Maßnahmen ist volkswirtschaftlich auf das Jahr 2050 optimiert. Die Optimierung berücksichtigt zudem unterschiedliche Hochlaufzeiten der Technologien und dessen Marktreife. Die beiden Pfade orientieren sich an den völkerrechtlich verbindlich zugesagten Reduktionszielen der EU-28 im Rahmen des Pariser Klimaabkommens und der im Klimaschutzplan 2050 angestrebten Reduktionsziele" [2].

Annahmen Das Referenzszenario schreibt die heutigen klimapolitischen Rahmenbedingungen fest und unterstellt, dass eine perfekte Regulierung erfolgt, die Politik also die richtigen Entscheidungen zur richtigen Zeit trifft. Für die Modellierung wurde im Referenzpfad und auch im Szenario „Nationale Alleingänge" angenommen, dass der CO_2-Preis bis 2050 auf 45 €/t (in heutigem Geldwert gerechnet) steigt. Im Szenario „Nationale Alleingänge" wird – ebenso wie im Referenzszenario – zudem als zentrale Annahme unterstellt, dass ein umfassender und effektiver Carbon-Leakage-Schutz erfolgt. Dies wird aufgrund fehlender internationaler Klimaschutzambitionen als zwingend notwendig erachtet, um einer Abwanderung industrieller Produktion ins Ausland zu begegnen. Im Unterschied dazu wird im Szenario „Globaler Klimaschutz" eine gleichermaßen ambitionierte Klimaschutzpolitik angenommen, was auch in einem international vergleichbaren CO_2-Preisniveau von 55 €/t im Jahr 2050 (in heutigem Geldwert gerechnet) zum Ausdruck kommt.

Kernergebnisse der Studie Im Referenzpfad wird bis 2050 eine Reduktion der Emissionen an Treibhausgasen um 61 % im Vergleich zu 1990 erreicht. Damit verbleibt eine Lücke zu den deutschen Klimazielen von 19 bis 34 Prozentpunkten. 80 % Reduktion der Treibhausgas-Emissionen sind laut Ergebnis der Studie technisch möglich und können in den betrachteten Zielszenarien volkswirtschaftlich verkraftbar ausgestaltet werden. „Die Umsetzung würde allerdings eine deutliche Verstärkung bestehender Anstrengungen, politische Umsteuerungen und ohne globalen Klimaschutzkonsens einen wirksamen Caron-Leakage-Schutz erfordern" [2].

95 % Treibhausgas-Emissionsreduktion wären dagegen an der Grenze absehbarer technischer Machbarkeit und heutiger gesellschaftlicher Akzeptanz. „Solange international keine vergleichbaren Bedingungen vorherrschen, kann dieses nationale Ziel aus Sicht des BDI daher nicht sinnvoll verfolgt werden" [2].

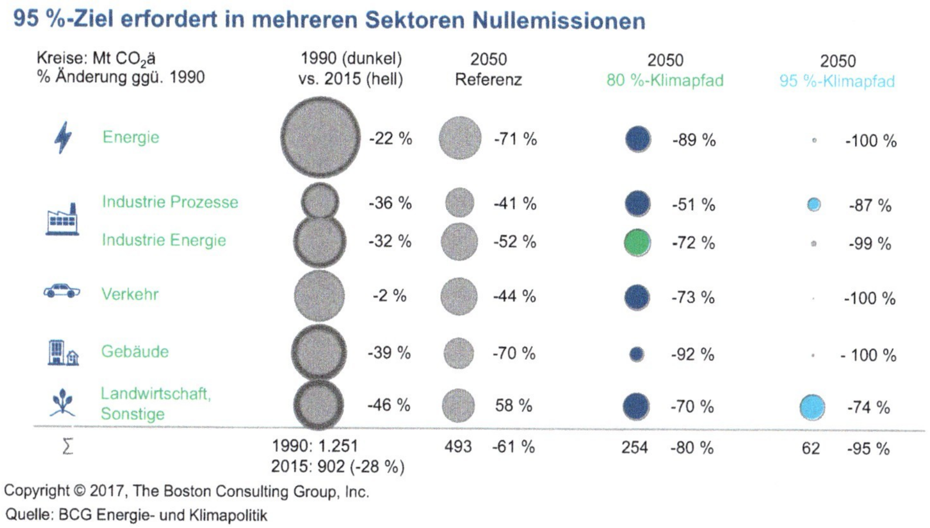

95 %-Ziel erfordert in mehreren Sektoren Nullemissionen

Kreise: Mt CO_2ä % Änderung ggü. 1990	1990 (dunkel) vs. 2015 (hell)	2050 Referenz	2050 80 %-Klimapfad	2050 95 %-Klimapfad
Energie	-22 %	-71 %	-89 %	-100 %
Industrie Prozesse	-36 %	-41 %	-51 %	-87 %
Industrie Energie	-32 %	-52 %	-72 %	-99 %
Verkehr	-2 %	-44 %	-73 %	-100 %
Gebäude	-39 %	-70 %	-92 %	- 100 %
Landwirtschaft, Sonstige	-46 %	58 %	-70 %	-74 %
Σ	1990: 1.251 2015: 902 (-28 %)	493 -61 %	254 -80 %	62 -95 %

Quelle: BCG Energie- und Klimapolitik

Abb. 7.2 Reduktion der Emissionen an Treibhausgasen in den Szenarien der BDI-Studie Klimapfade für Deutschland

Auch bei kosteneffizienter Gestaltung wäre das Verfolgen der Klimapfade mit erheblichen Mehrinvestitionen im Vergleich zum Referenzpfad verbunden. „Die direkten volkswirtschaftlichen Mehrkosten lägen bei etwa 470 bis 960 Mrd. € bis 2050“ [2].

Es wird explizit darauf hingewiesen, dass auch volkswirtschaftlich sinnvolle Maßnahmen sich für den Entscheider (Privatpersonen oder Unternehmen) betriebswirtschaftlich nicht zwangsläufig lohnen. Vielmehr rechnen sich 80 % der technischen Maßnahmen nicht, so die Studie. Deshalb wäre die Politik gefordert, „die Lücke zur Rentabilität zu schließen, damit die notwendigen Investitionen durch Unternehmen und Privatpersonen getätigt werden“ [2].

Zentrale Botschaft der Studie Deutschland sollte mit seinen internationalen Partnern für eine intensivere Vernetzung der nationalen und regionalen Klimaschutzanstrengungen werben. „Insbesondere im globalen Verbund, zumindest aber auf G20-Ebene, bietet Klimapolitik auch wirtschaftliche Chancen. Zugleich muss nationaler Klimaschutz ambitioniert, aber technisch und ökonomisch machbar sein. Beschränkungen durch den Ausschluss einzelner Technologien oder enge Detailziele für einzelne Sektoren erschweren den Klimaschutz und machen ihn nur teurer. Es gilt, einen klugen Rahmen politischer Instrumente zu vereinbaren, der klimapolitisch sinnvolle Investitionen auch betriebswirtschaftlich attraktiv macht, dabei technologieoffen vorgeht und Unterschiede in der internationalen Wettbewerbsfähigkeit adressiert“ [2].

7.2 Energieprognose Deutschland von ExxonMobil bis 2040

ExxonMobil hat im März 2018 eine Energieprognose für Deutschland bis 2040 vorgelegt. Damit gibt das Unternehmen Antworten auf die Fragen, wie viel Energie Deutschland in Zukunft braucht, wofür die Energie benötigt wird und mit welchen Energieträgern der Bedarf nach seiner Einschätzung gedeckt wird [3].

Prämissen ExxonMobil geht von folgenden Rahmenbedingungen und volkswirtschaftlichen Entwicklungen aus:

- Bis 2020 pendelt sich die durchschnittliche Steigerungsrate des Bruttoinlandsprodukts mit rund 1,6 %/Jahr auf das Niveau von 2014/15 ein. Danach verlangsamt sich das Wirtschaftswachstum; am Ende des Prognosezeitraums liegt die Steigerungsrate knapp unter 1 %/Jahr.
- Bis 2040 sinkt die in den letzten Jahren durch Zuwanderung auf 83 Mio. gestiegene Bevölkerungszahl wieder auf 80 Mio.
- Alle deutschen Kernkraftwerke gehen bis Ende 2022 vom Netz. Die Technologie zur Abscheidung und Speicherung von CO_2, das bei der Verbrennung von fossilen Energieträgern entsteht, kommt bis 2040 in Deutschland nicht zum Einsatz.

Primärenergieverbrauch Im Prognosezeitraum vermindert sich der Primärenergieverbrauch um 28,4 % im Vergleich zum Stand des Jahres 2017. „Effizientere Technologien und der bewusstere Umgang mit Energie machen diese hohen Einsparungen möglich. Zusätzlich beeinflussen auch andere Entwicklungen den Rückgang des Energieverbrauchs. Dazu zählt zum Beispiel die Verschiebung der wirtschaftlichen Aktivitäten vom Industrie- hin zum weniger energieintensiven Dienstleistungssektor“ [3].

Energiemix Die Zusammensetzung des Primärenergieverbrauchs verändert sich zugunsten der erneuerbaren Energien und von Erdgas. Demgegenüber büßen Kohle und Mineralöl Marktanteile ein. Kernenergie spielt bereits ab 2023 keine Rolle mehr für die Energieversorgung in Deutschland. Im Einzelnen verändern sich die Anteile der einzelnen Energieträger vor 2017 bis 2040 laut ExxonMobil wie folgt:

- Mineralöl von 34,5 auf 28,2 %
- Erdgas von 23,6 auf 34,8 %
- Kohle von 22,2 auf 10,2 %
- Kernenergie von 6,1 auf 0 %
- Erneuerbare Energien von 13,1 auf 24,0 %
- Sonstige Energien von 0,5 auf 2,8 %.

Erdgas löst damit Mineralöl als wichtigsten Energieträger ab. 2017 entfielen rund 55 % des Erdgasverbrauchs auf den Wärmesektor. Es wird erwartet, dass der Energiebedarf für

Raumwärme und Warmwasser bis 2040 deutlich abnimmt – als Folge moderner Heizungstechnologien und besserer Wärmedämmung. Dagegen steigt der Anteil für die Bereitstellung von Prozesswärme für industrielle Prozesse. Die stärksten Zuwächse für Erdgas sieht ExxonMobil in der Stromerzeugung.

Auch wenn der Verbrauch von Mineralöl zwischen 2017 und 2040 stark zurückgeht – dies gilt insbesondere für Heizöl – bleibt Öl auch künftig noch bedeutend, vor allem im Verkehrssektor. Nach Einschätzung von ExxonMobil werden 2040 immer noch knapp zwei Drittel der Pkw mit Otto- oder Dieselkraftstoffen fahren. Der Anteil der Pkw mit anderen Antriebstechnologien steigt bis 2040 auf mehr als ein Drittel. Rund 20 % des gesamten Pkw-Bestandes sind 2040, so das Unternehmen, reine Elektrofahrzeuge. An den Neuzulassungen von Pkw werden Elektroantriebstechnologien 2040 mit einem Drittel beteiligt sein, sofern die Ladeinfrastruktur adäquat aufgebaut wird. Der Güterverkehr nimmt nach Einschätzung von ExxonMobil bis 2040 um knapp 25 % zu. Zuwächse werden vor allem im Straßenverkehr erwartet.

Stromerzeugung Die Stromnachfrage steigt bis 2030 gegenüber 2017 leicht an und bleibt danach weitgehend stabil. Der Beitrag der erneuerbaren Energien erhöht sich bis 2040 deutlich. Das Gleiche gilt laut ExxonMobil auch für Erdgas. Demgegenüber erleidet die Kohle starke Einbußen. Ihr Anteil an der Stromerzeugung sinkt bis 2040 auf 15 %, da die Nutzung der CCS-Technologie im Prognosezeitraum nicht erwartet wird. Kernenergie trägt bereits ab 2023 nicht mehr zur Stromerzeugung bei.

CO_2-Emissionen Die energiebedingten CO_2-Emissionen können bis 2040 um mehr als 50 % im Vergleich zu 1990 reduziert werden. Gründe sind der sinkende Energiebedarf und der Wandel im Energiemix. Allerdings wird das Ziel der Bundesregierung, die Treibhausgas-Emissionen bis 2040 um mindestens 70 % zu senken, nicht erreicht.

Literatur

[1] The Boston Consulting Group und Prognos, Klimapfade für Deutschland, Januar 2018

[2] P. Nuyken und C. Rolle, Klimapfade für Deutschland, in: Energiewirtschaftliche Tagesfragen (ET), 68. Jg. (2018), Heft 5

[3] ExxonMobil, Energieprognose Deutschland 2018–2040, Hamburg, März 2018

Energiepolitik auf Bundesebene

8

Neben der Bundesregierung verfolgen auch die Bundesländer und Kommunen ambitionierte eigene Ziele zur künftigen Ausrichtung der Energieversorgung, die zum Teil nicht in Einklang mit den Zielen der auf Bundesebene verfolgten Energiepolitik stehen. Die nachfolgenden Ausführungen konzentrieren sich auf die Energiepolitik der Bundesregierung.

8.1 Ziele der Energiepolitik

In der Regierungserklärung vom 18. Januar 1973 hatte die Bundesregierung (SPD/FDP-Koalition) erstmals in der Geschichte der Bundesrepublik Deutschland ein energiepolitisches Programm angekündigt. Dieses Vorhaben wurde mit Vorlage des Energieprogramms vom 26. September 1973 realisiert. In den inzwischen dreizehn Legislaturperioden seit Ende 1972 erfolgten in unterschiedlichen Koalitionsregierungen insgesamt sieben Fortschreibungen bzw. Neuauflagen, zuletzt am 28. September 2010. Die Reaktorkatastrophe von Fukushima im Jahr 2011 führte zu einer Neuausrichtung, insbesondere zur Rolle der Kernenergie. Die Energiepolitik in der 18. Legislaturperiode (2013 bis 2017) und in der laufenden 19. Legislaturperiode basiert auf den Koalitionsvereinbarungen von CDU/CSU und SPD vom 16. Dezember 2013 bzw. vom 14. März 2018.

Energiepolitik der SPD/FDP-Koalition von 1973 bis Herbst 1982

Energieprogramm der Bundesregierung vom 26. September 1973 Dieses erste Energieprogramm war insbesondere durch zwei Faktoren geprägt [1]:

- Wandel von einer in den 1950er Jahren beherrschenden Stellung der deutschen Steinkohle zu einer dominierenden Rolle des Mineralöls. So hatte sich der Anteil des Mineralöls am Primärenergieverbrauch bis 1972 auf 55 % erhöht.

H.-W. Schiffer, *Energiemarkt Deutschland*, https://doi.org/10.1007/978-3-658-23024-1_8

Tab. 8.1 Regierungskoalitionen in den Wahlperioden seit Dezember 1972

Wahlperiode	Zeitdauer	Regierungskoalition
Siebter Bundestag	13.12.1972 bis 13.12.1976	SPD und FDP
Achter Bundestag	14.12.1976 bis 04.11.1980	SPD und FDP
Neunter Bundestag	04.11.1980 bis 29.03.1983	SPD und FDP bis 01.10.1982; CDU/CSU und FDP ab 04.10.1982
Zehnter Bundestag	29.03.1983 bis 18.02.1987	CDU/CSU und FDP
Elfter Bundestag	18.02.1987 bis 20.12.1990	CDU/CSU und FDP
Zwölfter Bundestag	20.12.1990 bis 10.11.1994	CDU/CSU und FDP
Dreizehnter Bundestag	10.11.1994 bis 26.10.1998	CDU/CSU und FDP
Vierzehnter Bundestag	26.10.1998 bis 17.10.2002	SPD und GRÜNE
Fünfzehnter Bundestag	17.10.2002 bis 18.10.2005	SPD und GRÜNE
Sechzehnter Bundestag	18.10.2005 bis 27.10.2009	CDU/CSU und SPD
Siebzehnter Bundestag	27.10.2009 bis 22.10.2013	CDU/CSU und FDP
Achtzehnter Bundestag	22.10.2013 bis 24.10.2017	CDU/CSU und SPD
Neunzehnter Bundestag	Seit 24.10.2017	CDU/CSU und SPD

- Anstieg des Anteils der Nettoeinfuhren am Primärenergieverbrauch von 6 % im Jahr 1957 auf 55 % im Jahr 1972.

Vor diesem Hintergrund wurde der schnelle Ausbau jener kostengünstigen Energieträger angestrebt, die zu einer Verminderung der Risiken im Mineralölbereich beizutragen in der Lage sind. Konkret genannt werden vor allem Erdgas, Kernenergie und Braunkohle. Zur Kernenergie heißt es: „Die Bundesregierung hält … die optimale Nutzung der Kernenergie für die Sicherung der langfristigen Energieversorgung für notwendig und energiepolitisch für dringend erforderlich. … Sie hält als Minimalziel die Installierung einer Kapazität von 18.000 MW bis 1980 und von 40.000 MW bis 1985 (besser 50.000 MW) für erforderlich“ [1]. Zum Vergleich: die zum 1. Dezember 1972 installierte und im Bau befindliche Kernkraftwerkskapazität betrug 7258 MW.

Ferner war es nach Auffassung der Bundesregierung geboten, dass die Bundesrepublik Deutschland als größtes Verbraucherland Europas an der weltweiten Aufgabe des Aufschlusses der für die Versorgung notwendigen Rohölmengen mitwirkt. Dazu wurden öffentliche Mittel für die DEMINEX GmbH, damals Deutschlands größtes Unternehmen bei der globalen Exploration und Förderung von Rohöl, zur Verfügung gestellt.

Für das Erreichen der Ziele Sicherheit und möglichst günstige Gesamtkosten sowie Umweltverträglichkeit der Versorgung wurde dem Staat eine wichtige Rolle beigemessen. Allerdings wird betont, dass im Rahmen der Wirtschaftsordnung in der Bundesrepublik die Steuerungsfunktion des Wettbewerbs und der freie Marktzugang für die Energiewirtschaft erhalten bleiben müssen. Ferner wird ausgeführt: „Die Energiepolitik muss langfristig angelegt sein. Sie muss aber in ihren Maßnahmen angesichts möglicher grundlegender Situationsveränderungen mittelfristig flexibel bleibe“ [2]. Die Notwendigkeit zur Weiter-

Tab. 8.2 Energieprogramme der Bundesregierung

Titel	Datum der Vorlage	Zuständige(r) Minister	Regierungskoalition zurzeit der Vorlage
Energieprogramm der Bundesregierung	26. September 1973	Dr. Hans Friderichs	SPD und FDP
Erste Fortschreibung des Energieprogramms der Bundesregierung	23. Oktober 1974	Dr. Hans Friderichs	SPD und FDP
Zweite Fortschreibung des Energieprogramms der Bundesregierung	14. Dezember 1977	Dr. Otto Graf Lambsdorff	SPD und FDP
Dritte Fortschreibung des Energieprogramms der Bundesregierung	4. November 1981	Dr. Otto Graf Lambsdorff	SPD und FDP
Energiebericht der Bundesregierung	24. September 1986	Dr. Martin Bangemann	CDU/CSU und FDP
Energiepolitik für das vereinte Deutschland	11. Dezember 1991	Jürgen Möllemann	CDU/CSU und FDP
Nachhaltige Energiepolitik für eine zukunftsfähige Energieversorgung	27. November 2001	Dr. Werner Müller	SPD und GRÜNE
Energiekonzept für eine umweltschonende, zuverlässige und bezahlbare Energieversorgung	28. September 2010	Rainer Brüderle und Dr. Norbert Alois Röttgen	CDU/CSU und FDP

entwicklung der europäischen Energiepolitik wird ebenfalls bereits in dem Programm von 1973, das kurz vor der ersten Ölkrise veröffentlicht worden war, angesprochen.

Die Ölkrise 1973/74 erforderte eine Neujustierung der Energiepolitik. Die arabischen Förderstaaten hatten am 17. Oktober und am 28. November 1973 Produktionskürzungen bis zu 25 % beschlossen und ein Embargo gegen den wichtigsten nordwesteuropäischen Ölimporthafen Rotterdam verhängt. Die Förderländer vervierfachten die Weltrohölpreise (von etwa 3 $/Barrel auf rund 12 $/Barrel). Sie leiteten mit einer Anhebung der Listenpreise „in einem bisher kaum vorstellbaren Ausmaß eine neue Preispolitik ein" [2]. In Deutschland wurde als unmittelbare Reaktion auf die Krise ein Energiesicherungsgesetz erlassen, auf dessen Grundlage an vier Sonntagen ein allgemeines Fahrverbot verhängt sowie für sechs Monate generelle Geschwindigkeitsbegrenzungen (100 km/h auf BAB, ansonsten 80 km/h) eingeführt wurden.

Erste Fortschreibung des Energieprogramms vom 23. Oktober 1974 Damit wird, so die Bundesregierung, die Antwort auf die veränderte Energielage gegeben. Angesichts dieser Situation „hat die Sicherung der Energieversorgung in der deutschen Wirtschaftspolitik eine höhere Priorität als je zuvor" [2]. Konkret sollte dem insbesondere Rechnung getragen werden

- durch eine beschleunigte Nutzung von Kernenergie, Erdgas und Braunkohle sowie
- durch verstärkte Energieeinsparung.

Zentrale Ansätze zur Verbesserung der Sicherheit der Ölversorgung wurden in dem Ausbau der Bevorratung, einer Diversifizierung der Bezugsquellen sowie mit der Schaffung einer leistungsfähigen Mineralölgruppe – der DEMINEX – gesehen. Die Voraussetzungen zur vermehrten Nutzung von Erdgas sollten durch zusätzliche Erdgasbezugsverträge geschaffen werden. Unter großem Einsatz öffentlicher Mittel wurde eine Stabilisierungsphase der deutschen Steinkohle angestrebt. Ferner begrüßte die Bundesregierung ausdrücklich, dass die Erschließung des Braunkohlen-Tagebaus Hambach von dem Unternehmen beschlossen worden sei.

Zur Kernenergie heißt es: Die Installierung von 20.000 MW für 1980 und 45.000 MW für 1985 ist erforderlich. „Es ist wünschenswert, dass sogar 50.000 MW erreicht werden; damit würde diese Energie mit 45 % an der Stromerzeugung beteiligt sein" [2]. Ferner ist in der Fortschreibung von Oktober 1974 ausgeführt: „Die Bundesregierung wird alles tun, um diese Ziele zu verwirklichen." ... „Falls die geplante Größenordnung der Kernenergiekapazität nicht erreicht würde, wären schwerwiegende Folgen für die Energieversorgung unvermeidlich" [2].

Zu den zentralen Ansätzen auf der Nachfrageseite gehören eine Verstärkung der Maßnahmen zur Energieeinsparung und die Zurückdrängung des Ölanteils am Verbrauch. Dem Umweltschutz wird auch bereits in diesem Programm ein eigenes Kapitel gewidmet.

Zweite Fortschreibung des Energieprogramms vom 14. Dezember 1977 Die Sicherheit der Energieversorgung behält nach wie vor Priorität [3]. Die – abgesehen von der Kernenergie – nur qualitativ gehaltenen Zielvorgaben der Ersten Fortschreibung zur Rolle der einzelnen Energieträger werden bestätigt.

- Es werden öffentliche Mittel für ein zweites DEMINEX-Anschlussprogramm bereitgestellt.
- Die Bundesregierung unterstützt die Unternehmen beim Abschluss neuer Erdgas-Importverträge.
- Die vorrangige Nutzung heimischer Steinkohle für die Elektrizitätsversorgung wird durch die Verstromungsgesetze abgesichert.
- Der begrenzte Ausbau der Kernenergie wird für unerlässlich und auch aufgrund des erreichten hohen Sicherheitsniveaus für vertretbar gehalten.
- Für den Ausbau der erneuerbaren Energien (Solarkollektoren und Wärmepumpen) werden Investitionskostenzuschüsse gewährt.
- Die Kraft-Wärme-Kopplung (KWK) und die Erweiterung der Fernwärmenetze werden finanziell gefördert.

Durch Energieeinsparung und durch rationelle Energieverwendung sei der erwartete Zuwachs im Energieverbrauch zu begrenzen. Allerdings heißt es dazu auch: „Einsparmaßnahmen dürfen den Freiheitsspielraum des einzelnen Bürgers jedoch nicht unnötig beschränken und müssen Kosten- und Wirtschaftlichkeitsgesichtspunkte berücksichtigen" [3].

Schwerpunkte bei der Flankierung der Energieforschung sind die Förderung der Kohlevergasung und -verflüssigung sowie die Entwicklung von Solar- und Windenergie sowie von Geothermie. Dabei kommt es, so die Bundesregierung, darauf an, den wirtschaftlich erschließbaren Anteil dieser Energien zu vergrößern bzw. deren Wirtschaftlichkeit zu erreichen. Darüber hinaus wird die Gewährung von Markteinführungshilfen in Betracht gezogen.

Dritte Fortschreibung des Energieprogramms vom 4. November 1981 Auch darin steht die Sicherung der Energieversorgung im Vordergrund [4]. Die Einsparpolitik behält Vorrang. Die Politik „weg vom Öl" wird fortgeführt. Zur Vergrößerung der Sicherheit der Bereitstellung sollen die Energieeinfuhren breiter gestreut und die Rolle heimischer Energien gestärkt werden. Mit dem Vertrag zwischen Steinkohlenbergbau und Elektrizitätswirtschaft vom April 1980 ist der Vorrang der heimischen Steinkohle bei der Stromversorgung abgesichert worden.

Es wird angekündigt, dass die deutsche Braunkohle 1984 erstmals großtechnisch zur Gaserzeugung eingesetzt werden soll. Zur Realisierung ihres Kohleveredlungsprogramms hatte die Bundesregierung am 21. Oktober 1981 beschlossen, großtechnisch Anlagen zur Demonstration moderner Verfahren der Kohlevergasung mit Investitionskostenzuschüssen zu fördern und staatliche Hilfen für großtechnische Anlagen zur Kohleverflüssigung zu prüfen.

„Die Bundesregierung ist gewillt, gemeinsam mit den Ländern dafür zu sorgen, dass die Voraussetzungen für einen weiteren Zubau von Kernkraftwerken gegeben sind" [4]. Ferner wird erklärt, dass der THTR 300 in Schmehausen und der SNR 300 in Kalkar fertiggestellt werden sollen.

Die inzwischen erfolgte verstärkte Nutzung von Erdgas wird begrüßt. Der Ausbau der KWK und der Fernwärmenutzung gehört zu den vorrangigen Zielen der Bundesregierung. Zu den erneuerbaren Energie heißt es einschränkend: „Regenerative Energieträger bieten in der Bundesrepublik Deutschland für die Stromerzeugung nur ein geringes zusätzliches, ökonomisch verwertbares Potential" [4]. Gleichwohl wird die Markteinführung neuer Technologien mit den Schwerpunkten Wärmepumpe, Solaranlagen, Biomasse und Geothermie gefördert.

Daneben werden auch die Notwendigkeit einer Berücksichtigung umweltpolitischer Erfordernisse und die Gewährleistung international konkurrenzfähiger Energiepreise für den Erhalt der Wettbewerbsfähigkeit der Wirtschaft betont.

Grundsätzlich zeigt sich die Bundesregierung in der *Dritten Fortschreibung des Energieprogramms* überzeugt, dass sich die auf marktwirtschaftliche Prinzipien ausgerichtete Energiepolitik bewährt hat. Bei unabhängigen Instituten in Auftrag gegebene Energieprognosen seien nur als Orientierung und keinesfalls als Planziele zu verstehen. Die „Einbindung der Energiepolitik in die marktwirtschaftliche Ordnung gewährleistet die Flexibilität, die angesichts der großen Unsicherheiten einer nicht vorhersehbaren Entwicklung unbedingt notwendig ist" [4].

Energiepolitik der CDU/CSU/FDP-Koalition von Herbst 1982 bis Oktober 1998 In der Zeit dieser Koalition wurden der *Energiebericht der Bundesregierung* vom 24. September 1986 sowie die Schrift *Energiepolitik für das vereinte Deutschland* vom 11. Dezember 1991 veröffentlicht.

Energiebericht der Bundesregierung vom 24. September 1986 [5] Im Vordergrund stehen der klassische Umweltschutz, also die Reduktion von Schadstoff-Emissionen, und die Reaktorsicherheit. Auslöser für diese veränderte Priorisierung bei der Zielverfolgung waren das Waldsterben, das Anfang der 1980er Jahre eine öffentliche Debatte auslöste, und die Reaktorkatastrophe in Block 4 des Kernkraftwerks Tschernobyl in der Ukraine am 26. April 1986.

Die Bundesregierung bekennt sich im Energiebericht bei der Nutzung der Kernenergie klar zum Vorrang der Sicherheit vor wirtschaftlichen Überlegungen. Des Weiteren beruft sich die Bundesregierung auf die Bewertungen der Reaktor-Sicherheits-Kommission (RSK) zum Reaktorunfall in Tschernobyl, die in ihrem Bericht vom 18. Juni 1986 festgestellt hatte, „dass nach den derzeit vorliegenden Informationen kein Anlass für Sofort-Maßnahmen bei in der Bundesrepublik Deutschland in Bau und in Betrieb befindlichen Kernkraftwerken besteht" [5]. „Die Bunderegierung hält die friedliche Nutzung der Kernenergie, die inzwischen mit über 30 % an der Gesamt-Stromerzeugung beteiligt ist, in der Bundesrepublik Deutschland weiter für verantwortbar" [5].

„Mit der Großfeuerungsanlagen-Verordnung und der Novellierung der TA Luft hat die Bundesregierung die Anforderungen zur Luftreinhaltung u. a. bei Kraftwerken, Raffinerien und der übrigen Industrie seit 1983 erheblich verschärft" [5]. Erstmals wurden mit der Großfeuerungsanlagen-Verordnung im Jahr 1983 und der TA Luft 1986 Vorschriften zur umfassenden Sanierung von Altanlagen geschaffen, um auch diese Anlagen an den Stand der Technik anzupassen.

Ferner hatte die Bundesregierung 1983 die Einführung des „umweltfreundlichen" Autos beschlossen. Als Folge der 1985 EU-weit verschärften Abgasgrenzwerte mussten bis zum 1. Januar 1986 die Automobilindustrie Pkw mit Katalysatoren und die Mineralölwirtschaft unverbleites Benzin auf den Markt bringen. Unverbleites Benzin wurde steuerlich begünstigt, um die Markteinführung zu beschleunigen.

Zur Rolle der einzelnen Energieträger für die Versorgung sind folgende Beschlüsse bzw. Aussagen interessant:

- Das seit 1970 bestehende DEMINEX-Programm zur Schaffung einer eigenen Rohölbasis läuft 1989 aus.

- „Braunkohle ist ein sicherer, heimischer Energieträger, dessen Beitrag zu einer unabhängigen Stromerzeugung von der Bundesregierung begrüßt wird" [5].
- Trotz der geleisteten Anstrengungen „ist bisher weder bei uns noch in anderen Ländern ein entscheidender Durchbruch bei der Nutzung von Solar- und Windenergie, Biomasse und Geothermie gelungen. Dies liegt insbesondere daran, dass verschiedene dieser Techniken noch zu teuer sind (so kostet Strom aus Photovoltaik etwa 2 bis 4 DM/kWh)" [5]. Zudem stehen in Deutschland der Verwendung von Solarkollektoren „die relativ geringe durchschnittliche Sonneneinstrahlung, der Nutzung der Windenergie die Unbeständigkeit der auftretenden Winde und die dichte Besiedlung entgegen" [5]. Trotzdem müssen die erneuerbaren Energien, so die damalige Bundesregierung, langfristig einen größeren Beitrag zur Energieversorgung leisten. Dazu wird im Wesentlichen die Forschung unterstützt. Darüber hinaus werden Investitionszulagen und Sonderabschreibungen gewährt.

Energiepolitik für das vereinte Deutschland Laut dieser am 11. Dezember 1991 veröffentlichten Schrift [6] prägen die konsequente Fortführung der marktwirtschaftlichen Ausrichtung, stärkere Beachtung ökologischer Aspekte und vertiefte Einbindung der nationalen Energiepolitik in den europäischen Binnenmarkt unser energiepolitisches Handeln. Grundlegende Veränderungen des energiepolitischen Umfeldes werden in der Vereinigung Deutschlands, den Risiken des Treibhauseffektes, in den Fortschritten der europäischen Integration und in den Umwälzungen in Mittel- und Osteuropa sowie der Sowjetunion gesehen. Erstmals wird ein nationales CO_2-Minderungsziel Bestandteil des Energieprogramms. So strebt die Bundesregierung an, bis zum Jahr 2005 die CO_2-Emissionen um 25 bis 30 %, bezogen auf das Jahr 1987, zu reduzieren. Bei der UN-Klimakonferenz in Berlin im Frühjahr 1995 verkündet Bundeskanzler Kohl eine Anpassung der Zielvorgabe, und zwar auf eine 25 %ige Senkung der CO_2-Emissionen Deutschlands bis 2005 im Vergleich zum Jahr 1990 [7].

Der Umwelt- und Klimaschutz stellen, so die Bundesregierung in ihrem Programm vom 11. Dezember 1991, die größten Anforderungen an die Energiepolitik. Allerdings wird auch betont: „Versorgungssicherheit, Wirtschaftlichkeit, Umweltverträglichkeit und Ressourcenschonung bleiben auch in Zukunft unverzichtbare und gleichrangige Ziele der Energiepolitik; Inhalt und Gewicht sind der jeweiligen Lage flexibel anzupassen" [6].

Als vorrangiges Handlungsfeld wird zu diesem Zeitpunkt die schnelle energiewirtschaftliche Integration der neuen Bundesländer gesehen, und zwar unter konsequenter Fortsetzung der Umstellung auf marktwirtschaftliche Steuerungsprinzipien. Dabei stellt die Bundesregierung klar: „Eine staatliche Planungskompetenz für die Energiebereitstellung oder quantitative Zielvorgaben des Staates wird es auch in der gesamtdeutschen Energiepolitik nicht geben. Die Bundesregierung sieht die Aufgabe des Staates darin, Rahmenbedingungen zu setzen und für deren Einhaltung zu sorgen" [6].

Als wichtigste Herausforderungen im Rahmen der energiewirtschaftlichen Integration der neuen Bundesländer werden genannt:

- Die Beseitigung der einseitigen Ausrichtung der Energieversorgung auf die Braunkohle, die 1989 in den neuen Bundesländern noch einen Anteil von 70 % an der Deckung des Primärenergieverbrauchs gehalten hatte,
- die Beendigung der Energieverschwendung,
- die Übertragung der in den alten Bundesländern gültigen Umweltschutzregelungen und
- die Einführung marktwirtschaftlicher Strukturen unter Privatisierung der zuvor staatseigenen Betriebe.

Bezogen auf das vereinte Deutschland positioniert sich die Bundesregierung zum Versorgungsbeitrag der einzelnen Energieträger wie folgt:

- Braunkohle bleibt ein wichtiger Faktor für eine preisgünstige und sichere Stromversorgung.
- Gemäß der Kohlerunde von 1991 wird der subventionierte Absatz deutscher Steinkohle bis 2005 auf 50 Mio. t zurückgeführt, wobei dieses Ziel bereits im Jahr 2000 erreicht sein soll.
- Die weitere Nutzung der Kernenergie wird für notwendig und angesichts des hohen deutschen Sicherheitsstandards für verantwortbar gehalten. In den alten Bundesländern sind die letzten Blöcke des „Konvoi-Typs" 1988 in Betrieb gegangen. Ende 1990 betrug die Kernkraftwerkskapazität in den alten Bundesländern rund 24.000 MW. In den neuen Bundesländern werden dagegen alle Kernkraftwerke vom Netz genommen und stillgelegt. Die Energieversorger haben, so die Bundesregierung, erklärt, „für ihre Entscheidung über den Bau neuer Kernkraftwerke sei ein breiter energiepolitischer Konsens erforderlich, der gegenwärtig nicht vorhanden sei. Aus diesem Grund haben sie ursprüngliche Pläne zum Bau neuer Kernkraftwerke zunächst nicht weiter verfolgt" [6]. Dies verbindet die Bundesregierung mit der Erwartung, „dass die bestehenden Kernkraftwerke bis zum Ende ihrer Nutzungsdauer in Betrieb bleiben" und dass die Option für den Neubau von Kernkraftwerken offen gehalten wird.
- Die erneuerbaren Energien sollen verstärkt genutzt werden. Dazu setzt die Bundesregierung zum 1. Januar 1991 das Stromeinspeisungsgesetz in Kraft, das Mindestvergütungen für aus erneuerbaren Energien erzeugten Strom festlegt – differenziert nach Erzeugungsarten. Darüber hinaus werden die erneuerbaren Energien durch die Gewährung von Investitionskostenzuschüssen und von steuerlichen Abschreibungsmöglichkeiten gefördert.

Weitere wichtige Meilensteine in der Regierungskoalition von CDU/CSU und FDP sind das Gesetz zur Neuregelung des Energiewirtschaftsrechts vom 24. April 1998 und die Novelle des Gesetzes gegen Wettbewerbsbeschränkungen vom 26. August 1998, mit denen die EU-Binnenmarkt-Richtlinien für Elektrizität und Gas aus dem Jahr 1996 in nationales Recht umgesetzt wurden. Mit der damit eingeleiteten Marktöffnung für Strom und Gas ist der Wettbewerb auch für diese Energieträger auf dem deutschen Markt verankert worden. Ferner waren mit dem Kohlekompromiss vom 13. März 1997 die Beihilfen zugunsten der deutschen Steinkohle deutlich abgesenkt worden.

Als Leitlinie der Energiepolitik soll nach Auffassung der Regierungskoalition von CDU/CSU und FDP gelten: Die Energiepolitik muss langfristig angelegt sein, aber zugleich genügend Flexibilität aufweisen, um auf externe Änderungen reagieren zu können.

Energiepolitik der Koalition von SPD und DIE GRÜNEN von Herbst 1998 bis Herbst 2005 Gemäß dem Energiebericht *Nachhaltige Energiepolitik für eine zukunftsfähige Energieversorgung vom 27. November 2001* werden drei Ziele gleichrangig verfolgt:

- Umweltverträglichkeit
- Versorgungssicherheit
- Wirtschaftlichkeit

Die Energiepolitik, so die Bundesregierung, „muss also den optimalen Bereich in diesem magischen Zieldreieck definieren und anstreben" [8].

In einer im März 1999 beantworteten parlamentarischen Anfrage hatte es die Bundesregierung explizit abgelehnt, Zielwerte oder Anteile für den Versorgungsbeitrag einzelner Energieträger vorzugeben [9].

Wichtige Weichenstellungen in der 14. Legislaturperiode (26.10.1998 bis 17.10.2002) waren:

- das Gesetz zum Einstieg in die ökologische Steuerreform vom 24. März 1999: Damit erfolgte zum 1. April 1999 als neue Verbrauchsteuer – unter schrittweiser Anhebung der Steuersätze bis 2003 – die Einführung einer Stromsteuer. Ferner ist die Mineralölsteuer unter Anhebung der bestehenden Sätze nach ökologischen Kriterien gestaltet worden.
- die Vereinbarung zwischen der Bundesregierung und den Energieversorgern vom 14. Juni 2000 zur Beendigung der Nutzung der Kernenergie: Mit der Novelle des Atomgesetzes (am 22. April 2002 in Kraft getreten) wurde diese Vereinbarung rechtsverbindlich umgesetzt. Zu den Kernpunkten dieser Vereinbarung (auch Atomkonsens genannt) gehörte das Verbot des Neubaus von Kernkraftwerken und die Befristung der Laufzeit der bestehenden Kernkraftwerke auf durchschnittlich 32 Jahre seit Inbetriebnahme.
- das Erneuerbare-Energien-Gesetz 2000 (EEG 2000), das zum 1. April 2000 in Kraft gesetzt wurde: Das EEG 2000 stellte eine neue Qualität in der Förderung der erneuerbaren Energien zur Stromerzeugung in Deutschland dar. Erstmals wird darin der Vorrang des Stroms aus erneuerbaren Energien gegenüber konventionell erzeugtem Strom gesetzlich festgeschrieben. Ferner sind darin Mindestvergütungssätze für Strom aus Wasserkraft, Deponie-, Gruben- und Klärgas, aus Biomasse, Geothermie, Windkraft sowie aus solarer Strahlungsenergie verankert, die für die Dauer von 20 Jahren

gewährt werden. Damit sollte das Ziel einer Verdoppelung des Anteils der erneuerbaren Energien am Stromverbrauch in Deutschland bis 2010 erreicht werden.

Der Steinkohle und Braunkohle wird im Energiebericht aus dem Jahr 2001 eine wichtige Rolle für die künftige Energieversorgung zugeschrieben. So heißt es dort: „Braun- und Steinkohle in der Stromerzeugung sind unverzichtbar, denn sie mindern die Risiken der Importabhängigkeit.“ Ferner wird dort ausgeführt: „Die Wettbewerbsfähigkeit der Braunkohlenverstromung darf durch Veränderungen von energiewirtschaftlichen Rahmenbedingungen nicht gefährdet werden.“ Und weiter: „Die Bundesregierung bekennt sich zum leistungs- und wettbewerbsfähigen deutschen Braunkohlenbergbau. Die deutsche Braunkohle gehört auf lange Sicht zum Rückgrat einer sicheren Stromerzeugung im Wettbewerb“ [8].

Im Oktober 2000 hatte die Bundesregierung ein Klimaschutzprogramm verabschiedet, um das nationale Ziel einer 25%igen Senkung der CO_2-Emissionen bis 2005 gegenüber 1990 zu erreichen. Um diesem Ziel gerecht zu werden (was im Ergebnis nicht geschehen ist), wird im Energiebericht eine Ergänzung der Angebotsorientierung der Energiepolitik durch eine verstärkte Nachfrageorientierung proklamiert. Damit sollten vor allem die in den Sektoren Raumwärme und Verkehr bestehenden großen Einsparpotentiale prioritär erschlossen werden.

In der 15. Legislaturperiode (17. Oktober 2002 bis 18. Oktober 2005) wurde die erste Novelle des Erneuerbare-Energien-Gesetzes (EEG 2004) vom Deutschen Bundestag beschlossen. Diese Novelle sieht eine feste Zielvorgabe für den Ausbau erneuerbarer Energien vor. So sollte danach deren Anteil am Stromverbrauch bis 2010 auf 12,5 % (Verdoppelung gegenüber 2000) und bis 2020 auf mindestens 20 % steigen (tatsächlich wurde die Marke von 20 % bereits 2011 überschritten). Des Weiteren war – zusätzlich zum Klima- und Umweltschutz – auch der Naturschutz als Ziel mit in das Gesetzeswerk aufgenommen worden.

Energiepolitik der Großen Koalition 2005 bis 2009 Zum 1. Januar 2009 war das Gesetz zur Neuregelung des Rechts der erneuerbaren Energien im Strombereich vom 25. Oktober 2008 in Kraft getreten. Die wichtigsten Neuregelungen beziehen sich auf die Vergütungssätze sowie die optionale Direktvermarktung von Strom aus Anlagen auf Basis erneuerbarer Energien. So sind die Vergütungssätze für die meisten erneuerbaren Technologien – mit Ausnahme der Photovoltaik – deutlich angehoben worden. Dies wurde mit dem Ziel verknüpft, den Anteil von Strom aus erneuerbaren Energien an der Stromversorgung bis 2020 auf mindestens 30 % und danach kontinuierlich weiter zu erhöhen.

Eine bereits zuvor getroffene wichtige energiepolitische Weichenstellung war die im Frühjahr 2007 erfolgte Verständigung der Bundesregierung, der Länder NRW und Saarland, der IGBCE und der RAG auf ein sozialverträgliches Auslaufen des subventionierten deutschen Steinkohlenbergbaus bis 2018. Dies wurde mit dem Steinkohlefinanzierungsgesetz vom 20. Dezember 2007 rechtsverbindlich umgesetzt. Die in diesem Gesetz noch enthaltene Revisionsklausel ist mit dem Gesetz zur Änderung des Steinkohlefinanzierungsgesetzes vom 11. Juli 2011 gestrichen worden.

Energiepolitik der Koalition von CDU/CSU und FDP von 2009 bis 2013 Aus der Zeit der Regierungskoalition von CDU/CSU und FDP stechen vor allem die Entscheidungen zur Kernenergie heraus.

- die Aufkündigung des Atomkonsenses aus dem Jahr 2000 durch die Entscheidung zur Verlängerung der Laufzeit der bestehenden Kernkraftwerke, rechtsverbindlich mit der 12. Atomgesetznovelle vom 28. Oktober 2010 geregelt, und
- die Rücknahme der Laufzeitverlängerung nach der Reaktorkatastrophe von Fukushima mit der Entscheidung zur sofortigen Stilllegung von acht Kernkraftwerks-Blöcken und der schrittweisen Außerbetriebnahme der weiteren neun Kernkraftwerks-Blöcke bis Ende 2022, rechtsverbindlich umgesetzt mit der 13. Atomgesetznovelle vom 31. Juli 2011.

Energiekonzept der Bundesregierung vom 28. September 2010 In diesem Programm wird die Kernenergie noch als Brückentechnologie beim Übergang auf eine künftig vor allem auf erneuerbaren Energien basierte Energieversorgung gesehen [10].

Mit diesem Energiekonzept hat die Bundesregierung erstmals eine langfristige, bis 2050 reichende Gesamtstrategie vorgelegt, die durch ein ganzes Bündel von quantitativen Zielvorgaben determiniert ist. Dazu gehören:

- Reduktion der Treibhausgas-Emissionen in Deutschland um 40 % bis 2020 und um 80 bis 95 % bis 2050 – gegenüber 1990
- Erhöhung des Anteils der erneuerbaren Energien am Brutto-Endenergieverbrauch auf 60 % und am Brutto-Stromverbrauch auf 80 % bis 2050
- Senkung des Primärenergieverbrauchs gegenüber 2008 um 20 % bis 2020 und um 50 % bis 2050
- Senkung des Stromverbrauchs gegenüber 2008 um 10 % bis 2020 und um 25 % bis 2050
- Verdoppelung der Sanierungsrate für Gebäude von derzeit jährlich weniger als 1 % auf 2 % des gesamten Gebäudebestands.
- Rückgang des Endenergieverbrauchs im Verkehrsbereich um 10 % bis 2020 und um 40 % bis 2050 – gegenüber 2005.

Der Ausbau erneuerbarer Energien soll künftig stärker marktgetrieben erfolgen. Ausschreibungen statt Förderung mit festen Vergütungssätzen wird als ein möglicher kosteneffizienter Weg vorgezeichnet.

Die Laufzeit der vor 1980 in Betrieb genommenen sieben Kernkraftwerke wird um acht Jahre und die Laufzeit der zehn übrigen (neueren) Kernkraftwerke um 14 Jahre verlängert.

Abb. 8.1 Zieldreieck der Energiepolitik

Auch die Abscheidung und Speicherung von CO_2 (carbon capture and storage – CCS) wird – ebenfalls anders als in der Folge entschieden – mit einer positiven Perspektive belegt. So heißt es im Energiebericht: „Für das Ziel einer Minderung der Treibhausgas-Emissionen um mindestens 80 % bis 2050 wollen wir, neben den zentralen Ansätzen Energieeffizienz und erneuerbare Energien, auch die Abscheidung und Speicherung von CO_2 (CCS) als Option erproben. ... Bis 2020 sollen auf Basis des CCS-Gesetzes zwei der zwölf EU-weit förderfähigen CCS-Demonstrationsvorhaben mit dauerhafter Speicherung von CO_2 in Deutschland gebaut werden. Darüber hinaus soll ein Speicherprojekt für industrielle CO_2-Emissionen (z. B. ein Gemeinschaftsprojekt für Industrie-Biomasse-CO_2) errichtet werden. Die Demonstrationsphase wird als Entscheidungsgrundlage für einen möglichen kommerziellen Einsatz der CCS-Technologie evaluiert" [10].

Ferner werden der beschleunigte Netzausbau zur Systemintegration der erneuerbaren Energien und der Ausbau von Energie-Speicherkapazitäten angekündigt.

Zum Verkehrssektor heißt es: „Unser Ziel ist es, eine Million Elektrofahrzeuge bis 2020 und sechs Millionen bis 2030 auf die Straße zu bringen" [10].

Bei den Maßnahmen zur Umsetzung der Energiepolitik ist, so der Bericht, auf das Gleichgewicht der Ziele sicher, umweltschonend und bezahlbar, zu achten. „Nationale Klimaschutzmaßnahmen dürfen daher nicht zu unzumutbaren Wettbewerbsnachteilen deutscher Unternehmen im internationalen Wettbewerb führen" [10]. Der EU-Treibhausgas-Emissionshandel wird als das vorrangige Klimaschutzinstrument klassifiziert. Zwar erfolgt auch in diesem Konzept eine Betonung des Gleichklangs der Ziele. Gleichwohl wird eine eindeutige Priorisierung des Klimaschutzes erkennbar.

Energiepolitik der Großen Koalition von 2013 bis 2017 Das Energiekapitel des Koalitionsvertrages für die 18. Legislaturperiode, der am 16. Dezember 2013 zwischen CDU/CSU und SPD geschlossen worden war, steht unter der Überschrift, die Energiewende zum Erfolg zu führen. Folgende Ziele werden laut Koalitionsvertrag mit der Energiewende verfolgt [11]:

- Die Energiewende soll den Ausstieg aus der Kernenergie ermöglichen.
- Sie soll unabhängiger von Öl- und Gasimporten machen.
- Sie soll zum Fortschrittsmotor für den Industriestandort Deutschland werden und zu Wachstum und Beschäftigung beitragen.
- Sie soll helfen, den Ausstoß der klimaschädlichen Treibhausgase zu reduzieren.
- Es sollen mit der Energiewende Nachahmer für den eingeschlagenen Weg gefunden werden.
- Und es soll gezeigt werden, dass eine nachhaltige Energiepolitik auch ökonomisch erfolgreich sein kann.

Die quantitativen Zielvorgaben aus dem Energiekonzept 2010 werden weitgehend bestätigt. Abweichungen sind nur insoweit gegeben, als das Stromsparziel nicht erneut aufgegriffen wird und die Vorgaben für den Anteil der erneuerbaren Energien an der Stromversorgung auf 40 bis 45 % für 2025 und 55 bis 60 % für 2035 umgestellt sind. 2050 sollen es unverändert mindestens 80 % sein.

Mit einer großen Zahl von organisatorischen und gesetzlichen Maßnahmen wird die Umsetzung der Energiewende betrieben. Für den Strombereich sind insbesondere die am 8. Juli 2016 vom Bundestag beschlossenen Gesetze, die der Zusammenführung der verschiedenen Elemente der Energiewende dienen, von Bedeutung.

Zentrale Vorhaben für den Elektrizitätsbereich, auf den sich bisher die Energiewende konzentriert, werden mit dem Gesetz zur Weiterentwicklung des Strommarktes (Strommarktgesetz) vom 29. Juli 2016 umgesetzt. Mit dem Strommarktgesetz hat der Gesetzgeber sich für eine Fortschreibung des bisher gültigen Marktdesigns, den sog. Energy-Only-Markt, entschieden, bei der der Großhandelspreis sich wettbewerblich über die Strombörsen bildet.

Zum Zwecke der Versorgungssicherheit wurden verschiedene Arten von Reserven eingeführt, die in Zeiten schwankender Einspeisung aus Anlagen auf Basis erneuerbarer Energien die Netzstabilität durch konventionelle Stromerzeugungsanlagen sichern sollen.

Mit dem Erneuerbare-Energien-Gesetz 2017 erfolgt ein Umstieg auf wettbewerbliche Ausschreibungen. Die Höhe der erforderlichen Vergütung für Strom aus erneuerbaren Energien wird zu weiten Teilen über Auktionen ermittelt. Damit wird das Ziel verfolgt, den weiteren Ausbau zu wettbewerblichen Preisen zu gestalten und Überförderungen zu vermeiden.

Mit dem Gesetz zur Digitalisierung der Energiewende vom 29. August 2016 wird das Startsignal für Smart Grid, Smart Meter und Smart Home in Deutschland gesetzt. Dies ermöglicht die digitale Infrastruktur für eine Verbindung von inzwischen etwa 1,7 Mio.

Stromerzeugern und großen Verbrauchern. Im Zentrum steht die Einführung intelligenter Messsysteme. Sie dienen als Kommunikationsplattform, um das Stromversorgungssystem energiewendetauglich zu machen.

Neben dem Strommarkt sind vor allem auch der Gebäudebereich und die Mobilität entscheidend für das Gelingen der Energiewende. Effizienzverbesserungen und die Nutzung des vermehrt aus erneuerbaren Energien erzeugten Stroms zur Reduktion des Einsatzes fossiler Energien in den Bereichen Wärme/Kälte und Verkehr, die sog. Sektorenkopplung, sollen helfen, das Projekt Energiewende auch in diesen Bereichen voranzubringen.

Energiepolitik der Großen Koalition für die 19. Legislaturperiode Der Koalitionsvertrag zwischen CDU, CSU und SPD vom 14. März 2018 unter der Überschrift *Ein neuer Aufbruch für Europa/Eine neue Dynamik für Deutschland/Ein neuer Zusammenhalt für unser Land* [12] skizziert im Kapitel Energie folgende allgemein formulierte Zielvorgaben:

- Die Rahmenbedingungen sollen so gesetzt werden, dass die Energiewende zum Treiber für Energieeffizienz sowie für Modernisierung, Innovation und Digitalisierung im Strom-, Wärme-, Landwirtschafts- und Verkehrssektor wird.
- Die internationale Wettbewerbsfähigkeit darf nicht gefährdet werden. Vielmehr sollen Wachstums- und Beschäftigungschancen in Deutschland und Exportchancen für deutsche Unternehmen auf internationalen Märkten eröffnet werden.
- Die Versorgungssicherheit muss gewährleistet bleiben.
- Die Energiewende soll in den europäischen Zusammenhang eingebettet werden, um die Kosten zu senken und umfassende Synergien zu nutzen.

Zentrale Orientierung bleibt das energiepolitische Zieldreieck von Versorgungssicherheit, verlässlicher Bezahlbarkeit und Umweltverträglichkeit.

Zur Beschleunigung des Ausbaus erneuerbarer Energien werden konkret folgende Ziele und Maßnahmen angekündigt: Der Anteil der erneuerbaren Energien an der Deckung des Stromverbrauchs in Deutschland soll bis 2030 auf 65 % erhöht werden. Mit dieser Verschärfung des Ausbauziels gegenüber der zuvor gültigen Vorgabe sollen auch die Voraussetzungen geschaffen werden, den zusätzlich benötigten Strom für das Erreichen der Klimaschutzziele im Verkehr, in Gebäuden und bei der Industrie auf Basis erneuerbarer Energien zu decken. Es sollen – neben einer Verstärkung des Zubaus von Offshore-Wind – Sonderausschreibungen von je 4 GW Onshore-Wind und Photovoltaik durchgeführt werden, und zwar je zur Hälfte wirksam 2019 und 2020. Von der dadurch errechneten zusätzlichen Minderung von 8 bis 10 Mio. t CO_2-Emissionen kann ein Beitrag zur Verringerung der Lücke beim Klimaschutzziel 2020 geleistet werden.

Die regionale Steuerung des Ausbaus der erneuerbaren Energien soll verbessert werden, und für die Ausschreibungen südlich des Netzengpasses wird die Festlegung eines Mindestanteils über alle Erzeugungsarten vorgesehen. Ferner sollen Investitionen in Speichertechnologien und intelligente Vermarktungskonzepte für die erneuerbaren Energien gefördert werden.

Es werden Maßnahmen zum schnelleren Ausbau der Stromnetze sowie zur Erhöhung von dessen Akzeptanz angekündigt. Dies soll durch mehr Erdverkabelung, soweit technisch machbar, ermöglicht werden. Außerdem wird eine Reform der Netzentgelte zur verursachungsgerechteren Verteilung der Kosten angestrebt.

Die Kopplung der Sektoren Wärme, Mobilität und Elektrizität in Verbindung mit Speichertechnologien soll vorangebracht werden. Die Kraft-Wärme-Kopplung soll weiterentwickelt und modernisiert werden. Durch vermehrte Effizienzsteigerung soll der Energieverbrauch in Deutschland bis 2050 um 50 % gesenkt werden.

Die Planung und Finanzierung von Energieinfrastrukturen – einschließlich der bestehenden Gas- und Wärmeinfrastruktur für die Sektorenkopplung soll reformiert werden. Ferner wird angestrebt, Deutschland zum Standort für eine LNG-Infrastruktur zu machen.

Die Energieforschung soll verstärkt auf die Energiewende ausgerichtet werden, u. a. durch Förderung von Power-to-Gas/Power-to-Liquid als weitere Säulen der Energieforschung.

Im Kapitel Umwelt und Klima stehen der Ausstieg aus der Kernenergie und die schrittweise Beendigung der Kohleverstromung sowie die Klimaziele im Vordergrund. Der Ausstieg aus der Nutzung der Kernenergie bis Ende 2022 wird bestätigt. Die Suche nach einem Endlager für hoch-radioaktive Abfälle gemäß Standortauswahlgesetz soll zügig umgesetzt werden – unter Festhalten an dem gesetzlich verankerten Ziel, bis 2031 den Standort für ein Endlager festzulegen.

Es wird die Einsetzung einer Kommission „Wachstum, Strukturwandel und Beschäftigung“ unter Einbeziehung der unterschiedlichen Akteure aus Politik, Wirtschaft, Umweltverbänden, Gewerkschaften sowie der betroffenen Länder und Regionen angekündigt. Diese Kommission soll bis Ende 2018 den Entwurf eines Aktionsprogramms für die Einhaltung der Klimaziele und zur Beendigung der Kohleverstromung erstellen.

Eine gesetzliche Regelung zur schrittweisen Reduzierung und Beendigung der Kohleverstromung einschließlich eines Abschlussdatums und der notwendigen rechtlichen, wirtschaftlichen, sozialen und strukturpolitischen Begleitmaßnahmen ist für 2019 geplant. Dabei wird eine finanzielle Absicherung für den notwendigen Strukturwandel in den betroffenen Regionen und die Begründung eines Fonds für Strukturwandel aus Mitteln des Bundes in Aussicht genommen.

Die Bundesregierung bekennt sich zu den national, europäisch und im Rahmen des Pariser Klimaschutzabkommens vereinbarten Klimazielen 2020, 2030 und 2050 für alle Sektoren, um damit zur Einhaltung des Ziels beizutragen, die Erderwärmung auf deutlich unter 2 °C und möglichst auf 1,5 °C zu begrenzen und spätestens in der zweiten Hälfte des Jahrhunderts weltweit weitgehend Treibhausgasneutralität zu erreichen.

Die Lücke zur Einhaltung des Ziels, die nationalen Treibhausgas-Emissionen bis 2020 im Vergleich zu 1990 um 40 % zu senken, soll so weit wie möglich geschlossen werden. Das für 2030 bereits im Energiekonzept aus dem Jahr 2010 beschlossene Ziel, die

Treibhausgas-Emissionen um 55 % zu reduzieren, ist zuverlässig zu erreichen, wobei eine umfassende Folgenabschätzung erfolgen soll.

Der EU-Emissionshandel ist als Leitinstrument des Klimaschutzes zu stärken. Ziel ist ein CO_2-Bepreisungssystem, das nach Möglichkeit global ausgerichtet ist, jedenfalls aber die G20-Staaten umfasst.

8.2 Umsetzung der Energiewende

Die zur Energiewende verfolgte Strategie beinhaltet neben der Schaffung der erforderlichen rechtlichen Grundlagen eine umfassende Koordinierung sowie ein Monitoring.

Die Energiewende wird von der Bundesregierung als Gemeinschaftsaufgabe gesehen, die alle politischen Ebenen betrifft. So soll der Umbau der Energieversorgung durch eine effektive Koordinierung mit den Bundesländern und durch enge Zusammenarbeit mit Vertretern von Wirtschaft und Gesellschaft zum Erfolg geführt werden. Es wird angestrebt, durch kontinuierlichen Austausch eine hohe Transparenz zu schaffen und mehr Akzeptanz für die Energiewende zu erreichen. Zur besseren Koordinierung innerhalb der Bundesregierung waren die Kompetenzen für die Energiepolitik mit Beginn der 18. Legislaturperiode im neuen Bundesministerium für Wirtschaft und Energie gebündelt worden. Dies hat auch in der 19. Legislaturperiode Bestand. In Energiewende-Plattformen steht das Bundesministerium für Wirtschaft und Energie im ständigen Austausch mit Vertretern aus Bundesländern, Wirtschaft, Gesellschaft und Wissenschaft. Hierbei handelt es sich um die Plattformen Energienetze, Strommarkt, Energieeffizienz, Gebäude sowie Forschung und Innovation. Diese Plattformen dienen dazu, Lösungen und Strategien für die zentralen Handlungsfelder der Energiewende zu erarbeiten.

Zur kontinuierlichen Beobachtung der Entwicklung der Energiewende hat die Bundesregierung den Monitoring-Prozess „Energie der Zukunft“ ins Leben gerufen. In diesem auf Dauer angelegten Prozess werden die Umsetzung der Maßnahmen des Energiekonzeptes und die Fortschritte bei der Zielerreichung regelmäßig überprüft. Es ist Aufgabe des Monitoring-Prozesses, die Vielzahl der verfügbaren energiestatistischen Informationen auf eine überschaubare Anzahl ausgewählter Kenngrößen (Indikatoren) zu verdichten und verständlich zu machen. Mit diesen Kenngrößen soll ein faktenbasierter Überblick über den Fortschritt bei der Umsetzung der Energiewende vermittelt werden. Eine Kommission aus unabhängigen Energie-Experten begleitet den vom Bundesministerium für Wirtschaft und Energie verantworteten Monitoring-Prozess.

Am 27. Juni 2018 war der Sechste Monitoring-Bericht zur Energiewende veröffentlicht worden [13]. Neben diesem Bericht, der auch der Erfüllung der Berichtspflichten der Bundesregierung nach den Vorgaben aus dem Energiewirtschaftsgesetz und dem Erneuerbare-Energien-Gesetz dient, soll alle drei Jahre ein Fortschrittsbericht zur Energiewende vorgelegt werden. Die Bundesregierung hatte im Dezember 2014 erstmals einen solchen Fortschrittsbericht zur Energiewende publiziert. Mit dem Fortschrittsbericht soll eine umfassende Beobachtung der Energiewende auf Basis tieferer Analysen über einen längeren

Zeitraum erfolgen. Damit sollen verlässliche Trends erkennbar gemacht werden. Der Bericht richtet sich auch auf die Zukunft, um eine Einschätzung zu vermitteln, ob und inwieweit die Ziele des Energiekonzeptes mittel- und längerfristig erreicht werden und welche neuen Maßnahmen ergriffen werden müssen.

Im Januar 2016 hatte der Bundesminister für Wirtschaft und Energie die „2. Fortschreibung der 10-Punkte-Energie-Agenda" vorgelegt. Diese Fortschreibung umfasst folgende Punkte:

1. Erneuerbare Energien, EEG
2. Europäischer Klima- und Energierahmen 2030/ETS
3. Strommarktdesign
4. Regionale Kooperation (in EU)/Binnenmarkt
5. Übertragungsnetze
6. Verteilernetze
7. Effizienzstrategie
8. Gebäudestrategie
9. Gasversorgungsstrategie
10. Monitoring der Energiewende/Plattformen

Mit den am 8. Juli 2016 beschlossenen Gesetzen wurden die verschiedenen Elemente der Energiewende zusammengefügt. Es wurde aus den einzelnen Bausteinen erneuerbare Energien, Strommarkt, Energieeffizienz, Netze und Digitalisierung ein Rahmen für die Energiewende geschaffen. Wesentliche Elemente des Gesetzespaketes sind:

Erneuerbare-Energien-Gesetz 2017 Mit dem EEG 2017 wurde die Phase der Technologieförderung mit politisch festgesetzten Preisen weitgehend beendet. Es erfolgte ein Umstieg auf wettbewerbliche Ausschreibungen. Die Höhe der erforderlichen Vergütung für Strom aus erneuerbaren Energien wird für größere Anlagen über Auktionen ermittelt. Damit wird das Ziel verfolgt, den weiteren Ausbau zu wettbewerblichen Preisen zu gestalten und Überförderungen zu vermeiden. Ausgeschrieben wird die Vergütungshöhe für Windenergie an Land und auf See, größere Photovoltaik-Anlagen und Biomasse.

Gesetz zur Weiterentwicklung des Strommarktes Das am 29. Juli 2016 im Bundesgesetzblatt veröffentlichte Gesetz (Strommarktgesetz) umfasst folgende 13 Artikel:

- Artikel 1: Änderung des Energiewirtschaftsgesetzes
- Artikel 2: Änderung des Gesetzes gegen Wettbewerbsbeschränkungen
- Artikel 3: Änderung der Stromnetzentgelt-Verordnung
- Artikel 4: Änderung der Stromnetzzugangsverordnung
- Artikel 5: Änderung der Anreizregulierungsverordnung
- Artikel 6: Änderung der Reservekraftwerksverordnung
- Artikel 8: Änderung der Biomasse-Nachhaltigkeitsverordnung

Quantitative Ziele der Energiewende und Status quo (2016)

	2016	2020	2030	2040	2050
Treibhausgasemissionen					
Treibhausgasemissionen (gegenüber 1990)	- 27.4 %	mind. - 40 %	mind. - 55 %	mind. - 70 %	mind. - 80 bis - 95 %
Erneuerbare Energien					
Anteil am Bruttoendenergieverbrauch	14,8 %	18 %	30 %	45 %	60 %
Anteil am Bruttostromverbrauch	31,7 %	mind. 35 %	mind. 65 %***	mind. 65 %***	mind. 80 %***
Anteil am Wärmeverbrauch	13,4 %	14 %			
Anteil im Verkehrsbereich	5,1 %	10 %**			
Effizienz und Verbrauch					
Primärenergieverbrauch (gegenüber 2008)	- 6,5	- 20 % →			- 50 %
Endenergieproduktivität (2008 - 2050)	1,3 % pro Jahr (2008 bis 2015)	2,1 % pro Jahr (2008 - 2050)			
Bruttostromverbrauch (gegenüber 2008)	- 3,6 %	- 10 % →			- 25 %
Primärenergiebedarf Gebäude (gegenüber 2008)	- 15,9 %*	→			- 80 %
Wärmebedarf Gebäude (gegenüber 2008)	- 11,1 %*	- 20 %			
Endenergieverbrauch Verkehr (gegenüber 2005)	+ 4,3 %	- 10 % →			- 40 %

* Angaben für 2015 ** Ziel gemäß EU-Richtlinie 2009/28/EG *** Ziel 2030 gemäß Koalitionsvertrag vom 14. März 2018; Ziel 2040 und 2050 gemäß Energiekonzept vom 28. September 2010

Quellen: Arbeitsgemeinschaft Energiebilanzen (2015 und 2016), Bundesministerium für Wirtschaft und Energie, Fünfter Monitoringbericht zur Energiewende, Berlin, Dezember 2016 (2020 bis 2050) sowie Bundesregierung, Koalitionsvertrag vom 14. März 2018

Abb. 8.2 Quantitative Ziele der Energiewende und Status quo

- Artikel 9: Änderung des Erneuerbare-Energien-Gesetzes
- Artikel 10: Änderung der Anlagenregisterverordnung
- Artikel 11: Änderung des Dritten Gesetzes zur Neuregelung energiewirtschaftlicher Vorschriften
- Artikel 12: Änderung des Bundesbedarfsplangesetzes
- Artikel 13: Inkrafttreten

Zu den wesentlichen nach Aussage der Bundesregierung mit diesem Gesetz verfolgten Zielen gehören Weichenstellungen für einen Wettbewerb von flexibler Erzeugung, flexibler Nachfrage und Speichern. Ferner wird die Sicherung der Stromversorgung genannt: wer Strom an Kunden verkauft, muss eine identische Menge beschaffen und zeitgleich ins Netz einspeisen. Die Investitionen in benötigte Erzeugungskapazitäten sollen unter Fortsetzung der bestehenden Preisbildungsmechanismen am Großhandelsmarkt gewährleistet werden. Um die Klimaziele zu erreichen, werden 13 % der Braunkohlekapazitäten in Deutschland in eine „Sicherheitsbereitschaft" mit anschließender Stilllegung überführt.

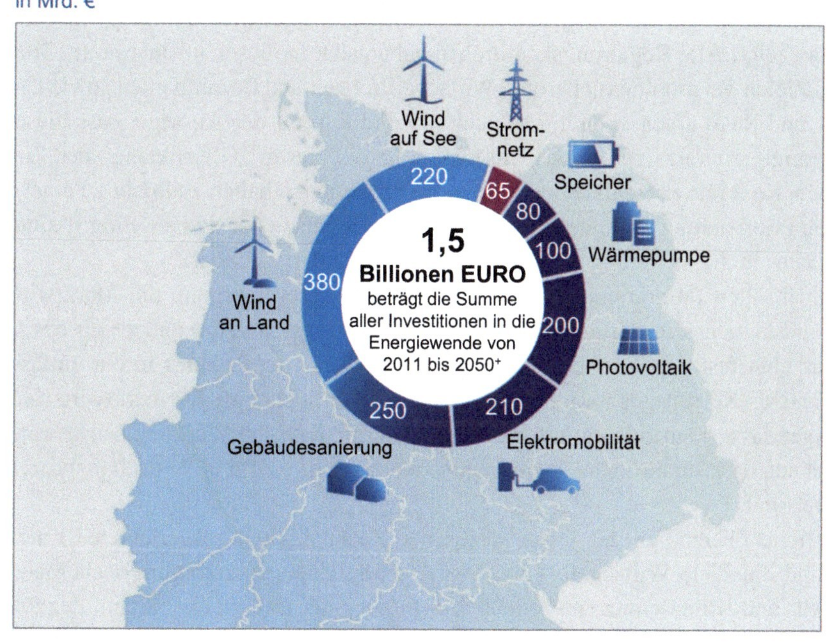

Abb. 8.3 Investitionen in die Energiewende in Deutschland 2011 bis 2050

Gesetz zur Digitalisierung der Energiewende Mit dem im Juni 2016 vom Deutschen Bundestag beschlossenen Gesetz zur Digitalisierung der Energiewende wird das Startsignal für Smart Grid, Smart Meter und Smart Home in Deutschland gesetzt. Dies ermöglicht die digitale Infrastruktur für die Verbindung von über 1,5 Mio. Stromerzeugern und großen Verbrauchern. Im Zentrum steht die Einführung intelligenter Messsysteme. Sie dienen als Kommunikationsplattform, um das Stromversorgungssystem energiewendetauglich zu machen.

Mit den skizzierten drei Gesetzen soll es laut Aussage der Bundesregierung gelingen, die erneuerbaren Energien weiter in den Strommarkt zu integrieren, mit der Schaffung eines Strommarktes 2.0 den Strommarkt an die Bedürfnisse der Energiewende anzupassen und die dafür notwendige digitale Infrastruktur zu ermöglichen.

Im Dezember 2016 hatte der Bundesminister für Wirtschaft und Energie die „3. Fortschreibung der 10-Punkte-Energie-Agenda“ vorgelegt, in der die Struktur der 2. Fortschreibung beibehalten wurde.

8.3 Fazit zur Energiepolitik der vergangenen Jahrzehnte und zur Energiewende

Eine Analyse der in den vergangenen Jahrzehnten vorgelegten energiepolitischen Programme zeigt: Alle Regierungskoalitionen haben sich in diesen 45 Jahren im Grundsatz zu den Zielen Versorgungssicherheit, Wirtschaftlichkeit und Bezahlbarkeit sowie Umweltschutz und Ressourcenschonung bekannt – verknüpft mit der Aussage, dass diese Ziele gleichrangig zu verfolgen seien. Tatsächlich hat es diesen „Gleichklang“ der Ziele nie gegeben. Konkrete Ereignisse oder politische Strömungen haben vielmehr zu einer wechselnden Priorisierung einzelner Ziele geführt. Parallel dazu hat sich die Eingriffsintensität des Staates in die Steuerung von Angebot und Nachfrage verändert.

Gemäß allen Programmen soll auch für die Energieversorgung die Marktwirtschaft als grundsätzliches Steuerungsprinzip gelten. Allerdings ist insbesondere für das laufende Jahrzehnt festzustellen, dass die Energieversorgung der Zukunft in ein umfassendes quantitatives Korsett gepresst worden ist, das kaum noch Luft für marktwirtschaftliche Lösungen lässt. Planziele entfalten eine nahezu dogmatische Wirkung, selbst wenn sich abzeichnet, dass sie nur unter Inkaufnahme massiver Eingriffe in Wirtschaftsprozesse erreichbar sind.

Leitlinie für eine an den Grundsätzen der Nachhaltigkeit ausgerichteten Energiepolitik sind die Ziele Wirtschafts- und Sozialverträglichkeit, Versorgungssicherheit sowie Umwelt- und Klimaschutz einschließlich Schonung der Energieressourcen. Zur Realisierung dieser Ziele notwendige energiepolitische Maßnahmen sollten sich auf alle Sektoren der Volkswirtschaft erstrecken. Das sind die Energiewirtschaft, die Industrie sowie Verkehr, private Haushalte und Gewerbe/Handel/Dienstleistungen.

Prioritäten der Energiepolitik im Spiegel der vergangenen Jahrzehnte

- 1970er Jahre: **Versorgungssicherheit**; Auslöser: Ölpreiskrisen 1973/74 und 1979/80
- 1980er Jahre: **Klassischer Umweltschutz** mit Ziel einer Begrenzung der Schadstoffemissionen; Auslöser: Waldsterben
- 1990er Jahre: **Wirtschaftlichkeit**; Auslöser: Liberalisierungsinitiativen der EU zu den Strom- und Gasmärkten
- Aktuell: **Klimaschutz**; Auslöser: Warnungen der Klimawissenschaftler vor einer drastischen Erhöhung der globalen Temperaturen

Einen Gleichklang der Ziele hat es nie gegeben.

Abb. 8.4 Prioritäten der Energiepolitik im Spiegel der vergangenen Jahrzehnte

Klimaziele Zur Einhaltung der *Klimaziele* ist festzustellen: Die Treibhausgas-Emissionen in Deutschland konnten von 1990 bis 2017 trotz Wirtschaftswachstum mit jahresdurchschnittlichen Raten von 1,2 % verringert werden. Diese positive Entwicklung, die zu einer Minderung der Treibhausgas-Emissionen um insgesamt 27,7 % in dem gesamten 27-Jahreszeitraum geführt hat, ist durch die Wiedervereinigung begünstigt worden, die zu einem massiven Umbau der ostdeutschen Energieversorgung geführt hatte.

So sind die größten Minderungserfolge nach dem Mauerfall mit 16,4 Prozentpunkten im Zeitraum 1990 bis 2000 erreicht worden. 8,2 Prozentpunkte entfielen auf die Dekade 2000 bis 2010 und 3,0 Prozentpunkte auf die Zeitspanne 2010 bis 2017. Selbst wenn es gelingen sollte, die Treibhausgas-Emissionen bis 2020 noch um weitere 5 Prozentpunkte zu senken, würde die Gesamtminderung im Vergleich zum Stand 1990 auf 33 % begrenzt bleiben. Diesen Realitäten wurde im Koalitionsvertrag von März 2018 Rechnung getragen. Im Klimaschutzbericht 2017, der am 13. Juni 2018 vom Bundeskabinett verabschiedet worden ist, wurde festgestellt: „Nach einer aktuellen Studie des Bundesministeriums für Umwelt, Naturschutz und nukleare Sicherheit (BMU) ist davon auszugehen, dass mit den bisher umgesetzten Maßnahmen bis 2020 eine Minderung der Treibhausgas-Emissionen um etwa 32 % gegenüber 1990 erreicht wird“ [14].

Allerdings soll an der nationalen Zielmarke für 2030 – Senkung der nationalen Treibhausgas-Emissionen um 55 % im Vergleich zu 1990 – festgehalten werden. Dieses Beharren auf der Zielarchitektur des Energiekonzepts aus dem Jahr 2010 ergibt aus mehreren Gründen jedoch keinen Sinn mehr hat, selbst wenn das Verfehlen von überambitionierten Zielen in Deutschland inzwischen durchaus Tradition hat. Eine Lehre daraus sollte aber sein, künftige Zielmarken realistischer zu setzen statt den Kurs der Vergangenheit fortzusetzen. Die genannten 55 % bis 2030 bedeuten schließlich, dass in nur einem Jahrzehnt, also von 2020 bis 2030, insgesamt 22 Prozentpunkte zusätzlich zu den bis 2020 erwarteten 33 % erreicht werden müssen. Das Ambitionsniveau dieser Zielmarke wird deutlich, wenn man sich vergegenwärtigt, dass in den Jahrzehnten 2000 bis 2010 und 2010 bis 2020 nur jeweils 8 Prozentpunkte erzielt wurden.

Diese Situation rechtfertigt keinen ergänzenden nationalen Handlungsbedarf für die Sektoren, die in das Europäische Emissionshandelssystem (ETS) einbezogen sind. In der Energiewirtschaft und in der Industrie werden die Treibhausgas-Minderungsziele, die EU-weit im Rahmen des ETS vorgegeben sind, sicher erreicht. Zusätzliche Maßnahmen in diesen Sektoren haben keinen CO_2-Minderungseffekt, soweit nicht gleichzeitig Zertifikate im Umfang der zusätzlich erreichten Reduktion aus dem Markt gekauft und stillgelegt werden. Das heißt im Ergebnis: Nationaler Handlungsbedarf bei der Reduzierung der Treibhausgas-Emissionen besteht nur in den Sektoren Verkehr, private Haushalte sowie Handel/Gewerbe/Dienstleistungen, die (noch) nicht in das ETS einbezogen sind. Das nationale Treibhausgas-Minderungsziel sollte entsprechend neu justiert werden.

Der Primärenergieverbrauch ist in Deutschland von 2000 bis 2017 um insgesamt 5 % zurückgegangen. Dies ist angesichts der im gleichen Zeitraum um 24 % gestiegenen Wirtschaftsleistung auch Ausdruck einer deutlichen Erhöhung der Energieproduktivität. Allerdings wäre bei Fortsetzung dieses Trends der vergangenen 17 Jahre bis 2050 „nur" eine Senkung des Primärenergieverbrauchs von etwa 15 % zu erwarten. Ohne Steigerung der Intensität bei der Verbesserung der Energieeffizienz in allen Verbrauchssektoren kann auch das ehrgeizige Ziel, den Primärenergieverbrauch in Deutschland im Zeitraum 2008 bis 2050 zu halbieren, nicht erreicht werden. Dies gilt zumindest dann, wenn keine Verlagerung von Wertschöpfung ins Ausland in Kauf genommen werden soll.

Das im Energiekonzept der Bundesregierung aus dem Jahr 2010 noch genannte Ziel, den Stromverbrauch in Deutschland bis 2050 um 25 % zu senken, ist überholt. Inzwischen hat sich die Erkenntnis durchgesetzt, dass die angestrebte CO_2-Emissionsreduktion im Verkehr und im Gebäudebereich – neben verbesserter Effizienz – eine zunehmende Elektrifizierung notwendig macht. Ein konstanter oder angesichts der Digitalisierung sogar steigender Stromverbrauch steht ambitionierten Klimazielen nicht entgegen, sondern muss sogar maßgeblich zu deren Erfüllung beitragen. Dies gilt vor allem deshalb, weil ein immer größerer Teil des Stromverbrauchs aus erneuerbaren Energien gedeckt wird. Damit ist – neben positiven Auswirkungen auf Umwelt- und Klimaschutz – auch eine *Schonung von Energieressourcen* verbunden.

Bei den Ziel, den Anteil der erneuerbaren Energien an der Deckung des Stromverbrauchs schrittweise bis auf 80 % im Jahr 2050 zu erhöhen, bewegt sich Deutschland, ebenso wie bei dem beschlossenen Ausstieg aus der Kernenergie, auf dem angestrebten Zielpfad. Mit dem im EEG 2017 erfolgten Übergang von staatlich fixierten Einspeisevergütungen auf Ausschreibungen werden zudem die Weichen in Richtung eines künftig möglichst kosteneffizienten Ausbaus der erneuerbaren Energien gestellt.

Im Bereich Wärme und Kälte wird angestrebt, den Anteil der erneuerbaren Energien bis 2020 auf 14 % – gemessen am gesamten Endenergieverbrauch dieses Sektors – zu erhöhen. Da 2017 bereits ein Anteil von 13 % erreicht worden ist, dürfte das für 2020 gesetzte Ziel ohne Weiteres erreichbar sein.

Anders sieht die Situation im Verkehrssektor aus. Dort gibt eine EU-Richtlinie das Ziel vor, den Anteil der erneuerbaren Energien – gemessen am gesamten Endenergieverbrauch des Sektors – bis 2020 auf 10 % zu steigern. 2017 lag der Anteil erst bei 5 %. Die Elektromobilität bietet die Chance, der mit diesem Ziel verfolgten Intention – Minderung der Treibhausgas-Emissionen – indirekt gerecht zu werden. Hierfür wurden seit 2016 wichtige Weichen gestellt.

Die Steigerung der erneuerbaren Energien zur Stromerzeugung macht einen starken Ausbau der Netze zur Übertragung und zur Verteilung von Strom notwendig. Dieser Ausbau hinkt den Erfordernissen deutlich hinterher. Dies gilt sowohl für die Übertragungsnetze, wie auch für die Verteilnetze. Da gerade auf der Verteilnetzebene der allergrößte Teil der Erneuerbare-Energien-Anlagen angeschlossen ist, sind vor allem hier Anreize zur intelligenten Netzsteuerung nötig. Insbesondere vor dem Hintergrund der aufkommenden Elektromobilität kann durch datenbasierte Kommunikation zwischen Fahrzeugen und Verteilnetz eine intelligente Steuerung der Ladevorgänge geregelt und damit teurer Netzausbau mit Kupferleitungen vermieden werden. Neben einer Beschleunigung des Netzausbaus – verbunden mit Investitions- und Innovationsanreizen für die Netzbetreiber – sollten der Zubau an Erzeugungskapazitäten auf Basis erneuerbarer Energien und der Ausbau der Netze im Sinne einer Optimierung des Gesamtsystems besser aufeinander abgestimmt werden – auch im Interesse der Sicherheit der Stromversorgung.

Versorgungssicherheit Bisher konnte die *Sicherheit der Stromversorgung* in Deutschland gewährleistet werden. Als Maßgröße kann der sogenannte SAIDI (System Average Interruption Duration Index) herangezogen werden. So waren die Unterbrechungen in der Stromversorgung für Endverbraucher von Strom in Deutschland in den vergangenen zehn Jahren auf durchschnittlich etwa 10 bis 20 min pro Jahr begrenzt. Dies ist ein im internationalen Vergleich vorbildlicher Wert. Allerdings war die Sicherung der Stromversorgung in den letzten Jahren mit steigenden Kosten für Redispatch-Maßnahmen verbunden. Die Eingriffshäufigkeit in den Strommarkt hat sich deutlich erhöht und vergrößert sich voraussichtlich weiter.

Die Stromversorgung aus Wind und Sonne ist bei gegebener Kapazität sowohl von der Jahres- und der Tageszeit als auch von den jeweils herrschenden Windverhältnissen und der Intensität der Sonneneinstrahlung abhängig. Die zeitgleiche Einspeisung von Strom aus Wind- und PV-Anlagen liegt einige Stunden im Jahr nahe Null und kann über viele Wochen sehr gering sein. Auf der anderen Seite sind in zunehmendem Maße Zeiträume zu erwarten, in denen aus erneuerbaren Energien mehr Strom erzeugt als in Deutschland gebraucht wird. Eine Lösung kann die Speicherung von Strom sein.

Um Schwankungen über längere Zeiträume auszugleichen, werden Saison- und Langzeitspeicher benötigt. Batterien und Pumpspeicherkraftwerke kommen primär als Kurzzeitspeicher in Betracht. Zum Ausgleich saisonaler Schwankungen sind sie eher nicht geeignet. Power-to-Gas stellt dagegen im Grundsatz eine Option für die Langzeitspeicherung dar. Allerdings hat der über mehrere Stufen angelegte technische Prozess die Konsequenz, dass der Wirkungsgrad gering und die Kosten sehr hoch sind.

Eine im Vergleich zur Speicherung kostengünstigere Option, die Versorgung in Zeiten sicher zu stellen, in denen der Wind nicht ausreichend weht und die Sonne nicht scheint, besteht in dem Vorhalten konventioneller Kraftwerksleistung, die zur Deckung der Residuallast eingesetzt werden kann. Dazu sind Gas-, Steinkohlen- und Braunkohlen-Kraftwerke technisch in gleicher Weise geeignet.

Allerdings hat der starke Ausbau der erneuerbaren Energien zwei Effekte: Die Erlöse aus dem Betrieb der konventionellen Kraftwerke, die aus dem Verkauf von Strom auf dem Großhandelsmarkt erzielt werden, sinken aufgrund des Merit-Order-Effekts. Außerdem erfolgt der Einsatz der konventionellen Kraftwerke in immer weniger Stunden im Jahr; mit anderen Worten: Die Ausnutzungsdauer sinkt. Damit rechnet sich der Weiterbetrieb vieler konventioneller Kraftwerke nicht mehr, obwohl sie zur Aufrechterhaltung der Systemsicherheit benötigt werden.

Diese Entwicklung macht es erforderlich, die Deckung der Systemkosten, die heute im Wesentlichen über Arbeitspreis basierte Entgelte erfolgt (Energy-Only-Markt), durch kapazitätsbezogene Zahlungsströme zu ergänzen. Das Vorhalten von Kapazität muss finanziell honoriert werden, damit die zur Systemsicherheit notwendige konventionelle Leistung stets zur Verfügung steht.

Veränderte Preisstrukturen sind auch deshalb notwendig, weil die gesamte Energieversorgung immer fixkostenintensiver wird. Dies gilt vor allem angesichts des Ausbaus der erneuerbaren Energien – die variablen Kosten etwa bei Wind und Sonne sind nahe Null –, dies gilt aber auch für den konventionellen Erzeugungspark und die Netzinfrastruktur. So könnte ein Finanzierungssystem in einer künftig von erneuerbaren Energien dominierten Versorgung bei der Preisstellung verstärkt auf fixe Elemente setzen. Bei Haushalten beispielsweise ist eine verpflichtende Anschlussgebühr denkbar – vergleichbar mit der Praxis bei der Abfallentsorgung. Damit wäre zu gewährleisten, dass alle Verbraucher, die die Netzinfrastruktur nutzen, auch bei vermehrter Eigenerzeugung und verringerten Energiebezügen aus dem Netz angemessen an der Deckung von dessen Kosten beteiligt bleiben. So ließe sich auch vermeiden, dass sich diejenigen, die die Möglichkeit haben, sich günstig mit Eigenerzeugung zu versorgen, aus der Finanzierung des Netzes zurückziehen und den übrigen Nutzern stetig steigende Kosten überlassen.

Wirtschafts- und Sozialverträglichkeit Die Berücksichtigung des Ziels der *Wirtschafts- und Sozialverträglichkeit der Energieversorgung* ist elementar, damit Deutschland ein im internationalen Vergleich attraktiver Wirtschaftsstandort bleibt und die für die Beschäftigung wichtigen Produktions-Wertschöpfungsketten einschließlich der damit verknüpften Dienstleistungen in Deutschland erhalten beziehungsweise ausgebaut werden. Dafür sind im internationalen Vergleich wettbewerbsfähige Energiepreise ein wichtiger Faktor.

Die Verbraucherpreise für Strom haben in Deutschland in den vergangenen Jahren eine deutlich stärker aufwärts gerichtete Dynamik gezeigt als in anderen Ländern. Dafür verantwortlich ist der stark geförderte Ausbau der erneuerbaren Energien. Konsequenz war eine drastische Erhöhung der EEG-Umlage. Gemäß Planung im Jahr 2011 sollte die EEG-Umlage 3,5 Cent/kWh nicht überschreiten. Heute ist sie fast doppelt so hoch, für die kommenden Jahre sind über 7 Cent/kWh zu erwarten. Ferner sind die Netzkosten gestiegen – auch bedingt durch den Ausbau der Stromerzeugung auf Basis von Wind und Sonne. Die eingeräumten Ausnahmeregelungen zugunsten energieintensiver Produktionen haben entscheidend zum Erhalt ihrer Wettbewerbsfähigkeit beigetragen. Damit konnten Arbeitsplätze in Deutschland gesichert werden.

Der in Deutschland stark geförderte Ausbau der erneuerbaren Energien hat sich positiv auf deren Kosten ausgewirkt. Insbesondere bei PV konnten massive Kostensenkungen realisiert werden. Der deutsche Stromverbraucher hat über erhöhte Strompreise diese Lernkostenkurve finanziert und damit die in anderen Staaten Europas und in weiten Teilen der Welt eingeleitete *Transformation der Energieversorgung* zugunsten vergrößerter Beiträge der erneuerbaren Energien begünstigt.

Die gebotene Gleichrangigkeit in der Verfolgung der Ziele Wirtschafts- und Sozialverträglichkeit, Versorgungssicherheit sowie Umwelt- und Klimaschutz ist bestmöglich gewährleistet, wenn die hierzu eingesetzten Instrumente möglichst technologie-neutral (technologie-offen) gestaltet werden. Damit würden auch die Voraussetzungen verbessert, dass sich neue Technologien im Bereich der konventionellen Energien, wie die Abscheidung und Nutzung beziehungsweise Speicherung von CO_2 – Carbon Capture and Usage/Storage (CC(U)S) – beschleunigt durchsetzen.

Der Ausbau der erneuerbaren Energien, die Steigerung der Energieeffizienz und die Anwendung der CC(U)S-Technologie stellen somit keine alternativen Strategien hin zu einer künftig nachhaltigeren Energieversorgung dar. Vielmehr wird eine Nutzung aller dieser Optionen den bestehenden Herausforderungen bei der Gestaltung der künftigen Energieversorgung bestmöglich gerecht.

Die Energiewende wird nur dann Nachahmer im Ausland finden, und das gehört zu den erklärten Zielen der Bundesregierung, wenn gezeigt werden kann, das sie allen Zielen einer nachhaltigen Energiepolitik, also Versorgungssicherheit, Aufrechterhaltung der internationalen Wettbewerbsfähigkeit der Industrie und Bezahlbarkeit von Energie sowie Umwelt- und Klimaschutz, gleichermaßen gerecht wird. Vor diesem Hintergrund sollten folgende Leitlinien bei der künftigen Ausrichtung der Energiepolitik Realität werden [11].

- Gleichklang bei der Verfolgung der genannten Ziele,
- Vermeidung planwirtschaftlicher Vorgaben – also keine weiteren politisch verordneten Ausstiegszenarien aus bestimmten Energieerzeugungsarten oder Technologien,
- Flexibilität unter anderem bezüglich der Anpassung von quantitativen Zielvorgaben,
- vorrangiges Setzen auf marktwirtschaftliche Lösungen, wie sie etwa im Klimaschutz mit dem europäischen Emissionshandelssystem bestehen.

Soweit Fördermechanismen für notwendig gehalten werden, sollte technologie-neutralen Lösungen der Vorzug gegeben werden.

Literatur

[1] Der Bundesminister für Wirtschaft, Das Energieprogramm der Bundesregierung, Bonn, den 26. September 1973

[2] Bundesministerium für Wirtschaft, Erste Fortschreibung des Energieprogramms der Bundesregierung, Bonn, den 23. Oktober 1973

[3] Bundesministerium für Wirtschaft, Energie-Programm der Bundesregierung, Zweite Fortschreibung vom 14. Dezember 1977

[4] Bundesministerium für Wirtschaft, Energie-Programm der Bundesregierung, Dritte Fortschreibung vom 4. November 1981

[5] Bundesministerium für Wirtschaft, Energiebericht der Bundesregierung, Bonn, den 24. September 1986

[6] Bundesministerium für Wirtschaft, Energiepolitik für das vereinte Deutschland, Bonn, den 11. Dezember 1991

[7] Deutscher Bundestag, BT-Drucksache 13/1328 vom 11. Mai 1995

[8] Bundesministerium für Wirtschaft und Technologie, Nachhaltige Energiepolitik für eine zukunftsfähige Energieversorgung, Energiebericht, Berlin, den 27. Oktober 2001

[9] Deutscher Bundestag, BT-Drucksache 14/577 vom 11. März 1999

[10] Bundesministerium für Wirtschaft und Technologie / Bundesministerium für Umwelt, Naturschutz und Reaktorsicherheit, Energiekonzept für eine umweltschonende, zuverlässige und bezahlbare Energieversorgung, Berlin, den 28. September 2010

[11] Koalitionsvertrag zwischen CDU, CSU und SPD für die 18. Legislaturperiode: *Deutschlands Zukunft gestalten*, 16. Dezember 2013, www.bundesregierung.de

[12] Koalitionsvertrag zwischen CDU, CSU und SPD für die 19. Legislaturperiode: *Ein neuer Aufbruch für Europa / Eine neue Dynamik für Deutschland / Ein neuer Zusammenhalt für unser Land,* 14. März 2018, www.bundesregierung.de

[13] Bundesministerium für Wirtschaft und Energie, Sechster Monitoring-Bericht zur Energiewende, Berlin, Juni 2018

[14] Bundesministerium für Umwelt, Naturschutz und nukleare Sicherheit (BMU), Klimaschutzbericht 2017, Zum Aktionsprogramm Klimaschutz 2020 der Bundesregierung, Berlin, Juni 2018

Glossar

9

Abraum Bodenschichten (Kies, Sand, Ton), die zur Freilegung von Braunkohle oder Steinkohle im Tagebau bewegt werden müssen.

Absetzer Großgerät, das im Braunkohlentagebau zum Verkippen von Abraum in dem ausgekohlten Teil des Tagebaus eingesetzt wird.

ACER „Agency for the Cooperation of Energy Regulators" ist die europäische Regulierungsagentur. Sie hat vor allem eine koordinierende und beratende Funktion. Eine ihrer Hauptaufgaben besteht in der Ausarbeitung von nicht bindenden Rahmenleitlinien, auf deren Basis ENTSO-E die Netzkodizes entwickelt. Die Koordination von Investitionen und Infrastrukturmaßnahmen sowie die Überwachung der Funktionsfähigkeit des europäischen Elektrizitäts- und Gassektors gehören ebenfalls zu ihren Aufgaben.

A:K-Verhältnis Verhältnis von Abraum zu Kohle. Es gibt an, wie viele Teile Abraum [m^3] beiseite geräumt werden müssen, um ein Teil Kohle [t] zu gewinnen. Als wirtschaftlich gewinnbar werden Braunkohlenlagerstätten in Deutschland bis zu einem A:K-Verhältnis von 10:1 definiert.

API#2 Index Notierung auf monatlicher Basis für Steinkohle mit einem Brennwert von 6000 kcal/kg innerhalb des ARA-Raums. Die Handelsnotierung wird inklusive CIF (Cost, Insurance and Freight) und NAR (net as received) angegeben. Aus den veröffentlichten Kohle-Spotnotierungen berechnet sich der finanzielle Settlement-Preis.

API#4 Index Preisindex für Kohlelieferungen FOB Richards Bay (Südafrika).

ARA Als ARA wird der Öl- und Kohle-Handelsraum im Städtedreieck Amsterdam-Rotterdam-Antwerpen bezeichnet. Bekannt ist er ebenfalls unter dem Synonym NWE (North West Europe) oder nur unter dem Begriff „Rotterdam".

H.-W. Schiffer, *Energiemarkt Deutschland*, https://doi.org/10.1007/978-3-658-23024-1_9

Arbitrage Erzielen von risikolosen Gewinnen ohne Kapitaleinsatz durch Ausnutzung von Preisunterschieden zwischen räumlich, zeitlich oder sachlich verschiedenen Märkten zum gleichen Zeitpunkt. Dabei erfolgt der Kauf zum niedrigeren Preis und Verkauf zum höheren Preis zeitgleich.

Ausgleichsenergie Wird vom Bilanzkreisnetzbetreiber als Differenz zwischen Ein- und Ausspeisungen jedes Bilanzkreises im Marktgebiet am Ende der Bilanzierungsperiode ermittelt und mit den Bilanzkreisverantwortlichen verrechnet.

Ausspeisepunkt Der Punkt, an dem Gas aus einem Netz eines Netzbetreibers an Letztverbraucher, nachgelagerte Netze (eigene und/oder fremde) oder Weiterverteiler ausgespeist werden kann zuzüglich der Netzpunkte zur Ausspeisung von Gas in Speicher, Hubs oder Misch- und Konversionsanlagen.

Backwardation Bei „Backwardation" liegt die gegenwärtige Notierung höher als der Preis für in Zukunft fällig werdende Kontrakte; der umgekehrte Fall wird „Contango" genannt.

Bandlieferung Energielieferung (z. B. Strom oder Erdgas) mit einer konstanten Leistung/Kapazität über die gesamte vereinbarte Vertragslaufzeit.

Bandsammelpunkt Verteilerpunkt, an dem alle Bandstraßen eines Tagebaus zusammenlaufen und die Übergabepunkte wie auf einem Verschiebebahnhof zur gezielten Weiterleitung des Fördergutes verschoben werden können.

Bandschleifenwagen Über eine Bandanlage fahrbarer Wagen auf Raupenketten oder Schienen, der z. B. Abraum vom Förderband nimmt und an den Absetzer übergibt.

Barrel Weltweite Handelseinheit für Erdöl, entspricht 158,987 Litern. Die Abkürzung bbl steht für blue barrel. Barrel (Petroleum) ist eine Einheit, die dem Volumen von 42 U.S. Gallonen entspricht.

Base (Base-Load) Stromlieferung innerhalb eines standardisierten Lieferzeitraumes (Monat, Quartal, Jahr) über 24 h eines jeden Tages bei konstanten Leistungen, Synonym: Bandlieferung.

Bearish bezeichnet eine Tendenz an den Börsen zu weiterhin fallenden Preisen. Im Gegensatz hierzu steht „bullish" für steigende Notierungen.

Bilanzkreis Elektrische Energie ist im Allgemeinen nicht speicherbar. Deshalb muss zwischen Einspeisung und Verbrauch in jedem Augenblick eine ausgeglichene Bilanz bestehen. Ein Bilanzkreis besteht aus einer beliebigen Anzahl von Einspeise- (Kraftwerke) und Entnahmestellen (Kunden) in einer Regelzone. Der jeweilige Bilanzkreis ist für eine jederzeit ausgeglichene Leistungsbilanz verantwortlich – saldiert über all seine Einspeise- und Entnahmestellen, gegebenenfalls auch unter Berücksichtigung von Fahrplanlieferungen aus anderen Bilanzkreisen. Im Energiehandel fasst ein Energiehändler in einem Bilanzkreis alle seine Einspeise- und Entnahmestellen innerhalb eines Netzgebietes (bei Strom: einer Regelzone) zusammen. Handelsgeschäfte im Großhandel mit physischer Erfüllung werden als Fahrplanlieferungen zwischen verschiedenen Bilanzkreisen dargestellt und dem Netzbetreiber übermittelt. Der Netzbetreiber überprüft die Konsistenz der von verschiedenen Händlern (Bilanzkreisverantwortlichen) eingereichten Fahrpläne und überprüft auch die Übereinstimmung von eingereichtem Fahrplan und tatsächlichem Energiefluss. Bilanzkreise sind somit virtuelle Bilanzierungseinheiten, die es ermöglichen, Handelsgeschäfte und physische Stromflüsse aufeinander abzubilden. So gibt es spezielle Börsenbilanzkreise, die für die Abwicklung von Geschäften am börslichen Spotmarkt verwendet werden.

Blindleistung Blindleistung ist die elektrische Leistung, die zum Aufbau von magnetischen (z. B. in Motoren, Transformatoren) oder elektrischen Feldern (z. B. in Kondensatoren) benötigt wird, die aber nicht wie Wirkleistung nutzbar ist.

Börse Organisierter, anonymisierter Markt, an dem bestimmte austauschbare Güter (Aktien und sonstige Wertpapiere, Devisen, Edelmetalle, Waren (Commodities) oder ihre Derivate) gehandelt werden. Broker oder computerbasierende Handelssysteme stellen, beruhend auf vorliegenden Kauf- oder Verkaufsaufträgen (Order), während der Handelszeiten Kurse (Preise) fest. Die börslich gehandelten Kontrakte sind standardisierte Geschäfte, bei denen die Börse als Handelspartner fungiert und somit das Adress-Ausfallrisiko minimiert wird. Der börsliche Handel wird börsenaufsichtsrechtlich überwacht.

BHKW Blockheizkraftwerk; eine Anlage zur gleichzeitigen Gewinnung von Heizwärme und Strom. Ein BHKW arbeitet nach dem Prinzip der Kraft-Wärme-Kopplung.

Braunkohle Fester, fossiler Energieträger pflanzlichen Ursprungs mit einem Heizwert zwischen 8000 und 12.000 kJ/kg und einem Wassergehalt von 42 bis 60 %.

Braunkohlenstaub Fester Brennstoff aus Braunkohle mit einem Heizwert zwischen 21.000 und 23.000 kJ/kg und einem Wassergehalt von 11 %.

Brent-Öl Brent-Öl ist die Referenz-Rohölqualität für Nordseeöl. Die Bezeichnung stammt vom Brent-Ölfeld, das zwischen den Shetland-Inseln und Norwegen liegt, Terminkontrakte auf Brent-Öl werden in London an der Warenterminbörse International

Petroleum Exchance (IPE) gehandelt und in US$/bbl quotiert. Durch den Terminmarkthandel ist der Brent-Preis zum Leitpreis für viele verschiedene Rohölsorten geworden. Andere international als Referenz verwendete Ölqualitäten sind WTI und der sogenannte OPEC-Korb.

Brikett Ein Brikett ist ein fester Brennstoff zur Wärmeerzeugung mit einem Heizwert zwischen 19.000 und 20.000 kJ/kg und einem Wassergehalt von 17 und 19 %.

Broker Engl. Begriff für Personen, die Börsengeschäfte auf fremde Rechnungen durchführen.

Brutto-Leistung Im Turbinenbetrieb misst man an den Klemmen des Generators die Bruttoleistung. Bei Pumpspeicherkraftwerken misst man an den Klemmen des (Motor-)Generators die Netto-Leistung, wenn die Anlage als Motor betrieben wird. Die Brutto-Leistung ergibt sich aus der Netto-Leistung und der Addition der Eigenbedarfsleistung, einschließlich Verlustleistung der Maschinentransformatoren des Kraftwerks ohne Betriebsverbrauch und Bezug für Phasenschieberbetrieb.

Brutto-Elektrizitätsleistung Erzeugte elektrische Arbeit einer Erzeugungseinheit, gemessen an den Generatorklemmen.

Btu British Thermal Unit, Energieeinheit, speziell für Wärmeenergie; Eine Btu ist definiert als die Energie, die man benötigt, ein Pfund Wasser um ein Grad Fahrenheit zu erwärmen.

Bullish Bullish bezeichnet ein deutliches Anzeichen auf weiterhin steigende Kurse an den Börsen. Im Gegensatz dazu steht „bearish“ für fallende Kurse.

Call Die englische Bezeichnung für „Kaufoption“ ist „Call“. Der Käufer eines Call erwirbt das Recht – aber nicht die Pflicht –, während der Laufzeit die angebotenen Papiere oder Waren zu den festgelegten Konditionen zu kaufen. Der Gegensatz dazu ist ein „Put“ bzw. die Verkaufsoption.

Cap Preisdeckel; Vertragliche Vereinbarung einer bestimmten Wertobergrenze eines Rohstoffs, zum Beispiel bei einer Gaspreisentwicklung. Ab Überschreitung dieser Grenze zahlt der Verkäufer des Cap dem Käufer den Differenzbetrag. Cap kann auch eine Mengengrenze darstellen, z. B. im Rahmen des CO_2-Emissionshandels.

Carnot-Wirkungsgrad Wirkungsgrad einer Umwandlung von Wärmeenergie in mechanische Energie mit einer Carnot-Maschine. Der maximale Wirkungsgrad einer Carnot-Maschine, gleichzeitig der maximale Wirkungsgrad einer Wärmekraftmaschine, hängt von der Temperatur der Wärmequelle T1 und der Temperatur der Umgebung T2 nach der folgenden Beziehung ab:

Carnot-Wirkungsgrad = 1 − T2 / T1. Dabei müssen T1 und T2 als absolute Temperaturen eingesetzt werden, bei denen 0 °C 273 K (oder 273 K) entspricht.

Churn-Rate Bezeichnet das Verhältnis von gehandelter zu physisch transportierter Menge und ist damit ein Maß für Liquidität an Energiebörsen oder anderen Handelsplattformen.

CIF Cost, Insurance, Freight; Ein Verkaufsabschluss, bei dem der Verkäufer die Kosten für den Transport und die Versicherung der Waren bis zum Bestimmungshafen, den der Käufer vorgibt, trägt.

Clearing Die physische und finanzielle Erfüllung von Spot- bzw. Termingeschäften. Auf- und Verrechnung von Forderungen und Verbindlichkeiten aus Spot- bzw. Termingeschäften. Insbesondere umfasst es für den Spotmarkt die Abwicklung und die Erfassung der Sicherheiten und den täglichen Gewinn und Verlustausgleich, die Erfassung der Sicherheiten sowie die Schlussabrechnung am letzten Handelstag.

Clearing House Das Clearing House (Clearingstelle) ist als Institution mit der entsprechenden Terminbörse verbunden. Kontrakte werden hier abgerechnet und erfüllt. Das Clearing House tritt in jedem Geschäft zwischen Käufer und Verkäufer als Vertragspartner auf, übernimmt so das Bonitätsrisiko und garantiert für die Abwicklung und Erfüllung der Kontrakte.

Das Clearing House führt für jeden Kunden ein Konto (Margin Account), auf das bei Kauf bzw. Verkauf eines Kontraktes eine Einschussleistung (Initial Margin) zu erbringen ist. Diese Initial Margin wird bei Glattstellung des Kontraktes vollständig rückerstattet.

Contango Bei „Contango" liegt die gegenwärtige Notierung tiefer als der Preis für in Zukunft fällig werdende Kontrakte. Im umgekehrten Fall nennt man dies „Backwardation".

Dark-Spread Ist die Spanne zwischen dem frei Kraftwerk erzielbaren Strompreis und den Brennstoffkosten der kohlebefeuerten Stromerzeugung. Differenz aus Strompreis minus Kohlepreisäquivalent in €/MWh.

Day-Ahead (Heute-für-Morgen-Geschäft); Im Day-Ahead-Handel werden Geschäfte abgeschlossen, bei denen die Lieferung am Folgetag erfolgt. Der Spotmarkt vieler Strom- und Gasbörsen, z. B. der EPEX Spot, ist als Day-Ahead-Markt organisiert. Auch im OTC-Markt wird häufig Day-Ahead gehandelt.

Deadweight All Told Dieser mit dwat abgekürzte Begriff bezeichnet die Gesamttragfähigkeit oder Bruttotragfähigkeit eines Schiffes einschließlich Ausrüstung, Betriebsstoff (Schmieröl) und Treibstoff in Tonnen.

Derivate Aus Wertpapieren entstandenes Instrument, dessen Preis von dem Preis eines zugrunde liegenden physischen Rohstoffs abgeleitet ist. Instrumente sind z. B. Futures, Options, Swaps, Caps, Collars etc. Wichtigste Voraussetzung jedes derivaten Instruments ist ein Referenzpreis (Benchmark). Für Referenzpreise gilt: Die Preisquelle muss allen Marktteilnehmern zugänglich, allgemein akzeptiert (als den „fairen" Marktpreis reflektierend) und zuverlässig (hinsichtlich Datenqualität, Publikationsfrequenz, Einflussnahme) sein.

EEX/EPEX Spot European Energy Exchange/European Power Exchange. Die EEX als Energiebörse betreibt Marktplätze für den Handel mit Elektrizität, Erdgas, CO_2-Emissionsrechten und Kohle. Die EPEX Spot mit Sitz in Paris betreibt den kurzfristigen Elektrizitätshandel, den sogenannten Spotmarkt für Deutschland, Frankreich, Österreich und die Schweiz.

Eigenverbrauch Elektrische Arbeit, die in den Neben- und Hilfsanlagen einer Erzeugungseinheit (z. B. eines Kraftwerksblocks oder eines Kraftwerks) zur Wasseraufbereitung, Dampferzeuger-Wasserspeisung, Frischluft- und Brennstoffversorgung sowie Rauchgasreinigung verbraucht wird. Er enthält nicht den Betriebsverbrauch. Die Verluste der Aufspanntransformatoren (Maschinentransformatoren) in Kraftwerken rechnen zum Eigenverbrauch. Der Verbrauch von nicht elektrisch betriebenen Neben- und Hilfsanlagen ist im gesamten Wärmeverbrauch des Kraftwerks enthalten und wird nicht dem elektrischen Eigenverbrauch zugeschlagen. Der Eigenverbrauch während der Nennzeit setzt sich zusammen aus den Anteilen Betriebs-Eigenverbrauch während der Betriebszeit und Stillstands-Eigenverbrauch außerhalb der Betriebszeit. Der Stillstands-Eigenverbrauch bleibt bei der Netto-Rechnung unberücksichtigt.

Einspeisepunkt Ein Punkt, an dem Gas an einen Netzbetreiber in dessen Netz oder Teilnetz übergeben werden kann, einschließlich der Übergabe aus Speichern, Gasproduktionsanlagen, Hubs oder Misch- und Konversionsanlagen.

Endenergie Im Endenergieverbrauch wird nur die Verwendung derjenigen gehandelten Energieträger aufgeführt, die der Erzeugung von Nutzenergie dienen und somit endgültig als Energieträger dem Markt entzogen werden. Langfristige Lagerbestände zählen somit nicht zur Endenergie. Endenergie ist entsprechend den Absprachen bei der Erstellung von nationalen und internationalen Energiebilanzen der Energieinhalt der Bezugsenergie, vermindert um den des nichtenergetischen Verbrauchs und den Energieeinsatz bei der Eigenerzeugung von Strom und Gas beim Endverbraucher. Thermisch genutzte Abfall- und Reststoffe sowie Energien aus regenerativen Quellen, die in Eigenaufkommen gewonnen werden, sind in der Bezugs- und Endenergie nicht enthalten, weil sie nicht unmittelbar Gegenstand des kommerziellen Handels sind.

Energiebilanz Energiebilanzen für Wirtschaftsräume sind der statistische Nachweis von Aufkommen und Verwendung von Energieträgern innerhalb eines Wirtschaftsraumes für eine bestimmte Zeitspanne unter Berücksichtigung der bei der Gewinnung, Aufbereitung, Umwandlung, Umformung, Speicherung und beim Fortleiten auftretenden Verluste, einschließlich des nichtenergetischen Verbrauchs von Energieträgern. Die Energiebilanz besteht aus drei Hauptteilen: Primär-, Umwandlungsbilanz und Endenergieverbrauch.

Energiedienstleistungen Energiedienstleistungen sind die aus dem Einsatz von Nutzenergie und anderer Produktionsfaktoren befriedigten Bedürfnisse bzw. erzeugten Güter wie:

- Beleuchtete Flächen und Räume
- Behagliche bzw. zweckmäßige Raumkonditionierung
- Bewegung oder Transport
- Erwärmen von Stoffen und Gütern
- Stoffumwandlung
- Herstellen oder Verändern von Gütern
- Informationsgewinnung, -übertragung und -verarbeitung.

Energiedienstleistungen sind nicht ohne weiteres in Energieeinheiten anzugeben. Sie sind aber durch technische Größen, wie z. B. m^2 Wohnfläche bzw. m^3 zu beheizendes Luftvolumen in Verbindung mit der Temperaturdifferenz innen/außen oder zu bewegende Personenkilometer beschreibbar. Nur unter Voraussetzung bestimmter Energieträger, Energiewandler und gewählter Rahmenbedingungen kann eine Aussage über den Endenergieverbrauch zur Erstellung einer Energiedienstleistung gemacht werden.

Energiewandler Energiewandler sind Geräte und Anlagen zum langfristigen vielfachen Gebrauch für Energieumformung bzw. Energiewandlung von Endenergie und Nutzenergie (z. B. Generatoren, Motoren, Öfen, Lampen usw.).

Engpassleistung Dauerleistung einer Erzeugungseinheit, die unter Normalbedingungen erreichbar ist. Sie ist durch den leistungsschwächsten Anlageteil (Engpass) begrenzt, wird durch Messungen ermittelt und auf Normalbedingungen umgerechnet. Bei einer längerfristigen Veränderung (z. B. Änderungen an Einzelaggregaten, Alterungseinflüsse) ist die Engpassleistung entsprechend den neuen Verhältnissen zu bestimmen. Die Engpassleistung kann von der Nennleistung um einen Betrag $\pm\Delta P$ abweichen. Kurzfristig nicht einsatzfähige Anlagenteile mindern die Engpassleistung nicht.

Entry-Exit-System Gasbuchungssystem, bei dem der Transportkunde lediglich einen Ein- und Ausspeisevertrag abschließt, auch wenn der Gastransport mehrere Transportnetzbetreiber verteilt ist.

ETS Emissions Trading Scheme (ETS) ist das EU-Handelssystem für den Emissionshandel von CO_2 und anderen klimawirksamen Gasen (laut Kyoto-Protokoll: CH_4, N_2O, H-FKW, FKW, SF_6). Das Handelssystem wurde zum 01.01.2005 eingeführt und erfasste zunächst nur CO_2. Die Verursacher von CO_2-Emissionen, die zum Emissionshandel verpflichtet sind, gehören hauptsächlich den folgenden Bereichen an: Verbrennungsanlagen (insbesondere Kraftwerke), Erdölraffinerien, Koksöfen, Eisen- und Stahlwerke, sowie Anlagen der Zement-, Glas-, Kalk-, Ziegel-, Keramik-, Zellstoff- und Papierindustrie. Die erste Handelsperiode lief von 2005 bis 2007, die zweite von 2008 bis 2012, die dritte reicht von 2013 bis 2020.

ENTSO-E „European Network of Transmission Systems Operators for Electricity" ist der Verband Europäischer Übertragungsnetzbetreiber für Elektrizität. Der Verband umfasst 41 Übertragungsnetzbetreiber (ÜNB) aus 35 Ländern und existiert seit Dezember 2008. Die Hauptaufgaben sind die Festlegung gemeinsamer Sicherheitsstandards und die Veröffentlichung eines Jahresplans zur Netzentwicklung. Des Weiteren entwickelt ENTSO-E kommerzielle und technische Netzkodizes, um die Sicherheit und Zuverlässigkeit des Netzes zu gewährleisten und die Energieeffizienz sicherzustellen. Mitte 2009 hatten die früheren Verbände ATSOI, BALTS, ETSO, NORDEL, UCTE und UKTSOA ihre Aktivitäten an ENTSO-E übertragen.

EEG Das „Gesetz über den Vorrang Erneuerbarer Energien" (EEG) wurde erstmals zum 1. April 2000 eingeführt. Das EEG schreibt die Aufnahme und Vergütung von regenerativ erzeugtem Strom aus Wasserkraft, Windkraft, Biomasse, Deponiegas, Klärgas, Grubengas und Photovoltaik durch den örtlichen Netzbetreiber vor. Das EEG verpflichtet die Übertragungsnetzbetreiber (ÜNB) zu einem Belastungsausgleich der eingespeisten Strommengen und der Vergütungen untereinander. Im Ergebnis vermarkten die ÜNB den EEG-Strom an einer Strombörse. Die daraus erzielten Einnahmen sowie die Einnahmen aus der EEG-Umlage dienen zur Deckung der Ausgaben (im Wesentlichen die Vergütungszahlungen). Die EEG-Umlage wird durch die Stromlieferanten vom Letztverbraucher erhoben und an die ÜNB weitergeleitet.

Explizite Auktion Im Rahmen der expliziten Auktion wird die zur Verfügung stehende Kapazität an die Marktteilnehmer vergeben, die im Rahmen einer Auktion die höchsten Gebote für diese Kapazität abgegeben haben (vgl. ETSO, An Overview of Current Crossborder Congestion Management Methods in Europe, Mai 2006).

Fahrplan Fahrpläne dienen der Planung und Abwicklung des Energieaustausches leitungsgebundener Energieträger, z. B. Elektrizität. Für jede Viertelstunde innerhalb des

Planungszeitraums wird angegeben, wie viel Leistung zwischen Bilanzkreisen ausgetauscht wird bzw. wie viel am Einspeise-/Entnahmeknoten eingespeist/entnommen wird.

FBA „Flow Based Allocation" – Lastflussbasierte Kapazitätsvergabe. Bei der FBA werden ausgehend vom geplanten kommerziellen Lastfluss (Handelsaktivität) die verfügbaren Kapazitäten für den grenzüberschreitenden Elektrizitätshandel auf der Basis der sich im Netz real einstellenden Lastflüsse ermittelt und vergeben („allocated"). Die FBA ermöglicht somit die Vergabe von Übertragungskapazitäten unter Berücksichtigung der über Gebote beschriebenen aktuellen Marktsituation.

F.O.B. Free on Board; eine Handelstransaktion, bei welcher der Verkäufer dafür sorgt, dass die Ware an einem vereinbarten Hafen oder Bahnhof zu einem festgelegten Preis zur Mitnahme verfügbar ist und der Käufer die Kosten für den anschließenden Transport und die Versicherung übernimmt.

Flöz Bodenschicht, die einen nutzbaren Rohstoff enthält, z. B. Steinkohle oder Braunkohle.

Förderbrücke Einen Tagebau überspannende Stahlkonstruktion mit eingebauten Bandanlagen, die Gewinnungsseite und Verkippungsseite direkt miteinander verbindet.

Frequenzhaltung Die Frequenzhaltung bezeichnet die Ausregelung von Frequenzabweichungen infolge von Ungleichgewichten zwischen Einspeisung und Entnahme (Wirkleistungsregelung) und erfolgt durch die Primär- und Sekundärregelung sowie unter Nutzung von Minutenreserve in den Kraftwerken.

Forward-Kontrakt Vertrag zwischen zwei Parteien zum Kauf/Verkauf eines Gutes in der Zukunft zu einem heute vereinbarten Preis. Er wird individuell zwischen den Vertragsparteien verhandelt und nicht öffentlich an Börsen notiert.

Future Vertragliche Verpflichtung, eine festgelegte Gas- oder Strommenge zu einem festgelegten Preis in einer zukünftigen Lieferperiode zu kaufen bzw. zu liefern. Der Future stellt ein standardisiertes, in der Regel börslich gehandeltes Termingeschäft dar, bei dem zumeist nur ein finanzieller Austausch (Cash Settlement) zwischen dem Händler und der Börse als Vertragspartner vereinbart wird.

Glattstellung Glattstellen ist die Bezeichnung für den Kauf oder Verkauf von Kontrakten durch einen Händler, um ein bestehendes Börsenengagement (Verpflichtung) durch ein Deckungsgeschäft (Gegengeschäft) auszugleichen (auch: abzuwickeln oder zu lösen).

Grundlast Grundbedarf an Strom, der unabhängig von allen Lastschwankungen, also von tageszeitlichen, wöchentlichen oder jahreszeitlichen Lastschwankungen, besteht. Die Deckung des Grundlastbedarfs erfolgt vor allem durch Kern-, Braunkohlen- und Laufwasserkraftwerke.

Grundversorger Gas- und Elektrizitätsversorgungsunternehmen, das nach § 36 Abs. 1 EnWG in einem Netzgebiet die Grundversorgung mit Gas oder Strom durchführt.

Grundversorgung Energielieferung des Grundversorgers an Haushaltskunden zu Allgemeinen Bedingungen und Allgemeinen Preisen (vgl. § 36 EnWG).

GuD Ein Gas- und Dampfturbinenkraftwerk (GuD) ist eine Elektrizitätserzeugungseinheit, bestehend aus einer Gasturbinen-Generator-Einheit, deren Abgase in einem Abhitzekessel (mit oder ohne Zusatzbrenner) Dampf erzeugen, mit dem in einer Dampfturbinen-Generatoreinheit zusätzlich Strom erzeugt wird.

H-Gas Ein Gas der 2. Gasfamilie mit höherem Methangehalt (87 bis 99 Volumenprozent) und somit weniger Volumenprozent an Stickstoff und Kohlendioxid. Es hat einen mittleren Brennwert von 11,5 kWh/m^3 und einen Wobbeindex von 12,8 kWh/m^3 bis 15,7 kWh/m^3.

Hedge/Hedging (Engl. „Hecke"); unter Hedging versteht man die Absicherung von Vermögenspositionen gegen Kursrisiken. Bei einem Absicherungsgeschäft handelt es sich um ein Termingeschäft, das zum Schutz gegen eventuelle Verluste durch Preisänderungen im Waren-, Devisen- oder Wertpapierverkehr abgeschlossen wird. Grundgedanke dieses Absicherungsgeschäfts ist die Erzielung einer kompensatorischen Wirkung durch die Einnahme einer entgegengesetzten Position an den Terminmärkten, d. h. es wird beispielsweise versucht, eine Wertminderung einer gegenwärtig gehaltenen Position durch den entsprechenden Wertzuwachs einer Terminposition auszugleichen (Termingeschäft).

Hedge-Fonds Hedge-Fonds sind Investmentfonds, die bezüglich ihrer Anlagepolitik keinerlei gesetzlichen oder sonstigen Beschränkungen unterliegen. Sie streben unter Verwendung sämtlicher Anlageformen eine möglichst rasche Vermehrung ihres Kapitals an. Hedge-Fonds bieten die Chance auf eine sehr hohe Rendite, bergen aber auch ein entsprechend hohes Risiko des Kapitalverlusts.

Hedger Marktteilnehmer, der sich anhand von Futures und Optionen gegen Marktrisiken abzusichern sucht. Im Gegensatz dazu steht der Spekulant.

Heizwert Der Heizwert entspricht der Wärmemenge, die bei der Verbrennung von 1 kg festem oder flüssigem bzw. 1 m^3 gasförmigem Brennstoff freigesetzt wird. Einheiten sind [kJ/kg, kJ/l oder kJ/m^3].

Henry Hub Der Henry Hub in Louisiana ist der mit Abstand liquideste Handelsplatz für Erdgas weltweit. Dort verbinden sich zahlreiche Pipelines aus den Fördergebieten onshore (beispielweise Texas) und offshore (Golf von Mexiko). Im nahe gelegenen Lake Charles befindet sich darüber hinaus ein LNG-Terminal. Neben den physischen Kapazitäten ist der Henry Hub auch Basis der meisten in den USA gehandelten kommerziellen Gasliefermengen und der Termingeschäfte.

HGÜ Die Hochspannungs-Gleichstrom-Übertragung (HGÜ) ist ein Verfahren zur Übertragung von großen elektrischen Leistungen bei sehr hohen Spannungen (100–1000 kV) über sehr große Distanzen. Oft zu finden ist das Kürzel DC („direct current"). Für die Einspeisung ins herkömmliche Stromnetz sind Hochspannungswechselrichter erforderlich, die Umwandlung geschieht in Umspann- und Schaltanlagen.

HKW Heizkraftwerke können als modifizierte thermische Kraftwerke angesehen werden: In einem thermischen Kraftwerk wird Wärme durch die Verbrennung fossiler Brennstoffe, durch einen Kernreaktor oder durch die Sonne erzeugt. Diese Wärme dient dazu, heißen Dampf zu entwickeln, der eine Turbine antreibt. Während der Wasserdampf über die Turbine seine Energie abgibt, kühlt er ab. Aber selbst der aus der Turbine austretende Dampf hat noch Temperaturen im Bereich von 50 bis 100 °C. In einem Heizkraftwerk nutzt man zusätzlich diese Abwärme, indem man die Temperatur hinter der Turbine auf etwa 130 °C einstellt; dadurch wird allerdings der Wirkungsgrad der Stromerzeugung herabgesetzt, weil die Temperaturdifferenz zwischen Turbineneintritt und -auslass verringert wurde. Sinnvoll ist der Einsatz eines HKW dann, wenn eine nahezu konstante Menge von Strom und Wärme mit dem entsprechenden Verhältnis zwischen diesen beiden Energiearten benötigt wird. Der Wirkungsgrad der Stromerzeugung liegt bei etwa 35 % – im Vergleich zu reinen Kraftwerken mit Wirkungsgraden von 43 bis 46 % –, der Anteil der Wärmeauskopplung liegt ebenfalls bei etwa 35 %, womit der primäre Brennstoff zu etwa 70 % in Endenergie umgewandelt werden kann.

Hub Ein wichtiger physischer Knotenpunkt im Gasnetz, an dem verschiedene Leitungen, Netze oder sonstige Gasinfrastrukturen zusammentreffen und Gashandel stattfindet.

Inkohlung Biochemischer und geochemischer Vorgang bei der Entstehung der Kohle, bei dem die Kohlesubstanz mit zunehmender Inkohlung reicher an Kohlenstoff und ärmer an flüchtigen Bestandteilen wird.

Interkonnektor Eine Höchstspannungs-Übertragungsleitung zwischen zwei Staaten wird als Interkonnektor bezeichnet.

Intraday-Handel Im Intraday-Handel der Energiebörse werden Gas- sowie Stromkontrakte mit Lieferung am selben oder folgenden Tag gehandelt.

Jahresbenutzungsdauer Die Jahresbenutzungsdauer bestimmt die Regelmäßigkeit, mit der elektrische Energie von dem Verbraucher im Laufe des Jahres aus dem Netz entnommen wird. Je höher die Dauer ist, umso mehr verteilt sich der Verbrauch regelmäßig auf die 8760 h des Jahres. Sie gibt die Zahl der Stunden an, in denen der Verbraucher seinen Jahresverbrauch bei ständiger Inanspruchnahme der seiner Jahreshöchstlast entsprechenden Leistung erreichen könnte (Jahresbenutzungsdauer = Jahresverbrauch dividiert durch Jahreshöchstlast).

Jahreshöchstlast Die in Kilowatt (kW) ausgedrückte und im Zeitraum eines Jahres viertelstündig gemessene Höchstlast.

Joule 1 J (benannt ist die Einheit nach dem britischen Physiker James Prescott Joule) ist gleich der Energie, die benötigt wird, um:

- über die Strecke von einem Meter die Kraft von 1 N aufzuwenden (1 J = 1 Newtonmeter [Nm] = Ws) oder
- für die Dauer einer Sekunde die Leistung von einem Watt aufzubringen.

Für das Erwärmen von 1 g Wasser um 1 °C benötigt man 4,18 J = 1 Kalorie [cal].

Kassamarkt Am Kassamarkt werden valutagerechte Geschäfte abgewickelt, d. h. die Abschlüsse müssen innerhalb von zwei Tagen erfüllt werden. Erfolgt die Geschäftserfüllung dagegen in weniger als zwei Tagen, wird dies als Vorvalutageschäft bezeichnet.

Kassakurs = Einheitskurs (bei derivativen Finanzinstrumenten); bezieht sich auf den Marktkurs des zugrunde liegenden Basiswertes.

kcal Die Kilokalorie ist die Wärmeenergie, die benötigt wird, um 1 kg Wasser um 1 °C zu erwärmen. 1 kcal = 4186,8 J.

Kohlekraftwerk In einem Kohlekraftwerk wird durch die Verbrennung von Kohle Wärme erzeugt, die wiederum über einen Wärmetauscher heißen Dampf aus Wasser produziert. Dieser Wasserdampf treibt eine Dampfturbine an, die über einen Generator elektrischen Strom erzeugt. Als Brennstoff kann sowohl Braun- wie auch Steinkohle verwendet werden. Kohlekraftwerke zählen damit zu den thermischen Kraftwerken. Das oben beschriebene einfache Bild ist in der großtechnischen Realisierung nicht mehr beizubehalten. Einerseits ist der „Kohleofen“ wesentlich verfeinert worden, um die in der Kohle gespeicherte chemische Energie möglichst effizient in nutzbare Wärmeenergie umzuwandeln; andererseits besteht die Notwendigkeit, die Abgase der Kohleverbrennung von Schadstoffen zu reinigen, was zu einem erheblichen Zuwachs an Aggregaten um das eigentliche Kraftwerk herum geführt hat. Der Wirkungsgrad von modernen Kohlekraftwerken liegt bei etwa 43 bis 46 %; die hohe Zahl gilt für Kraftwerke, die mit sehr modernen Dampfturbinen ausgestattet sind, deren Dampfeinlasstemperatur 600 °C erreichen darf. Damit kann der prinzipielle Wirkungsgrad – als Näherung kann der Carnot-Wirkungsgrad benutzt werden – noch einmal gegenüber den zuvor üblichen Dampftemperaturen von 530–550 °C erhöht werden.

Kohlendioxid Das Gas, welches bei den Konsumenten (Mensch und Tiere) durch die Atmung freigesetzt und von den Produzenten (Pflanzen) durch die Photosynthese in energiereiche organische Verbindungen umgewandelt wird. Damit schließt Kohlendioxid (CO_2) den natürlichen Kohlenstoffkreislauf. Die Bedeutung des Kohlendioxids für das globale Klima resultiert daraus, dass es in der Lage ist, Wärmestrahlung zu absorbieren und dadurch die Atmosphäre zu erwärmen – es trägt damit zum natürlichen Treibhauseffekt bei. Dadurch wird das Leben auf der Erde, wie wir es kennen, erst ermöglicht. Die Konzentration des CO_2betrug vor der Industrialisierung etwa 280 ppm. Durch Entwaldung wird die Menge der Pflanzen verringert, die zur Bindung des Kohlendioxids beitragen können. Die Verbrennung fossiler Brennstoffe wandelt Kohlenstoff und Kohlenwasserstoffe durch Verbrennung hauptsächlich in Kohlendioxid um, welches in die Atmosphäre abgelassen wird. Beide Effekte tragen zu einer Erhöhung der Kohlendioxidkonzentration auf derzeit etwa 400 ppm bei.

Kontrakt Ein Kontrakt ist eine rechtlich bindende Vereinbarung (Vertrag) zwischen zwei oder mehreren Parteien, eine Leistung zu erbringen oder zu unterlassen. An den Terminmärkten stellt ein Kontrakt eine vertraglich vereinbarte Menge für ein Options- oder Futures-Geschäft dar. An den Terminbörsen sind die gehandelten Kontrakte standardisiert. Die standardisierten Kontraktspezifikationen beziehen sich auf die Laufzeit des Kontraktes, die Menge und Qualität des Basiswertes.

Konzessionsabgabe Konzessionsabgaben sind Entgelte, die Energieversorgungsunternehmen (EVU) und Wasserversorgungsunternehmen (WVU) an Gemeinden für die Einräumung des Rechts zur Benutzung öffentlicher Verkehrswege für die Verlegung und den Betrieb von Leitungen, die der unmittelbaren Versorgung von Letztverbrauchern im Gemeindegebiet mit Strom, Gas und Wasser dienen, abgeben müssen.

Kupferplatte Kupferplatte bedeutet, dass es einen Strommarkt ohne physische Begrenzungen gibt. Heute haben wir in Deutschland im Wesentlichen die Kupferplatte in Deutschland und innerhalb der meisten europäischen Länder (wichtigste Ausnahmen sind Italien und Schweden). Allerdings ist die Kupferplatte zwischen den Staaten bisher nicht Realität. Aufgrund der vielen Netzengpässe an den Interkonnektoren können wir heute nicht von einer europäischen Kupferplatte sprechen.

kWh Die Einheit Kilowattstunde ist ein Maß für elektrische Arbeit. Sie ist definiert als die Leistung in Kilowatt die innerhalb einer Stunde aufgebracht wird. 1 kWh ist äquivalent zu 3411 Btu.

KWK Kraft-Wärme-Kopplung; Gleichzeitige Erzeugung von Strom und Wärme in einem Kraftwerk. Dieses Prinzip erhöht die Ausnutzung von Brennstoffen, indem der Anteil der Wärme, der über Turbine und Generator nicht in Strom umgewandelt werden kann, als Brauchwärme genutzt wird. Ein normales thermisches Kraftwerk hat eine „Abwärmetemperatur" von etwa 50–100 °C, für eine effiziente Wärmenutzung ist jedoch eine höhere Temperatur erforderlich, etwa 130 °C. Bei der Kraft-Wärme-Kopplung geht man einen Kompromiss ein: Die Temperatur hinter der Turbine wird auf die für die Wärmenutzung geforderten 130 °C eingestellt, damit allerdings der Wirkungsgrad der Stromerzeugung etwas herabgesetzt.

Lagerstätte Gesamtvorrat eines Bodenschatzes in einem bestimmten Gebiet.

Lastprofil/Lastgang Zeitreihe, die für jede Stunden- bzw. Viertelstunden-Abrechnungsperiode einen Leistungswert festlegt. Das Lastprofil dient oft als Basis für die Fahrpläne.

L-Gas Ein Gas der 2. Gasfamilie mit niedrigerem Methangehalt (80 bis 87 Volumenprozent) und größeren Volumenprozenten an Stickstoff und Kohlendioxid. Es hat einen mittleren Brennwert von 9,77 kWh/m^3 und einem Wobbeindex von 10,5 kWh/m^3 bis 13,0 kWh/m^3.

Liegendes Das Liegende bezeichnet die Bodenschicht unterhalb des Kohlenflözes.

Long/Long-Position In Handelsmärkten wird mit „long" allgemein die Position des Käufers von Kontrakten bezeichnet. Der Verkäufer ist dann entsprechend short. Eine Long-Position entsteht durch den Kauf eines oder mehrerer Kontrakte, wenn dieser nicht durch den Verkauf entsprechender Kontrakte ausgeglichen wird. Eine Long-Position kann durch den Verkauf entsprechender Kontrakte glattgestellt werden.

LNG Liquefied Natural Gas; Erdgas (primär Methan), welches durch Temperaturreduktion auf −260° Fahrenheit (−162,22 °C) bei konstantem Atmosphärendruck verflüssigt wurde.

Market Coupling Verfahren zur effizienten Bewirtschaftung von Engpässen zwischen verschiedenen Marktgebieten unter Beteiligung mehrerer Strombörsen. Im Rahmen eines Market Coupling wird die Nutzung der knappen Übertragungskapazitäten durch die Berücksichtigung der Energiepreise in den gekoppelten Märkten verbessert. Dabei wird die Day-Ahead Vergabe der grenzüberschreitenden Übertragungskapazitäten gemeinsam mit der Energieauktion an den Elektrizitätsbörsen auf Basis der Preise an den beteiligten Börsen durchgeführt. Daher spricht man hier auch von impliziten Kapazitätsauktionen.

Market Maker Börsenteilnehmer, der für eine Mindestzeit am Börsentag gleichzeitig einen Kauf- und Verkaufsantrag (Quote) im Auftragsbuch hält. Market Maker dienen zur Sicherstellung einer Grundliquidität.

Market Splitting Gleiches Verfahren wie Market Coupling, allerdings unter Beteiligung nur einer einzigen Elektrizitätsbörse.

Marktgebiet
Elektrizität Mehrere Lieferorte (ÜNB) werden zu einem Marktgebiet zusammengefasst, wenn es keine Übertragungsengpässe zwischen den Netzen dieser ÜNB gibt. Die Auktionspreise der Stundenkontrakte gleicher Lieferstunde aber verschiedenen Lieferortes (ÜNB) sind gleich, wenn sie dem gleichen Marktgebiet angehören.

Gas Ein Marktgebiet ist der virtuelle Zusammenschluss der Fernleitungsnetze und nachgelagerter Verteilernetze zu einer einzigen Bilanzierungszone. Marktgebiete sind damit vergleichbar mit Handelszonen. Sie vereinfachen den Handel mit Gas. Innerhalb eines Marktgebietes können Transportkunden flexibel Ein- und Ausspeiseverträge abschließen und die entsprechend gebuchten Kapazitäten nutzen.

Merit-Order Als Merit-Order (englisch Reihenfolge der Leistung) wird die Einsatzreihenfolge von Erzeugungseinheiten bezeichnet. Diese wird durch die variablen Kosten der Stromerzeugung bestimmt. Beginnend mit Erzeugungseinheiten mit den niedrigsten Grenzkosten werden solange Kraftwerke mit höheren Grenzkosten zugeschaltet, bis die Nachfrage gedeckt ist.

Mindestleistung Die Mindestleistung einer Erzeugungseinheit ist die Leistung, die aus anlagespezifischen oder betriebsmittelbedingten Gründen im Dauerbetrieb nicht unterschritten werden kann. Soll die Mindestleistung nicht auf den Dauerbetrieb, sondern auf eine kürzere Zeitspanne bezogen werden, so ist das besonders zu kennzeichnen.

Minutenreserve Die Minutenreserve wird durch den Übertragungsnetzbetreiber zur Unterstützung der Sekundärregelung manuell aktiviert. Die Minutenreserve muss innerhalb von 15 min nach Abruf vom Anbieter erbracht werden, indem die Leistungseinspeisung von Kraftwerken oder die Leistungsentnahme von regelbaren Verbrauchslasten durch den Anbieter angepasst wird.

Mittellast Die Mittellast ist der Teil der Leistungsaufnahme der Verbraucher, der während des Großteils eines Tages, vorwiegend von morgens bis abends, in Anspruch genommen wird.

NBP (National Balancing Point) NBP ist ein virtueller Handelspunkt für Erdgas in Großbritannien, an dem mehr als 60 Unternehmen tätig sind. Durch die hohe Umschlaghäufigkeit am NBP und das hohe Gesamthandelsvolumen ist er einer der größten europäischen Handelspunkte für Spot- und Termingeschäfte im Erdgasbereich.

Nennleistung Höchste Dauerleistung einer Anlage unter Nennbedingungen, die eine Anlage zum Übergabezeitpunkt erreicht. Leistungsänderungen sind nur bei wesentlichen Änderungen der Nennbedingungen und bei konstruktiven Maßnahmen an der Anlage zulässig. Bis zur genauen Ermittlung dieser Nennleistung ist der Bestellwert gemäß der Liefervereinbarung anzugeben. Entspricht der Bestellwert nicht eindeutig den zu erwartenden realen Genehmigungs- und Betriebsbedingungen, so ist vorab, bis gesicherte Messergebnisse vorliegen, ein vorläufiger durchschnittlicher Leistungswert als Nennleistung zu ermitteln. Er ist so festzulegen, dass sich die möglichen Mehr- und Mindererzeugungen bezogen auf ein Regeljahr ausgleichen (z. B. aufgrund des Kühlwasser-Temperaturverlaufes). Die endgültige Feststellung der Nennleistung eines Kraftwerksblocks erfolgt nach Übergabe der Anlage, in der Regel nach Vorliegen der Ergebnisse aus den Abnahmemessungen. Hierbei ist von wesentlicher Bedeutung, dass sich die Nennbedingungen auf einen Jahresmittelwert beziehen, d. h. dass die jahreszeitlichen Einflüsse (z. B. die Kühlwasser- und Lufteintrittstemperatur), der elektrische und dampfseitige Eigenbedarf sich ausgleichen und das idealtypische Bedingungen bei der Abnahmemessung, wie z. B. spezielle Kreislaufschaltungen, auf normale Betriebsbedingungen umzurechnen sind.

Netto-Leistung An der Oberspannungsseite des Maschinentransformators an das Versorgungssystem (Übertragungs- und Verteilungsnetz, Verbraucher) abgegebene Leistung einer Erzeugungseinheit. Sie ergibt sich aus der Brutto-Leistung nach Abzug der elektrischen Eigenverbrauchsleistung während des Betriebes, auch wenn diese nicht aus der Erzeugungseinheit selbst, sondern anderweitig bereitgestellt wird.

Netto-Netzentgelte
Elektrizität Stromnetzentgelt ohne Entgelte für Abrechnung, Messung und Messstellenbetrieb, Umsatzsteuer, Konzessionsabgabe sowie Umlagen u. a. nach EEG und KWKG.

Gas Gasnetzentgelt ohne Entgelte für Abrechnung, Messung und Messstellenbetrieb, Umsatzsteuer und Konzessionsabgabe.

Netto-Stromerzeugung Die um ihren Betriebs-Eigenverbrauch verminderte Brutto-Stromerzeugung einer Erzeugungseinheit. Wenn nichts anderes vermerkt wird, bezieht sich die Netto-Stromerzeugung auf die Nennzeit.

Netzebene Bereiche von Elektrizitätsversorgungsnetzen, in welchen elektrische Energie in Höchst-, Hoch-, Mittel- oder Niederspannung übertragen oder verteilt wird (§ 2 Nr. 6 StromNEV).

Niederspannung (NS) $\leq$ 1 kV

Mittelspannung (MS) > 1 kV und $\leq$ 72,5 kV

Hochspannung (HS) > 72,5 kV und $\leq$ 125 kV

Höchstspannung (HöS) > 125 kV.

Netzgebiet Gesamtfläche, über die sich die Netz- und Umspannebenen eines Netzbetreibers erstrecken.

Netzverluste Die Arbeitsverluste im Übertragungs- und Verteilungsnetz (im Sprachgebrauch „Netzverluste") eines Systems (z. B. eines EVU) sind die Differenz zwischen der physikalisch in das Netz in einer Zeitspanne eingespeisten und aus der ihm in derselben Zeitspanne wieder entnommenen elektrischen Arbeit.

(n−1)-Kriterium Der Grundsatz der (n−1)-Sicherheit in der Netzplanung besagt, dass in einem Netz bei prognostizierten maximalen Übertragungs- und Versorgungsaufgaben die Netzsicherheit auch dann gewährleistet bleibt, wenn eine Komponente, etwa ein Transformator oder ein Stromkreis, ausfällt oder abgeschaltet wird. Das heißt, es darf in diesem Fall nicht zu unzulässigen Versorgungsunterbrechungen oder einer Ausweitung der Störung kommen. Außerdem muss die Spannung innerhalb der zulässigen Grenzen bleiben und die verbleibenden Betriebsmittel dürfen nicht überlastet werden. Diese allgemein anerkannte Regel der Technik gilt grundsätzlich auf allen Netzebenen. Im Verteilungsnetz werden allerdings je nach Kundenstruktur Versorgungsunterbrechungen in Grenzen toleriert, wenn sie innerhalb eines definierten Zeitraums behoben werden können. Andererseits wird in empfindlichen Bereichen des Übertragungsnetzes sogar ein über das (n−1)-Kriterium hinausgehender Maßstab angelegt, etwa, wenn besonders sensible Kunden wie Werke der Chemie- oder Stahlindustrie versorgt werden oder wenn ein Ausfall eine großflächigere Störung oder eine Gefahrensituation nach sich ziehen würde. Hier wird das Netz so ausgelegt, dass auch bei betriebsbedingter Abschaltung eines Elements und zeitgleichem Ausfall eines weiteren Elements (n−2-Fall) die Netzsicherheit gewährleistet bleibt.

Nichtenergetischer Verbrauch Nichtenergetischer Verbrauch ist der Energieinhalt von Stoffen, die bei der Umwandlung anfallen, deren Verwendung aber nicht durch ihren Energiegehalt, sondern durch ihre stofflichen Eigenschaften bestimmt wird (z. B. Schmierstoffe, Bitumen für den Straßenbau) sowie der Energieinhalt von Energieträgern (z. B. Rohbenzin, Raffineriegas und Flüssiggas als Rohstoff chemischer Prozesse oder Koks als Reduktionsmittel bei der Roheisenerzeugung), die nichtenergetisch verwendet werden.

Nordpool Skandinavische Strombörse mit Sitz in Oslo und Handelsaktivitäten für Norwegen, Schweden, Finnland und Dänemark. Handelsbeginn 1996.

Nutzenergie Nutzenergie umfasst alle technischen Formen der Energie, welche der Verbraucher letztendlich benötigt, also Wärme, mechanische Energie, Licht, elektrische und magnetische Feldenergie (z. B. für Galvanik und Elektrolyse) und elektromagnetische Strahlung, um Energiedienstleistungen ausführen zu können. Nutzenergien müssen im Allgemeinen zum Zeitpunkt und am Ort des Bedarfs aus Endenergie mittels Energiewandlern erzeugt werden.

Nymex (New York Mercantile Exchange) Nymex ist die größte Terminbörse für Energie und Edelmetalle in Nordamerika. Dort werden unter anderem Futures und Optionen auf Rohöl, Benzin, Heizöl, Erdgas und Propan gehandelt.

Off-Peak Zeitraum der Niedriglaststunden im Stromnetz, die nicht als Peak definiert sind. Es handelt sich dabei in Deutschland um folgende Zeiten: werktags 20 Uhr bis 8 Uhr sowie samstags und sonntags von 0 Uhr bis 24 Uhr.

OPEC Organization of Petroleum Exporting Countries; Diese Organisation Erdöl exportierender Länder wurde 1960 gegründet mit dem Ziel, ein Kartell wichtiger Öl-Lieferländer zu bilden, um mit Ölgesellschaften über Öl-Mengen, Öl-Preise und zukünftige Förderquoten zu verhandeln. Derzeitige Mitglieder sind Algerien, Angola, Ecuador, Gabun, Indonesien, Iran, Irak, Kuwait, Libyen, Nigeria, Katar, Saudi-Arabien, die Vereinigten Arabischen Emirate und Venezuela.

OPEC-Korb Korb aus vierzehn verschiedenen Rohölsorten der OPEC-Staaten. Andere Ölsorten, die als Referenz dienen, sind insbesondere Brent oder WTI.

Option Vertraglich eingeräumtes Recht, eine Ware unter bestimmten Bedingungen zu einem bestimmten Preis zu erwerben oder zu veräußern. Man unterscheidet nach Kauf- und Verkaufsoptionen. Optionen sind selbstständig an der Börse handelbar.

Optionsgeschäft Besondere Form des Termingeschäfts. Der Käufer einer Option erwirbt das Recht, vom Verkäufer (Stillhalter) innerhalb einer festgesetzten Frist entweder die Lieferung einer bestimmten Leistung (Kaufoption) oder ihre Abnahme (Verkaufsoption) zu einem im Voraus vereinbarten Preis (Basispreis) verlangen zu können. Dafür muss der Käufer eine Prämie (Optionspreis) zahlen. Im Unterschied zu Futures oder anderen Termingeschäften kann die Option ausgeführt werden, sie muss aber nicht.

Optionskontrakte Eine Option gibt dem Käufer das Recht, aber nicht die Verpflichtung, einen Vermögenswert während einer Frist oder zu einem bestimmten Zeitpunkt zu kaufen oder zu verkaufen.

Optionsprämie/Optionspreis Die Optionsprämie (Optionspreis) ist der Preis für die Kauf- oder Verkaufsoption, den der Käufer der Option bei Abschluss des Geschäftes zu zahlen hat.

OTC Over-The-Counter-Handel; außerhalb der Börse verlaufender Freihandelsverkehr (außerbörslicher Handel). OTC-Geschäfte können auch individuell auf die spezifischen Risikoanforderungen der Kontraktparteien zugeschnitten sein.

Peak/Peakload bezeichnet die Stunden mit hoher Stromnachfrage (Spitzenlast) eines Tages. Es sind in Deutschland die 12 Lieferstunden zwischen 8 und 20 Uhr an den Liefertagen Montag bis Freitag.

Physischer Stromhandel Bei Geschäften im physischen Stromhandel erfolgt ein tatsächlicher Leistungsaustausch. Es wird eine bestimmte Menge Energie zu einem definierten Preis innerhalb eines festen Zeitraums gehandelt und geliefert.

Primärenergie Primärenergie (Rohenergie, Energierohstoff) ist der Energieinhalt von Energieträgern, die in der Natur vorkommen und technisch noch nicht umgewandelt wurden. Man unterscheidet zwischen den, an menschlichen Maßstäben gemessen, unerschöpflichen bzw. regenerativen, den fossilen und nuklearen Energieträgern.

Primärenergiebilanz Die Primärenergiebilanz ist eine Bilanz der Energiedarbietung der ersten Stufe. Sie umfasst die inländische Gewinnung von Energieträgern, den Außenhandel mit Energieträgern, Hochseebunkerungen und Bestandsveränderungen.

Primärenergieverbrauch Der Primärenergieverbrauch ergibt sich von der Entstehungsseite her als Summe aus der Gewinnung im Inland, den Bestandsveränderungen sowie dem Außenhandelssaldo abzüglich der Hochseebunkerungen. Der Primärenergieverbrauch lässt sich auch von der Verwendungsseite her ermitteln. Er errechnet sich dann als Summe aus dem Endenergieverbrauch, dem nichtenergetischen Verbrauch sowie dem Saldo in der Umwandlungsbilanz.

Put-Verkaufsoption Die englische Bezeichnung für „Verkaufsoption“ ist „Put“. Der Käufer eines Put erwirbt das Recht – aber nicht die Pflicht –, während der Laufzeit die angebotenen Papiere oder Waren zu den festgelegten Konditionen zu verkaufen. Der Gegensatz dazu ist ein „Call“ bzw. die Kaufoption.

Redispatch-Management Als Redispatch-Maßnahmen werden Eingriffe der ÜNB in die Fahrweise von Stromerzeugungs- und Speicheranlagen zum Erhalt der Systemsicherheit bezeichnet. Beim Auftreten von Netzengpässen werden bestimmte Leitungen durch die Verlagerung von Kraftwerkseinspeisung entlastet. Hierzu wird die Leistung in der

Region vor dem Engpass reduziert und die Leistung in der Region hinter dem Engpass erhöht. Durch diese Maßnahmen wird der Stromfluss auf dem von der Überlast betroffenen Netzelement reduziert. Darüber hinaus nehmen die ÜNB Eingriffe in die Einspeisung von Kraftwerken und Speichern vor, um die Spannungshaltung zu gewährleisten.

Regelleistung/Regelenergie Mehr- oder Minder-Energiemengen, die einen Ausgleich schaffen, wenn Angebot oder/und Nachfrage von den vorab definierten Fahrplänen abweichen, z. B. aufgrund von Differenzen zwischen dem prognostizierten und dem tatsächlichen Strombedarf. Durch den Einsatz von Regelenergie stellt der Netzbetreiber (ÜNB) eine ausgeglichene Leistungsbilanz und eine stabile Frequenz im Stromnetz einer Regelzone sicher. Man unterscheidet in:

- Primärregelleistung: Die Primärregelleistung wird automatisch europaweit dezentral bei den beteiligten Kraftwerken aufgrund von Frequenzabweichungen in wenigen Sekunden aktiviert.
- Sekundärregelleistung: Die Sekundärregelleistung wird automatisch aktiviert, um sicherzustellen, dass die Fahrpläne über die Grenzen von Regelzonen eingehalten werden. Sie muss spätestens innerhalb von 10 min vollständig aktiviert sein und die Primärregelreserve ersetzen, so dass diese wieder vollständig zur Verfügung steht.
- Tertiärregelleistung/Minutenreserve: Die Minutenreserve muss innerhalb von 15 min aktivierbar sein. Sie soll die Sekundärreserve bei länger andauernden Störungen ablösen. Maximaler Einsatzzeitraum ist hier eine Stunde, danach ist der Verursacher der Störung (z. B. Kraftwerksausfall) für die entsprechende Anpassung der Fahrpläne verantwortlich.

Regelzone Eine Regelzone ist ein abgegrenztes geografisches Gebiet, für dessen Primärregelung, Sekundärregelung und Minutenreserve jeweils ein einziger ÜNB gemäß UCTE verantwortlich ist. Deutschland ist zurzeit in vier Regelzonen eingeteilt. Jede Regelzone wird physikalisch durch die Orte der Verbundübergabemessungen des Sekundärreglers begrenzt.

Referenzöle Es gibt eine Vielzahl unterschiedlicher Rohölsorten, aber nur wenige werden an den Börsen gehandelt. Der Handel konzentriert sich auf bestimmte Sorten, sog. Referenzöle („marker crudes"). Jede bedeutende Förderregion hat ein Referenzöl, z. B. Brent Blend in Europa, West Texas Intermediate (WTI) in Nordamerika, Dubai Fateh für den Persisch-Arabischen Golf. Die Preisbildung aller anderen Rohölsorten erfolgt durch die Festlegung bestimmter Auf- oder Abschläge. Wenige marker crudes bestimmen so den Marktwert von etwa 80 % der weltweit gehandelten Rohölmengen.

Reserven Reserven sind die Mengen eines Rohstoffs, die mit großer Genauigkeit erfasst wurden und mit den derzeitig verfügbaren technischen Möglichkeiten wirtschaftlich gewinnbar sind. Das bedeutet, dass die Höhe der Reserven von den Preisen abhängt, aber auch vom Stand der Technik.

Residuallast Die Residuallast ergibt sich aus der Differenz zwischen Last und nicht oder nur eingeschränkt regelbarer Einspeisung aus erneuerbaren Energien (z. B. Wind und Sonne). Die positive Residuallast wird derzeit vor allem durch konventionelle Kraftwerke, z. B. durch Speicher- und Reservekraftwerke, gedeckt.

Ressourcen Ressourcen sind die Mengen eines Energierohstoffs, die entweder nachgewiesen aber derzeit nicht wirtschaftlich gewinnbar sind, oder aber die Mengen, die auf Basis geologischer Indikatoren noch erwartet werden und mittels Exploration nachgewiesen werden können. Gemäß Definition der Bundesanstalt für Geowissenschaften und Rohstoffe (BGR) sind die Reserven nicht in den Ressourcen enthalten. Vielmehr wird die Summe aus Reserven und Ressourcen von der BGR als verbleibendes Potential bezeichnet. Das Gesamtpotenzial schließt neben den Reserven und Ressourcen die bisherige kumulierte Förderung ein.

RÖE Rohöleinheit; 1 kg Öläquivalent (Oil Equivalent) ist die Wärmeenergie, die in 1 kg Rohöl steckt. 1 kg oe = 41,869 MJ.

SAIDI System Average Interruption Duration Index: Der SAIDI-Wert gibt – als Maß für die Versorgungssicherheit bei Strom – die durchschnittliche Versorgungsunterbrechung je angeschlossenem Letztverbraucher innerhalb eines Kalenderjahres in Minuten an. In Deutschland wird der Wert auf Basis der jährlichen Meldungen der Elektrizitätsnetzbetreiber an die Bundesnetzagentur gemäß § 52 EnWG über die in ihrem Netz aufgetretenen Versorgungsunterbrechungen ermittelt.

Schaufelradbagger Gewinnungsgerät im Tagebau, das zum Abtrag von Abraum und Braunkohle eingesetzt wird. Die Grabgefäße (Schaufeln) sind um ein Rad angeordnet (Schaufelrad). Eine Grabvorrichtung hat bis zu 18 Schaufeln (Inhalt bis zu 6 m^3; Durchmesser rd. 21 m). Die Tagesleistung eines Schaufelradbaggers erreicht bis zu 240.000 m^3.

Schiefergas Schiefergas (englisch shale gas) ist in Tonsteinen gespeichertes Erdgas. Schiefergas gilt als „unkonventionelles" Erdgas im Gegensatz zu „konventionellen" Erdgas, das aus Erdgasfallen genannten Lagerstätten stammt. Schiefergas wird hauptsächlich durch Hydraulic Fracturing (kurz Fracking, hydraulische Rissbildung) gewonnen. Eine unter hohem Druck eingepresste Flüssigkeit („Fracfluid": Wasser, Sand und Chemikalien) erzeugt rund um den Bohrstrang gasdurchlässige Strukturen.

Schwarzstartfähigkeit Fähigkeit einer Erzeugungseinheit (Kraftwerk), ohne Eigenbedarfsversorgung über das Elektrizitätsnetz, den Betrieb selbständig wieder aufnehmen zu können. Dies ist insbesondere bei einer Störung, die zum Zusammenbruch des Netzes führt, als erster Schritt zum Wiederaufbau der Versorgung von Bedeutung.

Sekundärenergie Sekundärenergie ist der Energieinhalt von Energieträgern, die aus Primärenergie durch einen oder mehrere Umwandlungsschritte gewonnen wurden.

Short/Short-Position In Handelsmärkten wird mit „short" allgemein die Position des Verkäufers von Kontrakten bezeichnet. Der Käufer ist dann entsprechend „long". In Aktienmärkten ergibt sich dies als offene Position durch Leerverkäufe von Kontrakten, wenn diese nicht durch den Kauf entsprechender Kontrakte abgedeckt wurden. Das Gegenteil wird als Long-Position bezeichnet.

SKE Steinkohleneinheit ist die Wärmeenergie, die in einem durchschnittlichen kg Steinkohle steckt. 1 kg SKE = 7000 kcal = 29,3076 MJ.

Smart Grids/Smart Home Die Netze der Zukunft ermöglichen die optimale Steuerung von Erzeugung, Speicherung und Verbrauch von Strom. Die Netze werden stärker automatisiert. Energieversorgungssystem und neue Informations- und Kommunikationstechnologien wachsen zusammen. Das Prinzip dabei: ein ständiger Abgleich von Erzeugung und Bedarf, der es ermöglicht, die intelligenten Stromnetze energie- und kosteneffizient zu betreiben. Smart Home, auch Smart Living genannt, bedeutet Vernetzung und zentrale Steuerung der gesamten Haustechnik und der elektrischen Geräte eines Haushalts. Ziel ist die Senkung des Energieverbrauchs bei gleichzeitiger Erhöhung von Flexibilität, Sicherheit und Wohnkomfort.

Smart Meter Smart Meter sind intelligente kommunikationsfähige Zähler. Sie liefern den Kunden detaillierte Verbrauchsinformationen und stellen den Energieversorgungsunternehmen Verbrauchsdaten zur Verfügung. Dies ermöglicht ein energiesparendes Verbrauchsverhalten und einen effizienten Netzbetrieb. Damit haben sie eine Schlüsselfunktion für intelligente Haustechnik (Smart Home) und flexible Stromtarife. Seit dem 1. Januar 2010 ist ihr Einsatz in Neubauten und bei umfassenden Immobiliensanierungen Pflicht.

Spitzenlast Treten Belastungsspitzen in den Stromnetzen auf, werden Speicherkraftwerke, Pumpspeicherwerke und Gasturbinenkraftwerke zum Ausgleich eingesetzt.

Spotmarkt Ist ein Teilmarkt des Großhandels, an dem kurzfristige Geschäfte (außerbörslich oder börslich) abgeschlossen werden. Bei Spotgeschäften muss die Lieferung, Abnahme und Bezahlung innerhalb eines kurzen Zeitraumes (in Deutschland: zwei Börsentage) erfolgen. Der Spotmarkt schließt häufig 12 h vor dem Tag der Kontraktausübung – so auch an der EPEX. In diesem Fall handelt es sich um einen Day-Ahead-Markt.

Spotmarkt für Öl Spotmärkte für Öl dienen dem kurzfristigen Handel mit Rohöl und Mineralölprodukten. Der Spotmarkt für Öl hat verschiedene Entwicklungsstufen durchlaufen. Er war ursprünglich nur ein Restmarkt für Raffinerieprodukte, weniger für Rohöl. In den 1970er Jahren weitete der Handel sich langsam auch auf Rohöl aus. Bis Ende der 1970er Jahre wurden allerdings höchstens 10 % der internationalen Öllieferungen über die Spotmärkte gehandelt. Ende 1982, nach den Veränderungen, die der zweiten Ölpreiskrise folgten, lief bereits mehr als die Hälfte des international gehandelten Rohöls über den Spotmarkt oder wurde zu Preisen verkauft, die vom Spotmarkt bestimmt waren. Der für Europa und Deutschland relevante Markt ist der Rotterdamer Spotmarkt, ein „virtueller" Markt – Synonym für kurzfristigen Ölhandel in Nordwesteuropa. Seine Akteure sind über ganz Europa verstreut; Geschäfte werden untereinander mittels moderner Kommunikationsmittel abgeschlossen.

Spread Bezeichnet allgemein die Differenz zwischen zwei Kursen.

1) Der Bid-Ask Spread bezeichnet die Differenz zwischen dem besten Kauf- und Verkaufskurs für eine Ware/Wertpapier zu einem bestimmten Zeitpunkt.
2) Ein Spread zwischen verschiedenen Handelsplätzen ermöglicht es einem Händler durch den gleichzeitigen Kauf und Verkauf von Kontrakten, für ein gleichwertiges Underlying an den verschiedenen Märkten Arbitrage-Gewinne zu erzielen.
3) Erzeugungsmarge bei Strom; bildet sich aus der Differenz zwischen dem Strompreis und den Brennstoffkosten für die Produktion der Elektrizität. Dabei unterscheidet man zwischen
   - Spark Spread: Marge bei Gaskraftwerken;
   - Dark Spread: Marge bei Kohlekraftwerken;
   - Clean Spread: Marge unter Berücksichtigung der Kosten für Emissionszertifikate.

Stakeholder Alle Personen oder Gruppen, die ein berechtigtes Interesse am Verlauf oder Ergebnis eines Prozesses oder Projektes haben.

Statische Reichweite Die statische Reichweite eines Rohstoffs beschreibt nicht die Zeitdauer bis zur vollständigen Erschöpfung eines Rohstoffes. Sie ist vielmehr eine Kennziffer, die sich mathematisch aus dem Verhältnis zwischen ausgewiesenen Reserven und der aktuellen Jahresförderung ermittelt. Die statische Reichweite dient vorrangig als Indikator für den Zeitpunkt notwendiger neuer Explorationsbemühungen. Je geringer die statische Reichweite ist, umso eher müssen neue Explorationskampagnen (oder eventuell Substitutionsanstrengungen) in Angriff genommen werden.

Strike Dies ist der Preis, zu dem vereinbarungsgemäß eine Option ausgeübt werden kann.

SWAP Ein Swapgeschäft dient z. B. zur Absicherung von Zins- oder Währungsrisiken. Es ist eine Form des Devisenaustauschgeschäfts (engl.: to swap = tauschen), bei dem ein Partner einem anderen sofort Devisen bereitstellt (Kassageschäft) und gleichzeitig mit ihm den Rückkauf zu festem Kurs und Termin vereinbart (Termingeschäft).

Take-or-Pay Contract Vereinbarungen, bei denen der Käufer ein gehandeltes Produkt abnehmen und den Bareinkaufspreis oder eine spezifizierte Menge zahlen muss, auch wenn das Produkt nicht in Anspruch genommen wird. Bezogen auf den Energiemarkt bedeutet dies, dass die Verpflichtung besteht, für eine bestimmte Menge Gas oder Strom zu bezahlen, unabhängig davon, ob diese Menge abgenommen wurde oder nicht.

Termingeschäft Börsliches oder außerbörsliches Geschäft, bei dem die Erfüllung (Preis) zu einem später vereinbarten Zeitpunkt im Voraus festgelegt wurde.

Terminkontrakt/Future Ein Terminkontrakt (Future) ist ein Vertrag über eine in der Zukunft liegende Leistung. Börsenterminkontrakte sind im Kontraktvolumen, in der Art und Qualität der Ware oder des Finanzinstruments sowie dem künftigen Erfüllungszeitpunkt standardisiert. Festgelegt sind die Spezifikationen des Kontraktgegenstands, der Preis sowie der Zeitpunkt der Lieferung.

Terminmarkt Kennzeichen des Terminmarktes sind:

- Abschluss und Erfüllung sind zeitlich voneinander getrennt.
- Bei Abschluss Vereinbarung des Preises, zu dem am Zukunftstermin eine bestimmte Menge einer Ware geliefert, abgenommen und bezahlt werden soll.
- Bezahlung ist der Kurszusatz, der aussagt, dass auf diesem Kursniveau die komplette Nachfrage befriedigt wurde.
- Der Kurs ist der Marktpreis (Preis = Kurs) für die an einer Börse gehandelten Wertpapiere, Devisen und Waren.

Teufe Bergmännischer Begriff für die Tiefe, gemessen ab Geländeoberkante.

Tight Gas Tight Gas bezeichnet Erdgasvorkommen in dichten Gesteinsschichten. Tight Gas ist eingeschlossen in undurchlässigen und nicht-porösen Sand- oder Kalksteinformationen, normalerweise in Tiefen unterhalb von 3500 Metern. Das Entwicklungspotenzial von Sandsteinreservoiren wird bestimmt durch ihre Porosität (die offenen Räume zwischen den Gesteinskörnern) und ihre Durchlässigkeit (wie einfach sich Flüssigkeiten oder Gas durch das Gestein bewegen). In manchen Fällen liegt das Gas in kleinen isolierten Zonen in einem Abstand von wenigen Metern voneinander. Es kann aber wegen der Dichtigkeit der Felsformationen nicht durch dieselbe vertikale Bohrung erschlossen werden. In den Vereinigten Staaten wird Tight Gas seit mehr als 40 Jahren gefördert und trägt heutzutage annähernd 40 % zur Gesamtproduktionsmenge des Landes an Gas aus unkonventionellen Lagerstätten bei. Tight Gas wird derzeit auch in Europa gefördert, vor allem in Deutschland.

Thermisches Kraftwerk Kraftwerk, in dem elektrischer Strom aus Wärme erzeugt wird. Dabei ist der prinzipielle Aufbau von thermischen Kraftwerken bis auf die Wärmequelle nahezu identisch. Zu den thermischen Kraftwerken gehören Kohle-, Kern-, solarthermisches, geothermisches und GuD-Gaskraftwerk.

Umwandlungsbilanz In der Umwandlungsbilanz werden Einsatz und Ausstoß der verschiedenen Umwandlungsprozesse, der Verbrauch an Energieträgern in der Energiegewinnung und im Umwandlungsbereich, die Fackel- und Leitungsverluste und der Endenergieverbrauch ausgewiesen.

Virtuelle Kraftwerke In einem virtuellen Kraftwerk werden mehrere kleine Stromerzeuger mit modernster Informations- und Kommunikationstechnologie miteinander vernetzt und wie eine gedachte Einheit zentral gesteuert und effizient vermarktet.

Virtueller Punkt (VP) (Auch virtueller Handelspunkt genannt) Um die Gashandels- und Gastransportgeschäfte innerhalb des Zwei-Vertrags-Modells darzustellen, wird der VP als Bezugspunkt für die Abwicklung verwendet. Mit der Gaseinspeisung in ein Marktgebiet steht das Gas am VP dieses Marktgebietes zur Verfügung und kann dort beliebig gehandelt werden.

VoLL Value of Lost Load: Wert der Vermeidung des Ausfalls von Strom – gemessen an dem geschätzten Betrag, den der Verbraucher zur Vermeidung des Ausfalls von Strom zu zahlen bereit ist.

W Maßeinheit für die physikalische Größe Leistung (benannt nach James Watt). Die physikalische Größe Leistung ist definiert als Energieaufwand pro Zeit also durch die Gleichung:

Leistung = Energie / Zeit

1 W ist äquivalent zu 1 A unter der Spannung von 1 V und ebenso äquivalent zu 1 PS.

Wärme-Nennleistung Die Wärme-Nennleistung einer Anlage ist die höchste Dauerleistung ohne zeitliche Einschränkung, für die sie gemäß den jeweiligen Liefervereinbarungen bestellt ist. Ist die Nennleistung nicht nach den Bestellunterlagen bestimmbar, so ist für die Neuanlage einmalig ein unter Normalbedingungen durchschnittlich erreichbarer Leistungswert zu ermitteln. Netto-Wärmenennleistung ist die Brutto-Wärmenennleistung abzüglich aller Wärmeleistungen für Wärmeprozesse in der Anlage selbst.

Wirkungsgrad Der Wirkungsgrad eines mit fossilen (Erdöl, Erdgas, Kohle) oder regenerativen Brennstoffen (z. B. Holz), mit Erdwärme oder Kernbrennstoffen betriebenen Kraftwerks ist der Quotient aus seiner Stromerzeugung und dem zeitgleichen Einsatz an Energieinhalt von Brennstoffen bzw. Erdwärme.

WTI (Western Texas Intermediate): WTI ist die Bezeichnung für eine in den USA geförderte Rohölqualität. Das leichte Rohöl zeichnet sich unter anderem durch seinen geringen Schwefelgehalt aus, wodurch es besonders für die Mineralöl-Raffinierung und die Herstellung von Benzin geeignet ist. An der NYMEX werden Futures und Optionen auf WTI gehandelt, daher hat diese Rohölsorte die Funktion einer Leitsorte für den weltweiten Ölmarkt. Andere wichtige Ölqualitäten sind bspw. Brent oder der OPEC-Korb.

Literatur

[1] Preisbildung am Rohölmarkt, Mineralölwirtschaftsverband e. V., Hamburg
[2] Monthly Energy Review, Energy Information Administration des US-Departments of Energy, Washington 2016
[3] Energiekennwerte, Definitionen – Begriffe – Methodik, VDI Richtlinien, Verein Deutscher Ingenieure, Düsseldorf
[4] Braunkohle in Deutschland 2015 – Profil eines Industriezweiges, DEBRIV, Köln 2015
[5] Energiehandel – Eine Erklärung der wichtigsten Begriffe, ET – Energiewirtschaftliche Tagesfragen, Essen 2007
[6] VGB PowerTech:VGB-Standard, Elektrizitätswirtschaftliche Grundbegriffe, VGB-Standard-S002-T-01; 2012-04.DE, Status 2016
[7] Bundesnetzagentur und Bundeskartellamt (Hrsg.) Monitoringbericht 2015, Bonn, 2015
[8] Netzentwicklungsplan Strom 2015

Heizwerte und Umrechnungsfaktoren

Heizwerte, Umrechnungen und Umrechnungsfaktoren

Zehnerpotenzen / Vorsatzzeichen

Zehnerpotenz	Zahl deutsch	Zahl amerikanisch	Bezeichnung	Abkürzung
10^3	tausend	thousand	Kilo	k
10^6	million	million	Mega	M
10^9	milliarde	billion	Giga	G
10^{12}	billion	trillion	Tera	T
10^{15}	billiarde	quadrillion	Peta	P
10^{18}	trillion	quintillion	Exa	E

Definierte Einheiten für Energie und Leistung

(Für die Bundesrepublik Deutschland als gesetzliche Einheiten verbindlich seit 01.01.1978)

Joule [J] für Energie, Arbeit, Wärmemenge,
Watt [W] für Leistung, Energiestrom, Wärmestrom
1 J = 1 Newtonmeter [Nm] = 1 Wattsekunde [Ws]

1 Wattsekunde [Ws]	=	1 Joule [J]
1 Kilowattstunde [kWh]	=	3.600.000 J
1 Kilowattstunde [kWh]	=	3,6 Megajoule [MJ]

H.-W. Schiffer, *Energiemarkt Deutschland*, https://doi.org/10.1007/978-3-658-23024-1

Umformungstabelle Maßeinheiten für Energie

	MJ	kWh	kgSKE	kgRÖL	kBtu (int.)	Therms (US)
Megajoule [MJ]	1	0,278	0,034	0,024	0,95	0,0095
Kilowattstunde [kWh]	3,6	1	0,123	0,0861	3,411	0,0341
kg Steinkohleneinheit [kgSKE]	29,308	8,14	1	0,7	27,767	0,2779
kg Rohöl-Einheit [kgRÖL]	41,869	11,63	1,429	1	39,667	0,3968
Kilo British thermal unit (int) [kBtu (int.)]	1,055	0,293	0,036	0,025	1	0,00001
1 Therms (US)	105,461	29,300	3,5984	2,520	99,956	1

Beispiele: 1 kWh = 3,6 MJ
1 kgSKE = 29,308 MJ
1 kgSKE = 0,7 kgRÖL

Bemerkung: 1 kgRÖL = 10.000 Kilokalorie [kcal]
1 Rohöl-Einheit [kgRÖL] = 1 Rohöleinheit [kgRÖE] = 1 Oil Equivalent [kgoe]
1 Steinkohleneinheit [kgSKE] = Coal Equivalent [kgce]
1 Therms (US) = 0,9997621 Therms (EC)
1 Btu (int.) = 1,00066866 Btu (thermal) = 0,99922812 Btu (mean) = 0,99564487 Btu (4°C)

Gewichts- / Volumenangaben

1 Kilogramm [kg]	=	1.000 g
1 Tonne [t]	=	1.000 kg
1 ounce [oz]	=	28,35 g
1 pound [lb]	=	0,454 kg
1 short ton (Amerik.) [sh tn]	=	0,907 t
1 long ton (Brit.) [lg tn]	=	1,016 t
Dead weight tons [dwt bzw. tdw]	=	Trag- / Ladefähigkeit [a] eines Frachtschiffes, bei maximalem Tiefgang; Einheit [lg tn]
1 Barrel (of oil) (bbl)	=	0,159 m^3 (159 l)
1 Kubikfuß [ft^3]	=	0,028317 m^3

[a] Trag-/ Ladefähigkeit = Ladung + Betriebsstoffe + Proviant

Heizwerte und Umrechnungsfaktoren

Energieträger	Einheit	Heizwert [kJ]	SKE-Faktor
Rohöl (gem. Energiebilanz)	kg	42.744	1,458
Erdöl	kg	42.672	1,456
Motorenbenzin	kg	43.543	1,486
Rohbenzin	kg	44.000	1,501
Flugturbinenkraftstoff	kg	43.000	1,467
Dieselkraftstoff	kg	42.960	1,466
Leichtes Heizöl	kg	42.801	1,460
Schweres Heizöl	kg	40.443	1,380
Flüssiggas	kg	46.680	1,593
Raffineriegas	kg	45.416	1,550
Rohbraunkohle[1)]	kg	8.800	0,300
Braunkohlenbrikett	kg	19.300	0,659
Braunkohlenstaub	kg	21.400	0,730
Braunkohlenkoks	kg	30.000	1,024
Wirbelschichtbraunkohle	kg	20.100	0,686
Inländische Steinkohle	kg	29.782	1,016
Steinkohlenbrikett	kg	31.401	1,071
Steinkohlenkoks	kg	28.650	0,978
Importierte Steinkohle	kg	26.500	0.904
Erdgas Brennwert H_O	m^3	35.169	-
Erdgas Heizwert H_U	m^3	31.736	1,083
Endenergieverbrauch Elektrizität	kWh	3.600	0,123

[1)] Mittelwert deutscher Förderung

Umrechnungsfaktoren für Mineralölprodukte

Einheit	Kraftstoff		Von [l]	Bis [l]	Von $\frac{Dichte}{15°C}$	Bis $\frac{Dichte}{15°C}$
1 t	Normalbenzin	=	1.325	1.400	0,715	0,755
1 t	Superbenzin	=	1.280	1.370	0,730	0,780
1 t	Dieselkraftstoff/ Heizöl EL	=	1.160	1.230	0,815	0,860

Rohöleinheiten-Konvertierung [b)]

	bbl	bbl/d	t	t/a	m^3
Barrel [bbl]	1	-	0,136	-	0,159
Barrel/Tag [bbl/d]	-	1	-	50	-
Tonne [t]	7,33	-	1	-	1,16
Tonne/Jahr [t/a]	-	0,020	-	1	-
Kubikmeter [m^3]	6,29	-	0,863	-	1

[b)] Anmerkung: Annäherungswerte aufgrund durchschnittlicher Dichte

Bemerkung: Kubikfuß/Tag [ft^3/d] multipliziert mit 10,34 ergibt m^3 pro Jahr [m^3/a].

Berechnung Erdgas

Erdgas ist ein Naturprodukt mit unterschiedlicher Zusammensetzung und Energiedichte. Außerdem sind bei Angaben zum Energiegehalt unterschiedliche Bezugsgrößen üblich. Folgende Konventionen sind wichtig:

1. In der Erdgaswirtschaft ist der Bezug auf den oberen Heizwert (H_O, Brennwert, Gross Calorific Value) üblich.
2. In Energiebilanzen und Vergleichen zwischen Energieträgern bezieht man sich dagegen auf den unteren Heizwert (H_U, Heizwert im engeren Sinne, Net Calorific Value). Die Differenz zwischen H_U und H_O ist die zur Verdunstung das bei der Verbrennung freiwerdenden Wassers notwendige Energie. H_O ist bei Erdgas etwa 10% höher als H_U (H_O=0,903 H_U).
3. Deutsche Konvention: 1 m^3 H_u entspricht 31,736 MJ bzw. 8,816 kWh
1 m^3 H_O entspricht 35,169 MJ bzw. 9,7697 kWh
4. Internationale Konvention: Wenn nicht zu tatsächlichen, durchschnittlichen Wärmeinhalten umgerechnet wird, sind die Volumenangaben so normiert, dass 1 m^3 H_O 38 MJ entspricht.